HISTOIRE

DES

MATHÉMATIQUES.

TOME TROISIEME.

JEAN ETIENNE MONTUCLA

de l'Institut National de France,

de l'Académie de Berlin, &c.

HISTOIRE
DES
MATHÉMATIQUES,

DANS laquelle on rend compte de leurs progrès depuis leur origine jusqu'à nos jours ; où l'on expose le tableau et le développement des principales découvertes dans toutes les parties des Mathématiques, les contestations qui se sont élevées entre les Mathématiciens, et les principaux traits de la vie des plus célèbres.

NOUVELLE ÉDITION, CONSIDÉRABLEMENT AUGMENTÉE, ET PROLONGÉE JUSQUE VERS L'ÉPOQUE ACTUELLE ;

Par J. F. MONTUCLA, *de l'Institut national de France.*

TOME TROISIEME.

ACHEVÉ ET PUBLIÉ PAR JÉRÔME DE LA LANDE.

A PARIS,

Chez HENRI AGASSE, libraire, rue des Poitevins, n°. 18.

AN X. (mai 1802)

PRÉFACE
DE L'ÉDITEUR.

On trouvera la vie de Montucla à la fin du quatrième volume. On verra dans celui-ci (page 336) les motifs qui me portèrent à entreprendre la publication de cette Histoire, après la mort de mon ami ; et à la page 342, les premiers soins que je pris pour la perfection des articles qui n'étoient pas de mon ressort. Arrivé à la fin du premier livre (page 426), je voulois faire suivre la Mécanique, et je comptois sur le secours du cit. Dillon qui me l'avoit promis ; mais ayant fait des efforts inutiles pour l'obtenir, je me déterminai à y mettre l'Optique, pour laquelle cit. de Fortia commença un travail qui devoit être intéressant (page 427). On verra (page 483) que je fus bientôt obligé de le remplacer ; et de finir l'histoire de l'Optique, peu avancée dans le manuscrit (page 496). On y trouvera cependant des articles qui paroîtront peut-être trop longs ou trop peu intéressans ; tel est celui des pages 594, 597, au sujet de la bête féroce dont mademoiselle de Corday d'Armont, jeune et belle héroïne, purgea la terre le 14 juillet 1793, en sacrifiant sa vie avec un courage dont aucune femme ne lui avoit donné l'exemple dans l'histoire.

Dans le temps où j'attendois les secours dont je viens de parler, je réservai la fin du troisième volume pour la Mécanique, et je fis imprimer le quatrième, parce que l'histoire de l'Astronomie étoit la partie la plus facile pour moi.

Lorsque le quatrième volume fut imprimé, il fallut prendre un parti pour finir enfin le troisième, c'est-à-dire pour donner l'histoire de la Mécanique ; elle étoit assez avancée pour la théorie, et j'avois d'ailleurs un grand secours dans l'ouvrage du cit. de la Grange, comme je l'ai dit page 607 ; il ne falloit que du temps, mais il en falloit beaucoup plus que je n'avois compté.

Arrivé à la Mécanique-pratique (page 720), je me trouvai isolé. Je m'adressai à nos plus célèbres mécaniciens, Prony, Perrier, Bralle, Molard, Dillon, Montgolfier, Grobert, Berthoud, Breguet, Janvier : j'en ai tiré des conseils et des notes ; mais cela ne suffisoit pas pour faire un ouvrage complet ; je ne pouvois pas d'ailleurs abandonner le ciel pour les machines. J'ai donc pris le parti de l'abréger beaucoup : je me suis dit qu'en faisant un ouvrage utile, je devois laisser aux gens de l'art le soin d'en faire un plus parfait.

J'ai écrit en Hollande et en Allemagne pour avoir des renseignemens, mais inutilement ; je me suis borné à des indications. J'ai pourtant décrit les machines les plus importantes et les plus nouvelles ; mais il faudroit au moins un volume pour faire passablement l'histoire des machines, et je n'ai pu donner qu'un extrait de ce que j'aurois voulu y mettre.

Quant à l'Astronomie dans le quatrième volume, j'ai conservé plusieurs articles que Montucla avoit pris la peine d'écrire, et que je n'y aurois pas mis sans cela ; mais j'en ai supprimé quelques-uns qui, à l'époque actuelle, étoient ou inutiles, ou défectueux.

Il y manquoit beaucoup d'articles, je les ai tous suppléés, mais avec brièveté ; je ne me suis pas regardé comme obligé de faire une histoire de l'Astronomie, mais de publier celle qu'avoit fait Montucla, en réparant les omissions qui l'auroient rendue défectueuse.

J'ai vu souvent ce que Montucla avoit envie de faire ; mais quand cela étoit trop long, et surtout quand je voyois qu'il n'auroit pu vraisemblablement l'exécuter, je m'en suis dispensé.

Il m'écrivoit le 7 août 1799 : « Plus j'y réfléchis, plus je » vois par les difficultés que j'éprouve, que j'ai été un témé- » raire d'entreprendre un pareil ouvrage. Je suis réduit à dire » que je m'en tirerai comme je pourrai ». D'après cela, j'ai pu abandonner les articles d'une trop longue discussion.

J'aurois voulu rendre son style plus naturel, mais j'ai cru qu'il falloit le laisser parler à sa manière.

J'ai abandonné (page 606) la méthode des sommaires que Montucla mettoit à la tête de chaque livre, en voyant que lui-même dans le cours de l'impression étoit obligé de s'en écarter, en appercevant des omissions ou des déplacemens qu'il n'avoit pas vus d'abord. Il ne faut pas s'imposer d'avance une loi qu'on sera peut-être obligé d'enfreindre, ou qui gênera dans l'amélioration d'un ouvrage. J'ai été obligé de faire réimprimer les sommaires pages 3 et 4, 427 et 429, parce que dans le premier Montucla s'en étoit écarté, et que dans le second l'ordre étant peu naturel, j'avois été obligé de le changer ; j'en ai profité pour y mettre les numéros des pages que l'auteur n'y mettoit pas, mais qui me semblent très-commodes pour le lecteur.

Il y a des notes annoncées tome III, page 176, et dans cinq autres endroits de ce volume, déjà imprimés avant la mort de l'auteur ; mais les notes étoient trop peu avancées dans le manuscrit pour que je pusse en faire usage, et elles étoient trop compliquées pour juger qu'elles pussent être fort utiles à ceux qui liront cette Histoire. Les calculs transcendans ne peuvent y être assez étendus pour être compris par ceux qui n'auroient pas lu les traités publiés sur ces matières ; il suffit donc d'y renvoyer : ceux du cit. Lacroix sont les plus récens et les plus complets ; on les trouve chez le libraire Duprat.

Il en est de même de quelques supplémens que l'auteur avoit commencés, dont il avoit envie de faire un volume à part ; mais ils ne sont point assez avancés pour que nous puissions en faire usage.

J'ai cité souvent la *Mécanique céleste* du cit. de la Place, mais il n'y a que les deux premiers volumes de publiés : le troisième est sous presse.

Notre troisième volume est beaucoup plus étendu que le quatrième, parce qu'il a été imprimé après le quatrième ; il a fallu y mettre la Mécanique en entier, et les machines ont fourni beaucoup plus de matière que je n'avois compté.

DE LA LANDE.

HISTOIRE
DES
MATHÉMATIQUES.

CINQUIEME PARTIE,

Qui comprend l'Histoire de ces Sciences pendant la plus grande partie du dix-huitième siècle.

LIVRE PREMIER.

Qui comprend l'histoire de la Géométrie et de l'Analyse depuis le commencement de ce siècle.

SOMMAIRE.

générale des équations. Obstacles singuliers qu'ils y ont rencontrés. De quelques cas particuliers des équations qui admettent une résolution. Jugement d'un grand géomètre sur ce qu'on peut espérer à cet égard, 41. VI. *De la résolution des équations par approximation. Diverses méthodes proposées à cet effet. Sur les équations littérales, et leur résolution en série*, 57. VII. *De la théorie des courbes algébriques; exposition de leurs symptômes particuliers et multipliés suivant leur degré plus ou moins élevé. De la méthode la plus naturelle de les découvrir et de les déterminer. De l'énumération des courbes du troisième ordre, par Newton. De celles du quatrième ordre et de leur énumération projettée seulement par quelques géomètres*, 63. VIII. *Développement de l'Analyse appliquée à la recherche des symptômes des courbes algébriques d'un ordre quelconque*, 73. IX. *Continuation du même sujet. De la description organique des courbes. Théorie de Newton, Maclaurin, Brakenridge*, 85. X. *De la géométrie des surfaces courbes. Manière d'exprimer algébriquement leur nature, de trouver les courbes résultantes de leur coupe par un plan. De leurs plans tangens ; de leurs* maxima *et* minima. *De quelques surfaces singulières ; des courbes à double courbure ; des surfaces développables en plan*, 88. XI. *Reprise de l'histoire du calcul différentiel ou des fluxions, tant en Angleterre que sur le continent. Discussion de la fameuse querelle entre Newton et Leibnitz, sur son invention*, 102. XII. *Difficultés élevées tant en France qu'en Angleterre, sur la certitude de ce calcul. Il est attaqué par Rolle et le docteur Berckley ; défendu par Saurin, Robins, Maclaurin et d'autres*, 110. XIII. *Usage du calcul différentiel dans la théorie des courbes*, 119. XIV. *Du calcul intégral ou des fluentes. Histoire sommaire de ses progrès dans les dernières années du siècle précédent et les premières de celui-ci*, 127. XV. *Suite de l'article précédent, et en particulier de l'intégration des formules différentielles à une seule variable, entre les mains des Leibnitz, Bernoulli, Cotes, Moivre, d'Alembert, &c. De quelques défis proposés entre les géomètres sur ce sujet*, 138. XVI. *De la méthode inverse des tangentes, ou de l'intégration des différentielles à plusieurs variables. Moyens de reconnoître si une équation différentielle de ce genre est susceptible d'intégration ; dés équations de condition en résultantes. De la manière de les rendre intégables, si cela se peut, en les multipliant par un facteur. Des équations appellées homogènes, par Bernoulli. De la séparation des indéterminées, et de la construction géomé-*

I.

La géométrie et l'analyse algébrique sont désormais tellement confondues et comme pénétrées ensemble, qu'il m'a été assez difficile de mettre dans cette partie de mon ouvrage un ordre satisfaisant. Je crois cependant avoir adopté, à cet égard, un plan propre à remplir ces vues.

Je commencerai donc à parler de la géométrie, traitée à la manière des anciens : car il est encore des géomètres qui, épris de la méthode suivie dans l'antiquité, ont continué de marcher dans cette route. Je passe delà à l'une des plus importantes branches de l'analyse algébrique ; savoir, la résolution générale des équations. En effet, si l'on possédoit cette clef, il n'est aucun problême dépendant de l'analyse finie qui ne fût en notre pouvoir ; ce sera l'objet de plusieurs articles considérables. Je présente ensuite le tableau de la théorie des courbes algébriques, théorie des plus curieuses et des plus intéressantes de la géométrie relevée. J'expose dans un assez grand détail les méthodes par lesquelles on détermine leurs propriétés et leurs différens symptômes. La théorie des surfaces courbes, théorie si analogue à celle des lignes courbes, nous occupe ensuite, et nous y faisons connoître à-peu-près tout ce qu'elle offre de plus intéressant.

J'aurois peut être ici dû présenter diveres autres branches de l'analyse finie, qui ont pris naissance ou de grands accroissemens depuis le commencement de ce siècle ; mais comme elles reçoivent quelquefois des lumières de l'analyse, communément appellées *infinitésimale*, ou servent à en jetter sur elle, j'ai préféré de passer tout de suite à cette analyse, c'est-à-dire aux calculs différentiel et intégral, ou, comme on les nomme en Angleterre, des fluxions et fluentes. Nous reprenons donc ici l'histoire de ces calculs. Le calcul différentiel nous occupe le premier, et nous étendons ici ce que nous avons dit de ses progrès, tant en Angleterre, que dans le Continent. Nous faisons l'histoire des querelles qu'il a éprouvées ou occasionnées, comme celle entre Neuton et Leibnitz sur sa découverte, et celles que quelques esprits faux ou jaloux lui ont intentées relativement à ses principes et à sa certitude.

A ces articles succède le développement des progrès des différentes branches du calcul intégral, d'abord en ce qui concerne l'intégration des formules différentielles à une seule variable, et ensuite en ce qui regarde ce qu'on nomme la méthode inverse des tangentes ou l'intégration des équations à plusieurs variables. Une série assez longue d'articles est employée à exposer tout ce que ce double calcul présente de plus intéressant et de plus savant, ainsi que l'histoire extrêmement curieuse de divers problêmes relatifs à ce calcul, qui furent agités entre les premiers géomètres de l'Europe.

Divers nouveaux calculs ayant pris naissance de ces premiers, nous nous en occupons avec l'étendue que permet la nature de cet ouvrage. Tels sont le calcul des différences finies, celui des quantités circulaires, logarithmiques et imaginaires; celui des limites; des fonctions analytiques; des variations; celui des différentielles partielles; la théorie des suites infinies, des éliminations, des interpolations, des fractions continues, &c. Nous nous occupons ensuite, dans deux articles séparés, des logarithmes, et nous faisons connoître ce que les géomètres et les analystes modernes ont ajouté, soit à leur théorie, soit à leur usage.

Enfin nous terminons cette partie de notre ouvrage, par l'application de l'analyse à la théorie des hasards, ou au calcul des probabilités; plusieurs articles sont employés au développement historique et raisonné de cette intéressante théorie, ainsi qu'à l'exposition de ses applications à diverses questions économiques et politiques.

Telle est le tableau de la carrière que nous avons à parcourir; on la trouvera sans doute immense et épineuse : c'est pourquoi s'il m'arrive de chopper quelquefois; si je ne suis pas toujours entré dans des détails aussi étendus qu'on pourroit le desirer, et que souvent j'eusse desirés moi-même, le lecteur, qui saura que mes occupations m'avoient forcé d'abandonner ces études depuis près de trente ans, voudra sans doute bien m'excuser.

I I.

Les sciences, même fondées sur les principes les plus certains, ne sont pas à l'abri de certaines vicissitudes qui, sans leur porter aucune atteinte dans le fond, ne laissent pas d'en changer la forme : c'est ce que la géométrie a éprouvé depuis la découverte des nouveaux calculs. Les routes que les méthodes nouvelles ont ouvertes pour s'instruire des vérités qui coutèrent tant aux que ce sont si faciles, il est d'ailleurs si bien reconnu aujourd'hui anciens sont presque les seules qui puissent nous conduire plus loin, qu'on s'y est jetté de toutes parts, et que celles frayées par les anciens ont resté presque désertes.

Cependant la géométrie ancienne a des avantages qui feroient desirer qu'on ne l'eût pas autant abandonnée. Le passage d'une vérité à l'autre y est toujours clair, et quoique souvent long et laborieux, il laisse dans l'esprit une satisfaction que ne donne point le calcul algébriqne qui convainct sans éclairer. Aussi M. Neuton faisoit-il beaucoup de cas de la géométrie ancienne, et de ceux qui, comme Sluse, Barrow, Huygens, &c., avoient résisté au torrent. Il se savoit lui-même un peu mauvais gré d'avoir passé trop tôt des élémens d'Euclide à l'analyse de Descartes, ce qui ne lui avoit pas permis de se rendre assez familière l'analyse ancienne, et de mettre dans ses propres écrits cette forme et ce goût de démonstrations qu'il admiroit dans Huygens et dans les anciens. En effet, quoique ses principes nous offrent en bien des endroits des exemples de ce tour ancien ; en général le calcul y perce à travers le déguisement dont Neuton l'a couvert, espèce de défaut, commun à bien des livres donnés pour écrits suivant la méthode ancienne, et qui ne sont que de l'algèbre déguisée. Mais malgré ce témoignage brillant en faveur de la méthode ancienne, la facilité des calculs modernes est si séduisante, qu'il ne faut pas espérer qu'on revienne jamais à cette méthode ; ce sera beaucoup qu'on ne s'en écarte pas de plus en plus, et qu'on ne vienne pas enfin à faire comme quelques auteurs qui, s'ils le pouvoient, démontreroient algébriquement jusqu'aux premières vérités élémentaires.

Malgré cette espèce de défection générale de la méthode ancienne, il y a cependant eu quelques géomètres qui lui ont resté jusqu'à un certain point fidèles. Parmi ces auteurs, on peut ranger en France M. de la Hire. Ce mathématicien, célèbre par des travaux dans tous les genres, cultiva toujours principalement la géométrie ancienne. Son grand traité des *Sections coniques* est dans ce genre un ouvrage précieux pour ceux à qui le langage des anciens en géométrie est un peu familier. Cet estimable ouvrage parut en 1685, *in-folio* (1). M. de la Hire publia depuis son traité *des Epicycloïdes* (2), que nous ne donnerons pas absolument comme un exemple d'élégance géométrique. Mais ses deux mémoires insérés en 1702 et 1708, parmi ceux de l'Académie, sont mieux à cet égard. Il y traite assez élégamment et plus généralement toutes les courbes dont la génération peut être conçue à l'instar de celle des conchoïdes et des épicycloïdes. Au reste, comme l'amour de l'antiquité est, dans les sciences comme dans les lettres, sujet à dégénérer en passion et en passion injuste, nous remarquerons que M. de la Hire fut en général peu favorable aux nouveaux calculs, du moins à ceux qu'il avoit vus naître, comme les calculs différentiel et intégral. S'il ne donna pas dans le travers des *Rolle* et des *Gallois*, qui prétendirent qu'ils étoient une source d'erreurs, il affecta toujours de n'en faire aucun usage public, et l'on peut conjecturer, par la conduite qu'il tint lors de la querelle élevée sur ce sujet, qu'il vit avec un plaisir secret l'espèce de tempête qu'ils essuyèrent.

Mais c'est surtout en Italie et en Angleterre que s'est conservé le goût de la géométrie ancienne. Nous parlerons d'abord de quelques Italiens, à la tête desquels nous mettrons M. Viviani : car ce fut au commencement de ce siècle qu'il publia sa *Divination sur les lieux solides* d'Aristée l'ancien. Il faut pourtant convenir que toute cette divination assez volumineuse, seroit l'ouvrage de quelques pages, étant traitée au moyen de l'analyse algébrique.

Le P. Guido Grandi suivit l'exemple de Viviani, et ne parla guère que le langage de la géométrie ancienne. Il publia en 1702 sa démonstration des théorêmes d'Huygens sur la courbe *Logarithmique*, ou autrement nommée *Logistique*, simplement énoncés par ce géomètre célèbre, et laissés sans démonstration. C'est un morceau très-estimable du savoir de Grandi en géométrie, d'autant qu'il ne paroît pas s'être aidé des méthodes nouvelles qui, à la vérité, expédient tout cela avec bien de la facilité. Il y a d'ailleurs dans ce livre, ainsi que dans sa lettre au P. Ceva, jésuite, qui le suit, beaucoup de considérations curieuses et nouvelles. Ce même Père Grandi donna en 1723 à la Société royale de Londres un écrit sur certaines courbes décrites par un procédé géométrique dans le cercle, et qu'il appelle *Rhodonnées*, à cause de leur figure ressemblante à une

(1) *Sectiones conicae in novem libros distributae, &c., &c., cum appendice de sectionibus conicis omnium generum, &c. Paris.* 1685, *in-fol.*

(2) *Mem. de Math. et de Physique. Paris*, 1694, *in-4°.*

rose. Ces courbes sont tantôt géométriques, tantôt transcendantes, suivant que l'arc du secteur qui circonscript la première feuille, ou, si l'on veut, le premier pétale de la rose, est une partie aliquote de la circonférence ou de deux ou de trois. Car, dans le premier cas, il n'y a que un, ou deux, ou trois, ou quatre, &c. pétales inscrits dans le cercle entier; dans le second, il y en a deux rangs, dont l'un recouvre l'autre en partie; dans le troisième, trois, &c. Mais si l'arc du secteur étoit incommensurable avec la circonférence, il y en auroit une infinité. Le Père Grandi détermine quelques-unes des propriétés de ces courbes, comme leurs tangentes, leur aire, qui est pour chaque feuille toujours la moitié du secteur circonscrit. Il en considère aussi d'autres, formées à l'imitation de ces premières sur la surface d'une sphère, et qu'il nomme *Clélies*, du nom de la comtesse Clelia Borromei, qu'il dit assez versée en géométrie pour être en état de goûter l'odeur de ce *bouquet de fleurs géométriques :* car c'est le nom qu'il donna à son offre galante. Peut être est-ce le lieu d'appliquer ici ce que nous avons dit à l'occasion de son *Voile des Camaldules*, qui est une portion de surface conique absolument quarrable, comme le sont quelques-unes de ces lignes *clélies*, décrites sur la surface sphérique. Le Père Grandi fit de ce double sujet la matière d'un ouvrage particulier qu'il publia en 1728, sous le titre de *Flores geometrici ex Rhodonearum et Cleliarum curvarum descriptione resultantes*, etc. (Florent. in-4°.) On a du père Grandi, quelques autres ouvrages mélangés de Géométrie ancienne et moderne, comme sa *quadratura circuli et hyperbolae per infinitas parabolas*, en 1703 et 1710; sa dissertation *de infinitis infinitarum et infinite parvorum ordinibus* en 1710. Dans le dernier de ces ouvrages il prend hautement, et même avec assez d'aigreur, contre Varignon, la défense des plus-qu'infinis de Wallis. Mais, quoiqu'en dise l'auteur de la vie de ce Geomètre et son panégyriste, tous les Géomètres sont d'accord aujourd'hui que ces espaces prétendus plus qu'infinis, ne sont que des espaces finis, mais négatifs ou pris en sens contraire. Au reste, ce savant Italien eut toujours l'esprit en quelque sorte guerroyant, et il passa presque toute sa vie en querelles géométriques, theologiques, métaphysiques ou philologiques (1). Il en eut, par exemple, une fort vive avec Alessandro Marchetti qui, nommé censeur de la nouvelle édition de son ouvrage, intitulé *quadratura circuli et hyperbolae, &c.* se refusa à lui passer cette idée vraiment bizarre, (car il en tombe souvent de telles dans l'esprit

(1) *Memorie per servire alla vita del P. Abate D. Guido Grandi, &c. Massa, 1742, in-4°.*

des

des Géomètres) savoir, que o + o + o etc. à l'infini, donnoit une quantité finie ; idée, au surplus, assez analogue à une de Leibnitz, suivant lequel 1 — 1 + 1 — 1 &c. à l'infini, est égal à $\frac{1}{2}$. Marchetti, conduit, à ce qu'il paroît, plus par la jalousie, que par d'autres motifs, trouva dans cette idée de Grandi, qui n'est que singulière, des dangers quant à la religion et à la théologie. Grandi qui n'étoit pas endurant, écrivit un dialogue mordant contre Marchetti ; celui-ci ne resta pas en défaut, et lui répliqua sur le même ton. Ce fut pendant deux ans un vif débat métaphisico-théologique, sur une question qui n'en valoit pas la peine, et il auroit peut-être duré encore long-temps sans la mort de Marchetti. Celui-ci avoit d'autant plus tort de faire à Grandi, une querelle théologique au sujet de son idée, qu'au contraire d'autres ont cru y trouver l'explication du mystère de la création. Le P. Grandi étoit né à Crémone en 1671, et entra en 1687 dans l'ordre des Camaldules ; il fut, en 1714, nommé professeur de mathématiques à Pise, et ensuite promu à la dignité d'abbé de son ordre. Il mourut en 1742, après être profondément entré dans les querelles qui agitoient l'université de Pise ; car on le répète, le combat étoit son élément.

Le Géomètre Lorenzini mérite de trouver ici une place. C'étoit un disciple de Viviani. Etant fort jeune encore, il lui arriva d'être jetté dans une prison où il resta 20 ans. La cause de cette disgrâce a été long-temps inconnue, mais l'historien de la Toscane, sous la maison de Médicis, nous l'apprend. Le grand-duc Gaston avoit épousé une princesse de la maison d'Orléans, nièce de Louis XIV, dont il n'avoit éprouvé que mépris, caprice, et aversion ; ayant été obligé de la laisser retourner en France, et toujours plus mécontent de sa conduite, il avoit défendu à ses fils, Ferdinand et Jean Gaston, d'entretenir avec elle aucun commerce de lettres. Lorenzini, attaché au prince Ferdinand, dont Gaston étoit aussi fort mécontent, se prêta à favoriser cette correspondance défendue ; le grand-duc en étant informé, entra dans une violente colère, et le fit jetter dans la tour de Volterra, dont il ne sortit que plusieurs années après.

Quoiqu'il en soit des torts de Lorenzini à cet égard, la Géométrie lui servit à charmer les ennuis d'une si longue captivité. Il avoit composé dans sa prison plusieurs ouvrages sur les coniques, sur leurs solides et autres questions accessibles à la Géométrie ancienne ; mais rendu, pour ainsi dire, à la clarté du jour, il trouva que tout avoit changé, jusqu'au langage, dans le monde Géométrique. Il supprima presque tout ce qu'il avoit fait, à l'exception de quelques *exercitations*, qui étoient apparemment ce dont il étoit le plus satisfait, ou pour laisser quelque mémoire de son existence sur la terre. Car il mourut bientot après, et une de ces *exercitations* fut publiée en 1721, par le P. Celestino Rolli, religieux Célestin et habile Géomètre, sous le titre de *Exercitatio Geometrica in qua agitur de dimensione omnium conicarum sectionum, curvae parabolicae*, &c. Flor. 4. Elle n'est inférieure à aucun des ouvrages de Viviani. On trouve une vie intéressante de cet infortuné Geomètre, dans les *vitae Italorum celebrium*, de Fabroni.

Il est encore divers Géomètres Italiens, contemporains de ces premiers ou plus récens, qu'on peut citer comme ayant resté attachés à la Géométrie ancienne. De ce nombre est le Géomètre Intieri, Napolitain, dont on a un livre intitulé, *Apollonius et Serenus promoti*. (Neap. 1704. 4.) Mais ne l'ayant jamais rencontré, j'ignore jusqu'à quel point ce Géomètre a été au-delà de ce qu'on savoit déjà sur cette matière. J'ai vu quelques morceaux de Géométrie ancienne de M. Perelli, professeur de Mathématique à Pise, par lesquels on peut juger qu'il connoissoit très-bien l'analyse ancienne. M. Giannini paroît s'être spécialement adonné à cette méthode; car il a rétabli savamment, et dans le style pur des anciens Géomètres, le livre d'Apollonius *de Sectione determinata*. Nous en avons parlé dans la première partie de cet ouvrage à l'occasion de cet ancien. Il y a sans doute encore en Italie, plusieurs autres Géomètres qui pourroient trouver place ici. Je me borne à remarquer, qu'en général, les Géomètres Italiens, font beaucoup plus d'usage du raisonnement géométrique, et qu'ils n'emploient guère le calcul que lorsqu'il semble absolument nécessaire.

Si de-là nous passons en Angleterre, nous y trouvons plusieurs témoignages brillans de l'estime que les Géomètres Anglois font de la Géométrie ancienne, dans les éditions magnifiques, d'Euclide et d'Apollonius données, la première en 1703, par David Gregori, et la seconde en 1710, par le célèbre Halley; enfin dans celle du livre d'Apollonius *de sectione rationis*, que le même M Halley donna en 1706, traduit d'après l'Arabe, et à laquelle il ajouta, d'après les indications de Pappus, celui *de sectione spatii*. On peut voir dans le premier volume de cet ouvrage, à l'article d'Euclide et d'Apollonius, de plus grands détails sur ces objets.

L'Angleterre vient aussi d'élever à la gloire d'Archimède, un monument semblable, par la superbe édition, grecque et latine, des oeuvres de ce Géomètre, donnée à Oxford en 1792. (grand. in-fol.) Le travail principal en est dû à M. Torelli, savant Géomètre Veronois, qui a passé plusieurs années à la préparer dans la vue de la faire imprimer à Venise. Mais cela n'ayant pu se faire de son vivant, de savans Anglois, amateurs de la

Géométrie ancienne, ont fait l'acquisition de ses manuscrits, et nous ont procuré cette édition, qui est en même temps un beau monument de typographie. Elle est enrichie de notes, de dissertations savantes et profondes. On n'y trouve cependant pas quelques morceaux de ce Géomètre ancien, nouvellement déterrés en Ecosse, et que j'ai vu dans des catalogues de librairie angloise, annoncés comme publiés pour la première fois en grec, à il y a quelques années.

Ajoutons ici qu'il est encore reconnu dans les universités angloises, qu'il n'est pas de meilleur livre pour inspirer le vrai goût de la Géométrie, que les élémens d'Euclide au moins réduits à ce qu'ils ont d'essentiel, comme les VI premiers livres, avec les XI et XII. Ce qui le prouve est le grand nombre d'éditions de l'Euclide de Keil, à la suite duquel sont divers morceaux très-bien faits, sur les logarithmes, et la trigonométrie. Cet ouvrage étoit devenu classique dans les universités Angloises. L'Euclide de Robert Simson, paroît cependant l'avoir aujourd'hui remplacé. Je connois enfin, du moins par les titres, nombre de traductions angloises d'Euclide, telle en particulier que celle de Cunn, qui a eu un grand nombre d'éditions.

Lorsque les nouveaux calculs de Neuton furent attaqués par le célèbre et fougueux évêque de Cloyne, le D. Berckley, rien ne contribua plus à montrer la futilité de ses objections, que le travail entrepris par M. Maclaurin. Il fit voir, en employant le tour des Géomètres anciens, que le calcul des fluxions n'étoit que la méthode d'Archimède, abrégée et dépouillée de la longue circonlocution qu'elle exige, mais que tout Géomètre instruit supplée facilement. Il faut cependant convenir qu'à cet égard, M. Maclaurin a en quelque sorte abusé de la permission de consolider par-là l'édifice de Neuton. Sa prolixité étoit assez superflue. Nous n'aurions fait en France que rire de l'attaque de cet ingénieux visionnaire, qui avoit précédemment prouvé qu'il n'y a point de corps, et qui traitoit la géométrie des fluxions d'une coupable hérésie, et les Géomètres, d'incrédules. M. Maclaurin a donné d'ailleurs, dans ce même ouvrage (1), des preuves multipliées de son goût pour la géométrie ancienne. Car on y trouve une multitude de choses qui paroîtroient le plus du ressort du calcul, démontrées suivant cette manière rigoureuse; tels sont nombre de beaux théorêmes sur les courbes décrites par le mouvement des angles, (2) sans parler des plus belles questions physico-mathématiques, agitées dans ces derniers temps, qui y sont souvent traitées suivant cette méthode et presque sans calcul d'une manière très-lumineuse. M. Maclaurin a eu en

1 Traité des Fluxions.

(2) Voyez les prop. 18 et 26 du tom. I.

ce genre un imitateur encore plus rigoureux, dans M. Steward, qui publia en 1761, un ouvrage (in-8°.), intitulé, *physical and mathematical tracts*, &c. dans lequel les vérités les plus abstraites de la philosophie neutonienne, sur la théorie des forces centrales, et des courbes décrites par leur action, sur les projectiles et les corps planétaires, sont démontrées dans le style le plus rigoureux de la Géométrie ancienne. Je ne sais cependant si en cela il n'y a pas d'excès.

Mais il n'est, je crois, personne, soit en Italie, soit en Angleterre qui ait plus éminemment possédé l'usage de l'Analyse ancienne, que M. Robert Simson. Ce savant professeur de Glasgow, avoit déjà donné en 1735, un traité des sections coniques, traitées à la manière des anciens (1). Il publia en 1749, une nouvelle restitution des *loca plana* d'Apollonius, beaucoup plus complète et plus dans le style des anciens Géometres, que ce qu'avoient fait Snellius et Schooten. Il a fait plus, il est parvenu à deviner cette énigme des Porismes d'Euclide, qui avoit fait le désespoir de Halley et de tant d'autres (2). Mais il n'eut pas le plaisir de publier lui-même son ouvrage. C'est à M. Clow, son successeur dans sa chaire, et légataire de ses papiers, que nous le devons, ainsi qu'à la munificence de milord Stanhope, dont le goût pour la Géométrie ancienne, l'engagea à faire les frais de l'impression de ce monunument du savoir de Robert Simson, pour en faire des présens aux amateurs de cette Géométrie Je dois à l'estime qu'il avoit bien voulu concevoir de moi, d'après la première édition de cette histoire, le don d'un exemplaire de cet ouvrage, et je suis charmé d'avoir cette occasion de lui donner ici des marqnes de ma reconnoissance. Je reviens à R. Simson. Outre les trois livres des porismes d'Euclide, rétablis de manière à entendre maintenant cette théorie si difficile, l'ouvrage dont nous parlons contient les deux livres *de sectione determinata*, d'Apollonius, restitués d'une manière semblable, et il y en ajouté deux autres qui contiennent des questions encore plus difficiles Il est probable que si Euclide et Apollonius revenoient au monde, ils approuveroient son travail comme le leur propre. On y trouve aussi la théorie des logarithmes, celle des moindres et extrêmes raisons, démontrées avec la même rigueur. Je ne sais cependant s'il n'y a pas, du moins à l'égard du livre *de sectione determinata*, une sorte d'abus ou de superfluité, dans l'appareil avec lequel il traite ce problême d'Apollonius, qui est tout-

(1) *Sectionum conicarum, libri V, &c. Edimb.* 1735, *in-4°. It. ibid. editio auctior et emend.* 1750, *in-4°.*

(2) Voyez sur ce sujet le tome premier, article d'Euclide.

à-fait du ressort de l'algèbre moderne. Il est vrai que plusieurs de ses déterminations sont utiles pour le livre des Porismes, et que cela imposoit la nécessité de traiter ce sujet de la même manière.

L'Angleterre nous offre encore en ce moment quelques Géomètres qui ont cultivé la méthode ancienne. Un des principaux est M. Horsley, de la S. R. de Londres, auquel nous devons un excellent ouvrage en ce genre, savoir, le livre *de inclinationibus* d'Apollonius. C'est parfaitement le style et le langage du Geomètre ancien ; nous en avons parlé plus au long à l'occasion de ce Géomètre. M. Horsley a donné dans les *trans. philos.*, plusieurs mémoires sur des problêmes géométriques, qui ont leur difficultés et qui y sont résolus avec beaucoup d'élégance. Dans des catalogues de livres anglois, j'en ai vu un de M. Lawson, intitulé *Apollonius's Books on tangencies*, que je conjecture être le livre *de tactionibus* de ce Géomètre, restitué d'une manière différente de celle de Viete.

A l'occasion de ces divers ouvrages, traités dans le goût de la géométrie ancienne, je dois faire mention des *Elements of conics sections* (Lond. 1787. in-8°.) de M. Hutton, professeur de mathématiques à l'école d'artillerie de Woolwich ; c'est un modèle de précision et de clarté. Nous aurons occasion de parler ailleurs de ses nouvelles tables trigonométriques et logarithmiques, ainsi que du travail curieux qui le précède, sur l'histoire des logarithmes, et de la trigonométrie ; de ses expériences balistiques, &c.

L'Allemagne en général plus calculatrice, à l'instar de la France, ne me paroît pas fournir autant d'exemples de goût pour le style de la Géométrie ancienne. Ce n'est pas que les Bernoulli, les Euler, les Lambert, n'ayent su, quand ils l'ont jugé à propos, parler ce langage et avec l'élégance suffisante ; mais ils ne l'ont pas cultivé à l'instar des Géomètres Italiens et Anglois. Je citerai cependant parmi les Géomètres de cette partie du continent, M. de Castillon, de l'académie de Berlin. Ce Géomètre a donné dans les mémoires de cette académie, (année 1776) quelques essais qui prouvent combien il étoit versé dans ce genre de Géométrie. Je me bornerai à parler d'un de ces essais. Il a pour objet la résolution d'un problême seulement indiqué par Pappus, et qui est extrêmement difficile, ou du moins incomparablement plus que l'analogue proposé et résolu par cet ancien Géomètre. Ce problême est celui-ci. Etant donné (Fig. I.) *un cercle et la ligne* A B, *intérieure ou extérieure, trouver sur ce cercle un point* C *duquel tirant* C A *et* C B, *et joignant les points d'intersection* D *et* E, *la ligne* DE *passe par un point donné* P ; ce que les ancieus auroient exprimé ainsi : *Datis circulo et duobous punctis* A *et* B, *à datis punctis ad circulum inflectere* A C B, *et facere* D E *transeuntem per punctum* P. Ce problême pourroit encore se proposer ainsi : *étant donnés trois points et un cercle, inscrire dans le cercle un triangle, dont les côtés prolongés passent par les points donnés.* M. de Castillon, après avoir avoué qu'il avoit d'abord inutilement tenté la solution de ce problême, qui lui avoit été proposé par M. Cramer, en donne enfin dans ce mémoire, la solution, au moyen d'un theorême de Pappus, qui semble avoir été placé dans ses *collections Mathématiques*, comme une pierrre d'attente pour cette solution. Voyez la note *A* à la fin de ce livre.

On se figureroit néanmoins, mal-à-propos, que le problême fût inattaquable par les moyens de notre Analyse moderne. M. de Castillon en ayant parlé à M. de la Grange, alors résident à Berlin, ce Géomètre lui en donna, fort peu après, une solution purement analytique. On peut la voir dans le même volume des mémoires de l'académie de Berlin (année 1776.). Elle prouve à-la-fois la sagacité de son auteur et les ressources de notre Analyse, maniée par d'aussi habiles mains. Mais s'il est permis de le dire, je ne sais si la construction résultante de la solution algébrique, ne seroit pas incomparablement plus embarrassée que celle que donne la méthode ancienne.

Je ne puis omettre ici un ouvrage publié depuis peu d'années, et qui range son auteur (M. Camerer) parmi ceux qui ont conservé le goût pur et sévère de la méthode ancienne. Cet ouvrage est une nouvelle restitution du livre *de Tactionibus* d'Apollonius, où l'auteur entre dans tous les détails des divers cas de ce problême ; de leurs déterminations ou limites de possibilité ; objets négligés, pour la plupart, par ceux qui ont entrepris de ressusciter cet ouvrage du Géomètre ancien, et qui sont néanmoins nécessaires pour une solution du problême, rigoureuse et admissible par les Géomètres de l'antiquité. M. Camerer fait aussi dans son introduction, une histoire curieuse des diverses solutions du principal et plus difficile de ces problêmes anciens ; savoir, celui des 3 cercles donnés, à faire toucher par un quatrième. Il m'eût été utile que cet ouvrage eût dévancé l'impression de la première partie de celui-ci. Car, quoi que j'aie donné à l'occasion des écrits perdus d'Apollonius, une histoire assez curieuse de ce problême, celui de M. Camerer m'eût fourni plusieurs faits qui y eussent mérité une place. Mais, peut-être, pourrai je dans quelques supplémens y revenir.

(1) *Apollonii Pergaei de tactionibus quae supersunt. &c. cum Vietae librorum Apollonii restitutione, adjectis observationibus, computationibus, ac problematis Apolloniani historia, à J. Gugl, Camerer. Gothae et Amstelod.* 1795, *in-8°.*

C'est ici, sans doute, le lieu convenable de parler d'une branche de la Géométrie, presque entièrement neuve, et qui a en quelque sorte pris naissance entre les mains du C. Monge. On la nomme la Géométrie descriptive, et c'est ici d'autant mieux sa place, qu'elle est toute dans le genre de la Géométrie ancienne, c'est-à-dire, n'employant dans ses démonstrations et ses constructions, que des procédés semblables à ceux de cette Géométrie. Mais avant d'aller plus loin il nous faut donner une idée de cette nouvelle branche de la Géométrie et de ses usages.

Lorsqu'une surface quelconque en pénêtre une autre, il résulte le plus souvent de leur intersection, des courbes à double courbure dont la détermination est nécessaire dans plusieurs arts, comme la stéréotomie ou la coupe des pierres; et celle des bois pour l'assemblage des charpentes, dont la forme est quelquefois singulièrement bizarre et compliquée. C'est dans la résolution de ces problêmes que consiste principalement cette Géométrie appellée descriptive.

On ne peut disconvenir que quelques Géomètres, ou architectes, plus versés en Géometrie qu'ils ne le sont communément avoient déjà jetté quelques fondemens de cette Géométrie. On a, par exemple, un ouvrage d'un P. Courcier, Jésuite, qui examine et enseigne à décrire les courbes résultantes de la pénétration mutuelle des surfaces cylindriques, sphériques et coniques (1). Les auteurs de la coupe des pierres, comme le P. Derand, Mathurin Jousse, Frezier, &c. avoient aussi un besoin absolu de la résolution de quelques-uns de ces problêmes; comment auroient-ils pu, par exemple, déterminer les joints et les paremens (c'est-à-dire, les surfaces intérieures et extérieures) des voussoirs d'une trompe conique pénétrant une voute cylindrique à plein ceintre, sur-haussée ou surbaissée. Frezier plus Géomètre que les autres auteurs nommés ci-dessus, avoit souvent rectifié leurs méthodes peu exactes. Mais cette science, si nécessaire dans la pratique des arts, n'en étoit cependant guère qu'à son ébauche, et c'est le C. Monge qui lui a donné la plus grande extension, soit en proposant et résolvant divers problêmes, non-moins curieux que difficiles, soit par l'invention de divers théorêmes neufs et intéressans. Nous ne pouvons donner ici qu'une idée fort légère des uns et des autres. Tels sont parmi les problêmes, ceux-ci. 1°. *Deux lignes droites étant données dans l'espace, et qui ne sont ni parallèles ni dans le même plan, trouver dans l'une et l'autre les points de leur moindre distance, et la position de la ligne qui les*

(1) *Opusculum de sectione superficiei sphaericae per sphaericam, cylindricam et conicam, cylindricae per cilindricam et conicam, &c. Divione et Paris.* 1663, *in-4°.*

joint. 2°. *Trois sphères étant données dans l'espace ; déterminer la position du plan qui les touche toutes*, et divers autres problêmes semblables sur les lignes à double courbure, et les surfaces résultantes de l'application d'une droite, qui s'appuie continuellement sur deux ou trois autres données de position dans l'espace. Parmi les théorêmes, on peut remarquer entr'autres le suivant ; *si une surface plane git dans l'espace et est projetée sur trois plans, l'un horisontal et les deux autres verticaux et perpendiculaires l'un à l'autre, le quarré de cette surface sera égal aux quarrés des trois surfaces de projection* (1). Ce théorème est dans la Géométrie des solides, aussi intéressant que celui de Pythagore dans celle des plans. Il me paroît dû, concurremment avec le C. Monge, au C. Tinseau, ingénieur, qui l'a, je crois, publié le premier, dans un de ses mémoires sur les surfaces courbes et gauches, dans le VIIme. volume des mémoires des savans étrangers. Ces mémoires présentent une théorie curieuse, dont nous parlerons ailleurs.

Nous sommes contraints de nous borner à cette légère indication. On trouvera de plus grands détails sur ce sujet, soit dans *le journal de l'école polytechnique*, publié l'an 3, ou en 1795. soit dans quelques-uns des volumes de l'école normale ; mais sur-tout dans *les élémens de la Géométrie descriptive*, du C. Lacroix (Paris an . . . . 8). On lui a l'obligation d'avoir applani les difficultés de cette nouvelle Géométrie, par cet ouvrage dans lequel règnent à-la-fois, une clarté et des développemens qui ne laissent rien à desirer.

Je terminerai cet article en donnant une idée d'un ouvrage tout récent, qui appartient, à la vérité, à une géomètrie plus ingénieuse que profonde ; mais qui n'en fait pas moins d'honneur à son auteur, par ses procédés particuliers ; c'est la *Géométrie du compas*, de M. l'abbé Mascheroni (2). On avoit jusqu'à présent fait usage de la règle et du compas pour la

(1) Comme cette expression, *le quarré d'une surface*, pourroit embarrasser quelques lecteurs, nous observerons que le quarré d'une surface ou d'une figure n'est autre chose que la troisième proportionnelle à une surface prise pour unité, et à la surface donnée; ainsi, cela signifie que, prenant une surface quelconque pour unité, et des troisièmes proportionnelles à la surface gissante dans l'espace, et à chacune des trois figures de projection, la première sera égale aux trois dernières ensemble. Le théorême de Pythagore se peut pareillement réduire en pures lignes, en disant : Si ayant une ligne prise pour unité, on prend les troisièmes proportionnelles à l'hypothénuse d'un triangle rectangle, et à chacun de ses côtés, la première de ces troisièmes proportionnelles sera égale aux deux autres ensemble.

(2) *Geometria del compasso*, &c. *Milano*, 179.., *in*-8°. *La Géométrie du compas. Paris*, an 6, ou 1798, *in*-8°.

résolution

résolution des problêmes de la Géométrie plane, et l'on n'avoit guère imaginé pouvoir se passer du secours réuni de ces deux instrumens, d'après les deux premiers *Postulata*, de la Géométrie élémentaire ; savoir qu'on peut tirer d'un point à un autre une ligne droite, et même la prolonger dans tous les sens, comme aussi décrire un cercle d'un rayon et d'un centre donnés. Recherchant si, dans le champ de cette Géométrie élémentaire, cultivée et moissonnée par tant de mains, il restoit encore quelques épis à glaner, M. l'abbé Mascheroni y a trouvé le sujet d'un grand nombre de problêmes piquans, par la nouvelle condition apposée à leur résolution, savoir l'emploi du compas sans aucun usage de la règle. Ainsi, les deux points terminans d'une ligne droite étant donnés, trouver ou entre ces deux points ou extérieurement, autant d'autres points qu'on voudra qui soient avec les premiers en ligne droite, et qui divisent leur intervalle en raison donnée ; tirer à une ligne donnée les perpendiculaires, ou les lignes faisant avec elle des angles donnés, ou parallèles ; décrire et inscrire dans le cercle les divers Polygones qui sont du ressort de la Géométrie plane ; déterminer la moyenne proportionnelle entre deux lignes données, ou plutôt entre les distances données entre deux points, ainsi que les 3e. et 4e. proportionnelles ; tous les problêmes enfin de la Géométrie Euclidienne, sont ici résolus par de simples intersections d'arcs de cercle, sans le tracé d'une seule ligne droite. Plusieurs autres problêmes, dont la plupart beaucoup plus difficiles, occupent ensuite l'auteur, et il les résoud également avec élégance, et par les mêmes procédés. Enfin il résoud par des approximations, très-voisines de l'exactitude, divers autres problêmes qui, d'un ordre supérieur à la Géométrie élémentaire, exigent l'emploi d'autres courbes que le cercle, comme la duplication, la multiplication, ou sous-multiplication du cube, les sous-divisions de l'arc ou de la circonférence, qui ne dérivent pas de celles qui dépendent de la Géométrie plane, et divers autres problêmes qu'il seroit trop long d'indiquer ici.

Ceci nous est une occasion de rappeler quelques essais de ce genre, mais incomparablement moins savans ; comme le problême proposé par Tartalea à Cardan, de construire tous les problêmes d'Euclide, avec une seule et même ouverture de compas, mais en y admettant la règle ; problême sur lequel J. B. Benedictus donna ensuite un ouvrage. Schooten, dans son commentaire sur la Géométrie de Descartes, parle aussi d'un ouvrage anonyme et sans date, intitulé *Géometria peregrinans* dont l'auteur se proposoit de résoudre tous les problêmes de Géométrie pratique et militaire pour la plupart, en s'interdisant l'usage du compas et de tout autre instrument propre à décrire un arc de cercle. On en a donné une idée et quelques exemples dans les récréations mathématiques, de l'édition de 1778, mais ce ne sont là que des jeux d'enfans, en comparaison des procédés de M. l'abbé Mascheroni, et de la Géométrie sur laquelle ils sont fondés.

III.

La branche la plus intéressante de l'Analyse finie seroit, sans doute, la résolution générale des équations. Car l'analyse d'un problême conduit toujours finalement, quand il est résoluble et attaqué par les moyens convenables, à une équation d'un degré quelconque. On auroit donc toujours la solution d'un problême qui conduiroit à une équation finie.

Mais, il faut en convenir, les progrès qu'on a faits dans cette théorie, n'ont pas répondu à ce qu'on étoit en droit d'espérer à la fin du 16me. siècle. En voyant Tartalea, Cardan, Ferrari, résoudre vers le milieu de ce siècle, les équations du 3e. et du 4e. degré, sauf quelques limitations, comme celle du cas irréductible, il sembleroit que deux siècles et plus d'efforts des meilleurs esprits, auroient dû y ajouter quelques degrés. Viete, Harriot, Descartes, Neuton, Maclaurin, &c. ont montré divers propriétés des équations en général, qui servent à en trouver la résolution dans divers cas, mais ce n'est point là une solution satisfaisante, et suffisante pour l'esprit géométrique. Les plus puissans Analystes modernes, comme les Euler, les Lagrange, les Besout, &c. ont ajouté beaucoup de choses intéressantes à ce que les précédens nous avoient appris. Enfin pour me servir d'une comparaison métaphorique, les dehors de la place sont enlevés de toutes parts ; mais renfermé dans son dernier réduit, le problême s'y défend encore en désespéré. Chaque nouvel effort pour l'y forcer, rencontre de nouveaux retranchemens plus redoutables que les précédens. Quel sera le génie heureux qui l'emportera d'assaut ou le forcera de capituler.

Nous ne reviendrons pas ici sur les efforts des Analystes du 16e. siècle, pour la résolution des équations. Ils n'attaquèrent proprement, si l'on en excèpte Viete, que les équations des 3e. et 4e. degré ; et c'étoit bien assez, vû l'énorme distance qu'il y a de la résolution des équations du second degré à celle de ces derniers. Viete qui fit voir beaucoup de propriétés appartenant aux équations en général, imagina un moyen qui a de l'analogie avec la simple extraction des racines. En effet, quand on extrait, par exemple, la racine cubique d'une quantité connue,

10. on ne fait autre chose que trouver la valeur ou une des valeurs de l'inconnue dans l'équation $x^3 = 10$. Si donc au lieu de $x^3 = 10$, on avoit $x^3 \pm 2x = 10$, ou $x^3 \pm mx = 10$ (m étant un nombre quelconque) il étoit naturel de penser qu'en modifiant l'extraction ordinaire, on l'appliqueroit à ce cas. C'est ce que fit Viete, et il appela cette opération *Exegetice numerosa*, dont il donne plusieurs exemples dans un de ses ouvrages. Mais quoi qu'elle soit applicable à des équations de degrés supérieurs, ellle est si laborieuse et elle exige tant d'attention dans la formation des différens nombres à ajouter ou à soustraire, que c'est déjà beaucoup que de l'employer pour les équations du 3e. ou quatrième degré, et même pour celles du 3e. degré, en faisant disparoître le second terme, ce qui les réduit toujours à cette forme, $x^3 \pm mx = A$.

Cette méthode a été fort étendue, développée et simplifiée par Harriot, dans son *Artis analyticae praxis*, dont la moitié est employée à en donner des exemples. Ougthred, son compatriote, l'a aussi beaucoup cultivée dans sa *clavis geometrica*, ainsi que le Géomètre Italien, Renaldini (1). Mais malgré leurs efforts pour la rendre moins embarrassante, on ne peut s'empêcher d'être effrayé de la prolixité des calculs et même des tatonnemens qu'elle exige ; ce qui, à dire vrai, est aussi un défaut de notre vulgaire extraction des racines quarrées et cubiques. Ainsi je doute que quelqu'un soit tenté de l'employer même dans les équations du troisième degré.

Tout le monde connoît aujourd'hui les découvertes d'Harriot, sur la nature et la formation des équations, la composition du coefficient de chaque terme &c. On ne peut s'empêcher de reconnoître qu'il a jetté par là les fondemens d'une théorie qui, si elle n'a pas procuré la résolution générale des équations, a du moins ouvert une foule de routes particulières pour y arriver dans un grand nombre de cas. L'observation que fait Harriot, et qu'à la vérité, Viete avoit déjà fait savoir, que le dernier terme, ou terme connu, d'une équation quelconque, est le produit de toutes les racines de l'équation, est une des plus fécondes. Car dans une équation numérique, dégagée de fractions et d'irrationalités, où le premier terme a l'unité pour coefficient, si une des racines est un nombre entier, ce sera nécessairement un des facteurs du dernier terme. Il n'y a donc qu'à essayer chacun de ces facteurs, et celui qui rendra l'équation égale à zero, sera une des valeurs de l'inconnue. Si aucune

(1) *Caroli Renaldini, patricii Anconitani, &c. Opus mathematicum, in quo utraque algebra, tam vetus quam nova, &c. novis praeceptis ac demonstrationibus illustratur, &c. Bonon.* 1655, *in-4o.*

de ces tentatives ne réussit, cette valeur sera irrationnelle, ou peut-être imaginaire, car elle ne sauroit être une fraction.

Mais cette méthode, dans les cas même où les racines sont des nombres, entiers a ses embarras. Car il peut arriver que ce dernier terme ait tant de diviseurs qu'il seroit extrêmement laborieux de les essayer tous. D'ailleurs il y a ici une sorte de tatonnement que les Mathématiciens ont toujours réputé un défaut. C'est pour cela que les Analystes, ont imaginé de rechercher les limites des équations, c'est-à-dire, entre quels termes sont renfermées la plus grande et la plus petite des racines. Le célèbre ami de Descartes, M. de Beaune, entra le premier dans cette carrière qui fut aussi frayée par Schooten, Bartholin et d'autres. Mais Neuton (1) et Maclaurin (2) ont donné des moyens de resserrer beaucoup davantage ces limites, ensorte qu'il est rare que la plupart des facteurs inutiles n'en soient exclus. Dans cette équation, par exemple, $x^5 - 2x^4 - 10x^3 + 30x^2 +$ [illegible]$3x - 120 = 0$, le dernier terme 120 a 16 facteurs. Ainsi il pourroit y avoir 32 opérations à faire en les essayant positivement et négativement, avant que d'être assuré s'il y a ou non, une racine en nombre entier; mais la règle enseignée par Neuton, apprend aussi tôt que les termes entre lesquels sont compris les racines entières s'il y en a, sont 2 et -3, de sorte qu'il n y a d'essai à faire que sur 1 ou -1 ou -2, et comme aucun ne réussit, on peut prononcer avec certitude que l'équation ci dessus n'a aucune racine rationnelle. On donne dans la note B, un précis de ces deux méthodes des limites de Neuton et Maclaurin.

On a dit à dessein que cette méthode sera fort utile, lorsque les racines cherchées seront peu inégales entre elles. Car si elles l'étoient beaucoup, comme si dans l'équation précédente l'une approchoit de l'unité, l'autre de 120, elle seroit de peu d'utilité puisqu'alors tous les facteurs tomberoient entre des limites fort éloignées. Il faut donc dans ce cas un autre moyen de diminuer la multitude de ces essais. En voici un fort ingénieux et qu'enseigne Schooten (1), qui en fait honneur à un M. Wassenaar. Il consiste à augmenter ou diminuer les racines de l'équation proposée, d'un nombre donné, de l'unité par exemple, et alors si une racine de la première équation est un des facteurs de son dernier terme, ce facteur doit se trouver augmenté ou diminué de l'unité parmi ceux du dernier terme de la nouvelle équation. Il faudra donc prendre tous ces facteurs, les diminuer

(1) *Arithm. universalis*, *de limit. aequat.* p. 258, *éd.* 1722.

(2) *A treatise of algebra.* p. 170, *éd.* 1756.

(2) *Comm in Cartesii geom. lib.* III. p. 307, *édit.* 1659.

ou augmenter de l'unité, au contraire de ce qu'on aura fait à l'égard de l'équation proposée ; les seuls nombres qui seront les mêmes que les facteurs du dernier terme de celle-ci, pourront être ces racines. On en exclura d'abord par-là un grand nombre, et une seconde opération donnera souvent l'exclusion à la plupart de ceux que la première aura épargnés, quelquefois à tous, si l'équation proposée n'a aucune racine rationnelle. C'est ce qui arrive dans l'équation proposée ci-dessus $x^5 - 2x^4$ &c. car en diminuant de l'unité les racines de cette équation (ce qui se fera en substituant $y + 1$ et ses puissances, à x et ses puissances) on aura celle-ci $y^5 + 3y^4 - 8y^3 - 2y^2 + 90y - 38$. Or, les seuls facteurs du dernier terme sont 1, 2, 19, 38, qui augmentés de l'unité (parce qu'on avoit diminué la valeur de x de l'unité) sont 2, 3, 20, 39. Or, dans ce nombre il ne se trouve que 2, 3, 20, qui soient communs avec les facteurs de 1 0. Tous les autres sont conséquemment exclus, et si l'on essaye ceux ci, on verra presque au premier coup d'oeil, qu'aucun ne réussit à rendre le dernier terme de l'équation $x^5 - 2x^4$ &c. $= 0$.

Mais on s'évitera même cette tentative ; car si l'on augmente les racines de l'équation $x^5 - 2x^4$ &c. de l'unité (en substituant à x et ses puissances, $y - 1$ et ses puissances) on aura $y^5 - 7y^4$ &c. $- 146 = 0$, où les facteurs du dernier terme sont 1, 2, 73, 146, qui diminués de l'unité sont, 0, 1, 72, 145 — où il n'y a que 1 de commun avec les diviseurs de l'équation proposée. Tout se réduira donc à essayer 1 ou -1, que du premier abord on verra ne pouvoir convenir.

Il n'est au surplus rien moins que nécessaire de former les équations entières y^5 &c. Car il est facile de voir que si à x, on substitue $y + 1$, tous les derniers termes de $y + 1$ et ses puissances, seront $+ 1$. Ainsi le dernier terme de la nouvelle équation, ne sera autre chose que la somme des coefficiens des termes de l'équation proposée, pris avec leurs signes, en y ajoutant sous son signe, le dernier terme de l'équation proposée. Mais si l'on augmente les racines de cette équation, en substituant $y - 1$ à x, il faudra seulement changer les signes des coefficiens des puissances impaires, parce que les puissances impaires de $y - 1$, ont -1 à leur dernier terme.

Lorsque par cette voie ou par quelqu'autre, car il y en a plusieurs, on s'est assuré qu'aucune racine de l'équation proposée n'est rationnelle ni un nombre entier, il reste à tenter si elle n'est pas irrationnelle quoique réelle. Il y a encore des moyens pour cela. L'un des plus simples est de supposer l'inconnue successivement 1, 2, 3, &c. ou $-1, -2, -3$, &c. il en résultera une suite de valeurs successives, entre deux desquelles se trouvera le terme connu, à moins que la valeur ne soit imaginaire. Supposons donc que le résultat de cette substitution, en faisant x égal à 36, soit moindre que le terme connu; et qu'en faisant $x = 37$, ce résultat soit plus grand, on pourra dire avec assurance, que la valeur cherchée ou une des valeurs cherchée est une irrationnelle entre 36 et 37, puisqu'elle ne peut être une fraction. M. de Lagny fait sur cela une observation (1) qui facilite beaucoup cette tentative, en réduisant l'opération à de simples additions successives. Car il observe et il démontre que dans une équation complète quelconque, si au-lieu de l'inconnue on substitue successivement des valeurs qui soient en progression arithmétique, la seconde différence des valeurs successives en résultantes, pour l'équation quadratique; la troisième pour l'équation cubique; la quatrième pour celle du quatrième degré, &c. sera toujours la même, savoir, deux fois la différence de la progression, pour l'équation du second degré, six fois cette différence pour l'équation cubique, vingt-quatre fois pour la biquadratique, &c. Ainsi si l'on substitue les termes de la progression, 1, 2, 3, &c. ou —1, —2, —3, &c. la seconde différence sera 2, pour l'équation quarrée; la troisième pour l'équation cubique sera 6, la quatrième sera 24 pour la biquadratique, &c. Ainsi la formation de ces résultats de la substitution de 1, 2, 3 &c. ou de —1, —2, —3, &c. après deux résultats successifs n'exige plus que de simples additions. Il faut pourtant convenir que si la valeur étoit un très grand nombre, ce procédé seroit excessivemement laborieux. Remarquons enfin ici que, si ces résultats, après avoir augmenté, par exemple, en s'approchant du terme connu, prenoient tout-à-coup une marche contraire, ce seroit un signe qu'il n'y a dans l'équation aucune racine réelle, et qu'elles sont toutes imaginaires, ce que nous ferons voir dans la suite.

Nous voilà enfin parvenus, quoique assez laborieusement, à reconnoître qu'une équation a au moins une ou quelques racines réelles, quoiqu'irrationnelles; il faut en trouver l'expression ou du moins la valeur approchée. C'est la première de ces alternatives qui a fait de tout temps la difficulté. Car pour cet effet, il faut résoudre l'équatiom, comme on résoud l'équation du second degré, ou celle du troisième, ou celle du quatrième, et c'est-là la pierre d'achoppement qu'on n'a point encore pu lever, quelques tentatives ingénieuses qu'on ait faites.

Deux voies, cependant, se présentent d'abord; l'une de tenter si l'équation proposée n'est pas le produit de plusieurs équations complexes, ou dans le cas où elle seroit de dimension paire, s'il n'y auroit pas quelque quantité complexe qui, ajoutée

(1) *Mém. de l'acad.* 1712.

de part et d'autre de l'équation disposée d'une certaine manière permît l'extraction de la racine quarrée de chaque membre. M. Hudde a tenté le premier de ces deux moyens dans son écrit *De réductione aequationum* (1). Il y donne un grand nombre de règles utiles pour discerner si l'équation proposée est réductible, comme on vient de le dire. Il a aussi donné des tables de formes d'équations qui sont susceptibles de cette division avec les diviseurs, soit simples, soit composés, comme $x^2 \pm ax \pm b$; qui peuvent les diviser et qui en soient conséquemment les facteurs. Mais c'est un bien petit nombre de cas, que celui des équations ainsi réductibles. M. Wallis nous apprend que tandis que M. Hudde s'adonnoit en Hollande à cette recherche, un de ses compatriotes, nommé Merry, en faisoit autant en Angleterre. Mais ses écrits n'ont pas vu le jour. Ils ont été seulement déposés dans une des bibliothèques d'Oxford; Wallis en a extrait quelques tables ressemblantes à celles de M. Hudde, et les a insérées dans son algèbre.

M. Neuton a tenté la même voie dans son *Arithmetica universalis*, et il a donné des règles au moyen desquelles par la substitution des termes d'une progression arithmétique à la place de l'inconnue, et par ce qui en résulte, on peut trouver des équations, soit du premier soit du second degré, s'il y en a, qui diviseront l'équation proposée.

La seconde des voies indiquées ci-dessus, a encore été tentée par Neuton. Il a cherché à réduire les équations de degrés pairs, en ajoutant, de part et d'autre, quelque quantité complexe qui rende chaque membre susceptible de l'extraction de la racine quarrée. Alors l'équation est réduite à la moitié de sa dimension ; c'est ainsi que Ferrari avoit resolu l'équation du quatrième degré. On voit les règles de Neuton pour cet effet, dans son *Arithmetica universalis*. Mais elles sont si laborieuses, elles exigent tant d'essais et le concours de tant de conditions, qu'on ne peut guères les regarder que comme une curiosité analytique. Elles ont, néanmoins cet avantage, qu'on peut souvent appercevoir dès les premiers pas que la réduction est impossible, ce qui épargne un travail ultérieur.

M. Leibnitz n'a pas moins travaillé que Neuton, à cette partie de l'Analyse, et ce qu'il dit dans une de ses lettres à Collins (1), écrite en 1676, nous donne de grands motifs de regreter que ses méditations sur ce sujet, n'aient jamais vu le jour. « Je me suis, » dit-il, fort occupé de la manière de trouver généralement, » les racines irrationnelles des équations, ou de faire évanouir » tous les termes moyens, et il y a déjà un an, au printemps

(1) *Schooten; Comment. in Cartesii geom.* tom. II.

(2) *Comm. Epistolicum*, p. 63, 64, 95, *éd. in-4°*.

» passé, que je communiquai à M. Huygens, des essais semblables aux formules de Cardan ; car j'avais une suite d'expressions semblables (pour tous les degrés) dans laquelle étoient comprises ces formules. Mais elles n'étoient pas générales au-delà du troisième degré. Je crois cependant avoir apperçu la vraie méthode pour aller plus loin. A la vérité il reste encore bien des artifices à imaginer pour en venir à bout ; ce que je laisse à M. Tschirhausen, qui est parvenu de son côté aux mêmes résultats, et qui a même été au-delà. Au reste de mes méditations sur ce sujet, il suit un paradoxe assez singulier ; c'est que toutes les équations du huitième, neuvième et dixième degrés, peuvent s'abaisser au septième, &c. Si quelqu'un avoit le courage d'en entreprendre le travail, je lui enseignerois une méthode générale et infaillible, pour touver les racines de toutes les équations. »

Nous ignorons si Leibnitz ne promettoit pas trop en annonçant ces dernières découvertes. Il y a quelque lieu de le craindre. Car il n'est pas rare de voir les plus habiles gens, sur la foi d'un calcul ou d'une méthode qui semble devoir réussir, se croire déjà en possession de l'objet de leurs recherches. Mais souvent des obstacles imprévus et insurmontables, ferment une route qui leur paroissoit ouverte. M. Leibnitz, eut été probablement dans ce cas, lorsqu'il auroit voulu mettre la dernière main à son calcul, et peut-être est-ce, en effet, ce qui lui est arrivé. C'est sur une lueur semblable qu'en 1676, il annonçoit pouvoir réduire la quadrature de l'hyperbole à celle du cercle ; ce qu'il a ensuite rétracté, au moins par son silence.

Quoiqu'il en soit, il ne nous est parvenu de toutes ces méditations de Leibnitz, qu'une méthode très-ingénieuse pour le cas irréductible des équations cubiques (1). Il résout en série infinie chacune des deux expressions radicales du troisième degré qui composent la formule de Cardan, et il arrive que les termes qui renferment la quantité négative, sous le signe radical du second degré, sont affectés de signes différens dans l'une et dans l'autre suite, en sorte qu'ajoutant ensemble ces deux suites, ces termes compliqués d'imaginaires disparoissent, et il n'en reste que de réels qui composent une suite qui est la valeur de la formule. Il est vrai qu'on a par-là, pour une valeur finie, et qui doit être assignable en termes finis, une suite infinie. Mais il n'en résulte pas moins cette vérité, que cette expression, quoiqu'en apparence imaginaire, a cependant une valeur réelle.

Ce que M. Leibnitz n'avoit fait qu'indiquer, a été davantage

(1) *Commercium Epistolicum*. ibid. *éd. in*-4°.

développé

développé par M. Nicole, dans les mémoires de l'académie, pour l'année 1738. Il a même été plus loin que Leibnitz : car il enseigne à sommer cette suite dans bien des cas. Il est fort à croire que M. Nicole avoit trouvé de lui-même cette invention et qu'il n'avoit jamais lu le *Commercium Epistolicum.*

M. de Tschirnhausen, proposa en 1683, dans les actes de Leipsik, une méthode qui devoit mener selon lui à la résolution des équations. Elle consistoit à faire évanouir à-la fois tous les termes de l'équation proposée, entre le premier et le dernier, ce qui la réduisoit dès-lors, à l'équation simple de l'inconnue élevée au degré de l'équation, avec un terme connu. J'avoue n'avoir pas donné dans la première édition de cet ouvrage, une idée convenable de cette méthode, et même l'avoir traitée de pétition de principe ou de paralogisme, faute dans laquelle une certaine précipitation, trop familière à M. de Tschirnausen, l'a souvent entraîné, au jugement même de Leibnitz et Bernoulli. Le P. Prestet, l'en accuse formellement à cet occasion (1). Mais le C. Lagrange analysant les différens moyens imaginés pour résoudre les équations, en porte un jugement tout contraire; il fait voir dans un mémoire sur ce sujet, qu'on lit parmi ceux de l'académie de Berlin, pour les années 1770 et 1771, que la méthode de M. de Tschirnhausen, a l'avantage d'être plus directe et plus générale; qu'appliquée à la résolution des équations du troisième degré, elle ne conduit qu'à une équation du second; qu'employée pour le quatrième elle ne conduit qu'à une équation du troisième, tandis que les méthodes de Ferrari et de Descartes mènent à une du sixième, qui est à la vérité réductible à celle du troisième &c. ce qui la ramène au troisième; si donc cela se soutenoit dans les degrés ultérieurs, une équation du cinquième degré ne dépendroit que de la solution d'une autre du quatrième, et ainsi de suite. Mais malheureusement cette marche ne se soutient pas. L'équation du cinquième traité à la manière de M de Tschirnhausen, conduit à une équation du vingt-quatrième degré, ce qui n'empêche pas le C. Lagrange de la regarder comme une des deux seules méthodes qu'il connoisse propres à donner des espérances de succès, si l'on peut parvenir à lever quelques difficultés qu'il examine. L'autre méthode est celle de MM. Euler et Bezout dont nous parlerons en son lieu.

Parmi les Analystes du siècle dernier, ou du commencement de celui-ci, M. de Lagny est un de ceux qui s'appliquèrent avec le plus de suite et de persévérance à la résolution générale des équations. On a de lui un volume entier sur ce sujet, qui fait

(1) *Elémens des Mathématiques*, &c. Paris, 1673, *in*-4°. it. 1687, 2 vol.

partie des anciens mémoires de l'académie des sciences avant 1699, sans compter quelques mémoires sur le même sujet, insérés parmi ceux des années 1705, 1706 et 1710. On ne peut s'empêcher d'y reconnoître beaucoup de vues ingénieuses, mais elles ne l'ont pas mené loin en ce qui concerne son objet principal. C'est le jugement qu'en porte M. Halley (1), jugement qui semble confirmé par les analystes postérieurs, qui ne me paroissent pas avoir fait grande attention à ces méthodes. Ce qu'il paroît y avoir de mieux, ce sont ses méthodes d'approximation et d'abréviation. C'étoit là le fort de M. de Lagny.

L'ouvrage de M. Laloubère, l'auteur du voyage à Siam, quoiqu'intitulé *la résolution des équations*, n'a pas été plus utile pour la solution du problême, et malgré quelques approbations avantageuses de M. Halley, qui paroissent un pur effet de son honnêteté, cet ouvrage semble mériter l'oubli où il est tombé.

On en peut dire autant des tentatives de M. Rolle, quoique si profondes, qu'elles en sont quelquefois à-peu-près inintelligibles (2). Ses procédés, comme *sa méthode des cascades*, ainsi nommée parce qu'on y abaisse successivement l'équation proposée, de degré en degré; son *arbre de retour*, ne paroissent pas avoir fait fortune auprès des analystes. Cependant à travers cette obscurité, on entrevoit dans sa *méthode des cascades*, de l'analogie avec celle que d'autres analystes, comme Neuton dans son *Arithmétique universelle*, ont donnée depuis, en s'étayant des principes du calcul différentiel et de la théorie des courbes.

Mais en voilà assez pour le moment. Il nous a paru qu'avant d'aller plus loin nous devions présenter au lecteur ce court tableau de ce qui avoit été fait sur cet objet, jusques vers la fin du siècle dernier et dans les premières années de celui-ci.

IV.

Nous avons exposé dans l'article précédent les premiers efforts des géomètres, pour la résolution générale des équations. leur succès imparfait a nécessité d'approfondir, tantôt à l'aide de l'Analyse pure, tantôt au moyen de l'Analyse combinée avec la Géométrie, les symptômes et les propriétés des équations ; et de ces recherches il est résulté une théorie intéressante qui doit nécessairement faire partie de cet ouvrage.

Mais avant d'entrer dans cette nouvelle carrière, nous croyons devoir présenter quelques considérations particulières sur les racines imaginaires des équations. Ces racines jouent en effet

(1) *Trans. philos.* année 1694.

(2) *Traité d'algèbre*, Par. 1690, *in*-4°.

dans cette théorie, un si grand rôle, qu'il est nécessaire d'en dire ici quelque chose de plus que ce qu'on a pu faire jusqu'ici. La détermination de ces racines ou de leur nombre, est même une recherche essentielle à une résolution complette; c'est pourquoi nous allons faire ici quelques réflexions sur la nature de ces racines et leur nécessité métaphysique dans l'Analyse.

Il est suffisamment connu du plus médiocre algébriste, qu'une expression radicale d'un degré pair, qui renferme sous le signe radical une quantité négative, est inexplicable et impossible. Car qu'une quantité soit positive ou négative, ses puissances paires seront toujours positives. D'où il suit que la racine d'un quarré, ou d'un quarré quarré, ou d'un quarré cube négatif, est un être de raison ou une chose impossible. Ainsi toutes les fois que la résolution d'un problême conduit à de semblables expressions et que parmi les différentes valeurs de l'inconnue il n'y en a que de telles, le problême, ou pour mieux dire ce qu'on demande est impossible. C'est là de l'algèbre la plus élémentaire.

Il ne l'est guères moins de savoir que ces racines ne peuvent jamais marcher que deux-à-deux, en sorte que se multipliant l'une l'autre, leur produit soit réel. Ainsi dans cette équation du second degré, $x^2 - 2x + 4 = 0$, ou $x^2 - 2x = -4$ dont les deux racines sont l'une $1 + \sqrt{(1-4)}$, ou $1 + \sqrt{-3}$, l'autre $1 - \sqrt{-3}$, ces racines sont imaginaires; le problême qui conduiroit à une pareille équation, seroit impossible ou ne présenteroit qu'une demande absurde. Ce problême seroit en effet celui-ci. *Etant donné le nombre* 2, *le partager en deux parties telles que leur produit soit égal à* 4, ce qui est évidemment impossible; le plus grand produit de deux parties d'un nombre ou d'une ligne ne pouvant excéder le quarré de la moitié du tout. Le produit des deux racines ci-dessus est néanmoins réel, car il est précisément 4, et il faut bien que cela soit; autrement en multipliant suivant la règle de la composition des équations, $x - 1 + \sqrt{-3} = 0$; $x - 1 - \sqrt{-3} = 0$, on trouveroit dans quelque terme le radical imaginaire $\sqrt{-3}$. Il doit donc s'effacer dans la multiplication, et cela ne peut se faire qu'autant qu'une de ces expressions ayant cette forme $\pm A + \sqrt{-B}$, sa correlative aura celle-ci $\pm A - \sqrt{-B}$. Mais l'équation ci-dessus ne peut passer au degré immédiatement supérieur, que par la multiplication d'une quantité réelle, par exemple, $x \pm 1$ ou autre semblable pour que ce produit soit tout réel, comme $x^3 - x^2 + 2x + 4$, ou $x^3 - 3x^2 + 6x - 4$. Le simple progrès de l'opération montre que si dans ce troisième multiplicateur il y avoit quelque quantité imaginaire, elle paroîtroit nécessairement dans un ou plusieurs termes du produit qui seroit alors imaginaire. Ceci montre d'abord, sauf une démonstration plus rigoureuse, que toute équation du troisième degré, et même de degré impair a nécessairement au moins une racine réelle, ou que le problême est au moins possible d'une manière ou de 3 ou de 5, selon l'élévation de l'équation.

Il falloit bien que l'Analyse conduisît à des expressions de cette nature singulière. Car puisque toute question analytique ou géométrique peut être mise en équation, fut-elle même absurde comme le problême ci-dessus, si toute équation devoit donner une valeur quelconque réelle ou possible à son inconnue, tout problême seroit possible. Il doit cependant y en avoir et il est facile de s'en proposer qui impliquent contradiction par des conditions inconciliables. Que fait alors la nature ou la souveraine raison, qui a tout établi *in numero, pondere et mensura?* il falloit qu'elle répondît ; elle le fait, mais elle s'enveloppe dans une expression inexplicable ou à laquelle rien ne répond dans la nature des choses. Ce sont les quantités imaginaires, et telle est leur origine nécessaire.

Ce paroîtroit aussi être la raison pour laquelle la résolution ordinaire de certains cas de l'équation cubique conduit à une expression composée de deux quantités imaginaires ; car l'expression générale qui résulte de cette résolution ne peut avoir qu'une valeur ; elle pouvoit donc suffire dans les cas où l'équation n'a qu'une racine ; mais lorsque par la constitution des coefficiens, elle en a trois, l'Analyse induiroit en erreur ; ce qui n'est pas possible. Car une suite de raisonnemens mathématiques ne sauroit aboutir à une chose fausse. Je ne vois d'ailleurs nulle raison pourquoi elle dût donner une des racines plutôt que l'autre. Elle s'enveloppe donc d'une expression qui, quoique réelle au fond, est cependant inexplicable dans les termes ordinaires. Mais comme deux quantités imaginaires peuvent, soit par la multiplication, soit par l'addition ou soustraction, donner des quantités réelles, on auroit tort d'inférer de la forme que prend l'expression de l'inconnue dans le cas en question, que cette expression est impossible. Elle n'en a que l'apparence et l'extérieur, au fond elle est très-réelle. On verra ailleurs de ces exemples d'imaginaires apparentes, qui ne sont que des tours de calculs, très-singuliers à-la-vérité, mais qui n'en sont pas moins sûrs, quoi qu'on y emploie des expressions qui, chacune à part, sont inexplicables.

Quoique la nécessité de ces expressions soit démontrée par ce qu'on a dit plus haut, il étoit cependant utile d'examiner comment et pourquoi, dans ce cas des équations cubiques, on y tombe nécessairement en employant la méthode de Cardan ou de Tartalea, la seule encore qu'on ait trouvée. C'est ce qu'a fait M. Koenig, dans les mémoires de l'académie de Berlin, pour l'année 1749. Il y fait voir que cela vient de la supposition employée dans cette méthode de résolution, supposition raisonnable et possible dans tous les cas de l'équation $x^3+px\pm q=0$, mais qui implique quelquefois contradiction ou impossibilité dans l'équation $x^3-px\pm q=0$; savoir, lorsque $\frac{1}{4}q^2<\frac{1}{27}p^3$.

En effet, suivant la méthode en question, on suppose $x=y+z$, et substituant ensuite dans l'équation proposée, au lieu de x^3 et x, les puissances semblables de $y+z$, on a dans le premier cas l'équation transformée $y^3+3y^2z+3yz^2+z^3+p(y+z)+q=0$, on suppose ensuite $3y^2z+3yz^2+p(y+z)=0$ & $y^3+z^3\pm q=0$. De la première on tire, en divisant par $y+z$, $y=-\frac{p}{3z}$, d'où résulte $x=z+y=z-\frac{p}{3z}$. Or, dit M. K., quelle que soit x, cette expression est possible, (car en résolvant cette équation, ou cherchant la valeur de z en x, on trouve $z=\frac{x}{2}\pm\sqrt{(\frac{1}{4}x^2+\frac{1}{3}p)}$ expression possible dans tous les cas.

Mais il n'en est pas de même dans l'autre cas; savoir de $x=z-\frac{p}{3z}$, car on trouve par le même procédé $z=\frac{x}{2}\pm\sqrt{(\frac{1}{4}x^2-\frac{1}{3}p)}$, expression impossible, si x n'est pas plus grand que $\sqrt{\frac{4}{3}p}$. La valeur de z sera donc impossible dans ce cas; et alors la supposition de $x=y+z$ le sera elle-même. Elle doit donc conduire à une expression absurde, ou du moins inexplicable, comme est alors la formule de Cardan.

Ce qu'il reste à prouver ici, c'est que, dans le cas où $\frac{1}{4}q^2$ est moindre que $\frac{1}{27}p^3$, on a aussi x^2 moindre que $\sqrt{\frac{4}{3}p}$. En voici la démonstration: l'équation $x^3-px\pm q=0$ se réduit, comme l'on sait, à celle-ci $x^3-3aax\pm 2a^2c=0$, (en faisant $3aa=p$ ou $a=\sqrt{\frac{1}{3}p}$, & $2aac=q$, d'où résulte $c=\frac{3q}{2p}$), dont les racines (c étant moindre que a), sont toutes trois réelles, et sont exprimées par trois cordes, tirées dans le cercle dont le diamètre est a; la première de ces cordes est celle du tiers de l'arc, dont c est la corde; la seconde, celle de son supplément au cercle; et la troisième, celle de l'arc composé de l'arc donné et de la circonférence. Or, la plus grande de ces cordes, quelle qu'elle soit, est moindre que le diamètre a, et conséquemment que $\sqrt{\frac{1}{3}p}$. Elle l'est donc, à plus forte raison, que $\sqrt{\frac{4}{3}p}$. M. Kœnig démontre cela d'une manière un peu différente, mais qu'il eût été trop long de développer.

Je ne sais cependant si cette solution de M. Koenig lève entièrement la difficulté: car on peut dire qu'une supposition impossible doit nécessairement conduire à une expression absolument impossible. Mais quoique chacun des membres de la formule de Cardan soit, dans le cas qu'on examine, absolument impossible, leur réunion donne une expression, à la vérité, inexplicable sous cette forme, mais qui n'est rien moins qu'impossible, puisque développée en série, comme l'ont fait Leibnitz et M. Nicole, elle se réduit à une expression finie et même susceptible en certains cas de sommation absolue.

Remarquons ici que M. Kuhn, professeur de mathématiques à Dantzick, dans un ouvrage intitulé *De aequationum cubicarum resolutione*, ne donne sur ce sujet que des idées très-fausses et fondées sur un déraisonnement Analytique. Car il en résulteroit que $\sqrt{-1}$ est la même chose que $-\sqrt{1}$. On a aussi de lui dans les mémoires de Petersbourg, pour les années 1750 et 1751, un très-long mémoire où il prétend enseigner la construction des expressions imaginaires. Mais ce mémoire qui n'a pas moins de 73 pages in-4°. d'étendue, ne vaut pas la peine d'être suivi (1). C'est le cas d'un autre calcul semblable d'un anonyme qui, dans les actes de Leipzick, de 1765, prétend prouver qu'une équation cubique peut avoir quatre racines. Chercher dans de pareils calculs où git l'erreur, ce seroit entreprendre de *trouver*, comme dit le proverbe trivial, *une aiguille perdue dans un grenier à foin*. Il suffit que le contraire soit irréfragablement démontré comme il l'est. Mais revenons à notre objet.

La recherche des moyens de déterminer quand une équation a des racines imaginaires, quel est leur nombre, &c. a occupé divers grands géomètres.

La fameuse règle de Descartes, pour la détermination du nombre des racines positives et négatives des équations, fournit quelquefois un moyen de reconnoître l'existence des racines imaginaires. Car, ayant par exemple, une équation telle que celle-ci $x^5 - 4x^4 + 10x^3 - 40x^2 + 30x - 120 = 0$, où, d'après la règle de Descartes, il pourroit y avoir cinq racines positives, si on la multiplie par $x + 1$, on aura la nouvelle équation $x^6 - 3x^5 + 6x^4 - 30x^3 - 10x^2 - 90x - 120 = 0$;

(1) Ce M. Kuhn étoit un homme à idées fort extraordinaires. On le voit dans un mémoire sur l'*Origine des fontaines*, couronné par l'Academie de Bordeaux en 1741, prétendre que la mer Baltique, à l'embouchure de la Neva, est plus élevée de quelques milliers de pieds qu'à celle de la Vistule, et qu'en somme cette mer forme de-là un plan incliné jusqu'à l'Océan, plus bas lui-même de 3,200 pieds que la Baltique, vers son débouquement; que l'Océan, à l'embouchure de la Seine, est plus haut de 1,000 pieds que celle de la Loire. Même absurdités sur la mer Méditerranée, &c. &c. et dans tout le cours de cette pièce. Ses preuves sont fondées sur un continuel délire en hydrostatique, duquel il conclud enfin que la terre est un sphéroïde très-sensiblement allongé; il eut dû même en conclure, qu'elle ne l'étoit guère moins qu'un œuf de poule.

où il devroit y avoir cinq racines positives et une négative ; cependant d'après cette même règle il y en auroit trois positives et trois négatives. Cela indique que dans la première il y a au moins deux racines imaginaires ; nous disons au moins deux, car il peut fort bien y en avoir quelqu'autre paire, et tel est le cas de l'équation ci-dessus. Car elle a 4 racines imaginaires, savoir, $x = \pm\sqrt{-5}$ &c. $x = \pm\sqrt{-6}$, avec une seule positive, 4. Ce ne seroit pas même une raison suffisante d'assurer qu'il n'y en a point, si par la succession des signes de la nouvelle équation, on trouvoit le même nombre de racines positives ou négatives avec celle qu'on y a introduite. Car ce pourroit être un effet du hazard. Si cependant plusieurs substitutions différentes et de valeurs assez éloignées, s'accordoient avec la première conclusion, ce seroit une sorte d'assurance qu'il n'y en a point. La règle de M. de Lagny est à peu-près dans le même cas.

Il y a cependant un symptôme sûr pour reconnoître si une équation de degré pair a toutes ses racines imaginaires ; c'est qu'en y substituant à son inconnue une valeur quelconque, positive ou négative, le résultat est toujours positif. Ainsi, par exemple, dans l'équation $x^4 + 10x + 30 = 0$, qu'on substitue quelque nombre que ce soit positif ou négatif à x, comme le résultat donne toujours plus, on en peut conclure que cette équation n'a que des racines imaginaires. Elles sont en effet $x = \pm\sqrt{-6}$; $x = \pm\sqrt{-5}$. On verra dans la suite de cet article la démonstration, comme oculaire, de cette règle.

Nous avons dit plus haut qu'il importe dans l'Analyse des équations, de reconnoître le nombre des racines imaginaires qu'elles contiennent, sans être obligé de recourir à leur résolution complète. On connoit facilement dans les équations cubiques ce qui indique les racines imaginaires ; et comme elles ne peuvent être plus de deux, on a tout ce qu'on peut desirer dans ce cas particulier. Mais cette discussion est beaucoup plus difficile dans les équations plus relevées, même à commencer par celles du quatrième degré. C'est pourquoi Neuton a tenté d'y parvenir et a donné pour cela dans son *Arithmetica universalis*, une règle assez simple, mais encore assez imparfaite. Elle n'étoit d'ailleurs pas démontrée, ce qui a engagé MM. Maclaurin et Campbel à s'en occuper (1), et ils sont parvenus non-seulement à démontrer, mais encore à perfectionner la règle de Neuton. On ne peut cependant disconvenir qu'elle laisse encore quelque chose à desirer. M. Stirling dans son savant commentaire du livre de Neuton, sur les courbes du troisième ordre, a aussi travaillé sur ce sujet, et y a employé des considérations particulières,

(1) *Trans. philos.* années 1726-28 et 29.

que M. De Gua a amplifiées (1), et desquelles il a déduit des règles pour le même objet, plus étendues que celles de M. Stirling. Comme ces considérations jettent un grand jour sur cette matière, et en général sur les propriétés des équations, nous croyons devoir en donner une idée.

Supposons une équation telle que celle-ci $y = x^5 + 8x^4 + 11x^3 - 142x^2 + 32x + 224$ (y est l'ordonnée et x l'abcisse). On sait, par la théorie déjà connue des courbes, qu'en donnant à x une valeur successivement plus grande, soit positive soit négative, la valeur de y variera, et que toutes ces valeurs de y étant élevées perpendiculairement ou à angles constans, sur leurs abcisses correspondantes, il en naîtra une courbe qui aura les sinuositées déterminées par l'équation. Telle est (*fig.* 3.) la courbe TIKQLV donnée par l'équation ci-dessus, qui coupe son axe en HGFAB, et qui en est en quelque sorte le tableau. Or, on sait encore qu'en faisant $y = o$, les différentes valeurs de x expriment les distances à l'origine des abcisses, des différens points où elle coupe son axe. Ainsi si l'équation a comme celle ci-dessus, cinq racines réelles, elle coupera cinq fois son axe, et si deux de ces racines sont positives et trois négatives, il y aura du côté positif, que nous prendront toujours à droite, deux points d'intersection et trois du côté négatif. Ici le point O, est l'origine des abcisses ; et les deux racines positives sont OA. OB, et les trois négatives OF, OG, OH. Le côté positif des ordonnées sera au-dessus de l'axe RS et le côté négatif au-dessous. On voit encore que l'ordonnée PM, répondant à OP, devient alternativement positive et négative, en sorte qu'entre deux ordonnées, l'une positive, l'autre négative, il y a toujours et nécessairement un point d'intersection. On doit enfin observer que lorsque l'équation est d'un degré impair, la branche du côté négatif, vient nécessairement d'au-dessous de l'axe et finit du côté positif, par passer au-dessus et s'étendre à l'infini ; ce qu'il est aisé de démontrer en faisant x infini, positif ou négatif. Nous verrons au contraire, que lorsque le degré de l'équation est pair, les deux branches sont toujours du même côté de l'axe, et en dessus ou du côté des ordonnées positives, comme on le voit dans la *fig.* 4 qui représente l'équation du quatrième degré $x^4 - 2x^3 - 28x^2 + 20x + 75 = y$. Cette équation, lorsque $y = o$ donne $x = 3$, $x = 5$, $x = -1$, $x = -5$, en sorte que O étant l'origine des abcisses, la courbe coupe l'axe en A, B, F, G, faisant $OA = 3$, $OB = 5$, $OF = 1$, $OG = 5$.

De-là découle toute la théorie des racines égales, des racines imaginaires, ainsi que diverses propriétés des équations.

(1) *Mém. de l'Acad.* de 1741.

En

En effet, supposons que l'axe RS de la courbe, soit transporté en R'S' en sorte qu'il touche la courbe dans sa partie GKF; cette transposition se fera sans faire autre chose que d'augmenter le terme connu ou la quantité constante du dernier terme représenté par OQ, de la quantité du *maximum* de la sinuosité G K F. Car par-là, toutes les ordonnées positives seront augmentées, et les négatives diminuées d'autant. Alors l'origine de la courbe étant transportée en O', les racines OF, OG, deviendront chacune = O'K; et si la sinuosité ALB, s'étend plus bas que GKF, l'axe coupera encore la courbe de ce côté en A' B' et l'équation aura encore cinq racines réelles, deux positives OA', OB' et trois négatives OK, OK égales, et O H'. Car la branche HT, s'étendant à l'infini, au-dessous de l'axe, il y aura nécessairement encore un point d'intersection de ce côté.

Mais transportons maintenant encore l'axe plus bas, en sorte qu'il touche la sinuosité ALB en L, il ne coupera plus la partie GKF, il n'y aura plus dans l'équation que deux racines positives égales O''L, O''L, une négative réelle O''H'' et deux imaginaires.

Que l'axe enfin soit transposé encore plus bas, de manière à ne plus toucher la courbe en L, il n'y aura plus qu'une racine réelle et négative O''' H''', car par la raison ci-dessus, toute ligne parallèle à l'axe RS et au-dessous, coupera la branche HT, et toute parallèle au-dessus, la coupera au moins une fois dans la branche opposée. Ce qui sert de démonstration à cette vérité de la théorie des équations, savoir, que dans toute équation de degré impair, il y aura toujours au moins une racine positive ou négative. Mais dans une équation de degré pair, il peut n'y en avoir aucune, ou bien deux ou quatre &c. Car transposant l'axe de la courbe de la fig. 4 autant qu'il le faut pour ne couper aucune des sinuosités GLF, ADB, toutes les racines deviendront imaginaires, mais qu'il soit transposé au-dessus, de manière à ne point couper la partie FQA, il coupera encore nécessairement les branches GT, BV qui s'étendent infiniment en hauteur ainsi que latéralement. Ainsi toute équation de degré pair, si elle a une racine réelle, en aura nécessairement une seconde. Enfin elle en aura ou point, ou deux, ou quatre, &c.

Je voudrois pouvoir donner ici au moins les formes des courbes représentatives des équations du troisième degré. On y verroit une singulière et curieuse variété, suivant la nature et la multiplicité des racines de l'équation. Mais cela me meneroit trop loin.

Il est toujours facile de trouver par le calcul la forme de la courbe parabolique représentative d'une équation numérique quelconque. Car faisant d'abord $x = 0$, c'est-à-dire, à l'origine, l'ordonnée est égale au terme connu, il n'y a qu'à faire ensuite

$x = 1$ ou -1. $= 2$ ou -2. on aura autant de valeurs numérales différentes qui répondent à ces différentes abscisses et représenteront leurs coordonnées correspondantes. Lorsque par ce progrès, je veux dire faisant x successivement $= 1, 2, 3$, &c. l'ordonnée devient de positive, négative ou *vicè versa*, cela indique qu'il y a un point intermédiaire où la courbe coupe l'axe, et une racine mitoyenne entre les deux valeurs de x, qui ont rendu l'ordonnée de positive, négative, ou au contraire.

Mais si l'ordonnée après avoir diminué augmente, sans devenir ni zéro, ni négative, c'est un signe que la courbe se relève après s'être rapprochée de l'axe, sans l'atteindre ni la traverser. Ce sont en cet endroit deux racines imaginaires. Si l'ordonnée devenoit zéro et de-là repassoit au positif, ce seroit le signe de deux racines égales. Tout cela est visible par la fig. 5.

Si l'on vouloit avoir des points de la courbe plus rapprochés, on pourroit faire croître l'abscisse x par dixièmes de l'unité; et comme souvent il arrive que les ordonnées résultantes de cette description sont trop grandes pour être contenues dans le champ médiocre du papier, il n'y a alors qu'à les diminuer toutes proportionnellement, en n'en prenant qu'un dixième, un douzième, &c. la courbe aura, comme il est évident, toujours les mêmes propriétés, quant à ses intersections, avec son axe et ses différentes sinuosités, propres à faire connoître toutes les propriétés de l'équation proposée, la nature de ses racines, &c. il est vrai que ce procédé est bien long et bien laborieux.

On peut aussi construire géométriquement, c'est-à-dire trouver avec la règle et le compas, chaque ordonnée répondant à chaque abcisse. M. de Segner a donné pour cela dans les *Nov. comm.* de Petersbourg, t. VII, une construction fort ingénieuse, et susceptible même d'une certaine célérité. Il semble qu'il désiroit, ce qui seroit le complément de cet objet, pouvoir décrire cette courbe par un mouvement continu. Mais il en désespéroit, et dit n'avoir même osé le tenter: il est cependant vrai qu'il en a jetté les fondemens, et ce qu'il n'a en quelque sorte ôsé tenter, a été fait par M. Rowning, géomètre anglois, qui a donné dans les *Trans. Philos.* ann. 1770, la description d'une machine propre à décrire ces courbes paraboliques. Ce sont plusieurs règles parallèles qu'en entraînent d'autres, qui passent par des points que donnent les coefficiens de l'équation, et dont la dernière portant un crayon et un style, décrit la courbe cherchée; mais je ne sais si cette machine réussiroit dans l'exécution, comme elle est ingénieuse dans la théorie. Comme sa description nous meneroit un peu loin, on peut la voir dans les *Trans. philos.* citées ci-dessus, ou à leur défaut, dans l'Encyclopédie par ordre de matières; article *Equation*.

Donnons maintenant une idée de l'application de cette théorie, à la découverte des racines imaginaires d'une équation proposée. Nous prendrons pour exemple un des cas les plus simples, celui d'une équation du second degré, que nous savons déjà avoir deux racines imaginaires, comme celle-ci $x^2 - 2x + 2 = 0$. Car ses deux racines sont $1 \pm \sqrt{-1}$. Supposons $y = x^2 - 2x + 2$ et en suivant ce qu'on a dit plus haut, on trouvera que la courbe parabolique représentative de cette équation sera celle de la figure 5 où l'on voit que cette courbe présente à son axe, qu'elle ne coupe nulle part, un ventre ou convexité, d'où résulte qu'en cet endroit il y a pour la valeur d'y, un *minimum*. Or, on la trouve par le calcul différentiel, égale a 1. Ceci nous suggère que pour trouver dans une équation du second degré, si elle a des racines imaginaires, il faut différencier cette équation; et si elle donne un *minimum*, elle a deux racines de cette sorte. Mais il faut s'assurer si c'est un *minimum* ou un *maximum*, car on sait que la supposition d'$y = 0$; donne indifféremment le *maximum* ou le *minimum*, parce que cette supposition est uniquement fondée sur ce que dans pareils points, la tangente est parallèle à l'axe. Or, pour distinguer le *maximum* du *minimum*, il faut différencier une seconde fois, et voir si cette seconde différence est positive ou négative. Car si elle est positive, cela annonce que c'est un *minimum*, puisque l'ordonnée après avoir décru jusqu'au *minimum*, recommence à croître. Ici, en effet, cette seconde différence est $ddy = 2dx^2$. Ainsi ddy est positif, et sa valeur est aussi positive en prenant dx négativement; d'où l'on conclud avec fondement, que la valeur de y en ce point, est un *minimum* véritable; et les deux racines imaginaires sont la valeur de x, au point de ce *minimum* + ou — $\sqrt{(-\text{la valeur d'}y\text{ en ce point})}$.

Si nous transférons maintenant l'axe des x plus haut, par exemple de la moitié de la valeur de ce *minimum* ou de $\frac{1}{2}$, nous aurons l'équation $y = x^2 - 2x + \frac{3}{2}$ et la traitant de la même manière, on aura encore un *minimum* répondant à l'abcisse $x = 1$; et la valeur d'y sera $\frac{1}{2}$. On trouve en effet les deux racines imaginaires de l'équation proposée, égales à $1 \pm \sqrt{-\frac{1}{2}}$.

En transférant l'axe de x de la quantité entière du *minimum*, donné par la première équation, on le fait toucher la convexité ou le sommet de la courbe, et l'on a l'ordonnée $y = 0$ dans son *minimum*, alors x a deux valeurs égales chacune à 1.

Transportons enfin l'axe plus haut que de la valeur du *minimum* de y, comme de $\frac{3}{2}$, l'équation proposée se transformera en celle-ci $y = x^2 - 2x + \frac{1}{2}$ et l'on trouvera un *maximum* de y, mais négatif, savoir, $-\frac{1}{2}$, répondant encore à l'abscisse $x = 1$; ce qui montre que la courbe passe au-dessous de son axe, et le coupe en deux points, et l'on a pour deux racines de l'**équation**, **les** deux valeurs $1+\sqrt{\frac{1}{2}}$, $1-\sqrt{\frac{1}{2}}$.

Au moyen de cette introduction, nous serons plus courts sur les équations cubiques. Nous prendrons pour exemple l'équation à trois racines réelles et positives $x^3-6x^2+11x-6=0$, dont la courbe représentative, en faisant $y=x^3$ &c. est celle-ci (fig. 6) qu'on voit couper la courbe en trois points du côté positif; et passant d'abord au-dessus, puis au-dessous de l'axe des x. Si l'on cherche les *maxima* des ordonnées y, on en trouvera deux, car prenant la différence de l'équation ci-dessus, et l'égalant à zéro, on aura celle du second degré $x^2-4x+\frac{11}{3}$ dont les racines sont $2\pm\sqrt{\frac{1}{3}}$, ce qui donnera les deux valeurs correspondantes d'y, savoir, une positive $=\frac{2}{3}\sqrt{\frac{1}{3}}$ et une négative $-\frac{2}{3}\sqrt{\frac{1}{3}}$.

Mais nous allons voir naître deux racines imaginaires en abaissant l'axe des y d'une quantité plus grande que $\frac{2}{3}\sqrt{\frac{1}{3}}$, par exemple, l'unité. Il suffira pour cela de diminuer dans l'équation le terme constant 6, de l'unité, et de le faire égal à 5. Traitons donc l'équation $x^3-6x^2+11x-5$, comme on a fait ci-dessus, c'est-à-dire en la différenciant, nous aurons pour les valeurs des deux abcisses, auxquelles répondent les *maxima* ou *minima* indistinctement, les mêmes que ci-dessus, savoir, $2\pm\sqrt{\frac{1}{3}}$ et ces valeurs étant substituées dans l'équation cubique $x^3-6x^2+11x-5$ donneront les deux valeurs de y, $1+\frac{2}{3}\sqrt{\frac{1}{3}}$ et $1-\frac{2}{3}\sqrt{\frac{1}{3}}$ et l'on s'assurera facilement que la première valeur est un *maximum* et la seconde un *minimum*. La courbe ne coupera donc l'axe qu'en un seul point, et conséquemment il n'y aura pour x qu'une valeur réelle et les deux autres seront imaginaires. Si en effet, on résoud l'équation cubique en question, par la voie ordinaire, on trouve pour sa valeur unique positive, réduite en fraction décimales 0, 6875, et pour les deux imaginaires les suivantes, 2, 65525 $\pm\sqrt{-0292}$.

Mais il peut arriver que cette différentiation ne donne aucun *maximum* ni *minimum*, et c'est là le cas de l'équation cubique $x^3+6x+2=0$ qui n'a qu'une racine négative $-\frac{1}{3}$ et les autres imaginaires. Cette équation différentiée, donne $x^2+2=0$, d'où résulte $x=\pm\sqrt{-2}$ quantité imaginaire. Ainsi à plus forte raison y aura-t-il dans ce cas deux racines imaginaires. En effet la courbe représentative de cette équation est celle qu'on voit dans la fig. 7 qui n'a, soit du côté positif, soit du côté négatif, ni ventre, ni sinuosité, mais seulement un point d'inflexion, à-la-vérité, triple.

Cette manière de considérer géométriquement les équations,

est encore utile relativement aux limites de leurs racines; car elle fournit une démonstration oculaire de cette vérité, savoir, que, si en substituant successivement pour l'inconnue deux nombres de plus en plus grands ou de signes contraires, il en résulte des valeurs contraires, c'est-à-dire, l'une positive l'autre négative, il y aura une racine réelle, moyenne entre ces nombres. En effet, l'on verra facilement que l'une de ces valeurs représentant une ordonnée positive de la courbe parabolique, l'autre représentera une ordonnée négative ou au-dessous de l'axe. La courbe passera donc dans l'intervalle de ces ordonnées, et coupera leur distance en un point quelconque, et ce point donnera la valeur de la racine, moyenne entre les deux suppositions de la valeur de x. Si donc ces deux nombres diffèrent seulement de l'unité on aura, en prenant le milieu arithmétique, une racine approchée à moins d'une fraction de l'unité. On pourra même l'avoir encore plus approchée par une considération fort simple. Car si l'on tire (fig. 8) par les extrémités des ordonnées, l'une positive l'autre négative, une ligne droite, elle coupera leur intervalle dans un point qui approchera beaucoup de celui où la courbe le coupe elle-même, vû qu'elle est d'ordinaire fort peu courbe dans un si petit intervalle. Ainsi dans l'équation $x^3 + 6x + 2 = 0$ qui a une seule racine négative, et dont la courbe parabolique représentative est celle de la fig. 9, on a en faisant $x = 0$, on a, dis-je, $y = 2$. En faisant $x = -1$, on a $y = -5$. La ligne tirée par les extrémités de ces ordonnées en divise l'intervalle en deux parties, dont la plus voisine de l'ordonnée positive est les $\frac{2}{7}$ de l'unité. Mais comme la courbe coupe cet intervalle un peu plus loin du côté négatif, en prenant $\frac{1}{3}$ pour valeur de la racine, on approchera beaucoup plus près de la vérité. Et en effet cette supposition à la place de x, anéantira tous les termes de l'équation à $\frac{1}{27}$ près; ce qui annonce que la vraie racine est un peu moindre que $-\frac{1}{3}$ ou $-0,3333$; et en effet elle est plus exactement $-0,2727$.

Cette vérité, au surplus, se démontre aussi au moyen de la pure Analyse. On peut en voir une démonstration rigoureuse et de cette sorte, dans le savant mémoire du cit. Lagrange, sur la résolution des équations numériques, inséré dans le vol. de l'acad. de Berlin de l'année 1767.

On voit aussi par le même moyen, la démonstration d'un artifice de Neuton, pour trouver la limite de la plus grande racine d'une équation. Il consiste à diminuer ses racines d'une quantité telle que tous ses termes soient rendus positifs, alors, suivant la règle de Descartes, toutes les racines deviendront négatives, et la plus grande des positives ne sauroit excéder la quantité qui aura ainsi rendu toute l'équation positive. En effet, qué l'on a l'équation $x^3 - 20x^2 - x + 20$, dont la courbe représentative, est celle de la figure 10, où les trois racines sont OP $= -1$, O$p = 1$; O$\pi = 20$. Si l'on diminue la valeur de x, de 25, par exemple, ce qui se fera en substituant à x, $z + 25$, on aura cette nouvelle équation toute positive, $z^3 + 55z^2 + 874z + 3220$; or l'on voit que par cette opération on n'a fait autre chose que transporter l'origine des abcisses de la courbe, de O en G, au de-là du point π, ce qui rend toutes les racines de l'équation négatives, savoir, Gπ, GP, Gp; ainsi la plus grande racine Oπ de l'équation primitive x^3 &c. est au-dessous de 25, on pourroit même diminuer quelque peu cette quantité 25, et supposer successivement ces racines augmentées de 24, 22, 21, 19. Les trois premières quantités donneroient toujours tous les termes positifs, mais la dernière y introduisant des variations, on en concluroit que la plus grande valeur est entre 19 et 21. Mais je terminerai là ces détails, mon dessein n'étant pas et ne pouvant être de traiter ici à fond cette matière.

La règle par laquelle Descartes enseigne à déterminer, au moins sous quelques limitations, l'espèce des racines d'une équation quelconque, au moyen de la succession de ses signes, méritoit aussi beaucoup la considération des Analistes; car cette règle qui est très-vraie, pourvu que l'équation n'ait aucune racine imaginaire, avoit été donnée par Descartes, sans démonstration, et quoique reconnue généralement pour vraie, je ne sache pas que jusqu'à ces derniers temps, elle eût été démontrée par qui que ce soit. Cela étoit cependant nécessaire, car la géométrie ne se satisfait pas entièrement de la simple induction, quelque prolongée et multipliée qu'elle soit; il lui faut des preuves directes. M. l'abbé De-Gua qui avoit fait de l'Analyse cartésienne une de ses études particulières, a cru, par ces raisons, devoir travailler à démontrer cette règle, et c'est ce qu'il a fait dans les mémoires de l'académie des sciences de 1741, en y employant des considérations, moitié purement Analytiques, moitié semblables à celles qu'on vient de voir employées à la recherche des racines imaginaires des équations. Sa démonstration pleine de sagacité, est sans doute complète, mais il y a une sorte de délicatesse à n'employer en Analyse que des considérations purement analytiques. C'est ce qu'a fait M. de Segner, célèbre géomètre de Hall, dans un mémoire inséré parmi ceux de Berlin de l'année 1756. Il ne s'étaye sur rien de plus que des vérités de la plus pure Analyse. Nous remarquerons en passant que, plus juste envers Descartes que beaucoup d'autres auteurs, il ne fait nulle difficulté de reconnoître que la manière dont s'énonce Descartes est exacte, et de penser qu'il connut la limitation de sa règle.

Plusieurs autres géomètres ont, sans doute, eu le même objet et je m'empresserois de leur rendre justice, s'ils m'étoient connus. Je ne puis cependant passer sous silence un mémoire sur la résolution des équations par le cit. Fourrier, ancien professeur de Mathématiques au collège de Tonnerre, qui s'est aussi spécialement occupé de cette démonstration; il en donne deux, l'une géométrique et fondée sur la considération des courbes ci-dessus, l'autre purement Analytique et fondée sur des principes différens de ceux de l'abbé de Gua. Ses recherches le conduisent à beaucoup d'autres vérités utiles qu'il est juste qu'il publie lui-même le premier.

Il est temps de terminer cet article, et il n'est pas inutile de le faire par une sorte de récapitulation des vérités principales de la théorie des équations. Car on a à chaque pas dans l'Analyse algébrique, l'occasion d'en faire usage. Les voici.

1°. Toute équation contient autant de racines, soit réelles (positives ou négatives) soit imaginaires ou impossibles, que l'exposant de son plus haut terme contient d'unités.

2°. Les racines imaginaires des équations ne marchent jamais qu'en nombre pair, et l'une étant formée de cette manière $A + B \sqrt{-1}$. L'autre est nécessairement $A - B \sqrt{-1}$. A et B étant des quantités réelles quelconques. Car il faut nécessairement que le signe $\sqrt{-1}$, s'efface dans la multiplication des deux racines, ce qui ne peut être que par la forme ci-dessus. Au reste $B \sqrt{-1}$ peut représenter la partie imaginaire, de toute racine imaginaire. Car, si l'on avoit $2 \pm 5 \sqrt{-4}$ cette expression se réduiroit à $2 \pm 10 \sqrt{-1}$, comme $\sqrt{-3} = \sqrt{3} \sqrt{-1}$. Il faut aussi remarquer une vérité très-utile de cette théorie des quantités imaginaires, savoir que, quelque compliquée que soit une quantité imaginaire, multipliée, divisée &c. par une autre quantité imaginaire, élevée même à une puissance dont l'exposant seroit imaginaire, elle est toujours réductible à une quantité de la forme $A \pm B \sqrt{-1}$. Cette vérité supposée sans démonstration, jusqu'à M. Dalembert, a été prouvée par lui, pour la première fois dans les mémoires de l'académie de Berlin, année 1747.

3°. De ce que nous avons dit sur la marche des racines imaginaires, c'est-à dire toujours deux-à-deux, il suit que toute équation d'un degré impair doit nécessairement avoir au moins une racine réelle, ou trois ou cinq &c. suivant le degré de l'équation. Ainsi tout problême qui conduit à une équation de degré impair, a au moins une solution.

4°. De même une équation de degré pair, ou n'a point de

racine réelle, ou si elle en a, il y en a deux ou quatre ou six, selon le degré de l'équation.

5°. Toute équation de degré impair dont le dernier terme est négatif a nécessairement une racine réelle positive, et si ce dernier terme est positif, elle a au moins une racine réelle négative.

6°. Toute équation d'un degré pair, dont le dernier terme est négatif, a au moins une racine réelle et une négative.

7°. Toute équation qui n'a qu'un seul changement de signes, ne peut avoir qu'une seule racine réelle positive.

8°. Toute équation de degré pair qui, quelque substitution que l'on fasse, de valeur positive ou négative, ne change point du positif au négatif, ou au contraire, ne contient que des racines imaginaires, ou des paires de racines égales, ou des racines imaginaires mélangées avec des égales. Car dans ce cas, la courbe parabolique représentative de l'équation reste toujours entière, ou au-dessus, ou au-dessous de son axe, ne faisant que la toucher pour chaque paire de racines égales, ou s'en approchant sans l'atteindre pour chaque paire de racines imaginaires, comme l'on voit dans la figure 11. Ainsi, quelque supposition que l'on fasse de l'origine des abscisses, comme l'axe ne change point par là de position, il ne sauroit y avoir d'ordonnée passant du positif au négatif, ou du négatif au positif.

9°. Si dans une équation quelconque, en substituant à x une valeur comme a, le résultat est positif, et qu'en lui substituant ensuite une autre valeur b, on trouve un résultat négatif, ou *vicè versa*, il y aura nécessairement, au moins, une racine réelle entre a et b, et cela se démontre à l'oeil, au moyen de la figure représentative de l'équation.

Il faut cependant observer qu'il pourroit entre ces deux valeurs de a et de b, y avoir ou 3 ou 5 ou 7, et ainsi en nombre impair, de racines réelles de l'équation. Car la courbe pourroit, entre les valeurs de a et de b, faire plusieurs inflexions et couper son axe en 3, 5, 7, &c. points, suivant le dégré de l'équation.

10°. Si dans une équation qui a une ou plusieurs racines réelles et inégales, on substitue à l'inconnue deux nombres, l'un plus grand, l'autre moindre qu'une des racines, et que ces deux nombres diffèrent entre eux, de moins que la différence entre cette racine et chacune des autres, ces deux substitutions donneront nécessairement des résultats contraires.

Car, par ce moyen, il y aura sûrement une seule racine comprise entre les valeurs substituées; conséquemment une seule intersection de la courbe représentative de l'équation, avec son axe, et parconséquent des deux ordonnées répondantes aux nombres substitués, l'une sera positive et l'autre négative; ce qui

qui se démontre au surplus par la simple et pure Analyse, comme l'a fait le C. Lagrange, dans les mém. de l'acad. de Berlin de l'année 1765.

V.

Après les nombreux et indispensables détails où nous venons d'entrer sur la nature et la composition des équations algébriques, nous allons faire connoître les travaux multipliés des principaux géomètres de ce siècle pour atteindre à leur résolution complète. On ne verra pas sans surprise les difficultés imprévues qu'ils ont rencontrées sur leur chemin ; elles justifieront ce que nous avons dit sur ce sujet au commencement de l'article précédent.

Il est un moyen qui semble, au premier abord, promettre un succès certain et qui cependant éprouve un obstacle inattendu et insurmontable, au moins dans l'état où est aujourd'hui l'Analyse. Ce moyen est de diviser l'équation donnée dans celles dont elle est le produit. Une équation du cinquième degré peut en effet, être conçue comme le produit d'une du premier et d'une du quatrième, ou d'une du second et d'une du troisième, et ainsi des équations supérieures. On ne peut même douter que cela ne soit, et ce n'est que la complication des coefficiens de ces équations qui s'oppose à cette division.

Une équation d'un degré quelconque étant donnée, par exemple une du sixième, il étoit donc naturel de prendre deux équations à coefficiens indéterminés, une du second et une du quatrième par exemple ; ces deux équations multipliées l'une par l'autre devoient donner, comme cela arrive en effet, une équation à coefficiens indéterminés. Ces coefficiens, il n'y avoit qu'à les comparer à ceux de l'équation proposée, et comme il y a autant d'équations que de ces coefficiens, il devoit enfin en résulter une équation finale en quantités connues ; savoir, les coefficiens donnés de l'équation proposée, et une seule inconnue, savoir, l'un des coefficiens cherchés. Or, ce premier étant trouvé les autres ne doivent faire aucune difficulté. C'est ainsi que procède le P. Leseur, l'un des savans auteurs du commentaire sur Neuton, dans un *mémoire sur le Calcul intégral*, publié à Rome en 1748.

C'étoit là ce semble un moyen sûr d'enchaîner ce Protée. Mais qui pouvoit prévoir le résultat auquel il devoit conduire? On parvient en effet fort bien, quoique laborieusement, à une équation finale, mais pour une équation du sixième degré à résoudre ainsi en deux l'une du quatrième, l'autre du second, on arrive à une équation du dix septième degré qui, néanmoins, se laisse réduire au quinzième. Et comme une équation de dimension impaire a nécessairement au moins une racine réelle, il en résulte seulement cette vérité de pure théorie, savoir, qu'il y a une valeur réelle à donner au coefficient du second terme et au troisième de l'équation du second degré, qui est un facteur de celle du sixième; mais comment trouver cette valeur dans une équation si élevée. Il n'y a sans doute, nul moyen; ce seroit résoudre le *difficile per difficilius*.

Si l'on tentoit de résoudre de cette manière le cinquième degré, c'est-à-dire en le décomposant en deux équations, l'une de deux l'autre de trois, on retomberoit dans une équation du dixième, qui a même l'inconvénient de n'avoir peut-être que des racines imaginaires, et si l'on tentoit de résoudre la même équation en la décomposant en deux, l'une du premier, l'autre du quatrième, on en trouveroit une du cinquième qui est précisément celle à résoudre. Et c'est là le cas de toutes celles qu'on tenteroit ainsi d'abaisser d'un degré seul.

Le P. Leseur parcourt ainsi divers équations de degrés différens, et il fait voir que pour décomposer une équation du septième degré en deux, l'une du cinquième, l'autre du deuxième, il faudroit résoudre une équation du vingt-unième degré; que pour décomposer une de huit en deux, l'une de deux, l'autre de six, on est ramené à une équation du vingt-huitième degré; que pour la décomposer en deux de quatre, il faudroit pouvoir en résoudre une de soixante-dix. Une équation du dixième à résoudre en deux, l'une du deuxième, l'autre du huitième, conduit au quatre-vingt-onzième degré, et pour décomposer celle du douzième en deux, l'une du quatrième, l'autre du huitième, il faut en résoudre une du quatre cent quatre vingt-cinquième degré; ainsi la difficulté croît au-lieu de diminuer, et c'est dans ce sens qu'empruntant une métaphore tirée de l'art militaire, j'ai dit que le problême sur le point d'être forcé, semble élever tout-à-coup au devant de lui des retranchemens incomparablement plus redoutables que ceux qui venoient d'être enlevés.

Vers le même temps, M. Euler tournoit aussi ses vues du même côté, et les présentoit dans les mémoires de Berlin, pour l'année 1749: là, dans un mémoire dont l'objet principal est la théorie des quantités imaginaires, il est conduit à examiner les moyens de résoudre les équations par leur abaissement. Ce sont les équations de degré pair qu'il considère particulièrement et qu'il tente de décomposer en deux, chacune d'un degré moitié moindre; par exemple, une du sixième, en deux du troisième; car si l'on avoit une pareille méthode générale, on auroit même la résolution des équations quelconques de degré impair. En effet, ayant par exemple une équation du septième degré à résoudre, on l'éleveroit à une du huitième, en la multipliant par une équation simple de racine connue, comme $x - 1 = 0$, ou telle autre qu'on voudroit. Ensuite décomposant cette équation du huitième, en deux du quatrième, une de celles-ci contiendroit l'équation simple connue, qui conséquemment la diviseroit et l'on auroit celle du septième résolue en deux, l'une du quatrième, l'autre du troisième.

C'est aussi par des équations à coefficiens indéterminés quo procède M. Euler; et malheureusement ses résultats ne sont pas plus satisfaisans que ceux trouvés par le P. Leseur. En effet, cette méthode appliquée à une équation du huitième degré, le conduit à une équation du soixante-dixième degré; mais par une considération particulière que nous ne pouvons exposer ici, il fait voir que son dernier terme est négatif. Il y a donc dans cette équation, au moins deux racines réelles, l'une positive, l'autre négative, qui donnent les coefficiens du deuxième terme des deux équations, facteurs de la proposée, d'où se déduisent ensuite tous les autres. Ainsi toute équation du huitième degré est susceptible d'être décomposée en deux du quatrième, et de même celle du seizième en deux du huitième, au moyen d'une autre du douze cent quatre-vingt-septième degré. Celles du trente-deuxième, du soixante-quatrième degré, &c. conduisent à des équations de degrés énormément élevés, mais dont les moitiés sont des nombres impairs; d'où il conclud par une raison semblable à celle employée pour le soixante-dixième degré, que ces équations auront nécessairement leurs derniers termes négatifs. Elles auront conséquemment au moins deux racines réelles, l'une positive, l'autre négative qui seront les valeurs cherchées des deux coefficiens des seconds termes des deux équations composantes.

Mais ces conclusions ne sont point applicables par cette voie à d'autres équations que celles dont le degré est une des puissances de 2. Car, par exemple, l'équation du sixième degré décomposée de cette manière, conduit à une équation du vingtième degré, dont la moitié est elle-même un nombre pair; d'où il ne suit plus que le dernier terme de cette équation est négatif; il est positif au contraire, et il peut conséquemment n'avoir aucune racine réelle.

Cependant M. Euler montre d'une autre manière que toute équation paire, est susceptible de cette espèce de dédoublement. Car prenons une équation du sixième et multiplions-là par $x^2 - 1 = 0$, qui est le produit des deux équations, $x + 1 = 0$, $x - 1 = 0$, on aura une équation du huitième qui sera décomposable en deux du quatrième; lesquelles seront divisibles, du moins l'une des deux, par $x^2 - 1$, ou par $x + 1$, ou par $x - 1$, d'où résultera, au moins, une décomposition en deux équations, l'une du deuxième et l'autre du quatrième degré. Ainsi de même, on élevera une équation du septième degré au huitième, en la multipliant par $x-1$, celle-ci se résoudra en deux du quatrième, dont l'une, au moins, sera divisible par l'équation $x-1$, et l'on auroit les deux équations du troisième et du quatrième, composantes du septième et ainsi de suite. Mais malheureusement tout ceci n'est qu'une vérité purement théorique; car, qui ira chercher la solution d'une équation du septième degré, dans une du soixante-dixième. Aussi M. Euler conclud seulement que toute équation de degré pair quelle qu'elle soit, est résoluble au moins en facteurs rationaux du second degré; ce qu'il étoit important de démontrer complètement, et qui étoit son principal but. Car il n'étoit autre que de démontrer que toute différentielle, à fraction rationelle, est toujours réductible à la quadrature du cercle ou à celle de l'hyperbole.

Nous devons cependant remarquer que le raisonnement par lequel M. Euler fait voir que l'équation à laquelle il est conduit, aura son dernier terme négatif, n'a pas paru entièrement concluant, ni à M. Daviet de Foncenex (1), ni au C. de Lagrange; ce qui a engagé le premier à tâcher d'en donner une nouvelle démonstration qu'on peut lire dans le même volume. Mais cette démonstration même n'a pas encore paru au C. Lagrange exempte de toute difficulté; Et il le fait voir par un exemple, où une quantité qui devroit être réelle devient $\frac{0}{0}$, ce qui ne dit rien. Le C. Lagrange a donc pensé devoir étayer de nouvelles preuves l'assertion de M. Euler, et l'a fait dans les mémoires de l'acad. de Berlin de 1772, d'une manière qui ne laisse plus lieu à aucune exception, en sorte que cette assertion d'Euler, quoique prouvée par lui d'une manière non entièrement convaincante, n'en est pas moins vraie.

J'aurois peut être dû commencer ce récit des travaux des géomètres de ce siècle pour la résolution générale des équations, par le moyen tenté à cet effet par M. Fontaine, et qui fait l'objet d'un mémoire publié d'abord dans les mémoires de l'académie de 1747, et ensuite inséré dans le volume séparé de ses oeuvres (2). On l'y voit d'abord trouver par une méthode qui lui est propre, la résolution des équations du troisième et du quatrième degré, en les réduisant chacune à une équation d'un degré immédiatement inférieur, d'où il conclud qu'il est probable que de la même manière une équation du cinquième degré, depend d'une du quatrième; une du sixième, d'une autre du cinquième, &c. Mais

(1) *Miscellanea Taurinensia*, t. I.

(2) *Mémoires donnés à l'Académie Royale des Sciences*, &c. par M. Fontaine. Paris, 1764, *in* 4°.

on regrette de lui voir tout-à coup abandonner cette veine qu sembloit promettre des richesses, pour se tourner d'un autre côté et tenter un autre moyen. Il n'est cependant pas sans vraisemblance que M. Fontaine l'avoit abandonnée parce qu'elle avoit résisté à tous ses efforts analytiques. Quoiqu'il en soit, ce nouveau moyen consiste à faire l'énumération de toutes les formes que peuvent prendre les équations de différens degrés, suivant toutes les combinaisons de signes, et d'absence ou de présence des différens termes. Il développe ensuite chacune de ces différentes formes, en tous les facteurs qui peuvent la produire, égaux ou inégaux, réels ou imaginaires, et par là il trouve que pour les équations du troisième degré, dont les formes sont au nombre de dix-huit, il y a quatre-vingt-deux de ces combinaisons ; pour les cinquante-quatre formes des équations du quatrième degré, il y en a 619, et pour les formes des équations du cinquième degré, il en trouve 913. Il ne va pas au-delà ; car le sixième degré qui a quatre cent quatre-vingt-six formes différentes, eût peut-être exigé lui-seul un volume. Il me semble, au surplus, que M. Fontaine se seroit épargné une forte partie de son travail en supposant toutes ces équations sans second terme, forme à laquelle elles sont toujours réductibles.

Il s'agit ensuite dans cette méthode, une forme d'équation étant donnée, de reconnoître la combinaison ou le système de facteurs qui lui convient, car il en est plusieurs pour la même forme, suivant la relation des coefficiens des termes. C'est ce que M. Fontaine travaille à déterminer dans le reste du mémoire, en analysant les différentes conditions que doivent avoir ces coefficiens, pour que l'équation donnée soit le produit de ces facteurs ; d'où il conclud que si l'on avoit des tables de toutes ces formes d'équations, des différens systêmes de facteurs propres à chacune, et des conditions qui déterminent un de ces systêmes à être celui qui convient plutôt qu'un autre, on pourroit résoudre toute équation, de quelque degré qu'elle fût en ses équations productrices simples ; ce qui seroit, sans doute, la résolution complète des équations. Mais ces tables manquent, et quelqu'un aura t il jamais le courage de les former ? Le travail, à ce que je crois, ne seroit cependant pas immense pour les équations du troisième degré, sur-tout en les supposant privées de leur second terme ; on auroit par-là, au moins, la résolution complète des équations de ce degré, et cela engageroit peut-être quelqu'un à attaquer celles du cinquième.

On ne doit pas dissimuler que l'emploi de ce moyen ne fût encore fort laborieux ; car la manière dont M. Fontaine résoud, par sa méthode, une équation du second degré seulement, qui est si facile à résoudre par la voie commune, semble prouver combien plus laborieuse encore seroit la solution d'une équation du troisième ou quatrième degré. M. Fontaine semble n'avoir pas ôsé y toucher. M. Dalembert a proposé dans l'article *équation* de l'Encyclopédie, quelques difficultés contre la méthode de M. Fontaine, auxquelles il ne paroît pas qu'il ait répondu. Après cette sorte de digression, je reprends le fil des recherches de M. Euler.

Ce grand géomètre ne s'est pas borné à traiter cette matière des équations, dans le mémoire dont on a donné plus haut l'esquisse, et où elle n'est traitée qu'occasionnellement. Il a attaqué le problême plus directement et, pour ainsi dire, davantage de front, en 1762 (1). Il remarque que dans une équation du second degré, sans second terme, la racine est exprimée par un radical du second degré : que dans une du troisième, elle l'est par deux radicaux du troisième degré, enveloppant un radical du deuxième, d'où il se croit fondé à conclure que dans une équation du degré m, la racine doit être exprimée par $m-1$ de radicaux du degré m ; il se forme donc une expression composée de radicaux du degré de l'équation, et renfermant, à l'exemple des formules du troisième et quatrième degrés des sous-radicaux du second degré, le tout en quantités indéterminées et tellement combinées, qu'il puisse en résulter autant de valeurs différentes que le degré de l'équation a d'unités. Il élève ensuite cette expression à ce degré; ce qui lui donne une équation qui doit être égale à la donnée, en sorte que les comparant terme à terme, on doit trouver la valeur de toutes ces indéterminées. Il fait voir en effet la justesse de cotte considération, en l'appliquant aux équations des second, troisième et quatrième degrés; car il arrive précisément aux mêmes formules que donnent d'autres méthodes. Il y avoit donc lieu d'espérer que cet artifice appliqué au cinquième degré en donneroit la solution. Mais arrêté par la difficulté des éliminations des radicaux, il est obligé de se borner à quelques cas particuliers d'équations de ce degré, dont il assigne les racines fort compliquées. Car elles sont, et devroient être par sa supposition, formées de quatre radicaux du cinquième degré, tels que $\sqrt[5]{A \pm \sqrt{B}}$, et au surplus sujettes au cas irréductible; car, par exemple, dans cette équation $x^5 - 40x^3 - 72x^2 + 50x + 98$, la racine est ainsi exprimée $\sqrt[5]{-31+3\sqrt{-7}} + \sqrt[5]{-31-3\sqrt{-7}} + \sqrt[5]{-18+10\sqrt{-7}} + \sqrt[5]{-18-10\sqrt{-7}}$. Cette équation a cependant au moins une

(1) *Novi Commentarii.* Acad. Petrop. t. IX.

racine réelle, puisqu'elle est d'un degré impair. L'analogie singulière de cette formule avec celle du cas irréductible dans les équations du troisième degré, semble même annoncer des conséquences semblables.

Dans le même temps que M. E. faisoit ces tentatives pour la résolution générale des équations, deux autres analystes attaquoient aussi chacun à sa manière le problême, et y employoient les moyens les plus subtils de l'analyse. L'un est M. Bezout, l'autre M. Waring. La méthode et les vues du premier sont consignées dans les Mémoires de l'Académie de 1762 et 1765; celles du second dans les Transactions philosophiques de 1779.

M. Bezout observe qu'une équation d'un degré quelconque à une inconnue, est le résultat de deux équations à deux indéterminées, au moyen desquelles on en a fait évanouir ou éliminé une. Il forme donc, d'après cela, pour une équation quelconque du degré m, comme $x^m+px^{m-1}+qx^{m-2}$, &c...... + T (T est le dernier terme connu), deux équations, l'une en y, l'autre en y et x, tellement combinées que de l'élimination de y, il en résulte une équation toute en x du degré m. Dans un premier mémoire donné en 1762 à l'Académie des Sciences, ces deux équations feintes étoient celles-ci, $y^m+h=0$; $y=\frac{x+a}{x+b}$. Mais dans la suite, et en 1765, il les forme ainsi, y^m-1 et $ay^{m-1}+by^{m-2}+cy^{m-3}\ldots\ldots+x$. Il s'agit ensuite, au moyen de ces deux équations d'éliminer y, et cette élimination faite, il en résulte une nouvelle équation en x du degré m, dont les coefficiens sont composés de a, b, c, &c., et l'on a, en comparant terme à terme cette équation et la proposée, autant d'équations qu'il en est besoin pour déterminer a, b, c, &c., lesquels étant déterminés donneront la valeur de x, ou plutôt une des valeurs de x; car il doit y en avoir autant que m contient d'unités, et elles seront dépendantes de celles de y dans l'équation même, $y^m-1=0$.

Donnons de ceci un exemple; soit l'équation cubique $x^3+px+q=0$, les deux équations à former seront y^3-1, et $ay^2+by+x=0$, dont on éliminera y, ce qui donnera une nouvelle équation en x; savoir $x^3-3abx+a^3+b^3=0$. On en tire, en la comparant avec l'équation proposée, $-3ab=p$, et $a^3+b^3=q$, et éliminant encore b, au moyen de ces deux équations, il en résulte encore $a^6-qa^3-\frac{1}{27}p^3$, qui se résoud comme une équation du second degré. Ayant la valeur de a, il est aisé de voir qu'au moyen des deux mêmes équations on trouvera celle de b. Ayant enfin les valeurs de a et b, si on les substitue dans l'équation ay^2+by+x, ainsi que les valeurs de y résultantes de l'équation

$y^3-1=0$, on aura autant de valeurs de x, que y en a, et elles seront ici $x=-a-b$; $-a\times\left(\frac{-1+\sqrt{-3}}{2}\right)^2-b\times\left(\frac{-1+\sqrt{-3}}{2}\right)$; $-a\times\left(\frac{-1-\sqrt{-3}}{2}\right)^2-b\times\left(\frac{-1-\sqrt{-3}}{2}\right)$.

Même marche pour l'équation du 4e degré x^4+px^2+qx+r, dont les équations composantes seront y^4-1; ay^3+by^2+cy+x, desquelles on tire par l'élimination de y, l'équation $x^4-(4ac+2bb)x^2+(4a^2b+4bcc)x+(b^4-a^4-c^4+2a^2c^2-4ab^2c)$. La comparaison de cette équation avec la proposée, donne trois équations qui servent à déterminer a, b et c. Il y a ici cela de remarquable, que si l'on tire d'abord a ou c, on tombe dans une équation du 24e degré. Mais si l'on attaque b le premier, on ne retombe que dans une du 6e degré de forme cubique; ce que M. Besout fait voir n'être qu'accidentel, et ne devoir pas avoir lieu dans des équations plus élevées.

Cette méthode semble au premier coup-d'oeil donner l'espérance de résultats heureux, pour la solution des équations de degrés supérieurs au troisième et quatrième, mais appliquée au cinquième et au sixième, on arrive à des équations pour déterminer a, b, c, d, &c. qui sont telles, que M. Besout semble renoncer à les manier, ou du moins renvoie à un autre temps ce travail. Ainsi donc passé les trois et quatrième degrés, l'écueil apparemment posé par la nature aux efforts ultérieurs de l'esprit humain sur ce sujet semble se reproduire ici d'une manière encore plus formidable; car il résulte des considérations même où M. Bezout entre à cet égard, et de l'analyse que le C. Lagrange fait de cette méthode dans un savant mémoire sur les équations en général (1), qu'on ne doit pas espérer, dans le cas d'une équation du cinquième degré, d'être ramené à une équation moins élevée que le cent vingtième degré, réductible à la vérité au vingt-quatrième, parce que les exposans y décroissent de cinq en cinq degrés. Qu'espérer donc d'une équation du sixième degré. En suivant la même progression elle devroit conduire à une équation du sept cent vingtième, probablement réductible au cent vingtième seulement, à moins que, par quelque circonstance particulière, elle ne soit susceptible d'une plus grande réduction, comme dans l'équation du quatrième degré, qui devroit conduire au vingt-quatrième, mais qui, par certaines circonstances, ne conduit qu'au sixième de forme cubique.

M. Bezout propose dans le mémoire cité une autre méthode, dont nous voudrions donner une idée, mais dont les résultats paroissent devoir être les mêmes; ainsi nous sommes obligés d'y renvoyer. Nous nous bornons à dire ici, que si cette méthode

(1) *Mém. de l'Acad. de Berlin*, années 1770 et 1771.

ne

ne conduit pas son auteur à des résultats bien satisfaisans, on ne peut cependant se refuser à reconnoître qu'elle est des plus ingénieuses. Le Cit. Lagrange la regarde même (1) comme une de celles dont on peut espérer quelque jour le plus de succès. Ajoutons que, quoiqu'elle ne conduise pas au but désiré, elle est entre les mains de son auteur un moyen de reconnoître et d'assigner une foule d'équations des degrés supérieurs qui sont susceptibles de résolution. Nous en dirons quelque chose de plus à la fin de cet article.

Je crois pouvoir remarquer ici d'avance que ce travail de M. Bezout sur les équations, a été pour lui le motif d'un nouveau genre de travail des plus épineux. Je veux parler du moyen de perfectionner et faciliter la méthode de l'élimination, car il y a lieu de croire que la complication qu'on éprouve dans toutes les méthodes de résolution des équations, tient à l'imperfection de cette méthode. En effet lorsque l'on a, par exemple, cinq équations d'un degré supérieur au premier, et contenant cinq inconnues, et que par-là on veut déterminer l'une d'elles, ce qui doit être toujours faisable, puisque le problême est absolument déterminé, on parvient toujours, par la méthode ordinaire, à une équation finale beaucoup plus élevée qu'il n'est nécessaire pour déterminer l'une de ces inconnues. On apperçoit même dans cette complication une loi qui tient évidemment de celle des combinaisons. Il y a plus ; c'est que le calcul devient bientôt tellement embarrassé, qu'il n'est plus de moyens de l'amener à sa fin.

M. Bezout chercha donc à décliner cet écueil en perfectionnant la méthode des éliminations, et c'est l'objet de l'ouvrage qu'il publia peu avant sa mort, sous le titre de *Traité des Équations*, et qui peut-être eut été mieux intitulé, *Théorie des Eliminations*. C'est, si je ne me trompe, le plus épineux et le plus profond morceau d'analyse pure qui existe. Mais la mort de M. Besout, qui suivit d'assez près la publication de cet ouvrage, l'a empêché d'en faire à la résolution des équations, l'application que sans doute il y eût fait s'il eût vécu plus long-tems.

Le savant et profond analyste, M. Waring, a aussi fait de la résolution générale des équations, l'objet de ses méditations. On les lit principalement dans les *Transactions philosophiques* de 1779, où il nous apprend qu'il avoit déjà publié quelques-unes de ses vues sur ce sujet dès l'année 1757 ; ensuite dans un mémoire à part en 1762, et enfin en 1770, dans ses *Meditationes algebraïcae*. Il entre sans doute dans ces détails, parce que sa méthode a quelque analogie avec celle de M. Euler, publiée en

(1) *Mém. de l'acad. de Berlin*, années 1770 et 1771.

1764 dans les *Mémoires de Pétersbourg*. Cette méthode consiste à supposer l'inconnue d'une équation égale à une suite de monômes radicaux, du degré de l'équation, comme $a\sqrt[n]{\ }$, $b\sqrt[n]{p^2}$ $c\sqrt[n]{p^3}$, &c., en nombre moindre d'une unité que le degré de l'équation ; à faire évanouir ces radicaux par les règles ordinaires de l'algèbre, ce qui donne une équation du degré n, toute indéterminée, et laquelle étant comparée à la donnee terme à terme, fait connoître les quantités a, b, c, p, &c. ; d'où résulte nécessairement la valeur ou une des valeurs de x. Ainsi pour l'équation du troisième degré, il prend $x = a\sqrt[3]{p} + b\sqrt[3]{p^2}$, ce qui lui donne l'équation $x^3 - 3abpx - a^3p - b^3p^2$; comparant ensuite terme à terme cette équation avec l'équation proposée $x^3 - px - q$ où p et q sont données, et faisant $a = 1$, ce qui est permis, il trouve enfin que la valeur de b dépend d'une simple équation quadratique, ainsi que celle de p. D'où résultent les valeurs de $a\sqrt[3]{p} + b\sqrt[3]{p^2}$, conséquement une de celles de x.

Pour l'équation du 4ᵉ degré, M. Waring prend $x = a\sqrt[4]{p} + b\sqrt[4]{p^2} + c\sqrt[4]{p^3}$. D'où résulte, en éliminant les radicaux, une équation du quatrième degré, qui, traitée de la même manière, conduit pour la valeur de a, à une équation du sixième degré de forme cubique, &c. Il trouve de même des équations de forme générale $x^n + px^{n-1}$, &c., formées de la même manière et semblablement résolubles. Ce mémoire enfin contient une multitude de réflexions profondes et dignes de ce savant analyste ; mais je ne sais si l'on ne seroit pas fondé à désirer quelques développemens et applications à des cas particuliers. N'y a-t-il pas lieu de craindre qu'il arrive ici ce que nous avons vu arriver tant de fois ; savoir, que l'élimination d'un si grand nombre d'indéterminées conduise à une équation beaucoup plus élevée que celle à résoudre.

M. de Marguerie, enseigne des vaisseaux du roi (1), et membre de l'Académie de Marine, parmi les mémoires de laquelle il a inséré plusieurs savans morceaux d'analyse, y a donné (*T. I*) de nouvelles vues et une nouvelle méthode pour la résolution générale des équations, et particulièrement pour celles des équations jusqu'au cinquième degré inclusivement. La route qu'il prend est assez analogue à celle de M. Euler, c'est-à-dire, qu'il forme, d'une manière néanmoins différente, une équation entre

(1) Tué au combat devant la Grenade entre les escadres Françoise et Angloise.

l'inconnue x de la proposée, et une nouvelle indéterminée u, qui doit être une de ses valeurs ; ensuite substituant dans la proposée cette valeur indéterminée de x, il en résulte une nouvelle équation qui, comparée à la proposée, doit servir à déterminer les coefficiens de u. Mais ce procédé, même dans l'équation du quatrième degré qui le conduit à une équation complette du sixième degré, exige des calculs si prolixes et si rebutans, qu'on ne peut qu'admirer le courage et la patience de l'auteur à les suivre. Quant à l'équation du cinquième degré, qu'il tente par une voie analogue, il est obligé de convenir que le calcul en est absolument impraticable, puisqu'il ne présente pas moins de quatre-vingt-dix équations à résoudre pour déterminer les coefficiens de celle du vingt-quatrième degré auquel il est conduit. Nous croyons donc que l'on doit regarder la voie tentée par M. de Marguerie, quand même, d'après ses conjectures, elle pourroit conduire sûrement au but, comme absolument fermée aux efforts de l'esprit humain. Mais comme il le dit lui-même, en terminant son écrit, on ne sauroit montrer ou tenter par trop de côtés un problême d'où dépend absolument le progrès de l'algèbre.

Il nous reste encore à parler de deux manières d'envisager la résolution des équations, proposées à-peu-près dans le même temps, l'une par le C. Vandermonde, dans les *Mémoires de l'Académie des Sciences*, ann. 1771, et l'autre par le C. Lagrange dans ceux de *Berlin*, années 1770 et 1771.

Suivant le premier, tout l'art de la résolution générale des équations d'un degré quelconque, se réduit à trouver une forme particulière de fonctions de la somme des racines de l'équation proposée, somme qui est donnée par le coefficient du second terme de l'équation, de celle de leurs produits deux à deux, trois à trois, &c., et qui soient tellement constituées, qu'elles représentent indifféremment une quelconque des racines; recherche qu'il réduit à trois points.

1°. De trouver *à priori* une fonction de plusieurs grandeurs, de laquelle on puisse dire en un certain sens qu'elle représente celle de ces grandeurs qu'on voudra.

2°. De mettre cette fonction sous une forme telle qu'il soit indifférent d'y changer ces grandeurs entr'elles.

3°. D'y substituer les valeurs en sommes de ces grandeurs, ou en sommes de leurs produits deux à deux, &c.

Le Cit. Vandermonde résoud ces trois principaux problêmes, au moins pour les quatre premiers degrés, et s'occupe dans le reste du mémoire à indiquer et applanir les voies pour en faire autant sur les degrés ultérieurs. Car ici, comme dans les autres méthodes, dès le troisième degré on rencontre des obstacles qu'on ne sauroit comparer à ceux des degrés inférieurs. Il ne désespère cependant pas qu'avec de la persévérance on ne parvienne quelque jour à les surmonter. En attendant sa méthode le conduit à faire dépendre seulement l'équation du cinquième degré d'une du sixième, dont, par des considérations particulières, il croit la solution plus accessible. Mais tout ceci, on le sent aisément, n'est pas susceptible d'être développé davantage ici. Nous devons nous borner à inviter le lecteur ou celui qui auroit le courage d'entrer dans cette épineuse carrière, à recourir au mémoire même de ce profond analyste.

Le Cit. Lagrange a consigné, comme nous l'avons déjà dit, ses vues et ses recherches sur la résolution des équations, dans un savant mémoire, imprimé parmi ceux de l'Académie de Berlin, années 1770 et 1771. C'est ici le lieu d'en donner une idée, comme du travail le plus beau et le plus complet qui ait été fait sur la résolution de cet important problême de l'analyse. On y trouve en effet l'analyse profonde et lumineuse des principales méthodes employées pour cet objet; l'examen des causes pour lesquelles, à l'exception des équations du second degré, elles portent toutes à des équations d'un ordre supérieur à celui de la proposée, lesquelles heureusement pour le troisième et le quatrième, se trouvent respectivement de la forme du second et du troisième : examen d'après lequel il reste peu d'espoir de ramener une équation quelconque à une d'une classe inférieure ; je ne dis mot d'une multitude d'observations nouvelles et importantes, qui servent à donner une connoissance plus intime de la nature de ces équations, et à en donner une résolution plus complette. Nous parlerons ailleurs de ses travaux sur la détermination des limites des racines des équations, sur le moyen d'y reconnoître l'existence et le nombre des racines imaginaires, sur leur résolution par approximation au moyen des séries, et la manière de rendre celles-ci plus convergentes, &c. Nous avons ici à donner une idée de sa manière d'envisager la résolution des équations.

Lorsque, par la résolution, d'une équation on parvient à une équation nouvelle plus simple que celle à résoudre, il est évident que les racines de cette nouvelle équation qu'on nomme réduite, sont des fonctions de la proposée, et *vice versâ* que les racines de celles-ci sont des fonctions de celles de la seconde. Ainsi l'art de la résolution des équations se réduit à ce problême. « Trouver » des fonctions des racines cherchées qui soient en nombre suf- » fisant pour les déterminer, et dont la détermination dépende » uniquement d'équations d'un degré inférieur à la proposée, » ou du moins qui, par certaines circonstances, présentent une » solution plus aisée ». Un exemple est nécessaire pour rendre ceci sensible. Dans l'équation du second degré $x^2+px+q=0$, les racines étant supposées a et b, on sait que $a+b=p$, et $ab=q$. Si l'on cherchoit par ces deux relations seulement à déterminer a ou b, on ne feroit que retomber dans une équation semblable à la première, savoir a^2+pa-q ou $b^2+pb-q=0$, ce qui ne conduit à rien.

Mais si par des considérations et une analyse particulière, on peut trouver une équation du premier degré entre a et b, et les coefficiens donnés p et q, cette nouvelle équation donneroit leur valeur. Or, c'est à quoi, par divers raisonnemens trop longs à développer ici, on parvient en supposant $(z-\overline{a-b})\times(z-\overline{b-a})=0$. Ce qui donne en effet $z^2-a^2-b^2+2ab=0$, ou $z^2=a^2+b^2-2ab=\overline{a+b}^2-4ab$, ce qui en substituant au lieu de $4ab$ sa valeur $4q$, et au lieu de $a+b$ sa valeur p, donne enfin $a=-p+\sqrt{p^2-4q}$; $b=-p-\sqrt{p^2-4q}$.

Cette même méthode s'applique aux équations du troisième et du quatrième degré. Mais on n'y parvient, comme on doit le penser, qu'au moyen de considérations beaucoup plus compliquées, et que nous pouvons encore moins développer ici. Nous nous bornerons à indiquer, pour en prendre l'idée convenable, le *Journal des Ecoles Normales*, dans lequel le Cit. Laplace a développé cette savante vue; ou bien les notes et supplémens joints par le Cit. Lacroix, à la nouvelle édition de l'algèbre de Clairaut, additions qui font de cet ouvrage le traité le plus complet d'arithmétique et d'algèbre que nous ayons (1).

Ce succès dans les équations des premiers degrés sembloit en indiquer un pareil dans celles du cinquième. Mais malheureusement on n'a pu encore parvenir à former pour cette équation les fonctions nécessaires à sa résolution; et ceux qui prendront la peine de suivre la marche tenue pour les équations du quatrième degré, pourront juger combien laborieuse seroit celle qu'exigeroit le cinquième degré, et cela pour arriver peut être à une équation du vingt-quatrième degré, plus difficile que la proposée. Cela est bien capable de refroidir celui qui auroit quelque disposition à suivre cette nouvelle route.

Les analystes ont néanmoins remarqué des équations d'une forme particulière qui les rend susceptibles de résolution, et il convient de les faire connoître. M. de Moirre (2) en a donné un exemple dans l'équation, $ny+\frac{nn-1}{2.3.}ny^3+\frac{nn-1.nn-9}{2.3.\quad 4.5}y^5$, &c. $=a$; équation qui sera finie lorsque n sera un nombre entier et impair. Sa racine, qui est alors unique, peut être exprimée de quatre

(1) Il se trouve chez le Cit. Duprat, Libraire, quai des Augustins.

(2) *Trans. phil* an. 1707. *Acta erud. Lips.* ann. 1707.

manières différentes, dont une est, $y = \frac{1}{2}\sqrt[n]{(a + \sqrt{aa+1})} - \frac{1}{2}\sqrt[n]{(-a - \sqrt{aa+1})}$. Ainsi supposant $n=5$ et $a=4$, ce qui réduira l'équation à celle-ci $4 = 5y + 20y^3 + 16y^5$, elle aura pour racine $\frac{1}{2}\sqrt[5]{(4+\sqrt{17})} - \frac{1}{2}\sqrt[5]{-(4-\sqrt{17})}$. Ce qu'on trouve facilement, au moyen des logarithmes, être $= 0.4113$.

Il en est de même à l'égard de l'équation $ny + \frac{1-nn.}{2.3.} ny^3 + \frac{1-nn.\ 9-nn}{2.\ 3.\ \ 4.\ 5} ny^5$, &c. Elle est également résoluble, et sa racine peut être exprimée par $\frac{1}{2}\sqrt[n]{(a+\sqrt{aa-1})} + \frac{1}{2}\sqrt[n]{(a+\sqrt{aa-1})}$; valeur qui tombera dans un cas semblable au cas irréductible des équations du troisième degré, lorsque a sera moindre que l'unité; mais alors l'équation est résoluble au moyen de la multisection d'un arc, analogue au degré de l'équation, comme celle du troisième degré par la trisection d'un arc.

On voit au surplus que cette invention, indépendamment de ce qu'elle extrêmement limitée, (car combien peu d'équations peuvent avoir cette forme), n'est applicable qu'à des équations de degré impair. Néanmoins M. Euler l'a étendue aux degrés pairs, et a fait voir qu'il y a aussi dans ces degrés une classe d'équations susceptible d'une résolution semblable.

Il y a encore dans tous les degrés des formes d'équations qui les rendent susceptibles de résolution, ou au moins d'abaissement à un degré inférieur. Ce sont surtout celles où les termes également éloignés des extrémités, ou du milieu, comme le second et le pénultième, le troisième et l'anté-pénultième ont les mêmes coefficiens et les mêmes signes; celle-ci, par exemple, de degré pair $y^6 - 4y^5 + 6y^4 - y^3 + 6y^2 - 4y + 1. = 0$. M. Euler, qui me paroît en avoir fait le premier la remarque, les nomme *réciproques*, parce que, si au lieu de y on substitue $\frac{1}{y}$ on retrouve encore précisément la même équation, et il fait voir à l'égard de celles de degré pair qu'elles sont toujours résolubles en équations du second degré, au moyen des racines d'une équation de degré moitié moindre. Ainsi, par exemple, l'équation ci-dessus plus généralement exprimée étant $y^6 + ay^5 + by^4 + y^3 + by^2 + ay + 1 = 0$ est résoluble en ces trois du second degré $y^2 + fy + 1 = 0$; $y^2 + gy + 1 = 0$; $y^2 + hy + 1 = 0$, dans lesquelles f, g, h, sont les trois racines d'une équation cubique formée des coefficiens de l'équation donnée; savoir $z^3 + az^2 + \overline{b-1}.z + 2a = 0$. Il en est de même des équations du huitième, du dixième degré, semblablement conditionnées; elles seront résolubles, la première en quatre équations du second degré, au moyen des quatre racines d'une équation du quatrième, la seconde en cinq, au moyen des cinq racines d'une du cinquième.

Quant aux équations de degré impair, comme seroit celle-ci, $y^7 + ay^6 + by^5 + cy^4 + cy^3 + by^2 + ay + 1 = 0$, elles sont toujours divisibles par $y + 1$, ce qui les réduit à une du degré pair, qui se trouve conditionnée de la même manière, et conséquemment réductible par la même voie à des équations du second degré. Le mémoire où M. Euler fait ces remarques, en contient une multitude d'autres dignes de la sagacité de cet homme célèbre.

Les recherches de M. Bezout sur les équations en général, l'ont conduit à étendre encore beaucoup cette classe d'équations susceptibles de résolution complette. C'est l'objet principal d'un de ses mémoires cités ci-dessus, savoir celui de l'année 1762. Après avoir exposé ses vues sur le moyen de parvenir à une résolution générale, et en avoir fait l'application à l'équation cubique, ce qui lui en donne une solution neuve et singulièrement élégante, il se propose ce problême; *étant donnée une équation telle que* $x^n + px^{n-2} + qx^{n-3} + rx^{n-4}$, &c. $+ M = 0$, *trouver les conditions entre ses coefficiens qui la réduiront à une équation du même degré* $y^n + h$. Car cette dernière équation est toujours susceptible de solution complette. A cet effet, il suppose $y = \frac{a+x}{b+x}$, ce qui lui donne une nouvelle équation complette du degré n en x, et dont les coefficiens sont des fonctions de a et b, dont la progression est régulière et élégante. Cette équation que nous nommerons *auxiliaire*, lui sert à trouver la valeur de h, et celles de a et b, qui sont les deux racines de l'équation du second degré $a^2 \frac{-3qa}{n-1.p} - \frac{2p}{n.n-1} = 0$. Si donc maintenant r, le coefficient du terme suivant de l'équation donnée, est égal à celui du terme correspondant de l'équation auxiliaire, donné en a et b qui sont connus, le suivant au suivant, &c. les deux équations seront absolument égales. On aura donc d'abord au moyen de l'équation $y^n = -h$ ou $y^n = -\frac{a}{b}$, puisque $h = \frac{a}{b}$ et $y = \sqrt[n]{\frac{a}{b}}$. Et cette valeur étant substituée dans l'équation $y = \frac{x+a}{b+x}$ donne une valeur de x égale à la somme de $n-1$ moyennes proportionnelles entre a et b.

Ainsi, par exemple, dans l'équation du cinquième degré $x^5 + px^3 + qx^2 + rx + t = 0$, quelques soient p et q, si r (coefficient de x) se trouve égal au coefficient du terme correspondant de l'équation auxiliaire, savoir $\frac{n.n-1}{2} \cdot \frac{n-2}{3} \cdot \frac{n-3}{4} ab(aa+ab+bb)$ on aura x, ou pour mieux dire, une des valeurs de x, sera $\sqrt[5]{a^4b} + \sqrt[5]{a^3b^2} + \sqrt[5]{a^2b^3} + \sqrt[5]{ab^4}$. Or ces quatre quantités sont les quatre moyennes proportionnelles entre a et b.

Comme l'on n'a au surplus par-là qu'une valeur de y, et conséquemment de x, et qu'il doit y en avoir autant que n contient d'unités, on fait voir dans ce mémoire comment les autres valeurs de y se déduisent de la multisection du cercle ou du fameux théorême de Cotes. Or chacune de ces valeurs de y en donne une à x, ce qui complette la résolution de l'équation proposée.

On voit par-là pourquoi les équations du troisième et quatrième degré sont toujours résolubles. Car dans l'équation, par exemple, du quatrième degré $x^4+px^2+qx+r=0$, après les coefficiens p et q il n'y en a plus aucun. Il n'y a donc lieu à aucune condition semblable à celles dont il est question. Cela a lieu, à plus forte raison, dans l'équation cubique. Ainsi quelques soient p et q, ces équations sont susceptibles de résolution.

Il seroit trop long d'exposer les autres vues et recherches contenues dans le mémoire de M. Bezout. Nous nous bornons à les indiquer aux analystes qui entreprendroient de courir la même carrière.

Il y a un genre d'équations dont nous devrions peut-être parler ici. Ce sont celles qu'on nomme *littérales*, parce que les coefficiens de l'inconnue sont des lettres au lieu de nombres. Mais comme ces équations ne sont communément résolubles qu'en séries, nous avons cru devoir renvoyer à l'article suivant ce qui les concerne.

Nous terminerons donc ici l'histoire des tentatives faites pour la résolution générale des équations, en disant avec le Cit. Lagrange « qu'il paroît fort douteux qu'aucune de ces méthodes » donne jamais la résolution complette, seulement du cinquième » degré, et à plus forte raison des degrés supérieurs ; que cette » incertitude jointe à la longueur rebutante des calculs qu'elles » exigent, est propre à effrayer d'avance les plus intrépides » calculateurs ». Aussi voit-on que les auteurs de ces méthodes, quelque accoutumés qu'ils fussent à braver ces épines n'ont pas même fait ces calculs en entier ; ils se sont bornés à reconnoître le degré de l'équation à laquelle ils devoient être ramenés, et à faire l'application de leur méthode à des équations du troisième et quatrième degré, tout au plus à quelques cas particuliers du cinquième. Doit-on donc désespérer entièrement de la solution de ce problême ? La nature a-t-elle mis ici le verrou, comme le disoit Leibnitz à l'égard de l'art de s'élever et de voyager dans les airs. Leibnitz se trompoit à certains égards, c'est une raison de penser qu'on peut également se tromper, en prononçant que la résolution générale des équations est

(1) *Mém. de l'Acad. de Berlin*, an. 1771.

impossible.

impossible. Le Cit. Lagrange pense au reste que si cette résolution n'est pas dans ce cas, elle dépend de quelque fonction des racines ou manière de les exprimer différente de toutes celles employées ou tentées jusqu'à présent. J'ajouterai pour finir que si quelqu'un parvient jamais à la résolution absolue de cet intéressant problême, il est à croire que ce seront les réflexions et les vues du Cit. Lagrange qui y contribueront le plus.

V I.

Tous les efforts des Géomètres pour la résolution générale des équations ayant eu aussi peu de succès, il a fallu, comme dans d'autres cas désespérés, se retourner du côté des approximations. C'est-là l'unique ressource qui reste lorsque toutes les méthodes de réductions n'ont point réussi. On est même, à bien dire, contraint d'y recourir dès qu'on est assuré que les racines de l'équation sont irrationelles ; ce qui est le cas le plus fréquent. Car, sans aller chercher un exemple plus composé que celui du troisème degré, n'a-t-on pas une idée plus nette d'un nombre exprimé en fraction décimale, que d'une expression aussi enveloppée de radicaux que le sont les formules de Cardan, lors même que l'extraction de la racine est possible. La résolution générale des équations est sans doute à désirer, si on l'envisage dans la rigueur géométrique ; mais il est fort probable qu'elle n'affranchiroit pas de la nécessité des approximations.

La méthode d'approximation la plus générale est celle qu'ont donnée *Neuton*, *Halley* et *Raphson*. Nous les joignons ensemble, parce qu'ils y sont venus tous les trois ou par des voies différentes, ou à l'insçu les uns des autres. Mais Neuton est celui à qui est due sa première invention ; car il la communiqua au docteur Barrow dès l'année 1669, dans son écrit intitulé : *Analysis per aequationes numero terminorum infinitas.* Voici en peu de mots le principe et l'esprit de cette méthode.

On suppose qu'on ait déjà la racine entière la plus approchée, c'est-à-dire, qui ne diffère de la véritable que de moins d'une unité. C'est-là la base de l'opération. On égale donc ce nombre plus une nouvelle inconnue, à celle de l'équation proposée et on la substitue à sa place. On a une autre équation dont la racine est ce qu'il faudroit ajouter à la première pour avoir sa valeur exacte. Mais comme on suppose que ce reste est fort petit, ou une quantité moindre que l'unité, on en conclud que la valeur des termes les plus élevés est fort petite. Car la valeur d'une fraction devient d'autant plus petite qu'on l'élève à une plus haute puissance. Ainsi tous les termes de cette nouvelle équation où entre l'inconnue élevée au quarré, au cube, &c. peuvent être négligés. On les néglige en effet ; ce qui réduit l'équation au premier degré, à moins qu'on n'eût quelque doute que la première valeur fût assez approchée. Car dans ce cas on pourroit conserver le terme où est la seconde puissance de l'inconnue ; ce qui laisseroit une équation du second degré à résoudre. On cherche donc la valeur de cette racine en fraction décimale ; c'est ce qu'il faut ajouter à la première racine trouvée ou en soustraire suivant que le signe qui affecte cette fraction est positif ou négatif. Si ce degré d'exactitude ne suffit pas, il faudra reprendre la seconde équation entière et la traiter comme on a fait la première ; ce qui donnera une troisième équation qui deviendra du premier degré en négligeant tous les termes au-dessus. Sa résolution donnera de nouveaux chiffres à ajouter à la fraction déjà trouvée et ainsi de suite. En trois opérations M. Neuton trouve que la racine de cette opération, $y^3 - 2y - 5 = 0$ est en fraction décimale 2.09455147 +, ce qui est vrai jusqu'au neuvième chiffre. Quelques exemples, avec leur développement, forment l'objet d'une note à la suite de ce livre.

Des deux méthodes que M. Halley a données pour l'approximation des équations, l'une est fort ressemblante à celle que nous venons de décrire. Elle en diffère seulement en ce qu'il revient toujours à l'équation proposée, substituant à la place de son inconnue, sa valeur de plus en plus approchée et augmentée d'un reste inconnu ; ce qui donne à chaque opération de nouvelles décimales et une valeur plus exacte (1). Dans l'autre il conserve les termes où l'inconnue monte au second degré, mais par un moyen ingénieux, dont il fait honneur à M. de Lagny, il réduit encore toute l'opération à une simple division.

La méthode suivie par Raphson (2), diffère encore fort peu de celle de Newton. Il lui a seulement donné quelques degrés de facilité par certaines tables qu'il a dressées, et qui, sur l'inspection seule d'une équation d'un degré quelconque jusqu'au dixième, font connoître le numérateur et le dénominateur de la fraction qu'il faut ajouter à la racine déjà estimée à-peu-près ou déjà approchée par le calcul. Supposons, par exemple, que l'on ait cette équation du troisième degré $x^3 - cx = d$; et que g soit la première valeur estimée de x, on aura x plus approchée $= \frac{d + 2g^3}{3gg - c}$; et si, au lieu de $-cx$, on eût eu $+cx$, alors on eût eu $x = \frac{d + 2g^3}{3gg + c}$.

(1) *Trans. Philos.* n°. 210, ann. 1694.

(2) *Analysis aequat. univ. Lond.* 1690, *in*-4°. Voyez aussi Wallis, *Operum*, t. II.

Ainsi pour l'équation du quatrième degré $x^4+bx^3+cx^2+dx-f=0$; si g est comme ci-dessus une valeur estimée à-peu-près, de x, on aura $x=\frac{f-g^4-by^3-cgg-dg}{4g^3+3bg^2+2cg+d}$; et pour le cinquième degré $x^5+bx^4+cx^3+dx^2+fx-h=0$, on auroit $x=\frac{h-g^5-bg^4-cg^3-dg^2-fg}{5g^4+4bg^3+3cg^2+dg+f}$.

La loi pour tous les degrés est facile à appercevoir. Comme aussi que si les coefficiens de l'équation proposée ont des signes contraires à ceux qu'on a supposés, il n'y a qu'à les changer dans la valeur de x, et si quelques-uns de ces termes manquent, il n'y aura dans la valeur de x qu'à faire les coefficiens de ces termes, égaux à o. Raphson auroit pu ainsi abréger ses tables, et même pour chaque degré ne donner qu'une formule comme nous venons de faire.

Quoique nous ayions dit que par première valeur de x, il falloit avoir une valeur estimée jusqu'à un certain point d'exactitude, comme à moins d'une unité près (si la racine excède l'unité) cela n'est pas absolument nécessaire. On arrivera toujours à son but, quoique par des pas plus lents; mais si, comme cela peut arriver dans les équations de degrés pairs, il n'y a que des racines imaginaires, les différentes opérations qu'on feroient ne donneroient que des valeurs divergentes, c'est-à-dire qui, loin d'approcher d'un but quelconque, iroient en s'en écartant sans cesse.

La méthode dont nous venons de donner une idée ne s'applique pas seulement aux équations à une seule inconnue, mais aussi à celles où deux inconnus, comme x et y, sont combinées entr'elles et avec des quantités connues, et où il s'agit de déterterminer x en y ou y en x (1). Telle est celle-ci, $y^3+a^2y-2a^3+axy-x^3=0$. On trouve en y appliquant la règle ci-dessus qu'une des valeurs de y est $a+\frac{x}{4}+\frac{xx}{64a}-\frac{131x^3}{512a^2}+\frac{509x^4}{16384x^3}$, &c., série qui convergera beaucoup, si x est moindre que a. Mais dans le cas contraire, Neuton enseigne à former une série ou x entre dans le dénominateur, ce qui la rend convergente, et elle se trouve $y=x+\frac{a}{4}+\frac{aa}{64x}+\frac{131a^3}{512x^2}+\frac{509a^4}{16384x^3}$, &c.; il y a, au surplus, dans l'application de cette méthode, quelques embarras à déterminer le premier terme de la série, et c'est ce que Neuton éclaircit, tant dans l'endroit de son Traité cité ci-dessus, que dans une lettre à Oldenbourg (2), où il enseigne à choisir ce premier terme, au moyen de son parallélogramme analytique.

(1) *Analysis per aequationes numero terminorum infinitas*; *vid Commercium Epistolicum*, p. 11 *et seq. édit.* 1712.

(2) *Ibid.* p. 83 *et seq.*

La résolution des équations numériques, au moins par approximation est si importante, qu'un grand nombre de géomètres ou analystes se sont comme à l'envi étudiés à en trouver de nouveaux moyens, plus courts ou plus commodes les uns que les autres. La fécondité des mathématiques et la variété de leurs ressources se soutiennent ici comme par-tout ailleurs.

M. Jean Bernoulli a donné dans ses *Lectiones calculi integralis* (1), plusieurs méthodes d'approximation, soit pour les équations simples, c'est-à-dire, pour l'extraction des racines des nombres, soit pour les équations complexes comme celles dont il est ici question, et spécialement pour les équations cubiques et biquadratiques. Une de ces méthodes donne la valeur de la racine par une suite de termes faciles à former, et alternativement plus grands ou moindres que la valeur cherchée, et en approchant toujours de plus près. Mais nous sommes obligés de passer légèrement sur cet objet, parce que cette méthode n'est d'un usage commode dans la pratique que dans les équations des troisième et quatrième degré.

Jacques Bernoulli a donné dans les actes de Leipsick (ann. 1689), au moins pour les équations cubiques et biquadratiques, une méthode purement graphique, par laquelle, d'après les coefficiens de l'équation, et en promenant pour ainsi dire le compas sur deux droites perpendiculaires l'une à l'autre, on trouve des valeurs qui approchent rapidement et de plus en plus de l'inconnue, si elle a une valeur réelle.

On doit aussi à M. Taylor pour ces approximations une méthode nouvelle, fondée sur sa théorie *des Incrémens* (2). M. Thomas Simpson en a donné deux fort ingénieuses, et qui approchent fort rapidement ; une couple d'opérations répétées fait trouver la valeur cherchée exactement jusqu'à 6 ou 7 décimales. L'une (3) suppose le calcul des fluxions, mais n'en est pas d'un usage moins facile, et est applicable à trouver à la fois les valeurs de deux inconnues données par deux équations. L'autre (4) est dérivée d'une méthode d'approximation pour les séries, et est également fort commode ; car elle donne du premier abord environ le double de chiffres exacts que celles de Neuton et Halley.

M. Daniel Bernoulli y a employé la théorie des séries récurrentes, et a développé, d'après ce principe, une méthode que M. Euler a étendue. Nous en parlerons dans la suite.

(1) *Operum*, tome III, page 1 *et seq.*

(2) Voyez *Trans. philosoph.* ann. 1717.

(3) *Essays on several curious and useful subjets &c. Lond.* 1740, *in* 4°.

(4) *Select exercises for young proficients, &c. Lond.* 1752, *in*-8°.

M. de Courtivron a donné dans les mémoires de l'Académie des Sciences de 1744, une methode d'approximation qui a des avantages particuliers. Ils consistent à abréger considérablement les substitutions successives et assez laborieuses qu'exige celle de de Neuton pour arriver à des résultats de plus en plus exacts. Il y parvient par une différentiation successive de l'équation proposée, ce qui lui donne des valeurs, qui une fois trouvées, n'ont plus besoin que d'être employées en forme de série fort convergente. Elle est même applicable à des formes d'équations où les exposans au lieu d'être des nombres entiers, seroient des fractions, comme dans cette équation $x^{\frac{2}{3}} + x^{\frac{1}{2}} + x^{\frac{1}{3}} =$; ce qui, dans les autres méthodes, exigeroit des opérations laborieuses pour la réduire à la forme ordinaire.

Dans le même temps enfin M. Euler s'occupoit du même objet, et donnoit une formule d'approximation fondée sur des considérations analogues à celles de M. de Courtivron. C'est une série qui doit converger avec une grande rapidité, les dénominateurs de ses termes étant 1. 2. 6. 24. 120, &c. C'est pourquoi nous croyons devoir l'expliquer dans la note qui est à la suite de ce livre.

Il est sans doute d'autres méthodes pour le même objet. J'en ai vu citer une de M. Kæstner. La réputation de son auteur doit en donner une idée très-favorable, mais elle ne m'est pas venue autrement à ma connoissance.

Quelque ingénieuses néanmoins que soient ces diverses méthodes, on est obligé de convenir qu'elles laissoient encore à désirer quelque chose de plus complet. Le Cit. Lagrange a rempli cet objet par divers mémoires sur la résolution tant approximée que complète des équations, quand il y a lieu.

Dans un de ces mémoires (1), et qui a pour objet la résolution des équations numériques, il enseigne le moyen de déterminer des limites plus étroites des racines, chose nécessaire pour la réussite des méthodes de Neuton et Halley, qui exigent qu'on connoisse dans une équation la valeur d'une des racines assez approchante de la vérité pour n'en différer guère que d'un dixième. Or, c'est ce qu'on ne peut connoître qu'au moyen de limites plus rapprochées entr'elles que celles données par des analystes subséquens, comme Maclaurin, Campbel, Stirling, &c. Le Cit. Lagrange ne laisse rien à désirer à cet égard, et au moyen d'une équation nouvelle qu'il enseigne à former d'après les coefficiens de la proposée, et qu'il appelle *équation aux différences*, parce que ses racines sont les quarrés des différences des racines de cette proposée, il détermine des limites des racines réelles de

(1) *Acad. de Berlin*, ann. 1767.

l'équation, rapprochées à un degré d'exactitude presque *ad libitum*; après quoi il trouve une valeur de plus en plus approchante de la racine comprise entre les deux limites déterminées. Il y applique enfin la théorie des fractions continues, théorie que nous exposerons dans la suite, et qui est le moyen le plus avantageux à employer en pareil cas pour approcher rapidement de la valeur cherchée; vu qu'il en résulte une suite de valeurs qui sont toujours et alternativement l'une plus grande, l'autre moindre que celle qu'on cherche, et qui s'en approchent continuellement de telle sorte, qu'on ne sauroit en trouver une plus exacte en un aussi petit nombre de chiffres. Cette méthode a même l'avantage de donner souvent la racine exacte : car si l'équation a une racine entière, la série se termine tout-à-coup après quelques termes. On reviendra sur cet objet en parlant de ce genre de fractions.

Cette méthode sert aussi au Cit. Lagrange à déterminer dans une équation donnée les racines égales et leur nombre, ainsi que celui des racines imaginaires, et à trouver enfin la valeur des deux quantités réelles, comme a et b qui entrent dans une racine imaginaire, comme $a \pm b\sqrt{-1}$, expression à laquelle elles se réduisent toujours, comme sait tout analyste.

Il est enfin un genre d'équations qu'on nomme *littérales*, parce que les coefficiens de ses termes sont donnés indéfiniment en lettres au lieu de nombres; ce qui leur donne beaucoup plus de généralité. Ces équations ont été aussi l'objet d'un travail extrêmement profond du Cit. Lagrange (1). Il y enseigne la manière de les réduire en séries, et sa méthode a sur celle de quelques autres géomètres, qui avoient aussi considéré ces équations, un grand nombre d'avantages, comme celui de donner l'expression de chaque racine, au lieu que les méthodes dont nous venons de parler ne donnent ordinairement que celle d'une d'elles; celui de fournir des séries régulières et faciles à continuer aussi loin qu'on peut le vouloir; celui de donner le moyen de reconnoître leur convergence ou divergence; enfin d'être applicable même à des équations qui contiennent des quantités transcendantes, comme des logarithmes, des arcs de cercle, &c. Pour parvenir à toutes ces découvertes qui mettent, pour ainsi dire, le comble à cette partie de la théorie des équations, le Cit. Lagrange fait usage d'un beau théorême de son invention, sur *les Fonctions*, théorême que nous ferons connoître en parlant de la théorie de ces expressions analytiques. Nous avions commencé une exposition plus détaillée de toutes ces choses. Mais nous avons reconnu qu'elle nous mèneroit beaucoup plus loin

(1) Voyez *Mémoires de l'Acad. de Berlin*, ann. 1768.

que ne nous permet la nature de cet ouvrage. Nous savons qu'en ce moment on fait un recueil des mémoires que ce célèbre géomètre a donnés à l'Académie de Berlin sur la résolution des équations, et qu'ils seront suivis de notes et additions de l'auteur même. Nous ne pouvons qu'y renvoyer comme à l'ouvrage le plus intéressant et le plus profond sur cette théorie (1).

Nous nous bornerons à cette indication des recherches des analystes sur cet objet, et nous finirons en observant qu'il en est ici comme de la quadrature du cercle. Si les efforts multipliés des géomètres et des analystes n'ont pu entiérement subjuguer l'un et l'autre problême, ils n'ont du moins rien laissé à désirer sur la pratique.

V I I.

Les géomètres n'eurent pas plutôt franchi les premières limites de la Géométrie élémentaire, que la théorie des lignes courbes fut un des champs où ils s'exercèrent. Nous voyons en effet ceux de l'école de Platon, si voisine de la naissance de la Géométrie, s'occuper déjà des Sections coniques, puisque Menechme, l'un d'eux, résolvoit le problême de la duplication du cube, au moyen de deux paraboles, ou d'une parabole combinée avec une hyperbole entre les asymptotes. Ils durent voir, avec un étonnement mêlé d'admiration, ces courbes, objets de leurs premières spéculations, prendre les formes singulières qu'elles nous présentent ; les unes rentrantes en elles-mêmes, comme le cercle et l'ellipse ; d'autres étendues à l'infini d'un côté seulement, comme la parabole, ou des deux côtés, comme les hyperboles opposées, qui ne sont que l'hyperbole elle-même, dont les deux extrémités, au lieu de se présenter leur concavité et revenir sur elle-même, comme dans l'ellipse, se présentent leur convexité et semblent se fuir l'une l'autre. Ils furent sans doute aussi agréablement frappés, en voyant ces branches de l'hyperbole ramper entre les côtés d'un angle rectiligne, qu'elles ne dépassent jamais, et vers lesquels elles s'approchent toujours sans jamais les atteindre ou les toucher. Je ne dis rien des autres propriétés de ces courbes, sur lesquelles ils ont laissé une théorie à laquelle la Géométrie moderne n'a pas beaucoup ajouté. Ils éprouvèrent sans doute un semblable plaisir, à l'aspect de la conchoïde, dont les quatre branches rampent de la même manière, au-dessus et au-dessous d'une même ligne droite, et dont la partie inférieure, se rapliant dans certaines circonstances sur elle-même, se coupe et

(1) Il se vendra chez Duprat, libraire, quai des Augustins.

forme une espèce de nœud. Je passe presque sous silence la cyssoïde et les spiriques, courbes fort différentes des spirales, comme on l'a dit ailleurs (1), et qui forment des sinuosités encore plus singulières, objet des recherches de *Perseus Citticus*, de *Philon de Thiane*, et de *Demetrius d'Alexandrie*.

Mais les anciens, destitués comme ils l'étoient du secours de l'analyse algébrique, ne pouvoient faire des progrès bien profonds dans cette théorie ; aussi, leurs découvertes en ce genre, si nous en exceptons les Sections coniques, ne consistent-elles qu'en quelques propositions isolées. Ils se trompèrent même, en ne faisant point la distinction convenable entre des courbes de nature bien différente ; car ils mirent dans le même rang, et celles que nous nommons *géométriques*, comme la conchoïde, la cyssoïde, et celles que nous appellons *mécaniques*, ou plutôt *transcendantes*, comme les spirales, les quadratrices, &c.

Descartes est celui qui a véritablement ouvert ce vaste champ, par l'application qu'il fit de l'analyse algébrique à la théorie des courbes. Il fit la distinction nécessaire des courbes en différens genres. Il enseigna à déterminer leurs tangentes, et il mit sur la voie, pour la détermination de leurs autres propriétés, comme leurs branches, les points où elles s'éloignent le plus de leur axe, leurs asymptotes, leurs points d'inflexion, &c., c'est-à-dire tous les différens symptômes de leurs sinuosités. Une foule de courbes différentes et appropriées à des usages différens, prirent naissance sous sa main, ou sous celles des géomètres qui manièrent son Analyse. Cette partie de la Géométrie changea entièrement de face.

Il est bien naturel de s'attendre que les courbes de genres ou de degrés supérieurs doivent avoir dans leur courbure de plus grandes singularités que celles du premier et du second genre ; mais avant que d'exposer les moyens par lesquels les géomètres ont analysé et découvert ces singularités, il faut faire connoître quelques-unes d'entr'elles, et donner une idée de la manière dont elles s'engendrent.

C'est une propriété commune aux courbes de tous les ordres, de ne pouvoir être coupées par une ligne droite en plus de points que l'ordre de la courbe ne contient d'unités. Ainsi, comme on l'a déjà vu, une Section conique, courbe du second degré, ne peut être coupée qu'en deux points, par une ligne droite ; une courbe du troisième, en trois ; une courbe du quatrième, en quatre, &c. On peut même, à cela, reconnoître le degré d'une courbe ; car prenant la conchoïde pour

(1) Livre IV de la première patie.

exemple

exemple (*fig.* 12), on voit aisément qu'une ligne droite ne peut la couper qu'en deux ou en quatre points. Ainsi la conchoïde est une courbe du quatrième degré. La cyssoïde ne peut être coupée au plus qu'en trois points ; elle est une courbe du troisième ordre.

Un autre symptôme remarquable des courbes en général, est le nombre et la forme de leurs branches infinies. Dans les courbes du troisième ordre et des ordres impairs, il y a toujours quelques branches infinies ; mais elles ne marchent jamais que deux à deux, et dans ce cas d'imparité, il y en a autant du côté négatif des abscisses, que du côté positif. Enfin il peut y en avoir autant que le double de l'exposant de l'ordre de la courbe. Ainsi une courbe du troisième ordre aura ou deux nécessairement, ou quatre ou six branches infinies et pas davantage. On en voit des exemples dans l'énumération faite par Neuton des courbes de cet ordre.

Mais une courbe d'un ordre pair peut n'en point avoir, elle sera alors rentrante en elle-même comme le cercle ou l'ellipse ; ou elle aura deux branches, ou quatre, ou six ou huit, qui pourront être toutes du même côté, au lieu que dans les courbes d'ordre impair, il y en aura toujours autant d'un côté que de l'autre.

La forme de ces branches a aussi ses variétés. On les distingue en deux sortes, dont les unes sont nommées *paraboliques* et les autres *hyperboliques*. En effet, les unes semblables aux branches de l'hyperbole ont des asymptotes rectilignes, parce que la dernière forme vers laquelle elles convergent rapidement est la ligne droite. Les autres semblables à celles de la parabole se rapprochent d'une forme parabolique, et ont par cette raison des paraboles pour asymptotes. C'est pourquoi, dans la dénomination de ces asymptotes, on les distingue en *hyperboliques* et *paraboliques*. Ajoutons que, quelquefois ces branches hyperboliques, au lieu d'être contenues dans l'angle de leurs asymptotes rectilignes, l'embrassent et le serrent, pour ainsi dire, en dehors ; quelquefois un côté en dehors, un autre en dedans. Quelquefois cette asymptote est une seule ligne droite coupée par la courbe qui d'un côté s'en rapproche en dessus, et de l'autre en dessous. Telle est l'*Anguinea* de Neuton.

Voici encore une propriété remarquable et commune à toutes les courbes, à commencer du troisième ordre ; c'est qu'une partie de la courbe, comme A B C (*fig.* 13) peut être accompagnée d'un autre, comme E D, en forme d'ovale, et qui, quoique isolée, lui tient cependant essentiellement par les liens de l'analyse. On l'appelle *ovale conjuguée ;* il arrive même quelquefois, suivant les rapports des coéfficiens de l'équation de la courbe, que cette ovale conjuguée diminuant de plus en plus, dégénère en un point qui appartient également à la courbe, quoiqu'il soit invisible aux yeux du corps, mais il n'échappe pas à ceux de l'analyse, qui sait déterminer, par des règles certaines, son existence et sa position. Il arrive aussi quelquefois que cette ovale conjuguée est traversée par une des branches infinies de la courbe, et dans ce cas elle peut dégénérer en un point conjugué. Alors ce point du périmètre de la courbe lui appartient triplement. On le nomme *point conjugué adhérent.*

Les courbes des ordres supérieurs, à commencer du troisième, jouissent encore de la propriété de pouvoir se replier sur elles-mêmes, et se couper dans un point, d'y repasser même plusieurs fois suivant l'ordre dont elles sont. On en a un exemple connu de l'antiquité dans le conchoïde inférieure, ou plutôt la branche inférieure de la conchoïde. Car lorsque la distance du pôle P à l'axe (*fig.* 14) est moindre que la ligne AB ou AC, qui dans toutes ses inclinaisons est la même suivant la description connue de cette courbe, il est visible que le point C décrira la courbe FPEC*epf*, et qu'elle passera deux fois par P. Mais une courbe du troisième degré ne peut pas passer plus de deux fois par le même point. Car la ligne droite qui passe par un pareil point où la courbe passe deux fois, la coupe évidemment en deux points, et elle la couperoit en trois si la courbe pouvoit y passer trois fois ; et comme il est évident que l'on pourroit par ce point mener une ligne droite coupant la courbe encore au moins une fois, il est visible que cette droite couperoit la courbe en plus de points que l'ordre dont elle est ne contient d'unités. Or c'est-là une chose impossible, comme on l'a dit plus haut. Mais une ligne du quatrième ordre peut bien passer trois fois par le même point, comme on voit dans la *fig.* 15 : une du cinquième quatre fois, &c., c'est-à-dire, toujours une fois moins d'une unité que le degré de l'équation de la courbe ; on appelle ces points *multiples*, et on les subdivise en points doubles, triples, quadruples, suivant que la courbe y passe deux fois, trois fois, &c.

Après les points multiples, il y en a d'autres encore dignes de considération, à cause de leur singularité ; aussi les nomme-t-on *points singuliers.* Tels sont les points de serpentemens, quelquefois invisibles, à l'exception des yeux de l'analyse ; en voici l'origine. Concevons une courbe comme AE (*fig.* 16, *n*°. 1), qui rencontre d'abord en B la ligne droite FG, puis vient la recouper en C, et ensuite en D, après quoi elle continue sa route en E, s'éloignant toujours de cette droite ; une courbe du troisième ordre est susceptible de pareil symptôme, puisque par-là une ligne droite peut ne la couper qu'en trois points. Qu'on imagine maintenant les trois points B, C, D, se confondre, ce qui peut arriver et même qu'on peut rendre nécessaire par la fixation des valeurs respectives des coefficiens de l'équation ; voilà cette courbe qui deviendra comme A E (*fig.* 16, *n*°. 2), à l'égard de la tangente F G. Ce point en contiendra trois de la courbe, et cette tangente sera censée la rencontrer en trois points, comme une tangente simple en réunit deux. C'est un point d'inflexion, mais plus composé que les points d'inflexions ordinaires, comme celui de la conchoïde supérieure, qui, après avoir été concave vers son axe, devient convexe vers lui. Il n'y a pas là de serpentement.

Mais si la courbe que nous avons vue dans la figure précédente prendre son cours par E D, revenoit encore dans la *fig.* 17, *n*°. 1, couper la même droite en E, et de là continuoit par E F ; qu'ensuite les quatre points d'intersection se rapprochassent au point de coincider, cette double inflexion disparoîtroit, et tous les points réunis paroîtroient un point ordinaire. Néanmoins l'analyse saura le distinguer des autres ; on sait, par exemple, que c'est ce qui arrive au sommet de la parabole quarrée-quarrée, dont l'équation est $a^3y = x^4$, en effet ce serpentement de la courbe au dessus et au-dessous de son axe, est visible dans la courbe de ce genre, dont l'équation est $a^3y = x^4 - (bb+cc)\,x + bbcc$. Elle coupe son axe quatre fois à des distances c et $-c$, b et $-b$ de son sommet. Car en faisant $y = 0$, x reçoit ces quatre valeurs. Ce qui indique les points ou l'axe coupe la courbe. Or la parabole $y = x^4$ ou $a^3y = x^4$, n'est autre chose que cette dernière, où les lignes b et c décroissant continuellement sont devenues $= 0$.

Il y a des genres de serpentemens encore plus composés à l'infini ; car rien n'empêcheroit qu'une courbe comme ab (*fig.* 18, *n*°. 1), coupant d'abord son axe en b ne le coupât encore en c, d, e, f, et après ces cinq points d'intersection ne prît son cours fg en remontant de l'autre côté de l'axe, et c'est effectivement le cas d'une courbe parabolique du cinquième degré qui, tous ces points d'intersection se rapprochant en un, devient la parabole du cinquième degré $a^4y = x^5$ (*fig.* 18, *n*°. 2), ayant un point d'inflexion à son origine, mais comme l'on voit bien plus composé que les points d'inflexion ordinaires, et que ceux de la parabole du troisième degré. Lorsque le nombre de ces intersections infiniment rapprochées est impair, la courbe y forme un point d'inflexion apparente ; mais lorsque ce nombre est pair, alors ils sont invisibles ; ils n'existent cependant pas moins, et l'analyse enseigne les moyens de les reconnoître.

Une autre singularité des courbes d'ordres supérieurs et qui commence au troisième degré, c'est le point de rebroussement. Une courbe après avoir eu le cours A B C, rebrousse quelquefois tout-à-coup en arrière au point C. Alors la nouvelle branche C D est toujours tangente à la première, où les deux branches ont une tangente commune. De-là naît la division de ces sortes de points en deux espèces ; l'une est celle où les deux branches se touchent par leur convexité, (*fig.* 19, *n°*. *1*), et ont par conséquent la tangente commune entr'elles. La seconde est celle où cette tangente est du même côté à l'égard de l'une et de l'autre. Alors la convexité de l'une touche la concavité de l'autre (*fig.* 19, *n°*. 2). Un habile géomètre, M. l'abbé De-Gua (1), a cru et entrepris de faire voir que cette sorte de point de rebroussement est impossible ; mais il est aujourd'hui reconnu qu'il s'est trompé, et M. Euler (2) l'a absolument démontré, en déterminant les équations de tant de courbes qu'on voudra, qui ont ce genre de rebroussement. Une chose au reste à remarquer ici, c'est que ce rebroussement ne se fait et ne peut se faire que par le contact des deux branches de la courbe, ou leur contact commun avec une ligne droite, mais non en faisant un angle entr'elles.

Toutes ces variétés enfin peuvent être combinées ensemble, et le sont quelquefois réellement dans des courbes d'ordres supérieurs. Dans une courbe du quatrième degré, par exemple, il peut y avoir un point d'inflexion combiné avec un nœud ; mais dans une courbe du troisième ordre cela ne sauroit avoir lieu, puisque la droite tangente à l'inflexion couperoit dès-lors la courbe en quatre points.

Il y a enfin des courbes d'ordres supérieurs qui ont un centre, d'autres qui n'en ont point. Nous appellons *centre* un point placé, même quelquefois sur la périphérie de la courbe, qui est tel qu'en menant par ce point une ligne droite rencontrant la courbe en deux points, elle est coupée en deux également par le centre. Ainsi l'on peut dire que le centre est le point à l'égard duquel la courbe conserve une symétrie parfaite. Tel est le point C, sommet de la courbe à quatre branches (*fig.* 20, *n°*. *1*), dont l'équation est $x^4 = aayy + xxyy$; et qui nous donne l'exemple d'une courbe qui, au lieu d'être comprise dans l'angle de ses asymptotes, les embrasse au contraire en dehors. Tel est encore le point C dans la courbe ACB (*fig.* 20, *n°*. 2), rampante au-dessus et au-dessous de son asymptote unique DE, qu'elle coupe en ce même point C. C'est celle que Neuton appelle *Anguinea*, à cause de sa forme.

Le calcul différentiel fournit sans doute des moyens de parvenir à la découverte des différens points singuliers qu'on vient d'indiquer. D'habiles géomètres en ont donné des essais, mais leurs règles sont sujettes à un grand nombre de limitations qu'ils n'ont même pas toujours apperçues. L'analyse de Descartes approfondie comme elle l'a été depuis le commencement de ce

(1) *Usage de l'Analyse de Descartes*, &c. Paris, 1740, *in*-12.

(2) *Mém. de l'Acad. de Berlin*, an. 1749.

siècle, fournit des méthodes beaucoup plus simples et plus naturelles. En effet, quand on considère la manière dont on construit une courbe algébrique par l'équation qui en exprime la nature, il semble que c'est dans les rapports des racines de cette équation qu'on doit chercher les différentes propriétés de cette courbe, plutôt que de recourir au calcul différentiel qui ne donne proprement que les rapports de ses élémens. Il est même plusieurs de ces déterminations, celle des centres quand il y en a, celle des diamètres, que je ne vois guère comment on tireroit du calcul différentiel. C'est au contraire ce que fait aisément le calcul analytique fini ; et la considération simple de l'équation de la courbe transformée et ordonnée d'une certaine manière. Si M. Rolle, le célèbre adversaire du calcul différentiel, qui avoit assez bien vu cette vérité, et qui étoit même sur la voie des découvertes dont nous allons donner une idée, si, dis-je, M. Rolle s'étoit borné à cette prétention, et à développer cette analyse, non-seulement on n'auroit rien à lui reprocher, mais il se seroit fait un grand honneur parmi les géomètres et les analystes ; son tort consiste en ce qu'oubliant les intérêts de la vérité, il cherche dans le calcul différentiel des erreurs qui n'y étoient nullement.

M. Neuton est le premier qui soit entré dans la considération générale de ces propriétés des lignes courbes. Son *Enumeratio linearum tertii ordinis*, qui parut pour la première fois avec son optique en 1706, présente les courbes du troisième ordre ou troisième degré, rangées en soixante-douze espèces, avec leurs formes servant à les distinguer, comme dans les courbes du second ordre, on distingue par leurs formes l'ellipse, la parabole et l'hyperbole. Les courbes du second ordre ne nous en présentent que trois, savoir celles que nous venons de nommer, car le cercle n'est qu'une variété de l'ellipse. Le troisième ordre s'élève tout de suite à soixante-douze espèces ou même soixante-dix-huit ; car nous remarquerons ici, sans aller plus loin, que M. Stirling a fait voir que Neuton en avoit omis deux, et M. De-Gua en a aussi remarqué quatre omises par l'un et par l'autre. Il est facile par-là de se former une idée du nombre de celles du quatrième ordre, dont nous croyons l'énumération à-peu-près impossible. Mais à le bien prendre, à quoi serviroit cette énumération. Il suffit, ce semble, d'avoir le moyen, une équation étant donnée, de déterminer toutes les particularités de la courbe qu'elle exprime. Or, c'est ce dont on est en possession.

Mais cet ouvrage de Neuton n'est, pour ainsi dire, qu'une esquisse de ses recherches sur ce sujet : il avoit besoin de développemens, au moins pour le plus grand nombre des géomètres. C'est ce qui engagea vers 1717 M. *Stirling* à le commenter en quelque sorte par son ouvrage intitulé : *Lineae tertii ordinis neutonianae sive illustratio tractatûs D. Neutoni de enumeratione linearum tertii ordinis. Lond.* 1717, *in*-4°. M. Stirling eût pu sans doute donner une théorie complète des ordres supérieurs, s'il ne s'étoit pas trop scrupuleusement attaché à suivre son auteur. M. Nicole avoit aussi commencé dans les Mémoires de l'Académie royale des Sciences de 1729, une explication nette et exacte des principes qui avoient guidé Neuton dans son *Enumération*, et il est fâcheux que cet essai n'ait point eu de suite. On trouve néanmoins dans le volume de 1731 un mémoire très-intéressant de ce même géomètre, qui est un développement de ce que dit *Neuton* dans son ouvrage sur ces courbes, savoir qu'elles peuvent être produites par l'ombre d'une des cinq qu'il appelle *paraboles*.

D'après cette idée M. Nicole forme un cône sur une de ces paraboles qui a une ovale conjuguée, et fait voir comment un plan, selon les positions diverses qu'on peut lui donner, engendre par sa section les diverses courbes du troisième degré. Cet endroit de Neuton a aussi été développé par M. *Patrice Murdoch*, dans un traité particulier, qui a pour titre : *Neutoni Genesis curvarum per umbras*, &c. &c., et qui parut à Londres en 1746, *in*-8°. Le P. Jacquier a aussi traité le même sujet avec concision et élégance dans son Traité de Perspective, intitulé : *Elementi di Prospettiva*, &c. Rom. 17.5, *in*-8°.

M. l'abbé De-Gua s'étoit primitivement proposé le même but que MM. *Stirling* et *Nicole*, savoir de retrouver les traces du chemin que Neuton avoit suivi dans ses recherches. Le résultat de ses méditations sur ce sujet forme l'objet de son ouvrage intitulé : *Usages de l'analyse de Descartes pour découvrir, sans le calcul différentiel, les propriétés ou affections principales des lignes géométriques de tous les ordres*, publié en 1740 (*in*-12). L'application de cette analyse à la détermination de toutes les propriétés des courbes dont nous avons ci-dessus donné l'idée, et dont M. Stirling avoit déjà jetté les fondemens y est beaucoup étendue, et à divers égards simplifiée. Mais il faut en même-temps convenir que ce livre trop avare de développemens, n'est guère à la portée du commun des géomètres, et la lecture en est laborieuse à ceux même qui sont assez familiarisés avec les épines de la géométrie. Il y a d'ailleurs quelques légères méprises, au reste très-pardonnables à celui qui entre presque le premier dans un pays aussi peu frayé et si hérissé d'épines.

La théorie générale des lignes courbes est trop importante pour qu'elle n'entrât pas dans les nombreux travaux du célèbre Euler. Il en a traité, dans son *Introductio in analysim infini-*

torum. (Lausannæ, 1748, *in*-4°. 2 vol.), avec cette généralité et cette supériorité de vues qui caractérisent toutes ses productions. On a aussi de lui dans les recueils de Berlin et de Pétersbourg, divers mémoires très-intéressans sur des cas particuliers de la théorie des courbes. Il suffit d'indiquer ces différens morceaux pour inspirer aux géomètres le désir de les lire.

Il manquoit cependant encore jusqu'en 1750 un livre sur ce sujet, qui réunît à la profondeur de la doctrine, les développemens nécessaires pour le rendre accessible à tous les géomètres. C'est ce que M. Cramer a exécuté avec le plus grand succès, par son ouvrage trop modestement intitulé : *Introduction à l'analyse des lignes courbes algébriques*, qui parut à Genève en 1750, *in*-4°., ouvrage d'ailleurs original en plusieurs points, et dans lequel au mérite du fond se joint celui de la forme, je veux dire, une clarté et une méthode tout-à-fait satisfaisantes. On ne sauroit par toutes ces raisons le trop conseiller à tous ceux qui désirent approfondir cette théorie.

On a encore vu depuis ce temps paroître un livre excellent sur cette matière : c'est le *Traité des courbes algébriques*. (Paris, 1756, *in*-12.), par les CC. Dionis du Séjour et Godin. On pourroit dire en employant une expression qui sera facilement saisie par les Mathématiciens, que les principes de cette théorie y sont réduits à leurs moindres termes. Je craindrois seulement que cette extrême concision, qui est d'ailleurs si bien du goût des géomètres consommés, ne le fût pas également du plus grand nombre. Je me bornerai à indiquer ici en passant un autre ouvrage du C. du Séjour, intitulé : *Traité des Propriétés communes à toutes les courbes*. (Paris, 1778, *in*-8°.), qui est encore un chef d'œuvre de précision, et qui a pour objet de frayer la voie à la transformation des équations algébriques d'une manière plus générale qu'elle n'avoit point encore été conçue. Mais un développement plus étendu de ses vues nous écarteroit trop de notre objet présent.

Nous ne pouvons omettre ici un écrit du célèbre Maclaurin, qu'on trouve à la suite de son *algèbre*, sous ce titre *de Linearum geometricarum proprietatibus principalibus tractatus*. On ne peut rien ajouter à sa clarté, à son élégance et à sa précision ; l'on y trouve d'ailleurs un grand nombre de propriétés particulières des lignes du troisième ordre et de celles des ordres supérieurs, que je ne vois pas avoir été énoncées avant lui par aucun autre géomètre.

Nous avons encore à faire connoître un immense travail sur cet objet. C'est celui de M. l'abbé de Bragelogne, qui s'étoit beaucoup occupé de la théorie des lignes courbes. Nous aurions même dû lui donner place antérieurement à plusieurs des géomètres dont nous venons de parler. Il avoit pris pour objet principal les courbes du quatrième ordre, dont il avoit même entrepris l'énumération. On lit dans le volume de l'Académie de 1730, deux de ses mémoires, où il jette les fondemens généraux de cette théorie, et dans celui de 1731 on en lit un troisième, où il examine spécialement la nature des divers points singuliers que présentent les courbes, et dont nous avons plus haut donné une idée. Il en remarque même un qui avoit jusqu'alors échappé aux géomètres qui avoient traité ce sujet. Il devoit ébaucher dans les mémoires de 1732 son énumération des lignes du quatrième ordre, et l'Histoire de l'Académie pour cette année, nous présente un précis des principes qu'il s'étoit formés pour cette prolixe et laborieuse énumération. Mais on lit, à la fin de cet extrait, que ce mémoire et ceux qui devoient le suivre, pouvant seuls former un bon volume, on n'avoit pas cru devoir l'imprimer, pour laisser à son auteur la faculté d'en former un ouvrage à part. Cela nous a privés entiérement de ces recherches de l'abbé de Bragelogne, qui mourut peu de temps après, et qui peut-être avoit finalement trouvé que la matière grossissoit énormément sous sa main. Car je ne doute nullement que, si jamais pareille énumération s'effectue, on ne trouve au-delà de quinze ou seize cens espèces de courbes du quatrième ordre. On a remarqué au reste que M. de Bragelogne a commis quelques méprises ; mais elles ne doivent lui faire aucun tort dans l'esprit de ceux qui considéreront qu'il fut un des premiers qui entrèrent dans cette carrière.

J'ai quelquefois songé à la manière dont on pourroit se conduire pour mettre un certain ordre dans cette énumération. Et voici quelques idées qui m'étoient venues. Je diviserois d'abord toutes ces courbes en deux grandes classes, la première de celles qui, comme le cercle et l'ellipse, ne jettent aucune branche infinie, et la seconde de celles qui en sont douées. La première classe seroit subdivisée fort naturellement en deux autres, l'une de celles qui ne sont formées que d'une ovale, comme l'ellipse, et l'autre de celles qui sont formées de deux, et dans ce dernier cas ces deux ovales peuvent être ou extérieures l'une à l'autre, et isolées ou se toucher, ou bien l'une enveloppant l'autre, ou même se coupant ou se touchant intérieurement : une de ces ovales enfin peut devenir un simple point conjugué, extérieur, adhérent ou intérieur. Ces deux ovales peuvent même, en certains cas se réduire, ce que je ne vois pas avoir été observé par personne, à deux seuls points conjugués, ensorte que toute la courbe se réduit alors à deux points. Or on a la méthode et même une méthode facile de déterminer, par la simple inspection de l'équation arrangée de certaine manière, si la courbe

a

a des branches ou non. L'analyse fournit aussi des moyens de démêler les différens symptômes qu'on vient d indiquer.

La seconde classe se subdiviseroit en quatre autres principales, savoir, celles des courbes, ayant seulement deux branches, celles en ayant quatre, ou six ou huit. Mais dans les premières ces deux branches peuvent, ou être seules, ou être accompagnées d'une ovale conjuguée, intérieure ou extérieure, isolée ou adhérente, et pouvant toujours devenir un simple point conjugué ; ces branches peuvent aussi être, avec ou sans asymptotes, rectilignes, c'est-à-dire hyperboliques, ou paraboliques ; elles peuvent enfin être douées de points singuliers de l'ordre dont le quatrième degré est susceptible. Il en est encore de même des autres subdivisions, *mutatis mutandis* ; mais il est aisé de sentir que ce seroit dans le développement de ces différens symptomes, que seroit le grand travail.

Au reste, on doit observer que ces principes sur l'énumération des courbes d'un ordre particulier, sont assez arbitraires. Les uns, tels que ceux qu'on vient d'exposer, sont en quelque sorte du ressort des yeux ; les autres tiennent à un certain ordre analytique, et ces principes sont par fois en contradiction. Ainsi, au jugement des yeux du corps, le cercle et ensuite l'ellipse sont les courbes les plus simples du second ordre ; mais à ceux de l'entendement ou de l'analyse, c'est la parabole dont l'équation est la plus simple, et le cercle n'est pas plus simple que l'hyperbole avec ses quatre branches divergentes. Il ne faut donc pas être surpris si, suivant la manière dont on a envisagé les choses, les analystes ont varié dans cette énumération. Ainsi Neuton a compté soixante-douze espèces de courbes du troisième ordre, tandis que M. Euler, dans l'ouvrage cité plus haut, n'en compte à sa manière que seize classes ; et M. Cramer, partant d'autres principes, en compte seulement quatre, divisibles en quatorze genres. Quant à celles du quatrième ordre, Euler les distribue en cent quarante-six, susceptibles de beaucoup de subdivisions, et M. Cramer le fait en neuf classes, dont il ajoute que la subdivision en genres est comme impossible. Mais nous l'avons déjà dit, ce seroit un travail dont l'utilité ne racheteroit pas la peine, puisque l'équation du d'une courbe du quatrième ordre étant donnée, on a les moyens de reconnoître sa forme et tous ses divers symptômes.

VIII.

Il nous faut maintenant donner une idée de la méthode dont nous avons parlé plus haut ; mais avant tout, il est nécessaire de dire un mot sur la manière de donner aux équations des courbes la forme et l'arrangement les plus convenables pour en analyser les propriétés.

L'équation d'une courbe, pour avoir la plus grande généralité possible, doit compremdre toutes les combinaisons de ses co-ordonnées, x (l'abscisse) et y (l'ordonnée), qui n'excèdent pas le degré de l'équation. Ainsi dans le second degré, par exemple, on doit y trouver y^2, y; xy, x et x^2 avec un terme connu, et chacun de ces termes, savoir ceux où entre x ou y, doit être multiplié par un coéfficient indéterminé, qui peut être positif, ou négatif, ou nul; au moyen de quoi, on aura toutes les variétés que peut éprouver l'équation, soit quant aux signes de ses termes, soit quant aux termes qui peuvent y manquer.

Ainsi, l'équation la plus générale du premier degré étant $y+ax+b=0$, celle du second degré sera $y^2+axy+by^2+cx^2+dx+e=0$; celle du troisième sera $y^3+by^2+axy^2+cxxy+dxy+ey+fx^3+gx^2+hx+i=0$, &c., dans lesquels chaque terme, hors le premier qui doit être toujours positif, peut être positif, ou négatif, ou nul, par les valeurs indéterminées des coéfficiens. Mais pour ordonner ces équations, l'usage est de les arranger ainsi, relativement à la plus haute puissance de l'ordonnée:

$$y^3+(ax+b)y^2+(cxx+dx+e)y+(fx^3+gx^2+hx+i)=0;$$

ou, ce qui a des avantages particuliers, de cette manière:

$$y^3 \left.\begin{matrix}+ax\\+b\end{matrix}\right\} y^2 \left.\begin{matrix}+cx^2\\+dx\\+e\end{matrix}\right\} y \left.\begin{matrix}+fx^3\\+gx^2\\+hx\\+i\end{matrix}\right\} =0,$$

où l'on voit que $ax+b$ est le coéfficient du second terme, cx^2+dx+e celui du troisième, &c.

On pourroit également ordonner, si l'on vouloit, l'équation par rapport à x et à ses puissances; ce ne seroit que prendre y pour abscisse, et x pour l'ordonnée, en gardant la même origine S, mais en rapportant la courbe à l'axe SB, au lieu de SA (*fig.* 21); ce qui n'a aucune difficulté.

La clef principale et presque universelle de la théorie des lignes courbes, est la transformation de leurs équations, et la considération de la forme qu'elles prennent par cette opération. Transformer l'équation d'une courbe, c'est transporter l'origine de ses co-ordonnées dans un autre point, donner même à son axe une inclinaison différente de celle de l'axe primitif, changer enfin l'angle de ses ordonnées avec leur axe, et trouver, d'après l'équation primitive, celle de la même courbe, résultante de ces changemens. Ceci n'aura rien que de facile pour ceux à qui la théorie des lieux géométriques est connue ; car ils ont vu la même courbe exprimée par une multitude de différentes équations, suivant que le point d'où se comptent les abscisses, la direction de l'axe et celle des ordonnées, éprouvoient du changement. Ainsi, l'équation de la parabole, est $yy=px$, lorsque l'origine de x est prise au sommet de l'axe, les ordonnees y étant perpendiculaires, et le paramètre $=p$. Mais cette équation devient $yy+2by+bb=px+pa$, lorsque l'origine des abscisses est prise sur un axe TF parallèle à SAB (*fig.* 22), et en un point P éloigné de l'axe de la quantité $AP=b$, et de la perpendiculaire à l'axe ST, de la quantité $TP=a$, les ordonnées restant perpendiculaires au nouvel axe.

En effet, voici le principe de ces transformations. Qu'on veuille transporter l'origine des abscisses au point P, pris comme il est dit ci-dessus, sur la ligne TF, parallèle à SB ; SA étant égale à m, et $AP=n$: il est évident que la nouvelle abscisse Pp ou Aa, que nous nommerons z, est égale à Sa — SA ou $=x-m$, et conséquemment $z+m=x$. De même l'ordonnée pq, que nous nommons d'abord $u=qa-pa=y-n$, ainsi $u+n=y$. Mettant donc dans l'équation primitive au lieu de x et y les valeurs ci-dessus $z+m$ et $u+n$, on a $uu+2nu+nn=pz+pm$; ou reprenant x et y pour les caractéristiques générales des abscisses et ordonnées, on aura, comme dessus, $yy+2ny+nn=px+pm$. Mais tandis que dans l'équation primitive, l'origine de x est au point S, et qu'elles sont prises sur SB, ici elles sont prises sur PE, à commencer du point P. Enfin les ordonnées y, qui étoient AQ, aq, sont ici PQ, pq, &c.

Si l'on vouloit transformer l'équation primitive d'une courbe en une courbe rapportée, non seulement à une origine différentes, mais à des ordonnées d'une situation quelconque, la chose ne seroit guère plus difficile.

Supposons, par exemple (*fig.* 23), que les ordonnées, au lieu d'être perpendiculaires sur l'axe PE, dussent être inclinées sous un angle donné, et que le rapport du sinus au co-sinus de cet angle fût celui de r à s, le sinus total étant l'unité ; que Pp soit la nouvelle abscisse $=z$, et pq la nouvelle ordonnée $=u$; en abaissant sur TE la perpendiculaire gf, on aura $pf=su$, et conséquemment, $Tf=m+z+su=$ S$a=x$ de l'équation primitive. D'un autre côté, qf sera $=ru$, et parconséquent, $qa=n+ru=y$ de l'équation primitive. Ainsi, il n'y aura dans cette équation qu'à substituer à x la quantité $m+z+su$, et à y, celle $n+ru$, et cette équation rapportée à l'origine P, avec des ordonnées inclinées PQ, pq, &c., sera $u^2 + \frac{2nr - ps}{rr} n - \frac{pz - pm + n^2}{rr} = 0$.

Si l'on vouloit que le nouvel axe fut lui-même incliné à l'axe primitif, on y parviendroit encore. Il est en effet dans la théorie des courbes des équations qui l'exigeront, comme celle de déterminer le centre d'une courbe, lorsqu'elle est de nature à en avoir un. Mais ces opérations, qui paroissent assez longues et laborieuses, sont considérablement abrégées par divers procédés qu'enseigne Cramer, et qui sont tels, qu'il n'est presque besoin, d'après l'inspection de l'équation primitive, que d'écrire couramment la nouvelle équation. Il est même rarement besoin de transformation si compliquée, parce que, comme on le verra dans la suite, on reconnoîtra souvent d'avance les termes qui doivent être anéantis dans la nouvelle transformée.

Il est aisé de voir par le procédé de cette transformation, que dans la nouvelle équation, la nouvelle indéterminée u, représentant l'ordonnée, ne sauroit monter à un degré plus haut que celui où montoit y dans l'équation primitive, et l'indéterminée z à un degré plus haut que x. Ainsi les diverses valeurs qu'aura u en donnant à l'abscisse z une valeur déterminée, et dont le nombre ne sauroit être plus grand que celui de l'exposant de u, désigneront le nombre des points où l'ordonnée coupera la courbe; et si l'on fait l'ordonnée u égale à zéro, l'équation qui en résultera, et où il n'y aura que l'abscisse z ou ses puissances, désignera par ses racines les points où l'axe des abscisses coupera la courbe; ce qui ne peut être dans cet exemple qu'en un point, l'abscisse z n'ayant qu'une dimension; et effet, l'axe et toute parallèle à l'axe dans la parabole, ne la peut couper qu'en un point.

Nous tirerons de là, en passant la démonstration de ce que nous avons donné plusieurs fois comme une vérité fondamentale de la théorie des lignes courbes, savoir qu'une ligne droite, dans une position quelconque, ne sauroit couper une courbe en plus de points qu'il n'y a d'unités dans l'exposant du terme le plus haut de son équation; comme aussi qu'une ligne parallèle aux ordonnées ne peut couper la courbe en plus de points que la plus haute puissance de l'ordonnée; enfin, que la parallèle à l'axe des abscisses ne sauroit non plus la couper en plus de points que la plus haute puissance de l'abscisse dans l'équation.

Il suit encore, de ce qu'on vient de dire, que si dans cette équation on fait z ou l'abscisse $= 0$, elle exprimera par le nombre des valeurs du u, le nombre de points où la courbe sera coupée par cette ordonnée, passant par l'origine P des abscisses ; parconséquent, si le point P est tellement situé qu'il ait nécessairement une valeur de u qui s'anéantisse, ce qui arrivera, si le point P est dans la courbe même, le dernier terme disparoîtra ; car ce dernier terme est, comme on sait, le produit de toutes les racines de l'équation : d'où il suit que si une d'elles est zéro, ce produit est lui-même $=0$. Et par une raison semblable, si dans une équation il y a deux racines $=0$, le pénultième terme disparoîtra aussi ; car s'il y a, par exemple, cinq racines, ou que l'équation soit du cinquième degré, le coéfficient de ce pénultième terme sera la somme des produits des racines prises quatre à quatre ; ainsi, y ayant deux racines égales à zéro, il en entrera nécessairement une dans chaque produit : conséquemment, ils seront tous égaux à zéro. L'analogie est facile à suivre. Si trois racines de l'équation sont nulles, les trois derniers termes manqueront, et ainsi de suite.

Mais quand est-ce que le point de l'origine sera tel, qu'au moins une des racines de l'équation de la courbe sera égale à zéro ? ce sera évidemment quand ce point sera un de ceux de la courbe même. Voici donc déjà une vérité remarquable dans cette théorie, savoir que toutes les fois que dans l'équation d'une courbe, le dernier terme, ou terme constant, manquera, c'est un signe que l'origine des abscisses est prise sur la courbe même.

Que si le point auquel est prise cette origine appartient deux fois à la courbe, ce qui est le cas d'un point double, il y aura deux racines de l'équation, ou deux valeurs de l'ordonnée égales à zéro ; les deux derniers termes de l'équation s'évanouiront donc, et *vice versa*. Si donc dans une équation les deux derniers termes, savoir le terme constant et le terme où y se trouveroit au premier degré, se trouvent manquer, c'est un signe que le sommet des x est un point double. Ce seroit un point triple, si trois termes, c'est-à-dire ceux de y^2, y et y^0, ou le terme constant, n'existoient pas.

Nous avons donc, dans ces remarques, un moyen de déterminer si un point quelconque d'une courbe est simple, double ou triple, &c. Pour cet effet, il n'y a qu'à transporter l'origine des co-ordonnées à ce point de la courbe, dont l'abscisse et l'ordonnée correspondantes sont données, puisque sa position est connue, et que nous nommerons par cette raison m et n respectivement. Or nous avons vu que ce transport se fait en substituant dans l'équation primitive les valeurs $m+u$ et $n+z$ à y et x ; mais comme il faudra, dans la transformée qui en résultera, faire $z=0$, autant vaut, et cela abrégera l'opération, supprimer z tout de suite, et ne substituer à y et x, que $m+u$ et n ; on ordonnera ansuite l'équation relativement aux puissances de la nouvelle ordonnée u, ou y substituera la valeur de m en n, ou au contraire, leur rapport étant connu, puisque le point proposé est donné de position dans la courbe; alors si non seulement le dernier terme, mais l'avant dernier s'évanouissent, le point en question sera un point double ; s'il s'en évanouit trois, ce sera un point triple, &c.

Telle est la manière dont on détermine si un point assigné est double, triple, &c. ; mais l'essentiel de la méthode est de déterminer si une courbe d'équation donnée a quelque point multiple, et où il est placé ; ce qu'on a dit plus haut y conouit facilement. Car dans l'équation transformée comme ci dessus, on n'a qu'à regarder m et n comme indéterminées, et supposer le coéfficient du dernier terme égal à zéro, cela donnera un certain rapport de m à n, qui doit être substitué dans l'avant dernier terme, qui sera tout en m et n ; alors si ce terme s'évanouit ou devient zéro, ce sera un signe que la courbe a un point double ; dans le cas contraire, on en conclurra que la courbe n'en a aucun. Enfin, pour trouver le lieu où est ce point, il faudra tirer par ces deux éqations la valeur déterminée de m, ce sera l'abscisse de la courbe à laquelle répond le point double ; et déterminant n par la même équation, ce sera l'ordonnée ; ainsi l'on aura le point double cherché. Pour trouver un point triple, s'il y en a, il faudra égaler à zéro les coéfficiens du pénultième et anté pénultième terme.

Il est au surplus aisé de voir qu'une courbe du second degré ne sauroit avoir un point double ; mais une courbe du troisième degré peut en avoir un, et non davantage, ni un triple ; car si elle avoit deux points doubles, la ligne tirée de l'un à l'autre couperoit la courbe en quatre points ; si elle avoit un point triple, la droite tirée de ce point à un point quelconque de la courbe la couperoit en quatre points : ce qui est impossil ; d'où il est aisé de tirer cette règle générale, qu'une courbe du degré n ne peut avoir de point dont la multiplicité excède $n-1$; et si elle en a plusieurs multiples, les exposans de leur multiplicité, joints ensemble, ne peuvent surpasser n. Ainsi, une courbe du quatrième ordre peut avoir deux points doubles, ou un seul point triple ; une du cinquième ordre pourroit en avoir deux, l'un double, l'autre triple, ou deux doubles, &c.

On pourroit trouver encore ces points multiples d'une autre manière, en considérant qu'à un point double, il y a deux valeurs égales de l'ordonnée ; à un point triple, trois, &c. On pourra donc, par la méthode de Descartes, déterminer x de manière que l'équation résultante donne deux valeurs égales à y.

Mais en voilà assez sur les points multiples. Nous allons passer à la manière de déterminer les tangentes et les points d'inflexion.

La détermination des tangentes exige une transformation un peu plus compliquée que la précédente ; car il faut transformer l'équation en transportant son origine au point dont la tangente est cherchée, en supposant indéterminée l'inclinaison de l'ordonnée ; ce qui se fera, en substituant $n+ru$ à y, et $m+z+su$ à x, ou parce que z doit être égal à zéro, puisque le point est pris dans la courbe, en substituant tout uniment $n+ru$ à y, et $m+su$ à x. Ici m et n sont données, puisque ce sont les co-ordonnées au point donné ; ce sont donc seulement r et s qui sont les indéterminées à déterminer.

Maintenant observons que l'équation d'une courbe étant ainsi transformée, cette nouvelle équation donne par les différentes valeurs de son ordonnée u, les différens points où elle coupe la courbe. Mais si cette ordonnée qui coupe déjà la courbe à l'origine, puisque nous avons transporté cette origine à un point de la courbe même ; si, dis-je, cette ordonnée, dont la position est indéterminee, est déterminée à la couper dans un autre point infiniment voisin, elle sera tangente ; ainsi elle aura deux valeurs égales à zéro. Il faudra donc si cette première ordonnée est tangente, que le rapport de r à s qui détermine son inclinaison sur l'axe, soit tel que dans l'équation transformée le pénultième terme soit $=0$. Car, nous l'avons déjà dit plus haut, dans une équation qui a deux racines égales à zéro, les deux derniers termes s'anéantissent. Ainsi pour trouver le rapport de r à s qui détermine l'ordonnée u passant par l'origine, à être tangente, il faut prendre le pénultième terme (le dernier manquant déjà essentiellement, puisque l'origine est un point de la courbe), et dans ce terme égaler à zéro le coefficient qui l'affecte. Or ce coefficient est nécessairement de cette forme $Ar \pm Bs$, A et B étant des valeurs données en m et m, ainsi l'on aura par une équation du premier degré le rapport de r à s, et par conséquent une valeur unique de ce rapport, et cette valeur étant construite donnera l'inclinaison de la tangente à l'égard de son axe ou de l'axe principal qui lui est parallèle.

Ceci est pour les points simples, auxquels nous avons vu que l'origine étant transportée, le seul terme constant manque dans la transformée. Mais si le point auquel on cherche la tangente est un point double, le pénultième terme manqueroit aussi dans cette transformée. Pour reconnoître ce qu'il faut faire dans ce cas, on doit remarquer que de même que la tangente à un point simple est censée couper la courbe en deux points infiniment proches, la tangente à un point double réunit trois intersections ou la coupe en trois points. Ainsi, dans l'équation transformée comme on l'a dit ci dessus, l'ordonnée u doit être trois fois égales à zéro ; conséquemment dans cette transformée lorsque le rapport de r à s déterminera l'ordonnée à l'origine à être tangente, il faudra que ces trois derniers termes soient zéro. Il faudra donc pour déterminer ce rapport de r à s, les deux derniers termes étant déjà nuls, prendre le coefficient de l'antepenultième et l'égaler à zéro. Or dans ce coefficient r et s seront toujours au second degré, de sorte qu'on aura deux rapports de r à s. Cela ne doit point surprendre ; au contraire, si l'on a quelque foi en l'analyse, on doit s'attendre à quelque chose de semblable. Car à un point double répondent deux tangentes, une à chacune des branches de la courbe qui s'y entrecoupent. Il doit donc y avoir deux rapports différens de r à s si ces deux tangentes ne coïncident pas. Ces deux rapports étant construits donneront les deux tangentes au point double proposé.

Mais dans une équation du second degré, il peut n'y avoir aucune racine réelle. Si cela arrivoit dans le cas présent, ce seroit un signe que le point dont on demande la tangente est un point conjugué. Car un point conjugué n'en sauroit avoir aucune ; toutes les lignes menées par un pareil point sont, à proprement parler, des sécantes, où si l'on veut que ce point ait une tangente elle est absolument indéterminée, et l'analyse se sauve ici comme dans d'autres cas semblables, par une expression inexplicable. Ceci nous donne le moyen de distinguer parmi les points doubles ceux qui sont des noeuds de la courbe et ceux qui sont des points conjugués. Dans l'un et l'autre cas, le dernier et avant dernier terme s'évanouissent. Mais lorsque le point qu'on examine est un simple noeud, il y a deux tangentes données par les deux racines réelles du coefficient du terme ante-pénultième égalé à zéro ; au lieu que si c'est un point-conjugué, ces deux racines sont imaginaires.

Le lecteur pourroit maintenant reconnoître sans notre secours ce qu'on devroit conclure si l'on trouvoit ces deux racines égales. Ce seroit un signe que le point qu'on examine est un point où les deux branches de la courbe ont une tangente commune, ce ce qui est le propre d'un point de rebroussement.

Il est encore facile, d'après tout ce qu'on vient de dire, de concevoir que si dans la transformée les trois derniers termes manquoient, cela désigneroit que le point dont on demande la taugente seroit un point triple, et le rapport qui détermineroit ses tangentes se trouveroit en résolvant l'équation du troisième degré qui naîtroit du coefficient du terme précédent, égalé à zéro. Si ces trois racines sont réelles, on aura trois valeurs différentes du rapport de r à s, qui détermineront les positions des trois

trois tangentes. Ce point sera l'intersection de trois branches de la courbe. S'il n'y avoit qu'une racine réelle, les deux autres étant conséquemment imaginaires, il faudroit en conclure que ce point est formé d'une branche de la courbe chargée d'un point conjugué adhérent. Un pareil point se forme lorsqu'une ovale adhérente à la courbe devient infiniment petite (*fig.* 23), ou lorsque la courbe a un cours comme *a b c d e b f*, et qu'il y a un contact en *b*. La tangente unique sera celle de la branche. Les deux autres branches imaginaires désigneront le point conjugué. Nous ne dirons rien des points d'une multiplicité supérieure. Le lecteur qui aura bien conçu les principes que nous venons de jetter, nous devancera de lui-même.

Une considération semblable à celle qui nous a guidés pour trouver les tangentes, nous conduira aussi à reconnoître les points d'inflexion. Supposons en effet l'origine de la courbe transportée à un point de cette espèce. Nous avons vu que le point d'intersection Q (*fig.* 24), de la courbe avec l'ordonnée de position indéterminée TPQ arrivant en P, et cette ordonnée devenant simple tangente, il doit manquer dans la transformée les deux derniers termes. Mais si le point P est un point d'inflexion, outre le point Q d'intersection de la courbe avec la ligne TPQ, il y en a un autre en R, et celui ci se rapproche également de P, ensorte que TPQ devenant tangente et secante à la fois, ils coincident tous trois. Ainsi voilà trois valeurs de l'ordonnée *u* qui doivent devenir égales à *o*, dès que cette ordonnée a acquis la position de tangente au point d'inflexion. Ainsi il devra alors manquer les trois derniers termes de la transformée. Il faudra donc d'abord égaler à zéro le coéfficient de l'avant dernier terme (le dernier manque déjà nécessairement); ce qui donnera un rapport de *r* à *s*, d'où dépend la position de la tangente. Ensuite il faudra substituer ce rapport dans le coéfficient de l'anté-pénultième, et si cette substitution le fait évanouir, le point en question sera un point d'inflexion.

Les mêmes principes conduisent à la solution du problême inverse, savoir, de déterminer dans une courbe donnée le point ou les points d'inflexion, s'il y en a de cette nature. Dans la recherche si un point déterminé est une inflexion, le rapport de *m* à *n* qui donne la position de ce point, a été supposé déterminé. Mais si nous le supposons indéterminé, nous aurons un moyen de faire évanouir le coéfficient du terme anté-pénultième qui doit être égal à zéro. Il faudra donc voir quelles valeurs respectives de *m* et *n* font évanouir ce terme. Elles donneront la position du point cherché.

Il y a au reste divers ordres d'inflexions alternativement visibles et invisibles; car, par exemple, une courbe après avoir éprouvé une inflexion, peut à certaine distance en éprouver une autre ; or cette distance peut s'évanouir par le rapport de certains coéfficiens de la courbe. Voilà donc deux inflexions en sens contraire, coincidentes et invisibles. Mais trois inflexions successives venant à se rapprocher et à coincider, il y auroit une inflexion visible qui n'en seroit pas moins triple aux yeux de l'analyse. Il y a encore d'autres points singuliers qui naissent de l'entrelassement d'une branche de courbe avec elle-même, comme on voit dans les *figures* 25 et 26. Entrelassement qui devenant infiniment petit, donne un point singulier plus ou moins multiple, selon les nombres d'intersections qu'il réunit. On leur donne le nom de *Lemniscate*, &c.

On peut voir sur ce sujet le livre déjà cité de M. Cramer, qui fait une curieuse énumération de ces points singuliers. Mais tout cela nous conduiroit trop loin. C'est pourquoi nous passons sous silence diverses autres applications de l'analyse de Descartes à la détermination des symptômes des courbes, et nous nous bornons à dire encore quelques mots sur leurs branches infinies, sur leurs centres, et sur quelques propriétés générales dont nous n'avons pas encore parlé.

La nature et la multiplicité des branches des courbes, forment une considération tout-à-fait importante dans leur théorie : c'est de-là que dépend en grande partie leur caractère distinctif. En effet, une courbe ne sauroit davantage différer d'une autre du même ordre que par le nombre et l'espèce des branches qu'elle jette ; et c'est avec raison que quelques analystes ont établi sur cela leur première subdivision des ordres de courbes en classes et genres.

Nous avons déjà dit qu'il y a deux sortes de branches infinies des courbes, les unes appellées *hyperboliques*, parce que semblables à celles de l'hyperbole elles s'approchent sans cesse d'une ligne droite, qui est leur asymptote ; les autres appelées *paraboliques*, parce qu'elles ressemblent à celles de la parabole qui, comme l'on sait, n'ont point d'asymptotes rectilignes. Mais elles en ont toujours au moins de paraboliques, c'est-à-dire, qu'on peut toujours déterminer une parabole vers laquelle une branche de courbe qui n'est pas hyperbolique, converge de manière à s'en approcher de plus près qu'aucune quantité finie.

Avant que de discuter la nature des branches d'une courbe, il faut d'abord examiner si elles existent, c'est-à-dire, si cette courbe jette réellement des branches infinies, et combien elle en jette. Ce seroit une chose fort facile, si l'on pouvoit toujours, sans difficulté, résoudre l'équation de la courbe, c'est-à-dire, dégager l'ordonnée y, et l'exprimer en valeur de l'abscisse x ;

alors il n'y auroit qu'à examiner si, x croissant toujours et étant d'abord pris positivement, la valeur de l'ordonnée y est toujours réelle, ou à quel terme cette valeur devient imaginaire: car autant on trouvera de valeurs de y qui restent toujours réelles, tandis que x croît à l'infini, autant de branches infinies la courbe aura du côté positif. On feroit ensuite la supposition de x, ou l'abscisse, négative, et l'on examineroit de nouveau le nombre des valeurs de y restant toujours réelles, et l'on auroit le nombre des branches infinies, et leur position du côté négatif. On peut facilement faire cet examen sur les courbes du second ordre, parce qu'il n'y a qu'une équation du second degré à résoudre.

Mais il n'est pas toujours possible de résoudre ainsi les équations des courbes supérieures; il a fallu recourir le plus souvent à un autre moyen: il consiste à déterminer la valeur de y par une suite infinie; cela même n'est pas sans difficulté, pour avoir une suite régulière dans sa marche, et qui exprime la vraie valeur de l'ordonnée. C'est ici qu'éclate principalement l'artifice ingénieux du parallélogramme de Neuton, pour trouver les termes les plus convenables à commencer ou prolonger une série; aussi M. Cramer s'est-il beaucoup appliqué à en montrer l'usage, lorsque dans son excellent ouvrage, il traite des branches infinies des courbes; nous ne pouvons qu'y renvoyer, car on sent aisément que ces détails arides et purement algébriques ne sauroient trouver place ici.

Une des propriétés les plus capitales et les plus distinctives des courbes, est encore d'avoir un centre, ou de n'en point avoir. Nous ne pouvons nous dispenser d'en dire ici quelques mots. Nous avons déjà expliqué ce qu'on entend par centre d'une courbe, et d'après cette explication, il est aisé de sentir qu'un point sera centre d'une courbe, lorsqu'il sera tel, que le prenant pour origine des abscisses, l'ordonnée passant par ce point, aura autant de valeurs positives que de négatives égales, quelque soit l'inclinaison qu'on donnera à cette ordonnée. Il faudra donc transporter l'origine de la courbe à un point indéterminé, exprimé par le rapport si souvent employé de m à n, et sous l'inclinaison exprimée par celui du sinus au co-sinus, ou de r à s. Or cela se fera, ainsi que nous l'avons dit, en substituant à y la quantité $n+ru$, et à x, celle-ci $m+z+su$, ou même seulement $m+su$; car s'agissant ici d'une ordonnée passant par l'origine des nouvelles abscisses z, il faudroit effacer dans l'équation résultante, tous les termes où se trouveroit z: on ordonnera enfin toute l'équation relativement aux puissances de u; ensuite on considérera que puisque les valeurs négatives de u au nouveau point d'origine des abscisses doivent être égales aux valeurs positives chacune à chacune s'il y en a plus de deux, le second terme doit devenir égal à zéro, et non seulement ce second terme, mais encore le quatrième, le sixième, c'est-à dire tous les termes de rang pair. Puis donc que le second terme, le quatrième, le sixième, &c. doivent disparoître, leurs coéfficiens doivent être égaux à zéro. Ainsi il faudra prendre tous ces coéfficiens indéterminés, et voir quelle valeur doit avoir *m* ou *n* pour les rendre nuls, ce qui se fera assez aisément. Car prenant le plus simple de ces coéfficiens, celui du second terme, il sera facile de voir quelle supposition de la valeur de *m* ou de *n* le rendra zéro; et comme il n'y en aura qu'une, si cette valeur mise dans les coéfficiens du quatrième, du sixième termes, &c. s'il y en a ce nombre, les fait évanouir, la courbe aura un centre qui sera facilement donné par le rapport de *m* à *n*; sinon, l'on peut assurer que la courbe n'a point de centre.

Quelques mots sur les diamètres des courbes des ordres supérieurs vont terminer ce prolixe et épineux article; car à l'instar des sections coniques, elles ont aussi les leurs : je m'explique. Dans les sections coniques, si l'on tire une ligne quelconque rencontrant la courbe en deux points et un nombre quelconque de parallèles qui la rencontreront aussi en autant de points, il est toujours une ligne droite assignable qui les coupe toutes en deux parties égales; ce sont là les diamètres de la courbe, qui sont tous parallèles dans la parabole, et qui concourent tous en un centre dans le cercle, l'ellipse et l'hyperbole. De même, du moins à certains égards, si au travers d'une courbe du troisième degré, par exemple, on tire une ligne qui la coupe en trois points, et des parallèles à cette ligne qui couperont également la courbe en trois points, il y aura une ligne droite qui les coupera toutes, de manière que le segment, ou l'ordonnée d'un côté, sera égal à la somme des segmens ou des ordonnées de l'autre; et cela aura lieu à l'égard de quelque systême de parallèles qu'on tire à travers la courbe, pourvu qu'elle soit coupée en trois points. Dans une courbe du quatrième ordre, et coupée en deux ou quatre points par ces parallèles, il y aura toujours une droite qui les coupera de telle sorte que, ou l'ordonnée d'un côté sera égale à la somme des trois autres, ou la somme de deux à la somme des deux autres; cela est une suite nécessaire de la propriété des équations auxquelles manque le second terme, laquelle est d'avoir la somme de ses racines positives égale à celle des négatives. Nous pourrions montrer ici comment cette vérité s'applique à la demonstration de la propriété des courbes dont on parle. Mais pour abréger, car il est temps de finir, on se bornera à renvoyer, soit à l'ouvrage de M. Cramer, soit à celui de Maclaurin, qu'on a cités dans l'article précédent.

Nous nous proposions, dans la première esquisse de cet ouvrage, de faire voir aussi en cet endroit l'application du calcul différentiel à la détermination de toutes ces propriétés des courbes, ou du moins, de la plupart; car je croirois difficile de trouver par cette voie les centres, les diamètres, les branches infinies, &c. Mais les points doubles ou multiples d'une multiplicité quelconque, les points conjugués, d'inflexion, de serpentement et les rayons de courbure, sont vraiment aussi du ressort de cette analyse, qui est bien loin d'induire en erreur, comme le prétendoit M. Rolle. Après y avoir néanmoins réfléchi, nous avons préféré de renvoyer cette partie de notre histoire au moment où nous parlerons du calcul différentiel, et de ses progrès dans ce siècle.

I X.

La théorie des courbes est un sujet inépuisable de spéculations et de recherches pour les géomètres. Il en est encore plusieurs auxquelles nous n'avons pu donner place : elles vont nous occuper dans cet article.

Neuton a donné naissance à une nouvelle et vaste théorie sur la description organique des courbes de tous les genres, dans son énumération des lignes du troisième ordre ; car il y propose sur la fin ce théorême ingénieux. Si deux angles invariables, comme PAC, PBC (*fig.* 27) tournent sur leurs sommets A et B, en sorte que le point P où se coupent les côtés PA, PB parcoure la ligne droite P*p*, l'intersection C des deux autres branches décrira une section conique, à moins que la droite directrice P*p*π ne passe par un des points A et B, dans lequel cas la section conique dégénéreroit en une ligne droite ; et si cette directrice P*p*π est elle-même une section conique, la ligne C*c* sera une ligne du troisième ou quatrième degré, ayant un point double, ou repassant sur elle-même en A, si la section conique passe par ce point. Neuton dérive de là une construction fort élégante du problême de déterminer la section conique qui passe par cinq points donnés, ainsi que celle d'une courbe du troisième ou du quatrième degré qui passeroit par sept points assignés.

Ces théorêmes, néanmoins, avoient été donnés par Neuton sans démonstration, et ils restèrent ainsi jusqu'à M. Maclaurin. Ce peu de propositions fut pour lui le germe d'une immense et belle théorie, qu'il établit dans son livre intitulé : *Géométrie organique* (1). Non-seulement il y démontre les théorêmes de Neuton, mais il y en ajoute un grand nombre d'autres, tous plus curieux les uns que les autres. En prenant plus de pôles, ou en faisant mouvoir les points de rencontre des côtés des angles donnés sur diverses courbes, il en résulte la description de courbes d'ordres de plus en plus relevés. Il y résoud aussi généralement un problême que Neuton jugeoit lui-même de la plus grande difficulté, savoir de décrire par un procédé semblable, une ligne d'ordre supérieur, n'ayant aucun point double. M. Maclaurin ajouta dans la suite à ce traité, un supplément où il simplifioit beaucoup et portoit beaucoup plus loin cette théorie ; il n'a pas vu le jour, mais on en trouve un précis dans le N°. 437 des *Trans. philos.* Maclaurin est aussi revenu sur cette matière dans son *Traité des Fluxions*, où il donne quelques curieux théorêmes sur ces courbes décrites par une combinaison de mouvemens angulaires, avec les constructions de leurs tangentes, la détermination de leurs asymptotes, et autres symptômes remarquables.

Cette théorie sur la génération et description des courbes doit aussi une amplification remarquable à M. Braikenridge, autre géomètre écossois. M. Braikenridge s'y prend d'une autre manière que M. Maclaurin. Voici une idée de sa théorie et un de ses théorêmes. Soient (*fig.* 28) trois pôles P, p, Π, autour desquels se meuvent angulairement les trois droites PR, pr, $\Pi\rho$, qui se coupent dans les trois points A, B, C. Si deux de ces points A, B parcourent deux lignes droites DE, FG données de position, le troisième C décrira une section conique, et suivant les circonstance, une ligne droite. Si des deux A, B, l'un A parcourt une ligne courbe de l'ordre m, et l'autre B une ligne de l'ordre n, la courbe que parcourra le troisième C sera une ligne de l'ordre mn, à moins que la directrice du point A, savoir la courbe de l'ordre m, ne passât par P ou p, dans lequel cas la courbe décrite par le point C seroit de l'ordre $2mn - m$; et si avec cela la directrice du point B passoit par le point Π, la courbe décrite par C seroit de l'ordre $2mn - m - n$; il y a même d'autres cas beaucoup plus composés; car si, par exemple, la directrice du point A passoit le nombre de fois r par le point P ou p, et celle du point B le nombre de fois s, par l'un des deux Π, sans que l'une et l'autre passent à la fois par le même point, la courbe décrite par C seroit de l'ordre $2mn - rn - sm$. Je passe quelques autres cas, pour en remarquer un qui se rap-

(1) *Geometria organica seu descriptio linearum curvarum universalis. Lond.* 1720, *in-4°.*

proche d'un porisme de la Géométrie ancienne ; c'est que si les trois points P, p, π sont sur une ligne droite, et les directrices de A et B sont des lignes droites, la courbe décrite par le point C, au lieu d'être de l'ordre second, ne sera que de l'ordre premier, c'est-à-dire une ligne droite ; et si les deux directrices sont des ordres m et n, la courbe du point C, au lieu d'être de l'ordre $2mn - m$, comme lorsque les points P, p, π ne forment pas une ligne droite, cette courbe, dis-je, ne sera que de l'ordre mn.

Le nombre des pôles et des lignes droites qui s'entre-coupent, n'augmente pas l'ordre de la courbe décrite ; car si l'on a quatre pôles, et par conséquent quatre lignes se coupant en six points, et que trois parcourent des lignes droites, les trois autres décriront des sections coniques. Supposons cinq lignes se coupant en dix points, savoir en général dans le nombre $\frac{n^2 - n}{2}$ (n exprimant le nombre des lignes), et que quatre (ou généralement $n - 1$) de ces points parcourent des droites, les autres intersections, qui seront au nombre de $\frac{n^2 - 3n + 2}{2}$, décriront des sections coniques, qui même dégénéreront en lignes droites, si quatre de ces points sont en lignes droites. Ce dernier théorême a aussi une analogie singulière avec un des porismes généraux d'Euclide, restitués par M. Robert Simson. M. Braikenridge a enfin donné, dans les *Trans. philos.* de l'année 1735, N°. 438, un théorême beaucoup plus général sur ce sujet ; mais la nature de cet ouvrage nous oblige d'y renvoyer, ainsi qu'à son traité intitulé : *Exercitatio geometrica de descriptione linearum curvarum*, imprimé en 1733, *in*-4°. D'ailleurs, cette matière est, à plusieurs égards, plus curieuse qu'utile ; et s'il est permis au géomètre de s'amuser dans son chemin à la contemplation de vérités de cette nature, il ne doit pas s'y arrêter trop long-temps, et aux dépens d'autres plus usuelles.

Nous remarquerons ici qu'il y eut entre MM. Maclaurin et Braikenridge quelques contestations au sujet de cette théorie ; le premier avoit publié, dans les *Trans. philos.* de 1733, quelques théorêmes nouveaux fort analogues à ceux du second, et donné à entendre qu'il en étoit l'inventeur, ce qui inculpoit celui-ci de plagiat. Braikenridge, dans sa préface, cite des témoignages tendans à prouver que dès 1726, il en avoit donné communication à diverses personnes, et même par leur entremise, à Maclaurin lui-même, qui s'étoit borné à répondre qu'il étoit en possession de théorêmes semblables. Il y eut quelques autres écrits entre eux sur ce sujet ; mais ce seroit, je crois, perdre un temps précieux, que de l'employer à approfondir cette contestation.

X.

Après avoir exposé aussi amplement que nous l'avons fait, la théorie des lignes courbes décrites sur une surface plane, nous ne pouvons nous dispenser de traiter d'une partie de la géométrie qui lui est fort analogue; savoir, celle des surfaces courbes. En effet, de même que la Géométrie moderne est parvenue à exprimer les propriétés d'une courbe quelconque plane, par une équation algébrique; on est aussi parvenu à exprimer celles d'une surface courbe par une équation pareille, mais avec cette différence que, tandis que la position d'un point d'une courbe plane peut être représentée par une équation entre deux quantités, comme x et y, qui sont les coordonnées de la courbe; la position d'un point d'une surface au-dessus du plan qui lui sert de base, ne peut être exprimée que par trois coordonnées; deux sur cette base et la troisième, la perpendiculaire tirée de ce point sur la base. Donnons-en un exemple.

Un des plus simples sans doute, est celui de la surface de la sphère, rapportée à un plan passant par son centre. Supposons donc une sphère ainsi coupée, et que le cercle qui en résulte soit celui dont le centre est C et le diamètre A B (*fig.* 29), du point P de la surface sphérique, soit abaissée une perpendiculaire PE, et du point E une autre perpendiculaire E D sur le diamètre A B, on aura l'expression de la position du point P si l'on trouve le rapport entre les trois lignes C D, D E, E P; or l'on voit avec la plus grande facilité que, quelques soient les lignes CD, DE, EP, la somme de leurs quarrés sera partout égale à celui du rayon CP de la sphère. Faisant donc $CD = x$, $DE = y$, $EP = z$, le rayon C A ou C B ou $CP = r$, l'équation de la surface sphérique rapportée au cercle passant par son centre, sera $x^2 + y^2 + z^2 = r^2$.

On verra ici renaître, pour déterminer les propriétés d'une surface courbe, les mêmes procédés que pour reconnoître celles d'une ligne courbe. En effet, supposons l'ordonnée $z = 0$. De même que dans la théorie des lignes courbes, la supposition que l'ordonnée y est égale à o donne le point où la courbe coupe son axe, ici de cette même supposition que $z = 0$, doit résulter l'équation de la courbe que fait la surface en coupant sa base. Ainsi dans cette supposition de $z = 0$, nous aurons pour cette courbe l'équation $x^2 + y^2 = r^2$, ce qui est celle d'un cercle ayant son rayon égal à r.

De même aussi qu'on peut rapporter l'origine des coordonnées d'un cercle, à tout autre point qu'à son centre; ainsi l'on pourra rapporter celle des coordonnées de cette surface sphérique à tout

tout autre point d'un plan déterminé où sera placée l'origine des abscisses x.

Soit par exemple (*fig.* 30) un plan parallèle à celui passant par le centre de la surface en question, et qu'il en soit éloigné d'une quantité quelconque; que K soit la projection du centre C et ab, gh celles des deux diamètres perpendiculaires AB, GH du grand cercle de la sphère, et qu'on veuille prendre le point M pour l'origine des abscisses. Nous le supposons, pour plus de simplicité, sur la prolongation de ab: or il est aisé de voir que si l'on nomme a la ligne MK, et la ligne $KC = b$, et x la ligne md, où tombe la perpendiculaire Dd sur le plan en question, on aura Kd qui est égal à CD, $= y - a$; et si la distance du point D au même plan est nommée z, on aura $DE = z - b$. On aura donc, comme ci-dessus, qu'à prendre les quarrés de CD ou $x - a$, de ED ou y et de PE ou $z - b$, et égaler leur somme au quarré du rayon r, on aura $x^2 - 2xa + a^2 + y^2 + z^2 - 2bz + bb$, et telle sera l'équation de la surface sphérique rapportée à un plan parallèle à un de ses grands cercles, le point de l'origine de ses abscisses M étant pris dans la prolongation de la projection d'un de ses diamètres sur le plan dont il s'agit: ce qu'il sera toujours libre de faire. Nous aurions pû donner, pour cette surface sphérique, une équation plus composée; mais ce n'en est pas ici la place.

Encore un exemple de ces surfaces; ce sera celui de la surface engendrée par une parabole tournant autour de son axe, l'abscisse étant prise du sommet de l'axe, et sur un plan passant par cet axe, et les deux autres coordonnées étant comme dessus y et z, on aura pour l'équation de cette surface parabolique (p étant le paramètre) $z^2 + yy - px = 0$. Or, dans cette équation, si nous supposons $z = 0$, on voit renaître la parabole génératrice, comme cela doit être, puisque c'est la ligne où la surface rencontre le plan de sa base; mais veut-on savoir quelle courbe résultera de sa section par un plan parallèle à sa base, et éloigné de la quantité a, il faudra faire $z = a$ et l'on aura $yy - px + aa = 0$, qui est encore une équation à la parabole; mais où l'origine des abscisses est éloignée du sommet et en dehors de la quantité $\frac{aa}{p}$.

Mais si la parabole tournoit à l'entour d'un des ses diamètres, ce ne seroit plus la même chose, car il en résulteroit une surface du quatrième ordre dont la coupe, par un plan parallèle à l'axe, seroit une courbe du même ordre, ayant quatre branches dirigées d'un même côté.

Comme un géomètre ancien, Perseus Citticus, avoit considéré es surfaces naissantes de la circonvolution d'un cercle, non autour d'un de ses diamètres, mais autour d'une ligne quelconque située au dedans ou au dehors, ainsi que les courbes singulières qui naissent de ses différentes coupes par un plan, nous croyons pouvoir encore en donner ici l'équation, en nous bornant au cas le plus simple. C'est celui où ce cercle tourneroit autour d'une de ses tangentes.

Soit donc (*fig.* 31) une portion de ce solide décrit par la circonvolution du demi-cercle AFB, dont le centre est C et le diamètre AB; et que ce demi cercle soit parvenu dans la situation afb, l'abscisse AD, étant x, DE $= y$ et EP $= z$, on a évidemment AE $= \sqrt{xx+yy}$, conséquemment E$b = 2r - \sqrt{xx+yy}$, ce qui donne, après les opérations convenables, $PE^2 = AE \times Eb$ ou $z^2 = 2r\sqrt{xx+xx} - xx - yy$, et en faisant disparoître les radicaux, on aura enfin $z^4 + x^4 + y^4 + 2z^2xx + 2z^2yy + 2xxyy = 4rrxx + 4rryy$; équation du quatriéme degré dont nous ferons usage par la suite dans un exemple de cette théorie.

Il en est des équations à la surface, comme de celles aux lignes courbes, je veux dire que, de même qu'il y en a de divers ordres parmi ces dernières, il y en a aussi de différens ordres parmi les premières. Celles dans lesquelles aucune des indéterminées n'est élevée au-dessus du premier degré, ou dans lesquelles aucune des indéterminées ne multiplie l'autre, sont des équations à une surface plane, comme, dans la théorie des lignes courbes, une pareille équation est à la ligne droite; et l'on déterminera la position de ce plan à l'égard de celui de la base, par une analyse tout-à-fait analogue à celle qui sert à déterminer la position d'une ligne droite à l'égard de celle prise pour axe; ainsi soit, par exemple, cette équation la plus générale pour un plan, $ax \pm by \pm cz \pm d = 0$. En faisant $z = 0$, on aura $ax \pm by \pm d = 0$, équation à une ligne droite, qui sera la section de ce plan avec la base. Les équations dans lesquelles cette puissance des indéterminées ou leur produit s'élève au second degré, sont à des surfaces courbes, comme on l'a vu plus haut. Cette classe d'équations à la surface comprend toutes celles qui sont engendrées par la révolution des sections coniques autour de leurs axes, et quantité d'autres qui, coupées par un plan situé d'une manière quelconque, ne donneront jamais que des équations du second degré, et conséquemment aux sections coniques.

Ainsi enfin les équations qui atteindront le troisiéme degré, désigneront des surfaces d'un ordre supérieur etc. Parmi celles du troisiéme degré il en est une remarquable, c'est celle dont l'équation seroit $xyz = a^3$; car, en analysant cette équation, on trouvera qu'elle représente une surface courbe, sise dans l'intérieur d'un angle solide droit, comme l'hyperbole équilatère entre ses asymptotes, et tout comme celle-ci est composée de deux parties égales et semblables dans les deux angles droits opposés par le sommet, de même la surface hyperbolique dont nous parlons est formée de trois semblables et égales dans trois des angles solides droits, qui ont un sommet commun avec le premier.

Après avoir ainsi développé la manière d'exprimer les surfaces par des équations algébriques, et quelques-unes des propriétés de ces équations, nous devons passer à la manière d'en tirer les principales propriétés et spécialement les courbes résultantes de leurs sections, par un plan dans une situation quelconque: rien n'est plus simple.

Prenons pour exemple l'équation de la surface d'un cône rapportée à un plan perpendiculaire à son axe, et passant à une distance déterminée de son sommet; nous le supposerons, pour simplifier, droit et rectangulaire, et r le rayon de sa base. On trouve facilement, en employant les mêmes coordonnées x, y et z, on trouve, dis-je, facilement cette équation qui est $r^2 - 2rz + zz = xx + yy$.

Supposons d'abord le plan coupant incliné de quarante-cinq degrés et passant par le centre, cela donnera entre z à x un rapport d'égalité Faisons donc $z = x$ et substituant dans l'équation x à z, on aura $rr - 2rx = yy$, qui sera celle de la projection de la courbe sur le plan du cercle base : or cette équation est celle d'une parabole, d'où il est aisé d'inférer que la courbe, tracée sur le plan coupant en est une.

Concevant la chose plus généralement, supposons que le plan coupant soit tellement situé que le rapport de x à z soit celui de 1 à m, nous aurons $mx = z$, et $m^2x^2 = z^2$; ainsi, en mettant dans l'équation ci-dessus m^2x^2 aulieu de z^2, on aura pour l'équation de la projection de la courbe sur le plan de la base $rr - 2mx + (m^2 - 1)x^2 = y^2$. Or cette équation, si m est plus grande que l'unité, c'est-à-dire si le plan coupant passe entre le sommet du cône et la section parabolique, est celle d'une hyperbole ; et au consraire si le plan coupant passe entre la parabole et la base, c'est-à-dire, si m est moindre que l'unité, l'équation aura son terme $(m^2 - 1)x^2$ négatif, ce qui est le symptôme d'une équation à l'ellipse. Voilà l'origine des sections coniques au moins dans le cône rectangulaire, et nous aurions pu généraliser davantage cette origine en supposant un cône quelconque droit ou oblique; mais nous avons voulu simplifier. Nous indiquerons seulement à ceux pour qui cela ne suffiroit pas, un mémoire de M. Pitot, qu'on lit parmi ceux de l'académie pour

1733, ou un de M. Hermann, inséré parmi ceux de l'académie de Petersbourg pour les années 1732 et 1733.

On démontrera par un procédé semblable que toute surface, formée par une section conique tournant autour d'un de ses axes, étant coupée par un plan quelconque, donnera toujours une section conique : car dans l'équation de cette surface il ne peut y avoir de terme dans lequel z, ou x, ou y, puisse être élevée au-dessus du quarré. Donc par la substitution de x ou y à z, il ne s'introduira dans l'équation de la courbe ou de sa projection aucune puissance de x ou y qui excède le quarré ; ainsi cette équation sera toujours du deuxième ordre au plus, et conséquemment celle d'une section conique.

Il y a plus : si l'on suppose un paraboloïde, ou un spheroïde, ou un hyperboloïde droit ou oblique, dont les sections parallèlles soient des ellipses (ou même une section conique quelconque) de quelque manière qu'on le coupe par un plan, il n'en résultera jamais qu'une section conique.

Nous avons donné plus haut la figure et l'équation à la surface de cette espèce de bourlet sphérique, formé par la révolution d'un demi-cercle autour de sa tangente à l'extrémité de son diamètre. Nous allons ici donner l'équation d'une des courbes qui résultent de la section de ce corps par un plan, savoir celui qu'on meneroit perpendiculairement à sa base, à une distance du centre égale à la moitié du rayon. Pour cela reprenons l'équation de cette surface que nous aurons trouvée être $z^4 + x^4 + y^4 + 2z^2 x^2 + 2z^2 y^2 + 2xxyy = 4rrxx + 4rryy$; (r est le rayon du demi-cercle générateur, x l'abscisse comptée à partir du centre, y la seconde abscisse prise sur la perpendiculaire à la première et z l'ordonnée abaissée du point de la surface sur le plan de la base). Le plan coupant passant à une distance du centre égale à un demi rayon ou $\frac{1}{2} r$, il n'y a qu'à substituer au lieu de xx sa valeur $\frac{1}{4} rr$, et l'équation ci-dessus qui ne subsistera plus qu'entre y et z, sur l'axe des abscisses y, et qui exprimera conséquemment l'équation de la courbe de section, sera $z^4 + (\frac{rr}{2} + 2y^2) z^2 + y^4 + \frac{9}{2} rryy = \frac{1}{4} r^4$, équation qui pourroit être construite à l'instar d'une du second degré, en supposant $z^2 = u$ et $y^2 = t$. Mais nous n'avons pas besoin de cette construction, et l'on trouve, par un calcul facile, que le demi-axe de la courbe est $= r\sqrt{\frac{15}{4}}$; que l'ordonnée répondante au milieu de cet axe ou à l'origine des y est $= r\sqrt{\frac{3}{4}}$, qui est un *minimum* de la courbe, et qu'il y a à droite et à gauche deux *maxima* égaux chacun à r et qui sont situés à une distance du milieu de l'axe égale à $r\sqrt{\frac{3}{4}}$; ensorte que la courbe a cette forme (*fig.* 32) ABCDE, ou plutôt

ABCDE*dcb*A ; à cause du demi cercle inférieur qui décrit en même temps la même surface que le supérieur. Mais nous laissons aux géomètres qui voudroient s'en amuser comme nous avons fait autrefois, à rechercher les différentes formes que prennent ces courbes, appellées *spiriques* par l'ancien géomètre Perseus Citticus, suivant les différentes circonstances, c'est-à-dire suivant la position de l'axe de circonvolution, et suivant les différentes positions du plan coupant.

En faisant tourner une section conique à l'entour d'un axe, autre que celui de la courbe, l'intersection d'un plan avec cette nouvelle surface produit aussi des courbes du quatrième ordre des formes les plus singulières, comme à branches multipliées, à ovales adhérentes ou séparées etc. etc. Mais ce seroit, je crois, une vaine curiosité que d'approfondir et suivre davantage cette veine de curiosités purement géométriques.

Dans la théorie des lignes courbes une des principales recherches des géomètres s'est portée sur la détermination de leurs tangentes, et de leurs *maxima et minima*; il en devoit être de même dans la Géométrie des surfaces courbes. Nous allons donc dire ici quelques mots de la détermination des plans tangens à ces surfaces.

Cette détermination dépend de celle des tangentes des courbes, qui résultent de leur intersection par des plans perpendiculaires à la base. Supposons en effet (et ceci n'a pas besoin de figures) un point donné auquel il faut tirer un plan tangent; de ce point soit abaissée une ordonnée perpendiculaire à la base, et par cette ordonnée soient menés deux plans, l'un parallèle à l'axe des x, et l'autre à celui des y, il en résultera deux courbes passant par le point donné, et dont les équations seront données d'après ce qu'on a dit plus haut. Soient ensuite menées à chacune de ces courbes une tangente au point donné, ces deux tangentes seront dans le plan tangent à la surface en ce point : ou bien si l'on détermine sur l'axe de chacune des deux courbes le point où il est rencontré par la tangente, ces deux points, ou la ligne droite qui les joindra avec le point donné, détermineront la position du plan tangent.

Quant à la normale, déterminez sur l'axe de chaque courbe le point où il est rencontré par sa normale au point donné. Si par ces deux points on mène deux parallèles, l'une à l'axe des x l'autre à l'axe des y, elles se rencontreront dans un point, duquel si on tire au point donné de la surface une ligne droite, elle sera perpendiculaire à la surface en ce point. Tout cela est si facile à démontrer, que nous nous bornerons à ce que nous venons de dire.

Nous devons aussi dire ici quelque chose des *maxima* et *minima* des surfaces; car une surface étant donnée, on peut demander quel est le point d'où l'ordonnée abaissée sur le plan de la base est la plus grande; et il est visible que c'est celui dont le plan tangent sera parallèle à ce plan : or si nous concevons par le point cherché deux plans perpendiculaires, l'un à l'axe des x, l'autre à l'axe des y, ils formeront deux courbes qui seront touchées par le plan tangent à la surface, et puisque ce plan est parallèle à la base, les soutangentes seront infinies. Ainsi dans celle où l'équation est en x et z, on aura $dz : dx :: z :$ à la soutangente, ce qui donne $\frac{zdx}{dz}$ infinie, ou $\frac{dz}{dx} = 0$; c'est-à-dire que dans l'équation de la courbe, en différentiant la valeur de z, en faisant varier seulement x, cette valeur doit être égale à zéro. Il en sera de même dans la courbe perpendiculaire à l'axe des x, où y seule est variable ; on aura au point donné $\frac{dz}{dy} = 0$, ou la différentielle de z en y, faisant seulement varier y, égale à zéro.

Dans l'équation à la surface sphérique, par exemple, que x soit prise à compter d'une extrémité du diamètre pris pour axe des x, le rayon étant r, l'équation à la surface sera $rr - 2rx + xx + yy + zz = rr$, ou $z = \sqrt{2rx - xx + yy}$; donc en différentiant d'abord selon x, on aura $dz = \frac{rdx - xdx}{\sqrt{2rx - xx + yy}} = 0$; et ensuite différentiant selon y, on aura $dz = \frac{ydy}{\sqrt{2rx - xx + yy}} = 0$. Or, le dénominateur de ces fractions ne peut être infini ; il faut donc qu'on ait $rdx - xdx = 0$, et $ydy = 0$; ce qui, en divisant par dx et dy, donne $r - x = 0$, ou $x = r$ et $y = 0$. Le point où tombe la plus grande ordonnée est donc le centre.

Si dans aucun point de la surface ce symptôme n'a lieu, cette surface, comme beaucoup de courbes planes, n'a de *maximum* ni de *minimum*.

Il faut cependant faire ici une observation, savoir, que dans tout point de *maximum* ou de *minimum* $\frac{dz}{dy}$ et $\frac{dz}{dx}$ doit être zéro ; mais de ce que l'on a ce symptôme, il ne s'ensuit pas nécessairement qu'il y a dans ce point un *maximum* ou un *minimum*. On n'en peut conclure autre chose, sinon que le plan tangent est parallèle à la base. Ce plan pourroit couper la surface dans ce même point, comme si l'une des deux courbes ou toutes les deux avoient au point donné un point d'inflexion où la tangente fût parallèle à l'axe. On ne le reconnoîtra, comme dans la théorie des courbes planes, que par de nouvelles différentiations, suivant que leur produit sera zéro ou non ; mais ceci nous meneroit trop loin.

Nous pourrions parler ici des rayons des développées, et des centres d'osculation de ces surfaces; mais il nous suffira de dire ici que la plûpart d'entre elles ayant différentes courbures, selon les différens sens, il ne sauroit y avoir lieu à une sphère osculatrice, comme dans les courbes planes à un cercle osculateur.

Il est un genre de surfaces courbes dont la singularité mérite ici quelque mention. Ce sont celles que l'on nomme *gauches* ou *biaises*; elles sont formées de lignes droites dans un ou deux de leurs sens déterminés; mais dans tout autre sens leurs coupes sont des lignes courbes. Voici la génération d'une de ces surfaces.

Soit sur le plan ACEB (*fig* 33) élevé perpendiculairement un triangle rectiligne, dont la base CE soit parallèle ou non à AB; mais pour simplifier, nous la supposerons parallèle. Maintenant qu'une ligne droite comme FG indéfinie d'un côté, parcoure par une de ses extrémités F la ligne AB, tandis que cette ligne rase continuellement la ligne CD, en se mouvant dans un plan toujours parallèle à lui-même, il en résultera une figure ou surface qui ne sera point plane et dont la propriété sera que sa coupe perpendiculaire à AB sera toujours une ligne droite; il en sera de même de la coupe par un plan perpendiculaire à AC, comme on le verra bientôt; mais en tout autre sens ces coupes seront des lignes courbes.

Aulieu de la ligne droite CD (*fig.* 34), on pourroit avoir une courbe quelconque, comme CDE. En la supposant un demi cercle, ce seroit le corps que Wallis a considéré et qu'il a nommé *Cono-cuneus* parce que c'est un coin en forme de cône, ou un cône en forme de coin; mais Wallis ne le considère que du côté de la solidité.

L'architecture, dans les coupes des pierres, donne fréquemment des exemples de ces surfaces. La dernière, en particulier, est celle qu'on nomme *Arrière-voussure de saint-Antoine*, parce qu'elle étoit employée à la porte principale de ce faubourg de Paris. Remarquons enfin que la ligne FG pourroit être une courbe quelconque, parabolique par exemple, dont le sommet seroit sur la ligne AB, et l'axe étant toujours dans le plan de la base, cette parabole se dilateroit de plus en plus pour atteindre la ligne CD, son paramètre croissant toujours en même rapport que GH.

Il est facile de trouver l'équation de ces surfaces, nous nous bornerons ici à la première (*Voyez fig.* 33). En nommant AC ou FH $= a$, le rapport de CE à ED $= m : n$, soit AF $= x$; la ligne GI sera $\frac{nx}{m}$: d'un point H de FG soit tirée l'ordonnée HI du triangle GFH; et que FI soit y, et IH $= z$. On aura évidemment $a : \frac{nx}{m} :: y : z$; ce qui donne l'équation $maz = nxy$. D'où il suit, d'après les principes exposés ci-dessus, que si y est une ligne quelconque b déterminée, l'équation de la coupe perpendiculaire à la base et à la ligne AC sera $maz = nxb$ ou $z = \frac{nbx}{ma}$ équation à ligne droite. De même x étant invariable et $= c$, l'équation de la coupe perpendiculaire à AB sera $maz = ncy$ ou $z = \frac{ncy}{ma}$. Si z est invariable et égal à d, la coupe qui est parallèle à la base sera $mad = nxy$ ou $xy = \frac{mad}{n}$, équation à une hyperbole entre les asymptotes.

Veut-on trouver maintenant la courbe résultante de la coupe de cette surface, par un plan perpendiculaire à la base, mais oblique à la ligne AB, et inclinée à cette ligne, par exemple, de quarante-cinq degré pour simplifier. Nous aurons, d'après les mêmes principes (en faisant $y = x$), l'équation $maz = nx^2$ ou $x^2 = \frac{maz}{n}$, ce qui est celle de la parabole projettée sur le plan perpendiculaire passant par AB, et conséquemment cette coupe est elle-même une parabole sur le plan coupant.

Il est facile de trouver la solidité de ce corps gauche ; car en se servant des dénominations déjà employées (*fig.* 33), il est évident que le triangle GFH, par la différentielle de AF ou dx, sera l'élément du solide AFGC. Or ce triangle AFH est, d'après ce qu'on a dit plus haut, exprimé par $\frac{nax}{2m}$; conséquemment, l'élément du solide sera $\frac{naxdx}{2m}$, dont l'intégrale est $\frac{nax^2}{4m}$ (il n'y a point de constante à ajouter, parce que x étant zéro, tout le solide doit s'évanouir). Or le prisme de même base et même hauteur seroit $\frac{nax^2}{m}$; par conséquent, le solide en question est le quart du prisme de même base et même hauteur.

En supposant, dans le *cono-cuneus* de Wallis (*fig.* 34), le rayon de la base $= r$, et l'abscisse $CH = x$, on a $HG = \sqrt{2rx - xx}$, et conséquemment le triangle FHG sera $\frac{a\sqrt{2rx - xx}}{2}$, ce qui donne, en multipliant par dx, pour l'élément du corps en question, $\frac{adx\sqrt{2rx - xx}}{2}$, dont l'intégrale est évidemment la moitié du produit de l'espace CHG, multipliée par a ; d'où il suit que le corps en question est la moitié du cylindre formé sur la base CDE, avec la hauteur a. Cela étoit, au surplus, très aisé à voir ; car chacun des triangles FHG est évidemment la moitié du rectangle

rectangle FH × HG ; or tous les rectangles semblables formeroient le cylindre en question.

Mais il n'en est pas des surfaces de ces corps comme de leur solidité ; ces surfaces sont incomparablement plus difficiles à déterminer, et je ne sache même s'il en est d'autre réductibles à des figures connues, que celle du corps gauche de la fig. 33.

Pour y parvenir, il faut supposer (*fig.* 35) AD ou x variable et prendre l'accroissement infiniment petit Dd, ce qui donnera le petit élément de sa surface, DLld ; mais on se tromperoit si on le considéroit comme un rectangle, car Ll n'est pas parallèle à Dd ni DL à dl. Pour trouver l'expression de cet élément lui-même, il faut supposer Ab = y, et croître de la quantité $b\beta$ infiniment petite dy ; les deux plans élevés perpendiculairement sur les parallèles bG, bg, couperont l'élément de la surface gauche en FH, fh, d'où résultera le petit quadrilatère FHbf, qui sera lui-même l'élément de DLld. Observons encore que ce quadrilatère n'est pas un rectangle, mais que l'angle fFH ou son égal bFD est un angle aigu : car menant du point b une perpendiculaire sur Dd, elle la rencontrera au point I, où cette même ligne sera rencontrée par la perpendiculaire tirée sur elle du point E ; ainsi pour avoir l'élément du second ordre de la surface en question, il faudra multiplier le rectangle de Ff, FH, par le sinus de l'angle bFD ou le rapport de bI à bF : Or en conservant les dénominations ci-dessus, on trouve cet élément

$$f\text{FH}h = \frac{dy\,dx}{a}\sqrt{(a^2 + m^2x^2 + m^2y^2)}.$$

Cette différentielle intégrée d'abord en faisant y seule variable, et ensuite faisant y = AB ou a, et x variable, donnera enfin une expression dépendante de la quadrature de l'hyperbole, ou intégrable au moyen des logarithmes. Mais comme ce calcul est un peu trop compliqué pour cet endroit de notre ouvrage, nous le donnerons dans une note particulière à la suite de ce livre.

Nous n'avons entendu donner ici qu'une sorte d'idée élémentaire de ces surfaces; elles ont été considérées d'une manière beaucoup plus savante et plus générale par le C. Monge, dans un mémoire qu'on lit parmi ceux du volume IX des mémoires présentés à l'académie par divers savans. Ce même volume contient aussi deux mémoires du C. Tinseau, sur les surfaces courbes, et celles dont nous venons de parler, ainsi que sur les solides qu'elles terminent; on y lit divers théorêmes nouveaux et curieux sur ce sujet.

Nous devons encore dire ici quelques mots de certaines surfaces qui jouissent de la propriété de pouvoir être développées en une surface plane; on en a des exemples dans la surface d'un cylindre ou d'un cône quelques soient leurs bases, et soit qu'ils soient droits ou obliques; mais n'y a-t-il parmi les surfaces courbes que celles-là qui jouissent de cette propriété? C'est, par exemple, ce qu'Euler a le premier examiné, dans le XXIe. volume des nouveaux mém. de Petersbourg; il y fait voir qu'il y en a plusieurs autres, et il donne les caractères algébriques qui les déterminent. Le C. Monge a néanmoins étendu cette matière, dans le IXe. volume des mém. présentés à l'académie par divers savans; nous nous bornerons ici à quelques résultats.

Il n'y a de surfaces capables de pareil développement que celle dont les sections rectilignes convergent en un même point, ou sont tangentes à une ligne courbe, à double courbure; ainsi tout cône formé de lignes partant d'un point et allant à une courbe quelle qu'elle soit, sera développable en une surface plane. Cela est assez évident par soi-même; mais sur le plan de la développée d'une courbe, et sur chaque point de cette développée soient élevées des perpendiculaires qui soient en raison donnée avec les rayons correspondans de la développée; des sommets enfin de ces perpendiculaires soient élevées des lignes aux points de la courbe où se terminent ces rayons de la développée, on aura une surface formée d'une infinité de lignes droites tangentes d'une courbe à double courbure, savoir celle dans laquelle se trouvent tous les sommets de ces perpendiculaires, et cette surface sera développable en surface plane. Elle aura aussi la même propriété que la surface conique droite, savoir, d'avoir son aire en raison donnée avec sa projection sur la base. Enfin chaque ligne tirée du sommet d'une des perpendiculaires ci-dessus décrites, au point de la courbe où se termine les rayons de la développée correspondante, sera le centre d'osculation de la courbe considérée dans le plan de cette ligne, et mesurera sa courbure dans ce sens; c'est un genre de développée considéré par le cit. Monge le premier. On conçoit en effet qu'un arc infiniment petit de courbe, ayant un degré de courbure dans le plan où elle est décrite, en a un différent sur un plan incliné qui le touche en passant par sa tangente. Ce degré de courbure diminue à mesure que le plan s'approche davantage du plan perpendiculaire à celui de la courbe, et elle est enfin nulle à l'égard de ce plan perpendiculaire; ici le rayon osculateur est infini.

Nous avons maintenant à entretenir nos lecteurs d'un genre de courbes qui ne fut pas absolument inconnu à l'antiquité, mais dont la théorie a été, comme tant d'autres, immensément amplifiée par les modernes. Ce sont les courbes a double courbure; on nomme ainsi des courbes qui, au lieu d'être décrites sur un plan, le sont sur une surface courbe et de telle manière qu'elles ne peuvent s'appliquer sur un plan: on a un exemple connu de tout le monde dans l'hélice décrite sur la surface d'un cylindre, et dans la spirale de Pappus décrite sur la surface de l'hémisphère. On les nommoit, par cette raison, *lieux à la surface* ; mais les spéculations des anciens à cet égard, du moins ce qui nous en reste, est extrêmement borné.

C'est par une considération plus approfondie de ces courbes que le célèbre Clairaut, âgé encore seulement de seize ans, fit son début dans le monde géométrique, début qui fit dès-lors concevoir de lui des espérances qu'il a si bien réalisées dans la suite (1); mais entrons sur ce sujet dans quelques détails propres à donner une idée de cette théorie.

Une courbe à double courbure étant sise comme on voudra dans l'espace, on peut concevoir un plan au-dessous, et de chacun de ses points des perpendiculaires abaissées sur ce plan, qui y traceront une courbe. Soit encore sur ce plan une ligne à volonté servant d'axe à cette dernière courbe, et que de chacun de ses points soient menées des perpendiculaires à cet axe qui en seront les ordonnées. En les nommant y, et x leurs distances à un point fixe, et enfin appellant z les perpendiculaires abaissées de la courbe proposée sur le plan donné, on verra facilement que l'équation de la courbe sera donnée par la relation de ces trois variables x, y, z; ou que z sera une fonction de x et y. C'est à-peu-près ainsi qu'est donnée l'équation d'une surface courbe ; mais il y a ici cette différence que dans cette dernière le rapport de x et y est indéterminé ; c'est-à-dire que x et y ne dépendent point l'une de l'autre, au lieu que dans l'équation de la courbe à double courbure, ce rapport est déterminé par l'équation de celle qui a sa projection sur le plan horisontal.

Ainsi supposons que cette courbe soit une parabole dont l'équation soit $yy = px$, et que sur le plan de cette parabole, à l'extrêmité de chaque ordonnée y soit élevée une perpendiculaire z, dont le rapport avec y soit exprimé par une équation quelconque, comme $ax + yy = zz$, l'équation de la courbe à double courbure sera exprimée par ces deux équations, et si dans la seconde on substitue à la place de y la valeur tirée de la seconde, ce qui la rendra $aa + px = zz$; cette dernière équation représentera celle de la courbe qui seroit la projection de celle à double courbure sur un plan perpendiculaire passant par l'axe des x.

On peut encore concevoir une courbe à double courbure, comme formée par l'intersection d'une surface courbe avec la surface cylindrique élevée sur une courbe décrite sur le plan de la base ; x et y étant les ordonnées de cette courbe, les perpendiculaires élevées sur chacun de ces points jusqu'à la surface courbe, seront les ordonnées z, et seront données par l'équation

(1) *Recherches sur les courbes à double courbure. Paris*, 1730, *in-4°.*

de la surface dans laquelle on aura fait disparoître y en y substituant sa valeur donnée en x.

Que l'équation de la surface soit, par exemple, celle de la surface sphérique (en prenant l'origine des x à l'extrémité d'un diamètre), savoir $zz - 2rx + xx + yy = 0$, et que la projection de la courbe sur le plan de la base soit le cercle décrit sur le rayon r comme diamètre; On aura $yy = rx - xx$. Ainsi, substituant cette valeur dans l'équation ci-dessus, on aura $zz - rx = 0 : z = \sqrt{rx}$. On pourra donc construire cette courbe dans l'espace, en élevant à chaque extrémité des y, une perpendiculaire au plan de la base, égale à $\sqrt{rx}$.

Il est au surplus assez aisé de voir que cette dernière équation est celle de la courbe qui seroit la projection horizontale de celle à double courbure sur un plan perpendiculaire à la base et passant par la ligne des x; cette projection sera ici une parabole.

L'équation d'une courbe à double courbure doit donc être donnée par deux équations, l'une entre x et y, et l'autre entre z et x, ou z et y, et toutes les fois qu'on aura deux pareilles équations on pourra construire la courbe dans l'espace.

Il y a comme dans la théorie ordinaire des courbes, des courbes à double courbure qui sont géométriques, d'autres mécaniques ou transcendantes. Celle dont on vient de parler est du nombre des géométriques, parce que chacune des deux équations qui servent à l'exprimer est finie; mais par exemple l'hélice décrite sur la surface d'un cylindre est transcendante, la valeur de z n'étant donnée que par son rapport avec une quantité transcendante, savoir l'arc de cercle répondant à x ou y.

On peut proposer sur les courbes à double courbure les mêmes problêmes que sur les courbes planes, comme ceux de leurs tangentes, leurs quadratures, leurs rectifications, leurs centres d'osculation ou quantité de courbure.

A l'égard des tangentes il est aisé de voir que si l'on tire une tangente à un point de la courbe de projection sur la base, la tangente au point de la courbe dont ce point de la base est la projection, sera dans le même plan et concourra avec elle ou lui sera parallèle. On verra aussi facilement que si l'on nomme s l'axe de la courbe projetté sur la base, on aura sa différentielle ds, et qu'on aura ce rapport $dz : ds :: z : \frac{zds}{dz}$, qui sera l'expression de la tangente; ainsi dans l'exemple ci-dessus la courbe projettée sur la base étant un cercle au diamètre r, et ayant pour équation $yy = rx - xx$, on aura $ds = \frac{rdx}{2\sqrt{(rx - xx)}}$; on a, d'un autre côté, $z=\sqrt{rx}$, et conséquemment, $dz=\frac{rdx}{\sqrt{rx}}$; d'où l'on tirera, après les substitutions et réductions convenables, $\frac{zds}{dz}=\frac{2rx}{\sqrt{rx-xx}}$.

Quant à la quadrature de ces courbes, il est aisé de voir que l'élément de leur surface est le produit de ds par l'ordonnée z, ou zds; ayant donc ds par l'équation de la projection sur la base donnée en x, et la valeur de z également en x, on aura l'expression de la différentielle de l'aire comprise entre la base et la courbe. Ainsi, dans la courbe ci-dessus, ds étant $=\frac{rdx}{2\sqrt{rx-xx}}$ et $z=\sqrt{rx}$, on aura pour différentielle de l'aire comprise entre la base et la courbe, $\frac{rdx\sqrt{2r}}{2\sqrt{r-x}}$, ce qui est une quantité intégrable, et dont l'intégration donne $-r\sqrt{2r}\sqrt{r-x}$; et comme cette expression est négative, cela annonce qu'elle exprime l'aire cylindrique répondante, non à x, mais à $r-x$; et faisant conséquemment $x=0$, l'aire totale sera $rr\sqrt{2}$.

Nous avions déjà observé, en parlant du problême de Viviani, que cette portion de surface cylindrique, ainsi comprise entre la la base de l'hémisphère et sa surface, étoit absolument quarrable. Nous remarquerons de plus ici que tout cylindre ayant pour base un cercle tangent de la circonférence de la base de l'hémisphère, sera dans le même cas; c'est-à-dire que la portion de sa surface, comprise entre la base et la surface sphérique, sera absolument quarrable. Car supposons le diamètre de ce cercle égal à $\frac{r}{m}$, on aura toujours $yy=\frac{r}{m}x-xx$, ce qui donnera $\frac{ds=\frac{r}{m}dx}{2\sqrt{(\frac{r}{m}x-xx)}}$ et $z=\sqrt{\left(\frac{2mr-r}{m}\right)x}$, dont la multiplication donnera, comme ci-dessus, une expression intégrable, savoir $\frac{\frac{r}{m}dx\sqrt{\left(\frac{2rm-r}{m}\right)}}{2\sqrt{\frac{r}{m}-x}}$.

D'après ce que nous avons dit, il ne peut échapper à tout lecteur, un peu versé dans ces matières, que l'élément de la courbe sera égal à $\sqrt{ds^2+dz^2}$. On pourra donc trouver des courbes à double courbure absolument rectifiables, en prenant pour base une courbe dont l'élément, combiné avec la valeur de dz donnée ou prise à volonté, donne une expression susceptible d'intégration absolue.

Nous n'irons pas plus loin sur ce sujet; il nous suffira de répéter ici que la théorie des lignes à double courbure est d'une grande utilité dans les opérations de l'architecture et de la coupe des pierres, lorsque l'artiste se pique de précision. Aussi cette théorie a-t-elle été spécialement traitée par le cit. Monge, dans les leçons de l'école polytechnique, au recueil desquelles nous nous bornons à renvoyer, pour une multitude de problêmes curieux et intéressans. Nous citerons aussi, comme digne d'être lu, le mémoire du cit. Tinseau, inséré dans le IXe. volume des mémoires présentés à l'académie par divers savans.

X I.

Après avoir exposé avec l'étendue qu'on vient de voir le développement de plusieurs branches de l'analyse finie, il est temps enfin de passer à celui des progrès des calculs différentiel et intégral, ou des fluxions et fluentes, pendant ce siècle-ci. Mais avant d'entrer dans cette carrière, nous devons revenir sur quelques objets que l'abondance de notre matière nous a contraints de renvoyer du volume précédent à celui-ci.

L'un est l'histoire de la querelle élevée entre Neuton et Leibnitz sur l'invention du calcul différentiel. L'autre est celle de la querelle intentée à ces nouveaux calculs eux-mêmes, par Rolle et le célèbre évêque de Cloyne, le docteur Berckley, qui nous a aussi paru trouver plus naturellement sa place à cette époque. Nous allons commencer par la querelle entre Neuton et Leibnitz.

Il y a apparence que Leibnitz auroit resté tranquille possesseur d'une partie de la découverte des nouveaux calculs, s'il eût été plus équitable envers Neuton. Car on ne peut se dissimuler qu'il eut à cet égard des torts, qui furent le germe de cette querelle. Déjà quelques lettres écrites en Angleterre, et où il paroissoit s'attribuer trop exclusivement l'invention de son calcul, lui avoient attiré des remarques désagréables sur le droit qu'y avoit Neuton antérieurement à lui. M. Fatio avoit même dit hautement que Leibnitz ne s'imaginât pas qu'il tînt de lui ce qu'il savoit de ce calcul ; qu'il étoit obligé de reconnoître Neuton pour son premier inventeur, et qu'il laissoit à juger quelle part y avoit Leibnitz, à ceux qui pouvoient lire leurs lettres mutuelles et divers papiers déposés dans les archives de la Société royale de Londres. Leibnitz, inculpé de cette manière, répondit vivement et se plaignit à la Société royale. Mais l'affaire n'eut pas alors d'autre suite, ce fut seulement quelques années après que la querelle éclata.

Le traité de Neuton sur la *Quadrature des courbes*, et son *Enumération des lignes du troisième ordre*, ayant vu le jour en 1704, les journalistes de Leipsick n'en firent pas un extrait trop avantageux. On y disoit entr'autres, après une légère exposition de la nature des fluxions, que Neuton au lieu des différences Leibnitiennes, se servoit et s'étoit toujours servi des *fluxions*, comme le P. Fabri avoit substitué dans sa *Geometriae synopsis*, le mouvement aux indivisibles de Cavalleri. C'étoit, ce semble, dire que Neuton n'avoit fait que substituer les fluxions aux différences, quoique ces mots, et *s'est toujours servi*, semblent insérés à dessein pour prévenir ce sens. Quelque fût l'objet des journalistes qui auroient pu s'exprimer plus clairement, et rendre sans ambiguité à Neuton la justice qui lui étoit due, cet article blessa ses compatriotes, et sans doute lui-même. C'est pourquoi Keil inséra en 1708 dans les *Transactions philosophiques* un écrit, où il disoit formellement que Neuton étoit le premier inventeur du calcul des fluxions, et que Leibnitz en le publiant dans les *Actes de Léipsick*, n'avoit fait qu'en changer le nom et la notation.

Leibnitz prit ces paroles pour une accusation de plagiat, à quoi elles ressemblent effectivement beaucoup, et par une lettre écrite à M. Hans Sloane, secrétaire de la Société royale, il demanda que Keil se rétractât. Keil, au lieu de le faire, répondit à M. Hans Sloane par une longue lettre, où il accumule toutes les raisons qu'il peut pour montrer que non-seulement Neuton a précédé Leibnitz, mais qu'il lui a donné tant d'indices de son calcul, qu'il ne pouvoit pas échapper à un homme même d'une intelligence médiocre. La lettre fut envoyée à Leibnitz, qui demanda à la Société royale de faire cesser ces criailleries de la part d'un homme trop nouveau pour savoir ce qui s'étoit passé entre Neuton et lui. La Société royale jugea qu'il falloit consulter les pièces originales, et nomma des commissaires pour les choisir et les examiner. Ils rassemblèrent celles qu'on lit dans le *Comm. Epist.*, et ils firent leur rapport de cette manière : Qu'il paroissoit par ces pièces, que M. Collins communiquoit fort librement aux habiles gens les écrits dont il étoit le dépositaire ; que M. Leibnitz ne paroissoit pas avoir eu connoissance de son calcul jusqu'au mois de juin 1677, un an après la communication d'une lettre, où la méthode des fluxions étoit suffisamment décrite pour toute personne intelligente. Nous remarquons ici qu'après avoir lu et relu cette lettre, nous y trouvons seulement cette méthode décrite, quant à ses effets et ses avantages, mais non quant à ses principes ; ce qu'il est important d'observer, afin de ne point donner à ce mot un sens qu'il ne doit point avoir, et sur lequel quelqu'un qui n'auroit pas les pièces en main, condamneroit sans hésiter M. Leibnitz. Mais revenons au rapport des commissaires de la Société royale. Ils ajoutent que par des lettres de Neuton, depuis 1669 jusqu'en 1677, il paroît qu'il étoit en possession de la méthode des fluxions ; que la méthode différentielle de Leibnitz étoit la même, aux termes et signes près, que celle des fluxions : ils disent enfin qu'ils regardent M. Neuton comme le premier inventeur de cette méthode, et qu'ils pensent que M. Keil en le disant n'a fait aucune injure à M. Leibnitz. Du reste, ils ne prononcent rien sur les indices qu'a pu fournir à M. Leibnitz la correspondance qu'il a eue avec M. Neuton. Ils en abandonnent la décision aux lecteurs, et pour les mettre en état de juger, la Société royale ordonna l'impression des pièces sur lesquelles étoit fait ce rapport. Elles parurent en 1712 sous le titre de *commercium epistolicum de analysi promotâ*, in-4°., et de nouveau en 1722, in-8°, avec beaucoup d'additions qui rendent cette édition fort préférable à la première.

La querelle concernant l'invention du calcul différentiel n'en demeura pas, et ne pouvoit en demeurer là. Le *commercium epistolicum* ayant paru, Leibnitz s'en plaignit amèrement et menaça de répondre d'une manière qui confondroit ses adversaires ; mais il lui eût été difficile de renverser les faits qui attestent l'antériorité de Neuton sur lui, en ce qui concerne l'invention et la possession de ce calcul; ce point ne sauroit être contesté. Quant au reste il ne nous paroît pas sans réplique, comme on le verra par la suite de cette discussion. Cependant tout cela n'aboutit qu'à quelques écrits anonymes, ouvrages de ses amis, où Neuton étoit plutôt attaqué que Leibnitz défendu. On y prétendoit entr'autres, que Neuton ne connoissoit pas le vrai principe du calcul des différences des ordres supérieurs ; il est vrai que par précipitation et inadvertance il s'étoit trompé dans une des manières de considérer ces différences, mais ce qui prouve que c'étoit une pure inadvertance, c'est que l'on voit, par une lettre écrite à Wallis en 1692, qu'il connoissoit la véritable. Keil défendit Neuton dans les mêmes journaux, et l'on se dit des injures ou du moins des choses fort aigres, comme c'est l'usage en pareil cas. Ce qu'il y eût de plus remarquable, dans la suite de cette contestation, fut la proposition d'un problême que Leibnitz fit indirectement à Neuton. Ce problême qu'il crut, après s'être concerté avec Bernoulli, propre à embarrasser ses adversaires, est le suivant : *Une infinité de courbes de même espèce étant données, comme seroient des hyperboles de même sommet et de même centre, depuis la plus applatie qui coïncide avec son axe, jusqu'à la plus ouverte qui n'est autre que la perpendiculaire à l'axe commun ; trouver la courbe qui les coupe toutes à angles droits.* Nous nous hâtons d'observer que ce n'est là qu'un cas des plus simples, et qui n'excède pas les forces d'un médiocre analyste ; le problême est bien autrement difficile s'il s'agit d'une suite de courbes, d'hyperboles, par exemple, de même sommet et même paramètre, mais de centres variables ; si les

les centres et les paramètres varient; si les courbes, au lieu d'être géométriques, sont transcendantes comme une infinité de logarithmiques passant par le même point etc. L'idée générale du problême comprend une multitude d'autres cas, dont quelques-uns sont d'une grande difficulté ; l'histoire de ce problême, ébauché par Viviani, et ensuite proposé dans les actes de Léipsick de 1697 et résolu plus généralement par Jacques Bernoulli, seroit trop longue; ce sera l'objet d'un article particulier dans la suite de cet ouvrage. Nous nous bornons à dire que Neuton, ce semble, le traita un peu légèrement dans l'esquisse de solution qu'il en donna, non que nous pensions qu'il ne l'eût pas résolu d'une manière complète s'il l'eût entrepris; mais il eût rencontré des difficultés particulières, sur-tout au cas proposé postérieurement par Jacques Bernoulli.

On ne peut disconvenir ici que l'extrême amitié qui lioit Bernoulli avec Leibnitz l'entraîna, à l'égard de Neuton, dans des procédés injustes. Car, dans le cours de cette querelle, il inséra dans les *actes de Léipsick*, sous un nom déguisé, une lettre fort amère contre Keil, où Neuton lui-même étoit peu ménagé; il y prétendoit entr'autres que Neuton n'avoit jamais connu les règles de la seconde différenciation, ou celle de prendre la fluxion d'une fluxion, et il se fondoit sur ce que Neuton, dans son traité *De quadraturâ curvarum*, dit que les fluxions des différens degrés sont représentées par les termes de son binôme, $z^m + m.z^{m-1}\dot{z} + \frac{m.m-1}{1.2}z^{m-2}\dot{z}^2 + \frac{m.m-1.m-2}{1.2.3}z^{m-3}\dot{z}^3$, &c. (la première fluxion $\dot{z}$ étant censée constante); or cela n'est vrai qu'en supprimant les dénominateurs numériques. Car si l'on prend la fluxion ou la différentielle de $m.z^{m-1}\dot{z}$ par la règle ordinaire, on aura seulement pour seconde differentielle, $m.m-1.z^{m-2}\dot{z}^2$. Mais il est évident que c'étoit une pure inadvertence de Neuton, séduit un instant par l'analogie qui règne entre sa formule et les fluxions successives. Cette pièce, enfin, étoit si aigre, que Bernoulli a été long-temps sans l'avouer; mais il étoit aisé de l'y reconnoître.

D'un autre côté Keil n'avoit-il pas tort de prétendre justifier entièrement Neuton, en observant qu'il n'avoit pas dit précisément que les termes de son binôme développé en série, exprimoient les fluxions successives; mais qu'elles étoient comme ces termes. Cette justification n'étoit bonne qu'autant que ce rapport eût été le même; car on ne dira pas que les quantités A, B, C, D etc. sont comme M, N, O, P, si A est égal à M, B la moitié de N, C le tiers de O etc.; ainsi Keil auroit mieux fait de convenir de la méprise. Quoiqu'il en soit Bernoulli conserva toujours de cette querelle une sorte d'éloignement pour Neuton qui lui faisoit relever, avec une sorte d'affectation et quelquefois sans trop de justice, de légères taches de ses *Principes*, et qui le rendit toujours très-peu favorable au système de la gravitation universelle qu'il combattit souvent : on en a des exemples dans sa pièce *sur la cause de l'inclinaison des orbites des planètes à l'équateur*, et dans nombre d'autres endroits de ses ouvrages. Tel est le foible de l'esprit humaiu ; il semble que des hommes tels que Bernoulli, Neuton, Leibnitz humilieroient trop les autres hommes s'ils n'avoient pas payé quelque tribut à l'humanité.

Un ami commun, ou soi-disant tel, de Leibnitz et de Neuton (l'abbé Conti, noble Vénitien) entreprit en 1715 de les faire expliquer l'un avec l'autre; mais cela ne servit qu'à les aigrir davantage, et en effet l'abbé Conti ne joua, ce semble, que le rôle d'un médiateur très-partial ou très-maladroit ; car Neuton lui-même, quoiqu'il lui fût plus favorable qu'à Leibnitz, en fut fort mécontent. Ainsi Leibnitz persista à contester à Neuton son droit de priorité sur le calcul en question, et Neuton refusa à Leibnitz ce qu'il lui avoit autrefois accordé ; enfin la mort de Leibnitz, arrivée en 1716, mit fin à la querelle.

Nous devons maintenant entrer dans quelques détails sur les notes du *commercium epistolicum*, et cela est d'autant plus nécessaire que nous voyons M. de Buffon, dans la préface de sa traduction du *traité des fluxions*, les adopter sans réserve, et conséquemment décider le procès contre Leibnitz. En effet on lit dans la préface dont nous parlons, qu'il est prouvé par les lettres de Leibnitz qu'il a eu connoissance de la méthode des suites avant de donner la sienne pour le cercle, et que celle-ci même lui avoit été envoyée par la voie d'Oldenbourg ; que Leibnitz n'en avoit pas la démonstration, puisqu'il la demanda dans la suite ; qu'en 1679 il donna une méthode des tangentes qui n'est que la même que celle de Barrow, à la notation près, et dont le calcul est le même que celui de Neuton communiqué dès 1669 à Barrow. Quatre ou cinq pages plus loin, on lit encore que le calcul des secondes, troisièmes etc., a été donné dans la première proposition du traité des quadratures communiqué à Leibnitz dès l'année 1675.

Telle est, en effet, la substance des apostilles ajoutées au *commercium epistolicum*, et il faut concevoir que si elles étoient exactes, on ne pourroit disculper Leibnitz d'un plagiat évident ; mais elles sont toutes ou inexactes ou susceptibles de répliques qui les anéantissent, comme le vont montrer les observations suivantes.

1°. Quelque soin que j'aye mis à lire le *Commercium epistolicum*, je n'y ai vu nulle part que la méthode des suites ait été dévoilée à Leibnitz, ni qu'il ait reçu aucune suite pour le cercle avant qu'il eût annoncé la sienne à Oldenbourg, avec l'analogie particulière qu'elle lui faisoit découvrir entre les aires du cercle et celles de l'hyperbole. Quelle apparence que Leibnitz se fût vanté d'une découverte auprès de celui là même qui la lui avoit communiquée.

2°. La suite, dont postérieurement Léibnitz demande la démonstration à Oldenbourg, est celle-ci $x + \frac{1}{6} x^3 + \frac{1}{40} x^5$ &c., qui donne l'arc par le sinus, mais cette suite n'est point celle que donne la méthode de Leibnitz, et qui est celle qui donne l'arc par la tangente; ainsi c'est mal-à-propos qu'on observe dans ces apostilles que Leibnitz avoit avancé qu'il pouvoit trouver l'arc par le sinus, et qu'ensuite il avoit demandé la démonstration de celle de Neuton.

3°. La méthode des tangentes, donnée en 1677 par Léibnitz dans sa lettre à Oldenbourg, est bien véritablement le calcul différentiel et nullement la pure méthode de Barrow; car Barrow n'étendit jamais sa méthode aux courbes à équations irrationnelles. Au contraire Léibnitz, pour mieux montrer les avantages de la sienne, l'applique à une expression fort compliquée d'irrationalités et s'en démêle comme si elles n'eussent pas existé. D'ailleurs n'y a-t-il pas de la contradiction à dire que la méthode de Leibnitz, décrite dans la lettre dont nous parlons, n'est que celle de Barrow, et qu'elle est la même que celle que Neuton avoit communiquée dès 1669, qu'on prétend être son calcul des fluxions. Car il suivroit delà que la méthode même de Neuton ne seroit que celle de Barrow à la notation près.

4°. On ne verra nulle part dans les lettres de Neuton, écrites pour être communiquées à Leibnitz, la proposition du traité de *quadraturâ curvarum* qui contient, dit-on, le principe des fluxions des différens ordres. Cette imputation est d'autant moins fondée qu'il en résulte précisément tout le contraire de ce qu'on voudroit en inférer, puisque, par inadvertance, Neuton donnoit à ses fluxions une valeur inexacte, ainsi qu'on l'a vu plus haut.

Je passe légèrement sur quelques autres apostilles ajoutées au *commercium epistolicum*; on prétend, par exemple, dans une que lorsque Neuton avoit dit que la courbe, dont l'ordonnée étoit $z^{\frac{1}{2}}$, avoit son aire égale à $\frac{2}{3} z^{\frac{3}{2}}$, c'est la même chose que s'il eût dit que la différentielle ou la fluxion de $\frac{2}{3} z^{\frac{3}{2}}$ étant $z^{\frac{1}{2}} dz$, l'intégrale de cette dernière étoit $\frac{2}{3} z^{\frac{3}{2}}$, d'où Leibnitz, ajoute-t-on, a pu conclure facilement que la différentielle de $\frac{2}{3} z^{\frac{3}{2}}$ étoit $z^{\frac{1}{2}} dz$. Cette conséquence est assurément forcée; car sans autre calcul que ceux déjà connus, comme ceux de Wallis, de Fermat et même de Cavalleri, on étoit en état de démontrer que la courbe dont l'ordonnée étoit $z^{\frac{1}{2}}$ ou $\sqrt{z}$, avoit pour aire $\frac{2}{3} z \sqrt{z}$ ou $\frac{2}{3} z^{\frac{3}{2}}$. D'ailleurs il n'y a point de découvertes dont on n'exténuât le mérite par un exposé artificieux des gradations, souvent presque insensibles, qui ont pu y conduire.

Ces apostilles ajoutées au *commercium epistolicum*, ne sont donc point aussi concluantes qu'elles l'ont paru à M. de Buffon, et j'ai lieu de croire qu'il ne s'étoit point donné la peine de lire, au moins avec l'attention suffisante, l'ouvrage même. On pourra toujours faire valoir en faveur de Leibnitz, le témoignage que Neuton lui rend lui-même dans la première édition de ses *principes* : car qui savoit mieux que Neuton jusqu'où ses lettres avoient pu mettre Leibnitz sur la voie ? Voici cependant ce qu'on lit dans cet ouvrage (1). *Il y a dix ans*, dit Neuton, *qu'étant en commerce de lettres avec M. Leibnitz, et lui ayant donné avis que j'étois en possession d'une méthode pour déterminer les tangentes et pour les questions de maximis et minimis, méthode que n'embarrassoient point les irrationalités, et l'ayant cachée sous des lettres transposées, il me répondit qu'il avoit rencontré une méthode semblable, et il me communiqua cette méthode qui ne différoit de la mienne que dans les termes et dans les signes, comme aussi dans l'idée de la génération des grandeurs.* Cela se lit encore dans l'édition de 1713 et dans celle de 1714, qui n'en est que la répétition faite à Amsterdam ; mais on l'a supprimé de celle de 1726, et j'apprends, par des notes de bonne main qui me sont venues d'Angleterre, que cette suppression est l'ouvrage de Neuton : car on me marque avoir vu ce qui a été substitué à la place, écrit de la main de Neuton même, dans les feuilles d'épreuves conservées par Pemberton, qui soigna cette édition. J'ai su par la même voie que les notes qui accompagnent le *commercium epistolicum* sont aussi de Neuton même.

On se demandera peut être pourquoi cette suppression ne fut pas faite lors de l'édition des *principes* de 1713, puisque alors la querelle étoit encore dans toute sa chaleur ; en voici la raison, qui est une anecdote assez peu connue et que je tiens de la même main que ce que j'ai dit ci dessus. C'est que cette édition fut faite à Cambridge, loin de Neuton et presque en cachette, par les soins de Cotes et de Bentley, et que Neuton en fut très-mécontent. C'est, en effet, un procédé assez étrange de la part de ces deux hommes, d'ailleurs célèbres, que d'imprimer un ouvrage du vivant de son auteur sans prendre, pour ainsi dire, son attache sur les changemens ou additions à y faire. Au reste, il est aisé de concevoir qu'exaspéré par le procédé de Leibnitz qui lui refusoit une priorité si légitimement due, par quelques écrits violens de ses partisans et par l'espèce de persécution de Bernoulli qui

(1) Lib. II. Lemm. II. *Scholium*.

sembloit chercher avec affectation matière à critiquer dans ses Principes, Neuton ait pu céder à ce penchant, trop naturel à l'humanité, de devenir injuste envers celui qu'on croit injuste à son égard.

Il est temps de nous résumer, et d'abord on ne peut douter que Neuton ne soit le premier inventeur des calculs dont il s'agit. Les preuves en sont plus claires que le jour; mais Leibnitz est-il coupable d'avoir publié comme sienne une découverte qu'il auroit puisée dans les écrits même de Neuton? c'est ce que nous ne pensons pas. Dans les deux lettres de Neuton, communiquées à Leibnitz, on ne voit que des résultats de la méthode ou des deux méthodes employées par Neuton; mais non leur explication. Un homme doué d'une sagacité transcendante tel qu'étoit Leibnitz, n'a-t-il pas pu être excité par là à rechercher les moyens employés par Neuton et y réussir; d'autant que Fermat, Barrow et Wallis avoient ouvert la voie. En effet si l'on considère combien peu il y avoit à faire pour passer de leurs méthodes au calcul différentiel; il paroîtra, ce semble, superflu de rechercher ailleurs l'origine de ce dernier: car ce que Barrow désignoit par e et a n'étoit que les incrémens ou décrémens simultanés de l'abscisse et de l'ordonnée, lorsqu'ils étoient devenus assez petits pour pouvoir retrancher du calcul leurs puissances supérieures à la première: or en supposant, par exemple, cette équation $x^3 = by^2$, le calcul de Barrow donnoit $3x^2 e = 2bya$; de même l'équation $x^4 = b3y$ donnoit $4x^3 e = 3ba$. L'analogie conduisoit donc à remarquer que si l'on avoit $x^n = y$ on devoit avoir $nx^{n-1} e = a$, quelque fût le nombre n, entier ou fractionaire, positif ou négatif, et conséquemment l'incrément, par exemple, de $\sqrt{x}$ ou $x^{\frac{1}{2}}$ devoit se trouver $\frac{1}{2} x^{\frac{1}{2}-1} e$; ou au lieu de e, mettant une caractéristique qui donne à reconnoître son origine, comme dx (c'est celle qu'a choisie Leibnitz), voilà l'écueil des irrationalités décliné et le passage du calcul de Fermat, Barrow et Wallis au calcul différentiel de Leibnitz, et de cette seule observation dépendent toutes les opérations de ce calcul. Ajoutons, quant au calcul inverse, que Wallis avoit déjà désigné les élémens des aires des courbes par le rectangle fait de l'ordonnée et d'une portion infiniment petite de l'abscisse qu'il nommoit A, de sorte que l'élément de l'aire du cercle étoit, par exemple, $A\sqrt{aa - xx}$. Il avoit aussi réduit à de semblables expressions les élémens des longueurs des courbes, et même par une analogie fondée sur la ressemblance du petit triangle caractéristique, avec celui de la soutangente, de la tangente et de l'ordonnée. A la caractéristique A de Wallis, substituez celle adoptée par Leibnitz, savoir dx pour la quantité x, voilà le calcul intégral. Mais un homme, autre que Leibnitz, peut être capable de faire ce pas, s'en seroit tenu là ; au lieu que Leibnitz ne tarda pas d'appliquer l'un et l'autre calcul sous sa nouvelle forme aux problêmes les plus difficiles tant de la Géométrie que de la mécanique transcendante.

Nous terminerons là l'histoire de cette fameuse querelle : nous nous bornerons seulement à observer que, dans le tome II du recueil des pièces de M. Desmaiseaux, on en trouve un grand nombre qui sont relatives à ce sujet : on les lit aussi dans le IIIe volume des *opera Leibnitii* (page 445 — 492) ; ce même volume contient aussi la correspondance mathématique entre Wallis et Leibnitz (page 91 — 134). Tous ces morceaux, à part même la querelle entre Leibnitz et Neuton, sont très-intéressans pour l'histoire des découvertes analytiques de ce siècle.

XII.

En parlant de la découverte du calcul différentiel et de ses premiers progrès, nous avons fait mention de quelques attaques qu'il essuya, et en particulier de la part de M. Nieuwentiit ; mais cet adversaire n'étoit pas un homme fort redoutable pour le nouveau calcul. M. Nieuwentiit, quoique auteur d'un livre assez bien pensé sur la théologie physique, ne fait que déraisonner quand il parle de l'analyse.

Le calcul dont nous parlons essuya, vers le commencement de ce siècle, de la part de M. Rolle, une attaque plus sérieuse et plus redoutable, si ses succès eussent répondu à son ardeur et à la réputation qu'il s'étoit faite dans l'algèbre la plus hérissée d'épines. En effet, pour tracer en peu de mots le portrait de cet adversaire des nouveaux calculs, c'étoit un algébriste habile, un intrépide calculateur, mais un homme singulièrement confiant en ses idées, fort précipité et jaloux même des inventions d'autrui. Né à Ambert en 1632, et étant venu à Paris sans autre fortune qu'une aptitude étonnante pour le calcul, il avoit débuté d'une manière brillante dans la carrière de l'analyse algébrique, savoir par la solution d'un problême indéterminé qu'Ozanam, très-fort en ce genre de questions, avoit jugé ne pouvoir se résoudre qu'en un très-grand nombre de chiffres. Rolle en donna une ou plusieurs solutions beaucoup plus simples (1). Cela l'avoit fait rechercher par M. Colbert pour la nouvelle académie. Il donna vers la fin de ce siècle divers ouvrages où au

(1) Nous remarquerons ici que Leibnitz pendant son séjour à Paris, vers 1673, avoit fait la même chose, et avoit donné du problême d'Ozanam, une solution générale qui manquoit à ce dernier. Voyez *Opera Leibnitii*, tom. III. pag. 30.

travers de l'obscurité et du nouveau langage qui lui étoient propres, on avoit entrevu des méthodes ingénieuses et pouvant mener loin (1). Mais à cela près il passa sa vie à quereller l'Analyse de Descartes et le calcul différentiel, a rechercher des cas où leurs méthodes se trouvoient, selon lui, en défaut, et dans toutes ces disputes il portoit une chaleur et un ton de triomphe tout-à-fait déplacés.

Ce fut en 1701 qu'il commença à s'élever contre le calcul différentiel; il l'attaqua non-seulement du côté de la certitude rigoureuse de ses principes; mais encore il prétendit montrer par divers exemples qu'il induisoit en erreur, et qu'il étoit en contradiction avec les méthodes connues et admises, comme celles de *Descartes*, *Fermat* &c. Ces prétentions étoient assaisonnées d'un ton extrêmement confiant et étayées d'un tel appareil de calcul qu'elles étoient tout-à-fait capables d'en imposer à ceux qui ne pénétroient pas au-delà de la superficie.

Mais le calcul différentiel trouva dans Varignon un défenseur aussi zélé et aussi intelligent que Rolle étoit ardent et impétueux. Varignon répondit d'abord avec beaucoup de solidité aux objections qui concernent les principes du nouveau calcul. Il donna la véritable notion des différentielles, et montra que ce n'étoit ni des zéros absolus, ni des incomparables, mais les dernières raisons de l'abscisse et de l'ordonnée, lorsque décroissans continuellement ils s'anéantissent enfin. A l'égard des erreurs imputées par Rolle au nouveau calcul, ce fut là surtout que Varignon triompha ; il fit voir que toutes ces imputations n'étoient que des effets de la précipitation et de l'inadvertence de cet adversaire des nouveaux calculs. Nous nous bornons à quelques exemples, tirés d'une réponse manuscrite de Varignon, que nous avons eue entre les mains.

Rolle prenoit une courbe dont l'équation étoit $y - b = (xx - 2ax + aa - bb)^{\frac{2}{3}} : a^{\frac{1}{3}}$; il en cherchoit les plus grandes et les moindres ordonnées, en faisant $dy = 0$, et il trouvoit que le *maximum* cherché répondoit à l'abscisse égale à a. Cependant, disoit-il, il est certain que cette courbe a trois ordonnées, qui sont des *maxima* et *minima*. En effet la règle de Hudde en donne trois, qui répondent aux abscisses $a - b$, a et $a + b$.

Un autre exemple qui arrachoit à Rolle de grands cris de victoire, étoit celui-ci. Soit cette équation $y = 2 + \sqrt{4x} + \sqrt{4 + 2x}$; en faisant $dy = 0$, on trouve $x = -4$, valeur à laquelle ne répond qu'une ordonnée imaginaire, de sorte qu'il n'y a dans cette courbe aucune plus grande ou moindre ordonnée. Mais en faisant disparoître les signes radicaux, l'on réduit cette équation à

(1) *Traité d'Algèbre*, &c. *Paris*, 1690, *in*-4°. *Voyez* tom. II. pag. 167.

celle-ci $y^4 - 8y^3 + 16yy - 12yyx + 48yx - 64x + 4xx = 0$: or si l'on y applique la régle de M. Hudde, on trouvera, disoit-il, un *maximum* répondant à l'abscisse égale à 2. Il ajoutoit que le nouveau calcul étoit en contradiction avec lui-même ; car, poursuivoit-il, ce calcul appliqué à l'équation irrationnelle ci-dessus, ne donne point ce *maximum* ; et appliqué à l'équation rationelle, qui n'en diffère que par la forme, il le donne.

Cependant, ni le calcul différentiel, ni la règle de M. Hudde ne sont en défaut ; c'est M. Rolle qui se trompe de plusieurs manières. Sa première erreur consiste en ce qu'il ne prend pas la règle du calcul différentiel en entier ; car il faut faire non-seulement dy, mais aussi $dx = 0$. Or si l'eût fait, il eût trouvé dans le premier exemple les trois *maximo-minima*, que donne la règle de M. Hudde. En second lieu, Rolle se trompoit en donnant à la courbe en question la forme qu'on voit (*fig.* 36, nº. 1), au lieu que c'est celle du nº. 2, où les points S et V ont leurs tangentes non parallèles, mais perpendiculaires à l'axe. C'est pour cela que la supposition de $dy = 0$ ne donnoit que le *maximum* répondant à l'abscisse AQ ; car il est de la nature de cette supposition, de ne donner que les points de tangentes parallèles à l'axe. 3º. Rolle montroit qu'il connoissoit mal la nature et le principe de la règle de M. Hudde ; car ce point qu'il prenoit pour un point de *maximum* dans le second exemple n'en est pas un. La forme de la courbe de cet exemple, lorsque l'équation est délivrée des irrationnalités, est celle qu'on voit (*fig.* 37) ; et le point D, que détermine la règle de M. Hudde, est seulement un point d'intersection de deux rameaux, autrement un nœud de la courbe. M. Rolle n'eût pas avancé cette objection, s'il eût fait attention que la règle dont nous parlons donne non-seulement les *maxima* et *minima*, mais aussi les points d'intersection des branches des courbes, parce que sa nature est de déterminer tous les points de la courbe où il y a deux racines égales ; et que cela arrive aussi bien dans les points d'intersection que dans ceux de *maxima* ou *minima*. 4º. M. Rolle étoit dans l'erreur, lorsqu'il prétendoit que l'équation $y = 2\sqrt{4x} + \sqrt{4 + 2x}$ désignoit la même courbe que l'équation $y^4 - 8y^3$, &c. à laquelle elle se réduit en faisant disparoître les radicaux. Sous la première forme, elle n'exprime qu'une des branches de la courbe, comme LS ; car c'est tout ce qu'on peut en tirer, en supposant à x différentes valeurs déterminées. Mais lorsque les signes radicaux sont chassés, alors y a quatre valeurs, savoir $2 + \sqrt{4x} + \sqrt{4 + 2x}$; $2 + \sqrt{4x} - \sqrt{4 + 2x}$; $2 - \sqrt{4x} + \sqrt{4 + 2x}$; $2 - \sqrt{4x} - \sqrt{4 + 2x}$; et l'équation rationnelle formée de ces quatre racines, désigne la courbe à quatre

quatre branches de la figure 37, dont deux se coupent en D. Le calcul différentiel n'est donc point en contradiction avec lui-même : il ne donne pas le point D dans la première forme d'équation, puisqu'il n'y existe pas, et il le donne dans la seconde. Au reste, il est facile dans le calcul différentiel de reconnoître la nature de ce point : car la règle de ce calcul exigeant pour s'assurer de tous les *maxima* et *minima*, qu'on fasse successivement $dy = 0$, et $dx = 0$, lorsque de ces deux suppositions résulte une même valeur de l'abscisse, on doit en conclure que le point qui lui répond n'est qu'un point d'intersection de quelques branches de la courbe, et non un véritable *maximum* ou *minimum*, et c'est ce qui arrive dans l'exemple que nous discutons. Ce moyen de distinguer les vrais *maxima* et *minima*, d'avec les points d'intersection, a été donné, ce me semble, par M. Guinée le premier (1). Il est fondé sur ce que, dans les points de cette dernière sorte, dx et dy ont un rapport fini, puisque les tangentes à ces points ne sont ni perpendiculaires, ni parallèles à l'axe : dy ne peut dont y être supposé 0, que dx ne le soit aussi. Les autres objections de M. Rolle étoient de la même trempe : méprises sur méprises, quelquefois erreurs de calcul, et une confiance extrême ; c'étoit-là tout ce que présentoient ses mémoires. Ils n'ont pas tous été imprimés : on n'en trouve qu'un parmi ceux de l'académie de 1703. L'on devoit naturellement s'attendre à y rencontrer les objections les plus spécieuses qu'on puisse élever contre le calcul différentiel. Rien néanmoins de cela : on voit M. Rolle y renouveller l'objection que nous venons de discuter, et faire de grands efforts pour prouver qu'une équation sous sa forme irrationnelle est absolument la même, et désigne la même courbe que lorsqu'elle est dégagée des signes radicaux. Mais ses raisons sont pitoyables, et ne sont fondées que sur une équivoque. L'exemple le plus simple suffisoit pour lui fermer la bouche. En effet, quelqu'aveuglé qu'il fût par sa passion contre le calcul différentiel, eût-il osé dire que $yy = ax$, et $y = \sqrt{ax}$ désignent complétement la même courbe ; non, sans doute. Le plus médiocre analyste voit du premier coup d'œil que la première désigne une parabole entière, et que la seconde n'en exprime qu'une des branches. Cela n'a rien qui doive nous surprendre ; cette seconde équation ne contient qu'une des racines de la première, qui sont $y = +\sqrt{ax}$; $y = -\sqrt{ax}$.

Quelque tort qu'eût Rolle, cette contestation ne laissa pas d'occuper l'académie pendant une partie considérable de l'année 1701. Elle étoit alors composée de géomètres, pour la plûpart

(1) *Mém. de l'Acad.* 1706.

âgés, accoutumés dès long-temps à d'autres méthodes, et par cette raison peu amis de la nouvelle. Ainsi les uns virent avec plaisir cette tempête élevée contre une invention qu'ils n'aimoient guère, et ils ne se pressèrent pas de l'appaiser. D'autres, sur qui les passions et les préjugés avoient plus d'empire, se déclarèrent contre le nouveau calcul: dans cette circonstance on crut devoir laisser un libre cours à la dispute, et pour ainsi dire, n'étouffer aucun objection. L'académie fut donc assez long-temps le champ de bataille. Rolle entassoit objections sur objections, et quoiqu'il n'y eût presque pas de coup porté que M. Varignon ne fît retomber sur lui, il crioit toujours victoire. Enfin la contestation dégénérant, par les invectives de Rolle, en une vraie querelle, M. Bignon nomma des commissaires pour la juger. Ce furent le P. Gouye, et MM. Cassini et de la Hire. Ils ne prononcèrent pas, et peut-être leur jugement eût-il été favorable à Rolle; car parmi ces juges, il y en avoit deux, savoir le P. Gouye et M. de la Hire, que les partisans du calcul différentiel auroient pu récuser; le premier parce que ce n'étoit point un géomètre, et le second parce qu'on pouvoit le soupçonner de quelque prévention contre le nouveau calcul. Mais le public, ou du moins les géomètres ont prononcé, et ont adjugé tout l'avantage à M. Varignon, et tout le tort à son adversaire.

Cette première contestation sembloit finie ou du moins assoupie dans l'attente d'un jugement. Mais les adversaires du nouveau calcul ne purent se résoudre à le voir jouir long-temps de cette espèce de paix. Rolle, leur champion, renouvella bientôt après les hostilités, et éleva un nouvel incident sur la règle des tangentes. Il en donna une à sa manière dans le journal des savans de l'année 1702, et l'appliqua à certains cas particuliers qu'il proposa, en forme de défi, aux partisans de la nouvelle méthode. Ces cas, au reste, étoient adroitement choisis. Il s'agissoit de tirer les tangentes à des points où des branches de courbe s'entrecoupent. Or il arrive ici quelque chose de singulier et d'embarrassant : on trouve, comme à l'ordinaire, facilement l'expression indéterminée de la soutangente, qui est alors une expression fractionnaire; mais lorsque dans cette expression on donne à l'abscisse ou à l'ordonnée, la valeur convenable à ce point particulier d'intersection, le numérateur et le dénominateur de la fraction deviennent à la fois égaux à zero. C'est ce qui arrive, par exemple, dans la fraction $(ax - x\sqrt{ax}) : x - a$. En y faisant $x = a$, elle devient $\frac{0}{0}$. Que faire dans pareille circonstance? On doit la remarque de cette difficulté à M. Jean Bernoulli, qui en trouva aussi le premier la solution, et qui la communiqua aux géomètres de Paris, entr'autres à M. de l'Hôpital, qui l'a insérée dans son *Analyse des infinimens petits*, art. 163 (1).

Ce fut M. Saurin qui soutint ici la cause du calcul différentiel. Il répondit à Rolle en satisfaisant à son défi, et il montra que la difficulté en question étoit précisément prévue et résolue dans le livre contre lequel il s'élevoit avec tant de chaleur (2). Il fit voir aussi que la règle de Rolle n'étoit elle-même que la règle des tangentes du calcul différentiel, et celle de l'article 163 de l'*Analyse des infiniment petits*, déguisée, à l'aide d'un fatras énorme de calcul. Rolle répliqua par un prolixe écrit inséré dans le journal des savans de 1703, écrit plein de déclamations. M. Saurin négligea d'y répondre, mais s'apperçevant que son adversaire imputoit ce silence à une défaite entière, il crut en 1705 devoir rabattre cette confiance extrême, en repoussant ses déclamations, et le pressant vivement sur le fond de la question. Rolle répliqua de nouveau par un tissu d'invectives, d'assertions pleinement démenties par les faits, et s'attribuant toujours la victoire avec un ton et une confiance qui excitent l'indignation. M. Saurin lui opposa de son côté un écrit qui étoit plutôt un factum, qu'une discussion Mathématique. Enfin il en appela au jugement de l'académie. M. Bignon voulut prendre lui-même connoissance de l'affaire, et se nomma pour assesseurs MM. Galois et de la Hire, deux juges peu favorables à la cause de M. Saurin. Cependant ils n'osèrent prononcer, ou, pour mieux dire, sans prononcer sur le fonds, ils ne purent s'empêcher de donner tort à M. Rolle. Par l'espèce de jugement qu'ils rendirent vers la fin de 1705, il lui fut recommandé de se mieux conformer aux réglemens de l'académie, en disant les choses avec plus de ménagement, et M. Saurin fut *renvoyé à son bon cœur*, c'est-à-dire, invité à lui pardonner ses mauvais procédés (3). Telle fut la fin de cette contestation dans laquelle, pour adoucir nos termes, nous dirons seulement que Rolle s'est fait peu d'honneur auprès des géomètres intelligens. Il est vrai qu'il a, à certains égards, mérité son pardon auprès de la postérité. On lit (4) qu'il se convertit peu de temps après, et qu'ayant fait sa profession de

(1) Voyez J. Bernoulli, *perfectio regulae suae, pro determinando valore fractionis, cujus numerator ac denominator certo casu evanescunt*. Act. Lips. ann. 1704. Bernoulli. Op. tom. I. pag. 401.

(2) M. Saurin a depuis traité plus au long ce cas particulier des tangentes dans un Mémoire inséré parmi ceux de l'Académie, des années 1716 et 1723. On en trouve aussi un parmi ceux de l'année 1725, qui concerne les questions *de maximis et minimis*, et qui est une réfutation victorieuse de celui de Rolle, de l'année 1703.

(3) Nouv. de la Républ. des Lettres, janv. 1706.

(4) *Comm. Epist. Leibnitii ac Bernoulli.* tom. II, pag. 170.

foi entre les mains de MM. de Fontenelle, Varignon et Malbranche, il leur avoua qu'il ne s'étoit porté à attaquer ainsi le calcul différentiel, qu'à l'instigation de quelques personnes. L'une est assez connue, l'on sait que c'étoit l'abbé Galois, l'autre étoit probablement le P. Gouye, qui avoit fortement appuyé les objections de Rolle dans un des journaux de Trévoux. Après cette retraite de Rolle qui, ne pouvant se passer de quereller quelqu'un, s'attacha à chicaner l'Analyse de Descartes, l'abbé Galois resta seul adversaire déclaré du calcul différentiel. Mais destitué des secours de son champion, et peut-être enfin ébranlé par les réponses victorieuses de MM. Varignon et Saurin, il commençoit à mollir, lorsque la mort l'enleva. On ne peut voiler plus ingénieusement le travers qu'il avoit pris sur ce sujet, que le fait M. de Fontenelle dans son éloge historique. « Le goût » de l'antiquité, dit-il, ce goût si difficile à contenir dans de justes » bornes, le rendit peu favorable à la Géométrie de l'infini. On » ne peut même le dissimuler, puisque nos histoires l'ont dit, » qu'il l'attaqua ouvertement : en général, il n'étoit pas ami du » nouveau, et il s'élevoit par une espèce d'ostracisme contre tout » ce qui étoit trop éclatant dans un état libre, tel que celui des » lettres. La Géométrie de l'infini avoit ces deux défauts, et sur- » tout le dernier ». Ce tour ingénieux est du célèbre secretaire de l'académie, mais il ne justifie point l'abbé Galois. On n'est jamais excusable d'avoir tort en Géométrie, et de s'opposer par passion et par jalousie aux découvertes propres à accélérer le progrès des sciences. La mort de l'abbé Galois mit entièrement fin à la querelle. Le calcul de Leibnitz a été universellement adopté, et voici déja plus d'un demi siècle que les géomètres l'emploient à toutes sortes de recherches, sans que jamais sa certitude se soit démentie en aucun point. Bien loin delà, il n'est presque pas de découverte faite par son moyen qui n'ait été confirmée de mille manières différentes. Ainsi il ne sauroit plus y avoir que des ignorans, ou de ces esprits singuliers, occupés à jetter un nuage sur toutes les connoissances certaines, qui soient capables de suspecter la solidité de cette méthode. D'ailleurs, si les principes du calcul appelé des infiniment petits, sont de nature à éprouver quelques difficultés, personne n'ignore aujourd'hui qu'il est absolument le même dans le fonds, que celui que Neuton a appelé des fluxions. Or celui-ci n'a rien qui ne soit conforme aux principes les plus rigoureux de la Géométrie, comme on l'a montré assez au long. L'un et l'autre doivent donc jouir du même degré de certitude.

Il y avoit déjà bien des années que la querelle suscitée au calcul différentiel par Rolle étoit terminée lorsqu'un évêque Anglois s'avisa aussi de l'attaquer. Cet adversaire du calcul de

Neuton est le D. Berckley, évêque de Cloyne, le grand préconiseur des vertus de l'eau de Goudron, et l'auteur des singuliers entretiens d'Hilas et Philonous, où il entreprend de prouver la *non-existence* des corps. On a aussi de lui un traité d'optique ou de la vision où sa captieuse métaphysique joue un rôle. Il lèva l'étendard contre Neuton et les géomètres faisant usage de ses calculs en 1734, d'abord par un petit écrit intitulé : *the minute philosopher*, c'est-à-dire, *le petit philosophe*, et ensuite par celui intitulé, *the analyst* etc., *l'analyste ou discours à un mathématicien* etc. Dans cet ouvrage, il prétendoit que la Géométrie étoit contraire à la religion, que les géomètres étoient des indociles et des incrédules qui, par une contradiction singulière d'esprit, croyoient aux mystères du calcul de Neuton; que ce calcul étoit faux, erroné et obscur dans ses principes; que si appliqué à la Géométrie il conduisoit à la verité, c'étoit, comme Rolle l'avoit prétendu, parce qu'une erreur corrigeoit l'autre; enfin, ce qui étoit tout-à-fait plaisant, il prétendoit que Neuton ne s'étoit pas entendu lui-même.

Des prétentions si singulières n'auroient qu'amusé les géomètres, si l'esprit de l'auteur, sa métaphysique captieuse et des talens d'un autre genre, n'eussent pû leur donner quelque poids auprès d'un certain public. C'est pourquoi plusieurs mathématiciens volèrent à la défense du calcul de Neuton, et même de la réputation religieuse des mathématiciens. MM. Middleton et Smith, tous deux professeurs à Cambridge, opposèrent, sous le nom emprunté de *Philalethes cantabrigiensis*, au docteur Berckley un écrit sous le titre suivant, *Geometry no friend to incredulity etc.*, c'est-à-dire, *la Géométrie non favorable à l'incrédulité ou défense de M. Isaac Neuton et des mathématiciens Anglois etc.* (Londres 1734). Le docteur Berckley y est alternativement attaqué avec les armes du ridicule et de la discussion sérieuse. Cet écrit fut bientôt suivi de deux, l'un de M. Wilson, professeur de mathématique à Dublin, intitulé : *Défense des principes des fluxions*, l'autre de M. Benjamin Robins, sous le titre : *Discourse concerning the nature and certainty of sir Isaac Neuton's* Method *of fluxions etc.*, c'est-à-dire *discours concernant la nature et la certitude de la méthode des fluxions de M. Isaac Neuton et de celle des premières et dernières raisons* (Londres 1735. 8.). C'est le seul de ces différens écrits pour ou contre que j'aie pû me procurer; et j'avoue ne pouvoir assez m'étonner de voir M. de Buffon, dans sa préface à la traduction du traité des fluxions de Neuton, parler, comme il le fait, et de M. Robins et de son ouvrage. M. de Buffon n'avoit probablement point lu cette défense de Neuton et de ses calculs; car on n'y trouve nulle part que M. Robins ait dit que Neuton avoit mal conçu son principe. Dans un seul endroit il dit qu'il s'étoit énoncé avec une concision qui avoit pu donner lieu aux difficultés élevées contre son calcul. Mais il est sans doute permis de développer une idée qu'un grand homme n'a expliqué que subobscurément, pour ainsi dire, par quelques phrases. Il est encore très-licite d'étayer cette idée d'autres analogues, et de démonstrations tirées des principes les plus rigoureux et les plus généralement admis, comme le fait M. Robins, dans l'ouvrage dont il s'agit. Ce qu'il y a même de singulier dans ce jugement de M. de Buffon sur les écrits publiés pour la défense des calculs de Neuton, c'est que d'après divers endroits de celui de M. Robins, il paroîtroit que c'étoient les auteurs cachés sous le nom de *Philalethes* qui étoient coupables de cette espèce de blasphême contre Neuton imputé à M. Robins. Quoiqu'il en soit il est très-certain que la doctrine de M. Robins sur les fluxions est tout à-fait solide et satisfaisante, ainsi que celle de divers autres écrits qu'il publia encore sur ce sujet (1) et contre le *Philalethes*; car les auteurs de celui-ci ne virent pas, sans être blessés, que M. Robins trouvoit leur défense imparfaite; ce qui donna lieu à une altercation assez vive entr'eux; mais l'Angleterre paroît avoir prononcé pour M. Robins.

Remarquons au reste que M. Robins, quoique injustement et durement maltraité par M. de Buffon, méritoit en quelque sorte ce traitement, par la manière dure et méprisante dont il avoit lui-même parlé de Bernoulli et d'Euler, traitant le premier d'*inelegant computist* et raillant amèrement le second sur quelques idées métaphysiques, à dire vrai, assez singulières. Il avoit aussi fort maltraité le D. Jurin et Smith; le premier au sujet de son *essay on vision* et le second relativement à son *optique*, ouvrage en effet fort mal fait et où il s'est glissé plusieurs erreurs. Mais admirons ici l'honnêteté de M. Euler que ce procédé de M. Robins envers lui n'empêche pas de traduire son ouvrage sur l'artillerie et d'y ajouter des notes quelquefois critiques, mais sans amertume. J'ai encore vu citer une défense de Neuton intitulé *Ultimators*, qui signifie sans doute *les dernières raisons*; mais je ne l'ai jamais rencontrée.

C'est enfin pour répondre aux attaques du D. Berckley que le célèbre M. Maclaurin semble avoir entrepris son *traité des fluxions* qui parut en 1742. La méthode de Neuton y est toute démontrée sans aucune supposition d'infiniment petits ou autre quelconque capable de prêter à contestation; mais à la manière des anciens et par un procédé semblable à celui qu'Archimede employe si souvent dans ses ouvrages. On pourroit seulement

(1) Voyez le second volume de ses Œuvres. *Lond.* 1761, *in*-8°.

dire que les démonstrations de M. Maclaurin sont d'une longueur prodigieuse, exigent une contention d'esprit dont je crois que peu de géomètres sont capables aujourd'hui : il auroit pu, ce semble, se borner à quelques exemples de la manière d'appliquer la méthode ancienne à consolider, s'il en eut été besoin, la méthode de Neuton. Quoiqu'il en soit, on peut dire que s'il pouvoit rester quelques doutes sur la solidité de cette dernière, il sont entièrement dissipés par cet ouvrage de Maclaurin, et quelques questions que la métaphisique la plus captieuse puisse élever sur la nature de l'infini ; le mathématicien a droit de ne s'en pas plus embarrasser que des disputes des physiciens sur la nature de l'étendue et du mouvement. Mais ce n'est pas là le seul mérite de l'ouvrage de M. Maclaurin ; tout ce qui concerne la méthode des fluxions soit directe, soit inverse y est expliqué avec une profondeur beaucoup supérieure à ce qu'on avoit vu auparavant, et plusieurs beaux problêmes phisico-mathématiques y sont traités presque sans calcul, et avec une simplicité qui ravit ceux qui sont capables de sentir ce genre de beauté.

Après des ouvrages si solides et des réponses aussi victorieuses à toutes les difficultés élevées contre la méthode des fluxions, ou les calculs différentiel et intégral, il ne peut plus y avoir quo quelques ignorans ou quelques esprits faux, dont l'espèce n'est pas rare, qui puissent entreprendre de les ébranler. On doit bien s'attendre que de temps en temps on verra de ces attaques, puisque chaque jour les verités les plus simples n'en sont pas à l'abri ; mais on ne doit y faire quelque attention que lorsqu'elles partent de personnes qui ont donné quelque preuve de connoissances. Qui s'avisera de réfuter le S. Gauthier sur la théorie des couleurs et le système de l'univers, ou tant de bonnes gens qui croyent avoir trouvé la quadrature du cercle, ou le mouvement perpétuel sans connoître les premiers principes de la Géométrie ou de la mécanique? La vie d'un homme qui cultivo les sciences seroit une querelle perpétuelle.

X I I I.

Le calcul différentiel ou des fluxions beaucoup plus facile et plus traitable que son inverse, le calcul intégral, devoit naturellement marcher plus rapidement vers la perfection ; aussi ne présente-t-il pas, à beaucoup près, à cette partie de notre ouvrage une matière aussi abondante que le second qui nous occupera bientôt. Il est cependant des applications du premier de ces calculs qui doivent nous occuper ici, d'autant que plusieurs de ceux qui l'ont employé et enseigné n'ont pas toujours connu les limitations et les attentions particulières qu'exige quelquefois son emploi.

Il sera principalement question ici de la théorie générale des lignes courbes et du moyen de reconnoître toutes leurs affections et propriétés. Les erreurs ou les méprises de quelques géomètres avoient presque conduit à prononcer que le calcul différentiel étoit à cet égard un guide peu sur; mais en pensant ainsi on seroit dans l'erreur. Il est bien vrai, et nous l'avons dit dans l'article IX, que l'Analyse de Descartes est, à plusieurs égards, le fil le plus secourable pour conduire dans ce dédale. Mais l'analyse différentielle, étant maniée convenablement, ne laisse pas d'être propre à y guider au moins en partie; je dis au moins en partie, car je ne vois pas comment, par ce seul secours, on pourroit trouver les centres, les diamètres, les branches infinies. Mais les points doubles ou d'une multiplicité quelconque; les points singuliers, comme conjugués, d'inflexion, de serpentement, de rebroussement, sont vraiment du ressort de l'Analyse infinitésimale; c'est pourquoi il nous a paru indispensable d'en donner ici une idée.

Il nous faut commencer par la règle *de maximis et minimis*. Suivant cette règle, il faut (l'abscisse de la courbe étant x et y son ordonnée) faire $dy = 0$, et la valeur qui en résulte pour x, donne l'abscisse correspondante à la plus grande ou la moindre ordonnée; c'est là que se sont arrêtés la plûpart des auteurs élémentaires du calcul différentiel. Mais cela ne suffit pas : car si la différentielle suivante, comme ddy, étoit aussi égale à zero, le point réputé celui d'un *maximum* ou d'un *minimum* n'en seroit pas un. Ce pourroit être un point d'inflexion dont la tangente-sécante seroit parallèle à l'axe.

Pour reconnoître un *maximum* ou un *minimum*, il faut différentier une seconde fois la valeur d'y afin d'avoir celle de ddy, laquelle, si elle est positive, fait voir que le point donné est un point de *minimum*, car il est évident que si l'ordonnée, au-delà de ce point, devient croissante, la précédente étoit moindre. Si au contraire ddy donne une valeur négative, le point en question sera, par une raison semblable, un point de *maximum*.

Mais il pourroit se faire encore, dans des courbes d'un ordre supérieur au second, que d^3y ou la troisième différence fût ou zéro, ou négative. Que faudra-t-il conclure de ces différens cas? Voici la règle générale : il n'y a de *maximum* ou de *minimum* que lorsque les seconde, quatrième, sixième &c. différence, ne s'évanouissent pas; mais si elles s'évanouissent le point en question sera un simple point d'inflexion plus ou moins composé. Je m'explique, dans une courbe du quatrième ordre, par exemple, qui ne peut avoir de différentielle plus élevée que la quatrième,

si

si on a les valeurs de dy, d^3y, égales à zero, tandis que d^2y, d^4y, ne s'évanouissent pas, le point sera un *maximum* ou un *minimum*, savoir un *maximum* si les différentielles paires, comme ddy, d^4y, donnent des valeurs négatives, et au contraire un *minimum*, si ces différentielles donnent des valeurs positives. Mais si au contraire les valeurs de ddy, d^4y s'évanouissoient, celles de d^3y ne s'évanouissant pas, ce seroit un point d'inflexion.

La démonstration de ces vérités tient à un théorême élégant et utile de M. Taylor que voici : si dy, ddy, d^3y etc. sont les différentielles successives de l'ordonnée y répondante à l'abscisse x, et qu'on suppose x croître d'une quantité infiniment petite, alors l'ordonnée correspondante à l'abscisse $x + dx$ sera $y + dx + ddy + \frac{ddy}{2} + \frac{d^3y}{2.3} + \frac{d^4y}{2.3.4}$, &c. La loi de cette progression est suffisamment apparente. Mais si nous prenons dx négatif, alors l'ordonnée répondante à $x - dx$ sera $y - dy + \frac{ddy}{2} - \frac{d^3y}{2.3}$, &c. On peut voir dans divers auteurs la démonstration analytique de ce théorême ; mais le P. Frisi en donne, dans un ouvrage dont nous parlerons plus bas, une démonstration synthétique, qui m'a paru également simple et lumineuse. Nous la donnons par cette raison en note à la fin de ce livre.

Ce théorême supposé, il est aisé de voir que pour la détermination d'un *maximum* ou *minimum* il faut voir ce que deviennent les deux ordonnées infiniment proches de celle qui est réputée la plus grande ou la moindre, c'est-à-dire les deux ordonnées répondantes à $x - dx$, et $x + dy$. Si leurs deux valeurs sont du même signe, on aura un *maximum* ou un *minimum* suivant qu'elles seront négatives ou positives ; mais dy ayant été fait égal à zero, les deux premiers termes des deux suites ci-dessus sont égaux, il faut donc recourir au troisième qui est dans chacune $\frac{ddy}{2}$ qui ne doit pas être nul, car s'il l'étoit il faudroit recourir au terme suivant $\frac{d^3y}{2.3}$ qui dans l'une des suites est positif et dans l'autre négatif. Les deux ordonnées voisines de celle qu'on examine, seront donc nécessairement, l'une moindre, l'autre plus grande, et conséquemment cette ordonnée mitoyenne ne sera ni une plus grande ni une moindre : ce raisonnement, qui pourroit être prolongé plus loin, doit suffire ici.

Après ces détails sur les limitations de la règle de *maximis et minimis*, il est temps de passer à la méthode de déterminer, au moyen du calcul différentiel, les points multiples dans une courbe.

C'est dans la méthode des tangentes, appliquée convenablement, que réside ce moyen. Le problême se divise en deux : *Une courbe étant donnée par son équation, trouver si elle a quelque point semblable*, ou bien : *un point d'une courbe étant donné, trouver si ce point est un point simple ou multiple et de quelle espèce de multiplicité il est.*

On sait que les coordonnées d'une courbe étant x et y, la soutangente est donnée par l'expression différentielle $\frac{ydx}{dy}$, dans laquelle, en substituant, au lieu de y et dy, leurs valeurs en x et dx, il en provient une expression d'où disparoissent dx et dy et qui donne en termes finis la valeur de la soutangente exprimée en x. Ce sont là les élémens du calcul différentiel, et le plus souvent il n'y a aucune difficulté. Lorsque le point donné n'a qu'une tangente l'expression en x de la soutangente n'a aussi qu'une valeur; mais dans les courbes d'un ordre supérieur, où l'expression générale de la soutangente est ordinairement une expression fractionnaire, lorsqu'on substitue dans le numérateur et dans le dénominateur la valeur déterminée de x pour le point donné, il arrive quelquefois et même fréquemment que l'un et l'autre deviennent zero; or qu'est-ce que $\frac{0}{0}$? Ce n'est pas un zero absolu, car deux quantités qui s'évanouissent à la fois peuvent avoir un rapport entr'elles au moment où elle s'évanouissent, mais il n'en est pas moins vrai que c'est une expression ambigue dans laquelle l'analyse s'enveloppe en ce cas, comme ne pouvant répondre sans induire en erreur. En effet, les cas où cela arrive sont ceux dans lesquels le point proposé à tirer une tangente est au moins double : car un point double formé, par exemple, par l'intersection de deux branches de courbes a deux tangentes à ce point, savoir une à chaque branche, un point triple à trois tangentes etc. L'analyse mentiroit donc si elle n'en donnoit qu'une, ce qui est le cas de tout autre point commun ou ordinaire de la courbe.

Mais comment trouver la valeur ou les valeurs de cette expression ambigue ? Il étoit réservé à Jean Bernoulli de forcer ce Protée à parler clairement: c'est un problême qu'il proposa en 1694 aux géomètres et analystes François, et que l'Hôpital lui-même ne résolut pas. Saurin néanmoins y touchoit de près, dans un mém. sur la théorie des courbes imprimé dans le journal des savans de 1702, pendant le cours de sa querelle avec Rolle sur le calcul différentiel. Ce moyen, que Bernoulli dévoila enfin en 1704, consiste à différentier de nouveau et à part le numérateur et le dénominateur de cette fraction, et à substituer dans ce numérateur et dénominateur, la valeur qui avoit fait évanouir la première expression; on aura alors, si le tout ne s'avanouit pas encore, le rapport cherché. Mais si ces numérateurs et dénominateurs devenoient encore, par cette substitution, égaux à zero, il faudroit les différentier de nouveau et procéder comme on a fait la première fois.

Ainsi veut-t-on d'abord trouver si un point donné dans une courbe est simple, ou double, ou triple, après avoir ordonné l'équation de la courbe, on la différentiera, et l'on prendra pour numérateur tous les termes affectés de dx, et pour dénominateur tous ceux affectés de dy; on aura donc alors $\frac{dy}{dx}$ égal à cette fraction. On y substituera les valeurs de x et de y qui sont données puisque le point est donné; si l'un et l'autre membre de cette fraction ne sont pas anéantis, leur rapport exprimera celui de l'ordonnée à la soutangente, il n'y en aura qu'une et le point sera simple. Au contraire ces numérateurs et dénominateurs deviennent-ils égaux à zero, ce sera le signe d'un point au moins double; mais pour savoir s il est double seulement ou triple, on les différentiera de nouveau, et s'ils deviennent encore o, en y substituant les valeurs qui ont fait évanouir les premières, ce sera une preuve que le point est plus que double, et au moins triple. Si au contraire ces numérateurs et dénominateurs ne s'évanouissent point, le point sera seulement double.

Mais il est maintenant nécessaire de reconnoître de quelle espèce de duplicité est ce point; car un point double est également un point d'intersection de deux branches d'une courbe, ou un point de rebroussement, ou un point isolé : voici comment l'Analyse fait reconnoître ces singularités différentes.

Après avoir différentié une seconde fois le numérateur et le dénominateur qui étoient devenus o par la substitution ci-dessus, il en résultera, puisque le point n'est que double, une fraction dont le numérateur et le dénominateur resteront finis lorsqu'on y substituera de nouveau les valeurs données de x et y pour le point donné. On aura donc une fraction finie qui aura ou deux valeurs inégales, ou égales, ou aucune, l'une et l'autre devenant imaginaire. S'il y a deux valeurs inégales, elles désigneront les deux tangentes au point commun des deux branches de la courbe qui s'entrecoupent, ce sera un point de cette espèce. Si les deux valeurs sont égales ou zero, le point sera un rebroussement; car cela dénotera une seule tangente commune aux deux branches; enfin si ces valeurs étoient imaginaires, ce point double seroit un point conjugué : car un point conjugué ne sauroit avoir de tangente. Toute ligne passant par un pareil point est sécante, ou si l'on veut tangente quelque soit sa position.

Nous n'en dirons pas davantage sur cet objet, les exemples donnés dans une note éclairciront suffisamment ces préceptes, et suffiront à ceux qui sont doués de l'esprit d'Analyse pour voir comment on doit se conduire dans des cas de points d'une multiplicité supérieure.

Mais il est encore un problême à résoudre sur ce sujet. *Une courbe étant donnée par son équation, trouver si elle a quelque point double ;* car il est aisé de voir que cette détermination est essentielle pour reconnoître la forme de la courbe.

On peut facilement résoudre ce problême si l'on a bien conçu la solution du premier ; il n'y aura qu'à différentier l'équation de la courbe, pour en tirer la valeur finie de $\frac{dy}{dx}$, comme on l'a fait plus haut. On aura donc une expression fractionnaire dont le numérateur et le dénominateur doivent devenir zero en y substituant quelque valeur de x et y. Il faudra donc chercher une pareille valeur qui fasse évanouir le numérateur ou le dénominateur, suivant ce qui sera le plus commode. Substituez alors dans le dénominateur ou le numérateur ces mêmes valeurs de x et y, s'il devient aussi zero, non seulement il y a un point au moins double, mais ce point est donné par la valeur de x qui a produit cet évanouissement ; s'il y a plusieurs valeurs de x capables de produire cet effet, comme quand le numérateur et le dénominateur sont d'un degré plus élevé que le premier ; dans ce cas il y aura autant de points doubles au moins, que de valeurs de x on aura trouvé propres à cet effet, et alors on examinera, comme on l'a enseigné plus haut, de quelle espèce est ce point ou chacun de ces points multiples.

Nous pourrions développer de même la manière de discerner les points de rebroussement, mais cela nous méneroit trop loin. Nous nous bornons à quelques mots sur les points de serpentement et la manière dont le calcul différentiel sert à les trouver.

Par l'explication que nous avons donnée du point de serpentement simple, on a du voir que ce n'est autre chose qu'un point d'inflexion ; il faudra donc, pour le trouver, faire la seconde différence de y ou $ddy = 0$; mais cela ne suffiroit pas, et c'est ici que plusieurs auteurs se sont trompés ; car il en est ici comme quand on cherche un *maximum* ou un *minimun.* On n'est pas toujours fondé à conclure qu'on en a un, de ce que l'on a $dy = 0$; car si en même temps on avoit aussi $ddy = 0$, ce seroit un point d'inflexion dont la tangente-sécante seroit parallèle à l'axe. Il en est de même dans le cas présent ; lorsqu'on cherche un point d'inflexion ou de serpentement simple, il ne suffit pas que ddy soit $= 0$; mais il faut de plus que la différence subséquente ne le soit pas, c'est-à-dire que différentiant de nouveau l'expression trouvée égale à ddy, il ne faut pas qu'en y substituant la même valeur de x elle devienne égale à zero ; en effet si cela étoit il en résulteroit une nouvelle flexion qui feroit disparoître l'inflexion, ensorte que la courbe, après s'être approchée de sa tangente au lieu de la traverser, rebrousseroit chemin : ce sera alors un serpentement non apparent ; il y aura quatre intersections infiniment proches de la courbe, avec la ligne qui lui est tangente. Si cependant la quatrième différence $d^4 y$ donnoit encore une valeur égale à zero, l'inflexion reparoîtroit pourvu qu'il n'en fût pas de même de la valeur de $d^5 y$; et ainsi de suite. Mais nous sommes obligés, afin d'abréger, de nous arrêter ici, pour dire un mot des asymptotes des courbes, dans lesquelles consiste un de leurs symptômes les plus remarquables.

Le calcul différentiel s'applique avec facilité à trouver les asymptotes des courbes, mais il faut d'abord avoir déterminé leurs branches. Cela supposé veut-on savoir si une branche est hyperbolique ou parabolique, c'est-à-dire si elle a une asymptote rectiligne ou non, on pourra le faire de la manière qui suit. Il faudra chercher la tangente à un point quelconque T de cette branche, et si elle est concave vers son axe, comme dans la figure 38, n°. 1 (la tangente étant TQ et la soutangente PQ), il faudra ôter SP de PQ ; il restera la distance QS entre la rencontre de la tangente avec l'axe et le sommet. Faites donc maintenant l'abscisse SP infinie ; si l'expression de SQ reste finie et, par exemple, SR ; c'est une preuve qu'il y a un asymptote qui partira de R, et son inclinaison sera donnée par le dernier rapport de SP à PT lorsque SP devient infini. Si la branche étoit convexe vers son axe comme dans le n°. 2 de la même figure, il est aisé de voir qu'il faudroit ôter la soutangente QP de l'abscisse SP ; le restant de l'opération seroit le même. Enfin si en faisant y infinie, il en résultoit pour x, ce qui arrivera souvent, une valeur finie ou zero, il est évident que ce seroit une preuve que la courbe auroit une ordonnée infinie, c'est-à-dire une asymptote parallèle à ses ordonnées et répondant à cette valeur de x ; c'est le cas de la figure 38, n°. 3. Il est enfin aisé de voir que si en faisant x ou l'abscisse infinie on trouvoit pour l'ordonnée une valeur finie, cela annonçeroit une asymptote parallèle à l'axe, et qui en seroit éloigné de cette dernière valeur de l'ordonnée, comme l'on voit dans la figure 38, n°. 4. Nous croyons que tout cela paroîtra assez clair à ceux qui ont une connoissance médiocre de la théorie des courbes pour n'avoir pas besoin d'explication ultérieure.

Le calcul différentiel étant, comme on l'a dit au commencement de cet article, beaucoup plus facile que le calcul intégral, et ses règles étant très-simples, il sembleroit qu'il ne nous resteroit plus rien à ajouter à ce que nous en avons dit ailleurs et dans cet article. Nous observerons cependant que ce calcul est susceptible de considérations particulières qui n'ont pas échappé au célèbre Euler. Il s'en est occupé dans les trois derniers chapitres de la première partie de ses *institutiones calculi differentialis etc.*; il y examine entr'autres quels sont les signes caractéristiques d'une équation différentielle possible ou impossible, non-seulement dans le cas de deux variables, mais dans ceux de trois, quatre etc. Par impossible je n'entends pas une équation dont le moyen d'intégration n'est pas encore connu, mais qui par le rapport de ses élémens implique contradiction, et que conséquemment il seroit superflu de chercher à intégrer. Il est aisé de sentir que c'est-là un préliminaire à toute recherche de cette nature et qui entre, pour ainsi dire, dans les élémens du calcul intégral : nous en parlerons, quand il en sera temps. On y trouve aussi plusieurs propriétés des équations différentielles, celle, par exemple, qui est la base d'une des méthodes d'intégration de M. Fontaine. Il n'est pas possible de discerner lequel des deux en est le premier inventeur; mais ils y arrivent l'un et l'autre et la démontrent par des moyens si différens qu'on ne peut douter qu'ils y ont un égal droit.

Telles sont encore, parmi ces recherches de M. Euler, diverses opérations sur les différentielles des ordres supérieurs, tendantes à préparer leur intégration; ainsi que des observations nombreuses sur la multiplicité des formes différentielles que peut prendre la même expression suivant les différentiations qu'elle éprouve.

Les usages auxquels Euler applique ce calcul ne sont pas moins multipliés; il fait voir, dans la seconde partie du livre cité, son utilité pour la sommation et l'interpolation des séries; pour la résolution des équations; pour celle des fonctions rationelles à leurs facteurs; pour certain genre de questions *de maximis et minimis;* pour une multitude enfin de questions analytiques des plus épineuses et des plus curieuses. Ajoutons ici que cet ouvrage est remarquable en ce que son auteur n'y employe aucune considération qui ne soit tirée de la pure analyse; ce qui est un genre remarquable d'élégance : car il y a une élégance particulière à n'employer aucune considération étrangère à la nature propre de son sujet, quoiqu'il y ait souvent quelqu'avantage à faire usage d'un moyen subsidiaire tiré de quelqu'autre branche des mathématiques comme la Géométrie; mais ici, comme dans ses *institutiones calculi integralis,* M. Euler, fidèle à la loi qu'il s'est imposée, s'est interdit tout secours pareil, et n'en est pas moins clair pour ceux qui sont familiarisés avec l'Analyse pure.

X I V.

On ne peut douter que Neuton ne soit le premier inventeur du calcul intégral, ou, comme on le nomme en Angleterre, des fluentes, comme il l'étoit de celui des fluxions ou différentiel. Cette verité est mise dans un jour suffisant par divers endroits du *commercium epistolicum*, par le livre de *analysi per aequationes numero terminorum infinitas* où le principe de la méthode des fluxions et de son inverse est démontré, et par la lettre que Neuton écrivoit à Léibnitz en 1676; il dit dans cette dernière qu'il est en possession de la méthode inverse des tangentes, mais il cache son secret sous des lettres transposées. On y lit aussi une semblable énigme dont l'explication est, *data aequatione quotcumque fluentes quantitates involvente fluxiones invenire et vice versâ;* question dont il dit avoir aussi la solution, et s'être servi pour trouver divers théorêmes généraux qu'il donne sur la quadrature des courbes.

Cependant quoique Neuton fût en possession d'un trésor si précieux, il ne paroît pas en avoir rien communiqué au public jusqu'au commencement du siècle présent, ou du moins ne s'échappa-t-il de ce côté que quelques foibles rayons de la lumière que Neuton tenoit comme cachée sous le boisseau. On lit, à la verité, dans le lemme II du deuxième livre de ses principes, le fondement de la méthode directe des fluxions; mais on n'y voit encore rien de développé concernant la méthode inverse. Enfin l'on remarque que les premières étincelles de cette découverte que reçut l'Angleterre lui vinrent du continent. Craige, dans son traité intitulé, *methodus figurarum curvilinearum quadraturas determinandi* publié en 1685, et même dans celui *de figurarum curvilinearum quadraturis* qui vit le jour en 1693, ne fait mention que de Leibnitz. Il ne se sert dans ce dernier que des indications du calcul intégral que lui avoient fourni les actes de Léipsick et il n'emploie que le signe différentiel adopté par les géomètres du continent, signe qu'il changea en celui de Neuton dans son traité de *calculo fluentium*, imprimé en 1718: on lit même dans ce dernier ouvrage une chose qui surprendra le lecteur, et qui jetteroit quelque nuage sur les droits de Neuton à cette découverte s'ils n'étoient pas aussi bien établis. Craige raconte en effet, dans sa préface, qu'étant à Cambridge, en 1685, il communiqua à Neuton son manuscrit avant que de le livrer à l'impression, et que Neuton se contenta de dire qu'il étoit en possession d'une

(1) *Act. Lips.* ann. 1719, pag. 173.

Suite semblable à la sienne, qui quelquefois se terminant, donnoit en termes finis l'aire de la courbe; pourquoi, disoit-on en faveur de Léibnitz, si Neuton étoit déjà en possession de sa méthode des fluxions et des fluentes, laissoit-il marcher Craige dans une route détournée et laborieuse comme celle qu'il suit faute d'avoir assez bien conçu l'inverse du calcul différentiel, tandis qu'il pouvoit le mettre sur la voie? Mais Neuton avoit apparemment ses raisons pour cela, et son droit étant établi d'ailleurs, ces raisonnemens ne sauroient l'infirmer.

C'est, nous le répétons, au continent que le monde savant doit les premiers essais publics du calcul intégral, Leibnitz en donne dans les actes de Léipsick de 1686, à l'occasion de l'ouvrage de Craige, un léger essai dans lequel il montre avec quelle facilité on peut démontrer tous les théorêmes entassés par Barrow dans ses *Lectiones geometricae*. Cet écrit néanmoins étoit plus rempli de vues et d'indications générales que de développemens et d'exemples, en sorte qu'il s'écoula encore quelques années avant que personne en sentît l'utilité extrême. Le problême de la courbe Isochrone, qu'il proposa en 1687, fut ce qui commença à ouvrir les yeux des géomètres. Le fameux Jacques Bernoulli convient qu'avant ce temps il avoit jugé fort légèrement ce nouveau calcul qu'il ne regardoit que comme une extension ou une abréviation de celui de Barrow; mais les efforts que lui fit faire ce problême pour en trouver la solution lui désillèrent les yeux sur le mérite de cette méthode. Il en donna le premier essai sur ce problême. Bientôt après, savoir au commencement de 1691, il publia deux écrits dont le dernier a principalement pour objet le calcul intégral. Là il examine la grandeur de l'aire, la longueur de la spirale et de la courbe loxodromique qui est elle-même une spirale tracée sur la surface du globe; il y traite le fameux problême de navigation qui consiste à trouver la longitude, l'angle loxodromique et la latitude étant donnés. Il le réduit à la quadrature d'une courbe qu'il construit; il quarre aussi les triangles sphériques qu'il réduit à des cercles dont il assigne les dimensions. Cet écrit enfin, quoique de peu de pages, contient une application plus profonde et plus instructive du calcul intégral que certains traités donnés dans la suite sous ce nom.

Après les inventeurs du calcul dont nous venons de parler, il n'est personne à qui l'on doive davantage dans ce genre que le celèbre Jean Bernoulli; il prit l'essor presque en même temps que son frère; car à peine celui-ci publioit ses essais de ce calcul et proposoit son fameux problême de la Chaînette, qu'il fut en état non-seulement de satisfaire à ce défi; mais d'en faire un autre, plus difficile encore, en proposant son problême de la plus courte descente. En 1691 et 1692 se trouvant à Paris, il écrivit en faveur

faveur du marquis de l'Hôpital ses *Lectiones calculi integralis*; qui sont une excellente introduction à ce calcul. Les cinq ou six premières leçons contiennent un grand nombre d'exemples des divers artifices qu'on peut employer pour parvenir à l'intégration absolue de la différentielle proposée, ou à sa réduction à la quadrature du cercle ou de l'hyperbole, quand cela est possible. Delà Bernoulli passe à l'intégration des différentielles à plusieurs variables, et au moyen de les séparer et de les construire. Toute cette théorie est enfin appliquée à une multitude de problêmes soit purement géométriques ou analytiques, soit dépendans des mathématiques mixtes, comme ceux de la chaînette, de la courbe de la plus courte descente, de la courbe isochrone, tautochrone etc. Cet ouvrage enfin étoit vraiment fait pour faire suite a l'*Analyse des infiniment petits* de M. de l'Hôpital, et l'on doit regretter sa publication trop tardive; car il n'a vu le jour qu'en 1742 dans le troisième volume des œuvres de Jean Bernoulli. Il eût même été encore temps alors de les traduire et publier à part, car il n'y avoit alors en langue françoise aucun traité de ce calcul qui ne fût ou entièrement élémentaire, ou rempli de fautes et d'inexactitudes.

Il auroit été fort à désirer, pour le progrès de la Géométrie, que Neuton eût effectué le projet qu'il formoit dès 1671, de publier sa méthode des fluxions et son application: car l'Angleterre, quoique le pays natal de cette découverte, ne nous fournit pas avant la fin de ce siècle, Neuton excepté, des géomètres qui ayent fait des applications aussi nombreuses et aussi brillantes de ce nouveau calcul, que ceux du continent; néanmoins ce que Neuton en dévoila dans ses *Principes* et ce que ses lettres écrites à Collins, Wallis et quelques autres, en contenoient, fructifièrent dans l'esprit de quelques-uns. David Gregory en exposa quelques-uns des principes et des usages dans son traité, *De dimensione figurarum*, imprimé en 1684; mais je n'ai pu me procurer cet ouvrage pour en dire quelque chose de plus. On prétend d'ailleurs que ce neveu de Jacques Gregory, qui n'avoit pas le génie de son oncle, s'est en cette occasion un peu paré de ses découvertes. Quoiqu'il en soit, Wallis, dans son *algèbre*, nous rapporte une invention ingénieuse de ce géomètre: c'est une Suite qui exprime l'aire d'une courbe dont l'équation est réduite à une certaine forme, et qui est telle que dans certains cas elle se termine et se rompt en quelque sorte, ce qui donne l'aire de la courbe en termes finis; c'est pourquoi il nomme ces suites, *Abrumpertes*. Neuton néanmoins étoit déjà en possession de semblables artifices dès le temps où il étoit en commerce de lettres avec Leibnitz, car il en propose une semblable pour toutes les courbes dont l'équation est exprimée par $y = bz^r \times (a + bz^n)^m$; et son traité

De quadratura curvarum contient plusieurs artifices de cette nature.

M. Craige, connu par ses formules générales et commodes pour la construction des équations locales des troisième et quatrième degrés, fut aussi un des premiers qui cultivèrent cette partie de l'Analyse, et il en fit l'objet de son traité *De curvarum quadraturis*, qui parut en 1693. Ce traité contient plusieurs inventions ingénieuses, entr'autres des Suites très-générales qui, par la comparaison des coëfficiens de ces suites avec les exposans de l'équation de la courbe proposée, donnent aussi-tôt l'aire en termes finis quand cela est possible. Il a depuis étendu cette méthode dans son traité *De calculo fluentium*, qu'il publia en 1718; il y détermine entr'autres quelles conditions doivent régner entre les coëfficiens et les exposans de l'équation d'une courbe, réduite à une certaine forme, pour que son aire soit absolument quarrable; mais ces artifices sont aujourd'hui connus et enseignés dans la plupart des traités du calcul intégral. Il y a au surplus dans ces deux ouvrages beaucoup de choses qui font honneur à la sagacité de ce géomètre.

MM. de Moivre et Fatio furent aussi en Angleterre des premiers qui accueillirent le nouveau calcul et en donnèrent des essais dans les *Trans. philos.*, celui-ci en 1695 dans une solution fort embarrassée du problême *du solide de moindre résistence;* et celui-là en 1699. L'un et l'autre, à ce que nous conjecturons, furent aidés tant par les morceaux nombreux que contiennent les *Acta eruditorum*, que par les pièces manuscrites de Neuton, déposées, après la mort de Collins, dans les archives de la société royale : car ils employent sa caractéristique pour désigner les fluxions. A la verité M. Fatio prétend qu'il s'étoit élevé dès 1687 à cette découverte, mais on est convenu aujourd'hui d'avoir peu d'égards à ces réclamations, à moins qu'elles ne soient appuyées de bien fortes preuves, et M. Fatio n'en donne aucune. Ajoutons que son procédé envers Leibnitz, presque son compatriote, procédé qui fut comme le signal de la fameuse querelle sur l'invention du calcul différentiel, n'est guère excusable : car plus on examine les choses de près, plus on est porté à penser que la mauvaise humeur de M. Fatio ne venoit que de sa vanité et de ce que Leibnitz, nommant les célèbres géomètres dont il attendoit la solution d'un de ses problêmes, ne l'avoit point mis du nombre. Mais à cette époque M. Fatio n'avoit point encore du tout figuré sur ce théâtre.

La publication du second tome des œuvres de Wallis, qui eut lieu en 1699, est proprement l'époque à laquelle les nombreuses découvertes analytiques de Neuton furent entièrement dévoilées au monde savant, à part néanmoins de ce qu'il en avoit donné dans le lemme III du second livre de ses *Principes*. Car Wallis publia alors son commerce épistolaire avec Neuton, et l'explication du logogriphe sous lequel il avoit anciennement communiqué à Collins les principes de sa méthode des fluxions et des fluentes.

Il est encore nécessaire de parler ici d'un ouvrage sur le nouveau calcul, antérieur au temps où Neuton jugea à propos de se montrer; c'est celui du médecin et géomètre Ecossois, George Cheyne, qui est intitulé : *Methodus fluxionum inversa* (Edimb. 1703, *in*-4°.), et dans lequel il entreprend de développer davantage la méthode de remonter des fluxions aux fluentes. On ne peut disconvenir que Cheyne n'ait assez bien développé quelques-uns des artifices analytiques dans lesquels consiste la méthode de Neuton; mais sa précipitation le conduisit dans quelques erreurs qui furent relevées l'année suivante par M. de Moivre. Le peu de justice que Cheyne rendoit aux géomètres du continent, desquels il disoit que tout ce qu'ils avoient découvert sur ce sujet n'étoit que quelques uns des corollaires des découvertes de Neuton, lui attira encore une plus sévère animadversion de la part de Jean Bernoulli. Celui-ci examina son livre avec bien plus de rigueur que M. Moivre, et il y releva quantités d'erreurs qui avoient échappé à celui-ci; de sorte que le géomètre Ecossois n'eut pas trop lieu d'être flatté du succès de son ouvrage.

Jusqu'alors Neuton, tranquille spectateur de ce qui se passoit, n'avoit rien publié lui-même de ses découvertes en ce genre; il se détermina enfin à en laisser échapper une partie. Lorsqu'il donna son optique, savoir en 1704, il y joignit son traité *De quadratura curvarum*. Il y développe, avec plus d'étendue, les principes et le calcul de sa *méthode des fluxions;* ce traité présente ensuite un grand nombre de formules propres à tirer les fluentes des fluxions les plus compliquées, lorsque cela est possible, ou à les réduire à des aires de cercle ou d'hyperbole. Ces formules consistent principalement en deux Suites qui expriment l'aire d'une courbe dont les ordonnées sont données par une équation fort générale, de sorte que dans les cas particuliers il n'y a qu'à comparer l'expression de la courbe donnée avec l'équation générale, et l'on a l'aire de cette courbe par la Suite qui lui convient, et cette Suite se termine quand cette aire est quarrable ou peut s'exprimer en termes finis. Neuton donne aussi dans ce traité deux tables, l'une contient les formules principales de fluxions dont la fluente peut être donnée en termes finis, et l'autre les principales de celles dont les fluentes peuvent être représentées par des aires de cercle ou d'hyperboles, qu'on a depuis réduits à des arcs de cercle ou à des logarithmes, comme on le verra dans la suite. Cet ouvrage digne d'être médité des géomètres et qui avoit besoin d'un commentateur, en a trouvé un dans M. Steward, géomètre Ecossois, également versé dans les deux Analyses, l'ancienne et la moderne.

Neuton avoit déjà traité ce sujet d'une manière un peu différente dans sa méthode des fluxions et suites infinies. Cet ouvrage, le premier de ceux que Neuton avoit projetté de mettre au jour, n'a paru qu'après sa mort; mais nous ne devons pas nous faire une peine de transgresser ici l'ordre du temps pour en parler. Neuton y expose, avec plus de distinction qu'aucune autre part, la nature de ses fluxions; il y traite au long la matière des séries ou la manière d'extraire les racines des équations affectées, par des séries, méthode qui procède par le moyen de son parallélogramme analytique, et dont il étoit déjà en possession dès l'année 1669, comme il paroît par son traité *De analysi per aequationes numero terminorum infinitas*, communiqué à Collins dès cette époque. De là passant aux fluxions, il donne la solution du problême de trouver la relation des fluentes, celle des fluxions étant donnée par une équation quelconque, en quoi consiste la méthode inverse des fluxions; cette solution consiste en une extraction assez analogue à celle des racines des équations dont nous venons de parler, et l'on peut toujours en l'employant trouver par une suite infinie, qui se termine même quelquefois, la relation des fluentes. C'est l'une des deux méthodes qu'il voiloit vers la fin de sa seconde lettre à Oldenbourg, du 24 octobre 1676, sous un logogryphe qu'il a depuis expliqué de cette manière: *Una methodus consistit in extractione fluentis quantitatis ex aequatione simul involvente, altera tantum in assumptione seriei pro quantitate incognita ex quâ cetera commode derivari possunt et in collatione terminorum homologorum aequationis resultantis ad eruendos terminos seriei assumptae.*

La première de ces méthodes est celle depuis expliquée dans le traité *De quadratura curvarum.* Mais nous ne trouvons pas que Neuton ait aucune part développé la seconde, et sans doute cela vient de ce que se voyant prévenu par *Leibnitz*, qui avoit eu la même idée et qui l'avoit le premier publiée, il n'a pas voulu charger son livre d'une méthode qui n'avoit plus le mérite de la nouveauté; enfin Neuton, après diverses choses qui appartiennent à la méthode directe des fluxions, passe à la quadrature et à la rectification des courbes, ainsi qu'aux dimensions des surfaces de circonvolution, et donne les tables de formes de fluxions dont les fluentes sont ou absolument déterminables en termes finis, ou se peuvent réduire à des segmens de cercle, d'ellipse ou d'hyperbole; ce qu'il développe par un grand nombre d'exemples. Cet ouvrage, qui parut seulement en 1736 et en Anglois avec un commentaire de M. Colson, méritoit d'être connu dans notre langue. On en doit la traduction au célèbre M. de Buffon, qui dans ce temps suivoit la carrière de la Géométrie, comme il paroît par quelques mémoires donnés vers ce temps à l'académie des sciences (1). Il y a joint une curieuse et intéressante préface dans laquelle néanmoins il nous a paru avoir trop cédé aux déclamations de Keil contre Leibnitz, et n'avoir pas assez examiné les pièces de la célèbre contestation élevée entre les deux philosophes Anglois et Allemand.

Nous ne disons ici qu'un mot d'une autre méthode subsidiaire inventée par Neuton et nommée par lui *Methodus differentialis*, qui vit le jour en 1711 ; car nous nous proposons, à cause de son utilité en diverses branches des mathématiques et même de la physique, d'en traiter à part avec quelque étendue.

Tels sont à-peu-près les progrès du calcul intégral ou des fluentes jusques vers le temps où le monde savant perdit ses deux brillantes lumières, Neuton et Leibnitz, qui se suivirent l'un l'autre d'assez près ; une foule de géomètres et d'analystes se jettèrent vers cette époque ou même s'étoient déjà jettés dans cette carrière. Il est à propos de donner une idée générale de leurs travaux.

En Angleterre M. Cotes, que la mort moissonna à la fleur de ses ans, et duquel Neuton disoit que si ce jeune homme vivoit on sauroit de lui quelque chose, Cotes, dis-je, réduisit l'invention des fluentes (ou les intégrations) des quantités dépendantes de la quadrature du cercle ou de l'hyperbole, à l'usage de tables trigonométriques et logarithmiques ; il s'illustra aussi par une singulière et admirable propriété du cercle pour l'intégration des différentielles à fractions rationnelles. Ce théorême est un des plus féconds de l'Analyse transcendante. Ce fut l'objet de son ouvrage posthume intitulé : *Harmonia mensurarum*, publié par Smith en 1722. Je passe ici légèrement sur son ouvrage intitulé : *Æstimatis errorum in mixta mathesi*, où il fait une application très-ingénieuse du calcul des-fluxions à la Géométrie et à l'Astronomie pratiques.

Les inventions de Cotes furent encore étendues et perfectionnées par Abraham de Moyvre, auquel on doit une multitude d'autres travaux utiles, publiés dans ses *Miscellanea analytica* (Londres 1730, *in*-4°.). Je ne parlerai ici de l'ouvrage de M. Stone (2) que pour dire que, quoique fort vanté par son traducteur et le P. Castel, il a prêté à la critique très-juste de Jean Bernoulli, à

(1) *Mém. de l'Acad.* 1708 et 1709.

(2) *The method of fluxions both direct and inverse* ; c'est-à-dire, *la Méthode des fluxions, tant directe qu'inverse. Lond.* 1730, *in*-4°. En françois, *Paris*, 1735, *in*-4°.

raison de son imperfection et de ses méprises. Ce fut probablement un ouvrage arraché à l'état peu aisé de son auteur.

Parmi les mathématiciens Anglois qui ont spécialement cultivé le calcul dont nous parlons, nous donnerons encore ici une place à M. Taylor, dont le traité, intitulé, *Methodus incrementorum directa et inversa* (Lond. 1717, *in*-4°.), contient dans sa seconde partie beaucoup d'applications de la méthode des fluentes à divers problêmes physico-mathématiques; à M. Thomas Simpson, dont le traité, intitulé, *La doctrine et application des fluxions* (Lond. 1750. 8.), est un traité de ce calcul le plus complet et le plus instructif qui eût encore paru en Angleterre, et qui en a fait de nombreuses applications dans plusieurs ouvrages; à M. Landen, dont les *Mathematical lucubrations* (Lond. 1755, *in*-4°.), contiennent divers morceaux profonds de ce calcul; il est aussi auteur d'un nouveau calcul, en quelque sorte subsidiaire de celui des fluxions, auquel il a donné le nom d'*Analyse Residuelle*; à M. Waring, dont divers ouvrages sont remplis de recherches des plus profondes tant sur l'Analyse finie algébrique, que sur celle qui nous occupe ici. Il en est sans doute d'autres qui mériteroient ici une mention; mais les circonstances actuelles les ont dérobés à ma connoissance.

L'Allemagne nous offre aussi, indépendamment des géomètres célèbres dont nous avons déjà parlé, un grand nombre d'autres à qui ce calcul a les plus grandes obligations. Il est sur-tout une partie de ce calcul, savoir l'intégration des différentielles à plusieurs variables qui, moins cultivée en Angleterre, l'a été spécialement dans le continent et sur-tout en Allemagne. C'est dans ce champ que se sont spécialement exercés MM. Nicolas Bernoulli, l'un fils de Jacques et l'autre de Jean, ainsi que M. Daniel Bernoulli, autre fils de Jean, dont on a, dans les actes de Léipsick, dans les Mémoires de Pétersbourg et ailleurs, une multitude de morceaux profonds dont chacun ajoute quelque chose à la science. Leur compatriote, M. Herman, a aussi donné sur le calcul intégral, dans les mémoires de Pétersbourg et dans les actes de Léipsick, quantité de morceaux savans et utiles. Mais qui pourroit faire le dénombrement de tout ce que ce calcul doit au célèbre Léonard Euler, dont les mémoires sans nombre sur les cas les plus épineux et les plus difficiles de ce calcul remplissent les recueils des académies de Berlin et de Pétersbourg? Je ne dis rien des ouvrages particuliers par lesquels il a illustré ce double calcul, le différentiel et l'intégral, tels que son *Introductio in analysim infinitorum* (Laus. 1748, *in*-4°.). Ses *Institutiones calculi differentialis cum ejus usu in analysi finitorum et doctrina serierum* (Petrop. 1755, *in*-4°. 2 vol.). Son traité du calcul intégral, sous le titre de *Institutiones calculi integralis etc.*

(Petrop. 1758 et s. *in*-4°. 3 vol.) ; ses recherches enfin sur le fameux problême des isopérimètres. Nous ne faisons ici que tracer une esquisse légère du tableau plus étendu que nous remplirons ensuite.

En Italie, M. Gabriel Manfredi, l'un des premiers membres de l'institut de Bologne, se hâta, vers le commencement de ce siècle, de rassembler les lumières éparses de cette partie du calcul intégral que nous venons de traiter, et il y ajouta divers inventions nouvelles; c'est l'objet de son ouvrage intitulé : *De constructione aequationum differentialium primi gradus*. (Bon. 1707, *in*-4°.) Deux hommes encore dignes d'une mention spéciale à cet égard sont M. le comte Jacques Riccati, et son fils le P. Vincent Riccati, jésuite. L'un et l'autre ont donné, sur le calcul intégral, de nombreux morceaux d'une très-grande force. Le cas particulier de l'équation différentielle du premier ordre, que le premier proposa aux géomètres, après l'avoir résolu autant qu'il pouvoit l'être, est devenu célèbre et a retenu son nom. On a vu dans cette famille presque le même phénomène que dans celle des Bernoulli; savoir un père géomètre célèbre, et deux fils courant la même carrière avec distinction. Le second fils est M. Giordano Riccati, auteur d'un traité sur les cordes vibrantes. On doit enfin citer ici parmi les géomètres Italiens de cette classe distinguée le comte Jules Charles Fagnani, qui n'a laissé intacte aucune partie de ce calcul, et dont les deux volumes imprimés en 1750, sous le titre de *Produzzioni mathematiche* (*in*-4°. 2 vol.), prouvent l'habileté et la fécondité; il a eu aussi un fils qui suit ou qui a suivi la même carrière.

Nous avons parlé, à l'occasion des traités d'Analyse finie, de l'ouvrage de Mlle. Agnesi intitulé : *Istituzioni analytiche* etc. (Milano, 1748, *in*-4°. 2 vol.). Nous devons ajouter ici que cet ouvrage contient un traité élémentaire de calcul différentiel et intégral, qui a pu être fort utile pour le temps où il parut; car on y trouve rassemblés, avec beaucoup de clarté et de développement, les principaux artifices de l'intégration, avec ses usages et applications. La seconde partie, qui a pour objet la méthode inverse des tangentes, ou l'intégration des différentielles à plusieurs variables y est spécialement étendue et développée. C'est sans doute par cette raison que le cit. Cousin n'a pas jugé hors de propos de nous en donner une traduction avec des additions; ce qu'il fit en 1775 sous ce titre : *Traités élémentaires du calcul différentiel et du calcul intégral, tirés des institutions analytiques de Mlle. Agnesi* (Paris, *in* 8°.).

Nous croyons devoir ranger parmi les géomètres Italiens le célèbre cit. de la Grange, puisque le Piémont s'honore de lui avoir donné naissance, et quoique d'abord appellé à Berlin, où il a fait un long séjour, et que la France l'ait depuis adopté, comme autrefois le grand Cassini. Il seroit trop long de dénombrer ici toutes les richesses nouvelles dont il a augmenté le trésor de l'Analyse. Indépendamment de mille artifices nouveaux relatifs au calcul intégral, on lui doit sur-tout un nouveau calcul, celui des Variations, qui est nécessaire pour la solution de nombre de questions des plus intéressantes. On s'attend bien que nous n'omettrons pas d'en donner dans la suite une idée. Je ne dois pas omettre ici M. le chevalier Daviet de Foncenex, qui a donné, dans les premiers volumes des *Miscellanea phisico-mathematica societatis privatae taurinensis* quelques mémoires qui font regretter de ne plus voir son nom dans les suivans.

Il nous faut enfin passer en France où le nouveau calcul ne tarda pas d'être accueilli. Le marquis de l'Hôpital et Varignon y furent ses premiers admirateurs et promoteurs. L'Hôpital ne tarda pas à tenir un rang parmi ceux qui le manioient avec le plus d'habileté ; il en auroit même publié un traité, comme il avoit fait à l'égard du calcul différentiel, si la mort ne l'eût enlevé trop promptement et s'il n'eût été informé que Leibnitz projettoit un ouvrage sur ce sujet, qui devoit être intitulé : *De scientia infiniti.* Il fut, mais bien imparfaitement, suppléé par M. Carré, dont l'ouvrage (1) est non-seulement très-incomplet pour l'époque même où il parut, mais encore déparé par plusieurs inexactitudes. Il faut cependant observer, à la décharge de M. Carré, qu'il n'avoit entendu que donner un essai des usages de ce calcul. Après eux MM. Nicole et Saurin le manièrent habilement et en donnèrent des preuves par l'Analyse de divers problêmes célèbres, dont les solutions étoient seulement énoncées (2). Mais s'ils manièrent avec habileté l'instrument, ils ne s'attachèrent pas à le perfectionner; c'est un objet que se proposèrent, vers le milieu de ce siècle et au-delà, MM. Clairaut, d'Alembert, Fontaine et quelques autres. On a du premier, dans les mémoires de l'Académie de 1740, *des recherches sur le calcul intégral*, dans le résultat desquelles il s'est au surplus rencontré avec MM. Euler et Fontaine, que leurs recherches conduisoient vers le même temps au même but. Je ne dis rien d'une foule de mémoires tant de mécanique que d'astronomie physique où éclate son adresse a manier ce calcul.

M. d'Alembert a donné sur-tout dans les mémoires de Berlin (3) une suite de recherches profondes sur le même objet, et tous ses ouvrages sont pleins d'artifices ingénieux et inconnus jusqu'à

(1) *Méthode pour la mesure des surfaces*, &c. *Paris*, 1710, *in*-4°.
(2) *Mém. de l'Acad.* 1709, 1710, 1715, 1725.
(3) Ann. 1746, 1747, &c.

lui,

lui, pour parvenir à l'intégration des formules différentielles des plus compliquées : on lui doit aussi un calcul nouveau, celui qu'on nomme aujourd'hui *des différentielles partielles*, calcul qui, comme celui *des variations* dû au cit. Lagrange, s'élève autant au-dessus du calcul intégral ordinaire que celui-ci sur l'algèbre commune, et qui est nécessaire pour la résolution des problêmes physico-mécaniques les plus intéressans.

M. Fontaine s'est presque toute sa vie addonné à perfectionner cette partie du calcul intégral qu'on nomme la méthode inverse des tangentes, et ses méditations sur ce sujet ont vu le jour dans un recueil de ses ouvrages publié en 1764 (1) ; mais on sait combien il étoit avare et même ennemi des développemens qu'il plaisantoit, et ses recherches en ce genre en sont tellement privées que je ne vois personne qui ait tenté d'entrer dans la route qu'il indique comme devant conduire le calcul intégral à sa perfection, c'est-à-dire à intégrer, au moyen de certaines tables, toute équation intégrable d'un degré quelconque. On lui doit néanmoins un grand nombre de vérités et de remarques profondes et capitales dans ce calcul.

La plus grande partie des découvertes en ce genre faites jusqu'au milieu de ce siècle a été exposée par le cit. de Bougainville, dans son *Traité du calcul intégral pour servir de suite à l'Analyse des infiniment petits du marquis de l'Hôpital* (Paris, 1754, *in*-4°. 2 vol.). La méthode et la clarté qui règnent dans cet ouvrage le rendront toujours précieux, quoique depuis ce temps, la science ayant fait des progrès ultérieurs et considérables, il y ait sur ce sujet des traités plus complets.

C'est encore un mérite des *élémens du calcul intégral* que les savans PP. Leseur et Jacquier, minimes François de la Trinité du Mont (à Rome), publièrent en 1768 à Parme (*in*-4°. 2 vol.). Cet ouvrage, indépendamment de beaucoup plus de développemens de diverses branches de ce calcul, contient l'exposition de quelques nouvelles théories, à peine naissantes à l'époque des traités dont on vient de parler : telle est celle du calcul des variations, due au cit. Lagrange.

Le calcul intégral a pris, depuis environ un demi-siècle, un tel accroissement par les recherches d'un grand nombre de savans géomètres, qu'il ne doit pas paroître étonnant que ces traités, malgré leur bonté, soient aujourd'hui incomplets pour l'instruction de ceux qui aspirent à pénétrer dans les secrets les plus intimes de ce calcul. Deux ouvrages ont eu pour objet d'y suppléer.

(1) *Mémoires donnés à l'Académie des sciences, non imprimés dans leur temps. Paris*, 1764, *in*-4°.

L'un est celui du cit. Cousin, dont la première édition, en deux volumes *in*-8°., parut en 1776, et dont il vient de paroître une nouvelle édition fort augmentée sous le titre de *Traité de calcul différentiel et de calcul intégral* (Paris, an V. *in*-4°. 2 vol.). On trouve dans celle-ci une exposition préliminaire de diverses parties de l'Analyse transcendante, dont la connoissance est intimément liée avec les calculs différentiel et intégral, après quoi vient celle de toutes les découvertes et de tous les artifices de ces calculs, avec leur application tant à la Géométrie, qu'à la mécanique et à l'astronomie physique.

Le second ouvrage que nous avons en vue est le *Traité du calcul différentiel et du calcul intégral, du cit. Lacroix*, dont nous ne connoissons encore que la première partie, traitant du calcul différentiel. Les développemens nouveaux donnés aux principes de ce calcul, et à ses différentes branches, ainsi que la variété de ses applications, font de cet ouvrage un traité capital pour l'instruction, et sont propres à donner au public une vive impatience de voir paroître le second volume qui traitera du calcul intégral (1).

Je ne dis rien ici des recherches particulières d'un grand nombre de géomètres, insérées, soit dans les mémoires de l'académie des sciences, soit dans ceux de Berlin, ou dans d'autres recueils de sociétés savantes. Elles trouveront pour la plupart leur place dans l'exposition détaillée des principales découvertes dont cette partie de l'Analyse s'est accrue.

X V.

Dans l'article qu'on vient de lire, nous n'avons eu pou objet que de tracer l'esquisse d'un grand tableau que nous nous proposions de traiter ensuite, et d'achever dans un grand détail. En effet, nous ne satisferions que bien imparfaitement les géomètres, si nous nous bornions à ce qu'on vient de lire ; ils ont droit d'attendre de nous des développemens particuliers sur le fond du calcul dont nous traitons ici, et sur les nombreuses inventions dont il s'est successivement enrichi. Nous allons tâcher de les satisfaire dans les articles suivans.

Le calcul intégral, ou comme on le nomme en Angleterre, la méthode inverse des fluxions, présente deux cas principaux, dont il faut avant tout donner une idée.

Le premier est celui des expressions où les quantités différentielles sont séparées les unes des autres, de telle sorte que

(1) Chez Duprat, libraire pour les mathématiques, quai des Augustins.

chacune se trouve, ou seulement combinée avec sa variable, ou avec une grandeur formée d'une manière quelconque de cette variable et de quantités constantes. Telles sont ces équations différentielles $ady = xdx$; $aydy = xdx\sqrt{xx \pm aa}$; $\frac{dy}{a+y} = \frac{dx}{xx \pm aa}$, &c. On peut y ajouter ce cas $ydx = \text{X}dx$, en supposant X une quantité quelconque rationnelle ou irrationnelle, entière ou fractionnaire, dans laquelle entre seulement la variable x, ce qu'on appelle aujourd'hui *Fonction*. Car S.ydx étant l'expression d'une aire de courbe, il ne s'agit pour avoir cette aire, que d'intégrer Xdx.

Quelquefois cette opération peut se faire en termes finis. Ainsi dans la première des équations différentielles ci-dessus, on a $ay = \frac{xx}{2}$; dans la seconde $\frac{ayy}{2} = \frac{1}{3}\overline{aa \pm xx} \times \sqrt{aa \pm xx}$. Il est aisé de le vérifier, en différentiant ces quantités. Nous parlerons plus bas d'une addition qu'il faut faire quelquefois aux intégrales pour les completter.

Mais trop souvent on ne peut trouver l'intégrale de cette manière ; il faut ou recourir aux Suites infinies, ou à ce qu'on appelle *les quadratures*, c'est-à-dire à représenter ces intégrales par des aires de courbes d'équation connue : c'est ce qui arrive à la troisième des intégrales ci-dessus ; car elle nous apprend que le logarithme de $a + y$ est égal à un certain secteur de cercle ou d'hyperbole ; de sorte qu'on ne peut trouver l'une et l'autre intégrale que par approximation.

Le second cas de la méthode inverse des fluxions, ou du calcul intégral, celui qui fait surtout le tourment des géomètres, est lorsque les variables sont mêlées avec leurs différentielles, ou même avec des différentielles de divers ordres, sans qu'on voye comment les démêler. On en a un exemple dans cette expression $axdy - y^2dx + dxdy$; il y a, ou du moins on peut le présumer, quelque grandeur composée de x et y, d'où est venue cette différentielle. Quelquefois cela se présente assez facilement ; mais le plus souvent, on n'y parvient que par des tours d'analyse particuliers, et il n'y a jusqu'ici aucune méthode générale pour ces sortes de cas. Cette partie du calcul intégral se nomme la *méthode inverse des tangentes*, parce que la détermination de l'équation d'une courbe par la propriété de sa tangente conduit ordinairement à de semblables expressions. Elle a été spécialement cultivée par les géomètres du continent, et c'est à eux qu'elle doit ses progrès. Son importance nous a engagé à en traiter dans plusieurs articles particuliers.

Il en est à-peu-près du calcul intégral comme de l'analyse

ordinaire : on ne peut donner de règles générales ; et si le géomètre n'est secondé d'une certaine sagacité, il est arrêté par ce qui est un jeu pour un autre. La manière dont on doit se conduire est suggérée par la nature du calcul et la forme de l'expression. Le calcul intégral étant l'inverse du différentiel, on a remarqué ce qui arrivoit en différentiant une expression d'une certaine forme. Par exemple, si l'on différentie x^m, on trouve $m . x^{m-1} dx$. On en a conclu que pour intégrer une expression de cette forme, il falloit augmenter de l'unité l'exposant de la puissance de la variable qui multiplie dx, diviser le tout par cet exposant ainsi augmenté, et supprimer le signe de la différentiation dx ; car par ce procédé, on revient à x^m. De même en prenant la différentielle de $\frac{1}{x}$, on a remarqué qu'elle devenoit $-\frac{dx}{x^2}$. Lors donc qu'on rencontrera dans le dénominateur un quarré, il faudra voir si l'intégrale ne sera point une fonction ayant la racine de ce quarré pour dénominateur. Ainsi encore $\frac{x}{y}$ ayant pour différentielle $\frac{ydx - xdy}{yy}$, on en conclut qu'une expression telle que $ydx - xdy$ (fort différente de $ydx + xdy$, dont l'intégrale est xy) étant divisée par yy, a pour intégrale $\frac{x}{y}$.

Quelquefois, et c'est ici un artifice d'un usage fort fréquent, il suffit de simplifier des expressions complexes, et la différentielle se réduit à une forme visiblement intégrale. Ainsi cette différentielle, assez compliquée au premier coup-d'œil, $z^{2n-1} dz \sqrt{e \pm fz^n}$, se réduit (en supposant $\sqrt{e \pm fz^n} = x$), à $\frac{2x^2 dx}{fn} \times \frac{x^2 \pm e}{f}$, dont l'intégrale se trouve facilement ; car multipliant $\frac{2x^2 dx}{fn}$ par $\frac{x^2 \pm e}{f}$, on a $\frac{2x^4 dx \pm 2ex^2 dx}{f^2 n}$, dont l'intégrale, par la règle ci-dessus, est $\frac{2x^5}{5f^2 n} \pm \frac{2ex^3}{3f^2 n}$, ou $\frac{6x^5 \pm 10ex^3}{15f^2 n}$.

On trouve par une semblable transformation que $z^{3n-1} \sqrt{e \pm fz^n}$ se réduit à $\frac{2x^2 dx}{fn} \times \overline{\frac{x^2 \pm e}{f}}^2$, qui est aussi intégrable, puisqu'il n'y a qu'à faire le quarré de $\frac{x^2 \pm e}{f}$, et en multiplier chaque membre par $\frac{2x^2 dx}{fn}$, ce qui donnera trois termes visiblement intégrables. Cette transformation nous apprend même une vérité qu'il est important de retenir ; c'est que toutes les fois que la quantité hors le signe radical est multiple ou sous-multiple de la différentielle de la variable qui est sous le signe, ou de cette différentielle multipliée par son quarré, ou son cube, ou telle autre puissance entière qu'on voudra, l'expression sera intégrable.

Il en est de même si le radical est un dénominateur. Lorsqu'une semblable transformation ne rend pas l'expression visiblement intégrale, elle la simplifie, du moins ordinairement, et la rend comparable à d'autres formes plus simples, qu'on sait représenter un arc ou segment de cercle, ou une aire d'hyperbole, &c. Comme ce n'est pas ici le lieu de faire un traité de ce calcul, les exemples précédens suffiront, et nous renverrons le lecteur aux ouvrages qui en traitent expressément, et que nous avons indiqués.

Nous avons parlé plusieurs fois de l'addition d'une quantité constante, addition nécessaire pour completter l'intégrale. Ceci est important et a été trop légérement omis par quelques auteurs. Voici quel est l'esprit et l'objet de cette addition.

Une quantité constante n'ayant point de différentielle, puisqu'elle ne croît ni décroît, on voit que le composé d'une pareille quantité et d'une variable, comme $a+x$, aura la même différentielle que x. Lors donc qu'on intégrera, on ne trouvera que x, et par conséquent ce sera un sujet d'erreur, à moins qu'on n'ait le moyen de déterminer cette constante. Mais comment y parvenir? cela se fait par une considération assez fine, que nous rendrons sensible par un exemple.

Qu'on demande, par exemple, l'aire BQ d'une parabole, en commençant, non du sommet A (*fig.* 39), mais d'un point B pris sur l'axe, à une distance quelconque de ce sommet. Ainsi donc l'abscisse BP étant $=x$, la distance AB d'où elle commence $=a$, et le paramètre étant p, on aura pour l'équation de la courbe $y=\sqrt{pa+px}=PQ$, et la différentielle de l'aire sera $ydx=dx\sqrt{pa+px}$; donc cette aire intégré à la manière ordinaire, sera $\frac{2}{3}\frac{\overline{pa+px}\sqrt{pa+px}}{p}=\frac{2}{3}\overline{a+x}\sqrt{pa+px}=\frac{2}{3}AP\times PQ$. Or il est évident que l'aire demandée doit être zéro, quand x ou BP devient o. L'aire ci-dessus est donc trop grande de l'aire ABC, et cette aire ABC se trouve en faisant dans l'expression cidessus $x=0$; car alors elle devient $\frac{2}{3}a\sqrt{pa}=\frac{2}{3}AB\times BC$. On voit par-là que pour faire cette correction à l'intégrale, il faut voir ce qu'elle devient lorsque x est fait égal à zéro; et si ce que cela produit est positif, il faudra l'ôter; mais si au contraire le produit de cette supposition est négatif, il faudra l'ajouter: car dans le premier cas, l'intégrale seroit trop grande; et dans le second, elle seroit trop petite.

Il y a aussi des cas où, par les conditions du problême, on sait que l'intégrale doit être égale à zéro, quand l'abscisse ou x, au lieu d'être zéro, est d'une grandeur déterminée comme a.

Il faut alors supposer x dans l'intégrale, égale à a; et si ce qu'elle devient est positif, l'ôter de l'intégrale, puisqu'elle est trop grande; comme au contraire l'ajouter, si le résultat est négatif, puisqu'elle est trop petite; c'est ce qu'on devroit faire si, dans le problême précédent on avoit supposé l'abscisse $AP = x$, tandis qu'on ne demande que la grandeur du segment CBPQ. Car on trouveroit la fluxion de cette aire égale à $dx\sqrt{px}$, et son intégrale $\frac{2}{3}x\sqrt{px}$. Mais cette expression est celle de l'aire totale APQ, et l'aire demandée doit s'évanouir lorsque $AP = AB$. Il faut donc supposer $x = a$, et l'intégrale ci dessus se réduira à $\frac{2}{3}a\sqrt{pa}$, qui étant positive doit être retranchée de la précédente, ensorte que la vraie valeur de l'aire demandée sera $\frac{2}{3}x\sqrt{px} - \frac{2}{3}a\sqrt{pa}$.

Parmi les formes de différentielles dont l'intégration a occupé les Géomètres, les premières sont celles où l'on a le signe différentiel dx, multiplié par x élevé à une puissance quelconque, et le tout encore multiplié par un binôme ou trinôme, élevé lui-même à une puissance entière ou fractionnaire, positive ou négative; telles sont celles-ci : $dx\sqrt{aa \pm xx}$; $dx\sqrt{2ax \pm xx}$; $\frac{adx}{\sqrt{aa \pm xx}}$, ou $\frac{adx}{\sqrt{2ax \pm xx}}$; $dx\sqrt{xx \pm aa}$; $\frac{dx}{aa \pm xx}$, ou $\frac{dx}{xx - aa}$, &c. On a aisément apperçu qu'elles représentoient des aires ou des segmens circulaires ou hyperboliques, ou des arcs circulaires; car en différentiant ces aires ou arcs, on rencontre ces formes. De là, en s'élevant à des cas plus composés, on a supposé un coéfficient à dx, comme x, x^2, enfin x^m, m exprimant un nombre quelconque entier, positif ou négatif; ce qui a donné des formes de différentielles telles que $xdx\sqrt{aa + xx}$, $xdx\sqrt{2ax \pm xx}$, $x^2dx\sqrt{aa \pm xx}$, &c.; et par des transformations, on est parvenu à les réduire aux premières, lorsqu'elles ne s'intégroient pas absolument comme elles le font quelquefois; car l'intégrale absolue de $xdx\sqrt{aa \pm xx}$ est $\pm \frac{aa \pm xx\sqrt{aa \pm xx}}{3}$ (ce qui se trouve en faisant $\sqrt{aa \pm xx} = z$, et substituant cette valeur dans la précédente, d'où l'on tire $xdx\sqrt{aa \pm xx} = z^2 dz$).

C'est ainsi que, par degrés, on s'est élevé à l'intégration de formes différentielles, encore beaucoup plus compliquées; par exemple, de celles-ci : $Ax^m dx \times \overline{a + bx^n}^p$, ou $\frac{Ax^m dx \times \overline{a + bx^n}^p}{\overline{e + fx^n}^p}$; c'est ce qu'on nomme différentielles binômes. Il y en a de trinômes, généralement exprimées par $Ax^m dx \times \overline{a + bx^n + cx^{2n}}^p$; $Ax^m dx \times \overline{e + fz^{-n} + gx^{-2n}}^p$. Or il est d'abord aisé de voir ici que lorsque p sera un nombre entier et positif, la puissance $\overline{a + bx^n \text{ \&c.}}^p$ ou $\overline{a \pm fx^{-n} \text{ \&c.}}^p$ étant développée par la formule du binôme de Neuton, sera toute composée de termes qui, multipliés par $Ax^m dx$ (quelque soit m), seront intégrables à part. Mais il n'en sera pas de même si p est un nombre rompu ou négatif. Au reste, si on ne s'est pas élevé jusqu'à leur intégration dans tous les cas de valeurs différentes de m, n, p, on a déterminé du moins les valeurs respectives de ces exposans, qui permettent l'intégrabilité, ou absolue, ou au moins par les sections coniques. On peut voir sur tout cela les ouvrages de ceux qui ont traité du calcul intégral, celui de M. Bougainville, surtout, les *Elémens du calcul intégral*, des PP. Leseur et Jacquier, et nombre d'autres, comme l'excellent Traité de Simpson, &c.

Mais il seroit bien laborieux de recourir *à priori* aux différentes opérations à faire pour trouver les intégrales de différentielles un peu compliquées. C'est pourquoi on en a formé des tables. Neuton le premier en a donné une en 1704 dans son traité de *Quadratura curvarum*, qu'il a ensuite amplifiée et donnée de nouveau dans son *Traité des fluxions*. Elle est divisée en deux parties, l'une des formes de fluxions ou de différentielles qui ont une fluente ou intégrale absolue. L'autre de celles dont les fluentes se représentent par des aires de sections coniques. Ainsi une expression différentielle étant donnée on la compare à la forme qu'on lui voit convenir de plus près ; on trouve ainsi la valeur des indéterminées de la formule, qu'on substitue dans la fluente qui y répond, et l'on a cette fluente. Ce travail de Neuton est un des plus utiles et des plus ingénieux ; on l'a cependant simplifié dans la suite, comme on le verra lorsqu'on parlera de M. Cotes. Mais il faut auparavant faire connoître une nouvelle branche de ce calcul dont Leibnitz enrichit l'analyse.

Cette nouvelle branche du calcul intégral est celle des fractions rationnelles. On appelle ainsi des différentielles en forme de fraction dont le numérateur et le dénominateur sont des expressions rationnelles ; telle est celle ci $\frac{dx \times (a + bx + cx^2 + dx^3 \text{ \&c.})}{f + gx + hx^2 + ix^3 \text{ \&c.}}$. On ne les avoit point encore soumis aux règles des intégrations, lorsque Leibnitz l'entreprit et l'exécuta, sauf quelques degrés de perfection que lui ont donné des géomètres postérieurs.

Je profite de cette occasion pour remarquer qu'on n'a pas toujours rendu, àcet égard, ainsi qu'à plusieurs autres, assez de justice à Leibnitz. Outre qu'on a trop déféré aux criailleries de ses adversaires dans sa querelle fameuse sur l'invention du calcul différentiel, on ne lui a tenu en quelque sorte aucun compte de ce que lui doit le calcul intégral, et de mille vues excellentes et sublimes qu'on voit dispersées dans ses écrits. Ce que Leibnitz a fait sur cette sorte de différentielle, est un exemple de l'injustice dont nous parlons. Car je l'ai à peine vu citer à cet égard, et il y a fort peu de personnes qui aient connoissance de ce qu'il a fait en ce genre, quoiqu'il ait certainement beaucoup plus qu'ébauché la matière. On fait presque uniquement honneur de tout cela à M. Cotes, ou tout au plus à M. Jean Bernoulli, qui peut seulement concourir avec Leibnitz, comme nous le remarquerons plus bas.

Leibnitz a donné sa théorie sur l'intégration des fractions rationnelles dans les *Acta eruditorum*, au commencement de 1702 et de 1703, temps auquel n'avoit encore paru aucun ouvrage de Neuton sur ce calcul. D'ailleurs comme on le voit par le traité *de Quadratura curvarum*, Neuton se contentoit d'intégrer ces sortes de différentielles au moyen de suites infinies; voici une idée de la méthode de Leibnitz.

Reprenons l'expression différentielle $dx \times \frac{a+bx+cx^2+dx^3 \text{ \&c.}}{f+gx+hx^2+ix^3 \text{ \&c.}}$; elle est égale à $dx \times \frac{a}{f+gx+hx^2+ix^3 \text{ \&c.}} + dx \times \frac{bx}{f+gx+hx^2+ix^3 \text{ \&c.}}$, &c. Ainsi tout se réduit à trouver l'intégration de chacune de ces formules, ou à les transformer en une ou plusieurs autres à la fois équivalantes, de la forme de celles qui dépendent de la quadrature du cercle ou de l'hyperbole.

Pour cela, Leibnitz considère d'abord la première de ces fractions dont le numérateur est constant, et il observe qu'à l'égard du dénominateur, il est composé de plusieurs facteurs simples. En effet, suivant la doctrine des équations, cette expression ix^3+hx^2+gx+f; ou en divisant par i, $x^3+\frac{h}{i}x^2+\frac{g}{i}x+\frac{f}{i}$ est nécessairement le produit d'autant de facteurs simples qu'il y a de degrés dans le plus haut terme. Représentons-les par $x+l$, $x+m$, $x+n$, &c., l, m, n, &c. étant les racines de l'équation $x^3 \pm \frac{h}{i}x^2$ &c. $= 0$, avec leurs signes contraires; cela étant, la première des fractions ci-dessus se réduit à $\frac{a}{(x+l).(x+m).(x+n)}$, &c. Or une fraction de cette forme équivaut à ces trois $\frac{a}{(m-l).(n-l).(x+l)} + \frac{a}{(l-m).(n-m).(x+m)} + \frac{a}{(l-m).(l-n).(x+n)}$, &c. En effet, si l'on ajoute ces trois fractions en les réduisant au même dénominateur, on trouvera la fraction précédente.

Leibnitz

Leibnitz n'a pas expliqué l'analyse qui l'a conduit à cette décomposition ; mais il est aisé de reconnoître qu'il y a employé celle des indéterminées, qui lui étoit si familière, et comme sa méthode favorite.

Il est maintenant facile de voir la loi de cette expression. Chaque partie connue du dénominateur est toujours le produit des différences dont la racine du facteur qui entre dans ce dénominateur est surpassée par les racines des autres ; quant au numérateur il est dans chaque fraction le même, savoir a, le premier terme constant du numérateur de la fraction proposée à réduire.

Il y a maintenant deux cas. Si tous ces facteurs sont réels et inégaux, il est visible que chacune de ces fractions sera réelle, et positive ou négative, selon que les valeurs l, m, n, o, seront positives ou négatives ; ainsi on aura la fraction composée ci-dessus, égale à autant de fractions qu'il y aura de dimensions dans la plus haute puissance de x, comme seroient celles-ci, $\frac{A}{M.(x+l)}+\frac{A}{N.(x+m)}+\frac{A}{O.(x+n)}$, &c. ; par conséquent, la fraction ci-dessus $\frac{adx}{(x+l).(x+m).(x+n)}$, &c. sera égale à $\frac{Adx}{M.(x+l)}+\frac{Adx}{N.(x+m)}+\frac{Adx}{O.(x+m)}$. Or l'on sait déjà que l'intégrale de chacune de ces différentielles est une quantité logarithmique. Car la première est le logarithme hyperbolique de $x+l$, multiplié par $\frac{A}{M}$; la seconde, le logarithme hyperbolique de $x+m$, multiplié par $\frac{A}{N}$, &c. Voilà donc l'intégrale de la différentielle proposée, $\frac{adx}{(x+l).(x+m)\ \&c.}$, réduite aux logarithmes, ce que l'on proposoit.

Les fractions, dans le numérateur desquelles entre la variable, ne sont pas plus difficiles ; on les réduit facilement à des numérateurs constans. Car d'abord il est évident que par le même procédé que ci-dessus, cette fraction $\frac{Dx^3}{(x+l).(x+m).\&c.}$ sera égale aux mêmes fractions partielles simples que ci-dessus, à cela près qu'au lieu d'avoir A pour numérateur, elles auront toutes Dx^3. Ces fractions seront donc $\frac{Dx^3}{M.(x+l)}+\frac{Dx^3}{N.(x+m)}+\frac{Dx^3}{O.(x+n)}$, &c. Mais chacune de ces fractions est réductible par la division à une suite de grandeurs entières, plus une fraction dont le numérateur sera constant. Car $\frac{D}{M}\times\frac{x^3}{x\mp l}=\frac{D}{M}\times(xx\mp lx+ll-\frac{l^3}{x+l})$, où le signe inférieur du second terme est pour le cas de $x-l$. Par conséquent $\frac{\frac{D}{M}x^3dx}{x+l}$ sera $\frac{D}{M}(xxdx\mp lxdx+lldx-\frac{x^3da}{x\pm l})$, dont l'intégrale sera $\frac{x^3}{3} \mp \frac{lx^2}{2} + llx - l^3$. Log. $(x+l)$, le tout multiplié par $\frac{D}{M}$.

Mais si les facteurs ci-dessus sont égaux ou qu'il y en ait entr'eux plusieurs égaux, ou enfin si au lieu d'être tous réels, ils sont tous ou quelques-uns d'entr'eux imaginaires, les règles précédentes ne pourront pas avoir lieu ; et d'abord dans le cas des facteurs égaux que nous examinerons le premier, il est facile d'en voir la raison ; car les coéfficiens constans des dénominateurs simples étant composés des différences des racines multipliées les unes par les autres, quand il y aura des facteurs égaux, il y aura plusieurs ou du moins une de ces différences égale à o ; ce qui rendra tout le dénominateur nul. Ainsi la règle paroît manquer. Leibnitz néanmoins y trouve un remède. Au lieu de résoudre la fraction proposée en autant de fractions simples qu'il y a de facteurs dans le dénominateur, il faut, dit-il, joindre ensemble tous ceux qui sont égaux ; ce qui forme un quarré ou un cube, &c. de ces facteurs. Si, par exemple, on propose la fraction $\frac{A}{(x+l).(x+l).(x+l).(x+m).(x+n)}$. En employant les mêmes procédés que ci-dessus, on la résoudra en deux autres de cette forme $\frac{A}{M.\overline{(x+l)}^3 \times (x+m)} + \frac{A}{M.\overline{(x+l)}^3 \times (x+n)}$ où A et M sont des quantités constantes. Mais chacune de ces fractions, en rejettant le facteur $\frac{A}{M}$, qui ne change rien à l'opération, se réduit à une suite d'autres fractions, comme $\frac{1}{N.(x+l)^3} - \frac{1}{N^2.(x+l)^2} + \frac{1}{N^3.(x+l)} + \frac{1}{N^3.(x+m)}$, expression dans laquelle N est une quantité constante, savoir $m-l$.

Le problême se trouve donc maintenant réduit à l'intégration d'une forme comme $\frac{dx}{(x+l)}$, ce qui n'a aucune difficulté ; car en faisant $x+l=z$, on aura $dz = dx = (x+l)^m = z^m$. Ainsi la différentielle ci-dessus sera $\frac{dz}{z^m}$, ou $z^{-m}dz$, dont l'intégration est donnée par les premiers élémens du calcul.

Il nous reste à parler à la suite de Leibnitz du cas où les valeurs de x, comme l, m, n, o, se trouvent des valeurs imaginaires, car ce cas là n'échappa pas à ce grand homme. Or l'on sait que dans la résolution d'une équation, ces racines marchent toujours deux à deux, de manière que chaque paire se multipliant forme un binôme de la forme $x^2 + a^2$ qui est réel. Leibnitz est donc conduit à résoudre la fraction rationnelle donnée en d'autres fractions, parmi lesquelles les facteurs imaginaires réunis deux à deux en produisent de cette forme $\frac{1}{xx+a^2}$. Il en donne un exemple sur celle-ci $\frac{1}{x^4-1}$, où le dénominateur x^4-1 a ces quatre facteurs $x+1$, $x-1$, $x+\sqrt{-1}$, $x-\sqrt{-1}$. Or ces deux derniers multipliés l'un par l'autre donnent x^2+1. C'est pourquoi Leibnitz réduit la fraction proposée en ces trois $\frac{1}{4.(x-1)}-\frac{1}{4.(x+1)}-\frac{1}{2.(xx+1)}$. Ainsi la différentielle $\frac{dx}{x^4-1}$ se réduiroit à ces trois $\frac{dx}{4.(x-1)}-\frac{dx}{4.(x+1)}-\frac{dx}{2.(xx+1)}$. L'intégration des deux premières est déjà connue : sur la troisième, Leibnitz remarque qu'elle dépend de la quadrature d'une hyperbole imaginaire ; ce qu'il ajoute n'être autre chose qu'un secteur de cercle, dont le rayon est l'unité, et x rapportée à la tangente.

Ici Leibnitz se fait une question. Il se demande si de même que l'intégration de $\frac{dx}{a^4+x^4}$ dépend de la quadrature du cercle et de l'hyperdole, il en est de même de différentielles comme celle-ci en général $\frac{dx}{a^m+x^m}$, quelque soit m. Cette question étoit apparemment plus difficile au temps de Leibnitz, qu'elle ne l'est aujourd'hui ; car s'il ne prononce pas positivement, du moins il penche à être d'un avis contraire, en disant que c'est peut-être trop resserrer le vaste champ de la nature. Il étoit en cela d'un avis différent de celui de Bernoulli, qui regardoit toutes ces formules comme dépendantes de la quadrature du cercle ou de celle de l'hyperbole, et qui néanmoins ne put amener Leibnitz à sa manière de penser. Il est aujourd'hui reconnu comme démontré qu'il n'est aucun de ces binômes, comme x^6+a^6, x^8+a^8, &c. qui ne soit susceptible d'être amené à des facteurs rationnels au plus du second degré ; et cela semble suivre de la nature des équations algébriques, toujours résolubles, quelque soit leur degré, en facteurs réels, ou imaginaires, ces derniers marchant toujours par paires de cette forme, $A+B\sqrt{-1}$, $A-B\sqrt{-1}$, ou quelque soit leur composition réductible, à cette forme. Divers géomètres ont donné, indépendamment du théorême de Côtes, la décomposition de ces binômes, en leurs facteurs simples ou quadratiques. Ainsi, nonobstant le doute ou l'assertion presque positive de Leibnitz, il n'y a plus sur cela d'incertitude.

Presque dans le même temps que Leibnitz se disposoit à publier ce morceau intéressant sur le calcul intégral, Jean Bernoulli faisoit de son côté la même découverte. Il la donna en 1702 à M. Varignon, pour être insérée dans les mémoires de l'Académie des Sciences, ce qui fut fait dans ceux de la même année. On la lit aussi dans les actes de Léipsick de 1703, à la suite du second écrit de Leibnitz sur ce sujet. Sa méthode est dans le fond la même que celle de Leibnitz. Il suppose une fraction rationnelle de cette forme $\frac{Pdx}{Q}$, où P et Q sont des quantités rationnelles composées de constantes, d'x et de ses puissances comme l'on voudra, mais où la plus haute puissance dans le numérateur soit moindre au moins d'une unité que dans le dénominateur; car lorsque la plus haute puissance du numérateur surpasse celle du dénominateur, on la réduit en divisant le numérateur par le dénominateur, et continuant la division jusqu'à ce que cette condition ait lieu; ce qui arrive toujours. Ainsi $\frac{x^4+ax^3+bx^2+cx+1}{x^2-1}$ se réduit, par la division, à $x^2+ax+\overline{b+1}+\frac{\overline{c+a}x+\overline{b+2}}{x^2-1}$.

Qu'on égale ensuite, dit M. Bernoulli, la fraction $\frac{Pdx}{Q}$ à autant de fractions de cette forme $\frac{adx}{x\pm f}$, $\frac{bdx}{x\pm g}$, $\frac{cdx}{x\pm h}$, &c. qu'il y a d'unités dans la plus haute puissance de Q. Qu'on ajoute toutes ces différentes fractions, en les réduisant au même dénominateur, on trouvera, en comparant terme à terme les numérateurs, la valeur des quantités indéterminées a, b, c, &c.; et en comparant terme à terme les dénominateurs, on aura les valeurs de f, g, h, &c. Voilà donc la différentielle $\frac{Rdx}{Q}$ réduite en d'autres de cette forme $\frac{adx}{x\pm f}$, $\frac{bdx}{x\pm g}$, $\frac{cdx}{x\pm h}$, &c. dont chacune exprime un logarithme. On sait d'ailleurs que f, g, h, sont les valeurs de l'inconnue x, en supposant le dénominateur Q égal à zéro. Et si ces racines sont imaginaires ou égales, en les accouplant deux à deux, on parvient par sa méthode à des différentielles fractionnaires, dont les dénominateurs sont des binômes quadratiques, en sorte que l'intégration dépend toujours de la quadrature du cercle ou de l'hyperbole. Mais il est inutile de nous étendre davantage sur le reste, après ce que nous avons dit auparavant. D'ailleurs, les OEuvres de Bernoulli sont entre les mains de tout le monde, et l'on doit y recourir.

On ne peut refuser à Leibnitz et à Jean Bernoulli d'avoir les premiers enrichi le calcul intégral de cette belle et utile théorie. Mais il faut convenir que leurs méthodes n'avoient pas le degré de facilité qu'on pouvoit désirer. C'est ce qui a engagé M. Euler à faire ses efforts pour faciliter cette décomposition; cet objet est celui du second chapitre de son excellent livre intitulé: *Introductio in analysim infinitorum.* Il y donne une méthode, au moyen de laquelle, sans recourir aux calculs laborieux de Leibnitz et Bernoulli, on trouve successivement les différens facteurs du dénominateur de la fraction rationnelle proposée. Ce sujet y est traité avec tout le développement qu'on peu désirer, tant sur la méthode analytique que sur l'application, qui y est éclaircie par beaucoup d'exemples ; c'est aussi un des mérites du *Traité des fluxions* de Thomas Simpson. Cette théorie est enfin exposée avec élégance et clarté dans le *Traité de calcul intégral* de Bougainville, ainsi que dans les deux plus récens Traités sur ce calcul, des cit. Cousin et Lacroix.

C'étoit déjà avoir beaucoup simplifié le calcul intégral que d'avoir réduit, comme avoient fait Neuton, Leibnitz, Bernoulli, l'intégration d'un grand nombre de différentielles à des aires de sections coniques ou à des logarithmes. Mais quoique cette méthode comparée à l'usage embarrassant des séries soit déjà beaucoup plus commode, elle n'avoit pas encore acquis le degré de commodité dont elle étoit susceptible. L'une des obligations qu'a le calcul intégral à M. Côtes, est d'avoir beaucoup simplifié la pratique de ce calcul, en réduisant ces intégrales à des arcs de cercle, ou à des logarithmes de raisons déterminées. Nous n'examinerons point si cette idée ne lui a pas été suggérée par les divers écrits de Leibnitz et de Bernoulli. Peut-être si ces deux premiers eussent été anglois et Côtes un géomètre du Continent, l'Angleterre eût-elle revendiqué ces vues avec chaleur. Mais en nous contentant de remarquer le droit des deux géomètres Allemands à cette idée heureuse, nous ne disputerons point à M. Côtes le mérite de l'avoir beaucoup étendue et mise dans un plus beau jour.

Les lecteurs à qui les propriétés des sections coniques sont connues, n'auront pas de peine à concevoir comment toutes les fluentes ou intégrales qui dépendent de la quadrature d'un segment ou secteur de section conique, peuvent se rapporter à un arc de cercle ou à un logarithme. Car un segment d'ellipse BAE ou AEFC (*fig.* 40) est, comme l'on sait, en raison donnée avec celui d'un cercle BAD ou CADH, et un segment de cercle BAD ou CADH augmenté ou diminué d'un triangle rectiligne, se réduit à un secteur CDB ou CDH, dont la mesure dépend de la rectification d'un arc AD ou DH répondant à un sinus ou cosinus donné. C'est pourquoi si l'on sait qu'une certaine intégrale est égale au segment ADB, elle sera aussi égale au secteur CDB moins la moitié du rectangle CA × AD, qui sont donnés ; ou ce qui est la même chose que l'arc BD, moins le triangle CAD divisé par le rayon ; ou ce rayon étant l'unité, à l'arc BD — le triangle CAD.

De même tout segment hyperbolique est réductible à un logarithme de quantités faciles à déterminer. Car soit (*fig.* 41) l'hyperbole équilatère entre ses asymptotes FC, CG ; l'axe transverse soit CAR, et le conjugue CS : il est facile de voir que le segment hyperbolique ABP est égal au triangle CPB, moins le secteur central CAB, et le segment hyperbolique CABQ rapporté à l'axe conjugué, est égal à ce même secteur plus le triangle CBQ. Or abaissant des points A et B sur l'asymptote les perpendiculaires AH, BI, on sait que le secteur CAB est égal à l'espace hyperbolique AHIB entre les asymptotes. De plus, on sait que cet espace AHIB (la puissance de l'hyperbole ou le quarré AC étant l'unité) est le logarithme hyperbolique de la raison de CI à CH; ainsi il est visible que toute fluente ou intégrale dépendante de la quadrature de l'hyperbole peut être réduite à une combinaison d'espaces rectilignes et d'un logarithme d'une raison susceptible d'être déterminée par les données de l'expression fluxionnaire proposée.

C'est probablement cette remarque qui a fait naître à M. Côtes l'idée de réduire toutes les fluentes dépendantes de la quadrature du cercle ou de l'hyperbole à un calcul, de longueurs d'arcs de cercle, ou de logarithmes hyperboliques, et même de logarithmes ordinaires qui sont avec les premiers en raison donnée. C'est ce qu'il a fait d'abord dans un mémoire donné en 1714 dans les *Transactions philosophiques*, n°. 338, sous le titre de *Logometria ;* et ensuite plus au long dans le livre intitulé *Harmonia mensurarum*, ouvrage qui fut achevé et mis au jour en 1723, par les soins de M. Robert Smith, son ami et son collègue à l'université de Cambridge. On trouve dans ce livre, indépendamment d'autres belles spéculations géométriques et analytiques, dont quelques-unes trouveront place ici, on y trouve, dis-je, des tables fort amples, dans le goût de celles de Neuton, mais bien plus étendues, où à chaque forme d'expression fluxionnaire (à une seule variable) correspond sa fluente, exprimée en quantités données par l'expression proposée. Ce sont des fluentes (ou intégrales) absolues, lorsque la fluxion en est susceptible, ou des fluentes où entrent des arcs de cercle ou des logarithmes, si la fluxion proposée conduit à la quadrature du cercle ou à celle de l'hyperbole. Un exemple de cet usage ne sauroit être déplacé ici.

Qu'on propose de trouver la longueur d'un arc parabolique AP (*fig.* 42), dont a est le paramètre et l'abscisse $AQ = x$. On sait que la fluxion (ou différentielle) de l'arc AP est exprimée par $\frac{dx\sqrt{a+4x}}{2\sqrt{x}}$, ou $\frac{x^{-\frac{1}{2}}dx\sqrt{a+4x}}{2}$. En consultant dans la table la forme à laquelle elle peut se rapporter, on trouve que c'est celle-ci, $Dz^{\theta n+\frac{1}{2}n-1}dz\sqrt{e+fz^n}$, dans laquelle en comparant terme à terme, coéfficiens et exposans avec ceux de l'expression donnée, on a $n = 1$; $\theta = 0$; $\frac{1}{2}n - 1 = -\frac{1}{2}$; $D = \frac{1}{2}$; $e = a$; $f = 4$.

Or l'intégrale de cette formule donnée dans la table, en faisant ces suppositions, se réduit à $\frac{x}{2}\sqrt{a+4x}+\frac{a}{4}\log.\left(\frac{2x^{\frac{1}{2}}+\sqrt{a+4x}}{\sqrt{a}}\right)$.

Supposons maintenant $a=1$; $x=2$; cette formule deviendra $3+\frac{1}{4}\log.(2\sqrt{2}+3)$; $=3+\frac{1}{4}$ log. hyp. $5.828596=2+\frac{1}{4}$ log. tab. 5.828496×2.302585. Mais le logarithme tabulaire ou vulgaire de ce nombre est 0.768558, qui étant multiplié par $\frac{1}{4}$ et 2.302585, donne 0.4406964 ; à quoi ajoutant 3, on a finalement 3.4406964 ; et telle est, à un millionième près environ, la longueur de l'arc AP.

Si l'on avoit cherché la longueur de cet arc, en réduisant en suite l'expression $\frac{x^{-\frac{1}{2}}\sqrt{a+4x}}{2}$, multipliant après cela par dx, et intégrant, on eût trouvé pour sa valeur $\sqrt{ax}\times(1+\frac{2x}{3a}-\frac{2x^2}{5a^2}+\frac{4}{7}\frac{x^3}{a^3}-\frac{10x^4}{9a}$, &c.) ; ce qui, en supposant comme ci-dessus $x=2$ et $a=1$, eût donné cette suite numérique, bien éloignée d'être convergente, et conséquemment de nulle utilité, savoir $\sqrt{2}(1+\frac{3}{4}-\frac{8}{5}+\frac{32}{7}$, &c.). Elle ne sera même que médiocrement convergente, lorsque x sera moindre que a ou l'unité.

Il est vrai que si l'on extrait la racine de $a+4x$, en donnant au binôme cette forme $\sqrt{4x+a}$, on auroit une suite où x, supposé plus grand que l'unité, entreroit dans les dénominateurs ; ce qui la rendroit d'autant plus convergente, que x seroit plus grand. Mais la méthode de Côtes paroîtra sans doute plus courte et plus élégante.

Outre l'ingénieuse invention dont on vient de rendre compte, on en doit encore à M. Côtes plusieurs autres, par lesquelles il a beaucoup avancé cette partie de la géométrie. Telle est la réduction de plusieurs fluxions qu'on n'avoit pas encore trouvé le moyen de ramener aux aires de sections coniques. On se bornera ici à une belle propriété du cercle, qui est d'un grand usage pour l'intégration des différentielles en fractions rationelles.

On a remarqué ci-devant que Leibnitz avoit été embarrassé à la réduction des fractions de cette forme $x^4\pm a^4$: ou plus généralement $x^n\pm a^n$, en leurs facteurs de deux dimensions, et qu'il avoit même soupçonné que cela ne se pouvoit pas toujours. Il se trompoit néanmoins, comme on l'a déjà observé. Toute expression semblable est réductible en facteurs quadratiques réels de cette forme $x^2\pm2kx+a^2$, dont chacun se réduit en deux facteurs simples imaginaires. Mais en suivant les voies ordinaires pour démêler ces facteurs, on peut rencontrer de grandes difficultés. L'avantage du théorême de M. Côtes est de les donner avec une facilité extrême, et presque sans aucun calcul. Le voici, tel que l'expose M. Smith, dans le livre dont il s'agit.

Si l'on cherche les facteurs du binome $a^\lambda \pm x^\lambda$, l'exposant λ étant un nombre entier quelconque, divisez la circonférence circulaire ABCD, &c. (*fig.* 43), dont le centre est O, en autant de parties égales AB. BC. CD, &c. qu'il y a d'unités dans 2λ. Et de chacun de ces points, tirez à un point P du rayon (même pris si l'on veut dans le prolongement comme *fig.* 44), les lignes PB. PC. PD, &c. Ensuite si nous supposons $OA = 1$. et $OP = x$, le produit de $BA \times PC \times PE$, &c., tirées de P aux divisions alternes, sera égale à $a^\lambda - x^\lambda$ (ou $x^\lambda - a^\lambda$ si le point P est hors du cercle). Et le produit des restantes PB. PD, PF. PH, &c., sera à $a^\lambda + x^\lambda$. Par exemple, que λ soit $= 5$, il faudra diviser toute la circonférence en dix parties égales (*même fig.*). On aura $AP \times CP \times EP \times GP \times IP = a^5 - x^5$, ce qui donnera (parce que $PC = PI$, et $PD = PH$), $AP \times PC^2 \times PE^2 = OA^5 - OP^5$. De même on aura $PB \times PD \times PF \times PA \times PK$, c'est-à-dire, $PF \times PB^2 \times PE^2 = OA^5 + OP^5$. On verra plus bas que cette belle propriété du cercle n'est qu'un cas particulier d'une plus générale découverte par M. de Moivre. Mais le principal honneur de la découverte n'en est pas moins dû à Côtes.

Maintenant il est aisé, à tout géomètre un peu versé dans l'analyse, de voir comment cette division du cercle servira à déterminer les facteurs d'une expression comme $a^5 - x^5$, et autres semblables. Car supposant $OP = x$, puisque le cercle est divisé en dix parties égales, on aura les sinus et cosinus de chacun des arcs comme AB; AC; AD, &c., et l'on trouvera les expressions de PA, PB, PC, &c., ou PB^2; PC^2, PD^2, &c. On a dans cet exemple particulier $PA = a - x$; c'est le premier diviseur cherché de $a^5 - x^5$. L'arc AC étant de 72°, son sinus Cc est donné ainsi que son cosinus Oc, et conséquemment Pc sera $x - \cos. 72°$. Donc PC^2 sera $= Cc^2 + x^2 - 2x \cos. 72° + \overline{\cos. 72°}^2$ Mais les quarrés du sinus et du cosinus sont égaux ensemble à celui du rayon; c'est pourquoi l'expression se transformera en celle-ci $PC^2 = a^2 - 2x \cos. 72°. + x^2$. On trouvera de la même manière $PE^2 = a^2 + 2x \cos. 144° + x^2$; mais $\cos. 144.° = - \cos. 36°$; ce qui donnera $PE^2 = a^2 - 2x \cos. 36.° + x^2$. Les 3 facteurs de $a^5 - x^5$ seront donc $a - x$; $a^2 - 2x \cos. 72.° + x^2$; $a^2 - 2x \cos. 36.° + x^2$. Ces deux derniers sont quadratiques et ne peuvent se subdiviser en facteurs simples autres qu'imaginaires; car en résolvant cette équation $x^2 - 2x \cos.... + a^2$, on trouvera finalement $x - \cos.... = \sqrt{(\cos.^2... - a^2)}$; ce qui est une expression imaginaire, puisque le cosinus est toujours moindre que a. Cet exemple, vu la nature de cet ouvrage, doit suffire ici pour mettre le lecteur sur la voie.

La

La mort prématurée qui moissonna Côtes en 1716, l'empêcha d'étendre et même de publier ses découvertes, qu'il auroit sans doute portées lui-même à un plus grand degré de généralité. C'en étoit même peut-être fait d'elles, sans le zèle de M. Smith, son collègue à l'université de Cambridge. Il prit la peine de les tirer de la confusion de ses papiers, de les étudier et presque deviner, pour les mettre au jour; ce qu'il fit en 1722, sous le titre d'*Harmonia mensurarum sive analysis et synthesis per Rationum et Angulorum mensuras promota. Accedunt alia opuscula mathematica*, &c. (Cantabr. 1722, *in*-4°.) Ces divers autres opuscules de Côtes sont, son *Estimatio errorum in mixta mathesi*, où il examine les rapports des variations qui naissent dans les triangles, tant plans que sphériques, en supposant une variation quelconque dans la grandeur d'un angle ou d'un côté; cette estimation est très-importante, soit dans la Géométrie-Pratique, soit dans l'Astronomie, pour reconnoître les positions et les circonstances où de petites erreurs indispensables vu l'imperfection des instrumens, influent, le moins ou le plus, sur les résultats, afin de choisir autant qu'il est possible les premières et éviter les dernières. Mais ce n'est pas ici le lieu d'entrer sur cela dans de plus grands détails.

Les autres productions posthumes de Côtes sont un traité de la méthode différentielle de Neuton, une *Canonotechnie* ou methode de construire les tables par les différences; des traités sur la chute des graves, sur les mouvemens des pendules dans la cycloïde et les projectiles. Tous ces morceaux présentent des choses qui font honneur à la sagacité de leur auteur. Smith a de plus fait usage dans son grand ouvrage sur l'Optique, de plusieurs Théorêmes optiques de Côtes, qui sont fort curieux et fort généraux.

Comme l'*Harmonia mensurarum* de Côtes a toujours été un livre fort rare, du moins dans le Continent, et que sa théorie étoit même susceptible de plus grands développemens, le Père Walmesley, Bénédictin Anglois, et savant Géomètre, l'a exposée avec plus d'étendue dans son livre intitulé: *Analyse des mesures, des rapports et des angles, ou réduction des Intégrations aux logarithmes et arcs de cercle.* (Paris, 1748, *in*-4°.) On ne peut mieux faire que d'y recourir au défaut de l'ouvrage original de Côtes, ou même si on le possède.

Peu de temps après la publication de cet ouvrage de Côtes, il parut à Londres une feuille critique intitulée: *Epistola ad amicum de Côtesii inventis*, où l'on fait voir comment ces découvertes se déduiseut de celles de Neuton. Ce petit ouvrage paroît avoir été dicté par la jalousie. Car à raisonner comme le fait son auteur, les découvertes même de Neuton se trouveroient dans Barrow, Fermat ; celles de ces derniers dans Archimede, &c. Ensorte que ce seroit finalement ce géomètre grec qui seroit l'auteur de toutes les découvertes géométriques faites le siècle passé.

Pendant l'intervalle qui s'écoula entre la mort de Côtes et la publication de son ouvrage, quelques-unes de ses découvertes donnèrent lieu à un défi dont il faut que je parle. Il avoit trouvé la réduction de quelques expressions fluxionelles, jusqu'alors réputées irréductibles, et il l'avoit annoncé à la Société royale par une lettre peu antérieure à sa mort. Elles parurent à M. Taylor assez difficiles pour pouvoir être proposées en forme de défi aux géomètres du Continent. Un motif de vengeance se mêloit à l'envie de faire triompher la géométrie britannique de celle du Continent. Il étoit alors en querelle ouverte avec Jean Bernoulli, qui l'avoit accusé assez légèrement de s'être approprié quelques-unes de ses inventions, et qui s'étoit plaint publiquement de l'extrême obscurité de son livre intitulé : *Methodus incrementorum directa et inversa.* A dire vrai, l'injustice et la vivacité que Keil avoit déployées envers Leibnitz, avoient excité dans l'ame de Bernoulli une sorte de ressentiment qui l'avoit amené lui-même à être injuste envers les Anglois. Car en toute occasion il s'attachoit à les critiquer, sans en excepter même le grand Neuton, dont il releva avec affectation quelques inexactitudes, comme sa méprise sur les secondes différences ou secondes fluxions dont nous avons parlé plus haut.

Taylor crut donc pouvoir embarrasser son adversaire, en proposant la réduction de ces expressions fluxionelles que Côtes avoit trouvées. Il adressa son défi à M. de Montmort pour le communiquer aux Géomètres. Il étoit conçu en ces termes : *Problema analyticum omnibus geometris non Anglis propositum : invenire per quadraturam circuli vel hyperbolae Fluentem hujus quantitatis* $\frac{z^{\frac{\delta}{\lambda}n-1}\dot{z}}{e+fz^n+gz^{2n}}$. Dans cette expression, e, f, g sont des quantités constantes ; n peut être un nombre quelconque, affirmatif ou négatif et λ un de cette suite 2.4.8 ; c'étoit la limitation qu'y mettoit M. Tailor ; car c'étoit dans ces cas seuls que Côtes avoit trouvé cette réduction. Il proposoit aussi pour s'exercer, si l'on vouloit, cette autre fluxion, $\frac{z^{\frac{\delta}{\lambda}n-1}\dot{z}}{e+fz^n+gz^{2n}+hz^{3n}}$.

Quoique le défi ne s'adressât pas nommément à Bernoulli, il vit facilement qu'il le regardoit. Il en avoit en même-temps un autre à soutenir contre Keil, qui lui avoit proposé de trouver le chemin que parcourt un corps projetté dans un milieu résistant.

Provoqué ainsi de plusieurs côtés, Bernoulli ne crut pas devoir garder le silence. Bien sûr de ses forces, il offrit d'abord de parier cinquante louis qu'il résoudroit le problême de M. Taylor, et d'en risquer cinquante autres, en lui proposant à son tour un nouveau problême, sous la condition qu'il les perdroit, soit que M. Taylor le résolût, soit qu'il ne le résolût pas lui-même. M. Taylor laissa tomber la proposition ; et l'on peut remarquer qu'alors, si l'on en excepte Neuton, les Géomètres Anglois ne se faisoient pas un scrupule de fatiguer les Géomètres étrangers par des difficultés, et répondoient rarement aux défis de ceux-ci.

M. Bernoulli attendit quelque temps la réponse de son adversaire, et voyant enfin qu'il ne répliquoit rien à ses propositions, il donna dans les actes de Léipsick, de Mai 1719, la solution de son problême, qu'on peut voir aussi, avec toutes les pièces de ce petit démêlé géométrique, dans le second tome de ses Oeuvres. C'est un excellent morceau analytique qui doit être lû à la suite de ses *Leçons du calcul intégral.*

Au reste, M. Bernoulli ne fut pas le seul Géomètre du Continent qui résolut le problême de M. Taylor. Herman, élève de Bernoulli, alors Professeur de mathématiques à l'Université de Padoue, en donna aussi une dans les mêmes actes du mois d'Août 1719. Elle mérite pareillement d'être lue par ceux qui étudient le calcul intégral. Enfin M. Gabriel Ganfredi, connu par son traité *de Constr. aequat. diff. primi gradûs*, en a donné une dans les *Obs. litt.* d'Italie.

Les inventions que M. Côtes, prévenu par la mort, n'eut pas le temps de porter à leur perfection, l'ont reçue de M. de Moivre (1). Il n'y avoit, à la vérité, rien à ajouter à la manière dont Côtes avoit imaginé de représenter les intégrales pour en rendre le calcul commode ; mais outre qu'il avoit laissé son beau théorême sans démonstration, il ne lui avoit pas donné toute l'étendue dont il étoit susceptible. En effet, après le cas du binome $1 \pm x^m$ ou $x^m \pm 1$, qu'il avoit enseigné à résoudre en ses facteurs de deux dimensions, vient celui du trinome $1 \pm 2 l x^m + x^{2m}$, lorsque l est plus grand que l'unité. M. Côtes avoit, à la vérité, montré la manière de le réduire en facteurs binomes de la forme $1 \pm x^m$, ou trinomes de la forme $1 \pm a x + x x$, lorsque l étoit un nombre de la progression 1. 2. 4. 8., &c. Mais l étant un autre nombre quelconque, sa méthode échouoit, comme aussi lorsque l étoit un nombre moindre que l'unité.

(1) *Miscellanea analytica de seriebus et quadraturis. Lond.* 1730, *in*-4°.

Il étoit cependant plus que probable que, quelle que fût la valeur de l, ce trinome étoit réductible en facteurs de deux dimensions. Je dis plus que probable, parce que la théorie de la nature des équations nous apprend que les racines imaginaires marchent toujours par paires, et que les deux racines de chaque paire formant un produit réel de deux dimensions, un pareil produit devoit être un facteur du trinome. Cela donna lieu à M. de Moivre de trouver un théorême analogue à celui de Côtes, et plus général, sur quoi il fait cet aveu, que peut-être il n'y auroit jamais songé sans celui de M. Côtes; le voici.

Si dans un cercle (*fig.* 45), dont le rayon est l'unité, ou a, l'on prend l'arc AK quelconque dont le cosinus soit l, qu'après cela on fasse l'arc AB à l'arc AK dans le rapport de l'unité à m (qui est toujours un nombre entier), qu'on divise ensuite toute la circonférence du cercle à partir du point B en un nombre m de parties égales, qu'enfin les cosinus Bb, Cc, Dd, &c. de ces arcs AB. AC. AD., &c. soient a, b, c, (avec les signes convenables, savoir positifs, s'ils sont du côté de A., à l'égard du diamètre MN, et négatifs s'ils tombent du côté opposé); alors si on prend $OP = x$, on aura les trinomes $xx \pm 2ax + 1$; $xx \pm 2bx + 1$; $xx \pm 2cx + 1$, &c égaux respectivement à PB^2, PC^2, PD^2, &c., et facteurs du trinome $x^{2m} \pm 2lx^m + 1$.

Le théorême de Côtes se déduit de celui-là; car si nous supposons $l = 1$, alors le point K tombera sur A, ainsi que le point B, et le trinome en question deviendra $x^{2m} \pm 2x^m + 1$, qui aura pour facteurs $PA^2 = PB^2$; PC^2, PD^2, &c. Et prenant de chaque côté la racine quarrée, on aura $x^m \pm 1 = PA$ ou $PB \times PC \times PD$, &c. Or, le commencement de la division tombant en A ou B, chaque facteur comme PC, PD, PE, &c. du demi-cercle supérieur aura son égal dans l'inférieur; le seul PA ou PB sera un facteur simple; ainsi on aura $x^m \pm 1 = PH \times PC^2 \times PD^2$ jusqu'au nombre de dimension exprimé par m.

Il faudroit nous plonger dans des détails analytiques peu compatibles avec la nature de cet ouvrage, pour donner ici une démonstration de ce beau théorême. Nous remarquerons seulement que M. de Moivre la déduit d'une belle propriété des sections coniques dont il est aussi l'inventeur, et dont il tire par une même équation le rapport des ordonnées qui conviennent à des secteurs multiples l'un de l'autre dans l'hyperbole, et celui des cosinus de deux secteurs ou arcs semblablement multiples dans le cercle; ce qui établit une curieuse et singulière relation entre le cercle et l'hyperbole, ou entre les arcs de cercle et les logarithmes. Quant à la propriété du cercle dont il s'agit ici, divers géomètres se sont attachés à en donner des démonstrations de plus en plus simples ou faciles, et nous pourrions renvoyer à leurs ouvrages. Il manqueroit néanmoins à celui-ci quelque chose si l'on n'y trouvoit nulle part cette démonstration. C'est pourquoi nous en donnerons une dans une des notes de la fin de ce livre.

M. de Moivre publia ces belles découvertes en 1730, dans son livre intitulé : *Miscellanea analytica de seriebus et quadraturis*. Cet excellent ouvrage, dont il est nécessaire que nous disions quelque chose de plus, contient les plus savantes recherches d'analyse. Il est divisé en huit livres, dans le premier desquels il expose son nouveau théorême, qu'il démontre dans le second. Le troisième est particulièrement employé à parcourir les différens cas des fractions rationelles, et même à y réduire celles des fractions irrationelles qui en sont susceptibles. Les cinq autres livres traitent d'autres sujets analytiques ; comme la considération et la sommation de certaines suites qu'il nomme récurrentes, et d'autres formées selon certaines lois ; divers nouveaux problêmes sur les jeux de hazard, supplément de son livre *The doctrine of chances* ; le fameux problême des trajectoires et quelques questions *de maximis et minimis*, sur les mouvemens des planètes. Nous aurons occasion de parler de ces divers objets dans la suite de cet ouvrage.

Quoique nous ayons déjà vu un grand nombre de formes de différentielles à une seule variable, dont l'intégration a occupé les analystes, nous sommes encore bien loin de les avoir épuisées. Il en est sur-tout une espèce qui se présente fréquemment dans les calculs ; ce sont celles qui se trouvent mêlangées de quantités logarithmiques et exponentielles. On en a déjà donné une légère idée dans le volume précédent, en parlant du calcul exponentiel, nouvelle espèce de calcul inventé par Jean Bernoulli. Mais ce qu'on en a dit étoit si peu approfondi, que nous avons pensé devoir y revenir ici et entrer dans de plus grands détails.

On a des exemples de ces différentielles dans ces expressions, $dxlx$; $xdxlx$; $\frac{dx}{xlx}$; $dxllx$, ce qui signifie log. de log. x ; ce sont les plus simples. Il y en a de plus composées, comme $(lx)^{m-1}xdx$; $m(llx)^{m-1}xdx$, &c. Il est à propos de donner une idée de la manière ou d'une des manières de parvenir à leur intégration.

Observons d'abord que si l'on avoit cette différentielle ydx, on auroit son intégrale égale à $xy - S.xdy$. On s'en convaincra facilement en différentiant cette expression, car elle donnera $ydx + xdy - xdy = ydx$. Si donc nous appliquons ce moyen d'intégration à la première des formules ci-dessus, $dxlx$, nous aurons son intégrale $= xlx - S.xdlx$. Or $dlx = \frac{dx}{x}$. Ainsi, cette intégrale deviendra $xl.x - S.\frac{xdx}{x} = xl.x - x$. Nous faisons abstraction de la constante.

En appliquant cette méthode aux formes suivantes, on trouvera $S.xdxl.x = \frac{x^2}{2}l.x - \frac{1}{4}x^2$; la troisième $\frac{dx}{xl.x}$ aura pour intégrale $l.lx$. Celle-ci, $m.(l.x)^{m-1}\frac{dx}{x}$, traitée de la même manière, ou en substituant y à lx, donnera pour son intégrale $(lx)^m$; celle de la dernière se trouvera, par le même procédé, égale à $(l.l.x)^m$: sur quoi il est à remarquer que quelquefois cette intégration conduit à une suite infinie de termes ; ce qui annonce que la différentielle proposée n'a pas même d'intégrale finie en logarithmes.

Il est enfin des formes de différentielles dans lesquelles la variable entre dans l'exposant d'une quantité, soit constante, soit variable elle-même. Telle est, par exemple, celle-ci, $e^x dx$, (e étant le nombre dont le logarithme est égal à l'unité). Cette forme se présente souvent, et il est à propos de savoir que son intégrale est précisément e^x ; celle de a^x (a étant une quantité quelconque), est $\frac{a^x}{l.a}$. Voici encore, pour terminer ce que nous avons à dire sur ce sujet, une de ces formes de différentielles à exposant variable ; c'est celle-ci : $ze^{gz}dz$ (e étant le nombre dont le logarithme est l'unité) ; on trouvera que son intégrale est $\frac{ze^{gz}}{g} - \frac{e^{gz}}{gg}$. Mais en voilà assez sur ce sujet. Notre objet n'a pas été de faire ici un traité du calcul intégral ; c'est pourquoi nous renverrons aux ouvrages qui traitent spécialement de ce calcul ; celui de Bougainville nous paroît contenir tout ce qu'on peut désirer à cet égard.

Il se présente encore quelquefois des formes de différentielles qui pourroient paroître embarrassantes, et dont il convient de dire ici un mot. Ce sont celles où plusieurs signes d'intégration s'enveloppent en quelque sorte les uns les autres ; telle est celle-ci : $SdxS\frac{adx}{\sqrt{aa-xx}}$, ce qui ne signifie pas qu'il faille multiplier une intégrale par l'autre ; mais qu'après avoir intégré la seconde différentielle, il faut la multiplier par la quantité sous le premier signe d'intégration, et intégrer de nouveau. On pourroit s'y prendre de cette manière ; mais le moyen le plus simple de le faire est celui-ci, et il est déduit de ce que nous avons observé plus haut, savoir que $S.ydx = xy - S.xdy$. On trouvera donc dans l'exemple proposé, pour l'intégrale cherchée, $xS.\frac{adx}{\sqrt{aa-xx}} - S.(x \times dS.\frac{adx}{\sqrt{aa-xx}})$. Or $dS.\frac{adx}{\sqrt{aa-xx}} = \frac{adx}{\sqrt{aa-xx}}$.

Ainsi ce dernier membre de l'intégrale sera S. $\frac{adx}{\sqrt{aa-xx}}$, dont l'intégrale est $a\ \overline{\text{Arc } sin. x}$. L'intégrale entière sera donc x, multipliant S. $\frac{adx}{\sqrt{aa-xx}}$, c'est-à-dire x multipliant l'arc de cercle au rayon a, dont le sinus et x, et le second est $-2a\sqrt{aa-xx}+2a^2$, en ayant égard à la constante, qui se trouve, en supposant $x=0$, et doit être prise positivement, d'après ce que nous avons dit vers le commencement de cet article.

Les Géomètres s'estimeroient heureux si toutes les différentielles étoient au moins réductibles, comme celles qu'on vient de voir, à des aires circulaires ou hyperboliques ou à des quantités logarithmiques; car ils auroient du moins un moyen facile d'en calculer la valeur par approximation. Mais la nature qui renferme des variétés infinies ne se laisse pas resserrer dans d'aussi étroites bornes. Tout comme enfin il y a une multitude de courbes d'ordres différens, il y a aussi une multitude de différentielles dont l'intégration est d'un ordre plus élevé, et l'on n'a fait jusqu'ici que quelques pas dans cette carrière immense, dont la profondeur échappera sans doute toujours à l'esprit humain.

Dans l'impossibilité où nous sommes jusqu'ici d'y pénétrer beaucoup plus avant, on s'est borné à quelques classes de différentielles qui semblent présenter moins de difficultés. Or, parmi ces différentes classes non réductibles à la quadrature des sections coniques, la première et la plus simple a paru celle des différentielles qui se rapportent à la rectification de l'ellipse et de l'hyperbole. C'est pour cela que quelques Géomètres les ont particulièrement considérées, et ont assigné quelques-unes des formes qui s'y réduisent. Le Comte Jules Fagnani, célèbre Géomètre italien, nous paroît être le premier qui soit entré dans cette carrière, en examinant la rectification de la courbe, connue par les Géomètres sous le nom de la *Lemniscate;* car il fait voir (1) comment un arc de cette courbe qui est du quatrième degré étant proposé, on peut déterminer un arc d'ellipse et un d'hyperbole, qui joints ensemble lui sont égaux. Ce mémoire et plusieurs autres du même Géomètre sur cette courbe remarquable par diverses propriétés singulières, sont dignes d'être lus.

Après lui, M. Maclaurin s'est occupé du même objet dans son *Traité des Fluxions* (seconde partie), et a donné la manière de réduire à des arcs d'ellipse et d'hyperbole conjointement un assez grand nombre de formules différentielles, telles que

(1) *Giornale de'i litterati d'Italiae*. tom. 34.

celles-ci $\frac{dx\sqrt{x}}{\sqrt{1\pm xx}}$, $\frac{dx}{\sqrt{x}\sqrt{1\pm xx}}$, $\frac{dx}{1\pm xx^{\frac{1}{4}}}$, $\frac{dx}{1\pm xx^{\frac{3}{4}}}$, $\frac{dx\sqrt{x}}{\sqrt{xx+2ax\pm bb}}$, et diverses autres. Mais ensuite M. d'Alembert a considérablement augmenté ce nombre, dans ses deux mémoires sur le calcul intégral, qu'on lit parmi ceux de l'académie de Berlin, des années 1746 et 1748. Il seroit extrêmement long de les faire connoître ; c'est pourquoi nous nous bornerons à quelques-unes des plus simples, telles que ces deux $\frac{dx\sqrt{x}}{\sqrt{a+bx+cx^2}}$, $\frac{dx}{\sqrt{x}\sqrt{a+bx+cx^2}}$. Leur réduction à des arcs d'ellipse et d'hyperbole conjointement, a lieu, quelque soient a, b, c, savoir positives ou négatives, pourvu toutefois que les racines de l'équation $a+bx+cx^2=0$ soient réelles. Au défaut des mémoires de l'académie de Berlin, on peut voir le Traité du *Calcul intégral*, *de* Bougainville.

Voici une autre formule différentielle, qui a beaucoup occupé le P. Vincent Riccati, et qui fait la matière d'un de ses plus considérables opuscules (1), ouvrage pour le remarquer en passant, qui contient une foule de choses propres à justifier la réputation dont il jouissoit parmi les Géomètres italiens. Cette formule est celle-ci $\frac{dx\sqrt{f+gxx}}{\sqrt{p+qxx}}$, qui présente un grand nombre de cas, suivant que f, g, p, q sont positifs ou négatifs, et suivant leur rapport entre eux. Il fait voir que suivant ces valeurs et ces rapports, l'intégrale de cette formule est, tantôt un arc d'ellipse, tantôt un d'hyperbole qu'il assigne ; quelquefois il faut un arc d'ellipse joint à un d'hyperbole ; quelquefois enfin cette ellipse ou cette hyperbole devient imaginaire, dans lequel cas la différentielle proposée n'a point d'intégrale.

Terminons ceci par un mot sur M. Landen, qui s'est aussi beaucoup occupé de cet objet. Ce Géomètre nous a donné dans un article de ses *Mathematical Lucubrations*, une suite de théoremes, dont voici quelques-uns. Si e, dit-il, désigne un quart d'ellipse dont les axes sont 1 et $\sqrt{2}$, et f un quart de circonférence circulaire au rayon 1, on aura la fluente (ou intégrale) entière (c'est-à-dire lorsque x devient $=1$) de $\frac{dx\sqrt{x}}{\sqrt{1-xx}}=e-\sqrt{e^2-2f}$; celle de $\frac{dx}{\sqrt{x}\sqrt{1-xx}}$ sera $e+\sqrt{e^2-2f}$; celle de $dx\frac{\sqrt{1+xx}}{\sqrt{1-xx}}$ sera $\sqrt{e^2-2f}$, &c., &c. M. Landen, à la vérité, ne démontre pas ces théorêmes ; mais sa réputation parmi les analystes ne doit pas laisser de doute sur leur vérité.

(1) *Vincentii Riccati S. J. Opuscula ad res physicas et mathematicas pertinentia. Lucae.* 1757 — 1772, tom. II.

Je

Je devois nécessairement parler ici de ce travail, mais si de grands Géomètres, tels que ceux qui s'en sont occupés, ne m'en imposoient pas, je croirois pouvoir dire qu'il est beaucoup plus ingénieux qu'utile dans la réalité. Ce n'est, ce me semble, qu'avoir changé la difficulté en une autre égale ; car il est aussi difficile et même plus dans bien des cas, de calculer un arc d'ellipse ou d'hyperbole que de calculer la valeur de la différentielle proposée, en y employant le moyen utile des séries ; on en a un exemple dans celle-ci $\frac{dx\sqrt{x}}{\sqrt{1 \pm xx}}$; car la série à laquelle elle se réduit n'a pas plus de difficulté que celles du cercle ou de l'hyperbole, puisque c'est la même, multipliée seulement par $\sqrt{x}$, tandis que sa réduction à des arcs d'ellipse et d'hyperboles exigeroit des calculs immenses. Je soumets, néanmoins, cette façon de penser à celle de nos grands géomètres.

Au surplus ceci nous conduit à parler par occasion de la rectification de l'ellipse et de l'hyperbole, et peut-être ce que nous allons en dire ne paroîtra-t-il pas entièrement déplacé.

Quand on considère que l'ellipse est après le cercle la courbe la plus familière dans la géométrie, on pourra s'étonner que sa rectification n'ait pas occupé plutôt les Géomètres ; car on ne doit regarder que comme une idée peu heureuse celle de Kepler, qui faisoit sa circonférence moyenne entre les circonférences des deux cercles concentriques décrits sur ses deux axes. L'erreur est énorme dans les ellipses fort allongées, d'ailleurs cette évaluation n'est fondée sur rien. Le P. Guldin avoit, à la vérité, calculé à la manière d'Archimede les cordes d'un polygone d'un grand nombre de côtés dans une ellipse, dont les axes étoient dans le rapport de 2 à 1, et par-là il déterminoit assez exactement la grandeur du contour de cette ellipse. Mais ce n'étoit là qu'un cas très-particulier parmi une infinité d'autres.

Le calcul intégral donne, il est vrai, une série pour représenter indéfiniment l'arc d'ellipse, l'abscisse étant donnée ainsi que la raison des axes. Tout le monde sait que a étant le grand axe ; b le petit ; et l'abscisse prise du centre sur le grand axe étant x, la différentielle de l'arc est $\frac{dx\sqrt{(a^2-\overline{a^2-b^2}xx)}}{\sqrt{aa-xx}}$; mais la série qui en résulte devient fort compliquée dans ses coéfficiens, dont la loi n'est nullement apparente. Car il a fallu d'abord réduire $\sqrt{aa-(a^2-b^2)x^2}$ en une série, et ensuite la diviser par celle résultante du développement de $\sqrt{aa-xx}$. Dès les quatrième ou cinquième termes, le calcul en devient presque inabordable ; et comme, à moins que x ne soit fort petit relativement à a, cette série est fort peu convergente, son usage est le plus souvent nul. On ne peut même, par ces raisons, lui appliquer les règles imaginées par quelques géomètres, pour en hâter la convergence.

Il est vrai qu'on a encore trouvé quelques séries pour calculer la longueur du quart d'ellipse, plus commodes que celle que donne immédiatement le calcul intégral. MM. Simpson et Lambert ont montré, chacun à sa manière, que si le demi-grand axe de l'ellipse est $=a$, le demi-petit axe $=b$, conséquemment la demi-excentricité $=\sqrt{a^2-b^2}=e$, qu'on nomme enfin $\frac{\Pi}{4}$ l'arc du quart de cercle décrit du rayon $=a$; ils ont, dis-je, montré que le quart d'ellipse correspondant étoit égal à cette suite $\frac{1}{4}\Pi\left(1-\frac{1}{4}e^2-\frac{1.3}{4.16}e^4-\frac{1.9.5}{4.16.36}e^6-\frac{1.9.25.7}{4.16.36.64}e^8-\frac{1.9.25.49.9}{4.16.36.64.100}e^{10}, \&c.\right)$, dont la progression est facile à appercevoir, et même élégante. Mais cette série est encore médiocrement convergente, à moins que e ne soit beaucoup au-dessous de l'unité. Car appliquons-là à une ellipse dont les axes soient comme 1 à $\frac{1}{2}$; on aura alors $a=1$. $b=\frac{1}{2}$ $e^2=\frac{3}{4}$. Ainsi la série sera $\frac{\Pi}{4}\left(1-\frac{3}{16}-\frac{27}{1024}-\frac{1215}{147456}-\frac{127576}{37748736}, \&c.\right)$, ou en fractions décimales $\frac{\Pi}{2}(1-0.1875000-0.0263672-0.003379-0.008239, \&c.)$, dont la convergence est médiocre dès le quatrième terme. D'ailleurs, c'est moins d'un quart d'ellipse qu'on a besoin le plus souvent, que d'un arc d'ellipse indéfini; car c'est à des arcs d'ellipse de cette espèce que se réduisent le plus souvent les intégrales des différentielles ci-dessus. Or si l'on applique à l'arc indéfini la méthode qui a donné la série ci-dessus, on trouve à la vérité une série, mais dont chaque coëfficient est lui-même une série infinie; en sorte que de tout cela, il ne résulte presque rien qui soit applicable à la pratique. Il seroit en conséquence utile qu'on eût une méthode plus facile d'approcher de la grandeur d'un arc quelconque d'ellipse donnée.

Il en est à-peu-près de même de la rectification de l'arc hyperbolique. La série de l'arc tirée de l'équation entre les coordonnées rapportées à l'axe transverse est précisément, aux signes près, de la même forme que celle pour l'ellipse et a les mêmes inconvéniens. Lors néanmoins qu'il s'agit de l'hyperbole équilatère, qui est à l'égard des hyperboles en général ce que le cercle est à l'ellipse, il y a un remède. C'est de chercher la longueur de l'arc par l'équation de la courbe rapportée à son asymptote: car nommant (*fig.* 46) $CA=a$, et $CB=x$, on a l'équation $y=\frac{aa}{x}$, ce qui donne, d'après les opérations connues, la série $x-\frac{a^4}{2.3.x^3}+\frac{a^8}{2.4.7.x^7}-\frac{1.3.a^{11}}{2.4.6.8.11.x^{11}}$, &c. La loi est assez manifeste et même élégante pour ne pas échapper, et cette série sera toujours d'autant plus convergente, que x surpassera davantage a. Mais il faut remarquer ici que, quelle que soit x, pour avoir, par exemple, l'arc DE, il faut retrancher de cette série ce qu'elle devient lorsque $x = a$.

Supposons, par exemple, $a = 1$ et CB ou $x = 2$, on aura l'arc $DE = 2 - \frac{1}{48} + \frac{1}{7368} - \frac{1}{360448}$ &c. $- 1 + \frac{1}{6} - \frac{1}{56} + \frac{3}{128} - \frac{1}{314}$ &c. ce qui donne en fractions décimales 1.1325.

C'est une chose assez digne de remarque, que les rectifications des courbes soient en général d'un degré de difficulté plus grand que celui des quadratures, et celles-ci souvent plus difficiles que la mesure des surfaces et des solides de circonvolution; car la parabole, par exemple, est absolument quarrable, et sa rectification dépend de la quadrature de l'hyperbole. La quadrature de l'ellipse est du même degré que celle du cercle, et sa rectification d'un degré de difficulté supérieur, tandis que la mesure de ses solides de circonvolution et de leurs surfaces n'est que du premier; il en est de même de l'hyperbole.

J'observe enfin, pour terminer cet article, qu'il y a encore bien des formes de différentielles, même assez peu compliquées, qui ne se rapportent ni aux quadratures du cercle ou de l'hyperbole, ni même à la rectification des sections coniques. On en a un exemple dans cette différentielle $adx \frac{\sqrt{2ax - xx}}{\sqrt{bb + xx}}$, qui exprime l'élément de la surface d'un cône oblique, dont la perpendiculaire, tirée du sommet sur la base, tombe sur la circonférence du cercle base, le rayon de ce cercle étant a, l'abscisse x prise sur le rayon à partir du pied de cette perpendiculaire, et b la hauteur. Voilà un cas de la Géométrie élémentaire, qui est presque inaccessible à la Géométrie la plus transcendante.

On pourra me demander ce que dans pareils cas il faudra faire. Je répondrai qu'au défaut des séries qui, dans ce cas, sont presque toujours ou trop compliquées ou trop peu convergentes, il n'est rien de mieux que de recourir à la méthode différentielle de Neuton. On y verra qu'un petit nombre comme trois, quatre ou cinq ordonnées d'une courbe étant calculées, donnent plus promptement et avec plus d'exactitude son aire qu'un très-grand nombre de termes d'une série à laquelle on la réduiroit.

X V I.

Nous voici parvenus au second et plus difficile des deux cas indiqués plus haut, à celui dans lequel il s'agit de différentielles mêlées entr'elles et avec leurs variables finies. Cette partie du calcul intégral n'est pas de moindre importance que la précédente. Car c'est d'elle que dépend une multitude de problêmes fréquens dans les recherches géométriques, et où l'on a besoin de remonter à la nature d'une courbe, les propriétés de sa tangente ou de sa développée étant connues. On lui donna par cette raison, dans sa naissance, le nom de *Méthode inverse des tangentes;* mais ce nom est aujourd'hui tout-à-fait impropre. Cette partie du calcul infinitésimal est aussi la plus difficile, et malgré la sagacité des plus grands Géomètres, il y a des cas sans nombre où elle élude leurs efforts, ou pour mieux dire, le nombre des cas susceptibles de résolution, n'est qu'extrêmement petit en comparaison de ceux qui s'y refusent encore.

Lorsqu'on a une équation différentielle où les indéterminées sont mêlées ensemble, il y a deux procédés employés par les Géomètres. Le premier consiste à tâcher d'intégrer l'équation sans les séparer; car puisque une quantité telle que xy à une différentielle mêlée comme $xdy+ydx$, et que cette autre plus composée $\sqrt{xx+xy}$ a celle-ci $\frac{2xdx+xdy+ydx}{2\sqrt{xx+xy}}$, il est naturel de commencer par tenter si la différentielle proposée ne vient point de quelque expression en termes finis, renfermant les variables mélangées entr'elles. Il est évident que, lorsque cela réussit, on a le rapport de ces variables exprimé en termes finis; le reste est l'ouvrage de l'algèbre ordinaire.

Ici comme dans l'autre branche du calcul intégral, c'est une certaine sagacité, une certaine habitude des formes que prennent les différentielles dans les différens cas, qui sert principalement à reconnoître ceux où les différentielles sont intégrables. C'est-là en quelque sorte l'élémentaire du calcul. On doit recourir aux ouvrages qui en traitent. Nous remarquerons au surplus que l'on a trouvé des caractères propres à faire reconnoître quand cette intégration peut avoir lieu. Il arrive même quelquefois qu'une différentielle a besoin d'être multipliée par une fonction particulière de ses variables pour devenir intégrable. On a trouvé les moyens de déterminer cette fonction quand il y a lieu; car cela n'est pas toujours. On fera connoître ceux à qui l'on doit ces artifices ingénieux.

Mais lorsqu'on ne peut parvenir à cette intégration, alors le second procédé a lieu. Il consiste à tâcher de séparer les indéterminées les unes des autres, et à faire que chacune se trouve dans un des membres de l'équation, les x avec les dx, et les y avec les dy. Alors le problême est réduit au cas que nous avons traité dans l'article précédent, et l'équation est du moins constructible par la quadrature du cercle, ou de l'hyperbole, ou de quelque courbe d'un ordre plus élevé. Lorsqu'enfin l'équation n'est ni intégrable ni séparable, alors il faut recourir à d'autres artifices dont nous parlerons.

Il est à propos de remarquer, afin de donner une idée de toute l'étendue du problême, qu'il y a des différentielles de différens ordres. Celles du premier sont celles où il n'y a que des premières-différences des variables comme x et y, qui peuvent même être multipliées entr'elles ou élevées à une puissance quelconque. Ainsi $x^2dydx \pm xydy^2 \pm xydx^2 = 0$, est une équation différentielle du premier ordre. Mais lorsqu'il s'y trouve des secondes différences comme ddx, ddy, soit multipliées entr'elles, soit élevées à une puissance quelconque, c'est une différentielle du second ordre, et ainsi des autres plus élevées.

Neuton, dont le nom se trouve en tête de presque toutes les théories inventées depuis le milieu du dernier siècle, envisageoit ce problême dès les premiers temps où il découvroit ce nouveau calcul. Il étoit, du moins en 1676, en possession des deux méthodes dont on a parlé plus haut, pour trouver le rapport des indéterminées dans une équation fluxionnelle entre deux quantités variables, quelle que fût leur complication. Le lecteur ne doit cependant pas en conclure que Neuton ait résolu le problême en entier; cela s'accorderoit mal avec ce qu'on a dit plus haut. La méthode de Neuton donne seulement le rapport cherché en série infinie. Content de cette solution générale, Neuton n'a pas poussé plus loin ses recherches. Quelquefois à la vérité cette série se termine, et alors on a, en termes finis, une équation entre les deux variables qui détermine leur rapport. Mais cela n'arrive pas toujours; au contraire, une équation a quelquefois une intégrale finie, et la méthode de Neuton donne une suite infinie. L'une et l'autre valeur seront bien les mêmes; mais la première est beaucoup plus simple et plus satisfaisante pour l'esprit. C'est pourquoi les Géomètres, réservant la méthode de Neuton pour les cas désespérés, ont recherché des moyens, soit pour intégrer en termes finis, lorsque cela se peut, soit pour séparer les indéterminées, ce qui fournit un autre moyen de représenter les intégrales. On va donner une idée des différens expédiens imaginés pour atteindre ce but.

Les cas où une équation différentielle a plusieurs variables est intégrable, sont en bien petit nombre en comparaison de ceux où cette intégration est impossible. C'est, comme nous l'avons dit, par une sagacité et habitude à reconnoître les formes que prend une quantité par la différentiation, qu'on parvient à trouver les intégrales elles-mêmes. On a remarqué, par exemple, qu'une quantité telle que xy étant différentiée donne $ydx + xdy$. Ainsi donc lorsqu'on aura une quantité formée de deux membres affectés du signe +, dans l'un desquels une variable sera multipliée par la différence de l'autre, et dans l'autre *vice versâ*, on en conclurra que l'intégrale est leur produit.

La fraction $\frac{x}{y} = a$ étant différentiée, prend cette forme $\frac{ydx - xdy}{yy} = 0$; et conséquemment, en multipliant par yy, ce qui ne change rien à l'équation, on a tout simplement $ydx - xdy = 0$. Lors donc qu'on aura une forme semblable, il sera probable que la différentielle viendra d'une fraction; et dans une forme comme la dernière, suppléant le dénominateur yy, on aura $\frac{x}{y} =$ à une constante que la nature du problême détermine ordinairement. Il y a même toujours dans cette forme de différentielle un multiplicateur qui la rend intégrable. Car si l'on a $2ydx - xdy$, ou $ydx - 2xdy$, ou en général $mydx - xdy = 0$, en la multipliant par x^{m-1}, on aura la différentielle $myx^{m-1}dx - x^m dy = 0$; où suppléant encore le dénominateur yy, on aura l'intégrale $\frac{x^m}{y} =$ une constante; car différentiant, on trouve $\frac{myx^{m-1}dx - x^m dy}{yy} = 0$; ce qui, divisé par x^m et multiplié par yy, donne enfin $mydx - dy$, ou $mxdx = \frac{dy}{y}$; par conséquent $\frac{mx^2}{2} = \log. y \pm c$, où c est une constante à déterminer suivant les conditions du problême.

Ainsi, pour en donner encore quelques exemples, ayant la différentielle $\frac{dy + dx}{x + y}$, on aura son intégrale égale au logarithme hyperbolique de $x + y$; car supposant $x + y = z$, on auroit la précédente différentielle égale à $\frac{dz}{z}$, que nous avons vu dans l'article précédent être celle du logarithme de z. Cette substitution est, dans bien des cas plus difficiles que les précédens, un fil secourable pour simplifier des différentielles compliquées, qui par là se réduisent à des formes simples, dont l'intégration se présente au premier coup d'œil. Si l'on avoit, par exemple, cette différentielle $\frac{my^n x^{m-1} dx + n x^m y^{n-1} dy - (n + m) y^{m+n-1} dy}{x^m y^n - y^{m+n}}$, pour l'intégrer, on tenteroit de la simplifier, en supposant $x^m y^n - y^{m+n} = z$; et cela réussiroit, car on trouveroit, en différentiant cette expression, tout le numérateur de la différentielle proposée, égal à dz, et conséquemment cette différentielle égale à $\frac{dz}{z}$, dont l'intégrale est logarithme de z; et conséquemment, si l'on remet au lieu de z sa valeur, on aura pour l'intégrale cherchée,

Log. $(x^m y^n - y^{m+n}) + c$. Il ne seroit, au surplus, pas difficile à quelqu'un médiocrement versé dans ces calculs, de voir tout de suite que le numérateur de l'expression proposée est exactement la différentielle du dénominateur. Mais en voilà assez sur ces détails élémentaires de calcul, qu'il faut voir dans les livres qui en traitent. Les *Lectiones calculi integralis*, de Jean Bernoulli (*Operum* tom. 3), en sont remplies, et ils y sont presque toujours appliqués à des exemples de problêmes géométriques.

Mais lorsqu'une équation différentielle est fort compliquée, il est rare d'appercevoir si elle est intégrable, et il seroit quelquefois si laborieux d'essayer de l'intégrer, qu'il étoit fort utile d'avoir quelques moyens de reconnoître si la chose étoit possible ou ne l'étoit pas, avant de tenter cette intégration. C'est l'objet qu'a eu M. Clairaut dans un mémoire donné à l'Académie des Sciences en 1740, où il rend la justice à MM. Euler et Fontaine, de remarquer qu'ils y étoient aussi arrivés chacun de son côté. Clairaut y démontre que si l'on a une équation différentielle du premier ordre exprimée généralement par ces deux termes $A\,dx + B\,dy$. (Par A on entend tous les termes qui multiplient dx, et par B tous ceux qui multiplient dy, ou en termes usités aujourd'hui A et B sont chacune des fonctions de x, y et de constantes); Clairaut, dis-je, fait voir que dans une pareille équation si on différentie A en ne faisant varier que y et qu'on divise par dy, on aura la même expression qu'en différentiant B avec l'attention de n'y faire varier que x, et de diviser ensuite par dx. Un exemple assez simple suffira ici pour faire comprendre cette règle. Qu'on ait l'expression $ax^m y^n$, sa différentielle sera $amx^{m-1}y^n dx + any^{n-1}x^m dy$. Ici donc A est $amx^{m-1}y^n$, et B est $any^{n-1}x^m$. Or, qu'on différentie de nouveau ces deux quantités, en faisant varier dans A la lettre y, et dans B la lettre x, et qu'on efface dans la première dy et dans l'autre dx, on a le même résultat $n.max^{m-1}y^{n-1}$. Quiconque a différencié des variables se multipliant l'une et l'autre, doit même sentir par le procédé de l'opération, que cette égalité est nécessaire. Mais Clairaut le démontre d'une manière directe. Cette règle est exprimée plus briévement par ces espèces de symboles: si la différentielle $A\,dx + B\,dy$ est intégrable, il faut que $\frac{dA}{dy} = \frac{dB}{dx}$, c'est-à-dire la différentielle de A, en faisant varier seulement y, et divisant par dy, sera égale a la différentielle de B, en faisant varier seulement x, et divisant par dx. Clairaut fait voir de même que si l'on a une différentielle à trois variables x, y, z, exprimée ainsi, $Adx + Bdy + Cdz$, pour qu'elle soit intégrable, il faut que ces trois équations se vérifient à-la-fois $\frac{dA}{dy}=\frac{dB}{dx}$; $\frac{dA}{dz}=\frac{dC}{dx}$; $\frac{dB}{dz}=\frac{dC}{dy}$; ce qui suggère suffisamment que si l'on avoit une différentielle à quatre variables, cas à la vérité extrêmement rare et presque de pure spéculation, il faudroit satisfaire à six équations semblables, savoir autant qu'on peut combiner de fois entr'elles quatre choses deux à deux, et ainsi de cas plus compliqués ; c'est-là ce qu'on appelle, dans ce calcul, *équations de conditions.*

Un exemple de ce moyen de reconnoître si une différentielle à plusieurs variables est intégrable, ne sauroit être déplacé ici ; mais nous nous bornerons à une de deux variables. Soit donc cette différentielle $dx\sqrt{y}+\frac{xdy}{2\sqrt{y}}-ady\sqrt[3]{x}-\frac{aydx}{3x^{\frac{2}{3}}}$, qui est assez compliquée pour qu'il ne soit rien moins que facile de juger si elle a une intégrale, ou non. Je commence par prendre tous les termes qui multiplient dx, et leur somme, qui est ici $\sqrt{y}-\frac{ay}{3x^{\frac{2}{3}}}$, me donne la valeur de A. Je prends de même la somme de tous les termes qui multiplient dy, et qui est $\frac{x}{2\sqrt{y}}-a\sqrt[3]{x}$; c'est la valeur de B. Je différentie A, en ne faisant varier que y, et je supprime les dy ; ce qui donne $\frac{1}{2\sqrt{y}}-\frac{a}{3x^{\frac{2}{3}}}$. Je différentie de même B, en n'y faisant varier que x, et divisant par dx, et j'ai $\frac{1}{2\sqrt{y}}-\frac{a}{3x^{\frac{2}{3}}}$. Or ces deux expressions sont absolument les mêmes ; ainsi nous avons $\frac{dA}{dy}=\frac{dB}{dx}$, et consépuemment notre équation est intégrable.

L'intégration devient après cela facile ; car il n'y a qu'à prendre l'intégrale du membre où se trouve dx, ou Adx, en n'y regardant comme variable que x, il est ici $dx\sqrt{y}-\frac{aydx}{3x^{\frac{2}{3}}}$, dont l'intégrale, en supposant y constante, est $x\sqrt{y}-ayx^{\frac{1}{3}}$. On intègre ensuite B$dy$, en ne supposant que y variable ; si ces deux intégrales sont les mêmes, il n'y aura rien à ajouter à l'intégrale d'abord trouvée. C'est ce qui arrive ici ; car l'intégrale de Bdy, en supposant y seule variable, est $x\sqrt{y}-ayx^{\frac{1}{3}}$. Ainsi, telle est l'intégrale complette, sauf l'addition de la constante de la différentielle proposée.

Mais si l'une des deux intégrales, par exemple la dernière, contenoit quelque terme de plus que la première, il n'y auroit qu'à l'ajouter à l'intégrale déjà trouvée, elle sera complette par-là. Cela seroit arrivé dans l'exemple présent, si la différentielle proposée avoit contenu quelque terme où dy n'eût été affecté

affecté que de y ou de quelque fonction de y sans x, comme ay ; car alors on auroit eu pour la différentielle proposée, $dx\sqrt{y}+\frac{xdy}{2\sqrt{y}}-ady\sqrt[3]{x}-\frac{aydx}{3x^{\frac{2}{3}}}\pm aydy$. Ainsi l'on eût trouvé, pour A, la même valeur que ci-dessus, et pour B, celle-ci : $\frac{1}{2\sqrt{y}}-\frac{a}{3x^{\frac{2}{3}}}\pm ay$; car ay ne multipliant que dy, ne pouvoit entrer parmi les termes qui multiplient dx. Mais dans B, x étant seule regardée comme variable, sa différentielle ne pouvoit différer de la première. Ainsi, l'intégrale de Bdy, y étant seule variable, est $x\sqrt{y}-ax^{\frac{1}{3}}y\pm\frac{ay^2}{2}$, et l'on doit ajouter à la première ce dernier terme tout formé de y.

On eût tout aussitôt fait en intégrant, de prendre à part l'intégrale de $aydy$, en réservant les autres termes pour examiner si leur intégration pouvoit avoir lieu; car l'intégrale d'une somme de différentielles est égale à la somme des intégrales de ses parties.

Mais il peut arriver, et sans doute il arrivera souvent, qu'on ne pourra satisfaire à ces premières conditions ; faut-il dans ce cas prononcer que l'intégration est impossible : non ; il y a encore une ressource à tenter. C'est celle d'un facteur, entier ou fractionaire, qui multiplie la différentielle proposée, et qui puisse la rendre intégrable. En effet cette expression différentielle peut provenir d'une fonction finie de variables égale à une quantité constante, ou lorsque, y ayant deux membres ou plus dans cette différentielle, ils se sont trouvés avoir un facteur ou un diviseur commun. Car dans le premier cas le second membre de l'équation différentielle étant égal à zéro, on a pu supprimer un dénominateur ou un facteur sans troubler l'équation ; dans le second on a pu également diviser l'un et l'autre membre par le facteur commun. Nous avons donné quelque peu plus haut un exemple de l'un et de l'autre cas. Mais c'est un des plus simples, et il en est de beaucoup plus compliqués où il n'est rien moins que facile de reconnoître quel est ce facteur ou ce diviseur à restituer dans l'équation proposée pour la rendre intégrable.

C'est encore ici un de ces cas où l'on ne sauroit être conduit par un procédé assuré, mais seulement par une certaine sagacité que donne l'habitude de manier ce calcul. On tente un facteur que l'on juge pouvoir convenir ; ce qui conduit à de nouvelles équations de condition qu'il faut tâcher de remplir, ou qui font connoître si le facteur qu'on suppose propre à son objet, l'est en effet. Il est encore nécessaire de donner ici une idée de ces nouvelles équations de condition.

Pour cet effet supposons ce facteur cherché être une fonction de

x, y et de constantes que nous nommerons F, et qu'il nous serve à multiplier la différentielle proposée, ensorte que nous ayions $FAdx = FBdy$. Pour que cette quantité soit intégrable, il faudra par les mêmes raisons que ci-dessus que la différentielle de FA, en y faisant varier y seulement, et divisant par dy soit la même chose que celle de FB, en y faisant varier x seule et divisant par dx; c'est-à-dire, on aura cette équation de condition $AdF + FdA = BdF + FdB$; et si l'on trouve une valeur de F qui satisfasse à cette équation, ce sera le facteur convenable pour rendre la différentielle proposée intégrable. Il faut au surplus convenir que ce n'est pas une chose aisée que de trouver la forme de ce facteur. Clairaut dans le mémoire cité, donne cependant pour cela quelques règles; mais elles ne sont rien moins que générales, et de plus elles sont d'un usage embarrassant. C'est pourquoi nous croyons devoir renvoyer le lecteur à son mémoire.

Si la différentielle proposée étoit à trois variables, et que les trois équations de condition qu'exige son intégration ne se vérifiassent pas, on auroit également la ressource de tâcher de trouver un facteur commun qui rendît la proposée intégrable après avoir été multipliée par ce facteur. Mais alors il y aura trois équations de condition à remplir, comme celles-ci: $\frac{AdF + FdA}{dy} = \frac{BdF + FdB}{dx}$; $\frac{AdF + FdA}{dx} = \frac{CdF + FdC}{dz}$; $\frac{BdF + FdB}{dx} = \frac{CdF + FdC}{dz}$. Il est, au surplus, à propos d'observer d'abord que si deux de ces équations quelconques se vérifient, la troisième aura lieu nécessairement. En effet, si $A = B$, et $A = C$, il faut nécessairement que B soit $= C$, *et vice versâ*. Ainsi, deux quelconques de ces équations nécessiteront la troisième. Mais s'il est difficile de trouver le facteur commun dans le cas de deux variables seulement, on peut juger combien plus difficile il est de le trouver dans le cas de trois variables. Quoiqu'on ait pour cela quelques règles générales, on n'y parvient le plus souvent qu'après bien des tentatives laborieuses.

Si la différentielle proposée étoit entre quatre variables, il en résulteroit six équations semblables de condition, avec cette limitation cependant qu'il suffiroit de satisfaire à quatre, les deux autres s'ensuivant nécessairement des premières. Cinq variables nécessiteroient dix équations de condition, dont six néanmoins suffiroient et ainsi de suite. Mais ce sont là des vérités qui sont presque de pure spéculation.

Il est nécessaire de remarquer ici, avant que d'aller plus loin, qu'une équation différentielle à deux variables, a nécessairement une valeur, quoiqu'il ne soit pas toujours possible de trouver son intégrale, ou du moins une courbe qui exprime le rapport de x à y. Mais il n'en est pas de même d'une différentielle à trois variables. Bougainville, dans son traité du calcul intégral (*t. II, p. 25 et suiv.*) en donne une double démonstration, l'une analytique, et l'autre déduite d'une considération géométrique. On nous permettra de renvoyer encore à son ouvrage.

Mais les cas d'intégration directe et semblable sont si rares, qu'il faut le plus souvent recourir à d'autres expédiens imaginés par les géomètres qui ont traité ces matières. L'un de ces expédiens consiste, ainsi qu'on l'a déjà dit, dans la séparation des indéterminées, c'est-à-dire, à faire ensorte que chacune des différentielles ne se trouve plus affectée que de sa variable propre, dx par exemple, d'une fonction quelconque de x et de constantes, et dy d'une fonction de y et de constantes. Car alors on peut au moins l'intégrer au moyen de la quadrature du cercle ou des logarithmes, ou de quelque autre courbe.

C'est à Leibnitz et aux deux célèbres frères Jacques et Jean Bernoulli, qu'on doit principalement les différens artifices de ce genre. Les divers problêmes soit purement géométriques, soit mécaniques qu'ils proposèrent, les conduisirent souvent à des différentielles très-compliquées qu'ils avoient à intégrer. Leibnitz, ce qu'on n'a pas assez remarqué, donna en ce genre plusieurs fois des exemples d'une sagacité digne d'un des inventeurs de ces calculs. A la vérité ses occupations infiniment variées faisoient que souvent il se contentoit de montrer la voie ; mais on reconnoît toujours dans tout ce qu'il a écrit sur ce sujet le doigt indicateur du génie. Enfin ce sont surtout MM. Bernoulli qui ont enseigné au monde savant les différentes méthodes de ce calcul, et c'est d'eux, et principalement de Jean Bernoulli, que nous emprunterons la plus grande partie de ce que nous allons dire.

Il se présente d'abord un cas qui, du premier coup-d'oeil, paroît être fort difficile, et où néanmoins avec un peu d'attention on reconnoît facilement que les indéterminées sont séparables. C'est lorsque dans une équation différentielle à deux variables x et y, par exemple, les dx, dy se multiplient l'un l'autre, et forment des produits de plusieurs dimensions, mais qu'une des deux variables finies manque entièrement. Telle est cette expression différentielle $ady^4 + bdy^3dx - ydy^3dx^2 - ydx^4 = 0$, où x manque. En effet, une inspection attentive de l'expression fait voir que divisant tout par dy^4, elle se transforme dans la suivante $\frac{ydx^4}{dy^4} + \frac{ydx^2}{dy^2} - \frac{bdx}{dy} - a = 0$. Or c'est-là une équation du quatrième degré, où $\frac{dx}{dy}$ tient lieu d'inconnue, en sorte que si à sa place on écrit z, et qu'on l'ordonne à la manière accoutumée, on aura $z^4 + z^2 - bz - a = 0$. On pourra donc avoir toujours par la résolution de cette équation, la valeur ou les valeurs de z ou $\frac{dx}{dy}$ en y et constantes ; ainsi cette valeur étant égalée à $\frac{dx}{dy}$, donnera $dx = zdy$, où z ne renferme que des y et des constantes ; ainsi l'on aura d'un côté dx, et de l'autre tous les dy et y, ce qui est l'origine de la règle de M. Bernoulli pour pareil cas.

Il est aisé de voir par-là pour quelle raison il faut que l'une des deux indéterminées finies, manque. C'est afin d'avoir la valeur de $\frac{dx}{dy}$ en l'une des deux seulement, ce qui sépare nécessairement les indéterminées. Mais lorsqu'il y a à-la-fois deux variables, il est clair qu'on ne peut avoir la valeur de $\frac{dx}{dy}$ qu'en x et y mêlées ensemble. Il faut, au surplus, observer ici que dans ce cas même, on a trouvé le moyen de parvenir à l'intégration, mais il a fallu y employer une méthode particulière que nous aurons peut-être occasion de faire connoître dans la suite.

Jean Bernoulli a fait un pas considérable dans cette carrière, en montrant d'abord que toutes les fois qu'on a une expression différentielle du premier ordre, dans laquelle la somme des dimensions de x et y, qui affectent les dx et dy, montent au même degré dans tous les termes, la séparation des indéterminées est l'ouvrage d'une simple substitution ; telles sont, par exemple, ces différentielles : $\overline{ax^2 + xy}\, dx = \overline{by^2 + x^2}\, dy$, ou $\frac{\overline{ax + y}\, dx}{\sqrt{xx + yy}} = \frac{\overline{by + x}\, dy}{\sqrt{xy - yy}}$. (dans ces expressions et autres semblables, les lettres a et b ne doivent exprimer que des nombres). Dans toutes ces équations, dis-je, la séparation des indéterminées est possible. L'artifice de cette séparation consiste en ceci : savoir, à supposer l'une des deux variables, x, par exemple, égale à y multipliée par la variable z, en sorte qu'on ait $x = yz$. Substituant ensuite au lieu de x et dx, leurs valeurs, les variables se séparent comme d'elles-mêmes. Ainsi, dans la première des équations ci-dessus, au moyen de cette substitution, on trouvera $\frac{dy}{y} = \frac{az^2 + z}{b - az^3}\, dz$, où les indéterminées sont séparées. L'intégrale du premier membre sera log. y, et celle du second se trouvera par la théorie de l'intégration des fractions rationnelles dont il a été question dans l'article précédent. Ayant donc enfin la valeur de z et celle de y, on aura celle de x, puisque $zy = x$.

Bernoulli ne s'est pas borné à ce moyen, il a montré dans un mémoire qu'on lit dans le premier volume de ceux de Pétersbourg, ou dans le troisième de ses oeuvres, qu'on peut aussi dans pareil cas intégrer sans séparation préalable des indéterminées. Ces expressions ou équations différentielles qui se trouvent dans ce cas, et qui sont aussi dans le précédent, sont exprimées ainsi :

$$\overline{ax + by}.\ dx + \overline{cx + ey}.\ dy = 0.$$

$$\overline{ax^2 + bxy + cy^2}.\ dx + \overline{ex^2 + fxy + gy^2}.\ dy = 0.$$

$$\overline{ax^3 + bx^2y + cy^2x + ey^3}\,dx + \overline{fx^3 + gx^2y + hxy + iy^3})\ dy = 0 \text{ \&c.}$$

ce qui suffit pour montrer leur progression, et où il faut observer que les lettres a, b, c, d, &c., ne deviennent que des nombres, qui peuvent, suivant les circonstances, être $= 0$. Mais cette dernière méthode n'est pas de nature à pouvoir être expliquée ici. Il faut lire ce mémoire, recommandable par sa précision et sa netteté, ainsi qu'une addition qui se trouve dans le quatrième volume de ses oeuvres.

Toutes les fois donc qu'une équation différentielle sera ainsi constituée, c'est-à-dire homogène, suivant la dénomination donnée par Bernoulli, elle sera susceptible et de séparation des indéterminées et de construction géométrique. Mais si elle n'est pas homogène que doit-on en penser. Doit-on prononcer qu'elle n'est intégrable en aucune manière ? Non ; il y a des cas limités où elle l'est encore, et l'on y parvient par des transformations de l'une des deux indéterminées, qui servent à faire connoître les rapports des exposans des deux variables qui permettent de réduire l'expression à l'homogénéité. Ces artifices sont expliqués dans divers ouvrages, et en particulier dans le traité de calcul intégral de Bougainville.

Nous n'avons encore parlé que des différentielles du premier ordre où il n'y a que deux variables ; c'est le cas le plus commun ; souvent néanmoins il y en a trois comme dans les problêmes relatifs à une surface courbe. Il n'a pareillement encore été parlé que des différentielles où les dx, dy sont au premier degré, et ne se multiplient pas. Quelquefois cependant et même souvent elles se multiplient ensemble, comme dans celle-ci, $xxdx^2 \pm xydxdy = aady^2$. C'est encore un rameau de cette branche secondaire du calcul intégral, par où l'on peut juger de l'immensité de ce calcul. Mais nous n'avons pas entrepris d'en donner ici un traité. Nous ne pouvons le plus souvent et surtout dans une matière aussi sèche et épineuse, qu'indiquer les principaux points des recherches des géomètres, et les livres où l'on peut s'en instruire. Il ne nous est cependant pas possible de finir cet article, sans donner une idée de quelques artifices d'intégration et de construction géométrique des équations différentielles qui sont fréquemment employés, et que nous n'avons encore pu faire connoître.

Lorsque par un des moyens quelconques indiqués dans cet article on est parvenu à séparer les variables, il est aisé de voir que le problême est réduit à un de ceux de l'article précédent. On en intègre chaque membre à part, soit absolument si la chose est possible, soit au moyen des logarithmes ou des arcs de cercle, ou autres moyens dont on a donné l'explication. Car alors l'intégrale est réduite à cette forme $Ydy - Xdx$, dans laquelle Y est une fonction quelconque de y, et X une quelconque de x. Ainsi supposons une différentielle, dont la séparation des variables ait produit celle-ci : $\frac{ady}{y} = \frac{rdx}{rr - xx}$. En intégrant, on trouvera log. hyp. $y =$ A*rc* tang. x au rayon r.

Il est à propos de faire connoître ici un artifice particulier d'un usage très-fréquent dans l'intégration de quantités logarithmiques. Si l'on avoit, par exemple, à intégrer l'équation $\frac{dy}{y} = Xdx$, on verra bien d'abord que log. $y =$ S. Xdx. Mais on n'a en quelque sorte rien encore, si l'on ne dégage pas y du signe logarithmique ; mais comment l'en dégager, l'autre membre n'étant point sous la même forme ? on y est parvenu ainsi : il n'y a qu'à multiplier ce second membre par le logarithme de e, savoir le logarithme du nombre qui a l'unité pour logarithme ; car il est évident que cela ne troublera en aucune manière l'équation. On aura donc log. $y =$ S.Xdx log. e. Passant donc maintenant des logarithmes aux quantités ordinaires, on aura $y = e^{S.Xdx}$. Ainsi, lorsque l'on aura connu la valeur de S. Xdx, on aura celle de y. Cette forme d'intégrale est d'un usage très-fréquent dans ce calcul.

Lorsque les variables d'une équation différentielle sont séparées, il y a un autre moyen quelquefois employé pour représenter l'intégrale, surtout lorsque celle de chaque membre dépend des quadratures. Voici un exemple de ce procédé. Soit la différentielle à variables séparées exprimée comme elle peut l'être généralement par celle-ci $Ydy = Xdx$, X et Y étant telles qu'on a dit plus haut. Il est évident que ces deux expressions représentent des différentielles d'aires de courbes ; la première celle d'une courbe dont y étant l'abscisse, l'ordonnée seroit la fonction Y, et la seconde celle d'une courbe dont l'ordonnée seroit X, l'abscisse étant x. On suppose au surplus que x et y sont de dimension linéaire, et si cela n'étoit pas, il n'y auroit qu'à les diviser ou les multiplier par une puissance de a réputé l'unité, qui les y réduiroit.

Cela supposé soient (*fig.* 47) AD, BE deux lignes droites se coupant à angles droits l'une l'autre au point C. Sur une de ces lignes CA soit prise l'abscisse x, et que la courbe CFf représente celle dont l'ordonnée est X, l'aire CGF représentera S.Xdx ; supposons maintenant une autre courbe CHh qui soit telle que le rectangle de GH par une constante comme b soit égale à l'aire CFG.

Soit décrite de la même manière dans l'angle BCD sur l'axe CB, la courbe CMm, dont l'aire CDd représente S.Ydy, et celle CNn, dont l'ordonnée PM$\times b$ forme un rectangle égal à cette aire.

Enfin dans l'angle DCE soit tirée CQ, qui le coupe en deux également. Si sur l'axe CB des y on prend une abscisse CP quelconque, qu'on tire son ordonnée PM prolongée jusqu'à la courbe Nn en N, que de ce point N on tire No jusqu'à la rencontre de CQ, et du point o la parallèle OR jusqu'à la rencontre en R de la courbe CHh, les lignes RS, MS parallèles à BE. DA se rencontreront en un point S, l'un de ceux de la courbe cherchée Ss, qui représentera les valeurs respectives de x et y, par ses abscisses et ordonnées CT, TS. Cela est évident, car d'abord CT et TS sont égales à x et y, et d'un autre côté PN, qui est $=$ S.Ydy est, par la construction, évidemment égale à RT, qui est $=$ S.Xdx.

Cette construction ingénieuse est due à Jean Bernoulli ; il faut cependant convenir qu'elle est plus curieuse dans la spéculation qu'utile dans la pratique. Car on n'a véritablement une idée distincte du rapport de deux grandeurs, que lorsqu'on peut les réduire numériquement, soit exactement, soit par approximation, l'une à l'autre ; or c'est à quoi la méthode des suites, quoique souvent imparfaite, est encore plus propre qu'une pareille construction. Il eût néanmoins manqué quelque chose à cette partie de notre ouvrage, si l'on ne l'y eût pas trouvée.

XVII.

Quoique nous soyions déjà entrés dans quelques détails assez épineux sur la partie du calcul intégral qui nous occupe en ce moment, nous n'avons cependant encore fait en quelque sorte qu'ebaucher la matière ; car il y a une foule d'équations différentielles, même du premier ordre, bien autrement compliquées, et dont les Géomètres et Analystes devoient s'occuper. Nous allons faire connoître, autant que le comporte la nature de cet ouvrage, leurs recherches en ce genre.

C'est par degrés, comme dans les autres parties des Mathématiques, qu'on s'est élevé à ce qu'on sait aujourd'hui sur ce sujet. Jacques Bernoulli proposoit à la fin de 1695 (1) ce cas d'équation différentielle $yXdx + by^n X' dx - ady = 0$, dans laquelle X,X' sont des fonctions différentes de x et de constantes, et a et b des constantes. Il demandoit les moyens d'en séparer les indéterminées. Leibnitz ne tarda pas de répondre sommairement à la question, en annonçant que cette équation pouvoit se réduire à $Zdu + Z'udz$, ou Z.Z'.Z'' sont des fonctions de z et de constantes, et que de cette dernière il étoit en état d'en séparer les variables et d'en réduire la construction aux quadratures. Cela montre qu'en effet il étoit en possession de la clef du problême; car cette réduction est une des voies qu'on peut prendre pour le résoudre. Jacques Bernoulli se borna aussi à indiquer sa solution, qu'il réduisit à un problême analogue à celui de Beaune, dont il donnoit la construction par un mouvement continû (2). Mais Jean Bernoulli est celui qui en a donné la solution la plus instructive et la plus développée. C'est pourquoi nous la ferons connoître dans une des notes qui suivront ce livre. Il nous suffira de donner une idée de sa méthode. Elle consiste d'abord à supposer l'une des variables y, égale à mz, (m et z étant deux nouvelles indéterminées). Cette valeur étant substituée dans l'équation proposée, il en résulte une nouvelle à quatre termes dont il égale deux, ce qui lui est permis à cause de la double indétermination de m et de z. Il en résulte une valeur de z en x, qui étant substituée dans les termes restans, opère la séparation des indéterminées, et donne une valeur de m en x; or l'on avoit fait $y = mz$. Conséquemment ce procédé donne la valeur de y, égale au produit des deux fonctions de x, trouvées pour m et z.

Plusieurs autres Géomètres enfin se sont essayés sur ce problême analytique. Craige l'a fait dans son traité *de Calculo fluentium.* Mais une des solutions les plus élégantes est celle que Maupertuis a donnée dans les Mémoires de l'Académie de 17 .

Mais quoique la formule précédente soit des plus étendues, il s'en faut cependant bien qu'elle comprenne tous les cas des équations à trois termes et à deux variables. Cette équation générale est en effet celle-ci : $AXy^n dy + BX'y^{n+1} dy + Cy^q X'' dx$, dans laquelle X.X'.X'' sont des fonctions de x seulement et de constantes, et A. B. C. des constantes.

Jean Bernoulli est aussi parvenu, par une substitution semblable à la précédente à l'intégrer, ou du moins à séparer les

(1) *Acta eruditorum Lipsiensia.* ann. 1695.

(2) *Probl. Beaunianum generalius conceptum* Act. Lips.

variables,

variables, au moyen d'une substitution semblable à la précédente; mais d'Alembert en a donné une autre solution plus générale, et qu'on doit voir dans l'ouvrage de Bougainville, où l'on peut voir aussi comment et dans quels cas cette solution s'étend même à ceux où X.X'.X'' sont des fonctions de x et y. Mais jusqu'à présent ce dernier cas dans sa généralité a échappé aux efforts des Analystes.

Il y a parmi les équations de cette forme un cas particulier qui a eu de la célébrité pendant un temps, et qui a fort occupé les Analystes. Il y en a peu qui n'ayent essayé leur sagacité, ou à tenter de la résoudre généralement, ce qui paroît jusqu'à présent impossible, ou du moins à trouver des cas où elle est intégrable ou constructible. C'est celui où l'on suppose $q=2$, ce qui réduit l'équation générale citée plus haut à celle-ci $ax^m y^p dx + byy x^n dx = dy$. On la nomme l'équation de Riccati, parce que son intégration, ou les conditions de son intégrabilité ont été pour la première fois proposées par le comte Riccati, géomètre italien, dans le tome VIII du supplément des *Acta eruditorum*, (1722). Les quatre célèbres Géomètres, MM. Jean Bernoulli, Nicolas son neveu, fils de Jacques; Daniel et Nicolas ses deux fils, s'en occupèrent à l'envi et en trouvèrent des solutions, c'est-à-dire, les rapports des exposans $m.\ n.\ p.$, qui permettent la séparation des indéterminées. C'est ce qu'annonça bientôt après Daniel Bernoulli, en donnant sa solution sous des lettres transposées, afin de laisser à d'autres Géomètres le plaisir d'y essayer leurs forces. En effet, M. Christian Goldbach, depuis l'un des premiers membres de l'Académie de Pétersbourg, et analyste moins connu qu'il ne méritoit de l'être, la trouva aussi vers le même temps, et la donna dans les Mémoires de cette Académie (*T. I.*) avec quelques additions intéressantes. Il y a dans ces mémoires quelques autres écrits de cet analyste sur des cas particuliers de calcul intégral, qui justifient ce que je viens de dire. On lit encore dans les mêmes mémoires la solution de Nicolas Bernoulli, fils de Jean. Il résulte de toutes ces solutions entièrement concordantes, qu'il y a une infinité de cas où l'équation proposée est intégrable, savoir tous ceux où la valeur de n est exprimée par cette formule $-\frac{2hn+n-4h}{2h-1}$, h étant un nombre positif et entier quelconque, à commencer par l'unité, et n un autre quelconque entier ou fractionnaire. Du reste, il y a apparence que l'équation n'est point susceptible d'une réduction générale. Sans prendre la peine de recourir aux différentes pièces indiquées plus haut, on peut consulter le *Traité du calcul intégral* de Bougainville, où l'on trouve un précis très-clair de tout ce que présente ce problême analytique.

Ce que l'on a fait sur les équations à trois termes indiquées ci-dessus, on l'a fait aussi sur celle à quatre termes, telle que la suivante $x^{m}dx + by^{p}x^{n}dx + cy^{q}dx + ady = 0$, à laquelle toutes les autres peuvent être réduites. Je veux dire qu'au défaut d'une intégration absolue, dont elle n'est pas généralement susceptible, on a examiné les cas dans lesquels l'intégration ou du moins la séparation des indéterminées peut avoir lieu. On doit principalement cet examen à M. Bernoulli. Elle sera susceptible et de séparation des indéterminées, et de construction si elle est homogène. Mais si elle ne l'est pas, que doit-on en penser ? doit-on prononcer qu'elle n'est intégrable ni constructible en aucune manière ? Non. Il y a des cas, à la vérité, limités, où elle l'est encore, et l'on y parvient par des transformations adroites de l'une des deux indéterminées, afin d'abaisser les puissances trop élevées, ou élever celles qui ne le sont pas assez, pour que l'équation devienne homogène. On peut aussi, par une supposition de nouvelles variables et de rapports de coefficiens, faire évanouir certains termes, au moyen de quoi une équation à quatre termes se réduit à une de trois, ce qui en allège la difficulté. C'est par de semblables artifices que M. Goldbach, dont nous avons parlé plus haut (1), et M. Herman (2), et enfin M. Nicolas Bernoulli (3), sont parvenus à réduire des équations différentielles qui avoient jusqu'alors éludé les efforts des analystes, et qui avoient passé pour irréductibles ; telles que celles-ci $aydx + bx^{n}dy + cx^{n-1}dx = dy$. ou $adx + bdy + cxdx + cydx + fxdy + gydy$, ou $ax^{m}dx + byx^{p}dx + cydx = dy$, &c., et diverses autres du même genre. La première de ces équations est même toujours intégrable en termes finis. Quant aux autres on a aujourd'hui des méthodes, à l'aide desquelles on parvient à déterminer l'espèce de transformation qui doit réussir ou faire reconnoître son impossibilité. On ne peut mieux faire que de recourir pour en prendre une idée au *Traité du calcul intégral* de Bougainville (*T. II*), ou aux *Elémens du calcul intégral* des PP. Leseur et Jacquier.

Quoique enfin, l'on n'ait point de méthode générale et infaillible pour intégrer ou séparer les indéterminées dans les cas autres que ceux que nous avons indiqués plus haut, il y a cependant certaines formules, ou expressions très-générales dans lesquelles réussit cette séparation. Les géomètres les ont remarquées avec raison, et s'ils ne sont pas encore parvenus à saisir le tronc entier, du moins ils en embrassent quelques branches considérables.

(1) *Comm. acad. Petropolitanae.* tom. I.

(2) *Ibid.* tom. II.

(3) *Ibid. et passim.*

Il y a, par exemple, encore une classe d'équations différentielles entre deux variables qui est susceptible d'intégration. Ce sont celles dans lesquelles il n'y a que des dx, dy, sans aucune des indéterminées même, ou au plus avec l'une des deux, quelque soit le degré de multiplication entr'elles ; telle est celle-ci : $ydy^3\, dx = adx^4 + 2a\, dx^2\, dy^2 + ady^4$, dans laquelle il suffit de faire $dx = \frac{zdy}{a}$, parce que c'est x qui manque (ce seroit $dy = \frac{zdx}{a}$ qu'il faudroit faire, si c'étoit y qui manquât). Car alors l'équation prend la forme d'une équation finie d'un degré quelconque, suivant la complication ou les puissances où dx, dy se trouvent élevées. Ici, par exemple, cette substitution réduit l'équation à celle-ci : $y = \frac{z^3}{aa} + 2z + \frac{aa}{z}$, d'où l'on tire la valeur de $dy = \frac{3z^2\, dz}{aa} + 2dz - \frac{aadz}{zz}$. Or on avoit fait $\frac{zdy}{a} = dx$, on aura donc enfin $dx = \frac{3z^3\, dz}{a^3} + \frac{2zdz}{a} - \frac{adz}{z}$, dont l'intégrale est $x = \frac{3z^4}{4a^3} + \frac{zz}{a} - \log. z + C$.

Cette méthode, qui est je crois d'Euler, exige, comme on voit, qu'une des variables au moins soit absente de l'équation, et jusqu'à d'Alembert on n'avoit pas trouvé le moyen de lever cette difficulté. Mais elle a cédé à son analyse, et il a trouvé une méthode qui n'exige point qu'une des deux indéterminées manque, il faut seulement que les deux variables ne se multiplient pas l'une l'autre. C'est au moyen de la résolution générale de cette équation $x = y\varphi z + \Delta z$, où φz et Δz sont des fonctions différentes de z, ou de $\frac{dx}{dy}$, et il y réduit une multitude d'autres équations différentielles. Mais ceci est trop compliqué pour un ouvrage de la nature du nôtre, et nous nous bornerons à renvoyer, soit aux Mémoires mêmes de ce célèbre géomètre, qui se trouvent dans le Recueil de Berlin (année 1748), soit à l'ouvrage de Bougainville, qui en contient le précis.

Parmi les inventions presque sans nombre dont d'Alembert a enrichi ce calcul, on doit encore ranger sa méthode d'intégrer à la fois plusieurs équations différentielles entre plusieurs variables. On en a un exemple dans ces deux-ci :

$$dx + (C\, x + Dy)\, dt = 0$$
$$dx + (Kx + Ey)\, dt = 0$$

dans lesquelles il est question de trouver le rapport de x et y en t. (Les lettres C ; D ; K ; L, sont des constantes). D'Alembert a été conduit par ses recherches sur la cause générale des vents, et sur le mouvement et la résistance des fluides, à des équations de cette forme, et même à de plus compliquées ; s'il est question de quatre variables, il faut trois équations semblables, et en général une équation de moins que le nombre des variables. Il en est ici comme dans l'algèbre ordinaire, où une équation sert à déterminer le rapport de deux indéterminées entr'elles, mais il en faut deux pour trouver ce rapport entre trois, et en général ce nombre de ces variables étant m, le nombre des équations nécessaires est exprimée par $m-1$.

On ne connoissoit avant d'Alembert que la méthode d'éliminer successivement ces variables, moyen toujours extrêmement laborieux et souvent impraticable, comme on le verra lorsqu'il sera question des éliminations. La méthode de d'Alembert évite cet inconvénient, et par un tour de calcul extrêmement ingénieux, donne successivement la valeur de chacune des variables en t, au moyen des racines d'une équation du second degré, s'il y a trois variables, d'une du troisième s'il y en a quatre, &c. Nous désirerions pouvoir donner ici une idée plus développée de cette méthode ; mais comme cela ne pourroit se faire sans des détails prolixes et peu compatibles avec la nature de cet ouvrage, nous nous bornons à renvoyer le lecteur curieux de la connoître, soit aux ouvrages ci-devant cités de d'Alembert, qui en présentent un grand nombre d'exemples, soit aux divers traités du calcul intégral.

Avant de terminer cet article, nous croyons devoir parler de quelques cas singuliers de ce calcul qu'on pourroit traiter de paradoxes. L'un d'eux a été remarqué pour la première fois par Clairaut. Il consiste en ce qu'il y a des équations différentielles du premier ordre, dont l'intégration présente beaucoup de difficulté par la voie ordinaire, et dont l'intégrale se trouve par une seconde différentiation, ensorte que ce qui devroit éloigner de l'intégrale en rapproche au contraire. Telle est la différentielle suivante $ydx-xdy=a\sqrt{dx^2+dy^2}$, à laquelle on est conduit par ce problême géométrique : un point étant donné, trouver la ligne courbe telle que tirant à cette ligne une tangente, et du point donné sur cette tangente une normale, elle soit toujours de la même grandeur. On parvient par un procédé assez laborieux et assez détourné, en supposant $y=u\sqrt{aa-xx}$, à séparer les variables u et x, ce qui donne l'équation finie $\frac{du}{\sqrt{uu-1}}=\frac{dx}{\sqrt{aa-xx}}$, et l'on n'en est guère plus avancé pour la résolution du problême.

Mais la différentiation nous y conduit par une voie beaucoup plus courte ; car si, pour simplifier la différentiation, on fait

$dy = pdx$, l'équation ci-dessus devient $y = px + a\sqrt{1+pp}$; qui quoique en apparence une équation en termes finis, n'en est pas moins une équation différentielle, à cause de $p = \frac{dx}{dy}$. Or si l'on différentie de nouveau cette équation, on a $dy = pdx + xdp + \frac{apdp}{\sqrt{1+pp}}$; ce qui, à cause de $dy = pdx$, donne $0 = xdp + \frac{apdp}{\sqrt{1+pp}}$; et divisant par dp, $x = -\frac{ap}{\sqrt{1+pp}}$. Enfin, si dans l'équation ci-dessus, $y = px + a\sqrt{1+pp}$, on met au lieu de px sa valeur, on trouve $y = \frac{a}{\sqrt{1+pp}}$. Or, au moyen de ces deux valeurs de x et y, éliminant p, ce qu'on fera en les quarrant et les ajoutant, on trouvera enfin $xx + yy = aa$, ce qui est l'équation au cercle. Le cercle est la courbe cherchée, ce qu'au surplus on auroit pu voir facilement. Mais il y a une autre solution, savoir la ligne droite menée de manière à ce que la perpendiculaire tirée sur elle du point donné, soit de la grandeur donnée, ou pour mieux dire, il y en a une infinité qui satisfont également au problême. Elles sont contenues, au surplus, dans l'équation différentielle $xdp + \frac{apdp}{\sqrt{1+pp}} = 0$; car elle donne $dp = 0$; d'où il suit que $p =$ à une constante quelconque n. Or la courbe dans laquelle le rapport $\frac{dx}{dy}$ est constant, est une ligne droite; et à cause de l'indéterminée n, une infinité de lignes droites y satisfera.

Il étoit encore possible dans l'équation proposée ci-dessus, d'employer l'intégration ordinaire; mais si, au lieu de cette différentielle, on eût eu celle-ci : $ydx + xdy = a\sqrt{dx^3 + dy^3}$, ou plusieurs autres que se propose Euler, ou auxquelles il est conduit par des problêmes géométriques qu'il se propose, il n'y a nul doute qu'il seroit impraticable de s'en démêler, tandis que sa méthode y conduit et fournit des solutions complettes.

Le paradoxe qu'on vient d'exposer avoit été observé, comme on l'a dit; mais indépendamment de ce qu'Euler en donne un développement lumineux, il en remarque un autre, savoir celui-ci. Il consiste en ce qu'il y a des équations différentielles dont on peut trouver une solution qui, cependant, n'est pas contenue dans la solution générale. Qu'on ait, par exemple, cette équation différentielle $xdx + ydy = dy\sqrt{xx + yy - aa}$, il est aisé de voir que la supposition de $xx + yy = aa$ résout cette équation en la faisant toute évanouir; et comme

$xx + yy - aa = 0$ est une équation au cercle, il s'ensuit que tout problême conduisant à l'équation précédente, aura au moins une solution au moyen du cercle. Or l'intégrale générale et complette de l'équation dont il s'agit est $\sqrt{xx + yy - aa} = y + c$, dont par aucun moyen on ne tirera $yy + xx - aa = 0$. Cela paroît à Euler vraiment paradoxal. Nous remarquerons néanmoins que ce paradoxe s'est depuis évanoui. L'on a fait voir pourquoi et comment ces solutions particulières ne sont pas contenues dans la solution générale, quoique complette. Mais ceci tient à la théorie générale des intégrales complettes, dont nous tâcherons de donner une idée. Nous croyons devoir terminer ici cet article, pour passer à celui des différentielles des ordres supérieures.

XVIII.

Si l'intégration des simples équations du premier degré a deux ou trois variables présente les difficultés dont on a pu prendre une idée par les détails précédens, il est facile de s'en former une de celles que doit présenter l'intégration des équations différentielles du second ordre et des ordres supérieurs. Car on peut avoir une équation différentielle telle que celle-ci ; $Adx^2 + Bdxdy + Cdy^2 + Eddy = 0$, ou $Ad^3y + Bdxddy \pm Cdx^3 \pm Edy^3 + Fdydx^2 + Gdyddy$, &c. $= 0$, et autres plus ou moins composées suivant les valeurs attribuées à A ; B ; C ; &c. qu'on suppose des fonctions de x, ou de x et y et de constantes. Entreprendre de faire l'énumération de toutes les formes du second degré seulement, seroit une entreprise égale à celle de compter les coquillages qui couvrent les bords de la mer. Il s'agit de réduire l'équation du second ordre au premier, celle du troisième au second, et ensuite au premier, pour passer delà aux quantités finies. Il est même à observer que toute équation du second ordre n'est pas toujours possible, ni même toute équation du premier ordre à trois variables. Ainsi les géomètres ont été obligés de se borner à un petit nombre de cas, et à déterminer quelles sont les conditions qui rendent ces formules susceptibles d'être réduites à un degré inférieur. Nous allons toutefois, malgré l'aridité de ces détails, donner une idée des travaux des analystes sur ce sujet.

Il est à propos d'observer ici, et peut-être aurois-je dû le faire plutôt, que dans toute équation différentielle, il faut que les différentielles ou leurs produits soient dans chaque terme du même degré de dimension. Je m'explique : dx étant du premier degré dx^2 et ddx sont du second, dx^3, d^3x sont du troisième ; ainsi dx^2, $dxdy$ et ddy, sont homogènes, comme le sont entr'eux

d^3y, dx^2dy, $dxddy$, dx^3. La raison en est sensible, car il est aisé de voir que ce sont là des grandeurs du même ordre, et si dans une équation différentielle il y en avoit d'ordres différens, les plus basses seroient négligibles à l'égard des autres. Quant aux coefficiens finis qui affectent ces différentielles, ils peuvent être tels qu'on voudra.

Il est d'abord parmi ces équations une classe à laquelle on a donné le nom de *Linéaires*, et qui a beaucoup occupé les géomètres. Ces équations différentielles sont celles où une des différentielles, comme dx, étant supposée constante, aucune des autres variables comme y, z, &c. et de leurs différentielles ne passe la première dimension ; telles sont celles auxquelles on peut donner cette forme $Ay \pm B\frac{dy}{dx} \pm X = 0$; $Ay + B\frac{dy}{dx} + C\frac{d^2y}{dx^2} + D\frac{d^3y}{dx^3} \ldots\ldots\ldots + H\frac{d^ny}{dx^n} + X = 0$. On suppose au reste que A, B, C, &c. X ne sont des fonctions que de x et de constantes, ce qui n'exclut pas les cas où ces quantités seroient des constantes ou o. On donne à ces équations le nom de linéaires, parce que leur forme est évidemment analogue à celle des équations qui expriment des lignes courbes.

On divise aussi ces équations en différens ordres, dont le premier est celui où ne se trouve que $\frac{dy}{dx}$; le second, où se trouve $\frac{ddy}{dx^2}$, &c. On peut aussi supposer un plus grand nombre de variables que deux, comme x, y, z, ce qui arrive assez souvent, et alors l'équation différentielle linéaire du premier degré seroit celle où n'entreroient que $\frac{dy}{dx}$, $\frac{dz}{dx}$, &c. ; mais alors il faut, comme on le verra dans la suite pour leur résolution, c'est-à-dire pour trouver le rapport de ces variables entr'elles, plusieurs équations du même ordre, deux, par exemple, pour trois variables, trois pour quatre, &c.

L'équation différentielle du premier ordre entre deux variables $Ay + B\frac{dy}{dx} + X = 0$ n'appartient qu'aux différentielles simples, et a été résolue par Jacques Bernoulli le premier ; car cette équation, en multipliant tout par dx, se réduit à la forme de celle que nous avons rapportée dans l'article précédent, et se résout par une simple substitution du ux à y. Mais le moyen le plus général et qui s'applique à tous les autres ordres des équations de ce genre, est de multiplier cette équation par une fonction indéterminée de x qui la rende intégrable, et l'on peut toujours en trouver une. Nous nous bornerons cependant ici à cette indication, en renvoyant l'exposé de ce moyen à la suite de la note où nous expliquons celui employé par Jacques Bernoulli.

Après cette équation, celle qui se présente la première en ordre de difficultés (et toujours entre deux variables seulement), est celle-ci : $A dy + B \frac{dy}{dx} + C \frac{d^2 y}{dx^2} + X = 0$. M. d'Alembert nous paroît le premier qui en ait donné la solution en 1747, dans ses *Réflexions sur la cause générale des vents*, et dans les Mémoires de l'académie de Berlin (année 1748). Le célèbre Euler a aussi donné pour cet effet une méthode dans ses *Institutiones calculi integralis*. Il est même parvenu à trouver les moyens d'intégrer celles du troisième degré et des degrés ultérieurs, lorsque cela est possible ; et enfin, à résoudre l'équation générale $\frac{ad^n y}{dx^n} + \frac{bd^{n-1}y}{dx^{n-1}} \ldots + X = 0$. Il en donna le moyen dans le septième tome des *Miscell. Berolinensia*. Il se sert à cet effet de la substitution adroite de la quantité exponentielle Ac^{fx} (où c est la quantité dont le logarithme est égal à 1), et de ses différentielles successives, au lieu de y, dy, ddy, &c. ; cette substitution transforme l'équation proposée en une autre, qui devient une simple équation finie, telle que $(1 + bf + af^2) = 0$, lorsque $n = 2$, ou $1 + cf + bf^2 + af^3) = 0$, si $n = 3$, &c. Ayant donc trouvé les différentes valeurs de f suivant le degré de l'équation, et mettant ces différentes valeurs au lieu de f, dans Ac^{fx}, on aura autant de valeurs de y, puisque $y = Ac^{fx}$; et ces différentes valeurs jointes ensemble, donneront l'intégrale complète de l'équation proposée. Il y a, à la vérité, ici quelques cas qui pourroient embarrasser, savoir quand quelques unes des valeurs de f sont, ou égales, ou imaginaires ; mais Euler résout ces difficultés.

Euler avoit d'abord été arrêté par la limitation que X fut égal à zéro ; mais dans la suite, il surmonta cette difficulté : et perfectionnant sa méthode, il montra, dans les nouveaux Mémoires de Pétersbourg, comment on pouvoit résoudre complétement l'équation ci-dessus, X étant une fonction quelconque de x ; mais la méthode est trop compliquée, quoique sûre et complète, pour en pouvoir donner ici même une esquisse. Nous ne devons pas omettre que d'Alembert concourt ici avec Euler dans la résolution de ce cas, qui avoit jusques-là arrêté tous les analystes. Il a donné pour cela une méthode qui a même quelques avantages sur celle de Euler. On peut voir l'exposition de l'une et de l'autre dans le *Traité du calcul intégral* de Bougainville, *tome* II.

Il restoit cependant à résoudre l'équation dont on vient de parler, sans la première des limitations qu'on a vues plus haut : savoir

savoir que A, B, C, &c. fussent des quantités constantes. C'est le Cit. Lagrange qui a surmonté cette difficulté par une méthode et des théorêmes qui font voir quand et comment cette équation est résoluble, et quelles sont les conditions sous lesquelles elle s'y refuse. Mais le lecteur trouvera bon que nous le renvoyons aux sources, c'est-à-dire, soit au mémoire même du citoyen Lagrange (1), soit aux traités divers du calcul intégral qui ont paru depuis quelques années, et parmi lesquels celui du Cit. Cousin entre à cet égard dans de grands détails.

Le célèbre Euler a fait faire dès 1728 au calcul intégral un grand pas par ses recherches sur ce sujet, imprimées dans le troisième volume des anciens mémoires de Pétersbourg (2). On connoissoit déjà cette propriété des équations différentielles du second ordre de pouvoir être réduites au premier, lorsqu'il manquoit dans l'équation au moins une des variables, comme dans celle-ci $Pdy^n = Qdu^n \pm du^{n-2} ddu$, où P et Q signifient seulement des fonctions de y et de constantes. Car à cause de l'absence de u, du second membre de l'équation, si l'on fait $du = zdy$ on aura $ddu = dzdy$, et dy étant supposé constant, la substitution de cette valeur au lieu de du et ddu, réduit finalement l'équation à celle-ci $Pdy + Qz^n dy + z^{n-2} dz = 0$.

Euler dans le mémoire cité, enseigne aussi le moyen de réduire à des différentielles du premier ordre trois espèces du second.

L'une est celle des équations qui ne consistent qu'en deux termes, comme celle-ci $x^m dx^p = y^n dy^{p-2} ddy$, où dx est constant.

La seconde, celles où (dx étant de même constante) chaque terme (quelqu'en soit le nombre) présente le même nombre de dimensions, comme cette équation générale, $ax^m y^{-m-1} dx^p dq^{2-p} + bx^n y^{-n-1} dx^q dy^{2-q} = ddy$, où le nombre des dimensions est le même, savoir l'unité, et à laquelle se réduisent une foule d'équations particulières, comme $y^{n+1} ddy = x^n dx^2$, $xdxdy - ydx^2 = y^2 ddy$, $y^2 ddy = xdxdy$, la dernière desquelles, quelque simple qu'elle paroisse, Euler observe n'avoir pu lui-même, ni personne avant lui, réduire au premier degré, avant l'invention de sa méthode.

La troisième forme d'équations différentio-différentielles à laquelle s'étend la méthode d'Euler, est celle où, dans chaque terme, l'une au moins des variables, ou seule ou avec sa différentielle, s'élève à un même degré, comme dans celles-ci: $axdy^3 + bx^{-1} dx^2 dy = cdxddy$, $ax^2 dy^2 ddy + bx^{-1} dx^2 dy = cdx^2 ddy$ &c., ou plus généralem^t. celle-ci $Px^m dy^{m+2} + Qx^{m-h} dx^h dy = dx^m ddy$,

(1) *Mémoires de Berlin*, ann. 1772.

(2) *Nova methodus innumerabiles equationes secundi gradus reducendi ad equationes primi gradus. Novi comm. Acad. Petrop.* tom. III.

dans lesquelles les dimensions de x, ou de x et dx combinées, sont les mêmes, et P, Q des fonctions de y seulement, ou de y et de constantes.

La manière dont Euler parvient à l'abaissement de ces équations, est de supposer $x = c^{au}$ et $y = c^{u}t$ (c étant le nombre dont le logarithme est l'unité, et u et t de nouvelles variables). Il substitue ensuite au lieu de x et dx; $yydy$, ddy, &c. leurs valeurs, et au moyen de quelques artifices adroits de calcul, il fait disparoître la seule différentio-différentielle ddt qui se trouve dans l'équation; ce qui la réduit au premier degré. Il observe néanmoins que fréquemment ces équations différentielles du premier degré, retombent dans le nombre de celles qui ont encore éludé tous les efforts des analystes ou du moins au temps où il écrivoit ceci.

M. Euler observe enfin qu'une méthode semblable peut servir, les mêmes conditions ayant lieu, à abaisser une équation différentielle du troisième ordre à une du second, et même généralement d'un ordre n à un ordre $n-1$. Mais on ne peut se dissimuler *quàm paucae apparent nantes in gurgite vasto*, qui soient dans ce cas : c'est néanmoins toujours un pas vers la solution, quelque peu d'apparence qu'il y ait qu'on aille jamais beaucoup plus loin.

Ceux qui ne sont pas à portée de consulter le mémoire de Euler, ou ses *Institutiones calculi integralis*, peuvent recourir à l'ouvrage si souvent cité de Bougainville, où l'on trouve un exposé aussi clair que concis de cette méthode.

Obligés de nous restreindre, nous ne dirons que quelques mots sur les équations différentielles d'un ordre supérieur au second. Il est aisé de sentir que si la difficulté de ces dernières l'emporte de beaucoup sur celles du premier ordre, cette difficulté doit être incomparablement plus grande à l'égard des ordres plus élevés. On peut même dire que hors quelques formes particulières et quelques cas, l'analyse est à-peu-près en défaut à leur égard.

Parmi ces formes particulières, il en est cependant quelques-unes qui se prêtent facilement et comme d'elles-mêmes, à se laisser abaisser à un ordre inférieur. Ce sont, par exemple, dans le troisième degré celles qui ne renferment aucune différentielle inférieure au second degré; et de celles-ci une seule au plus, car alors il est aisé de voir qu'une pareille équation est constituée à l'égard de celles du second degré, comme celles du second degré où ne se trouve qu'une différentielle du premier à l'égard de celui-ci; puis donc qu'une équation différentielle du premier degré est susceptible d'intégration, quand avec des dx, dy, combinées comme l'on voudra, il n'y a au plus que des x

et y au premier degré, c'est-à dire, ni élevées à une puissance supérieure à l'unité, ni multipliées entr'elles; une équation du second degré, où ne se trouveront que des dx^2 ou $dx\,ddy$, (parce que nous supposons dx constant) avec des dx ou dy nullement multipliés entr'eux, sera réductible au premier degré; puisque au lieu de ddy on pourra écrire dz; au lieu de dx, x; et z au lieu de dy, et qu'on aura une équation différentielle du premier ordre, ayant les conditions requises pour être intégrable. Enfin par la même raison une équation du troisième où ne se trouveront que dx^3, d^3y, combinées comme on voudra avec des ddx, ddy, pourvu que ces derniers ne soient ni multipliés entr'eux, ni élevés à une puissance supérieure à l'unité, sera également constructible; il en sera de même à l'égard du quatrième et des inférieurs. Les PP. Leseur et Jacquier, sont entrés à cet égard dans des détails auxquels nous sommes obligés de renvoyer. Mais le procédé, il faut en convenir, est très-laborieux; et quand, après beaucoup de calculs, on a trouvé la forme que peut avoir l'intégrale cherchée, il arrive souvent que la différentielle que l'on en tire n'est plus la proposée; ce qui rend tout le travail inutile et en pure perte.

Nous avons déjà parlé du Comte Riccati à l'occasion de sa fameuse équation différentielle du premier ordre qu'il proposa en 1722 aux géomètres, et qui excita la sagacité de plusieurs d'entr'eux à en donner des solutions telles qu'elle les comporte. On doit en parler ici de nouveau à raison de ses recherches sur les équations différentielles des ordres supérieurs au premier. On les trouve dans le premier volume de ses Oeuvres (1), qui contient un traité fort étendu et profond de la résolution des équations différentielles, tant du premier, que du second et du troisième degré. On y trouve l'exposition non-seulement des diverses méthodes inventées à cet effet par les Bernoulli, les Euler, &c., mais encore les siennes propres, dont la plupart paroissent dater dès les années 1710 et suivantes; ensorte qu'il concourt avec ces savans analystes dans une partie de leurs découvertes sur ce sujet. Mais nous ne pouvons entrer ici dans de plus grands détails à cet égard. Nous nous bornons à remarquer

(1) *Opere del conte Jacopo Riccati nobile Trevigiano. Lucca*, 1764-1774, *in*-4°. 3 vol. Cet ouvrage, pour la plus grande partie posthume du comte Riccati, présente une grande variété de matières mathématiques, physiques et même métaphysiques. On trouve dans le premier volume, outre le traité cité, un essai sur le système de l'univers, où ce sujet est envisagé sous le triple aspect physique, mathématique, métaphysique et même théologique; car on y trouve un commentaire sur le premier chapitre de la Genèse. Le second volume forme un traité de physique générale en trois parties, où l'auteur examine et analyse avec sagacité les divers principes, tant généraux que particuliers de la physique,

quelques observations qui suivent de ses méthodes sur les équations de degrés supérieurs au second ; savoir qu'une équation différentielle du quatrième degré, et à plus forte raison une du troisième est réductible au premier, si, outre les deux variables x et y manque au moins dx ou dy, à quoi il ajoute que pour le cinquième degré elles doivent manquer toutes deux, c'est-à-dire, et les deux variables et les deux premières différentielles. Il revendique en cet endroit, comme l'ayant trouvé dès 1716, à l'occasion d'un problême de la méthode inverse des tangentes, que toute équation différentielle du second degré à deux variables sera réductible au premier degré, si une des deux ou toutes deux manquent.

On peut aussi transformer un grand nombre d'équations différentielles de degrés supérieurs où se trouvent leurs variables finies, en d'autres qui ne les contiennent plus. Nous avons parlé plus haut de cette méthode générale due au célèbre Euler, mais qui malheureusement ne réussit que dans quelques cas limités par des conditions qui rarement ont lieu.

On a fait au surplus à l'égard des équations à deux et trois variables, et des second, troisième et quatrième degrés, ce qu'on a fait sur les équations différentielles du premier à plusieurs variables, c'est-à-dire, qu'on a recherché des signes auxquels on pût reconnoître si elles sont intégrables ou réductibles à des équations d'un degré inférieur. Ce sont les équations de condition. Quoique l'on en ait déjà donné une idée, il nous a paru à propos, à cause de son importance, de revenir un peu sur ce sujet.

En effet, si ces équations de condition sont utiles pour se guider dans les intégrations des différentielles du premier ordre, et pour s'éviter des calculs et des peines inutiles à rechercher une intégration qui n'existe pas, elles le sont bien plus encore dans le cas de celles des degrés supérieurs. Car ici la compli-

et spécialement les idées de Descartes, Neuton et Leibnitz, sur la nature et les propriétés de la matière, le mouvement et sa communication, la fameuse question des forces vives, sur laquelle il embrasse le parti de Leibnitz, &c. &c. Ces divers sujets lui prêtent matière à divers morceaux de physico-mathématique et de mécanique transcendante. Le troisième volume contient ses écrits purement mathématiques, ou physico-mathématiques, auparavant disséminés dans les journaux d'Italie, et parmi lesquels s'en trouvent plusieurs relatifs à des contestations savantes qu'il eut avec les Bernoulli, Michelotti, Guido Grandi, et spécialement sur l'hydrodynamique. Le comte Riccati, né en 16..., mourut au commencement de 1754. Il avoit, indépendamment de ses connoissances mathématiques, beaucoup d'érudition et de littérature. L'éditeur de ses œuvres promettoit un quatrième volume, qui eût compris ses écrits en ce genre, au nombre desquels est une tragédie intitulée *Balthazar* ; mais je ne sache pas que ce quatrième volume ait vu le jour.

cation croît dans un degré même beaucoup plus rapide que celui de l'équation. Condorcet en a fait dès le premier moment qu'il entra dans la carrière de la géométrie l'objet d'une de ses recherches. Il donna en 1765 dans un traité intitulé *du Calcul intégral*, une suite d'équations de condition servant à faire connoître si une fonction ou une équation différentielle d'un degré quelconque, et entre un nombre quelconque de variables, est réductible à un degré immédiatement inférieur, dans le cas même où aucune différentielle du premier ordre ne seroit constante, comme il est ordinaire qu'il y en ait une. La méthode qui l'a guidé et le résultat en sont également lumineux et élégans. Il a fait plus, car il peut arriver qu'une équation différentielle soit réductible à un degré inférieur, sans qu'elle le soit finalement à une équation finie, dans lequel cas ce premier travail seroit à-peu-près en pure perte. Condorcet a par cette raison donné aussi des équations de condition pour reconnoître si une différentielle proposée est finalement intégrable en termes finis. Il est ensuite revenu à plusieurs reprises sur cet objet des équations de condition, dans les Mémoires de l'Académie des Sciences de 1771 et 1772. Mais nous tenterions en vain d'en donner ici une idée. Nous devons au surplus remarquer que le premier fondateur de cette théorie des équations de condition est Fontaine.

Etant assuré par ces moyens si une fonction ou une équation différentielle d'un degré quelconque est intégrable, ce qui n'est cependant pas toujours sans un travail considérable et rebutant, il sembleroit qu'il n'y a qu'un pas facile à faire pour parvenir à l'intégration lorsqu'elle est possible. Mais malheureusement tout assuré que l'on est de cette possibilité, on n'en est souvent pas beaucoup plus avancé. Les différentiations successives dénaturent tellement la forme de l'équation primitive, en faisant disparoître les constantes et les quantités transcendantes qui peuvent y entrer, qu'il ne faut pas une médiocre sagacité pour conjecturer même cette forme primitive. Condorcet néanmoins n'a pas désespéré de se conduire dans cet obscur labyrinthe, et dans la seconde partie de l'écrit cité plus haut, il a entrepris de donner une méthode pour trouver l'intégrale d'une différentielle quelconque, quelque soit même le nombre et la forme des transcendantes qu'elle peut contenir. Il finit par provoquer la construction de certaines tables, au moyen desquelles une différentielle étant donnée, on reconnoîtroit les différentes formes d'intégrales dont elle auroit pu provenir, pour ensuite, d'après diverses conditions, déterminer cette intégrale même. J'avoue n'être pas trop en état de porter par moi-même un jugement sur le mérite de cette méthode ; mais il ne me paroît pas que les géomètres, tout en louant la sagacité de son auteur, lui ayent fait l'accueil que mériteroit une méthode générale et sûre d'intégration. Personne d'ailleurs n'a osé entrer dans les vues de Condorcet par la confection des tables qu'il désiroit et dont il donne une esquisse, en sorte que du moins jusqu'à quelque époque postérieure, c'est une simple pierre d'attente contre laquelle et sur laquelle personne n'a osé construire.

Condorcet n'est pas le seul qui ait osé former le projet d'une méthode générale d'intégration. Je trouve deux essais de ce genre, l'un par Herman, qu'on lit dans les Mémoires de Pétersbourg, T. I; l'autre par Fontaine, d'abord donné à l'Académie des Sciences vers 1738, mais non imprimé alors. On le lit seulement dans le recueil des mémoires qu'il publia en 1764, et qui forme un volume *in*-4°. : nous y reviendrons avec les détails qu'il comporte, après avoir dit un mot de la méthode du premier.

Herman emploie pour son objet certaines équations qu'il nomme *canoniques*, qu'il enseigne à former d'après les termes de l'équation proposée, et qui étant ensuite différentiées et comparées à cette dernière, lui donnent les termes dont l'intégrale doit être composée. Il parvient en effet par ce moyen à l'intégration d'équations du second degré à plusieurs variables, qu'on auroit, à ce qu'il nous paroît, grande peine à intégrer, soit directement, soit en séparant les variables. Mais ce procédé d'Herman a sans doute paru aux géomètres, insuffisant et sujet à un tâtonnement laborieux. Car je ne vois pas qu'aucun de ceux qui ont écrit sur le calcul intégral, ou qui ont eu occasion de le manier, lui aient fait accueil. C'est, ce semble, le sort de toutes les méthodes générales proposées pour cet objet.

Mais c'est surtout à Fontaine qu'on doit les efforts les plus grands et les plus soutenus pour s'ouvrir une nouvelle route vers ce but si desiré de l'intégration générale. J'ignore pourquoi des vues proposées dès 1738 à l'Académie des Sciences, n'ont été publiées qu'en 1764 (1). Peut-être se proposoit-il de leur donner plus d'étendue, ou d'exécuter du moins en partie le travail laborieux qu'il indique comme nécessaire pour en tirer parti. Quoiqu'il en soit, l'exposition de ces vues forme une partie considérable du recueil que nous venons de citer.

Nous avons déjà dit ailleurs que Fontaine n'étoit pas de ces hommes qui suivent des sentiers battus. On le remarquera surtout ici ; car ni l'une ni l'autre des deux méthodes qu'il propose ne ressemble en quoi que ce soit à celles déjà mises en usage.

Fontaine a d'abord été obligé de se faire une notation par-

(1) *Mémoires donnés à l'Académie des sciences, non imprimés dans leur temps*, par M. Fontaine, &c. *Paris*, 1764, *in*-4°.

ticulière, qui a été ensuite admise par tous les analystes. La manière dont il envisageoit le problême de l'intégration en général le mettoit dans le cas de différentier des fonctions encore inconnues, puisque c'étoient celles qu'il cherchoit. Mais comment différentier une fonction F, par exemple, dont on sait seulement qu'elle est fonction de quelques quantités variables, comme x, y, z, &c., et dans laquelle on fait successivement varier, x ou y ou z, en regardant les autres comme constantes, selon la règle de la différentiation? Fontaine le fait ainsi. Lorsque dans F on ne fait varier que x, le coefficient de dx sera exprimé par $\frac{dF}{dx}$, et la différentielle ne faisant varier que x, par $\frac{dF}{dx}.dx$, où l'on doit remarquer que $\frac{dF}{dx}.dx$ n'est pas la même chose que $\frac{dF\,dx}{dx}$, car ceci seroit dF ou la différentielle totale de F, en faisant tout varier, au lieu que dans cette notation, cette différentielle totale, pour deux variables seulement, x, y, sera $\frac{dF}{dx}.\,dx \pm \frac{dF}{dy}.\,dy$.

Donnons un exemple pour éclaircir ceci. Soit cette fonction de x et y, $x^2y + xy^2 = F$, qui est du second degré; on auroit pour sa différentielle complette $2yxdx + x^2dy + 2xydy + y^2dx = \overline{2yx + y^2}dx + \overline{2xy + x^2}dy$. Mais si dans cette fonction on ne faisoit d'abord varier que x, on auroit $2xydx + y^2dx = \overline{2xy + y^2}dx$, premier membre de la différentielle dont le coéfficient qui affecte dx est $\overline{2xy + y^2} = \frac{dF}{dx}$, exprimée généralement, et dans la supposition que nous n'eussions pas connu d'avance la valeur de F.

De cette notation particulière dérivent dans les mains de Fontaine plusieurs théorêmes particuliers énoncés d'une manière très-générale sur les conditions d'intégrabilité d'une équation différentielle à deux, à trois, à quatre variables. Remarquons qu'il les revendique positivement, en disant que les divers théorêmes qu'il donne sur ce sujet, hors le second, qui est en effet celui de la différentiation *de curva in curvam*, sont de lui; qu'il les avoit fait connoître dès 1738 aux géomètres de Paris, d'où ils furent répandus parmi les géomètres. Il ne paroît pas qu'on lui conteste cette priorité.

La manière de considérer l'intégration d'une différentielle n'est pas moins neuve chez Fontaine. Intégrer, par exemple, l'expression $dx + \mathrm{A}dy = 0$, où A est une fonction de dimension nulle de x et y (car autrement l'homogénéité seroit violée), c'est, dit-il, trouver une fonction F telle qu'étant différentiée d'abord selon x, et ensuite selon y, et cette différence étant divisée par le coéfficient de dx, il en résulte la différentielle proposée. Mais cette équation a pu elle-même provenir de celle-ci $Mdx + AMdy = o$ (M étant une fonction de x et y, d'un degré quelconque); car on a pu diviser tout par M : ce qui augmente la difficulté. M. Fontaine la résoud néanmoins, au moyen d'un théorême nouveau sur les différentielles des fonctions. Il parcourt ensuite toutes les formes de différentielles à plusieurs variables qui peuvent être ainsi exprimées : $dx + Ady + Bdz = o$. $dx + Ady + Bdz + Cdu = o$. A, B et C étant des fonctions de dimension nulle de x, y, z, ou de x, y, z, u, &c. De-là, il passe à l'examen et à la résolution des équations différentielles du second, troisième et même quatrième degré; mais nous ne pouvons le suivre ici, à travers les épines dont sa route est semée : il nous suffira de dire que M. Nicole ayant donné, en 1737, à l'académie des sciences un mémoire *sur l'usage des suites pour la solution de certains problêmes*, qu'il jugeoit *impossible sans cela* de résoudre directement, à cause de la complication des variables, Fontaine y appliquant sa méthode, les résolut directement.

La seconde méthode de Fontaine, plus savante encore et plus épineuse que la précédente, n'est susceptible que d'être légérement indiquée ici. Elle procède par une sorte de marche rétrograde, au moyen de laquelle prenant des intégrales formées de la manière la plus générale possible, il remonte aux différentielles qui peuvent en résulter, en sorte qu'étant donnée une différentielle quelconque, on peut, au moyen des opérations qu'il indique, reconnoître l'intégrale d'où elle provient. Cette méthode a de l'analogie avec celle qu'il a donnée pour la résolution générale des équations de tous les degrés, et les mêmes inconvéniens ; savoir des longueurs de calcul plus que rebutantes. Cette méthode, au reste, lui fit apercevoir un grand nombre de vérités importantes de cette théorie; savoir qu'une équation différentielle du premier ordre n'a qu'une intégrale finie; mais une équation différentielle du second ordre, ou aux secondes différences, a deux intégrales du premier degré; une équation du troisième; trois intégrales du second. Il reconnut aussi que pour chaque intégrale d'une équation aux premières différences, il n'y en a qu'une aux secondes différences dont elle soit l'intégrale; que pour l'intégrale d'une équation aux secondes différences, il n'y a qu'une seule équation aux troisièmes dont elle soit l'intégrale, &c. Enfin, que la dernière intégrale, c'est-à-dire l'intégrale finie d'une différentielle d'un ordre quelconque est toujours unique.

Comment se fait-il néanmoins qu'une méthode qui paroît ne présenter

présenter rien moins qu'une solution complète du problême de l'intégration en général, n'ait pas été plus cultivée, et que son auteur soit le seul qui ait marché dans cette route. On a parlé avec éloge de cette méthode, comme d'un des plus puissans efforts de génie analytique, et de courage à dévorer des calculs rebutans par leur complication et leur prolixité; mais personne ne l'a suivi dans la route qu'il a ouverte. Il y reste tant d'épines, et à dire vrai, Fontaine se mit toujours si peu en peine de les écarter pour ceux qui viendroient après lui, que personne n'a eu, ce semble, le courage d'entreprendre les tables que sa méthode exigeroit. Il paroît même qu'on est aujourd'hui persuadé qu'il en est de cette méthode comme de celle qu'il a donnée pour la résolution générale des équations; méthode qui, au premier abord, promet les plus grands succès, mais qui ne fait que changer la difficulté en une autre du même degré. J'ai beaucoup craint pendant un temps de me tromper dans ce jugement; mais j'ai vu depuis, par le nouveau Traité du calcul intégral, du cit. Lacroix, que sa manière de penser sur cet objet est à peu près semblable.

Malgré la longueur déjà considérable de cet article, il n'a point encore été question d'une théorie intéressante et essentielle dans le sujet que nous traitons; c'est celle des intégrales complètes, générales et particulières, sans laquelle on n'auroit que des solutions imparfaites des questions que ces intégrales devraient résoudre. Nous allons donc donner ici une idée de cette théorie.

On a déjà vu que lorsqu'on différencie une équation finie, composée de tant de variables qu'on voudra, et d'une constante, cette différentiation fait disparoître la constante, en sorte que l'on n'a l'intégrale complète d'une différentielle du premier ordre, qu'en y ajoutant une constante qui se détermine par les conditions du problême. Il en est de même lorsqu'on différencie une première différentielle, où celle d'une des variables, comme dx, est constante; ce qui est ordinaire: car alors ddx étant $= 0$, le terme $bddx$, provenant de sa différentiation de bdx est nul, et la constante b disparaît. Il en sera de même d'une troisième constante, lorsqu'on passera à une troisième différentiation. Supposons, pour plus de clarté, la fonction $z = ax^3 + bx^2 + cx + d$. La première différentiation donnera $dz = 3ax^2dx + 2bx\,dx + cdx$, la seconde produira $ddz = 6axdx^2 + 2bdx^2$. La troisième donnera $d^3z = 6adx^3$, et enfin, la quatrième réduira le tout à $d^4z = 0$. Ainsi voilà successivement toutes les constantes de l'équation disparues, et dire que la quatrième intégrale de d^4z est z seroit une grossière erreur; ce n'en seroit qu'une intégrale très-incomplète. Ayant donc une différentielle de z d'un degré n comme $d^n z$, sa première intégrale doit être représentée par $d^{n-1}z = adx^{n-1}$, celle de celle-ci par $d^{n-2}z = axdx^{n-2} + bdx^{n-1}$, la suivante par $d^{n-3}z = ax^2dx^{n-3} + bdx^{n-2} + cdx^{n-1}$, et enfin la dernière, en supposant $n = 4$ sera $z = \frac{ax^3}{3} + \frac{bx^2}{2} + cx + f$; car $d^{n-4}z = d^0 z = z. = ax^2dx^{n+3} = ax^2dx$, dont l'intégrale est ax^3, et ainsi du reste. La constante finale f sera la somme de toutes les constantes qu'il eût fallu ajouter à chaque intégration.

On n'aura donc l'intégrale complète d'une équation différentielle du degré n, qu'autant que, dans cette intégrale, il y aura un nombre n d'indéterminées, indépendantes les unes des autres, et il y aura par conséquent autant de différentes solutions que l'on pourra former de suppositions arbitraires des valeurs de ces indéterminées; mais dans les cas particuliers elles se détermineront par les conditions du problême, comme cela se fait à l'égard de la constante unique qui entre dans l'intégration d'une différentielle du premier ordre. Si le nombre de ces conditions est moindre que celui des constantes à déterminer, il en résultera une grande latitude dans la solution du problême; car alors il y en aura autant que l'on pourra faire de suppositions arbitraires de la constante ou des constantes qui resteront indéterminées; ce n'est pas, au surplus, une affaire facile que de parvenir à l'intégrale complète d'une différentielle donnée, quoiqu'on puisse quelquefois en trouver quelque intégrale particulière : aussi est-ce un sujet qui a beaucoup occupé Euler dans ses *Institutiones calculi integralis*, et les analystes qui l'ont suivi.

On vient de voir ce qu'on appelle l'intégrale complète et générale d'un équation ou fonction différentielle d'un ordre quelconque : on nomme *intégrales particulières* celles qui résultent de la détermination des constantes indéterminées qu'on a vu devoir entrer dans la composition de l'intégrale complète.

Mais il arrive quelquefois et même souvent que dans une équation à deux variables, il y a entre ces variables telle relation dont la supposition les fait satisfaire à l'équation; doit-on regarder cette solution comme une intégrale particulière dans le sens qu'on lui a donné ci-dessus ? non : c'est, si l'on veut, une solution, mais on ne doit pas la regarder comme une intégrale particulière, puisqu'elle n'est pas comprise dans l'intégrale complète. Donnons-en un exemple.

Dans cette équation différentielle $\frac{xdx + ydy}{\sqrt{x^2 + y^2 - m^2}} = dy$, la supposition de $y^2 = m^2 - xx^2$ satisfait à l'équation. On ne peut cependant pas dire qu'on ait trouvé par-là l'intégrale même particulière de cette différentielle ; car cette intégrale est $y = a + \sqrt{xx + yy - m^2}$. Or, de quelque manière qu'on s'y prenne, on n'y peut ramener $x^2 + y^2 = m^2$; ce n'est conséquemment ni une intégrale complète, ni même une intégrale particulière.

C'était-là un des paradoxes qu'Euler examinait dans un mémoire dont on a parlé sur la fin de l'article précédent ; mais je ne sache pas qu'Euler l'eut fait disparaître en faisant voir pourquoi et comment ces espèces de solutions, pour ainsi dire parasites, viennent se mêler aux solutions générales. A la vérité il avait repris cette question dans le premier volume de ses *Institutiones calculi Integralis*, et il avait fait voir comment, sans connaître l'intégrale complète d'une équation différentielle du premier ordre, on pourrait s'assurer qu'une solution particulière en est une intégrale particulière, solution à laquelle d'Alembert donna en 1769 de nouveaux développemens ; mais il était réservé au C. Laplace de porter entièrement la lumière sur ce sujet ; ce qu'il fit dans un mémoire donné à l'académie des sciences, en 1772, et dans lequel, par des considérations, en partie géométriques, en partie analytiques, il fait voir l'origine nécessaire de ces solutions particulières, et où il enseigne le moyen de trouver toutes celles d'une équation différentielle proposée du premier ordre, qui ne se trouvent point comprises dans l'intégrale complète : on y trouve aussi quelques théorêmes analogues relatifs aux différentielles du second ordre. Enfin le cit. Lagrange reprenant cet objet dans les mémoires de Berlin, pour l'année 1774, y a encore jeté de nouvelles lumières, et a donné une méthode à-la-fois claire et simple, de démêler ces solutions particulières de celles qui sont renfermées dans l'intégrale complète.

Les différentes branches du calcul intégral ou les formes de différentielles sont tellement multipliées, qu'un volume entier suffirait à peine pour les faire connaître. Il faut parcourir les mémoires de l'académie de Berlin, ceux de Pétersbourg, et les ouvrages d'Euler, pour s'en former une idée, ainsi que des questions incidentes et inattendues auxquelles cette matière inépuisable donne lieu. Mais comment, dans un ouvrage tel que celui-ci, se livrer à ces détails. Nous ne pouvons que renvoyer à ceux qui traitent expressément du calcul intégral. Nous en avons déjà fait connaître les principaux ; mais au moment où l'on imprimait les articles précédens, le public attendait encore celui du C. Lacroix, qui vient enfin de paraître et qui remplit parfaitement l'attente qu'on en avait conçue d'après le premier volume traitant du calcul différentiel ; cet ouvrage, en effet, présente sur le calcul intégral l'instruction la plus complète, la plus détaillée et la plus claire. J'apprends aussi qu'il vient de paroître à Berlin un quatrième volume posthume du savant Euler, faisant suite à ses *Institutiones calculi integralis;* que ne doit-on pas attendre d'un ouvrage où cet homme célèbre avait sans doute jeté toutes ses réflexions et inventions ultérieures en ce genre; mais il ne m'a pas été possible, vu les circonstances, de m'en procurer la vue. Je me borne donc à l'indiquer à mes lecteurs, en terminant cet article.

XIX.

Lorsqu'on s'est assuré par diverses tentatives qu'une expression différentielle n'est point susceptible d'intégration, et ne se rapporte, s'il n'y a qu'une variable, ni à la quadrature du cercle ou de l'hyperbole, ni à la rectification d'une des sections coniques, (dernière ressource qui, à dire vrai, est à-peu-près de nul secours dans la pratique), il faut recourir aux approximations. Or il y a pour cela deux moyens différens. L'un est celui des séries, à l'aide desquelles l'expression différentielle se résoud en une suite infinie de termes qui peuvent s'intégrer à part, et si ces termes diminuent avec quelque rapidité, la sommation d'un plus ou moins grand nombre, fournit la valeur approchée de l'intégrale : on en a donné de nombreux exemples en traitant des différentielles à une seule variable, soit dans le livre VI de la partie précédente, soit dans l'article XVI qui précède.

Mais il n'a été jusqu'à présent question que des différentilles a une seule variable, une semblable ressource est souvent nécessaire lorsqu'on a une expression différentielle à deux variables qui se refuse à l'intégration. Nous allons faire connaître comment dans ce cas on peut se conduire.

Neuton, dans le temps duquel cette partie du calcul intégral n'était pas avancée comme elle l'est aujourd'hui, et que ses recherches d'un autre genre n'avaient pas conduit à la cultiver, a donné une méthode pour exprimer la valeur d'une des variables par une série de termes formés des puissances croissantes de l'autre ; c'est dans son *Traité des fluxions et des suites infinies,* ouvrage prêt pour l'impression dès 1676, qu'il propose ce moyen, et qu'il en donne divers exemples sur des équations fluxionnelles complexes. Cette méthode est applicable à toutes les équations fluxionnelles du premier ordre, dans lesquelles les dx, dy sont ou seules ou élevées à une même puissance ou multipliées entr'elles de manière à former d'égales dimensions, comme dx^2, $dxdy$, dy^2, ou dx^3, $dxddy$, dx^2dy, dy^3 etc. En ce cas voici comment on procède. Il faut arranger l'équation donnée de manière qu'on ait d'un côté $\frac{dy}{dx}$ ou $\frac{dx}{dy}$ et de l'autre les termes finis de l'équation. Alors il y aura deux cas, le premier où tous ces termes finis ne comprendront que x et ses puissances ou fonctions quelconques, si l'on a d'un côté $\frac{dy}{dx}$; ou au contraire. S'il y a quelques termes affectés du signe radical ou formant un dénominateur de fraction, on les réduira en série infinie, de sorte qu'on aura d'un côté une suite de termes affectés seulement de x, et de l'autre $\frac{dy}{dx}$. Il n'y aura donc qu'à multiplier les premiers par dx et on aura dy exprimé par une suite de termes en x et dx; conséquemment tous intégrables à part. Aussi l'on aura la valeur de y exprimée en une série, soit finie, soit infinie, de termes en x.

Si l'on avoit l'équation $ady - xdy - adx - xdx, = 0$ le procédé indiqué donneroit $\frac{dy}{dx} = \frac{a+x}{a-x}$; et réduisant $\frac{1}{a-x}$ en une série qui est $\frac{1}{a} + \frac{x}{a^2} + \frac{x^2}{a^3}$ &c.; et la multipliant par $a + x$, il en résultera la série $1 + \frac{2x}{a} + \frac{2x^2}{a^2} + \frac{2x^3}{a^3}$, &c., ce qu'on multipliera de nouveau par dx; et en intégrant ensuite, on aura finalement $y = x + \frac{x^2}{a} + \frac{2x^3}{3a^2} + \frac{2x^4}{4a^3} + \frac{2x^5}{5a^4}$, &c., sauf l'addition d'une constante.

De même cette équation $dy^2 = dxdy + x^2dx^2$ étant donnée, on trouvera, en résolvant l'équation du second degré, $dy^2 - dxdy = x^2dx^2$, on trouvera, dis-je, $dy = \frac{1}{2}dx \pm dx\sqrt{\frac{1}{4} + xx}$, et on aura $\frac{dy}{dx} = \frac{1}{2} \pm \sqrt{\frac{1}{4} + x^2}$; et résolvant ce terme radical en série, on aura enfin $\frac{dy}{dx} = \frac{1}{2} \pm \frac{1}{2} \pm x^2 \mp x^4 \pm 2x^6$, &c., ce qui donnera pour y ces deux valeurs différentes $x + \frac{x^3}{3} - \frac{x^5}{5} + \frac{2x^7}{7}$ &c. ou $- \frac{x^5}{3} - \frac{2x^7}{7} + \frac{5x^9}{9}$ &c. On a nécessairement ici deux valeurs de y, parce que celle de $\frac{dy}{dx}$ a été tirée d'une équation du second degré.

Mais il est aisé de voir qu'on eût pû parvenir à des résultats semblables ou plus simples par l'intégration ordinaire : aussi n'est-ce pas en cela que consiste proprement la méthode de Neuton. C'est dans la solution du second cas où l'on a, par exemple, $\frac{dy}{dx}$ d'un côté, et de l'autre des termes affectés de x et y. Tel est celui de cette équation $\frac{dy}{dx} = \frac{a-x}{a-x+2y}$ provenante de celle-ci $ady - xdy + 2ydy = adx - xdx$. Comment, dans ce cas, dégager y de manière a n'avoir qu'une série de termes affectés seulement de x : c'est ce que Neuton enseigne a faire par une méthode infiniment ingénieuse qu'il explique dans ce même traité des fluxions et dont voici une idée.

Ayant formé un rectangle, il fait écrire le long du côté horisontal supérieur et par ordre, les termes où ne se trouve que x, et dans le rang vertical à gauche ceux qui sont affectés de y ou de x et y; ensuite, par des opérations qui n'exigent presque qu'une transcription, mais que cependant il serait trop long d'exposer ici, on trouve successivement tous les termes en x, de la série cherchée. Ainsi, dans l'exemple donné ci-dessus, on trouve d'abord $\frac{dy}{dx} = 1 + \frac{2y}{a} + \frac{2xy}{a^2} + \frac{2x^2y}{a^3}$ &c.; et enfin y appliquant l'artifice de Neuton, on a $y = \frac{x}{1} + \frac{x^2}{4a} + \frac{x^3}{4aa} + \frac{x^4}{4a^3}$ &c.

Neuton, à la vérité, ne démontre pas cette méthode, et il en donne pour raison que cela ne pourrait se faire synthétiquement sans beaucoup de longueurs; il se borne en conséquence a prouver la justesse de son opération en la vérifiant. Mais on a l'obligation aux savans PP. Le Seur et Jacquier d'en avoir donné une démonstration claire et lumineuse (1) d'après la doctrine des séries et du calcul intégral; démonstration à laquelle ils ont joint beaucoup d'éclaircissemens et d'exemples, et même quelques degrés de perfection.

Il est au surplus encore une autre méthode pour parvenir au même objet : c'est celle des séries indéterminées, méthode que Neuton n'a pas ignorée, mais que par des raisons particulières il n'a pas voulu, ou il a négligé de dévoiler avant la première édition du *Commercium epistolicum* où elle se trouve en note. Nous allons donc encore exposer ici cette méthode, quoique assez connue de tous ceux à qui l'analyse est un peu familière.

Soit, pour en donner un exemple, l'équation différentielle du premier ordre $adx + bxdx + cydx = dy$. Pour la réduire en une serie, donnant la valeur de y en x, on suppose $y = Ax + Bx^2 + Cx^3 + Dx^4$ etc. D'où l'on tirera la valeur de $dy = Adx + 2Bxdx + 3Cx^2dx + 4Dx^3dx$ etc. On substitue ces valeurs de y et de dy, dans l'équation proposée égalée à zéro, et l'on arrange celle qui en provient, ensorte que les termes homogènes, c'est-à-dire où x est au même degré, soient dans une même colonne, comme on voit ici.

$$\left.\begin{array}{l} Adx + 2Bxdx + 3Cx^2dx + 4Dx^3dx \text{ \&c.} \\ -adx - Acxdx - Bcx^2dx - Ccx^3dx \text{ \&c.} \\ \quad -bxdx. \end{array}\right\} = 0.$$

Toute cette expression étant égale à zéro, quelle que soit la valeur de x, les coefficiens d'une même colonne seront

(1) *Elémens du calcul intégral*, tom. II, pag. 72 et suiv.

égaux à zéro : ainsi, en commençant par la première, on aura $A - a = o$ et $A = a$. Ce coefficient étant connu et substitué dans la seconde colonne à sa place, on en déduit le second B et ainsi de suite : ainsi l'on a, dans cet exemple, $A = a$, $B = \frac{b + ac}{2}$, $C = \frac{bc + ac^2}{2.3}$, $D = \frac{bc^2 + ac^3}{2.3.4}$ &c. Enfin on aura

$$y = ax + \frac{b + ac}{2} x^2 + \frac{bc + ac^2}{2.3} x^3 + \frac{bc^2 + ac^3}{2.3.4} x^4, \text{ \&c.}$$

Mais il faut en convenir, cette méthode, ainsi que celle de Neuton exposée ci-dessus, est sujette à divers inconvéniens : car 1°. il arrivera bien souvent que la série ne sera pas convergente ou sera même divergente. 2°. Ce n'est pas un médiocre embarras que de déterminer la série des exposans qu'il faut donner à x ; car, quoiqu'en général ils doivent former une progression arithmétique, il est difficile de déterminer la différence dont ils doivent croître ; il arrive même quelquefois que des termes de cette progression manquent absolument.

On peut néanmoins quelquefois remédier au premier de ces inconvéniens, c'est-à-dire que si la suite n'est pas convergente, parce que la variable qui se trouve dans le numérateur de chaque terme est plus grande que l'unité, ou que la quantité de même dimension qui forme le dénominateur, on peut supposer les exposans de x former une progression arithmétique descendante, comme -1 ; -2 ; -3, etc. Ou $-n$; $-n-1$; $-n-2$, etc. Et quelquefois on tirera delà une série, où les exposans de x étant négatifs, jeteront x et ses puissances dans les dénominateurs. Ces derniers conséquemment croîtront continuellement et d'autant plus que x sera plus grand : ainsi chaque terme décroîtra et la série sera convergente. Mais nous croyons devoir renvoyer aux livres qui traitent spécialement du calcul intégral, en prévenant encore que cet expédient n'est pas toujours praticable.

Quant à la seconde difficulté, il y a aussi quelques moyens de se guider dans le choix de la progression des exposans de la série indéterminée, mais ils sont assez embarrassans, et ne réussissent pas toujours. Cette méthode au reste a été soigneusement exposée par Thomas Simpson, dans son excellent traité anglois des fluxions. Nous croyons devoir y renvoyer.

Il faut encore remarquer ici que cette méthode ne donne que des intégrales incomplètes, puisqu'il n'y entre point la constante indéterminée qui doit toujours la compléter : c'est un inconvénient auquel on a tâché de remédier, et l'on en trouve le moyen dans le traité du calcul intégral du cit. Lacroix, t. II, p. ... Mais il seroit trop long de l'expliquer ici.

Telles sont les ressources encore assez imparfaites dont on

est en possession pour suppléer à l'état actuel du calcul intégral. Nous allons faire connoître quelques autres méthodes supplémentaires de ce calcul.

C'est encore à Neuton qu'est due l'une de ces méthodes; il en étoit en possession dès le temps où il écrivoit à Leibnitz, ainsi qu'il paroît par sa première lettre de 1676 (1), il se bornoit à l'y indiquer; mais il l'a développée depuis dans le petit traité intitulé *Méthodus differentialis*, publié pour la première fois avec son optique en 1704. Voici l'esprit de cet ingénieuse méthode.

Une courbe quelconque étant donnée, il s'agit de faire passer par un plus ou moins grand nombre de ses points, une courbe qui soit absolument quarrable: car on sent aisément qu'à proportion que le nombre de ces points sera plus grand, l'aire de cette courbe, qu'il est facile de quarrer, différera moins de celle de la proposée: or la courbe la plus propre à cet objet est une de celles qu'on nomme du genre parabolique, ou dont l'équation a cette forme $y = ax + bx^2 + cx^3 + dx^4$, etc. Ayant donc pris un certain nombre d'ordonnées équidistantes ou non, de la courbe proposée, Neuton enseigne la manière de déterminer les coefficiens a, b, c, d, e, etc. de la courbe parabolique qui passeroit par les sommets de ces ordonnées. Ainsi l'on aura, en quarrant l'aire de cette courbe, la valeur plus ou moins approchée de celle de la courbe proposée. Neuton parvint à cette détermination par la considération des différences successives des ordonnées, c'est-à-dire de leurs premières différences, des différences de celles-ci, etc. C'est pourquoi il a donné à cette méthode le nom de *Methodus differentialis*.

Comme néanmoins l'application de cette méthode est assez laborieuse, Neuton a tâché de la simplifier, et de cette invention il tire quelques règles fort simples au moyen desquelles ayant un certain nombre d'ordonnées de la courbe proposée et équidistantes entr'elles, on peut trouver la valeur de l'aire sans chercher l'équation de la courbe parabolique qui passeroit par leurs sommets. Leur usage excellent nous engage à les faire connoître ici.

La table suivante présente dans la première colonne, le nombre des ordonnées de la courbe, qui doit être au moins de 3. Les lettres A, B, C, D, etc. sont les sommes de la première et de la dernière ordonnée, de la seconde et de la pénultième, de la troisième et de l'antépénultième, en observant que si le nombre des ordonnées est impair la dernière lettre est seulement l'ordonnée du milieu. R exprime la valeur de la distance entre la première et la dernière.

(1) *Commercium epist. de Analysi promotu.*

L'expression

L'expression enfin qui suit chaque nombre d'ordonnées, est celle de l'aire cherchée, comme l'on voit ci-après.

3. $\frac{1}{6}\,\overline{A + 4B}.\ R.$

4. $\frac{1}{8}\,\overline{A + 3B}.\ R.$

5. $\frac{1}{90}\,\overline{7A + 32B + 12C}.\ R.$

6. $\frac{1}{288}\,\overline{19A + 75B + 50C}.\ R.$

7. $\frac{1}{840}\,\overline{41A + 216B + 27C + 272D}.\ R.$

Appliquons cette règle à quelques exemples. Soit à cet effet (*fig.* 48) l'hyperbole équilatère GEF, et CB côté de sa puissance $= 1$. Que $BD = 1$ soit divisé en 6 parties égales, afin d'avoir, y compris les ordonnées EB, FD extrêmes, sept ordonnées équidistantes BE, *gh*, *ik*, *lm*, *no*, *pq*, FD, dont on trouvera facilement par le calcul les longueurs jusqu'à six décimales; savoir $BE = 1.000000$, $gh = \frac{6}{7} = 0.857142$; $ik = \frac{3}{4} = 0.7500000$ $lm = \frac{2}{3} = 0.666666$; $no = \frac{3}{5} = 0.600000$ $pq = \frac{6}{11} = 0.545454$. FD enfin $= \frac{1}{2} = 0.500000$. Ainsi $A = EB + DF$ sera 1.500000. $B = gh + pq$ sera 1.402596; $C = ik + no = 1.350000$. $D = lm = 0.666666$. Mettant donc ces valeurs dans l'expression $\overline{41A + 216B + 27C + 272D}.\ R$, on aura 582.243989, qui, multiplié par R, ou l'unité, et divisé par 840, donnera enfin pour l'aire EBDF, 0.693147; ce qui est exact jusqu'à la 6e. décimale: car cette aire est le log. hyperbolique de 2, qui dans les tables est 0.693147.

Le géomètre anglois Thomas Simpson a donné (1) une autre méthode qui n'est pas moins commode, si elle ne l'est davantage, pour le même objet. Soit comme ci-dessus la courbe divisée par des ordonnées parallèles et équidistantes, et les sommets de ces ordonnées jointes de deux en deux par des lignes droites, comme on voit dans la figure 49. Elles soutendront de petits segmens curvilignes qui, à cause de leur petitesse, peuvent être considérés comme des segmens paraboliques et conséquemment égaux au produit des $\frac{2}{3}$ de la base par leur hauteur.

Pour donner une idée plus distincte de cette méthode, supposons (*fig.* 50) une courbe *abed* etc., et soient trois ordonnées

(1) *Mathematical dissertations on a variety of physical and analytical subjects. Lond.* 1743, *in*-4°. Cet ouvrage de Thomas Simpson, ainsi que divers autres en grand nombre, comme ses *Essais on several curious and useful subjects in speculative and mixd mathematicks. Lond.* 1740, *in*-4°., sont remplis d'excellens morceaux de mathématiques pures ou physico-mathématiques. Nous aurons dans la suite fréquemment l'occasion de le citer comme un des hommes qui font honneur à leur nation par leurs talens.

assez voisines Aa, Bb, Cc. Par les points a et c soit tirée la corde ac, et par le sommet b de la seconde ordonnée la parallèle SbT qui sera tangente à la courbe. Cela supposé, on aura, puisque l'arc ac est supposé parabolique, le petit espace hors la courbe $ST\,cba$ la moitié du segment compris dans la courbe, car ce petit segment est les deux tiers du parallélogramme $S\,acT$. Mais l'espace total $SacT$ est égal a $Bb \times 2AB$; et le trapèse $AacC$ est $=\overline{Aa+Cc} \times AB$. Or la première de ces quantités surpasse l'aire curviligne, de la moitié de ce dont cette aire surpasse la dernière; d'où il suit que le double de la première ajouté à la dernière est égale au double de la moyenne, ou de l'aire curviligne cherchée; ce qui donne cette aire égale à $\frac{Aa+4Bb+Cc}{3} \times AB$.

Si l'on a deux autres ordonnées équi-distantes Dd, Ee, on trouvera de même l'espace $CceE = \frac{Cc+4Dd+Ee}{3} \times CD$ ou AB; conséquemment l'aire $AaeE$ sera $\frac{Aa+4Bb+2Cc+4Dd+Ee}{3} \times AB$. S'il y en avoit sept, on auroit $\frac{Aa+4Bb+2Cc+4Dd+2Ee+4Ff+Gg}{3} \times AB$, d'où il suit qu'il faut faire la somme de la première et la dernière, de quatre fois la seconde, quatre fois la quatrième, quatre fois la sixième, deux fois la troisième et deux fois la cinquième; le tout étant multiplié par AB et divisé par 3, sera l'aire cherchée.

Soit pour en donner un exemple (*fig.* 51) le quart de cercle AFa, dont le rayon AF soit $= 8$; que sa moitié soit divisée en quatre parties égales, pour avoir au moins cinq ordonnées, Aa, Bb, &c.; la première Aa sera 8; la seconde $Bb = \sqrt{63} = 7.93725$; la troisième $= \sqrt{60} = 7.74596$; la quatrième $\sqrt{55} = 7.41619$; la cinquième $= \sqrt{48} = 6.92820$. Ces valeurs, substituées dans l'expression ci-dessus pour cinq ordonnées, donneront 30.61129, dont ôtant le triangle $AEe = 13.85640$, restera le secteur $Aae = 16.75489$, lequel étant triplé, donnera le quart de cercle entier au rayon 8, égal à 50.26467. Et si nous réduisons cette valeur à celle du quart de cercle au rayon $= 1$, c'est-à-dire en la divisant par 64, nous aurons 0.78538; ce qui est conforme aux approximations connues jusqu'à la cinquième décimale inclusivement.

Il n'est presque point de courbe algébrique, qui se refuse à ce moyen de mesurer son aire par approximation, et il est évident qu'on peut l'appliquer à la rectification des courbes. Car l'expression qui désigne la valeur d'un arc de courbe, se réduit toujours à une aire divisée par une quantité donnée. Ainsi cette expression $S.\frac{dx\sqrt{1-\frac{3}{4}xx}}{\sqrt{1-xx}}$, qui est celle d'un arc d'ellipse, dont le demi-grand axe est 1, et le demi-petit axe $\frac{1}{2}$ (l'abscisse partant du centre), peut être regardée comme une aire $S.\frac{adx\sqrt{1-\frac{3}{4}xx}}{\sqrt{1-xx}}$, en supposant $a=1$. On aura donc la longueur de l'arc d'ellipse répondant à l'abscisse x (pourvu qu'elle ne soit pas trop approchante de l'unité), en la divisant en plusieurs parties et calculant successivement l'expression ci-dessus pour les diverses longueurs de x.

L'utilité d'avoir la longueur d'un arc d'ellipse dans bien des cas, nous engage a donner un exemple de ce calcul. Soit donc supposée une ellipse dont les deux axes sont l'un à l'autre, comme 1 à $\frac{1}{2}$, le grand axe étant l'unité : c'est un des cas où la série que donne le calcul intégral est la moins convergente, à moins que l'abscisse ne soit extrêmement petite. Supposons donc ici cette abscisse égale aux $\frac{4}{5}$ de l'axe et qu'elle soit divisée en quatre parties égales; en sorte que chacune soit égale à $\frac{1}{5}$ du grand axe; on aura par un calcul facile les valeurs de l'expression ci-dessus, en y supposant successivement $x=0$; $x=\frac{1}{5}$; $x=\frac{2}{5}$; $\frac{3}{5}$; $\frac{4}{5}$, et l'on aura d'abord la première $=1.000000$; la seconde $=1.005191$; la troisième 1.0235105; la quatrième 1.068931; la cinquième 1.085286; ce qui donnera la somme de $A+4B+2C+4D+E=12.423795$; et multipliant cette somme par l'intervalle des ordonnées, qui est $\frac{1}{5}$; ensuite prenant le tiers du produit, c'est-à-dire en divisant par quinze, on a enfin pour l'arc d'ellipse approché dont il est ici question, 0.828252. Si l'on considère la complication considérable des coefficiens de chaque terme que donne la série pour le même arc, déduite de la méthode ordinaire du calcul intégral, on n'aura pas de peine à se persuader que cette méthode indirecte est fort préférable pour la briéveté à la méthode directe.

Quant à l'ellipse entière, cette méthode n'est pas applicable à la déterminer, parce que la courbe des ordonnées représen-sentées par $\frac{\sqrt{1-\frac{3}{4}x^2}}{\sqrt{1-xx}}$ est asymptotique; car si on fait $x=1$, on a une ordonnée infinie. Mais on a trouvé, pour le quart d'ellipse entier, une autre série moins compliquée, qu'il n'est pas inutile de faire connoître; c'est celle-ci :

Le demi grand axe étant toujours supposé l'unité, et le demi petit axe moindre que l'unité, comme aussi $ee=$ au quarré du demi grand axe moins celui du demi petit axe, ou au quarré de la distance du foyer au centre, si Π représente le quart de cercle décrit du rayon 1, ou le nombre 1.570796, le quart d'ellipse sera égal à cette série $\frac{\Pi}{2}(1 + \frac{1}{4}ee - \frac{1.3}{4.16}e^4 - \frac{3.3.5}{4.16.36}e^6 - \frac{3.3.5.5.7}{4.16.36.64}e^8$ &c. dans laquelle la loi des coéfficiens est assez facile à reconnoître.

On réduira même cette série à une forme plus commode pour le calcul, en lui donnant celle-ci $\frac{\Pi}{2}(1 - \frac{1}{4}ee - \frac{3}{16}Aee - \frac{3.5}{36}Bee - \frac{5.7}{64}Cee$ &c.). Ici chaque lettre A, B, C, D, représente le terme immédiatement précédent, ce qui sert à déduire sans beaucoup de calcul chaque terme de celui qu'on vient de trouver. Ainsi A dans le troisième terme étant $\frac{1}{4}ee$, ce terme est $\frac{3}{4.16}e^4$; le quatrième $\frac{3.5}{36}Bee$, est $\frac{3.3.5}{4.16.36}e^6$, comme dans la première forme, ce qui prouve suffisamment leur identité.

Mais cette série, quoiqu'en apparence fort convergente, ne l'est que très-médiocrement, au-delà des premiers termes; si ce n'est dans les cas où *ee* est une très-petite fraction de l'unité: car dans le cas où *ee* est égal à $\frac{3}{4}$, ce qui est celui de l'ellipse dans laquelle les axes seroient l'un à l'autre comme 1 à 2, à peine quatre, cinq et six termes suffisent-ils pour faire rétrograder d'une place le premier chiffre significatif de la fraction décimale; d'où il résulte que cette série n'est pas aussi avantageuse pour le calcul de la longueur de l'ellipse qu'elle le paroît d'abord et qu'elle l'a paru à Euler même.

Au reste comme on peut avoir quelquefois besoin de connoître la longueur d'un quart d'ellipse, je saisis cette occasion d'insérer ici une table que j'ai autrefois calculée d'après une méthode de Jean Bernoulli. Elle donne les longueurs des divers quarts d'ellipse, depuis celle où le demi petit axe est $\frac{1}{10}$ du demi grand axe supposé l'unité, jusqu'à celle où ils sont égaux entr'eux, ce qui est le quart de cercle lui-même.

$\frac{1}{10}$. . . . . 1.015811.
$\frac{2}{10}$. . . . . 1.050442.
$\frac{3}{10}$. . . . . 1.092131.
$\frac{4}{10}$. . . . . 1.150626.
$\frac{5}{10}$. . . . . 1.211054.
$\frac{6}{10}$. . . . . 1.276352.
$\frac{7}{10}$. . . . . 1.345594.
$\frac{8}{10}$. . . . . 1.418185.
$\frac{9}{10}$. . . . . 1.495255.
1. . . . . 1.570796.

Si l'on avoit besoin d'un quart d'ellipse tombant entre ces termes, on le trouveroit facilement, soit en prenant des parties proportionnelles, soit, ce qui sera plus exact, au moyen d'une interpolation facile, opération dont on donnera bientôt une idée.

Neuton a donné dans son *Traité des fluxions* (1) quelques autres moyens d'approximation. L'un est de former un composé de plusieurs grandeurs tellement combinées que de leur développement en série, il en résulte une qui coincide dans une partie de ses premiers termes avec la série médiocrement convergente dont on veut trouver la somme par approximation. Il résulte de là qu'on a non-seulement les premiers termes de la série, mais une partie plus ou moins grande de tous les suivans à l'infini; ce qui suffit souvent dans la pratique. Ainsi (*fig.* 52) les deux tiers de la corde AB d'un arc de cercle, augmentés du sinus AE et multipliés par les deux tiers du sinus verse BE, approchent très-fort de la grandeur du segment ABE; et si l'on veut une approximation encore plus exacte, il faut diviser le sinus verse BE en deux également en F, et alors on aura $\frac{4AF+AB}{15} \times 2BE$, si prochainement égaux à ce segment ABE, que l'erreur sera à peine d'une 1500e., lors même que ce segment sera égal au quart de cercle; d'où il suit que cette erreur sera incomparablement moindre quand le sinus verse ou l'abscisse BE ne sera qu'une partie médiocre du rayon. Neuton donne de semblables approximations pour des arcs ou des segmens d'ellipse et d'hyperbole, mais elles sont limitées à des arcs fort petits.

Je pourrois donner encore plusieurs exemples de semblables approximations, tirées de divers auteurs; mais vu l'abondance extrême des matériaux que j'ai encore à mettre en œuvre, je les passe sous silence, me réservant d'en faire usage quelqu'autre part.

Dans l'incertitude néanmoins où je suis si je trouverai ailleurs l'occasion de parler de quelques approximations de ce genre, trouvées par le célèbre M. Lambert, je vais en donner ici une idée.

Si l'on a, dit M. Lambert, un arc de courbe quelconque, comme AM (*fig.* 53), concave du même côté, et que AT, TM en soyent les tangentes se rencontrant en T, et AM la corde, l'arc curviligne AmM sera très-prochainement égal $\frac{AT+TM+2AM}{3}$, pourvu que l'amplitude de cet arc ou l'angle que feroient les normales à ses extrémités n'excède pas une trentaine de degrés; car dans ce cas même l'erreur ne tombera que sur la quatrième ou cinquième décimale. Et dans le cas où l'amplitude de cet arc

(1) Voyez aussi le *Commercium epistolicum*, &c. éd. de 1712, p. 57.

excéderoit ce nombre de degrés, il est aisé de voir qu'il n'y auroit qu'à le diviser à-peu-près en deux parties égales en *m*, et tirer la tangente O*m*N, qui rencontrera nécessairement les deux premières en O et N, alors la somme des tangentes AO, ON. NM, plus deux fois les deux cordes A*mm*M, le tout divisé par trois, donnera la longueur très-approximée de cet arc. En effet le calcul appliqué à un arc de cercle de 30 degrés en donne la longueur à une 100000e. près. Le calcul de ces cordes seroit sans doute le plus souvent très-laborieux et difficile, mais il en résulte une opération graphique très-commode dans bien des cas et plus exacte même que ne l'exige la pratique.

Voici encore quelques-unes de ces approximations commodes trouvées par le même géomètre. Dans la même figure que MP soit la perpendiculaire abaissée d'une des extrémités de l'arc sur la tangente de l'autre, on aura à très-peu près le segment A*m*M*r*A égal à $\frac{1}{4}$ du triangle AMP, plus $\frac{1}{6}$ du triangle AMT; quelle que soit cette courbe, pourvu que son amplitude n'excède pas la quantité ci-dessus, et dans ce l'erreur se trouvera à peine dans la quatrième ou cinquième décimale.

Si l'on a un arc de courbe AM (*fig.* 54) sous les mêmes conditions que ci-dessus, que AP soit sa tangente en A et MP perpendiculaire à AP. Que AP soit divisée seulement en trois parties égales, auxquelles répondent les trois ordonnées PM; *pm*, Πμ et qu'on tire des points P, *p*, μ les trois parallèles MN; *mn*, $\mu\nu$ à AP, ensorte qu'on ait les rectangles APMN, *apmn*, AΠ$\mu\nu$, l'espace A*m*MN est, suivant M. Lambert, à très-peu près égal à $\frac{107}{120}$ APMN — $\frac{27}{40}$ *apmn*, — $\frac{27}{40}$AΠ$\mu\nu$, l'erreur étant à peine dans la quatrième ou cinquième décimale. Des divisions de l'abscisse AP en quatre, cinq ou six parties donnent des approximations qui ne s'écartent de la vérité que dans la septième ou huitième. Mais nous sommes obligés de renvoyer à l'ouvrage même de M. Lambert cité ci-dessus, qui contient beaucoup d'autres choses intéressantes du même genre.

XX.

En exposant les moyens que les géomètres ont imaginés pour suppléer à l'imperfection du calcul intégral, nous devions nécessairement parler, au moins incidemment, des séries; car elles sont la ressource à laquelle on est ordinairement réduit dans une infinité de cas, et lorsqu'une série est suffisamment convergente, la sommation d'un petit nombre de ses termes donne souvent une approximation satisfaisante. Mais l'esprit géométrique n'est pas si facilement satisfait, il n'a pour ainsi dire, de repos qu'autant qu'il atteint le point indivisible de la vérité. D'ailleurs les séries ont fréquemment de grands inconvéniens ; le principal est souvent de ne pas converger assez, ou de n'avoir pas ses termes assez rapidement décroissans, pour qu'en ayant pris un nombre médiocre on puisse, sans erreur sensible, négliger le surplus. Celle-ci, par exemple, qui donne la grandeur du cercle, dont le diamètre est 1, savoir $1 - \frac{1}{3} + \frac{1}{5} - \frac{1}{7} + \frac{1}{9}$, &c. converge si lentement qu'il en faudroit prendre 100,000 termes pour avoir seulement le rapport approché d'Archimede, et l'on n'y gagne pas beaucoup à la représenter sous cette forme $\frac{2}{3} + \frac{2}{35} + \frac{2}{99}$ &c. ou celle-ci $1 - \frac{2}{15} - \frac{2}{63}$ &c. Les géomètres ont donc été naturellement conduits à considérer plus particulièrement ces suites de quantités décroissantes, a chercher des moyens d'en trouver la somme, fussent-elles même prolongées à l'infini, ou si cette sommation se trouvoit impossible, à tenter d'en approcher jusqu'à un degré d'exactitude indéfini. De ces recherches enfin, il est résulté une théorie fort étendue et fort intéressante qui a été successivement cultivée et augmentée par tous les géomètre, du plus grand nom.

Archimede marche ici à leur tête comme dans tant d'autres recherches géométriques; car il paroît être le premier qui ait trouvé la sommation d'une progression géométrique décroissante continuée à l'infini. S'il ne s'énonce pas comme nous, le résultat en est le même ; ce fut un des moyens qu'il employa pour quarrer la parabole.

Depuis Archimede jusqu'à ces derniers temps, je ne vois personne qui se soit proposé ce sujet de recherches. Mais Leibnitz annonça, en 1682, des nouvautés en ce genre, par l'écrit qu'il publia dans les actes de Léipsick sous ce tire : *De proportione circuli ad quadratum circumscriptum in numeris rationalibus.* Parmi le grand nombre de choses curieuses que contient cet écrit, on trouve les prop. suivantes ; si l'on forme une série de fractions, comme celle-ci $\frac{1}{3} + \frac{1}{8} + \frac{1}{15} + \frac{1}{24} + \frac{1}{35} + \frac{1}{48}$ &c., dont les numérateurs sont l'unité, et les dénominateurs, les quarrés des nombres naturels (1 excepté), diminués de l'unité, la somme de cette série continuée à l'infini ne fera que $\frac{3}{4}$ et si on prend ses termes en commençant par le premier, ensuite le troisième, le cinquième &c. cette série $\frac{1}{3} + \frac{1}{15} + \frac{1}{35} + \frac{1}{63} + \frac{1}{99}$ &c. sera égale à $\frac{1}{2}$, et si l'on prend les termes de la même suite commençant par le second et en omettant alternativement un, ce qui donne $\frac{1}{8} + \frac{1}{24} + \frac{1}{48} + \frac{1}{80} + \frac{1}{120}$ &c. ; leur somme sera $\frac{1}{4}$. Enfin la série $\frac{1}{3} + \frac{1}{35} + \frac{1}{99} + \frac{1}{195}$ &c. sera égale à l'aire du cercle dont le quarré inscrit est $\frac{1}{4}$, ou le circonscrit $\frac{1}{2}$. Mais $\frac{1}{8} + \frac{1}{48} + \frac{1}{120}$ &c. est égal à un espace hyperbolique entre les asymptotes, qui est le quart du logarithme hyp. de 2.

Leibnitz, à la vérité, se bornoit à annoncer ces vérités, mais elles ont été depuis démontrées de plusieurs manières différentes. Il donna bientôt après, en 1683, la sommation d'autres séries moins faciles, telles que celles dont les numérateurs étant ou l'unité, ou les nombres naturels, ou les triangulaires &c. les dénominateurs sont des nombres de la progression géométrique, et les signes alternativement positifs et négatifs. Telles sont celles-ci : $1 - \frac{1}{20} + \frac{1}{400} - \frac{1}{8000}$ &c. Ou $1 - \frac{2}{20} + \frac{3}{400} - \frac{4}{8000}$ &c. ou $1 - \frac{3}{20} + \frac{6}{400} - \frac{10}{8000}$ &c., qui sont respectivement égales à $\frac{20}{21}$, $\frac{400}{441}$, $\frac{8000}{9261}$.

Ces essais engagèrent probablement Jacques Bernoulli à s'occuper du même genre de recherches; et à son exemple, son jeune frère, Jean Bernoulli s'y livra aussi; ils s'excitèrent l'un l'autre en se faisant part de leurs découvertes mutuelles, et en enchérissant pour l'ordinaire l'un sur l'autre. Jacques Bernoulli en publia le résultat en 1689, en forme de thèses soutenues sous sa présidence par un de ses élèves sous ce titre : *Positiones arith. de seriebusinfinitis, earumque summa finita*, qui eurent une première suite en 1692, et deux autres en 1692 et 1697. Ces dernières ont pour objet l'application des séries aux quadratures et rectifications &c. Dans les deux premières parties de ce traité des suites infinies et de leur sommation, Jacques Bernoulli donne les sommations d'un grand nombre de nouvelles séries décroissantes, comme celles où les dénominateurs étant les nombres en progression géométrique, les numérateurs seroient les nombres croissans artithmétiquement, ou les triangulaires, pyramidaux &c. Telles sont celle-ci : $\frac{1}{2} + \frac{2}{4} + \frac{3}{8} + \frac{4}{16} + \frac{5}{32}$ &c. qui est égale à 2. Et la suivante : $\frac{1}{2} + \frac{3}{4} + \frac{6}{8} + \frac{10}{16} + \frac{15}{32}$ &c. qui égale 4, ou celle-ci : $\frac{1}{2} + \frac{6}{4} + \frac{10}{8} + \frac{20}{16}$ &c. $= 8$ &c. Il trouve aussi que la suite dont les numérateurs sont l'unité et les dénominateurs les nombres triangulaires, comme $\frac{1}{1} + \frac{1}{3} + \frac{1}{6} + \frac{1}{10} + \frac{1}{15}$ &c. $= 2$, ou plus généralement $\frac{a}{c} + \frac{a}{3c} + \frac{a}{6c} + \frac{a}{10c}$ &c. $= \frac{2c}{a}$ Il trouve de même que celle dont les dénominateurs sont les nombres pyramidaux 1, 4, 10, 20 &c. $= 1\frac{1}{2}$ &c. On y trouve enfin la démonstration de ce qu'avoit avancé Leibnitz sur les séries dont il avoit donné les sommes.

Il se présente ici deux questions incidentes. On a donné les sommes des séries ayant l'unité pour numérateur constant, et des nombres en prog. géom. croissante pour dénominateurs. Mais quelle est la somme de celle ou ces dénominateurs sont en prog. arithmétique, comme celle-ci : $1 + \frac{1}{2} + \frac{1}{3} + \frac{1}{4} + \frac{1}{5} + \frac{1}{6}$ &c. qui est une progr. harmonique décroissante. Tout le monde sait aujourd'hui qu'elle est infinie ou plus grande qu'aucun nombre fini. Mais la première remarque de cette vérité est attribuée par Jacques Bernoulli à son frère dont il rapporte la démonstration qui quoique indirecte est fort ingénieuse. Jacques Bernoulli le démontre d'une autre manière et en tire la démonstration que l'espace asympt. de l'hyp. d'Apollonius est infini. Mais comme on démontre d'une autre manière que cette aire est infinie, on peut facilement en tirer la démonstration que la somme de la série harmonique ci-dessus et de toute autre du même genre est infinie, quelques mauvaises raisons qu'ait pu donner un jésuite dans les mém. de Trevoux et un M. Corradi dans un traité du calcul intégral, pour prouver le contraire. Nous donnerons ailleurs, d'après M. Maclaurin, un moyen de reconnoître si une série a une somme finie ou infinie.

Une autre série, dont il étoit naturel de chercher aussi la somme, est celle-ci : $1 + \frac{1}{4} + \frac{1}{9} + \frac{1}{16} + \frac{1}{25}$ &c. qui est la série réciproque des quarrés. Mais les moyens de M. Bernoulli sont impuissans, pour résoudre le problême ; il démontre néanmoins sur ce sujet une chose fort curieuse ; c'est que dans cette série la somme des termes impairs $1 + \frac{1}{9} + \frac{1}{25} + \frac{1}{49}$ &c. est à celle des termes pairs $\frac{1}{4} + \frac{1}{16} + \frac{1}{36} + \frac{1}{64}$ &c. comme 3 à 1. Et en général si l'on a une série réciproque des puissances quelconques, comme $1 + \frac{1}{2^n} + \frac{1}{3^n} + \frac{1}{4^n}$ &c., la somme des termes dans les places impaires, comme $1 + \frac{1}{3^n} + \frac{1}{5^n} + \frac{1}{7^n}$ &c. sera à celle des termes pairs $\frac{1}{2^n} + \frac{1}{4^n} + \frac{1}{6^n}$ &c., comme $n^2 - 1$ est à 1. Ainsi dans la série réciproque des cubes, ce rapport sera de 7 à 1 ; dans celle des quarrés quarrés, ce sera celle de 15 à 1. M. de Mairan a donné dans les mémoires de l'académie des sciences, pour l'année 1760, une démonstration particulière de cette vérité, plus simple et plus directe que celle de Bernoulli. Quant à la série réciproque des quarrés $1 + \frac{1}{4} + \frac{1}{9} + \frac{1}{16}$ &c. M. Euler est, je crois, le premier qui en ait donné la sommation qui est du genre transcendant ; et ce qu'il y a de singulier ici, c'est que la série réciproque des cubes, comme $\frac{1}{1} + \frac{1}{8} + \frac{1}{27}$ &c., ne présente pas les mêmes difficultés ; il en sera question dans la suite.

On ne sera probablement pas fâché de trouver ici une idée des moyens employés par les deux illustres frères pour la résolution de ces problêmes. L'un d'eux consiste dans la résolution de la série donnée en plusieurs autres dont la sommation est déjà connue ; mais celui dont ils font le plus souvent usage est de soustraire d'une série donnée, la même série diminuée de son premier terme, ou de quelques-uns de ses premiers termes. Soit, par exemple, la série harmonique $1 + \frac{1}{2} + \frac{1}{3} + \frac{1}{4} + \frac{1}{5}$ &c. que je nomme A sans m'inquiéter si sa somme est finie ou infinie.

Si de A j'ôte la même somme tronquée de son premier terme de cette manière :

$$A\ldots\ldots\ 1+\tfrac{1}{2}+\tfrac{1}{3}+\tfrac{1}{4}+\tfrac{1}{5}+\tfrac{1}{6}\ \&c.$$
$$-B\ldots\ldots\ \tfrac{1}{2}+\tfrac{1}{3}+\tfrac{1}{4}+\tfrac{1}{5}+\tfrac{1}{6}+\tfrac{1}{7}\ \&c.$$

on aura $\frac{1}{1.2}+\frac{1}{2.3}+\frac{1}{3.4}+\frac{1}{4.5}+\frac{1}{5.6}+\frac{1}{6.7}$ &c. $=A-B$. Mais $B=A-1$; conséquemment ce reste sera $=1$. Ainsi la série ci-dessus, ou $\frac{1}{2}+\frac{1}{6}+\frac{1}{12}+\frac{1}{20}+\frac{1}{30}+\frac{1}{42}$ &c. à l'infini, est égale à l'unité ; ce qu'on trouve aussi par d'autres voies directes.

Donnons encore un exemple de ce procédé : que de la série $A=\frac{1}{1}+\frac{1}{2}+\frac{1}{3}$ &c. on ôte la même somme tronquée de ses deux premiers termes et conséquemment moindre de $1+\frac{1}{2}$ ou $\frac{3}{2}$, on aura $\frac{2}{1.3}+\frac{2}{2.4}+\frac{2}{3.5}+\frac{2}{4.6}+\frac{2}{5.7}+\frac{2}{6.8}$ &c., conséquemment égale a $\frac{3}{2}$. C'est-à-dire que $\frac{1}{3}+\frac{1}{8}+\frac{1}{15}+\frac{1}{24}+\frac{1}{35}$ &c., qui est l'unité divisé par tous les quarrés (à commencer de 4) diminués de l'unité, $\frac{1}{4-1}+\frac{1}{9-1}+\frac{1}{16-1}+\frac{1}{25-1}+\frac{1}{36-1}$ &c. est égale à $\frac{3}{4}$.

On pourroit de même retrancher de cette série égale à $\frac{3}{4}$, la même tronquée de son premier terme et conséquemment égale à $\frac{5}{12}$, on auroit celle-ci égale à $\frac{3}{4}-\frac{5}{12}$ ou a $\frac{1}{3}$, savoir $\frac{5}{2.3.4}+\frac{7}{2.3.4.5}+\frac{9}{2.3.4.5.6}$ &c. ou $\frac{5}{24}+\frac{7}{120}+\frac{9}{720}+\frac{11}{5040}$ &c. où la progression, tant des numérateurs que des dénominateurs, est suffisamment apparente ; mais en voilà assez sur cette manière de trouver des séries sommables. Quelque chose de plus important est de remonter d'une série donnée à sa somme absolue, si elle est possible, ou à sa somme seulement approchée, si on ne peut faire autrement ; il y a pour cela des méthodes dont nous parlerons dans la suite de cet article.

Ce qui s'étoit passé vers 1690 entre les deux illustres frères Jacques et Jean Bernoulli, se renouvella en quelque sorte vers 1712, entre MM. Nicolas Bernoulli et de Montmort. Leur correspondance sur des sujets tenans à la théorie des probabilités les conduisit à approfondir celle de la sommation des séries ; car plusieurs des problêmes de ce genre conduisent à de pareilles expressions. M. de Montmort, nécessité par ses recherches sur divers problêmes de la théorie des probabilités, avoit déjà trouvé quelques artifices particuliers pour sommer des séries qui n'avoient point encore été considérées. Quand je dis sommer, j'entends ici trouver la somme de tant de termes qu'on voudra d'une série proposée, comme si l'on avoit celle-ci $1.+3.4.+$

5. 6. 7, + 8. 9. 10 &c. et qu'on demandât la somme des 20, des 100, des 1000 premiers termes. M. de Montmort s'étoit fait pour cela une méthode particulière, en généralisans le triangle arithmétique de M. Pascal. « Je m'explique; dans ce triangle arithmétique, le premier rang horisontal est composé d'unités comme on voit ici. Or l'on sait que chaque nombre de chaque rang horizontal est toujours formé de manière qu'il est la somme du précédent et de celui qui est immédiatement au-dessus de ce dernier. Mais si au lieu du premier rang égal à l'unité, et du rang diagonal, qui est aussi toujours l'unité, nous formons le premier rang d'un nombre quelconque a, et le rang diagonal d'une suite de nombres à volonté, a, b, c, d, e, f, &c., qu'on opère ensuite comme pour le triangle arithmétique vulgaire, on aura le triangle suivant :

1.	1.	1.	1.	1.	1.	1.	1.
	1.	2.	3.	4.	5.	6.	7.
		1.	3.	6.	10.	15.	21.
			1.	4.	10.	20.	35.
				1.	5.	15.	35.
					1.	&c.	&c.

a,	a,	a,	a,	a,	a,	a.
	b,	$a+b$,	$2a+b$,	$3a+b$,	$4a+b$,	$5a+b$.
		c,	$a+b+c$,	$3a+2b+c$,	$4a+3b+c$,	$10a+4b+c$.
			d,	$a+b+c+d$,	$4a+3b+2c+d$,	$10a$ &c.
				e,	$a+b+c+d+e$,	$5a+4b+3c+2d+e$.

ou si, par exemple, nous nommons $a=3$, et a, b, c, d, e, &c. 3, 4, 5, 6, 7, &c. respectivement, nous aurons cette série de nombres triangulairement disposée :

3.	3.	3.	3.	3.	3.	3.	3.	&c.
	4.	7.	10.	13.	16.	19.	22.	&c.
		5.	12.	22.	35.	51.	70.	&c.
			6.	18.	40.	75.	126.	&c.
				7.	25.	65.	140.	&c.
					8.	33.	138.	&c.
						9.	42.	&c.
							10.	

dont la propriété, quelque irréguliers que paroissent les derniers rangs, sera que les différences des nombres de chaque bande seront les termes de la précédente, et les différences de ceux-ci, celles de termes de celles qui la précède, et ainsi de suite; en sorte que la troisième différence, par exemple, de la troisième bande horizontale, sera zéro; car la deuxième est constamment 3. Enfin la différence n^{me}. de la n^{me}. bande horizontale est égale à zéro.

Cela seroit encore vrai, quand même pour *a*, *b*, *c*, *d*, &c. on prendroit des nombres absolument *ad arbitrium*, comme l'on voit ci-dessous :

3.	3.	3.	3.	3.	3.	3.	&c.
	7.	10.	13.	16.	19.	22.	&c.
		12.	22.	35.	51.	70.	&c.
			15.	37.	72.	123.	&c.
				20.	57.	129.	&c.
					23.	80.	&c.
						25.	

On pourroit même encore supposer qu'au lieu d'*a*, *b*, *c*, *d*, *e*, &c. on eut pris des nombres comme ceux-ci absolument au hasard, et même quelques-uns d'entr'eux négatifs, comme 3, —5, 4, 2, 0, —3, &c., en ayant attention au signes résultans quelquefois de la soustraction d'un nombre négatif d'un positif, ou *vice versâ*, comme ci-dessous :

3.	3.	3.	3.	3.	3.	3.	3.	&c.
	—5.	—2.	1.	4.	7.	10.	13.	&c.
		4.	2.	3.	7.	14.	24.	&c.
			2.	4.	7.	14.	28.	&c.
				0.	4.	11.	25.	&c.
					—3.	—1.	10.	&c.
						5.	4.	&c.
							3.	&c.

Dans tous ces différentes formations de triangles arithmétiques, il est encore évident, par leur génération, que la différence n^{me}. de la bande horizontale, dont le rang est n, est égale à zéro.

D'après ces considérations et quelques autres intermédiaires qu'il seroit trop long de déduire, M. de Montmort trouve que si l'on nomme A la différence des deux premiers termes donnés ; B la première des secondes différences des trois premiers ; C la première des troisièmes différences des quatre premiers ; D la première des quatrièmes différences des cinq premiers, et ainsi de suite, on aura pour la somme d'un nombre p de termes, en supposant la suite en question *a*, *b*, *c*, *d*, *e*, *f*, &c. on aura, dis-je, $pa + \frac{p.p-1}{1.2}A + \frac{p.p-1.p-2}{1.2.3}B + \frac{p.p-1.p-2.p-3}{1.2.3.4}C$ &c. d'où il suit que si la suite proposée est telle, qu'enfin une de ces différences devienne zéro, la série ci-dessus se terminera.

Ainsi prenant pour exemple la suite des nombres pyramidaux 1, 4, 10, 20, 35, 56, &c., si l'on demandoit la somme de ses mille premiers termes, on auroit $p = 1000$. $A = 3$, la deuxième différence $B = 1$, la troisième $= 0$. Ainsi la valeur cherchée est $Ap + \frac{p.\overline{p-1}}{1.2} B + 0. = 1000 + 499500 = 500500$.

Encore un exemple, que nous prendrons dans la quatrième bande du triangle arithmétique (avant dernier) 15, 37, 72, 123, &c. et qu'on demande la somme des cent premiers termes, on aura $a = 15$, $p = 100$, $A = 22$; $B = 13$; $C = 3$; $D = 0$. Ainsi la série ci-dessus sera $1500 + \frac{100.99}{2} 22 + \frac{100.99.98}{16} 13 + \frac{100.99.98.97}{24} 3 + 0. = 13967025$.

Enfin l'on peut conclurre delà que toutes les fois qu'on aura une suite de nombres, dont les différences prises successivement du premier au second ; du second au troisième, &c. et celles de celles-ci étant prises semblablement, &c. aboutiront enfin à une différence nulle, on pourra, par un calcul fort simple, en sommer tant de termes que l'on voudra par la formule ci-dessus. M. de Montmort en donne la démonstration, p. 65 de sa seconde édition.

Ces choses, il faut en convenir, ne furent pas inconnues aux deux frères Bernoulli, comme on le voit par la correspondance de Montmort avec Jean Bernoulli et son neveu Nicolas, correspondance curieuse et le modèle de celle qui devroit régner entre les gens de lettres. Mais ni le livre *de Arte conjectandi*, de Jacques Bernoulli, n'avoit encore vu le jour, ni divers autres ouvrages qui parurent bientôt après, et qui ont servi à étendre extrêmement cette théorie. M. de Montmort amplifia lui-même considérablement ce qu'il avoit déjà trouvé sur cela, dans un long mémoire sur les séries, qu'il donna à la société royale Londres, en 1718, et qui est imprimé dans son numero 353, avec quelques additions de Taylor lui-même. Il y est non-seulement question de suites croissantes selon une certaine loi dont on demande la sommation jusqu'à un certain terme, mais encore de progressions décroissantes, dont il s'agit de trouver la somme entière, si cela se peut, ou jusqu'à un certain terme donné. On y voit les moyens de sommer ainsi des suites beaucoup plus compliquées, comme celles dans lesquelles chaque terme est le produit de facteurs en nombre donné, qui vont en croissant arithmétiquement, et où chaque premier facteur dans chaque terme subséquent croît aussi arithmétiquement par la même différence. Telle seroit celle-ci, où pour éviter la complication, nous supposerons seulement chaque terme de quatre facteurs, $a. \overline{a+n}. \overline{a+2n}. \overline{a+3n} + \overline{a+n}. \overline{a+2n}. \overline{a+3n}. \overline{a+4n} + \overline{a+2n}. \overline{a+3n}. \overline{a+4n}. \overline{a+5n}$. &c.

qui, en nommant pour exemple $a=1$ et $n=2$, seroit $1.\,3.\,5.\,7 + 3.\,5.\,7.\,9 + 5.\,7.\,9.\,11.$ &c.

Telle est encore cette autre série, composée de fractions dont les numérateurs A, B, C, D, &c. croîtroient suivant une certaine loi, et dont les dénominateurs seroient formés de facteurs comme dessus, $\frac{A}{a.\,\overline{a+n}.\,\overline{a+2n}.\,\overline{a+3n}} + \frac{B}{\overline{a+n}.\,\overline{a+2n}.\,\overline{a+3n}.\,\overline{a+4n}} + \frac{C}{\overline{a+2n}.\,\overline{a+3n}.\,\overline{a+4n}.\,\overline{a+5n}.}$, &c. ce qui, suivant les valeurs qu'on donneroit à A, B, C, &c. à a et n, fourniroit diverses séries. Par exemple, que a et n restant comme dessus, A, B, C, &c. soyent les nombres triangulaires, &c., on auroit. . . . $\frac{1}{1.3.5.7} + \frac{3}{3.5.7.9} + \frac{6}{5.7.9.11} + \frac{10}{7.9.11.13}$ &c.

On pourroit même composer les numérateurs comme les dénominateurs, et donner à la série cette forme, en faisant m et r des nombres quelconques $\frac{m.\,\overline{m+r}.\,\overline{m+2r}.\,\&c.}{a.\,\overline{a+n}.\,\overline{a+2n}.\,\overline{a+3n}} + \frac{\overline{m+r} + \overline{m+2r} + \overline{m+3r}\,\&c.}{\overline{a+n}.\,\overline{a+2n}.\,\overline{a+3n}.\,\overline{a+4n}} + \frac{\overline{m+2r}.\,\overline{m+3r}.\,\overline{m+4r}}{\overline{a+2n}.\,\overline{a+3n}.\,\overline{a+4n}.\,\overline{a+5n}} +$ &c. d'où naîtroit, en faisant $m=2$ et $r=1$, cette progression $\frac{2.3.4}{1.3.5.7} + \frac{3.4.5}{3.5.7.9} + \frac{4.5.6}{5.7.9.11}$ &c. M. de Montmort donne les fermules sommatrices de ces progressions, ainsi que de quelques autres plus compliquées encore.

Il paroît cependant que M. de Montmort a été du moins à portée de faire ici quelque usage des lumières jettées sur cet objet par Tailor, dans son livre intitulé : *Methodus incrementorum*, publié dès 1716, et il ne disconvient pas de l'avoir connu, en disant que ce qu'il vient de donner est une particule de la méthode des incrémens du géomètre anglois. Mais il est clair que sa méthode propre le conduisoit au même but.

Ce seroit ici le vrai lieu de parler des découvertes de Tailor sur cette matière. Elles sont consignées dans son livre intitulé : *Methodus incrementorum directa et inversa* (Lond. 1716, *in*-4°.). Cet ouvrage a eu, en quelque sorte, un commentateur dans M. Nicole, qui a développé cette méthode et son application à la sommation de séries qui, par leur complication, paroissoient devoir échapper à tous les efforts des analystes. Mais comme nous destinons un article particulier à développer cette théorie des incrémens ou des différences finies, le lecteur permettra que nous y renvoyions.

XXI.

Nous avons maintenant à parler d'un genre de séries qui joue un rôle considérable dans les mathématiques. Il sagit des séries nommées *Récurrentes*, dont la théorie est due à M. de Moivre.

Ce savant géomètre y fut conduit par ses recherches sur le calcul des probabilités. Il en fit ensuite une partie de son traité intitulé : *Miscellanca analytica de seriebus et quadraturis* (Lond. 1730 *in*-4°.) ; ouvrage plein de spéculations et de recherches ingénieuses et profondes sur toutes les parties de l'analyse.

On appelle, depuis Moivre, *Série récurrente* celle dans laquelle chaque terme est déterminé par une relation constante, avec un, ou deux, ou trois &c. de ceux qui le précèdent immédiatement. Dans la suite ou progression géométrique, cette relation n'est, à proprement parler, qu'entre chaque terme et son précédent : je dis à proprement parler, parce que c'est la plus apparente ; car Moivre fait voir qu'on y peut établir une échelle de relation avec tant de termes antérieurs qu'on voudra. Mais dans une série récurrente chaque terme est donné d'une manière constante par les deux ou les trois, ou les quatre précédens &c. Telle est cette série $\overset{A}{1} + \overset{B}{2} + \overset{C}{5} + \overset{D}{12} + \overset{E}{29}$ &c., dans laquelle les deux premiers termes étant 1 et 2, le troisième est égal à deux fois le second plus une fois le premier, le quatrième égal à deux fois le troisième plus une fois le second, et ainsi de suite. Ainsi $C = 2B + A$; $D = 2C + B$; $E = 2D + C$ &c., ou plus généralement soit la série $\overset{A}{1} + \overset{B}{2x} + \overset{C}{3xx} + \overset{D}{10x^3} + \overset{E}{34x^4}$ dans laquelle $D = 3Cx - 2Bxx + 5Ax^3$; $E = 3Dx - 2Cx^2 + 5Bx^3$; $F = 3Ex - 2Dxx + 5Cx^3$ &c. L'échelle de relation ou l'équation servant à établir chaque terme par les précédens, sera ici $3x - 2xx + 5x^3$, ou plus simplement $3 - 2 + 5$; ce qui signifie que le terme précédent doit être multiplié par 3 et par x, le second par 2 et xx, et le troisième par 5 et x^3. On peut former cette échelle de relation à volonté, prenant aussi à volonté les deux premiers termes, si la relation ne comprend que les deux précédens, ou les trois premiers, si l'échelle de relation en comprend autant &c. Et l'on aura une infinité de séries de la nature de celles que Moivre a appelé *récurrentes*. Ce genre de série se présente souvent dans diverses théories mathématiques et spécialement dans celle des probabilités, ou du calcul des hasards. On fait ici cette observation, pour répondre d'avance à la question qu'on pourroit faire sur l'utilité de cette spéculation.

Il n'est pas entièrement hors de propos d'observer ici que J. D. Cassini avoit, dès 1682, considéré une série de cette espèce : c'est celle dans laquelle chaque terme est formé par l'addition des deux précédens, comme celle-ci 1. 1. 2. 3. 5. 8. 13 &c. qui est une des plus simples de ce genre, et dont l'échelle de relation est 1 + 1. Mais Cassini se borne à en remarquer quelques propriétés; celle-ci, par exemple, que si l'on prend trois termes consécutifs, le quarré de celui du milieu est alternativement plus grand ou moindre de l'unité que le produit des extrêmes; ce qui a lieu aussi, lorsqu'on prend quatre termes consécutifs, à l'égard du produit des moyens et des extrêmes; je passe sur quelques autres remarques de ce genre. Mais Cassini ne paroît pas avoir eu l'idée de rechercher, ni la sommation, ni le terme général de cette série, problêmes qui sont les premiers qui se présentent lorsqu'il est question de progression. Il dit avoir fait quelque application de cette considération a l'astronomie; mais on ne voit point dans l'histoire de l'académie, citée plus haut, en quoi elle consistoit.

Avant d'entrer dans des détails d'une théorie plus approfondie de ces sortes de séries, il faut faire connoître quelques-unes des vérités que Moivre démontroit à leur sujet. Il fait voir, par exemple, que si l'on a une série ou progression géométrique, qui est évidemment une des récurrentes et des plus simples, puisque chaque terme dépend de celui qui le précède immédiatement, on peut trouver une échelle de relation qui donne chaque terme par deux, par trois, par quatre &c. des précédens. Il montre encore que si l'on a deux progressions géométriques dans l'une desquelles la relation d'un terme quelconque au précédent soit celle de m à 1; et dans l'autre de n à 1, qu'on ajoute ensuite les termes correspondans, c'est-à-dire de même dimension, des deux séries, il en résultera une nouvelle série récurrente dont l'échelle de relation sera donnée par les deux termes précédens, et sera $\overline{m+n}+mn$. Par exemple les termes de la première étant A, B, C, D &c. Ceux de la seconde L, M, N, O: on aura pour nouvelle série A + L; B + M; C + N; D + O &c. et $C+N=(m+n)\times\overline{B+M}, +mn\times\overline{A+L}$; et si l'on a trois progressions géométriques d'exposans différens, $m.\ n.\ p.$ ajoutées de cette manière, la nouvelle série ou progression sera encore récurrente et aura une échelle fermée de ces trois exposans en cette sorte: $\overline{m+n+p}$ A. + $\overline{mn+mp+np}$ B + mnp C; ici A est le terme immédiatement précédent, B l'antéprécédent, et C le plus éloigné. La loi de la progression des termes de cette échelle de relation est facile à saisir.

Delà suit une vérité fort curieuse et intéressante de cette théorie, savoir que toute série récurrente, dont l'échelle de relation est composée de deux termes, est divisible en deux séries géométriques; une dont l'échelle de relation est de trois termes, sera divisible en trois séries géométriques: car, par exemple, dans le premier cas l'échelle de relation de la série donnée étant r A + s B (A étant le terme le plus voisin, et B le précédent) on on aura $m + n = r$ et $mn = s$, d'où l'on peut tirer les valeurs de m et n.

Or toute série géométrique est susceptible de sommation, c'est-à-dire que si elle va en croissant, on peut, le rang d'un terme étant donné, trouver la somme de tous ceux de la progression jusqu'à ce terme donné et inclusivement; d'où il suit que toute série récurrente est susceptible de sommation semblable, et si la série va en décroissant, on peut avoir non-seulement la somme de tant de termes qu'on voudra, mais celle de toute la progression à l'infini.

Moivre fait aussi voir que si l'on divise l'unité par un polynôme, comme $a + bx + cx^2 + dx^3$ &c., il en résulte une série récurrente, dont l'échelle de relation est composée d'autant de termes qu'en a ce polynôme, moins un. C'est ce qu'il démontre par un procédé fort ressemblant a celui que nous emploierons bientôt pour le même objet. Il trouve enfin par un procédé fort simple la somme de toute série récurrente d'après son échelle de relation connue; et fait voir comment on peut en sommer une partie, c'est-à-dire jusqu'à un terme donné, ou à l'infini, si la série est décroissante.

Nous devions à Moivre, comme inventeur de cette théorie intéressante, la justice de présenter ce développement de ses idées, quoiqu'elle ait été depuis fort amplifiée par les géomètres qui l'ont suivi. Nous allons maintenant entrer dans une explication plus approfondie de ce sujet.

Il y a dans toute série récurrente, trois objets à considérer.

Le premier est l'échelle de relation ou la formule d'après laquelle chaque terme se déduit du précédent ou des précédens.

Le second est le terme général, ou la formule d'après laquelle la distance d'un terme quelconque au premier étant donnée, on peut exprimer ce terme sans avoir recours aux précédens.

Le troisième est le terme appelé sommatoire parce qu'il exprime la somme de tous les termes jusques et y compris celui dont la place est donnée.

Mais une vérité fondamentale de cette théorie qu'il faut d'abord démontrer, c'est que toutes les fois qu'on développe en série une fraction rationelle proprement dite, il en résulte une série récurrente, dont l'échelle de relation dépend des coefficiens et du nombre des termes du dénominateur, ensorte qu'il est toujours possible de passer de ce dénominateur à l'échelle de relation, ou de celle-ci au dénominateur de la fraction génératrice de la série. Nous avons dit une fraction véritable; c'est-à-dire dont le numérateur ne contienne pas de puissance de la variable plus élevée que dans le dénominateur ni même égale : car si cela étoit, le développement ne donneroit plus une série récurrente.

Il faudroit donc, dans ce cas diviser le dénominateur par le numérateur, jusqu'à ce qu'on fût parvenu à une fraction ayant la condition ci-dessus. Donnons-en quelques exemples, après lesquels on verra la démonstration de cette vérité.

Ainsi la fraction rationnelle $\frac{1}{1+x}$ se développe en celle-ci $1 - x + x^2 - x^3$ &c. où l'échelle de relation est $-1x$, ou simplement -1, en supposant $x = 1$; ce qu'on fait toutes les fois que d'une série algébrique on veut passer à une purement arithmétique. Celle-ci est la fameuse série dont Leibnitz tiroit des conclusions singulières, savoir $1 - 1 + 1 - 1 + 1 - 1$ &c. Si l'on développe en série la fraction $\frac{1+x}{1-3x+2x^2}$ on aura, après avoir fait $x = 1$, celle-ci $1 + 3 + 7 + 15 + 31$ &c. dont l'échelle de relation est $3A - 2B$, c'est-à-dire que chaque terme est égal au triple du précédent, moins le double du pénultième. La série des nombres naturels $1 + 2 + 3 + 4$ &c. est elle-même une série récurrente, dont l'échelle de relation est $2 - 1$; ou $2A - B$, A désignant le terme immédiatement précédent et B celui qui précède ce dernier: elle provient du développement de la fraction $\frac{1}{1-2x+x^2}$ en faisant ensuite $x=1$. Nous passons à la démonstration annoncée plus haut.

Nous supposerons, pour simplifier les choses, une fraction seulement telle que celle-ci $\frac{a+bx}{f-gx+hxx}$, et nous employerons la méthode des coefficiens indéterminés, comme celle qui est la plus propre a faire apercevoir la loi d'après laquelle les termes se déduisent l'un de l'autre. Que la série cherchée soit donc $A + Bx + Cx^2 + Dx^3 + Ex^4$ &c., on aura $a + bx$ égal à cette suite multipliée par $f + gx + hx^2$. Faisant donc actuellement cette multiplication, et arrangeant en colonnes les coefficiens des mêmes puissances de x; faisant enfin, selon les procédés connus de cette méthode tout passer du même côté, on aura

$$o = \begin{cases} Af + Bfx + Cfx^2 + Dfx^3 \text{ \&c.} \\ -a - Agx - Bgx^2 - Cgx^3 \text{ \&c.} \\ \quad - bx - Ahx^2 - Bhx^3 \text{ \&c.} \end{cases}$$

Si donc on égale à zéro les coefficiens de chaque même puissance de x, on aura $Af - a = o$ ou $A = \frac{a}{f}$; et dans la seconde colonne de coefficiens substituant, au lieu de A, sa valeur, on aura $B = \frac{bf+ag}{ff}$. Mais il est aisé de voir que les colonnes suivantes des coefficiens de x^2, x^3, x^4 &c. sont toutes semblables. Ainsi l'on a $Cf \pm Bg + Ah = 0$. $Df - Cg + Bh = 0$. ou $C = Bg - Ah$; $D = Cg - Bh$, &c.; c'est-à-dire que C est déterminé par B et A les termes précédens, comme D par les deux qui le précèdent dans le même ordre, et ainsi de suite. La série est donc récurrente et son échelle de relation est $gx - hx^2$ ou plus simplement $g - h$, en supposant $x = 1$.

Ainsi, pour en donner un exemple, supposons la fraction proposée être $\frac{1+2x}{1-3x+2x^2}$, nous aurons $a = 1$, $b = 2$, $f = 1$, $g = 3$, $h = 2$; ce qui donne 1 pour le premier terme, 5 pour le second, qui sera conséquemment $5x$; l'échelle de relation sera enfin $3x - 2x^2$ ou $3 - 2$. La série sera donc $1 + 5x + 13x^2 + 29x^3 + 61x^4$ &c., où x étant supposée égale à l'unité, $1 + 5 + 13 + 29 + 61$ &c. où chaque terme est le double du précédent, moins deux fois celui qui précède ce dernier.

Pour peu qu'on ait conçu la démonstration précédente, il est aisé de voir que si le dénominateur eût eu quatre termes, la loi de l'échelle de relation ne se fût manifestée qu'au quatrième terme de la série, et cette échelle eût eue trois termes; et ainsi des cas plus composés.

Etant donnés le numérateur et le dénominateur d'une fraction rationnelle, proprement dite, on pourra donc toujours trouver dans la série qui résultera de son développement, l'échelle de relation de ses termes, et *vice versâ*, étant donnée l'échelle de relation d'une série récurrente, on pourra revenir à la fraction rationnelle qui l'a produite par son développement: car si l'on fait attention à l'analyse précédente on verra que le premier terme de l'échelle de relation n'est autre chose que le coefficient du second terme du dénominateur, divisé par le premier terme et pris avec un signe contraire; le second terme de la même échelle est de même le coefficient du troisième terme du dénominateur, divisé par le premier. Le diviseur commun de ces deux termes, ou un de leurs diviseurs communs sera donc le premier terme ou le terme constant du dénominateur.

Quant au numérateur on le trouvera facilement, au moyen de la méthode des indéterminées : car le supposant m, ou $m + nx$, ou $m + nx + px^2$, selon ce qu'indiquera l'échelle de relation, on développera en série la fraction formée de ce numérateur et du dénominateur connu. Comme donc elle devra être égale à la série récurrente donnée, la comparaison des seuls premiers termes de l'une et de l'autre donnera les valeurs de m, n, ou de m, n, p, &c.

Un des principaux problêmes de cette théorie est, comme on l'a dit au commencement, celui de déterminer l'expression du terme général; car de l'expression de ce terme dépend le moyen de trouver la somme de tant de termes qu'on voudra de la série.

Et d'abord si la fraction est simple comme $\frac{1}{1 \pm x}$, il est aisé de voir que comme elle se développe en une progression géométrique, telle que $1 \pm x + x^2 \pm x^3 + x^4 \pm x^5$ &c., dans laquelle, lorsqu'on a $1 + x$, les termes sont négatifs dans les places paires, on aura, en nommant n la place du terme cherché, on aura, dis je, ce terme $= - x^n$, si n est un nombre pair, ou $+ x^n$, si n est impair; mais dans le cas de $1 - x$, ce terme sera toujours $+ x^n$.

Mais dans les autres cas, il y aura bien plus de difficultés; car il faudra alors résoudre le dénominateur en ses facteurs composans, et la fraction entière en autant de fractions qu'il y aura de ces facteurs, (nous faisons abstraction des cas où il y en aura d'égaux ou d'imaginaires) on aura par-là autant de fractions simples de cette forme $\frac{a}{b \pm x}$ de chacune desquelles on trouvera le terme général parce qu'on a dit plus haut. La somme de tous ces termes généraux sera le terme général de la série dans laquelle se résoudra la fraction proposée.

Un exemple est au moins nécessaire ici. Soit la fraction rationnelle $\frac{1 - x}{1 - 5x + 6xx}$, dont le développement donne la série $1 + 4x + 14x^2 + 46x^3 + 146x^4$ &c. (où l'échelle de relation des coefficiens est $5 - 6$.). Ici la résolution de la fraction proposée en ses fractions les plus simples donne celles-ci $\frac{-1}{1 - 2x}$ et $\frac{2}{1 - 3x}$. Or le terme général de la première est $- 2^n x^n$ et celui de la seconde est $2.\ 3^n x^n$; ainsi le terme général de la série en question sera $(2.\ 3^n - 2^n)\ x^n$.

Mais que faudra-t-il faire lorsqu'il y aura des facteurs égaux, ou des facteurs imaginaires; nous voudrions pouvoir entrer ici dans ce détail; mais nous ne le pourrions faire qu'en passant beaucoup les bornes que nous impose la nature de cet ouvrage. Nous nous contenterons par cette raison d'indiquer l' *Introductio ad analysim infinitorum* du célèbre Euler, où la théorie des suites récurrentes est traitée de cette manière étendue et lumineuse qui est propre à toutes ses productions. Nous allons donc passer au problême de la recherche du terme sommatoire d'une série récurrente, ou de la manière de sommer une pareille série, soit en entier, soit jusqu'à un terme donné.

Si l'on considère que toute série récurrente dont l'échelle de relation est connue, n'est autre chose que le développement d'une fraction rationnelle, on n'aura pas de peine à reconnoître que la valeur de cette série prolongée à l'infini n'est autre chose que cette fraction elle-même. On aura donc toujours la sommation d'une série récurrente, lorsqu'on pourra remonter à la fraction dont le développement l'a engendrée; et cela se pourra toujours quand on connoîtra l'échelle de relation, puisque de ses termes dépendent les coefficiens des termes du dénominateur. Quant au numérateur nous avons déjà indiqué la manière dont on peut l'obtenir. Ainsi pour en donner quelqu'exemple, la série $1 + 3x + 4x^2 + 7x^3 + 11x^4$ étant donnée avec son échelle de relation qui est $1 + 1$, on aura le dénominateur $1 - x - xx$. Le numérateur se trouvant par le procédé indiqué ci-dessus $1 + 2x$; la fraction d'où provient cette série sera $\frac{1+2x}{1-x-xx}$, qui peut être regardée comme la somme de la série $1 + 3x + 4x^2 + 7x^3$ &c. quoique divergente dans le cas où x est l'unité ou plus grande que l'unité, en prennant ce mot *somme* dans la seconde acception de la note ci-dessous; mais si x étoit une fraction de l'unité, par exemple $\frac{1}{2}$, la série deviendroit $1 + \frac{3}{2} + 1 + \frac{7}{8} + \frac{11}{16} + \frac{18}{32} + \frac{29}{64} + \frac{41}{128}$ &c. dont la somme est 8, même dans la première acception de la note qu'on vient de citer; car c'est ce que devient la fraction ci-dessus lorsqu'on y fait $x = \frac{1}{2}$.

Mais on peut ne demander que la somme d'un certain nombre de termes, par exemple des trente premiers. Comment s'y prendra-t-on dans ce cas, le voici: il faudra alors de la somme totale de la série retrancher celle de cette même série à commencer du trente-unième terme, qui sera alors exprimé par Px^{30}, P étant son coefficient numérique qu'on trouvera en cherchant le terme général de la série. Or le restant de la série étant lui-même une série récurrente soumise à la même loi et provenante d'une fraction ayant le même dénominateur, on trouvera par le procédé ci-dessus indiqué le numérateur de cette fraction, et de la fraction totale, ôtant cette dernière, le restant exprimera la somme des trente premiers termes; soit que la série soit convergente ou divergente. Ainsi dans la série prise ci-dessus pour exemple on trouvera $P = 974281$, et le coefficient

(1) On peut prendre dans deux sens différens cette expression, *la somme d'une série prolongée à l'infini*. Sous une de ces acceptions, c'est la quantité vers laquelle la somme des termes de cette série approche, d'autant plus qu'on en prend un plus grand nombre. Il faut convenir que c'est-là l'acception la plus commune. Sous l'autre, c'est uniquement la quantité fractionnaire dont le développement a produit cette série, même lorsqu'elle est divergente, et que conséquemment elle est necessairement infinie. C'est dans ce sens que l'entend Euler, lorsqu'il trouve que la somme de la série suivante, qu'il nomme hypergéométrique $1 + 2 + 6 + 24 + 120$ &c. à l'infini est 0.4036524077.

Q du terme suivant $= 1576408$. Enfin par la même méthode que ci-dessus, on trouvera que le numérateur de la fraction qui donnera le restant de la série à commencer par Px^{30}, sera $974281\, x^{30} + 1576408\, x^{31}$. Ainsi, en supposant $x = 1$, on aura, pour la somme des trente premiers termes de la série récurrente $1 + 3 + 4 + 7 + 11$ &c. cette valeur $\frac{1+2-1576408-974281}{1-1-1}$, ou (en changeant les signes parce que $1 - 1 - 1 = - 1$) celle-ci 2550686. On peut juger par cet exemple de ce qu'il faudroit faire si x étoit tout autre nombre entier que l'unité, ou étoit une fraction.

Une série récurrente prend quelquefois une forme en apparence si irrégulière et si bizarre qu'il seroit bien difficile de reconnoître si elle est de ce genre, et quand on le sauroit, de déterminer la loi de sa marche ou son échelle de relation. Telle est celle-ci $1 - 0x + 2x^2 - 4x^3 + 0x^4 + 9x^5 - 4x^6 - 18x^7 + 17x^8$ &c.; ou en faisant $x = 1$, celle-ci $1 - 0 + 2 - 4 + 0 + 9 - 4 - 18 + 17$, &c. Malgré cette bizarre marche, c'est pourtant une série récurrente dont l'échelle de relation est $0A - 2B + C$; les trois termes initiaux étant 1, 0, 2.

C'étoit donc un problême à résoudre, et que je ne sache pas avoir été même tenté avant le cit. Lagrange, que de trouver le moyen de reconnoître si une série proposée est récurrente, et lorsqu'on s'en sera assuré de déterminer son échelle de relation, ainsi que la fraction rationnelle dont elle est le développement, ainsi que son terme général. Le cit. Lagrange en a donné la solution dans un mémoire qu'on lit parmi ceux de la ci-devant académie royale des sciences, pour l'année 1772, sous le titre de *Recherches sur la manière de former des tables des planètes d'après les seules observations;* elles le conduisent à se proposer le problême dont nous parlons; et parmi divers exemples de sa méthode il prend cette série, 1, 1, 1, 2, 4, 6, 7, 7, 7, 8, 10, 13, 13, 13, 14, 16, 18, 19, 19, 19, &c. Il trouve qu'elle est récurrente, ce qu'on auroit sans doute de la peine à reconnoître quoique sa marche soit assez apparente, et que son échelle de relation est 3, -4, 3, -1, enfin que sa fraction génératrice est $\frac{1-2x+2x^2}{1-3x+4x^2-3x^3+x^4}$. Ce mémoire contient diverses autres recherches intéressantes sur les suites de cette espèce. Mais nous sommes à regret obligés de nous borner à cette indication.

Daniel Bernoulli a tiré de la théorie des séries récurrentes un moyen aussi ingénieux que commode de résoudre par approximation les équations algébriques (1). C'est en formant par la

(1) *Comment. acad. sc. Petropolitanae.* t. III.

seule inspection des coefficiens des termes de l'équation proposée une suite d'expressions qui approchent continuellement et de plus en plus de la valeur d'une des racines de l'équation. Etant donnée, par exemple, cette équation du quatrième degré, $1 + 2x - 5xx + 4x^3 - x^4$ (forme à laquelle toute équation peut facilement être réduite), il considère cette expression comme le dénominateur d'une fraction qui doit donner une série récurrente dont l'échelle de relation sera, parce qu'on a vu ci-dessus, $-2a + 5B - 4C + D$, et il fait voir qu'après un certain nombre de termes, la fraction formée d'un terme quelconque divisé par le suivant, donne alternativement une valeur plus grande et une moindre que celle d'une des racines cherchées, et toujours de plus en plus approchante. Ainsi, dans l'exemple ci-dessus, en prenant arbitrairement les quatre premiers termes (parce que l'échelle de relation est de quatre), savoir 1, 1, 1, 1, on a cette série récurrente 1, 1, 1, 1, 0, 2, —7, 25, — 93; 341, — 1254 &c.; ce qui donne pour la valeur d'une des racines cherchées $= \frac{93}{341}$ ou $\frac{341}{1254}$, l'une par excès, l'autre par défaut; mais fort approchantes de la vérité. En prolongeant plus loin la série, on l'auroit encore plus exactement.

Il est vrai qu'il y a des cas où cette règle paroît manquer, comme ceux où l'équation a des racines égales ou à très-peu près égales, ou des racines imaginaires. Mais l'auteur y trouve un remède simple et dont résulte une opération qui n'est guère moins facile.

Cette méthode est aussi applicable au retour des suites, ou à la résolution des équations d'un nombre infini de termes, ainsi qu'aux extractions des racines simples des nombres. Car $\sqrt{2}$, par exemple, n'est autre chose qu'une des valeurs de x dans l'équation incomplète $x^3 - 2 = 0$. Mais le développement de tout ceci nous meneroit trop loin, et nous renvoyons au mémoire même de Daniel Bernoulli, ou à l'*Introduction à l'analyse des infiniment petits* de Euler, chapitre XVII, où cette méthode d'approximation est expliquée.

Il y a encore des séries qu'on nomme récurro-récurrentes, ou récurrentes de divers ordres, que les cit. Lagrange et La Place ont considérées et appliquées à la résolution des diverses questions très-compliquées de la théorie des probabilités. Mais nous tâcherons d'en donner ailleurs une idée.

M. Stirling, célèbre géomètre anglois, est un des premiers qui se hâtèrent d'ajouter aux découvertes de Moivre, sur la théorie des séries; c'est l'objet de son excellent livre intitulé, *Méthodus differentialis seu de summatione et interpolatione seriarum*, qu'il publia à Londres en 1730. Il entre nécessairement dans notre plan de donner quelque idée des artifices ingénieux dont M. Stirling fait usage pour remplir son objet.

M. Stirling a été conduit à sa découverte sur ce sujet par la considération de la relation des termes d'une suite les uns à l'égard des autres. M. de Moivre, il n'en disconvient pas, lui en fournit les premières idées par ses inventions sur les suites récurrentes; mais il y a cette différence que dans les suites considérées par Moivre, la relation de chaque terme au précédent ou aux précédens est exprimée par des quantités invariables, au lieu que dans celles considérées par M. Stirling, ces quantités sont variables; chaque terme y est bien donné par le précédent, au moyen d'une équation qui est de la même forme, mais qui donne une valeur différente à mesure que le terme est plus éloigné du commencement de la suite. Dans celle-ci, par exemple, $\frac{1}{2}$, $\frac{3}{8}$, $\frac{5}{16}$, $\frac{35}{128}$ &c. chaque terme est égal au précédent multiplié par cette expression $\frac{z+\frac{1}{2}}{z+1}$, de sorte que nommant T un terme quelconque, le terme suivant T' est $= T . \times \frac{z+\frac{1}{2}}{z+1}$; mais au lieu que dans les progressions géométriques ou récurrentes, z est une quantité constante, elle est ici pour le premier terme zéro; pour le second, 1: pour le troisième, 2; c'est-à-dire la distance du terme T au commencement de la série. Il est facile d'en faire l'épreuve, en mettant successivement au lieu de z dans l'expression ci-dessus, les nombres 0. 1. 2. 3. 4. &c. On aura les termes de la suite précédente.

Ces explications données, M. Stirling entre en matière dans une introduction fondamentale; et commence par observer que, quelleque soit la forme de l'équation qui donne un terme par le précédent, il faut la réduire à l'une de ces deux formes $A + B.\ z + C.\ z.\ \overline{z-1} + D.\ z.\ \overline{z-1}.\ \overline{z-2}$, &c. ou $A + \frac{B}{z} + \frac{C}{z.\ \overline{z+1}} + \frac{D}{z.\ \overline{z+1}.\ \overline{z+2}}$, &c. Car c'est à des séries de cette forme qu'il applique ses règles de sommations; c'est pourquoi il enseigne la manière de faire cette réduction, que d'ailleurs tout analyste peut faire par la méthode des indéterminées de Descartes et la comparaison des expressions. Sur quoi il faut remarquer que quoique ces deux expressions soient sous une forme infinie, le plus souvent ou très-fréquemment, la première se réduit à un ou deux ou trois termes, dans lequel cas elle est finie, ses coefficiens ultérieurs devenant zéro.

Cela fait, M. Stirling propose et démontre ses théorêmes pour la sommation de ces suites, et ils sont tout-à-fait remarquables; car il montre d'abord si l'équation relative des termes est la première

première des deux ci-dessus, la somme de tant de termes qu'on voudra, à commencer du premier, et en nommant z successivement 1, 2, 3, 4, 5, &c. sera $A z + \overline{z+1} \times \frac{1}{2} B z + \frac{1}{3} C z.\overline{z-1} + \frac{1}{4} D z.\overline{z-1}.\overline{z-2}$. Ainsi lorsque z sera un nombre entier, comme on le suppose ici, la série se terminera et donnera la somme de tous les termes depuis le commencement de la suite jusqu'à celui qui la fait rompre. Cette formule sert à trouver la somme de tant de termes qu'on voudra des puissances de nombres naturels.

Dans le second cas, et c'est ici le principal, parce qu'il sert a trouver les sommes des suites composées d'une infinité de termes décroissans, M. Stirling fait voir que la somme cherchée est $\frac{A}{z} + \frac{B}{2z.\overline{z+1}} + \frac{C}{3z.\overline{z+1}.\overline{z+2}}$, &c. Nous nous attacherons à développer cette expression et ses usages ; il suffit ici que z soit un nombre soit entier, soit rompu, et croissant successivement de l'unité.

Pour donner un exemple de ceci, supposons la série infinie $\frac{1}{1.4.7} + \frac{1}{4.7.10} + \frac{1}{7.10.13}$ &c, l'expression génératrice se trouve avec quelqu'attention $\frac{1}{27.z.\overline{z+1}.\overline{z+2}}$ en faisant z successivement $\frac{1}{3}.\ 1\frac{1}{3}.\ 2\frac{1}{3}$ &c. Et en comparant cette valeur à la formule générale de la série $\frac{A}{z.\overline{z+1}} + \frac{B}{z.\overline{z+1}.\overline{z+2}}$ &c., on trouve $A = o$. $B = \frac{1}{27}$ et tous les autres termes $= o$. Ainsi dans la formule de somme on n'a que le terme $\frac{B}{2z.\overline{z+1}}$ qui devient $\frac{1}{54z.\overline{z+1}}$ où écrivant au lieu de z sa première valeur $\frac{1}{3}$ on la trouve $= \frac{1}{24}$. La somme de toute la série ci dessus est donc $\frac{1}{24}$; mais si l'on vouloit avoir la somme à compter seulement du troisième terme, il faudroit dans la formule ci-dessus au lieu de z écrire ce qu'il devient à ce troisième terme, savoir $2\frac{1}{3}$ ou $\frac{7}{3}$ et l'on auroit $\frac{1}{420}$ pour la somme de la série à compter du troisième terme, ce terme y compris ; et en effet $\frac{1}{24} - \frac{1}{28} - \frac{1}{280} = \frac{1}{420}$.

On voit par-là que toutes les fois que l'équation qui détermine chaque terme par le précédent étant réduite à l'une des deux formules de M. Stirling est finie, la formule de sommation devient aussi finie, ainsi que la somme de la série, et au contraire quelleque soit la valeur de z entière ou fractionnaire ; mais lorsque la suite n'est pas susceptible de sommation en termes finis, l'équation qui donne un terme par son précédent est elle-même une suite infinie, et la formule de somme qui en résulte en est aussi une. Cette dernière a cependant d'ordinaire un avantage que n'a pas la première, c'est qu'elle est beaucoup plus convergente, et qu'un nombre de termes incomparablement moindre suffit pour approcher beaucoup de la vérité. Donnons-en un exemple : soit la suite $1 + \frac{1}{4} + \frac{1}{9} + \frac{1}{16} + \frac{1}{25}$ dont le terme général est $\frac{1}{zz}$, z exprimant de suite 1, 2, 3, &c. Mais ce terme réduit à la forme exigée par M. Stirling est $\frac{1}{z.z+1} + \frac{1}{z.z+1.z+2} + \frac{1.2}{z.z+1.z+2.z+3}$ &c. dont la formule sommatoire est conséquemment $\frac{1}{z} + \frac{1}{2z.z+1}$ $+ \frac{1}{3z.z+1.z+2}$ &c. dans laquelle, si l'on fait, par exemple, $z = 10$, on aura la somme de tous les termes depuis le 10 exclusivement jusqu'à l'infini; mais il est aisé de voir avec quelle rapidité cette dernière suite converge; car dans la supposition ci-dessus de $z = 10$, on a $\frac{1}{10} + \frac{1}{20.11} + \frac{1}{30.11.12}$ &c. Ainsi, en prenant la somme des neuf premiers termes, qui est 1.5397674, et supposant ensuite dans la série $\frac{1}{z} + \frac{1}{2z.z+1}$ &c. $z = 10$, on aura la série numérique ci-dessus, dont un petit nombre de termes (5 seulement) donne 0.1047724 qui est juste jusqu'à la dernière décimale ; ainsi, ajoutant ce nombre à celui ci-dessus 1.5397674, on aura 1.6441398 par la valeur de la série $1 + \frac{1}{4} + \frac{1}{9} + \frac{1}{16}$ &c. et cette valeur est exacte jusqu'à la cinquième décimale ; ce qu'on n'auroit pas obtenu en ajoutant réellement 100.000, termes de cette suite.

On voit par-là que l'invention de M. Stirling consiste, lorsqu'une série n'est pas sommable en termes finis, à joindre la somme d'un petit nombre de termes de la série proposée, à celle d'un petit nombre de termes d'une autre série extrêmement convergente et qui converge d'autant plus rapidement qu'on a pris un plus grand nombre de termes de la première. Dix ou douze termes de chacune font ordinairement le même effet que plusieurs milliers de la première seule.

Il ne nous est pas possible de donner ici plus qu'une esquisse des nombreuses découvertes que contient l'ouvrage de M. Stirling, et nous avons été obligés de nous borner au plus simple des artifices qu'il propose pour la sommation des suites ; car M. Stirling y présente divers autres théorêmes qui abrègent encore davantage le travail ; il y donne aussi des moyens de trouver tant de série, susceptibles de sommation absolue que l'on voudra, comme celles-ci $\frac{1}{3.4} + \frac{1}{3.4.5} + \frac{1}{3.4.5.6}$ &c. $= \frac{1}{3}$. $1 + \frac{1}{1.2} + \frac{1}{2.3} + \frac{1}{3.4}$ $+ \frac{1}{4.5}$ &c. $= 2$. Il est difficile enfin de se figurer combien de choses curieuses et intéressantes sur ce sujet présente cette première partie de l'ouvrage de M. Stirling dont nous venons d'essayer de donner une idée.

La seconde partie a pour objet l'interpolation des séries. On expliquera ailleurs ce qu'on entend par interpolation; et les usages principaux de cette théorie. Son utilité éclate principalement dans divers problêmes qui se réduisent à faire voir que la quantité cherchée se trouve être le terme moyen entre deux qui font partie d'une suite d'autres termes croissans selon une loi assignée. L'aire entière du cercle, par exemple, est un terme à placer dans cette suite, 1; $\frac{2}{3}$; $\frac{8}{15}$; $\frac{48}{105}$ &c. entre 1 et $\frac{2}{3}$. Le logarithme de 11, nombre premier, se trouve le moyen entre ceux de 10 et de 12, dans la suite des log. de 6, 7, 8, 9, 10, 12, 13, 14, 15 dont les log. sont donnés et forment une suite. Si l'on demandoit d'après ces données à déterminer l'aire du cercle, ou le log. de 11, ce seroient des problêmes qui se résoudroient fort commodément par l'interpolation des séries. M. Stirling y fait un grand usage de la méthode différentielle de Neuton qu'il a considérablement amplifiée et facilitée; mais comme on a parlé ailleurs avec étendue de cette méthode et de son usage pour les approximations, nous croyons devoir y renvoyer.

XVII.

Il est peu de géomètres d'un ordre distingué qui ne se soyent occupés des séries, et qui n'ayent proposé sur ce sujet quelques nouvelles vues. Les écrits des Bernoulli, Herman, Maclaurin, Euler, Lagrange &c. présentent à chaque pas quelque nouvel artifice pour leur sommation soit absolue, soit approchée, et les recueils des académies de Paris, Berlin, Pétersbourg, de la société royale de Londres &c. sont remplis de mémoires relatifs à cet objet. Mais parmi les analystes celui qui paroît avoir traité cette matière avec plus d'étendue, et avoir fouillé cette mine plus profondément et avec plus de constance, est le célèbre Euler. Tout ce qu'il avait fait et publié sur ce sujet pendant plusieurs années, et ses méditations ultérieures ont été rassemblées dans ses *Institutiones calculi differentialis cum ejus usu in analysi infinitorum et doctrina serierum* (Petropoli, 1755 *in*-4°. 2 vol.) et dans sa savante *Introductio in analysim infinitorum* (*in*-4°. 2 vol.) qui sont les vrais élémens de l'analyse transcendante : c'est principalement delà que nous tirerons ce que nous avons à dire sur cette intéressante théorie. Nous ne négligerons cependant pas de faire connoître les travaux de divers autres géomètres qui s'en sont occupés. Voici une des méthodes les plus générales d'Euler pour la sommation des séries.

Soit proposée la série générale $S = ax + bx^2 + cx^3 + dx^4$ &c.; dans laquelle a, b, c, d, &c. sont des quantités constantes et positives, et x une indéterminée quelconque. Euler la transforme (1) par une substitution adroite en une autre d'égale valeur et de cette forme, savoir celle-ci $S = \frac{x}{1-x}a + \frac{x^2}{\overline{1-x}^2}\Delta a + \frac{x^3}{\overline{1-x}^3}\Delta\Delta a + \frac{x^4}{\overline{1-x}^4}\Delta\Delta\Delta a$, &c. Ces expressions Δa, $\Delta\Delta a$, $\Delta\Delta\Delta a$, &c. représentent successivement, savoir : Δa, la première des premières différences de a, b, c, d ; $\Delta\Delta a$, la première des secondes différences ; $\Delta\Delta\Delta a$, la première des troisièmes, &c., en faisant attention que le premier terme doit toujours se soustraire du suivant ; en sorte que si ce dernier étoit, ce qui peut arriver, moindre, la différence devroit être affectée du signe —.

Delà il suit, ce qu'on a déjà vu plus haut, mais qui est ici démontré plus directement, que si les coefficiens a, b, c, d, &c. de la première série sont tels que quelque quantième de leurs différences, ou différences de différences, s'anéantisse, la seconde série se terminera ; cette différence, ou différence de différence $\Delta^n. a$ devenant zéro. On aura donc S ou la somme totale de la première série prolongée à l'infini, égale à la somme des termes subsistans dans la seconde.

Ainsi en supposant la série $x + 2x^2 + 3x^3 + 4x^4$ &c. où les coefficiens a, b, c, d, &c. sont 1, 2, 3, 4 &c. dont les premières différences sont 1, 1, 1, 1 &c. et conséquemment les secondes = zéro, la suite se réduira au premier terme $\frac{x}{1-x}a$. Si donc $x = 1$; ce qui donnera alors la suite naturelle des nombres $1 + 2 + 3 + 4 + 5$ &c. on aura $\frac{x}{1-x}a = \frac{1}{1-1}a = \frac{1}{0}a$, ce qui est une quantité infinie ; telle est en effet la somme de la suite des nombres naturels.

Mais si nous supposions ici, par exemple, $x = \frac{1}{2}$, alors on auroit $ax + bx^2 + cx^3$ &c. $= \frac{1}{2} + \frac{2}{4} + \frac{3}{8} + \frac{5}{16} + \frac{6}{32}$ &c., et la somme $S = \frac{x}{1-x}a + \frac{x^2}{\overline{1-x}^2}\Delta a$ seroit (à cause que $\Delta a = 1$) $= \frac{x}{\overline{1-x}^2} = \frac{\frac{1}{2}}{\frac{1}{4}} = 2$. On a donc par cette formule le moyen de sommer toutes les progressions décroissantes dont les dénominateurs seroient en progression géométrique, et les numérateurs dans une progression quelconque, telle qu'un ordre de différences de ces numérateurs devînt égal à zéro, ce qui a lieu dans ces progressions 1, 3, 5, 7, &c., et dans celles de tous les nombres figurés, triangulaires, quarrés, pentagones, pyramidaux &c. Ainsi l'on trouve la somme de $\frac{1}{3} + \frac{3}{9} + \frac{5}{27} + \frac{7}{81}$ &c. $= 1$; car ici

(1) *Institut. calculi differentialis.* p. 282.

on a $x = \frac{1}{3}$, $a = 1$ et $\Delta a = 2$; ce qui donne pour l'expression réduite de la somme $\frac{x + x^2}{\overline{1 - x}^2} = 1$.

On trouvera de même la série $\frac{1}{3} + \frac{4}{9} + \frac{9}{27} + \frac{16}{81}$ &c. $= \frac{3}{2}$. Car l'expression de la somme sera formée de trois termes seulement, parce que les troisièmes différences s'évanouissent et ces trois termes se réduisent à $\frac{x + x^2}{\overline{1 - x}^3}$; où faisant $x = \frac{1}{3}$ on a la somme ci-dessus. Il est inutile d'en donner d'autres exemples; le lecteur pourra se les proposer lui-même.

Lorsque $x = 1$, la somme est ascendante et se trouve nécessairement infinie; mais en quelque sorte de différens degrés d'infinités; car $1 - x$ est toujours zéro. Ainsi dans le cas où l'on auroit $1 + 1 + 1 + 1$ &c. la somme $\frac{x}{1 - x} = \frac{1}{0}$; mais si l'on avoit la suite des nombres naturels, la somme seroit composée de deux termes et se réduiroit à $\frac{x}{\overline{1 - x}^2} = \frac{1}{0^2} = \infty^2$ &c.; la somme des quarrés $1 + 4 + 9 + 16$, &c. seroit $\frac{2}{\overline{1 - 1}^3} = \frac{1}{0^3} = \infty^3$, &c.

On peut enfin donner a x toutes sortes de valeurs, ce qui fournira des séries sans nombre ressortissantes de cette méthode. Il faut cependant remarquer que pour qu'elle réussisse, x doit être prise moindre que l'unité, car il est aisé de voir que, comme dans le dénominateur de la fraction qui exprime la somme entre l'expression $\overline{1 - x}$ élevée à une puissance quelconque, si $x = 1$ cette expression sera o et conséquemment la fraction sera infiniment grande. Il y a au surplus d'autres méthodes non sujettes à cet inconvénient.

Il est maintenant à propos de faire voir comment cette méthode s'applique encore aux suites dont les termes sont alternativement positifs et négatifs.

Soit une pareille série, par exemple, $1 - 4 + 9 - 16 + 25$ &c. on pourroit la considérer comme la différence de ces deux, $1 + 9 + 25 + 49 + 81$ et $4 + 16 + 36 + 64$, où les secondes différences sont constantes. Mais on peut y arriver tout-d'un coup par le moyen suivant.

Dans la série $ax + bx^2 + cx^3 + dx^4$ &c. si l'on fait x négatif et $= -1$, et a, b, c, d, e, &c $= 1, 4, 9, 16, 25$ &c. on aura $-1 + 4 - 9 + 16 - 25$, ce qui est $-(1 - 4 + 9 - 16 + 25$ &c.$)$: or si d'après cette supposition nous cherchons la somme de $ax + bx^2 + cx^3$ &c. par la méthode ci dessus nous trouverons pour la valeur totale $\frac{x + x^2}{\overline{1 - x}^3}$. Mais ici $x = -1$, ce qui réduit cette expression à ceci $\frac{1 - 1}{\overline{1 + 1}^3} = 0$; conséquence, pour le remarquer en passant, assez singulière et de laquelle il résulte que ces deux séries $1 + 9 + 25 + 49 + 81$ &c. et $4 + 16 + 36 + 64 + 100$ &c. à l'infini sont égales entr'elles. Remarquons encore qu'on trouve le même résultat pour la somme de la série des quarrés-quarrés $1 - 16 + 81 - 256$ &c. Mais si nous cherchons par la même voie la valeur de la série des nombres triangulaires $1 - 3 + 6 - 10 + 15 - 21 +$ &c., nous la trouverons égale a $\frac{1}{8}$; celle de la série $1 - 2 + 3 - 4 + 5 - 6$ &c. $= \frac{1}{4}$; on voit aussi reparoître ici l'expression paradoxale de Leibnitz, savoir $1 - 1 + 1 - 1 + 1 - 1$ &c. à l'infini $= \frac{1}{2}$. Car on a alors suivant cette méthode la somme de cette série $= \frac{-x}{1-x}a$. Or $a = 1$. $x = -1$, d'où suit $\frac{x}{1-1}a = -\frac{-1}{1+1} = \frac{1}{2}$.

Considérons enfin quelques séries décroissantes et formées de termes alternativement positifs et négatifs. Telle est celle-ci $1 - \frac{1}{2} + \frac{1}{3} - \frac{1}{4} + \frac{1}{5}$ &c. qui représente le log. hyp. de 2. En prenant les différences successives et avec l'attention suffisante aux signes on a $a = 1$; $\Delta a = -\frac{1}{2}$; $\Delta^2 a = +\frac{1}{3}$; $\Delta^3 a = -\frac{1}{4}$ &c. d'où résulte, en faisant $x = -1$, la série $\frac{1}{2} + \frac{1}{2.4} + \frac{1}{3.8} + \frac{1}{4.16} + \frac{1}{5.32}$ &c. qui elle-même se prolonge infiniment, mais qui converge avec beaucoup plus de rapidité, ensorte que ce qui exigeroit dans la première le calcul actuel de 10000 termes en exigeroit ici à peine 25, car le 25e. terme de cette progression seroit $\frac{6}{25.2.25}$ ou $\frac{1}{419430400}$ ou 0.0000000002; c'est même-là en général l'avantage de cette transformation; savoir que si elle ne donne pas une série finie, elle conduit au moins à une série beaucoup plus convergente; on en a aussi un exemple dans la fameuse série qui exprime le rapport du cercle au quarré du diamètre, $1 - \frac{1}{3} + \frac{1}{5} - \frac{1}{7} + \frac{1}{9}$ &c.; car traitée de cette manière elle conduit à cette série beaucoup plus traitable, $2 \times (\frac{1}{3} + \frac{2}{3.5} + \frac{2.3}{3.5.7} + \frac{2.3.4}{3.5.7.9}$ &c.) cette série n'est cependant pas, à beaucoup près, aussi convergente que la précédente qui exprime le log. de 2. Mais il y a encore des moyens de hâter cette convergence et nous les ferons connoître.

On a remarqué plus d'une fois en parlant des séries qu'il y en a deux classes, l'une de celles composées de termes qui vont sans cesse en diminuant et que par cette raison on appelle *convergentes*, parce qu'elles approchent de plus en plus de leur vraie valeur; l'autre est de celles dont les termes vont sans cesse en croissant et que l'on nomme par une raison contraire *divergentes*. On peut même diviser la première classe en deux espèces, la première est celle où tous les termes sont positifs et la seconde est celle où ils sont alternativement positifs et négatifs. Dans le premier cas on peut bien dire que la série a une somme tantôt finie, tantôt infinie, selon la loi qui règne entre les termes.

Elle est finie dans les séries en progression géométrique, comme $1 + \frac{1}{2} + \frac{1}{4} + \frac{1}{8}$ &c. et dans les séries récurrentes, comme celle-ci $1 + \frac{3}{2} + 1 + 1 + \frac{7}{8} + \frac{11}{16} + \frac{18}{32}$ &c.; elle est infinie dans quelques autres, comme les séries harmoniques $1 + \frac{1}{2} + \frac{1}{3} + \frac{1}{4} + \frac{1}{5} + \frac{1}{6}$ &c. Mais cette somme est toujours et nécessairement finie lorsque les termes décroissans sont alternativement positifs et négatifs, comme dans celle-ci $1 - \frac{1}{2} + \frac{1}{3} - \frac{1}{4} + \frac{1}{5}$ &c. quoiqu'il soit souvent plus que difficile de déterminer cette somme.

Mais que doit-on penser d'une série divergente; il est d'abord évident que lorsque tous les termes sont positifs, comme dans celles-ci $1 + 2 + 3$ &c. $1 + 3 + 6 + 10$ &c., la somme est nécessairement infinie. Lors néanmoins que les termes sont alternativement positifs et négatifs, il n'en est pas ainsi, et les géomètres ont été partagés. On connoit le paradoxe de Leibnitz qui trouvoit que $1 - 1 + 1 - 1 + 1 - 1$ &c. à l'infini étoit $= \frac{1}{2}$. Cette série est en effet le résultat de la division de 1 par $1 + 1$ ou de 1 par 2; ce qui est $\frac{1}{2}$. Il en est de même de cette série $1 - 2 + 4 - 8$ &c. qui est le quotient prolongé à l'infini de 1 divisé par $1 + 2$ ou 1 par 3: on peut donc dire, au moins en un sens que la somme de $1 - 2 + 4 - 8$ &c. est $= \frac{1}{3}$.

Tous les analystes cependant ne conviennent point de ce paradoxe, et ils répondent que quelque prolongée, par exemple, que soit la seconde de ces séries, elle n'est jamais arrivée et ne peut arriver à son dernier terme; et qu'après un terme quelconque, si éloigné qu'il soit du commencement, on a toujours un terme fractionnaire qui fait le complément de la série. Ainsi après avoir trouvé le dixième terme de la série ci-dessus, qui est -512, on a la fraction suivante $+\frac{1024}{1+2}$ ou $\frac{1024}{3} = 341\frac{1}{3}$: or ajoutant ensemble les 10 premiers termes de la série en question, on a -341, à quoi ajoutant le supplément ci-dessus, il en résulte $\frac{1}{3} = \frac{1}{1+2}$, ce qui est identique. Il en sera de même à quelque terme qu'on s'arrête. Ainsi, disent ces analystes, la somme de cette série n'est pas $\frac{1}{39}$, elle s'en écarte au contraire de plus en plus et sans ce supplément indiqué ci-dessus l'expression manquerait tout-à fait de justesse.

Mais il ne manque pas de raisons à opposer à celle qu'on vient de voir; comme cependant elles seroient longues à discuter, je préfère d'imiter M. Euler qui, pour éviter de prendre un parti, (ce qui est d'ailleurs superflu, car de quelque manière qu'on l'entende il n'y a nul danger pour les conséquences) je préfère, dis-je, d'imiter M. Euler qui, quand il s'agit de somme de série divergente, n'entend par *somme* que la valeur de l'expression dont elle est le développement: or cette valeur peut être une quantité finie. Ainsi il trouve *a priori* que $1 - 1 + 1 -$ &c. est $\frac{1}{2}$ ou $\frac{1}{1+1}$ $1 - 2 + 3 - 4 + 5 - 6$ &c. $= \frac{1}{4}$; $1 - 4 + 9 - 16$ &c. $= 0$. $1 - 3 + 9 - 27 + 81$ &c. $= \frac{1}{4} = \frac{1}{1+3}$.

Ces conséquences n'étonneront probablement pas, mais ce qui paroîtra peut-être un paradoxe c'est le résultat des recherches de Euler sur cette série singulière trouvée pour la première fois par Wallis dans ses recherches sur les interpolations et qu'il appelle *hypergéométrique*. C'est celle-ci : $1-2+6-24+120-720+5040$ &c. S'il est quelque série qui paroisse devoir être infinie c'est sans doute celle-là, vu la rapidité avec laquelle croissent ses termes. Euler trouve néanmoins par diverses méthodes que cette somme, en l'entendant comme ci-dessus, n'est par approximation que 0.5963473621237.

Il est un autre genre de séries dont Euler s'est beaucoup occupé ; c'est celui dont Wallis a donné le premier exemple en réduisant le rapport du cercle au quarré du diamètre au produit continu et infiniment prolongé de ces fractions, $\frac{1.3}{2.2}\cdot\frac{3.5}{4.4}\cdot\frac{5.7}{6.6}\cdot\frac{7.9}{8.8}\cdot$ &c. Euler fait voir comment une série de la forme ordinaire peut être transformée en une de la forme Wallisienne et il en tire une foule de conséquences remarquables, spécialement la sommation de séries qui avoient jusqu'alors éludé les efforts des analystes ; ce sont celles qui sont formées de fractions dont le numérateur étant l'unité, les dénominateurs sont les nombres naturels élevés aux différentes puissances entières, quarré, cube &c. Une d'entr'elles sur-tout avoit fait le désespoir des analystes, savoir celle-ci $1+\frac{1}{4}+\frac{1}{9}+\frac{1}{16}+\frac{1}{25}+\frac{1}{36}$ &c. Jacques et Jean Bernoulli y avoient usé leurs forces ; et jusqu'en 1740, Euler lui même n'en donnoit la solution que par une méthode qu'il avoit imaginée pour hâter la convergente d'une série. Nous en parlerons dans la suite de cet article. Ici Euler est plus heureux, non-seulement à l'égard de cette série, mais de toutes ses semblables exprimées généralement par $1+\frac{1}{2^n}+\frac{1}{3^n}+\frac{1}{4^n}$. Il trouve, au moyen de cette transformation des séries ordinaires en produits de facteurs, ou de ceux-ci en séries ordinaires, que la série générale ci-dessus, quelque soit n, est toujours égale à une puissance n de la demie circonférence du cercle Π (le rayon étant l'unité), divisée par certaine fraction. Ainsi l'on a :

$$1+\tfrac{1}{2}+\tfrac{1}{3}+\tfrac{1}{4}+\tfrac{1}{5}\ \&c. = \frac{\Pi}{0} = \infty.$$

$$1+\tfrac{1}{4}+\tfrac{1}{9}+\tfrac{1}{16}+\tfrac{1}{25} = \frac{\Pi^2}{6}.$$

$$1+\tfrac{1}{8}+\tfrac{1}{27}+\tfrac{1}{64}+\tfrac{1}{125} = \frac{\Pi^3}{25.79436}.$$

$$1+\tfrac{1}{16}+\tfrac{1}{81}+\tfrac{1}{256}\ \&c. = \frac{\Pi^4}{90}\ \&c.\ \&c.$$

Si nous avions poussé plus loin cette énumération, l'on remarqueroit que les séries de puissances paires sont déterminées exactement

exactement par une puissance semblable de la demie circonférence, divisée par un nombre exact, au lieu que ce diviseur dans le cas des puissances paires n'est qu'approximé.

Euler va plus loin ; il trouve de même les sommes de pareilles séries où les dénominateurs sont les puissances des nombres impairs seulement, comme celle-ci en général $1 + \frac{1}{3^n} + \frac{1}{5^n} + \frac{1}{7^n}$ &c. car si n est $= 1$, la série est $\frac{\Pi}{0}$ ou infinie. Si n est 2, la somme de $1 + \frac{1}{9} + \frac{1}{25} + \frac{1}{49}$ &c. est $\frac{\Pi^2}{8}$; et les autres successivement, en supposant $n = 3, 4, 5$, &c. sont respectivement $\frac{\Pi^3}{32}$, $\frac{\Pi^4}{90}$, &c. Je ne dis rien de la sommation de nombre d'autres séries qui ont des propriétés très-singulières, comme de ne contenir dans leurs dénominateurs que les nombres premiers, ou dont sont exclus certains nombres, ou dont la marche des signes + et — est irrégulière comme dans certaines, où deux ou trois termes de suite ont le signe +, et ensuite viennent un ou plusieurs termes négatifs, &c. On ne sauroit trop admirer la sagacité qui a présidé à ces recherches, et il y auroit encore bien des remarques à faire ; mais nous ne pouvons indiquer ici que les résultats principaux.

La recherche du terme général d'une série est un des principaux problêmes qui se présentent dans cette théorie, et c'est aussi un de ceux qui ont principalement occupé les analystes. Nous en avons déjà parlé à l'occasion des séries récurrentes où il est toujours possible de l'assigner et d'après lui la sommation de la série, mais il n'en est pas ainsi dans toutes les espèces de séries. Il faut à cet égard en distinguer deux. La première est celle des séries dans lesquelles prenant les différences des termes (en soustrayant toujours l'antérieur du suivant) ou les différences de différences, &c. un ordre quelconque de ces différences est enfin zéro. Dans ces séries on peut toujours trouver le terme général; et en supposant que ce soit l'ordre m de différences qui s'évanouisse, le terme général que nous nommerons T est $= An^m + Bn^{m-1} + Cn^{m-2} +$ &c. $+ R$. Ici n exprime le quantième du terme cherché dans la série. Les coefficiens A, B, C, &c. et R sont des quantités constantes qu'on déterminera facilement; en effet puisque cette expression est celle de tout terme de la série, elle doit donner le premier terme en faisant $n = 1$, le second en faisant $n = 2$ &c. Ainsi en supposant $m = 3$ on aura seulement trois équations, comparables avec les 3 premiers termes de la série ; ce qui suffira pour déterminer, A, B et C : quant au dernier terme R, qui sera une constante à ajouter on la déterminera comme dans le calcul intégral par la considération de quelque cas particulier.

Lorsqu'on aura ce terme général on trouvera facilement le terme sommatoire; car il sera $S = A' n^{m+1} + B' n^{m} + C' n^{m-1}$ &c. série qui se terminera lorsque m sera un nombre déterminé; et les quantités A', B', C' &c. se détermineront par un procédé semblable au précédent, savoir par la comparaison de la formule ci-dessus, avec autant de sommes successives des premiers termes de la série, qu'on aura de quantités A', B', C', &c. à déterminer.

Mais ce nombre de séries, quoique considérable est bien limité en comparaison de celles où le terme général ne peut être assigné, ou du moins à l'égard desquelles on n'a pu encore y parvenir. Telles sont en particulier la plupart de celles où la loi de la progression n'est pas constante, mais dans l'expression de laquelle entre le quantième de la place occupée par le terme cherché dans la série. On en a un exemple dans celle-ci: 1, 2, 6, 24, 120, 720 &c. dont la loi de la progression est cependant fort simple puisqu'elle est $A x = B$. Il y a néanmoins quelques-unes de ces séries dont on assigne le terme général, mais le plus grand nombre a jusqu'ici éludé les efforts des géomètres.

Au reste si dans une multitude de séries, soit de ce genre, soit du précédent, on ne peut assigner le terme général en expression finie, on peut toujours le faire du moins en série infinie.

Soit, par exemple cette série $a + b + c + d$ &c., son terme général sera $a + (b - a)(x - 1) + (c - 2b + a)(x - 1)\left(\frac{x-2}{2}\right) + (d - 3c + 3b - a).(x - 1).\left(\frac{x-2}{2}\right) \times \left(\frac{x-3}{3}\right)$ &c., où x désigne le quantième du terme de la série; il est évident que si les quantités a, b, c, d, &c. sont telles que jamais un ordre de différences ne devienne zéro, cette série ne se terminera pas; mais elle exprimera le terme général en donnant a x la valeur convenable relativement au quantième du terme cherché de la série. Cette détermination, quoiqu'encore imparfaite, du terme général d'une progression quelconque est néanmoins utile dans bien des cas, et en particulier dans les interpolations ainsi qu'on le verra dans la suite.

Il arrive quelquefois qu'on a le terme sommatoire et fini d'une série. On peut alors par une marche rétrograde repasser de ce terme au terme général, et voici comment. En nommant S la somme de la série jusqu'à un terme dont le quantième soit n, S sera nécessairement donné en n, ou une fonction quelconque de n. Que dans cette expression on substitue $n + 1$ à n, il est suffisamment clair que cela donnera la somme de la série jusqu'à un terme de plus; nommons-là S', l'on aura alors le terme général = S′ — S. Mais en voilà assez, et peut-être trop, sur ce sujet, vu la nature de cet ouvrage.

Euler s'est en particulier donné beaucoup de soin à rechercher des moyens de trouver, au moins par approximation, la sommation des séries peu convergentes, et dont on sait ou dont on a raison de croire que la somme finie ne peut être trouvée. Il en donne plusieurs dans le tome VIII des anciens mémoires de Pétersbourg. Un de ces moyens consiste à considérer les termes d'une série décroissante comme les ordonnées d'une courbe qui sera asymptotique puisque ces termes sont supposés devenir moindres que toute quantité donnée; et de cette considération, ainsi que de quelques autres subsidiaires, il tire une formule qui donne tout-à-coup la somme fort approchée de plusieurs milliers de termes, comme de 10000, 100000 &c. Mais pour approcher plus rapidement de la vérité, il faut ajouter actuellement un petit nombre de termes du commencement, comme dix, douze, ou davantage. Ainsi dans la série $1 - \frac{1}{3} + \frac{1}{5} - \frac{1}{7} + \frac{1}{9}$ &c. qui exprime l'arc de cercle de 45°, le rayon étant l'unité, les 12 premiers termes donnent d'abord 0.764,600,625 et la formule de supplément donne 0.020,797,431, ensorte que la somme totale est 7.85398114, ce qui est exact jusqu'à la 7e. décimale inclusivement.

On trouve de même dans cette série, $1 + \frac{1}{4} + \frac{1}{9} + \frac{1}{16}$ &c. que les dix premiers termes font 1.540,567,731, après quoi employant la formule en question, on a pour supplément 0.005,166,355, ensorte que la série totale est 1.545,673,066, l'erreur n'étant que dans la 8e. décimale. Mais cette méthode n'est malheureusement applicable qu'à des séries dont le terme général peut être assigné, parce que la formule dont il s'agit renferme l'expression de ce terme très-éloigné que nous avons dit. On peut au surplus recourir aux divers mémoires de ce savant géomètre, et qui sont insérés dans les différens volumes de l'académie de Petersbourg.

M. Euler employe encore d'autres moyens pour déterminer des séries qui soyent susceptibles de sommation absolue. Qu'on ait, par exemple, une série dont on connoisse déjà la somme, celle-ci: $1 + x + x^2 + x^3 + x^4$ &c., qui provient du développement de cette expression $\frac{1}{1-x}$; si on différencie l'une et l'autre on aura $\frac{dx}{\overline{1-x}^2} = dx + 2xdx + 3x^2dx$ &c. Qu'on divise maintenant par dx, on aura $\frac{1}{\overline{1-x}^2} = 1 + 2x + 3x^2 + 4x^3$ &c.; expression dans laquelle, en donnant à x toutes les valeurs qu'on voudra, on aura autant de séries égales à une valeur déterminée, savoir celle qui résultera de $\frac{1}{1-x}$; en y mettant au lieu de x la même valeur que dans la série.

On pourra même encore différencier ces expressions, et divisant de nouveau par dx on aura $\frac{-2}{1-x^3} = 2 \times (1 + 3x + 6x^2 + 10x^3$ &c.) dont on pourroit encore tirer autant de séries susceptibles de sommation jusques à un terme déterminé, si x est l'unité ou un nombre plus grand, ou susceptibles de sommation absolue, si x est une fraction. Car supposons $x = \frac{1}{2}$ cette série deviendra $1 + \frac{3}{2} + \frac{6}{4} + \frac{10}{8} + \frac{15}{16} + \frac{21}{32}$ &c. $= 8$; ce qu'on eut pû trouver par la méthode précédente: car cette série a ses dénominateurs en progression géométrique, et ses numérateurs croissent comme les nombres triangulaires. Mais nous passons pour abréger mille autres objets intéressans que présente cette partie de l'ouvrage d'Euler.

Un des caractères qui distinguent spécialement les séries étant celui d'avoir une somme finie ou infinie, c'est-à-dire une limite ou aucune, il est intéressant dans cette théorie d'avoir un moyen de le reconnoître : car on sait que la série $1 + \frac{1}{2} + \frac{1}{3} + \frac{1}{4}$ &c., quoique tous ses termes aillent en décroissant, donne une somme plus grande que tout nombre fini. Mille autres séries, quoique aussi décroissantes, peuvent donc être dans le même cas, tandis qu'il est certain qu'il y en a une infinité dont la somme est finie; celle-ci, par exemple, $1 + \frac{1}{3} + \frac{1}{6} + \frac{1}{10}$ &c., dont la somme n'est que 2. A quel signe reconnoîtra-t-on si une série a une somme finie ou infinie?

Euler a résolu ce problême, mais d'une manière qui n'aura peut-être pas l'assentiment de tous les lecteurs. Une série, dit-il, (1) aura une somme finie, lorsqu'étant prolongée au de là de l'infini, ce qui en résulte n'y ajoute rien; et au contraire elle aura une somme infinie, si étant prolongée au de là de l'infini, il en résulte une addition à faire à la série.

On se demandera sans doute ce que l'on peut entendre par une quantité prolongée au de là de l'infini. Cela est néanmoins analytiquement vrai; car l'esprit géométrique semble n'être arrêté par aucunes bornes, pas même celles de l'infini, et Euler donne des exemples de son assertion paradoxale; mais il seroit trop prolixe de le suivre dans son analyse, pour ainsi dire, hyper-transcendante.

Maclaurin a donné dans son *Traité des fluxions*, un moyen, à notre avis, plus simple et moins sujet à exception, pour parvenir au même but. Nous allons le développer.

(1) *De progress. harmonicis observationes. Comment. Acad. Petrop.* t. VIII.

Si sur une ligne droite infiniment prolongée et divisée en parties égales, réputées l'unité, on élève à chaque point de division des perpendiculaires égales aux termes de la série proposée et que de chaque sommet de ces perpendiculaires on mène des parallèles à l'axe, terminées chacune à la prolongation de la suivante, on aura autant de rectangles qui représenteront les termes de la série. Qu'on fasse ensuite ou qu'on conçoive une courbe passant par les sommets de ces perpendiculaires, il en résultera une courbe ayant son axe pour asymptote, puisque ces termes décroissent jusqu'à devenir moindres que toute quantité donnée. D'un autre côté il est aisé de voir que l'aire de cette courbe est moindre que la somme de tous ces rectangles, de la quantité de tous les petits triangles mixtilignes qui se trouvent au-dessus de la courbe et dont la somme est quelque peu plus grande que la moitié du premier terme. Car si au lieu de ces triangles on prenoit les petits rectangles dont ils sont les moitiés, il en résulteroit une somme égale à ce premier terme.

Si donc l'aire infiniment prolongée de cette courbe est infinie, on en devra dire autant de la somme de la série proposée, et au contraire. Mais on le reconnoîtra aisément; car si, faisant passer par un des sommets de ces perpendiculaires une hyperbole ordinaire, ayant la même asymptote, la courbe ci-dessus décrite passe entre l'hyperbole et cette asymptote, l'aire de cette courbe sera finie, et conséquemment aussi la somme de la série. La raison en est que l'hyperbole ordinaire est la limite entre toutes les hyperboles des dégrés supérieurs, en ce qui concerne l'infinité ou non-infinité des aires comprises entre les branches de ces hyperboles et leurs asymptotes. Toutes celles qui passent entre l'hyperbole ordinaire et son asymptote, ont des aires finies de ce côté, et toutes celles qui passent au de là ont des aires infinies. C'est pourquoi si une série ayant avec celle-ci $1 + \frac{1}{2} + \frac{1}{3} + \frac{1}{4}$ &c. un ou deux termes communs, a ensuite tous les autres moindres que leurs correspondans dans cette série, sa somme entendue dans le sens ordinaire sera finie ou aura une limite. Ainsi, pour en donner un exemple, soit cette série $1 + \frac{1}{2} + \frac{1}{2.3} + \frac{1}{3.4} + \frac{1}{4.5}$ &c., dont les deux premiers termes sont communs avec les deux premiers de la série hyperbolique $1 + \frac{1}{2} + \frac{1}{3} + \frac{1}{4}$ &c.; comme ensuite $\frac{1}{2.3}$ est moindre que $\frac{1}{3}$, et $\frac{1}{3.4}$ moindre que $\frac{1}{4}$ et ainsi de suite, la série proposée aura une somme finie; elle est en effet égale à 2.

Mais on pourra d'après ce principe trouver encore avec plus de facilité si la somme d'une série est finie ou infinie en employant le moyen suivant. Il n'y aura qu'à prendre trois termes équidistans de cette série; et si le premier est au dernier dans un rapport plus grand que celui de la différence du premier au second, à la différence du second au troisième ; c'est-à-dire si faisant cette proportion, comme la première de ces différences est à la seconde, ainsi le premier terme de la série proposée, est à une quatrième proportionnelle, cette quatrième proportionnelle est plus grande que le troisième terme de la série proposée, on pourra prononcer que la somme de la série est finie.

Quant aux séries où les termes vont toujours en diminuant, quelque lentement qu'ils le fassent, si les signes sont alternativement positifs et négatifs, elles auront toujours une somme finie ; car il est évident que dans cette série décroissante $a - b + c - d$ &c., la somme est moindre que a, mais plus grande que $a - b$, moindre que $a - b + c$, mais plus grande que $a - b + c - d$ &c.

Il est un genre particulier de séries qui sont aujourd'hui d'un grand usage, surtout dans l'astronomie physique : ce sont celles que forment les sinus ou co-sinus d'arcs circulaires, croissans ou décroissans, selon un rapport quelconque. Mais la théorie de ces séries tient à un calcul dont nous n'avons encore pu donner une idée. Elle trouvera sa place dans un des articles suivans.

Ce que nous venons de dire sur la théorie des séries, est principalement l'extrait des divers écrits d'Euler, et nous en avons dit la raison. Mais il entre dans notre plan de faire connoître sommairement plusieurs autres analystes à qui cette théorie a des obligations.

Je trouve d'abord dans ce nombre Daniel Bernoulli, qui concourt en quelque sorte avec Moivre dans les premières découvertes sur les séries recurrentes. Son mémoire sur ce sujet est même antérieur aux *Miscellanea Analytica* du géomètre Anglois ; mais ce dernier en avoit déjà posé les fondemens dans son traité *De Mensura sortis.* On doit aussi donner place parmi les promoteurs de cette théorie à Christian Goldbach, l'un des premiers membres de l'Académie de Pétersbourg, dont on lit parmi ses anciens mémoires (*T. III*) un écrit, sur les termes généraux des séries. Il y enseigne le moyen d'assigner ce terme général, soit en termes finis lorsque cela est possible d'après la nature de la série, soit dans les autres cas en une série ; il y fait voir aussi l'usage de ces termes dans les interpolations.

Moivre ne s'est pas borné à ses spéculations sur les séries recurrentes ; on trouve aussi dans ses *Miscellanea Analytica* (Liv. VI), des artifices particuliers, au moyen desquels il démontre la formation d'une multitude de séries extrêmement compliquées dont il assigne les sommes, tantôt absolument, tantôt au moyen d'un arc de cercle ou d'un logarithme déterminé. Il montre comment on peut, quand la nature de la série le permet, remonter à sa somme, ce qui le plus souvent exige qu'on lui fasse prendre une forme différente, et il en donne un grand nombre d'exemples en résolvant, il faut l'avouer, avec plus de facilité et d'élégance, divers problêmes de ce genre que M. de Montmort avoit résolus, ou qui étoient du nombre de ceux que N. Bernoulli et lui avoient agités ensemble. Mais nous parlerons ailleurs de la petite contestation que la rivalité des deux analystes anglois et françois, en matière de calculs de probabilité, fit naître entr'eux.

Je trouve encore vers la même époque Fr. Christian Mayer. Ce géomètre, en généralisant la formation des séries des nombres figurés, en crée une multitude d'autres dont il examine les propriétés, et dont il enseigne la manière de trouver les termes généraux et sommatoires, avec quelques applications à la résolution des équations et aux interpolations (1). M. Mayer fut un des premiers savans appellés en Russie pour y former l'académie de Pétersbourg, et l'on a de lui plusieurs excellens mémoires, tant d'astronomie que d'analyse appliquée à la trigonométrie et au calcul des quantités circulaires. On y trouve entr'autres (*même tome* III), pour la rectification de l'arc circulaire de 60°, une série singulièrement convergente, et dont chaque terme fait gagner tout-à-coup plusieurs places de décimales. J'aurai peut-être ailleurs l'occasion de la faire connoître.

Le célèbre Maclaurin s'est aussi occupé du même objet, j'entends dire des séries et de leurs propriétés, dans son *Traité des fluxions*. Il y entre en particulier dans beaucoup de détails sur les limites des sommes des progressions; sur ce qui caractérise et indique la nature de leurs sommes, c'est-à-dire si elles sont finies ou infinies, ainsi que sur les moyens d'atteindre promptement la valeur approximée de celles qui se refusent à une sommation absolue.

Thomas Simpson est encore un des géomètres qui, vers cette époque, s'attachèrent à perfectionner la théorie des séries. On trouve dans son *Traité des fluxions*, publié en 1740, divers moyens de hâter, pour ainsi dire, la convergence des séries trop peu convergentes, soit en leur donnant une nouvelle forme, soit par d'autres moyens. Mais c'est surtout dans ses *Miscellaneous tracts*, &c. ouvrage cité dans l'article précédent, qu'il propose un grand nombre d'artifices pour sommer absolument diverses séries lorsqu'elles sont susceptibles de sommation absolue; ce qu'il fait au moyen de plusieurs théorêmes généraux dont l'application aux cas particuliers est facile; ces mêmes théorêmes

(1) *Anciens Mémoires de l'acad. de Pétersbourg*, tom. III.

lui servent à trouver par approximation la somme d'une série ; sa méthode pour ce dernier objet lui donne une suite d'expressions de plus en plus approchantes de la somme de la série, de même que si l'on en avoit sommé un grand nombre de termes.

Je ne dois pas omettre ici M. Landen, qui, dans ses *Mathematical lucubrations* (Lon. 1755, *in*-4°.), s'est occupé du même objet. Il y donne aussi quelques théorêmes généraux, au moyen desquels il parvient à la sommation, soit absolue, soit fort approchée, des diverses séries. Mais nous sommes obligés de nous en tenir à cette indication. Je remarquerai ici en passant que M. Landen est auteur d'une découverte géométrique tout-à fait inattendue : c'est l'égalité d'un arc hyperbolique à deux arcs elliptiques assignables (1). Cette vérité singulière a été ensuite démontrée plus simplement par le cit. Legendre. Mais on sait assez que rarement les premiers inventeurs ont pris le chemin le plus court. On a déjà dit ailleurs que M. Landen est inventeur d'une analyse particulière, qu'il nomme *résiduelle*, et dont il publia en 1755 une annonce et un essai. Nous tâcherons d'en donner ailleurs quelque idée. Ce géomètre, l'un des plus profonds analystes de l'Angleterre, mourut en 1776 ou 1777.

Les *Transactions philosophiques* de la société royale de Londres contiennent plusieurs morceaux dont les auteurs ont eu pour objet d'étendre, de perfectionner ou de faciliter l'usage des séries. De ce nombre est un mémoire de M. François Mazères (2), dont le titre est : *Méthode pour trouver la valeur d'une série infinie de quantités décroissantes, suivant une certaine loi, lorsqu'elle converge trop peu, &c.* Sa méthode consiste dans une transformation au moyen de laquelle une série comme $a + bx + cx^2 + dx^3$ &c. prend une autre forme, comme $a - \frac{bx}{1+x} - \frac{D'x^2}{\overline{1+x}^2} - \frac{D''x^3}{\overline{1+x}^3}$, qui est nécessairement convergente, puisque $\frac{x}{1+x}$, $\frac{x^2}{\overline{1+x}^2}$, &c. sont toujours des fractions moindres que l'unité, toutes les fois que x sera égale à l'unité ou l'excédera. Les quantités D', D'', D''' sont les premières des des différences successives de a, b, c, d, que l'on doit aussi supposer aller en diminuant, ainsi que ces différences. En appliquant cette méthode à divers cas de séries très-peu convergentes, comme celle-ci, $1 - \frac{1}{3} + \frac{1}{5} - \frac{1}{7}$ &c., qui converge si lentement que 10000 termes sommés de suite donnent à peine le rapport d'Archimède : en appliquant, dis-je, sa méthode à cette série, M. Mazères trouve que 10 ou 12 termes donnent

(1) *Trans. philos.* ann. 1775.

(2) *Idem.* 1777, tom. I.

un

un rapport du diamètre à la circonférence exact jusqu'à 7 ou 8 décimales. Mais le lecteur trouvera bon que nous le renvoyions au mémoire même pour d'autres applications.

Le célèbre géomètre et analyste M. Waring a aussi donné dans les *Transactions philosophiques* de l'année 1784, un écrit sur la sommation des séries ; mais les détails analytiques où il entre à ce sujet sont trop abstraits pour pouvoir trouver place ici.

Parmi les écrits relatifs à cette théorie, nous devons encore une place à un de M Hutton, professeur d'artillerie aux écoles de Woolwich, qui fait une partie considérable d'un recueil intitulé : *Miscellaneous tracts both physical and mathematical* (Lond. 1778, *in*-4°.). Après avoir discuté ce qu'on doit entendre par la somme d'une série infinie, objet sur lequel il adopte la même notion qu'Euler, M. Hutton donne une méthode, ou même deux, singulièrement commodes pour la sommation par approximation d'une série quelconque, dont les termes sont alternativement positifs et négatifs (car c'est à ce genre de série seulement que sa méthode est applicable). La première consiste dans une suite d'expressions, formées d'un nombre plus ou moins grand des termes de la série, et ayant une analogie remarquable avec celles que Neuton donne dans sa *Methodus differentialis*, pour quarrer une courbe au moyen d'un certain nombre de ses ordonnées équidistantes. Ainsi les termes de la série étant a, b, c, d, e, &c. si l'on prend la suite des grandeurs $\frac{a}{2}$, $\frac{3a-b}{4}$, $\frac{7a-4b+c}{8}$, $\frac{15a-11b+3c-d}{16}$, $\frac{31a-26b+16c-6d+e}{32}$, &c. elles représenteront la somme totale de la série, alternativement par excès et par défaut, mais toujours d'une manière d'autant plus exacte, qu'on aura pris plus de termes. La loi des coéfficiens numériques de a, b, c, d, &c. se trouve être celle-ci. En nommant n le nombre des termes de la série qu'on veut employer, la formule générale est $(2n-1)\,a-(A-n)\,b+(B-\frac{n.n-1}{2})\,c$ $-(C-\frac{n.n-1.n-2}{1.\,2.\,3})\,d$ &c. le tout divisé par 2^n. Remarquons, au sujet des quantités A, B, C, &c. que A est le coéfficient de a dans la formule précédente ; B celui de b ; C celui de c, &c.

Comme cependant ces expressions commencent à devenir compliquées de fort grands chiffres, dès qu'il est question d'employer neuf à dix termes de la série proposée, M. Hutton déduit de ces formules mêmes un moyen plus commode d'opérer, dont voici le précis, accompagné d'un type du calcul.

Faites d'abord une colonne des termes de la série, comme de 10 ou 12 que vous avez dessein d'employer, et en les réduisant en fractions décimales. A côté de cette colonne formez en une autre dont les termes seront successivement, le premier de la série, la somme des deux premiers, celle des trois premiers, et ainsi de suite, en ayant égard aux signes.

La troisième colonne sera formée des moyennes arithmétiques entre le premier et second terme de la troisième colonne, entre le second et le troisième, entre le troisième et quatrième, et ainsi de suite.

La quatrième sera formée de même des moyennes arithmétiques entre les termes de la précédente, et ainsi de suite, jusqu'à ce que l'on soit arrivé à une dernière colonne, qui ne contiendra plus qu'un terme. Ce dernier terme sera une valeur approximée de la série, exacte d'ordinaire jusqu'à la sixième ou septième décimale. Voici le type de cette opération appliquée à la recherche de la valeur de la série $1 - \frac{1}{2} + \frac{1}{3} - \frac{1}{4} + \frac{1}{5}$, &c. qui est le logarithme hyperbolique de 2, et dont la valeur doit être 0.693147.

A	B	C	D	E	F
+ 1.000000	1.000000	0.750000	0.708333	0.697916	0.694791
— 0.500000	0.500000	0.666666	0.687499	0.691666	0.692705
+ 0.333333	0.833333	0.708332	0.695833	0.693744	0.693290
— 0.250000	0.583333	0.683333	0.691666	0.692836	0.693059
+ 0.200000	0.783333	0.699999	0.694007	0.693283	0.693169
— 0.166666	0.616666	0.688095	0.692560	0.693056	0.693131
+ 0.142857	0.759524	0.697024	0.693552	0.693205	
— 0.125000	0.634524	0.690080	0.692858		
+ 0.111111	0.745635	0.695635			
— 0.100000	0.645635				

F	G	H	I	K	L
0.694791	0.693748	0.693373	0.693243	0.693188	0.693169
0.692705	0.692998	0.693114	0.693145	0.693150	
0.693290	0.693229	0.693176	0.693156		
0.693059	0.693124	0.693137			
0.693169	0.693155				
0.693131					

Il est aisé de voir que si l'on eût pris quelques termes de plus de la série, on eût eu les six décimales ci-dessus, et même quelques-unes de plus, tandis qu'en sommant la série à la manière ordinaire, quelques milliers de termes eussent à peine donné le même résultat. Le travail peut même être considérablement abrégé ; car le progrès du calcul montre qu'il eût suffi de prendre les moyeunes proportionnelles entre les cinq ou six derniers termes de la seconde colonne, parce qu'ils convergent beaucoup plus rapidement vers la vraie valeur. C'est ainsi que M. Hutton trouve, par un calcul fort court et jusqu'à 6 décimales exactes, la valeur de la série $1 - \frac{1}{3} + \frac{1}{5} - \frac{1}{7}$, &c. (qui est celle qui donne le quart de la circonférence du cercle, dont le rayon est l'unité), qu'il l'a trouve, dis je, $= 0.785397$; et ainsi de diverses autres.

Ce qu'il y a encore de remarquable ici, c'est que cette méthode est même applicable à des séries divergentes. Telle est celle ci, $\frac{1}{2} - \frac{2}{3} + \frac{8}{4} - \frac{4}{5}$ &c., que par un procédé semblable, on trouve égale à 0.143147. La série hyper-géométrique d'Euler, $1 - 1 + 2 - 6 + 24 - 120$, &c. n'échappe pas à cette méthode, et on la trouve par le même procédé égale à $0.5963473 +$.

Il seroit à souhaiter qu'on pût sommer aussi facilement des séries dont les termes sont ou tous positifs ou tous négatifs, à l'exception du premier. Mais la méthode de M. Hutton n'y est pas applicable ; il donne cependant un moyen subsidiaire dans ce cas, et qui consiste dans une transformation de la série proposée en une autre, qui converge d'autant plus, que la proposée converge moins, et il en fait l'application à la série $x + \frac{1}{2}x^2 + \frac{1}{3}x^3$, &c. qui donne le log. hyperbolique de 10, en y supposant $x = 0.9$. Mais nous ne pouvons entrer ici dans des détails ultérieurs sur ce sujet. Ce que nous venons de dire est sans doute suffisant pour donner du travail de M. Hutton l'idée convenable.

Les recherches de deux Analystes Italiens mettront fin à cet article. L'un est M. Lorgna, savant Professeur de mathématiques, et ingénieur de Verone. Il publia en 1778 un traité intitulé : *de Seriebus convergentibus*, où il entreprend de surmonter des difficultés qui avoient arrêté les Bernoulli et les Euler ; il y est question des séries réciproques des puissances des nombres naturels, ce qu'il paroît effectivement avoir fait. Mais je ne connois cet ouvrage que par un extrait où, en rendant justice à la sagacité de l'auteur, on observe que ces difficultés avoient déjà été levées par Euler.

Je suis dans le même cas à l'égard d'un ouvrage du P. Luini, Jésuite, savant Professeur de Mathématiques à Milan, dont le titre est *Delle Progressioni e serie libri due, coll' aggiunta di due memorie del* P. Rugg. Gius. Boscowich. (Milano, 1767, *in*-4°.) Je regrette de ne pouvoir en dire davantage.

XXIII.

A mesure que la Géométrie, s'élevant de questions en questions, a atteint une plus grande sublimité, de nouveaux calculs ont dû prendre naissance. Il entre dans notre plan de les faire connoître, ainsi que ceux qui ont porté la Géométrie et l'Analyse à ce degré d'élévation. Car quelques-uns de ces calculs l'emportent autant sur le calcul intégral ordinaire, que celui-ci sur l'algèbre vulgaire et finie. Nous allons donc donner une idée de ces calculs, du moins autant que le permet l'objet de cet ouvrage, qui n'est pas de conduire loin dans la carrière, mais seulement d'en montrer, pour ainsi dire, l'immense étendue. Je sais d'ailleurs qu'un géomètre très-versé dans ces calculs, et qui en a même reculé les limites, s'occupe du soin de tracer l'histoire de cette partie de l'analyse. Il est à souhaiter qu'il effectue ce projet; car pour ce qui me regarde, après avoir été pendant tant d'années éloigné de la carrière, je ne saurois me flatter de remplir sur ce sujet toute l'attente de mes lecteurs, et je suis obligé de solliciter à cet égard leur indulgence.

Parmi les calculs dont nous voulons parler, celui qui nous occupera le premier est celui des différences finies, et ce sera l'objet de cet article.

Si l'esprit humain suivoit toujours la marche qui paroît la plus naturelle, ce calcul auroit dû précéder celui des différences infiniment petites. Cependant lorsqu'on les connoît tous deux, on n'est plus étonné que ce dernier ait précédé l'autre. Car il est beaucoup plus simple, à cause des termes qui entrent dans l'un, et qui sont réputés nuls dans l'autre. Le calcul communément appelé *différentiel*, avoit d'ailleurs une application presque immédiate aux questions les plus intéressantes de la géométrie; et c'est-là la raison pour laquelle l'un a été considérablement avancé, tandis que l'autre en étoit encore presque à ses premiers traits.

On voit cependant que le calcul des différences finies a en quelque sorte préludé au calcul différentiel : car lorsque Barrow et Fermat appliquoient leur règle des tangentes à une courbe, ils commençoient par calculer les différences des ordonnées à distances finies; ensuite ils éliminoient du calcul les différences qui, à cause du rapprochement des ordonnées, devenoient nulles. Il paroît surtout que Leibnitz conçut l'idée de son calcul différentiel, d'après ses méditations sur les différences finies, car il s'exprime ainsi dans une lettre à l'abbé Conti, en réponse à une de Neuton (1) : « J'étois encore (en 1674) un peu neuf » en ces matières, mais je trouvai pourtant bientôt ma méthode » générale par des séries arbitraires, et j'entrai enfin dans mon » calcul des différences, où les observations que j'avois faites » encore fort jeune (en 1668) sur les différences des suites des » nombres, contribuèrent à m'ouvrir les yeux. Car ce n'est pas

(1) *Leibnitii Opp.* tom. II, p. 463 *et suiv.*

» par les fluxions des lignes, mais par les différences des nombres que j'y suis venu, en considérant que ces différences » appliquées aux grandeurs qui croissent continuellement, s'évanouissent en comparaison des grandeurs différentes, au lieu » qu'elles subsistent dans les nombres, (car ils croissent ou décroissent par sauts) ; et je crois que cette voie est la plus analytique, le calcul géométrique des différences, qui est le même » que celui des fluxions, n'étant qu'un cas spécial du calcul analytique des différences en général, et ce cas spécial devient » plus facile par les évanouissemens ». On ne peut sans doute mieux décrire la liaison du calcul des différences finies avec le calcul différentiel.

M. Taylor est néanmoins le premier qui s'est fait de ce calcul un objet de considération particulière. Il publia, sur ce sujet, en 1715, son livre intitulé : *Methodus incrementorum directa et inversa.* (Lond. *in* 4°.) (1). La méthode dont nous parlons y est traitée principalement dans la première partie, et il faut l'avouer d'une manière si serrée et avec si peu de développement, qu'à l'exception des premières propositions, la lecture en est excessivement laborieuse, et à peu près inaccessible à tout autre qu'à un homme presque aussi versé en ces matières que l'auteur. Ainsi ce n'est pas entièrement sans raison que Bernoulli l'accuse d'obscurité. Les énoncés de plusieurs de ces propositions exigent même quelquefois une forte méditation. Au surplus, ce livre contient d'excellentes choses, tant relatives au calcul des incrémens qu'à celui des fluentes ; et la seconde partie contient des applications très-élégantes de ces calculs à divers problêmes célèbres.

Nous ne pourrions suivre ici le procédé de M. Taylor, sans faire comme lui le tourment de nos lecteurs. Nous l'abandonnerons donc, en lui faisant l'honneur, presque exclusif, de l'invention de ce calcul, que d'autres analystes ont depuis traité avec plus de méthode et de clarté, et qu'ils ont même beaucoup amplifié. Tels sont M. Nicole, de l'Académie royale des Sciences, M. Euler, et M. Emerson. L'ouvrage de ce dernier est intitulé : *The method of increments*, &c. (Lond. 1763, *in*-4°.) Euler s'est spécialement occupé de ce sujet dans son traité intitulé : *Institutiones calculi differentialis*, &c. où il fait l'objet de ses premiers chapitres ; c'est à ce dernier ouvrage que nous renverrons principalement, parce qu'il y règne cette clarté, cet ordre et ce développement naturel, qui caractérisent toutes les productions de cet homme célèbre ; mais comme nous ne faisons pas l'his-

(1) L'exemplaire qui m'appartient porte 1717 ; mais certainement par erreur, car le premier mémoire de M. Nicole sur ce sujet, est daté du 10 janvier 1717.

toire idéale de ce calcul, il faut revenir à M. Taylor, ou à ceux qui ont en quelque sorte commenté ses idées.

M. Taylor venoit à peine de publier son livre, qu'un exemplaire étant tombé entre les mains de M. Nicole, il le lut, l'étudia, et s'attacha à éclaircir et étendre cette théorie. Ses premiers essais en ce genre sont consignés dans un mémoire inséré parmi ceux de l'Académie en 1717, et qui fut suivi de deux autres en 1723 et 1724. Là M. Nicole explique d'une manière extrêmement claire les principes et les applications de ce calcul des différences, à la vérité bien moins généralement que ne le fait M. Taylor : car M. Nicole ne passe pas au-delà des premières différences, tandis que M. Taylor en embrasse les différends ordres.

C'est principalement dans la sommation des séries que consiste l'usage du calcul dont nous parlons ici. Car tout comme d'une différentielle Leibnitienne, on remonte par le calcul intégral à la quantité dont elle est la différence infiniment petite, de même d'une différence finie on remonte par un calcul, qu'on pourroit nommer *intégral fini*, à la quantité dont cette différence exprime l'accroissement fini. Il est nécessaire ici d'entrer dans des détails ; ce que nous allons faire en suivant de près M. Nicole, dont le procédé est de la clarté la plus lumineuse.

Si l'on suppose la quantité variable x augmenter par des accroissemens finis et égaux que nous nommerons n, elle deviendra successivement x ; $x+n$; $x+2n$, &c. Soit donc maintenant une quantité $X = x \times \overline{x+n}$ dont on veuille connoître la différence finie ; il est évident qu'elle sera ce que devient $\overline{x}.\overline{x+n}$, lorsque cette expression devient $\overline{x+n} \times \overline{x+2n}$, et en déduisant la quantité $\overline{x}.\overline{x+n}$; ce qui donne, toutes réductions faites, $\overline{2n} \times \overline{x+n}$. De même si l'on a la quantité $x.\,x+n.\,x+2n$, et qu'on veuille connoître son incrément lorsqu'elle devient $\overline{x+n}.\,\overline{x+2n}.\,\overline{x+3n}$, on trouvera $3n \times \overline{x+n}.\,\overline{x+2n}$; d'où l'on voit d'abord naître une règle qui abrége cette opération, savoir de supprimer le premier facteur, comme ici x ou la quantité croissante, multiplier l'incrément n par le nombre des facteurs de la quantité à différentier, et enfin supprimer le plus élevé des facteurs.

La manière de revenir de la quantité différenciée à l'intégrale d'où elle provient, est évidemment l'inverse, et l'on voit qu'il faut pour cela, puisqu'on a rejetté le premier des facteurs dans la différenciation, le reprendre dans l'intégration, ou celui qui précède le premier de ceux de la quantité proposée comme différence finie à intégrer, et diviser par l'incrément constant n multiplié par le nombre des facteurs. Ainsi la différence finie $3n.\overline{x+n}.\overline{x+2n}$ aura pour intégrale $x.\overline{x+n}.\overline{x+2n}$, et par conséquent celle-ci $\overline{x+n}.\overline{x+2n}$ auroit celle-ci $\frac{x.\overline{x+n}.\overline{x+2n}}{3n}$, et celle-ci $x.\overline{x+n}$ auroit celle-ci $\frac{\overline{x-n}.x.\overline{x+n}}{-3n}$, &c.; car le facteur qui précède x doit être $x-n$, puisque croissant de n, il devient x.

On pourroit retrouver ces différences d'une autre manière; car il est facile de voir que la différence de xx, par exemple, est $x^2+2nx+nn-x^2$, c'est-à-dire $2nx+nn$; celle de x^3 est $3nx^2+3n^2x+n^3$; celle de x^4 est $4nx^3+6n^2x^2+4n^3x+n^4$; celle de x^m, enfin, est $mnx^{m-1}+\frac{m.\overline{m-1}}{1.\ 2}n^2x^{m-2}+\frac{m.\overline{m-1}.\overline{m-2}}{1.\ 2.\ 3}n^3x^{m-3}$ &c. où il est aisé de voir que les coéfficiens numériques sont les mêmes que ceux du deuxième, troisième, quatrième, &c. termes du binôme de Neuton.

Si donc on a une quantité telle que $x.\overline{x+n}.\overline{x+2n}$ à différencier, on peut multiplier ces trois quantités, et leur produit sera $x^3+3nxx+2nnx$; or la différence finie de x^3 est $3nx^2+3nnx+n^3$; celle de $3n.xx$ est $3n\times 2nx+n^2=6n^2x+3n^3$; celle de $2nn.x$ est $2n^3$, car l'incrément de x est supposé n. Enfin, ajoutant toutes ces parties, on trouvera par leur somme, qui est la différence cherchée, après toutes réductions faites, $3n\times\overline{x^2+3nx+2n^2}$ ou $3n.\overline{x+n}.\overline{x+2n}$, comme dessus. Il est aisé de voir que cette manière de trouver les différences finies a l'avantage de ne pas exiger que la quantité à différencier soit composée de facteurs arithmétiquement croissans. Ainsi la différence de $x^3+nx^2+nx+n^3$, qui n'est pas formée de pareils facteurs, se trouveroit $3nx^2+5n^2x+4n^3$; mais on ne l'intégreroit pas par les moyens précédens, quoiqu'on y puisse parvenir par d'autres.

Il est encore nécessaire, pour les vues qu'on verra plus bas, de déterminer la manière dont croissent des grandeurs dont la variable x se trouve dans le dénominateur d'une fraction, par exemple celles-ci $\frac{1}{x.\overline{x+n}}$, $\frac{1}{x.\overline{x+n}.\overline{x+2n}}$, &c. Quant à la première, il est aisé de voir qu'elle est $\frac{1}{x.\overline{x+n}}-\frac{1}{\overline{x+n}.\overline{x+2n}}$; (car ici la première de ces quantités est la plus grande); ce qui, calcul fait, se trouve $\frac{2n}{x.\overline{x+n}.\overline{x+2n}}$. L'incrément ou la différence de la seconde se trouve de même être $\frac{3n}{x.\overline{x+n}.\overline{x+2n}.\overline{x+3n}}$, d'où naît une règle pareille à la précédente, savoir de multiplier n par le nombre des facteurs de la fraction à différencier, et de lui donner tous les facteurs de la fraction à différentier, plus un croissant de la différence commune.

De là naît aussi la manière de revenir à la fraction qui est l'intégrale de la fraction proposée pour différence ou incrément. Car il faut d'abord supprimer son dernier facteur, comme dans le dernier exemple $\overline{x+3n}$, et diviser par la différence commune n, multipliée par le nombre des facteurs comme ici 3, on retrouvera ici pour grandeur ou intégrale dont la différence a été donnée, $\frac{1}{x.\overline{x+n}.\overline{x+2n}}$; ainsi celle-ci $\frac{4n}{x.\overline{x+n}.\overline{x+2n}.\overline{x+3n}.\overline{x+4n}}$ donnera, en supprimant le dernier facteur $\overline{x+4n}$; et divisant encore par $4n$, elle deviendra, dis je, $\frac{1}{x.\overline{x+n}.\overline{x+2n}.\overline{x+3n}}$, qui sera l'intégrale dont la quantité ci-dessus sera la différence ou l'incrément.

Telles sont les règles de cette arithmétique ou algorithme particulier. Voyons-en l'application.

Ce calcul est, comme on l'a déjà dit, applicable à la sommation de séries de nombres formées selon certaines lois. Qu'on propose par exemple, de trouver la somme de cette série $1.2 + 2.3 + 3.4 + 4.5$ &c. jusqu'au 100° terme ; mais avant que d'aller plus avant, il est nécessaire de faire l'observation suivante.

Lorsqu'on a une série de grandeurs croissantes, suivant une loi donnée et continuée jusqu'à un terme quelconque A, le terme subséquent B est évidemment la différence de la somme de tous les termes jusqu'à A inclusivement, d'avec la somme de tous les termes jusques et inclusivement B. Donc si l'on avoit analytiquement la somme de tous les termes y compris A ; et qu'on en prît la différence finie, elle donneroit le terme B. Si donc on veut avoir la somme de tous les termes jusqu'à A inclusivement, il faut chercher le terme B qui le suit, et l'exprimer analytiquement; alors, en le considérant comme une différence finie, qu'on en prenne l'intégrale, elle sera (sauf quelquefois l'addition d'une constante, comme dans le calcul intégral ordinaire) la somme de tous les termes jusqu'à B exclusivement. Revenons maintenant à la série proposée ci-dessus.

Il est aisé de voir que chaque terme s'y explique analytiquement par $x.\overline{x+1}$, x étant successivement 1. 2. 3. &. Le centième terme étant donc $x.\overline{x+1}$ (où x est 100), le cent-unième sera $\overline{x+1}.\overline{x+2}$; mais l'intégrale de $\overline{x+1}.\overline{x+2}$ est $\frac{x.\overline{x+1}.\overline{x+2}}{3}$, qui devient ($x$ étant 100) $=\frac{100 \times 101 \times 102}{3} = 343400$.

Prenons

Prenons maintenant une série décroissante comme celle-ci : $\frac{1}{1.2} + \frac{1}{2.3} + \frac{1}{3.4} + \frac{1}{4.5}$ &c. Il faut ici considérer la série comme renversée et croissante de son extrémité, où elle se termine par zéro, vers son commencement. Ainsi le terme $\frac{1}{1.2}$ ou $\frac{1}{x.x+1}$ est la différence de la somme entière commençant par o, ou le dernier terme jusques et inclusivement le terme qui suit $\frac{1}{x.x+1}$. Ainsi prenant, suivant le précepte de la méthode, l'intégrale de $\frac{1}{x.x+1}$, qui est $\frac{1}{x}$, on aura la somme de toute la série, à commencer par le second terme $\frac{1}{x.x+1}$. Or x est ici $=2$; donc toute la somme de la série ci-dessus, moins le premier terme, est $=\frac{1}{2}$; et si on y joint ce premier terme, qui est $\frac{1}{2}$, la somme totale sera $=1$.

On pourroit par une semblable méthode trouver la somme de la série, à partir de tel terme qu'on voudroit, comme du dixième ; car ce dixième sera $\frac{1}{10.10+1}$, dont l'intégrale est $\frac{1}{10}$. Toute la série en commençant par le dixième sera donc $\frac{1}{10}$, et en effet les neufs termes précédens font $\frac{9}{10}$; ce qui vérifie l'opération, la somme totale ayant été trouvée $=1$.

Remarquons ici, que dans cette série, le premier terme terme etant $\frac{1}{2}$, la somme des deux premiers est $\frac{2}{3}$, des trois premiers $\frac{3}{4}$, et ainsi de suite, d'où il est facile de conclure que la somme de tous est $\frac{\infty}{\infty}=1$, comme la donne le calcul ci-dessus.

Dans la suite, c'est-à-dire en 1723, M. Nicole remplit l'engagement qu'il avoit en quelque sorte contracté, en annonçant une seconde partie au moins de son mémoire. Dans cette seconde partie qui fut même suivie d'un supplément en 1724, il considère des suites auxquelles la méthode employée en 1717 n'étoit pas applicable, et il donne à cette méthode une extension considérable, au moyen de laquelle il trouve la sommation d'une classe considérable de séries, qui étoient de nature à échaper à ses premières recherches. Nous remarquerons au surplus ici que M. Nicole fut prévenu en cette dernière partie par M. de Montmort, qui donna en 1719 ou 1720, dans les *Transactions philosophiques*, un mémoire sur la sommation des séries, où il donne la somme de celles-ci, et même celle d'autres encore plus compliquées par une méthode différente. Mais on doit convenir que l'un et l'autre allumèrent en quelque sorte leur flambeau à celui de Taylor, surtout M. Nicole. Car quant à M. de Montmort, il avoit déjà trouvé beaucoup de choses de ce genre, avant que M. Taylor eût publié son ouvrage ; ce fut même le sujet d'une petite discussion entre eux.

Nous avons commencé à nous énoncer selon la manière de

M. Nicole, parce qu'elle peut être regardée comme une introduction à la notation de M. Taylor, dont il entre aussi dans notre plan de donner une idée, parce qu'elle a été adoptée, à quelques changemens près, par les géomètres anglois qui ont cultivé ce genre de calcul, et même par une partie des géomètres du continent, qui s'en sont spécialement occupés.

Ce que M. Nicole nomme n, ou l'accroissement successif de la quantité x, M. Taylor le désigne par $\underset{\cdot}{x}$; et la quantité $x + \underset{\cdot}{x}$, il la désigne par x'; la quantité suivante $x' + \underset{\cdot}{x}$, c'est-à-dire x ayant pris un second accroissement $\underset{\cdot}{x}$ ou $x + 2\underset{\cdot}{x}$, il la désigne par x''. Ainsi x; x'; x'', &c. sont ce que nous avons désigné par x, $x+n$, $x+2n$, &c., c'est-à-dire les valeurs subséquentes de x croissant uniformément d'une différence finie n. Et s'il est question de désigner les valeurs rétrogrades, qui seroient dans la notation jusqu'à présent employée $x-n$, $x-2n$, $x-3n$, &c., elles seroient, suivant M. Taylor, $x_{\prime}$, $x_{\prime\prime}$, $x_{\prime\prime\prime}$, &c. La quantité que dans un exemple précédent nous avons désigné par $\frac{1}{x.\, x+n.\, x+2n}$ sera donc, selon M. Taylor, exprimée bien plus brièvement ainsi $\frac{1}{x.\, x'.\, x''}$, et la différentielle de cette quantité seroit $\frac{3\underset{\cdot}{x}}{x.\, x'.\, x''}$.

De même la quantité $x.\, x+n.\, x+2n$, considérée comme différentielle, auroit pour intégrale, suivant la notation de Taylor, $\frac{x_{\prime}.\, x.\, x'.\, x''}{4\underset{\cdot}{x}}$; car énoncée à la manière de M. Nicole, cette intégrale seroit $\frac{x-n.\, x.\, x+n.\, x+2n}{4n}$. La notation de Taylor a l'avantage de la brièveté; mais je ne sais si celle qu'adopta M. Nicole n'a pas celui de la clarté. Quoiqu'il en soit, les opérations et les résultats sont les mêmes dans l'une ou l'autre manière de s'énoncer.

Nous croyons ne pouvoir trouver une occasion plus convenable que celle-ci, pour faire connoître un théorême ingénieux et utile, trouvé par M. Taylor, et qui, par cette raison, a retenu son nom. Il consiste en une série particulière qui sert à exprimer ce que devient une fonction quelconque d'une variable comme x, lorsque cette variable prend un accroissement quelconque, cette série est celle-ci :

Soit Y la fonction dont il s'agit, et que x devienne $x + \Delta x$; on aura alors suivant M. Taylor pour ce que devient en même-temps Y;

$$Y + \frac{\Delta x\, dY}{1.\, dx} + \frac{\Delta x^2\, ddY}{1.\, 2.\, dx^2} + \frac{\Delta x^3\, d^3Y}{1.\, 2.\, 3.\, dx^3} + \frac{\Delta x^4\, ddY}{1.\, 2.\, 3.\, 4.\, dx^4} \text{ \&c.}$$

La loi de la progression est assez manifeste pour ne pas exiger plus de développement; si donc de cette série on retranche le premier terme Y, le surplus exprimera l'accroissement simultalné de Y. Il faut observer que si Δx étoit négatif, c'est-à-dire que x alloit en décroissant, les termes de la série ci-dessus devroient être pris alternativement positifs et négatifs.

Il n'y aura donc pour trouver cet accroissement qu'à différentier successivement la fonction Y. Selon la variable x, et diviser par dx, ce qui effacera les dx, dx^2, &c.; et comme à moins que la fonction proposée ne soit une fonction transcendante; cette différentiation-ci terminera la série en question, se terminera elle-même, et l'on aura en termes l'accroissement de Y, exprimé en x et Δx, Δx^2, &c.

Soit, par exemple, la fonction $Y = ax + x^2 + x^3$, on aura $dY = adx^2 + 2xdx + 3x^2dx$; $ddY = 2dx^2 + 6xdx^2$; $d^3Y = 6dx^3$; $d^4Y = 0$. Ces valeurs étant substituées dans les termes de la série, on aura l'incrément de $Y = \Delta x . \overline{a + 2x + 3x^2} + \Delta x^2 . \overline{1 + 3x} + \Delta x^3$.

M. Taylor s'étant presque borné à indiquer la source de son théorême, divers géomètres se sont attachés à en donner la démonstration. Maclaurin en donne une, qui est dérivée de la considération des fluxions; cette démonstration est rigoureusement suffisante; mais il étoit plus élégant, et à certains égards plus satisfaisant pour l'esprit, de n'y employer que des considérations purement analytiques; c'est ce qu'a fait avec le plus heureux succès le C. L'huilier, de Genève, dans son ouvrage intitulé; *Principiorum calculi diff. et integr. expositio elementaris*, &c. (Tubingæ, 1795, *in*-4°.), ouvrage dont nous aurons encore à faire une plus ample mention; il y fait d'abord voir la vérité du théorême dans le cas où Y est une simple puissance de x; et comme toute fonction n'est qu'un aggrégé de puissances multipliées, ou non, par des quantités constantes, il en tire une démonstration complette. Le C. L'huilier nous fait aussi connoître, et développe une démonstration de M. Pfleiderer, savant professeur de mathématiques à Tubinge, qui fait honneur à la sagacité de son auteur. Enfin, dans une autre partie de son ouvrage, il étend le théorême de Taylor, aux fonctions même composées de plusieurs variables. Nous nous trouvons à regret obligés de nous borner à cette indication.

Cette série a aussi son utilité dans le calcul des fluxions ou différentiel; car si Y représente une ordonnée de courbe, et x l'abscisse correspondante, dx l'accroissement ou le décroissement de cette abscisse, on aura la valeur de l'ordonnée suivante $Y' = Y \pm \frac{xdY}{1.dx} + \frac{x^2ddY}{1.2.dx^2} \pm \frac{x^3d^3Y}{2.3.dx^3}$ &c., ce qui fait voir en quelle proportion la fluxion de Y de chaque ordre contribue à produire l'incrément ou le décrément de cette ordonnée. Cette série se terminera d'ailleurs le plus souvent, à l'exception des cas ci-dessus indiqués.

La série de M. Taylor est dans le calcul des différences, soit finies, soit infiniment petites, ce qu'une de Jean Bernoulli (1) est dans le calcul intégral; comme celle-ci est en quelque sorte le vrai pendant par sa forme, de la première, il m'a paru à propos d'en parler ici, l'occasion ne s'en étant présenté plutôt. La voici;

x et y représentant l'abscisse et l'ordonnée d'une courbe, son aire $S.ydx$ sera $xy - \frac{xxdy}{1.2.dx} + \frac{x^3ddy}{2.3.dx^2} - \frac{x^4d^3n}{2.3.4.dx^3}$ &c. Cette série est telle, que dans les cas particuliers les dx, dx^2, dx^3, &c. disparoîtront, parce qu'en différenciant y, qui est une fonction de x, il se trouvera dans chaque terme une pareille puissance de dx au numérateur et au dénominateur. Bernoulli donne dans l'écrit indiqué des exemples de l'usage de cette série, tant pour trouver le logarithme d'un nombre, ce nombre étant donné, et *vice versâ*, que pour la détermination du sinus ou cosinus d'un arc donné, et enfin pour la solution du curieux problême proposé par De-Beaune à Descartes. Les Œuvres de Bernoulli étant entre les mains de tous les géomètres, nous nous bornons à y renvoyer, en observant que ce théorème a été démontré par le C. L'huilier à la suite de celui de Taylor. Mais revenons à notre sujet.

Parmi les géomètres qui ont strictement suivi les traces de Taylor, on doit donner une place distinguée à M. Emerson. Il publia en 1763, à Londres, un ouvrage intitulé; *The method of increments*, &c. (*in*-4°.), où ce sujet est traité avec beaucoup d'étendue, et de savoir. On y trouve toutes les applications qu'on pourroit désirer sur ses usages, dans la méthode même des fluxions, dans la sommation des séries, et une multitude de problêmes intéressans. Cet ouvrage eût par ces raisons mérité lorsqu'il parut, une traduction françoise (2).

Nous avons dû suivre, dans une exposition historique du calcul des incrémens ou différences finies, le procédé de M. Taylor, qui en est le principal inventeur, ou celui des analystes qui ont immédiatement marché sur ses traces; mais comme Euler en traitant ce sujet, avec l'étendue et la sagacité si connues de tout le monde, lui a donné, pour ainsi-dire, une nouvelle

(1) *Operum*, tom. I, p. 125.

(2) On a de M. Emerson un grand nombre d'ouvrages sur toutes les parties des mathématiques, tous faits avec beaucoup de méthode et de clarté, entr'autres un traité d'algèbre, *A Treatise of algebra* (Lond. 1764, *in*-8°.).

forme et une plus grande étendue, nous croyons devoir revenir en quelque sorte sur nos pas, et donner brièvement une idée de ce calcul, d'après la manière dont il l'a envisagé et traité, d'autant plus que les analystes semblent avoir de préférence adopté sa notation.

Supposons une quantité variable x, et qu'elle s'accroisse successivement par une différence que nous désignons par Δx, en prenant pour la caractéristique d'une différence finie, comme d l'est de la différente, ou différence absolument petite. Supposons aussi pour plus de généralité que cette différence ne soit pas constante, c'est-à-dire qu'elle varie elle-même et que Y Y' Y'', &c., soient les états subséquens de la variable x croissante, ainsi on aura

$$\begin{aligned} Y &= x. \\ Y' &= x + \Delta x. \\ Y'' &= x + 2\Delta x + \Delta\Delta x. \\ Y''' &= x + 3\Delta x + 3\Delta\Delta x + \Delta^3 x, \&c. \end{aligned}$$

car il est évident que de même que Y' est $x + x$, de même Y'', qui est Y'' + Y', est d'abord $x + \Delta x + \Delta.\overline{x + \Delta x}$. Or $\Delta.\overline{x + \Delta x}$ est $\Delta x + \Delta\Delta x$ (comme la différentielle de $x + dx$ où dx ne seroit pas constante, seroit $dx + ddx$). Donc ajoutant, on aura $x + 2\Delta x + \Delta\Delta x$, et ainsi des autres. On voit ici que les coéfficiens des termes sont précisément ceux des puissances, en supprimant seulement les dénominateurs numériques. Ainsi Y^n seroit $x + n\Delta x + n.n - 1.\Delta\Delta x + n.n - 1.n - 2\Delta^3 x$ &c.

Mais de même que dans le calcul différenciel, on suppose ordinairement une des différentes du premier ordre constante; il en sera d'ordinaire ici de même; ainsi en général nous supposerons Δx constante, de sorte que toutes les différences supérieures comme $\Delta^2 x$; $\Delta^3 x$; $\Delta^4 x$, &c., deviendront zéro.

Maintenant soit une quantité Y qui soit fonction de x, c'est-à-dire, formée de x, et de constantes combinées ainsi que l'on voudra, comme $ax \pm xx$, &c. Il est évident que faisant varier x, c'est-à-dire devenir $x + \Delta x$, la quantité ou fonction de x designée par Y, deviendra ce que devient $ax \pm xx$, en y substituant $x + \Delta x$ à la place de x; ce seroit ici $ax \pm a\Delta x + xx \pm 2x\Delta x + \Delta x^2$ (1); et par conséquent la différence de cet état de Y au précédent, exprimée par ΔY est ce que devient l'expression ci-dessus, en en retranchant $ax \pm xx$; c'est-à-dire $adx \pm 2x\Delta x + \Delta x^2$. Si l'on n'avoit

(1) Nous avertissons ici pour l'avenir que Δx^2, Δx^3, &c. ne signifient pas les différences de x^2, x^3, mais les puissances de Δx. Quand on voudra indiquer la différence d'une puissance de x, on l'écrira ainsi $\Delta.\,x^2$, $\Delta.\,x^3$, ou $\Delta\,(x^2)$, &c.

eu que x^2 à différentier de cette manière, on auroit eu $2x \Delta x + \Delta x^2$. Ainsi l'on trouvera de même la différence finie de $x^3 = x^3 + 3x^2 \Delta x + 3x \Delta x^2 + \Delta x^3 - x^3$, c'est-à-dire $3x^2 \Delta x + 3x \Delta x^2 + \Delta x^3$. Tout cela doit être évident pour qui est au fait du calcul différentiel, et des raisons pour lesquelles dans ce calcul on néglige ou exclut entièrement les termes, où dx se trouve élevée à une puissance supérieure. Ainsi la différence de x^n se trouvera être $nx^{n-1}\Delta x + n.\overline{n-1}\,x^{n-2}\Delta x^2 + n.\,n-1.\,n-2.\;x^{n-3}\Delta x^3$, &c.

Il est donc facile de trouver la différence finie de toute puissance de x, pourvu qu'elle ne soit pas fractionnaire ; car dans le cas où elle seroit fractionnaire, la série ci-dessus ne se terminera pas. Ainsi la différence de $\sqrt{x}$ sera $\frac{1}{2}x^{-\frac{1}{2}}\Delta x + \frac{1}{2}.-\frac{1}{2}x^{-\frac{3}{2}}\Delta x^2 + \frac{1}{2}.-\frac{1}{2}.-\frac{3}{2}x^{-\frac{5}{2}}\Delta x$, &c. ou $\frac{1}{2\sqrt{x}} - \frac{1}{4}\frac{\Delta x^2}{x\sqrt{x}} + \frac{3}{8}\frac{\Delta x^3}{x^2\sqrt{x}}$, &c.

On devroit par la même raison trouver seulement en suite infinie la différence de $\frac{1}{x}$ ou x^{-1}, et en effet la formule donne une suite infinie. Cependant calcul fait on trouve que la différence finie de $\frac{1}{x}$ est $-\frac{\Delta x}{x^2 + x\Delta x}$ ou $-\frac{\Delta x}{x.\,x+\Delta x}$. Il n'y a pas néanmoins ici de contradiction ; cela vient de ce que cette suite est formée de celle de Δx par $\frac{1}{x^2+\Delta x}$, qui est elle-même en une suite. Mais cela n'a pas lieu dans le cas d'une puissance fractionnaire comme $\frac{1}{2}$. $\frac{1}{3}$ &c.

La différence de toute expression ou fonction rationnelle, peut donc être exprimée en termes finis, mais il n'en est pas ainsi des fractions où entrent des puissances fractionnaires ou racines. Celle-ci ne peuvent être exprimées qu'en suite infinie.

Il en est de même des quantités transcendantes, comme logarithmiques, exponentielles ou circulaires ; M. Euler enseigne dans l'ouvrage cité, la manière de trouver leurs différences finies. Mais nous croyons devoir y renvoyer, ou aux auteurs nombreux qui ont traité après lui cette partie de l'analyse.

Disons maintenant quelque chose de l'intégration des différences finies. De même que dans le calcul différentiel, on a l'intégration de $dx = x$, celle de $xdx = \frac{x^2}{2}$, &c. (on fait abstraction de la constante à ajouter) par une sorte de réciprocité, c'est-à-dire par ce que le calcul différentiel a appris que la différentielle de x étoit dx, celle de $x^2 = 2xdx$, &c. ; de même ici, puisque la différence de x est Δx, et celle $x^2 = 2x\Delta x + \overline{\Delta x}^2$, &c. ; il est facile de conclurre que l'intégrale de Δx est x, et que celle de $2x\Delta x + \overline{\Delta x}^2$ est x^2, &c. On désigne communément dans ce cas l'intégration par le *sigma* grec Σ. On trouvera donc sans grande difficulté que

$$\Sigma\ 1.\Delta x = x.$$

$$\Sigma\ x\Delta x = \frac{x^2}{2} - \frac{x\Delta x}{2}.$$

$$\Sigma\ x^2\Delta x = \frac{x^3}{3} - \frac{x^2\Delta x}{2} + \frac{x\Delta x^2}{6}.$$

$$\Sigma\ x^3\Delta x = \frac{x^4}{4} - \frac{x^3\Delta x}{2} + \frac{x^2\Delta x^2}{4}.$$

&c.

Ainsi donc, comme toute fonction rationnelle, et non fractionnaire, est un composé de puissances entières; il s'ensuit qu'on peut avoir l'intégrale de toute expression différentielle de cette forme.

On peut, et même on doit remarquer ici, que le signe de différence Δ entre dans l'expression de ces intégrales, au lieu que dans le calcul différentiel, l'intégration doit effacer tous les signes de différentiation. Mais cela n'est point ici un inconvénient, parce que la différence $\Delta\, x$ est toujours donnée en terme fini, par la nature de la question, et qu'elle est même le plus souvent l'unité pure numérique.

Il n'est pas le plus souvent aussi facile de trouver l'intégrale, lorsque l'expression d'une différence présente un forme fractionnaire, si ce n'est lorsque le numérateur étant constant, le dénominateur est formé de facteurs, ou peut se résoudre en facteurs arithmétiquement proportionnels, comme x; $x + \Delta\, x$, $x + 2\,\Delta\, x$, &c., ou $x - \Delta\, x$; $x.\ x + \Delta\, x$, $x + 2\,\Delta\, x$, &c. Car supposons cette expression fractionnaire $\frac{a}{x.\ x+\Delta x.\ x+2\Delta x.\ x+3\Delta x}$, il ne sera besoin pour l'intégrer que de supprimer le dernier facteur, et diviser le tout par la différence de Δx multipliée par le nombre des facteurs restans, ce sera l'intégrale cherchée. Ainsi elle sera dans ce cas $\frac{1}{3\Delta x.\ x.\ x+\Delta x.\ x+2\Delta x}$.

Mais lorsque le numérateur contiendra lui-même, ou des x, ou des $\Delta\, x$, ou des fonctions quelconques de ces quantités, ou bien lorsque le dénominateur ne sera pas formé de facteurs arithmétiquement croissans, il faudra recourir à des artifices particuliers. Le plus général sera de réduire, si cela se peut, cette fraction en fractions partielles, qui ne contiennent à leurs dénominateurs que des facteurs, ayant les conditions ci-dessus, ce qui se pourra souvent, et alors la somme des intégrales sera l'intégrale totale cherchée, sauf l'addition de la constante, à déterminer par les circonstances.

Ainsi l'on peut intégrer cette formule $\frac{1}{x.\overline{x+n\Delta x}}$, n étant un nombre entier quelconque ; et il y aura dans cette intégrale autant de termes que n contiendra d'unités. On est encore parvenu à intégrer celle-ci, qui en comprend beaucoup d'autres, savoir $\frac{M+Nx}{x.\overline{x+mx}.\overline{x+nx}.\overline{x+px}}$, M et N étant des quantités constantes. Il y a aussi dans ces expressions des cas qui ajoutent une nouvelle difficulté à l'intégration, comme lorsque parmi ces facteurs il s'en trouve plusieurs égaux ou d'imaginaires ; mais la nature de cet ouvrage ne nous permet pas des détails plus profonds et plus étendus sur ce sujet.

Nous n'avons jusqu'ici parlé que des différentielles finies à une seule variable : mais de même que, dans le calcul infinitésimal, il y a des différentielles à plusieurs variables, provenantes de la différentiation de fonctions qui en contenoient plusieurs ; il en est aussi dans le calcul des différences. Et de même qu'on peut toujours facilement trouver la différentielle infiniment petite, d'une fonction quelconque ; il n'y a pareillement nulle difficulté, si ce n'est quelquefois la longueur du calcul, à trouver la différence finie d'une pareille expression. Ainsi il est évident que la différence de $x + y$ et $\Delta x + \Delta y$; celle de xy sera $y\Delta x + x\Delta y + \Delta x\Delta y$; celle de $\frac{x}{y}$ sera $\frac{y\Delta x - x\Delta y}{y.\overline{y+\Delta y}}$.

Mais il n'en est pas ainsi de l'inverse de ce calcul ; si le nombre des différentielles infiniment petites intégrables, est extrêmement limité en comparaison du nombre de celles qui se refusent à toute intégration, il est encore plus petit dans le calcul qui nous occupe ; quelques analystes du premier ordre néanmoins s'en sont occupés avec succès, et ont déployé une sagacité singulière dans ce genre de recherches, que le grand Euler lui-même avoit laissé comme intact ; car il n'est question dans son traité du calcul intégral, que des fonctions différentielles finies à une seule variable. Le C. Lagrange a étendu considérablement cette théorie, en faisant voir dans le premier volume des Mémoires de Turin, que l'intégration des différences finies à plusieurs variables pouvoit être traitée par des méthodes analogues à celles du calcul intégral ordinaire ; il en donne plusieurs exemples, et parvient par ce moyen à des intégrations de différences finies qui avoient échapé jusques-là à toute autre méthode.

Condorcet a fait sur ce même sujet un travail semblable à celui qu'il avoit exécuté sur les différentielles ; je veux dire qu'il a recherché et donné dans les Mémoires de l'Académie

des

des Sciences de 1770, les équations de condition, d'après lesquelles on peut juger si une équation aux différences finies, provient d'une autre de l'ordre immédiatement inférieur; et quand ces conditions ont lieu, quels sont les moyens de faire cette réduction; ce dont il donne quelques exemples. Cette théorie a encore été étendue par lui-même dans les Mémoires de l'académie pour l'année 1771. Cependant il faut convenir que, tout comme dans le calcul intégral ordinaire, cette réduction présente encore de grandes difficultés, et quand on voit des équations d'une grande complication ainsi amenées à l'intégration, on est peut-être fondé à penser qu'on en connoissoit d'avance l'intégrale. Au surplus, je ne sais si l'on ne seroit pas fondé à desirer dans ce travail plus de développement pour l'utilité du plus grand nombre des lecteurs; mais il semble que Condorcet ait affecté de n'écrire que pour ses égaux.

Enfin le C. Laplace a donné encore une nouvelle extension à cette partie du calcul, par deux mémoires insérés parmi ceux présentés à l'Académie des Sciences (*t.* 6 *et* 7). Revenant ensuite sur le même objet dans les Mémoires de l'Académie des Sciences de 1773; il en a donné un très-long dans lequel il se propose une équation linéaire aux différences finies étant donnée, de déterminer; 1°. si elle est susceptible d'une intégrale d'une forme donnée, et 2°. dans ce cas de l'intégrer en l'amenant à une intégration de différences ordinaires; et à cette occasion il étend et perfectionne une méthode employée par Euler, pour réduire une différence du second ordre à une du premier. Il a aussi fait voir la grande utilité du calcul des différences finies relativement à celui des différentielles partielles, la détermination des fonctions arbitraires de celles-ci dépendant souvent de l'intégration des premières.

A ces mémoires si intéressans pour ceux qui sont en état de les entendre, on peut joindre celui que le C. Charles donna en 1783 à l'Académie des Sciences; il fait, ainsi que plusieurs autres, regreter que la mort l'ait moissonné presqu'à l'entrée de sa carrière. Il est au surplus aisé à nos lecteurs de concevoir que quand même nous serions familiarisés avec les épines de ces calculs transcendans au point de les braver, nous ne pouvons dans un ouvrage tel que celui-ci, entrer dans des détails plus circonstanciers : ils exigeroient pour être rendus avec quelque clarté, une étendue considérable. Nous les renvoyons par cette raison au géomètre et analyste que nous savons avoir le dessein d'écrire l'histoire de ces nouveaux calculs. Ce sera sans doute un des ouvrages les plus utiles pour l'accroissement de la science, si évitant l'exemple des Fontaine, des Condorcet, et quelques autres qui semblent n'avoir écrit que pour ceux qui étoient presque leurs égaux, il se rend accessible à cet ordre de lecteurs inférieur de quelques degrés.

C'est principalement dans la sommation des séries et progressions numériques, qu'éclate l'utilité de ce calcul, et nous en avons donné quelques exemples dans l'exposition faite au commencement de cet article. On en voit de nombreux dans les écrits de Taylor, Nicole, Emerson, Euler, &c. Le C. Laplace en a fait une application aussi ingénieuse que commode à la doctrine de la probabilité; mais ce n'est pas ici le lieu d'en parler.

Parmi les ouvrages auxquels on peut recourir pour s'instruire dans ce calcul, je ne connois rien de plus détaillé et de plus clair que l'article DIFFÉRENCES FINIES inséré par le C. Bossut, dans l'Encyclopédie méthodique, ou par ordre de matières; article qu'il a depuis étendu considérablement, et qui sert d'introduction à ses *Traités de calcul différentiel, et du calcul intégral.* On ne peut également citer qu'avec beaucoup d'éloges, le chapitre 3 de l'introduction au *Traité de calcul différentiel, et de calcul intégral* du C. Cousin. On y trouve également cette matière traitée savamment, et aussi clairement que le comporte sa nature.

XXIV.

Le calcul des différences finies sert de base à une méthode qu'on nomme *des limites*, et dont l'application à divers problêmes qu'on résoud communément au moyen du calcul infinitésimal, sert à prouver en même temps les ressources de l'analyse finie, et à dissiper les doutes ou nuages que ce calcul pourroit encore laisser dans quelques esprits; nous devons par cette raison en donner ici une idée un peu développée.

Une quantité, en géométrie ou en analyse, est dite être limite d'une autre, lorsque cette dernière peut s'en approcher de plus en plus, et de telle sorte qu'elle n'en diffère que d'une quantité moindre que toute quantité donnée. Ainsi dès les premiers pas, pour ainsi dire, de la géométrie élémentaire, on reconnut, quoique l'on n'employât pas ce terme, que le cercle étoit la limite des polygones inscrits ou circonscrits dont le nombre des côtés alloit sans cesse en croissant; et probablement dès avant Archimède, on en avoit conclu que, puisque l'aire du polygone circonscrit étoit égal au produit de la demi-somme des côtés par le rayon du cercle, la surface même du cercle étoit égale au rectangle de la demi-circonférence par ce même rayon. Ainsi Archimède reconnut que 2 étoit la limite de la somme des termes d'une progression décroissante géométriquement, comme celle-ci, 1, $\frac{1}{2}$, $\frac{1}{4}$, $\frac{1}{8}$, &c.; et il en conclut, sauf la différence d'expression, que la somme de cette progression continuée à l'infini, étoit égale à 2; et enfin, que toute progression géométrique ayant une limite vers laquelle la somme de ses termes approchoit sans cesse, de manière à n'en différer que d'une quantité moindre que toute quantité donnée, coïncidoit enfin avec elle, et lui étoit égale. Il en fit une application ingénieuse à la quadrature de la parabole, dont il fit voir que l'aire est exprimée par une suite ou progression géométrique décroissante, savoir celle-ci $\frac{1}{2}$, $\frac{1}{8}$, $\frac{1}{32}$, &c., dont la somme a $\frac{2}{3}$ pour limite. Lorsqu'Archimède enfin voulant mesurer le conoïde parabolique, inscrivoit et circonscrivoit à ce corps une suite de cylindres décroissans, et qu'il faisoit voir que la différence des inscrits aux circonscrits pouvoit être moindre que toute quantité donnée, ce dont il tiroit la mesure de ce corps, il employoit une méthode analogue à celle dont nous parlons, ou à proprement parler la même. Mais le calcul appliqué par les modernes à cette méthode, en en simplifiant les opérations et en les abrégeant, l'a mise à portée de beaucoup de recherches qui devoient échapper aux anciens, ou aux modernes qui ont suivi leurs traces.

La méthode des limites n'est donc en quelque sorte que le procédé ancien soumis au calcul. Tout consiste dans cette méthode à faire varier d'une différence finie et indéterminée les quantités du rapport desquelles dépend la quantité cherchée, et à déterminer la limite vers laquelle elle converge ou dont elle s'approche de plus en plus. L'expression de cette limite, qui résultera de l'évanouissement de la différence supposée, deviendra celle même de la quantité cherchée. Mais quelques exemples feront mieux sentir ce que nous venons de dire. Nous nous bornerons cependant à deux, l'un relatif au calcul différentiel et l'autre au calcul intégral.

Nous supposerons qu'il s'agit de tirer une tangente à une courbe dont l'équation est donnée. La parabole nous servira ici d'exemple. Soit donc la parabole AD (*fig.* 55), au point Q de laquelle il s'agit de tirer une tangente. Soyent deux ordonnées PQ, *pq* distantes d'un intervalle fini P*p*, et que la corde Q*q* de la courbe soit prolongée jusqu'à sa rencontre en S avec l'axe de la courbe PA prolongé. Soit enfin tirée Q*r* parallèle à l'axe, en sorte que *qr* soit la différence des ordonnées, comme P*p* est celle des abscisses. Il est évident que, à mesure que *qp* se rapprochera de PQ, les points *q*, Q se rapprocheront aussi l'un de l'autre, de manière que lorsqu'ils coïncideront, la sécante QS deviendra la tangente QT; d'où il suit que la raison de QP à PT, ou celle de l'ordonnée à la soutangente, est la limite du rapport de l'ordonnée à la sousécante PS, limite qui résulte du rapprochement continu, et enfin de la coïncidence des points q et Q ; ou ce qui est la même chose, de l'anéantissement de qr et rQ.

Nous allons donc chercher, au moyen du calcul des différences finies, l'expression de ces quantités. Nous y supposerons ensuite qr et rq s'évanouir, Pp s'évanouissant lui-même, et l'expression qui en résultera donnera, sans aucune supposition de quantités négligibles à cause de leur petitesse, le rapport de l'ordonnée à la soutangente.

AP et PQ étant donc nommés respectivement x et y et P$p = \Delta x$, on aura d'après l'équation de la parabole (le paramètre étant p), $p\mathrm{Q} = \sqrt{px}$; $\overline{pq}^2 = p \times (x + \Delta x)$, et conséquemment $pq = \sqrt{px + p\Delta x}$, qui réduite en série, donne $\sqrt{px} + \frac{\Delta x \sqrt{p}}{2\sqrt{x}} - \frac{\Delta x^2 \sqrt{p}}{8\sqrt{x^3}} + \frac{\Delta x^3 \sqrt{p}}{\sqrt{x^5}}$, &c. Ainsi l'on aura $qr = pq - pr = \frac{\Delta x \sqrt{p}}{2\sqrt{x}} - \frac{\Delta x^2 \sqrt{p}}{8\sqrt{x^3}}$, &c.

Maintenant il est aisé de voir que le rapport de qr à rQ est le même que celui de QP à PS. Ainsi le rapport de l'ordonnée à la sousécante sera exprimé par $\frac{\Delta y}{\Delta x}$, où, mettant au lieu de Δy sa valeur trouvée plus haut, on aura $\frac{\Delta y}{\Delta x} = \frac{\sqrt{p}}{2\sqrt{x}} - \frac{\Delta x \sqrt{p}}{8\sqrt{x^3}} +$ &c. Mais le rapport de $\frac{\Delta y}{\Delta x}$ devient celui de l'ordonnée à la soutangente, lorsque Δx devient zéro ; ainsi ce rapport sera ce que devient $\frac{\sqrt{p}}{2\sqrt{x}} - \frac{\Delta x \sqrt{p}}{8\sqrt{x^3}} +$ &c., lorsque Δx s'évanouit. Or il est évident qu'il est alors uniquement exprimé par $\frac{\sqrt{p}}{2\sqrt{x}}$ ou $\frac{\sqrt{px}}{2x}$; ainsi l'on aura $\sqrt{px} : 2x :: y : \frac{2xy}{\sqrt{px}} =$ à la soutangente qui, en mettant au lieu de y sa valeur $\sqrt{px}$, se trouvera $= 2x$, comme on le sait d'ailleurs.

On trouvera la même chose de cette autre manière. De l'équation $y^2 = px$ on tire $\frac{\Delta y}{\Delta x} = \frac{p}{2y + \Delta y}$. Ainsi puisque $\frac{\Delta y}{\Delta x}$ est le rapport de l'ordonnée à la soutangente lorsque Δy devient $= 0$, ce rapport se réduira à $\frac{p}{2y}$, d'où l'on déduira de même que ci-dessus, la soutangente égale à $2x$.

On pourra, par une semblable méthode, trouver la soutangente dans toute autre courbe géométrique, mais ce n'est pas ici le lieu d'entrer dans de pareils détails.

Quant aux courbes mécaniques ou transcendantes, il y aura plus de difficulté, parce qu'il faudra réduire en série la quantité transcendante, circulaire, logarithmique ou autre plus élevée, qui entre alors dans l'équation; et il faut convenir que dans ce cas, l'opération devient beaucoup plus compliquée que dans l'emploi du calcul différentiel. Mais le principal usage de cette théorie des limites, est de montrer la certitude des principes et de la marche du calcul que nous nommons *infinitesimal*.

Nous pourrions encore, si la nature de cet ouvrage le permettoit, montrer comment la théorie des limites s'applique à la détermination du rayon de courbure, et à la solution d'autres problêmes de la théorie des courbes. Mais ils exigent pour la plupart l'emploi des différences du second ordre, ou d'ordres ultérieurs. Il faut recourir pour se satisfaire sur cet objet aux livres que nous indiquerons bientôt, comme ayant traité cette matière expressément, et avec le plus grand détail.

Après cette application de la méthode des limites à celle des tangentes, qui est en quelque sorte la base de tout le calcul différentiel : voici une application de la même méthode à la quadrature des courbes, problême qui n'est pas moins universel et fondamental dans le calcul intégral. Nous avons à faire voir ici que l'increment instantané de l'aire d'une courbe, est exactement proportionnel à l'ordonnée elle-même, ce qui est la base de l'expression si connue S. ydx égale à l'aire.

Il est nécessaire à cet effet d'employer ici une vérité de la théorie des limites qui suit assez évidemment de leur notion, pour que tout lecteur, sur son simple exposé, en reste convaincu. C'est que si une grandeur est par sa nature, toujours moyenne entre deux autres qui peuvent se rapprocher au point de ne différer que de moins que toute quantité assignable, ce qui sera vrai de ces deux dernières, ou de l'une d'elles, lorsque leur différence s'anéantit, le sera également de la première.

Cela étant entendu, soit (*fig.* 56) la courbe AQD, dont AP, PQ l'abscisse et l'ordonnée correspondante, soyent x et y ; que Pp soit Δx, et soyent formés sur Pp les rectangles Ppqs, PprQ ; sur l'axe APp soit élevé AB perpendiculaire au sommet de la courbe et formé le rectangle AptB.

Il est évident que les accroissemens simultanés de ce rectangle et de l'espace curviligne APQ seront d'un côté le rectangle PTtp, et de l'autre l'espace PQqp, lequel est plus grand que PQrp, et moindre que PSqp. Ainsi l'accroissement de l'espace curviligne en question est à l'accroissement du rectangle Pr, en une raison plus grande que celle du rectangle

Pr au rectangle Pt, ou que de PQ à PT, et en une raison moindre que celle du rectangle Pq au rectangle Pt, ou de PS à PT. Mais Pp ou Δx diminuant continuellement, la limite de ces deux raisons est celle de PQ à PT ; car au moment où Pp s'anéantit, les points r, q, s se confondent avec le point Q, et ces deux raisons deviennent égales, c'est-à-dire celle de PQ à PT. Or l'accroissement instantané du rectangle AT est proportionnel à PT ou AB, d'où il suit que celui de l'espace AQP est proportionnel à PQ, et que le premier de ces accroissemens étant évidemment exprimé par adx, en nommant a la hauteur du rectangle, le second l'est par ydx.

Ce théorême démontré sur les quadratures, il est facile de l'étendre aux rectifications aux mesures des solides, à celle des surfaces de révolution, &c. Nous ne pouvons ici qu'indiquer ces divers objets.

Les principes des calculs nouveaux ayant éprouvé, vers le milieu de ce siècle, quelques attaques, divers géomètres pour les repousser, en éloignant toute idée de l'infini, ont employé cette méthode des limites. Le célèbre Maclaurin y avoit déjà victorieusement répondu dans la première partie de son *Traité des fluxions*, en employant la méthode d'Archimède et des géomètres anciens pour montrer la solidité des bases sur lesquelles sont établies les formules analytiques de ces calculs ; il y employe aussi dans la seconde partie cette considération des limites ; mais d'Alembert y donna beaucoup plus d'extention dans les articles *calcul différentiel et intégral* de l'Encyclopédie ancienne, réimprimés dans celle par ordre des matières.

Le cit. Cousin, dans ses *Leçons de calcul différentiel et intégral*, imprimées en 1777, et depuis réimprimées avec beaucoup d'additions, sous ce titre: *Traité de calcul différentiel et de calcul intégral* (Paris, an 4, deux volumes *in*-4°.), a fait de cette théorie l'objet d'un article considérable, où il l'explique avec beaucoup de soins et de développement. Enfin l'Académie de Berlin ayant proposé pour l'objet d'un de ses prix à donner en 1786, de développer la *théorie de l'infini mathématique*, ce fut pour le cit. L'huilier, de Genève, l'occasion de combattre cette théorie, et de lui substituer celle des *Limites*, traitée avec de nouveaux développemens et applications, dans la dissertation envoyée à cette compagnie, sous le titre d'*Exposition des principes des calculs supérieurs*, et qui mérita le suffrage et le prix de l'Académie. Cependant de nouvelles idées et le désir de traiter quelques parties de cette théorie avec plus de rigueur, ainsi que de l'étendre à de nouvelles questions, ont été pour lui le motif d'exposer le même sujet avec plus d'étendue, ce qui a donné naissance à son ouvrage intitulé :

Principiorum Calculi differentialis et integralis Expositio elementaris, &c. (*Tubingae*, 1795, *in*-4°.). Dans cet excellent ouvrage, le cit. L'huilier développe la théorie des limites d'une manière qui y jette la plus grande clarté, tant par le développement de ses principes, que par ses applications à toutes les questions communément traitées avec le secours du calcul différentiel ou des fluxions, et de leurs inverses.

Je remarquerai ici en passant que la commission établie vers 1780, en Pologne, pour la réformation des études et le choix des meilleurs livres élémentaires, adjugea le prix aux *Elémens de géométrie*, qu'il lui adressa à cette occasion, et qu'ils furent suivis en 1752 d'un supplément intitulé : *De relatione mutua capacitatis et terminorum figurarum geometrice considerata, seu de maximis et minimis pars geometrica* (*Warsav. et Dresdae*, 1782). C'est un traité des isopérimètres, considérés dans les figures qui font l'objet de la géométrie élémentaire, comme les polygones rectilignes, le cercle, le cône, le cylindre et la sphère. Le cit. L'huilier projettoit alors une seconde partie de cet ouvrage, où il se seroit élevé à des considérations plus sublimes, au moyen de nos calculs modernes ; mais ses occupations l'ont apparemment empêché d'effectuer ce projet. Il s'est borné, attendu la rareté de cet ouvrage, à en en donner un abrégé, sous le titre d'*Abrégé d'Isopérimétrie élémentaire, &c.* qui fait suite à sa *Polygonométrie* (1). Ici le cit L'huilier soumet à des règles semblables à celle de la trigonométrie, le calcul des côtés et des angles de tout polygone rectiligne ; c'est un coin, pour ainsi dire, du vaste et immense champ de la Géométrie, où Euler et Lexell avoient, à la vérité, fait quelques incursions, mais où le cit. L'huilier est entré profondément, et dont il a tiré une ample moisson de vérités nouvelles et utiles. Ce n'est pas ici le lieu de nous en occuper ; mais nous espérons pouvoir, dans des supplémens que nous projettons, donner au lecteur une idée convenable de ce travail.

La théorie de l'infini géométrique ayant été l'occasion de ce développement de celle des *limites*, nous ne pouvons, ce semble, nous abstenir de dire au moins quelques mots sur ce fameux sujet, traité avec tant d'appareil dans l'ouvrage de M. de Fontenelle, intitulé : *Elémens de la Géométrie de l'infini* (Paris, 1727, *in*-4°.). Le savant et ingénieux secrétaire de l'Académie a entrepris d'y prouver l'existence de l'étendue infinie ou infiniment petite, et même de leurs différens ordres;

(1) *Polygonométrie, ou de la mesure des figures rectilignes, et abrégé d'Isopérimétrie élémentaire, ou de la dépendance mutuelle des grandeurs et des limites des figures*, &c. Genève et Paris, 1789, *in*-4°.

ainsi il y a, suivant lui, des infinimens grands de tous les ordres : en sorte, par exemple, qu'un infiniment grand du premier ordre est à un du second, comme une quantité finie est au premier, et de même des infinimens petits.

Ces prétentions sont étayées dans son livre d'une manière assez spécieuse. En effet, n'y a-t-il pas des infinimens grands doubles, triples, quadruples, &c. les uns des autres ? Si on trace plusieurs lignes parallèles à un pouce de distance l'une de l'autre, chacune de ces bandes prise d'un point déterminé vers un côté, n'est-elle pas infinie, et la moitié en étendue de la même bande prolongée des deux côtés? La bande double, triple en hauteur n'est-elle pas double, triple de celle de la hauteur simple ? Un cercle d'un diamètre infini n'est-il pas un infiniment grand, eu égard à chacun des secteurs infinis en nombre dans lesquels il peut être divisé, et dont chacun prolongé à l'infini, est lui-même infini en étendue ?

Dans les infiniment petits, il semble qu'on peut également établir différens ordres. Car supposons un arc de cercle infiniment petit, son sinus verse est troisième proportionnelle au diamètre et à la corde de cet arc, qui est elle-même un infiniment petit du même ordre. Ce sinus verse est donc un infiniment petit d'un ordre inférieur de petitesse, &c. Fontenelle a même tenté de montrer par un raisonnement métaphysique la nécessité de l'existence de l'infini géométrique et de ses différens ordres ; mais d'Alembert fait voir, dans l'article *Infini géométrique* de l'Encyclopédie, le peu de solidité de ce raisonnement.

Il faut convenir que tout cet ouvrage du célèbre secrétaire de l'Académie est spécieux par ses raisonnemens, et même par une multitude de considérations géométriques, déduites de ses principes, et dont les résultats sont d'accord avec ce qu'on trouve par d'autres méthodes ; aussi fit-il sensation dans le monde géométrique, et l'on peut encore le lire avec ce plaisir qu'on éprouve à la lecture d'un paradoxe ingénieusement soutenu. Mais si ce système a séduit autrefois quelques géomètres, on en est aujourd'hui entièrement désabusé. Il a été combattu par Maclaurin, d'Alembert et divers autres métaphysiciens-géomètres, au nombre desquels on doit ranger le cit. L'huilier, qui l'a attaqué avec de nouvelles armes dans la pièce citée plus haut, couronnée par l'Académie de Berlin, ainsi que dans son *Expositio elementaris, &c.* Il n'est enfin, je crois, plus aucun géomètre qui prenne à la lettre ces expressions d'infiniment grand, d'infiniment petit ; il en est comme des *indivisibles* de Cavalleri, que lui-même réduisit à des tranches de surfaces ou de solides, d'une largeur ou épaisseur pouvant devenir moindre que toute quantité assignable. De même l'infiniment grand, l'infiniment petit ne sont point des quantités actuelles, mais seulement que l'esprit géométrique conçoit pouvoir s'accroître jusqu'à devenir plus grandes que toute quantité finie, quelque grande qu'elle soit, ou diminuer jusqu'à devenir moindres que toute quantité, si petite qu'on la suppose. Voilà tout ce qu'il faut au géomètre pour la certitude de ses démonstrations ; et y introduire, autrement que par une sorte d'abréviation du discours, la notion de l'infini, notion sujette à mille difficultés métaphysiques, c'est vouloir altérer la clarté d'une eau parfaitement limpide, par le mélange d'une autre d'une teinte louche et obscure.

X X V.

La théorie des fonctions algébriques joue aujourd'hui dans l'Analyse un rôle qui ne permet pas de différer davantage d'en donner une idée. Cette théorie est en effet un préliminaire indispensable à celle des différentielles partielles, partie du calcul intégral, dont dépend la solution des problêmes physico-mathématiques les plus curieux et les plus utiles, comme ceux des cordes vibrantes, du mouvement du son, des fluides, comme aussi du fameux problême des tautochrones dans sa généralité, &c. Ajoutons ici que la théorie des fonctions algébriques a été, entre les mains du cit. Lagrange, un moyen de consolider tous les principes des calculs différentiel et intégral, en les déduisant de l'algèbre pure et finie.

On appelle aujourd'hui *fonction de variables*, toute expression algébrique dans la formation de laquelle cette variable, ou ces variables, quand il y en a plusieurs, ce qui est le plus ordinaire, sont combinées entr'elles d'une manière quelconque, avec ou sans quantités constantes. C'est Jean Bernoulli qui le premier a introduit ce mot dans l'Analyse, à l'occasion de la solution du problême des tautochrones dans un milieu résistant, où il fait usage d'une propriété fort singulière des fonctions. Ainsi $aa \pm xx$; $\sqrt{aa \pm xx}$, $\frac{x}{aa - xy}$, $\frac{ayx}{yy + xx}$, &c. sont des fonctions, les deux premières de x et de constantes seulement, et les autres de x, y, ou de x, y et de constantes ; on les désigne ordinairement, pour abréger, par une seule lettre, comme M, P, Q, R, lorsquelles sont connues et données ; mais lorsqu'elles sont encore indéterminées (car il est tel problême où l'état de la question est d'en trouver la forme), on a coutume de les désigner indéfiniment par ces signes F ou f, ou φ, Ψ, &c. Ainsi F : x, F : (x, y) désignent, la première, une fonction de x et de constantes, ou même sans constantes; la seconde, une fonction de deux variables, x et y, avec ou sans constantes; et si dans le progrès du calcul il doit être indiqué quelqu'autre fonction des mêmes variables, on la désigneroit par $F'(xy)$, ou $f(x, y)$, ou $\varphi(x, y)$, *ad libitum*, en conservant dans le progrès du calcul la même dénomination à la même fonction, &c. et dans la différentiation, on la désigneroit, par exemple, la différentielle de Z par dz; celle de $F(x, y)$ par $d.F(x, y)$. Ces notations sont plus importantes qu'il ne paroît d'abord; car souvent la forme même de la notation est un fil secourable pour la résolution.

Il faut ajouter ici, pour donner les principaux élémens de cette théorie, qu'on distingue les fonctions par leurs dimensions, et que ces dimensions se mesurent par le degré de composition du terme où la variable, ou bien le produit des variables, est le plus élevé. Ainsi la fonction $ax + xx$ est du second degré, de même que celle ci : $ax + xy$, parce que le plus haut degré de la variable ou du produit des deux variables est du second degré; $ax + by$ n'est que du premier degré, ou d'une dimension, parce qu'aucune de ses variables n'excède le premier degré; $\sqrt{(ax + by)}$ n'est que de la dimension $\frac{1}{2}$; $\frac{ax}{ax + by}$ est de la dimension zéro, parce que le degré de celle du dénominateur est le même que celui du numérateur, et qu'ici comme dans l'expression des puissances, les exposans de ces dimensions doivent se soustraire l'un de l'autre; aussi et d'après ces principes, $\frac{1}{ax + xy}$ est de la dimension -2.

Il est encore à propos de remarquer que les fonctions se divisent en homogènes et hétérogènes; les premières sont celles où tous les termes sont élevés au même degré, comme celles-ci : $xx + yy$, $xx + xy$, &c. Mais $ax \pm xy$ n'est pas un homogène, parce que le degré de composition de ax n'est pas le même que celui de xy; les quantités constantes ne comptent point dans cette composition.

On appelle *fonctions semblables*, celles qui sont formées de variables et de constantes proportionnelles entr'elles, et combinées d'une manière semblable. Ainsi, en supposant a à b comme x à y, les fonctions $\sqrt{(aa - xx)}$, $\sqrt{(bb - yy)}$ seront des fonctions semblables.

Ces préliminaires posés, on démontre quelques propriétés de ces fonctions, savoir :

1°. Que les fonctions semblables sont entr'elles comme leurs variables, élevées au degré de la fonction. Ainsi, par exemple, soyent les deux fonctions semblables, et du quatrième degré,

$\overline{aa+xx}^2$, $\overline{AA+yy}^2$, où conséquemment a et x sont comme A et y, ces deux fonctions seront entr'elles comme a^4 à A^4, ce qui est presque évident ; car des composés semblables, soit superficiels, soit solides, soit hyper-solides, de quantités proportionnelles, sont comme les côtés homologues de ces composés élevés au degré de leurs dimensions ; delà suit une propriété curieuse et utilement employée par Jean Bernoulli dans sa solution du problême des tautochrones dans un milieu résistant, savoir :

2°. Que des fonctions semblables de dimension nulle sont égales entr'elles, quelle que soit leur composition. Cela se déduit aisément du théorême précédent, car $a^0 = A^0$, ou $x^0 = y^0$, toutes ces expressions se réduisant à l'unité.

Lorsqu'on a une fonction donnée et explicite, elle est facile à différencier. Les règles communes du calcul différentiel enseignent à trouver la différentielle de toute expression composée de variables et de constantes. Mais si la fonction est indéterminée, et qu'on sache seulement qu'il y entre une variable telle que x, comment exprimerons-nous sa différentielle ?

N'y ayant dans cette fonction que x de variable, il est clair que cette différentielle sera dx, multipliée par une autre fonction de x ; et comme elle est indéterminée, puisque la première l'est elle-même, il est évident qu'on ne peut la désigner que par dx, multipliée par une nouvelle fonction de x, qu'il faudra désigner par un signe différent. Ainsi la première étant par supposition $F:x$, il faudra désigner la seconde par $F':x$, ou φx, comme on voudra ; car cela est arbitraire, pourvu que les mêmes signes désignent toujours les mêmes choses. Ainsi la différentielle de $F:x$ sera $dxF':x$, ou $dx\varphi x$, et aussitôt que la première sera expliquée, $dxF':x$ ou $dx\,\varphi:x$ le sera aussi, et *vice versâ*, du moins autant que le permettent les bornes du calcul intégral ; car si $F':x$ devient connu, $dxF'x$ est évidemment une expression qui, si elle est intégrable, donne Fx.

Si la fonction est de deux variables, les mêmes principes font voir que $dF(x,y)$ est $dxF'(x:y)+dyF''(x,y)$, en faisant varier successivement x et y, et ainsi si la fonction est formée de plus de deux variables.

Pour en donner un exemple, soit $F(x)=ax-xx$. Faisant varier x, on aura $adx-2xdx$; ainsi la fonction $F'(x)$ sera $a-2x$, et $dxF'(x)$ sera $dx\times\overline{a-2x}$. Si donc ne connoissant pas $F(x)$ on parvenoit à connoître $F'(x)$, savoir $a-2x$, on auroit dès-lors $adx-2xdx$, dont l'intégrale est $ax-xx\pm c$. Ainsi $F(x)$ seroit $ax-xx\pm c$.

De même pour les fonctions de deux ou plus de variables, que la fonction $F(x:y)$ fût $ay - xy + xx$; sa différentielle, en faisant varier x et ensuite y, seroit $dxF'(x:y) + dyF''(x:y)$, où $F'(x:y)$ est $a - x$, et $F''(x:y)$ est $a - x + 2x$. Lors donc qu'on parviendra à connoître ces deux fonctions, on aura en intégrant, si la chose est possible, la fonction désignée par $F(x:y)$.

L'emploi fréquent qu'on fait dans l'Analyse transcendante de ces fonctions, sous une forme indéterminée, nous nécessite à faire connoître un théorême utile sur cette manière. Qu'on ait cette équation $a - x + \varphi x = 0$, où φx est une fonction quelconque de x, et qu'on ait en même-temps une autre fonction de x, comme Ψx, il s'agit de trouver la valeur de Ψx exprimée en a. Il est bien vrai qu'au moyen d'une élimination plus ou moins laborieuse, on y parviendroit peut-être, si la fonction φx n'étoit pas fort compliquée ; car ayant $a - x + \varphi x = 0$, on pourroit, à la rigueur, en tirer la valeur de x exprimée en a; et cette valeur substituée dans la fonction Ψx, au lieu de x, donneroit en a la valeur Ψx ; mais cette élimination sera le plus souvent, ou extrêmement laborieuse, ou même impossible, comme si φx étoit une fonction un peu compliquée ou d'un degré supérieur, ou même transcendante, telle qu'une quantité circulaire ou logarithmique. Il a fallu s'ouvrir une nouvelle voie pour trouver au moins une valeur approchée de Ψx. On en a l'obligation au cit. Lagrange ; il a fait voir (1) que dans ce cas de l'équation $a - x + \varphi x = 0$, et en nommant $\frac{d\Psi x}{dx} = \Psi' x$, on aura $\Psi x = \Psi x + \Psi' x \left(\varphi x + \frac{d\overline{\varphi x}^2}{dx} + \frac{dd\overline{\varphi x}^2}{2.3.dx^2} + \&c.\right)$, dans laquelle équation, après avoir fait les différenciations indiquées, il faudra, au lieu de x, mettre a. Nous voudrions pouvoir donner ici des exemples de l'usage de cette formule, ils justifieroient son importance ; mais ils nous entraîneroient dans des détails que ne comporte pas la nature de cet ouvrage. Il nous suffira donc de dire que le cit. Lagrange en fait un usage remarquable dans les Mémoires de Berlin, cités ci-dessus, en s'en servant, tant pour la résolution des équations littérales, que pour celle du fameux problême de Kepler.

On a dit au commencement de cet article que la théorie des fonctions algébriques avoit été entre les mains du citoyen Lagrange un moyen d'envisager sous un nouvel aspect les plus intéressans problêmes de l'Analyse, de la Géométrie et même de la Mécanique, et de donner aux principes des calculs différentiel et intégral une solidité nouvelle et indépendante de

(1) *Mém. de Berlin*, ann. 1768 et 1769.

toute considération d'infiniment petits, ou de quantités évanouissantes, ou de Moment ou vîtesse d'accroissement. Nous ne pouvons nous dispenser d'entrer ici dans quelques détails sur ces découvertes analytiques.

Le cit. Lagrange avoit déjà donné, dans un mémoire inséré parmi ceux de l'Académie de Berlin (année 1772), un essai de cette nouvelle théorie des fonctions algébriques. Une fonction quelconque de x représentée par u, étant donnée, et la variable x prenant un accroissement quelconque fini, que nous exprimerons par i, il examine et recherche la forme que doit prendre la nouvelle fonction développée en une série ascendante, selon les puissances de l'accroissement i. En supposant u', u'', u''', &c. de nouvelles fonctions de u, qu'on détermine ensuite par de simples procédés analytiques ; cette forme est $u + u'i + \frac{u''i^2}{2} + \frac{u'''i^3}{2.3} +$ &c., dans laquelle série u'' se déduit de u', de la même manière et par le même procédé que celui dont u' se déduit de u. Il examine de même les formes qui résultent en développant ainsi en série une fonction de deux variables, comme x et y, ou de trois, comme x, y, z, &c., en les supposant s'accroître respectivement d'une quantité déterminée. Il déduit enfin dans ce mémoire, de cette considération nouvelle des fonctions, une foule de vérités analytiques ; quelques-unes déjà proposées par Taylor, Euler, Bernoulli, Lambert, mais d'après la supposition de quantités infiniment petites, au lieu qu'elles sont ici déduites de simples procédés algébriques finis ; les autres absolument neuves et servant comme d'échelons pour s'élever à des théories encore à peine ébauchées.

Cette matière a paru dans la suite, au cit. Lagrange, mériter de plus grands développemens, et c'est ce qu'il a fait dans l'ouvrage publié l'an V (ou 1797), sous le titre de *Théorie des fonctions analytiques, contenant les principes du calcul différentiel, dégagés de toute considération d'infiniment petits, ou d'évanouissans, ou de limites, ou de fluxions, et réduits à l'analyse algébrique des quantités finies* (Paris, *in*-4°.).

En effet, quelque certain que soit le calcul communément appellé différentiel et intégral, ou des fluxions et fluentes, on ne peut disconvenir que cette certitude n'étoit pas établie sur des principes assez lumineux et assez simples, ou assez directs, pour fermer la bouche à tout contradicteur. Il n'est plus personne qui ne regarde le mot d'*infiniment petit*, comme celui des *indivisibles* de Cavalleri, c'est-à-dire comme un mot dont la notion a besoin d'être ramenée à des idées plus géométriques.

Les fluxions de Neuton sont à la vérité plus exactes ; mais

elles ont en quelque sorte le défaut d'introduire dans la géométrie des notions qui lui sont étrangères, telles que celles des vîtesses d'accroissement ou de décroissement, ce qui implique les idées métaphysiques du mouvement, du temps et de l'espace.

La méthode des limites appliquée au développement et à la démonstration des nouveaux calculs, force à la vérité l'assentiment à leurs résultats; mais c'est une méthode indirecte qui ne sauroit satisfaire l'esprit autant qu'une méthode directe. Aussi a-t-on vu dès la naissance de ces calculs, Rolle, Nieuwentiit, &c., et long-temps après le célèbre évêque de Cloyne (le docteur Berkley), les inculper de notions fausses, incomplètes, et les taxer d'erreur, ou au moins d'incertitude. Il est vrai qu'à l'époque de cette dernière attaque, Maclaurin les défendit et établit leurs principes sur des démonstrations à la manière des anciens. Mais quelle prolixité fatiguante, quel circuit de raisonnemens n'est-il pas obligé d'employer ! Encore, conservant les idées de fluxions, retombe-t il, à la rigueur, dans l'inconvénient remarqué plus haut, savoir d'introduire dans la géométrie des notions propres à une partie des mathématiques moins simple que celle-ci.

Les géomètres ne pouvoient donc trop accueillir, comme ils ont fait, le beau travail du citoyen Lagrange, qui réduit, dans l'ouvrage cité, à des notions tirées de l'Analyse pure et finie, tous les procédés des calculs différentiel et intégral. Nous allons tâcher d'en donner une idée, telle que la comportent les limites de cet ouvrage.

Le premier pas à faire dans l'établissement de cette théorie, et le premier que fait le cit. Lagrange, est de déterminer la forme que prend une fonction (par exemple celle de x ou $F(x)$, lorsque cette variable prend un accroissement quelconque fini, que nous désignerons par i. Or il commence à démontrer que que la valeur de cette fonction de $x+i$ étant développée en une série ordonnée selon les puissances de i, ne peut être que de cette forme $F(x+i)=F(x)+pi+qi^2+ri^3+$ &c. dans laquelle p, q, r, s, &c. sont de nouvelles fonctions de x, qu'il fait voir se déduire successivement les unes des autres par un procédé uniforme.

En effet, d'abord l'accroissement i, ni aucune de ses puissances ne peut se trouver comme dénominateur dans aucun de ces termes, puisque en supposant cet accroissement $=0$, la fonction qui dans ce cas doit évidemment se réduire à la simple fonction donnée de x, seroit infinie. Il ne peut y avoir, d'un autre côté, dans ces termes des puissances fractionnaires de i, parce que ces puissances fractionnaires ayant toujours plusieurs valeurs, en donneroient à la fonction de $x+i$ développée, un plus grand nombre qu'avant son développement.

Ces préliminaires établis, le cit. Lagrange fait voir comment, étant donnée une fonction de x, où l'on suppose x devenir $x+i$ (i étant un incrément ou décrément quelconque), les différens termes de la série ci-dessus se déduisent les uns des autres. Et d'abord, il est évident que le premier terme de cette série ne peut être autre que la fonction proposée de x ou Fx, puisque dans $F(x+i)$, faisant $i=0$, cette fonction se réduit à Fx; on aura donc $F(x+i)-Fx$ pour ce qui doit completter la fonction cherchée, et il doit être de la forme iP, puisque, en supposant $i=0$, on doit avoir $iP=0$. Ainsi en divisant par i, on aura $\frac{F(x+i)-Fx}{i}=P$. Mais P lui-même étant une nouvelle fonction de $x+i$, on pourra en séparer ce qui résulte, en faisant $i=0$; et si nous nommons ce résultat p, ce sera le coëfficient du second terme ip de la série. Un pareil raisonnement fait voir qu'on aura $P=p+iQ$, ou $P-p=iQ$, ou $\frac{P-p}{i}=Q$, où prenant ce qui résulte en faisant $i=0$, on aura q, ou le coëfficient du troisième terme; de même $\frac{Q-q}{i}$ sera $=R$, qui donnera r, en y faisant $i=0$; d'où résultera le quatrième terme i^3r, et ainsi de suite; mais un exemple est nécessaire pour éclaircir cela.

Soit à cet effet la fonction Fx égale à $\frac{1}{x}$, qui, en supposant x devenir $x+i$, deviendra $\frac{1}{x+i}$. Ainsi donc, d'abord le premier terme de la série sera $\frac{1}{x}$, et on aura $\frac{F(x+i)-Fx}{i}=\frac{1}{x+i}$ $=\frac{1}{x+i}-\frac{1}{x}=-\frac{i}{x.\,x+i}$; ainsi P sera $-\frac{1}{x.\,x+i}$, où faisant $i=0$, on aura $p=-\frac{1}{x^2}$ et $-\frac{i}{x^2}$ pour second terme de la série cherchée.

On aura ensuite $\frac{P-p}{i}$, ou $-\frac{1}{x.\,x+i}+\frac{1}{x^2}=\frac{ix}{x^2.\,x.\,x+i^2}$, qui divisé par i, donnera $\frac{1}{x^2.\,x+i}=Q$, et conséquemment $q=\frac{1}{x^3}$, en faisant $i=0$; ainsi le troisième terme i^2q sera $\frac{i^2}{x^3}$.

On trouvera de même le quatrième terme, au moyen de $\frac{Q-q}{i}=R$, et en faisant dans le dénominateur, $i=0$, on aura r, et la série sera $\frac{1}{x}-\frac{i}{x^2}+\frac{ii}{x^3}-\frac{i^3}{x^4}$, où la loi qui règne entre ces termes est suffisamment apparente, pour la continuer aussi loin qu'on voudra.

Après ces considérations générales et quelques autres sur le développement des fonctions, le cit. Lagrange reprend la formule $F(x+i) = Fx + pi + qii + ri^3$, &c.; et au moyen d'un tour d'analyse particulier, il la transforme en une nouvelle $Fx + \frac{F'xi}{2} + \frac{F''xi^2}{2.3} + \frac{F'''xi^3}{2.3.4} +$ &c., dans laquelle $F'x$ est une fonction dérivée de Fx, $F''x$ une autre fonction dérivée de $F'x$, comme celle-ci l'étoit de la première, &c. et ainsi de suite, en sorte que ayant une fois la fonction $F'x$, on aura par le même procédé $F''x$, $F'''x$, &c.

Ceci s'applique immédiatement à l'invention et à la démonstration du binôme de Neuton. En effet, d'après ce qu'on vient de dire, qu'on suppose la fonction $Fx = x^m$, on aura $F(x+i) = \overline{x+i}^m$, qui sera égal à $x^m + F'xi + \frac{F''xi^2}{2} + \frac{F'''xi^3}{2.3} + \frac{F''''xi^4}{2.3.4}$, &c; il ne s'agit que de trouver la première $F'x$; or les seules règles ordinaires de l'algèbre donnent pour second terme mx^{m-1}. Ainsi la fonction $F''x$ se tirant de la précédente de la même manière que celle-ci de la première, elle sera $m.m-1.x^{m-2}$, et la suivante $m.m-1.m-2.x^{m-3}$, et ainsi de suite, d'où il suit que $(x+i)^m$ sera $x^m + m.x^{m-1}i + \frac{m.m-1}{1.2}x^{m-2}i^2 + \frac{m.m-1.m-2}{1.2.3}x^{m-3}i^3$, &c. ce qui est précisément la formule donnée par Neuton, qui se trouve par-là démontrée analytiquement, et quelle que soit la nature de l'exposant m.

Nous devons en effet remarquer ici que quelqu'universel que soit l'usage de cette formule, quelque exact qu'en ait toujours été le résultat, on pouvoit en désirer une démonstration plus complète que celle donnée par Neuton, relativement aux cas où m est une quantité fractionnaire ou négative; car la démonstration de Neuton n'est absolument concluante que pour les cas où m est un nombre entier positif; les autres en sont déduits par une simple induction, que tout esprit un peu versé dans l'analyse algébrique sent bien ne pouvoir tromper, et qui n'a en effet jamais été trouvée en défaut; mais l'esprit mathématique est fondé à demander encore, surtout pour un théorême aussi fondamental, un genre de preuve qui ne laisse à l'esprit le plus vétilleux et le plus difficile en fait de preuve, le moindre sujet de se refuser à l'admettre. Ainsi a-t-on vu un docteur Green, digne pendant de nos Gauthiers, quoique professeur de physique à l'université de Cambridge, et collègue de Cotes, non-seulement en douter, mais l'arguer de fausseté, et prétendre la démontrer par des exemples mal appliqués; mais il ne paroît pas que les géomètres anglois, ni même Cotes, son collègue, ayent daigné lui répondre.

Divers

Divers géomètres et analystes ont néanmoins par ces raisons trouvé utile de dissiper à cet égard toute espèce de nuage, et de donner à ce théorême fondamental toute la certitude dont il est susceptible. Quelques-uns, comme Maclaurin et d'autres, y ont employé la doctrine des fluxions, et y ont réussi par ce moyen. Mais n'est-ce pas un vice de méthode que d'employer dans une matière ressortissante d'une analyse purement finie, des notions tirées d'une analyse en quelque sorte transcendante; cela a engagé divers autres géomètres à tirer des propres entrailles de l'analyse pure, les moyens de donner au théorême en question son dernier degré de certitude.

M. Landen est un des premiers qui ayent tenté cette voie, dans son *Discourse concerning the residual analysis*, ainsi que M. Æpinus, dans le huitième tome des Nouveaux Mémoires de Pétersbourg. On ne peut contester la légitimité de leurs méthodes; mais on peut dire qu'elles sont d'une nature trop détournée, pour ne pas laisser désirer quelque chose de plus simple et de plus lumineux; tel est le jugement d'Euler sur celle d'Æpinus, et celui du cit. Lagrange sur celle de Landen. L'ouvrage de ce dernier étant très-rare dans le Continent, on peut voir sa méthode dans les Additions du cit. Lacroix sur l'algèbre de Clairaut, tome II, page 90, où elle est très-bien expliquée.

Euler ne pouvoit négliger un pareil sujet de s'exercer; il avoit donné anciennement une démonstration du binôme de Neuton, en y employant comme Maclaurin le calcul différentiel; mais dans les Nouveaux Mémoires de Pétersbourg, t. XIX, il reconnoît qu'il y avoit dans cette démonstration un vice de méthode et une sorte de cercle-vicieux, en ce que le calcul différentiel est lui même en partie fondé sur la vérité générale de la formule neutonienne du binôme; en conséquence il tente une autre voie, uniquement déduite de l'analyse finie, dont on ne peut contester la légitimité, mais qui est fondée sur des considérations trop fines, pour pouvoir être saisies par tout le monde.

Le cit. Lhuilier, de Genève, a cru par cette raison devoir faire d'une démonstration nouvelle de la formule de Neuton, un des préliminaires de son ouvrage cité dans l'article précédent. Elle est en effet purement élémentaire : et à quelque longueur près, suite nécessaire du développement indispensable des calculs, elle remplit tout ce qu'on peut désirer à cet égard. Le même motif a engagé le cit. Lacroix à donner, dès le commencement du premier volume de son *Traité du calcul différentiel et intégral*, une démonstration de cette formule, qui remplit parfaitement les mêmes vues. On doit cependant convenir, et nous ne doutons point que les analystes que nous venons de nommer ne conviennent eux mêmes, que la méthode du cit. Lagrange ne mette à cette matière le couronnement et le faîte. Mais je reviens à mon sujet, dont ce petit détail historique m'avoit écarté.

C'est au moyen de la formule démontrée ci dessus et de quelques autres considérations que le cit. Lagrange déduit et démontre analytiquement les diverses formules et séries servant tant au calcul direct qu'inverse des quantités logarithmiques et autres transcendantes, comme les quantités circulaires et exponentielles, en sorte que ce que les analystes avoient pour la plupart démontré ou trouvé par des considérations fondées sur des quantités infiniment petites ou infiniment grandes, se trouve ici soumis à la simple analyse finie.

Ce que nous venons de dire n'est que l'introduction aux autres considérations purement analytiques que présente cet ouvrage ; et il faut y recourir pour se former une idée de celles par lesquelles on y résout un grand nombre de questions dont la solution sembloit auparavant tenir nécessairement à la théorie du calcul de l'infini, comme celle-ci : Une quantité étant donnée par une fonction fractionnaire où la variable entre dans le numérateur et le dénominateur, comment trouver sa valeur, lorsque par une certaine valeur donnée à cette variable, le tout s'évanouit et devient $\frac{0}{0}$? On sait, et c'est Jean Bernoulli qui l'a fait voir le premier, que dans ce cas il faut recourir à une différenciation du numérateur et du dénominateur ; et si alors l'un et l'autre devient égal à zéro, une seconde différenciation donnera la valeur, ou une troisième, &c. Le cit. Lagrange fait voir que dans ce cas la fonction prime, ou la seconde, ou la troisième, &c. satisfait à laquestion.

Le calcul des fonctions analytiques présente deux cas tout-à-fait analogues à ceux du calcul infinitésimal. Une quantité variable étant donnée, on trouve toujours avec facilité sa différentielle et ses différentielles de divers ordres. Mais une différentielle étant donnée, on ne revient pas aussi facilement à la quantité dont elle provient ; souvent même ce pas rétrograde est impossible. Il en est de même à l'égard des fonctions. Une fonction primitive étant donnée, il est facile de trouver ses fonctions dérivées, *prime*, *seconde*, *tierce*, *&c.* ; ce sont les noms que dans ce calcul on donne aux fonctions successives dérivées d'une primitive. Mais de ces fonctions, on ne remonte pas facilement à la fonction primitive, souvent même cela est impossible, du moins dans l'état actuel de l'Analyse. Ainsi il y a un calcul des fonctions *direct*, analogue au calcul différentiel, et un *inverse*, analogue au calcul intégral. C'est ici surtout qu'éclate le génie analytique du cit. Lagrange et son adresse dans l'invention des moyens que l'analyse pure peut suggérer pour remonter d'une fonction dérivée à sa fonction primitive, lorsque cela se peut; ou lorsque cela ne se peut pas, à l'exprimer en série, de manière à reconnoître les limites entre lesquelles se trouve la vraie valeur, à rendre ces limites de plus en plus resserrées, à démêler les cas où la fonction primitive est la solution complète cherchée, ou seulement une solution particulière; toutes choses qui jettent un grand jour sur le calcul intégral même, et qui ajoutent à sa solidité.

La partie du même ouvrage où le cit. Lagrange applique à la Géométrie son calcul des fonctions, n'est pas moins intéressante, par la manière lumineuse et nouvelle dont il envisage les divers problêmes que présente la théorie des lignes courbes, comme la méthode des tangentes, celle des *maxima et minima*, la nature des différentes espèces de contact des courbes, entr'elles ou avec le cercle, d'où naît la théorie des développées, la quadrature et rectification des courbes, les courbes à double courbure et les surfaces courbes. Cette matière ne prête pas à un développement qui puisse trouver place ici.

L'ouvrage est terminé par une application de la même théorie à la mécanique transcendante, où le cit. Lagrange déduit de notions purement analytiques, les propriétés et les principales vérités de la science du mouvement, tant uniforme qu'accéléré ou retardé. Il y fait voir comment l'espace parcouru par le mobile, étant donné par une fonction du temps, la vîtesse et la force sont données par les fonctions prime et seconde; ce qui réduit tous les problêmes de dynamique, qui consistent à trouver deux de ces choses, les deux autres étant données, soit à passer de la fonction primitive aux fonctions prime et seconde, soit de l'une de celles-ci à la fonction primitive. Il y résoud aussi, d'après sa théorie, quelques-uns des plus beaux problêmes de la mécanique, comme celui de la brachystochrone dans sa plus grande généralité, celui des courbes décrites par un corps animé de forces quelconques dans un milieu résistant suivant une loi quelconque, &c. A l'occasion de ce dernier, il discute la source de l'erreur commise par Neuton dans la première édition de ses *Principes*, à l'occasion du problême de trouver la courbe décrite par un corps attiré vers un point selon une loi quelconque, et se mouvant dans un milieu résistant selon une raison donnée. La méprise de Neuton ne vient pas, comme MM. Jean et Nicolas Bernoulli le pensoient, d'une fausse différentiation du second ordre, mais d'avoir négligé un terme de la série qu'il employoit; méprise, au reste, qu'il corrigea dans son édition de 1713, par une méthode que le cit. Lagrange fait voir revenir entièrement, pour le résultat, à celle qu'il employe au moyen de sa théorie des fonctions.

Le cit. Lagrange traite enfin, d'après la même méthode, diverses autres questions de mécanique transcendante, et démontre divers principes de cette science, comme ceux des centres de gravité, de l'uniformité des aires décrites par un corps ou par le centre de gravité d'un systême de corps agissans les uns sur les autres, lorsqu'ils tendent vers un point en vertu d'une force quelconque, celui de la conservation des forces vives avec les limitations auxquelles il est sujet. Mais nous ne pouvons qu'indiquer ainsi généralement les applications nombreuses qu'il fait de sa méthode. L'ouvrage dont nous venons de donner une idée imparfaite, est un de ceux que les géomètres doivent étudier avec le plus de soin, comme l'une des plus savantes productions du genie analytique.

XXVI.

Parmi les nouveaux calculs qui ont pris naissance dans ce siècle, et qui ont considérablement étendu les limites de la Géométrie, on doit ranger celui de la mesure et des rapports des quantités angulaires, et spécialement celui des différentielles et intégrales des sinus, co-sinus et tangentes d'arcs. L'application de l'Analyse aux grandes questions de l'astronomie-physique en a été l'occasion. En effet, comme les mouvemens des corps célestes ne se mesurent que par des arcs, tant en longitude qu'en latitude, on n'auroit pu le plus souvent, en exprimant ces quantités à la manière ordinaire, se tirer des expressions compliquées, auxquelles elles conduisent. Les recherches, par exemple, sur les mouvemens et les perturbations des planètes, celles sur la théorie de la lune en particulier, présentent toujours des calculs d'angles, et conséquemment de leurs sinus et co-sinus, ainsi que de leurs puissances servant à les exprimer. Ainsi les géomètres ont été dans la nécessité d'inventer ce calcul et de lui donner une grande étendue. On pourroit le diviser en deux parties, l'une en quelque sorte élémentaire et qui a pour objet les rapports finis de ces quantités angulaires, l'autre qui en est la partie transcendante, ou l'application des calculs différentiel et intégral à ces déterminations.

Je ne vois pas que personne, avant les premières années de ce siècle, se soit avisé de rechercher des formules propres à exprimer les sinus ou co-sinus, tangentes ou co-tangentes des sommes ou différences d'arcs de cercle, de leurs puissances, &c. Il étoit cependant bien naturel, ce semble, et l'occasion a dû s'en présenter souvent, de chercher à connoître quel étoit le sinus ou le co-sinus, la tangente ou la co-tangente d'un arc qui seroit la somme ou la différence de deux autres dont on connoissoit les sinus et co-sinus, ou les tangentes ou co-tangentes. Les premiers théorêmes sur ce sujet paroissent être l'ouvrage de Frédéric-Christian Mayer, l'un des premiers membres de l'académie de Pétersbourg. On a de lui, dans les Anciens Mémoires de cette académie, pour l'année 1727, une trigonométrie analytique, toute fondée sur ces théorêmes. Nous allons faire connoître les principaux, et divers autres que les analystes y ont depuis ajoutés.

Si l'on a les arcs y et z, dont les sinus et co-sinus soyent respectivement exprimés ainsi, sin. y, sin. z; cos. y, cos. z, le rayon étant de plus supposé $= 1$, on a d'abord les quatre formules suivantes et fondamentales en sinus et co-sinus des sommes et des différences de ces arcs.

$$\text{Sin.}\ \overline{y+z} = \text{sin.}\ y \times \text{cos.}\ z + \text{sin.}\ z \times \text{cos.}\ y.$$
$$\text{Cos.}\ \overline{y+z} = \text{cos.}\ y \times \text{cos.}\ z - \text{sin.}\ y \times \text{sin.}\ z.$$
$$\text{Sin.}\ \overline{y-z} = \text{sin.}\ y \times \text{cos.}\ z - \text{sin.}\ z \times \text{cos.}\ y.$$
$$\text{Cos.}\ \overline{y-z} = \text{cos.}\ y \times \text{cos.}\ z + \text{sin.}\ y \times \text{sin.}\ z.$$

On trouve de même que si y et z sont deux arcs, on aura

$$\text{Tang.}\ \overline{y+z} = \frac{\text{tang.}\ y + \text{tang.}\ z}{1 - \text{tang.}\ y \times \text{tang.}\ z}.$$
$$\text{Tang.}\ \overline{y-z} = \frac{\text{tang.}\ y - \text{tang.}\ z}{1 + \text{tang.}\ y \times \text{tang.}\ z}.$$
$$\text{Séc.}\ \overline{y+z} = \frac{\text{Séc.}\ y \times \text{séc.}\ z}{1 - \text{tang.}\ y \times \text{tang.}\ z}.$$
$$\text{Séc.}\ \overline{y-z} = \frac{\text{Séc.}\ y \times \text{séc.}\ z}{1 - \text{tang.}\ y \times \text{tang.}\ z}.$$

Il est facile à quiconque a le goût de l'Analyse, d'appercevoir l'élégance et l'analogie de ces expressions. Elles eussent été d'une grande utilité aux premiers calculateurs de nos tables trigonométriques; mais quoique la découverte de ces théorêmes n'excédât pas les forces de la géométrie de leur temps, je ne vois pas qu'ils leur fussent connus.

Je passe également sous silence et je me contente d'indiquer quelques théorêmes élégans qui donnent la tangente d'un arc formé de deux, trois, quatre, &c. arcs inégaux dont on connoît les tangentes. On peut voir sur cela un mémoire de M. de Lagny, parmi ceux de l'Académie des sciences de 1703, et un écrit de M. Bernoulli (Jean), qu'on trouve dans le quatrième volume de ses Œuvres.

Les théorêmes fondamentaux que nous avons exposés ci-dessus ont été pour M. Euler la source d'une multitude d'autres très-intéressans et si utiles, qu'on peut dire qu'ils sont aujourd'hui comme élémentaires dans toutes les recherches où entrent des calculs d'angles ; la trigonométrie sphérique en a même, pour ainsi dire, reçu une forme nouvelle et une grande extension ; mais le développement de ces divers théorêmes seroit peut-être trop aride ici : c'est pourquoi nous nous bornerons à les présenter dans une note qu'on trouvera à la suite de ce livre.

La résolution des problêmes de l'astronomie physique présente souvent des puissances de sinus ou de co-sinus. Il a fallu, pour se conformer à la forme des tables astronomiques, les réduire en sinus et co-sinus d'arcs simples, ou doubles, &c. Qu'on ait, par exemple, la quantité cherchée exprimée par A sin. y^2 + B sin. y^3 (où l'on doit remarquer que sin. y^m ne signifie pas le sinus de y^m, mais la puissance m du sinus de y ; A et B sont des arcs ou des angles donnés, exprimés en minutes et secondes), il falloit la réduire à de simples sinus et co-sinus, pour la trouver dans les tables ; on le fera par le moyen des théorêmes suivans, que l'on doit aussi à M. Euler :

$$\text{Sin. } y^2 = \frac{1 - \text{cos. } 2y}{2}.$$

$$\text{Sin. } y^3 = \frac{3 \text{ sin. } y - \text{sin. } 3y}{4}.$$

$$\text{Sin. } y^4 = \frac{3 - 4 \text{ cos. } 2y + \text{cos. } 4y}{8}.$$

$$\text{Sin. } y^5 = \frac{10 \text{ sin. } y - 15 \text{ sin. } 8y + \text{sin. } 5y}{16}.$$

$$\text{Sin. } y^6 = \frac{10 - 15 \text{ cos. } 2y + 6 \text{ cos. } 4y - \text{cos. } 6y}{32}.$$

d'où l'on peut facilement tirer l'expression générale de sin. y^m, que nous omettons néanmoins ici pour abréger ; ainsi l'on auroit la quantité proposée ci-dessus, A sin. y^2 + B sin. y^3 $= \frac{A}{2} - \frac{A \text{ cos. } 2y}{2} + \frac{3B \text{ sin. } y}{4} - \frac{B \text{ sin. } 3y}{4}$. Or ayant l'angle y, on trouveroit dans les tables les sin. y, cos. $2y$, sin. $3y$, en décimales ; et faisant les calculs indiqués par la formule, on auroit la valeur totale de l'expression ci-dessus.

On a de même :

$$\text{Cos. } y^2 = \frac{1 + \text{cos. } 2y}{2}.$$

$$\text{Cos. } y^3 = \frac{\text{cos. } y + \text{cos. } 3y}{4}.$$

$$\text{Cos. } y^4 = \frac{3 + 4 \text{ cos. } 2y + \text{cos. } 2y}{8}.$$

&c.

Il peut aussi arriver, dans les calculs dont nous parlons, que la valeur de l'angle cherché soit exprimée par des quantités angulaires, où le sinus se trouve dans le dénominateur, comme $\frac{1}{\sin. y^m}$. Il s'agit encore de résoudre pareille expression en sinus et co-sinus simples d'arcs multiples. Ici la chose n'est pas aussi simple que dans les cas précédens ; car cette expression se réduit nécessairement à une suite infinie. Ainsi l'on a :

$$\frac{1}{\sin. y} = 2. (\sin. y + \sin. 3y + \sin. 5y, \&c.).$$

$$\frac{1}{\sin. y^2} = 4. (-\cos. 2y - 2\cos. 4y - 3\cos. 6y - 4\cos. 8y \&c.).$$

$$\frac{1}{\sin. y^3} = 8. (-\sin. 3y - 3\sin. 5y - 6\sin. 7y - 10\sin. 9y \&c.).$$

De même on aura :

$$\frac{1}{\cos. y} = 2. (\cos. y - \cos. 3y + \cos. 5y - \cos. 7y \&c.).$$

$$\frac{1}{\cos. y^2} = 4. (\cos. 2y - 2\cos. 4y + 3\cos. 6y - 4\cos. 8y \&c.).$$

$$\frac{1}{\cos. y^3} = 8. (\cos. 3y - 3\cos. 5y + 6\cos. 7y - 10\cos. 9y \&c.).$$

Avec un peu d'habitude dans l'Analyse, on peut sans beaucoup de peine reconnoître la loi des coëfficiens des divers termes de ces séries.

M. Euler à qui, nous le répétons, l'on doit toute cette savante théorie géométrique, parcourt encore divers cas plus compliqués ; tels sont, par exemple, ceux-ci, où l'on auroit à résoudre en sinus et co-sinus simples, ces expressions : $\sin. z^m \times \sin. z^n$, ou $\cos. z^m \times \sin. z^n$, ou $\cos. z^m \times \cos. z^n$; soit que m et n soyent l'un et l'autre positifs ; ou l'un positif et l'autre négatif, ce qui donne $\frac{\sin. z^m}{\sin. z^n}$; ou tous les deux négatifs, ce qui produit $\frac{1}{\sin. z^m \times \sin. z^n}$, &c. ; mais les expressions qui résultent de ce développement sont pour la plupart trop compliquées pour pouvoir trouver place ici. On peut, si l'on en est curieux, les voir dans le savant mémoire d'Euler, inséré dans le tome cinquième des Nouveaux Mémoires de Pétersbourg, sous le titre de *Subsidium calculi sinuum*.

Nous devons maintenant donner une idée de l'intégration des quantités circulaires ; mais comme cette opération est une inverse de la différentiation, il faut commencer par cette dernière.

On demande, par exemple, quelle est la différentielle du sinus ou du co-sinus de l'arc y, exprimée en quantités circulaires ; on trouvera, au moyen du premier de théorêmes énoncés dans cet article, que celle de sin. y est dy cos. y, et que celle de cos. $y = -dy$ sin. y : voyez-en la démonstration dans la note relative à cet article. Au reste, ces expressions coïncident avec celles qui résultent du calcul ordinaire, en supposant l'abscisse x prise du centre, et le rayon $= 1$; car dans ce cas, la différence de l'arc y est $dy = \frac{dx}{\sqrt{1-xx}}$; donc multipliant de part et d'autre par $\sqrt{1-xx}$, on a $dy\sqrt{1-xx} = dx$. Or $\sqrt{1-xx}$ est le co-sinus de l'arc y et x son sinus, d'où dy cos. $y = d.$ sin. y ; et l'on trouve de la même manière que $-dy$ sin. y est la différence de cos. y.

Puis donc que y exprimant l'arc, dy cos. y est la différence de sin. y, et $-dy$ sin. y celle de cos. y, on aura, *vice versâ*, Sdy cos. $y =$ sin. y et S$-dy$ sin. $y =$ cos. y, ou Sdy sin. $y = -$ cos. y. Nous faisons abstraction de la quantité constante à déterminer par les circonstances du problême.

On trouve de la même manière que

$$\text{S.}\frac{dy}{\cos. y} \dots\dots = \frac{1}{2}\log.\frac{1+\sin. y}{1-\sin. y}.$$

$$\text{S.}\frac{dy}{\sin. y} \dots\dots = \frac{1}{2}\log.\frac{1-\cos. y}{1+\cos. y}.$$

$$\text{S.}\frac{dy}{\cos. y^2} \dots\dots = \text{tang. } y.$$

$$\text{S.}\frac{dy}{\sin. y^2} \dots\dots = \text{co-tang. } y.$$

$$\text{S.}\, dy \cos. my \dots = \frac{\sin. my}{m}.$$

$$\text{S}\, dy \sin. my \dots = -\frac{\cos. my}{m}.$$

$$\text{S.}\frac{dy}{\cos. y^2} \dots\dots = \frac{2y+\cos. 2y}{4}.$$

$$\text{S.}\frac{dy}{\sin. y^2} \dots\dots = \frac{2y-\sin. 2y}{2}.$$

$$\text{S.}\, dy \sin. y \cos. y = -\frac{\cos. y}{2}.$$

$$\text{S.}\, dy\frac{\sin. y}{\cos. y} \dots = -\log. \cos. y.$$

$$\text{S.}\, dy\frac{\cos. y}{\sin. y} \dots = \log. \sin. y. \quad \&c. \&c.$$

Au reste, ce n'est-là qu'une petite partie, et à parler franchement la plus simple, de la multitude de formules de ce genre, dont l'intégration a occupé les analystes. Mais l'objet de cet ouvrage n'est pas de faire un traité sur cette matière. Nous nous bornerons par cette raison à une dernière forme, telle que celle-ci : $\frac{dy}{1+\cos. y}$. Il est aisé de voir qu'on pourra parvenir à l'intégrer, en développant $\frac{1}{1+\cos. y}$ en série de sinus et et de co-sinus d'arcs simples, doubles, triples, comme on l'a fait au commencement de cet article. Ensuite multipliant chaque terme par dy, il en résultera une suite de termes dont l'intégration sera donnée par les principes exposés plus haut. Ainsi, par exemple, comme $\frac{1}{1+\cos. y} = 1 - \cos. y - \cos. y^2 - \cos. y^3$, &c. et que $\cos. y^2 = \frac{1 - \cos. 2y}{2}$; $\cos. y^3 = \frac{\cos. y - \cos. 3y}{2}$, on aura $\frac{dy}{1+\cos. y} = dy - dy \cos. y - \frac{dy}{2} + \frac{dy \cos. 2y}{2} - \frac{dy \cos. y}{4} - \frac{dy \cos. 3y}{4}$, &c. Or chacun de ces termes est intégrable par ce qu'on a vu plus haut, et l'on aura S. $\frac{dy}{1+\cos. y} = y + \sin. y - \frac{y}{2} + \frac{\sin. 2y}{2} - \frac{\sin. y}{4} - \frac{\sin. 3y}{12}$, &c., sauf l'addition d'une constante à déterminer par les conditions du problême.

Nous terminerons cet article en parlant de la sommation des séries dont les termes sont des sinus, ou co-sinus, ou des puissances, ou des produits de sinus et de co-sinus d'arcs arithmétiquement croissans; telles sont celles-ci, où a et φ expriment des arcs de cercle :

$$\text{Sin. } \overline{a \pm \varphi} + \text{sin. } \overline{a \pm 2\varphi} + \text{sin. } \overline{a \pm 3\varphi} \ldots\ldots + \text{sin. } \overline{a \pm n\varphi}.$$

$$\text{Cos. } \overline{a \pm \varphi} + \text{cos. } \overline{a \pm 2\varphi} + \text{cos. } \overline{a \pm 3\varphi} \ldots\ldots + \text{cos. } \overline{a \pm n\varphi}.$$

ou bien celles-ci :

$$\text{Sin. } \overline{a + \varphi}^m + \text{sin. } \overline{a + 2\varphi}^m + \text{sin. } \overline{a + 3\varphi}^m \text{ \&c.}$$

ou encore celles-ci, dans lesquelles a et a' expriment des arcs différens, ainsi que φ et φ' :

$$\text{Sin. } \overline{a + \varphi} \times \text{sin. } \overline{a' + \varphi'} + \text{sin. } \overline{a + 2\varphi} \times \text{sin. } \overline{a' + 2\varphi'}.$$

jusqu'au terme $\text{sin. } \overline{a + m\varphi} \times \text{sin. } \overline{a' + m\varphi'}$.

Il est en effet des déterminations géométriques où ces sommations sont nécessaires ; c'est pourquoi on les a recherchées, et l'on a trouvé que la première série : $\text{sin. } \overline{a + \varphi} \times \text{sin. } \overline{a + 2\varphi}$ &c. jusques et compris le dernier terme, $\text{sin. } \overline{a + n\varphi}$, a pour somme ;

$$\frac{\text{sin. } \frac{1}{2} n\varphi \times \text{sin. } \overline{a + \frac{n+1}{2}\varphi}}{\text{sin. } \frac{1}{2}\varphi}$$

et que la seconde, celle des co-sinus arithmétiquement croissans, savoir, $\text{cos. } \overline{a + \varphi} + \text{cos. } \overline{a + 2\varphi}$ &c. jusques et inclusivement $\text{cos. } \overline{a + n\varphi}$, a pour somme :

$$\frac{\text{sin. } \frac{1}{2} n\varphi \times \text{cos. } \overline{a + \frac{n+1}{2}\varphi}}{\text{sin. } \frac{1}{2}\varphi}.$$

Un problême assez singulier et dont la solution, sans une méthode abrégée comme celle qui résulte des formules ci-dessus, conduiroit à des calculs sans fin, nous servira ici d'exemple. Il s'agit de trouver la somme de tous les sinus des arcs du quart de cercle croissans de minute en minute, depuis celui d'une minute jusqu'au quatre-vingt-dixième degré.

Il faudroit, on le voit bien, sommer toute la table des sinus, ce qui seroit un travail immense ; mais on résoudra ce problême au moyen de la première des formules ci-dessus : il n'y aura en effet qu'à y supposer $a = 0$ et $\varphi = 1'$, ce qui donne $n\varphi = 90°$ et $\sin. \frac{1}{2} n\varphi = \sin. 45°$. On aura aussi $\sin. \overline{a + \frac{n+1}{2}\varphi} = \sin. \frac{n+1}{2}\varphi = \sin. 45°.0'30''$; ainsi la formule en question deviendra :

$$\frac{\sin. 45° \times \sin. 45°\,0'\,30''}{\sin. 30''}$$

ce qui donnera pour valeur totale, 3438,2467465438.

On trouve par une autre méthode, quoique toujours fondée sur cette sommation, et au moyen de quelques réductions, que la somme ci-dessus est égale en géneral $\frac{\cot. \frac{1}{2}\varphi + 1}{2}$, conséquemment dans ce cas elle est $= \frac{\cot. 30'' + 1}{2}$, et celle de la somme des co-sinus égale à $\frac{\cot. 30'' - 1}{2}$.

On a proposé quelques autres problêmes du même genre. Quelle est, par exemple, la somme de tous les logarithmes tabulaires depuis 1 jusqu'à 10000, jusqu'à 100000, &c. ; ce n'est pas ici le lieu de s'en occuper : peut-être en sera-t-il question quand je traiterai des logarithmes.

Mais en voilà assez sur ce sujet pour un ouvrage de la nature de celui-ci. Ainsi nous renverrons, pour de plus grands détails, ceux qui voudront s'instruire à fond de ce calcul, désormais indispensable dans les grandes questions physico-astronomiques, aux ouvrages qui en traitent spécialement. On en trouve l'élémentaire clairement développé par le cit. Cousin, à la suite de sa traduction des *Institutions analytiques* de Madame Agnesi. On doit surtout consulter le mémoire d'Euler, le premier et le principal promoteur de ce calcul, qui se trouve dans le cinquième volume des Anciens Mémoires de Pétersbourg. Euler a aussi traité le même sujet dans son *Introductio in analysim infinitorum*. On doit encore citer à cet égard avec éloge un mémoire du cit. Bossut, inséré dans le Recueil de l'académie des sciences, pour l'année 1769. Il avoit déjà fait, dès 1760, une application intéressante et curieuse de ce calcul, dans un mémoire faisant partie du troisième volume de ceux présentés à l'académie, en résolvant tous les fameux problêmes sur la cycloïde, proposés par Pascal; ils sont en effet tels, du moins quelques-uns d'entr'eux, qu'ils semblent éluder les ressources du calcul intégral ordinaire; mais ils reçoivent des solutions beaucoup plus élégantes et plus simples du calcul dont nous parlons. Cette matière est enfin savamment et clairement exposée dans un long et intéressant article de l'Encyclopédie par ordre de matières (voyez le mot Sinus), dont l'auteur est le cit. Lagrave. La partie de la sommation des séries de sinus et cosinus, ou de leurs puissances, ou de leurs produits, y est traitée d'une manière qui lui est propre, et qui est fondée sur la théorie des différences finies; elle fait en quelque sorte regretter que son auteur (qui est ou étoit un avocat), n'ait pas couru exclusivement la carrière des sciences exactes.

Au reste, nous n'avons pas, à beaucoup près, épuisé dans cet article ce que ce sujet présente d'intéressant; l'article suivant en est une continuation.

XXVII.

Quand on considère qu'une différence d'aire circulaire ne diffère que de signe sous le radical, d'avec celle d'une aire hyperbolique qui peut s'exprimer par un logarithme, on ne sera pas étonné que cette symbolisation ait donné lieu de l'approfondir. C'est à ce qu'il nous paroît Euler le premier qui est entré dans cette carrière où il a d'abord pénétré profondément, et où il a été suivi par divers autres géomètres célèbres, comme MM. d'Alembert, Maclaurin, qui ont cultivé avec une sorte de préférence ce genre de calcul.

Il doit paroître d'abord bien singulier que les quantités imaginaires étant précisément des expressions qui annoncent une impossibilité, elles ayent pu être l'objet d'un calcul, et d'un calcul propre à faire découvrir de nouvelles vérités. Peut-être même douteroit-on de ces vérités, si plusieurs d'entr'elles n'eussent déjà été établies d'une autre manière. Aussi a-t-on vu quelques géomètres d'un rang distingué (1) ne point goûter ce genre de calcul, non qu'ils doutassent de la justesse de son résultat, mais parce qu'il paroissoit y avoir une sorte d'inconvenance à employer des expressions de ce genre, qui n'ont jamais servi qu'à annoncer une absurdité dans l'énoncé d'un problême. Toutefois l'exemple de l'expression des racines d'une équation cubique dans le cas irréductible, étoit propre à faire voir que toute expression compliquée d'imaginaires n'est pas

(1) M. Masère, *Trans. philos.* ann. 178...

pour cela absurde et impossible, puisque alors l'équation recèle pour ainsi dire trois valeurs réelles. Et c'est ce qui a engagé M. Playfair (1) à faire sur ce calcul quelques réflexions métaphysiques propres à faire évanouir cette singularité.

Avant que d'aller plus loin, nous croyons devoir parler de quelques vérités sur les quantités imaginaires, reconnues à la vérité, ou plutôt senties par les analystes que démontrées, et dont M. d'Alembert a donné le premier la démonstration. C'est que toute expression, quelque compliquée qu'elle soit de quantités imaginaires, peut toujours se réduire à cette forme d'imaginaires $A + B\sqrt{-1}$, dans laquelle A et B sont des quantités réelles, qui peuvent devenir positives ou négatives, ou même o. Cela n'est pas difficile à démontrer ; car d'abord il est facile de voir que toute quantité imaginaire simple est réductible à cette forme, dans laquelle A sera la somme ou la différence des quantités réelles ; et si la quantité négative sous le radical est plus compliquée, comme $\sqrt{-a}$, $\sqrt{-b}$, &c. ces expressions sont visiblement égales à celles-ci. . . . . . $\sqrt{a}\sqrt{-1}$, $\sqrt{b}\sqrt{-1}$, où $\sqrt{a}, \sqrt{b}$ sont des quantités réelles. La somme ou la différence de quantités imaginaires réduites à cette forme $a \pm b\sqrt{-1} + c \pm d\sqrt{-1}$, prend aussi évidemment cette forme. Il en est de même si l'on multiplie $a \pm b\sqrt{-1}$ par $c \pm d\sqrt{-1}$, ou si on divise l'un par l'autre. Mais il n'est pas aussi aisé de le voir et de le prouver à l'égard de celle-ci $\overline{a \pm b\sqrt{-1}}^{\,c + d\sqrt{-1}}$, c'est-à-dire si l'on élève $a \pm b\sqrt{-1}$ à la puissance $c + d\sqrt{-1}$. Cela se démontre néanmoins par la doctrine des logarithmes et du calcul différentiel ; et M. d'Alembert (*Memoires de l'académie de Berlin, année* 1747), enseigne à déterminer, soit analytiquement, soit géométriquement, les quantités A et B de l'expression ci-dessus. Il en est enfin de même d'une quantité comme $\overline{a + b\sqrt{-1}}^{\,n}$, soit que n soit entier ou fraction, positif ou négatif. M. d'Alembert se sert de ces vérités pour en établir quelques autres relatives à la doctrine des équations ou de l'intégration des différentielles à fractions rationnelles (2).

Nous avons dit qu'il y a une analogie singulière entre les espaces circulaires et les espaces hyperboliques ; en effet, l'espace circulaire étant, par exemple, $S dx \sqrt{aa - xx}$, l'abscisse

(1) *Trans. philos.* ann. 1778.

(2) Voyez aussi le Traité du calcul intégral, par M. de Bougainville, t. I.

à compter du centre, l'espace hyperbolique pris dans l'hyperbole équilatère, l'abscisse x comptée du centre sur l'axe transverse, est $Sdx\sqrt{xx-aa}$, qui ne diffère du premier que par le signe sous le radical, en sorte que le multipliant par $\sqrt{-1}$, on auroit $Sdx\sqrt{aa-xx}$. Or l'espace hyperbolique ci-dessus se réduit à un logarithme, en sorte que l'on peut dire, par une sorte d'abus de langage, qu'un espace circulaire n'est autre chose qu'un logarithme imaginaire, et *vice versâ*. C'est ainsi que Bernoulli avoit trouvé, au rapport d'Euler, que désignant par c la circonférence du cercle et le rayon par 1, on a $\frac{c}{4}=\frac{\log.\sqrt{-1}}{\sqrt{-1}}$, ou le quart de la circonférence au rayon, comme log. $\sqrt{-1}$ à $\sqrt{-1}$. Maupertuis, dans ses lettres imprimées à Dresde en 1752 (lettre XV), lui attribue cette autre formule, c étant la circonférence et d le diamètre, on a $\frac{c}{d}=\frac{\log.-1}{\sqrt{-1}}$.

Cette formule au surplus peut être encore variée de bien des manières. Ainsi le comte Jules-Charles de Fagnano avoit été conduit dès 1719 à cette expression du quart de cercle $\frac{c}{4}=2\log.\left(\frac{1-\sqrt{-1}}{1+\sqrt{-1}}\right)^{\frac{1}{2}\sqrt{-1}}$, d'où son fils Jean-François de Fagnano déduit celle-ci, $\frac{c}{4}=\sqrt{-1}\times\log.-\sqrt{-1}$; et depuis ce dernier revenant sur ce sujet, ainsi que son père dans un écrit inséré dans le Journal de littérature helvétique de 1761, en ont donné diverses autres, telles que celles-ci, $\frac{c}{d}=\pm\sqrt{-1}\log.\pm 1$; $\frac{c}{d}=\frac{\log.\pm 1}{+\sqrt{-1}}$; et enfin celle-ci, qui est assez remarquable, $\frac{c^2}{d}=\log.+1\times\log.-1$, c'est-à-dire que le rapport de la circonférence au diamètre est moyen proportionnel entre les logarithmes de $+1$ et de -1, en sorte que si l'on trouvoit par quelque artifice analytique $\log.+1=f\sqrt{-1}$ et $\log.-1=g\sqrt{-1}$, f et g étant des quantités purement algébriques, on auroit le rapport du diamètre à la circonférence égal à $\sqrt{fg}$ (1).

(1) Le comte Jules-Charles de Fagnano, marquis de Toschi et Sant-Honorio, étoit un des géomètres italiens les plus distingués. Je n'ai pas été à portée de recueillir des détails sur sa personne et sa vie. Il étoit probablement né vers 1690, car il figuroit déjà parmi les géomètres italiens vers 1719, et il donnoit à cette époque, dans les journaux italiens, des mémoires sur

Il y auroit sans doute ici quelques éclaircissemens à donner sur ce que peut signifier le rapport des logarithmes de + 1 et de − 1, puisque le logarithme de $1 = 0$, et conséquemment celui de -1 est aussi $= 0$. On les pourroit tirer de la théorie des logarithmes de Euler, suivant laquelle à chaque nombre positif appartient un seul logarithme rationnel et une infinité d'imaginaires ; et à chaque nombre négatif des imaginaires seulement. Mais tout ce que nous venons de dire sur ces expressions du rapport de la circonférence au diamètre, n'étant qu'une spéculation de pure curiosité, il seroit superflu d'en dire rien de plus. Il nous faut maintenant montrer comment cette introduction des imaginaires dans le calcul a étendu les limites de l'analyse.

Reprenons à cet effet l'expression de l'arc circulaire ; que cet arc soit nommé z, son sinus x et le rayon 1, on aura, comme l'on sait, $dz = \frac{x}{\sqrt{1-xx}}$. Multiplions le numérateur et le dénominateur par $\sqrt{-1}$, ce qui ne change rien à l'égalité, on aura $dz = \frac{x\sqrt{-1}}{\sqrt{xx-1}}$, dont l'intégrale est, comme on sait aussi, $z = \sqrt{-1} \log. \overline{x + \sqrt{xx-1}}$. Ainsi $\frac{z}{\sqrt{-1}}$, qui est égal à $-z\sqrt{-1} = \log. \overline{x + \sqrt{xx-1}}$. Enfin, pour passer des logarithmes aux quantités ordinaires, multiplions le premier membre de l'équation par $\log. e$ (e étant le nombre dont le logarithme hyperbolique est l'unité), on aura $-z\sqrt{-1} \log. e = \log. \overline{x + \sqrt{xx-1}}$; et passant des logarithmes aux nombres

des problêmes de géométrie et d'analyse transcendantes. Il y a aussi dans les Actes de Léipsik plusieurs morceaux de lui. Ces différentes pièces, ainsi que diverses autres restées dans ses porte-feuilles, ont été publiées par lui-même, sous ce titre : *Produzioni mathematiche*, del conte Giulio-Carlo di Fagnano, marchese de' Toschi è di Sant-Honorio, &c. (*Pesaro*, 1750, *in*-4°. 2 vol.). Il seroit long d'en détailler les différens objets. On y trouve entr'autres dans le premier volume, une *Théorie générale des proportions géométriques*, qu'on pourra peut-être trouver un peu volumineuse ; dans le second, un *Traité des diverses propriétés des triangles rectilignes*, qui en contient en effet un grand nombre de curieuses et de remarquables. Parmi les autres pièces de ce second volume, on en distingue plusieurs relatives aux propriétés et à quelques usages de la courbe appellée la *lemniscate* ; aussi en a-t-il fait graver la figure dans le frontispice de son livre. La date de sa mort ne nous est pas connue. Il a laissé un fils, *Jean-François de Toschi è Fagnano*, archidiacre de Sinigaglia, habile géomètre et marchant sur les traces de son père. On a de lui divers mémoires intéressans de géométrie et d'analyse, dans les Journaux de Léipsik, des années 1774, 1775 et 1776, et peut-être des années antérieures et postérieures. Nous ne pouvons dire s'il vit encore.

$e^{-z\sqrt{-1}} = x + \sqrt{xx-1}$; d'où, en dégageant x, on tire enfin $x = \frac{e^{z\sqrt{-1}} - e^{-z\sqrt{-1}}}{2\sqrt{-1}}$.

On trouvera de même que y, ou le co-sinus de z, sera $y = \frac{e^{z\sqrt{-1}} + e^{-z\sqrt{-1}}}{2}$, expressions singulières par leur complication d'imaginaires ; mais qui n'en sont pas moins propres à déduire avec facilité diverses vérités sur les propriétés relatives de l'hyperbole et du cercle, des moyens nouveaux de calculer les rapports des sinus, co-sinus, tangentes et des arcs multiples ou croissant arithmétiquement, &c.

En effet, supposons (*fig.* 57) une hyperbole équilatère dont le centre soit C et la demi-axe transverse $= 1$, l'abscisse comptée du centre $= x$, le secteur CAB $= \frac{1}{2} a$, l'ordonnée BD $= y$; il faut d'abord remarquer que l'ordonnée BD dans l'hyperbole répond au sinus, et l'abscisse CD au co-sinus dans le cercle. Supposant donc ce que dessus, on trouve dans l'hyperbole l'équation différentielle $da = \frac{dx}{\sqrt{1+xx}}$, dont par un procédé semblable au précédent on tire $x = \frac{e^a + e^{-a}}{2}$, et $y = \frac{e^a - e^{-a}}{2}$, valeurs qui ne diffèrent de celles trouvées pour le cercle, que parce qu'ici on ne trouve point l'expression imaginaire $\sqrt{-1}$.

Cette analogie entre le cercle et l'hyperbole se soutient et se démontre par ces expressions entre les sinus et co-sinus de l'un, et les ordonnées et abscisses de l'autre. Car de même que dans le cercle, sinus $a \times$ cos. $b +$ cos. $a \times$ sin. $b =$ sin. $a + b$, de même dans l'hyperbole si l'on a deux secteurs (qui répondent aux arcs ou aux secteurs qui leur sont proportionnels dans le cercle), on doit avoir ord. $a \times$ absc. de b, $+$ ord. $b \times$ absc. a $=$ absc. $a + b$, et cela se démontre au moyen des expressions ci-dessus, qui se trouvent les mêmes, sinon que celles pour le cercle sont compliquées du signe imaginaire $\sqrt{-1}$, tandis que l'expression pour les abscisses et ordonnées de l'hyperbole en est affranchie. Lambert, dans un mémoire de l'académie de Berlin, année 1768, et intitulé *Observations trigonométriques*, a mis dans un jour particulier cette symbolisation entre les sinus et co-sinus du cercle et les ordonnées et abscisses de l'hyperbole, que par cette raison il nomme *sinus et co-sinus hyperboliques*, et il la démontre par un parallélisme exact et presque une identité entre les formules de sinus et de co-sinus, et même de tangentes, selon les différens cas ou rapports d'arcs circulaires, et celles des sinus, co-sinus et tangentes hyperboliques dans les cas analogues ou différens rapports de secteurs hyperboliques. Ainsi, pour en donner encore un exemple, de même que dans le cercle sin. $2y = 2 \sin. y \times \cos. y$; ainsi dans l'hyperbole, si $2y$ exprime un secteur double de y, on aura sin. hyp. $2y = 2$ sin. hyp. $y \times$ cos. hyp. y, où l'ordonnée du secteur double $2y$, égale deux fois le rectangle de l'ordonnée du secteur simple par son abscisse, le tout divisé par le demi-axe transverse, comme dans la formule circulaire 2 sin. y cos. y, on sous-entend divisé par le rayon. Lambert a même calculé sur ce principe des tables de sinus et co-sinus hyperboliques, devant servir à ce qu'il appelle une trigonométrie hyperbolique, et à la solution de certains cas de problêmes astronomiques où la trigonométrie circulaire paroît être en défaut. Mais nous nous bornons à cette indication.

L'expression du sinus de l'arc de cercle que nous nommerons ici z, savoir $x = \frac{e^{z\sqrt{-1}} - e^{-z\sqrt{-1}}}{2\sqrt{-1}}$, et celle du co-sinus, $y = \frac{e^{z\sqrt{-1}} + e^{-z\sqrt{-1}}}{2}$, peuvent servir à déduire les séries connues qui donnent la valeur du sinus et du co-sinus par l'arc. Car on n'a qu'à réduire $e^{z\sqrt{-1}}$, $e^{-z\sqrt{-1}}$ en séries, et faire les opérations indiquées sur les expressions ci dessus, on trouvera pour le sinus, $x = z - \frac{z^3}{1.2.3} + \frac{z^5}{1.2.3.4.5} - \frac{z^7}{1.2.3.4.5.6.7}$, &c. et $y = 1 - \frac{z^2}{1.2} + \frac{z^4}{1.2.3.4} - \frac{z^6}{1.2.3.4.5.6} +$ &c.

En effet, on a pour $e^{z\sqrt{-1}}$ cette série $1 + z\sqrt{-1} + \frac{z^2}{2} + \frac{z^3\sqrt{-1}}{3}$, &c. et pour $e^{-z\sqrt{-1}}$ celle-ci, $1 - z\sqrt{-1} + \frac{z^2}{2} - \frac{z^3\sqrt{-1}}{3}$, &c. (1). Donc ôtant la seconde de la première, et divisant par $2\sqrt{-1}$, les $\sqrt{-1}$ disparoîtront, ce qui donne la série en question. Ajoutant au contraire la seconde à la première, les termes où se trouve $\sqrt{-1}$ auront des signes contraires qui les feront aussi disparoître, et le restant divisé par 2 donnera l'autre série.

L'expression de l'arc de cercle par la tangente présente aussi,

(1) On demandera sans doute comment $e^{z\sqrt{-1}}$ se réduit dans la série indiquée ; on le verra lorsqu'on traitera des logarithmes : car on y fait voir que, e étant le nombre dont le logarithme est l'unité, on $e^x = 1 + x + \frac{x^2}{2} + \frac{x^3}{3}$, &c. Si donc au lieu de x om met $z\sqrt{-1}$ et $-z\sqrt{-1}$ et leurs puissances, on trouvera les series ci-dessus.

étant

étant traitée de la même manière, des formules qui, quoique compliquées d'imaginaires, ne laissent pas d'avoir leur utilité ; mais les exemples donnés ci-dessus doivent suffire en ce lieu.

Une formule dont il est fréquemment fait usage dans les écrits des analystes modernes, et principalement de ceux du Continent, dans les recherches physico-mathématiques, est celle-ci : Que φ représente un angle quelconque, on a $\cos. n\varphi \pm \sqrt{-1} \sin. n\varphi = \overline{\cos. \varphi \pm \sqrt{-1} \sin. \varphi}^n$, ce qui se démontre de diverses manières ; 1°. par le simple calcul analytique des sinus et co-sinus d'angles, comme on le voit dans l'*Analysis infinitorum* d'Euler, *cap.* VIII ; 2°. au moyen du calcul différentiel ; on peut voir au surplus l'une et l'autre dans chapitre III des *Elémens du calcul intégral* des PP. Leseur et Jacquier. Le célèbre Jean Bernoulli, qui est le premier auteur de cette introduction des imaginaires dans le calcul, employe d'une manière ingénieuse cette expression à en trouver une autre dont il déduit les expressions générales des co-sinus et sinus d'arcs multiples. Car l'expression ci-dessus donne 1°. en employant les signes supérieurs $\sqrt{-1} \sin. n\varphi = \overline{\cos. \varphi + \sqrt{-1} \sin. \varphi}^n - \cos. n\varphi$; 2°. en employant les signes inférieurs, on a $\sqrt{-1} \sin. n\varphi = \cos. n\varphi - \overline{\cos. \varphi - \sqrt{-1} \sin. \varphi}^n$, d'où l'on a $2\sqrt{-1} \sin. n\varphi = \overline{\cos. \varphi + \sqrt{-1} \sin. \varphi}^n - \overline{\cos. \varphi - \sqrt{-1} \sin. \varphi}^n$; donc $\sin. n\varphi = \frac{\overline{\cos. \varphi + \sqrt{-1} \sin. \varphi}^n - \overline{\cos \varphi - \sqrt{-1} \sin. \varphi}^n}{2\sqrt{-1}}$; et par un procédé semblable, tirant la valeur de cos. $n\varphi$, on trouve $\cos. n\varphi = \frac{\overline{\cos. \varphi + \sqrt{-1} \sin. \varphi}^n + \overline{\cos. \varphi - \sqrt{-1} \sin. \varphi}^n}{2}$.

Or réduisant par la formule du binôme ces puissances n de $\cos. \varphi \pm \sqrt{-1} \sin. \varphi$ en séries, les soustrayant l'une de l'autre pour sin. $n\varphi$, et divisant par $2\sqrt{-1}$, les ajoutant et divisant par 2 pour cos. $n\varphi$, on a cette double série, dont ont disparu les imaginaires, $\cos. n\varphi = \overline{\cos. \varphi}^n - \frac{n.\, n-1}{1.\; 2} \overline{\cos. \varphi}^{n-2} \sin. \varphi^2 + \frac{n.\, n-1.\, n-2.\, n-3}{1.\; 2.\; 3.\; 4} \overline{\cos. \varphi}^{n-4} \overline{\sin. \varphi}^4$, &c. et $\sin. n\varphi = \frac{n}{1} \overline{\cos. \varphi}^{n-1} \sin. \varphi - \frac{n.\, n-1.\, n-2}{1.\; 2.\; 3} \overline{\cos. \varphi}^{n-3} \overline{\sin. \varphi}^3$, &c. La loi de la progression est évidente pour quiconque est un peu versé en analyse. On voit également que toutes les fois que n sera un nombre entier, la série se terminera, et l'on aura une expression finie pour le sinus et le co-sinus de l'arc multiple.

On peut enfin tirer delà, sans implorer le secours des calculs différentiel et intégral, la valeur du sinus et du co-sinus exprimés par l'arc ; car dans ce cas, il faudra faire n infini, afin que $n\varphi$ soit un arc fini. Mais alors les quantités $\frac{n.\ n-1.\ n-2}{1.\ 2.\ 3}$, &c. deviendront $\frac{n.\ n.\ n.}{1.\ 2.\ 3}$. De plus, l'arc φ étant infiniment petit, son sinus sera égal à φ, et son co-sinus sera 1 ; en sorte qu'on aura la série pour le sinus $n\varphi = n\varphi - \frac{n^3 \varphi^3}{1.\ 2.\ 3} + \frac{n^5 \varphi^5}{1.\ 2.\ 3.\ 4.\ 5}$, &c., ou nommant pour abréger $n\varphi = z$

$$\sin.\ z = z - \frac{z^3}{1.2.3} + \frac{z^5}{1.\ 2.\ 3.\ 4.\ 5} - \frac{z^7}{1.\ 2.\ 3.\ 4.\ 5.\ 6.\ 7}.$$

$$\cos.\ z = 1 - \frac{z^2}{1.\ 2} + \frac{z^4}{1.\ 2.\ 3.\ 4} - \frac{z^6}{1.\ 2.\ 3.\ 4.\ 5.\ 6}, \text{ \&c.}$$

ce qui cadre entièrement avec les séries données par le calcul intégral et diverses autres méthodes, et prouve la justesse de cette analyse, quelque extraordinaire qu'elle puisse paroître d'ailleurs.

Il nous suffira d'être entré dans ces détails, qui probablement auront paru trop longs et trop arides à bien des lecteurs. Les ouvrages où cette analyse se trouve exposée, sont surtout l'*Introductio in analysim infinitorum*, d'Euler ; les *Elémens du calcul intégral*, par les PP. Leseur et Jacquier. Ajoutons ici que ces expressions sont si familières à nos analystes modernes, que ceux qui aspirent à les suivre doivent eux-mêmes se familiariser avec elles, comme avec des connoissances élémentaires.

XXVIII.

Parmi les branches de l'analyse ou algèbre pure, une de celles qui méritent le plus d'être cultivées et qui promettent peut-être le plus de fruits, est la théorie des éliminations. Il faut en effet l'avoir éprouvé pour se former une idée de l'extrême complication que jette quelquefois dans le calcul le défaut d'une méthode commode et sûre à cet égard. Un analyste est arrivé, à force de méditations et à l'aide d'une subtile analyse, à représenter les rapports de plusieurs quantités inconnues par autant d'équations qu'il y a de ces quantités. L'analyse apprend que dans ce cas on peut finalement déterminer chacune d'elles en quantités connues ; car au moyen des deux premières équations, parmi lesquelles on choisira les plus simples, on peut faire évanouir ou éliminer l'une des inconnues ; on a par-là une équation et une inconnue de moins : et par un semblable progrès, on doit parvenir à une équation finale qui ne contienne que la dernière, dont la détermination ne dépendra plus que de la résolution de cette équation finale, et les fera connoître toutes. Telle est la marche que l'esprit entrevoit, ou pour mieux dire voit ouvert devant lui. Mais il y a souvent loin de cette théorie à l'exécution. Ces équations ne fussent-elles que du premier degré, s'il y en a trois ou quatre, le calcul se complique déjà singulièrement, sans compter d'autres inconvéniens. Mais si ces équations sont de degrés supérieurs au premier, par exemple du second seulement, la complication redouble et les radicaux multipliés jettent ou dans des embarras inextricables, ou dans des équations finales qui surpassent toutes les forces de l'analyse. Si les équations sont d'un degré encore supérieur, du troisième, par exemple, il n'y a plus moyen de s'en tirer. Semblable au chasseur qui après avoir laborieusement suivi sa proie, la voit se renfermer dans un hallier impénétrable, et est obligé d'y renoncer, le géomètre est contraint d'abandonner la sienne, ne pouvant arriver à une équation finale ; car l'équation la plus élevée présente au moins les ressources ou du tâtonnement, ou de l'approximation ; mais ici rien de semblable : les épines du calcul arrêtent tout court l'analyste et lui interdisent toute marche ultérieure. Mais après cette courte introduction, nous allons entrer dans des détails.

Pour commencer par un exemple, lorsqu'on a deux inconnues renfermées chacune dans autant d'équations du premier degré, par exemple

$$ax + by + c = 0$$
$$a'x + b'y + c' = 0$$

le procédé qui se présente le premier est de chercher la valeur de x, qui est $\frac{-by-c}{a}$, et de l'introduire dans la seconde, qui devient alors $-a'by - a'c + ab'y + ac' = 0$, ce qui donne $a'by - a'by = a'c - a'c$, et enfin $y = \frac{a'c - ac'}{ab' - a'b}$; on trouveroit par un semblable procédé $x = \frac{b'c - bc'}{a'b - ab'}$.

Supposons maintenant trois équations simples et trois inconnues, comme

$$ax + by + cz + d = 0,$$
$$a'x + b'y + c'z + d' = 0,$$
$$a''x + b''y + c''z + d'' = 0;$$

on trouveroit en employant ce procédé, et par un calcul semblable au précédent, la valeur d'une des inconnues, par exemple z,

$$z = \frac{(ab' - a'b) \times (ad'' - a''d) - (ab'' - a''b) \times (ad' - a'd)}{(ab'' - a''b) \times (ac' - a'c) - (ab' - a'b) \times (ac'' - a''c)};$$

Et en substituant cette valeur de z dans les deux dernières équations, elles se réduiroient au cas de deux équations et deux inconnues, ce qui donneroit la valeur de x et y. Mais on sentira aisément combien ce calcul seroit laborieux ; et ce seroit bien pis, si l'on avoit quatre ou cinq équations. On n'y parviendroit guère que par un travail de plusieurs heures, et qui n'exigeroit pas moins de plusieurs pages.

Mais si dans une ou plusieurs de ces équations il y avoit des inconnues élevées seulement à la seconde puissance, on se trouveroit bientôt surchargé de radicaux, sans pouvoir en quelque sorte s'en démêler ; et en supposant qu'on les fit évanouir, il s'y introduit des valeurs étrangères de l'inconnue : car c'est là l'effet de toute quantité simple élevée à une puissance supérieure.

On a donc tenté une autre voie que voici, et dont nous allons aussi donner un exemple sur les deux équations proposées plus haut. Puisque chaque expression est $= 0$, on peut multiplier chacune par un facteur, tel que dans chacune une des inconnues présente absolument le même terme. Qu'on multiplie, par exemple, la première par a' et la seconde par a, on aura

$$aa'x + a'by + a'c = 0$$
$$aa'x + ab'y + ac' = 0\,;$$

conséquemment les soustrayant l'une de l'autre, on aura

$$a'by + a'c - ab'y - ac' = 0,$$

d'où l'on tire $y = \frac{a'c - ac'}{a'b - ab'}$; et l'on trouvera de même x, en faisant ainsi évanouir le terme affecté de y, ce qui donnera

$$x = \frac{bc' - b'c}{a'c - ac'}.$$

Si l'on avoit trois équations, comme dans le second exemple, on pourroit, comparant la première avec la seconde de la même manière, en trouver une où il n'y auroit plus de x ; et en comparant la première avec la troisième, ou la seconde avec la troisième, on en trouveroit une autre d'où x auroit disparu ; ce qui réduiroit le cas au premier de deux équations et de deux inconnues.

De même si l'on avoit quatre équations simples et quatre inconnues, on pourroit combiner la première avec la seconde, la seconde avec la troisième, et la troisième avec la quatrième pour éliminer la même inconnue, et l'on auroit trois nouvelles équations simples avec trois inconnues, ce qui est le cas précédent.

Cette marche est sans doute moins pénible que la précédente, mais elle l'est encore assez pour avoir engagé M. Cramer à la simplifier, en présentant un moyen de passer tout de suite à l'équation finale, qui donne la valeur de chaque inconnue. On apperçoit en effet qu'il y a dans la formation des numérateurs et des dénominateurs une loi particulière que ce savant analyste s'est attaché à démêler et à expliquer, en sorte qu'on n'a pour ainsi dire besoin que d'écrire pour déterminer cette valeur finale. Nous sommes fâchés d'être obligés de nous borner à cette indication, et de renvoyer à la fin de son *Introduction à l'analyse des lignes courbes*, p. 656 et suiv.

Mais M. Besout a donné à cette élimination un degré particulier de facilité, par la méthode qu'il a enseignée dans son ouvrage intitulé : *Théorie générale des équations algébriques ;* car d'après cette méthode, il n'est presque question que d'écrire les uns après les autres les termes de chaque équation devant donner la valeur de chaque inconnue ; nous croyons par cette raison devoir en donner ici une idée.

Soyent, pour commencer par un exemple des plus simples, deux équations seulement avec deux inconnues, telles que

$$ax + by + c = 0$$
$$a'x + b'y + c' = 0.$$

Voici le procédé de M. Besout. Multipliez le terme absolu de chacune de ces équations par une troisième inconnue t, ce qui donnera

$$ax + by + ct = 0$$
$$a'x + b'y + c't = 0.$$

Faites ensuite le produit de ces trois inconnues, qui sera xyt, et dans lequel vous changerez x en a, y en b et t en c, ce qui vous donnera (en ayant l'attention de changer les signes des termes pairs, comme second, quatrième, &c.) une première ligne, savoir

$$ayt - bxy + cxy.$$

Dans cette première ligne, changez de nouveau x en a', y en b' et t en c', en ayant également l'attention de changer les signes des second, quatrième termes, &c., ce qui vous donnera cette nouvelle ligne

$$ab't - ac'y - a'bt + bc'x + a'cy - b'cx,$$

c'est-à-dire

$$(ab' - a'b)t - (ac' - a'c)y + (bc' - b'c)x.$$

On aura d'après ce calcul

$$x = \frac{bc' - b'c}{ab' - a'b} \text{ et } y = -\frac{ac' - a'c}{ab' - a'b},$$

où il est aisé de voir que le numérateur de la fraction exprimant la valeur de x est la quantité qui le multiplie dans la dernière ligne, et le dénominateur celle qui multiplie t dans la même ligne.

Soyent maintenant trois inconnues et trois équations comme les suivantes,

$$ax + by + cz + d = 0$$
$$a'x + b'y + c'z + d' = 0$$
$$a''x + b''y + c''z + d'' = 0.$$

En supposant l'introduction d'une quatrième inconnue t multipliant les d, d', d'' des trois équations précédentes, on aura le produit $xyzt$ de ces quatre inconnues;

Changez y successivement x en a, y en b, z en c et t en d, avec l'attention ci-dessus prescrite à l'égard des signes, il en résultera cette première ligne

$$ayzt - bxzt + cxyt - dxyz.$$

Changez maintenant dans cette ligne x en a', y en b', z en c' et t en d' et en ayant égard aux signes, on aura la ligne suivante,

$$ab'zt - ac'yt + ad'yz - a'bzt + bc'xt - bd'xz + ca'yt - cb'xt + cd'xy - a'dyz + db'xz - dc'xy,$$

d'où en rassemblant les facteurs de zt, yt, yz, &c. il résulte

$$(ab' - a'b)zt - (ac' - a'c)yz + (ad' - a'd)yz + (bc' - b'c)xt - (bd' - b'd)xz - (cd' - c'd)xy.$$

Dans cette ligne enfin, changez x en a'', y en b'', z en c'' et t en d''; et en ordonnant, c'est-à-dire en joignant les coéfficiens de x, y, z, t, on aura enfin

$$+ [(ab' - a'b)c'' - (ac' - a'c)b'' + (bc' - b'c)a'']t$$
$$- [(ab' - a'b)d'' - (ad' - a'd)b'' + (bd' - b'd)a'']z$$
$$+ [(ac' - a'c)d'' - (ad' - a'd)c'' + (cd' - c'd)a'']y$$
$$- [(bc' - b'c)d'' - (bd' - b'd)c'' + (cd' - c'd)b'']x$$

D'après ce que nous avons dit, nous aurons donc

$$x = \frac{-(bc' - b'c)d'' - (bd' - b'd)c'' + (cd' - c'd)b''}{(ab' - a'b)c'' - (ac' - a'c)b'' + (bc' - b'c)a''}$$

$$y = \frac{+(ac' - a'c)d'' - (ad' - a'd)c'' + (cd' - c'd)a''}{(ab' - a'b)c'' - (ac' - a'c)b'' + (bc' - b'c)a''}$$

$$z = \frac{-(ab' - a'b)d'' - (ad' - a'd)b'' + (bc' - b'c)a''}{(ab' - a'b)c'' - (ac' - a'c)b'' + (bc' - b'c)a''}.$$

J'ai peine à croire que par la voie ordinaire on parvînt en moins d'un jour entier à trouver ces expressions. Que seroit-ce, si l'on avoit quatre, cinq équations semblables?

Il y auroit ici nombre d'observations à faire sur différens cas qui peuvent se présenter. Et d'abord, nous avons supposé positifs tous les coéfficiens des équations données ; cependant il peut y en avoir de négatifs : quelques termes peuvent même manquer. Mais un analyste verra bientôt que dans le cas de coéfficiens négatifs, il faudra après avoir fait l'opération comme s'ils étoient tous positifs, changer les signes de chaque terme affecté d'un coéfficient négatif.

S'il manquoit quelque terme, on pourroit le supposer en multipliant l'inconnue manquante par un coéfficient fictif, opérer comme s'il étoit réel ; et ensuite repassant tous les termes de l'équation finale, supprimer ceux où entreroit comme facteur ce coéfficient fictif. Il n'est point d'analyste qui ne sente la raison et la justesse de ce procédé.

Je passe, pour abréger, sur diverses autres observations et considérations qui tiennent à cette théorie ; je renvoye à l'ouvrage de Besout, ou à la préface mise par M. Hindenbourg, savant professeur de mathématiques à Léipsick, à un Traité analytique des courbes du second ordre (1), de M. C. Frid. Rudiger, autre habile mathématicien de la même ville. On trouve dans cet écrit de M. Hindenbourg un excellent précis de cette partie de la théorie des éliminations d'après Besout, ainsi que de la méthode de Cramer, fondée sur la théorie des combinaisons et permutations, objet que M. Hindenbourg a spécialement cultivé et appliqué à la solution de diverses questions analytiques, impossibles peut-être à résoudre sans ce secours (2).

Il n'a encore été question jusqu'ici que des équations du premier degré avec un égal nombre d'inconnues ; l'élimination est bien autrement difficile, si l'on a deux, trois ou un plus grand nombre d'équations de degrés supérieurs au premier, avec un pareil nombre d'inconnues à déterminer. C'est ici que l'Analyse a besoin d'employer ses plus grandes ressources.

Nous commencerons par le cas où l'on a deux équations d'un degré quelconque avec deux inconnues. Car d'après les principes de l'Analyse, il faut dans pareil cas autant d'équations qu'il y a d'inconnues, sans quoi le problême seroit indéterminé.

(1) *Specimen Analyticum de lineis curvis secundi ordinis, &c. Auct. Christ. Frid. Rudigero ; cum praefatione Caroli Frid. Hindenburgii, prof. Lipsiensis.* Lips. 1784, *in*-4°.

(2) *Novi systematis, permutationum, combinationum ac variationum, primae lineae.* Lips. 1781, *in*-4°.

Supposons donc deux équations telles que celles-ci :

$$xy^2 + 2bby + xxy + x^3 = 0$$
$$ay^2 + xy^2 + 2xxy + ax^2 = 0 ;$$

chacune de ces équations est une équation indéterminée et locale, dans laquelle en supposant à x par exemple différentes valeurs, l'autre inconnue y prend autant de valeurs différentes, et c'est-là la raison pour laquelle, afin que l'une et l'autre soit déterminée, il faut deux équations. Il en faudroit trois s'il y avoit trois inconnues, &c.

Pour faire disparoître une des inconnues, par exemple y, et arriver enfin à une équation toute en x, on désignera par des lettres, comme A, B, C, &c. les fonctions de x qui multiplient les différentes puissances de y dans la première, et par A', B', C' les facteurs de semblables puissances de y dans la seconde ; ce qui changera les deux équations en celles-ci :

$$Ay^2 + By + C = 0$$
$$A'y^2 + B'y + C' = 0.$$

Maintenant si l'on multiplie la première équation par A' et la seconde par A, qu'on ôte l'une de l'autre, on aura une équation où y^2 ne paroîtra plus, savoir $A'By - AB'y + A'C - AC' = 0$, ce qui donne $\overline{A'B - AB'} . y + A'C - AC' = 0$.

Pour trouver ensuite une seconde équation en y, qui comparée avec celle-ci serve à éliminer entièrement y, il faudra multiplier la première des proposées par C', et la seconde par C, et les ôter l'une de l'autre ; ce qui faisant évanouir les termes non affectés de y, permettra de diviser l'équation résultante par y, et l'on aura

$$(AC' - A'C)y + (BC' - B'C) = 0.$$

Nous avons donc à présent ces deux équations :

$$(A'B - AB')y + A'C - AC' = 0$$
$$(AC' - A'C)y + BC' - B'C = 0,$$

qui traitées de la même manière, donneront pour équation finale, dont y aura disparu,

$$(A'C - AC') \times (AC' - A'C) + (A'B - AB') \times (BC' - B'C) = 0.$$

Or l'on voit ici que les quantités A, B, C, &c. A', B', C' ne contenant que l'inconnue x et ses puissances, l'équation montera au huitième degré. En effet, restituons à ces différentes quantités leurs valeurs, et effectuons les opérations indiquées, on trouvera l'équation qui suit :

$$x^8 - 3ax^7 + \overline{a^2 - 4bb}\,x^6 - 4abbx^5 + 6a^2bbx^4 + 4ab^4x^3 - 4a^2b^4x^2 = 0.$$

Si

Si au lieu de ce procédé on avoit résolu la première équation pour trouver la valeur de y et la substituer dans la seconde, on se seroit engagé dans un calcul absolument inextricable par les radicaux qui y seroient entrés et qu'il auroit fallu faire évanouir.

Il est facile de voir que si l'on avoit deux inconnues au troisième degré et deux équations, on feroit d'abord évanouir l'inconnue au troisième degré, ce qui donneroit deux nouvelles équations où elle ne monteroit plus qu'au second, cas qui revient au précédent.

Si l'on avoit trois équations et trois inconnues, on en feroit évanouir, par la comparaison de la première avec la seconde, une des inconnues, et ensuite la même, par la comparaison de la seconde et la troisième, ce qui réduiroit le problême au cas précédent de deux équations et deux inconnues.

Mais, il faut en convenir, ce procédé quoique infiniment moins laborieux que celui qui se présente au premier abord, est encore fort long, et de plus, a des défauts particuliers. On voit en effet l'exemple développé plus haut donner une équation du huitième degré, qu'on sait d'ailleurs ne devoir monter qu'au sixième tout au plus. Cette équation contient donc des valeurs de x superflues et fausses, puisqu'en les adoptant comme vraies, elles donneroient de fausses solutions. Il est vrai que l'équation dont il s'agit est réductible au sixième degré, en la divisant par x^2, qui en multiplie tous les termes. Mais quelle assurance a-t-on que cette double racine $x=0$ ne soit pas une des valeurs cherchées?

Ce défaut n'avoit pas échappé au savant M. Cramer, dont nous avons déjà parlé, et il a cherché à l'éviter. Il s'est proposé pour cet effet deux équations, dans l'une desquelles une des inconnues est élevée au degré m, tandis que dans la seconde l'autre inconnue est élevée au degré n. Ensuite faisant usage, avec une sagacité singulière, de considérations tirées de la théorie des combinaisons, il parvient à une formule générale qui donne de la manière la plus simple l'équation résultante, où une des inconnues ne se trouve plus; formule qu'on peut ensuite appliquer à des cas particuliers. Il fait voir aussi que l'équation finale ne doit pas monter plus haut que le degré mn.

Divers autres géomètres ont cherché à remédier au même inconvénient. M. Euler, dans les Mémoires de Berlin, année 1764, propose une méthode dont l'esprit consiste à chercher la racine commune des deux équations données; car puisque de leur combinaison doit résulter une valeur de l'une des inconnues, elles doivent avoir une racine commune. Mais ce procédé jette aussi dans d'assez grands embarras, et M. Euler convient lui même que le moyen qu'il emploie n'est pas d'un grand secours pour l'élimination, quoique ses vues soyent utiles à d'autres égards.

Le cit. Lagrange a fait aussi de ce problême intéressant le sujet d'un des mémoires qu'il a donné à l'académie de Berlin en 1769. Il s'y propose deux équations du troisième degré à une seule inconnue, qu'il s'agit d'éliminer de l'une et de l'autre à-la-fois, et il parvient par une savante et profonde analyse, à une équation finale composée de termes tous donnés par les coéfficiens des deux équations proposées. Mais ce n'est-la qu'un cas particulier et des plus difficiles de l'élimination.

Toutes ces recherches font honneur à la sagacité de leurs auteurs; mais celui des analystes qui a envisagé cette matière de la façon la plus générale, qui y a porté le plus de lumière, et qui y a mis le plus de suite, est M. Besout, de l'académie des sciences, qui paroît en avoir fait l'objet de ses recherches pendant une longue suite d'années. Il s'en étoit déjà occupé dès avant 1764, époque à laquelle il donna sur ce sujet un mémoire à l'académie des sciences; mais ce n'étoit que l'ébauche d'un grand et immense travail qu'il publia enfin en 1779, dans son ouvrage intitulé : *Théorie des équations algébriques* (*in*-4°.), ouvrage qui fait un honneur infini à ses talens en ce genre, et même à sa patience et à son zèle pour la science. C'est, à ce qu'il me paroît, parmi les ouvrages d'analyse de ce siècle, un des plus hérissés d'épines et des plus profonds en réflexions; nous ne pouvons qu'en donner une idée succinte et légère.

M. Besout rendant justice aux travaux de tous ceux qui l'avoient précédé, ne laisse pas de faire connoître l'imperfection de leurs méthodes. Il observe en effet d'abord que l'on n'avoit jamais encore été au-delà de la solution générale du premier degré à autant d'inconnues que d'équations, et de celle de deux équations à deux inconnues élevées à un degré quelconque. Mais si l'on applique la méthode à trois ou plus d'équations de degrés supérieurs, elle se trouve sujette à de nombreux inconvéniens. Le premier est de donner des équations finales différentes, suivant les combinaisons qu'on a faites, de ces équations les unes avec les autres. Car, par exemple, si ayant trois équations et trois inconnues d'un degré supérieur, on combine la première avec la seconde pour faire évanouir une des inconnues, et ensuite la première et la troisième pour faire évanouir la même inconnue, et réduire par-là les trois équations à deux avec deux inconnues, on ne trouvera pas la même équation finale qu'on eût trouvée en combinant la première avec la seconde et la seconde avec la troisième, ou la première avec la troisième, et la troisième avec la seconde.

Il y a plus ; suivant M. Besout, cette méthode d'élimination successive donne communément des équations beaucoup plus élevées qu'elles ne devroient être pour renfermer uniquement les valeurs utiles à la question. Si l'on avoit, par exemple, quatre équations du second degré et quatre inconnues, l'élimination successive donneroit une équation du deux cent cinquante-sixième degré, tandis qu'il démontre qu'elle ne devroit pas excéder le seizième ; et si ces quatre équations étoient du troisième degré, l'équation finale monteroit au six mille cinq cent soixante-unième degré, tandis qu'elle ne doit monter au plus qu'au quatre-vingt-unième. Car M. Besout démontre ailleurs que si l'on a le nombre n d'équations, chacune du degré t, l'équation finale ne doit pas excéder le degré nt ; d'où l'on doit conclure que l'équation finale trouvée par l'élimination successive n'est point la véritable, mais la renferme seulement compliquée de facteurs inutiles à la question, et le plus souvent impossibles à reconnoître. Cette méthode, qui est d'ailleurs impraticable dans le cas de degrés supérieurs, est donc vicieuse, et il étoit nécessaire d'en chercher une qui aille plus directement au but, et ne donne que les racines utiles à la question.

Cette considération engagea M. Besout à réfléchir sur les causes de cette élévation successive et superflue des équations que l'on trouve et qui produisent enfin l'équation finale. Il lui parut que cela venoit de ce que dans l'élimination successive opérée par la combinaison des équations proposées, il règne une indétermination à éviter ; ce qui le conduisit à penser que, pour remédier à ces inconvéniens, il falloit traiter à-la-fois toutes ces équations par une même opération. C'est un résultat dont il étoit déjà en possession en 1764, où il donna, comme on l'a vu plus haut, dans les Mémoires de l'académie, l'essai d'une méthode qui, quoique non encore parfaite, l'est néanmoins assez pour réduire considérablement l'équation finale ; mais c'est dans le livre cité plus haut qu'il faut chercher le résultat final de ses recherches sur ce sujet. Il y développe une méthode générale dont nous devons donner une idée, quoique attendu l'abstraction de la matière il ne nous soit pas possible d'entrer dans des détails.

L'esprit de cette méthode consiste à multiplier chacune des équations données par un polynome ou fonction particulière des inconnues, qui soit de telle forme que, en ajoutant tous les produits, on puisse faire évanouir toutes les inconnues, hors une, en égalant à zéro leurs coëfficiens. On conçoit en effet que chacune de ces équations étant égale à o, cette multiplication les laisse chacune égale à o, et que leur somme est encore égale à o, en sorte que si ces polynomes sont tellement combinés, que le coéfficient de chaque inconnue n'excède pas le premier degré, tous pourront être égalés à o, sans avoir à traiter d'équations plus hautes que le premier degré, et l'on aura la solution désirée.

Mais quelle est la forme de ce polynome pour chacune des équations cherchées, pour qu'il n'introduise point de nouveaux termes ou de nouvelles combinaisons d'inconnues dans l'équation finale, et pour que chacun des coéfficiens égalé à o ne jette pas dans de nouveaux embarras ? c'est-là en quoi gissoit la difficulté, et M. Besout ne la résoud que par des considérations très-abstraites et très-générales sur la formation des polynomes à plusieurs inconnues, sur leur forme complette ou incomplette, et leur effet dans ces différens états sur les termes des équations dont ils doivent être les multiplicateurs, équations qui peuvent elles-mêmes être complettes ou incomplettes ; car ces cas différens exigent aussi des artifices de calculs différens ; ces considérations le conduisent même à une nouvelle notation et, pour ainsi dire, à un nouvel algorithme nécessaire en effet pour traiter cette matière avec la généralité convenable et éviter une prolixité de calculs vraiment effrayante.

C'est au moyen de ces considérations que M. Besout démontre d'abord que si l'on a un nombre d'équations m avec autant d'inconnues à éliminer, hors une, et que ces équations soyent du degré t, l'équation ne doit pas monter plus haut que le degré mt. Mais ce degré peut être moindre, 1°. selon quelques circonstances accidentelles des coéfficiens des équations données, lesquelles peuvent anéantir des coéfficiens de quelques degrés supérieurs ; 2°. selon le degré et l'espèce d'incomplétions des équations données ; mais, je le répète, tout cela exige des détails d'une analyse si profonde et si abstraite, qu'ils ne sauroient entrer dans cet ouvrage. Ce n'est pas que l'application de cette méthode ne présente encore, et des difficultés assez grandes, et des calculs fort laborieux pour le vulgaire des analystes ; mais indépendamment de ce qu'ils le sont bien moins que ceux où entraîne l'élimination successive, le géomètre et l'analyste ne plaignent point leur peine quand ils ont l'assurance d'arriver à leur but.

XXIX.

En parlant des travaux de M. Stirling, nous avons renvoyé à un article particulier le compte à rendre de cette partie de son ouvrage, où il traite de l'interpolation des séries. C'est une théorie que l'analyse moderne a vu naître, ou au moins qu'elle a considérablement étendue ; car il faut convenir que c'étoit par une interpolation très-adroite que les premiers constructeurs des tables logarithmiques trouvoient les logarithmes des nombres qui tombent entre ceux de la progression géométrique, et Brigs en particulier en connut fort bien le principe. C'est par une interpolation extrêmement ingénieuse et savante que Wallis trouva l'expression approchée qu'il donna pour la mesure du cercle. C'est même Wallis qui paroît être le premier auteur de ce nom. L'astronome lyonnois Mouton employoit vers le même temps dans ses calculs astronomiques, et surement sans connoître les idées de Wallis, une méthode d'interpolation dont il fait honneur à un autre mathématicien lyonnois, nommé M. Regnault, grand ami et correspondant du voyageur Monconys (1). Il s'en servit pour calculer jusqu'aux secondes et aux tierces des tables de déclinaison du soleil et de ses diamètres apparens, ouvrage qu'il publia en 1670.

La théorie de l'interpolation a des utilités remarquables, tant dans la géométrie et l'analyse pures, que dans les mathématiques mixtes. Mais il faut d'abord expliquer ce qu'on entend par-là.

Si l'on a une suite de termes comme $1, \frac{1}{2}, \frac{3}{8}, \frac{5}{16}, \frac{35}{128}$, &c. qui suivent une certaine loi, interpoler c'est introduire entre deux quelconques de ces termes, par exemple $\frac{1}{2}$ et $\frac{3}{8}$, ou $\frac{3}{8}$ et $\frac{5}{16}$, de nouveaux termes qui se conformeront autant qu'il se peut à cette loi générale. Quelquefois l'opération est facile. Il ne faut, par exemple, que des connoissances fort élémentaires d'arithmétique, pour trouver ces termes intermédiaires dans une progression, soit géométrique, soit arithmétique, soit harmonique. Il en est de même des progressions de nombres figurés quelconques, triangulaires, par exemple. Car soit une semblable progression 0, 1, 3, 6, 10, 15, 21, &c. la différence croissant arithmétiquement, il faut que celle des termes de la nouvelle progression croisse aussi arithmétiquement, et l'on trouve facilement que la nouvelle progression interpolée est $0, \frac{3}{8}, 1, \frac{15}{8}, 3, \frac{35}{8}$, &c. où l'on voit que les différences sont successivement $\frac{3}{8}, \frac{5}{8}, \frac{7}{8}, \frac{9}{8}, \frac{11}{8}$, &c.

Voilà de ces interpolations faciles. Mais il n'en est pas ainsi de la suite proposée dans le premier exemple, ni d'une multitude

(1) On lit dans le troisième volume des Voyages de Monconys quelques écrits mathématiques de M. de Regnaud ; ils sont fort élémentaires, et ce géomètre échoue entièrement dans la recherche de la surface des sphéroïdes. Il étoit réservé aux Huygens et Wallis de résoudre pour la première fois ce problême.

d'autres qui exigent des considérations très-délicates et des moyens différens ; l'un des premiers est d'examiner la loi qui règne entre les termes de la progression à interpoler. Avec un peu d'attention et quelque sagacité, par exemple, on voit que cette première suite proposée 1, $\frac{1}{2}$, $\frac{3}{8}$, $\frac{5}{16}$, &c. est formée par la multiplication continuelle des nombres 1, $\frac{1}{2}$, $\frac{3}{4}$, $\frac{5}{6}$, $\frac{7}{8}$, &c. Si donc on pouvoit trouver tous les termes intermédiaires de cette suite, ils donneroient ceux de l'autre par un procédé semblable ; et de même que le terme de la première $\frac{3}{8}$ est formé de 1, $\frac{1}{2}$, $\frac{3}{4}$, ainsi le terme moyen entre $\frac{3}{8}$ et $\frac{5}{6}$ seroit formé du produit des intermédiaires qui le précèdent ; car c'est la seule partie de la loi que nous venons d'observer, qui puisse avoir lieu dans ce cas. Il est en effet facile de voir qu'il n'est pas possible que dans la nouvelle suite, chaque terme soit le produit de tous les précédens, mais seulement de ceux qui sont alternes ; ainsi les termes principaux de la suite 1, $\frac{1}{2}$, $\frac{3}{8}$, $\frac{5}{16}$, &c. seront les produits successifs des termes 1, $\frac{1}{2}$, $\frac{3}{4}$, $\frac{5}{6}$, &c. et les termes interpolés de la première seront de la même manière les produits des termes insérés entre ceux de la seconde.

Il est facile de trouver les termes intermédiaires de la suite 1, $\frac{1}{2}$, $\frac{3}{4}$, $\frac{5}{6}$, &c. à l'exception de celui qui tombe entre 1 et $\frac{1}{2}$; car à l'égard des autres, on voit du premier coup d'œil que c'est une suite de fractions dont les numérateurs croissent arithmétiquement et qu'il en est de même des numérateurs. Ainsi les numérateurs et les dénominateurs des termes cherchés doivent se conformer à cette loi ; et si ce sont exactement les termes du milieu qu'on cherche, ils ne peuvent être que $\frac{2}{3}$, $\frac{4}{5}$, $\frac{6}{7}$, $\frac{8}{9}$, &c. Mais cette considération nous manque à l'égard du terme à placer entre 1 et $\frac{1}{2}$, que nous enseignerons à trouver par une autre voie. Nommons-le, en attendant A : ainsi la suite génératrice 1, $\frac{1}{2}$, $\frac{3}{4}$, $\frac{5}{6}$, &c. étant remplie de ses termes moyens, sera 1. A. $\frac{1}{2}$, $\frac{2}{3}$, $\frac{3}{4}$, $\frac{4}{5}$, $\frac{5}{6}$, &c. et la suite proposée à interpoler deviendra conséquemment. . . . .

1 ; A ; $\frac{1}{2}$; $\frac{2}{3}$A ; $\frac{3}{8}$; $\frac{2}{3} \times \frac{4}{5}$A ; $\frac{5}{16}$; $\frac{2}{3} \times \frac{4}{5} \times \frac{6}{7}$A, &c.

De même si l'on avoit à interpoler la suite 1, 1, 2, 6, 24, 120, 720, &c. qui est formée par la multiplication continue de ces nombres 1, 1, 2, 3, 4, 5, 6, 7, &c. on interpoleroit celle-ci, autant que cela se pourroit, ce qui donneroit 1. A. 1. $\frac{3}{2}$. 2. $\frac{5}{2}$. 3. $\frac{7}{2}$. 4, &c. et la suite qui en dérive seroit 1 ; A ; $\frac{1}{2}$; $\frac{3}{2}$A ; 2 ; $\frac{3.5}{2.2}$A ; 6 ; $\frac{3.5.7}{2.2.2}$A ; 24 &c. de sorte que A étant trouvé, on auroit tous les termes intermédiaires de la suite proposée, car la loi est apparente.

Venons maintenant à la méthode propre à faire trouver le terme A, méthode qui est générale et qui peut servir à interpoler entre des nombres quelconques ou des grandeurs telles qu'on voudra, qui ne paroissent suivre aucune loi, ou dont cette loi n'est point apparente.

Imaginons pour cela sur l'axe A*f* indéfini (*fig.* 57) les ordonnées AM, BN, &c. équidistantes qui représentent les termes de la progression donnée, et qu'on conçoive une courbe continue passant par les sommets de ces ordonnées; les ordonnées moyennes, comme *am*, *bn*, &c. représenteront les termes cherchés. Or il est évident que plus grand sera le nombre des ordonnées principales AM, BN, &c. plus la courbe passant par leurs sommets sera exactement celle qui représentera la loi qui règne entre ces termes. Cela n'a pas besoin de démonstration.

Cette considération nous conduit donc à chercher le moyen de trouver l'équation d'une courbe qui passe par tant de points donnés qu'on voudra. C'est ce qu'a fait Neuton dans son ouvrage intitulé : *Methodus differentialis*, ainsi appellée, parce qu'on y employe les différences successives des ordonnées proposées, et les différences des différences, &c. Nous nous bornons à indiquer ici cette méthode, qui est extrêmement ingénieuse et que M. Stirling développe et démontre avec beaucoup de clarté. S'il arrive que les termes donnés soyent tels que leurs différences d'un certain ordre deviennent enfin égales à o, comme dans la progression o, 1, 3, 6, 10, 15, 21, &c. où les troisièmes différences sont égales, et conséquemment les quatrièmes = o ; on aura une équation en termes finis, qui sera celle de la courbe passant exactement par les sommets des ordonnées équidistantes en nombre infini, ayant les valeurs ci-dessus ; c'est, par exemple, alors une parabole. Mais lorsqu'il arrivera, et c'est malheureusement le cas le plus fréquent, que ces différences ne deviendront jamais nulles, alors la courbe en question passera à la vérité par les sommets de toutes les ordonnées dont on a pris les différences, mais non pas exactement par ceux de toutes celles qui sont au-delà. Ainsi pour avoir la véritable équation, il faudroit la prolonger à l'infini, et celle qu'on trouve par les différences d'un petit nombre d'ordonnées n'est qu'approchée. Cependant si leur nombre est assez grand, comme 4, 5 ou 6, elle représentera assez exactement la véritable courbe, pour pouvoir regarder comme véritables les ordonnées qui tombent entre les données, *am*, *bn*, &c.

Qu'on prenne maintenant, dit M. Stirling, l'origine des abscisses en A ; que AB, BC, CD, &c. soyent égales entre elles et à l'unité, et qu'on nomme l'abscisse A*b* quelconque égale à *z* ; qu'on prenne ensuite les premières des différences successives, premières, secondes, troisièmes, &c. des ordonnées

AM, BN, DO, &c. en retranchant toujours la première de la seconde, la seconde de la troisième, &c. on aura dans l'exemple donné de la série 1, $\frac{1}{2}$, $\frac{3}{8}$, $\frac{5}{16}$, &c. ce type de calcul :

$$\begin{array}{cccccccccccc}
1 & & \frac{1}{2} & & \frac{3}{8} & & \frac{5}{16} & & \frac{35}{128} & & \frac{63}{256} & \&c. \\
& -\frac{1}{2} & & -\frac{1}{8} & & -\frac{1}{16} & & -\frac{5}{128} & & -\frac{7}{256} & \&c. & \\
& & \frac{3}{8} & & \frac{1}{16} & & \frac{3}{128} & & \frac{3}{256} & \&c. & & \\
& & & -\frac{5}{16} & & \frac{3}{128} & & -\frac{7}{256} & \&c. & & & \\
& & & & \frac{35}{128} & & \frac{7}{256} & \&c. & & & & \\
& & & & & -\frac{63}{256} & \&c. & & & & &
\end{array}$$

Les quantités 1 ; $-\frac{1}{2}$; $+\frac{3}{8}$; $-\frac{5}{16}$, &c. qui sont les premières de ces différences et différences de différences, donneront les coéfficiens de la série cherchée, qui sera conséquemment celle-ci :

$$1-\frac{1}{2}z+\frac{3}{8}z.\frac{z-1}{2}-\frac{5}{16}.z.\frac{z-1}{2}.\frac{z-2}{3}+\frac{35}{128}.z.\frac{z-1}{2}.\frac{z-2}{3}.\frac{z-3}{4}-\frac{63}{256}.z.\frac{z-1}{2}.\frac{z-2}{3}.\frac{z-3}{4}.\frac{z-4}{5}.$$

On voit en effet que dans cette série, si l'on suppose $z=0$, elle se réduit au premier terme de la série à interpoler, qui est 1. Si l'on suppose $z=1$, elle se réduit aux deux premiers termes $1-\frac{1}{2}$ ou $\frac{1}{2}$ de cette série, qui est le second terme. En supposant $z=2$, il ne restera que les trois premiers termes, dont la somme est $\frac{3}{8}$, ou le troisième terme de la série à interpoler ; ce qui démontre comme à l'œil la vérité de cette expression.

Qu'il soit maintenant question de trouver une ordonnée intermédiaire entre deux quelconques, comme celle qui tombe au milieu de l'intervalle entre AM et BN, ce qui doit nous donner le terme moyen A entre 1 et $\frac{1}{2}$; il est évident qu'il n'y aura qu'à faire dans la série ci-dessus $z=\frac{1}{2}$, et la série se réduira finalement à celle-ci,

$$1-\frac{1}{4}A+\frac{3}{16}B+\frac{15}{36}C+\frac{35}{64}D, \&c.$$

dans laquelle la marche de la progression est facile à saisir, et où il faut remarquer que A, B, C, D, &c. expriment successivement le terme précédent, savoir A le premier terme, B le second, C le troisième, et ainsi de suite.

La sommation de cette série est, à la vérité, assez laborieuse, car elle se trouve peu convergente. En employant néanmoins les artifices enseignés dans un des articles précédens pour la sommation des séries de cette espèce, on trouve ce terme égal à 0,64052, qui est juste jusqu'à la cinquième décimale ; et d'après ce qu'on a vu plus haut, le terme moyen entre le second et le troisième, ou $\frac{2}{3}$ A, sera 0.42701 ; celui entre le troisième et le quatrième, qui doit être $\frac{8}{15}$ A, sera 0.34161, et ainsi de suite.

Si

Si l'on eût voulu interpoler deux termes équidistans entre le premier et le second, il n'y auroit eu qu'à faire $z=\frac{1}{3}$ et $\frac{2}{3}$; cela est aisé à voir, et n'a besoin que d'être indiqué.

La série au surplus de M. Stirling se réduit à celle de Neuton, qui est celle-ci : a, b, c, d, e, &c. étant les ordonnées équidistantes d'une courbe dont les intervalles sont supposés égaux à l'unité, et l'abscisse étant x, l'équation de cette courbe sera

$$y=a+(b-a)x+(c-2b+a)\frac{x.\overline{x-1}}{1.\ 2.}+(d-3c+3b-a)\frac{x.\overline{x-1}.\overline{x-2}}{1.\ 2.\ 3.}\ \&c.$$

où il est aisé de voir que $b-a$, $c-2b+a$, $d-3a+3b-a$ sont les premières des différences successives, première, seconde, troisième, &c. des quantités a, b, c, d, &c. en retranchant toujours l'antécédente de la suivante.

M. Stirling ne s'est pas borné au développement de cette méthode; il donne dans son ouvrage divers autres théorêmes qui facilitent et mettent dans un grand jour la théorie des interpolations. On y voit la solution de divers problêmes de ce genre extrêmement difficiles et qui exigeoient une grande sagacité. Il y donne aussi divers moyens pour approcher rapidement d'une grandeur par la connoissance de quelques-uns des termes qui approchent successivement de sa vraie valeur. Ainsi étant donnés plusieurs termes comme A. B. C. D. E. &c. qui représentent les polygones inscrits à une courbe, en doublant toujours le nombre des côtés, pourvu que leurs différences décroissent à peu près en progression géométrique, il enseigne à déterminer les derniers par une suite si convergente, que cinq ou six termes suffisent pour avoir la vraie valeur jusqu'à la quinzième décimale. On y voit enfin des tables pour la quadrature approximée des courbes par le moyen des ordonnées équidistantes, et divers autres artifices ingénieux qui font de cet ouvrage un des plus précieux en ce genre.

L'utilité de cette théorie a engagé, indépendamment de Stirling et postérieurement à lui, divers géomètres à la cultiver et à en faciliter l'application. De ce nombre est Frédéric-Christian Mayer, dont nous avons parlé plusieurs fois. Il en a donné dans le second volume des Anciens Mémoires de Pétersbourg, une méthode qui lui est propre et fondée sur un procédé purement analytique, qui est très-simple et très-ingénieuse. Il en fait une application au problême de trouver le moment du solstice ou de la plus grande déclinaison du soleil, au moyen de plusieurs observations faites dans des jours antérieurs et postérieurs. Le P. Walmesley, bénédictin anglois, a aussi traité cette matière dans les Mémoires de l'académie de Berlin; son écrit est un excellent commentaire de la méthode différentielle de Neuton. Nous nous bornons à indiquer ces deux écrits.

Nous avons dit que les interpolations fournissent plusieurs secours à la géométrie et aux autres parties des mathématiques, spécialement à l'astronomie. Il faut établir ici cette utilité sur quelques exemples. Un astronome qui dresse des tables ou des éphémérides seroit bien à plaindre, s'il lui falloit faire pour chaque jour un nouveau calcul rigoureux. Il se contente, par exemple, de calculer exactement le lieu d'une planète dont la marche n'est pas fort rapide, comme Mars, Saturne ou Jupiter, de quatre en quatre ou de cinq en cinq jours; ensuite, par le moyen de trois ou quatre de ces lieux calculés, on détermine ses lieux dans les jours intermédiaires, en employant la méthode des interpolations, et l'on approche bien davantage de la vérité que par des parties purement proportionnelles; car l'emploi des parties proportionnelles suppose une marche uniforme et proportionnelle au temps.

Qu'un astronome ait quelques observations d'une planète faites dans certains jours, et qu'il veuille connoître sa place à une heure donnée d'un jour où elle n'a pas été observée, la méthode d'interpolation la lui donnera fort exactement. C'est ainsi que Neuton s'y prend pour déterminer le lieu d'une comète pour un instant donné, ayant quelques observations de son lieu à des épopues antérieures et postérieures. Cette méthode est encore utile pour déterminer le moment de l'équinoxe ou celui du solstice, au moyen de quelques observations faites avant et après. Les parties proportionnelles le donneront bien moins exactement, car elles supposent que la déclinaison du soleil croît ou décroît proportionnellement à la distance de cet astre au point de l'équinoxe, ce qui est faux.

C'est encore dans le calcul des lieux de la lune que la méthode des interpolations manifeste son utilité. Cette planète marchant très-rapidement, puisqu'elle fait par jour environ treize degrés, il fallu en calculer le lieu pour tous les jours à midi, opération qu'on sait trop être longue et laborieuse. Mais pour trouver son lieu dans les intervalles intermédiaires de la journée, il faut recourir aux interpolations, en employant les lieux antérieurs et postérieurs calculés et observés pour l'heure de midi; le résultat en est à peine sensiblement différent de celui du calcul immédiat.

Si nous n'étions pas obligés de nous resserrer extrêmement, nous en donnerions un exemple; mais nous nous bornerons à renvoyer, soit aux *Leçons astronomiques* de l'abbé de Lacaille, qui en donne quelques-uns, en y appliquant la méthode de M. Mayer, indiquée ci-dessus, soit à un mémoire du cit. Lalande, inséré dans le recueil de ceux de l'académie des sciences, pour 1761. Dans ce mémoire, rempli d'excellentes observations sur ce sujet, on fait voir comment et jusqu'à quel point d'exactitude on peut et doit employer la méthode des différences. Le calcul y est réduit à une grande simplicité, le cit. Lalande montrant par des exemples que pour le calcul des lieux de la lune, et à plus fortes raisons pour celui des lieux d'autres planètes, il est superflu de pousser les différences successives au-delà des troisièmes, et souvent des secondes.

Dans la physique enfin, ou dans les physico-mathématiques, la théorie des interpolations est d'un usage fréquent, et en quelque sorte subsidiaire à la connoissance de la loi qui règne dans la production des phénomènes; car cette loi est le plus souvent inconnue et peut-être même impossible à découvrir, vu la complication des causes et la difficulté de les analyser. Plusieurs observations d'un phénomène ou d'un effet physique répondantes à des intervalles de temps ou de lieu étant données, on peut trouver au moyen de l'interpolation, sinon la loi exacte, du moins la loi approchante de la véritable, suivant laquelle cet effet varie, et par la grandeur très-approchée de cet effet dans les intervalles moyens. Ainsi, par exemple, le cit. Bossut, dans son *Hydraulique expérimentale*, ayant par l'observation trouvé la dépense d'une conduite d'eau d'un diamètre donné à quelques distances données du réservoir, il employa l'interpolation pour trouver cette dépense dans les distances moyennes, et l'expérience vérifie la méthode à très-peu près.

Le cit. Prony a aussi donné dans le recueil de l'école polytechnique (second cahier) un savant mémoire sur le moyen de déterminer la loi de la dilatation de diverses liqueurs ou de leurs vapeurs, suivant divers degrés de chaleur; matière qu'il a traitée ensuite avec plus d'étendue et de développement à l'occasion des machines à feu, dans le second volume de son *Architecture hydraulique*. Il y employe une nouvelle formule d'interpolation beaucoup plus savante et plus générale que celle dont nous avons donné une idée. Nous ne pouvons ici qu'indiquer ces travaux. Nous finirons en observant que le cit. Charles a enrichi le second volume mathématique de l'Encyclopédie par ordre des matières, d'un article intitulé Interpolation, qui mérite d'être lu. Il y propose une formule pour interpoler beaucoup plus générale que celles données avant lui. Nous ne devons pas omettre que cette théorie a occupé le cit. Lagrange, et qu'il a donné, dans les Éphémérides de Berlin, ou l'*Astronomische yahr* (l'Ann. astronomique), publié annuellement par l'académie de cette capitale, des recherches qui ne peuvent qu'être fort intéressantes, sortant de cette main ; mais nous n'avons pas été à portée de les voir. Nous citerons seulement de ce célèbre géomètre un mémoire inséré parmi ceux de l'académie pour 1772, dans lequel une belle et nouvelle méthode d'interpolation est appliquée au problême de déterminer les lois des phénomènes d'après les observations. Le cit. Laplace s'est aussi occupé de la théorie des interpolations, dans un mémoire sur les séries, qu'on lit parmi ceux de l'académie des sciences pour 1779. L'indiquer, c'est inviter les géomètres à le lire.

XXX.

Il est un genre de fractions d'une forme singulière, que les géomètres ont considérées depuis quelques temps, et qui ont des utilités particulières dans la solution de certains problêmes ; on les appelle *fractions continues*. Leur nature, leurs usages et leurs propriétés ont occupé plusieurs savans mathématiciens. Il entre encore dans notre plan de faire connoître leurs travaux à cet égard.

Dans les fractions ordinaires le numérateur étant une quantité quelconque comme a ou 1, le dénominateur est un autre nombre quelconque comme b. Mais supposons que ce dénominateur au lieu d'être b, soit, par exemple, $b+\frac{c}{d}$, et même que dans cette fraction $\frac{c}{d}$, au lieu du dénominateur simple d, on ait $d+\frac{e}{f}$, au lieu de f qu'on ait $f+\frac{g}{h}$, on aura une expression fractionnaire de cette forme $\cfrac{a}{b+\cfrac{c}{d+\cfrac{e}{f+\cfrac{g}{h\ \&c.}}}}$, ce qui peut même être continué à l'infini. Voilà ce que les analystes ont appellé du nom de fraction continue.

Le premier qui ait employé une expression de cette forme est le lord Brounker, qui, en cherchant à simplifier ou à démontrer l'expression Wallisienne de la grandeur du cercle, savoir $\frac{2.4.4.6.6.8.8.}{3.3.5.5.7.7.9.}$, &c., trouva que cette même grandeur de cercle étoit représentée par cette fraction continue $1+\cfrac{1}{2+\cfrac{9}{2+\cfrac{25}{2+\cfrac{49}{2+\&c.}}}}$

Cette expression est singulièrement élégante, et la loi de

la progression est facile à appercevoir. On ne trouve au surplus aucune part comment Brounker parvint à cette expression. Wallis a tenté de le dévoiler ; mais sa manière est si embarrassée, qu'il n'y a pas lieu de croire que ce soit celle de son premier auteur. Huygens a fait pour la construction de son *automate planétaire* un usage de cette sorte de fraction dont nous parlerons plus loin, et qui prouve que ses principales propriétés lui étoient connues.

Euler me paroît le premier qui, vers le milieu de ce siècle, ait pris ce genre de fraction dans une considération particulière, et qui se soit attaché à en développer les usages et les propriétés. C'est ce qu'il a fait dans un mémoire intitulé : *De Fractionibus continuis*, inséré dans le tome IX des Anciens Mémoires de Pétersbourg ; c'est de ce mémoire que nous extrairons en grande partie ce qu'on va lire sur ce sujet.

Et d'abord on doit remarquer qu'il y a deux sortes de fractions continues, l'une de celles qui se prolongent à l'infini, l'autre de celles qui se terminent, le dernier dénominateur étant un nombre entier sans addition. Il faut faire voir l'origine des unes et des autres. Elle se déduit de la manière dont une fraction ordinaire se transforme en fraction continue.

Cette transformation se fait ainsi : Soit, par exemple, la fraction $\frac{511}{487}$; on procédera comme si l'on vouloit chercher le diviseur de ces deux nombres, c'est-à-dire qu'on divisera d'abord 511 par 487, ce qui donnera un quotient $= 1$ et un reste égal à 24. Ce reste servira à diviser le premier diviseur 487, et le quotient sera 20 avec un reste égal à 7. Le reste 24 divisé par 7 donnera 3 pour quotient avec un reste $= 3$; et enfin 3 divisant le reste précédent 7, donnera 2 pour quotient, avec 1 de reste, qui divisant 3 donnera 3 sans reste, ce qui terminera l'opération.

Qu'on prenne maintenant ces quotiens 1, 20, 3, 2, 3, on en formera ainsi la fraction continue égale à $\frac{511}{487}$, savoir

$$1+\cfrac{1}{20+\cfrac{1}{3+\cfrac{1}{2+\cfrac{1}{3}}}},$$

ce qu'on trouvera en effet vrai, en prenant la peine d'additionner ces fractions par une marche rétrograde. Ainsi il est aisé de voir que toute fraction rationnelle et finie doit nécessairement se terminer ; car on arrivera toujours à un dernier quotient sans reste.

Mais si le dénominateur de la fraction étoit une quantité irrationnelle ou transcendente réduite en fraction décimale, et par conséquent interminable, la fraction continue seroit elle-même prolongée à l'infini. On en a un exemple dans la fraction qui résulte du rapport de la circonférence du cercle au diamètre. Car prenant seulement dix chiffres de la valeur connue de la circonférence, savoir 3.1415926535 + on a la fraction $\frac{3.14159\,26535+}{1.00000.00000}$, qui, traitée de la manière ci-dessus, donne

$$\frac{\Pi}{1} = 3 + \cfrac{1}{7 + \cfrac{1}{15 + \cfrac{1}{1 + \cfrac{1}{292 + \cfrac{1}{1 + \cfrac{1}{1 + \cfrac{1}{1 + \cfrac{1}{2 + \&c.}}}}}}}}$$

Cette série ne sauroit se terminer, puisque le numérateur est composé lui-même d'un nombre de décimales qui est interminable.

En traitant de la même manière $\sqrt{2}$ ou la fraction $\frac{1.41421\,356+}{1.00000.000}$, on trouve $\sqrt{2} = 1 + \cfrac{1}{2 + \cfrac{1}{2 + \cfrac{1}{2 + \cfrac{1}{2\ \&c.}}}}$

On pourroit de même trouver la fraction continue $= \sqrt{3}, \sqrt{5}$, &c.

Si dans la fraction proposée le numérateur est moindre que le dénominateur, la méthode ne sera pas différente. Le premier terme de la série fractionnaire seroit zéro : ensuite on diviseroit le dénominateur par le numérateur, et le reste de l'opération se feroit comme ci-dessus. Ainsi le rapport du diamètre à la circonférence étant en fractions décimales $\frac{1.00000.00000}{3.14159\,26535}$, &c. on auroit comme ci-dessus ce rapport exprimé par $0 + \cfrac{1}{3 + \cfrac{1}{7 + \cfrac{1}{15 + \&c.}}}$

On aura de même $\sqrt{\frac{1}{2}} = \frac{1}{\sqrt{2}} = \frac{1}{1.41421\ \&c.} = \cfrac{2}{2 + \cfrac{1}{2 + \cfrac{1}{2 + \cfrac{1}{2\ \&c.}}}}$

Mais on demandera sans doute quel peut être l'avantage de cette transformation, le voici.

Cet avantage consiste en ce que si à prendre du commencement de la série, on ajoute deux termes, trois termes, quatre termes, &c., il en résultera des valeurs alternativement moindres ou plus grandes que celle de la série totale ou de la quantité qu'elle représente, et que ces différentes valeurs seront telles qu'on ne sauroit en trouver de plus exactes sans y employer un plus grand nombre de chiffres. Ainsi, pour en donner un exemple, prenons la fraction continue ci dessus, qui représente le rapport de la circonférence circulaire au diamètre. Le premier terme 3 est trop petit; mais la somme des deux premiers $3+\frac{1}{7}$ ou $\frac{22}{7}$ est le rapport d'Archimède, qui est trop grand. Les trois premiers termes donnent $\frac{333}{106}$, qui est au contraire en défaut, mais néanmoins approche davantage de la vérité que le rapport d'Archimède. Quatre termes donneront $\frac{355}{113}$, qui est le fameux rapport de P. Metius, plus exact que tous les précédens, et par excès, comme celui de $\frac{22}{7}$. Ce rapport de Metius a l'avantage de jouir, ou le petit nombre de ses chiffres, d'un degré singulier de précision, à cause de la petitesse de la fraction suivante $\frac{1}{292}$.

Ainsi nous aurons pour la suite des rapports continuellement et de plus en plus rapprochés de la circonférence circulaire au diamètre, ceux-ci 3; $\frac{22}{7}$; $\frac{333}{106}$; $\frac{355}{113}$; $\frac{103993}{33102}$; $\frac{104348}{33215}$, &c., qui sont alternativement trop petits ou trop grands, mais dont l'erreur va sans cesse en diminuant et de telle sorte, qu'aucun autre rapport en nombre de chiffres moindre ne sauroit être plus exact.

En cherchant de même les valeurs approchées en fractions rationnelles de $\sqrt{2}$, on trouvera $\frac{3}{2}$; $\frac{7}{5}$; $\frac{17}{12}$; $\frac{41}{29}$; $\frac{99}{70}$, &c., série qui est facile à continuer, en observant que chaque dénominateur est la somme du numérateur et du dénominateur de la fraction précédente, et que chaque numérateur est celle du double du numérateur de la fraction précédente, plus le numérateur de l'anté-précédente.

Donnons maintenant une idée de l'usage ingénieux que fit Huygens de cette sorte de fraction pour la construction de son *automate planétaire* (1). Ayant le rapport de la révolution moyenne de la Terre autour du Soleil, avec celle d'une autre planète quelconque, par exemple de Saturne, il s'agissoit de trouver les plus petits nombres propres à représenter ce rapport, afin de déterminer le nombre respectif des dents à donner aux roues de ces planètes, en sorte que la Terre faisant une révolution, Jupiter fit de la sienne une partie si peu différente de la véritable, qu'il n'y eut pas d'erreur sensible, pour ainsi dire, sur un grand nombre de révolutions. Pour y parvenir, Huygens trouvoit, d'après Riccioli, que le mouvement de la Terre en 365 jours précis étoit de 359°, 45′, 41″, et celui de Saturne dans le même temps de 12°, 13′, 34″, ce qui donne pour le rapport de ces deux mouvemens, la fraction

(1) *Hugenii Opera posthuma*, tom. II, *ad finem*.

$\frac{77708431}{2640858}$; or cette fraction réduite en fraction continue, devient $29 + \cfrac{1}{2 + \cfrac{1}{2 + \cfrac{1}{1 + \cfrac{1}{5}}}}$, &c., dont les quatre premiers termes seulement donnent la fraction ordinaire, fort approchante de la vérité, savoir $\frac{206}{7}$. De-là Huygens concluoit qu'il falloit donner au pignon menant la roue de Saturne 7 dents, et 206 à cette roue. Par ce moyen, l'axe qui portoit ce pignon avec celui qui menoit l'orbe de la Terre, faisant une révolution dans 365 jours, devoit parcourir sur son orbite 12°, 13′, 58″, ce qui ne diffère de son mouvement moyen dans le même temps, que d'environ 24″ ; il ne devoit donc y avoir que 24″ d'erreur en une année, environ 12′ dans une révolution de Saturne, et dans un siècle, une anticipation sur le lieu véritable d'environ 40′. Il est probable que la fameuse sphère d'Archimède n'étoit pas aussi exacte.

Voici encore un exemple de l'usage de ces fractions. L'année solaire et tropique étant de 365j, 5h, 48′, 50″, et l'année commune de 365 jours précis, chaque année il reste un surplus de 5h, 48′, 50″. Il s'agit maintenant de déterminer la meilleure forme d'intercalation, c'est-à-dire de déterminer le nombre des années après lesquelles il faudroit ajouter un nombre de jours entiers, en sorte que le restant ou l'excès sur le mouvement réel du Soleil soit le moindre possible. On y parviendra ainsi au moyen des fractions continues.

Le jour entier contient 86400″, et l'excès de l'année tropique sur l'année commune, ou 5h, 48′, 50″, en contient 20930. Ainsi le rapport du jour entier à cet excès est la fraction ordinaire $\frac{8640}{2093}$. Cette fraction réduite en fraction continue donne $4 + \cfrac{1}{7 + \cfrac{1}{1 + \cfrac{1}{4 + \&c.}}}$ Ainsi l'on voit par-là que la première intercalation pourra être faite au bout de quatre ans ; mais elle sera défective, et il y aura une erreur en moins. En effet, quatre fois 5h, 48′, 50″ ne font pas entièrement un jour. Mais prenons deux termes de la fraction continue, ils nous donnerons $\frac{29}{7}$, ce qui annonce qu'on approcheroit davantage de l'exactitude, en intercalant 7 jours dans 29 ; mais on pêcheroit par excès. Si l'on prend les trois premiers termes, on trouvera $\frac{33}{8}$; ainsi on approchera encore beaucoup plus de la vérité, en intercalant, comme le faisoient les anciens Perses, huit fois seulement en 33 ans. On aura enfin cette suite

suite de fractions de plus en plus approchantes de la vérité, et alternativement par défaut et par excès, $\frac{4}{1}$; $\frac{29}{7}$; $\frac{33}{8}$; $\frac{128}{31}$; $\frac{161}{39}$; $\frac{2794}{1655}$, &c.

On peut être étonné de ne pas trouver ici la fraction $\frac{400}{97}$, qui indique, comme le prescrit le calendrier grégorien, de supprimer trois bissextiles en quatre cents ans; cela vient de ce que la correction séculaire prescrite par le calendrier grégorien, je veux dire la suppression de trois bissextiles en quatre cents ans a été suggérée plutôt pour la convenance et la commodité, que par le calcul. Il falloit en effet fixer, pour rendre la règle plus stable, la suppression de ces trois bissextiles à des années séculaires, parce que ces années terminent des périodes remarquables. Il est cependant vrai que si l'année tropique étoit, comme on pouvoit le croire alors, de 365j, 5h, 50′, 12″, la suppression de trois bissextiles en quatre cents ans seroit exacte; mais il paroît démontré aujourd'hui qu'elle n'est que de 365j, 5h, 48′, 50″ au plus. Ce n'est pas, au surplus, ici le lieu d'approfondir ce sujet.

Les fractions continues ont quelques autres propriétés et sont susceptibles d'opérations dont il est à propos de donner ici une idée; mais il nous faut pour cela les présenter sous une forme plus générale que nous n'avons fait, c'est-à-dire sous la forme algébrique.

En représentant de cette manière une fraction continue, elle peut avoir ces deux formes

$$a+\cfrac{1}{b+\cfrac{1}{c+\cfrac{1}{d\ \&c.}}} \qquad \text{ou} \qquad A+\cfrac{a}{b+\cfrac{c}{d+\cfrac{e}{f\ \&c.}}}$$

Mais la première forme étant celle qui se présente le plus souvent et qui est la plus simple, ce sera ici la seule que nous considérons.

Or on voit d'abord que si l'on prend successivement un, ou deux, ou trois termes, on aura cette série de termes: a; $\frac{ab+1}{b}$; $\frac{abc+a+c}{bc+1}$; $\frac{abcd+ad+cd+ab+1}{bcd+b+d}$, &c., dont avec quelque attention on reconnoît que la progression est celle-ci, savoir le numérateur d'un terme quelconque, par exemple ici le quatrième, est égal au numérateur du terme précédent, multiplié par la nouvelle lettre qui y doit entrer, plus le numérateur du terme avant-précédent; et le dénominateur du même terme est semblablement égal au produit du dénominateur du terme précédent par la nouvelle lettre, plus le dénominateur avant-précédent. Cette formule est propre à faciliter beaucoup la sommation d'un nombre de termes quelconque de la fraction continue; car quoique en apparence compliquée, elle se simplifie extrêmement lorsque chacune des lettres a une valeur numérale.

Un problême qui se présente ensuite et que résout Euler, c'est le moyen de transformer une fraction continue en une série de termes continuellement décroissans, ou au contraire de représenter une série donnée par une fraction continue. Le voici :

Ayant trouvé, comme on a vu ci-dessus, les sommes du premier et du second terme de la fraction, des trois premiers, des quatre premiers, savoir a; $\frac{ab+1}{b}$; $\frac{abc+a+c}{bc+1}$; $\frac{abcd+ad+cd+ab+1}{bcd+b+d}$; prenez-en les différences, qui seront $\frac{1}{b}$; $\frac{1}{b.(bc+1)}$; $\frac{1}{(bc+1).(bcd+b+d)}$; $\frac{1}{(bcd+b+d).(bcde+bc+de+bc+1)}$, &c. dont on peut sans beaucoup de peine appercevoir la progressiou ; ainsi la valeur de la fraction continue sera $\frac{a}{b} - \frac{1}{b(bc+1)} + \frac{1}{(bc+1)(bcd+b+d)} - \frac{1}{c+bc+d.+bc+1)(bcd+b+d)(bcd}$ &c., ce qui se démontre avec facilité ; car si l'on prend ensemble les deux premiers termes de cette série, on trouve la somme des deux premiers termes de la fraction continue ; la somme des trois termes de la série est égale à celle des trois premiers de la fraction, et ainsi de suite, comme il est facile de s'en convaincre par le calcul. Donc la série continuée à l'infini est égale à la fraction aussi infiniment prolongée.

On trouvera, *vice versâ*, mais par une analyse un peu trop longue pour trouver place ici, que si l'on a une série composée de termes entiers alternativement positifs et négatifs, comme $a - b + c - d + e - f$, &c., elle sera égale à une fraction continue, comme celle-ci,

$$a + \cfrac{b}{a - b + \cfrac{ac}{b - c + \cfrac{bd}{c - d + \cfrac{ce}{d - e \text{ \&c.}}}}}$$

Mais si, ce qui sera le plus ordinaire la série est composée de nombres fractionnaires, comme $\frac{1}{a} - \frac{1}{b} + \frac{1}{c} - \frac{1}{d} + \frac{1}{e}$, &c., la fraction continue qui en résultera sera

$$\cfrac{1}{a + \cfrac{aa}{b - a + \cfrac{bb}{c - b + \cfrac{cc}{d - c + \cfrac{dd}{e - a + \text{ \&c.}}}}}}$$

Il nous reste à donner quelques exemples de cette transformation. Nous prendrons à cet effet la fameuse série $1 - \frac{1}{3} + \frac{1}{5} - \frac{1}{7}$ &c. qui exprime le rapport du cercle au quarré du diamètre ; on trouvera, en substituant au lieu de a, b, c, d, &c. leurs valeurs dans la formule ci-dessus de la fraction continue, qu'elle est

$$1+\cfrac{1}{2+\cfrac{9}{2+\cfrac{25}{2+\cfrac{49}{2+\&c.}}}}$$

, qui est la fraction continue de Brouncker, dont on a parlé plus haut.

La série $1-\frac{1}{2}+\frac{1}{3}-\frac{1}{4}+\frac{1}{5}$, &c. qui exprime le logarithme de 2 se trouve par le même procédé égale à cette fraction continue

$$\cfrac{1}{1+\cfrac{1}{1+\cfrac{4}{1+\cfrac{9}{1+\cfrac{16}{1+\&c.}}}}}$$

Mais nous pensons que ces exemples doivent suffire pour donner à nos lecteurs une idée convenable de cette ingénieuse théorie, dont ils pourront s'instruire à fond dans les divers écrits que nous indiquerons vers la fin de cet article.

Nous croyons cependant devoir dire encore quelques mots d'une espèce de fraction continue qui a une propriété singulière; ce sont celles dont le numérateur étant l'unité, les dénominateurs reviennent périodiquement, comme celles-ci:

$$1+\cfrac{1}{2+\cfrac{1}{2+\cfrac{1}{2+\cfrac{1}{2\ \&c.}}}} \qquad 1+\cfrac{1}{2+\cfrac{1}{3+\cfrac{1}{2+\cfrac{1}{3\ \&c.}}}}$$

et ainsi d'autres, où la période sera plus prolongée.

Dans ce cas, la sommation de la fraction continue, quoique prolongée à l'infini, est toujours donnée par une équation du second degré. En effet, nommons x cette somme, on aura $x-1$, que pour simplifier nous nommerons z, $=\cfrac{1}{2+\cfrac{1}{2+z}}$;

car z étant $\cfrac{1}{2+\cfrac{1}{2\ \&c.}}$ à l'infini, la fraction est la même à quelque point qu'on la commence, et conséquemment $=z$; cela donnera l'équation du second degré $z^2+2z=1$, dont l'une des racines est $z=\sqrt{2}-1$, d'où il suit que $x=\sqrt{2}$. Ajoutons que l'on rencontrera la même chose en prenant un terme ou tant de termes de plus de la fraction qu'on voudra.

L'autre fraction continue traitée de la même manière nous donnera $x-1$, ou $z=\cfrac{1}{2+\cfrac{1}{3+\cfrac{1}{2+\cfrac{1}{3\ \&c.}}}}$ $=\cfrac{1}{2+\cfrac{1}{3+z}}$.

Delà résultera l'équation du second degré $zz + 3z = \frac{3}{2}$; donc $z = \frac{1}{2}\sqrt{15} - \frac{3}{2}$, et conséquemment $x = \frac{1}{2}\sqrt{15} - \frac{1}{2}$. Telle est la somme de la fraction continue dont il est question et prolongée à l'infini, et nous pouvons assurer que le même résultat aura lieu si l'on s'arrête seulement après deux, trois périodes, &c. Le progrès du calcul indique aussi suffisamment qu'on ne sauroit arriver par ce moyen à une équation autre que du second degré, ce qui est fâcheux; car s'il eût pu résulter de là des équations de degrés plus élevés, c'eût été un moyen très-commode de les résoudre au moins par approximation.

Mais nous croyons devoir nous borner à ces traits les plus faciles de la théorie des fractions continues, et nous terminerons, selon notre usage, cet article par l'indication des principaux écrits relatifs à cette matière. Le premier de tous est celui d'Euler, dont nous avons parlé plus haut, et qui se trouve dans le cinquième volume des anciens Mémoires de Pétersbourg. Il y donna une continuation dans le neuvième. L'*Introductio in analysim infinitorum*, d'Euler, contient un précis de ce que cette théorie présente de plus intéressant. Le dix-neuvième volume des nouveaux Mémoires contient encore un supplément sur ce sujet. Daniel Bernoulli s'en est aussi occupé dans deux mémoires qu'on lit parmi ceux du ...... volume de cette dernière collection. Mais on doit surtout beaucoup à cet égard au cit. Lagrange qui, dans ses additions à l'algèbre d'Euler, traduite en françois, a donné un traité aussi précis qu'élégant et profond de ce genre de fractions dont l'utilité lui paroît ne pouvoir être trop appréciée. Il en a fait effectivement un usage tout-à-fait neuf dans la théorie des équations, pour trouver par des approximations de plus en plus rapprochées, les racines irrationnelles des équations algébriques (1).

Il en a fait depuis, c'est-à-dire en 1776, un usage encore plus remarquable, en faisant voir l'utilité de ce genre de fractions dans le calcul intégral, pour parvenir, par un moyen plus commode que celui des séries ordinaires, à l'intégration approchée des équations différentielles dont l'intégrale finie est impossible, ou très-difficile à trouver. L'emploi des fractions continues a en effet sur celui des séries l'avantage de donner directement la valeur rationnelle et finie de la quantité cherchée, quand elle en a une, ou d'indiquer quand elle ne peut se terminer, qu'aucune fonction rationnelle et finie ne répond à la

(1) *Mém. de l'acad. de Berlin*, ann. 1769.

quantité cherchée. Nous regrettons assurément de ne pouvoir entrer sur ce sujet intéressant dans les détails qu'il mériteroit.

XXXI.

Les moyens qui contribuèrent le plus au développement des nouveaux calculs vers la fin du siècle dernier et le commencement de celui-ci, furent les problêmes que les coryphées de ces calculs se proposèrent mutuellement, et aux géomètres en général, pour tenter leurs forces. Nous avons déjà parlé de quelques problêmes mécanico-géométriques de ce genre, et nous aurions pu parler aussi de divers autres purement géométriques ou analytiques; mais ayant réservé pour ce livre le tableau des progrès de cette partie des nouveaux calculs, qu'on nomme la *méthode inverse des tangentes*, nous avons cru que ce lieu seroit plus propre à présenter l'histoire de ces problêmes. D'ailleurs nous n'avons jamais eu dessein de nous astreindre à un ordre purement chronologique; le rôle d'historien nous a paru préférable à celui d'annaliste, et sans doute en prenant ce dernier, nous nous serions épargné beaucoup de peine.

M. de Beaune, l'un des premiers promoteurs de la géométrie de Descartes, lui avoit autrefois proposé ce problême (1): Trouver une courbe (*fig.* 58) dont l'*ordonnée* PB *soit à sa soutangente* PD, *comme une ligne donnée* N *à la partie* BE *de cette ordonnée interceptée entre la courbe et la ligne* AE *tirée du sommet à angle demi-droit avec l'axe.* Ce problême laissé par Descartes irrésolu étoit propre à faire voir l'avantage de la nouvelle méthode; c'est pourquoi M. Jacques Bernoulli, et son jeune frère Jean Bernoulli, qui entroit alors dans la carrière de la géométrie, s'évertuèrent à en trouver la solution, qu'ils donnèrent dans le Journal des Savans en 1692. On la trouve aussi dans les *Act. erud.* de 1693, et dans les *Lect. calculi integralis*, de Jean Bernoulli (*Opp.* t. III.). Cela donna lieu au dernier d'en proposer un autre du même genre, savoir celui-ci: *Trouver une courbe dans laquelle la tangente soit toujours en raison donnée avec la partie de la soutangente comprise entre la tangente et le sommet*, problême bien plus difficile que le précédent, car les indéterminées y sont bien plus difficilement séparables. Aussi n'y eut-il que peu de géomètres qui en vinrent à bout, comme M. Jacques Bernoulli (2); l'auteur même du problême, Jean Bernoulli (3);

(1) *Lett. de Desc.* t. p.
(2) *Act. erud.* 1693.
(3) *Ibid.*

Huygens, malgré son âge qui l'affranchissoit de pareils combats (1), et le marquis de l'Hôpital (2). Mais la solution la plus ingénieuse nous a paru être celle de Jacques Bernoulli, qui décrit la courbe, soit par points, soit par un mouvement continu. Cette construction porte avec elle sa démonstration, et l'on peut, sans recourir au calcul intégral, trouver l'équation de la courbe. Il est aisé de voir que quand la raison proposée est une raison d'égalité, la courbe en question est un cercle. Car soit (*fig.* 59) le cercle DAF touchant en A l'axe des abscisses AP; c'est une propriété du cercle que la tangente BT soit égale à AT. Mais quand cette raison est autre que celle d'égalité, par exemple de 1 à 2 ou de nombre à nombre, la courbe est algébrique et du quatrième degré. Elle est transcendante et se construit au moyen de la logarithmique ou de la quadrature de l'hyperbole, lorsque la raison donnée est de ligne à ligne en général. Au reste, ces deux problêmes ne sont pas fort difficiles à mettre en équation différentielle, et le moyen de séparer les indéterminées ne seroit plus qu'un jeu pour l'analyse moderne; mais au moment où ils étoient proposés, ce moyen étoit encore un secret réservé à quatre ou cinq géomètres de l'Europe.

Parmi les problêmes géométriques proposés vers le même temps par M. Jean Bernoulli, un des plus curieux est celui-ci: Tout le monde sait que si d'un point extérieur à un cercle on tire à travers ce cercle une sécante, le rectangle de la sécante entière et de sa partie extérieure est constamment égale au quarré de la tangente. Mais cette propriété (en prenant un point unique) n'est point particulière au cercle; il y a une infinité de courbes à qui elle convient. On demande donc l'équation de ces courbes et le moyen d'y parvenir. Peu après il y ajouta cette extension: *Trouver la courbe ou les courbes telles que tirant d'un point* P *donné* (fig. 60) *une sécante* PBE, *la coupant en deux points, la somme des puissances quelconques de la sécante entière* PE *et de sa partie extérieure* PB, *fasse toujours une même somme, ou deux fois la pareille puissance de la tangente* PC.

Ce problême, de même que les précédens, n'étoit pas un problême fait pour tout le monde; aussi n'eut-il de solutions que de Leibnitz (3), de Neuton (4), de Jacques Bernoulli (5), de son auteur, M. Jean Bernoulli (6), et de M. de l'Hôpital (7).

(1) *Acta erud.* 1694.

(2) *Anciens Mémoires de l'Académie*, 1693. *Act. erud.* 1694.

(3) *Act. erud.* ann. 1697.

(4) *Trans. philos.* janv. 1697.

(5) *Act. erud.* 1697.

(6) *Ibid. et Opp.* t.

(7) *Ibid.*

Nous nous bornerons à indiquer divers autres problêmes aussi difficiles que piquans pour les géomètres du premier ordre, qui furent agités vers cette époque entre les deux illustres frères MM. Bernoulli. Tels furent les suivans : *Décrire sur la surface d'un cône droit entre deux points donnés qui ne sont pas sur un même côté du cône la ligne la plus courte. — Trouver la même chose sur la surface d'un conoïde ou sphéroïde. — Plusieurs courbes comme des arcs de cercle ou d'ellipse ayant même axe horizontal étant décrites, trouver la moindre comprise entre leur sommet commun et une ligne donnée de position. — Plusieurs logarithmiques du même axe et passant par le même point étant données, trouver la courbe qui, partant d'un point donné de l'axe, les coupe toutes sous le même angle.* Celui-ci, enfin. *Etant données une infinité de cycloïdes ayant même origine et leur base dans la même horizontale, trouver la courbe qui les coupe toutes, de sorte qu'un corps roulant par une quelconque de ces cycloïdes, arrive à la courbe cherchée dans le même temps.* Jean Bernoulli lui donna par cette raison le nom de la courbe *synchrone*.

Je remarquerai en passant que les solutions de ces problêmes furent pour la plupart données sans démonstration et sans l'analyse qui y avoit conduit ; ce qui a dans la suite donné lieu à quelques géomètres de l'académie des sciences d'exercer leur sagacité à y suppléer. C'est ce qu'ont fait avec succès Saurin et Nicole. On peut voir leurs travaux sur ce sujet dans les Mémoires de l'académie des sciences, années 1709, 1710, 1715. Mais revenons à MM. Bernoulli.

La plupart de ces problêmes, il faut en convenir, sembloient dirigés par Jean Bernoulli pour tenter et embarrasser Jacques son frère. Celui-ci avoit la supériorité de l'âge ; il avoit en quelque sorte introduit Jean dans la carrière de la géométrie ; il ne put voir sans en être piqué cette espèce de provocation continuelle de son frère, et rassemblant en quelque sorte toutes ses forces, il lui lança le fameux problême des isopérimètres ; ce problême est celui ci : *De toutes les courbes comme* ABC (fig. 61), *de même contour et sur une même base, déterminer celle dont les ordonnées élevées à une puissance quelconque forment la plus grande somme possible, ou pour développer ceci davantage*, soit la courbe ci-dessus ACB sur la base AB, et l'ordonnée PC soit élevée à une puissance quelconque n ; que PD enfin soit proportionnelle à PC^n, on demande laquelle de toutes les courbes isopérimètres à ACB est celle qui donnera l'aire ADB la plus grande possible.

Il est à la vérité aisé de voir que lorsque cette puissance est le premier degré, ou que n est égal à 1, l'aire ADB sera une aire égale et semblable à ACB, et que celle-ci sera un segment de cercle dont ACB sera l'arc et AB la corde. On peut voir aussi sans beaucoup de peine que lorsqu'il sera question de la seconde puissance de PC, la courbe doit être la lintéaire; car ce doit être la courbe dont la circonvolution autour de sa corde produira le plus grand solide, ce qui appartient à la lintéaire, dont une des propriétés est que le centre de gravité de sa figure est le plus bas possible à l'égard de sa corde. Mais dans tous les autres cas, le problême est d'une difficulté incomparablement plus grande. On seroit même assez embarrassé à résoudre ces premier cas par un moyen direct. Il étoit question d'en trouver un général et *à priori*.

A ce problême, M. Jacques Bernoulli en joignoit, par forme de supplément, un autre qui consistoit en ceci : *Etant données* (fig. 62) *une infinité de cycloïdes renversées sur la même base horizontale* ADF, *et une verticale comme* DE *qui les coupe toutes, quelle est celle qui amènera un corps tombant de* A *le long de la courbe, en vertu de sa pesanteur, à cette perpendiculaire dans le moindre temps possible.* M. Bernoulli l'aîné ajoutoit que quelqu'un s'engageoit, sous sa caution, de payer à son frère une indemnité de cinquante ducats, si dans l'espace de trois mois il s'engageoit à donner une solution du problême (il entendoit certainement parler du premier), et si dans le restant de l'année il remplissoit son engagement ; le défi étoit du mois de mai de l'année 1697.

M. Bernoulli le jeune, provoqué par ce défi, ne manqua pas d'y répondre ; il le fit assez lestement, car par un petit écrit qu'il inséra dans le Journal de Basnage, intitulé *Histoire des ouvrages des savans* (juin 1697), il disoit avoir été peu embarrassé des deux problêmes de son frère, qu'il n'avoit pas eu besoin de plus de trois minutes, au lieu de trois mois qu'on lui accordoit pour tenter, commencer et achever d'approfondir le mystère du premier. Il l'envisageoit même sous une plus grande généralité, en supposant qu'on voulut, non pas seulement que l'ordonnée PB fût une puissance de PC, mais fût dans un rapport quelconque avec PC, composé de PC et d'une donnée A (nous dirions aujourd'hui exprimé par une fonction quelconque de PC et de constantes). Il n'en donnoit pas néanmoins en ce lieu la solution que nous verrons plus loin.

Quant au second problême, il le généralisoit aussi, en annonçant qu'il ne s'étoit pas borné à le résoudre dans le cas où la ligne à laquelle le corps devoit arriver dans le moindre temps possible, seroit une verticale, comme l'avoit proposé son frère, mais une ligne quelconque de position donnée, et

même

même dans le cas où au lieu d'une infinité de cycloïdes, entre lesquelles une seule résolvoit le problême, on eut proposé une infinité de courbes de la même nature, ayant leur sommet en un même point et leur axe dans l'horizontale. Peu après même il proposa, dans le Journal des savans, du 26 août 1697, six autres problêmes géométriques de grande difficulté, qui, s'ils n'étoient pas directement adressés à son frère, pouvoient, vu les termes où ils en étoient, paroître lui être proposés, comme un défi réciproque.

M. Bernoulli le jeune ne jugea pas devoir pour le moment en dire davantage sur les problêmes de son frère. Mais dans une lettre adressée à M. Varignon, le 13 octobre 1697, et insérée dans le Journal des savans, du 2 décembre de la même année, il donne le résultat d'une de ses solutions, car il dit en avoir plusieurs. Ce résultat étoit d'autant plus séduisant, que l'appliquant aux cas du problême déjà résolus indirectement, il câdroit avec ce que l'on savoit ; car dans le cas où la puissance n seroit le premier degré, on voit résulter le cercle comme la courbe isopérimètre la plus capable ; dans le cas où n exprimeroit la seconde puissance, c'étoit la lintéaire.

A l'égard du second problême, il annonçoit que de toutes les cycloïdes proposées, celle qui résolvoit le problême étoit celle qui rencontroit la ligne donnée perpendiculairement, soit que cette ligne fut verticale, soit qu'elle fut inclinée à l'horizon. Il donnoit enfin la solution du problême généralisé comme il l'avoit fait, en supposant qu'au lieu de cycloïdes le long desquelles devoit rouler le corps pour atteindre la ligne donnée dans le même temps, ce seroit des courbes semblables comme des cercles, des paraboles, des ellipses (semblables). Le cas des ellipses quelconques ou courbes dissemblables, quoique du même genre, forme en effet encore un nouveau genre de difficulté.

Il dut paroître à tout le monde que M. Bernoulli le jeune avoit complettement résolu les problêmes de son frère. Il n'y avoit en effet rien à dire quant au second ; M. Bernoulli n'en parla plus. Mais il n'en fut pas ainsi à l'égard du premier. Il publia dans le Journal des savans, du 17 février 1698, un avis par lequel il disoit que la solution du principal de ses problêmes, celui des isopérimètres, n'étoit pas entièrement conforme à la vérité, c'est pourquoi il vouloit bien accorder encore aux géomètres quelque temps pour la chercher ; et que si enfin personne ne la donnoit, il s'engageoit à trois choses ;

1°. A deviner au juste l'analyse qui avoit conduit son frère à la solution qu'il en avoit donnée ;

2°. Quelle qu'elle fut, à y faire voir des paralogismes, s'il la vouloit dévoiler ;

3°. A donner la véritable solution du problême dans toutes ses parties.

Il faisoit plus ; il ajoutoit que s'il se trouvoit quelqu'un qui pour l'intérêt des sciences voulût assigner un prix pour chacun de ces articles, il s'engageoit à en perdre autant s'il ne remplissoit pas le premier, le double s'il ne satisfaisoit au second, et le triple s'il manquoit au troisième.

M. Bernoulli le jeune ne tarda pas à répliquer, car ce fut dans le Journal du 21 avril ; il le faisoit même avec quelqu'amertume, et l'on ne s'en étonnera pas. Il y convenoit toutefois de quelques légères méprises de précipitation, qu'il corrigeoit, mais qui n'étoient pas à ce qu'il paroît l'objet de la critique de son frère. Enfin après nombre de détails fort intéressans pour les géomètres, il terminoit cet écrit en proposant un nouveau problême, savoir : *De toutes les demi-ellipses décrites sur un axe horizontal donné, déterminer celle qui seroit parcourue par un corps roulant sur sa concavité dans le moindre temps*. Il s'engageoit même à payer un prix quadruple de celui proposé dans le programme de son frère, à celui qui en donneroit la solution dans le restant de l'année, et il permettoit à son frère de le secourir.

A cet écrit, Jacques Bernoulli se contenta de répondre par quatre lignes dans le même Journal, du 26 mai. Il y disoit qu'avant de publier une réponse aux solutions de son frère, il le prioit de repasser tout de nouveau sur la dernière, d'en examiner attentivement tous les points, et de dire enfin si tout y étoit bien, en lui déclarant qu'après avoir donné sa solution propre, les prétextes de précipitation ne seroient plus écoutés.

La réponse de M. Bernoulli le jeune fut encore très-tranchante. Il répliqua qu'il n'avoit que faire de repasser sur ses solutions, qu'il avoit résolu les deux problêmes de son frère exactement et légitimement, et il finissoit, après quelques reproches sur le refus (tacite) de s'en rapporter au jugement d'un tiers, par dire qu'apparemment son frère n'osoit risquer la gageure sur son dernier problême, pour lequel néanmoins il lui accordoit encore cinq semaines.

Cette réponse donna lieu à un nouvel avis de M. Bernoulli l'aîné sur ce sujet. Il y disoit qu'il avoit toujours douté que son frère fût en possession de la vraie méthode pour la résolution de son problême, mais qu'il n'en doutoit plus depuis son refus de repasser sur sa solution ; qu'il l'invitoit encore à revenir sur un endroit qu'il lui indiquoit, et à dire du moins s'il n'y avoit pas faute d'impression dans une équation différentielle qu'il employoit pour le cas de l'arc ; qu'au surplus, loin de refuser l'arbitrage de M. Leibnitz, il acceptoit de bon cœur aussi celui de M. de l'Hôpital et de Neuton. Mais il ne paroît pas que ces grands géomètres ayent jamais voulu s'immiscer dans ce différend ; et à dire vrai, il leur eût été difficile de le faire, les pièces démonstratives du procès n'ayant vu le jour que plusieurs années après. Quant aux différens problêmes par lesquels, disoit-il, son frère tâchoit de faire diversion sur la principale question, il donnoit suffisamment à entendre qu'il étoit sûr de leur solution ; mais il ne vouloit pas courir deux lièvres à-la fois.

M. Bernoulli le jeune ayant gardé le silence sur cette nouvelle invitation, M. Jacques Bernoulli publia enfin dans une lettre à M. Varignon, qui fut insérée au Journal, du 4 août 1698, ses observations sur la solution de son frère. Il lui objecte d'abord qu'il avoit entendu que dans la solution de son problême, il seroit fait usage d'un principe et d'une analyse toute géométrique, mais qu'il a tout lieu de penser, d'après ce que dit son frère du peu de temps employé à la trouver, qu'il a fait usage d'un principe indirect et mécanique, tel que celui-ci, que des corps pesans descendent jusqu'à ce que leur centre de gravité soit parvenu au plus bas possible ; il donne ensuite une esquisse de l'analyse qu'il croit avoir été employée, et qui est analogue à celle par laquelle il avoit déterminé lui-même la courbure du linge pressé d'une liqueur, ce qu'on appelle la *lintéaire*, ou celle de la *voilière* ; que cette analyse étoit si peu susceptible d'être appliquée à la question, qu'elle conduisoit à l'erreur ; et que si dans les cas les plus simples il se rencontroit avec ce qu'on savoit déjà, cela venoit de ce qu'une erreur en redressoit une autre, ce qu'il développe assez longuement. Il ajoutoit que son frère s'étoit entièrement trompé sur le cas du problême, où il s'agissoit des puissances de l'arc. Il finissoit par deux anagrammes ou gryphes en lettres transposées, contenant les solutions de deux des plus difficiles problêmes proposés par son frère, en particulier de son dernier sur les ellipses dissemblables, étendu à toutes les courbes quelconques, pourvu qu'elles soyent du même genre.

Un jugement si sévère ne pouvoit que piquer au vif M. Bernoulli le jeune. Il y répondit par une lettre écrite au même M. Varignon, et qui fut insérée au Journal des savans, du 8 décembre. Il s'y élève fortement et avec chaleur contre la conjecture de son frère, qu'il eut employé dans sa solution le principe de mécanique, qu'il dit soupçonner avec une sorte de certitude ; qu'au surplus, son frère n'avoit nullement manifesté l'intention que l'on n'employât dans la solution de ses problêmes que des principes de pure géométrie ; que ce n'est pas qu'il n'ait pour cela une méthode directe et purement géométrique qu'il donnera un jour ; que s'il l'inculpoit de n'avoir donné ni démonstration, ni analyse de sa solution, il pourroit aussi inculper M. Neuton de n'avoir donné qu'une solution illégitime de son problême de la courbe de la plus courte descente, puisqu'il pouvoit n'y avoir employé qu'un principe mécanique, &c. ; que peut-être sa solution à lui-même n'est pas exacte, si elle est différente de la sienne. Je passe sur divers reproches et récriminations assez vives qu'il fait à son frère. Son écrit est terminé par l'annonce qu'il fait d'avoir envoyé depuis du temps à Leibnitz sa solution en dépôt, et par insister sur ce que son frère en fasse autant, afin que leurs solutions puissent être appréciées par lui et rendues publiques ; il annonce qu'il gardera désormais le silence jusqu'à ce moment. Tout cet écrit respire l'aigreur ; et à dire vrai, M. Jacques Bernoulli avoit mis dans toutes observations un ton fort magistral. Mais M. Bernoulli le jeune n'avoit-il pas lui-même aussi des torts, ne fut-ce que celui de s'être joué ou d'avoir feint de se jouer du problême de son frère, en disant que trois minutes avoient suffi pour le résoudre. Je dois observer ici que Leibnitz se récusa pour juge. On voit par un petit écrit qu'il envoya aux Actes de Léipsick, qu'il avoit vu avec chagrin le différend survenu entre les deux illustres frères ; il y attestoit seulement que M. Bernoulli le jeune lui avoit envoyé sa solution et son analyse, qu'il l'avoit lue et approuvée, sans néanmoins l'avoir assez profondément examinée pour en porter un jugement.

On est sans doute impatient de connoître l'issue de cette querelle. Je ne vois pas que Bernoulli l'aîné ait envoyé à Leibnitz sa solution. Mais il la publia dans les Actes de Léipsick, de juin 1700, sous le titre de *Jacobi Bernoulli solutio propria problematis isoperimetrici*, qui fut suivie, au mois de mai 1701, d'une autre pièce intitulée : *Jacobi Bernoulli analysis magni problematis isoperimetrici.* On ne peut rien ajouter à la clarté et à la solidité de la méthode qu'il y employe : c'est un chef-d'œuvre de sagacité et de profondeur. Il ne s'y borne même pas au problême des isopérimètres ; il donne, par forme de supplément, une solution du problême funiculaire conçu d'une manière infiniment générale ; car il n'y est pas seulement question d'une corde chargée à distances égales de poids égaux, ou d'une corde de grosseur et pesanteur uniformes, mais il y suppose ces poids croissans selon une loi quelconque exprimée par l'équation d'une courbe ; et il tire de cette solution plusieurs vérités curieuses et intéressantes pour les géomètres.

Dans cet intervalle de temps, M. Bernoulli le jeune publia encore, malgré sa promesse, dans le Journal des savans, de février 1701, un petit écrit fort animé contre son frère. Nous nous faisons une peine de rapporter ce qu'il en dit d'amer et de peu fondé. Du reste, l'objet principal de cet écrit étoit d'annoncer qu'il avoit fait remettre ses méthodes et solutions à l'académie des sciences, au jugement de laquelle il se soumettoit. Il peut paroître singulier qu'au commencement de 1701 M. Bernoulli le jeune ignorât que son frère avoit déjà publié sa solution dans les Actes de Léipsick dès le mois de juin de l'année précédente, car il n'en dit pas un mot ; et il se seroit probablement épargné quelques traits contre son frère, s'il l'eût connue.

Quoiqu'il en soit, cette solution latine fut remise à l'académie des sciences le premier février 1701, par l'entremise de M. Varignon, et dans un paquet cacheté, avec prière qu'il ne fût ouvert qu'après que son frère auroit publié son analyse. Mais quoique ce dernier y eut satisfait dans les Actes de Léipsick dès le mois de juin 1701, diverses circonstances empêchèrent l'ouverture de ce paquet. On diroit que personne n'osa s'immiscer à juger ce procès scientifique ; et soit que le premier jugeât d'après la solution et l'analyse de son frère que la sienne ne pouvoit pas lui être comparée et craignît peut-être de nouvelles observations défavorables, soit que le temps qui émousse toutes les animosités eût calmé sa passion, le procès resta assoupi ; à dire vrai, peu de personnes eussent pû le juger. Il n'y avoit guère alors dans l'académie, au jugement de laquelle Bernoulli en avoit appellé, que M. de l'Hôpital qui eût pu être choisi pour juge ; et il étoit trop attaché à Bernoulli le jeune, il lui avoit trop d'obligations, pour se charger d'un pareil rôle. Jacques Bernoulli n'insistant donc point sur ce jugement, les choses en restèrent là jusqu'en août 1705, que celui-ci paya le tribut à la nature. Jean Bernoulli n'hésita donc plus à faire paroître sa solution, et elle vit le jour dans les Mémoires de l'académie de 1706.

Cette solution est double, l'une purement analytique et géométrique, l'autre déduite de principes mécaniques analogues à ceux qui lui avoient servi à résoudre le problême de la *linteaire*. La première avoit néanmoins intrinséquement le défaut prédit en quelque sorte par Jacques Bernoulli ; mais il y avoit alors dans l'académie et dans toute l'Europe si peu de personnes en état de prononcer sur ce sujet, que la solution de Jean Bernoulli passa pour bonne, *nemine reclamante*. Si Leibnitz reconnut le défaut de la solution de son ami et correspondant intime, on sent aisément que ce ne pouvoit être lui qui en fit l'observation. Quant à Neuton, il ne se mêloit qu'à son corps défendant des querelles littéraires ou des défis de géomètres du continent. Ainsi, soit que Bernoulli se fît illusion, soit que par un effet de cette foiblesse attachée à la nature humaine, il ne voulut paroître avoir le dessous, il laissa croire que sa solution valoit bien celle de son frère. Ce ne fut que plusieurs années après, savoir en 1718, qu'il fit l'aveu tardif que solution étoit vicieuse, et en donna, dans les Mémoires de l'académie de cette année, une autre où il la rectifioit en faisant varier trois élémens consécutifs de la courbe, au lieu que dans sa première solution, il n'en faisoit varier que deux. En effet, cette variation de trois élémens consécutifs est absolument nécessaire pour une solution exacte et complette. Bernoulli eût peut-être ajouté à sa gloire en convenant encore que sa solution n'est guère autre que celle de son frère, simplifiée, et s'il n'eut pas cherché à y relever avec affectation quelques inutilités qui ne portent aucune atteinte à son excellence.

Telle est l'histoire de la fameuse querelle que ce problême, comme une pomme de discorde, suscita entre les deux frères, un peu au scandale de l'Europe sçavante. Nous désirerions pouvoir entrer dans plus de détails sur le fond; mais les bornes que nous nous sommes prescrites ne nous le permettent pas. Ceux qui les désireront peuvent voir la solution Jacques Bernoulli dans le recueil de ses OEuvres, et celles de Jean, tant la première que la seconde, dans la précieuse collection de ses ouvrages.

Il nous seroit difficile de trouver un endroit plus convenable pour parler de ce que des géomètres postérieurs ont ajouté à la vaste théorie dont ce problême n'est en quelque sorte qu'un cas, et à la vérité un des plus difficiles. Ce fut Euler qui, quelques années après, envisagea le problême beaucoup plus généralement, et le traita ainsi dans le savant et profond ouvrage qu'il publia en 1744, sous le titre de *Methodus inveniendi lineas curvas maximi minimive proprietate gaudentes, seu solutio problematis isoperimetrici generalius concepti, &c.* (*Lauzannae et Genevae*, 1744, *in*-4°.). Il y enseigne, par une analyse des plus profondes et des plus ingénieuses, à trouver les courbes qui jouissent de quelques propriétés de *maxima* et *minima*, non de celle d'avoir une ou plusieurs ordonnées les plus grandes ou les moindres (c'est-là pour ainsi dire de l'élémentaire du calcul différentiel où le calcul intégral est inutile), mais il s'agit de trouver des courbes telles qu'une fonction déterminée de l'ordonnée, de l'abscisse, de l'arc, ou des autres lignes qu'on considère dans la théorie des courbes étant donnée, cette fonction y soit à tous ses points un *maximum* ou *minimum*. Tel est ce problême : Trouver la courbe dans laquelle l'aire comprise entre la courbe, son rayon de la développée et la développée même, est un *minimum*, ce que l'on fait voir être la cycloïde ordinaire. Delà Euler s'élève à d'autres questions beaucoup plus épineuses et auxquelles le problême de Jacques Bernoulli, tout difficile qu'il est, cède beaucoup en ordre de difficulté. L'ouvrage est terminé par deux additions, l'une concernant la courbe élastique; c'est un traité complet sur cette courbe, et qui présente sur sa forme dans les différens cas, les choses les plus curieuses. Euler fait voir enfin dans la seconde addition, qui a pour objet le mouvement des projectiles selon les différentes lois de force, Euler, dis-je, fait voir qu'il y a toujours un *minimum* d'accumulation de forces dans le projectile. Mais nous pourrons dire quelque chose de plus sur ce sujet dans l'histoire de la mécanique, qui suivra immédiatement.

Quelque savante néanmoins que soit l'analyse d'Euler, elle étoit encore susceptible d'un degré de perfection, et il est dû au cit. Lagrange, auteur du nouveau *calcul des variations*, au moyen duquel tous les problêmes de ce genre et nombre d'autres de la plus grande difficulté, reçoivent une solution plus simple. Euler lui-même l'a reconnu, et a rendu à cette excellente méthode une sorte d'hommage, en en expliquant les principes, par un écrit intitulé : *Elementa calculi variationum*, inséré dans les *Novi commentarii acad. S. Petropolitanae*, tome X. On s'attend bien que nous tâcherons, *pro viribus nostris*, de donner une idée de cette méthode.

Voici encore un problême des plus curieux que proposa M. Jean Bernoulli en 1701 : *Etant donnée une courbe géométrique, en trouver une autre, ou tant d'autres qu'on voudra, qui lui soyent égales en longueur.* Ce problême excita une petite altercation entre Craige, géomètre anglois, et Bernoulli; car Craige, suivant quelques lumières d'analyse qui semblent d'abord conduire avec facilité à la solution du problême, en donna une solution prétendue dans les *Transactions philosophiques* (année 1702). Bernoulli, en publiant la sienne, fit sur celle de Craige des observations tendantes à en faire voir le peu de solidité. Craige ne se rendit pas d'abord; il prétendit même la justifier dans les *Transactions philosophiques* de 1708; mais enfin il ouvrit les yeux à la lumière et reconnut sa précipitation, qui l'avoit empêché de voir que sa méthode donnoit seulement la même courbe que la proposée, dans une solution différente. Quant à la solution de Jean Bernoulli, rien de plus ingénieux ; il y parvient en montrant que si on fait rouler une courbe sur une autre, la courbe mobile touchant toujours la première et se mouvant d'un mouvement parallèle à elle-même, une ellipse sur une ellipse, ainsi qu'on le voit dans la figure 63, le centre de l'ellipse mobile décrit une nouvelle courbe double de la première, et se rapprochant beaucoup plus du cercle. On peut voir dans ses Œuvres, tome I, cette ingénieuse spéculation, dont il tire divers autres usages, entr'autres pour la rectification approchée de l'ellipse. Leibnitz étoit enchanté de cette spéculation de Bernoulli. Il faut cependant convenir que ce moyen de parvenir à la solution de son problême est si détourné, qu'on est fondé à penser qu'il n'a eu l'idée de le proposer qu'après avoir été conduit à cette solution par quelque spéculation entreprise dans d'autres vues. On pourroit peut-être en désirer une plus directe.

XXXII.

Nous n'avons parlé qu'incidemment du problême des trajectoires orthogonales, en exposant les premiers progrès des nouveaux calculs dans le continent, ainsi qu'en racontant les démêlés savans de MM. Jacques et Jean Bernoulli, sur celui des isopérimètres dans l'article précédent. Ce problême agité entre les deux illustres frères, et ensuite entre leurs fils et neveu, est devenu si célèbre en géométrie, par les nouveaux artifices de calcul qu'il a exigés, que nous avons cru ne pouvoir nous dispenser de lui donner ici une place particulière.

Expliquons d'abord et rendons sensible par un exemple, ce qu'on entend par *trajectoires orthogonales*. Qu'on examine une suite de courbes de la même espèce, par exemple une infinité de paraboles AB, AB′, AB″, &c. (*fig.* 64) ayant même sommet A et même axe, mais des paramètres différens, ce qui forme une suite de paraboles depuis celle qui coïncide avec son axe, le paramètre étant *o* ou infiniment petit, jusqu'à celle qui coïncide avec la perpendiculaire dont le paramètre est le plus grand possible. On demande la nature de la courbe CDE qui les traversera en les coupant toutes sous un angle droit, ou même sous un angle donné. Ou bien encore (*fig.* 65) soit une suite de paraboles égales AB, A′B′, A″B″, &c. sur le même axe, mais ayant différens sommets, comme si la parabole AB s'étoit mue parallélement à elle-même dans le sens de son axe, quelle est la courbe CDE qui les coupera toutes à angles droits? Ce ne sont-là au surplus que des exemples propres

propres à donner une idée du problême, et ils sont des plus faciles parmi ceux qu'on peut proposer. En effet, on trouve, même sans un appareil fort savant de calcul, que dans le premier cas, les courbes cherchées (car il en est une infinité suivant la distance du point C au sommet des paraboles) sont des ellipses ayant leur centre au sommet commun des paraboles, et où l'axe transverse est au conjugué comme 1 à $\sqrt{2}$ (1).

Dans le second cas, on voit aussi bientôt, quand on est un peu géomètre, que la courbe qui coupe toutes les paraboles égales de la *fig. 65*, n'est autre qu'une logarithmique ayant pour sa soutangente, qu'on sait être constante, une ligne égale à la sous-normale de la parabole mobile, qu'on sait aussi être invariable.

Le *Commercium epistolicum* entre Leibnitz et Bernoulli fournit les premiers traits de ce problême, car ils agitoient entr'eux en 1694 un problême fort curieux qui consistoit à trouver la courbe qui toucheroit une suite d'autres décrites selon une certaine loi, comme toutes les paraboles que décriroit un projectile lancé par une même force sous tous les différens angles de projection depuis zéro jusqu'à 90; tous les cercles décrits des différens points d'un axe, comme centres, avec des rayons croissans ou décroissans selon une certaine loi, &c.

Ce problême une fois expédié entr'eux Bernoulli dit à Leibnitz qu'un autre, non moins curieux, seroit de trouver la courbe qui couperoit à angles droits une suite de courbes de la même nature décrites selon une certaine loi. Cela serviroit, dit-il, à déterminer la courbe que décrit un rayon de lumière dans un un milieu inégalement dense. Car cette courbe n'est que celle qui coupe à angles droits les ondulations dans lesquelles Huygens fait consister la propagation de la lumière. Le problême ne pouvoit pas manquer d'intérêt auprès de Leibnitz, et dans sa

(1) Soit en effet p le paramètre d'une des paraboles, AD l'abcisse de la courbe cherchée et de la parabole, ainsi que DE leur ordonnée commune, la soutangente DF de la courbe cherchée sera $-\frac{ydx}{dy}$, qui doit être égale à la sous-normale de la parabole AE ou $= \frac{1}{2}p$; on aura donc $-\frac{ydx}{dy} = \frac{1}{2}p$. Or l'équation $px = yy$ donne $\frac{1}{2}p = \frac{yy}{2x}$, valeur qui substituée dans l'équation différentielle ci-dessus, donne $-2xdx = ydy$, dont l'intégrale est $-x^2 = \frac{yy}{2} +$ une constante quelconque aa. Ainsi on aura cette équation en termes finis. . . . $aa - xx = \frac{yy}{2}$, ou $y = \sqrt{2\,\overline{aa - xx}}$. Or comme p ne paroît point ici, il suit que quelque soit p et quelleque soit la parabole, elle sera rencontrée perpendiculairement par l'ellipse partant d'un point C distant de D de la quantité arbitraire a, et ayant son demi-axe conjugué AE $= a\sqrt{2}$.

réponse il envoya à Bernoulli une méthode pour le résoudre, et il resoud en effet le cas qu'on a vû ci-dessus des paraboles de même sommet à paramètres variables. Cette méthode n'est pas à la vérité suffisante pour tous les cas du problême; mais quelques années après il en donna une plus complète et qui le conduisit à cette différentiation particulière qu'il appella *de curva in curvam*, parce que la quantité qui est constante dans une même courbe (comme le paramètre de chacune des paraboles ci-dessus) devient variable et susceptible de différentiation dans une suite de courbes.

Cette différentiation, appellée *de curva in curvam*, est une clef si nécessaire pour tous les problêmes de ce genre, que nous croyons ne pouvoir nous dispenser d'en donner ici une idée.

Soit la courbe PM (*fig.* 66) dont l'abscisse $PQ = x$, le paramètre a et l'ordonnée $QM = A$ (A est une fonction quelconque de x et de ce paramètre), l'aire PQM sera, comme on sait, $S.Adx$. Mais si nous supposons ce paramètre a varier d'une quantité infiniment petite, comme da, il en résultera une courbe de même nature infiniment voisine PN. Il s'agit de trouver ce que deviendra l'aire de la courbe au moyen de cette double variation de x et de a.

Or il est évident que cet accroissement sera composé de l'accroissement Qm, qui est adx, et de l'espace Pmn, qui n'est autre chose que l'intégrale du petit quadrilatère $MNnm$, qui est égal au petit rectangle $MroN$, et celui-ci est lui-même égal au rectangle de dx par MN, qui est la différentielle de A, en y faisant seulement varier a, puisque x reste ici constante. Or la différentielle de A, en y faisant varier seulement a, est $\frac{dA}{da}dadx$ (où $\frac{dA}{da}$ exprime le coéfficient de da après la différentiation). Ainsi le rectangle $MmnN$ sera $\frac{dA}{da}dadx$, dont l'intégrale est $S.\frac{dA}{da}dadx$; et comme da est ici une quantité constante, on peut faire passer da hors du signe d'intégration, et l'on aura pour l'expression de PMN ou Pmn, $da\,S.\frac{dA}{da}dx$. L'aire PQM devenue $PqnP$, aura donc pour accroissement $Adx + da\,S\frac{dA}{da}dx$, dont l'intégrale est $S.Adx + S.da\,S\frac{dA}{da}dx$.

Delà résulte cette règle générale pour une expression quelconque Ax, à laquelle se réduit toujours, ou une aire, ou un arc de courbe, &c. Différentiez d'abord selon x, et vous aurez une partie de la différentielle Adx. Différentiez ensuite la fonction Ax selon a, et que cette différentiation soit $\frac{dA}{da}da$, que vous multiplierez par dx, et vous aurez pour la seconde partie de la différentielle, $da\, S. \frac{dA}{da} dx$. Ainsi la différentielle totale, en faisant varier x et a, sera $A dx + da\, S. \frac{dA}{da} dx$.

Donnons-en un exemple parmi les plus simples possibles. Que la courbe PM soit une parabole au paramètre a, ainsi $PM = \sqrt{ax}$. La première partie de la différentielle sera sans aucune difficulté $dx\sqrt{ax}$, car A est ici $= \sqrt{ax} = \sqrt{a}\sqrt{x}$. Mais $\sqrt{a}\sqrt{x}$ différentié selon a seulement, ou x étant réputé constant, est $\frac{da}{2\sqrt{a}}\sqrt{x}$; ainsi la seconde partie de la différentielle sera $\frac{da}{2\sqrt{a}} S.\, dx\sqrt{x}$.

Appliquons enfin ceci à un problême de la nature de ceux dont il est ici question. *Une infinité de paraboles comme* AB, AB′, AB″, &c. (fig. 67) *étant donnée, quelle est la courbe qui les coupera toutes, en sorte que les segmens paraboliques* AEP, AE′P′, &c. *soyent tous égaux*.

Pour le trouver, soit le paramètre d'une quelconque de ces paraboles $= p$, x et y les co-ordonnées communes de cette parabole et de la courbe cherchée. Or l'aire de la parabole sera $S.\, dx\sqrt{px}$, qui devant être constante, peut être égalée à la constante bb. Faisons maintenant varier p dans cette expression, il en résultera, comme on a vu plus haut, celle-ci, $\frac{dp}{2\sqrt{p}} S.\, dx\sqrt{x}$. On aura donc pour la différentielle totale $dx\sqrt{px} + \frac{dp}{2\sqrt{p}} S.\, dx\sqrt{x}$; et en intégrant, $S.\, dx\sqrt{px} + \sqrt{p}\,\frac{2}{3}\, x\sqrt{x}$; et au lieu de $S.\, dx\sqrt{px}$, mettant bb son égale, et au lieu de p son égale $\frac{y}{\sqrt{x}}$, on aura enfin $\frac{3bb}{2} = xy$, ce qui apprend que c'est une hyperbole entre les asymptotes AD, AC qui coupe toutes ces paraboles sous la condition demandée.

Avec un peu d'habitude en géométrie, on auroit bien vu que cette courbe étoit une hyperbole, car chaque parabole comme AEP est les deux tiers du rectangle inscrit dans l'hyperbole entre ses asymptotes. Mais ce ne seroit pas-là une solution du problême, puisqu'elle ne seroit point applicable à tout autre cas.

Cette différentiation des paramètres a été mise dans un jour particulier par le cit. Bossut, dans un mémoire inséré parmi ceux présentés à l'Académie des sciences (tome II). Il y donne la solution de divers problêmes du même genre, incomparablement plus difficiles. Mais revenons à notre sujet.

Tout se passa alors entre Lebnitz et Bernoulli ; ce ne fut qu'en 1697 que le problême des trajectoires orthogonales devint public, et cela à l'occasion du fameux problême des *Isopérimètres*, agité avec plus de chaleur qu'il n'eut peut-être convenu entre les deux illustres frères Bernoulli. Dans le cours de cette contestation Jean Bernoulli proposa à son frère plusieurs problêmes parmi lesquels est celui des trajectoires ; et comme on l'imagine aisément, un des cas les plus difficiles savoir celui où il s'agit de déterminer la courbe qui coupe à angles droits une suite de logarithmiques ayant un même axe, et passant par un même point.

Ce problême ne fut pas inaccessible à Jacques Bernoulli ; il en donna une solution et une construction élégante dans les Actes de Léipzig, du mois de mai 1697 (1). Il est superflu de dire qu'il résolut aussi les cas les plus faciles comme celui des paraboles égales mues parallelement à elles-mêmes le long de leur axe (on en a vu plus haut la solution) ; celui des mêmes paraboles mues parallelement à elles-mêmes dans le sens perpendiculaire à leur axe (car c'est-là encore un problême des trajectoires) ; ici cette trajectoire est une parabole cubique de la seconde espèce, &c. &c. Je remarquerai encore ici que Leibnitz résolut dans le temps ce problême de la trajectoire des logarithmiques du même axe et passant par le même point. Il y réduit, comme fit aussi Jean Bernoulli, le problême à la construction d'une équation exponentielle. Mais on doit voir sur tout cela les Actes de Léipzig, ou le *Commercium epistolicum* de Leibnitz, ou le tome premier des OEuvres de Jean Bernoulli.

Le problême des trajectoires orthogonales en resta là pendant quelques années, c'est-à-dire jusques en 1715. Il reparut alors sur la scène, et fut l'objet d'une espèce de défi fait aux géomètres anglois par Leibnitz. C'étoit le moment de la fameuse querelle sur l'invention du calcul différentiel. Leibnitz, pour tenter leur force, ou suivant son expression, leur tâter le pouls, leur proposa, dans les Actes de Léipzig de cette année, *de trouver la trajectoire orthogonale* d'une suite de courbes de même nature, ayant même axe et même sommet ; et pour exemple, il proposoit des hyperboles de même axe, de même sommet et de même centre.

L'exemple etoit mal choisi, et en effet le problême, du moins dans ce cas, fut non-seulement résolu par divers géomètres anglois, mais encore par Nicolas Bernoulli, fils de

(1) Voyez aussi Jacques Bernoulli, *Opera*, t. I. Jean Bernoulli, *Opp.* t. I, p. 251.

Jean, qui débutoit seulement alors, sous les ailes de son père, dans la carrière de la géométrie transcendante. Leibnitz ayant donc communiqué à Bernoulli son problême, il ne fut pas difficile à ce dernier de lui montrer que l'on n'auroit pas beaucoup de peine à satisfaire à son défi; sur quoi Leibnitz ayant répondu à Bernoulli qu'il lui feroit plaisir de lui indiquer quelque cas de ce problême plus difficile et capable d'embarrasser quelqu'un qui ne seroit pas profondément versé dans les nouvelles méthodes, il lui indiqua celui-ci :

Sur un axe donné et d'un point donné comme sommet, décrire une suite de courbes dont la propriété soit telle, que le rayon osculateur soit coupé par son axe en une raison donnée, et ensuite *construire la trajectoire ou les trajectoires qui couperont cette suite de lignes à angles droits*. Il entroit aussi dans les conditions du problême de le ramener au moins à une équation différentielle du premier degré, susceptible de construction, au moyen des quadratures.

Le problême proposé de cette manière est en effet d'une difficulté fort supérieure à celle du premier, car il dépend absolument de la méthode inverse des tangentes, et il est fort facile en le traitant de tomber dans des différentielles ou fluxions de degrés supérieurs, fort compliquées et presque irréductibles à d'inférieurs; c'est le défaut d'une solution générale de l'ancien problême des trajectoires proposé dès 1698, donnée par un anonyme anglois (1) qui, content de tracer la route qui doit conduire à la solution, s'abstient de donner aucun exemple, sous prétexte de l'inutilité du problême. On auroit pu lui répondre que sous un pareil prétexte, il faudroit retrancher bien des branches de la géométrie, et que d'ailleurs on ne doit point regarder comme inutile toute question géométrique qui exige pour sa résolution un nouveau degré de perfection, un nouvel artifice dans l'analyse. Ce petit écrit paroît néanmoins de main de maître, et je le crois de Neuton, qui pouvoit, d'après ses lauriers géométriques, se dispenser de rentrer dans la carrière, mais qui peut-être en cette occasion, jugea le problême un peu légèrement, ou céda aux dispositions peu favorables où il étoit pour Leibnitz et ses amis, dont il avoit à se plaindre. Mais je reviens au problême proposé de nouveau par Leibnitz.

Taylor soutint ici la gloire de l'Angleterre en géométrie; car il annonça d'abord et donna dans les *Transactions* de 1717, une solution du double problême à laquelle il n'y a rien à redire; car je regarde comme de petites chicanes quelques

(1) *Trans. philos.* ann. 1716. *Joan. Bernoulli.* Opp. *t.* II. *p.* 274.

observations minutieuses que lui fit Nicolas Bernoulli, fils de Jean, qui ne pouvoit, ce semble, ne pas partager l'espèce de fiel qui anima toujours son père contre les géomètres anglois. Mais la solution de Taylor est aussi courte que le permet la nature du problême, claire contre son usage, et suffisamment accompagnée de détails et d'exemples, pour être réputée complette.

Herman, élève de Bernoulli, se montra aussi en cette occasion dans la carrière. Reprenant d'abord l'ancien problême de Bernoulli, il proposa une règle fort commode pour en trouver dans un grand nombre de cas la solution. Elle consiste dans une certaine permutation des élémens des co-ordonnées des courbes proposées, qui réduit cette solution à une opération très-courte de calcul. Dans son quatrième exemple, il traite le problême de Leibnitz, dont il propose une solution. Il faut cependant remarquer que cette solution n'est pas complette, car la règle de Herman, sur laquelle étoit aussi tombé vers le même temps Nicolas Bernoulli, non celui dont nous parlons, mais son cousin-germain, fils de Jacques, n'est pas aussi générale que la donnoit Herman. Il se corrigea lui-même, à cet égard, quelque temps après et reconnut que telle qu'il l'avoit donnée, elle devoit être bornée aux courbes algébriques. Il donna en conséquence à cette occasion une nouvelle manière de déterminer la trajectoire orthogonale des courbes exprimées par une équation différentielle. Mais nous remarquerons encore ici que sa règle n'atteint pas à toute la généralité possible, car elle ne s'applique qu'aux courbes dont l'équation différentielle se réduit à cette forme $dx=pdy$, où p est une fonction de y seulement, ce qui suppose la séparation complète des indéterminées; et d'ailleurs pour la généralité complette de la solution, il faudroit que p fût une fonction quelconque de x et y. Cela lui fut aussi objecté par Nicolas Bernoulli, fils de Jean, qui observe d'ailleurs que cette règle n'avoit pas été ignorée de son père, et qu'elle avoit été aussi proposée par son cousin *Nicolas* Bernoulli, avec cette différence, que celui-ci la restreignoit convenablement. Enfin, il faut en convenir, malgré le mérite de Herman en géométrie, il fut conduit à reconnoître lui-même dans une addition à ses précédentes solutions, que sa nouvelle méthode ne s'étendoit qu'au cas de courbes transcendantes semblables, en sorte qu'elle étoit bien éloignée d'avoir la généralité qu'il lui avoit d'abord attribuée. C'est ce que montre clairement Nicolas Bernoulli, dans deux mémoires insérés dans les Actes de Léipzig, l'un en 1718, l'autre en 1720, et qui contiennent l'histoire curieuse de ce problême dans ses différentes époques, avec des observations critiques sur les diverses solutions qui en avoient été données.

On est sans doute étonné de ce que nous n'avons rien dit de la solution propre de Jean Bernoulli lui-même, car il n'étoit pas homme à proposer une question dont la solution ne fut déjà en son pouvoir. Il en avoit fait part à Leibnitz, dans le même temps qu'il lui adressoit le problême. Nicolas Bernoulli la communiqua au public dans le premier des écrits dont nous avons parlé plus haut. Elle est d'une extrême élégance. Il trouve en effet que si le rapport du rayon osculateur à la partie retranchée entre la courbe et l'axe est exprimé par celui de 1 à n, que a soit une ligne donnée, l'équation de la courbe ayant la propriété demandée, sera $y = S\frac{x^n\,dx}{\sqrt{a^{2n} - x^{2n}}}$, ce qui est l'équation du cercle lorsque $n = 1$. Et en effet, le rayon osculateur dans le cercle, qui n'est autre que le rayon, est égal à la partie de ce rayon intercepté entre la courbe et l'axe, savoir le rayon même. Si n est $\frac{1}{2}$, on aura pour équation $dy = \frac{x^{\frac{1}{2}}\,dx}{\sqrt{a - x}}$, ce qui est l'équation de la cycloïde ; car dans cette courbe, le rayon osculateur est partagé par l'axe en deux parties égales. Nous ne remarquons ces choses que pour faire voir combien la géométrie est ferme dans sa marche et satisfaisante par-là. Cette équation, au surplus, avoit aussi été trouvée par Taylor, et ne pouvoit manquer de l'être par tous ceux qui se conduiroient convenablement dans la solution de cette première partie du problême.

Il est maintenant aisé de voir qu'en faisant varier a, qui est le paramètre de la courbe, on en aura une infinité du même sommet et sur le même axe, et ce sont celles qui doivent être coupées à angles droits. Il est remarquable, au surplus, que toutes ces courbes sont semblables dans le sens que toutes les paraboles et hyperboles équilatères le sont ; ce qui, par un heureux hasard, facilite la solution du problême, en le réduisant, à certains égards, au cas des courbes semblables.

La seconde partie du problême, ou la détermination de la trajectoire même, n'est pas moins élégamment résolue par Bernoulli, au moyen des quadratures. Mais il seroit un peu trop long de l'exposer ici ; nous nous bornerons à inviter les géomètres à la voir dans ses OEuvres (1).

Il ne faut pas omettre ici que Nicolas Bernoulli, fils de

(1) Tome II, pages 290, 291 et suiv.

Jacques, se comporta aussi dans cette occasion en homme digne du nom qu'il portoit. Il étoit alors professeur de mathématiques à Padoue, où il mourut quelques années après, encore très-jeune. Sa solution parut dans les Actes de Léipzig, de 1719 (1). Il y revendique la formule de Herman, comme l'ayant donnée pour les cas où elle est applicable, et l'ayant communiquée trois ans auparavant à M. de Montmort. Il donne ensuite sa méthode particulière qu'il applique à un grand nombre d'exemples de courbes, soit géométriques, soit transcendantes ; il y examine, à l'égard de ces dernières, les cas où sa méthode y est applicable et ceux où elle ne l'est pas. Ce mémoire fait sans doute regretter que son auteur ait été, comme son cousin Nicolas, fils de Jean, moissonné à la fleur de son âge.

Quelqu'étendue que nous ayons déjà donnée à l'histoire de ce problême, nous ne pouvons nous dispenser de parler d'une pièce intéressante de Nicolas Bernoulli, fils de Jean, qu'il publia en 1720, dans les Actes de Léipzig (2), sous le titre de *Exercitatio geometrica de trajectoriis orthogonalibus*, &c. Elle est divisée en trois parties, dans la première desquelles il examine les diverses solutions données de ce problême. Il rend justice à la sagacité de Taylor, dans la solution duquel il trouve néanmoins quelques défauts qui ne nuisent pas au fond ; mais il y juge sévèrement et de toutes manières Herman. Ce géomètre, quoique élève distingué de Bernoulli, a en effet bien souvent encouru avec justice le reproche d'une certaine précipitation qui lui faisoit donner comme complettes des solutions imparfaites et même quelquefois erronées. Il examine dans la seconde partie le degré de perfection des différentes solutions déjà données, et y fait connoître diverses méthodes de Jean Bernoulli son père, qu'il commente au besoin. La troisième partie roule sur un cas du problême, celui où les courbes proposées à couper par la trajectoire, sont décrites relativement à un pôle, et semblables ; sur cela il distingue

(1) Voyez aussi Jean Bernoulli, *Opp.* t. II, p. 305 et suiv.
(2) *Ibid.*

Note de l'Editeur.

L'impression de cette feuille alloit finir lorsque l'auteur est mort, le 19 décembre 1799. La suite du manuscrit exige quelque révision et quelques additions dont je me suis chargé avec plaisir, comme un des plus anciens amis de *Montucla*, et comme ayant contribué beaucoup à lui faire entreprendre cette seconde édition.

Jérôme LALANDE.

trois

trois espèces de similitudes, qu'il appelle *latérale*, *exponentielle* et *fonctionnelle*. La première est de la nature de celles du cercle, de la parabole et des hyperboles équilatères, qui sont, comme l'on sait, des courbes semblables. La seconde, est celle des courbes dans lesquelles ayant pris deux abscisses dans le rapport de a à b, les ordonnées correspondantes sont dans un rapport comme de a^n à b^n, n étant un exposant quelconque entier ou rompu, plus ou moins grand que l'unité; la troisième similitude a lieu lorsque les ordonnées dans les différentes courbes sont exprimées par des fonctions semblables; et elle renferme les deux précédentes. Du savant travail de Bernoulli sur ce sujet, il résulte que toutes les fois que les courbes proposées sont semblables d'un de ces genres de similitude, le problême est susceptible d'une résolution complète, et peut être ramené au moins à une équation différentielle, où les indéterminées étant séparées, la courbe est constructible au moyen des quadratures. Les formules de Bernoulli sont même, dans tous ces cas, d'une grande simplicité, et les indéterminées y sont presque séparées d'elles-mêmes. (1)

Nous terminons ces détails par une dernière observation. Le problême au moyen des tentatives de ces géomètres a été amené au point d'être généralement et complètement résolu, lorsque les courbes sont algébriques, ou lorsque ne l'étant pas elles sont au moins semblables, soit qu'on les rapporte à un axe, soit qu'on les rapporte à un pôle. Mais on n'a pas encore de méthode générale pour le cas où les courbes transcendantes, sont dissemblables quoique de même nature. Bernoulli désespéroit même qu'il fût possible de le résoudre généralement dans ce cas; et on n'a pu en trouver que des solutions particulières.

Le problême des trajectoires orthogonales nous conduit naturellement à un autre qui fut aussi traité par les mêmes géomètres vers l'époque à laquelle nous sommes parvenus. Il ne s'agit plus

(1) Nicolas Bernoulli, dont nous venons de parler, étoit fils de Jean, il naquit à Bâle le 27 janvier 1695. Ayant donné, dès sa plus tendre enfance, toutes les marques d'un esprit né pour les sciences, son père eût un soin particulier de le former à la géométrie, en quoi il réussit si bien qu'à peine âgé de vingt-cinq ans il pouvoit jouter avec les premiers géomètres de l'Europe comme le prouvent les recherches sur les trajectoires orthogonales et autres dont nous avons donné l'histoire. Il passa plusieurs années en Italie où il fut particulièrement lié avec Poleni, Riccati, Manfredi, Zendrini. Après son retour à Bâle, il fut appelé avec son frère puîné, Daniel, à Pétersbourg pour y remplir une place dans la célèbre académie que le czar Pierre Ier. y avoit fondée. Il y arriva sur la fin de 1725, mais quelques mois après, attaqué de phtysie, il y mourut le 26 juillet 1726. L'impératrice lui fit faire, à ses frais, des obsèques honorables.

Son cousin, Nicolas Bernoulli, fils de Nicolas (qui étoit frère de Jacques et de Jean), est mort en 1760.

ici de courbes immobiles décrites selon une certaine loi, et qui doivent être coupées par une autre à angles droits ou obliques; mais de deux courbes ou de la même courbe renversée qui étant l'une ou l'autre, ou toutes deux ensemble, mues parallelement à elles-mêmes, doivent se couper sans cesse à angles droits. On a un exemple du premier cas dans une infinité de paraboles égales sur un même axe qui seroient coupées par une logarithmique, car soit que l'on fasse mouvoir la logarithmique parallelement à elle-même, ou la parabole, où toutes deux à-la-fois, elles se couperont toujours sous le même angle. Mais on peut proposer une autre question comme le fit Nicolas Bernoulli en 1720, à la fin de son grand et beau mémoire sur les trajectoires orthogonales. (1) Deux axes paralleles A B; C D (*fig.* 68) *étant donnés, décrire sur* A B *une courbe* E F, *laquelle étant renversée et son axe posé sur* C D, *elle soit telle que l'une ou l'autre où toutes deux se mouvant parallèlement à l'axe, elles se coupent toujours à angles droits; ou même sous un angle quelconque.*

En Angleterre où l'on ne paroît pas avoir pris un intérêt bien vif au problême des trajectoires orthogonales, on en prit davantage à celui-ci. Un anonyme, qu'on croit être Pemberton, envoya en février 1721 une réponse très-concise et très-juste. Il en résultoit qu'il y a une infinité de courbes qui ónt cette propriété, et qui peuvent être, suivant les circonstances, algébriques ou transcendantes, et dans ce dernier cas il en montre la construction par les quadratures. On voit parmi ces derniers reparoître la cycloïde et la logarithmique. En effet, la cycloïde satisfait au cas de l'angle droit, et la logarithmique décrite d'une certaine manière au cas de l'angle oblique. On lit dans les œuvres de Bernoulli, t. II, un assez grand nombre de pièces savantes sur ce sujet, et une sorte de commerce épistolaire entre l'anonyme anglois et Jean Bernoulli. Ce dernier a envisagé encore le problême sous un grand nombre de faces, et nous présenteroit matiere à un grand article si nous faisions seulement l'histoire de la géométrie. Nous nous bornerons à indiquer ici un mémoire d'Euler sur les *trajectoires réciproques* qui semble être le dernier degré de cette théorie.

Nous parlerons en finissant d'une espèce de trajectoire particulière. Si l'on fait tourner une courbe, une parabole, par exemple, autour de son sommet, ou d'un point de son axe, quelle sera la courbe que dans ce mouvement, elle coupera toujours à angles droits, ou sous un angle donné; c'est ainsi par exemple, que la ligne droite tournant autour d'un point, a pour trajectoire

(1) *Act. Lips. maii* 1720. *Joh. Bernoulli opp.* t. II, p. 471.

orthogonale la circonférence d'un cercle, et s'il s'agissoit de la faire couper sous un angle oblique, ce seroit une logarithmique spirale. Il nous suffira de dire que dans le cas de la parabole tournant autour du sommet, la courbe qui la coupe toujours à angles droits est une spirale de la description de laquelle Jean Bernoulli donne les principes; ce problême étoit un de ceux que, dans leurs démêlés scientifiques, Jacques Bernoulli avoit proposés à son frère.

Le problême dont nous allons parler maintenant, quoiqu'il n'ait pas été proposé, comme la plupart des précédens, par forme de défi, entre les géomètres, est assez curieux pour mériter ici une place. Il s'agit de la détermination d'arcs paraboliques, elliptiques ou hyperboliques dont la somme ou la différence soit égale à une quantité rectiligne. En effet, quoique la rectification de l'arc parabolique dépende de la quadrature de l'hyperbole, et que celle des arcs hyperbolique et elliptique soient d'un degré de transcendance encore supérieur, on est cependant parvenu à résoudre ce problême dont l'objet fut probablement de parvenir, s'il étoit possible, à cette rectification.

Jean Bernoulli le premier se proposa cette recherche (1) et trouva le moyen de déterminer sur la parabole ordinaire des arcs qui fussent en raison donnée; sa méthode le conduisit à annoncer qu'un arc parabolique étant donné, on pouvoit en trouver un autre ou plusieurs autres dont la somme ou la différence avec le premier fût une quantité algébrique, conséquemment susceptible d'être représentée par une ligne droite, mais ces arcs ne peuvent être contigus ou renfermés l'un dans l'autre de manière à avoir un terme commun; car si cela étoit on auroit la quadrature de l'hyperbole. C'est ainsi que cette quadrature vraisemblablement impossible comme celle du cercle échappe à l'analyse.

Pareille recherche a été tentée sur les arcs d'Ellipse et d'hyperboles. Le marquis Fagnano, dont nous avons déjà parlé, s'en occupa beaucoup et paroît être le premier. On voit dans ses *Produzioni matematiche* plusieurs mémoires anciennement publiés dans la *Giornale de' letterati d'Italia*, où il assigne de diverses manières, dans une ellipse ou dans une hyperbole, des arcs dont la différence est une quantité rectifiable. Il trouve ainsi sur un quart d'ellipse ou sur une branche d'hyperbole équilatere deux arcs disjoints qui ont cette propriété. Il fait voir aussi comment on peut dans une ellipse prendre en partant d'un des axes un arc quelconque, et en déterminer un autre terminé à l'axe conjugué, qui soit tel que leur différence soit rectifiable.

(1) *Acta erudit.* 1698. *Joh. Bernoulli operum* t. I. p. 242.

Ainsi même le quart d'ellipse est divisible en deux parties dont la différence soit une ligne droite. Ces deux arcs terminés l'un et l'autre aux deux axes, peuvent même avoir une partie commune, et leur différence peut être une quantité assignable; mais comme ils ne sont pas semblables, il n'en résulte rien pour la rectification d'un arc d'ellipse, le problême échappe encore à l'analyse.

La méthode par laquelle Fagnano démontre ces résultats curieux est fort ingénieuse; c'est une espèce d'algèbre synthétique; car il ne propose jamais la chose comme un problême, mais en forme de théorême algébrique, dont ensuite, par forme de corollaires, il déduit les conséquences géométriques.

Ce problême ou plutôt cette spéculation géométrique reparut sous une nouvelle forme, en 1754, dans les actes de Leipsick, où un anonyme proposa par forme de recherche, la démonstration d'un théorême, que voici, *soyent* (fig. 69.) A B, E D, *les deux axes d'une ellipse;* ab, ed, *deux diamètres conjugués quelconques; que* C F *soit faite égale à* C A, *et de* F *abaissée sur* A B, *la perpendiculaire* F G *coupant l'ellipse en* K; *enfin de* b *soit abaissée sur* C d, *la perpendiculaire* b L, *on aura l'arc* a d K — K C b = 2 B L.

Tel étoit le théorême élégant dont on démandoit la démonstration. Elle a été donnée par Bezout et le cit. Bossut dans le troisième volume des mémoires présentés à l'académie, au moyen de recherches très-adroites sur des quantités différentielles qui n'étant point intégrables par elles-mêmes, le deviennent au moyen de l'addition d'une autre de même forme. Le premier de ces géomètres en fait aussi une application à l'hyperbole, où il trouve des arcs dont la différence est rectifiable, en quoi néanmoins il reconnoit avoir été prévenu par Fagnano, mais leurs méthodes sont si différentes que le géomètre françois y seroit surement parvenu quand même l'Italien n'auroit pas donné la sienne.

On ne peut ometre ici un écrit du célèbre Euler sur ce sujet, inséré parmi les nouveaux Mémoires de Pétersbourg, (t. VI). Car quoi qu'Euler dise n'avoir pas du tout entendu ajouter aux découvertes de Fagnano en ce genre, cet écrit présente toute cette matière traitée avec tant d'élégance qu'on ne peut mieux faire que d'y recourir pour en prendre connoissance, l'ouvrage de Fagnano étant d'ailleurs assez rare. Nous ne pouvons même résister à la tentation de faire connoître la construction élégante d'un de ces problêmes, celui de diviser un quart d'ellipse en deux parties dont la différence soit égale à une ligne droite. Soit pour cet effet (*fig.* 70). Le quart d'ellipse C A B sur le grand axe de laquelle soit décrit le triangle équilatéral A D C. Sur A D soit prise A E = C B et ayant tiré C E qu'on décrive du centre C au rayon CE un arc de cercle coupant l'ellipse en O. On aura BO — AO égal à une ligne droite qu'il assigne.

Ce même mémoire d'Euler contient un précis des recherches curieuses de Fagnano sur la Lemniscate, courbe en effet qui a des propriétés curieuses et qui méritoient l'attention des géomètres. Elles y sont démontrées beaucoup plus brièvement (1).

Il est à remarquer qu'on a bien pu trouver, et de diverses manières, des arcs elliptiques et hyperboliques dont la différence fût une ligne droite; mais je ne sache pas qu'on ait pu en trouver dont la somme fût rectifiable.

On peut rappeler ici, attendu l'affinité de la matière, la découverte curieuse de Landen, insérée dans les *Transactions philosophiques* de 1775; savoir la rectification d'un arc hyperbolique au moyen de deux arcs elliptiques. Cette vérité démontrée par Landen d'une manière un peu embarrassée l'a été d'une manière beaucoup plus simple par le cit. Legendre dans un mémoire sur les transcendantes elliptiques.

Nous terminerons cet article par un problême géométrique assez curieux et sur lequel les géomètres du premier ordre essayèrent leurs forces vers l'an 1730. Il fut proposé par Offenbourg en 1718. Qu'on se rappelle que, vers la fin du siècle précédent, Viviani avoit proposé un problême plus curieux que difficile, savoir de percer une voûte hémisphérique de quatre ouvertures telles que le restant fût absolument carrable. Offenbourg proposa de la percer de plusieurs fenêtres ovales dont le contour fût absolument rectifiable. Je ne vois pas cependant que personne s'en soit occupé avant 1730 ou 1732. Herman le premier, à ce qu'il me paroît, en donna une solution, mais elle étoit vicieuse, ainsi que le fit voir Bernoulli, qui le résolut le premier et de deux manières; l'une en cherchant sur la surface de la sphère une courbe absolument rectifiable; l'autre en décrivant sur la surface de cette même sphère, une courbe par un procédé semblable à celui par lequel on décrit une épicycloïde. Qu'on imagine pour cet effet un cercle soit grand soit petit, et qu'un cercle dont la circonférence seroit toujours appliquée à la surface sphérique, roule sur ce premier cercle comme pour la cycloïde ou les épicycloïdes ordinaires, un point de ce cercle roulant décrira

(1) La Lemniscate est une courbe du quatrième degré faite en forme de huit de chiffre et dont l'équation est $xx + yy = a\sqrt{xx - yy}$. Il y en a bien plusieurs autres du même ordre qui ont une forme semblable, mais la courbe dont nous parlons est proprement celle à laquelle on a donné le nom de *Lemniscate*. Parmi ses propriétés une des principales est d'être susceptible, quoique rentrant en elle-même, de quadrature tant définie qu'indéfinie. Son aire totale est égale au carré de son demi axe. C'est encore une propriété singulière de cette courbe, d'avoir sa circonférence divisible en portions égales quoique dissemblables.

sur la surface sphérique une ligne, que Herman, faute d'une petite attention, croyoit être toujours rectifiable ; mais Bernoulli fit voir que cela n'avoit lieu que dans quelques cas.

Ce même problême a été traité par divers autres géomètres. Car proposé par Bernoulli à Maupertuis, celui ci le résolut aussi ainsi que Nicole et Clairaut qui venoit d'entrer à l'académie. On peut voir leurs solutions dans les mémoires de 1732. Euler l'a aussi résolu d'une manière très générale dans les Mémoires de Pétersbourg en enseignant à décrire sur une surface sphérique une courbe rectifiable.

On demandera peut-être à quoi bon tous ces problêmes dont il seroit difficile d'indiquer quelqu'utilité dans la pratique des arts et pour la société ; mais je répondrai avec Leibnitz qu'ils ont eu celle de contribuer à aiguiser, pour ainsi dire, les instrumens de l'analyse. Il n'est en effet aucun de ces problêmes dont la solution n'ait exigé quelqu'invention particulière en ce genre, applicable à des recherches utiles. Lors de l'invention de l'algèbre, qui dans ses commencemens ne fut presqu'appliquée qu'à quelques questions curieuses, et qu'on pourroit appeler de simples jeux d'esprit, qui auroit pu prévoir l'influence qu'elle auroit un jour sur les parties des mathématiques les plus usuelles, comme la géométrie, la mécanique, l'astronomie et l'optique ?

XXXIII. (1)

L'intégration des équations aux différentielles partielles est une branche du calcul intégral d'autant plus intéressante, que, indépendamment de sa difficulté, les problêmes physico-mathématiques les plus curieux et les plus utiles tiennent ordinairement à cette forme d'équation ; tels sont ceux des cordes vibrantes, de la propagation du son, de l'équilibre et du mouvement des fluides, le fameux problême des Tautochrones dans un milieu résistant, et quantité d'autres.

Lorsqu'on a une fonction z de deux variables x et y, ou d'un plus grand nombre (mais pour ne pas trop compliquer l'objet, nous n'en supposerons ici que deux), on sait qu'en la différentiant d'abord par rapport à x et ensuite par rapport à y, on a la différentielle $dz = pdx + qdy$, p et q étant les coefficiens qui affectent dx et dy respectivement. Ainsi la différentielle complète de z est $pdx + qdy$; pdx et pdy en sont

(1) Cet article étant un des plus difficiles de tout l'ouvrage, j'ai prié le cit. Lacroix, un de nos plus habiles géomètres, de vouloir bien le revoir.

LALANDE.

les différentielles auxquelles on a donné le nom de partielles. Cette dénomination est suffisamment expliquée par là.

Remarquons d'abord ici qu'on a coutume de désigner ces coefficiens de dx, dy, et de cette manière $\frac{dz}{dx}$, $\frac{dz}{dy}$, ce qui signifie ce que devient la fonction z, en faisant d'abord varier x, et divisant par dx, et ce qu'elle devient en faisant varier y, et divisant par dy, ensorte que la valeur complète de dz est représentée par $\frac{dz}{dx}dx + \frac{dz}{dy}dy$, et c'est sous cette forme que se présentent d'ordinaire les équations aux différentielles partielles. Ainsi toute équation entre z, x, y, $\frac{dz}{dx}$, $\frac{dz}{dy}$, et si l'on veut une ou plusieurs quantités constantes, sera une équation aux différentielles partielles ; telle est, par exemple, celle-ci : $a\frac{dz}{dx} + b\frac{dz}{dy} - xy = 0$; ce qui signifie qu'il faut pour la solution du problême qui conduit à cette équation, trouver une fonction de x et y, telle que le coefficient de la différentielle dx, multiplié par a, plus celui de dy multiplié par b, soient $= xy$. Cette équation est une des plus simples de ce genre. On appelle équation aux différentielles partielles du premier ordre, celle où la fonction z n'a été différentiée qu'une seule fois ; car il y en a du second et du troisième ordre, comme $\frac{d^2z}{dx^2} + \frac{d^2z}{dx\,dy} + P = 0$, $\frac{d^3z}{dx^3} + \frac{d^3z}{dy^3} + P = 0$, &c. et même plus élevées ; mais on seroit heureux d'avoir la résolution complète de celles de ces deux ordres.

C'est Fontaine, à ce que je crois, qui le premier a imaginé cette notation, en recherchant quelle qualité doit avoir une différentielle à deux variables x et y, pour être absolument intégrable ; car nommant A dans la différentielle donnée la partie qui affecte dx, et B celle qui affecte dx, il faut que l'on ait $\frac{dA}{dx} = \frac{dB}{dy}$, ce qui signifie que la nouvelle différentielle de A en y faisant varier x et divisant par dx, égale la différentielle de B en y faisant varier y, et divisant par dy. Mais on s'étoit borné là jusqu'à ce que d'Alembert, d'abord dans ses recherches sur les cordes vibrantes, et ensuite dans celles sur la cause générale des vents, enfin dans sa théorie de la résistance des fluides, a été conduit à des équations du genre ci-dessus qu'il a trouvé le moyen de résoudre par des artifices qui font un honneur infini à sa sagacité. Il a été par-là le premier inventeur d'un calcul entièrement nouveau, et d'une telle utilité dans les recherches physico - mathématiques, qu'on est généralement convenu que jusqu'à lui, on n'avoit entrevu qu'une petite partie de l'étendue des solutions dont souvent ils sont susceptibles (1).

Pour donner une idée, telle du moins que le comporte cet ouvrage, de la nature et de la résolution des équations aux différentielles partielles, nous commencerons par la plus simple de ces équations ; c'est celle-ci : $\frac{dz}{dy} = P$, on entend par P, une fonction quelconque de x et y et de constantes. Il s'agit donc de trouver une fonction z de x et y, qui différentiée selon y et divisée par dy, soit égale à la fonction donnée P. Pour y parvenir, qu'on multiplie tout par dy, on aura $\frac{dz}{dy} dy = P dy$, d'où il suit que $P dy$ n'est qu'une partie de la différentielle de z, savoir celle qui se trouve en n'y faisant varier

(1) Fontaine est bien le premier qui ait proposé la notation adoptée pour exprimer les différentielles partielles (*voyez* la table de ses Œuvres); mais c'est dans un mémoire de Nicolas Bernoulli, sur les trajectoires orthogonales, qu'on trouve pour la première fois la recherche des relations qui ont lieu entre les différentielles partielles d'une fonction de deux variables (*voyez* les *Acta eruditorum*, ann. 1720, ou les Œuvres de Jean Bernoulli, tom. II, p. 443). Quoique le théorême de Nicolas Bernoulli ne soit pas présenté sous la forme de celui que le cit. Montucla attribue à Fontaine, il le contient implicitement. On doit encore observer que Clairaut a dit avoir trouvé de son côté ce théorême, dont il a fait usage dans deux mémoires sur le calcul intégral, imprimés parmi ceux de l'Académie, pour les années 1739 et 1740. Ces mémoires sont supérieurs par leur élégance et par leur clarté, à ce qu'a fait Fontaine. Le second est surtout intéressant, par ce qu'on y trouve l'équation $\frac{dA}{dy} = \frac{dB}{dx}$ déduite de la considération des surfaces courbes ; mais il ne faut pas oublier que l'on doit à Fontaine la manière d'envisager les équations différentielles comme le résultat de l'élimination des constantes arbitraires entre une équation primitive et ses différentielles immédiates. Cette remarque contient le germe de la théorie de toutes les espèces d'équations différentielles, ou aux différences, et sert de base à l'élégante théorie des *solutions* (ou *intégrales*) particulières, donnée en 1774, par Lagrange, dans les Mémoires de l'académie de Berlin.

Il importe de noter dans l'histoire des mathématiques la priorité qu'Euler a sur d'Alembert dans l'invention du calcul intégral aux différentielles partielles. Le cit. Cousin a rappelé, dans la préface de son *Astronomie physique*, qu'Euler avoit, dès 1734, intégré complettement une équation de ce genre (*Mém. de Pétersb.* tom. VII), mais qu'il oublia son nouveau calcul, jusqu'à ce que d'Alembert en eut fait les premieres applications aux sciences physico-mathématiques. La gloire de ces applications doit demeurer toute entière à d'Alembert, mais l'invention du calcul appartient incontestablement à Euler, qui eut encore l'avantage d'en présenter les résultats sous une forme beaucoup plus simple que celle qu'employoit d'Alembert ; aussi les géomètres l'ont-ils tous adoptée.

LACROIX.

que

que y ; ainsi l'intégrale de $\frac{dz}{dy}dy$, qui est z (puisque l'expression ci-dessus résulte de la différentiation), en ne faisant varier que y, sera égale à S. P dy, plus à une fonction qui ne peut contenir que des x, et qui, semblable à la constante qu'on ajoute à toute intégrale pour la rendre complète, ne peut être déterminée que par les conditions du problème. Désignons indéfiniment cette fonction de x par F (x), on aura $z =$ S. P $dy +$ F (x). Si l'on avoit eu $\frac{dz}{dx} =$ P, on auroit trouvé $z =$ S. P $dx +$ F (y).

Donnons un exemple. Soit l'équation $\frac{dz}{dy} = axy + y^3$, on aura évidemment S. P $dy = \frac{axy^2}{2} + \frac{y^4}{4}$; car dans cette expression de P, on n'a que y de variable. Ainsi z sera $\frac{axy^2}{2} + \frac{y^4}{4} + b +$ F (x). Différentions en effet cette équation en ne regardant que y comme variable, on aura $\frac{dz}{dy} dy = (axy + y^3) dy =$ P dy, car F (x), par la nature de la question, ne doit donner aucune différentielle, x étant réputée constante à l'égard de y.

Nous avons supposé dans cet exemple z n'être qu'une fonction de deux variables y et x ; mais z pourroit être une fonction de trois variables, et qu'on n'eût qu'une ou deux différentielles partielles. Alors, et dans le premier cas, la fonction arbitraire devroit être une fonction des deux autres variables ; ainsi, supposant que z fût une fonction de x, y, u, et que l'on n'eût qu'une des différentielles partielles de z comme $\frac{dz}{dx}$, la méthode d'intégrer seroit la même, on n'intégreroit qu'à l'égard de x, et la fonction à ajouter seroit une fonction de y et u qu'on désigneroit par F (y, u). Enfin, dans le cas où l'on auroit eu deux des différentielles partielles, comme $\frac{dz}{dx}$, $\frac{dz}{dy}$, des trois qui devoient former la différentielle complète, il n'y auroit à ajouter qu'une fonction de u, F (u) savoir celle de la variable dont la différentielle partielle est absente, et ainsi s'il y avoit un plus grand nombre de variables.

Mais passons à des équations aux différentielles particlles plus composées, quoique toujours du premier ordre, et z n'étant supposé fonction que de deux variables. Celle qui suit immédiatement la précédente en ordre de difficulté est celle-ci : $\frac{M dz}{dy} + \frac{N dz}{dx} = 0$. Vient ensuite celle-ci : $\frac{M dz}{dy} + \frac{N dz}{dx} + Pz = 0$. Enfin, la plus générale de toutes celles où les quantités z, $\frac{dz}{dy}$, $\frac{dz}{dx}$, ne montent qu'au premier degré, est $\frac{Mdz}{dy} + \frac{Ndz}{dx} + Pz + Q = o$, dans laquelle M, N, P, sont des fonctions quelconques de y, x, et de constantes ; ainsi cette dernière expression sera plus ou moins composée, selon le degré de composition de M, N, &c. ; sont exceptés les cas où quelques-unes deviendroient zéro ou des constantes, ce qui simplifie alors l'équation. Mais la nature de cet ouvrage et les bornes que nous nous sommes prescrites, ne nous permettant pas d'exposer la marche par laquelle on s'est élevé à la solution de différentes équations, nous renverrons le lecteur à l'ouvrage souvent cité du cit. Cousin qui est entré à cet égard dans tous les détails convenables.

Il n'a été question jusqu'à ce moment que d'équations du premier ordre aux différentielles partielles ; il est nécessaire de dire au moins un mot de celles des ordres plus élevés.

Toute équation entre une fonction z de deux variables comme x, y et ses différentielles partielles $\frac{dz}{dx}$, $\frac{dz}{dy}$, $\frac{ddz}{dx^2}$, $\frac{ddz}{dy^2}$, $\frac{ddz}{dxdy}$, est une équation aux différentielles partielles du second ordre ; et d'après cet exemple, on peut se former une idée de celles d'un ordre supérieur, comme du troisième, du quatrième ou d'un ordre indéfini n, ou comprenant un plus grand nombre de variables, comme x, y, u ; x, y, u, t, &c. Parmi celles du second ordre et à trois variables, celle-ci : $xy - \frac{d^2z}{dx^2} = o$, sera la première que nous choisirons pour donner une idée du procédé d'intégration qu'il faut suivre.

Soit donc l'équation $xy - \frac{ddz}{dy^2} = o$ à intégrer. Pour y parvenir, nous supposerons $\frac{dz}{dx} = u$, ainsi nous aurons $\frac{du}{dx} = \frac{d^2z}{dx^2}$, supposant dx constante, ce qui change l'équation proposée en celle-ci : $xy = \frac{du}{dx}$, ou $yxdx = du$. Intégrant donc seulement à l'égard de x (parce que nous n'avons que la différentielle partielle de z, en faisant varier x), nous aurons $u = \frac{x^2y}{2} + F(y)$. Mettons maintenant, au lieu de u sa valeur $\frac{dz}{dx}$, nous aurons $\frac{dz}{dx} = \frac{x^2y}{2} + F(y)$, qui, en multipliant par dx, donnera $dz = \frac{yx^2dx}{2} + dx\,F(y)$. Donc en intégrant à l'égard de x seulement, on aura $y = \frac{yx^3}{6} + x\,F(y) + f(y)$.

Telle sera donc l'intégrale de la forme ci-dessus ; et en effet, différentions-la avec les attentions convenables, nous trouverons successivement (parce que y est supposé constante) $dz = \frac{yx^2dx}{2} + dx\,F(y)$, parce que les fonctions $f(y)$ et $F(y)$ ne contenant pas x, demeurent constantes dans les différentiations relatives à cette variable; et divisant par dx, on aura $\frac{dz}{dx} = \frac{yx^2}{2} + F(y)$; et en différentiant de nouveau, on trouvera $\frac{ddz}{dx} = yxdx$. On aura donc enfin, en divisant par dx, $\frac{ddz}{dx^2} - xy = 0$. On voit par-là que l'équation étant du second ordre, pour rendre l'intégrale complète, il faut y ajouter deux fonctions arbitraires différentes de la variable, dont la différentielle n'entre pas dans l'équation donnée.

Si l'équation étoit du troisième ordre, comme $xy = \frac{d^3z}{dx^3}$, on employeroit pour l'intégrer de semblables substitutions successives. Ainsi, en supposant d'abord $\frac{d^2z}{dx^2} = u$, ce qui donne $\frac{d^3z}{dx^3} = \frac{du}{dx}$; et substituant $\frac{du}{dx}$ à la place de $\frac{d^3z}{dx^3}$, on auroit $xy = \frac{du}{dx}$ et $du = yxdx$; et en intégrant, $u = \frac{yx^2}{2} + F(y)$, c'est-à-dire, $\frac{d^2z}{dx^2} = \frac{yx^2}{2} + F(y)$, ce qui réduit l'équation au second ordre; et on la réduira par le même procédé que ci-dessus à celle-ci: $\frac{dz}{dx} = \frac{yx^3}{6} + x\,F(y) + f(y)$, et enfin à $z = \frac{yx^4}{24} + x^2 F(y) + xf(y) + \phi(y)$, ce qui se vérifiera facilement par la différentiation, comme on a fait dans l'exemple ci-dessus.

Si l'on avoit $xy = \frac{d^2z}{dxdy}$, il faudroit supposer $\frac{dz}{dy} = u$, et par un procédé semblable aux précédens, on aura u ou $\frac{dz}{dy} = \frac{yx^2}{2} + F(y)$, et conséquemment $dz = \frac{ydyx^2}{2} + dy\,F(y)$, et en intégrant de nouveau $z = \frac{y^2x^2}{4} + S\,dy\,F(y) + f(x)$; d'où résultera enfin (parce que $S\,dy\,F(y)$ n'est autre chose qu'une fonction de y) $z = \frac{y^2x^2}{4} + F(y) + f(x)$.

Enfin si z étoit une fonction de trois variables comme x, y, u, et qu'on eut une équation comme $xyu - \frac{d^3z}{dxdydu} = 0$ à intégrer, on trouveroit par des substitutions semblables $z = \frac{x^2y^2u^2}{6} + F(y,u) + f(x,y) + \phi(x,u)$, où l'on voit que dans ce cas les trois fonctions arbitraires à ajouter sont autant de fonctions formées des combinaisons de x, y, u.

On pourra intégrer ainsi des équations d'un plus grand nombre de variables; sur quoi l'on doit observer qu'il doit toujours y avoir pour compléter l'intégrale autant de fonctions arbitraires que l'exposant de l'ordre de l'équation contient d'unités, et lors que les variables de l'équation seront au nombre de trois comme z, x, y, les fonctions arbitraires contenues dans l'intégrale seront d'une seule variable; de deux, si l'équation est entre quatre variables comme z, x, y, u, et ainsi de suite.

Le calcul intégral des différentielles partielles peut être présenté sous une forme un peu différente de celle qu'on vient de voir; c'est la méthode de trouver une fonction de plusieurs variables, lorsqu'on connoît la relation des coefficiens différentiels de la différentielle totale. Ce que l'on appelle ici *coefficiens différentiels*, ce sont les facteurs qui affectent les différentielles dx, dy, dt, &c. En supposant z fonction de variables x, y, t, &c., ces coefficiens différentiels, on les désigne alors par p, q, r, &c.; en sorte que $p = \frac{dz}{dx}$, $q = \frac{dz}{dy}$, $r = \frac{dz}{dt}$, &c.; et si delà on passe à des ordres supérieurs, on aura $p' = \frac{ddz}{dx^2}$, $q' = \frac{ddz}{dy^2}$, $r' = \frac{ddz}{dt^2}$, &c. Ainsi, suivant cette manière d'envisager ce calcul, il s'agit, étant donnée la relation entre p, q, r, &c., de déterminer la fonction z; ou autrement, étant donnée l'équation $dz = pdx + qdy + rdt$, &c.; et étant connue la relation entre p, q, r, &c., ou entre ces coefficiens différentiels, et une ou deux des variables x et y, le problême se réduit à trouver z. Cette manière de s'énoncer ne change au fond rien à l'état de la question, mais semble avoir l'avantage de la briéveté.

Soit donc l'équation $dz = pdx + qdy$ (on se bornera à une fonction z de deux variables), et qu'on suppose la relation entre p et q être celle-ci : $q = ap + b$ où a et b sont des quantités constantes; on demande la valeur de z, on y parviendra ainsi. Dans l'équation ci-dessus mettez, au lieu de q, sa valeur $ap + b$, on aura $dz = pdx + (ap + b)\, dy$, c'est-à-dire $dz - bdy = p\,(dx + ady)$. Mais le premier membre de cette équation est intégrable, et donne $z - by$, le second doit donc l'être, si la différentielle proposée a une intégrale. Or pour que cela ait lieu, il faut que p. soit une fonction de $x + ay$, d'où il suit que l'intégrale cherchée sera $z - by = \mathrm{F}\,(x + ay)$.

On peut ainsi former une multitude de suppositions de rapports entre z, x, y et p, q, ou de ces dernières entre elles et avec les premières, et il en résulte autant de cas particuliers d'équations à différentielles partielles à intégrer. On trouve dans le calcul intégral d'Euler une instruction complète sur ce sujet; mais nous ne pouvons ici qu'indiquer cette source, la première et principale de toutes : à son défaut ; car tout le monde ne peut pas avoir ce volumineux ouvrage, on peut consulter le traité du calcul différentiel et du calcul intégral du cit. Lacroix, un des plus habiles géomètres que nous ayons.

Tels sont les principaux artifices des inventeurs et premiers promoteurs de ce calcul, d'Alembert et Euler. Mais les géomètres qui les ont suivis y en ont ajouté beaucoup d'autres que nous ne pouvons, attendu l'abstraction de la matière, qu'indiquer à nos lecteurs. Le cit. Lagrange nous paroît être le premier qui ait étendu ces spéculations, en résolvant un cas de ces équations, qui avoit jusqu'alors éludé la sagacité des analystes. C'est celui des équations aux différentielles partielles linéaires du premier ordre entre un nombre quelconque de variables (1), ce qu'il a ensuite étendu à celles qui n'étoient pas linéaires, en enseignant la manière de les réduire aux premières (2). On peut aussi voir dans les *Mémoires de l'Académie* de 1787, un mémoire des plus savans du cit. Legendre, où il parcourt avec soin tous les cas où l'intégration peut s'exécuter.

Nous ne saurions, on doit le sentir, entrer dans des détails sur les équations différentielles de ce genre et du second ordre. Euler en a attaqué et résolu quelques-unes. Le cit. Laplace a été plus loin, et a donné (3), pour intégrer l'équation linéaire du second ordre entre trois variables et leurs différences partielles, une méthode que le cit. Legendre a perfectionnée encore dans les *Mémoires de l'Académie* de 1787.

Parmi les difficultés de ce calcul, il en est une qui, si elle n'est pas la plus grande, est l'une des plus considérables; c'est la détermination des fonctions arbitraires à ajouter à l'intégrale pour la compléter. Comme l'on joint une constante à une intégrale ordinaire, et qui se détermine ensuite d'après les conditions de la question, qui quelquefois la rendent zéro, ou lui donnent une valeur quelconque, les fonctions arbitraires qui se joignent à l'intégrale, ont besoin d'être déterminées par les conditions de la question ; et ces conditions sont d'ordinaire, que cette fonction (lorsqu'il n'y en a qu'une, comme dans l'intégration des différences partielles du premier ordre) soit égale à cette grandeur, ou prenne telle forme particulière lorsque x

(1) *Mém. de Berlin*, ann. 1774.

(2) En 1784, Paul Charpit, qu'une mort prématurée enleva peu de temps après aux mathématiques, qu'il cultivoit avec succès, combinant ces deux méthodes de Lagrange, parvint à réduire l'intégration des équations quelconques du premier ordre à celle de 2 ou 3 équations différentielles totales. LACROIX.

(3) *Mém. de l'Acad.* 1773.

ou certaine variable du problême est zéro, ou a pris cette grandeur.

Ainsi la détermination de ces fonctions arbitraires, d'après les conditions données, a du nécessairement occuper les géomètres, et ils ont trouvé qu'en général cette détermination ramenoit à l'intégration d'une équation aux différences finies.

Les *Mémoires de l'Académie des Sciences* de 1770, 1771 et 1772, contiennent divers mémoires de Condorcet sur ce sujet, et en particulier celui de 1772 a pour objet direct la détermination des fonctions arbitraires qu'il ramène dans bien des cas à l'intégration d'une équation aux différences finies, résultat auquel ont été conduits par différentes voies les citoyens Monge, Laplace, &c.; ensorte que c'est, ce semble aujourd'hui, de la perfection du calcul intégral des différences finies que dépend celle du calcul intégral des différences partielles.

On doit à Euler, relativement aux fonctions arbitraires qu'il faut ajouter aux intégrales des différences partielles, une observation très-intéressante. D'Alembert vouloit qu'elles fussent assujéties à la loi de continuité, c'est-à-dire, qu'elles dussent toujours, par exemple, représenter une courbe assujétie à une loi uniforme dans sa description. Euler prétendoit que cela n'étoit pas nécessaire, et que ces fonctions pouvoient même être discontinues, au point d'être représentées par les ordonnées d'une courbe quelconque sans équation, telle que seroit une courbe tracée à la main et *libero ductu*, et même sans contiguité dans ses parties, comme une suite de points placés *ad libitum*. On peut voir sur cela quelques détails dans le mémoire de Lagrange sur le problême des cordes vibrantes, premier sujet de cette discussion; elle fut ensuite reprise entre d'Alembert et Lagrange qui s'est rangé au sentiment d'Euler, et ses raisons ont convaincu tous les géomètres qui tiennent aujourd'hui que les fonctions en question ne sont point sujettes à la loi de continuité, ce qui donne à la solution de certains problêmes une étendue comme indéfinie.

Le cit. Monge a ajouté à la force de ces raisons, par un mémoire inséré dans le IVe. tome de l'Académie de Turin. Il y fait voir, à l'égard des intégrales aux différentielles partielles à trois variables seulement, comme z, x, y, qu'elles ont pour lieu une surface courbe construite de telle manière qu'elle passe par autant d'autres courbes qu'il y a de fonctions arbitraires dans l'intégrale complète, c'est-à-dire une, si l'équation différentielle est du premier ordre; deux, si elle est du second, &c.; et il tire de cette construction la conséquence que rien n'astreint la fonction arbitraire à être une quantité algébrique et continue. Il a ensuite donné divers développemens à cette idée dans les *Mémoires présentés à l'Académie des Sciences*, tom. VII et IX. Cette manière de représenter les équations aux différences partielles, et leurs fonctions arbitraires, a paru si lumineuse, qu'elle a dissipé tous les doutes qui pouvoient encore s'élever sur ce sujet. Pour terminer enfin l'histoire de cette discussion analytique, j'ajouterai que l'Académie impériale de Pétersbourg proposa cette question pour l'objet du prix, en 1790, et que ce prix fut remporté par le cit. Arbogast, de Strasbourg, que nous avons vu ensuite député à la Convention nationale. Il y établit, tant par l'examen des raisons alléguées de part et d'autre que par des preuves qui lui sont propres, que rien ne limite la forme de ces fonctions. J'ajouterai ici, en passant, que le savant géomètre Véronois, le chevalier Lorgna, remporta l'*accessit*. J'ai ouï dire qu'il confirme l'assertion d'Euler.

Mais y a-t-il vraiment de ces formes discontinues, objet de la discussion entre d'Alembert et Euler; c'est une question que s'est proposée le cit. Charles, et qu'il discute dans le Xe. vol. des *Mémoires* présentés à l'Académie. Il y est d'un avis absolument contraire, et fait voir par un raisonnement qui nous paroît concluant, qu'au fond la courbe ou la forme la plus irrégulière et en apparence la plus discontinue, ne l'est que parce que la loi qui a présidé à sa description ou son équation, nous est inconnue par sa complication. Une suite même de points placés au hazard paroîtra sans doute très-discontinue; mais au fond tous ces points peuvent être liés par une loi commune; ce seront autant de points conjugués isolés en apparence, mais qui n'en tiennent pas moins les uns aux autres par les liens secrets d'une équation analytique, comme une ovale conjuguée, quoique détachée d'une courbe, n'en fait pas moins partie, et ne lui tient pas moins par l'équation qui lui est propre.

Il n'est pas, ce me semble, tout-à-fait si aisé de ramener à la continuité une forme telle que celle d'un polygone, dans la description duquel la loi semble varier par saut. Le cit. Charles en montre néanmoins la possibilité; mais nous sommes obligés de renvoyer à son mémoire cité plus haut, à l'article intégral (calcul) des différentielles partielles, inséré dans l'*Encyclopédie méthodique* par ordre de matières, ou a l'ouvrage d'un géomètre qui s'est proposé de donner l'histoire des nouveaux calculs, suivant la confirmation que je viens d'en avoir. Je me bornerai à indiquer quelques-unes des sources d'une instruction plus profonde sur ce sujet, indépendamment des divers mémoires cités, le cit. Cousin et le cit. Bossut, dans leurs *Traités du calcul intégral;* mais personne n'est entré à cet égard dans des détails plus approfondis et plus savans que le citoyen Lacroix, dans son *Traité du calcul différentiel* et du *calcul intégral*, le plus nouveau et le plus complet que nous ayons. Rien de ce qui a été fait jusqu'à ce moment par nos plus grands analystes ne lui a échapé, et souvent il y a ajouté de nouveaux degrés de perfection. M. Paoli, savant professeur de mathématiques à Pise, a donné dans ses *Elementi d'algebra* (Pise, 1792, 2 vol. *in*-4°.), un précis très-bien fait de toute cette théorie, objet sur lequel il avoit, quelques années auparavant, publié un mémoire intéressant dans un recueil d'opuscules analytiques.

Nous devrions sans doute ici parler du calcul des différences finies partielles; car de même que le calcul des différentielles infiniment petites a donné naissance à celui dont nous venons d'exposer quelques traits, ainsi celui des différences finies a fait naître celui des différences finies et partielles. La difficulté redouble ici, et cette branche de l'analyse est encore, pour ainsi dire, toute récente; elle n'a cependant pas laissé de prendre un accroissement considérable et de faire de grands pas vers la perfection, par les travaux de Lagrange, de Laplace, &c. Le premier donnoit en 1775, à l'Académie de Berlin, un mémoire sur l'intégration des équations linéaires aux différences finies et partielles, et sur l'usage de ces équations dans la théorie des probabilités; et l'on doit à ce dernier un travail sur le même objet (*Mém.* présentés à l'Académie, tom. VII), où il résout, au moyen de ce calcul, un grand nombre de problêmes de ce genre d'une manière également neuve et lumineuse; mais pour en donner dans cet ouvrage une idée même légère, il faudroit entrer dans des détails trop compliqués; on ne sauroit en avoir une notion distincte qu'en lisant les ouvrages des géomètres célèbres que nous avons cités.

XXXIV.

La méthode des variations est un calcul particulier par lequel étant donnée une expression ou fonction de deux ou plus de variables dont le rapport est exprimé par une loi déterminée, on trouve ce que devient cette fonction, lorsqu'on suppose que cette loi elle-même éprouve une variation quelconque infiniment petite, occasionnée par la variation d'un ou de plusieurs des termes qui l'expriment. Ce calcul est presque le seul moyen de résoudre une foule de problêmes *de maximis et minimis*, dont la difficulté est infiniment plus grande que celle des problêmes de cette nature, qui font l'objet du calcul différentiel ordinaire. Tel est, dans cet ordre nouveau de difficultés, le problême où l'on demanderoit quelle est la courbe qui conduiroit un corps tombant en vertu de son accélération, à un point donné ou à une ligne droite ou courbe, dans le moindre temps.

En

En général, tout problême de cette nature se réduit toujours à trouver le *maximum* ou le *minimum* d'une formule telle que S.Zdx, où Z est une fonction de x ou de constantes, ou de x et y, ou de x, y, z, et plus encore de variables; Z peut même contenir des intégrales comme SV, &c., des intégrales d'intégrales comme SVSv, &c.; et c'est sur la manière de prendre la variation de ces expressions, que roulent les règles de ce calcul.

M. de Lagrange est le véritable auteur de ce nouveau calcul. Cependant Jean Bernoulli résolvant le problême de la ligne de la plus courte descente, avoit fait varier deux élémens de la courbe en variant l'ordonnée intermédiaire entre les deux, partant de l'extrémité de l'arc. Jacques Bernoulli, pour résoudre le fameux problême des isopérimètres, avoit supposé un arc infiniment petit de courbe, divisé en trois par deux ordonnées équidistantes intermédiaires, et les faisant varier, il avoit trouvé quelle position ils doivent avoir pour remplir la condition demandée, d'où il avoit tiré la solution du problême; mais leur méthode, surtout celle de Jacques Bernoulli, qui est un miracle de sagacité et de patience, tenoit plus à un effort de tête, qu'à une méthode de calcul propre à mener directement et infailliblement au but. M. Euler l'avoit à la vérité généralisé, et par-là s'étoit mis à portée de résoudre une foule de problêmes analogues; c'est l'objet de son savant ouvrage intitulé: *Methodus inveniendi lineas curvas maximi minimi ve proprietati gaudentes seu solutio problematis isoperimetrici latissimi sensu accepti*, qui est un chef-d'œuvre d'analyse et de sagacité; mais il convient lui-même qu'il désiroit dans sa méthode un degré de perfection qui n'y étoit point, et qui consistoit à la rendre indépendante de toute considération géométrique. Lors donc que M. de Lagrange lui eut fait part de la sienne, qui est toute purement analytique, ce qui eut lieu en 1755, il en reconnut la supériorité, et il convint que tout ce qui avoit été fait en ce genre étoit circonscrit dans des limites étroites, en comparaison du nouveau champ qu'elle ouvroit; il ne dédaigna même pas de devenir en quelque sorte son commentateur et d'expliquer, à commencer des premiers élémens, cette nouvelle *méthode*, qu'il appela *des variations* (voyez les *Nouveaux Mémoires de Pétersbourg*, tome X.), car M. de Lagrange, content de s'être frayé une nouvelle voie, ne lui avoit donné aucun nom. Et même il faut convenir qu'il faut être déjà très-versé en analyse, pour suivre les premiers essais de cette méthode, donnés par M. de Lagrange dans les Mémoires de la société royale de Turin, tome II, qui parurent en 1762, et auxquels nous ne pouvons que renvoyer ceux de nos lecteurs qui aspirent aux connoissances les plus sublimes de la géométrie, car on y trouve la solution purement analytique des problêmes les plus beaux et les plus épineux de la mécanique transcendante. M. de Lagrange a depuis donné, dans le tome IV des Mémoires de Turin, un écrit où il étend sa théorie, et où il fait diverses observations tendantes à repousser quelques attaques indirectes, celle par exemple de M. Fontaine qui, dans les Mémoires de l'Académie, pour 1767, après avoir dit que *M. de Lagrange s'étoit égaré dans la route nouvelle qu'il avoit prise, pour n'en avoir pas connu la véritable théorie*, donne deux autres méthodes qu'il regarde comme nouvelles et supérieures à celle de M. de Lagrange. Sans entrer dans de grands détails, il suffit de dire que le témoignage d'Euler, aussi grand juge en ces matières que qui que ce soit, justifie M. de Lagrange, et que tous les grands géomètres de l'Europe s'accordent à lui attribuer l'honneur d'avoir ouvert cette nouvelle voie à travers les épines du calcul, et d'y avoir marché d'une manière ferme. C'est aussi avec raison que M. de Lagrange se plaint des PP. Jacquier et Leseur, qui donnant d'après Euler les élémens de ce nouveau calcul (1), ne parlent absolument que de lui, tandis que Euler lui-même rend à M. de Lagrange toute la justice qui lui est due, ainsi qu'on l'a vu plus haut.

Tel est en abrégé l'historique de ce calcul des variations; nous voudrions pouvoir suivre l'auteur dans les détails de sa méthode, ainsi que dans les applications nombreuses de ce calcul aux problêmes dont nous parlons; mais vu la nature de cet ouvrage, nous ne pouvons qu'indiquer les sources auxquelles il faut recourir pour prendre une connoissance approfondie de ce calcul et de ses usages.

On doit d'abord citer à cet égard le mémoire même de M. de Lagrange, inséré dans le second volume des *Mélanges de mathématiques et de physique de la société de Turin*, à quoi l'on doit ajouter celui du même auteur, inséré dans le quatrième volume de ces *Mélanges*, qui est un supplément au premier. Nous avons dit qu'Euler a donné, dans le dixième tome des *Nouveaux Mémoires de Pétersbourg*, les règles de ce calcul, sous le titre d'*Elementa calculi variationum*, qui est suivi d'un autre qui en contient l'application aux questions *de maximis et minimis*. On en lit un précis très-bien fait dans le second volume des *Elémens du calcul intégral*, des PP. Leseur et Jacquier, ouvrage que nous avons cité souvent.

(1) *Traité du calcul intégral*, tome II.

Les auteurs plus modernes qui ont donné des traités du calcul intégral, n'ont pas oublié cette partie si intéressante de l'analyse. Le citoyen Cousin en a traité dans le sien avec l'étendue et les détails qu'elle exigeoit. Elle tient aussi une place considérable dans celui du cit. Bossut. Enfin le cit. Lacroix s'en est occupé avec un soin tout particulier dans le sien, et il a rempli à cet égard, comme à l'égard de toutes les autres parties des calculs qu'il traitoit, l'attente des analystes.

X X X V.

Les logarithmes sont d'une telle utilité dans les mathématiques, soit qu'on les envisage du côté de la théorie, soit qu'on ne considère que leur usage habituel dans les calculs, que nous croyons devoir faire ici un article particulier de ce que les mathématiciens de ce siècle ont ajouté à ce sujet. Nous allons donc renouer ici le fil de notre histoire, interrompue à la fin de l'article concernant Neper, où après l'exposé de sa découverte, nous avons fait connoître les progrès de cette théorie pendant la durée du dix-huitième siècle. Il faut y joindre aussi ce que nous avons dit en divers endroits sur ces nombres, en parlant des nouveaux calculs. Voyez la table de cet ouvrage, au mot *Logarithme*.

Nous commencerons par les travaux de ceux qui ont cherché à en faciliter et amplifier la pratique. Il faut à cet égard donner le premier rang au moins pour l'ancienneté à Sherwin. Ce calculateur publia en 1706 pour la première fois, à Londres, de nouvelles tables, sous le titre de *Sherwin's mathematical tables contrived after à most comprehensive methode, &c.* in-8°. On y trouve, outre les logarithmes des 101000 premiers nombres, les sinus, tangentes, sécantes et sinus-verses des 90° de minute en minute, tant naturels que logarithmiques. Ces tables ont eu plusieurs éditions, toutes *in*-8°., savoir une seconde en 1741, une troisième en 1742, revisée et augmentée par Gardiner; une quatrième en 1761, et une cinquième en 1771. Cette dernière est, selon la remarque de M. Hutton, dans sa curieuse histoire des logarithmes et de la trigonométrie, absolument incorrecte et fourmille de fautes d'impression, au point de ne pouvoir s'en servir; il dit y en avoir corrigé plusieurs milliers.

Gardiner ne se borna pas à être l'éditeur de Sherwin en 1742; il publia lui-même dans cette dernière année de nouvelles tables sous ce titre, qui énonce ce qu'elles contiennent de particulier et de plus ou de moins que celles de Sherwin : *Tables of logarithms, for all numbers from* 1 *to* 102100, *and for the sines and tangents to every ten seconds of each degree in the quadrant, as also for the sines of the first 72 minutes to every single second : with other necessary tables* (Lond. 1742, *in*-4°.) Cette première édition des Tables de Gardiner fut toujours fort rare et fort chère, parce qu'il n'y en eut qu'un petit nombre d'exemplaires distribués aux souscripteurs. M. de Lalande engagea, en 1770, le P. Pezenas, qui étoit à Avignon, à en faire une nouvelle ; Aubert, imprimeur d'Avignon, homme zélé pour les mathématiques, s'y prêta volontiers. On y ajouta des sinus et tangentes pour chaque seconde, jusqu'à quatre degrés, d'après la table manuscrite de Mouton, dont on a parlé ailleurs, et que M. de Lalande leur envoya. On y trouve aussi une petite table des logarithmes hyperboliques, extraite du *Traité des Fluxions*, de Thomas Simpson. Cette édition est élégante et bien imprimée, le nombre des fautes assez petit ; les astronomes ont remarqué et annoncé celles qui s'y sont glissées, et on a publié l'*errata* ; voyez l'article des Tables de Vega, qui suit.

Il a paru depuis ce temps, et comme à l'envi, dans les principales métropoles de l'Europe où les sciences sont fort cultivées, diverses tables de ce genre, qui méritent l'attention des astronomes et des géomètres ; telles sont :

1°. Celles de M. Schulze, de l'académie de Berlin, intitulées : *Neve und erweiterte samlung*, &c. c'est-à-dire, *Recueil* (*nouveau et amplifié*) *de tables logarithmiques, trigonométriques, et autres nécessaires dans les mathématiques-pratiques* (Berlin, 1778, *in* 8°.). On y trouve, indépendamment des logarithmes des 101000 premiers nombres, les sinus, tangentes et leurs logarithmes avec leurs différences, pour chaque minute du quart de cercle, et de 10 en 10 secondes pour les trois premiers degrés. Enfin, diverses tables très-utiles dans toutes les parties des mathématiques, parmi lesquelles on en distingue une des logarithmes hyperboliques pour les 1000 premiers nombres, calculée jusqu'à 47 décimales, par M. Henri Wolfram. Parmi les autres tables mathématiques contenues dans ce recueil, sont diverses séries et expressions relatives au cercle ; une table des longueurs des arcs circulaires en parties du rayon calculées jusqu'à 27 décimales ; une des quarrés et des cubes des nombres, depuis 1 jusqu'à 1000, et une de leurs racines quarrées et cubiques ; une table des hauteurs dont un corps doit tomber pour acquérir, en vertu d'une pesanteur uniforme, des vîtesses depuis un pied, et sa réciproque ; une table enfin de trigonométrie rationnelle qui représente tous les triangles rectilignes rectangles dont les côtés sont rationnels, et dans lesquels la tangente de l'angle aigu sur la base est plus grande que 1.25, le rayon étant l'unité. Nous en omettons plusieurs autres, pour abréger. Il est mort en 1790.

2°. Les tables de M. George Vega, dont le titre allemand rendu en françois est *Tables et formules trigonométriques et autres, destinées aux mathématiques* (Vienne, 1783, *in-8°.*). Elles présentent d'abord une assez longue et très-savante introduction sur la nature, le calcul et l'usage des logarithmes; ensuite les logarithmes ordinaires des 101000 premiers nombres en sept chiffres, les logarithmes naturels ou hyperboliques des 10000 premiers nombres calculés jusqu'à huit décimales; les sinus-tangentes logarithmiques pour tous les degrés du quart de cercle de minute en minute, et pour les six premiers et six derniers degrés de 10 en 10 secondes avec leurs différences; les sinus-tangentes naturels pour toutes les minutes du quart de cercle. Diverses autres tables y sont jointes, comme les longueurs de la circonférence circulaires pour tous les degrés, minutes et secondes; des puissances jusqu'à la neuvième des nombre naturels, depuis 1 jusqu'à 100; des quarrés et cubes des 1000 premiers nombres, et une multitude d'autres, parmi lesquelles sont une foule de formules et de séries utiles à différens calculs analytiques et trigonométriques, à l'extraction des racines des équations de tous les degrés, à l'intégration des formules différentielles, &c., &c. Ce sont, à peu de chose près, des tables mathématiques universelles, et cet ouvrage mériteroit d'être plus connu en France; l'édition de Léipzig, 1797, est encore meilleure. Il ne faut pas omettre ici qu'on y trouve l'*errata* des tables principales publiées antérieurement, comme celles des différentes éditions de Gardiner, de celles de Schulze, de l'*Aritmetica logarithmica* et de la *Trigonometria artificialis*, de A. Vlacq; du *Thesaurus mathematicus*, de Pitiscus, de 1613; et enfin, des siennes propres.

M. Vega ne s'est pas borné à cela. Conformément à l'annonce qu'il en avoit donnée en 1793, il publia en 1796 son *Thesaurus logarithmorum completus ex arithmetica logarithmica et ex trigonométria artificiali Adriani Vlacci collectus, plurimis erroribus purgatus et in novum ordinem redactus, &c.* (Lips. 1795, *in-fol.*). Le fond de cet ouvrage est en effet formé des deux de Vlacq cités ci dessus, qui étoient devenus excessivement rares; mais il a mis les logarithmes des nombres sous une forme plus commode, imaginée par Roe. Les logarithmes y sont calculés jusqu'à 10 décimales et s'étendent jusqu'à 101000. Les sinus et tangentes, également calculés jusqu'à 10 décimales, y sont donnés pour chaque seconde dans les deux premiers degrés, et de 10 en 10 secondes pour les autres. On y trouve aussi les différences, tant des logarithmes que des sinus et tangentes. M. Vega enfin, indépendamment d'une introduction savante à l'usage de ces tables, y en a joint une, savoir celle des logarithmes hyperboliques des 10000 premiers nombres, calculée jusqu'à 48 décimales, ouvrage de M. Wolfram, officier d'artillerie au service des Etats de Hollande.

Une anecdote particulière que nous apprend la préface de M. Vega, c'est que tandis qu'en Europe les deux ouvrages de Vlacq, les plus complets en ce genre, devenus très-rares, sollicitoient une nouvelle impression, que personne n'osoit entreprendre, ces deux ouvrages furent réimprimés à la Chine et dans le palais impérial, en caractères chinois et sous ce titre, rendu en latin : *Magnus canon logarithmorum, tùm pro sinibus ac tangentibus ad singula dena secunda, tùm pro numeris absolutis ab unitate ad* 100000. *Typis sinensibus in aula Pekinensi, jussu imperatoris* (Kang-hi) *excusus*, 1721 (*in fol.* trois vol. en pap. chinois). M. Vega en a vu un exemplaire à Vienne. Nous avons, au reste, déjà remarqué que cet empereur étoit un grand admirateur, et de la sévérité des démonstrations d'Euclide et de l'invention des logarithmes; et ce que peut-être alors aucun prince européan n'auroit su faire, il calculoit très-facilement un triangle.

En 1792, M. Taylor a publié en Angleterre des tables de sinus et de tangentes pour toutes les secondes, à huit chiffres seulement, mais qui sont d'un grand secours pour les calculs des astronomes. Plusieurs personnes avoient fait ce travail, mais n'avoient pas eu occasion de le publier ; M. de Lalande en a le manuscrit par M. Robert, curé de Toul (*Journal des Savans*, 1784), et M. Kæstner dit qu'il y en a un à Cottingen. *Voyez* la notice des plus grandes tables de logarithmes, qu'il a donnée en allemand.

En 1783, le cit. Callet publia une édition très-commode, avec le secours du cit. Jombert, qui les fit imprimer pour son compte et s'occupa de les corriger avec un soin extrême, des *Tables portatives de logarithmes, publiées à Londres par Gardiner, et perfectionnées dans leur disposition, contenant les logarithmes des nombres, depuis* 1 *jusqu'à* 102960 *; les logarithmes des sinus et tangentes, de seconde en seconde pour les deux premiers degrés, et de* 10 *en* 10 *secondes pour tous les degrés du quart de cercle ; précédées d'un précis élémentaire sur l'explication et l'usage des logarithmes et sur leur application aux calculs d'intérêts, à la géométrie-pratique, à l'astronomie et à la navigation, suivies de plusieurs tables intéressantes et d'un discours qui en facilite l'usage.* (Paris, 1783, *in*-8°.). Nous avons développé ce titre en entier, pour faire connoître toute l'utilité de cet ouvrage. L'introduction fait honneur au talent et au zèle du cit. Callet, et l'impression en fait aux presses de Didot. Enfin le cit. Callet a donné une seconde édition de ces tables en 1795 (an III). Nous n'en répéterons pas au long le titre, mais nous allons faire connoître une partie des additions que présente cette nouvelle édition. On y trouve

1°. La table des logarithmes prolongée jusqu'à 108000.

2°. Les logarithmes des sinus et tangentes de seconde en seconde pour les cinq premiers degrés.

3°. Des tables de logarithmes vulgaires et de logarithmes hyperboliques à 20 décimales pour les nombres naturels, depuis 1 jusqu'à 1200, avec diverses autres contenant les logarithmes de Brigs jusqu'à 61 décimales, et les logarithmes hyperboliques à 48 pour tous les nombres, depuis l'unité jusqu'à 1000 et au-delà, savoir pour tous les nombres depuis 1 jusqu'à 100, et ensuite, pour abréger, ceux des nombres premiers seulement.

4°. Des tables pour convertir les logarithmes vulgaires en hyperboliques, ou au contraire.

5°. Des tables de logarithmes des sinus et tangentes adaptées à la nouvelle division du quart de cercle divisé en 100 degrés, et du degré en 100 minutes, &c.

6°. Beaucoup d'additions et de développemens nouveaux dans l'introduction ou précis élémentaire qui précède ces tables.

Il seroit trop long de faire connoître les autres améliorations de cette nouvelle édition. Ajoutons seulement qu'elle est un monument précieux de l'art nouveau de l'impression stéréotype dû au cit. Firmin Didot, ce qui fournit un moyen d'y corriger après coup les fautes qui, malgré le soin extrême pris à la correction, échappent quelquefois. Cet ouvrage, ainsi que quelques autres du cit. Callet, lui donnent un droit incontestable à la reconnoissance des mathématiciens ; mais il n'a pu en jouir long-temps : le travail excessif qu'il lui a coûté, joint à une santé délicate, ont abrégé sa carrière, qu'il a terminée peu de temps après.

Il y a aussi une édition estimée en Angleterre : *Mathematical tables, &c.* ou *Tables mathématiques, contenant les logarithmes communs, hyperboliques et logistiques, avec les sinus, tangentes, sécantes et sinus-verses, tant naturels que logaritmiques, et différentes autres tables utiles dans les calculs mathématiques, et à la tête une histoire étendue et originale des découvertes et écrits relatifs à ce sujet, &c.*; par M. Ch. Hutton, de la société royale de Londres, *in-8°.* Cet ouvrage est encore un chef-d'œuvre en ce genre. L'histoire de la trigonométrie et de l'invention des logarithmes, ainsi que des travaux et vues des principaux fondateurs de cette théorie, est extrêmement curieuse et intéressante. Elle nous fait connoître un grand nombre d'hommes peu connus dans le continent, et qui ont bien mérité des mathématiques à cet égard.

Cette introduction, qui a 180 pages, est un traité complet de l'histoire et des méthodes, des traités et des auteurs, relativement aux logarithmes; comme l'impression de ces tables dura sept à huit ans, M. Hutton eut tout le temps de s'en occuper, de rassembler et d'examiner un grand nombre de livres, d'étendre son plan et d'en rendre l'exécution plus complette; ce travail, long et désagréable, eut l'avantage de rendre ses commentaires plus complets et plus satisfaisans. Cela lui a donné occasion, par exemple, de découvrir le véritable auteur du binôme et de la méthode des différences. On les doit à Henri Briggs, dont les ouvrages sont pleins de choses originales et ingénieuses, et méritent d'être plus généralement connus et étudiés qu'ils ne l'ont été jusqu'ici. Cet ouvrage de M. Hutton est si intéressant, qu'il a fourni le fond du grand ouvrage de M. Mazère, intitulé : *Scriptores logarithmici*, dont nos parlerons spécialement, comme étant le plus grand recueil qu'on ait fait sur cette matière. M. Mazère y a trouvé les indications de tous les auteurs, les anecdotes les plus importantes, et l'extrait des ouvrages et des découvertes dont il a donné les détails.

Je remarque ici en passant, qu'en 1781, Alexandre Jombert proposoit par souscription de nouvelles *tables de logarithmes hyperboliques* à 21 décimales pour tous les nombres premiers jusqu'à 100000, avec une table de tous les nombres impairs non premiers entre 1 et 100000, avec deux facteurs. L'auteur étoit dom Valleyre, par le conseil de dom Robé, bénédictin de St.-Maur. On ne demandoit que l'assurance de deux cents souscripteurs pour commencer l'impression, et même on n'exigeoit aucune avance; mais ce projet n'a pas eu lieu, sans doute faute de souscripteurs.

Mais nous avons maintenant à parler d'un ouvrage bien plus considérable que tous les précédens : c'est celui entrepris et exécuté en grande partie au bureau du cadastre, sous la direction du cit. Prony, de l'Institut national; ce travail consiste

1°. En une table des sinus naturels calculés à 21 décimales pour chaque dix-millième (ou minute de la nouvelle numération) du quart de cercle, avec cinq ordres de différences.

2°. Une table pareille pour les tangentes naturelles.

3°. Une table des logarithmes des nombres, depuis 1 jusqu'à 200000, avec 12 décimales et trois ordres de différences.

4°. Une table des logarithmes, sinus et tangentes pour chaque cent-millième (ou chaque seconde de la nouvelle numération),

mération), avec douze décimales et trois ordres de différences.

5°. Les logarithmes des rapports des arcs aux sinus ou à leurs tangentes pour les cinq premiers centièmes (ou nouveaux degrés) du quart de cercle en douze décimales, avec trois ordres de différences.

6°. Enfin, un recueil de tables astronomiques adaptées à la nouvelle graduation du cercle.

Lorsque ce travail, déjà fort avancé, sera achevé, ce sera sans doute le plus grand monument que l'amour de l'exactitude et de l'abréviation du travail dans les mathématiques pratiques ait pu inspirer. En attendant, MM. Hobert et Ideler ont publié à Berlin, en 1799, des tables de sinus, *in*-8°., pour les degrés décimaux et les minutes décimales ; et l'on imprime à Paris des tables pareilles, que Borda avoit fait calculer chez lui aussitôt qu'il fut convenu, à Paris, que l'on adopteroit la division décimale du quart de cercle.

Quoique au moyen d'une table ordinaire des logarithmes on remonte sans grande peine du logarithme donné au nombre auquel il appartient, surtout quand la table présente les différences des logarithmes ; cette opération pourroit néanmoins être abrégée au moyen d'une table qui pour chaque logarithme croissant arithmétiquement, donneroit le nombre correspondant avec ses décimales. Harriot en avoit senti l'utilité dès les premières années de l'invention des logarithmes (car il mourut en 1621), et avoit entrepris une pareille table, qu'on sait avoir été achevée par Walter Warner, son ami et commensal, chez le duc de Northumberland qui, amateur des mathématiques, les entretenoit chez lui avec quelques autres, magnifiquement, dans un de ses châteaux du comté de Suffolk, où se sont trouvés divers manuscrits de Harriot ; mais à la mort de Warner, ce manuscrit, tombé entre les mains d'un de ses héritiers, a été perdu. Je remarquerai ici en passant, pour ceux qui n'auroient pas lu cet ouvrage de suite, que la table logarithmique, dont Just Byrge avoit fait imprimer un essai en 1620, étoit véritablement une table anti-logarithmique ; car les logarithmes y croissoient arithmétiquement, et l'on trouvoit à côté les nombres auxquels ils appartenoient, avec leurs fractions décimales lorsqu'ils n'étoient pas des nombres entiers, ce qui malheureusement est le cas le plus fréquent. On peut voir sur ce sujet de plus grands détails dans le premier livre de la quatrième partie de cet ouvrage.

On vit encore en 1714, M. Long proposer dans les *Trans. philos.* l'essai d'une *table anti-logarithmique* ; mais cet essai n'eut point de suite : ce fut M. James Dodson qui eut le courage d'entreprendre et d'exécuter jusqu'à un certain point cet ouvrage. Il publia en 1742 son *Anti-logarithmic Canon*, dont le titre, traduit de l'anglois, est *Canon anti-logarithmique*, ou *Table des nombres consistant en onze figures, correspondans à tous les logarithmes moindres que* 100000, *et par laquelle le logarithme d'un nombre quelconque ou le nombre répondant à un logarithme moindre que de onze chiffres, se trouve facilement, avec des préceptes et exemples de leur usage, &c.* (Lond. 1742, *in-fol.*). Mais le succès de ce travail, quelque éloge que mérite le zèle de son auteur, n'a pas répondu, à beaucoup près, à celui des tables logarithmiques ordinaires. Je ne sache pas que personne en fasse usage, même en Angleterre, où les exemplaires en sont plus multipliés que dans le continent.

Ceux qui par la nature de leurs travaux n'ont pas besoin de tables aussi étendues, peuvent se satisfaire d'un grand nombre d'autres qui ont successivement paru en divers temps. je parlerai seulement des plus récentes et des plus remarquables. Telles sont celles de M. de Parcieux, qui se trouvent à la suite de sa *Trigonométrie* (Paris, 1741, *in* 4°.). Elles passent pour avoir l'avantage d'une grande correction.

L'abbé de la Caille et M. de Lalande en publièrent en 1760 de portatives en très-petit format, qui sont un modèle de netteté et de correction. Elles sont tout-à-fait propres à un voyageur, dont la bibliothèque mathématique doit former le moindre volume possible ; aussi ont-elles été réimprimées quatre fois, mais toujours avec un peu plus de fautes. Mais M. de Lalande est occupé actuellement d'une édition stéréotype, dont les planches resteront pour être corrigées à mesure qu'on trouvera des fautes.

Je ne m'appesantirai pas sur les détails de beaucoup d'autres tables trigonométriques et logarithmiques ; il en est, pour ainsi dire, dans toutes les langues. M. Giannini, italien de naissance, mais que son savoir en mathématique a fait appeller en Espagne pour les professer dans l'école d'artillerie de Ségovie, en a publié en langue espagnole ; elles parurent à Ségovie, *in* 8°., et l'on ne peut douter que ce soyent les meilleures qui soient entre les mains des mathématiciens de cette nation. M. Toaldo, célèbre astronome de Padoue, en a donné d'Italiennes sous ce titre : *Tavole trigonometriche, &c. con una tavola de' log. hyperbolici* (Padua, 1773, *in*-8°.). On a aussi dans cette langue des tables logarithmiques et trigonométriques, de M. Louis Parisani, professeur de mathématiques à Prato, qui y a joint diverses additions sur la nature et l'usage des logarithmes, la fonction des arcs circulaires, &c. (Florence,

1784, *in*-8°.). J'en connois de portugaises, publiées en 1790, sous le titre de *Taboas logarithmicas des senos tang. e secantes de todos os graos e minutos do quadrante, &c. e dos numeros naturales desde* 1 *ate* 10000, *seguidas de outras muytas taboas ulcis e necessarias em a navegaca. Por Jose Mellitão de mata* (Lisabon, *in*-8°.).

Il seroit à souhaiter que l'usage des logarithmes s'introduisît jusques dans le commerce, car il est beaucoup d'opérations commerciales qui en deviendroient plus faciles. Telles sont en particulier celle du change de place en place; car ce n'est-là au fond qu'une opération de raisons composées; mais je ne sais si l'on doit jamais l'espérer. Quoiqu'il en soit, quelques arithméticiens éclairés ont tenté d'introduire cet usage.

On sait que ce furent les juifs qui inventèrent, il y a quelques siècles, les lettres de change, ou traites de place en place. Il sembloit réservé à un juif, nommé Raphael Levi, d'avoir le premier l idée d'y appliquer l'usage des logarithmes. il publia en 1747 un écrit allemand intitulé: *Vorbericht, &c.* c'est-à-dire, *Introduction à l'usage d'une nouvelle table logarithmique appliquée à la banque* (Hanover, *in*-4°.), avec un *Supplément* (Leips. et Fr. 1749). Mais en 1752, M. Nolkenbrecher, jurisconsulte et mathématicien, publia quelque chose de plus développé, sous ce titre: *Logarithmische tabellen zur Berechnung, &c.* c'est-à-dire, *Tables logarithmiques pour le calcul des arbitrages communs dans toutes les places de l'Europe, &c.* (Leips. *in*-4°.). Ce même motif a engagé plus récemment encore M. Gerhardt, teneur de livres de la banque royale de Prusse, à publier ses *Logarithmische Tafeln fur Kauffleute, &c.* c'est-à-dire, *Tables logarithmiques à l'usage des commerçans, dont on montre l'usage étendu dans les questions relatives au commerce et spécialement au change, &c.* ou *Supplément à l'Arithmétique commerçante, du même auteur* (Berlin, 1788, *in* 8°.). L'intention de ces arithméticiens éclairés mérite assurément des éloges. On en doit aussi à ceux qui ont tenté d'introduire dans l'arithmétique commerçante, judiciaire et financière, l'usage des fractions décimales, qui en simplifieroit beaucoup diverses opérations. C'est l'objet que s'est proposé, presque exclusivement parmi nous, le cit. Ouvrier Delisle, dans son *Calcul des décimales, appliqué aux différentes opérations de commerce, de banque et de finances* (Paris, 1766, *in* 8°.). Les efforts du cit. Ouvrier Delisle m'ont paru mériter ici cette mention, et les nouvelles mesures de France, qui procédent par décimales, rendront l'usage de ces calculs plus étendu et plus utile.

XXXVI.

Le champ des mathématiques est si vaste, que quoique ce qu'on a dit jusqu'ici sur les logarithmes semble donner une connoissance suffisante de la théorie et de l'usage de ces nombres, divers mathématiciens n'ont pas laissé d'y trouver le sujet de spéculations dignes d'attention. Nous reviendrons un peu sur nos pas pour parler de quelques-uns de ces mathématiciens, qui vivoient vers la fin du dix-septième siècle, et développer davantage leurs recherches et leurs découvertes sur ce sujet.

Il faut ici mettre Newton au premier rang ; car on voit par le *Commercium epistolicum de analysi promota* et par son *Traité des fluxions*, qui étoit fait avant 1680, qu'il s'étoit fort occupé des logarithmes dès les premiers temps où il fit ses grandes découvertes. Il nous en instruit lui-même dans la première de ses lettres à Oldenbourg, de 1671, qui devoit être communiquée à Leibnitz ; car il y donne le moyen qu'il avoit trouvé pour calculer les logarithmes, avant même que Mercator eût publié sa *Logarithmo-technia* ; il le faisoit de cette manière, aussi abrégée qu'ingénieuse. Soit (*fig.* 70) l'hyperbole équilatère FBD entre les asymptotes, CB la puissance de l'hyperbole ou $CA \times AB = 1$; $AP = x$, $Ap = -x$. Il trouvoit pour l'expression de l'aire APEB, qui est le logarithme de CP, cette suite, $x - \frac{x^2}{2} + \frac{x^3}{3} - \frac{x^4}{4} + \frac{x^5}{5}$, &c. ; et pour l'aire $ApeB$, qui est le logarithme de Cp, celle-ci, $x + \frac{x^2}{2} + \frac{x^3}{3} + \frac{x^4}{4}$, &c. or ces deux suites ajoutées ensemble, forment celle-ci, $2x + \frac{2x^3}{3} + \frac{2x^5}{5}$, &c. qui représentera la somme des deux aires APEB, $ApeB$, et $x + \frac{x^3}{3} + \frac{x^5}{5}$, &c. en sera la demi-somme. D'un autre côté, ôtant la première de la seconde, et divisant par 2, on aura $\frac{x^2}{2} + \frac{x^4}{4} + \frac{x^6}{6} + \frac{x^8}{8}$ pour la demi-différence des deux espaces. Supposons donc x fort petit, comme $\frac{1}{10}$ ou 0,1, on aura ces deux suites, $\frac{1}{10} + \frac{1}{3000} + \frac{1}{500000} + \frac{1}{70000000}$, &c. et $\frac{1}{200} + \frac{1}{40000} + \frac{1}{6000000} + \frac{1}{800000000}$, &c. ce qui, réduit en fractions décimales, donne, par un calcul de quelques minutes au plus, la première de ces suites $= 0.1003353477$, et la seconde égale à 0.5025167926. Or ayant la demi-somme et la demi-différence des deux espaces AE, Ae, on aura le premier égal à 0.0953101798, égal au logarithme de CP, et le second

=0.10536051 56 ; ce qui sera le logarithme de Cp, lequel doit être pris négativement, parce que Cp est moindre que l'unité.

Newton cherchoit ensuite par un procédé semblable les logarithmes de 0.8 et 1.2, ou de $\frac{8}{10}$ et $\frac{12}{10}$, en faisant AP=0.2 et Ap=0.2, et il trouvoit 0.2231435513 pour le logarithme hyperbolique de $\frac{8}{10}$, et 0.1823215568 pour $\frac{12}{10}$; ayant les logarithmes de ces fractions 0.9 ; 1.1 ; 0.8 ; 1.2. Il en tiroit ainsi le logarithme de 2.

Car $\frac{12}{10}$ étant divisé par $\frac{8}{10}$, le quotient est $\frac{3}{2}$. Ainsi l'on aura le logarithme de $\frac{3}{2}$ en ajoutant les logarithmes de 1.2 et de 0.8, parce que 0,8 est moindre que l'unité, et que son logarithme qui est négatif, devant être ôté du premier, cela se réduit à l'ajouter ; on aura donc par ce procédé le logarithme de $\frac{3}{2}$=0.4054651098.

Mais divisant 0.9 par 1.2, on a pour quotient $\frac{9}{12}$ ou $\frac{3}{4}$, et l'on trouve son logarithme =—0.2876820072452.

Enfin, comme $\frac{3}{2}$ divisé par $\frac{3}{4}$ donne 2, ôtant le logarithme de $\frac{3}{4}$ (c'est-à-dire l'ajoutant parce qu'il est négatif) à celui de $\frac{3}{2}$, on trouve 0,6931471805 60 ; or ayant le logarithme de 2, on a ceux de 4, 8, 16, &c.

On trouve par des combinaisons semblables et par de simples additions et soustractions, beaucoup d'autres logarithmes, comme celui de 10, car 10=$\frac{2.2.2}{0.8}$. Ajoutant donc le logarithme de 0.8 pris positivement au triple de celui de 2 trouvé ci-dessus, on aura celui de 10, savoir, 2.302585093, d'où l'on tirera les logarithmes de plusieurs autres, comme 5, 20, 40, &c. On aura celui de 11, en ajoutant celui de 10 à celui de $\frac{11}{10}$, trouvé ci-dessus ; celui de 9, en ajoutant celui de 10 à celui de $\frac{9}{10}$, d'où découleront ceux de 3, de 6, de 27, &c. et une foule d'autres, en les combinant avec les logarithmes de 12, de 5, &c., &c. ; ce calcul est, il faut en convenir, assez amusant. Ainsi il ne faut pas s'étonner de ce que Neuton ajoute : *Pudet dicere ad quot figurarum loca hasce computationes otiosus eo tempore perduxi, nam sane nimis delectabar inventis hisce* ; c'étoit pendant la peste qui désola Londres en 1665 et 1666, et qui l'obligea de fuir de Cambridge, où il faisoit ses études. On peut voir à la fin de la même lettre sa série de retour pour déterminer le nombre d'un logarithme donné (pourvu pourtant que ce logarithme soit moindre que l'unité), ainsi que la manière dont il trouvoit encore, par de simples additions et soustractions, tous les logarithmes depuis l'unité jusqu'à 1000.

Neuton avoit incontestablement trouvé toutes ces choses avant que la *Logarithmotechnia* de Mercator parût ; ce qui, au surplus, ne fait aucun tort à Mercator, car celui-ci n'avoit aucune connoissance des spéculations de Neuton sur ce sujet. Cet ouvrage ne parut pas plutôt (en 1668), que Wallis en donna, dans les *Transactions philosophiques*, un ample extrait où il l'éclaircit, le commenta en quelque sorte, et ajouta diverses choses à cette théorie; c'est pourquoi M. Mazère lui a donné place parmi ses *Scriptores logarithmici.*

Jacques Grégory fut le premier qui, marchant sur les traces de Newton et de Mercator, ajouta à la théorie des logarithmes. Il ne fut pas plutôt informé de leurs découvertes, qu'il trouva lui-même plusieurs séries nouvelles relatives au calcul des logarithmes. Nous remarquerons en particulier celle qu'il donnoit en 1674 (1) pour trouver tout d'un coup les tangentes et sécantes artificielles, c'est-à-dire les logarithmes, sans avoir à chercher les tangentes elles-mêmes. Soit donc, disoit-il, a l'arc dont on demande la sécante artificielle que nous nommerons S, le rayon r, on aura $S = \frac{a^2}{r} + \frac{a^4}{12r^3} + \frac{a^6}{45r^5} + \frac{17a^8}{2520r^7}$, &c. Quant à la tangente artificielle que nous nommerons t, le quart de cercle étant $= q$, faites $2a - q = e$, vous aurez $t = e + \frac{e^3}{6r^2} + \frac{e^5}{24r^4} + \frac{61e^7}{5040r^6}$, &c. Les *Exercitationes geometricae*, publiées immédiatement après la *Logarithmotechnia*, de Mercator, contiennent aussi des choses très-intéressantes sur des sujets attenans aux logarithmes; telles sont ces deux curieuses proportions, que la somme des tangentes naturelles donne les sécantes artificielles, et que celle des sécantes naturelles donne les tangentes artificielles : cela se démontre aujourd'hui avec facilité, au moyen des nouveaux calculs; mais il falloit être doué d'une rare sagacité, pour le découvrir et le démontrer par les moyens dont Grégory étoit alors en possession. Cet ouvrage de Grégory étant très-rare, M. Mazère en a extrait les morceaux qui ont trait aux logarithmes, et en a fait un article de son livre cité plus haut.

Halley, à qui toutes les parties des mathématiques doivent tant, n'oublia pas la théorie des logarithmes. On a de lui, dans les *Trans. philos.* de 1695, un excellent mémoire sur ce sujet. Il y envisage les logarithmes sous un aspect particulier, qui cependant n'a pas été ignoré de Mercator, savoir que si, par exemple, entre 1 et 10 on établit un nombre quelconque de moyennes proportionnelles (il s'en trouve dans le système réformé de Neper et de Briggs, ou celui des logarithmes tabulaires, 1000000), le nombre de ces moyennes

(1) *Comm. epist. de analysi promota*, pag. 25, *édit.* 1712.

qui se trouve compris entre 1 et 2, par exemple, est le logarithme de 2. Il s'en trouve dans le systême de nos logarithmes 0.30102, &c. Mais ce que Briggs ne faisoit que par une suite infiniment laborieuse d'extraction successives de racines quarrées, Halley enseigne à le faire au moyen de diverses séries auxquelles il parvient par une considération très-ingénieuse. Il suppose qu'entre l'unité et un nombre donné plus grand, $1+q$, on insère un nombre de proportionnelles qui partagent la raison de 1 à $1+q$ en un nombre de raisons égales, égal à m; on y parviendroit par une extraction successive de racines quarrées de $1+q$; car, par exemple, la première extraction partage la raison de $1+q$ en deux raisons égales; la seconde, qui équivaut à une extraction de la racine quarrée, en donne quatre; l'extraction suivante, qui seroit une extraction de la racine huitième, en donne huit, et ainsi de suite. Ainsi l'extraction de la racine m^m en donnera le nombre m.

Il s'agit donc de trouver la valeur de cette expression $\overline{1+q}^{\frac{1}{m}}$; en supposant m un si grand nombre, que la racine trouvée approche infiniment de l'unité, on aura dans cette expression celle de la raison infiniment rapprochée de la plus petite de ces moyennes proportionnelles, la plus voisine de l'unité; et le nombre des intervalles égaux dans lesquels sera divisée la raison de 1 à $1+q$ sera égale à m.

Mais comment trouver la valeur de $\sqrt[m]{1+q}$, en supposant m, comme nous avons dit plus haut, c'est à-dire infiniment grand? Halley fait usage de la formule du binôme de Newton, suivant lequel cette racine seroit $1+\frac{1}{m}q-\frac{\frac{1}{m}.\frac{1}{m}-1}{2}q^2+\frac{\frac{1}{m}.\frac{1}{m}-1.\frac{1}{m}-2}{1.2.3}q^3$, &c. qui donne, en faisant les multiplications convenables, $1+\frac{1}{m}q-\frac{1-m}{2m^2}q^2+\frac{1-3m+2m^2}{2.3.m^3}q^3$, &c. Mais, dit Halley, si m est un nombre infini (ou pour éviter l'idée de l'infini), un nombre si grand, qu'on puisse négliger en comparaison tout autre nombre fini, les numérateurs de cette formule se réduiront à m, $2mm$, $6m^3$, &c. car le numérateur du troisième terme $-\overline{1-m}$ ou $m-1$ n'est que m; de même le troisième se réduit à $2mm$, ce qui donne, pour la suite cherchée, $1+\frac{1}{m}q+\frac{1}{2m}q^2+\frac{1}{3m}q^3+\frac{1}{4m}q^4$, &c. L'excès de la dernière de ces moyennes proportionnelles sur l'unité est donc. . . $\frac{1}{m}\times(q+\frac{q^2}{2}+\frac{q^3}{3}+\frac{q^4}{4}$, &c.$)$, série qui est aussi le logarithme de $1+q$. On auroit trouvé $\frac{1}{m}\times(q-\frac{q^2}{2}+\frac{q^3}{3}-\frac{q^4}{4}$, &c.), en faisant la même opération sur le binôme $1-q$.

Ces deux séries, il est vrai, ne sont que les séries données par Mercator, d'après la quadrature approchée de l'hyperbole. Mais Halley les déduit, comme on voit, de considérations purement analytiques, ce qui est dans ce genre une élégance particulière ; d'ailleurs, il en déduit diverses autres séries fort convergentes qui servent à la résolution d'un grand nombre de questions dépendantes de la théorie des logarithmes.

Cet écrit méritoit assurément d'avoir place dans le recueil de M. Mazère ; mais comme il présente en divers endroits des difficultés, du moins pour un certain nombre de lecteurs, M. Mazère l'a fait suivre de notes particulières qui y jettent toute la clarté qu'on peut désirer. Je donnerai, à la fin de cet article, une notice de l'ouvrage.

Il semble qu'il y ait peu de géomètres d'un certain ordre qui n'ait aspiré à donner sur la théorie et le calcul des logarithmes quelques vues nouvelles. Craige et Taylor ont donné, dans les *Trans. philos.*, des écrits ingénieux sur ce sujet ; mais il faudroit entrer dans des détails qui nous méneroient trop loin. Je me borne à les indiquer, ainsi que celui de Long, inséré dans les mêmes *Transactions* (tome XXIX, n°. 339, 1714), et où, par le moyen d'une table préparatoire de huit colonnes de dix nombres chacune, il montre comment on peut, un nombre quelconque étant donné, en trouver le logarithme, et *vice versa*.

Je ne dois pas omettre ici un travail d'Abraham Sharp, sur les logarithmes, ainsi que celui d'Euclid Speïdek. Le premier, qui fut long-temps attaché pour les calculs à l'observatoire de Chelsea, a donné une table des logarithmes hyperboliques pour les 100 premiers nombres naturels, calculée jusqu'à 61 chiffres. M. Hutton l'a publiée dans ses tables logarithmiques, après l'avoir extraite du livre de Sharp, intitulé : *Geometry improved* (1717), qui contient beaucoup de calculs extraordinaires de ce genre, comme celui du rapport du diamètre du cercle à la circonférence, exprimé en 70 décimales, et les segmens en 17 chiffres.

Euclid Speïdell, ami de Sharp, ne fut pas un calculateur moins intrépide ; il publia, en 1688, un livre intitulé : *Logarithmotechnia or the making of log. to twenty-five-places by help of a geometrical figure*, &c. ou *Moyen de calculer les logarithmes jusqu'à 25 décimales, au moyen d'une figure géométrique*, &c. ; il y employe en effet l'hyperbole ; et en y appliquant certaines considérations qu'il convient avoir tirées des

des *Exercitationes geometricae*, de Jacques Grégory, il donne une règle tenue pour un grand secret par un mathématicien de son temps, nommé Michel Dary, dont il fait une histoire assez curieuse. Euclid Speïdell étoit fils de Jean Speïdell, qui, un peu avant le milieu du dix-septième siècle, avoit donné quelques ouvrages mathématiques et avoit un des premiers accueilli et cultivé l'invention des logarithmes ; car Dodson le cite dans l'introduction à son *Antilogarithmic Canon*, comme en ayant publié des tables dès 1619 (c'est 1621). Il faut donc lui donner une place parmi les premiers promoteurs de cette théorie, avec les Briggs, Gellibrand, &c. Son amour pour la géométrie lui fit donner à son fils le prénom d'Euclide ; et celui-ci, fidèle à la destination de son père, s'adonna à la géométrie, et s'y rendit assez habile pour traiter avec succès une matière alors encore renfermée parmi les mathématiciens du premier ordre. M. Maseres a donné place à son écrit parmi ses *Scriptores logarithmici*.

Les géomètres du continent ne se sont pas moins occupés de la théorie des logarithmes ; elle a fait surtout l'objet des recherches de Léon. Euler. Sa méthode pour les calculer et pour les déduire de pures considérations analytiques ne sauroit être omise ici.

Si l'on a, dit Euler, une quantité constante a plus grande que l'unité et qu'on l'élève à une puissance dont l'exposant z soit variable, c'est-à-dire qu'on ait a^z et qu'on l'égale à y, il est clair qu'à mesure que z croîtra ou décroîtra, cette puissance a^z ou y qui lui est égale, croîtra aussi ou décroîtra. On a dit que a doit surpasser l'unité, car on sait que l'unité élevée à une puissance quelconque ne donne jamais que l'unité. Mais c'est une propriété des puissances, que lorsque leurs exposans croissent arithmétiquement, elles croissent elles-mêmes géométriquement. Ainsi, si nous supposons que dans l'expression $a^z = y$ l'exposant z croisse arithmétiquement, a^z, ou y son égale, croîtra d'un mouvement géométriquement accéléré, d'où il résulte que z sera le logarithme de y. Ainsi, en général a étant une quantité constante plus grande que l'unité, si on l'élève à une puissance quelconque dont l'exposant soit z, quantité entière ou fractionnaire, le logarithme de cette puissance sera égal à z. On donne à a le nom de la base du système. Ainsi dans celui des logarithmes de Briggs, ou ordinaires, cette base est 10, car 10^1 est $= 10$; et aussi dans ce système de logarithmes, celui de 10 est l'unité ou 1.0000000. 10 étant élevé à la puissance 2, donne 100, et le logarithme de 100 est 2 ou 2.0000000. 10 étant élevé à la puissance 0.3010300, donneroit le nombre 2 ; ainsi 2 aura pour logarithme 0.3010300.

En général, la base d'un systême logarithmique quelconque est le nombre dont le logarithme est l'unité ; elle est dans le systême des logarithmes naturels ou hyperboliques $=2.718$........

Supposons maintenant que dans l'expression a^z l'exposant z soit infiniment petit, il en résultera pour la valeur de a^z ou de y une quantité qui surpassera aussi infiniment peu l'unité. Car que l'on prenne, par exemple, cette quantité 10 élevée à une puissance dont l'exposant soit $\frac{1}{1000000}$, on auroit $10^{\frac{1}{1000000}} =$ à un nombre dont le logarithme commenceroit par zéro, et le nombre correspondant seroit l'unité, suivie de 6 zéros avant aucun nombre significatif. D'ailleurs, il est évident que puisque 10^0 n'est que 1, le même nombre 10 ou tout autre élevé à une puissance infiniment peu différente de 0, ne doit donner que 1 avec une fraction infiniment petite.

De là il suit que si z est désigné ici par la quantité infiniment petite ω, on aura $a^\omega = 1 +$ une quantité infiniment petite que nous exprimerons par $k\omega$, car cette dernière quantité doit être nécessairement, quoique très petite, différente de ω.

Ces suppositions préliminaires une fois établies, nous allons suivre Euler dans son raisonnement et son calcul. A cet effet, puisque $a^\omega = 1 + k\omega$, en élevant l'un et l'autre à la puissance indéterminée i, nous aurons $a^{i\omega} = \overline{1+k\omega}^i$ et $i\omega \times$ logarithme a, c'est-à-dire $i\omega$ (parce que nous avons supposé logarithme $a = 1$) $=$ logarithme $\overline{1+k\omega}^i$. Mais pour que $\overline{1+k\omega}^i$ excède l'unité d'un nombre fini $=x$, il faut que i soit infiniment ou immensément grand, en sorte que $i\omega$ soit une quantité finie ; ainsi l'on aura $\overline{1+k\omega}^i = 1 + x$ et $1 + k\omega = \overline{1+x}^{\frac{1}{i}}$.

$$=1+\frac{1}{i}x+\frac{\frac{1}{i}\times\frac{1}{i}-1}{1.\ 2}x^2+\frac{\frac{1}{i}\times\frac{1}{i}-1\times\frac{1}{i}-2}{1.\ 2.\ 3}x^3,\&c.=1+\frac{1}{i}x-\frac{1.i-1}{2ii}x^2+\&c.$$

Mais i étant infiniment ou immensément grand, cette suite se réduit à $1+\frac{x}{i}-\frac{x^2}{2i}+\frac{x^3}{3i}$, &c. ; nous avons donc $1+k\omega = 1+\frac{x}{i}-\frac{x^2}{2i}+\frac{x^3}{3i}$, &c. ; conséquemment $k\omega = \frac{x}{i}-\frac{x^2}{2i}+\frac{x^3}{3i}$, &c. et $\omega = \frac{1}{k}\times\frac{x}{i}-\frac{x^2}{2i}+\frac{x^3}{3i}$, &c. ; conséquemment $i\omega =$ logarithme de $1+x=\frac{1}{k}(x-\frac{x^2}{2}+\frac{x^3}{3}-\frac{x^4}{4}$, &c.$)$, et l'on aura par le même procédé le logarithme de $1-x=\frac{1}{k}\times(-x-\frac{x^2}{2}-\frac{x^4}{3}-\frac{x^4}{4}$, &c.$)$.

On peut maintenant, au moyen de ces deux séries, ou solitaires ou combinées, calculer tous les logarithmes selon les divers systêmes qui peuvent résulter de la valeur de k, qui est arbitraire. Car supposons d'abord $k=1$, ce qui est la supposition la plus naturelle et la plus simple, nous aurons logarithme $1+x = x - \frac{x^2}{2} + \frac{x^3}{3} - \frac{x^4}{4}$, &c. et logarithme $1-x = -x - \frac{x^2}{2} - \frac{x^3}{3} - \frac{x^4}{4}$, &c. Ainsi, faisant $x = \frac{1}{3}$, on aura pour le logarithme de $1+\frac{1}{3}$ ou $\frac{4}{3}$, la serie $\frac{1}{3} - \frac{1}{18} + \frac{1}{81} - \frac{1}{324} + \frac{1}{1215}$, &c., ce qu'on trouve, par un calcul médiocrement long, être en fractions décimales $= 0.287682072$, qui pris négativement, est le logarithme de $\frac{3}{4}$. On trouvera de même, en faisant $x = \frac{1}{4}$, celui de $1+\frac{1}{4}$ ou $\frac{5}{4}$, celui de $\frac{6}{5}$, de $\frac{7}{6}$, de $\frac{8}{7}$, de $\frac{9}{8}$, &c. qui, combinés les uns avec les autres, donneront ceux d'autant de nombres entiers; ainsi, par exemple, celui de $\frac{6}{5}$ ajouté à celui de $\frac{5}{4}$, donnera celui de $\frac{6}{4}$ ou $\frac{3}{2}$ (car $\frac{6}{5} \times \frac{5}{4} = \frac{3}{2}$) $= 0.405465108$; et enfin celui de $\frac{3}{2}$, ajouté à celui de $\frac{4}{3}$, donnera celui de 2 égal à 0.693147. On peut, par des combinaisons semblables, trouver ceux de 3, de 5, de 7, &c.; car ceux de 4, 6, 8, 9 sont faciles à trouver lorsqu'on a ceux de 2 et de 3.

On demandera peut-être, et il est naturel de le faire, quelle est la valeur de a, que nous avons vu dans le calcul précédent être le nombre dont le logarithme est égal à l'unité; car ce nombre est d'ailleurs d'un grand usage dans le calcul intégral. Nous nous bornerons à dire que par un calcul semblable à celui qui précède, Euler trouve $a = k + \frac{k^2}{2} + \frac{k^3}{2.3} + \frac{k^4}{2.3.4}$, &c. Ainsi dans la supposition ci-dessus de $k=1$, on trouvera $a = 2.718281828......$ Tel est, dans le système des logarithmes naturels, le nombre dont le logarithme est $= 1$. Dans le système des logarithmes de Briggs, ou tabulaires, ce nombre est, comme l'on sait, 10; ce qui donne pour k ou le module de ces tables, 0.4342944819...... Voyez au surplus Euler, *Introd. in anal. infinit.*

On a donné d'autres moyens ingénieux pour le calcul des logarithmes. M. Abel Burja en a publié un ou même deux dans le *Leipziger magazin*, ou *Magasin de Léipzig pour les mathématiques pures et appliquées* (ann. 1787, 1. p.), recueil curieux de morceaux de mathématiques et ouvrage de MM. Jean Bernoulli et Hindenbourg. Les deux moyens de calculer les logarithmes dont nous parlons font l'un et l'autre honneur à la sagacité de M. Burja; néanmoins le premier avoit déjà été publié par M. Long, dès 1714 (1).

Une des plus ingénieuses abréviations de ce calcul est de Marci; elle est dans les Mémoires de l'académie de Harlem (en hollandois). M. Reitz la rapporta d'après Paul Halke,

(1) *Philosophical Transactions*, n°. 339, p. 52.

auteur d'un petit traité, espèce de récréation mathématique, sous le titre de *Wiskundig sinnen banquet*, ou *Festin de pensées mathématiques*, et celui-ci dit l'avoir tiré d'un autre livre intitulé : *Rekenkundig spel van de quadratura magiqua*, ou *Jeu arithmétique de la quadrature magique*, par Ad. Fréd. Marci. Tous ces livres et une foule d'autres en langue hollandoise, quoiqu'assez multipliés, sont inconnus dans ce pays-ci, et presque partout ailleurs qu'en Hollande, parce que cette langue est une de celles de l'Europe les plus confinées dans leur territoire. Quoiqu'il en soit, voici une idée de la méthode de Marci.

Il prend pour nombre constant, auquel il donne le nom de *matrice*, le nombre 0.8685889638, &c., qui est le double de 0.4342944819, &c. réciproque du logarithme hyperbolique de 10, et qu'il prolonge jusqu'à 25 ou 30 décimales ; nous le nommerons M.

Le nombre dont on a le logarithme étant a, et le nombre voisin, à une couple d'unités près, étant $a-n$ (n est conséquemment leur différence), faites $\frac{2a-n}{n}=d$, vous aurez alors la suite $M(\frac{1}{d}+\frac{1}{3d^3}+\frac{1}{5d^5}+\frac{1}{7d^7}$, &c.) ; elle sera la différence des deux logarithmes, l'un donné, l'autre cherché. Or il est aisé de voir que $d=\frac{2a-n}{n}$ sera toujours un nombre plus ou moins grand ; aussi la série sera très-convergente.

Que a, par exemple, soit 10 et qu'il faille trouver le logarithme de 8 (qui donnera ceux de 2, 4, &c.), on aura $n=2$ et $\frac{2a-n}{n}=9$; ainsi la série sera $M(\frac{1}{9}+\frac{1}{3.9^3}+\frac{1}{5.9^5}$, &c., ou $M(\frac{1}{9}+\frac{1}{2187}+\frac{1}{295245}$, &c. dont la convergence est singulièrement rapide.

Si ayant le logarithme de 10 on vouloit celui de 9, on aura $\frac{2a-n}{n}=19$; ainsi la série seroit $M(\frac{1}{19}+\frac{1}{3.19^3}+\frac{1}{5.19^5}$, &c.

Je remarquerai ici que M. Kæstner (mort en 1800) a porté de cette invention le même jugement que moi, car il a cru devoir traduire ce morceau des Mémoires de Harlem dans un de ses ouvrages allemands.

Nous avons plusieurs fois parlé parlé par occasion de l'oude M. Maseres, intitulé : *Scriptores logarithmitici* ; nous devons en donner une idée plus détaillée. Il parut dans les années 1791 et suivantes, à Londres, en trois volumes *in-4°*. et est intitulé : *Scriptores logarithmitici or a collection, &c.* c'est-à-dire, *Collection de plusieurs traités curieux sur la nature et la construction des logarithmes cités par le docteur*

Hutton, dans l'introduction historique de sa nouvelle édition des Tables de Sherwin, avec quelques traités sur le théorème binômial de Newton, et autres sujets tenans à la doctrine des logarithmes. Cet ouvrage contient en effet la savante et curieuse histoire de la trigonométrie et de la théorie des logarithmes, depuis Neper jusqu'à nos jours, servant d'introduction aux Tables de Hutton ; le traité de Kepler, publié en 1621 et 1625, sous le titre de *Chilias logarithmorum et supplementum chiliadis* ; les divers écrits de Mercator, de Wallis, de Newton, de Leibnitz, de Jacques Gregory, de Brounker sur le même sujet ; celui de Halley, dont on a donné plus haut une idée, avec des notes servant de commentaires aux endroits peu accessibles de cet écrit, par M. Maseres ; suivent plusieurs morceaux de Landen, de l'auteur même et de Charles Hutton, sur le théorême binômial de Newton, qui y est démontré de la manière la plus complète et la plus variée. Tel est le contenu de cet ouvrage, que j'ai reçu de l'auteur. Les circonstances qui divisent les deux nations ont empêché de suivre une correspondance à peine entamée (1).

XXXVII.

Nous ne pouvons omettre ici de parler d'une question sur les logarithmes, qui a été agitée d'abord entre Leibnitz et Bernoulli, et ensuite entre Euler et Dalembert. Il s'agit des logarithmes des quantités négatives. Ces quantités ont-elles des logarithmes comme les positives, ou n'en ont-elles point ? Bernoulli pensoit qu'elles en avoient, Leibnitz étoit d'un avis contraire, et chacun défendoit son sentiment par des raisons très-spécieuses. Les raisons alléguées par Euler qui tenoit pour le parti de Leibnitz, et par Dalembert qui avoit adopté celui de Bernoulli, étoient impo-

(1) On a de M. François Maseres, indépendamment de plusieurs morceaux insérés dans les *Trans. philos.*, divers autres ouvrages dont je désirerois parler avec étendue. L'un est une *Dissertation on negative signs in algebra, &c.* c'est-à-dire, *Dissertation sur les signes négatifs en algèbre, où l'on démontre la nature de ces signes et les règles données communément sur leur emploi, et où l'on fait voir qu'on peut résoudre les équations des deuxième et troisième degrés, sans la considération des racines négatives ; avec un appendix à la quadrature du cercle de M. Machin.* (Lond. 1759, *in*-4°. Amst. en françois, 1761, *in*-8°.). Il avoit déjà touché ce sujet : *de l'abus des signes négatifs*, dans des élémens de trigonométrie plane, où la théorie des logarithmes est d'ailleurs traitée d'une manière fort étendue. On lui doit aussi un ample traité intitulé : *The Principles, &c.* ou *les Principes de la doctrine des annuités à vie, expliqués de la manière la plus familière, &c.* (Lond. 1783, *in*-4°. 2 vol.).

santes ; et la question seroit encore une sorte d'énigme, si Euler n'eût pas été conduit par ses méditations sur les logarithmes à une observation qui en donne le mot. Mais voyons d'abord quelques-unes de ces raisons si séduisantes que des hommes aussi célèbres ont pu sur une pareille matière avoir des sentimens différens.

Leibnitz fut le premier qui éleva la question dans une de ses lettres à Bernoulli (1), en lui disant qu'il n'y avoit qu'une raison imaginaire entre les quantités positives et négatives ; car, ajoutoit-il, ces dernières n'ont point de logarithmes ; à quoi Bernoulli répondit aussitôt que le logarithme de la quantité $-x$ étoit le même que celui de la quantité $+x$, & que cela se prouvoit par le calcul ; car la différentielle du logarithme de $+x$ est $\frac{+dx}{+x}$, et celle de $-x$ par la même raison $\frac{-dx}{-x}$, c'est-à-dire $\frac{dx}{x}$ comme la première. Il ajoutoit que quoiqu'on n'eût considéré la courbe logarithmique que comme ayant une seule branche au-dessus de son axe, elle en a une au-dessous dont les ordonnées négatives ont les mêmes abscisses également logarithmiques des ordonnées positives et négatives.

Leibnitz étoit bien loin de se rendre à ces raisons. Il allégua comme une nouvelle preuve de son sentiment que si -2, par exemple, avoit un logarithme, la moitié de ce logarithme seroit celui de $\sqrt{-2}$. Or $\sqrt{-2}$ est une quantité imaginaire et impossible. Or n'est-ce pas une absurdité que d'admettre qu'une quantité impossible ait un logarithme réel. Il nioit d'ailleurs que la logarithmique pût passer au-dessous de son axe, parce qu'elle s'en approche sans cesse sans l'atteindre ; en ceci, il faut l'avouer, Leibnitz avoit tort, puisqu'il y a des courbes géométriques dans le même cas, comme la conchoïde dont les branches supérieure et inférieure se réunissent ainsi à l'extrémité infiniment éloignée d'une asymptote commune. Aussi, d'après l'observation de Bernoulli, n'insista-t-il plus sur cet article.

La première de ces raisons, quelque spécieuse qu'elle paroisse, ne convainquit pas Bernoulli. Il répondit que le logarithme de $\sqrt{2}$ étoit la moitié de celui de 2, parce que $\sqrt{2}$ représentoit la moyenne proportionelle entre 1 et 2 ; qu'il n'en étoit pas ainsi de $\sqrt{-2}$ qui n'est pas la moyenne proportionelle entre -1 et -2 ; car cette moyenne est au contraire $\sqrt{+2}$.

Quant à la nécessité que la logarithmique ait une branche au-dessous de son axe, Bernoulli le démontroit par la manière dont

(1) *Commer. philosoph.* Leibnitzii et Bernoulli, tom. II.

s'engendre la logarithmique. Soit en effet, disoit Bernoulli, (*fig.* 71) l'hyperbole entre ses asymptotes rectangulaires DC*d*, FC*f* dont les deux branches qui constituent la courbe entière, soient GBI; *gbi*; si l'on prend sur l'asymptote CD un point quelconque A et un autre E, desquels on tire les ordonnées à l'hyperbole AB, EG, et que l'on fasse EH continuellement proportionel à l'aire ABGE ou EH par une constante $m =$ ABGE, le point H sera dans une logarithmique passant par le point A, puisque AE croissant uniformément, EH croîtra comme le logarithme de AE. Ainsi AE devenant égal à AC, et l'aire hyperbolique devenant infinie, l'ordonnée EH deviendra infinie, et sera l'asymptote CF de la courbe.

Mais que AE continue de croître et devienne A*e* en faisant C*e* = CE, alors l'ordonnée *eh* de la courbe, par la constante *m*, sera égale à l'aire hyperbolique infinie ABFC moins l'aire hyperbolique infinie C*fge* qui étant égale à CEGF (puisque C*e* = CE), donnera *eh* par *m* = à l'espace AEGB, comme l'étoit HE par *m*. Ainsi EH = *eh* et il résultera une autre courbe égale & semblable à la première, ayant même asymptote *f*CF, ainsi la logarithmique, disoit Bernoulli, à deux branches, l'une en dessus, l'autre en dessous de son asymptôte, et l'on doit en conclure qu'à une ordonnée négative répond le même logarithme qu'à [illegible] correspondante positive.

On pourroit encore remarquer à l'appui de ce, disoit Bernoulli, que dans la géométrie il n'y a nul exemple de courbe consistante en une branche unique, comme la logarihmique, si l'on n'admet qu'une de ses branches pour la courbe entière. Il est vrai aussi qu'on n'en connoît aucune qui présente deux branches accouplées comme les deux attribuées à la logarithmique par ceux qui lui en donnent deux, c'est-à dire ayant d'un côté seulement une asymptote commune sans en avoir du côté opposé, ce qui établiroit la continuité. Mais c'est une courbe transcendante et à laquelle les lois des courbes algébriques ne doivent peut-être pas s'étendre.

On peut aussi employer la simple considération de l'aire de l'hyperbole entre les asymptotes pour établir l'existence des logarithmes des quantités négatives. Car soit (*fig.* 72) une hyperbole FEA*fea* entre ses asymptotes, que CA = C*a* en soit la puissance = 1. Soit une ordonnée quelconque PE. On sait que le logarithme de CP est représenté par l'aire hyperbolique BAEP. Que EP augmente jusqu'à l'infini, et par la loi de continuité qui règne entre les branches de l'hyperbole, passe par-delà l'infini en *pe*, ou C*p* = CP. Le logarithme de C*p* sera l'aire BAFK prolongée à l'infini, plus l'aire *pckf* aussi prolongée à l'infini vers *kf*. Mais cette dernière étant négative, devra être retranchée, et étant égale à PEFK, il en résulte que le reste est BAPE, égale à *bape*. Ainsi le logarithme de C*p*, quoique négatif, est le même que celui de CP positif; ou le logarithme de C*p* est l'aire *bpea* qui doit être prise positivement, attendu qu'elle est doublement négative, et conséquemment positive; car elle est d'abord négative, parce qu'elle est en sens contraire de l'aire BA*fk*, savoir au-dessous de l'asymptote pendant que celle-ci est au-dessus; de plus elle est encore négative parce qu'elle est à droite, tandis que l'autre est à gauche. Or deux négations, en analyse comme ailleurs, constituent une affirmation.

Je ne vois pas que Leibnitz ait rien opposé au raisonnement par lequel Bernoulli établissoit que la logarithmique a une double branche au-dessus et au-dessous de son axe. Il se borna à lui objecter que si les quantités négatives avoient leurs logarithmes, il en naîtroit une multitude de contradictions et d'inconvenances; par exemple, qu'en admettant que les quantités régulières eussent des logarithmes, il s'en suivroit qu'on pourroit passer (dans la proportion géométrique) des nombres positifs aux négatifs; et au contraire, que dans la même supposition, il faudroit admettre ceux des quantités même impossible; car si -2 a un logarithme, la moitié de celui-ci sera la logarithmique de $\sqrt{-2}$, raisons qui néanmoins ne restèrent pas sans réponse de la part de Bernoulli qui les infirmoit toutes par des exceptions tout-à fait spécieuses. Ils convenoient cependant entre eux qu'il n'y avoit pas de passage des logarithmes des quantités positives à ceux des quantités négatives, mais que comme la suite des quantités positives 1. 2. 3, 4. &c. avoit ses logarithmes, de même celle des quantités négatives —1. —2. —3. —4. &c. avoit les siens. Ce fut à quoi Bernoulli borna ses prétentions; et Leibnitz, apparemment pour ne pas contester davantage, le lui accorda de cette manière dont on acquiesce à une chose sur laquelle on auroit encore bien des choses à dire, mais qu'on supprime pour terminer la dispute.

Ainsi Leibnitz et Bernoulli mirent fin à cette discussion, plutôt par un mezzo termine que par un vrai accord, chacun restant, à ce qu'il paroît dans son avis, renonçant en quelque sorte à convertir son adversaire. Euler ne s'en étonne point; il convient que les contradictions qu'ils s'objectoient mutuellement étoient trop réelles pour que, sans une complaisance outrée, l'un des deux pût adopter le sentiment de l'autre.

Aussi voit-on que Euler, quoique disciple de Bernoulli, adopta le sentiment de Leibnitz contre celui de son ancien maître. Ce fut le sujet d'un commerce de lettres entre lui et Dalembert pendant les années 1747 et 1748. Dalembert avoit adopté le sentiment de Bernoulli. On ne trouve nulle part les pièces originales de cette correspondance, mais elle a donné lieu à un savant mémoire d'Euler, d'Euler, inséré parmi ceux de l'Académie de Berlin, pour 1749, et à un mémoire de Dalembert sur le même sujet, dans le premier volume de ses *Opuscules*, imprimé en 1761.

Quoique l'ouvrage de Dalembert soit fort postérieur à celui de Euler, nous croyons devoir lui donner ici la première place, parce qu'il y renforce les raisons de Bernoulli. Il s'attache surtout à démontrer par la considération des aires de l'hyperbole la nécessité des deux branches de la logarithmique, et il donna sur cela des raisons qui forçoient Euler à un aveu singulier; c'est qu'il y avoit à la vérité au-dessous de l'axe de la logarithmique une infinité de points conjugués qui lui appartenoient, mais qui néanmoins ne formoient pas une courbe continue, chose vraiment paradoxale.

En effet, disoit Dalembert, pour démontrer que la logarithmique a deux branches, l'une supérieure, l'autre inférieure, prenons, au lieu de $dx = \frac{a\,dy}{y}$ qui est l'équation différentielle de cette courbe, cette équation plus générale $dx = \frac{a^n\,dy}{y^n}$, où l'on suppose que n est un nombre impair quelconque, afin que $n-1$ devienne un nombre pair, l'intégrale de cette différentielle est $x = \frac{a^n}{-n+1\,y^{n-1}}$, qui donne toujours une courbe à deux branches, l'une au-dessus, l'autre au-dessous de son asymptote. Il en doit donc être de même lorsque $n = 1$, ce qui est le cas de la logarithmique. Ce raisonnement de Dalembert diffère peu de celui par lequel Bernoulli établissoit la même chose; il est seulement tiré d'une considération analytique plus générale. Dalembert ajoutoit encore que si dans la logarithmique on partage en deux également l'intervalle entre deux ordonnées, comme AC en E (*fig.* 73), l'ordonnée EF sera moyenne proportionnelle géométrique entre AB et CD, c'est-à-dire la racine quarrée de AB × CD; mais la racine de a est aussi bien — que + $\sqrt{a}$. Il y a donc au-dessous de EF $= + \sqrt{AB \times CD}$ une autre valeur égale Ef. De même que dans la parabole où $y^2 = ax$ on a nécessairement $y = \mp \sqrt{ax}$.

Je passe plusieurs autres raisons favorables au sentiment de Bernoulli et de Dalembert pour passer à quelques-unes de celles que Euler allègue en faveur de celui de Leibnitz.

Telles sont celles-ci : 1°. Le logarithme de $1 + x$ est comme l'on sait $x - \frac{1}{2}x^2 + \frac{1}{3}x^3 - \frac{1}{4}x^4$, &c. Donc pour avoir le logarithme de -1, il faut ici supposer $x = -2$. Or alors la série se transforme en $-2 - \frac{1}{2}.4 - \frac{1}{3}.8 - \frac{1}{4}.16$, &c. Mais cette série est bien loin d'être $= 0$, comme cela est nécessaire dans le sentiment de Bernoulli. Le logarithme de -1 sera donc imaginaire, puisqu'il est d'ailleurs clair qu'il ne peut être ni positif ni négatif.

2°. y étant le logarithme de x, on démontre que $x = 1 + \frac{y}{1} + \frac{y^2}{1.2} + \frac{y^3}{1.2.3} + \frac{y^4}{2.3.4}$, &c. ce qui donne, comme on le sait déjà, le logarithme de 1 égal à 0; car si $y = 0$, on a $x = 1$, ou si l'on fait $x = 1$, on a $1 + y + \frac{y^2}{2}$, &c. $= 1$, ce qui nécessite que y soit $= 0$. Mais si l'on fait $x = -1$, on aura $-1 = 1 + y + \frac{y^2}{2}$, &c., à quoi la valeur de y, supposée égale à zéro, ne sauroit satisfaire; car alors on auroit, ce qui est impossible, $-1 = 1$.

Il est vrai que Euler convient qu'on pourroit répliquer à l'égard du premier raisonnement que de ce qu'une série va en divergeant, on ne peut pas dire qu'elle ne soit pas égale à une quantité finie; ainsi $\frac{1}{1+x} = 1 - x + x^2 - x^3 + x^4$, &c., ce qui, lorsque $x = -2$, donne $\frac{1}{-1}$ ou $-1 = 1 + 2 + 4 + 8$, &c. Mais cette réplique, Euler l'a réfutée dans la suite par des considérations sur la nature des suites divergentes, et en expliquant dans quel sens on peut dire qu'une pareille suite est égale à l'expression du développement duquel elle provient par la division ou l'extraction.

Après une longue analyse des raisons de Leibnitz et Bernoulli, et de quelques unes de Dalembert qu'il ne nomme point, Euler finit par conclure que le sentiment de Leibnitz lui paroît le mieux fondé; cependant comme de quelque côté qu'on se tourne il y a nombre de contradictions au moins apparentes à concilier, il a tenté de le faire (1).

Pour y parvenir, il remonte à une idée sur les logarithmes, dont nous avons parlé plus haut, et que nous avons vue être dans ses mains la base de tous ses calculs sur les logarithmes. C'est que le logarithme d'un nombre est l'exposant de la puissance d'un nombre pris à volonté, lorsque cette puissance devient égale au nombre proposé lui-même. Or en partant de cette idée des logarithmes, Euler démontre trois propositions, la première qu'à tout nombre proposé, il correspond une infinité de logarithmes différens. 2°. Que tout nombre positif n'a qu'un seul logarithme réel, & que tous les autres sont imaginaires. Ainsi nommant π la demi-circonférence du cercle, et A le premier logarithme réel du nombre a, la suite entière des autres est $A \pm 2\pi\sqrt{-1}$; $A \pm 4\pi\sqrt{-1}$; $A \pm 6\pi\sqrt{-1}$; &c. 3°. enfin à l'égard d'un nombre négatif quelconque, la même analyse le conduit à ne trouver pour le logarithme d'un nombre négatif -1,

(1) *Mém. de l'académie de Berlin*, de 1749.

cette suite de logarithmes $\pm \pi \sqrt{-1}$; $\pm 3 \pi \sqrt{-1}$; $\pm 5 \pi \sqrt{-1}$, &c. d'où résulte pour le logarithme de $-a$ qui est logarithme de $-1 \times a$ ou logarithme $-1 +$ logarithme a, cette suite de logarithmes tous imaginaires, savoir $A \pm \pi \sqrt{-1}$; $A \pm 3 \pi \sqrt{-1}$; $A \pm 5 \pi \sqrt{-1}$, &c. Il faut même voir dans une troisième proposition quelle est la suite des logarithmes d'une quantité imaginaire réduite, comme l'on sait, à sa plus simple expression qui est toujours $a \pm b \sqrt{-1}$.

Cette conclusion qui est, suivant Euler, une démonstration du sentiment de Leibnitz, lui paroît concilier toutes les contradictions objectées par Bernoulli à ce dernier. Ainsi, par exemple, il ne faut plus s'étonner que n'y ayant aucun logarithme de $-a$, selon Leibnitz, toutefois le quarré de $-a$ qui est a^2 en ait un dont la moitié, suivant la nature des logarithmes, doit être celui du premier. Parmi les logarithmes imaginaires de $-a$, il en est en effet un dont le double se trouve parmi les logarithmes de a^2 ; car dans la première suite, A étant supposé le logarithme réel de a, on a parmi les logarithmes de $-a$, $A \pm \pi \sqrt{-1}$; $A \pm 3 \pi \sqrt{-1}$; $A \pm 5 \pi \sqrt{-1}$, &c. et parmi les logarithmes imaginaires de a, on a ceux-ci : $A \pm 2 \pi \sqrt{-1}$; $A \pm 4 \pi \sqrt{-1}$, &c. Donc ceux de a^2 sont $2 A \pm 4 \pi \sqrt{-1}$; &c. $2A \pm 8 \pi \sqrt{-1}$; $2A \pm 10 \pi \sqrt{-1}$, &c., le dernier desquels est le double de $A \pm 5 \pi \sqrt{-1}$ qui est dans la suite des logarithmes imaginaires de $-a$. Il en est de même des logarithmes de -1 et de 1 ou $+1$, qui est son quarré. Ceux de 1 sont $a \pm 2 \pi \sqrt{-1}$; $\pm 4 \pi \sqrt{-1}$; $\pm 6 \pi \sqrt{-1}$. Ceux de -1 sont $\pm \pi \sqrt{-1}$; $\pm \pi \sqrt{-1}$, &c. Or on voit en effet dans la première suite $2 \pi \sqrt{-1}$ qui est double de $\pi \sqrt{-1}$ de la seconde, $6 \pi \sqrt{-1}$ est également double de $3 \pi \sqrt{-1}$, &c.

Nous convenons au surplus que cette conciliation des sentimens de Leibnitz et Bernoulli est un peu fine ; nous ne serions pas surpris qu'il y eût des personnes qui, quoique versées dans cette profonde analyse, ne se trouveroient pas encore entièrement satisfaites ; et il paroît en effet que Dalembert étoit de ce nombre.

Je finis cet article en observant que si de la multitude des suffrages on peut conclure en mathématiques, on doit regarder le sentiment de Leibnitz et d'Euler comme ayant l'avantage sur celui de Bernoulli et de Dalembert. Je vois en effet plusieurs autres géomètres distingués se ranger absolument du côté d'Euler. M. Daviet de Foncenex a traité ce sujet dans le Ier. et IIe. volume des *Miscellanea Taurinensia*, 1759 et suiv. Il entreprend de prouver que les logarithmes tels que Leibnitz et Euler les ont considérés suivant la théorie reçue, sont imaginaires pour les nombres négatifs, & que cependant la logarithmique a deux branches, comme l'avoient soutenu Bernoulli et Dalembert; mais un grand géomètre m'observoit qu'elle pouvoit avoir deux branches sans qu il y eût passage de l'une à l'autre. On lit dans les Mémoires de l'académie de Bavière, tom. V, un long mémoire de M. Karsten sur ce sujet. Je ne le connois pas, mais je sais qu'il se range à l'avis d'Euler. On voit encore dans le *Journal mathématique* de Leipzig (1) le savant M. Kæstner traiter la même question dans un mémoire assez court, selon son usage, mais plein de vues lumineuses tirées de la considération de la nature des quantités appellées *négatives*; il se décide pour Leibnitz et Euler. Il y cite un mémoire de M. Mallet, inséré dans les *Acta Upsaliensia* où l'auteur n'admet pas plus que lui les logarithmes des quantités négatives.

Je connois encore deux mémoires sur les logarithmes des quantités négatives, l'un du savant Grég. Fontana, inséré dans le premier volume des *Mémoires* de la Société italienne, publiés à Véronne, en 1782, où il donne trois démonstrations différentes du théorème d'Euler; l'autre de M. Malfatti, savant professeur de mathématiques à Ferrare, dans les *Mémoires* de l'Académie des sciences, &c. de Mantoue, pour l'année 1793, quoiqu'il soit pour les logarithmes imaginaires, essaye de concilier les deux partis, par la distinction qu'il fait entre les diverses espèces de logistiques, et il regarde comme terminée cette question fameuse dans laquelle on avoit mis tant d'esprit malgré son peu d'utilité. J'ignore quel est le sentiment de M. Thibaut qui a donné en 1797, à Gottingue, une histoire de cette discussion, mais il me semble qu'on pourroit être tenté de la regarder comme celle qui a si long-temps occupé les géomètres, relativement à la distinction des forces mortes et des forces vives, c'est-à-dire une question métaphysique. Cependant nos plus célèbres géomètres en France ont adopté l'opinion d'Euler pour les logarithmes imaginaires.

XXXVIII.

Il y a peu de théorie en mathématiques où les ressources de l'esprit analytique éclatent davantage que dans celle de la proba-

(1) *Leipziger magazin fur reine und angewandte math.* ann. 1787.

bilité. En effet, s'il étoit quelque sujet qui semblât devoir échapper aux considérations mathématiques, c'est sans doute le hasard. Mais que ne peut point l'esprit humain aidé de l'esprit géométrique & de l'art de l'analyse. Cette espèce de Protée, si difficile à fixer, le mathématicien est venu en quelque sorte à bout de l'enchaîner et de le soumettre à ses calculs. Il est parvenu à mesurer les degrés de probabilité de certains évènemens, ce qui a donné naissance à une théorie des plus utiles et des plus curieuses que l'esprit mathématique ait enfantée; car il est important dans le cours de la vie de savoir reconnoître les appâts spécieux que l'avarice de quelques hommes tend aux autres, soit afin de les éviter soi-même, soit pour en préserver ceux qui, moins éclairés, pourroient être trompés. Dans les jeux les plus honnêtes et les plus égaux, il est important pour ceux à qui ils servent de délassement, de savoir dans les différentes circonstances démêler les cas favorables ou contraires, à moins de vouloir s'exposer à une perte certaine. En effet, ce qu'on nomme l'esprit du jeu, cet esprit qui semble captiver la fortune, n'est autre chose que le talent inné ou acquis d'envisager d'un coup d'œil toutes les combinaisons de hasard qui peuvent donner lieu au gain ou à la perte; la prudence humaine n'est enfin autre chose que l'art d'apprécier la probabilite des évènemens, afin de se déterminer en conséquence. L'exposé de la théorie dont il est ici question, nous fournira divers exemples qui mettront ce que nous venons de dire dans un plus grand jour. Commençons par développer quelques-uns des principes de cette théorie.

La doctrine des combinaisons et des permutations est une des principales bases sur lesquelles porte la théorie de la probabilité. Pour le faire sentir, supposons un jeu des plus simples, celui de croix ou pile; et que quelqu'un entreprît ou voulût parier d'amener en deux coups deux fois croix ou deux fois pile. Quelle seroit la probabilité de cet évènement, ou pour réduire les choses à des termes plus connus, quelle proportion devroit-il y avoir entre les mises de ceux qui parieront pour et contre, afin qu'ils jouassent à jeu égal? Le problême s'analyseroit ainsi: on ne peut, dans deux coups avec une seule pièce, faire que ces quatre combinaisons de croix ou pile, savoir: 1°. croix 2°. pile, ou 1°. croix 2°. croix, 1°. pile 2°. croix, ou enfin 1°. pile 2°. croix. Ainsi de ces quatre combinaisons il n'y en a qu'une qui soit favorable à celui qui entreprend d'amener, par exemple, deux fois pile; mais chacune de ces combinaisons est aussi facile, et a pour ainsi dire le même droit à arriver, d'où il suit que celui qui parie contre a trois cas favorables contre un seul défavorable; il a trois fois autant de probabilité en sa faveur que son adversaire. Il doit par conséquent parier trois fois autant pour jouer à jeu égal.

Mais afin de dissiper tout nuage, il est bon d'ajouter quelques réflexions. Pour juger de l'égalité d'un jeu, il ne faut pas se tenir à un petit nombre de coups, mais un jeu est censé d'autant plus égal, qu'après un grand nombre de coups, comme 100, 1000, 10000, il y auroit moins de perte entre les joueurs. Cette notion est d'une évidence à laquelle on ne peut se refuser. Dans le jeu dont nous venons de parler, il est évident que s'il y a trois coups favorables à l'un des joueurs, et un seul au second, tous ces coups étant également faciles, après un nombre infini de parties, l'un des joueurs aura éprouvé trois fois autant de côups qui lui auront donné l'avantage que l'autre, sinon mathématiquement, du moins à très-peu de chose près ; ainsi ce dernier ayant joué 1, quand l'autre jouoit 3, ils se trouveront sans perte ni gain sensible, d'où il suit qu'ils ont joué à jeu égal, leurs paris étant dans la proportion de 1 à 3.

Ces réflexions montrent la vérité d'une sorte de paradoxe que fait Jacques Bernoulli dans son livre *de Arte conjecturandi*, 1713. Il y a, dit-il, dans une urne un certain nombre de jetons blancs mêlés avec des noirs; il n'est pas impossible de deviner leur rapport par des extractions réitérées. En effet, supposons, pour fixer notre imagination, que ces jetons soient au nombre de 100, dont 75 blancs et 25 noirs; il est certain que si on tiroit un de ces jetons, et qu'après l'avoir remis dans l'urne, on tirât de nouveau, enfin qu'on réitérât cette opération 100 fois par exemple, en tenant registre de la couleur du jeton extrait chaque fois, on remarqueroit déjà à peu près un rapport approchant du triple entre les blancs et les noirs. Que si, au lieu de 100 extractions semblables, on en faisoit 1000, 10000, 100000, la différence du rapport observé d'avec le véritable, diminueroit de plus en plus, en sorte que ce rapport seroit d'une probabilité d'autant plus approchante de la certitude, que le nombre des extractions seroit plus grand. Mais je reviens à mon objet principal.

Il est évident que la probabilité d'un évènement est d'autant plus grande, que le nombre des cas qui lui donneront lieu sera plus grand, et que le nombre de ceux qui peuvent arriver pour ou contre, sera moindre. Ainsi dans une loterie il y aura d'autant plus de facilité à amener un lot, qu'il y en aura un plus grand nombre, et que le nombre des billets sera moindre. La probabilité d'un événement doit donc se mesurer par une fraction dont le numérateur est le nombre des cas favorables, et le dénominateur celui de tous les cas possibles favorables ou défavorables ; d'où il suit que cette probabilité sera toujours mesurée par une fraction moindre que l'unité, car s'il n'y avoit que des cas favorables, comme s'il n'y avoit dans une roue que des billets noirs, alors il y auroit certitude d'amener un billet noir, et cette fraction deviendroit alors l'unité. L'unité, dans le langage de la probabilité, exprimera donc la certitude ; c'est là le principe fondamental et universel de tous les calculs de la probabilité. La difficulté consiste seulement à en faire l'application aux cas particuliers, et c'est à quoi sert la doctrine des combinaisons, par laquelle on parvient à déterminer de combien de manières certain événement peut arriver ; par exemple, deux ou trois dés étant jetés, de combien de manières leurs faces peuvent se rencontrer ensemble en dessus, ce qui est pour 2 dés de 36 manières ; pour 3, de 216 ; pour 4, de 1296, &c. Or de toutes ces manières, il n'y a pour 2 des qu'une qui donne *sonnet*; pour 3 dés, qu'une qui donne trois 6 ou rafle de 6 ; pour 4, qu'une qui donne quatre 6, &c. ; ainsi la probabilité d'amener un 6 avec un dé, qui est $\frac{1}{6}$, sera pour en amener deux avec deux dés, $\frac{1}{36}$; pour en amener trois avec trois dés, $\frac{1}{216}$, &c. Et si l'on demandoit quelle probabilité il y a d'amener avec deux dés un doublet quelconque, comme il y en a six, savoir un d'as, un de deux, &c., la probabilité d'en amener un quelconque seroit six fois aussi grande que pour en amener un déterminé, et conséquemment de $\frac{6}{36}$ ou $\frac{1}{6}$. Mais si l'on demandoit quelle probabilité il y a d'amener un sonnet avec trois dés, on remarquera qu'avec trois dés, nommés A, B, C, on peut amener un sonnet entre A, B, un autre entre A et C, et un troisième entre B et C ; sur les 216 combinaisons de trois dés, il y en a donc trois qui donnent sonnet, et conséquemment la probabilité d'en amener un sera le rapport de 3 à 216, ou $\frac{1}{72}$ Si l'on demandoit quelle probabilité il y a d'amener avec trois dés un doublet quelconque, on trouveroit, par un raisonnement semblable au précédent, que cette probabilité seroit exprimée par le rapport de 18 à 216, ou par $\frac{1}{12}$.

Les premiers qui ayent frayé cette carrière sont Pascal et Fermat. L'un et l'autre de ces hommes célèbres examinoient vers le milieu du siècle passé quelques questions sur les jeux et les paris des joueurs ; un de ces problêmes est celui-ci : *Dans un jeu de hazard tout-à-fait égal, deux joueurs jouant une partie en un certain nombre de points, en ont déjà chacun un nombre inégal et veulent rompre la partie sans l'achever, on demande comment ils doivent partager la mise, ou l'enjeu ?*

Il est d'abord évident qu'il ne doivent pas le partager également ; car celui qui a un plus grand nombre de points, ayant une plus grande probabilité de gagner, a par conséquent droit à une plus grande portion de la mise que l'autre.

Ce problême fut proposé à Pascal par le chevalier de Méné,

qui lui en proposa aussi quelques autres sur le jeu de dés, comme de déterminer en combien de coups on peut parier d'amener une rafle, &c. Ce chevalier, plus bel esprit que géomètre ou analyste, résolut à la vérité ces dernieres, qui ne sont pas bien difficiles; mais il échoua pour le précédent, ainsi que Roberval, à qui Pascal le proposa. Il en parla aussi à Fermat, dont il piqua la curiosité. Fermat en rechercha la solution et la trouva par une méthode différente de celle de Pascal, et qui excita même entr'eux une petite contestation, comme nous le verrons bientôt. Voyons d'abord la solution et la méthode de Pascal.

Lorsque deux joueurs, disoit-il, ont déposé leurs mises, c'est-à-dire qu'ils en ont abdiqué la propriété pour en remettre la décision au sort, et qu'après quelques coups ils veulent se séparer sans attendre la fin du jeu, il est évident que s'ils étoient égaux en points, ils auroient l'un et l'autre une égale espérance de gagner, un droit égal sur la somme déposée; ils devroient donc la partager également. Mais si avant le dernier coup qui les a mis but à but, ils eussent voulu se séparer, le joueur le plus avancé en points eut pu dire : Si je perds le coup prochain, nous serons but à but; et en cessant alors le jeu, j'emporterai la motié de la mise totale; voilà donc déjà une moitié de cette somme qui m'appartient, quelque soit l'événement du coup qui va suivre : ce n'est donc que l'autre motié de la somme qui va être mise à la décision du sort; ainsi le coup que nous allons jouer pouvant m'être également favorable ou contraire, j'ai droit à la moitié de cette moitié, ce qui, joint à la moitié déjà acquise, fait trois-quarts de la somme déposée. Tel étoit en substance le raisonnement de Pascal, qui est juste et peut s'appliquer à tous les autres cas. Il faut pourtant convenir que cette méthode a l'inconvénient d'exiger un circuit qui, dans certains cas, seroit long. Si l'on demandoit, par exemple, comment deux joueurs qui jouent en trois points, et dont l'un a déjà deux points, tandis que l'autre n'en a aucun, devroient partager l'enjeu? Il faudroit d'abord supposer que le coup à jouer donnât un point au second joueur, dans lequel cas nous venons de voir que le premier devroit prendre les trois-quarts de la somme; cela fait, on trouveroit, par un raisonnement semblable au précédent, que ce coup à jouer ne roule que sur le quart de la mise totale, et par conséquent que les joueurs voulant se séparer avant ce coup, il est dû au plus avancé en points une moitié de ce quart, qui ajoutée aux trois-quarts sur lesquels il a un droit que ne sauroit lui ôter l'événement du coup dont nous parlons, ce sont les $\frac{7}{8}$ de la somme déposée qui lui reviennent. Si on avoit trois joueurs inégalement partagés en points, le raisonnement

raisonnement seroit si prolixe, qu'il seroit presque inextricable.

La méthode de Fermat étoit à certains égards plus directe; il y employoit les combinaisons de la manière suivante. Dans le cas du premier problême proposé, il est évident, disoit-il, que la partie sera nécessairement finie en deux coups. Voyons donc quelles seront toutes les différences alternatives de gain ou de perte qui peuvent arriver dans deux coups; le premier joueur peut d'abord les gagner tous deux, ou perdre le premier et gagner le second, ou gagner le premier et perdre le second, ou les perdre tous deux; ainsi toutes ces alternatives peuvent être exprimées par les différentes combinaisons des lettres *a* et *b* prises deux à deux, et qui sont *aa*, *ab*, *ba*, *bb*. Or de tous ces coups ou combinaisons de gain et de pertes successives, il y en a trois favorables au joueur le plus avancé, et leur nombre total n'est que de quatre; ainsi la probabilité qu'il a de gagner est $\frac{3}{4}$, tandis que celle de son adversaire n'est que de $\frac{1}{4}$; ils doivent par conséquent partager la mise totale dans le rapport de 3 à 1, où le premier doit en prendre les trois-quarts et le second un quart, comme dans la solution précédente.

La méthode de Fermat se réduit donc à ceci. Il faut examiner en combien de coups au plus la partie commencée doit être finie; prendre autant de lettres qu'il y a de joueurs, et les combiner et changer d'ordre deux à deux, ou trois à trois, ou quatre à quatre, &c. le nombre des combinaisons favorables à chaque joueur, comparé au nombre total des combinaisons, sera la mesure de la probabilité qu'il aura de gagner, d'où il est fort aisé de déterminer quelle partie de la somme déposée doit lui revenir; car elle doit être proportionnelle à cette probabilité. Dans le second problême proposé ci-dessus, la partie sera nécessairement finie en trois coups au plus; il faut donc combiner les lettres *a*, *b* trois à trois, ce qui se peut faire en huit manières, savoir *aaa*, *aab*, *aba*, *baa*, *bba*, *bab*, *abb*, *bbb*. Or de toutes ces manières, la dernière seule est favorable au joueur à qui manquent trois points; il n'a donc droit qu'à un huitième de la mise, et les sept huitièmes appartiennent à l'autre.

Supposons trois joueurs et qu'au premier manquât un point, au second deux, et trois au troisième : il faudroit prendre les trois lettres *a*, *b*, *c*; et parce qu'il y a trois coups à jouer au moins pour achever la partie, combinez et permutez ces trois lettres trois à trois de toutes les manières dont elles peuvent l'être, vous en trouverez vingt-sept, savoir *aaa*, *aab*, *aac*, *aba*, *baa*, *aca*, *caa*, *abb*, *bab*, *bba*, *abc*, *acb*, *bac*, *bca*, *cab*, *cba*, *bbb*, *bbc*, *bcb*, *cbb*, *ccc*, *cca*, *cac*, *acc*, *ccb*, *cbc*, *bcc*.

Or de toutes ces combinaisons, la seule *ccc* peut faire gagner le troisième joueur ; il n'a donc droit qu'à la vingt-septième partie de la somme. Mais il y en a sept où *c* se trouve deux fois ; ainsi le second joueur a droit aux $\frac{7}{27}$ de la somme. Toutes les autres au contraire, au nombre de dix-neuf, où *a* se trouve en première, deuxième ou troisième place, donnent gain au premier joueur, car il n'a besoin que d'un point pour gagner; ainsi la part qui lui revient de la mise totale est les $\frac{19}{27}$.

Telle fut la solution que Fermat envoya à Pascal, en l'étendant même à trois joueurs, comme nous avons fait. Pascal l'approuva ; mais il crut en même-temps que la voie des combinaisons n'étoit sûre que pour le cas de deux joueurs. Pour le prouver, il proposoit en exemple trois joueurs, à deux desquels il manquoit deux points, et au second un seulement ; il trouvoit par sa méthode propre, que voulant se séparer, ils devoient partager la somme dans le rapport de 17, 5, 5. Cependant, disoit-il, la méthode de Fermat donne ce rapport de 15, 6, 6. Mais nous remarquerons ici avec M. de Montmort, que Pascal se trompoit, et son erreur consiste en ce que parmi les vingt-sept combinaisons à faire des lettres *a*, *b*, *c* pour déterminer l'ordre des gains et des pertes possibles, il en omettoit deux favorables au joueur le plus avancé, savoir *bca*, *cba*, et les rangeoit par méprise au nombre des combinaisons favorables aux deux joueurs les moins avancés. Or il est clair que soit que *b* gagne le premier coup et *c* le second, ou au contraire, pourvu que *a* gagne le troisième, il sera toujours le premier arrivé au but. Fermat le remarqua sans doute à Pascal, car nous voyons que le dernier se rendit et reconnut avec éloge la justesse de la méthode de son correspondant.

Quoique Pascal n'ait pas fait usage ici de la méthode des combinaisons, on ne peut pas douter qu'il n'en ait au moins depuis reconnu l'utilité dans une foule de questions analogues, et ce fut sans doute cette considération qui tourna ses vues sur ce sujet, et qui donna lieu à l'invention de son triangle arithmétique. On nomme ainsi, depuis Pascal, un triangle divisé en cellules quarrées, dans lesquelles son inscrits des nombres naturels et leurs sommes, et les sommes de ces sommes selon une certaine loi, en sorte qu'on a dans ses différentes rangées, ou les nombres de la progression naturelle, ou les nombres

1.	1.	1.	1.	1.	1.	1.
1.	2.	3.	4.	5.	6.	7.
1.	3.	6.	10.	15.	21.	28.
1.	4.	10.	20.	35.	56.	
1.	5.	15.	35.	70.		
1.	6.	21.	56.			
1.	7.	28.				

triangulaires, pyramidaux, &c.; l'inspection seule est suffisante pour en appercevoir la construction. Il nous suffira de dire que chaque nombre inscrit dans une cellule quelconque est la somme de tous ceux inscrits dans les cellules de la rangée au-dessus, y compris celui de la cellule qui la domine. Ainsi, par exemple, le nombre 10 qui est au-dessous de 4 est égal à la somme des nombres 1, 2, 3, 4; le nombre 35 du quatrième rang horizontal est égal à 1 + 3 + 6 + 10 + 15, &c. Ce triangle est dans la théorie des combinaisons et changemens d'ordre, à peu près ce qu'est dans l'arithmétique ordinaire la table de Pythagore, c'est-à-dire qu'elle met tout-à-coup sous les yeux les nombres cherchés dans une foule de cas de cette théorie. Pascal en expose la construction et les usages nombreux dans son *Traité du triangle arithmétique*, ouvrage qu'il fit imprimer vers l'année 1654, mais qui ne vit le jour que plusieurs années après, savoir en 1665 (1). Les propriétés de ce triangle y sont suivies avec une sagacité merveilleuse, et ses divers usages y sont développés dans quelques autres petits traités qui le suivent et qui ont pour objet les partis des joueurs, la formation des puissances des binômes, la formation et résolution des nombres figurés, ainsi que leur sommation, les produits continus des nombres, la sommation des puissances des nombres naturels, enfin la manière de connoître les nombres multiples les uns des autres, par la seule addition de leurs chiffres. On voit par cette énumération, et l'inspection du livre le montre mieux, que Jean Bernoulli s'est trompé (2) en disant que Pascal n'apperçut pas la principale et la plus belle propriété de son triangle arithmétique, savoir celle de servir à la formation des puissances, car un de ces petits traités roule uniquement sur cela.

Mais puisque le fil de notre narration nous conduit à parler des combinaisons et changemens d'ordre, il est à propos de dire ici quelque chose de plus sur ce sujet, qui n'a encore trouvé aucune place dans cet ouvrage. Voici en peu de mots l'esprit et le tableau de cette théorie, si utile pour celle des probabilités.

L'esprit d'analogie a été le grand guide dont on s'est aidé dans les recherches sur les combinaisons. Je suppose qu'on proposât de déterminer de combien de manières différentes dix choses peuvent être arrangées. Pour résoudre ce problême, prenons trois choses, par exemple trois lettres a, b, c; on

(1) *Traité du triangle arithmétique.* Paris, 1665. Voyez *Œuvres de Pascal*, en 5 vol. *in*-8. (Paris, 1779).

(2) *Lettre à M. de Montmort.* Opp. tom. IV.

ne peut les arranger que de six manières, *abc*, *acb*, *cba*, *cab*, *bac*, *bca*. Voilà donc trois lettres arrangées de six manières. Introduisons maintenant une quatrième lettre *d*; il n'est pas mal aisé de reconnoître que cette lettre, mise dans chacune des six combinaisons précédentes, peut occuper quatre places différentes, de sorte qu'il en résulte quatre fois six ou vingt-quatre arrangemens. Pareille chose est évidente à l'égard d'une cinquième lettre, qui peut occuper cinq places différentes dans chacun des vingt-quatre arrangemens de quatre lettres. Ainsi l'on voit par cette analyse, qui porte avec elle sa démonstration, qu'il n'y a qu'à multiplier de suite les nombres 1, 2, 3, 4, 5, &c., pris en aussi grand nombre qu'il y a de choses proposées, et le produit sera le nombre d'arrangemens de ces choses, nombre qui sera conséquemment, pour dix, égal à 3628800.

Cela nous conduit à dire quelques mots sur le vers fameux de Bauhus, monument singulier de la piété de ce jésuite flamand envers la Ste. Vierge :

Tot tibi sunt dotes, Virgo, quot sidera cœlo.

Or on y remarque facilement qu'en conservant la mesure, on peut le varier de bien des manières. Le P. Bauhus ou Erycius Puteanus en trouvoit facilement 1022, nombre des étoiles du catalogue de Ptolemée; mais le véritable est bien plus considérable. Wallis, dans la première édition de son *Traité d'algèbre*, en trouva d'abord 2580, que dans la seconde édition de ce traité, il porta à 3096. Le P. Prestet est celui qui, dans la seconde édition de ses *Elemens de mathématiques*, a approché le plus de la vérité; car il annonçe 3296 variations. Enfin Jacques Bernoulli, par une analyse particulière (1), a fait voir que ce nombre n'est ni plus grand, ni moindre que de 3312, sans y admettre même les vers spondaïques, sauf néanmoins les mauvais vers, comme ceux sans césure ou manquant de sens.

Voici un autre problême sur les combinaisons qui donnera lieu de mettre dans un nouveau jour la méthode dont on peut se servir dans cette théorie. On suppose 90 nombres, par exemple, et l'on demande de combien de manières on peut prendre trois de ces nombres. Pour le trouver, simplifions le problême; au lieu de 90 nombres, prenons-en seulement 4, et qu'il faille savoir en combien de manières on les peut prendre deux à deux, sans considération d'ordre; on trouvera sans peine qu'il y en a 6; et s'élevant par degré, que cinq choses peuvent se prendre deux à deux de 10 manières; six de 15;

(1) *Ars conjectandi.* II. Part. p. 78.

sept de 21. On voit déjà ici la suite d'une des bandes horizontales du triangle arithmétique, savoir celle des nombres triangulaires. Mais sans recourir même au triangle arithmétique, un peu d'attention et quelques tentatives montreront que ces nombres ne sont autre chose que ceux-ci : $\frac{4\times3}{2}$, $\frac{5\times4}{2}$, $\frac{6\times5}{2}$, $\frac{7\times6}{2}$, de sorte que le nombre des choses à combiner deux à deux étant exprimé par p, le nombre des combinaisons possibles sera $\frac{p.\overline{p-1}}{1.\ 2}$.

Voilà déjà un pas fait vers la solution du problême. Pour le résoudre entièrement, on examinera de même en combien de manières quatre choses peuvent se combiner trois à trois, et l'on trouvera qu'il y en a 4 ; que cinq peuvent l'être en 10 manières, six en 20, sept en 35, &c. ce qui est la suite des nombres pyramidaux ou de la quatrième bande horizontale du triangle arithmétique. Mais l'analogie du cas précédent conduit aussi à remarquer ou à faire soupçonner que ces nombres 4, 10, 20, 35 peuvent s'exprimer par ceux-ci : $\frac{4.3.2}{1.2.3}$, $\frac{5.4.3}{1.2.3}$, $\frac{6.5.4}{1.2.3}$, $\frac{7.6.5}{1.2.3}$, &c. ce qu'on trouve être vrai. Ainsi l'on peut dire avec assurance que p exprimant le nombre des choses à combiner trois à trois, le nombre des combinaisons est en général $\frac{p.\overline{p-1}.\overline{p-2}}{1.\ 2.\ 3}$; par conséquent, que si l'on a 90 choses ou nombres à prendre trois à trois, il n'y a qu'à multiplier successivement 90, 89, 88, et diviser le produit par 6, on aura 117480 pour le nombre des combinaisons possibles. Si l'on avoit 90 nombres à combiner quatre à quatre, il faudroit multiplier ensemble 90, 89, 88, 87 et diviser le produit par celui de 1, 2, 3, 4 ou 24 ; enfin s'il falloit les combiner cinq à cinq, il faudroit multiplier ensemble 90, 89, 88, 87, 86 et diviser le produit par celui de 1, 2, 3, 4, 5 ou 120. Cette dernière manière de déterminer le nombre des combinaisons d'un certain nombre de choses dans un nombre donné, est attribuée par Pascal à un de ses amis, nommé M de Gruieres, de la sagacité duquel il fait l'éloge.

Ainsi dans la loterie de Gènes introduite en France, il y a 117480 ternes ; et comme en tirant cinq nombres à chaque extraction, il en résulte dix ternes sortant à chaque tirage, il est évident que la probabilité que le joueur a de voir sortir son terne est décuplée, et conséquemment n'est que de $\frac{1}{11748}$. Mais les hasards de ce jeu sont si connus et si faciles à calculer d'après ces principes, que je crois superflu de m'y arrêter davantage. On peut voir, au reste, le *Voyage* de Lalande *en Italie*, tome IX, page 481.

Je ne m'étendrai pas davantage sur cette matière, parce qu'elle est suffisamment traitée dans la plupart des livres d'arithmétique. Il me suffira de faire connoître les principaux de ceux qui ont défriché ce champ de recherches. Le premier est Pascal, dont on a un petit traité des combinaisons parmi ceux qui suivent son *Triangle arithmétique*. Mais ce que Pascal avoit traité avec une concision extrême, a été plus développé par Wallis, qui en a fait l'objet d'une partie de son *Algèbre*. L'illustre auteur du livre *de Arte conjectandi* (Jacques Bernoulli), n'a pas manqué de traiter une matière si analogue à son objet principal, et il en a fait une des divisions principales de son livre. De Montmort a aussi traité au long ce sujet dans son *Essai d'analyse sur les jeux de hasard*, imprimé en 1708 et 1714, *in*-4°. Enfin Moivre a fait des combinaisons l'objet d'une des sections de ses *Miscellanea analytica de seriebus et quadraturis* et de son ouvrage intitulé ; *Doctrine of chances*, 1718 et 1738, *in*-4°.

Les recherches de Pascal et de Fermat restèrent pendant plusieurs années dans leurs papiers. Pendant ce temps, Huygens ayant peut-être entendu parler de ce qui s'étoit passé entr'eux, jugea ce sujet digne de ses méditations ; il en fit l'objet de son livre *De ratiociniis in Ludo aleae*, que Schooten mit au jour pour la première fois en 1658, à la suite de ses *Exercitationes mathemat.* Il y démontre pour la première fois les principes de cette théorie et passe en revue les différens cas du problême de Pascal sur les partis des joueurs qui ont des points inégaux. Il s'y propose enfin cinq problêmes de ce genre, de trois desquels il donne la solution sans analyse, laissant à la sagacité de ses lecteurs les deux autres, qui ont resté pendant plusieurs années sans être résolus. Quant à la méthode employée par Huygens, elle est fort analogue à celle de Pascal ; c'est pourquoi nous ne nous y arrêterons pas.

Tels furent les premiers progrès de la théorie du calcul des hasards vers le milieu du siècle dernier ; le reste de ce siècle, si fertile en inventions nouvelles, ne lui ajoute rien, ou peu de chose. Il est cependant juste de remarquer qu'en 1679, Sauveur donna dans le journal des Savans (février 1679) un petit écrit sur le jeu de la bassète, jeu alors fort en vogue. Il y entreprenoit d'examiner quel étoit l'avantage du banquier contre le ponte ; il en dressa quelques tables convenables aux différens états dans lesquels on peut supposer le jeu. Il y a quelque chose à redire aux dernières, ainsi que l'a observé Jacques Bernoulli (1), qui a aussi examiné la même question ;

(1) *Ars conjectandi*, pag. 199.

mais l'analyse complette de ce jeu est l'ouvrage d'un temps postérieur.

Un autre écrit qu'il ne faut pas oublier, et dont j'ignore la date, est la *Lettre à un ami sur les parties du jeu de paume.* L'auteur anonyme de cet écrit, qui étoit certainement un homme très-versé dans cette théorie, examine les différentes chances des joueurs plus ou moins avancés, en y faisant entrer la considération de leur inégale habileté, et il donne des tables convenables à ces différentes circonstances. Ce petit écrit se trouve aujourd'hui uniquement à la suite de l'*Ars conjectandi*, de Jacques Bernoulli.

Je trouve aussi qu'en 1692, il parut à Londres (*in*-12) un traité anonyme intitulé : *Of the Laws of chance*, *&c*, dans lequel on applique la doctrine des hasards aux jeux les plus en usage ; mais n'ayant jamais rencontré ce livre, je ne puis en dire davantage. Je le soupçonne néanmoins de Benjamin Motte, depuis secrétaire de la société royale.

Cependant Jacques Bernoulli entreprenoit dans le silence un ouvrage bien plus étendu, et approfondissoit bien davantage cette théorie. Il avoit déjà préludé à cet ouvrage par une question de ce genre, qu'il proposa dans le vingt-cinquième Journal des Savans, de 1685, et par la solution qu'il en donna aussi le premier dans les Actes de Leipzig, de 1690. Ce problême étoit celui-ci : Deux joueurs A et B jouent avec un dé, sous cette condition que celui qui aura le plutôt atteint un nombre déterminé de points aura gagné ; A commence par jeter le dé une fois, et B ensuite une fois ; A recommence et le jette deux fois, et B deux fois ; A trois fois et B trois fois, &c. jusqu'à ce que l'un des deux ait atteint le nombre de points déterminé, quel est le rapport de leurs espérances? Le problême ayant resté sans réponse, son auteur en donna sans analyse la solution dans les Actes de Leipzig, de 1690. Cela excita Leibnitz à la recherche, et il en donna une immédiatement après dans les mêmes Actes, qui cadre avec celle de Jacques Bernoulli, aux termes près.

Dans l'ouvrage intitulé : *Ars conjectandi*, Bernoulli ne se bornoit pas à quelques questions analogues à celles de Fermat et de Pascal ; mais il s'en créoit une foule d'autres de plus en plus difficiles, qu'il analysoit et résolvoit. Il tentoit enfin d'appliquer cette théorie aux événemens moraux et politiques. Ses méditations sur tous ces sujets commençoient à former un corps d'ouvrage dont il préparoit la publication, lorsque la mort l'enleva en 1705. Heureusement l'ouvrage, quoique encore imparfait au gré de son auteur, étoit assez avancé et assez en ordre pour pouvoir être mis au jour mais diverses circonstances en retardèrent la publication jusqu'en 1715, qu'il parut enfin à Bâle par les soins de Nicolas Bernoulli, son neveu (1). Il ne pouvoit que difficilement avoir un éditeur plus capable, car Nicolas Bernoulli avoit publié en 1711, dans les Actes de Leipzig, un écrit ingénieux et savant sous le titre de *Specimina artis conjectandi ad questiones juris applicatae.*

Le livre de Jacques Bernoulli est divisé en quatre parties, dont la première est une sorte de commentaire sur le livre *de Ratiociniis in Ludo aleae*, d'Huygens. Bernoulli y met dans un nouveau jour les principes de cette théorie par divers exemples sensibles et de nouveaux tours de démonstrations. Dans la seconde partie il traite fort au long la doctrine des combinaisons et changemens d'ordre, ainsi que diverses autres matières analogues. La troisième contient la solution de grand nombre de questions nouvelles ; l'analyse des problêmes proposés par Huygens, et celle de divers jeux, tant de cartes que de dés. Enfin la quatrième concerne l'usage dont peut être cette théorie dans la vie civile, et qui étoit, comme le dit avec raison M. de Fontenelle, ce que le livre en question avoit de plus surprenant. « Cependant, ajoute-t-il, si l'on considère de près » les choses de la vie sur lesquelles on a tous les jours à dé- » libérer, on verra que la délibération devroit se réduire » comme les paris qu'on fait sur un jeu, à comparer le nombre » des cas où un certain événement arrivera, avec celui des » cas où il n'arrivera pas ; par-là on sauroit au juste et on » pourroit exprimer par des nombres de combien le parti qu'on » prendroit seroit le meilleur. La difficulté est qu'il nous » échappe beaucoup de cas où l'événement peut arriver ou ne » pas arriver ; et plus il y a de ces cas inconnus, plus la » connoissance du parti à prendre est incertaine. »

Mais malgré cette difficulté, il y a dans cette partie de l'ouvrage de Bernoulli bien des réflexions fines et solides sur la manière d'estimer la probabilité de pareils événemens. Cette application, au reste, qu'il n'avoit qu'ébauchée et comme indiquée à ceux qui le suivroient, a été depuis plus cultivée par plusieurs géomètres. Il y a même apparence que cette partie de l'ouvrage de Bernoulli étoit celle qu'il avoit le moins avancée, et à laquelle il travailloit au moment où la mort l'enleva ; car il y auroit sans doute examiné beaucoup de questions qui se présentent

(1) Je me suis trompé dans un autre endroit de cet ouvrage, en faisant ce Nicolas Bernoulli fils de Jacques. Il étoit fils d'un autre Nicolas, frère des deux illustres Jacques et Jean Bernoulli, et membre de la magistrature de Bâle. Leibnitz lui procura quelques années après la chaire de professeur de Padoue, où il mourut jeune encore et digne du nom qu'il portoit.

présentent assez naturellement ; telle est celle de la probabilité des jugemens, et surtout en matière criminelle, où presque partout une si petite prépondérance pour la condamnation suffit pour enlever la vie et l'honneur à un innocent ; combien en effet l'histoire nous présente-t-elle d'innocens à qui une voix de plus pour l'absolution auroit sauvé la vie. L'humanité réclamoit depuis long-temps contre cette manière de prononcer sur la vie des hommes. Condorcet a suppléé à cet égard Jacques Bernoulli, par son *Essai sur l'application de l'analyse à la probabilité des décisions à la pluralité des voix*, dont on parlera dans un des articles suivans.

XXXIX.

Nous avons donné la première place aux travaux de Bernoulli l'aîné sur cette matière, parce qu'ils sont incontestablement antérieurs de date à ceux des géomètres dont nous allons parler, quoique son livre n'ait eu le jour que postérieurement. De Montmort et de Moivre, deux excellens analystes, cultivèrent l'un et l'autre cette théorie avec de nouveaux succès, et on doit leur associer Nicolas Bernoulli, dont la correspondance avec Montmort, insérée dans la seconde édition de son ouvrage, prouve avec quelle sagacité il avoit dès lors pénétré dans tout ce que cette théorie a de plus profond.

Montmort est le premier en date (1). Le bruit des succès de Jacques Bernoulli fut, à ce qu'il raconte, ce qui l'encouragea dans la recherche de quelques questions de ce genre, qui lui avoient été proposées, et en ayant trouvé les solutions, il s'éleva à un grand nombre d'autres, ce qui forma bientôt une ample moisson de vérités curieuses et intéressantes Ce motif et celui de dédommager le public du livre de Bernoulli, dont

(1) Pierre Rémond de Montmort étoit né en 1678. La lecture de la Recherche de la vérité et ses liaisons avec Malebranche lui inspirèrent de bonne heure le goût de la métaphysique et de la géométrie ; mais cette dernière le subjugua bientôt entièrement. Sa théorie de la probabilité fut le champ qu'il s'attacha principalement à cultiver. Ce que l'on dit sur ce sujet dans cet article nous dispense d'entrer ici dans des détails. Il étoit fort lié avec Taylor et Moivre, et il fit plusieurs voyages en Angleterre pour les voir et pour y observer l'éclipse solaire de 1715, qui devoit être à Londres totale et centrale. Il avoit commencé à écrire l'histoire de la géométrie, et l'on doit regretter que ce qu'il en avoit fait soit perdu. N'habitant pas Paris, il n'avoit pu être reçu à l'académie des sciences que lorsqu'il y eut une nouvelle classe d'*associés libres*, au nombre desquels il fut nommé en 1716. Il mourut en 1719, victime de la fameuse épidémie de petite vérole qui régna à Paris et qui moissonna impitoyablement presque tous ceux qu'elle attaqua. Voyez *Hist. de l'Académie*, de 1719.

la publication étoit alors fort incertaine, lui inspirèrent l'idée du sien. Il le publia sous le titre d'*Essai d'analyse sur les jeux de hasard* (Paris. *in*-4°.) Ce livre est à plusieurs égards plus étendu que ce que Bernoulli avoit préparé sur ce sujet dans la troisième partie de son *Ars conjectandi*. Presque tous les jeux de hasard, soit de cartes, soit de dés, y sont savamment analysés, ainsi que dans ses questions nouvelles de probabilités que Montmort s'y propose et y résoud. Il y donne enfin la solution et l'analyse des cinq questions proposées par Huygens, et jusqu'alors restées sans solution, ou du moins sans analyse, l'ouvrage de Bernoulli n'ayant pas encore vu le jour.

Il faut cependant convenir que dans cet ouvrage, tout estimable qu'il étoit du premier jet, il y avoit quelque chose à redire. Montmort n'avoit pas toujours suivi la voie la plus courte, et étoit quelquefois tombé dans des embarras qu'il eut pu s'éviter. Il y avoit même quelques fautes considérables; ces défectuosités n'échappèrent pas à Jean Bernoulli à qui l'académicien françois avoit envoyé son ouvrage, et ce fut le sujet d'une lettre qu'il lui écrivit. Montmort eut égard à ses observations dans la seconde édition corrigée et augmentée, qu'il publia en 1713; et ce qui fait l'éloge de sa candeur et de sa modestie, il ne fit pas difficulté d'informer le public des obligations qu'il avoit au célèbre géomètre de Bâle, en donnant à cette lettre une place dans sa nouvelle édition. Vers le même temps, c'est-à-dire vers 1711, il entra aussi sur cette matière dans un commerce de lettres avec Nicolas Bernoulli, neveu des deux célèbres frères Jacques et Jean. Ils s'y proposent et résolvent alternativement diverses questions de ce genre, et l'on y voit le jeune Bernoulli marcher sur les traces de ses oncles. Montmort a donné cette curieuse correspondance tout au long dans son édition de 1713. Cette édition, indépendamment de ses augmentations et corrections faites à la première, est remarquable par de belles gravures à la tête de chaque partie.

C'est dans leur correspondance qu'on voit pour la première fois l'énoncé de ce problême singulier sur les parties de jeux, qu'on appelle le *problême de Pétersbourg*. Nicolas Bernoulli le propose à Montmort avec quelques autres dans une lettre du 9 septembre 1713. Pierre promet à Jean de lui donner un écu, si avec un dé il amène 6 au premier coup; deux écus, s'il ne l'amène qu'au second; trois, s'il ne l'amène qu'au troisième, et ainsi de suite : on demande quel est le sort ou la valeur de l'espérance de Jean. Ce qu'il y a de singulier, c'est que M. de Montmort n'y trouve aucune difficulté, ainsi qu'à un semblable qui le suit; il dit qu'ils se résolvent facilement, et qu'il ne s'agit pour cela que de trouver les sommes des suites dont les numérateurs sont la suite des carrés, ou des cubes, &c. et les dénominateurs des termes d'une progression géométrique. Mais nous ne croyons pas devoir anticiper ici sur ce que ce problême présente de paradoxal et d'embarrassant.

En Angleterre, Demoivre donna sur cette matière les premières esquisses de ses travaux, dans un écrit communiqué, en 1711, à la Société royale de Londres, et intitulé *de mensurâ sortis*, qui depuis augmenté considérablement, donna naissance à son ouvrage intitulé *the doctrine of chances*, qui parut pour la première fois en 1716 (Londres, *in*-4°), et en 1738, Moivre nous raconte que ce qui y donna lieu, ce fut quelques problêmes sur les hasards, que M. Fr. Robartes, membre ingénieux de la Société royale, lui proposa comme étant plus difficile qu'aucun de ceux du livre de Montmort, qu'il parvint à les résoudre par une méthode propre, et à son avis, plus naturelle que celle d'Huygens et du géomètre françois, ce qui donna lieu à la Société royale de l'inviter à développer cette méthode, et produisit le petit écrit dont nous parlons. Montmort, dit Fontenelle dans l'éloge de cet académicien, fut vivement piqué de cet écrit qu'il regardoit comme fait d'après le sien et sur le sien. Cela n'est pas exact; car on voit qu'à l'occasion de cet ouvrage, Moivre entra en correspondance avec Montmort, et que celui-ci étant allé en Angleterre en 1715, il lui servit de truchement et d'introducteur tant auprès de Neuton, que de la Société royale et d'autres savans anglois. Il est cependant vrai que Moivre ayant donné en 1716 son livre *the doctrine of chances*, cela occasionna de l'indisposition entre eux, et que cette correspondance cessa. Montmort reprochoit à Moivre de ne pas lui rendre assez de justice, et de s'attribuer des choses sur lesquelles lui-même avoit droit; et d'après les détails où entre Moivre sur ce sujet (1), ce dernier faisoit la même imputation à l'autre. Il seroit superflu d'approfondir cette petite contestation; car il est aisé de sentir que lorsque deux hommes de génie approfondissent la même matière, il est bien difficile que de quelque point que chacun ait parti, ils ne finissent pas par avoir beaucoup d'idées analogues. Moivre avoit peut-être tort de trouver la méthode employée par Montmort inférieure à la sienne propre. Si Montmort n'avoit pas résolu les problêmes de Robartes, il pouvoit les résoudre par sa méthode, et il le fit quand il les connut. D'un autre côté, Moivre avoit fait sur la *doctrine des séries*,

(1) *Miscellanea analytica*. cap. VI.

dont dépend la solution de plusieurs problêmes sur les hasards ou les jeux, des recherches particulières et supérieures à tout ce qu'avoient fait les géomètres antérieurs à lui, ce que Montmort paroissoit ne pas reconnoître assez. Ainsi dans cette contestation qui d'ailleurs ne passa jamais les bornes de la plus grande honnêteté, nous dirons qu'il y avoit de part et d'autre des prétentions fondées, et de petits torts. Au reste on ne peut disconvenir que la méthode de Moivre est le plus souvent différente de celles d'Huygens, de Pascal, de Fermat et de Montmort lui-même. Il entre dans notre plan d'en donner une idée.

Lorsqu'un évènement, par exemple celui d'amener trois six avec trois dés, tient à la rencontre successive ou simultanée de plusieurs autres mutuellement indépendans (ce qui est ici d'amener 6 avec chacun d'eux, il n'est pas toujours besoin de recourir aux combinaisons de tous les cas possibles, car cela mène souvent à des calculs très-compliqués; mais il suffit d'examiner la probabilité de chacun en particulier, de l'exprimer à la manière expliquée ci-dessus, et de multiplier ces expressions entre elles. On aura l'expression de la probabilité de cet évènement. On a vu que dans le cas du problême ci-dessus, on avoit trouvé par la voie des combinaisons, que sur 216 divers points possibles amenés avec 3 dés, il y en avoit 125 qui ne donnoient point de 6, 75 qui en donnoient 1, 15 qui en donnoient 2, et un seul 3. Aussi avons-nous trouvé que la probabilité de ce dernier cas est $\frac{1}{216}$. Mais on peut dire avec Moivre : ce problême est le même que celui de jeter successivement avec le même dé trois fois 6 de suite; or la probabilité de 6 avec un dé du premier coup, est $\frac{1}{6}$. En supposant qu'en effet on ait amené 6, on a également une probabilité de $\frac{1}{6}$ pair amener encore 6, et pour la troisième fois. Or $\frac{1}{6} \times \frac{1}{6} \times \frac{1}{6} = \frac{1}{216}$. Un grand nombre de problêmes de probabilite se résolvent de cette manière. En voici un autre d'Huygens :

Il y a 40 cartes dans un tas, dont 10 de chaque couleur; quelle probabilité y a-t-il, en en prenant 4, soit successivement, soit ensemble, d'en tirer une de chaque couleur. Analysons ce problême à la manière de Moivre.

On voit d'abord qu'au premier coup on prendra une couleur quelconque, supposons cœur. Nous avons maintenant dans le jeu 39 cartes seulement, dont 30 de couleurs différentes de cœur; la probabilité donc d'amener une de ces couleurs sera $\frac{30}{39}$ ou $\frac{10}{13}$. Maintenant nous n'avons plus que 38 cartes, dont 20 de couleurs différentes des deux premières; ainsi la probabilité d'amener une des deux couleurs restantes sera $\frac{20}{38}$ ou $\frac{10}{19}$. Enfin il n'y aura plus à la quatrième extraction que 37 cartes, dont 10 de couleurs différentes des trois premières; ainsi la probabilité de l'amener sera $\frac{10}{37}$. Multipliez donc $\frac{10}{13}$, $\frac{10}{19}$ et $\frac{10}{37}$, vous aurez $\frac{1000}{9139}$ pour l'expression de la probabilité du cas proposé.

En employant la théorie des combinaisons on auroit d'abord trouvé que dans 40 cartes prises 4 à 4, il y a un nombre de combinaisons exprimé par $\frac{40 \times 39 \times 38 \times 37}{1. \times 2. \times 3. \times 4.} = 91390$. Mais parmi ces combinaisons il y en a 10000 qui sont des quaternes composés de quatre couleurs; car supposons 4 tas de 10 cartes de diverses couleurs chacun, il est évident que la première carte du premier tas, cœur par exemple, pourra se combiner avec chacune de celle du second tas que nous supposons carreau; ainsi on aura 100 combinaisons différentes de cœur et carreau, mais chacune de ces combinaisons pourra elle-même se combiner avec chacune des cartes du tas qui est tout trèfle, ce qui en donnera 1000, dont chacune se combinant avec chacune des cartes du tas tout pique, donnera 10000 quaternes de 4 couleurs. Divisant donc selon la règle générale le nombre des combinaisons favorables, 10000 par le nombre total 91390, il en résulte : comme ci-devant, la fraction $\frac{1000}{9139}$ pour l'expression de la probabilité de tirer d'un jeu de 40 cartes, ou ensemble, ou successivement, 4 cartes de couleurs différentes.

C'est en général par une voie semblable, je veux dire par cette composition de rapports de probabilités, que Moivre résout un grand nombre de problêmes sur les hasards, qui eussent exigé des examens de combinaisons fort prolixes. Mais il ne se borne pas là, il examine diverses autres questions plus difficiles, et qui l'entraînent dans des suites infinies, d'une forme particulière qu'il s'agit de sommer pour avoir le rapport fini du sort des différens joueurs; c'est-là ce qui l'engagea dans des spéculations particulières sur ces suites, et qu'il aperçut n'être autre chose que des suites en quelque sorte géométriques, mais considérées d'une manière plus générale, ce qu'il appela *séries récurrentes*, dont on lui doit la théorie.

La troisième édition de son livre parut, *in-fol.*, en 1756, avec beaucoup d'améliorations et additions. Lagrange s'étoit proposé de la traduire en françois. Moivre traita aussi cette matière dans ses *Miscellanea analytica de seriebus et quadraturis*, qui parurent en 1736, et dont plusieurs parties sont presque entièrement employées à développer quelques branches de cette théorie, et à résoudre divers problêmes nouveaux et difficiles. On y verra peut-être avec peine qu'il étoit plus fâché contre Montmort que celui-ci ne l'étoit contre lui; car il ne laisse guères échapper d'occasions de relever quelques imperfections des solutions du géomètre françois, et de leur comparer les siennes, en effet souvent plus élégantes et plus générales; mais Montmort l'avoit dévancé, et c'est tout dire. Telle est et telle a toujours été la marche de l'esprit humain. On a encore de Moivre un ouvrage sur une matière analogue, savoir celui sur les rentes à vie. *Annuities on live*, que le Père Fontana a traduit en italien.

Abraham de Moivre étoit né en Champagne, en 1667, de parens protestans. La révocation de l'édit de Nantes l'obligea de s'expatrier, et il passa en Angleterre, où pendant long-temps il n'eut de ressource que celle de montrer les mathématiques; il n'eut même pendant toute sa vie guère que ce moyen de subsistance, et celle des livres qu'il publia en différens temps, et que les gens les plus distingés par leur naissance et leur goût pour les sciences, s'empressoient de se procurer. Il entra à la Société royale de Londres, en 1697, et depuis ce moment, il n'est guère d'années qu'il n'ait publié quelque chose de nouveau et d'intéressant sur ces matières. Les détails où nous sommes entrés sur les *Miscellanea analytica*, sa *Théorie des séries récurrentes*, sa *Doctrine des hasards*, nous dispensent d'en dire ici rien de plus. Il fut nommé, en 1754, associé étranger de l'académie, et peut-être méritoit-il déjà depuis long-temps cette distinction. Il mourut la même année d'une manière assez singulière. Depuis quelque temps son sommeil se prolongeoit chaque jour, de sorte que peu avant sa mort il duroit vingt-trois heures sur les vingt-quatre heures du jour; enfin il cessa de se réveiller le 27 novembre 1754.

Après les analyses dont nous venons de parler, plusieurs autres se sont occupés de recherches encore plus épineuses; mais nous serions excessivement prolixes, si nous entreprenions d'entrer dans ces détails: nous nous bornerons à quelques problêmes singuliers, ou à quelques discussions sur la nature et la certitude du calcul des probabilités.

La loterie de Gênes a fourni la matière de ces problêmes. Il ne s'agit pas du sort des preneurs dans les chances connues dont nous avons déjà parlé, page 389, mais des séquences. Il est question de déterminer quelle probabilité il y a dans l'extraction des cinq nombres, qu'il y aura deux, ou trois, ou quatre, ou cinq nombres qui se fassent suite. Il y a des séquences de deux, comme si parmi les cinq nombres extraits on avoit 7, 8, ou 8 et 7; car l'ordre dans le tirage n'y fait rien; une séquence de trois seroit, par exemple, 24, 25, 26, ou 25, 24, 26, &c.

Ce problême, si l'on en excepte quelques cas des plus simples, comme celui d'une séquence de deux, est assez compliqué. Euler n'a pas dédaigné de s'en occuper dans les Mémoires de l'académie de Berlin pour l'année 1765, où M. Beguelin a aussi donné deux mémoires sur ce sujet. On eut pu imprimer aussi celui de Jean Bernoulli qui est de la même date, et qui n'a cependant vu le jour que dans le volume de 1769. Nous nous bornerons à faire connoître quelques-unes des questions qu'examinent ces géomètres, et quelques-uns de leurs résultats.

Le premier et le plus simple des problêmes de ce genre, est celui de déterminer quelle probabilité il y a d'avoir une séquence de deux, en supposant qu'on ne tirât que deux nombres sur la totalité de ceux qui sont dans la roue, et que nous nommerons n. Mais ici même il faut faire une distinction. Bernoulli admet un genre de séquence qu'il appelle *circulaire*, et qui consiste en ce que, selon lui, 90. 1, 90. 1. 2, ou 89. 90. 1, font séquence, comme si tous les nombres étoient circulairement rangés, cas que Euler et Beguelin n'ont pas considéré, et qui fait que les résultats de Bernoulli diffèrent de leurs, quoique conformes pour le reste.

Supposons donc que de la roue contenant le nombre de billets n, successivement numérotés 1. 2. 3. &c., on tire deux billets, quelle probabilité y aura-t-il qu'il y en ait deux qui se suivent? Euler la trouve exprimée par $\frac{2}{n}$, et la probabilité qu'il n'y en aura point par $\frac{n-2}{n}$. Mais la supposition de Bernoulli donnant une séquence de plus, comme 90. 1, ou n. 1, il en résulte pour l'expression de la probabilité, qu'il y aura séquence, $\frac{2}{n-1}$ et dans le cas de 90 nombres, $\frac{2}{89}$ au lieu de $\frac{2}{90}$, selon Euler et Beguelin. Il y a en effet un peu plus de probabilité d'amener séquence dans l'hypothèse de Bernoulli.

Quelle probabilité y aura-t-il maintenant à une séquence de deux, si l'on tire de la roue trois nombres? Bernoulli trouve qu'elle est $=\frac{2.3.87}{89.88}=\frac{261}{3916}=\frac{1}{15}$, à peu près. Suivant Euler, c'est, par la raison susdite, $\frac{2.3.87}{90.89}$. Quant à la séquence de trois, sa probabilité est, suivant Euler, de $\frac{2.3}{n.n-1}$ et suivant Bernoulli, de $\frac{2.3}{n-1.n-2}$.

Si l'on tiroit quatre nombres, il est aisé de voir que dans ces quatre nombres il peut y avoir une séquence quaternaire, ou une ternaire, ou deux binaires, ou une seule.

Supposons enfin le cas de la loterie dont il s'agit ici, où cinq nombres sortans à chaque tirage, on trouvera qu'ils peuvent former ou une séquence quinaire, ou une quaternaire, ou une ternaire seulement, ou une ternaire avec une binaire, ou deux binaires, ou aucune ; on pourroit même, et c'est ce que fait Euler, supposer en général n le nombre de billets ou numéros contenus dans la roue, et m celui des extraits ; et il est question de trouver les probabilités des séquences diverses que peut présenter le nombre m. Mais pour abréger, nous nous bornerons au cas de la loterie de Gênes. On trouve donc, suivant Euler :

Pour amener une séquence quinaire. . . . $\frac{2.3.4.5}{90.89.88.87} = \frac{120}{61324560}$.
Pour amener une quaternaire. . . . . $\frac{2.3.4.5.85}{90.89.88.87} = \frac{10200}{61324560}$.
Pour une ternaire et une binaire. . . . . . . la même.
Pour une ternaire simple. . . . . $\frac{3.4.5.85.84}{90.\&c} = \frac{428400}{61324560}$.
Pour deux binaires. . . . . la même.
Pour une binaire seule. . . . . $\frac{4.5.85.84.83}{90.\&c.} = \frac{11852400}{61324560}$.
Enfin pour n'en amener aucune. . . . . . $\frac{85.84.83.82}{90.\&c.} = \frac{48594840}{61324560}$.

Mais suivant Bernoulli, les chances pour les mêmes cas seront respectivement :

Séquence quinaire. . . . . $\frac{2.3.4.5}{89.88.87.86} = \frac{120}{58599024}$.
Séquence quaternaire. . . . . $\frac{2.3.4.5.84}{89.88.87.86} = \frac{10080}{58599024}$.
Séquence ternaire et binaire. . . . . la même.
Séquence ternaire simple. . . . . $\frac{3.4.5.84.83}{89.\&c.} = \frac{418330}{585990}$.
Séquence double binaire. . . . . la même.
Séquence binaire simple. . . . . $\frac{4.5.84.83.82}{89.\&c.} = \frac{11434080}{58599024}$.

L'analogie entre les deux évaluations est assez remarquable.

Nous regrettons de ne pouvoir nous étendre davantage sur ce sujet, et en particulier de ne pouvoir donner une idée des deux mémoires de Beguelin, dont la méthode est toute particulière, et donne au surplus les mêmes résultats.

X L.

Il est un problême de ce genre qui, par sa singularité et son résultat paradoxal, est devenu célèbre, et a mérité d'occuper de grands analystes ; c'est ce qu'on nomme le *problême de Pétersbourg*, parce qu'il a été spécialement traité par Daniel Bernoulli dans les *Mémoires de Pétersbourg* (tome V). Nous devons cependant remarquer qu'il avoit été antérieurement proposé par Nicolas Bernoulli à Montmort, lors de la savante correspondance qu'ils entretinrent pendant quelques années. Voici d'abord le problême, ou les deux problêmes de Nicolas Bernoulli :

A

A promet de donner à B un écu, si, avec un dé à six faces, il amène au premier coup 6, ou un point déterminé ; deux écus, s'il ne l'amène qu'au second coup ; trois, s'il ne l'amène qu'au troisième ; quatre au quatrième ; quelle est l'espérance de B ? On demande la même chose, si A promet à B de lui donner des écus en cette progression 1. 2. 4. 8. 16, &c. ou 1. 3. 9. 27, &c. ou 1. 4. 9. 16. 25, &c. ou 1. 8. 27, &c. Montmort n'y vit pas grande difficulté, et en effet on trouve facilement que dans le premier cas l'espérance de B, ou ce qu'il devroit mettre au jeu pour jouer à jeu égal, est $\frac{1}{6} + \frac{2}{36} + \frac{3}{216} + \frac{4}{1296}$, &c. à l'infini. On voit donc ici qu'il n'est question que de sommer la suite infinie ci-dessus, dont les numérateurs croissent arithmétiquement, et les dénominateurs géométriquement ; ce qu'on savoit déjà faire.

Dans les divers cas du second problême on trouve que l'espérance de B, ou sa mise au jeu, est $\frac{1}{6} + \frac{2}{36} + \frac{4}{216} + \frac{8}{1296}$, &c. ou $\frac{1}{6} + \frac{3}{36} + \frac{9}{216}$, &c. ou $\frac{1}{6} + \frac{4}{36} + \frac{9}{216}$, &c. respectivement ; toutes progressions susceptibles d'être sommées, ce qui sert de commentaire à ce que répond Montmort. « Les deux derniers, dit-il, de vos cinq problêmes n'ont aucune difficulté. Il ne s'agit que de trouver les sommes des suites dont les numérateurs sont en progression arithmétique ou géométrique, ou des carrés, des cubes, et les dénominateurs en progression géométrique. La première de ces progressions en particulier est une progression soutriple dont la somme à l'infini est $\frac{1}{2}$. » Il n'y avoit en cela aucun paradoxe ; car ce ne seroit pas un grand effort à B que de parier dans ce cas $\frac{1}{2}$ d'écu contre la mise de A. Mais Daniel Bernoulli, en simplifiant en quelque sorte le problême, y a fait naître un paradoxe singulier que voici :

Il n'est plus question d'un dé à six faces, mais d'une simple pièce de monnoie, ou du jeu de croix ou pile. Jean promet à Pierre un écu, s'il amène croix au premier coup ; deux, s'il ne l'amène qu'au second ; quatre, s'il ne l'amène qu'au troisième ; huit, s'il ne l'amène qu'au quatrième, et ainsi de suite. Que doit-il lui-même mettre au jeu pour jouer à jeu égal ? On trouve dans ce cas que ce qu'il devroit mettre au jeu est exprimé par la série $\frac{1}{2} + \frac{1}{2} + \frac{1}{2} + \frac{1}{2} + \frac{1}{2}$, &c. ; car d'abord pour le premier coup, comme il y a autant de probabilité à amener croix qu'à ne pas l'amener, l'enjeu de Pierre devroit être un écu. Mais pour n'amener croix qu'au second coup, il y a une probabilité qui n'est que de $\frac{1}{4}$; il faut donc, pour trouver ce que Pierre doit mettre au jeu, diviser 2 écus par 4, et l'enjeu de Pierre sera $\frac{1}{2}$ écu. La probabilité de n'amener croix qu'au troisième coup est exprimée par $\frac{1}{8}$; la mise de pierre ne doit donc être que la huitième de la mise de

Jean, qui est 4 écus, c'est-à-dire $\frac{1}{2}$ écu. On trouve de même pour chacun des coups suivans $\frac{1}{2}$ écu, d'où résulte la série ci-dessus dont la somme est infinie.

Quel est l'homme néanmoins qui, à la place de Pierre, mettroit à ce jeu 20 ou 30 écus seulement, ou qui acheteroit à ce prix l'expectation de tant de millions, s'il n'amenoit croix que la vingtième, la trentième ou la quarantième fois. C'est en quoi consiste le paradoxe, et vraiment on peut dire qu'il est difficile à résoudre. Voyons d'abord ce que dit à ce sujet Daniel Bernoulli.

Ce grand géomètre a recherché la solution de la difficulté dans des considérations morales, desquelles il déduit dans ce cas une mesure du sort des joueurs, un peu différente de celle qui est employée généralement dans les questions de ce genre, savoir de prendre pour cette mesure la somme des cas favorables, divisée par la totalité des cas ou des manières dont l'évènement peut arriver. Le mathématicien ne considérant les choses que dans l'abstraction, regarde le rapport de 1 denier à 10000, comme celui de 1 louis à 10000. Cela est vrai numériquement, mais non dans l'état moral et économique; et pour en donner un exemple : un homme qui n'a qu'un louis vaillant, seroit un insensé de le hasarder à un jeu égal contre 1000 louis; d'où l'on doit conclure que le prix d'une somme est d'autant plus grand que les facultés sont moindres, et diminue à proportion que les facultés de celui qui le hasarde sont plus grandes. De là Bernoulli tire une autre manière d'estimer dans des cas semblables l'expectation d'un joueur, et dans laquelle il fait entrer le rapport de la somme hasardée ou à gagner avec le bien possédé par le joueur. De cette règle qui est fort compliquée, et que par cette raison nous omettons ici, en renvoyant à son mémoire, il tire des conséquences assez singulières, par exemple, que si Pierre n'avoit à peu près rien, son expectation vaudroit à peine deux écus, et qu'elle en vaudroit à peine six, s'il avoit une fortune de mille écus. Ce mémoire de Daniel Bernoulli est sans doute rempli de considérations très-ingénieuses, et même applicables à divers cas de la doctrine des probabilités; mais j'ai peine à croire qu'il paroisse à la plupart des lecteurs résoudre le problême.

Cramer a employé des considérations analogues pour résoudre le problême, comme on le voit par un fragment de lettre écrite par lui en 1728 à Nicolas Bernoulli, auteur du problême (1).

« Je ne sais, dit-il, si je me trompe, mais je crois tenir la

(1) *Voyez* le mémoire cité de Daniel Bernoulli.

» résolution du cas singulier que vous avez proposé. » (suit l'exposition du problême) « On demande la raison de l'énorme » différence entre le calcul mathématique et l'estimation vul- » gaire. Je crois qu'elle vient de ce que (dans la théorie) les » mathématiciens estiment l'argent à proportion de la quan- » tité, et (dans la pratique) les hommes de bon sens le font » à proportion de l'usage qu'on peut en faire. Ce qui rend » l'espérance mathématique infinie, c'est la somme prodigieuse » à gagner si le coté de croix ne tombe que le 1000, le 10000 » coup. Or cette somme n'est pas plus pour moi, ne me fait » pas plus de plaisir, ne m'engage pas plus à accepter le pari, » que si elle étoit de 10 ou 20 millions d'écus. » En supposant donc que toute somme au-dessus de 20 millions d'écus soit indifférente à Pierre, ou plutôt de nulle valeur (puisque elle seroit impayable), Cramer trouve que le sort de Pierre ne vaudroit pas au-delà de 13 écus.

Quelques autres considérations sur la valeur morale des richesses lui font même trouver cette somme bien moindre, comme de deux écus et demi, ou encore moins. Mais je m'arrête ici et je crois pouvoir appliquer à cette solution de Cramer ce que j'ai dit sur celle de Daniel Bernoulli ; aussi voit-on que ce dernier n'en étoit pas lui-même satisfait, et qu'il la traite de vague et sujette à contradiction. Tel est aussi le jugement de d'Alembert.

On ne doit donc pas être étonné de voir que divers autres mathématiciens célèbres ont tâché de jeter quelque jour plus satisfaisant sur ce problême paradoxal ; c'est ce qu'a tenté de faire M. Fontaine, de la solution duquel il résulte que si Jean mettoit un million au jeu, ou convenoit de jouer jusqu'à la concurrence d'un million, ou 333333 écus, l'espérance de Pierre ne seroit encore que d'environ 10 écus et demi. Ainsi Fontaine limite le jeu à dix-neuf ou vingt coups, et sa solution coïncide avec la solution ordinaire, si ce n'est qu'il suppose tacitement le jeu ne pouvoir aller jusqu'à vingt coups ; ce qui, je l'avoue, me paroît très-conforme, sinon à la possibilité mathématique ou métaphysique, du moins à la possibilité physique ; car pour manquer vingt fois de suite à amener croix, il n'y a pas moins que $\frac{1}{524288}$ à parier contre un, ce qui est une probabilité si approchante de la nullité, qu'on peut physiquement la regarder comme telle.

Ce problême a été aussi le sujet de savantes considérations métaphysiques pour Beguelin (1), de l'académie des sciences de

(1) On a, dans les recueils de cette académie, une grande quantité de mémoires intéressans et profonds de Beguelin sur divers sujets d'analyse, d'optique, d'hydrodynamique, de mécanique et de physique.

Berlin. Son mémoire intitulé : *Sur l'usage du principe de la raison suffisante dans le calcul des probabilités*, se lit dans le volume de 1767 ; là ce métaphysicien et analyste examine au flambeau d'une métaphysique profonde plusieurs questions sur la nature du calcul des probabilités ; une, entr'autres, de la solution de laquelle paroît dépendre celle du problême dont il s'agit ; c'est de savoir si, *lorsqu'un événement est arrivé une ou plusieurs fois, cet événement conserve autant de probabilité pour sa future existence, que l'événement contraire, qui avec une égale probabilité primitive, n'est point encore arrivé.* On est partagé sur cette question, et en effet on peut dire qu'il n'y a aucune raison physique ni métaphysique pour laquelle un tirage antérieur influe en rien sur le suivant. Ainsi métaphysiquement parlant, lorsqu'un numéro est sorti au tirage de la loterie, on pourroit parier avec les mêmes chances qu'il sortira le tirage suivant.

D'autres au contraire disent, et ceux-ci paroissent avoir en leur faveur l'expérience constante, que plus un événement a été répété (à moins qu'il n'y ait des causes physiques de cette répétition), plus il y a à parier qu'il ne se renouvellera pas ; et c'est le sentiment qu'embrasse Beguelin, après avoir savamment examiné les raisons pour et contre. Il est en conséquence d'avis qu'ayant une fois amené pile, il y a déjà quelque raison prépondérante pour ne pas l'amener une seconde fois ; et que si par hasard on l'a amené deux, trois ou quatre fois de suite, il y a encore une plus forte prépondérance pour croix, et que cette prépondérance augmente à peu près en raison de l'éloignement du premier coup. Ainsi en supposant croix manquée déjà trois fois, l'espérance de Pierre ira ensuite en diminuant au lieu de rester la même, et Beguelin trouve pour la série continuée à l'infinie, qui exprimera l'espérance de Pierre, $\frac{1}{2} + \frac{1}{2} + \frac{2}{3} + \frac{4}{7} + \frac{8}{25} + \frac{16}{161} + \frac{32}{726}$, &c. la série décroît, comme l'on voit, avec une telle rapidité, qu'au vingtième terme ce n'est plus que $\frac{1}{4629720000000}$ d'écu ; la somme enfin ne va pas à deux écus et demi. Telle sera donc l'espérance de Pierre, au lieu d'une somme infinie ou énorme, comme elle le paroît au premier abord.

Beguelin considère encore le problême sous quelques autres points de vue, et il trouve autant de différentes solutions assez concordantes avec cette première, et qui réduisent l'espérance de Pierre à une couple d'écus.

On seroit probablement étonné si parmi les mathématiciens qui ont traité de ce singulier problême, on ne trouvoit pas d'Alembert, d'autant qu'on sait assez qu'il s'est occupé de la théorie des probabilités, contre quelques principes de laquelle il a élevé des difficultés au moins très-spécieuses. C'est spécialement dans le second volume de ses *Opuscules mathématiques*, en 1761, qu'il a traité de ce problême. Il analyse d'abord quelques solutions antérieures qu'il n'approuve pas, et il entreprend ensuite de faire voir qu'il est irrésoluble, à moins qu'on ne modifie quelques-uns des principes admis jusqu'à présent. Un de ces principes est spécialement celui-ci, dont nous avons parlé à l'occasion de la solution de Beguelin, savoir que quelque nombre de fois que soit arrivé un événement comme pile, au jeu de *croix ou pile*, cela n'empêche point que la chose ne soit tout aussi possible dans un coup subséquent. D'Alembert convient que cela est vrai métaphysiquement, mais il en appelle à l'expérience et au sentiment intime de tous les hommes, si quelqu'un pour la plus forte somme s'engageroit à amener vingt fois de suite croix ou pile. Ce dénouement est, comme l'on voit, au fond le même que celui de Fontaine ou de Beguelin, qui par ce moyen réduisent à une très-petite somme l'espérance de celui qui jette la pièce.

Il nous reste à parler de quelques difficultés élevées par d'Alembert contre le principe fondamental de l'estimation de la probabilité. Ce principe est qu'il faut faire l'énumération de toutes les différentes combinaisons selon lesquelles peut arriver un événement, de prendre toutes celles qui sont favorables à un des joueurs ou parieurs A, et toutes celles qui peuvent faire gagner l'autre B. La somme des premières, divisée par le nombre total des combinaisons, sera l'expression de la probabilité que A gagne, &c. Mais d'Alembert a prétendu que cette règle fondamentale est vicieuse dans certains cas, et même dans un grand nombre. Ainsi, dit-il, si l'on parie d'amener croix dans deux coups au jeu de croix ou pile, il n'y a que trois combinaisons, dont deux favorables ; conséquemment, c'est deux contre trois à parier, au lieu de trois contre quatre, comme le donne l'analyse ordinaire.

J'avoue que si cette prétention étoit fondée, il faudroit rayer la théorie des probabilités du nombre des théories mathématiques, et j'aurois pu me dispenser d'en traiter si longuement; mais ce n'est pas-là une raison suffisante de ne pas analyser cette prétention : la célébrité de son auteur en impose même la nécessité.

Lorsqu'on doit, dit d'Alembert, dans ce jeu amener croix au moins une fois en deux coups, il y a selon la théorie ordinaire, ces quatres combinaisons possibles *croix croix*, *croix pile*, *pile croix* et *pile pile*. Mais, ajoute-t-il, s'il a amené croix du premier coup, le jeu est terminé et les deux premières se réduisent à une ; il n'y a donc plus que ces trois combinaisons, *croix*, *pile croix*, *pile pile*.

D'Alembert ne s'est pas borné à cet exemple, il en a accumulé plusieurs autres, soit dans le quatrième volume de ses *Opuscules*, 1768, page 73, et page 283 du cinquième ; il s'est aussi étayé du suffrage de divers géomètres qu'il qualifie de distingués. Condorcet a appuyé ces objections dans plusieurs articles de l'Encyclopédie méthodique ou par ordre de matières. D'un autre côté, divers autres géomètres ont entrepris de répondre aux raisonnemens de d'Alembert, et je crois qu'en particulier Daniel Bernoulli a pris la défense de la théorie ordinaire. Mais il semble que malgré ce que les raisonnemens de d'Alembert ont de spécieux, ils n'ont pas ébranlé, dans l'esprit des mathématiciens en général, la théorie généralement admise des probabilités (1).

Nous avons dit au commencement de l'article XXXVII que la théorie de la probabilité est non-seulement une des plus curieuses, mais des plus utiles ; nous en avons donné quelques exemples. Mais cette utilité paroît surtout dans l'application de cette théorie à un grand nombre de problêmes politiques ou économiques et de contrats civils.

Tous les états de l'Europe ont été obligés dans ces derniers temps, par leurs besoins ou leurs folies politiques, d'emprunter, tant en rentes perpétuelles qu'en rentes viagères, soit simples ou sur une tête, soit sur plusieurs, comme deux ou trois, soit enfin sur des classes de plusieurs centaines d'hommes, dont le dernier vivant jouiroit de l'intérêt des capitaux de sa classe jusqu'à sa mort, ce qu'on appelle *tontine*. Il y a des emprunts extinguibles, par le remboursement à époque fixe ; surtout des emprunts remboursables par portions égales en un nombre d'années, capital et intérêts, ce qu'on nomme *annuités*. Il y a enfin nombre d'autres contrats susceptibles d'avoir lieu entre particuliers, et dont nous donnerons quelques exemples ; la

(1) Lorsqu'on eut publié, en 1789, le troisième volume des *Lettres d'Euler à une princesse d'Allemagne*, Condorcet commença un quatrième volume ; j'en ai 112 pages d'imprimées. Il dit à la page 104, que le problême de Pétersbourg fit naître sur la loi générale des doutes qui n'ont peut-être pas été absolument dissipés, et il cherche à examiner si l'on doit substituer une autre loi à celle qui a été adoptée jusqu'ici, ou la conserver, en distinguant les cas auxquels on doit l'appliquer. Il dit en commençant qu'on se tromperoit, si l'on croyoit que cette difficulté peut être regardée comme une de ces conclusions paradoxales qui semblent appartenir à la métaphysique, et dont plusieurs parties de la géométrie donnent des exemples. Mais condorcet s'étant jeté dans la révolution, la suite de ce volume n'a jamais été imprimée, non plus que la suite de son *Traité de calcul intégral*, dont les premières feuilles sont à l'imprimerie de la République.

LALANDE.

plupart exigent qu'on connoisse la probabilité qu'il y a que de tel nombre d'hommes donné aujourd'hui, il en subsistera tant après un nombre d'années ; quelle probabilité il y a qu'un homme d'un certain âge sera mort ou vivant l'année suivante, ou après tant d'années, &c. sans cela un des contractans court le risque d'être énormément lésé ; et cette probabilité étant donnée, comme on le verra, il reste encore à y appliquer l'analyse, et une analyse souvent subtile et des plus profondes.

Le problême des rentes viagères fut traité par Van Hudden, qui quoique géomètre, ne laissa pas que d'être bourguemestre d'Amsterdam, et par le célèbre pensionnaire d'Hollande, Jean de Witt, un des premiers promoteurs de la géométrie de Descartes. J'ignore le titre de l'écrit de Hudden, mais celui de Jean de Witt étoit intitulé : *De vardye van de lif-renten na proportie van de los-renten*, ou *la Valeur des rentes viagères en raison des ventes libres ou remboursables* (La Haye, 1671). Ils étoient l'un et l'autre plus à portée que personne d'en sentir l'importance et de se procurer les dépouillemens nécessaires de registres de mortalité ; aussi Leibnitz, passant en Hollande quelques années après, fit tout son possible pour se procurer l'écrit de Jean de Witt, mais il ne put y parvenir ; il n'étoit cependant pas absolument perdu, car M. Nicolas Struyck nous apprend (1) qu'il en a eu un exemplaire entre les mains ; il nous en donne un précis, par lequel on voit combien Jean de Witt raisonnoit juste sur cette matière.

Le chevalier Petty, Anglois, qui s'occupa beaucoup de calculs politiques, entrevit le problême, mais il n'étoit pas assez géomètre pour le traiter fructueusement, en sorte que, jusqu'à Halley, l'Angleterre et la France qui empruntèrent tant et ont tant emprunté depuis, le firent comme des aveugles ou comme de jeunes débauchés.

Halley, à qui toutes les parties des mathématiques doivent tant, entreprit d'éclairer à cet égard sa nation et son siècle. Le premier pas à faire étoit de se procurer des observations sur l'ordre de la mortalité humaine. Les registres de Londres, tenus avec beaucoup de régularité depuis 1608, auroient pu lui servir ; mais il considéra que cette ville étant l'abord d'un grand nombre d'étrangers, à cause de son commerce et de son port, le séjour des richesses, du luxe et des plaisirs qui en sont la suite, et qui abrégent la vie, devoit être sujette à un ordre de mortalité fort irrégulier. Il choisit par cette raison la ville de Breslau, capitale de la Silésie, assez considérable

(1) *Inleiding tot hèt algemeine geography*, &c. (Amst. 1740, *in*-4°. p. 345).

et qui ne lui parut pas sujette, ni à une grande affluence d'étrangers, ni à une grande émigration. Il se procura de cette ville des listes de mortalité de cinq années successives, par lesquelles il reconnut divers faits importans sur l'ordre de la mortalité humaine. Tels sont ceux-ci : que de 1000 enfans nés en même-temps, il n'en parvient à l'âge d'un an que 855 ; à l'âge cinq, 732 ; à celui de dix, 661 ; à celui de vingt, 598 ; à celui de trente, 531 ; à celui de quarante, 445 ; à celui de cinquante, 356 ; à celui de soixante, 243 ; à celui de soixante-dix, 142 ; à celui de quatre-vingts, 41 ; à celui de quatre-vingt-quatre, 10. Afin d'abréger, nous n'avons extrait cette table que de dix en dix ans ; mais on ne s'écarte pas beaucoup de la vérité en remplissant les intervalles par des parties proportionnelles. On trouve par-là que l'âge moyen auquel parviennent les hommes est de trente-quatre ans, car il n'y en a qu'une moitié qui atteigne cet âge, encore faut-il que le lieu soit d'une salubrité particulière, car dans les grandes villes, comme les capitales, cet âge va à peine à vingt-huit ans. Ainsi ceux qui atteignent une plus longue vie ont eu leur part aux dépens de ceux qui ne l'ont pas eu entière, &c. Halley tire de la considération de cette table plusieurs autres conséquences utiles relativement à l'économie politique, &c.

D'après ces données, il résolut plusieurs problêmes curieux sur la probabilité de la vie humaine : quelle est, par exemple, pour un homme arrivé à un certain âge, la probabilité de ne pas mourir dans le cours d'une année, ou dans le cours de plusieurs années : Deux ou trois personnes d'âges inégaux étant données, quelle est la probabilité qu'il y en aura une, ou deux, ou trois vivantes après un certain nombre d'années ; quelle est la période après laquelle on peut parier au pair qu'il y en aura quelqu'une de vivante, ou qu'elles seront toutes mortes Il calcula enfin, d'après des règles dont nous parlerons, ce que vaut de capital une rente viagère établie sur la tête d'un sujet d'un âge donné, ainsi que sur deux et trois têtes. Son mémoire est inséré dans les *Trans. philosophiques* pour 1693, ou N°. 196.

Moivre s'étoit trop occupé de la théorie des probabilités, pour ne pas être naturellement conduit par le fil de ses idées à traiter celle des rentes viagères. Halley ne l'avoit en quelque manière qu'esquissée ; Moivre la soumit à une nouvelle analyse, dont il convient de donner une idée.

La première base de ce travail est la détermination d'un ordre de mortalité de l'espèce humaine. Moivre employa celui des registres de Breslau, donné par Halley, et il crut y voir, ce qui simplifie beaucoup le problême, que cet ordre de mortalité étoit

étoit tel, qu'à l'exception des premières années de la vie et des extrêmes de la vieillesse, l'extinction de l'espèce humaine suit une progression fort approchante de l'arithmétique. Il fixe le terme commun de la vie humaine à quatre-vingt-six ans, car ce terme n'est dépassé que par quelques êtres privilégiés (si c'est un privilége que de pousser même aussi loin une vie languissante et presque toujours accablée d'infirmités); ce ne sont que des anomalies de la nature, qui ne doivent pas entrer en compte; et, dit Moivre, je n'en suis pas plus frappé que des longues vies de Thomas Parre ou de Jenkinson, dont l'âge excéda le siècle et demi.

D'après cette supposition, qui simplifie en effet beaucoup le problême, Moivre parvient à des formules analytiques fort simples et fort élégantes, soit pour déterminer le prix d'une rente, soit sur une tête, soit sur deux ou trois, conjointes ou séparées, c'est-à-dire devant cesser, ou à la mort de l'une, ou à celle des deux ou trois personnes. Il résout aussi divers problêmes curieux sur les reversions, les survivances et diverses conventions qui dépendent de l'événement de la vie de plusieurs personnes. Tel fut l'objet de son livre intitulé : *Annuities on lives*, qu'il publia pour la première fois en 1724 (*in*-8°.), et dont il donna deux autres éditions, la dernière augmentée, en 1756. Il a été enfin traduit en italien par les soins du P. Grégoire Fontana, célèbre professeur de Pavie (1), qui l'a enrichi de notes et d'additions, et l'a publié sous le titre de *Dottrina delg' Azzardi, applicata a'i problemi della probabilita della vita, delle pensioni vitalitie reversioni e tontine, &c.* (Milano, 1776, *in*-8°.).

Mais avant que d'aller plus loin, il est à propos de présenter ici le principe d'après lequel cet ordre de mortalité étant établi (car il est une donnée nécessaire), on peut calculer ce que vaut une rente d'une certaine somme, payable à un homme d'âge donné, jusqu'à sa mort. Il faut d'abord, pour cet effet, fixer l'intérêt légitime d'un capital placé en rente perpétuelle; il est de cinq pour cent en France, ou au denier vingt, après quoi l'on a raisonné ainsi :

Constituer une rente viagère sur la tête d'un homme d'un âge donné, c'est stipuler avec lui qu'on reçoit son argent sous la condition qu'on lui en payera l'intérêt usuel avec un surcroît d'intérêt à imputer sur le capital, et qui soit tel, qu'à sa mort il soit entièrement remboursé, intérêts et capital. Ainsi le problême se réduit, 1°. à déterminer quel âge a probablement

(1) Le conquérant de l'Italie, Bonaparte, a eu le plaisir, en 1800, de rétablir dans ses fonctions ce célèbre professeur, que les Autrichiens avoient emprisonné.

Lalande.

à vivre un homme dont l'âge est connu ; 2°. à celui des annuités simples, c'est-à-dire à déterminer combien il faut payer à un homme par portions égales et annuellement, pour qu'au bout d'un certain nombre d'années, le capital placé à un intérêt stipulé, soit entièrement remboursé. Ainsi, en supposant qu'on doive payer une rente déterminée pendant dix années, cette rente doit être telle, que ce dont elle excède l'intérêt ordinaire d'un emprunt remboursable étant à chaque fois imputé sur le capital, il soit épuisé à la dixième année; il est aisé de sentir que sans cela l'un ou l'autre seroit lézé. Or ce problême est résolu dans la plupart des livres d'algèbre ; car *m* exprimant le denier de l'intérêt ordinaire (en France $\frac{1}{20}$), x le capital à donner pour acquérir une rente a, payable pendant le nombre d'années n, on sait que ce capital est exprimé par cette formule, $x = \frac{a}{m} \times \frac{(\overline{m+1} - 1)}{\overline{m+1}}$, d'où l'on tirera également, si l'on veut, la valeur de a, en supposant le capital x déterminé.

On peut encore trouver cette valeur par un autre raisonnement. Supposons qu'il s'agisse de constituer une rente annuelle de 100 livres sur un sujet auquel, par le calcul de la durée moyenne de sa vie, elle doive être payée pendant dix ans ; c'est comme s'il achetoit, au moyen d'un capital quelconque, une somme de 100 livres, payable à l'expiration d'une année ; au moyen d'un autre, la même somme payable au bout de la seconde, et ainsi de suite jusqu'à la dixième. Il sera donc uniquement question de savoir ce que vaut en ce moment une somme de 100 livres, payable dans un an ; une semblable, payable dans deux années, dans trois années, &c. jusqu'à dix ans ; la somme de toutes ces valeurs sera le capital à donner pour s'assurer cette pension viagère de 100 francs pendant dix années, en supposant toute fois que chaque année l'intérêt accroît au capital et fournit lui-même un intérêt. Ainsi on devra payer pour le fonds de la première année, 95f.23809 ; pour celui de la seconde, 90.70294 ; pour la troisième année, 86.38376 ; pour celui de la quatrième, 82.27023 ; et ainsi jusqu'à celui de la dixième année, qui sera 61.39130 ; toutes ces sommes réunies forment celle de 772.17332 pour le fonds total de la rente à payer pendant dix ans. Mais si l'intérêt n'accroissoit pas chaque année au capital, il est aisé de voir que ce fond devroit être plus considérable.

Donnons maintenant une idée de la manière dont se doit calculer une rente viagère sur deux têtes, c'est-à-dire payable jusqu'à l'extinction de la dernière. Le premier pas à faire est de résoudre ce problême : *étant données deux têtes de dif-*

férens âges, et de chacune desquelles on connoît la vie moyenne, déterminer le nombre moyen d'années après lequel elles seront éteintes toutes deux; car alors le problême se réduira au précédent, c'est-à dire à fixer la rente viagère d'une tête qui auroit à vivre ce nombre d'années.

Pour y parvenir, et pour en donner en même temps un exemple sensible, supposons deux hommes, l'un de 30 ans, l'autre de 50. Le sort du premier, pour vivre, est, selon la table de Halley, exprimé par 531; car tel est le nombre d'hommes subsistans à 30 ans sur 1000 naissances. Le sort du second est de 346; et en multipliant ces deux nombres, le produit 183726 exprimera toutes les combinaisons possibles des vies de l'une de ces classes avec celles de l'autre.

Prenons maintenant un nombre d'années, par exemple 10, après lequel on veuille savoir combien il y a à parier que les deux sujets proposés soient morts.

Faisons avec Halley le rectangle ABCD (*fig.* 74), dont le côté AB représente le nombre d'hommes subsistans de la première classe, ou la moins âgée; et le côté AD ou BC celui des hommes subsistans de la seconde classe. Que AE représente le nombre d'hommes de la première classe, morts pendant l'intervalle donné; et CH ou GD le nombre d'hommes de la seconde classe, morts pendant le même temps; soyent tirées les parallèles EF, HG respectivement aux côtés AD, AB, on aura les quatre rectangles EH, ID, AI et CI, dont le premier représentera le nombre des couples vivans des deux classes après dix ans. Le second ID représentera celui des couples des deux classes morts pendant dix ans; AI représentera le nombre des couples des deux âges dont les plus jeunes sont morts; et enfin CI celui des couples des deux âges dont les plus âgés sont morts. Ainsi le rapport de DI à IB sera celui des couples morts des deux classes au bout de dix ans aux couples vivans au commencement de cette période. Il exprimera donc la probabilité qu'un couple quelconque, ou celui des deux personnes désignées soit mort. Or on aura la valeur de DI, en multipliant le nombre des morts d'une classe par celui des morts de l'autre en dix ans; ce qui se trouve, par la même table, être le produit de 86 x 104, ou 8944; car dans cette table on trouve 86 morts en 10 ans de la plus jeune classe, et 104 de la seconde. On aura donc le rapport de 8944 à 186726 pour la probabilité que les deux sujets désignés soient morts au bout de dix ans. Mais pour la solution du problême, nous avons besoin d'une probabilité égale à $\frac{1}{2}$. On la pourroit trouver d'une manière directe; mais comme elle est assez compliquée, on y suppléera par une sorte de tâtonnement fort simple et plus court que le calcul direct ; car on pourra réitérer le calcul pour 20 ans, pour 30 ans, pour 40 ans, &c. ; et si, par exemple, 40 ans donnent un rapport plus grand que $\frac{1}{2}$, on pourra prendre 30 ; et si 30 donnent un rapport moindre que $\frac{1}{2}$, on pourra prendre un nombre moyen entre 30 et 40. On trouve par ce procédé, que pour 20 ans, la probabilité de la mort des deux sujets proposés, est celle de 37740 à 186726 ; pour 30 ans celle de 87746 au même nombre ; et enfin l'on trouvera que la période de temps cherchée est entre 30 et 31 ans. La rente viagère à faire sera donc la même que sur une tête qui auroit trente ans et demi à vivre.

Si l'on vouloit trouver la rente à fixer sur trois têtes d'âges donnés, on pourroit d'abord supposer, en vertu de la solution précédente, les deux premières réduites à une seule, ensuite combinant avec elle la troisième tête, le problême seroit réduit au précédent. Il en seroit de même, s'il étoit question de quatre têtes ou plus.

On voit par les détails précédens que pour résoudre ce problême rigoureusement, c'est-à-dire pour estimer cette vie probable d'un homme pris à un certain âge, il faut, d'après les observations, établir un ordre de mortalité de l'espèce humaine. Or c'est ici une chose qui n'est rien moins que facile ; car tant de circonstances influent sur la durée de la vie des hommes, qu'il est bien difficile de parvenir à un résultat suffisamment assuré. Dans les grandes villes, comme Paris et Londres, la mortalité est plus grande par la vie que l'on y mène. Il y a d'ailleurs une affluence et effluence continuelle d'étrangers et de natifs qui troublent beaucoup l'ordre qui régneroit à cet égard. Enfin la plupart des enfans n'y sont pas nourris, mais le sont dans les campagnes voisines, et même assez au loin. On a, il est vrai, tâché, par des combinaisons ingénieuses, de surmonter ces inconvéniens ; c'est ce qu'a tenté de faire parmi nous Dupré de Saint-Maur, en combinant ensemble trois paroisses de Paris, du centre et des faubourgs, avec douze de la campagne, sans doute dans la vue de lever un résultat moyen plus approchant de la vérité, et il a donné, d'après cela, un ordre de mortalité que Buffon a inséré dans son Histoire naturelle (*hist. de l'homme*). On doit cependant remarquer que cette liste est sujette à bien des observations et des exceptions qui en diminuent le prix. Vers le même temps, Smart compiloit les listes mortuaires de Londres, et donnoit une table de mortalité que Thomas Simpson a employée pour ses calculs des rentes viagères et reversions ; mais il y a fait de grandes modifications.

Parmi ceux qui se sont adonnés à ce genre de recherches vers le milieu de ce siècle, on doit compter principalement M. Kerseboom en Hollande, et de Parcieux en France. Le premier a consigné ses recherches dans un excellent ouvrage (*Essais de calcul politique*) publié à la Haye, en 1748 et 1752, en hollandois. La Michodière, intendant de Lyon, m'engagea à le traduire, et il en a fait usage. Il avoit déjà publié un autre ouvrage à la Haye en 1738, à Amsterdam en 1742. On trouve un extrait du premier dans les *Transactions* de 1738, n°. 450, par M. Eames.

Comme Kerseboom avoit principalement en vue d'établir l'ordre de mortalité des rentiers, il s'est servi, pour établir cet ordre, des listes de rentiers morts, qu'on imprime annuellement, et il donne, d'après cet ordre, des tables des valeurs des rentes viagères, soit sur une, soit sur plusieurs têtes. Il y résoud aussi par occasion plusieurs questions intéressantes sur cette matière. Kerseboom traite surtout de la population de la Hollande ; il y joint des recherches intéressantes sur le rapport des hommes aux femmes, qu'il trouve de 18 à 17 ; sur celui des veufs aux veuves ; sur la quantité de mariages existant dans une population donnée, ou qui se font annuellement, &c. Struyk donna en 1740, dans son *Introduction à la Geographie universelle*, des *conjectures sur l'état du genre humain*, et un traité assez long sur *le calcul des annuités* (le tout en hollandois) ; et Kerseboom a fait des observations sur cet ouvrage.

Pendant que Struyck et Kerseboom s'occupoient de cet objet en Hollande, Deparcieux travailloit en France dans les mêmes vues. Son livre intitulé *Essai sur la probabilité de la durée de la vie humaine* (Paris, *in*-4°.), parut en 1746. Pour établir l'ordre de mortalité qui lui sert de base dans ses calculs, il emploie des listes de tontines décédées ; sur quoi l'on est peut-être fondé à observer que si l'ordre de mortalité de Dupre de Saint Maur et Buffon donne dans un extrême par une extinction trop rapide, quant à l'établissement des rentes viagères, l'ordre tiré des listes de tontiniers donne dans l'extrême opposé, savoir celui de présenter une extinction trop lente, et que le choix des simples rentiers isolés étoit le plus propre à cet objet; car on peut dire que si les rentiers viagers font une classe choisie parmi les hommes, les tontiniers forment eux-mêmes une classe choisie parmi les rentiers. On ne doit donc pas être étonné qu'il y ait quelque différence dans les résultats, entre Kerseboom et Deparcieux. Au reste on voit par leurs résultats que celui qui emprunte en rente viagère à 10 pour $\frac{0}{0}$, dans un pays où l'intérêt commun est à 5, emprunte énormément cher, quoiqu'en pense le vulgaire. Suivant l'ordre de mortalité adopté par Kerseboom, on ne peut donner cet intérêt qu'à 53 ans; et suivant celui qu'emploie Deparcieux, qu'à 59 ans. Mais si l'on adoptoit l'ordre donné par les tables de Saint-Maur ou de Buffon, cet intérêt pourroit être alloué à 51 ans Ainsi l'ordre établi par Kerseboom paroît tenir le milieu entre l'ordre de mortalité commun et celui de la mortalité des tontiniers.

Indépendamment des tables que contient l'ouvrage donné par Deparcieux pour la fixation des rentes viagères, il contient la recherche de plusieurs questions utiles à résoudre dans des vues politiques ou morales; tels sont le rapport de la vitalité des deux sexes, celui des veufs et des veuves, des mariages subsistans et des enfans qu'ils produisent, de ceux qui se font annuellement sur une population donnée, &c. &c. Mais ce n'est pas ici le lieu d'entrer dans ces détails qui intéressent principalement l'*arithmétique politique*.

Dans l'ouvrage que Thomas Simpson publia en 1742, il se fonde sur les tables de mortalité de Smart, dont on a parlé plus haut, mais il y fait de nombreuses corrections, et il trouve par-là un ordre à peu près arithmétiquement décroissant, comme avoit fait Moivre à l'égard de celle de Breslau. Il donne, d'après cela, des formules élégantes, et qui se rapprochent beaucoup de celles de Moivre. Il en résulta une querelle fort vive entre ces deux mathématiciens, dans laquelle Moivre traita Simpson d'une manière peu honnête, tandis que Simpson, en se défendant, témoigna toujours beaucoup d'égards pour son adversaire. Quelques années après, Simpson publia un supplément intitulé *the valuation of annuities*, à la suite de ses *select exercises for young proficiants in the mathématicks* (Lond. 1752, *in*-8°.). Il y donne des tables et des instructions dont l'objet est de mettre tout le monde en état de calculer ces rentes, soit simples, soit composées, ainsi que de résoudre divers problêmes sur les réversions et les survivances, il s'y défend aussi contre divers adversaires. On doit cependant remarquer qu'employant les tables de Smart pour la ville de Londres, et malgré les modifications qu'il y fait, il hâte, à notre avis, beaucoup trop l'extinction de la race humaine; car suivant sa table, et en supposant l'intérêt annuel à 5 pour $\frac{0}{0}$, on pourroit donner 10 pour $\frac{0}{0}$ à un rentier de 43 ans. Si cela est, c'est une particularité propre à la ville de Londres, qui est à la vérité une de celles de l'Europe où des circonstances particulières abrègent le plus la vie des hommes (1).

(1) Thomas Simpson étoit né en 1710 à Bosworth dans le Leicestershire. Fils d'ouvrier, il commença par l'être lui-même; mais le voisinage d'un astrologue,

Wargentin, célèbre astronome de Suède, donna dans les mémoires de l'académie de Stockholm, pour l'année 1754, un écrit intéressant sur les tables de mortalité; il y en a un autre d'Euler sur la mortalité et la multiplication du genre humain, dans le tome XVI des *Novi comm. acad. imp. Petropolitanae.* Lambert écrivit sur le même sujet, tome II de ses *Beytraege zum gebrauch der math. &c.* ou *Mémoires à l'usage des mathématiques et à leur application.* Il y a un ouvrage de Sussmilch, intitulé *Die goettliche ordnung, &c.* c'est-à-dire *Démonstration de l'ordre etabli par la divinité dans les vicissitudes humaines, &c.* (Berlin, 1756, 2 vol. *in*-8°. troisième édition), ouvrage rempli de recherches et de considérations philosophiques, mathématiques, physiques et morales, et même religieuses (qui le croiroit dans ce siècle philosophique), tendantes à faire éclater cet ordre comme l'ouvrage d'un être aussi intelligent que sage et puissant.

L'Angleterre, la patrie des Halley, des Moivre, des Simpson, ne pouvoit manquer de nous offrir encore plusieurs ouvrages de ce genre. Indépendamment des mémoires insérés dans les *Transactions philosophiques*, par Price, Morgan, &c. on a du premier un ample et savant traité, où il a rassemblé et étendu ce qu'il avoit publié depuis plusieurs années sur des matières analogues à la probabilité, et sur son application à des matières politiques; il est intitulé *Observations on the reversionary payments, &c.* c'est-à dire *Observations sur les rentes survivancières, sur les plans d'annuités établies en faveur des veuves et des vieillards, sur la méthode de calculer le prix des assurances sur la vie, sur la dette nationale; avec quatre essais sur différens sujets relatifs à la*

avec qui il se lia, lui inspira le goût des mathématiques, et il surpassa bientôt son maître. On dit qu'il étoit fort heureux dans ses prédictions. Il reconnut cependant bientôt la vanité de cet art et alla en 1732 à Londres où, pour subsister, il fut obligé de reprendre son premier état, d'ouvrier en soie. Cela ne l'empêcha pas de se livrer aux mathématiques, de sorte qu'en 1737, il donna la première édition de son *Traité des fluxions*, qui reparut fort augmenté et améliorée en 1750, sous le titre de *The doctrine and application of fluxions* (2 vol. *in*-8°.).

La première édition de cet ouvrage tira Simpson de l'état resserré où il vivoit, en lui procurant beaucoup d'écoliers, et en 1743 il fut nommé à une chaire de mathématiques à l'école militaire de Woolwich, place qu'il remplit jusqu'à sa mort, arrivée en 1760, à Bosworth, lieu de sa naissance.

On a de lui, indépendamment de l'ouvrage ci-dessus, trois excellens volumes d'opuscules publiés en 1740, 1743 et 1757, sous les titres de *Essays on several and various subjects, &c.*; *Mathem. dissertations, miscellaneous-tracts* (in-4°.); *The nature and Laws of chance* (1740, in-8°.); *The doctrine of annuities* (1742, in-8°.); *Select exercices* (1752, in-8°.); *A treatise of algebra*, in-8°.

doctrine des annuités et à l'arithmétique politique (Lond. 4me. édit. 1783, 2 vol. *in*-4°.). Cet ouvrage doit être un des plus intéressans en ce genre.

Je citerai enfin sur ce sujet un ouvrage de M. François Maseres, intitulé *the principles of life annuities*, &c. c'est-à-dire *Principes des annuités à vie, expliqués d'une manière familière*, &c. (Lond. 1783, 2 vol. *in*-4°.). Les autres ouvrages de M. Maseres ne peuvent que donner une idée très-avantageuse de celui-ci. Je terminerai cette énumération par la notice de quelques ouvrages françois sur ce sujet; car quoiqu'il n'y ait pas été cultivé avec autant d'ardeur et de suite qu'en Angleterre, il n'y a pas été à beaucoup près négligé. On doit au cit. de Saint Cyran un très-bon ouvrage intitulé *Calcul des rentes viagères sur une ou plusieurs têtes, contenant la théorie complette de ces rentes et des tables*, &c. (Paris 1779, *in*-4°.) C'est un ouvrage très-propre à ceux qui, sans des connoissances profondes et d'analyse transcendante, veulent s'instruire de cette matière.

On doit encore citer à cet égard l'ouvrage de Deparcieux, neveu de l'académicien de ce nom, intitulé *Traité des annuités, accompagné de plusieurs tables* (Paris, 1781, *in*-4°.). Celui de feu Deparcieux en a fourni le fonds, mais les soins du neveu l'ont accru de beaucoup de développemens et de considérations nouvelles et utiles. Ce neveu de Deparcieux, physicien habile, et qui soutenoit dignement le nom qu'il portoit, est mort en 1800.

Nous terminerons cette notice par celle de l'ouvrage du cit. Duvillard, publié en 1787, sous le titre de *Recherches sur les rentes, les emprunts, les remboursemens*, &c. (Paris, 1787, *in*-4°). Cet ouvrage qui mérite d'être médité par les administrateurs chargés des finances d'un état, par les banquiers et les commerçans, présente une grande quantité de vues nouvelles, et dont quelques unes, en apparence paradoxales, sont cependant démontrées mathématiquement, sur la meilleure forme des emprunts tant pour les prêteurs que pour les emprunteurs, sur les annuités tant fixes que viagères, et sur une multitude d'autres objets tenans à l'économie soit publique, soit privée; il a d'ailleurs l'avantage d'être accessible à tout le monde, par l'attention qu'a eue l'auteur de rejeter les calculs d'un ordre supérieur dans des notes qui prouvent combien ils lui sont familiers. Le cit. Duvillard proposoit en même temps par souscription un *cours de mathématiques à l'usage du commerce et des finances*, en 2 vol. *in*-4°. On doit regreter que ce projet n'ait pas été encouragé par un nombre de souscripteurs; plus à regreter encore que nos modernes législateurs en finances n'ayent pas fait

plus

plus d'usage des lumières du cit. Duvillard ; car s'ils l'eussent fait, il en eût pu résulter des opérations moins funestes que celles qui ont désolé la France depuis 1793 (1).

X L I.

Nous parlerons dans cet article de plusieurs autres applications de la théorie des hasards, à l'usage de la vie civile, jurisprudence, politique, caisses, assurances, inoculation.

Nicolas Bernoulli avoit donné en 1712, dans une thèse qu'il soutint en prenant le grade de docteur en droit, un essai d'ap-

(1) *Note de l'éditeur.* On trouve encore des données sur cette matière dans les ouvrages suivans :

Recherches sur la population, par M. Messance, 1766.

Recherches sur la population de la France, par M. Moreau, 1778 ; ce livre passe pour être de Montion.

Lamichodière faisoit des recherches sur la population (*Mém. de l'académie des sciences*, de 1783 à 1788) ; mais l'abbé Lecoq, qui y travailloit le plus, est mort en 1792.

On doit citer aussi Bielfeld, *Institutions politiques*, 1760, et tous les auteurs allemands qui ont écrit sur la Statistique, science peu cultivée en France, où l'on trouve les fondemens des calculs politiques dont nous avons parlé dans cet article.

Le professeur Crome, à Giesen, a donné en 1790, un très-bon ouvrage sur la grandeur et la population des divers états de l'Europe.

M. Gilbert, à Halle, *Manuel pour ceux qui voyagent en Allemagne*.

Le professeur Schwartner a donné une *Statistique de Hongrie*, dont il trouve la population 7,100,000. Pest. 1798.

Le professeur Achenwall, *Etat présent des principaux états de l'Europe*, septième édition.

Le professeur Sprengel a donné à Halle, en 1793, le meilleur abrégé que l'on ait de la Statistique, et une *Histoire des découvertes géographiques*.

M. Meusel a donné à Leipzig, en 1791, l'*Histoire de la Statistique*.

Le professeur Gatterer a donné un petit livre intitulé : *Plan d'une Statistique universelle, et histoire de cette science* ; en 1793, un abrégé de Géographie très-estimé.

La Statistique du professeur Toze, à Butzow, dont la troisième édition est de 1785.

Le professeur Thaarup a donné une *Introduction à la Statistique du Danemarck*, en 1790 en 1793, en danois.

Canzler a donné la Statistique de la Suède, en allemand ; il y en a une autre en suédois, par Lagerbring, et un tableau général de la Suède, par Catteau. Lausane, 1790.

La Statistique de la Russie a été donnée par Herman ; Leipzig, 1790. Par Happel, Riga, 1791 ; et par Storch, Riga, 1797 ; celui-ci n'a pas encore fini. Heym a donné à Gottingen, en 1796, et Géorgi à Konigsberg, en 1797, la description de la Russie.

Wendeborn a donné celle de l'Angleterre, en allemand ; Berlin, 1785-1788, et quatre volumes.

Randel, celle d'Espagne, en allemand ; Berlin, 1785-1787.

Taschenbuch fur Reisende (Manuel pour les voyageurs) ; Leipzig, 1797, *in*-18. On y trouve la population des différens états d'Allemagne.

M. Gaspari, à Weimar, a donné, en 1792, un Manuel complet d'une nouvelle description de la terre.

La Géographie de Guthrie, qui a été traduite à Paris, en 1800, contient aussi, en six volumes, beaucoup de Statistique.

plication de la théorie de la probabilité à la jurisprudence. Il s'y proposoit plusieurs questions curieuses dont il donnoit l'analyse, comme de déterminer la vie moyenne d'un homme, selon l'âge auquel il étoit parvenu ; la valeur actuelle d'une rente ou d'un capital payable seulement après un nombre d'années écoulées ; après quel terme d'années on peut regarder comme mort un homme qui a disparu, &c, &c.

On voit aussi par la quatrième partie de l'*Ars conjectandi* de Jacques Bernoulli, qu'il avoit dessein de terminer cet ouvrage par des applications de cette théorie à la jurisprudence, à la politique et à l'économie civile. Mais cette quatrième partie resta imparfaite, et personne jusqu'à ces derniers temps n'avoit entrepris d'y suppléer. Condorcet, excité par Turgot, ministre éclairé, entreprit de le faire, en examinant, selon les lois de cette théorie, un des objets les plus importans pour l'humanité, savoir la probabilité des décisions qui se forment à la pluralité des voix. Je dis un des objets les plus importans à l'humanité ; car cet examen conduit naturellement à celui de la constitution des loix de nos tribunaux qui ont à prononcer sur la fortune et sur la vie des citoyens. De l'analyse à laquelle Condorcet soumet cette matière, il résulte des conclusions fort remarquables, et dignes de l'attention des législateurs. Ce livre est intitulé : *Essai d'application de l'analyse aux décisions qui se donnent à la pluralité des voix* (Paris, 1785, *in*-4°.). Après l'exposition des principes de la théorie de la probabilité, l'auteur donne les résultats des calculs qu'exige la matière.

Pour qu'un tribunal, criminel surtout, soit aussi bien constitué qu'il devroit l'être, il doit être tel, qu'en supposant aux juges un certain degré de capacité, il y ait un immense degré de probabilité qu'un innocent ne sauroit être condamné, qu'il y en ait aussi un très-grand qu'un coupable ne sauroit être absout ; celui-ci peut être beaucoup moindre, car tout homme ayant un peu d'humanité, sentira qu'il y a beaucoup moins d'inconvénient à ce qu'un et même plusieurs criminels échappent, qu'à faire périr un innocent. Or on ne peut satisfaire à ces deux conditions qu'au moyen d'une certaine pluralité relative, soit au nombre des juges, soit à leur capacité.

En parlant de cette capacité, il se présente d'abord une question, savoir comment on peut l'évaluer. Il faut convenir qu'il y a ici de l'hypothétique. On peut néanmoins faire sur cela une hypothèse probable pour servir de base à ce calcul.

Sans doute un juge seroit un très-mauvais juge, si, sur deux jugemens qu'il porteroit, il y en avoit un de mauvais ; autant vaudroit jouer la décision à croix ou pile. Mais je crois qu'on est fondé à penser qu'un juge qui dans des affaires épineuses ne se tromperoit qu'une fois sur dix, seroit un bon juge ; et ce qui paroît le prouver, c'est que dans des tribunaux les mieux composés, il s'en faut beaucoup qu'il y ait toujours unanimité, et même que bien souvent il y a partage. On a remarqué que dans la plupart de ces jugemens malheureux où l'innocent a succombé, comme ceux des Calas, &c. &c. il n'y a eu pour la condamnation que la pluralité tout juste exigée par la loi; une voix de plus qui leur eût été favorable, les eût sauvés. Rien même n'est plus ordinaire que de voir sur sept à huit juges, un ou deux d'un avis différent des autres. On pourroit donc estimer la capacité d'un bon juge de ne se tromper qu'une fois sur dix, et dans ce cas, cette capacité, en style de probabilité, doit être exprimée par $\frac{9}{10}$, c'est-à-dire qu'il y a 9 contre 1 à parier que son jugement sera conforme à l'équité, et 1 contre 9 qu'il pourroit bien être erroné.

Nous abandonnerons ici notre auteur, pour résoudre un petit problême élémentaire sur cette matière. On suppose un tribunal composé de trois juges, desquels le degré de capacité soit exprimé par $\frac{9}{10}$, on demande quel risque un homme courroit d'y être condamné injustement.

La question se réduit en effet à la même que de déterminer quelle probabilité il y auroit, en jetant trois dés marqués de neuf faces blanches et d'une noire, d'amener trois faces noires, ou deux, ou une, ou point. Or on sait que cela se trouveroit dans ce cas, en élevant le binôme $9 + 1$ au cube, parce qu'il y a trois dés, ce qui donne $729 + 243 + 27 + 1$, c'est-à-dire que sur 1000 combinaisons des faces de ces dés, il y en a 729 qui donneront tout blanc, 243 qui donneront une face noire, 27 qui en donneront deux, et 1 seulement pour trois. De même donc qu'il y a une probabilité exprimée par $\frac{1}{1000}$, ou 1000 contre 1 à parier qu'on n'amènera pas les trois faces noires, il y a également 1000 contre 1 à parier que les trois juges ne s'accorderont pas à se tromper, et conséquemment il y auroit dans ce cas une probabilité exprimée par $\frac{999}{1000}$ qu'ils ne se sont pas trompés, et $\frac{1}{1000}$ contre 1 à parier pour l'innocence du condamné.

Supposons le maintenant condamné par deux voix, on trouvera que la probabilité que les juges ne se sont pas trompés, est exprimée par $\frac{972}{1000}$ ou $\frac{39}{40}$ à peu près, et que celle qu'ils ont pu se tromper, est exprimée par $\frac{1}{40}$. Ainsi il y auroit seulement 1 à parier contre 40 que le condamné l'est injustement, et 39 contre 1 qu'il l'est équitablement; reste à savoir si un pareil degré de probabilité est suffisant pour prononcer sur la vie d'un homme. Il semble qu'on peut dire que non, puisqu'il exposeroit, selon les lois de la probabilité, 1 innocent sur 40 accusés, à être injustement condamné.

Appliquons à présent ceci au cas d'un tribunal mieux composé, comme celui de nos anciens tribunaux criminels où il falloit être au moins sept juges, et où il falloit une pluralité de deux voix pour former jugement de condamnation. Sur quoi il faut d'abord observer que lorsqu'il y a 7 juges, il faut que 5 soient du même avis pour condamner à mort, ce qui fait nécessairement une pluralité de 3, au lieu que s'il y avoit 8 juges, la pluralité de 2 seroit acquise, y ayant 5 juges contre, et 3 pour l'accusé. Mais supposons le tribunal formé de 7 juges, on aura, en supposant le même degré de capacité que ci-dessus, cette formule $9^7 + 7.9^6. + 21.9^5. + 35.9^4 + 35.9^3 + 21.9^2 + 7.9 + 1$. Ainsi dans le cas d'unanimité, il y auroit seulement en faveur du condamné $\frac{1}{10000000}$ à parier contre 1 pour son innocence, et conséquemment 9999999 contre 1 qu'il est coupable, ce qui approche bien près de la certitude. S'il étoit condamné par 6 voix contre 1, il y auroit seulement pour son innocence une probabilité de $\frac{63}{10000000}$. Nous passons les autres cas pour arriver à celui où il sera condamné seulement par la pluralité nécessaire, c'est-à-dire par 5 voix contre 2, on trouvera en faveur de l'accusé une probabilité seulement de $\frac{1701}{10000000}$, ce qui se réduit à $\frac{1}{5879}$; il y aura donc dans ce cas 5878 contre un à parier que l'accusé étoit coupable. Si 4 voix suffisoient pour opérer la condamnation, il y auroit seulement une probabilité de $\frac{1}{390}$ que l'accusé étoit coupable, ce qui seroit assurément un degré de probabilité trop foible pour suffire à une condamnation capitale. Les lois de l'humanité semblent exiger un degré de probabilité au moins de quelques milliers contre 1.

Nous n'avons voulu donner ici, par forme de digression, qu'une légère esquisse des questions nombreuses que présente cette matière. Condorcet considérant le sujet sous toutes ses faces, s'en propose une multitude auxquelles il applique l'analyse. La constitution d'un tribunal, par exemple, ou celle d'une assemblée composée d'un plus ou moins grand nombre de votans, étant connue, la probabilité de la justesse de l'opinion de chaque juge ou votant étant donnée ou supposée, la pluralité exigée par la loi étant aussi déterminée, il se propose ces quatre questions qui, avec quelques autres incidentes, forment l'objet de la partie analytique, savoir quelle est la probabilité de ne pas avoir une décision contraire à la vérité, quelle est celle d'avoir une décision vraie ou fausse, quelle est celle que cette décision sera juste, &c. Mais nous ne pouvons qu'indiquer ces questions qui sont suivies de beaucoup d'autres.

Une question néanmoins sur laquelle il traite surtout, c'est celle de la forme des élections entre plusieurs candidats, pour remplir une place. Il en a été adopté plusieurs assez compliquées, dans la vue d'éviter l'effet des cabales, et Condorcet fait voir qu'elles sont pour la plupart vicieuses, et qu'elles peuvent souvent donner un résultat contraire au vœu général.

Il y a long-temps qu'on reconnoissoit le vice du mode d'élection ordinaire à la pluralité des suffrages, et même à l'Académie des sciences, où il étoit employé comme ailleurs. Condorcet l'analyse dans son ouvrage, ainsi que quelques autres proposés ou employés en divers lieux, et il propose quelques nouveaux modes d'élection qui ne paroissent pas sujets aux mêmes inconvéniens; mais comme ils ne seroient praticables que pour un petit nombre de votans, et de votans d'une moralité et de lumières reconnues, lorsqu'il proposa en 1793, dans son projet de constitution, un mode d'élection des fonctionnaires publics, il ne s'arrêta à aucun de ceux qu'il avoit proposés dans son ouvrage; il en proposa un autre qui n'eut pas lieu, son projet de constitution n'ayant pas été admis, ni même discuté. Mais ce que la Convention nationale de France ne fit pas, fut fait par la république de Genève qui n'avoit apparemment aucun mode d'élection satisfaisant. Le mode d'élection proposé par Condorcet dans son projet de constitution, fut adopté à Genève, et a servi aux élections depuis cette époque, jusqu'à sa réunion à la République françoise. Il a en effet quelques avantages; et d'ailleurs le nom de son auteur étoit fait pour lui donner cette préférence sur tout autre.

Ce mode d'élection est-il néanmoins aussi parfait que le pensoit Condorcet? c'est ce qu'on ne croira pas quand on aura lu l'écrit du cit. Lhuilier, de Genève, célèbre mathématicien. Cet écrit est intitulé : *Examen du mode d'élection proposé en février* 1793, *à la Convention nationale de France, et adopté à Genève* (1794, *in* 8°.). Lhuilier analysant avec la plus grande clarté diverses circonstances de ce mode d'élection, fait voir qu'il a de nombreux défauts, et en particulier celui de pouvoir indiquer dans certains cas, comme ayant le vœu du peuple, celui qui l'a le moins. Cet ouvrage à le mérite de la briéveté et de la clarté, et sans doute eût amené quelques réformes ou changemens qu'on y propose, si les troubles survenus bientôt après dans cette république, n'y eussent mis obstacle.

Nous devons parler encore ici de quelques établissemens qui dépendent de la théorie de la probabilité, et que nous voudrions voir dans ce pays-ci, comme ils existent dans certains autres; l'un est la Caisse des veuves, l'autre celle des épargnes du peuple. L'objet de la première est d'assurer une subsistance aux veuves, au moyen d'une contribution annuelle faite par elles ou par leurs maris pendant que ces derniers vivoient. Combien d'hommes en effet ne subsistant eux et leurs familles qu'au moyen d'un médiocre emploi, ou d'un talent qui ne leur permet pas d'accumuler le moindre capital; s'ils ont quelque sensibilité, ils doivent voir avec inquiétude le sort que leur mort prépare à leurs veuves et à leurs enfans. On a donc inaginé, et c'est je crois pour la première fois en Ecosse, de de former, avec la sanction du gouvernement, un établissement où un homme marié peut, au moyen d'une somme qu'il distrait chaque année de son gain, et qu'il remet à cette caisse, assurer à sa veuve une pension viagère propre à la mettre à l'abri de l'indigence. On sent aisément que cette contribution doit être proportionnée à l'âge du mari, et à celui de sa femme; mais il faut calculer géométriquement quelle elle doit être, selon la probabilité que le mari mourra avant sa femme, qu'il payera pendant un nombre d'années; que la femme survivante vivra encore un certain temps; tout cela a été calculé pour la première fois par le célèbre mathématicien écossois, Maclaurin, et les veuves écossoises qui ont aujourd'hui une subsistance assurée, au moyen de quelques épargnes de leurs maris, doivent bénir sa mémoire.

L'autre établissement, appelé Caisse des épargnes du peuple, ne seroit pas moins utile pour préserver de l'indigence une foule d'ouvriers qui n'ayant que leurs bras, ne sont plus en état de travailler après un certain âge, et périssent alors de misère. Si cet établissement existoit, un ouvrier raisonnable pourroit, au moyen d'une contribution légère par an ou par mois, s'assurer, à un âge déterminé, une pension plus ou moins forte, selon sa contribution, ou une somme comptant propre à être employée pour son bien-être. Un père pourroit se procurer par ce moyen une somme pour l'établissement de son fils, arrivé à un certain âge, &c. Les calculs de pareilles questions dépendent de la théorie de la probabilité de la vie humaine, et de pareils établissemens subsistent en Angleterre sous différens titres. Mais à Paris il y a dix-huit théâtres ouverts dans une capitale, et dix jardins de plaisir, semblables à ceux que Julien reprochoit au peuple d'Antioche.

Laroque, avocat éclairé, publia, il y a quelques années, deux écrits sur les caisses d'épargne; il avoit pris la peine d'en faire les calculs, d'après les lois de la mortalité humaine, de les développer, d'en solliciter l'exécution, après avoir eu de l'Académie des sciences les témoignages les plus favorables. Il désiroit qu'une double caisse fût attachée à un établissement public dont la dotation répondît de sa solidité, comme l'Hôtel-Dieu de Paris, et ne demandoit que l'honneur d'avoir donné parmi nous naissance à cette institution. Une compagnie d'agioteurs s'est emparé du projet, en le dénaturant sous un nouveau titre spécieux (1), dans un temps où tout projeteur étoit accueilli, pourvu que, sous prétexte de mettre les intérêts du public à couvert, il versât une somme au trésor royal; *sic vos non vobis*. Mais Laroque fit voir que ce projet, tel qu'il étoit présenté par cette compagnie, n'étoit qu'un leurre, et que si le public y donnoit, il seroit impossible qu'elle tînt ses engagemens. Il en est de même d'un autre projet présenté sous le titre de *Chambre de cumulation d'intérêts*, mais qui a toujours resté en pure spéculation. Les évènemens qui ont eu lieu bientôt après, ont empêché de voir l'accomplissement de la prédiction.

L'Allemagne, plus sage que la France, a fort accueilli ces sortes d'établissemens, car il y en a à Hambourg, à Brême, à Hanovre, à Copenhague, &c. Cela a donné naissance à un grand nombre d'écrits allemands sur ce sujet. Le premier dont nous ferons mention, est dû au célèbre Léonard Euler, et est intitulé: *Eclaircissemens sur les établissemens publics en faveur tant des veuves que des morts, avec la description d'une espèce de tontine aussi favorable au public qu'utile à l'état, calculée sous la direction de M. Léonard Euler, par M. Nicolas Fuss* (Pétersbourg, 1781, *in*-8°. et en allemand, 1782, Altenbourg, *in*-4°.). Citer cet ouvrage comme une production d'Euler, c'est en faire l'éloge; mais j'ignore s'il a produit à Pétersbourg ou à Berlin le bien qu'on pouvoit en attendre.

Parmi les écrivains du même pays qui se sont fortement occupés de ce sujet utile, on doit citer Kritter qui se hâta de traduire l'ouvrage ci-dessus de Euler, et duquel on a un grand nombre de mémoires tendans à faire connoître l'état plus ou moins avantageux de ces caisses d'épargnes multipliées, afin de les améliorer et consolider; car il ne faut pas disconvenir que plusieurs établies sur des bases très-avantageuses aux actionnaires, (apparemment pour en attirer un plus grand nombre) ont manqué à leurs engagemens (2).

Il y a encore quelques autres espèces de contrats aléatoires dont il faut donner ici quelqu'idée, comme étant du ressort de la théorie des probabilités; ce sont les assurances maritimes, celles contre les incendies, et enfin celles de la vie d'un homme. Tout le monde sait que dans les places maritimes, au moyen d'une prime plus ou moins forte (c'est-à-dire d'une somme payée d'avance à l'assureur), on assure une cargaison ou un

(1) *Prospectus de l'établissement des Assurances sur la vie*. 1788, *in*-4°.
(2) *Leipziger Magazin* ann. 1786.

vaisseau contre les dangers du naufrage, et même en temps de guerre, contre ceux d'être pris par l'ennemi. Mais on n'a eu pendant long temps sur ce sujet que des évaluations vagues et assez arbitraires. Un habile négociant de Nantes (de Montaudouin) donna, il y a plusieurs années, un ouvrage tendant à éclairer cette matière, et à la soumettre à des principes. Ce travail mérite des éloges, mais le sujet étoit susceptible de développemens plus précis et plus détaillés; c'est ce qui engagea l'Académie des sciences, en 1781, à proposer pour sujet du prix de 1783, la théorie des assurances maritimes; le programme ne contenoit aucune explication.

On proposa de nouveau le même sujet pour l'année 1785, avec un prix double; et l'on entra dans quelqu'explication. Par *théorie des assurances*, l'Académie entend particulièrement l'application du calcul des probabilités aux questions relatives aux assurances. Ce sujet a déjà été traité par plusieurs géomètres célèbres (1). Comme le risque auquel le négociant et l'assureur sont exposés, l'un avant d'avoir fait assurer, l'autre après avoir assuré, ne peut être connu que par les évènemens antérieurs d'un commerce semblable, on demande la manière de déterminer ce risque d'après les évènemens, soit pour un seul bâtiment, soit pour un nombre déterminé de vaisseaux.

Le risque étant supposé connu, on demande ensuite quelle proportion on doit établir entre le risque et le taux de l'assurance, pour pouvoir remplir l'une et l'autre de ces deux conditions, que le négociant ait intérêt de faire assurer à ce prix, et que l'assureur y trouve son avantage. Cette question doit être résolue dans deux hypothèses différentes; d'abord en supposant que le négociant se détermine à faire assurer avant que ses fonds soient exposés à aucun péril; ensuite en supposant qu'il ne fasse assurer qu'après que ses fonds sont déjà exposés.

Enfin le nombre des vaisseaux qui ont péri, et le nombre de ceux qui ont échappé au danger, étant supposé connu par des registres, ainsi que les différens taux auxquels ils ont été assurés dans différentes circonstances, et pour différens degrés de risque. Enfin on propose de trouver la loi suivant laquelle

(1) Voyez la thèse de Nicolas Bernoulli, *de Arte conjectandi in jure*, à Bâle, 1709, et le tome V des Mémoires de Petersbourg.

Note de l'éditeur. D'Alembert, en faisant proposer ce sujet, n'avoit pour objet que d'acquiter envers Lagrange l'obligation qu'on lui avoit pour son excellent mémoire sur les probabilités. Je lui demandai à l'Académie une explication pour la mettre dans le Journal des Savans, auquel je travaillois depuis 1765. Il répondit que Bouguer avoit déjà parlé plusieurs fois de proposer ce sujet, qu'il falloit faire entrer dans le calcul les circonstances de la paix et de la guerre, des saisons, de la force des vaisseaux, des distances, des attérages. Cela étoit trop vague; il ne vint aucune pièce pour le concours.

les

les assureurs et les négocians ont réglé le rapport entre le risque et le taux des assurances, c'est-à-dire comment ils ont résolu, par la pratique, la question dont on a demandé ci-dessus la solution théorique.

Par-là on pourra comparer la pratique des négocians et celle des assureurs avec les résultats que donne la théorie.

L'Académie exige seulement que les concurrens établissent et discutent les principes sur lesquels les solutions de ces différentes questions doivent être fondées, et qu'ils donnent les formules qui renferment ces solutions, de manière qu'elles puissent être immédiatement applicables à la pratique.

L'Académie proposa pour la troisième fois ce sujet pour le prix de 1787. Aucune des pièces qui furent envoyées pour ce concours, ne lui parurent remplir entièrement ses vues. Cependant parmi ces pièces elle en remarqua deux qu'elle regarda comme dignes de récompense à différens égards. La première, n°. 8, a pour devise : *illi robur et aes triplex circa pectus erat.* L'auteur montroit beaucoup de savoir dans l'analyse et dans le calcul des probabilités; mais il s'étoit trop borné à la théorie, et n'avoit pas suffisamment traité la question, relativement à l'utilité que la marine et le commerce doivent attendre des recherches des géomètres.

La seconde, n°. 7, avoit pour devise : *judicis argutum quis non formidat acumen?* L'auteur avoit traité la partie théorique du problême d'une manière moins rigoureuse et moins générale que celui de la pièce précédente ; mais il a fait un grand nombre de remarques intéressantes et très-utiles, relativement à la pratique, quoiqu'il eût encore cependant laissé plusieurs choses à désirer sur ce sujet.

D'après ces considérations, l'Académie crut devoir partager la moitié du prix (qui étoit de 6000 liv.) entre ces deux pièces, en attribuant 1800 liv. à la pièce n°. 8, et 1200 liv. à la pièce n°. 7. Ce partage inégal est fondé sur le mérite inégal qui paroissoit se trouver entre les deux pièces.

L'auteur de la pièce n°. 8 est M. de la Croix, professeur de mathématiques à l'Ecole royale militaire, et qui est aujourd'hui un des géomètres de l'Institut. L'auteur de la pièce n°. 7 est M. Bicquilley, alors garde-du-corps du roi. Quant aux 3000 liv. qui restoient de la totalité du prix, on crut devoir les destiner à celui qui, à son jugement, construira les meilleures tables, d'après la théorie et les observations, pour la pratique du calcul des assurances maritimes, et elle se proposoit de distribuer ce prix dans son assemblée publique d'après Pâsque, 1791. Mais la révolution dérangea ce projet, comme tant d'autres.

On connoît assez les compagnies d'assurances contre les incendies; la ville de Paris en a eu quelque temps; l'imprévoyance générale des têtes françoises ne lui a pas donné une grande consistance, aussi ne manqua-t-elle pas de s'emparer bien vîte du projet de Laroque, dont on a parlé ci-dessus.

C'est en Angleterre seulement qu'on a vu se former des assurances sur la vie d'un homme. Un particulier veut assurer à un autre qu'il affectionne une somme après sa mort. On l'y admet sous certaines conditions, au moyen d'une prime plus ou moins forte, relativement à son âge, payable par année, ou en une seule fois. Il y a, entre autres, à Londres une société intitulée *Société amicale*, qui contracte cet engagement. On peut en voir le tableau dans l'écrit de Laroque, relatif au *projet d'une chambre de cumulation d'intérêts*.

L'inoculation de la petite vérole a encore ouvert un vaste champ de recherches dans lequel sont entrés quelques analystes du premier ordre. Ce sujet est en effet du ressort de la théorie des probabilités, puisque les données en sont le nombre moyen des hommes qui meurent de cette maladie contractée naturellement, la probabilité plus ou moins grande de lui échapper, et la quantité de ceux qui ont été ou sont victimes de l'inoculation. Mais ces données ne sont pas assez précises pour qu'il n'y ait pas eu parmi les mathématiciens partage d'opinion. Daniel Bernoulli est celui qui de ses recherches et de ses calculs a tiré les conséquences les plus favorables à cette pratique. Mais Dalembert, sans la rejeter à beaucoup près, n'a pas tiré des siennes les mêmes conclusions; il en est même résulté entre eux une discussion dont les ennemis de l'inoculation n'ont pas manqué de tirer quelqu'avantage. Nous ne pouvons entrer dans les détails de cette discussion reprise à plusieurs fois, et agitée avec quelque vivacité. Nous renverrons donc le lecteur aux pièces originales qui sont d'un côté le travail de Daniel Bernoulli (*mém. de l'Acad. des sciences*, 1760), et de l'autre divers mémoires de Dalembert, dans le IIme. et le IVme. volume de ses *Opuscules*, pages 98, 341, et dans ses *Mélanges de philosophie*, tom. V, p. 72.

Fin du premier Livre de la quatrième Partie.

HISTOIRE
DES
MATHÉMATIQUES.

CINQUIEME PARTIE,

Qui comprend l'Histoire de ces Sciences pendant la plus grande partie du dix-huitième siècle.

LIVRE SECOND.

Des progrès de l'Optique pendant le dix-huitième siècle (1).

SOMMAIRE.

I. *Tableau général des progrès de l'Optique pendant ce siècle, et des principales inventions dont elle s'est enrichie*, 429. II. *De la solution algébrique de quelques problêmes optiques, commode pour déterminer les foyers des verres* (2), 432. III. *Sur le lieu apparent* (3) *de l'image des objets vus par réflection ou par réfraction. Fausseté du principe ancien, quoiqu'il rende passablement raison des phénomènes. Nouveau principe proposé par Barrow. Objection que se*

(1) Le citoyen de Fortia, géomètre célèbre, a bien voulu se charger de revoir et de compléter cette partie.

LALANDE.

(2) Cet article II est effacé dans le manuscrit; j'ai cru devoir le rétablir, les numéros suivans n'ayant pas été changés par l'auteur, et le texte de cet article se trouvant complet dans le manuscrit, ainsi qu'on le verra ci-après.

N. B. C'est l'éditeur (Fortia-d'Urban) qui parle dans les notes jusqu'à la page 496.

(3) La fin de ce titre a été rectifiée par l'auteur lui-même.

en France des expériences de Newton, par les soins du cardinal de Polignac. De quelques autres contradicteurs de Newton, Dufay, Banières, Marivetz, Gordon, Castel, Gauthier, Marat. Couleurs que l'on voit entre les verres; expériences de Mazéas qui établissent une nouvelle branche de cette théorie; nouvelle suite de couleurs produite par la transmission, analogue à celles qui avoient été formées par la lumière réfléchie, 488. XVI. *Sur la manière dont la lumière se propage; Newton est pour l'émission, Euler pour la pression; on évite de prononcer. Instrumens de perspective. Fin de l'histoire de l'optique, extrait du livre de Priestley, où il y a 200 auteurs cités*, 599 (1).

I.

L'optique, cette partie des mathématiques si intéressante par elle-même, et par les découvertes qu'elle nous a procurées dans le monde physique, n'a pas fait de moindres progrès pendant le cours de ce siècle, que dans le précédent. Plusieurs découvertes ont singulièrement reculé les bornes de cette science. Les télescopes à réflection ont été portés, en Angleterre surtout, à un haut degré de perfection. Les télescopes catadioptriques d'Herschel, qui passent les bornes qu'on n'eût osé espérer, seront toujours mémorables par leur longueur, leur prodigieuse force pour grossir les objets, et les découvertes inattendues qu'ils lui ont procurées dans le monde étoilé. Les microscopes ont reçu un degré considérable de perfection entre les mains de M. Euler et de M. Fuss. Le microscope solaire, espèce de lanterne magique dont le soleil est la lampe, a fait faire des découvertes singulières dans la micrographie. Les nouveaux miroirs de M. de Buffon ont fait voir la possibilité du trait raconté sur Archimède incendiant les vaisseaux romains avec ses miroirs. Divers instrumens nouveaux ont pris naissance entre les mains de nos opticiens et géomètres, comme l'héliostat de s'Gravesande, l'héliomètre de Bouguer, le panoscope, le panorama. On est parvenu à mesurer l'intégrité de la lumière, et des recherches de MM. Bouguer et Lambert, ont résulté des faits fort curieux. On a enfin trouvé de nouvelles combinaisons de verres, tant objectifs qu'oculaires, qui ont donné aux lunettes une grande perfection. Telle est celle des lunettes achromatiques, c'est-à-dire de celles où, par des verres de différente nature, on corrige en grande partie les défauts

(1) J'ai ajouté cet article; le titre étoit dans le manuscrit de Montucla, ce qui prouve qu'il avoit intention d'en parler. J'ai fait de même dans plusieurs endroits de ce volume, surtout pour les machines.

occasionnés par la différente réfrangibilité de la lumière, ce dont Neuton lui-même avoit désespéré.

Avant d'entrer dans les détails convenables sur tous ces objets, et divers autres appartenans à cette science, nous croyons devoir faire connoître les principaux ouvrages qui l'ont eue pour objet depuis le commencement du siècle. Le premier dont nous parlerons est le *Traité complet d'Optique*, de Smith, publié en Angleterre en 1726, 3 vol. *in*-4°. Cet ouvrage, il faut en convenir, n'est pas un modèle pour la rédaction ; il y règne beaucoup de désordre et beaucoup de diffusion. Une de ses parties qui traite des divers instrumens astronomiques et des découvertes faites par leur moyen, y est entièrement superflue ; aussi a-t-il essuyé, et même pour quelques parties du fonds, la critique amère de M. Robins ; mais il ne laisse pas de contenir beaucoup de choses utiles et neuves pour le temps. Cet ouvrage a été traduit en françois, et presque littéralement, par le P. Pézenas, qui l'a publié en 1767, en 2 vol. *in*-4°. On y trouve beaucoup d'additions intéressantes, et ayant trait aux découvertes faites en Optique depuis l'époque de la publication de l'original, entre autres la théorie des nouvelles lunettes achromatiques, et beaucoup de morceaux extraits avec précision des *Mémoires de l'Académie des Sciences*, de ceux de Berlin et de Pétersbourg. L'auteur de cette traduction auroit à la vérité pu la resserrer davantage ; car M. Robert Smith abuse souvent de la permission de parcourir tous les cas, et de multiplier les figures. Mais ce que n'a pas fait l'abbé Pézenas, a été exécuté par un autre traducteur, M. Leroy, ingénieur de la marine, qui travailloit en même-temps que lui, et de son côté, à la traduction de l'ouvrage anglois, et qui l'a publié en 1767, à Brest, en un seul volume *in*-4°. Il y a joint aussi en divers endroits des notes utiles et bien faites. Ainsi voilà deux traductions françoises du même ouvrage, qui ont chacune leur mérite particulier. Il n'est peut-être pas inutile, même pour des lecteurs françois, d'ajouter que cet ouvrage, indépendamment d'une traduction hollandoise, en a aussi une traduction allemande faite avec beaucoup de savoir et de goût par M. Kœstner le célèbre professeur de Gottingue ; elle parut en 1755, en 1 vol. *in*-4°. : et quoique moins volumineuse que l'original anglois, elle est augmentée de notes excellentes de cet auteur, ce qui annonce qu'il a resserré son original, comme le dernier des traducteurs françois dont nous venons de parler.

M. Smith avoit inséré à la fin de son ouvrage un *Essai* du docteur Jurin, *sur la vision distincte et confuse*. Les divers phénomènes de la vision confuse quoique nombreux et singuliers, n'avoient jamais, je crois, encore été décrits et expliqués par personne. C'est l'objet de cet ouvrage dont toutes les parties cependant ne sont pas également exactes; aussi M. Robins l'a t-il critiqué avec son âcreté ordinaire, ce qui n'empêche pas que cet ouvrage ne méritât d'être plus connu.

On seroit certainement étonné, si l'inépuisable Euler n'eût pas écrit sur cette partie intéressante des mathématiques. Nous avons de lui une dioptrique; la première partie parut en 1769, la seconde en 1770, et la troisième en 1771 : *Dioptricae pars I continens lib. 1 de explicatione principiorum ex quibus constructio tàm telescopiorum quàm microscopiorum est petenda.* Petrop. 1769, *in-4°*. — *Pars II continens lib. 2 de constructione telescopiorum dioptricorum, cum appendice de constructione telescopiorum catoptrico-dioptricorum*, ibidem, 1770, *in-4°*. — *Pars III continens* (1) *lib. 3 de constructione microscopiorum tàm simplicium quàm compositorum*, ibidem, 1771, *in-4°*.

Il suffit de nommer l'auteur de cet ouvrage, pour se former une idée de la doctrine qu'il contient sur la réfraction et sur les instrumens d'optique de toute espèce. C'est d'ailleurs le résumé d'une foule de mémoires qu'il avoit déjà publiés dans les recueils des académies de Berlin et de Pétersbourg.

Nous ne devons point passer ici sous silence l'*Essai d'Optique* de M. de Courtivron, quoiqu'antérieur à l'ouvrage précédent. Il a principalement pour objet la théorie physique de la réfraction, déduite de l'attraction neutonienne (2). Dans cet ouvrage, imprimé en 1752, l'auteur donne une théorie mathématique de la lumière, plus claire et plus détaillée qu'elle n'avoit été donnée avant lui.

Le Père Boscovich, dont la facilité et la fécondité sont connues de tous les savans, a en quelque sorte terminé sa carrière en publiant un ouvrage dont une partie considérable a l'Optique pour objet; il est intitulé : Rog. Jos. Boscovich *Opera pertinentia ad Opticam et Astronomiam, maximè in parte nova, et omnia huc usque inedita, in V tomos distributa*, &c. Bassani, 1785, *in-4°*. Les deux premiers volumes de cet ouvrage roulent en effet pour la plus grande partie sur l'Optique, et en particulier sur les lunettes achromatiques. Cet ouvrage nous fournira souvent matière à le citer.

L'Optique a eu enfin un historien dans le célèbre M. Priestley qui publia son histoire en 1772, sous ce titre : *The history and present state of discoveries relating to vision light and coulours, by Jos. Priestley. L. L. D. F. R. S.* Lond. 1771,

(1) Le reste de cet alinéa étant en blanc, je l'ai suppléé sur l'ouvrage même d'Euler.

(2) Le reste de cet alinéa est en blanc dans l'original.

2 vol. *in*-4°. Cet ouvrage eût mérité d'être traduit en françois; quoiqu'il ne soit pas toujours exact; mais je suis de moitié avec son auteur dans plusieurs de ces inexactitudes, car plus attaché à la partie physique qu'à la partie mathématique, M. Priestley a eu souvent trop de confiance à ce que javais dit avant lui. Cette histoire de l'Optique a eu au surplus un traducteur habile et très-savant dans M. Klügel qui a enrichi sa traduction de beaucoup d'additions, et qui nous a de temps à autre relevés, surtout en ce qui concerne des opticiens allemands qui nous étoient peu connus, ou sur des objets plus graves. Cette traduction a pour titre : *Dr. Jos. Priestley, &c. Geschichte und gegenwaertiger zustand der Optick*, &c. C'est-à dire *Histoire de l'Optique, et son état actuel, principalement en ce qui concerne la partie physique de cette science*, par M. Priestley, de la société royale de Londres, &c. traduite par M. Klügel, professeur de mathématiques à Helmstadt, correspondant de la société des sciences de Gottingue. Leipzig, 1778, *in*-4°.

L'extrait que j'ai vu de cet ouvrage m'eût fait désirer de me le procurer, vu qu'il m'eût pu être fort utile pour celui-ci; mais les circonstances où nous nous trouvons m'en ont ôté les moyens. Je n'ai pu profiter que de quelques remarques semées dans l'extrait allemand qu'en a donné M. Scheibel, dans son *Introduction à la connoissance des livres de mathématiques*, en allemand.

II.

Il n'est aucune partie des mathématiques sur laquelle l'analyse algébrique n'ait ses droits; celles-là même qui tiennent de plus près à la physique, ne laissent pas de recevoir dans bien des cas des secours de cette méthode.

Tous ceux qui ont parcouru les livres ordinaires de dioptrique, ont pu remarquer combien la détermination des foyers des verres est longue, et dans ce sens, laborieuse. Cela vient à la vérité moins de la difficulté du sujet, que du grand nombre de combinaisons de sphéricité dans les verres, et des différentes hypothèses que l'on peut faire sur la position du point lumineux. L'algèbre abrège tout cela, et par une formule générale et très-simple, elle représente les foyers de toute espèce de verres, de quelque manière que les convexités et les concavités y soient combinées, et quelleque soit la situation des rayons incidens. Elle en fait autant pour les miroirs; aussi M. Halley qui le premier a eu l'idée d'entrer dans cette route, n'a-t-il pas hésité d'intituler son écrit : *Exemple de l'excellence de l'algèbre moderne*

dans

dans la détermination des foyers des verres optiques. (Trans. philosoph. 1693). Il en est de plus profonds; mais il y en a peu qui soient plus remarquables par leur généralité et par leur élégance.

Les opticiens sont convenus d'appeler le foyer d'un verre, le point de l'axe où concourent les rayons parallèles à cet axe, et tombant sur le verre, à une très-petite distance du sommet. Mais en généralisant cette acception du mot *foyer*, on entend aussi par là le point de l'axe où concourent les rayons tombans sur le verre à une distance fort petite du sommet, et sous une inclinaison quelconque, c'est-à-dire convergens vers un point quelconque, ou divergens d'un point quelconque de cet axe. C'est dans cette acception générale que nous prenons ici le mot de *foyer*; car il est évident que des rayons parallèles ne sont que des rayons partans d'un point infiniment éloigné.

M. Hallei suppose donc une lentille EG (*fig.* 1), dont l'axe est AF, C et *c* les centres des arcs ERG, EBG, A le point rayonnant; il s'agit de trouver le point F où le rayon incident AI, infiniment voisin de AB, rencontrera l'axe après deux réfractions. Il applique l'analyse à ce problême, et il trouve (en nommant R, *r*, les rayons CD, CB; *d* la distance du point rayonnant à lentille; F la distance FD du foyer; et *i*, *n*, les sinus d'incidence et de réfraction), il trouve, dis-je, $f = ndRr : (\overline{i-n} \times \overline{dR + dr - nRr})$. Par conséquent si la réfraction se fait de l'air dans le verre, comme alors le rapport de *i* à *n* est celui de 3 à 2, cette formule se simplifiera encore, et deviendra $f = 2dRr : (dR + dr - 2Rr)$. Il ne nous faut pas oublier de remarquer que nous avons pris ici celle des formules de M. Hallei, où il néglige l'épaisseur du verre, qui est en effet dans bien des cas, de nulle considération.

Il ne sera pas bien difficile à ceux qui sont versés dans l'analyse, de voir toute l'étendue de cette formule. *d* désignant la distance du point d'où partent les rayons, s'ils sont parallèles, il n'y aura qu'à faire *d* infini; s'ils sont convergens, alors la distance BA étant en sens contraire, c'est-à-dire devant se prendre de B vers *f*, il n'y aura qu'à faire *d* négatif. De même une concavité n'est autre chose qu'une convexité d'un rayon situé en sens contraire, et par conséquent négatif. Enfin lorsque la distance *f*, après toutes les réductions, se trouvera négative, ce sera un signe que la quantité DF doit se prendre en sens contraire, et que les rayons, au lieu de converger, divergeront, comme s'ils venoient d'un point situé du même côté que le point lumineux. Tout ceci ne sauroit paroître que très-facile et très-naturel aux analystes; cependant nous donnerons ici en faveur de ceux qui sont moins familiarisés avec ce langage algébrique, quelques exemples propres à le rendre plus intelligible.

Pour cet effet, que l'on propose de trouver le concours des rayons parallèles, tombans sur une lentille à plan convexe, et du côté de la convexité, nous aurons donc la distance d ou AB infinie; et puisque ED est une ligne droite, ce sera une convexité d'un rayon infini. Ainsi R sera infini, et conséquemment la formule deviendra $f = 2dRr : dR$, ou $f = 2r$; car il ne faudra garder dans cette formule que les termes où d et R se trouvent à la fois, puisque tous les autres seroient infiniment petits à leur égard. On voit donc que le foyer des rayons parallèles est au double de la distance r, ou à l'extrémité du diamètre de la convexité. Ce seroit la même chose, si le verre eut été tourné du côté opposé; alors r eut été infini, et l'on auroit eu le foyer à la distance $2r$.

Mais si les deux convexités sont inégales, alors, en supposant encore les rayons parallèles, il ne faudra conserver dans la formule que les termes où se trouve d, et l'on aura $f = 2dRr : (dR + dr)$, ou $f = 2Rr (R + r)$. On aura donc le foyer en faisant cette analogie : comme la somme des deux rayons de convexité est au double de l'un des deux, ainsi l'autre est à la distance du foyer.

Supposons maintenant une lentille convexo-concave; que les rayons toujours parallèles tombent sur la concavité, alors R étant positif, r sera négatif, et d infini; ce qui réduira encore la formule à $f = 2dRr : (dR - dr)$, ou $f = 2Rr : (R - r)$; d'où il faut conclure que dans ce cas, le foyer se trouvera par cette analogie : comme la différence des rayons (1) est au double de l'un des deux, ainsi l'autre est à la distance cherchée.

Après M. Hallei, divers auteurs ont suivi la même route. M. Ditton a fait en 1705, pour la catoptrique, ce que son illustre compatriote avoit fait pour la dioptrique (voyez les *Trans. phil.* n°. 295). En France, M. Guisnée et M. Carré ont aussi traité la dioptrique et la catoptrique de la même manière (*Mém. de l'acad. des sciences*, pour 1704 et 1710). Enfin M. Craige a joint à son Traité *de calculo fluentium*, deux livres qu'il a intitulés *de opticâ analyticâ*, où il reprend les les mêmes choses, et où il enseigne à déterminer les courbes qui ont des foyers géométriques, c'est-à-dire qui réunissent en un point mathématique tous les rayons tombans sur toute leur étendue. M. Wolf a donné dans son *Cours de mathématiques*, toute cette matière avec beaucoup de précision et de netteté. Voilà les sources différentes auxquelles le lecteur peut recourir

(1) La fin de cet alinéa manque dans le manuscrit; elle a été facilement suppléée.

pour s'instruire de cette théorie, si ce que nous venons d'en dire ne l'a pas assez mis sur la voie.

III.

Parmi les questions intéressantes de l'Optique, il en est une qui, malgré les tentatives de nombre des plus grands mathématiciens, est restée jusqu'à ce moment indécise. C'est celle du lieu ou de la distance apparente à laquelle on rapporte les objets vus par réflection, dans les miroirs courbes, ou au travers des milieux transparens différemment figurés. On ne doit au surplus pas être *étonné* de cette indécision ; car dans de pareilles questions il se mêle toujours quelque chose qui tient au jugement que l'ame porte sur la distance des objets, selon différentes circonstances qui ne sont point susceptibles de calcul mathématique.

Les anciens avoient pris pour principe que chaque point d'un objet vu par réflection étoit vu dans le point de concours du rayon réfléchi, prolongé jusqu'à la rencontre de la perpendiculaire tirée de ce point sur la surface réfléchissante ; ce qu'ils nommoient la *cathète d'incidence*. Cela est vrai dans les miroirs plans, et même ce principe appliqué aux apparences des objets vus dans des miroirs convexes ou concaves, rend assez bien raison de leur diminution ou augmentation apparente, et de divers autres phénomènes de ces miroirs. Ce principe, on l'étendoit aussi aux objets vus par la réfraction, à travers un milieu différent de celui où étoit l'œil, comme un bâton plongé obliquement dans l'eau, qui paroît rompu, ou qui plongé perpendiculairement, paroît fort raccourci. Ajoutons que lorsqu'on élève perpendiculairement à une surface convexe ou concave, une ligne droite, on croit voir son image former avec elle une ligne droite. Il en est de même lorsqu'on plonge en partie et perpendiculairement dans l'eau une ligne droite. La partie plongée paroît à la vérité rétrécie en longueur, mais son image, considérée du moins avec une attention médiocre, paroît encore former une ligne droite avec la partie hors du fluide ; ce qui semble prouver que chaque point de l'objet est vu dans le concours en question. C'est d'après ce principe que raisonnoient et raisonnèrent les opticiens anciens et ceux du moyen âge, comme Alhazen, Vitellion ; de plus modernes enfin, comme Tacquet, Aguilonius, &c.

Il faut pourtant convenir que ces deux derniers, Tacquet surtout, se défièrent de la justesse du principe, et proposèrent même des objections tendantes à l'infirmer. En effet il est un raisonnement simple et fondé sur l'expérience, qui le contredit; car dans un miroir convexe, par exemple, si les deux yeux sont situés à l'égard du centre et du point rayonnant, de la même manière, en sorte que les points de réflection des rayons allant aux deux yeux, soient également distans de celui où tombe la cathète d'incidence, le point de réunion des deux rayons réfléchis avec cette cathète, sera le même; mais si les yeux sont dans une position différente, par exemple, dans le même plan avec la cathète d'incidence, ces points de concours sont différens; on devroit donc voir l'objet double, ce qui n'est point conforme à l'expérience. On pourroit sauver cette objection en disant qu'alors on voit l'objet dans le concours des deux rayons réfléchis. Mais indépendamment de ce que dès lors on abandonne le principe, voici un cas qui ne permet plus d'échapper à l'objection; car si les yeux sont dans des plans différens avec la cathète d'incidence, mais de telle manière que les points de réflection soient également éloignés de celui où tombe la cathète d'incidence, alors les concours avec cette ligne seront inégalement éloignés du centre, et les rayons réfléchis étant dans des plans différens, ne sauroient concourir, d'où il suit qu'il y auroit nécessairement deux images apparentes; cela n'est cependant point vrai. Mais il faut en convenir, il y a une grande différence entre la manière de juger de la place des objets avec deux yeux ou avec un seul. Lorsque l'on voit son visage dans un miroir concave avec ses deux yeux, du moins c'est ce que j'éprouve, on le voit grossi, et en même temps sa distance allongée, on le voit conséquemment plus éloigné; mais quand on le voit avec un seul œil, sans le voir fort grossi, on l'aperçoit plus distinctement et plus près.

Ces raisons ne pouvoient manquer de frapper le célèbre Barrow, lorsqu'il écrivit ses curieuses *Lectiones opticae*. Car d'abord, à considérer le principe du côté métaphysique, il y a de grandes raisons de le suspecter d'erreur. Par quelle cause effectivement la perpendiculaire d'incidence auroit-elle la propriété de contenir l'image de l'objet? Ce qui n'a aucune réalité physique, ne peut produire aucun effet, et c'est le cas de cette perpendiculaire qui n'est qu'un être imaginaire, semblable au centre de la terre vers lequel, si les corps tendent, ce n'est pas par l'énergie de ce centre, comme le pensoient ridiculement quelques anciens, mais parce l'action réunie de toutes les parties de la terre imprime aux corps une direction moyenne qui passe par ce point. Ainsi voilà déjà une grande raison de se défier du principe; quant aux expériences sur lesquelles on tâche de l'appuyer, M. Barrow les regarde avec raison comme nullement décisives. Il est en effet bien difficile d'apercevoir si ces images de lignes perpendiculaires vues, soit par réflection, soit par réfraction, sont bien véritablement des lignes droites; et en particulier dans le cas de l'image réfractée, il prétend que l'expérience étant faite avec l'attention convenable, et cette image étant considérée bien attentivement, elle n'est rien moins que favorable au principe ci-dessus. Si l'on plonge, dit-il, perpendiculairement dans l'eau un filet *éclatant*, dont partie reste au-dessus de la surface, et que l'on regarde un peu obliquement, on verra l'image de la partie plongée dans l'eau, se détacher sensiblement de celle de la partie extante qui est, suivant les règles de la catoptrique, dans la perpendiculaire. Ainsi il n'est point vrai que dans la réfraction l'image de l'objet paroisse dans le concours du rayon rompu prolongé et de la perpendiculaire, et il faut en juger de même dans la réflection, excepté lorsqu'il s'agit des miroirs plans.

M. Barrow chercha douc un autre principe plus solide que le précédent, et il crut l'avoir trouvé. Il prétend que chaque point de l'objet paroît dans le concours ou la pointe du faisceau des rayons qui entrent dans l'ouverture de la prunelle. Ce sentiment, s'il n'est pas le véritable, est du moins fort vraisemblable. En effet, nous ne jugeons du lieu d'un objet que par la sensation que produit sur notre organe l'inclinaison plus ou moins grande avec laquelle arrivent les rayons destinés à peindre l'image sur la *rétine*; car, suivant cette inclinaison, l'œil s'allonge ou s'applatit, pour apercevoir l'objet distinctement. Quel que soit au reste le mécanisme par lequel cela se fait, la rétine est approchée ou éloignée selon la distance de l'objet. Il paroît donc qu'on doit regarder le sommet de ces pinceaux comme le lieu apparent de chaque point de l'objet, et toutes les fois que ces rayons, contraints par une réfraction ou une réflectiou, tomberont sur un œil avec une divergence particulière, l'œil jugera le point d'où ils partent, au sommet du cône formé par ces rayons prolongés.

Conséquemment à ce principe, M. Barrow recherche dans quel point concourent les rayons infiniment voisins sortis de chaque point d'un objet, et qui après une réfraction ou une réflection, vont tomber dans l'œil; et il trouva que si la surface refringente est une surface plane, et que la réfraction se fasse d'un milieu dense dans un plus rare, ce concours est toujours, à l'égard de l'œil, en deçà de la perpendiculaire d'incidence. Dans un miroir convexe, il en est de même, c'est-à-dire que le concours des rayons infiniment proches est en deçà de cette perpendiculaire. Si le miroir est plan, le concours est précisément dans la perpendiculaire. Enfin il est au delà, si le miroir est concave, ou dans le cas de la réfraction, si le rayon passe d'un milieu rare dans un dense.

Barrow détermine aussi, d'après ces principes, quelle forme prend l'image d'une ligne droite présentée de différentes manières à un miroir sphérique, ou vue au travers d'un milieu réfringent; sur quoi il donne diverses déterminations géométriques, curieuses et élégantes.

On voit par tout ce que nous venons de dire, que le docteur Barrow toucha de très-près à la découverte des caustiques; car ces courbes ne sont autre chose que la suite de toutes les images du même point vu par réflection ou par réfraction, de toutes les places différentes que l'œil peut occuper. Il est même surprenant qne ce géomètre, porté comme il l'étoit d'un goût décidé vers tout ce qui se rapprochoit de la géométrie pure et sublime, n'ait pas recherché le lieu ou la courbe de tous ces points. Il se pourroit même faire que ce fût cet endroit des *Leçons optiques* de Barrow, qui eût donné lieu à M. Tschirnhausen d'entrer dans cette considération.

Quelque vraisemblable que soit le principe ci-dessus, la candeur du docteur Barrow ne lui permet cependant pas de taire une expérience d'où naît une objection à laquelle il convient lui-même ne savoir que répondre. La voici : Que l'on place un objet au delà du foyer d'un verre, et qu'on applique d'abord l'œil contre ce verre, on verra l'objet confusément; mais il paroîtra à peu près dans sa place. Qu'on éloigne ensuite l'œil du verre, la confusion augmentera, et l'objet semblera approcher. Enfin lorsque l'œil sera fort près du point de concours, la confusion sera extrême, et l'objet paroîtra tout contre l'œil. Or dans cette expérience l'œil ne reçoit que des rayons convergens, et par conséquent dont le concours, loin d'être au devant, est derrière lui. Cependant il apperçoit les objets au devant, et il juge, sinon distinctement, au moins confusément, de sa distance; ce qui ne paroît nullement facile à concilier avec le principe dont nous parlons.

Après avoir beaucoup réfléchi sur cette difficulté, j'avois imaginé une réponse que j'ai vue depuis, en lisant l'Optique de Smith, avoir été faite par le docteur Berckley, évêque de Cloyne, dans son *Essai sur une nouvelle théorie de la vision.* Lors, disois-je, que l'œil reçoit des rayons convergens, alors les pinceaux des rayons rompus par les humeurs de l'œil, qui devroient être rencontrés par la rétine précisément à leur sommet, ne le sont qu'après ce point de réunion, et c'est là ce qui produit la confusion, chaque point de l'objet ayant alors pour image, non un point, mais un cercle. Or cet objet est le même que si ces rayons venus de l'objet étant trop divergens, les pinceaux formés dans l'œil eussent été rencontrés par la rétine avant leur sommet. Cependant on ne laisse pas dans ce dernier cas de juger de la distance. On doit donc devoir le faire de même dans le premier, quoique les rayons, loin de diverger d'un point placé au devant de l'œil, convergent vers un point au delà ; car là où l'impression sur l'organe est la même, le jugement doit être le même.

Tel est en substance le raisonnement du docteur Berckley. Mais je ne puis dissimuler une difficulté qu'y oppose le docteur Smith (*System. of opticks*, art. 139, tome II). C'est que si cette réponse étoit suffisante, dans l'expérience de Barrow l'objet devroit paroître à une distance moindre de l'œil, que celle à laquelle on commence à voir les objets distinctement. Cependant cela n'arrive pas ; l'objet paroît confus, et semble passer successivement par toutes les distances moindres que celles où l'œil nu le jugeroit. Ainsi, dit M. Smith, il faut chercher une autre solution ou un autre principe sur la distance apparente des objets.

M. Smith a pris ce dernier parti, et voici le principe qu'il propose et qu'il tâche d'établir (*ibid.* et *remarcks*, art. 178). Il pense qu'un objet vu par réfraction ou réflection, paroît toujours à une distance d'autant moindre, qu'il est plus augmenté; ou, ce qui est la même chose, qu'on le juge à la même distance à laquelle on le jugeroit, s'il paroissoit à l'œil nu de la même grandeur qu'à travers le verre ou dans le miroir. Ainsi, pour rendre ceci sensible par un exemple, lorsqu'à l'aide d'un instrument optique on voit l'objet doublé en grandeur, il paroîtra rapproché de la moitié. Lors donc que dans l'expérience du docteur Barrow on regarde au travers d'un verre convexe un objet situé au delà de son foyer, l'œil étant tout près du verre, on voit cet objet confusément par les raisons connues, mais on le voit sensiblement de la même grandeur, et conséquemment on le juge à la même distance. Eloigne-t-on l'œil du verre ? l'apparence de l'objet, quoique de plus en plus confuse, augmente ; et par cette raison il semble approcher, jusqu'à ce qu'il paroisse tout près de l'œil.

Voilà l'expérience du docteur Barrow assez heureusement expliquée, et M. Smith prétend que son principe satisfait de même à toutes les expériences que l'on peut proposer ; mais c'est un point sur lequel je ne saurois être entièrement de son avis. Je conviens qu'un objet vu au travers d'un télescope, paroît d'autant plus rapproché, qu'il est davantage augmenté, et au contraire ; mais lorsque je considère un objet au travers d'une simple lentille convexe, ou dans un miroir convexe ou concave, je crois appercevoir tout le contraire de ce que prétend M. Smith. Tous les opticiens ont, je pense, regardé jusqu'ici comme certain que l'image des objets vus dans un miroir convexe, paroît moins éloignée de sa surface que les objets même, et au contraire dans les miroirs concaves : et la chose me paroît ainsi, quelqu'effort que je fasse pour me la représenter autrement. Je crois aussi pouvoir démontrer que lorsqu'on voit un objet au travers d'un verre convexe, on le juge plus éloigné qu'à la vue simple; car que l'on pose une lentille convexe sur un papier écrit, ou tel autre objet que l'on voudra, qu'on la retire vers l'œil en regardant au travers, on verra l'objet s'éloigner d'une manière très-sensible, à mesure qu'il sera davantage grossi. Que si l'on doute encore qu'un objet vu au travers d'une lentille convexe paroisse plus éloigné que vu à l'œil nu, voici une autre expérience qui en convaincra, et qui m'a servi à convaincre quelques personnes qui s'étoient d'abord décidées pour le contraire. Je les inviai à regarder de haut en bas, au travers d'une pareille lentille, le bord d'une table, et de tâcher ensuite avec le doigt de le toucher. Il n'y en eut aucune qui ne portât le doigt plus bas qu'il ne falloit, loin de le porter plus haut, comme elles auroient dû le faire, si elles eussent jugé l'objet plus proche. Je crois donc, fondé sur cette expérience qui me paroît décisive, pouvoir prétendre qu'un verre convexe éloigne plutôt qu'il ne rapproche l'apparence des objets vus au travers. Je crois enfin trouver dans l'expérience rapportée par le docteur Barrow, pour prouver la fausseté de l'opinion qui place le lieu apparent de l'image dans le concours du rayon rompu, et de la perpendiculaire sur le milieu réfringent; je crois, dis-je, trouver dans cette expérience une nouvelle difficulté qui renverse le système de M. Smith. Car, suivant ce système, lorsqu'on voit obliquement de dehors une eau tranquille, une perpendiculaire à la surface de cette eau plongée au dedans, chacune de ses parties paroît d'autant plus diminuée, qu'elle est plus profondément placée. Ainsi, si chaque partie devoit paroître d'autant plus éloignée qu'elle est plus diminuée, les parties les plus basses devroient paroître au delà de la perpendiculaire, et l'apparence de la ligne entière seroit une courbe placée au delà de cette perpendiculaire; cependant, suivant le docteur Barrow, c'est une courbe qui tombe en deçà, et pour la plupart des vues, c'est la perpendiculaire elle-même. C'est pourquoi le principe imaginé par M. Smith ne me paroît pas satisfaire encore suffisamment aux phénomènes; à la vérité, l'objection faite contre celui du docteur Barrow reste encore presque en entier; mais malgré cette difficulté, nous croyons, à l'exemple de ce savant, devoir

nous

nous en tenir à son principe, jusqu'à ce que l'on ait trouvé quelque chose de plus satisfaisant. Je me fonde, de même que lui, sur ce que cette difficulté tient à quelque secret de la nature, qui n'a pas encore été pénétré, et qui ne le sera peut-être que lorsque l'on aura fait de nouvelles découvertes sur la nature de la vision. *Nimirùm*, dit-il, *in praesenti casû, peculiare quiddam, naturae subtilitati involutum delitescit, ægrè fortassis nisi perfectiùs explorato videndi modo detegendum.* Nous finirons aussi cette discussion par ces paroles, et en invitant les opticiens à approfondir davantage une question si intéressante. Sur diverses questions optiques, et en particulier celle du lieu apparent des objets vus par réfraction ou par réflection, voyez les *Opuscules* de Dalembert, tome premier ; on y trouvera l'examen du principe de Côtes, employé par Smith.

Nous ne devons pas terminer cet article sans dire quelques mots d'un problême assez curieux qui tient à la manière dont on apperçoit les objets plongés sous un milieu différent de celui où se trouve l'œil, comme le fond d'un vase ou d'un bassin rempli d'eau. On sait d'abord qu'il paroît rapproché ; mais de plus il paroît former une courbe qui s'élève vers la surface de l'eau. Snellius se demandoit quelle étoit la nature de cette courbe ; il paroît qu'il l'avoit traité dans un de ses ouvrages restés manuscrits, et que c'est-là qu'il établissoit sa loi de la réfraction.

Il est aisé de voir qu'avant tout, il faudroit connoître en quel point du rayon rompu prolongé, on apperçoit l'objet ; or c'est, comme on l'a vu, une question encore indécise. Mais en pareil cas, les géomètres aiment à raisonner d'après un principe quelconque. Ainsi il est probable que Snellius supposoit que l'objet apperçu par réfraction étoit vu dans le concours du rayon rompu prolongé, avec la perpendiculaire d'incidence. Il a dû conséquemment trouver dans ce cas, que la courbe en question est une courbe du quatrième degré ; nous trouvons en effet que dans cette supposition, et en appellant x l'éloignement du point vu par réfraction, de celui sur lequel tombe la perpendiculaire tirée de l'œil, et y l'ordonnée, l'équation de la courbe (1) se trouvera, en représentant par une ligne KD (*fig.* 2) la surface intérieure du vase, et par PF la surface de l'eau ; l'œil étant supposé au point O, j'abaisse de ce point sur les deux surfaces la perpendiculaire OFD, sur laquelle je détermine le point A par le

(1) Le reste de cet article, manquant dans le manuscrit, a été suppléé en entier.

rapport connu du rayon d'incidence au rayon de réfraction, désigné par celui de m à n. Le point A sera donc le sommet de la courbe. Par tous les autres points N de cette courbe, je tire la ligne ON et la perpendiculaire PNK. Par le point B, où cette ligne ON rencontre la surface PF, je joins la ligne BK, et j'ai $FP = x$, $PN = y$. Je représente par la lettre a la distance FD des deux surfaces, et par b la perpendiculaire OF abaissée de l'œil sur la surface de l'eau. Les deux triangles semblables BPN et BFO donnent OF : BF : : NP : BP, et *componendo*, OF + NP : BF + BP : : NP : BP, ou OF + NP $(b+y)$: PF (x) : : NP (y) : BP $= \frac{xy}{b+y}$. Or dans le triangle rectangle BNP, on aura $\overline{BN}^2 = \overline{BP}^2 + \overline{PN}^2 = \frac{x^2y^2}{b^2+2by+y^2} + y^2$, et dans le triangle rectangle BKP, on aura de même $\overline{BK}^2 = \overline{PK}^2 = \overline{BP}^2 = a^2 + \frac{x^2y^2}{b^2+2by+y^2}$, et conséquemment la proportion $m^2 : n^2 : : x^2y^2 + b^2y^2 + 2by^3 + y^4 : x^2y^2 + a^2b^2 + 2a^2by + a^2y^2$, équation que l'on voit être du quatrième degré, et de la nature de la conchoïde de Nicomède. Voyez le mémoire de M. de Mairan sur les réfractoires ou anaclastiques, dans les Mémoires de l'académie des sciences, pour 1740.

IV.

Parmi les problêmes de l'optique directe, il en est un célèbre depuis long-temps, et qui jusqu'à ces derniers temps est resté irrésolu. Il est une suite de cette apparence si connue, d'après laquelle deux rangées parallèles d'arbres nous paroissent se rétrécir continuellement. Il en est de même des murs d'une longue galerie, ou du plafond de cette même galerie, qui paroît s'abaisser du côté du pavé. On a donc demandé comment il faudroit faire, et suivant quelles lignes il faudroit planter ces arbres, pour qu'ils parûssent parallèles.

Le problême n'auroit rien que de facile, si la distance apparente de deux objets étoit toujours proportionnelle à l'angle ou au sinus de l'angle que font ensemble les rayons qui en partent, et qui peignent leur image sur la rétine. C'est le principe duquel sont partis quelques géomètres comme le P. Aguilonius et le P. Tacquet dans leurs Optiques, et d'après cela ils ont trouvé que ces deux lignes devroient être deux lignes hyperboliques rapportées à leur axe conjugué, et au centre desquelles seroit le spectateur. Car (1) voici comme rai-

(1) Ici commence une lacune suppléée par tout ce qui termine cet alinéa.

sonna Tacquet. Il se proposoit de savoir quelle devoit être la ligne *de rangée* BYO (*fig.* 3) pour que les intervalles GB, XY, des arbres opposés deux à deux sur elle et sur son axe GO, parussent tous à l'œil A sous des angles égaux GAB, XAY ; il démontra (1) que les deux lignes devoient être deux hyperboles opposées, ainsi que le P. Fabry l'avoit dit avant lui dans son Optique, mais sans démonstration. Le calcul de Tacquet étoit à la vérité sinthétique et fort embarrassé. Varignon trouva depuis la même solution par une analyse si simple et si courte, qu'elle ne demande qu'une seule proportion, tant il peut y avoir de différence entre les diverses voies qui conduisent aux mêmes vérités.

Mais il y a long temps que l'on a reconnu la fausseté du principe qui avoit servi de base à tous ces calculs. Aussi n'est-il nullement vrai que des objets placés suivant deux lignes hyperboliques paroissent former deux rangées parallèles. Ces rangées paroîtroient extrêmement divergentes. Le problême restoit donc encore irrésolu.

M. Varignon y travailla comme on vient de le voir, et donna en 1717 dans les Mémoires de l'académie, quelques vues sur ce sujet ; mais elles se réduisent à de pures suppositions géométriques, d'après lesquelles il (2) généralisa la solution de Tacquet, dont il admit le principe, en supposant que la grandeur apparente des objets ne dépendoit que de la grandeur de l'angle visuel. Quelques philosophes avoient prétendu qu'il falloit y joindre la distance apparente des objets qui nous les fait voir d'autant plus grands, que nous les jugeons plus éloignés Sans prendre parti sur cette question, Varignon tenta de résoudre le problême, en prenant pour principe que la grandeur apparente étoit proportionnelle au produit de l'angle visuel par la distance ; mais quelle fut sa surprise, lorsqu'il trouva qu'au lieu de rendre l'allée plus large à mesure qu'elle s'éloigne du spectateur, afin qu'elle paroisse de la même largeur par tout, il faut au contraire la rétréchir ! qu'en supposant une rangée d'arbres en ligne droite, la seconde rangée doit être une courbe qui s'approche toujours de la première ? ce qui est réellement absurde.

Ce qui conduisit Varignon à une conclusion si étrange, c'est qu'au lieu des distances apparentes combinées avec l'angle visuel, il fit entrer dans son calcul les distances réelles. Cette remarque est due à M. Bouguer, qui considère la même

(1) Propos. 48 du Livre Ier. de son *Optique.*

(2) Ici s'arrête le manuscrit pour cet article, dont la fin a été suppléée en entier, en se conformant au plus petit sommaire de l'auteur.

question dans les Mémoires de l'académie de l'année 1755, et fait voir que la direction que doivent avoir deux rangées d'arbres pour paroître parallèles, doit être celle de deux lignes droites divergentes. Nous devons ajouter que M. d'Alembert annonce, dans le premier volume de ses Opuscules, avoir trouvé la même chose long-temps auparavant.

Tout comme pour un œil placé à l'extrémité d'une longue galerie, le plafond paroît s'abaisser, de même, pour un œil placé à l'extrémité d'une longue allée de niveau et de côtés parallèles, le plan de cette allée, au lieu de paroître horizontal, semble s'élever. Telle est la raison pour laquelle, étant au bord de la mer, nous la voyons comme un plan incliné qui menace la terre d'une inondation. Quelques personnes plus dévotes qu'éclairées en physique, ont été jusqu'à regarder cette inclinaison comme réelle, et la suspension apparente des eaux de la mer comme un miracle continu. Ainsi, placé au milieu d'une vaste plaine, on la voit s'élever autour de soi, comme si l'on étoit au fond d'un entonnoir extrêmement évasé. M. Bouguer enseigne un moyen fort ingénieux de déterminer cette inclinaison apparente ; il nous suffira de dire que, pour le plus grand nombre des hommes, elle est de deux à trois degrés.

Imaginons donc deux lignes horizontales et parallèles, et un plan incliné de deux à trois degrés passant par nos pieds ; il est évident que ces deux lignes horizontales paroîtront à notre œil comme si elles se projetoient sur ce plan incliné. Or leurs projections sur ce plan seroient des lignes concourantes en un point, savoir celui où l'horizontale menée de l'œil le rencontreroit : on doit donc voir ces lignes comme convergentes.

Il suit de là que si, par quelqu'illusion particulière de la vue, le plan où sont situées ces lignes parallèles, au lieu de paroître au dessus, paroissoit incliné en dessous, l'allée paroîtroit divergente. C'est ce que M. Smith, dans son *Traité d'Optique*, dit arriver à l'avenue du château de M. North, dans le comté de Norfolk ; mais il seroit à souhaiter que M. Smith eût décrit avec plus de détail la position des lieux.

M. de Montucla, d'après les données que l'on vient de voir, a publié, dans son édition des *Récréations mathématiques d'Ozanam* (1), une solution du problême de Tacquet. Sa conclusion est qu'en supposant la hauteur de l'œil égale à cinq pieds, et le commencement de l'allée large de six toises ou trente-six pieds, on trouve par le calcul, que le point de concours des côtés de l'allée seroit à cent deux pieds en ar-

(1) Paris, 1790, tome II, p. 178.

rière, et que l'angle formé par ces mêmes côtés devroit être d'environ dix-huit degrés.

Cet estimable auteur avoit le jugement trop sain pour admettre légèrement une pareille conclusion ; aussi avoue-t-il qu'il a peine à croire que des lignes faisant un angle si sensible, puissent jamais paroître parallèles à un œil placé au dedans, en quelqu'endroit qu'il se fixât.

Fontenelle observe avec raison que la question de la grandeur de la lune vue à l'horizon ou au méridien, agitée dès l'an 1707, dans les Mémoires de l'académie, tient à la précédente (1). C'est un phénomène fort connu, que la lune et le soleil, lorsqu'ils sont voisins de l'horizon, paroissent plus grands que lorsqu'ils sont à une hauteur moyenne, ou près du zénith ; ce phénomène a beaucoup occupé les physiciens, et quelques-uns d'eux en ont donné de fort mauvaises explications.

En effet, ceux qui raisonnent superficiellement sur ce sujet, croient en avoir trouvé la cause, et une cause fort simple, dans la réfraction ; car, disent-ils, si l'on regarde obliquement un écu plongé dans un vase plein d'eau, on le voit sensiblement plus gros. Or tout le monde sait que les rayons qui nous viennent des corps célestes éprouvent une réfraction en entrant dans l'athmosphère de la terre. Le soleil et la lune sont donc comme l'écu plongé dans l'eau ; et voilà le problême résolu.

Mais ceux qui font ce raisonnement ne font pas attention que si un écu plongé dans un milieu plus dense, paroît grossi à l'œil situé dans un milieu plus rare, ce doit être le contraire d'un écu plongé dans un milieu plus rare pour un œil plongé dans le plus dense. Un poisson verroit cet écu hors de l'eau plus petit que s'il étoit dans l'eau. Or nous sommes dans la partie la plus dense de l'athmosphère, tandis que la lune et le soleil sont dans le milieu le plus rare. Ainsi, loin de paroître plus gros, ils devroient paroître plus petits ; et c'est aussi ce que confirment les instrumens qui servent à mesurer le diamètre apparent des astres : ils démontrent que les diamètres perpendiculaires de la lune et du soleil à l'horizon sont rétrécis d'environ deux minutes, ce qui leur donne la forme ovale assez apparente qu'ils ont le plus souvent.

Il faut donc rechercher la cause du phénomène dans une pure illusion optique ; et voici, à mon gré, ce qu'il y a de plus probable.

Lorsqu'un objet peint dans notre rétine une image d'une

(1) Dans tout ce qui suit, jusqu'à la fin de cet article, c'est Montucla qui reprend la parole, d'après les *Récréations mathématiques*, tom. II, p. 173 ; l'éditeur ne s'est permis que de légères corrections de style.

grandeur déterminée, cet objet nous paroît d'autant plus grand, que nous le jugeons plus éloigné, et c'est en vertu d'un raisonnement tacite assez juste ; car un objet qui, à la distance de cent toises, est peint dans l'œil sous un diamètre d'une ligne, doit être bien plus grand que celui qui est peint sous un pareil diamètre, et qui n'est qu'à vingt toises. Or quand la lune et le soleil sont à l'horizon, une multitude d'objets interposés nous donnent l'idée d'une grande distance, au lieu que lorsqu'ils sont près du zénith, nul objet n'étant interposé, ils paroissent plus voisins. Ils doivent donc, dans la première situation, exciter un sentiment de grandeur tout autre que dans la seconde.

Nous ne devons cependant pas dissimuler quelques difficultés que présente cette explication ; les voici : 1°. lorsqu'on regarde la lune horizontale avec un tube, ou en faisant avec ses doigts une espèce de tuyau un peu rétréci, on la voit extrêmement diminuée de grandeur, quoique les doigts ne cachent que fort imparfaitement les objets interposés. 2°. Souvent on voit lever la lune de derrière une colline très-voisine, et on la voit démésurément grosse.

Ces faits qui paraissent renverser l'explication ci-dessus, ce que pourtant je ne pense pas, ont engagé d'autres physiciens à en chercher une autre ; voici celle de M. Smith, déjà cité dans cet article.

La voûte céleste ne nous présente pas l'apparence d'une demi-sphère, mais celle d'une surface très-applatie et bien moins élevée vers le zénith, quoiqu'éloignée à l'horizon. Le soleil et la lune paroissent d'ailleurs sensiblement sous le même angle, soit à l'horizon, soit près du zénith. Or l'intersection d'un angle déterminé est moindre à une moindre distance du sommet, qu'à une plus grande. Ainsi la projection du soleil et de la lune, ou leur image perspective sur la voûte céleste, est moindre à une grande distance de l'horizon que dans son voisinage. On doit donc les voir moindres loin de l'horizon, que près de ce cercle.

Cette explication du phénomène est fort spécieuse ; mais ne peut-on pas demander encore pourquoi ces deux images, vues sous le même angle, paroissent néanmoins l'une plus grande que l'autre ? ne sera-t-on pas encore obligé de recourir ici à la première explication ? c'est ce que, pour abréger, je laisse à juger au lecteur.

Il suffit qu'il soit bien démontré que ce grossissement apparent n'est point produit par une plus grande image peinte dans la rétine. Elle est même, pour la lune, un peu moindre, puisque cet astre étant à l'horizon, est plus près de nous d'environ un demi-diamètre de la terre, ou d'un soixantième, lorsqu'il est fort élevé sur l'horizon. Ce phénomène enfin n'est qu'une illusion optique, quelle qu'en soit la cause, qui est assez obscure, mais que je crois toujours être le jugement d'une grande distance, occasionné par les objets interposés.

V.

Parmi les inventions optiques de ce siècle, on doit donner un des premiers rangs à celle des lunettes achromatiques. Ce nom leur a été donné, parce que, au contraire des lunettes ordinaires, qui représentent communément les objets comme colorés à leurs bords, ce qui nuit à la distinction, celles-ci les présentent sans aucune couleur. Le mot *achromatique* vient du mot grec *chroma*, couleur, et de l'*a* privatif de la même langue. M. de Lalande nous paroît être le premier auteur de cette heureuse dénomination, qui a été adoptée sur-le-champ.

Les objectifs doués de cette propriété sont en conséquence susceptibles d'admettre des oculaires d'un foyer beaucoup plus court, et par cette raison d'augmenter beaucoup plus sous une même longueur. On a vu d'excellentes lunettes achromatiques de sept à huit pieds de longueur, faire le même effet que des lunettes ordinaires de quarante à cinquante pieds, ou du télescope à réflection de quatre à cinq pieds de foyer. Ajoutons à cela que ces derniers, quelque perfection qu'ait leur poli, n'ont point la clarté des lunettes purement dioptriques. Leur usage est extrêmement embarrassant, pour peu qu'ils passent certaines bornes; les miroirs se ternissent facilement et se repolissent difficilement.

La raison qui avoit fait imaginer à Newton son télescope à réflection, est la différente réfrangibilité de la lumière, qu'il avoit découverte. Car il en résulte qu'une lentille exposée à un objet, peint derrière elle autant d'images différemment colorées et à des distances différentes, qu'il y a de différentes couleurs dans le spectre coloré de Newton. L'image formée par les rayons violets et bleus, qui sont les plus réfrangibles, est la moins éloignée; celle qui l'est le plus, est celle que peignent les rayons rouges, et la différence de ces distances est d'environ une cinquante-cinquième partie de celle du foyer. Enfin, il est aisé de sentir que l'image de chacun des points de l'objet, au lieu d'être un point comme elle devroit l'être pour une distinction parfaite, est un petit cercle différemment coloré du centre à la circonférence, et que de là résulte une confusion dans l'image, qui ne permet pas d'y appliquer un oculaire d'un aussi petit foyer, que si elle étoit parfaitement distincte. Aussi dans les lunettes ordinaires, voit-on fréquemment les bords de l'image colorés en rouge ou en violet, et surtout lorsqu'on amène ces bords vers celui du champ de la lunette.

Newton pensoit que ce défaut étoit absolument irrémédiable, et cela seroit en effet, si dans toutes les matières quelconques, la dispersion des rayons différemment colorés étoit la même lorsqu'ils éprouvent la même réfraction. Si, par exemple, deux faisceaux de lumière entrant l'un dans un morceau de cristal et l'autre dans un morceau de verre, de manière à ce que le rayon, rompu dans l'un et l'autre, forme le même angle, de trente degrés par exemple, avec la perpendiculaire, et que la déviation des rayons rouges d'avec les violets fût également d'un degré, il n'y auroit nul moyen de corriger l'effet de la différente réfrangibilité. Or Newton pensoit que dans chaque matière, le sinus de l'angle de réfraction des rayons rouges étant dans une raison constante avec le sinus des rayons violets, qui est l'autre extrême, il devoit en résulter que dans les différentes matières, le même rapport devoit avoir lieu sous le même angle rompu.

Cette conséquence étoit néanmoins précipitée ; et en effet, examen fait, il s'est trouvé que la même réfraction n'étoit point accompagnée d'une égale dispersion dans différentes matières transparentes, ou d'une égale différence de réfrangibilité dans les rayons différemment colorés ; dans un verre d'une espèce, par exemple le verre commun, le rapport de réfrangibilité des rayons rouges avec celle des rayons violets, est celui de (1) 154 à 156, tandis que dans un autre verre, appellé par les Anglois *flint-glass*, ce rapport est (2) celui de 1585 à 1615, c'est-à-dire que dans le verre ordinaire, le rapport pourra s'exprimer par la fraction décimale 0,98718, tandis que dans le flint glass, cette fraction sera seulement 0,98142.

Quoique la découverte de cette nouvelle propriété de la lumière, ou plutôt des corps réfringens, soit due au célèbre artiste anglois, M. Dollond (3), elle a été cependant provoquée par M. Euler, et peut-être seroit-elle encore inconnue, sans une discussion sur la réfraction, élevée entr'eux. Voici à quelle occasion.

(1) L'auteur laisse en blanc ce rapport. Je l'ai tiré du mémoire de Clairaut, inséré dans ceux de l'académie des sciences pour 1757.

(2) Même observation que dans la note précédente. J'ai moi-même fait le calcul comparatif en fractions décimales.

(3) C'est ainsi que l'assure l'auteur. L'exacte vérité se trouve dans la note suivante, que M. de Lalande m'a communiquée :

Ce fut Chestermonhall qui, vers 1750, eut l'idée des lunettes achromatiques. Il

M.

M. Euler, frappé en 1747 de l'imperfection de nos objectifs, tant à raison de l'aberration causée par la différente réfrangibilité de la lumière, qu'à raison de celle qui provient de la sphéricité, cherchoit à les perfectionner d'après une considération fort ingénieuse. Il remarquoit que dans l'organe de la vue, la réfraction n'étoit point accompagnée de couleurs, et il soupçonnoit que c'étoit un artifice particulier employé par l'auteur de la nature, que d'avoir employé quatre réfractions pour produire cet effet ; car il y en a ce nombre, savoir d'abord en passant de l'air dans la cornée, de-là dans l'humeur aqueuse, de celle-ci dans le cristallin, et enfin de ce dernier dans l'humeur vitrée. Il rechercha donc s'il n'y auroit pas quelque combinaison à de sphéricité donner à des lentilles de verre et d'eau, qui pût produire l'effet de corriger l'aberration de couleur, et même celle de sphéricité ; car dans l'organe de l'œil, l'une et l'autre sont corrigées.

M. Euler, analysant ce problême, trouva en effet des constructions d'objectifs formés de verre et d'eau renfermée dans leur concavité, qui devoient détruire l'effet de la différente réfrangibilité. Ces objectifs, s'il eût été possible de les mettre à exécution, avoient même un avantage particulier : c'est qu'au moyen de sphéricités de rayons fort médiocres, les foyers pouvoient être portés fort loin. Il en eût moins coûté pour faire un objectif ainsi composé, de trois à quatre cents pieds de foyer, qu'il ne l'est aujourd'hui d'en faire un de quarante à cinquante pieds. Voyez les Mémoires de Berlin pour 1747. Mais quelques efforts que M. Euler ait faits pour se procurer un objectif ainsi composé, il n'en a jamais pu obtenir un bon ; il en a fait l'aveu dans les Mémoires de l'académie de Berlin, de 1753. Il en attribue uniquement la difficulté à celle de travailler des verres d'une dimension aussi précise qu'il en seroit besoin ; il en rejette aussi la faute sur la sphéricité, qui ne permet pas aux rayons latéraux de se réunir au même point que ceux qui sont voisins de l'axe.

Il faut encore observer que M. Euler n'arrivoit à la solution ci-dessus, qu'en donnant pour base à ses calculs une supposition qu'il faisoit sur la loi de la dispersion des rayons différemment

s'adressoit à Ayscough, qui faisoit travailler Bass.

Dollond ayant eu besoin de Bass pour un verre que demandoit le duc d'Yorck, Bass lui fit voir du crown-glass et du flint-glass.

Hall donna une lunette à Ayscough, qui la montra à plusieurs personnes ; il en donna la construction à Bird, qui n'en tint pas compte. Dollond en profita.

Dans le procès qu'il y eut entre Dollond et Watkin, au banc du roi, cela fut prouvé ; mais Dollond gagna, parce qu'il étoit le premier qui eût fait connoître les lunettes achromatiques.

colorés, supposition que M. Dollond, trouva défectueuse; et qui occasionna entr'eux une contestation assez longue. M. Euler, en effet, obligé de déterminer le rapport de réfraction des rayons les plus ou les moins réfrangibles, à l'égard des rayons de réfrangibilité moyenne, trouvoit par un procédé purement analytique, que si m et n expriment les rapports de réfraction des rayons moyens en passant de l'air dans le verre, et de l'air dans l'eau, et qu'on appelle M et N ceux des rayons les moins réfrangibles, les rouges, par exemple, en passant dans les mêmes milieux, on aura logarithme m à logarithme n, comme logarithme M à logarithme N; ce qui fait que connoissant m et n, ainsi que M, on aura N, qui exprime le sinus des rayons les plus réfrangibles en passant de l'air dans l'eau. C'est cette supposition qui lui fut contestée par M. Dollond; et en effet, dans tout le raisonnement de M. Euler sur ce sujet, on ne voit qu'un raisonnement analytique. Mais comment un raisonnement analytique pourroit-il servir à déterminer une loi physique? Il est vrai que M. Euler fait voir que celle qu'il met en avant, satisfait à divers phénomènes connus de la réfraction; mais ne peut-il pas y avoir quelqu'autre expression plus ou moins simple qui y satisfasse également? C'est donc l'expérience seule qui peut et qui doit décider. M. Clairaut a dans la suite (*Mémoires de l'académie*, année 1756) fait aussi sur cette loi des observations qui démontrent qu'on ne sauroit l'admettre, et auxquelles M. Euler lui-même s'est rendu.

M. Dollond de son côté prenoit aussi un principe qu'il faut faire connoître ici, et qui lui paroissoit établi par des expériences de Newton. Ce grand homme dit dans son *Optique*, livre I, part. II, prop. 3, avoir observé avec des prismes de verre pleins d'eau, que si un faisceau de lumière, après avoir traversé deux milieux réfringens, rentre dans l'air, le faisceau émergent étant parallèle à l'incident, il n'y a jamais que de la lumière blanche; mais que si le faisceau émergent est incliné à l'incident, alors il est toujours coloré. De-là M. Dollond concluoit avec Newton, que si l'on nommoit M le rapport de réfraction pour les rayons rouges passant de l'air dans le premier milieu réfringent, m celui des rayons violets dans le même passage, N le rapport de réfraction des rayons rouges passant du premier milieu dans le second, et n celui des rayons violets, la raison de $m - M$ à $n - N$ étoit une raison constante, ainsi que celle de $m - 1$ à $n - 1$. Cette proposition au reste n'est, comme on le verra par la suite, pas plus celle de la nature que celle de M. Euler; mais revenons au principe de ce dernier.

M. Dollond ayant eu connoissance du mémoire de M. Euler,

lui contesta donc ce principe et lui adressa un petit écrit sur ce sujet avant de l'insérer dans les *Transactions philosophiques*. La principale raison qu'il alléguoit pour le combattre, étoit qu'il contredisoit le sien, qui étoit fondé sur les expériences de Newton ; et en effet ils ne peuvent subsister l'un et l'autre ensemble. Mais cette raison de M. Dollond ne devoit pas convaincre son adversaire, qui répondit à son écrit en faisant voir que la loi qu'il adoptoit étoit elle-même contraire à l'expérience, qu'elle renfermoit une contradiction ; et que si elle étoit admise, il falloit renoncer à tout espoir de corriger jamais l'effet de l'aberration de réfrangibilité. Ces deux écrits sont insérés dans les *Transactions philosophiques* de l'année 1752. On lit aussi dans les Mémoires de Berlin de 1753, une réponse plus développée de M. Euler à M. Dollond, où le premier établit, par un calcul qui paroît sans réplique, qu'en employant ce principe pour corriger l'effet de la différente réfrangibilité, au moyen de quatre surfaces réfringentes, le foyer est porté à une distance infinie. M. Dollond néanmoins ne se rendit pas, et insista toujours sur ce que la loi prétendue par son adversaire étoit purement hypothétique et ne devoit point l'emporter sur une autre, déduite de l'expérience. D'un autre côté, M. Euler travailla à établir sur de nouvelles raisons son principe, ce qu'il fait dans les Mémoires de Berlin de 1754, d'après l'hypothèse que la lumière consiste dans les vibrations imprimées à un fluide élastique par des corps lumineux, et que la plus ou moins grande fréquence de ces vibrations dans un temps donné, est ce qui constitue la différence des couleurs, hypothèse dont, sans contester les vérités d'expérience établies par Newton, il ne s'est jamais départi. Là il n'hésite point de donner la loi en question comme la seule compatible avec la vérité et la nature. Quant aux expériences alléguées par M. Dollond, il observoit et faisoit voir par le calcul, que la différence qui résultoit des deux lois étoit trop peu considérable, pour que l'expérience seule pût décider entr'elles ; il n'y a en effet dans le cas qu'il développe, qu'un 1200e de différence entre les résultats de l'une et de l'autre hypothèse.

Il étoit réservé à M. Klingenstierna, célèbre astronome et géomètre suédois, de forcer M. Dollond dans son dernier retranchement. Dans un mémoire qu'il envoya à l'académie royale des sciences, dont il étoit associé étranger, et qui avoit pour objet les lois de la dispersion, il faisoit voir, par un raisonnement purement géométrique, que celle adoptée par M. Dollond, d'après l'expérience de Newton rapportée ci-dessus, ne pouvoit s'accorder avec les lois générales de la réfraction universellement admises et au-dessus de toute exception. Un précis de ce mémoire ayant été envoyé à M. Dollond, le convainquit enfin que son principe n'étoit pas exact, et qu'étant néanmoins légitimement déduit d'une expérience de Newton, il étoit nécessaire d'y revenir pour l'examiner scrupuleusement, et qu'il falloit enfin faire de nouvelles expériences pour parvenir à trouver le véritable. Cela obligea l'artiste opticien anglois à tenter ces expériences, qui non-seulement confirmèrent le sentiment du géomètre suédois, mais conduisirent M. Dollond à la découverte qui sert aujourd'hui de base à la construction des lunettes achromatiques, ce dont il rend compte dans les *Transactions philosophiques* de 1758.

M. Dollond trouva en effet, ce à quoi l'on ne s'attendoit nullement, deux espèces de verres douées, quant à la dispersion des rayons hétérogènes, de qualités fort différentes. Car quoiqu'elles agissent à peu près aussi fortement l'une que l'autre sur le faisceau entier de lumière, leur effet sur chaque couleur est néanmoins si différent, que la dispersion de ces couleurs n'est dans l'un que les deux tiers de ce qu'elle est dans l'autre. L'une de ces matières est le *crown-glass*, ou le verre commun d'Angleterre, qui ne diffère guère de celui de France ; l'autre est le *flint-glass*, espèce de cristal beaucoup plus transparent et plus lourd que le verre ordinaire.

Le verre commun ci-dessus produisant sur un rayon simple une réfraction qui est comme 1, le *flint-glass* en produit une comme 1.015, tandis que la dispersion produite par le premier est à celle du second comme 2 à 3 ; et de là résulte d'abord une conséquence remarquable, savoir que puisqu'il est possible qu'un faisceau de lumière en traversant deux milieux réfringens pour rentrer dans le même milieu, éprouve sans se colorer une inclinaison à sa direction primitive, il est possible de former avec ces deux matières réfringentes une lentille qui peindra une image non colorée. Une autre conséquence résultant de cette découverte est que la loi prétendue par M. Euler n'est pas plus la loi de la nature que celle qu'alléguoit M. Dollond. Nous remarquerons seulement avec M. Clairaut, dans les Mémoires de l'académie pour 1757 (1), que l'artiste anglois auroit pu rendre plus de justice au géomètre allemand, en reconnoissant qu'on lui devoit l'ingénieuse idée d'avoir tenté le premier de corriger l'aberration de réfrangibilité par l'emploi de différentes matières réfringentes. C'est en effet à cette idée, ainsi qu'à la contestation qui en fut la suite, qu'est due la découverte mémorable dont nous parlons. Il faut néanmoins convenir que le dernier et le principal trait de lumière qui amena cette dé-

(1) Page 525 de l'édition *in*-4°.

couverte, fut la démonstration de M. Klingenstierna. On la donne par cette raison, ainsi que quelques autres ayant trait à ce qu'on vient de dire, par forme de note, à la fin de cet article.

Je remarquerai encore ici comme une particularité, que lorsque le bruit de la découverte de M. Dollond et de ses lunettes sans couleur se fut répandu, on étoit si préoccupé à Berlin de l'impossibilité de corriger les couleurs par un moyen différent de celui que M. Euler fondoit sur sa loi de dispersion, qu'on fut persuadé et qu'on écrivit que la bonté des lunettes de l'artiste anglois provenoit d'une autre cause que de la correction de la différente réfrangibilité. On l'attribua à une assez heureuse combinaison de verres pour détruire l'aberration causée par la sphéricité, et les rendre par conséquent susceptibles d'une très-grande ouverture, ce qui joint à la petite dimension de ces premières lunettes achromatiques, rendoit l'aberration de réfrangibilité insensible. C'est ce qu'on voit clairement, tant par un ou deux mémoires de M. Euler, que par un de M. le comte de Redern, sur les progrès de la dioptrique dans ce siècle. Ce ne fut que quelques années après, que M. Euler reconnut, d'après une démonstration de M. Clairaut, que son principe sur la loi de réfraction n'avoit pas la solidité qu'il lui avoit si long-temps attribuée. Mais il est temps de revenir aux progrès de la découverte de M. Dollond.

En possession d'un fait aussi intéressant que celui découvert par l'artiste anglois, il ne tarda pas d'en tirer les conséquences qu'il présentoit pour la perfection des objectifs des lunettes. Il y vit la possibilité prétendue par M. Euler, de corriger l'aberration de réfrangibilité par une combinaison de milieux réfringens, et quelques expériences faites avec des prismes des deux matières ci-dessus, la lui démontrèrent. Il accoupla l'un avec l'autre en sens contraire deux petits prismes, l'un de *crown-glass*, l'autre de *flint-glass*, l'angle des faces de ce dernier étant moindre que celui du premier. Il en résulta un prisme tronqué qui, s'il eût été d'une matière homogène, eût coloré le rayon émergent non parallèle à l'incident, tandis que dans celui-ci, ce rayon faisant avec le premier un angle, n'éprouvoit aucune couleur. Or un objectif n'est qu'un composé de petits prismes adossés entr'eux; d'où il résultoit que composant un objectif de deux matières différentes, comme celles ci-dessus, il pourra y avoir un foyer et une image non colorée. M. Dollond construisit en effet d'abord, non sans beaucoup d'essais et de tâtonnemens, un objectif composé de deux lentilles, l'une convexe et l'autre concave, et appliquées l'une contre l'autre, la première de *crown-glass* et l'autre de *flint-glass*, qui peignoit à son foyer une image fort distincte et nullement colorée. Telle fut la construction des premières lunettes achromatiques de M. Dollond.

Mais il passa bientôt après à une composition meilleure que celle-là. Il accoupla trois prismes d'angles différens, dont les deux extérieurs, A et C (*fig.* 4) étoient de *crown-glass* et formoient, le premier un angle de 25° 53′, et le second un de 14° 27′, tandis que celui du milieu étoit de *flint glass* et avoit son angle de 27° 3′. De là résultoit, comme on le voit dans la figure 4, un prisme tronqué, qui, joint à son semblable, formé des prismes *a*, *b*, *c*, compose une espèce de lentille, à travers laquelle on voyoit les objets absolument privés de couleur. Ceci fait voir qu'on peut former un objectif composé de deux lentilles convexes, entre lesquelles seroit interposée une concave des deux côtés. Cette disposition est plus avantageuse que la première, parce qu'elle présente un plus grand nombre de rayons de sphéricité qui peuvent, par leur indétermination, servir à remplir un plus grand nombre d'objets, dont un principal est celui de corriger en même-temps l'aberration de sphéricité.

Il résultoit en effet de la découverte de M. Dollond, que si l'on pouvoit construire des objectifs achromatiques, d'un autre côté ces objectifs avoient le défaut de ne pouvoir soutenir une ouverture convenable, sans éprouver une grande aberration de sphéricité. Cela vient de ce qu'en général les rayons de sphéricité à donner aux lentilles objectives, sont plus courts relativement à la distance du foyer, qu'ils ne le sont pour la même distance dans les lunettes ordinaires. Or on sait que plus une surface est portion d'une moindre sphère, moins il faut en découvrir pour ne pas donner lieu à une aberration de sphéricité trop sensible. M. Dollond fut au commencement fort embarrassé de cet inconvénient imprévu. Il y trouva néanmoins, à force de méditations et d'essais, un remède, sinon complet, du moins palliatif.

On conçoit aisément que ce nouveau champ ne fut pas plutôt ouvert, que les géomètres d'un ordre supérieur s'empressèrent comme à l'envi, de s'y jeter. Il offroit en effet les plus belles espérances d'une moisson de vérités utiles à la perfection de l'optique, et par suite, de l'astronomie et de la physique. Aussi voit-on que MM. Clairaut, Euler, Klingenstierna, d'Alembert, et divers autres, s'occupèrent à donner à la découverte de Dollond l'extension dont elle étoit susceptible.

En effet, on ne doit pas être étonné que ce sujet présentât encore matière aux plus profondes considérations des géomètres; car l'artiste anglois n'étoit parvenu que par des combinaisons réitérées et des tâtonnemens, à construire quelques lunettes achromatiques d'une grande bonté. Mais le principe une fois trouvé, cette construction pouvoit et devoit être soumise à des déterminations mathématiques et certaines. Connoissant, par exemple, les rapports de réfraction et de dispersion des couleurs dans deux matières différentes, c'est un problême susceptible de résolution, que de déterminer les sphéricités des objectifs à combiner entr'eux, pour former une image à distance donnée. C'étoit encore un problême important, que d'examiner si l'on ne pourroit pas, au moyen d'un plus grand nombre de surfaces réfringentes, corriger en même-temps l'aberration causée par la différente réfrangibilité, et celle qui résulte de la sphéricité. C'étoit encore un objet intéressant, que de déterminer parmi toutes ces combinaisons de sphéricité, quelle est celle qui doit produire le meilleur effet, ou qui est la plus facile à exécuter.

Tels sont les principaux problêmes qui se présentoient du premier abord aux recherches des géomètres. M. Clairaut fut un des premiers à entrer dans cette carrière digne de lui, et publia le résultat de ses recherches sur ce sujet par un premier mémoire donné à l'académie en 1762, qu'à cause de son importance, cette compagnie jugea à propos de faire imprimer par anticipation dans son volume de 1756. On a encore de M. Clairaut deux mémoires sur le même objet, l'un imprimé dans le volume de 1757, quoique de la date de 1762, et le dernier enfin imprimé dans le volume de 1762. M. d'Alembert s'en est aussi occupé, soit dans ses *Opuscules* mathématiques, dont le troisième volume contient un savant mémoire sur les lunettes achromatiques, soit dans diverses suites de ce premier, qu'on lit parmi ceux de l'académie de 1764, 1765 et 1767.

M. Euler ne pouvoit être un des derniers à entrer dans cette carrière, lorsqu'il eut reconnu le peu de justesse du principe qui l'avoit séduit pendant un temps. On peut même dire qu'il avoit de l'avance sur tout autre par ses recherches antérieures. On trouve ses méditations ultérieures sur le même sujet, en partant des faits établis par M. Dollond, dans les Mémoires de l'académie de Berlin, et surtout dans sa savante Dioptrique, où la matière paroît épuisée. On lira aussi dans les mêmes mémoires pour les années 1762 et suivantes, divers morceaux de M. Béguelin, tout à fait intéressans par la clarté qui y règne, ainsi que par les observations de pratique que contient l'un d'eux.

On seroit fondé à s'étonner si un sujet aussi intéressant n'eût pas été l'objet d'un des prix que les académies ont coutume de proposer pour exciter les savans à éclaircir les matières les plus difficiles. Les premières lunettes de M. Dollond furent à peine connues en Europe, que l'académie de Pétersbourg en fit le sujet de l'un de ses prix pour 1762, en proposant d'examiner *jusqu'à quel point les imperfections des lunettes et des microscopes provenant de la différente réfrangibilité et de la sphéricité des verres, pouvoient être corrigées ou diminuées par des combinaisons de différentes lentilles, &c.* Il nous suffira de dire ici que ce prix fut remporté par le célèbre M. Klingenstierna, dont la pièce intitulée *Tentamen de definiendis et corrigendis aberrationibus radiorum luminis in lentibus sphaericis refracti, et de perficiendo telescopio dioptrico,* fut imprimée la même année à Pétersbourg, *in*-4°. M. Klingenstierna l'ayant donnée par extrait dans les Mémoires de Stockolm, qui sont écrits en suédois, M. Clairaut le traduisit et l'inséra, en 1762, dans le Journal des Savans des mois d'octobre et de novembre.

(1) En 1766, un des membres de l'académie des sciences de Paris remit à cette compagnie une somme de 1200 liv. destinée à récompenser celui qui trouveroit la matière la plus propre à la fabrication des objectifs. Deux mois après, Louis XV, alors roi de France, instruit de cette offre, voulut que les fonds qui y étoient destinés, fussent fournis par son trésor, et la séance publique du 12 novembre commença par la lecture du programme de ce prix; mais le défaut de concurrens habiles fit remettre la distribution d'une année à l'autre, et le prix ne fut point adjugé. Seulement MM. d'Alembert & Jeaurat publièrent des mémoires où la théorie des lunettes achromatiques est parfaitement bien discutée.

Enfin comme il n'est, en mathématique, aucun sujet qui ne présente sans cesse matière à des recherches ultérieures, l'académie de Berlin jugea à propos, en 1770, de présenter encore celui des lunettes achromatiques pour son prix de 1772. La pièce couronnée a été celle de M. Hennert, intitulée : *Dissertation sur les moyens de donner la plus grande perfection possible aux lunettes dont les objectifs sont composés de deux matières.* (Berlin 1773, 58 pages *in*-4°.)

Il y a encore un grand nombre d'excellens écrits qui ont pour objet d'éclaircir ou d'étendre ce sujet, et que nous croyons devoir indiquer à ceux de nos lecteurs qui voudroient l'approfondir. On doit mettre dans ce rang les *Dissertationes V ad dioptricam pertinentes* du savant père Boscovich, imprimées à Vienne en Autriche, en 1765, ainsi que ses *memorie sulli cannocchiali diottrici* (mémoires sur les lunettes d'approche dioptriques). Milan 1771, *in*-4°.; les extraits de cette doctrine,

(1) Tout cet alinéa est de l'éditeur.

par

par le père Pézenas et M. Leroy; enfin les opuscules de l'abbé de Rochon, et ses derniers ouvrages.

Ce seroit ici le lieu d'exposer la méthode analitique employée par les géomètres dont on vient de parler, pour se conduire dans leurs recherches; mais comme les calculs et les expressions en sont d'une assez grande complication, nous nous bornons ici à donner une idée légère de cette méthode, en renvoyant des détails plus instructifs à une note qui suivra cet article.

Le premier pas à faire dans cette recherche, étoit (1) de s'assurer de la proportion qui se trouve entre la réfraction du verre commun et celle du cristal d'Angleterre; puisque la destruction des couleurs dépend de cette différence, rien n'est plus essentiel que de la bien constater. M. d'Alembert admet dans ses calculs que le rapport des sinus dans le verre commun est 1, 55, tandis que dans le cristal d'Angleterre il est 1, 6; ce n'est pas qu'il regarde ce rapport comme absolument constant; mais il donne les moyens de corriger les erreurs qui naîtroient de la plus ou moins grande quantité de cette différence.

D'après ce principe, M. d'Alembert voulut réaliser ses formules dans la construction de deux objectifs, composés de trois lentilles immédiatement appliquées l'une sur l'autre, dont les deux extérieures sont de verre commun, et celle du milieu, de cristal d'Angleterre, et il détermina la proportion des rayons de leurs surfaces : ensuite il examina les avantages et les désavantages des deux objectifs, et il trouva que ces constructions étoient telles, que des erreurs beaucoup plus grandes que celles que peuvent introduire dans la détermination des rayons de leur courbure, quelques petites quantités négligées à dessein dans le calcul, ne nuiroient pas sensiblement à la bonté de ces verres.

On avoit construit en Angleterre un objectif achromatique, composé de trois lentilles, dont celle du milieu étoit de cristal d'Angleterre; il avoit trois pouces et demi d'ouverture, la lunette à laquelle il fut appliqué n'avoit que trois pieds de long, & grossissoit cent cinquante fois le diamètre des objets, c'est-à-dire, à peu près autant qu'une bonne lunette de quarante pieds; mais on n'avoit point donné les proportions que l'on y avoit adoptées, et M. Dollond n'y étoit probablement arrivé que par tâtonnement; en sorte que l'instrument pouvant paroître susceptible d'un effet plus considérable, M. d'Alembert proposa une nouvelle combinaison de trois lentilles, dont l'une seroit un ménisque de verre commun, celle du milieu un autre ménisque de cristal, et la dernière une lentille de verre commun bi-convexe. On sait

(1) Ici s'arrête le manuscrit. J'ai continué sur les Mémoires de l'académie des sciences en 1764, 1765 et 1767.

que le *ménisque* est un verre convexe d'un côté et concave de l'autre, mais dont la concavité fait partie d'une sphère plus grande que sa convexité.

Comme les télescopes catoptriques n'ont que la seule aberration de sphéricité, M. d'Alembert examina quelle seroit cette aberration dans un télescope, qui feroit le même effet que la lunette à laquelle on appliqueroit l'objectif qu'il venoit de proposer. Il résulta de cet examen, que cette aberration ne sera jamais plus grande que celle du télescope, qui n'y cause cependant aucun inconvénient.

M. d'Alembert fit la même comparaison de l'aberration de sphéricité de son objectif achromatique avec celle d'un objectif bi-convexe. On sait que l'aberration de sphéricité de ces verres est très-petite, & ne nuit presque point à leur effet ; un objectif achromatique sera donc excellent, si son aberration de sphéricité n'est pas plus grande ou est plus petite que celle d'une lentille bi-convexe isoscèle : cet objectif sera donc encore très-bon, pourvu que quelques-uns des rayons de ses convexites ne soient pas trop grands ou trop petits.

Les trois constructions d'objectifs achromatiques, composés de trois verres, dont nous venons de parler, ne sont pas les seules possibles. M. d'Alembert en examina plusieurs autres, et donna les limites dans lesquelles peuvent être comprises toutes ces constructions, discutant et faisant voir les avantages plus ou moins grands de chacune.

La construction d'objectifs achromatiques qu'il avoit proposée, suppose toujours ces verres composés de trois pièces différentes ; on en a fait cependant plusieurs de deux lentilles jointes ensemble. Le plus de simplicité de ces derniers verres mériteroit sans doute qu'on leur donnât la préférence s'ils étoient aussi bons que les autres ; M. d'Alembert n'a pas négligé cette comparaison ; il en résulte que quelque perfection que l'on puisse donner à ces derniers objectifs, ils ne seront jamais aussi bons que ceux qui sont composés de trois pièces, et que les plus petites erreurs que l'on pourra commettre dans les dimensions et les proportions de leur courbure, altèreront beaucoup plus leur effet.

La même chose n'arrive pas à l'objectif composé de trois pièces ; M. d'Alembert s'en assura en altérant exprès les rayons de ces courbures ; l'erreur y resta toujours renfermée dans des bornes bien plus étroites que ne le sont celles des erreurs que peuvent subir par cette même voie les objectifs à deux lentilles.

La destruction des couleurs, par le moyen des objectifs composés de plusieurs lentilles de différentes matières, exige une combinaison assez précise, et les moindres erreurs y sont très-préjudiciables ; M. d'Alembert se proposa donc de découvrir celles qui pouvoient être les plus nuisibles, soit dans la construction d'un objectif à trois lentilles, soit dans les rayons des surfaces qui les terminent, et de chercher les moyens les plus efficaces d'y remédier ou de les prévenir.

Le plus dangereux de ces inconvéniens est l'erreur qu'on peut commettre en mesurant la diffusion ou l'écartement des couleurs, causé par la réfraction dans les différentes matières ; on mesure cette diffusion ou par l'espace qu'occupent les couleurs au foyer de deux différentes lentilles formées de ces matières, ou en faisant passer le rayon au travers de deux prismes adossés, dont le premier est formé d'une de ces matières, et le second de l'autre ; la mesure est très-difficile dans la première méthode, par la difficulté de bien discerner le terme des couleurs dans l'image ; celle qui se fait par le moyen des prismes, est peut-être plus exacte ; mais elle exige que l'on connoisse exactement les angles de ces prismes, qui sont petits, et par conséquent difficiles à obtenir avec un certain degré de précision : cependant, une très-petite erreur dans cette opération, en produit une très-considérable dans l'effet qu'on attend des objectifs, non-seulement parce que le rapport des réfrangibilités en est sensiblement altéré, mais encore parce que l'erreur commise dans le rapport de la diffusion des couleurs, est encore augmentée dans l'aberration de l'objectif dans la raison de 1 à 3, sans qu'on puisse la détruire par l'arrangement des verres qui le composent.

Cette erreur est de si grande conséquence, que si on se trompe d'un seul dixième dans le rapport de la diffusion des couleurs, l'aberration des couleurs qu'on aura cru détruire, entrera encore pour plus d'un cinquième ; et si le rapport de la diffusion des couleurs dans le cristal d'Angleterre et dans le verre commun, au lieu d'être de 3 à 2 comme on le suppose, se trouvoit de 32 à 20 ; ou, ce qui est la même chose, de 8 à 5, comme d'autres l'ont donné, l'aberration des couleurs de l'objectif seroit le quart de celle d'un objectif ordinaire de même foyer : une lunette achromatique de trois pieds, ainsi construite, ne produiroit donc que l'effet d'une de douze ; tandis qu'un télescope grégorien, de même longueur, fait l'effet d'une de cinquante ; et c'est là, selon M. d'Alembert, ce qui a empêché de tirer jusqu'à présent des lunettes achromatiques, tout le parti qu'on en pouvoit tirer.

Un inconvénient aussi considérable que celui duquel nous venons de parler, méritoit qu'on en cherchât le remède ; et ses recherches lui en ont procuré un si simple, qu'on ne peut rien desirer de plus facile dans l'exécution.

Le rapport de diffusion que l'on a trouvé, peut être ou plus grand ou plus petit que le rapport véritable ; dans le premier cas, l'erreur est en plus, et dans le second, elle est en moins.

Dans le premier cas, il suffira de diminuer un peu la courbure de la première surface de l'objectif, c'est-à-dire, de celle qui est tournée vers l'objet, en laissant les lentilles qui composent l'objectif appliquées les unes sur les autres, à l'ordinaire.

Dans le second cas, il est encore plus facile de remédier au mal : en écartant un peu l'une de l'autre les lentilles qui composent l'objectif, on détruira presque toute l'aberration de réfrangibilité qui étoit demeurée à l'objectif composé.

Rien de plus simple que ces deux moyens; mais comme le second est incomparablement plus facile à exécuter que le premier, il sera bon de prendre toujours le rapport de la diffusion des couleurs plutôt un peu moindre qu'un peu plus grand que le vrai.

Non-seulement il est possible de corriger en grande partie l'erreur qui naît de la fausse détermination du rapport de diffusion, par les moyens que nous venons d'indiquer ; mais on peut encore la faire disparoître au moyen de l'oculaire convexe que l'on adapte ordinairement à ces lunettes ; car l'aberration de couleurs de cet oculaire, étant heureusement alors en sens contraire de celle de l'objectif, il est possible d'avoir un oculaire qui la détruise presque entièrement, et M. d'Alembert donne le calcul nécessaire pour en déterminer les dimensions.

Le travail que cette recherche l'a obligé de faire sur les oculaires, l'a mis dans le cas de faire sur ce sujet deux remarques essentielles.

La première est qu'au lieu d'employer pour ces oculaires du verre commun, il faudroit y employer une matière où la diffusion des rayons fût plus grande, telle, par exemple, que celle qu'a trouvée M. Zeiher, qui, ayant à peu près la même réfraction moyenne que celle du cristal d'Angleterre, écarte les couleurs deux fois autant que ce dernier, et trois fois plus que le verre commun ; ces oculaires, quoiqu'avec un foyer plus court, représenteroient les objets aussi nettement ; et comme en détruisant ce qui reste de couleurs, ils permettroient de donner aux objectifs de plus grandes ouvertures, les images en seroient plus nettes et plus vives.

La seconde a pour objet le rapport des courbures que l'on doit donner aux deux faces de l'oculaire, pour éviter autant qu'il est possible, l'aberration de sphéricité ; le calcul a fait voir à M. d'Alembert, que celles qui avoient été données avant lui par les opticiens, étoient insuffisantes en ce qu'elles n'évitoient l'aberration que pour les objets placés dans l'axe, et qu'elles la donnoient considérable pour ceux qui s'en écartoient ; au lieu qu'il faut, au contraire, que cette aberration soit nulle pour les objets placés dans l'axe, et la plus petite possible pour ceux qui s'en écartent.

Le calcul de M. d'Alembert lui a fait voir que des oculaires ordinaires seroient de cette part les plus parfaits qu'il est possible d'en construire, si le rayon de la surface tournée vers l'objet étoit égal à neuf fois la longueur du foyer de l'oculaire, et celui de la surface tournée vers l'œil, les trois cinquièmes de cette même distance.

Cette même observation a lieu pour les objectifs simples ; le rapport des rayons de leurs deux surfaces n'est pas d'un à six, comme on l'avoit cru ; la surface tournée vers l'objet doit, selon M. d'Alembert, avoir pour rayon les cinq neuvièmes de la longueur du foyer qu'aura le verre, et celle qui est tournée vers l'œil doit avoir pour rayon cinq fois cette même distance. M. d'Alembert croit qu'avec des objectifs de cette sorte, auxquels on adapteroit des oculaires concaves, faits de la matière trouvée par M. Zeiher, on parviendroit à faire des lunettes de *poche* ou d'*opera*, qui grossiroient environ trois fois l'objet, n'auroient que très-peu ou point de couleurs, porteroient une très-grande ouverture, et donneroient par conséquent à l'objet beaucoup de netteté : revenons aux lunettes achromatiques.

Nous venons de parler d'un seul oculaire appliqué à ces lunettes ; la théorie de M. d'Alembert l'a conduit à y adapter des oculaires composés de deux lentilles, et lui a donné en même temps la proportion des rayons de leurs surfaces, telle que ce double oculaire n'ait aucune aberration de sphéricité, et qu'il détruise encore presque entièrement ce qui resteroit de l'aberration de réfrangibilité : une lunette construite avec un objectif à trois lentilles, et un oculaire de cette espèce, seroit, selon M. d'Alembert, très-supérieure aux télescopes de réflexion de même longueur.

Les erreurs, dont venons de parler, ne sont pas les seules que l'on puisse commettre, tant en mesurant le rapport de réfraction des matières refringentes, qu'en construisant les lentilles conformément à la théorie ; mais ces erreurs sont souvent insensibles, & toujours assez petites pour que l'on puisse aisément y remédier, le moyen le plus sûr, selon M. d'Alembert, est de multiplier le nombre des lentilles qui composent les objectifs achromatiques, et de ne pas donner précisément le même rayon à celles des surfaces des lentilles qui se doivent toucher ; on se ménage par-là, dans la solution du problême, un plus grand nombre d'indéterminées qu'on peut faire varier, et on se trouvera plus à portée de donner à ces différentes surfaces la courbure la plus propre à anéantir l'effet des différentes erreurs. On verra facilement combien, par cette méthode, on peut se ménager de combinaisons différentes et avantageuses ; deux lentilles ne se peuvent arranger que de deux façons, trois ont six combinaisons, quatre en ont douze, cinq en ont vingt, &c. Il est vrai qu'il faudra du calcul pour déterminer toutes ces combinaisons ; mais on en sera bien dédommagé par le degré de perfection qui en résultera : on ne doit pas même craindre la perte de rayons que cette multiplication de verres sembleroit devoir occasionner ; l'expérience fait voir combien peu elle diminue la vivacité des images.

Un pas que d'Alembert regardoit encore comme très-essentiel à la perfection des lunettes, est le rapport des ouvertures avec les oculaires ; il avoit déjà démontré dans ses opuscules, combien la théorie donnée jusqu'ici par les opticiens pour déterminer ce rapport, étoit fautive et imparfaite, et il lui avoit substitué des formules plus exactes ; en employant donc tous ces moyens, il est presque hors de doute qu'on pourra porter les lunettes achromatiques à un point auquel on n'auroit peut-être jamais osé se flatter de parvenir.

Il n'est pas inutile d'ajouter ici que cette conclusion paroît directement opposée à celle d'Euler, qui doutoit que l'on pût porter ces lunettes à un grand degré de perfection. La raison qu'en apportoit ce grand géomètre, est que le *crown-glass* étant verdâtre, et ne laissant par conséquent passer sensiblement que les rayons de cette couleur, il n'est pas étonnant qu'il écarte moins les rayons colorés que le cristal d'Angleterre, sans que pour cela sa réfrangibilité soit moindre, et qu'ainsi le rapport de diffusion que l'on trouve entre le *crown-glass* et le cristal d'Angleterre ou *flint-glass*, n'est pas exact : mais il est facile de répondre à cette objection de deux manières ; premièrement, par l'expérience qui a fait voir que les objectifs achromatiques, construits d'après la théorie fondée sur ce rapport, se sont trouvés très-bons, et peuvent, comme nous venons de le faire voir, devenir encore meilleurs ; en second lieu, on peut substituer au *crown-glass* notre verre blanc, qui, avec la même réfrangibilité que ce dernier, n'a presque aucune couleur. Rien n'empêche donc d'espérer que les lunettes achromatiques seront portées à leur perfection, et c'est à quoi contribueront encore les observations suivantes.

De ce qu'une lentille sphérique ne réunit pas en un seul point géométrique tous les rayons qui tombent sur une de ses surfaces parallèlement à son axe, il résulte ce que l'on nomme *aberration de sphéricité*, et cette aberration produit nécessairement deux effets ; premièrement, quelques-uns des rayons qui se rompent le moins, vont se réunir sur l'axe au-delà du point où se forme l'image la plus vive, et le foyer qui devoit n'être qu'un point, devient une ligne, et c'est ce que l'on nomme l'*aberration en longueur :* secondement, les images d'un même point de l'objet se réunissant à des points différens, les différentes images de l'objet qui seront plus grandes que la plus vive, formeront autour d'elle une espèce de bordure ou de couronne qui empêchera qu'elle ne paroisse tranchée, et c'est ce que l'on nomme *aberration en largeur ;* la première altère la longueur du foyer, la seconde le diamètre et la netteté de l'image.

Ce que nous venons de dire de l'aberration de sphéricité, doit s'entendre à plus forte raison de celle de réfrangibilité ; les rayons les moins réfrangibles iront se réunir plus loin que les autres, et formeront aussi une aberration en longueur et en largeur ; celle-ci est non-seulement plus grande que la première, mais elle produit encore un autre inconvénient plus fâcheux ; toutes les images séparées que produit l'aberration de réfraction, sont différemment colorées ; et celles qui sont plus grandes que l'image la plus vive, l'entourent non-seulement d'une espèce de nuage, mais encore d'une couronne colorée : ce sont ces deux aberrations, et particulièrement la dernière, qu'il est question de détruire pour former des objectifs auxquels on puisse donner une très grande ouverture, sans courir risque d'avoir à leur foyer des images colorées.

Les objectifs achromatiques composés de trois lentilles, avoient déjà été traités par d'Alembert en 1765, ainsi qu'on vient de le voir ; mais il n'avoit, pour ainsi dire, qu'établi les principes de ce travail, et il le reprit en 1767 avec le plus grand détail.

Les objectifs achromatiques sont essentiellement composés de deux ou de plusieurs lentilles ; mais ces lentilles peuvent être jointes, c'est-à-dire, que leurs surfaces convexes et concaves peuvent être appliquées exactement les unes sur les autres, ou bien ces surfaces peuvent être séparées, et laisser entr'elles un intervalle plus ou moins grand.

Le premier cas examiné par d'Alembert, est celui où les trois lentilles, qui composent l'objectif, sont contigues, et il se propose plusieurs combinaisons de cette espèce. Nous avons déjà dit, en rendant compte de ses deux premiers mémoires, que dans les équations auxquelles il parvenoit en partant de ses données, l'aberration, tant de sphéricité que de réfrangibilité, étoit exprimée par des termes particuliers : qu'en supposant ces termes ou anéantis ou réduits à leur moindre valeur, on parvenoit à assigner aux rayons des courbures des lentilles, une valeur propre à leur faire produire cet effet, et anéantir ou au moins diminuer les deux aberrations le plus qu'il est possible.

Pour peu que l'on y veuille réfléchir, on verra aisément que cet anéantissement, ou plutôt cette diminution d'aberration, ne peut pas avoir lieu dans toutes les combinaisons que l'on pourroit faire, et qu'il y auroit, au contraire, telle combinaison ou tel assemblage de trois lentilles, dont on ne pourroit absolument ni détruire ni diminuer l'aberration; c'est à cette recherche qu'est destinée la première partie du mémoire de M. d'Alembert. Son calcul est le fil qui le conduit dans ce labyrinthe : dès qu'il s'apperçoit que l'anéantissement ou la très-grande diminution donnent dans la proportion des rayons, des quantités impossibles, ou qui ne peuvent aller ensemble, il abandonne cette combinaison; et en effet, de trois qu'il a examinées dans cet article, il y en a une qui devient absolument inutile, parce qu'une des lentilles devroit avoir les rayons de ses convexités infinis, c'est-à-dire, être absolument plane des deux côtés, et par conséquent inutile. On doit même prendre garde de rendre les rayons des convexités trop petits; il n'en résulteroit pas, comme dans la combinaison précédente, une impossibilité métaphysique, mais une difficulté énorme à former de telles courbures.

Pour ne pas s'égarer dans cette recherche, d'Alembert propose de construire une courbe dont les ordonnées ne puissent s'étendre au delà des limites prescrites, et puissent d'ailleurs déterminer sans difficulté la valeur des quantités positives ou négatives dont on a besoin.

De ce calcul appliqué aux deux suppositions restantes, il résulte qu'il y en a une qui diminue d'un quart l'aberration en largeur, qui subsistoit malgré le mélange des deux espèces de cristal, et d'un tiers l'aberration en longueur.

Dans l'article précédent, d'Alembert suppose les trois lentilles qui composent l'objectif, absolument contigues; dans celui-ci, il les suppose éloignées les unes des autres de quelque distance, quoiqu'ayant toujours un axe commun, et il calcule sur ce même principe un objectif supposé formé de trois lentilles non-contigues : on juge bien que cette hypothèse doit introduire du changement et de la difficulté dans le calcul, et d'Alembert y remédie par des tables et des formules qui l'abrègent : il résulte de son calcul, que malgré la plus grande épaisseur et le plus grand nombre de surfaces, les objectifs à trois lentilles doivent être préférés à ceux qui ne sont composés que de deux, soit que ces lentilles soient contigues, soit qu'elles ne le soient pas.

Dans l'article suivant, d'Alembert donne le calcul d'une quinzaine d'objectifs à deux lentilles formées suivant différentes suppositions; et dans celui qui vient après les formules générales, très approchées pour les dimensions d'un grand nombre d'objectifs, il fait voir les termes qui ne sont nécessaires que pour l'exactitude géométrique, et que l'on peut négliger sans crainte dans le calcul, mais en avertissant que l'équation qui sert à détruire l'aberration de réfrangibilité, doit être calculée rigou-

reusement,

reusement, celle-ci étant la plus à craindre, et conséquemment la plus essentielle à détruire ; il indique même dans le calcul une quantité de laquelle il n'est permis de rien négliger si l'on veut que les couleurs soient détruites autant qu'il est possible de les détruire : l'aberration de sphéricité est moins essentielle ; on peut sans risque en laisser subsister une médiocre partie : d'Alembert fait même voir que l'on ne peut éviter dans la construction des objectifs achromatiques, d'y laisser subsister une aberration de réfrangibilité égale à l'aberration de sphéricité des lunettes simples, ou à celle des télescopes, sans que ces petites quantités empêchent ces objectifs d'être très-bons ; cette légère erreur devenant comme insensible à nos yeux.

Mais ce qu'il faut surtout recommander, c'est l'attention la plus scrupuleuse à s'assurer du rapport de la réfringence des différens verres que l'on emploie ; la plus petite erreur sur ce point produiroit, malgré tout ce que l'on pourroit faire, une aberration de réfrangibilité plus grande que l'aberration de sphéricité d'un télescope ou d'une lunette ordinaire, même en supposant que la lunette achromatique n'eût pas plus d'ouverture que la lunette simple ou le miroir du télescope. Aussi d'Alembert ne pense-t-il pas que l'on réussisse à faire des lunettes achromatiques, dont l'ouverture et le pouvoir amplifiant excèdent ceux d'un télescope bien fait, de même longueur ; mais elles seront toujours, surtout pour le ciel, préférables aux télescopes, par le degré de clarté et de vivacité qu'elles donnent à l'image.

Le reste du dernier mémoire de M. d'Alembert, contient des réponses à quelques objections qui lui ont été faites par M. Euler, et quelques réflexions sur les mémoires précédens ; nous allons essayer de donner une idée des unes et des autres.

Les objections d'Euler sont au nombre de cinq ; la première roule sur le nombre des surfaces des objectifs achromatiques, sur ce que d'Alembert avoit avancé qu'Euler avoit employé dans la solution du problême, une indéterminée de plus qu'il n'étoit nécessaire ; et d'Alembert fait voir qu'effectivement il étoit nécessaire qu'il y eût deux surfaces parallèles, que la solution du problême n'exigeoit que trois indéterminées, et qu'enfin Euler avoit eu tort de négliger de détruire, dans sa solution, l'aberration de sphéricité, au moins pour les objets placés dans l'axe, et cela d'autant plus qu'il pouvoit, avec les quatre indéterminées qu'il emploie, la détruire même pour les objets placés hors de l'axe, et que cette aberration qu'il laisse subsister, introduiroit dans les verres une courbure trop considérable, qui ne permettroit pas de donner une assez grande ouverture à l'objectif.

Euler pense, en second lieu, que la vision ne peut être parfaite, si l'aberration de réfrangibilité n'est entièrement détruite dans l'œil, et que si elle n'étoit pas absolument nulle pour les objets placés dans l'axe de la vision, elle seroit insupportable pour ceux qui en seroient à trente degrés et plus jusqu'où la vue peut s'étendre. Mais Euler convient que l'aberration de sphéricité, pourvu qu'elle soit très-petite, ne nuit point à la vision; pourquoi celle de réfrangibilité, aussi très-petite, lui nuiroit-elle? et n'est-il pas, au contraire, plus que probable, que si le nuage produit par la première autour de l'image, est insensible dans le cas supposé, la couronne colorée le sera de même? Il y a plus: les fibres de l'œil se communiquent l'ébranlement causé par les rayons à une petite distance, d'où il suit que l'ébranlement causé par les différens rayons colorés très-près l'un de l'autre, se confondant, il en résulte l'impression et la sensation d'une seule couleur. Le même raisonnement subsiste pour les rayons très-éloignés de l'axe, l'aberration n'est pas plus grande pour eux que pour ceux qui sont dans l'axe; et d'ailleurs si l'aberration de sphéricité, qui ne peut être détruite entièrement pour ceux-ci, ne nuit pas à la vision, pourquoi celle de réfrangibilité lui feroit-elle obstacle?

Il n'est pas possible, comme le croit Euler, d'anéantir entièrement l'aberration de réfrangibilité. D'Alembert a démontré que quand on parviendroit à anéantir celle des rayons rouges et des violets, il en resteroit encore une petite quantité produite par les rayons intermédiaires, et il est très-probable que cet inconvénient a lieu dans l'œil comme dans les lunettes, quoiqu'il n'en résulte aucun défaut dans la vision.

Euler croit inutile de chercher à détruire l'aberration des rayons qui ne partent point de l'axe: mais d'Alembert a démontré, en 1762, que cette aberration pouvoit être peu considérable, ou même presque nulle, pour les objets placés dans l'axe, et en produire une assez considérable pour ceux qui en seroient un peu éloignés, et qu'il faut par conséquent travailler à la détruire.

Pour démontrer encore mieux qu'il n'est pas nécessaire que les couleurs soient absolument détruites au fond de l'œil, d'Alembert entreprend de faire voir qu'elles ne peuvent vraisemblablement l'être dans les yeux de certains poissons. L'humeur aqueuse de quelques poissons, dit-il, est très-fluide, leur cornée est très-plate, du moins chez le plus grand nombre; toutes circonstances qui doivent rendre la réfraction dans cette humeur très-peu différente de celle de l'eau, la figure même presque sphérique de leur cristallin, semble ne leur avoir été donnée que pour suppléer au peu de réfraction de l'humeur aqueuse; or, en supposant tout ce que nous venons de dire, il est clair que l'aberration de réfrangibilité a lieu dans les yeux de ces animaux; mais le calcul fait voir qu'elle peut être assez peu considérable, ce qui est suffisant pour la vision distincte.

La dernière objection d'Euler est que d'Alembert ayant promis une théorie complète pour la perfection des instrumens de dioptrique, il n'avoit rien dit de la multiplication des oculaires. D'Alembert y répond par le calcul desiré qui termine son mémoire.

Quoiqu'il ait démontré qu'il étoit absolument impossible d'anéantir l'aberration de sphéricité en longueur par le moyen d'un objectif achromatique, il ne pense pas qu'il le soit de même de la détruire entièrement par le moyen d'un oculaire composé et bien combiné avec l'objectif; il en a fait le calcul, et voici le résultat :

Il faut que l'oculaire soit au moins de deux matières, et par conséquent qu'il ait trois surfaces, et que l'objectif en ait quatre pour satisfaire aux sept équations qui résultent du calcul : ces équations donneroient les rayons des courbures de l'un et l'autre verre, mais il peut s'y trouver des racines imaginaires; et de plus, il y a une condition à remplir, c'est que la distance focale de l'oculaire soit beaucoup plus petite que celle de l'objectif d'une lunette simple de même foyer, sans quoi la lunette ne grossiroit pas assez.

D'Alembert propose, pour remplir cette dernière condition, de composer l'oculaire de trois lentilles pour lui donner quatre surfaces, dont une resteroit indéterminée, au moyen de laquelle on pourroit donner à l'oculaire un foyer beaucoup plus court qu'à l'objectif, sauf à le réduire à trois surfaces, si cette combinaison se trouvoit suffisante.

Il ne propose, au reste, ces oculaires à quatre surfaces, que comme une vue qui peut mériter d'être suivie, n'ayant pu se livrer encore au très-long calcul nécessaire pour l'examiner ; il se borne, pour le moment, à une lunette composée d'un objectif à trois lentilles, dont deux de verre commun et une de cristal d'Angleterre, et d'un oculaire à deux lentilles de même matière.

Cette lunette, cependant, ne détruira jamais entièrement l'aberration en largeur, même celle de réfrangibilité ; il faudroit pour cela que l'oculaire fût achromatique par lui-même, et il ne l'est pas, n'étant composé que d'une seule matière ; mais cet inconvénient ne peut nuire en aucune manière à la bonté de la lunette, puisqu'il a lieu, même en longitude, dans les télescopes catoptriques, sans altérer sensiblement leur bonté ; et d'Alembert finit cet article par indiquer les rayons des différentes surfaces du double oculaire.

Jusqu'ici nous avons supposé que le sinus d'incidence étoit au sinus de réfraction, en raison constante ; cette constance de rapport n'est pas si bien démontrée qu'on ne puisse y soupçonner quelques variétés ; il étoit donc nécessaire d'examiner les erreurs que ces variétés pourroient produire, quelques petites qu'on les supposât ; c'est aussi à quoi d'Alembert s'est occupé dans un des articles du mémoire dont nous parlons, et son calcul prouve que cette erreur, du moins dans les termes où l'on peut la supposer, n'est pas fort à craindre.

Une seconde supposition seroit encore dans le même cas ; on a toujours regardé comme constant, que si en passant de l'air dans un milieu quelconque, le sinus d'incidence est au sinus de réfraction, dans un certain rapport ; et en passant de l'air dans un autre milieu, dans un autre rapport ; en passant d'un de ces milieux dans l'autre, il seroit dans un rapport formé des deux précédens, divisés l'un par l'autre ; mais cette supposition n'est pas non plus rigoureusement démontrée, et il se trouve par le calcul que ce rapport pourroit subir une légère augmentation. L'expérience peut vérifier si cette augmentation est réelle ; il ne s'agit pour cela que de disposer deux lentilles de différentes matières, de manière qu'elles soient d'abord contigues, de les écarter ensuite, pour voir si en tenant compte de cet écartement, le foyer se trouvera ou ne se trouvera pas le même que dans le cas où elles étoient contigues ; c'est une vue indiquée aux opticiens pour s'assurer d'un fait qui pourroit devenir très-important.

Une troisième cause pourroit encore produire une aberration, très-légère, à la vérité, dans les objectifs : les rayons qui pénètrent la première surface de l'objectif, ou du moins quelques-uns d'entr'eux, souffrent quelques réfractions dans les autres surfaces, et après avoir été, pour ainsi dire, balottés de l'une à l'autre, ils pourroient être renvoyés vers l'œil, et y former des foyers, à la vérité, très-foibles. On jugera aisément que ces foyers ne peuvent pas troubler sensiblement la vision ; cependant, pour ne rien laisser en arrière, d'Alembert les a calculés, et a indiqué le terme qu'il falloit ajouter ou changer dans les formules précédentes pour les obtenir.

Ce mémoire et les précédens ont pris tous les différens articles dans la plus grande généralité ; il se trouve cependant plusieurs cas dans lesquels il est nécessaire d'y faire quelques restrictions, quoique ces restrictions soient pour la plupart très-peu considérables ; elles tombent sur l'examen des lentilles simples, et d'Alembert donne les formules nécessaires pour les faire entrer dans le calcul et voir quand elles peuvent être négligées sans risque.

Les recherches contenues dans ce mémoire, dans les deux précédens, et dans le troisième volume des opuscules, sont le résultat du long et pénible travail que d'Alembert a fait sur cette matière. Il en résulte que les objectifs achromatiques doivent être préférés aux autres ; qu'ils seront excellens s'ils sont construits dans les dimensions prescrites par le mémoire de 1764 ; que si l'on veut que les lentilles ne se touchent pas, on pourra se servir des formules données en 1765 ; que si l'on veut rendre les trois lentilles bi-convexes et bi-concaves isoscèles, construction bien plus commode dans la pratique, on ne pourra pas anéantir les deux aberrations, parce qu'il n'y aura que trois inconnues ; mais que l'on pourra choisir la disposition des lentilles la plus avantageuse pour détruire celle des deux aberrations que l'on jugera la plus incommode, ce qui sera toujours facile à déterminer par les formules que donne d'Alembert; que l'on pourra adapter à l'objectif deux oculaires qui, pris ensemble, détruiront l'aberration de sphéricité, et même, étant bien choisis, le peu d'aberration de réfrangibilité qui reste aux rayons après leur passage par l'objectif ; que l'on peut même approcher de cet effet avec un seul oculaire, en le construisant dans les dimensions indiquées en 1765 ; que d'après les formules du même mémoire, on peut construire de très-bonnes lunettes de poche avec un objectif et un oculaire simples de différentes matières ; et qu'enfin on peut calculer un grand nombre de tables qui seront extrêmement utiles, parce qu'en abrégeant le calcul, elles faciliteront les recherches nécessaires pour cet objet, si intéressant dans l'astronomie et la navigation, qui en peuvent tirer d'immenses avantages.

Des expériences de M. le duc de Chaulnes, pour déterminer avec précision les élémens qui doivent servir de base au calcul des lunettes achromatiques, se trouvent aussi dans les mémoires de l'académie des sciences pour 1767, et doivent être étudiées par ceux qui voudront approfondir cette matière si importante.

Euler l'a traitée, après d'Alembert, dans les mémoires de l'académie de Pétersbourg, pour 1766 et 1767, qui ne furent imprimés qu'en 1768 ; il y inséra la recherche de la véritable loi de réfraction pour les rayons de diverses couleurs, et en 1769, ce mémoire devint entre ses mains un ouvrage complet, qui forme le premier volume de sa dioptrique. Deux autres volumes qui parurent les deux années suivantes, traitent l'un des télescopes et l'autre des microscopes ; cet excellent ouvrage n'est pas un de ceux qui font le moins d'honneur à l'auteur.

Au reste, ce seroit presqu'en vain que les géomètres s'exerceroient à chercher les courbures les plus propres à corriger les aberrations de réfrangibilité. Comme il est rare de trouver plusieurs morceaux de verre d'une densité parfaitement égale, quoique de la même espèce, on ne peut pas toujours employer les courbures indiquées par les calculs : on est obligé de les varier. C'est pourquoi les artistes sont contraints de tâtonner, s'ils veulent perfectionner leurs ouvrages. Ainsi (1) pour suivre le fil historique des progrès de la découverte des lunettes achromatiques, il faut faire connoître les artistes qui se sont le plus distingués par leurs ouvrages dans ce genre.

La première place doit, sans doute, être donnée au célèbre Jean Dollond, dont le nom sera immortalisé par cette découverte. Il commença, dès l'an 1758, à fabriquer des lunettes de ce genre, d'abord à double objectif, qui produisoient un effet supérieur à des lunettes cinq ou six fois aussi longues; mais bientôt il en fabriqua à triple objectif d'un effet encore supérieur, ce qui porta son nom dans toute l'Europe (2). Une lunette de cinq pieds, construite par lui, fit l'effet d'une lunette ordinaire de douze à quinze pieds.

Jean Dollond étant mort en 1761, il a eu dans son fils un successeur qui a soutenu et même augmenté la réputation de son père. On a de lui, depuis l'an 1765 (3), des lunettes achromatiques, portées à un point singulier de perfection. Telles sont surtout deux lunettes à triple objectif, d'environ quarante-trois pouces de foyer, portant une ouverture de trois pouces et un tiers, et qui grossissoient les objets sans aucun effort jusqu'à 144 fois en diamètre. On pouvoit même porter ce grossissement jusqu'à 240 et 380 fois sans confusion; ce qui équivaut à une lunette ordinaire de quarante à cinquante pieds. Les dimensions des sphéricités des objectifs de ces deux lunettes méritent d'être remarquées. Elles étoient, en commençant par le plus exterieur, qui étoit de crown-glass, ainsi que le plus intérieur, dans l'une de 315, 450; 235, 315; 320 et 320 lignes; dans la seconde 315, 400; 238, 290; 316 et 316 lignes. Ce même artiste fabriquoit en même temps de petites lunettes portatives, à l'instar des lorgnettes d'opéra, de neuf pouces de longueur étant développées, au moyen desquelles on voyoit sans peine les satellites de Jupiter (4). Le jour même auquel j'écris cet article (30 vendémiaire an IX), les petites affiches annonçoient une grande lunette achromatique, faite par Dollond, avec laquelle on peut distinguer aisément une personne à deux miriamètres, c'est-à-dire, plus de dix mille toises. On assure que cette lunette avoit coûté 600 francs, et on l'offre pour 250 francs.

Plusieurs autres artistes anglois se sont distingués dans la même carrière que Dollond.

En France, le célèbre artiste, M. Passement, ne tarda pas à marcher de près sur les traces des artistes anglois, en ce qui

(1) Ici je reprends le manuscrit de l'auteur.

(2) J'ai cru devoir ajouter la phrase qui termine cet alinéa.

(3) J'ai ajouté cette date, qui m'a été fournie par l'*Astronomie* de Lalande.

(4) Ce qui termine cet alinéa est de l'éditeur.

concerne les lunettes achromatiques, comme il avoit fait pour les télescopes à réflection. On a de lui des ouvrages qui lui font honneur. Mais ce sont surtout MM. Anthéaulme, l'abbé Bouriot, de l'Etang et Gonichon, qui, parmi nous, paroissent avoir porté cet art le plus loin (1). D'après les formules de Clairaut, M. Anthéaulme, connu par son habileté dans la physique et dans les arts, fit au mois de septembre 1763, un très-bon objectif achromatique de sept pieds, le premier que l'on ait fait de cette force; il produit beaucoup plus d'effet que la lunette de trente-quatre pieds qui est à l'observatoire; il a trente-quatre lignes d'ouverture, et peut porter un oculaire de trois lignes. M. Anthéaulme a centré ses verres, en faisant porter sur leur surface une des extrémités d'un niveau parfait, et faisant tourner le verre entre trois entailles, où il tournoit sans changer de situation; la moindre inégalité d'épaisseur faisoit varier le niveau. Il l'a travaillé dans une forme qui n'étoit pas parfaite; mais y ayant ensuite collé du papier fort épais, et appliquant le verre dessus, il a vu les endroits où le papier étoit trop comprimé; il les a usés avec la pierre-ponce, et s'est procuré par-là un bassin de papier, très exactement sphérique. Je vais rapporter ici les dimensions de cet objectif; étant déjà consacrées par un entier succès, elles pourront servir de modèle à d'autres artistes.

La partie tournée du côté de l'œil est de la matière la plus légère, c'est-à-dire, de verre commun ou de crown-glass. Sa courbure extérieure a sept pieds et demi ou quatre-vingt-dix pouces de rayon; la surface intérieure a dix-huit pouces de rayon; le verre qui est de la matière la plus pesante, a le rayon de sa concavité de dix-sept pouces et un quart, ou un pied cinq pouces 3 lignes, et ce ménisque a le rayon de la convexité qui doit être tournée du côté de l'objet, de sept pieds six pouces huit lignes. Ces deux matières différentes sont séparées l'une de l'autre sur les bords, par l'intervalle d'une carte à jouer, et forment par leur assemblage un objectif composé, qui a sept pieds de foyer. On est obligé d'employer pour cette lunette deux oculaires, afin d'avoir un champ plus vaste malgré la force amplificative : le grand oculaire, qui est le plus près de l'objectif, a dix-huit lignes de foyer; le rayon de sa convexité tournée vers l'objectif, est de onze lignes et six dixièmes; celui de la convexité tournée du côté de l'œil, est de sept pouces une ligne et neuf dixièmes; le petit oculaire a cinq lignes de foyer; c'est un ménisque, c'est-à-dire, qu'il est convexe du côté de l'objet, et concave du côté de l'œil; la convexité a deux lignes et un quart

(1) J'ai ajouté ici, d'après l'*Astronomie* de Lalande, ce qui concerne les lunettes de MM. Anthéaulme et Bouriot.

de rayon ; la concavité a huit lignes : ce petit oculaire est placé à neuf lignes du premier, ou à la moitié seulement de la distance de son foyer. Le premier oculaire a neuf lignes d'ouverture, le second en a deux ; mais le premier contribue surtout à l'étendue du champ de la lunette, et le second à sa force amplificative.

M. l'abbé Bouriot a exécuté des lunettes achromatiques avec beaucoup d'intelligence et d'adresse, une entr'autres qui a six pieds trois pouces de foyer, et peut grossir jusqu'à cent vingt fois ; le flint-glass, qui est en dehors, a une surface convexe du côté de l'objet, et une concave du côté des oculaires ; les surfaces extérieures ont cinq pieds trois pouces de rayon ; les surfaces intérieures quatorze pouces ; l'ouverture est de vingt-huit lignes. Il emploie deux oculaires, le plus grand a dix-huit lignes de foyer, le plus petit six lignes, et celui-ci est placé aux deux tiers du foyer du grand oculaire, ou à douze lignes de distance ; ils sont tous les deux plans convexes : la surface plane est tournée du côté de l'œil ; le premier oculaire a dix lignes d'ouverture ; le second, cinq lignes ; et l'œilleton, ou l'ouverture à laquelle on applique l'œil, a trois lignes de diamètre.

M. de l'Etang, autre amateur, en a fait aussi d'excellentes ; plusieurs sont remarquables par leurs ouvertures, leur distinction et leur grossissement. L'une de ces lunettes appartenoit à M. Bochard de Saron, de l'académie des sciences, et victime, comme tant d'autres, de la tyrannie monstrueuse de Robespierre.

L'art a été continué parmi nous, sous la direction de M. de Rochon, par l'habile opticien Carrochez, ingénieur, pour la fabrication des instrumens de mathématique, et attaché au cabinet de physique et d'optique, ci-devant établi par Louis XV à la Muette.

Je sais qu'il est encore en Allemagne d'excellens artistes en ce genre, parmi lesquels on doit ranger M. Brander d'Augsbourg.

Tel est l'état auquel est parvenue cette partie de l'optique jusqu'à ce moment à-peu-près. Mais un grand obstacle s'est opposé depuis quelques années à l'exécution des lunettes achromatiques : c'est la disette du verre appelé flint-glass par les Anglois. On ne peut plus s'en procurer qu'avec une peine extrême. Il existe à la vérité en Angleterre des verreries où l'on fait des ouvrages de ce cristal ; mais la fabrication des plaques de flint-glass, propres aux usages des opticiens, exige des soins particuliers et des manipulations coûteuses ; une seule manufacture appartenante à un homme au-dessus d'un intérêt sordide, les fournissoit. Cette manufacture étant passée en d'autres mains, on n'y en fabrique plus, ou ce qui s'en fabrique, ainsi que dans les autres manufactures, est si vicieux, que sur plusieurs pieds carrés de plaques de flint-glass, à peine trouve-t-on quelques pouces qui ne soient pas viciés par des points, des fils, ou d'autres défauts.

Cette difficulté qui se faisoit déjà sentir, ou que l'on pouvoit prévoir il y a bien des années, avoit déjà engagé quelques physiciens à faire des recherches sur la nature de ce verre, et sur les moyens de s'en procurer sans le faire venir d'Angleterre. On a d'abord reconnu, et cela n'étoit pas difficile aux chimistes, que c'étoit un verre dans lequel il entre beaucoup de plomb. Son poids singulier indique suffisamment le mêlange d'une chaux métallique. M. Zeiher, de l'académie impériale de Pétersbourg, a fait de concert avec Euler beaucoup d'expériences curieuses à ce sujet, et les a exposées dans un écrit allemand, publié en 1763, sous ce titre : *Traité des espèces de verre douées d'une force différente pour séparer les couleurs, lu dans une assemblée publique de l'académie de Pétersbourg, en présence de sa majesté impériale de toutes les Russies.*

Il suit de ses expériences, qu'en mêlant une partie de minium avec quatre de cailloux, il en résulte un verre où la réfraction moyenne est dans le rapport de 1, 664 à 1, et la dispersion des couleurs est à celle du verre ordinaire comme 1, 355 à 1.

Un mêlange d'une partie de minium avec deux de cailloux, lui a donné un verre où le rapport de la réfraction des rayons moyens étoit de 1, 724 à 1; et la dispersion à celle du verre, comme 1, 8 à 1.

Parties égales de minium et de cailloux lui ont donné pour le rapport de la réfraction des rayons moyens 1, 787 à 1; et une dispersion qui est à celle du verre comme 3, 259 à 1.

Il résulte enfin clairement de ces expériences, que la dose de minium augmentant, la réfraction moyenne augmente, ainsi que la dispersion; mais cette dernière dans une raison d'autant plus grande.

Il sembleroit, d'après ces expériences, qu'il n'y auroit guères plus de difficulté à se procurer, sinon du flint-glass d'Angleterre, du moins une matière propre à le remplacer; et il ne faut point douter que cela n'ait été entrepris en divers lieux : mais ces essais n'ont eu jusqu'à présent aucun succès remarquable. Cela engagea l'académie des sciences à proposer pour un prix extraordinaire à donner, en 1773, *la confection du cristal nécessaire à la construction des lunettes achromatiques d'une densité demandée, et en même temps exempt des stries ou filandres, et du coup-d'œil gélatineux auxquels sont sujets les strass et les flintglass d'Angleterre.* Plusieurs artistes entreprirent de gagner ce prix; mais celui qui approcha le plus de la résolution du problême proposé par l'académie, fut M. Libaude, un des associés dans l'exploitation de la verrerie de Valdanoy, près d'Abbeville, et son mémoire eut l'avantage d'être couronné. Ce mémoire contient d'excellentes vues, et annonce un artiste très-habile dans son art. Mais malgré ces qualités éminentes, nous ne sommes pas encore en possession d'une manière sûre de fabriquer du flint-glass. Il semble même que depuis vingt ans, il soit devenu plus difficile d'en avoir en Angleterre par un effet de l'avarice des propriétaires des manufactures. C'est peut-être même ce motif qui a engagé M. Herschel à tourner tous ses efforts du côté des télescopes à réflection. Peut être s'il lui eût été possible de tourner des plaques de flint-glass d'un ou deux pieds de diamètre, eût-il préféré de fabriquer des lunettes achromatiques.

M. de Rochon, de l'académie des sciences, l'un de ceux qui ont travaillé avec le plus de succès à rendre le platine utile à nos arts, a eu sur la fabrication du flint-glass quelques nouvelles vues pour l'exécution desquelles il avoit fait un creuset cylindrique de platine, de six à sept pouces de diamètre et de hauteur. Il devoit laisser reposer sa matière en fusion dans ce cylindre, autant inaltérable au feu qu'à l'action du verre de plomb, et il espéroit en tirer un cylindre de flint-glass qui, scié en branches perpendiculaires à son axe, devoit lui donner, à ce qu'il espéroit, des plaques du diamètre ci-dessus, d'un verre métallique parfaitement exempt de fils, de bulles, &c. car il paraît que c'est dans l'extraction du verre hors du creuset, soit pour être coulé en plats ou en tables, soit pour être soufflé en manchons, qu'il contracte ces défauts. Mais les circonstances qui ont renversé l'administration par laquelle ses travaux optiques étoient soutenus, ont fait échouer cet essai. Je ne me fais point au surplus illusion, non plus que lui; peut-être cette idée, trop simple pour n'être venue dans l'esprit de personne, eût-elle éprouvé dans l'exécution, des difficultés qu'il ne soupçonnoit pas.

Il ne faut pas au surplus désespérer absolument de voir lever cet obstacle aux progrès de l'Optique. Chaque jour ajoute ajoute aux connoissances du jour précédent (1), et en voici un nouvel exemple.

On a trouvé le moyen de corriger, et même d'anéantir, pour ainsi-dire, les imperfections du poli des surfaces intérieures, en plaçant entre les verres, au lieu d'air, une substance très transparente, et dont la densité approche beaucoup plus de celle des verres, que ne fait la densité de l'air. La meilleure de ces substances est du mastic en larmes, qui étant

(1) J'ai ajouté la fin de cet alinéa, et tout l'alinéa suivant, pris dans la Physique de Brisson, tom. II, pag. 363.

bien choisi, est très-transparent, et s'applique parfaitement bien aux verres. Nous devons cette invention à Rochon et à Grateloup, comme on le verra dans l'article VI, où nous parlerons de quelques inventions relatives aux lunettes.

Nous avons jusqu'à présent uniquement parlé du télescope, comme objet des recherches des opticiens, pour y corriger la différente réfrangibilité; mais il est facile de voir que le microscope est susceptible d'une pareille amélioration; car la position de l'objet à l'égard de la première lentille, et la diffusion de l'image qui en résulte, doivent rendre l'effet de la différente réfrangibilité encore plus grand à l'égard de cette image, que relativement à celle d'un objet fort éloigné, ce qui est le cas du télescope. On doit aussi sentir facilement que le calcul en doit être plus compliqué et laborieux, parce que des quantités qui dans le cas des télescopes s'effacent du calcul à l'égard de la distance de l'objet, qui est alors comme infiniment grande, ne peuvent plus disparcître dans le calcul du microscope. On a néanmoins tenté de surmonter ces difficulés, et c'est-là l'objet en grande partie du troisième tome de la *Dioptrique* d'Euler. On y trouvera des dimensions de lentilles microscopiques qui, selon la théorie, doivent produire le meilleur effet. Euler a eu à cet égard, comme pour les télescopes, un habile et zélé coopérateur dans M. Fuss; il donne dans l'ouvrage que je viens de citer, la description d'un nouveau microscope qu'il annonce comme le plus parfait de son espèce. On a beaucoup parlé aussi, vers 1771, du grand microscope achromatique de M. L. F. Dellebarre; que l'on voyoit à la Haye, et j'ai ouï dire que ce qu'on annonçoit de ses avantages, n'étoit pas au-dessous de l'annonce. Je ne sache pas au surplus que M. Dellebarre ait publié nulle part la théorie ou les principes qui l'avoient conduit dans la construction de cet instrument. J'en donnerai cependant une notice dans l'art. VIII.

Mais pour qu'on ait une idée des calculs analytiques employés par les géomètres dans leurs recherches à ce sujet, je donnerai ici une partie du mémoire de M. Klingenstiernn, dont j'ai déjà parlé plus haut à l'occasion de la discussion élevée entre Euler et Dollond. Ce mémoire intitulé (1): *Sur l'aberration des rayons de lumière, lorsqu'ils sont réfractés par des surfaces et des lentilles sphériques*, fut composé en suédois, et imprimé parmi les *Transactions* de l'académie de Stockholm, pour l'année 1760. Clairaut le traduisit deux ans après, et le publia dans le Journal des Savans. La première

(1) Ici s'arrête le manuscrit. J'ai continué sur la traduction de Clairaut, insérée dans le Journal des Savans des mois d'octobre et novembre 1762.

partie de cette théorie est entièrement géométrique, et ne porte sur aucune autre supposition physique que celles qui sont généralement employées dans la dioptrique. Quant à la seconde partie, l'auteur y admet cette hypothèse : que l'expansion de toutes les couleurs, causée par quelque verre que ce soit, suit toujours une proportion (1) constante, soit que ce verre écarte beaucoup les rayons, ou qu'il les écarte peu, c'est-à-dire, par exemple, que l'angle ou l'espace qui est entre les rayons rouges et les rayons verts, est à l'espace qui est entre les rayons verds et les rayons violets toujours dans la même proportion, quel que soit le verre qu'on emploie. L'auteur avertit qu'il n'a parlé de l'expansion des rayons, et de la manière de les corriger, que relativement aux rayons principaux; il ne s'est point occupé de l'expansion des rayons obliques, qui résulte de leur forte réfraction dans l'oculaire, et produit de l'iris dans les bords du champ de la lunette. Comme on a cherché, dit-il, à diminuer ce défaut dans les lunettes ordinaires par l'usage de deux oculaires, on pourra les employer de même dans les nouveaux télescopes pour leur procurer plus de champ.

Voici les premières propositions de Klingenstierna, dont le mémoire a paru assez important pour être inséré ici, du moins en partie, d'autant plus, qu'il n'est pas imprimé correctement dans le Journal des Savans.

Prop. I. *Théorème.* Lorsqu'un rayon de lumière AG (*fig.* 5) tombe sur une surface réfringente LE, et se rompt suivant une ligne droite GK, qui coupe AK en K, tandis que cette même droite AK est rencontrée en A par le rayon AL, et en D par la perpendiculaire GD à la surface GL, il arrive toujours que le rectangle $GK \times DA$ est au rectangle $GA \times DK$ comme le sinus de l'angle d'incidence DGA est au sinus de l'angle de réfraction DGK.

Car DA : GA : : sin. DGA : sin. ADG, et GK : DK : : sinus GDK : sin. DKG; d'où, puisque sin. ADG = sin. GDK, il suit en composant les raisons, que $DA \times GK : GA \times DK$: : sin. DGA : sin. DGK; et si l'on prend pour cette proportion celle de i à r, on aura $i \times GA \times DK = r \times GK \times DA$.

Prop. II. *Problème.* Un rayon de lumière AG (*fig.* 6) tombant sur une surface sphérique LG dont le centre est D, et se rompant suivant la ligne droite GK, on demande le point K où le rayon rompu GK rencontre l'axe de la sphère ALD, lorsque l'arc LG est petit.

Du point d'incidence G, abaissez GE perpendiculaire à l'axe AD, tirez ensuite le rayon de la sphère GD, vous aurez par

(1) Et non *proposition*, comme le dit l'imprimé de Clairaut.

la géométrie élémentaire, $\overline{AG}^2 = \overline{AD}^2 + \overline{DG}^2 - 2AD \times DE = \overline{AD}^2 + \overline{DL}^2 - 2AD \times (DL - LE) = (AD - DL)^2 + 2AD \times LE = \overline{AL}^2 + 2AD \times LE$; et par conséquent $AG = \sqrt{(\overline{AL}^2 + 2AD \times LE)}$, (ou, parce que LE est fort petit) $= AL + \frac{AD \times LE}{AE}$ à très-peu près.

De même $\overline{GK}^2 = \overline{KD}^2 + \overline{DG}^2 + 2KD \times DE = \overline{KD}^2 + \overline{DL}^2 + 2KD \times (DL - LE) = (KD + DL)^2 - 2DK \times LE = \overline{KL}^2 - 2DK \times LE$, et conséquemment $GK = \sqrt{(\overline{KL}^2 - 2DK \times LE)} = KL - \frac{DK \times LE}{KL}$ à très-peu près.

Mais par la proposition I, on a $i \times GA \times DK = r \times GK \times DA$; mettant donc dans cette équation à la place de GA et de GK leurs valeurs que l'on vient de trouver, on aura $i \times DK \times (AL + \frac{AD \times LE}{AE}) = r \times DA \times (KL - \frac{DK \times LE}{KL})$, et $r \times AD \times KL - i \times KD \times AL = AD \times KD \times LE \times (\frac{i}{AL} + \frac{r}{KL})$.

Soit maintenant $LA = A$; $LK = K$; le rayon DL de la sphère $= a$; ce qui donne $AD = A + a$, et $DK = K - a$; on aura, en substituant ces valeurs dans l'équation précédente, $rK(A + a) - iA(K - a) = A + a)(K - a) \times LE\,(\frac{i}{A} + \frac{r}{K})$, qui donne $K = \frac{iaA}{(i-r)A - ra} - \frac{(A+a)(K-a) \times LE}{(i-r)A - ra}\left(\frac{i}{A} + \frac{r}{K}\right)$.

Lorsque le rayon incident AG peut être supposé infiniment voisin de l'axe, LE s'évanouit aussi bien que le terme $\frac{(A+a)(K-a) \times LE}{(i-r)A - ra}\left(\frac{i}{A} + \frac{r}{K}\right)$. On a donc en cette occasion $K = \frac{iaA}{(i-r)A - ra}$, c'est-à-dire que la distance du sommet L au foyer géométrique conjugué de A est $\frac{iaA}{(i-r)A - ra}$; d'où l'aberration du du rayon rompu GK, ou son écartement de ce foyer, sera $(A + a)(K - a) \times LF\left(\frac{i}{A} + \frac{r}{K}\right)$, qui doit être pris depuis le foyer géométrique, contre la direction du rayon. Mais comme cette aberration est toujours très petite, et que l'expression $\frac{iAa}{(i-r)A - ra}$ désignera à peu-près la valeur de LK ou de K, on pourra, sans erreur sensible, la substituer à la place de K dans la valeur de l'aberration. Faisant donc la distance focale géométrique LB ou $\frac{iaA}{(i-r)A - ra} = B$, on aura LK ou $K = B - \frac{(A+a)(B-a) \times LE}{(i-r)A - ra} \times \left(\frac{i}{A} + \frac{r}{B}\right)$ à-peu-près.

Si on nomme L la demi-largeur de la surface réfringente, c'est-à-dire la distance du point d'incidence G à l'axe, on aura à très-peu près, $LE = \frac{L^2}{2a}$, et en mettant cette valeur de LE dans la formule précédente, on trouvera, après l'avoir simplifiée, au moyen de l'équation $B = \frac{iAa}{(i-r)A - ra}$, $LK = B - \frac{r(i-r)B^2L^2}{2i^2}$ $\left(\frac{1}{a} + \frac{1}{A}\right)^2 \left(\frac{r}{a} + \frac{i+r}{A}\right)$; et c'est la formule dont nous ferons particulièrement usage dans les recherches suivantes-

Prop. III. *Remarque*. Dans les formules que l'on vient de donner, les signes des quantités ont été pris tels que le demandoit la figure employée, c'est-à-dire tels qu'il convenoit au cas où le rayon de lumière partant de l'axe en divergeant, est supposé tomber sur une surface convexe, et concourir ensuite avec l'axe après la réfraction. Mais il sera facile d'appliquer ces formules aux autres cas du même problème, en changeant le signe du rayon a de la sphère, lorsque le rayon tombe sur une surface concave, et en changeant le signe de A lorsque le rayon incident tend vers l'axe. Ces changemens étant faits, si la distance LB ou B est positive, elle doit être prise depuis le sommet L suivant le cours même du rayon, et au contraire, si elle est négative. Mais si l'aberration du rayon de B, c'est-à-dire BK, après le calcul des formules, se trouve positive, il faut la prendre depuis le foyer B contre le cours du rayon, et suivant cette direction même si elle est négative. Si les rayons incidens sont parallèles à l'axe, A doit être fait égal à l'infini; et si B devient infini, les rayons rompus seront parallèles à l'axe, en faisant abstraction de leur aberration.

Prop. IV. *Théorème*. Si deux rayons de lumière AG, HG (*fig.* 7), qui font entre eux un très-petit angle, tombent presque perpendiculairement sur une surface LG dans un seul point G, et s'y rompent, le premier suivant GK, et le second suivant GB, je dis que les quatre points A, H, K, B, dans lesquels ces rayons rencontreront la droite ALB, seront tellement placés, que BK sera à AH comme $r \times \overline{LB}^2$ est à $i \times \overline{LA}^2$; i étant toujours supposé à r, comme le sinus d'incidence au sinus de réfraction.

Car de ce que les angles, lorsqu'ils sont fort petits, peuvent être pris pour proportionnels à leurs sinus, il suit que lorsque les réfractions sont petites, les angles d'incidence et de réfraction, aussi bien que leurs différentielles, sont à très-peu près en même proportion que les sinus d'incidence et de réfraction.

Ainsi l'angle AGH, ou la différence des angles d'incidence des rayons AG et HG, est à l'angle BGK ou la différence des angles de réfraction des rayons GK et GB, comme i à r. Décrivant donc du centre G, au-dedans de ces angles, les arcs HE, KF, on aura HE : KF :: $i \times GH : r \times GK$; et comme on a d'ailleurs $AH = \frac{GH \times HE}{GL}$, aussi bien que $BK = \frac{GK \times KF}{GL}$, il est clair qu'en substituant pour HE et KL, les quantités $i \times GH$ et $r \times GK$ qui leur sont proportionnelles, on aura $AH : BK :: i \times \overline{GH}^2 r \times \overline{GK}^2$ à très-peu près, c'est-à-dire comme $i \times \overline{LA}^2 : r \times \overline{LB}^2$.

Prop. V. *Problème.* La forme d'une lentille étant donnée, ainsi que la position du foyer des rayons incidens, trouver le point dans lequel un rayon rompu quelconque rencontre l'axe.

Que L (*fig.* 8) soit le lieu de la lentille, ALBC son axe, LG = L sa demi-largeur, ou la distance du point d'incidence à l'axe, *a* le rayon de la convexité de la première surface sur laquelle le rayon incident tombe, *b* le rayon de la concavité de la seconde surface au travers de laquelle les rayons rompus passent pour sortir de la lentille : AG un rayon incident quelconque, GK le rayon rompu.

Soient de plus LA = A la distance du foyer des rayons incidens, et LB celle du foyer géométrique conjugué du point A, pour la lentille; LC = C la distance du point C qui est le foyer géométrique et conjugué du point A pour la première surface, aussi bien que le foyer géométrique et conjugué du point B pour la seconde surface. Soit enfin LK = K la distance de la lentille au point K où le rayon rompu GK rencontre l'axe.

Supposons maintenant que le rayon AG, après avoir été brisé par la première surface, arrive en D; et représentons-nous un rayon incident qui partant du point B, foyer conjugué de la lentille pour A, soit rompu par la seconde surface, de manière qu'il diverge du point E de l'axe. Suivant ce qui a été enseigné (*prop. II*), les aberrations CE et CD seront données aussi bien que leur somme DE; et comme par la *prop. IV*, on a $DE : BK :: r \times \overline{LC}^2 : i \times \overline{LB}^2$, il s'en suit que $BK = \frac{i \times \overline{LB}^2}{r \times \overline{LC}^2} \times DE = \frac{i \times B^2}{r \times C^2} \times DE$.

Mais par la *prop. II*, on a $CD = \frac{r(i-r)C^2L^2}{2i^3}\left(\frac{1}{a}+\frac{1}{A}\right)^2 \times \left(\frac{r}{a}+\frac{i+r}{A}\right)$, et $CE = \frac{r(i-r)C^2L^2}{2i^3}\left(\frac{1}{b}+\frac{1}{B}\right)^2 + \left(\frac{r}{b}+\frac{i+r}{B}\right)$ dont la somme DE étant multipliée par $\frac{iB^2}{rC^2}$, donne l'aberration cherchée $BK = \frac{iB^2}{rC^2} \times DE = \frac{(i-r)B^2L^2}{2i^2}\left[\left(\frac{1}{a}+\frac{1}{A}\right)^2\left(\frac{r}{a}+\frac{i+r}{A}\right) + \left(\frac{1}{b}+\frac{1}{B}\right)^2 \left(\frac{r}{b}+\frac{i+r}{B}\right)\right]$, laquelle, après l'évaluation de ses termes, étant retranchée de LB ou B, donne la distance de l'intersection K du rayon rompu et de l'axe, c'est-à-dire $LK = B - \frac{(i-r)B^2L^2}{2i^2}\left(\frac{r}{a^3}+\frac{i+3r}{Aa^2}+\frac{2i+3r}{A^2a}+\frac{i+r}{A^3}+\frac{r}{b^3}+\frac{i+3r}{Bb^2}+\frac{2i+3r}{B^2b}+\frac{i+r}{B^3}\right)$.

De plus, comme C est le foyer conjugué géométrique du point A pour la première surface, on aura $LC = \frac{iAa}{(i-r)A - ra}$, et parce que ce même point C est aussi le foyer conjugué géométrique de la seconde surface pour le point B, on a aussi $LC = - \frac{iBb}{(i-r)A - ra}$, conformémeat à la *prop. II.* De-là suit que $\frac{iAa}{(i-r)A - ra} = - \frac{iBb}{(i-r)a - rA}$, et conséquemment $B = \frac{rAab}{(i-r)A(a+b) - rab}$, ou $\frac{1}{A} + \frac{1}{B} = \frac{i-r}{r} (\frac{1}{a} + \frac{1}{b}$.

La valeur de B étant ainsi trouvée, on a celle de LK ou la distance du point où le rayon rompu par la lentille rencontre l'axe, aussi bien que son aberration du foyer B, ou BK, laquelle, à cause du signe —, doit être prise depuis le foyer B dans la direction opposée au cours du rayon lorsque cette valeur est positive, et dans le même sens que la direction du rayon même lorsqu'elle est négative. Il est évident que ces formules s'appliqueront aux autres cas du même problème, en se réglant sur les mêmes principes que ceux enseignés dans la *prop. III*, lorsqu'on ne considéroit qu'une seule surface.

Prop. VI. *Remarque.* L'expression de l'aberration que l'on vient de trouver, peut être mise sous une forme plus commode à employer, si l'on réunit les termes dans lesquels a et b ont la même dimension, et que l'on réduise toutes les parties au moyen de l'équation $\frac{i-r}{r} + (\frac{1}{a} + \frac{1}{b}) = \frac{1}{A} + \frac{1}{B} = \frac{1}{P}$, dans laquelle P est la distance focale principale.

En effet, en faisant ainsi le calcul, on a $\frac{1}{a^3} + \frac{1}{b^3} = \frac{r}{(i-r)P} \times (\frac{r^2}{(i-r)^2 P^2} - \frac{3r}{(i-r)P(a+b)})$; $\frac{1}{Aa^2} + \frac{1}{Bb^2} = \frac{r}{(i-r)P} \times (\frac{1}{Aa} + \frac{1}{Bb} - \frac{1}{P(a+b)})$; $\frac{1}{Aa^2} + \frac{1}{Bb^2} = \frac{r}{(i-r)P} \times [\frac{i-r}{r} \times (\frac{1}{Aa} + \frac{1}{Bb}) - \frac{1}{P(A+B)}]$ $\frac{1}{A^3} + \frac{1}{B^3} = \frac{r}{(i-r)P} \times (\frac{i-r}{rP^2} - \frac{3(i-r}{rP(A+B)})$; et multipliont chacune de ces valeurs par leurs coëfficiens respectifs dans la valeur ci-dessus trouvée pour LK (*prop. V*), savoir r, $i+3r$, $2i+3r$, $i+r$; et les joignant avec leurs signes, on a $LK = LB - BK = B - \frac{B^2 L^2}{2iP^2} [\frac{i^3 - 2i^2 r + 2r^3}{(i-r)^2 P} - \frac{2i+2r}{A+B} + \frac{2(i+r)}{A+B} \times (\frac{A}{b} + \frac{B}{a}) - \frac{r(i+2r)}{(i-r)(a+b)}]$, ou, ce qui revient au même, $B - \frac{B L_2}{2iP^2} [\frac{i^3}{(i-r)^2 P} - \frac{3i+2r}{A+B} - \frac{2(i+r)}{A+B} (\frac{A}{a} + \frac{B}{b}) - \frac{r(i+2r)}{(i-r)(a+b)}]$.

Prop. VII. *Problème.* Trouver une lentille propre à réunir les rayons qui partiront d'un point donné, dans un autre point

point donné, avec la moindre aberration possible, et calculer la quantité de cette aberration.

Gardant les mêmes dénominations que ci-dessus, et différenciant l'expression précédente $\frac{B^2L^2}{2iP^2}\left[\frac{i^3}{(i-r)^2P} - \frac{3i+2r}{A+B} - \frac{2(i+r)}{A+B}\left(\frac{A}{a}+\frac{B}{b}\right) - \frac{r(i+2r)}{(i-r)(a+b)}\right]$, de manière que a et b soient variables, on aura $\frac{2(i+r)}{A+B} + \left(\frac{Ada}{a^2}+\frac{Bdb}{b^2}\right) + \frac{r(i+2r)}{i-r} \times \frac{da+db}{(a+b)^2} = 0$; mais puisque $\frac{1}{a}+\frac{1}{b} = \frac{r}{(i-r)P}$, on a $\frac{da}{a^2}+\frac{db}{b^2}=0$. Eliminant donc les différencielles par la comparaison de ces deux équations, on aura $\frac{b-a}{b+a} = \frac{2(i+r)(i-r)(A-B)}{r(i+2r)(A+B)}$, de laquelle on tire $\frac{a}{b} = \frac{(4r^2+ri-2i^2)A+i(2i+r)B}{(4r^2+ri-2i^2)B+i(2i+r)A}$; d'où il sera facile d'avoir les rayons cherchés de la lentiile, au moyen de l'équation $\frac{1}{a}+\frac{1}{b} = \frac{r}{i-r} \times \left(\frac{1}{A}+\frac{1}{B}\right)$, et ces rayons seront $a = \frac{2(i-r)(i+2r)A\times B}{i(2i+r)A+(4r^2+ri-2i^2)B}$, et $b = \frac{2(i-r)(i+2r)A\times B}{i(2i+r)B+(4r^2+ri-2i^2)A}$; ou $\frac{1}{a} = \frac{i(2i+r)}{2(i-r)(i+2r)} \times \frac{1}{B} + \frac{4r^2+ri-2i^2}{2(i-r)(i+2r)} \times \frac{1}{A}$; et $\frac{1}{b} = \frac{i(2i+r)}{2(i-r)(i+2r)} \times \frac{1}{A} + \frac{4r^2-ri-2i^2}{2(i-r)(i+2r)} \times \frac{1}{B}$.

Lorsque ces valeurs des rayons a et b auront été substituées dans la valeur générale de l'aberration donnée par la proposition VI, on aura pour la moiadre aberration cherchée $\frac{iB^2L^4}{(i+2r)P^4}\left(\frac{P}{A+B} + \frac{r(4i-r)}{4(i-r)^2}\right)$.

Prop. VIII. *Corollaire*. Après avoir donné dans la proposition précédente, tant la forme que doit avoir une lentille qui produise dans des circonstances données la plus petite aberra-possible, que la quantité même de cette aberration; il paroît à propos de chercher à exprimer les aberrations des autres lentilles par une méthode qui montre à-la-fois les relations que les formes de ces lentilles quelconques ont avec celle de la moindre aberration; et les relations de leurs quantités d'aberration avec l'aberration la plus petite possible.

Car les solutions deviennent communément plus élégantes, lorsque l'on rapporte les cas les plus généraux à celui qui est le plus simple, tel qu'est le cas de la moindre aberration possible.

Afin d'abréger le calcul, soit substitué d'abord h à la place de $\frac{i(2i+r)}{2(i-r)(i+2r)}$, et k à la place de $\frac{4r^2+ri-2i^2}{2(i-r)(i+2r)}$; nous aurons pour déterminer les rayons a et b de la lentille qui donne la moindre aberration, $\frac{1}{a} = \frac{h}{B}+\frac{k}{A}$, et $\frac{1}{b} = \frac{h}{A}+\frac{k}{B}$ (*prop. VII.*

Pour exprimer ensuite les rayons a et b d'une lentille quelconque, soient employées les équations $\frac{1}{a} = \frac{h}{B} + \frac{k}{A} + \frac{x}{P}$, et $\frac{1}{b} = \frac{h}{A} + \frac{K}{B} - \frac{x}{P}$, dans lesquelles les valeurs de $\frac{1}{a}$ et $\frac{1}{b}$ sont telles que leur somme $\frac{1}{a} + \frac{1}{b}$ soit $(h+k)\left(\frac{1}{A} + \frac{1}{B}\right)$ ou $\frac{r}{i-r}\left(\frac{1}{A} + \frac{1}{B}\right)$, ainsi qu'elle doit être.

Cela posé, si l'on met ces valeurs de $\frac{1}{a}$ et $\frac{1}{b}$ dans la formule générale de l'aberration, qui par la proposition VI, est $\frac{B^2L^2}{2iP^2}\left[\frac{i^3}{P} - \frac{3i+2r}{A+B} - \frac{2(i+r)}{A+B}\left(\frac{A}{a} + \frac{B}{b}\right) - \frac{r(i+2r)}{(i-r)(a+b)}\right]$, on trouvera, après les réductions du calcul, $\frac{iB^2L^2}{2(i+2r)P^3}\left(\frac{P}{A+B} + \frac{(4i-r)r}{4(i-r)^2} + \frac{(i+2r)^2x^2}{i^2}\right)$ pour l'aberration d'une lentille dont la surface qui est exposée à la lumière, a son rayon égal à a, tandis que b est le rayon de la surface opposée ; ayant en même temps $\frac{1}{a} = \frac{h}{B} \times \frac{k}{A} + \frac{x}{P}$, et $\frac{1}{b} = \frac{h}{A} + \frac{k}{B} - \frac{x}{P}$, ou P désigne la distance du foyer principal de la lentille, A celle du foyer des rayons incidens, et B celle du foyer des rayons rompus.

Prop. IX. *Remarque.* Si dans les formules de la proposition précédente, tant pour les rayons des lentilles, que pour leurs aberrations, on fait $x = o$, elles exprimeront les valeurs des rayons qui conviennent à la moindre aberration, et à la valeur même de cette aberration. Mais tant que x ne sera point zéro, ces formules donneront pour toutes les aberrations plus grandes que la moindre, deux différentes formes de lentilles qui seront désignées l'une et l'autre par les équations $\frac{1}{a} = \frac{h}{B} + \frac{k}{A} + \frac{x}{P}$, et $\frac{1}{b} = \frac{h}{A} + \frac{k}{B} - \frac{x}{P}$, dans lesquelles x sera pris positivement pour l'une, et négativement pour l'autre. En effet, dans la formule $\frac{iB^2L^2}{2(i+2r)P^3}\left(\frac{P}{A+B} + \frac{(4i-r)r}{4(i-r)^2} + \frac{(i+2r)^2}{i^2}x^2\right)$, on ne rencontre que le quarré de x qui reste le même, soit que l'on fasse x positif ou négatif.

Comme une aberration quelconque $\frac{iB^2L^2}{2(i+2r)P^3}\left(\frac{P}{A+B} + \frac{(4i-r)r}{4(i-r)^2} + \frac{(i+2r)^2}{i^2}x^2\right)$ est à la moindre aberration $\frac{iB^2L^2}{2(i+2r)P^3}\left(\frac{P}{A+B} + \frac{(4i-r)r}{4(i-r)^2}\right)$ dans la raison de plus grande inégalité, soit mis $i + m^2 : 1$ à la place de cette raison, m étant alors un nombre pris à volonté ; on aura $x = + \frac{mi}{i+2r}\sqrt{\left(\frac{P}{A+B} + \frac{(4i-r)r}{4(i-r)^2}\right)}$.

Ainsi lorsqu'on aura le rapport qui est entre l'aberration d'une lentille et celle qui est la plus petite, on aura aussitôt les rayons des surfaces de cette lentille, par le moyen des propositions précédentes.

Le nombre x déterminant ainsi tant la forme d'une lentille, que la grandeur de son aberration, on pourroit l'appeler l'*index* de cette lentille : et si pour abréger le calcul, on fait $f=\frac{(4i-r)r}{4(i-r)^2}$, et $g=\frac{i+2r}{i}$, l'aberration sera exprimée par $\frac{B^2 L^2}{2g\, p^3}\left(\frac{P}{A+B}+f+g^2x^2\right)$. *Journal des Savans*, octobre, 1762, page 676, *in*-4°.

(1) Nous ne continuerons pas de transcrire ici le reste de cette analyse, il nous suffira de l'indiquer. Le problême X consiste à trouver la valeur des aberrations pour quatre lentilles, (p. 676.) et la formule peut s'étendre à un nombre quelconque de verres.

Etant donnés les foyers de plusieurs lentilles et leurs situations, on détermine la forme qu'elles doivent avoir pour qu'il n'y ait point d'aberration, en égalant à zéro la valeur de l'aberration qui répond au nombre de lentilles, et il y en a toujours plusieurs que l'on peut faire varier à volonté, suivant qu'on en aura besoin pour les ouvertures des lentilles ou les autres circonstances relatives au but de l'instrument proposé. L'auteur donne des exemples pour composer une lunette exempte d'aberration de sphéricité.

On y voit que l'aberration produite par les lentilles ne pourra s'anéantir si elles sont toutes deux convexes ou concaves, de quelque forme quelles soient, et de quelque manière qu'on les ait disposées. La même chose arrive dans un nombre quelconque de lentilles, lorsqu'elles sont toutes convexes ou toutes concaves, car toutes les lentilles dont les surfaces sont des segmens de superficie sphérique, produisent des aberrations de leurs foyers, parce qu'elles plient trop les rayons de lumière par la réfraction, d'où l'on apperçoit facilement qu'une lentille convexe ajouée à d'autres lentilles convexes, ou une lentille concave à d'autres lentilles concaves, multiplie les erreurs produites par les premières. C'est pourquoi afin que l'aberration du dernier foyer devienne nulle, il faut qu'il y ait des lentilles, les unes convexes, les autres concaves, afin que l'excès de courbure des rayons dans un sens, soit corrigé par un autre

(1) Une absence forcée du cit. de Fortia, qui s'étoit chargé de revoir et de compléter cette histoire de l'Optique, m'a obligé de le remplacer, et de suppléer la plus grande partie de ce qui reste à dire à ce sujet. Montucla ayant annoncé beaucoup d'articles qui étoient à peine commencés, je n'ai pas cru devoir placer ici le reste du mémoire de Klingenstierna, qui m'a paru trop hérissé de calculs.

DE LA LANDE.

excès de courbure dans un sens contraire : il cherche ensuite la formule de deux lentilles qui, posées immédiatement l'une contre l'autre, rassemblent les rayons à un foyer donné sans aberration.

On doit observer que chaque lentille se trouve, autant qu'il est possible, également convexe ou concave des deux côtés, afin qu'elle ait l'avantage de souffrir une plus grande ouverture. Car les quantités d'aberration trouvées ci-dessus, n'étant déterminées que par des approximations, elles seront d'autant plus défectueuses, que les verres occuperont de plus grands segmens dans leurs sphères.

Quoique ces deux règles soient souvent en contradiction dans leur exécution, et qu'on ne puisse pas facilement prescrire laquelle doit l'emporter dans chaque cas particulier; je ne doute cependant pas qu'un artiste intelligent n'en puisse tirer un bon parti en gardant entr'elles un milieu convenable.

„En conséquence de ces mêmes observations, Klingenstierna se dispensa d'indiquer le plus grand effet que puissent produire les instrumens optiques construits dans ses principes, et la méthode de construire ceux qui doivent être les plus parfaits. Les règles qu'il faudroit pour cela ne peuvent être rendues bien sûres que par l'expérience, mais il faut que ce soit par une expérience que la théorie éclaire.

L'auteur démontre que dans toute lentille, ou système de plusieurs lentilles, le foyer physique des rayons rompus, c'est-à-dire le moindre cercle dans lequel se trouve rassemblés tous ces rayons, est éloigné du point où le rayon extrême rencontre l'axe, du quart de l'aberration de ce rayon, et le diamètre de ce cercle est au diamètre de la dernière lentille, à-peu-près comme le quart de l'aberration est à la distance comprise entre le foyer et cette lentille : (*Optique de Newton, liv. I. prop. 8*). Il cherche ensuite les écartemens successifs pour un nombre quelconque de lentilles par une formule générale qui lui procure le moyen de résoudre le problème suivant : la position de plusieurs lentilles sur un axe commun étant donnée avec la loi de réfraction de chacune pour les rayons de toutes les espèces, on demande la relation qui doit être entre les distances des foyers principaux de ces mêmes lentilles pour que les rayons hétérogènes qui viennent d'un point quelconque, ou qui sont parallèles, sortent après les réfractions à travers ces lentilles, sans éprouver l'écartement produit par la diverse réfrangibilité des rayons : *Journal des Savans*, novembre, 1762, p. 752, *in*-4°.

Ces problêmes furent résolus fort au long par Clairaut dans les mémoires que nous avons cités, p. 455; par d'Alembert, dans les ouvrages que nous avons cités, p. 457 ; et par Euler, dans sa *Dioptrique*, imprimée en 1769 et 1771, en 3 vol. *in*-4°.

Klingenstierna continua ses recherches dans une dissertation qui remporta le prix de l'Académie de Pétersbourg, en 1762 et qui fut imprimée sous ce titre : *Tentamen de difiniendis et corrigendis aberrationibus, radiorum luminis in lentibus sphaericis et de perficiendo telescopio dioptrico.*

A cette occasion Euler publia à Pétersbourg, en 1762, une dissertation intitulée : *Constructio lentium objectivarum ex duplici vitro quae neque confusionem a figura sphaerica oriundam, neque dispersionem colorum pariant.* Mais il ne connoissoit pas alors le rapport de réfraction dans les deux espèces de verres que Dollond employoit, et il examinoit les cas des lentilles où l'on mettroit de l'eau, méthode que l'expérience a fait rejetter. Euler donna ensuite son grand ouvrage de *Dioptrique.* Mais ce grand et savant ouvrage d'Euler ne pouvoit être véritablement utile sans le travail de M. Fuss qui publia en 1774 un ouvrage intitulé : *Instruction détaillée* pour porter les lunettes de toutes les espèces au plus haut degré de perfection dont elles sont susceptibles, tirée de la Dioptrique d'Euler, et mise à la portée de tous les ouvriers, avec la description d'un microscope qui peut passer pour le plus parfait dans son espèce, et qui est propre à produire tous les grossissemens qu'on voudra. Il y donne cinq devis de lunettes acromatiques, en marquant les foyers et les distances de chaque verre.

En 1783, Duval Leroi fit imprimer à Brest un supplément à l'optique de Smith ; c'est une espèce d'abrégé de la Dioptrique d'Euler et d'un mémoire du même, contenu dans le dix-huitième volume des *Nouveaux Mémoires de Pétersbourg ;* on y trouve les principes de théorie les plus utiles, et les résultats qui fournissent les lunettes et les microscopes les plus parfaits ; on y trouve ceux que M. Fuss avoit donnés, et beaucoup d'autres, surtout une lunette terrestre à six verres, qui est supérieure à toutes les autres par la grandeur de son champ qui est de 1° 11', il a soin d'assigner les foyers, les distances, les courbures, les ouvertures, les épaisseurs de chaque verre, et cet ouvrage du cit. Duval Leroi est un des plus intéressans que nous ayons sur cette matière.

Kæstner a aussi donné ses calculs sur l'aberration des lentilles dans les deux premiers volumes des *Mémoires de l'Académie de Gottingue.* Je dois encore indiquer sur les prismes acromatiques de Dollond un *Mémoire de M. Béguelin*, lû en 1767, *Mémoires de Berlin*, 1762, et un autre du même intitulé : *Recherches Pratiques sur les aberrations des rayons réfractés, &c.* ibid.

Le cit. Rochon dans ses *Opuscules* de 1768, proposoit des objectifs à cinq verres, et il en donnoit les formules. Il observe en commençant qu'on ne composa d'abord les objectifs acromatiques que de deux lentilles, l'une de flint-glass et l'autre de crown-glass; mais les fortes courbures que donne l'analyse du problême de la destruction des aberrations, empêchent qu'on ne donne à ces objetifs l'ouverture dont ils paroissoient susceptibles. Cependant cette construction suffit pour les lunettes destinées à voir les objets terrestres. Quand aux lunettes dont les astronomes se servent, on doit préférer les objectifs composés de trois lentilles dont les deux extérieures sont de crown-glass, et l'intérieure de flint-glass.

Dans un objectif à deux verres, le foyer de la lentille de crown-glass a fait naître l'idée de lui substituer deux lentilles équivalentes. Tel est le raisonnement qui a dû conduire à la construction des objectifs à trois verres, ayant six surfaces: ils sont susceptibles de beaucoup de combinaisons, cependant il seroit à desirer qu'il y eût égalité, autant qu'il est possible entre les courbures des lentilles, et cela n'a pas tout-à-fait lieu dans les objectifs à trois verres, la lentille de flint-glass étant plus concave que les lentilles de crown-glass, ne sont convexes. On peut éviter cet inconvénient, en substituant au flint-glass un strass assez chargé de plomb pour causer une dispersion dans les couleurs qui soit à celle produite par le verre commun dans le rapport de 2 à 1, mais outre que jusqu'à présent on s'est inutilement efforcé en France de faire du strass sans filandres et sans larmes, ce verre contracte, en se chargeant de plomb, des défauts qui limitent la dose qu'on peut faire entrer dans sa composition; car il devient très-tendre, ce qui le rend d'un travail difficile; il attire l'humidité de l'air, et se ternit avec une extrême facilité: il est fort sujet à être gélatineux. Enfin, si on cherche par le moyen de prismes adossés à détruire les iris, quand les couleurs extrêmes disparoissent, on voit renaître sensiblement les couleurs moyennes, ensorte que pour résoudre en ce cas le problême de la destruction de l'aberration de refrangibilité, il faudroit employer jusqu'aux différences secondes.

Le cit. Rochon, surpris du peu de lumière que l'addition d'un troisième verre fait perdre, et de la grande ouverture que ces objectifs peuvent porter, a pensé qu'il y auroit un très-grand avantage à les construire à cinq verres, dont le premier, le troisième et le cinquième seroient de crown-glass, le second et le quatrième de flint-glass: dans cette construction d'objectifs, l'aberration est beaucoup moindre que dans les objectifs à trois verres, et d'ailleurs les lentilles de flint-glass ne sont pas plus concaves que les lentilles de crown-glass ne sont convexes : ce qui est fort avantageux.

Après avoir donné les formules d'aberration pour plusieurs lentilles, il examine les degrés de perfection dont les objectifs sont susceptibles, et les ouvertures qu'ils peuvent comporter ; après quoi il établit la réfraction moyenne du Flint Glass, 1,62; et celle du verre commun 1,55 d'après ses propres expériences, et le rapport des dispersions de 32 à 20, au lieu de 3 et 2 que Dollond avoit trouvé.

Dans le même volume, il donne une manière de tailler et de polir les verres. Dans son *Recueil* de 1783, le cit. Rochon donne la description d'un instrument très-utile. Clairaut avoit imaginé en 1761, un moyen de se procurer des prismes variables avec des substances solides en employant un segment de cylindre, le P. Abat, dont nous citerons les expériences curieuses dans l'art. XIII, y substitua un segment de sphère. Le cit. de Rochon imagina en 1776 de mettre l'un sur l'autre deux prismes égaux que l'on fait tourner circulairement pour en changer les angles.

Il avoit présenté, dès 1780 à l'Académie, la description de ces *Diasporametre*, ou prisme variable à mouvement circulaire qu'il plaçoit devant l'objectif d'une lunette; et il s'en servit pour construire une table fort utile de la réfraction et de la dispersion dans différentes substances, (*Recueil* de 1783. p. 319).

Dans le même recueil de 1783, le cit. Rochon donna des nouvelles formules d'aberration, qu'il vérifia par ses expériences. Pour savoir si un objectif détruit les couleurs, il suffit de regarder deux objets également éloignés, l'un peint en rouge, et l'autre en bleu. Lorsqu'on les voit tous les deux distinctement, c'est la preuve qu'il n'y a point d'aberration sensible de réfrangibilité, puisqu'alors les rayons rouges ont le même foyer que les rayons bleus.

Mais il est difficile d'avoir une bonne matière; Dollond parvint à construire une lunette acromatique, à triple objectif, de trois pieds et demi de longueur, et de 42 lignes d'ouverture. Cette lunette amplifie les diamètres des objets jusqu'à cent vingt fois avec toute la clarté et la distinction nécessaires aux observations les plus délicates. Un tel effet qui équivaut à celui produit par les lunettes du célèbre Campani de 30 à 40 pieds, sembloit devoir procurer à l'astronomie de plus grands avantages que celui de faire disparoître l'incommodité qui résulte de l'usage de ces longues lunettes. Mais la difficulté de trouver du flint glass assez épais, et en même temps assez parfait pour être employé à la construction de lunettes de même genre, beaucoup plus longues, a arrêté les progrès de cet art important. Le cit. Rochon en travaillant lui-même une lunette acromatique à triple objectif de six pouces de diamètre, et de sept pieds de longueur, trouva aussi dans la flexibilité du flint-glass un obstacle qui lui parut insurmontable tant que les plaques de flint-glass, n'auroient que trois ou quatre lignes d'épaisseur; car dans un objectif de six pouces de diamètre, le flint-glass, lorsqu'il est destiné à faire une lunette de sept pieds, est tellement concave, que le centre du verre a à peine une ligne d'épaisseur.

La raison pour laquelle les plaques de flint-glass sont minces, c'est que le verre est soufflé : or tout verre soufflé est sujet aux filandres et aux tables. En effet, le verrier prend avec le bout de sa canne, une certaine quantité de verre qu'il souffle en balon; mais la quantité qu'il prend est insuffisante pour donner à son ballon l'épaisseur convenable : il est donc forcé de plonger à différentes reprises le bout de sa canne dans le creuset pour enfler son ballon; d'où il suit que tout verre souflé, lorsqu'il est épais, est nécessairement formé par couches, et ces couches ne s'amalgament pas toujours parfaitement, et sont quelquefois de densités différentes. La seconde couche, par exemple, ne se lie pas intimement à la première, lorsque celle ci est trop réfroidie; mais l'ouvrier est toujours le maître d'éviter ce défaut. Les couches seront aussi de densités très-différentes lorsque le verrier prendra le fond d'un creuset pour former la seconde couche. En effet, le flint-glass ne doit sa grande dispersion qu'au verre de plomb qui entre dans sa composition : or, lorsque ce verre est dans un état de fluidité parfaite, les parties les plus pésantes tombent au fond du creuset, et les plus légères montent à sa surface. Par conséquent le même creuset doit contenir des verres de différentes densités.

Les opticiens nomment tables les couches qui n'ont ni une parfaite union, ni une égale densité. Pour peu qu'on soit opticien on distingue dans presque tous les verres soufflés d'une certaine épaisseur, des tables qui sont très-sensibles; lorsqu'on regarde le verre par la tranche, on reconnoît encore qu'à la réunion des couches, il y a des sillons qu'on nomme filandres, ces sillons ou filandres sont des tuyaux très-capillaires, qui ne peuvent avoir aucune régularité, d'où il suit une réfraction irrégulière qui dilate la lumière des deux côtés du foyer dans un sens perpendiculaire à l'axe de ces tuyaux : cette aberration est surtout fort sensible quand on regarde Jupiter avec des objectifs filandreux. Ces filandres sont ordinairement causées par de petits corps étrangers qui s'attachent à la première couche du ballon, et qui empêchent l'adhésion de la seconde couche dans ces parties. Et lorsque l'ouvrier souffle ensuite son ballon, il se fait à ces endroits des sillons ou filandres, qui sont toujours plus ou moins préjudiciables à la bonté des objectifs.

Dès

Dès que le verrier a formé son ballon et lui a donné les dimensions convenables, il le coupe et l'applatit pour en faire des plaques, telles qu'on les tire des manufactures d'Angleterre. Il semble que le flint-glass seroit plus propre à l'optique si les gens qui le fabriquent le couloient au lieu de le souffler : cependant les physiciens ont observé que dans les machines électriques, les plateaux de glaces soufflées étoient supérieurs pour l'effet aux plateaux de glaces coulées : le cit. Rochon a aussi fait la même remarque sur les verres qui ont servi à faire les meilleurs objectifs connus. Il a reconnu avec surprise qu'ils étoient tous de verre soufflé. Quoi qu'il en soit de cette observation, il lui a paru utile de publier le moyen qu'il a mis en usage pour construire un objectif de six pouces de diamètre, avec un verre ramolli, et des plaques de flint-glass très-minces. Dès qu'il eut détruit toutes les parties du plateau de flint-glass, qui étoient défectueuses, en les usant avec du grès, ou un outil de fer triangulaire, il exposa le verre à un feu assez violent pour l'amollir. Ce verre étoit placé dans un four propre à courber les glaces, il le posoit sur un moule de terre, convexe de la courbure qu'il vouloit lui donner : aussitôt qu'il fut amolli il le fit refouler avec des pinces de fer, observant d'éviter les plis. Ce refoulement fut si bien ménagé, que le plateau qui n'avoit que trois lignes d'épaisseur, s'enfla de manière à avoir près d'un pouce vers ses bords, et à l'instant qu'il n'eut que cinq pouces de diamètre, notre académicien l'enferma par un anneau de six pouces de diamètre et de huit à neuf lignes d'épaisseur ; cet anneau étoit destiné à contenir les bords du verre amolli dans la juste épaisseur qu'il convenoit de lui donner, et un second moule de terre, de la courbure nécessaire à la surface supérieure du verre, acheva de lui donner par son poids, la forme qu'il falloit lui procurer pour qu'on fût dispensé d'un long travail, et que l'on perdît le moins possible de cette précieuse substance. C'est ainsi que Rochon s'est procuré des morceaux de flint-glass, propres par leur épaisseur et leur diamètre aux plus grandes lunettes : l'artiste nommé Ferret, qui, sous sa direction, est parvenu à donner au flint-glas la forme desirée, s'est exercé sur un assez grand nombre de plaques, tant de flint-glass que de crown-glass, et de verre de France. Il a constamment réussi à leur donner la forme désirée. Au reste, de tout temps on a su amollir le verre déjà fait, et lui donner des formes beaucoup plus difficiles ; mais nous n'en avons pas moins d'obligation à Rochon : les lunettes acromatiques intéressent trop les progrès de l'astronomie, pour qu'on puisse se permettre de rien négliger de tout ce qui peut y contribuer. C'est ainsi qu'il parvint à avoir une lunette acromatique de sept pieds, à triple objectif, qui faisoit un effet beaucoup plus grand que les lunettes de Dollond, sans cependant pouvoir lui donner une ouverture proportionnée à celles de 42 lignes, que les lunettes de cet artiste supportent. Sa lunette n'a jamais pu porter qu'une ouverture de quatre pouces, mais avec cette ouverture elle amplifioit les diamètres des objets trois cent fois, avec toute la clarté et la distinction convenable aux observations les plus délicates. Voici les dimensions qu'il donna aux trois verres qui composent l'objectif de six pouces de diamètre : le verre de crown-glass également convexe des deux côtés, a pour rayon 53 pouces; ce verre est placé devant l'objet. Le second verre est de flint-glass. Il est concave, la concavité qui n'est séparée que par un anneau de papier noir du verre de crown-glass, a pour rayon de courbure 53 pouces; l'autre surface de ce verre a pour rayon de courbure 38 pouces. Le troisième verre est de glace de Venise soufflée, il est convexe, la surface qui touche au flint-glass a pour rayon 68 pouces, la seconde surface de ce verre regarde l'œil, et a pour rayon de courbure 53 pouces. Il n'a pas dit la raison pour laquelle cet objectif ne supporte qu'une ouverture de quatre pouces, mais il étoit travaillé avec grand soin, et Rochon avoit passé un temps considérable à lui donner le degré de perfection possible. Il présuma que les pièces de flint-glass et de crown-glass n'ont pas exactement la proportion nécessaire pour que l'aberration de réfrangibilité soit la plus petite possible, car lorsqu'il a fait cet objectif, il n'avoit pas encore eu l'idée du diasporamètre : or, c'est cet instrument qui peut seul fixer cette proportion d'une manière précise : mais sa lunette, dans l'état où elle étoit, faisoit un trop grand effet pour oser y toucher.

Boscovich est un des géomètres qui a le plus travaillé sur les lunettes acromatiques. Dès l'année 1771 il avoit publié à Milan un petit volume intitulé : *Memoria Sulli cannochiali diotrici*, où il donnoit une idée des lunettes, à la portée de tout le monde; et l'explication la plus simple des formules qui expriment les dimensions des lunettes acromatiques afin que tous les ouvriers pussent en faire.

Dans le premier volume de ses OEuvres, en 1785, il a donné des formules pour la correction des erreurs; mais il observe que l'objectif formé de deux seules espèces de substances comme de flint et de crown ne peut réunir que deux seules espèces de rayons : les autres débordent beaucoup moins qu'auparavant, mais de manière que la dispersion des rayons causée par la différente réfrangibilité n'y est jamais totalement détruite. De plus, ceux mêmes qui sont réunis par un semblable objectif, en sont séparés de nouveau par les oculaires, surtout quand il n'y en a qu'un. Il en est de même quand il y a plusieurs oculaires, si l'on n'y emploie une combinaison capable de faire arriver à l'œil les rayons de ces deux espèces avec une même direction. Les couleurs qui se voyent dans les lunettes ordinaires viennent beaucoup plus des oculaires que des objectifs.

Boscovich traite fort au long de ce premier défaut qui consiste dans l'impossibilité de réunir par deux seules espèces de verre qu'on employe pour former ces objectifs, plus de deux couleurs à-la-fois : pour ce qui appartient aux couleurs causées par les oculaires, il en donne aussi une savante théorie.

La diminution qu'on obtient de l'erreur de réfrangibilité par l'objectif composé, et par une combinaison convenable d'oculaires donne des lunettes qui ont un très-grand grossissement et terminent bien l'objet, sans que l'œil y apperçoive la moindre apparence de couleurs, surtout quand le champ de la lunette n'est pas trop grand, mais on les voit sur les bords de l'image du soleil transmise à travers la lunette; cependant il appelle correction, et même destruction de l'erreur de réfrangibilité, cette grande diminution. Il en est de même par rapport à l'erreur de sphéricité, quand elle y est anéantie relativement aux formules qui la contiennent, trouvées après avoir négligé les petites quantités d'ordres inférieurs, quoique cette correction ne soit jamais tout-à-fait exacte.

L'erreur de sphéricité par rapport à l'objectif cause une espèce de confusion dans l'image qui se forme au foyer, quand cette erreur est assez grande; l'erreur par rapport aux oculaires fait le même effet d'apporter de la confusion dans l'image de l'objet au fond de l'œil à cause du mélange, qui s'y forme, des rayons partis de ses différens points, mais elle ajoute un autre inconvénient, celui de courber les lignes droites. Boscovich traite de ce second effet dans un de ses opuscules, dans le second volume, et il apprend à y remédier.

La confusion de l'image, formée par l'objectif, est beaucoup plus grande que ne l'a cru Newton, et cela à cause des petits cercles des deux erreurs de sphéricité et de réfrangibilité qu'il détermine par un calcul exact, et en outre, parce qu'il y a une différence essentielle dans ces deux erreurs. Newton avoit comparé la seule grandeur des diamètres de leurs petits cercles : il avoit cherché aussi la progression de la densité de la lumière dans les différens points du cercle de l'erreur de réfrangibilité, et il avoit trouvé qu'elle est infinie dans le centre, et en allant vers la circonférence, elle diminue de manière qu'elle s'évanouit tout-à-fait sur la circonférence même. Le même problême est beaucoup plus difficile à résoudre par rapport au cercle de l'erreur de réfrangibilité. Boscovich a trouvé une méthode qui, par la géométrie ordinaire et par le simple calcul algébrique, lui en a donné la solution avec un résultat très-simple et qui forme cette grande différence. Il trouve que la densité de la lumière dans ce cercle est infinie au centre qu'elle diminue en s'éloignant, mais de manière qu'elle arrive à son minimum là, où le quarré de la distance est la moitié du quarré du rayon du même cercle; elle augmente de nouveau tellement qu'en s'approchant de la circonférence elle va une autrefois à l'infini, et que même dans son minimum, elle est assez forte, parce qu'elle y est égale à deux tiers de celle qu'on auroit si elle étoit par tout la même. Il suit de ces théorêmes curieux, que tandis que l'erreur de réfrangibilité ne fait une impression forte que par sa partie peu éloignée du centre; l'aberration de sphéricité en fait une qui efface l'effet de la première dans la plus grande partie. Il avoit donné cette solution dans une des cinq dissertations de dioptrique imprimées à Vienne, en 1767. Les deux premières sont les mêmes qu'il avoit données dans les *Mémoires de l'Académie de Bologne* avec peu de changemens. Il a placé dans son second volume la même dissertation qui est très-essentielle pour l'amélioration des lunettes. Cette propriété de ce petit cercle lui fait croire que la grande supériorité de l'effet des lunettes acromatiques sur les anciennes à objectif simple vient en très-grande partie de la correction de l'erreur de sphéricité, que la jonction des deux lentilles nécessaires pour former l'objectif acromatique a permis d'y introduire, tandis qu'elle ne peut pas être corrigée dans un objectif simple. Il devoit d'autant plus redonner cette ancienne dissertation que dans l'édition de Vienne, il y a plusieurs fautes d'impression. D'ailleurs, on a très-peu d'exemplaires de cette édition, hors de l'Allemagne, et elle étoit peu connue, quoique très-intéressante.

Ce premier volume de Boscovich contient de la manière la plus élémentaire la théorie de la correction de ces deux erreurs par la réunion des lentilles formées des différentes substances. Il détermine les rayons de sphéricité des lentilles capables de produire cet effet. Il donne d'abord une manière sûre et aisée pour la pratique de trouver la force réfringente de ces substances, et il donne ensuite les formules qui, relativement à cette force, donnent ces rayons rapportés à la distance focale que l'on veut avoir. Il explique la construction de l'instrument propre à déterminer cette force, et la manière de s'en servir. Le second contient des formules telles que Clairaut les avoit données dans les *Mémoires de l'Académie*, pour 1755 et 1756, imprimés en 1762, mais que Boscovich démontre par une méthode beaucoup plus simple, en les réduisant à une forme plus commode pour l'application du calcul numérique, et il donne des instructions pour leur usage, et des exemples pour les dimensions des lunettes, et pour différens cas de combinaisons d'objectifs et d'occulaires.

La description du prisme solide à angle variable est très-étendue, Boscovich y avoit ajouté des divisions pour mesurer les angles et toutes les commodités dont on avoit besoin dans la pratique.

Le P. Gaudibert, sousprieur des Jacobins de la rue Saint-Dominique, qui étoit très-adroit pour le travail des lunettes, et très-exercé dans le calcul, lui envoya des tables que Boscovich a publiées, pour les qualités des deux espèces de verres qu'il employoit. Ces tables simplifient beaucoup le calcul numérique. Pour d'autres espèces, de verres il faudroit calculer des tables pareilles, le calcul est simple et élégant, mais il est long. Il faut espérer que la chimie parviendra à nous donner des substances pures et constamment semblables ; alors on pourra donner aux artistes les tables nécessaires pour les meilleures lunettes.

Boscovich dans son deuxième volume traite fort au long des oculaires acromatiques. Dollond avoit déjà fait une amélioration aux lunettes, par le nombre et les dimensions des oculaires qui diminuent l'aberration de sphéricité; ses lunettes à 6 verres furent très-bien reçues, et Short lut une lettre à ce sujet, à la Société Royale de Londres, le 1er. mars, 1753. *Phil. Trans.* vol. 48. p. 103.

Euler s'occupa de ce sujet, *Mémoires de Berlin*, 1757. *Mémoires de Turin*, t. III. Boscovich en traite fort au long, il donne d'abord ce théorême curieux: les couleurs des oculaires sont corrigées, si l'on employe la seconde lentille du même verre d'une distance focale quelconque, mais qui soit placée, à une distance de la première, qui soit égale à la demi-somme des deux distances focales. En employant trois oculaires de distances focales quelconque, égales, ou inégales, dont les deux premières soient simples d'une qualité de verre quelconque, et la troisième composée acromatique, et en les plaçant de manière que leur distance mutuelle, tant des deux premières, que des deux dernières soit égale à la somme de leurs distances focales, on corrige l'erreur de réfrangibilité.

Il donne le calcul du flint-glass réuni avec le verre commun pour empêcher les couleurs produites par les oculaires; mais il donne aussi le moyen d'obtenir la même correction en employant seulement le verre commun.

En effet, pour avoir la destruction des couleurs, on peut employer trois lentilles de la même espèce de verre avec des distances focales quelconques : ayant placé les deux premières à la distance égale à-peu-près à la somme de leurs distances focales, on placera une troisième à une distance de la seconde plus grande que la somme des distances focales, d'une quantité qui soit à-peu-près une troisième proportionnelle continue à la distance des deux premières entre elles, et à la distance focale de la seconde. Il y ajoute d'autres déterminations, avec les formules qui y répondent.

A la fin il tire de ses règles générales deux combinaisons bien simples; toutes les deux ont les deux premiers oculaires égaux avec la distance de l'un à l'autre, égale à la somme de leurs distances focales qui est le double d'une d'entr'elles; et pour la distance du second au troisième, la quantité à ajouter à la somme de leurs distances focales est la moitié d'une de ces mêmes distances. Le troisième oculaire dans la première combinaison est aussi égal aux précédents, et par conséquent éloigné du second de deux distances focales et demi dans la seconde combinaison. On a la distance focale égale à la moitié des deux précédentes, et sa distance au troisième doit être égale à celles des deux premières; dans cette seconde combinaison, le grossissement est double, mais le champ doit être la moitié, parce que sa courbure plus grande réduit l'ouverture qu'on peut lui donner à moitié, ce qui diminue de la moitié les ouvertures utiles des précédens.

Mais Boscovich convient que dans toutes ses recherches il a négligé beaucoup de petites quantités; il y a un moyen pour y suppléer en partie : on peut placer dans un petit tube le premier oculaire quand il y en a deux, où les deux premiers quand il y en trois, et le dernier dans un autre un peu plus étroit qui entrera dans le premier, en poussant le second dans celui-là en avant et en arrière, tandis qu'on regarde un petit objet bien lumineux comme une planète placée sur le bord du champ, on verra les couleurs de manière que tantôt le rouge sera vers le centre du champ, et le violet en dehors; les couleurs n'étant pas assez corrigées, tantôt elles passeront du côté opposé étant plus que corrigées : on prendra la position de ce point de passage pour fixer la distance de ce dernier oculaire au précédent qui fera la correction qu'on peut avoir : un mouvement donné au premier petit tuyau approchera tout le système de l'objectif où l'en éloignera suivant les différentes qualités des yeux.

Après plusieurs autres recherches sur les oculaires, Boscovich conclut que si l'on fait l'objectif de la forme proposée, et les oculaires qu'il indique, on aura avec un seul verre commun des lunettes beaucoup meilleures que les lunettes ordinaires et qui approcheront des lunettes acromatiques : elles seront bien plus proprement acromatiques que celles où il y a seulement un objectif acromatique sans une combinaison convenable d'oculaires. Celles-ci n'auront aucune couleur bien sensible à l'œil, parce qu'on aura empêché celles qui dérivent des oculaires qui sont les plus sensibles; on les trouve très-souvent dans celles qu'on appelle acromatiques, et qui ne le sont pas à cause des couleurs produites par ces oculaires. L'erreur de sphéricité des oculaires qui fait la confusion dans l'image, et qui la défigure dans des lunettes d'un grand champ, et d'une grande amplification y sera diminuée de manière à rendre presqu'insensibles les effets. Ainsi de deux erreurs qui affectent les lunettes, celle de réfrangibilité, et l'autre de sphéricité, on y aura détruit la seconde qui est très-considérable par rapport à la première, comme on le voit par un supplément inséré dans ce second volume. Mais cet auteur ne dissimule pas combien il reste à faire pour avoir un traité complet sur les oculaires; la théorie n'est qu'entamée. Il fait une énumération de huit conditions qu'il faudroit remplir, pour avoir un bon systême d'oculaires ou le moins défectueux, avec deux indéterminations dans le système de quatre lentilles : ainsi le problême est bien indéterminé : mais si l'on vouloit embrasser tout-à-la-fois, il y auroit une complication inextricable avec la seule espérance de faire du chemin par la voie du tatonnement. Cet aveu d'un aussi grand géomètre après un aussi grand travail suffit pour faire voir que la théorie des oculaires acromatiques n'est pas encore complète.

Je terminerai cette histoire des lunettes acromatiques en donnant pour trois excellentes lunettes les rayons des six surfaces en commençant par la surface extérieure. Le flint-glass concave des deux côtés BB (*fig.* 9) entre deux lentilles biconvexes de verre commun A et C.

Mém. 1767, page 460.	*Mém.* 1771, page 78.	*Astr.* 2307.	*Suiv. Caroché.*
311	315	315	312
392	450	400	408
214	235	238	231
294	315	290	299
294	320	316	312
323	320	316	312

Ces lunettes sont de Dollond; elles pourroient être imitées avec avantage. La seule difficulté est que le flint n'a pas toujours la même dispersion ; il faudroit pouvoir mesur celle des morceaux que l'on emploie, au moyen de l'instrument de Boscovich.

V I. (1)

Différentes perfections des lunettes. Verres collés. Manière de polir les verres.

Dans ses opuscules de 1768, le cit. Rochon chercha les moyens de perfectionner les lunettes, principalement pour les rendre propres aux observations des satellites en mer ; il expliqua la manière de tailler les verres, de composer des objectifs de cinq verres, et de faire les observations des satellites en se servant d'un verre depoli à côté de la lunette, (p. 46). Le verre dépoli disperse la lumière, et l'on y voit une grande étendue du ciel, ce qui procure le moyen de retrouver facilement l'objet dans la lunette.

Il pensa ensuite à perfectionner les objectifs par un fluide interposé. En effet, si dans un objectif à trois verres, il se trouve un millième d'erreur, c'est-à-dire, s'il y a une différence d'un millième de ligne entre la courbure du centre et celle des bords de chaque surface, il en résulte une imperfection sensible dans la vision de l'objectif. Or, si l'on songe que la seule chaleur de la main, lorsque l'on donne le dernier poli, est capable de dilater le verre que l'on travaille, pour peu qu'il soit mince; on peut juger combien il est difficile de ne pas commettre dans les grands verres quelques inégalités de courbures très-sensibles. Peut-être même est-il possible d'éviter cette imperfection : le cit. Rochon tenta d'y remédier. On voit dans son *Recueil* de 1783, qu'en introduisant un fluide diaphane entre les verres qui composent un objectif acromatique, on diminuera considérablement l'effet des imperfections des quatre surfaces internes des trois verres. Des expériences répétées pouvoient seules prononcer sur ce fait : voici celles que firent les commissaires, Borda, le Gentil et Cassini fils.

» Nous avons pris, disent-ils, une lunette acromatique à deux verres, de trois pieds de longueur, et environ trois pouces d'ouverture. Les deux verres composant l'objectif étant éloignés l'un de l'autre d'un intervalle d'environ six lignes, nous avons introduit un verre de Bohême, mince et sans être travaillé. On sent parfaitement que la lunette dans cet état devoit être très-mauvaise. En effet, ayant placé en face un écriteau mobile,

(1) Cet article et les cinq suivans sont en entier de l'editeur, de la Lande. Il a commencé à mettre des titres à chaque article, ceux que Montucla avoit mis à la page 427, dans un sommaire, paroissant insuffisans et peu commodes.

nous

nous fumes obligés d'approcher cet écriteau à la distance de cinq toises trois quarts, pour pouvoir en déchiffrer les caractères. Cela déterminé, laissant la lunette à la même place, nous fîmes couler entre les objectifs de l'eau pure, jusqu'à ce qu'elle remplît exactement les intervales entre les objectifs. Pointant alors notre lunette sur l'écriteau, nous distinguâmes parfaitement ce qu'auparavant nous pouvions à peine déchiffrer, éloignant alors notre écriteau de plus en plus du bout de la lunette: ce ne fut qu'à la distance de trente-une toises que les caractères nous devinrent aussi difficiles à lire qu'ils l'avoient été auparavant à cinq toises trois quarts de distance.

Après avoir éprouvé l'eau, nous employâmes de l'huile, et nous fûmes obligés de rapprocher l'écriteau à la distance de vingt-une toises et demie pour pouvoir commencer à déchiffrer les caractères.

Nous aurions pû ainsi déterminer les effets de plusieurs autres fluides soit simples, soit composés : mais des circonstances, et un départ précipité par les ordres du ministre, ont empêché Rochon de nous mettre à portée de faire toutes les expériences que l'on auroit pû imaginer: d'ailleurs, c'est un travail qui lui appartient particulièrement, et dont il est naturel qu'il rende compte lui même à l'Académie. Les commissaires n'étaient chargés que de vérifier le fait principalement avancé par Rochon, savoir qu'un fluide interposé entre les objectifs corrige en grande partie les défauts des surfaces des verres. Leurs expériences le prouvent incontestablement. Le résultat a surpassé ce que Rochon lui-même annonçoit et osoit espérer, (*Recueil*, p. 58).

Le cit. Rochon ayant reconnu combien les fluides interposés dans les verres procuroient d'avantage dans les lunettes; Grateloup imagina en 1785, de substituer des substances non liquides à des fluides sujets à évaporation, et difficiles à contenir entre les surfaces des verres. Il n'étoit question que de trouver une substance qui eût l'avantage de conserver la transparence du verre, en remplissant exactement toutes les inégalités de sa surface : celle du mastic en larmes dont les joailliers se servent pour unir les brillans et leur donner plus de jeu parut à Grateloup plus propre que toute autre à cet objet. Il communiqua ses idées à Putois, opticien intelligent, et fit avec cet artiste divers essais qui eurent le plus grand succès : bientôt Putois exécuta plusieurs objectifs acromatiques auxquels il donna un nouveau degré de perfection, en étendant sur la surface intérieure de l'un des verres une couche de mastic en larmes fondu par l'action du feu; et appliquant par-dessus l'autre partie de l'objectif qui, dans le réfroidissement de la résine, se trouve tellement réunie et collée à la première, qu'elles ne peuvent plus être séparées qu'en les faisant chauffer sur un fourneau, ou en les plongeant dans l'eau bouillante.

Pour constater l'avantage de cette méthode, ils ont pris une objectif dont les surfaces intérieures n'étoient que doucies et n'en ont collé qu'une moitié. La partie collée est devenue de la plus belle transparence, tandis que l'autre laissoit à peine passer quelques rayons de lumière. Grateloup inféroit delà qu'on pourroit se dispenser de polir les surfaces qui doivent être collées, il croyoit même qu'il est plus avantageux de ne leur donner que le douci : Cassini en racontant cette épreuve ajoute : c'est à une plus longue expérience à prononcer. Au reste, nous ne doutons pas qu'en multipliant et variant les essais, on ne puisse ajouter encore quelque chose à cette intéressante découverte. (*Cassini*, *Mémoires* de 1787, p. 30). Le cit. Rochon avoit indiqué des objectifs à cinq verres, et la difficulté de tailler dix surfaces étoit levée puisqu'en joignant avec une substance transparente les huit surfaces internes et contigues de l'objectif, il suffisoit que les deux surfaces extérieures fussent taillées avec le même degré de régularité que les verres de long foyer.

En effet, disoit-il, les reflets et les illusions optiques qui sont plus ou moins nuisibles dans l'usage des lunettes acromatiques ordinaires n'ont pas lieu dans ces lunettes collées; la perte de lumière est aussi beaucoup moins considérable, il faut encore compter parmi les avantages de cette méthode la faculté de faire usage des plaques minces de flint-glass, car la fléxibilité qui est toujours à craindre dans le travail des verres minces ne produit plus les mêmes défauts lorsque les deux surfaces du verre sont couvertes par une couche de vernis, et sont liées et collées par cette substance, avec des verres plus épais. Les opticiens savent que les plaques minces de flint glass sont supérieures en bonté à celles qui sont plus épaisses, comme on l'a vu ci-dessus.

En effet, on eut d'abord des lunettes supérieures à toutes les autres, et dont l'effet étoit surprenant ; tous les opticiens de Paris collèrent leurs verres ; mais au bout de quelques années ces lunettes devenoient si mauvaises qu'il a fallu y renoncer. Peut-être trouvera-t-on une substance qui ne se décomposera pas par la chaleur et l'humidité qu'éprouvent les objectifs des lunettes; peut-être pourra-t-on la changer ou la renouveller de temps-en-temps sans déformer les verres, c'est ce qu'on peut espérer d'une plus grande suite d'expériences.

Antheaulme, qui fut des premiers à exécuter d'excellentes lunettes acromatiques, découvrit un inconvénient dans la manière de polir les verres; et il en proposa une autre, qui consiste à polir le verre comme on le travaille, c'est-à-dire, en le promenant en rond sur le bassin, après que le bassin a été recouvert d'un papier fin tendu bien égal, comme il l'explique dans son mémoire, et enduit de tripoli de Venise. Comme cette méthode pour pouvoir promener aisément le verre ne permet pas une pression si forte, elle exige que le douci soit parfait : elle demande peut-être plus de temps que celle que l'on employoit, de polir les verres en long et en poussant. Mais il est clair que les verres ne peuvent jamais se déformer au poli ; au lieu qu'en poussant le verre sur la forme on soulage, sans s'en appercevoir, la partie qui va en avant, et tournant souvent le verre dans les doigts on achève de le rendre conique.

La nouvelle méthode sembloit devoir se présenter naturellement à l'esprit, et l'on a dû chercher d'abord à polir les verres de la même manière qu'on les travailloit. Si les opticiens lui ont préféré l'autre, c'est qu'ils y ont trouvé plus de facilité et qu'ils l'ont cru équivalente, mais Antheaulme reconnut bientôt qu'elle étoit défectueuse : la chose est si sensible qu'elle n'a pas besoin de démonstration. D'ailleurs, il est clair que sa méthode étant la même que celle qu'on a employée pour former le verre, on ne risque point de changer sa figure, et que toute autre méthode différente doit tendre à l'altérer. Il ajoute une remarque que les opticiens ont faite de tout temps, c'est que quand un verre commence à prendre un peu par les bords, il devient ordinairement fort bon, et meilleur même que quand il prend également partout ; mais quand il prend d'abord par le centre, les opticiens ont reconnu qu'il ne valoit jamais rien. L'observation d'Antheaulme paroît expliquer assez bien ces effets.

Quand un verre prend par les bords, c'est qu'il est un peu plat au centre, et la méthode de polir en long, le rend à-peu-près sphérique. Quand il prend partout également, c'est que la figure est régulière, mais alors la méthode ordinaire la déforme. Delà il est aisé de voir pourquoi il ne doit jamais être bon quand il prend par le centre, parce qu'alors le verre étant déjà déformé, il se déforme encore davantage au poli.

Après avoir repoli un verre suivant sa nouvelle méthode, il l'a éprouvé de nouveau à la réflexion, et les bords de l'image de la flamme qui paroissoient auparavant déformés, passèrent parfaitement droit au centre comme au bord, d'où il étoit en droit de conclure que la figure en étoit parfaitement régulière.

Il est d'autant plus naturel de croire que Campani se servoit de cette méthode ; que ses verres étant toujours fort minces auroient plié sous la pression qu'exige la méthode de polir en poussant. J'espère donc, dit-il, qu'on fera aisément des verres d'un très-long foyer, et qu'on pourra y réussir aussi bien que Campani. (*Mémoires présentés*, t. VI. p. 463).

Nous finirons cet article des lunettes en annonçant que Thomin, opticien dans la rue Saint-Jacques, donna en 1746 une instruction sur l'usage des lunettes; et en 1749, un traité d'optique mécanique utile aux artistes et même au public.

VII.

Des Télescopes; de ceux de Herschel. De la force pénétrante. Du dynamètre.

Le télescope proprement dit, ou télescope à réflexion peut être considéré comme un instrument de ce siècle; cependant nous avons vû que Newton avoit fait des télescopes catadioptriques, (t. II. p. 541). Mais ce fut Hadley, qui, en 1718, donna une nouvelle impulsion à cette découverte; il réussit parfaitement à faire deux instrumens de cette espèce d'environ 5 pieds 3 pouces de longueur, (Optique de Smith, art. 782). Il donna dans les *Transactions* pour les mois de mars et d'avril 1723, n°. 376, une description très-curieuse et très-détaillée de cet instrument, et des machines qu'il avoit imaginées pour en faire usage. Ce que Molineux en dit dans l'optique de Smith venoit de Hadley. Ce fut par les conseils et sur les instructions de Hadley que Jacques Bradley, professeur d'astronomie à Oxford entreprit, vers 1735 de construire un télescope de réflexion, qui réussit très bien. Il y auroit mis la dernière main, s'il n'avoit pas été obligé de quitter subitement le pays où il habitoit, et s'il n'avoit pas été ensuite détourné par d'autres occupations. Bientôt après Molineux se joignit à Bradley à Kew pour entreprendre le même ouvrage; et leur premier essai fut de faire un télescope de 26 pouces de long. Malgré les premières épreuves de Bradley et les instructions fréquentes de Hadley, ils furent long-temps sans pouvoir réussir passablement. Le premier qu'ils achevèrent en mai 1724, et qui fut bon, étoit de la longueur dont on vient de parler, de 26 pouces, et ils entreprirent d'en faire faire un de 8 pieds.

Le principal but de toutes leurs expériences étoit de réduire, s'il étoit possible, la manière de construire cet instrument à quelque degré de certitude et de facilité, afin que la difficulté que l'on trouve à les faire, et le danger de s'y tromper ne fussent plus capables de décourager les ouvriers et de les empêcher d'y travailler pour le public. Ce que Hauksbée eut le courage d'entreprendre.

Le télescope qui fut travaillé par Hauksbée, quoi qu'il n'eût que 3 pieds $\frac{1}{4}$ de foyer, mesure d'Angleterre, plus petite de $\frac{1}{16}$ que la nôtre, grossissoit 226 fois, et par conséquent différoit peu de celui de Hadley, quoique celui-ci eût près de 5 pieds $\frac{1}{4}$ de foyer. En employant l'oculaire qui faisoit grossir 226 fois, on voyoit avec une clarté parfaite les bandes de Jupiter, et le trait noir de l'anneau de Saturne. Pour voir ce dernier objet, on ne laissoit de largeur que 3 $\frac{1}{2}$ ou 4 pouces, mais lorsque le temps étoit obscur, il falloit pour mieux voir les objets terrestres, laisser à découvert la surface entière du miroir qui avoit 4 $\frac{1}{2}$ pouces de diamètre. Il en fit un de 6 pieds et un autre de 12 pieds. Il méritoit bien d'être encouragé étant le premier qui eût entrepris cet ouvrage sans le secours de la fortune, qui auroit pû lui rendre tolérable le peu de succès. Vers le commencement de l'hiver 1738, Molyneux et Bradley étant fort satisfaits de leurs ouvrages; quant aux principales circonstances et souhaitant que ces instrumens se fissent à bon marché pour le public, ils instruisirent Scarlet et Héarne, constructeurs d'instrumens de mathématiques, de tout le procédé de leurs opérations, et ceux-ci réussirent à faire de bons télescopes.

Jean-Louis Passement fut le premier qui fit connoître en France la construction et l'usage des télescopes, par un volume qu'il publia en 1738, où l'on trouve la manière de travailler les miroirs et les verres. Il étoit né à Paris en 1702; il y mourut le 6 novembre 1769. Le cit. Sue, neveu, un de ses gendres, a fait imprimer sa vie en 1778. Il avoit fait aussi pour le roi une pendule planétaire, *Histoire de l'Académie*, 1749. p. 183.

Short, célèbre opticien de Londres est celui qui s'est le plus distingué pour les télescopes. Celui de 144 pouces où 12 pieds de foyer, a été exécuté trois fois : celui de milord Marlborough qu'il a donné à l'observatoire d'Oxford, a été long-temps le plus grand et le meilleur qui eût jamais été fait. Il y en a un à Edimbourg de même grandeur, mais il n'est pas aussi bon; celui qu'il avoit fait pour l'Espagne fit naufrage. A Paris, Gonichon et Navarre en faisoient à Paris vers 1745, mais il alloient rarement au-delà de 32 pouces, c'est-à dire 2 pieds de foyer.

En 1772, le frère Noël, bénédictin, aidé de Navarre, ayant obtenu du roi, par le crédit du duc de Chaulnes, des fonds considérables, fit un télescope de 24 pieds, (*Connoissance des Temps*, 1775, p. 338). Mais il n'a jamais été bon. Le cit. Rochon le fit retravailler en 1787, par Caroché, qui réussit parfaitement.

Les miroirs des télescopes sont composés de 20 parties de cuivre rouge, 9 d'étain, et 8 d'arsénic blanc suivant Passement, *Construction d'un telescope*, 1738; où deux parties de cuivre, une de laiton, et une d'étain suivant Hadley : on les polit avec l'émeril et la potée d'étain, Smith, art. 796. On trouve dans le *Nautical Almanac* de 1787, une composition pour les miroirs, par Edwards, 32 parties de cuivre rouge, 15 d'étain, une de cuivre jaune, une d'argent et une d'arsénic. C'est de toutes les compositions celle qui est la plus blanche, la plus dure, et qui réfléchit le mieux la lumière. Elle procure à pareille ouverture, autant de lumière qu'il y en a dans les lunettes acromatiques, tandis que les télescopes ordinaires n'en ont pas le quart, Astr. 2431. Mais cette composition n'est pas bonne pour de très-grands miroirs, parce qu'elle est trop cassante. Herschel en a perdu plusieurs pour avoir voulu les rendre trop durs, entr'autres un miroir de 4 pieds qui pesoit plus de deux milliers. Le cit. Rochon a fait faire, en 1787, par Caroché, un miroir avec du platine, et son télescope surpasse ceux qu'on avoit faits avec les autres compositions. Avec $\frac{1}{7}$ d'alliage, il étoit inattaquable, même par l'eau forte. On trouve aussi dans le *Nautical Almanac*, de 1787, une méthode pour polir les miroirs, et leur donner une figure parabolique.

Notre général, premier consul Bonaparte, nous fait espérer deux milliers de platine pour faire un télescope de 36 pieds, qui surpassera probablement tout ce qu'on a fait jusqu'ici; et l'on ira peut être beaucoup plus loin comme je l'avois prédit en 1764 dans la première édition de l'Astronomie, art. 1946.

Herschel est celui qui s'est le plus distingué dans cette partie. Dans mes *Ephémérides*, tome VIII, j'ai donné l'histoire des premiers travaux de ce célèbre opticien. William Herschel, né à Hanôvre en 1738, étoit encore dans un régiment hanôvrien, lorsqu'il passa en Angleterre, mais il étoit déjà distingué par son talent pour la musique, et ce musicien avoit été l'ouvrage de la simple nature. Il n'en étoit que plus digne d'être remarqué: il fut choisi pour être musicien de l'église de Bath en Angleterre: là un nouveau genre d'occupation ou plutôt d'amusement vint remplir ses loisirs. Il commença, en 1772, à faire des lunettes, en lisant l'optique de Smith; bientôt il s'occupa à faire des télescopes. Et comme il avoit autant de patience que d'adresse, il y réussit supérieurement: on n'en faisoit guère qui pussent grossir les objets plus de 400 fois; le nouvel opticien ayant facilement atteint ce terme alla plus loin; il en fit qui grossissoient 1000 fois, 2000 fois, et dans les *Transactions d'Angleterre* pour 1782, il parle d'un grossissement de 6000 fois, dont il donne le calcul, et auquel il est parvenu dans un télescope newtonien de sept pieds. Le roi d'Angleterre avoit dans son observatoire de Richmond, un ouvrier qui avoit travaillé chez Ramsden. Quand cet ouvrier vit les télescopes de Herschel et sa manière d'observer, il fut frappé de l'accomplissement d'une sorte de prédiction qu'il avoit entendu faire à Ramsden, il y avoit plusieurs années. Celui ci venoit de faire un excellent télescope, et content de son ouvrage, il dit à ses ouvriers: je crois que voilà le dernier terme de la perfection pour nous autres opticiens de profession; il ne se fera plus aucun pas essentiel parmi nous, et si il arrive que les télescopes reçoivent quelque degré important de perfection, ce sera par quelqu'un qui n'aura pas appris de nous à les faire : en effet, on a vu deux grands pas de Herschel qui, probablement en effet, ne pouvoient être dûs qu'à un amateur enthousiaste.

Le premier pas regarde les miroirs des télescopes à réflexion auxquels Herschel s'est attaché. Il a bientôt vu que toutes les règles et les procédés mécaniques pour donner à ces miroirs la vraie figure parabolique n'étoient que de belles chimères lorsqu'il s'agissoit de passer six pieds de foyer, car la vraie figure tient alors à si peu de chose, que le seul tact peut aider à la donner. Il y a toujours plus de cent à parier contre un, qu'avec toute l'attention et l'habitude possible, on ne la donnera pas. Herschel fondit lui-même trois miroirs pour chacun de ses télescopes de 7, 10, 20 pieds. Il essaya tous les miroirs avec un tact naturel, perfectioné par l'habitude, et laissa d'abord à chaque télescope le meilleur des trois miroirs pour les observations, en attendant qu'il en eût de meilleurs, puis il travailla ses miroirs successivement, laissant au télescope le meilleur, et travaillant le moindre. C'est ainsi que Herschel ayant fait beaucoup de miroirs pour chaque télescope, le meilleur de tous lui a servi, sans qu'il renonçat à travailler encore ceux qui étoient les moindres, après avoir été les meilleurs pendant quelque temps. Or, un seul coup de poli mal donné, gâte la figure pour les yeux exercés à voir certaines étoiles. Chaque fois qu'il entreprend de travailler un miroir, il en a pour 10, 12, 14 heures de travail sans quitter un instant, même pour manger, et recevant de la main de sa sœur quelques alimens nécessaires pour supporter une si longue fatigue : car il n'abandonne le travail pour rien au monde : suivant lui, se seroit le gâter; mais en 365 jours il n'a pas 365 heures telles qu'il les lui faut pour les observations délicates.

Certain qu'il avoit porté ses miroirs à un degré de perfection qui étoit inconnu jusqu'alors; Herschel soupçonna qu'on se trompoit sur la faculté de l'œil en déterminant le maximum de l'amplification pour chaque télescope. Il crut qu'on pouvoit porter le pouvoir des oculaires beaucoup au-delà de ces bornes ordinaires, en donnant à l'œil le temps de s'y accoutumer, et il trouva par expérience que sa conjecture étoit fondée. Il y a des bornes en effet à l'agrandissement, pour un œil non-préparé, et au premier moment, on a lieu de croire qu'en passant ce terme, on perd en distinction plus qu'on ne gagne en agrandissement. C'est delà qu'on est parti, mais si l'on reste quelque temps l'œil à la lunette, qu'on quitte un moment, qu'on y revienne encore quelque temps, en réitérant plusieurs fois cette alternative, on est étonné de voir que l'obscurité et la confusion se dissipent, comme se dissiperoit un brouillard, on change successivement d'oculaire à mesure que l'œil devient capable d'en supporter de plus forts, et l'on arrive à voir bien distinctement avec un grossissement de 3000, tandis que celui de 300 paroissoit excéder les facultés de l'œil. Par ce moyen Herschel a vû dans le ciel des choses qui, auparavant n'étoient pas même soupçonnées, des étoiles doubles, triples, quadruples, sextuples, Herschel en a donné 2000, dans les *Transactions philosophiques*. Le micromètre qu'il a imaginé pour mesurer la distance des étoiles qui forment ces petits grouppes, est aussi ingénieux qu'il soit possible; et il en a tiré grande parti.

Il a aussi rendu ses instrumens si commodes pour l'observation, que sans aucun aide, il transporte un télescope de 10 pieds, et le pointe aussi promptement que l'on transporte, et pointe une lunette de deux ou trois pieds. Il avoit une si prodigieuse ardeur pour l'observation que, pendant plusieurs années, il n'étoit jamais au lit pendant la nuit, tant qu'on voyoit des étoiles. L'hiver comme l'été, il passoit tout ce temps en plein air à la campagne, au milieu d'un jardin, trouvant que toute autre position est un obstacle à employer de grands pouvoirs dans les télescopes, à cause du manque d'équilibre dans les vapeurs et d'uniformité dans la densité de l'air : en plein air même il n'observe jamais mieux que lorsqu'il n'a personne autour de lui. Aussi dans une belle nuit, seul avec son télescope en rase campagne, il trouvoit ses plus belles jouissances, et sa santé qui est très-bonne, lui permet un genre de vie aussi pénible. Il étoit seulement à desirer qu'il eût la faculté de se livrer tout entier à son génie et à son goût : les astronomes d'Angleterre, et spécialement M. Aubert, s'empressèrent de le faire connoître. Le roi qui se plaît à encourager les gens de mérite, et qui aime l'astronomie et l'optique, prit plaisir à entendre Herschel parler de ses recherches; il lui assura, dès 1782, une pension de trois cents louis, et le plaça à Datchet, ensuite à Slough, villages voisins du château de Windsor, que le roi aime de préférence. C'est de ce village solitaire, et du milieu d'un boulingrin renfermé que l'univers apprit ce qu'il y avoit à connoître de plus singulier dans le ciel et de plus difficile peut-être à appercevoir. Quelques personnes pensoient que le roi auroit pû le placer dans son observatoire de Richmond, où il y avoit déjà de très-beaux instrumens. Mais Herschel aime mieux voyager dans les cieux

cieux du milieu d'une rase-campagne; et nos instrumens qui servent à prendre des mesures, des hauteurs, des distances, ne sont pas ceux dont il a besoin. Il mesure des distances si petites, qu'elles échapperoient à tout autre instrument que les siens. Dès 1774, Herschel se mit à observer avec un télescope de 20 pieds; il a découvert deux nouveaux satellites de Saturne et la rotation de cette planète, ainsi que celle de son anneau, il a observé 2000 nébuleuses, et entrepris en 1782, la révision entière du ciel avec un grossissement de 150 seulement.

Ce télescope à 20 pieds de foyer, 18 pieds $\frac{1}{4}$ d'ouverture, le miroir pèse 130 livres, le champ est de 20″ de temps. Il a fait des télescopes de différentes qualités, pour le grossissement, pour la lumière, et pour la netteté.

M. Herschel, au mois de novembre 1786, supprima le petit miroir, en inclinant un peu le grand miroir pour renvoyer l'image directement sur les oculaires qui sont placés à côté du tube et dirigés vers le grand miroir. Cela augmente la lumière, et l'aberration des rayons n'en est pas sensiblement augmentée, c'est ce qu'il appelle *frontview. phil. trans.* 1786. p. 499. Il l'avoit essayé dès 1776, et Lemaire l'avoit proposé en 1728. *Recueil des Machines*, t. VI. p. 6. mais je ne doute pas que M. Herschel ne l'ait trouvé de son côté; quoi qu'il en soit, cette idée est fort importante pour augmenter la lumière des télescopes.

M. Herschel avoit fait 200 miroirs de 7 pieds, 150 de 10 pieds, 80 de 20 pieds; son plus grand succès fut son télescope de 7 pieds qui peut grossir 2000 fois; il le fit en 1778.

En 1781, il commença un miroir de 30 pieds, mais divers accidens l'empêchèrent de suivre ce projet.

La découverte de la nouvelle planète en 1781, lui ayant donné une grande célébrité, le roi lui donna des secours, et il étendit ses espérances. En 1783, il termina un très-bon télescope de 20 pieds avec une grande ouverture. Après s'en être servi pendant deux ans, il en fut si content qu'il reprit son projet d'augmenter ses ouvertures.

Le roi promit au chevalier Banks président de la Société Royale, le plus grand et le plus utile protecteur des sciences, de fournir à toutes les dépenses, et il y eut pour 74 mille francs de matériaux et journées d'ouvriers, car M. Herschel en avoit jusqu'à 40 à-la-fois, et il ne les perdoit pas de vue.

Cette énorme entreprise fut commencée à la fin de 1785; Herschel ne vouloit aller qu'à 30 pieds, le roi d'Angleterre m'a dit qu'il l'encouragea lui-même à aller jusqu'à 40 $\frac{1}{4}$ pieds (37 $\frac{3}{4}$ de France). Le miroir a 4 pieds d'ouverture; il pèse 1955 livres de France.

Enfin, le 19 février 1787, il regarda pour la première fois dans ce prodigieux télescope; mais ce ne fut que le 27 août 1789 qu'il commença d'être content; le 28 il découvrit un sixième satellite de Saturne.

Ce télescope est placé à Slough dans une cour de 160 pieds; il est représenté dans la *fig.* 10. tirée des *Transactions philosophiques*, de 1795, où il y en a une description de 65 pages, avec 19 planches. On voit dans la figure le massif circulaire A sur lequel tourne la machine sur 24 rouleaux, 12 intérieurs, et 12 extérieurs par le moyen de 2 cabestans; ce massif a 44 pieds de diamètre, et 3 pieds de fondation. Le pied formé de quatre échelles B de 49 pieds formées avec des mâts qui supportent les moufles C, par le moyen desquels on élève le tuyau D; la place de l'observateur en E près de l'oculaire du télescope, F et G deux chambres de 12 pieds qui contiennent la pendule, et le petit mouvement; H, le quart de cercle qui indique les hauteurs; I, les crics; il y en a pour monter la galerie, pour avancer la culasse où est le miroir, pour le petit mouvement de 2 degrés, un pour monter le télescope, un pour le tourner. La culasse avance sur deux demi-cercles de fer, et deux crémailleres. La machine entière tourne sur un axe au centre. 30 hommes ont travaillé pendant six mois à la charpente; les 4 grandes échelles sont soutenues vers leur milieu par 4 autres, K, et fortifiées par des traverses, L, les unes horizontales, les autres obliques en avant et en arrière avec des arcboutans; les montans principaux ont 7 pouces, sur 4 d'épaisseur. Le tube qui est de tole, a 5 pieds de diamètre, le miroir a 4 pieds d'ouverture, (45 pouces de France). Le tube est entre deux joues M dont une appuie contre un ressort de 30 livres qui permet un petit mouvement horizontal, au moyen d'une tringle que l'observateur tient à sa main. Tout est enorme dans cette machine: il en coute 40 francs toute les fois qu'il faut seulement graisser les cordes.

Il donne tant de lumière que la nébuleuse d'Orion y répand une clarté égale à celle du plein midi. Il pourra se faire que ce télescope termine moins bien les objets, mais cette grande lumière sera une chose précieuse dans bien des cas.

M. Herschel, dans les *Transactions* de 1799, a donné un mémoire curieux sur la lumière des télescopes, et sur leur grossissement; la force d'un télescope pour faire appercevoir de petits objets et pour pénétrer dans l'immensité du ciel, est ce qu'il appelle *power of penetrating*, et il en donne le calcul en supposant connu le diamètre du grand miroir, et du petit miroir, celui de la prunelle et la diminution de lumière que causent la réflexion et la réfraction. Il y a un extrait de 30 pages pour ce mémoire dans la *Bibliothèque britannique de Genève*, décembre, 1800. Il trouve la force pénétrante pour son télescope de 7 pieds égale à 20, avec 10 pieds 29, à 20 pieds 75, à 40 pieds 192; dans le télescope de 25 pieds qu'il a envoyé en Espagne, elle est de 96, et c'est un de ceux dont il est le plus content.

Une force pénétrante exprimée par 20, ne peut résoudre en étoiles la nébuleuse voisine de la 5e. du serpent, découverte par M. Messier, en 1764; et une force représentée par 29 la résout complettement. Une force amplificative de 460, appliquée au télescope de 7 pieds, n'avoit pas permis de distinguer les étoiles de cette nébuleuse et une force de 250, avec le télescope de 10 pieds, les faisoit appercevoir nettement.

Dans un exemple suivant qui a pour objet une nébuleuse de la constellation d'Ophiucus découverte par M. Messier, en 1764, une force pénétrante de 29, avec une amplification de 250, fait simplement discerner un petit nombre d'étoiles, tandis qu'un autre instrument, dont la faculté pénétrante est 61, et la force amplificative seulement 157, les fait distinguer avec beaucoup de netteté.

D'autres exemples de nébuleuses, que nous supprimons, s'accordent à confirmer ce résultat. Nous citerons seulement le fait suivant : lorsque je donnai, dit l'auteur, à mon télescope newtonien de 20 pieds, sa forme actuelle, en supprimant le petit miroir, j'eus un exemple très-frappant du grand avantage qui résultoit de l'augmentation de la force pénétrante de l'instrument, dans la découverte que je fis alors des satellites du Georgium Sidus.

La suppression du petit miroir me fit gagner en pénétration dans le rapport de 61 à 75; et tandis qu'avec la faculté pénétrante, exprimée par le premier de ces nombres, je ne pouvois atteindre à ces objets si difficiles à apperçevoir; je les voyois parfaitement, lorsque j'eus augmenté cette faculté, jusqu'à 75.

Un Essai fait par l'auteur, le 14 mars 1798, sur cette même planète, avec un télescope nouveau de 25 pieds, dont la force pénétrante = 95, 85, et qui portoit un oculaire dont la force amplicative étoit de 300, donne beaucoup d'avantage, à grossissement égal, à ce télescope, sur celui de 20 pieds dont la force pénétrante n'étoit que de 75.

La comparaison entre les effets du télescope de 40 pieds et ceux du télescope de 20 pieds, confirme encore les résultats qui précèdent. Le premier avec une force pénétrante de 191, 69, et une force amplicative de 370, fait distinguer dans une nébuleuse environ 200 étoiles, tandis que dans le second, les mêmes étoiles forment seulement une sorte de noyau brillant, environné de quelques points lumineux épars. En examinant, dit-il, les nébuleuses qui avoient été découvertes par plusieurs astronomes célèbres, et comparant mes observations avec les détails renfermés dans la *Connoissance des Temps*, pour 1783, je trouvai que la plupart de ces nébuleuses que je ne pouvois résoudre en étoiles distinctes avec des instrumens dont la faculté de pénétration étoit peu considérable, devenoient résolubles dans les télescopes qui la possédoient dans un plus haut degré.; et on verra bien par les observations que l'effet n'étoit pas dû à la force amplificative de l'instrument, car quand à raison de l'extrême rapprochement des deux étoiles, j'étois appelé à employer à-la-fois une force amplificative, et non une faculté de pénétration considérable, il me parut toujours évidemment que l'instrument dans lequel cette dernière faculté étoit prépondérante, séparoit mieux les étoiles, pourvu qu'il eût d'ailleurs une force amplificative suffisante.

Pour la nébuleuse entre la 99e et 105 des poissons, (Flamsteed), découverte par M. Méchain, en 1780, il l'observa avec deux petites lunettes de force amplificative égale dont l'une la fait appercevoir et non pas l'autre. Cette dernière avoit une faculté de pénétration exprimée selon la formule de l'auteur par 3,56, et la première par 4, 50. C'est à cette différence qu'étoit dû son effet supérieur: son télescope de 7 pieds faisoit distinguer les étoiles de cette même nébuleuse, mais aussi sa force amplificative et sa faculté de pénétration sont elles l'une et l'autre très-considérables. L'auteur le conclut de la comparaison qu'il établit entre l'effet de cet instrument qui lui permet de distinguer les étoiles de la nébuleuse qui est au sud l'étoile 24 du verseau, (Flamsteed) découverte par Maraldi en 1746, tandis que dans son petit télescope de recherche, *Sweeper*, cette nébuleuse ne paroît que comme une comète télescopique.

Les lunettes de nuit des marins ont une force pénétrante 6 à 7 fois plus considérable que celle de l'œil nud. L'objectif a $2\frac{1}{2}$ pouces, l'oculaire double grossit 7 à 8 fois, le pinceau optique est $\frac{3}{10}$ de pouce, ainsi l'instrument ne peut avoir tout son effet, la pupille n'ayant que $\frac{2}{10}$ de pouce de diamètre.

Si l'on admet qu'une étoile de 7e grandeur soit visible à l'œil nud, le télescope de 40 pieds doit faire appercevoir des étoiles de 1342e grandeur.

C'est à cette grande lumière qu'il dut la découverte du 6e satellite de Saturne, le 28 août 1789; et d'un 7e le 11 septembre.

La lumière du ciel dans de belles nuits y est très-considérable, ensorte qu'on ne peut passer le point ou la plus petite étoile qu'on peut rendre visible est égale à la lumière uniforme et moyenne, que donne la voûte étoilée dans son ensemble. M. Herschel croit qu'une ouverture de $10\frac{1}{2}$ pieds, et une force pénétrante de 500 est la limite. La sensibilité de l'œil y met aussi des bornes : après s'être servi quelque temps de suite du télescope de 40 pieds ; l'arrivée de Sirius s'annonça à-peu-près comme le crépuscule, et l'étoile entra avec tout l'éclat du soleil levant ; mais la présence d'une étoile de 2e ou 3e grandeur exigeoit 20 minutes de repos pour que l'œil reprît toute sa sensibilité. Au bout d'une demi heure, il découvre tous les objets là où il ne voyoit rien.

Le grossissement ou l'amplification d'un télescope est quelquefois utile ; c'est par son moyen que M. Herschel reconnut sa nouvelle planète pour n'être pas une étoile ; mais il craint que le plus grand grossissement ne puisse guères surpasser celui qu'on obtient avec un télescope de 20 à 25 pieds. Il a employé pour les étoiles doubles une force amplificative de 6652 (*Phil. trans.*) tome LXXII. p. 115 et 147. tome LXXV. p. 48, mais l'instrument où la force de pénétration étoit prépondérante, et séparoit mieux les étoiles des nébuleuses.

La force pénétrante nuit à la force amplificative, car en augmentant l'ouverture, on augmente l'inconvénient du grossissement, à cause des colonnes d'air qui sont grossies.

Il y a deux télescopes que Miss Herschel employe à chercher des comètes et qu'elle appelle sweepers, balayeurs du ciel. Le plus petit de ces deux instrumens est un télescope newtonien de deux pieds de foyer, et $4 \frac{2}{10}$ pouces d'ouverture. Il ne grossit que 24 fois et son champ est de 2° 12′. Il est si parfaitement distinct, qu'on peut lire des lettres à une distance modérée, en lui adaptant un oculaire qui fait grossir 2000 fois. Et ses mouvemens sont si commodes, que l'œil demeure en repos tandis que l'instrument parcourt les 90 degrés de l'horizon au zénith.

Le plus grand, de même construction, à $9 \frac{2}{10}$ pouces d'ouverture, et 5 pieds 3 pouces de foyer. On le fait grossir ce qu'il faut pour que l'œil embrasse tout le pinceau optique, et sa faculté de pénétration avec un oculaire double est 29.

LE DYNAMÈTRE est un petit instrument qui sert à mesurer l'amplification par le rapport qu'il y a entre l'ouverture de l'objectif et celui de la petite image de ce même verre formée à la place de l'œil, ou du pinceau primitif, ou pinceau qui entre dans l'œil.

Herschel appelle pinceau optique, ce petit cercle lumineux qu'on apperçoit sur un fond noir au milieu de l'oculaire d'une lunette, lorsqu'on le regarde à la distance de quelques pouces, le côté opposé de la lunette étant ouvert et tourné du côté du jour. Il fournit un moyen pratique très-commode pour juger du degré de force amplificative de la lunette ; cette force est d'autant plus grande que ce cercle paroît plus petit ; et même dans le rapport exact du diamètre de l'objectif à celui de ce petit cercle.

Ramsden imagina en 1779, le dynamètre; j'en ai donné la description à la suite de la machine à diviser. (Paris, 1789). Adams l'appelle Ossomètre, ou Auxomètre.

Cet intrument consiste à mesurer l'image *ab*, *fig.* 11. de l'objectif AB, elle se forme à une distance OL égale au foyer de l'oculaire O; car tous les rayons venant de A se réunissent en *a*; les rayons venus de B se réunissent en b, il y a donc un image *ab* qui est à AB comme le foyer de l'oculaire est au foyer de l'objectif. On ne voit pas cette image quand on regarde dans la lunette, on ne voit que celle qui se forme au foyer F de l'objectif; mais si l'on reçoit cette image sur un petit disque transparent, divisé en dixièmes de lignes, et qu'on la trouve cent fois plus petite que l'ouverture AB de l'objectif, on en conclud que la lunette grossit cent fois.

VIII.

Des Microscopes. Du Microscope solaire.

Nous avons parlé jusqu'à présent des lunettes comme objet des recherches des opticiens, pour y corriger les différentes réfrangibilités; mais il est facile de voir que le microscope est susceptible d'une pareille amélioration; car la position de l'objet à l'égard de la première lentille, et la diffusion de l'image qui en résulte, doivent rendre l'effet de la différente réfrangibilité encore plus grand à l'égard de cette image, que relativement à celle d'un objet fort éloigné, ce qui est le cas des lunettes d'approche. On doit aussi sentir facilement que le calcul en doit être beaucoup plus compliqué, parce que des quantités qui, dans le cas des télescopes, s'effacent du calcul à l'égard de la distance de l'objet qui est alors comme infiniment grande, ont lieu dans celui du microscope. On a néanmoins tenté de surmonter ces difficultés, et c'est là l'objet en grande partie du troisième tome de la *Dioptrique d'Euler*. On y trouve des dimensions de lentilles microscopiques qui, selon la théorie, doivent produire le meilleur effet. Euler eut à cet égard, comme pour les lunettes, un habile et zèlé coopérateur dans M. Fuss; il donne, dans l'ouvrage déjà cité, la description d'un nouveau microscope qu'il annonce comme le plus parfait de son espèce.

Le P. de la Torre Somasque, de Naples, fit des microscopes singuliers en 1765, il en avoit un dont la lentille n'avoit qu'un 24e de ligne et grossissoit 2560 fois le diamètre des objets, mais

Baker célèbre dans cette partie dit qu'il n'avoit pu en faire usage, (*Phil. Trans.* 1766). Pour moi, j'ai fait un grand éloge du P. de la Torre dans mon *Voyage d'Italie*, tome VII. p. 224. Voici ce que j'en disois : Le P. de la Torre avoit fait aussi d'excellens microscopes avec de petites gouttes de verre d'un foyer très-court, fondues au feu de lampe sur du tripoli fin calciné : il a donné les détails de sa méthode dans le premier volume de son *Recueil d'observations microscopiques*. Les derniers objets dont il s'étoit occupé, et qu'il me fit voir, étoient les yeux des mouches qui sont des polièdres composé chacun de 3 et 4 milles facettes, dont chacune est entourée d'un triple vaisseau sanguin. Il a examiné les organes de la génération des mouches : la femelle introduit un organe dans le mâle, qui la serre avec trois muscles et qui introduit à son tour. Il a reconnu les organes secrétoires par lesquels une mouche répand cette gomme qui lui sert à s'attacher et à dormir contre la glace de miroir la plus polie. C'est avec ces petits globules de verre dont je viens de parler qui grossissent deux mille fois le diamètre d'un objet, que le P. de la Torre étoit parvenu à considérer ces corpuscules et à les suivre dans leurs derniers détails.

Les microscopes faits par Dellebarre, à la Haye, en 1771, ont eu la plus grande réputation. Je les vis dans mon voyage de Hollande, en 1773, et j'engageai l'auteur à venir en France, où il fut très-accueilli, et où il en vendit beaucoup ; ils coutoient 360 livres. Il publia deux brochures à ce sujet; l'une est le *Mémoire lu à l'Académie*, en 1777, l'autre est la *Description et l'usage du Microscope universel*. Comme la construction et les usages de ce microscope différent entièrement des autres et que ses effets dépendent de la variation des positions des distances des combinaisons des verres, des tuyaux, et des miroirs qui sont mobiles; on a besoin pour s'en servir d'avoir l'instruction de l'auteur. Pour faire connoître ces miscroscopes, nous ne pouvons mieux faire que de rapporter la description qu'en firent les commissaires de l'Académie, Montigny, le Roy et Brisson, dans leur rapport de 21 juin 1777. Ce microscope est composé de plusieurs tuyaux et de plusieurs verres que l'on peut combiner de diverses façons. Le premier de ces tuyaux et qui reçoit tous les autres, est porté par un cercle fixé à une tige quarrée, qui glisse dans une boîte de cuivre, ce qui donne à ce tuyau, et par conséquent au corps entier du microscope, un mouvement d'arrière en avant, et d'avant en arrière ; et la boîte de cuivre, tournant elle-même sur un pivôt, donne au microscope un mouvement de droite à gauche, et de gauche à droite, de sorte qu'au moyen de ce double mouvement, on peut lui faire parcourir tous les points de la platine qui porte les objets. Ce même tuyau porte à sa partie inférieure un petit bout de tuyau étroit qui est garni extérieurement et intérieurement d'un pas de vis. L'intérieur est destiné à recevoir le porte-lentille objectif; et sur l'extérieur se visse le miroir concave d'argent, dont on fait usage pour les objets opaques.

Dans ce premier tuyau se place un second tuyau qui porte la lentille intermédiaire, c'est-à-dire celle que l'on place entre la lentille objective et les oculaires.

Dans ce second tuyau on en place un troisième qui porte les oculaires, qui sont, non-compris l'intermédiaire, au nombre de quatre, tous de différens foyers, et ainsi que nous l'a dit Dellebare de différentes matières. Chacun de ces oculaires est monté dans une virole, et ces viroles ont toutes les mêmes pas de vis, moyennant quoi on peut employer ces oculaires où tous ensemble ou séparément, et combinés de différentes façons. Il y a un quatrième tuyau qui sert en certains cas, et en certaines combinaisons de ces verres à allonger le corps du microscope, c'est-à-dire, à augmenter la distance de la lentille objective par un mouvement de crémaillere très-doux.

Au dessous de cette platine est placé un demi-cercle fixé à une boîte de cuivre qui glisse dans la tige quarrée du pied et peut s'y fixer au point que l'on veut. Ce demi-cercle porte deux miroirs de glace étamée, l'un plan et l'autre concave, destines à réfléchir la lumière vers l'objet : le plan sert principalement pour la lumière du jour, et le concave pour celle de la bougie ou de la chandèle. Ces miroirs peuvent être placés à différentes distances de l'objet, suivant les différens degrés d'intensité de la lumière dont on a besoin.

Entre ces miroirs et la platine qui porte les objets, est placée une loupe qui a les deux mouvemens, le vertical et l'horizontal, et qui est destinée à augmenter encore en certains cas l'intensité de la lumière.

Le tout est porté sur un pied de cuivre, surmonté d'une tige quarrée à laquelle s'adaptent toutes ces pièces. Cette tige est brisée vers le milieu de sa longueur, où se trouve un mouvement de charnière, ce qui permet d'amener le corps du microscope dans une situation horizontale, et d'y voir les objets directement à la lumière du jour et sans réflection.

De plus l'instrument est garni de lentilles objectives de différens foyers, et de toutes les autres pièces nécessaires pour rendre complet un instrument de cette espèce. Les foyers des lentilles objectives sont depuis trois quarts de ligne jusqu'à 25 lignes.

Après avoir observé la construction de cet instrument, nous en avons examiné les effets, et nous avons trouvé qu'il a non-seulement tous les avantages qu'ont tous les instrumens du même genre

genre que nous avons vu jusqu'à présent, mais qu'il en renferme encore beaucoup d'autres, non-moins intéressans, dont nous allons donner le détail le mieux circonstancié qu'il nous sera possible.

1°. On peut, avec cet instrument, imiter tous les microscopes connus jusqu'à présent, et quant à leur construction et quant à leurs effets.

2°. On peut, en variant la combinaison des oculaires, les placer de la manière la plus favorable à l'espèce d'objet qu'on observe, et à la longueur du foyer de la lentille objective dont on fait usage.

3°. Les oculaires pouvant être employés séparément ou ensemble, et pouvant se combiner d'un grand nombre de façons différentes, on peut, quoiqu'on se serve de la même lentille objective, varier à son gré la grandeur du champ, l'agrandissement de l'image, et l'intensité de la lumière. Or, on sait qu'il y a des objets qui exigent une lumière bien moins intense que d'autres pour être vus avec netteté : tout cela donne la facilité 1°. d'agrandir l'image avec le microscope de Dellebare beaucoup plus qu'on ne le peut faire avec les autres microscopes avec des lentilles objectives de même foyer, et cela sans rien perdre de la grandeur du champ, de la clarté et de la netteté de l'image; moyennant quoi l'on peut y observer avec le même degré de grossissement des objets plus grands et dans une plus grande étendue; et si ce sont des objets mouvans; on peut les observer plus long-temps et dans une plus grande étendue de leur marche.

2°. De faire passer successivement le même objet par tous les degrés d'agrandissement, quoi qu'on continue de se servir de la lentille objective, ce qui s'exécute en variant le nombre, la position et la distance respective des oculaires, ce qui se fait dans un temps très-court et avec beaucoup de facilité.

3°. De pouvoir se procurer, quand on le veut, beaucoup plus de lumière qu'on ne le peut faire avec les autres microscopes, à grossissement égal, vû qu'on se sert alors de lentilles objectives d'un foyer plus long, et auxquelles on peut donner une plus grande ouverture.

4°. D'avoir une lumière plus uniforme, ce qui fatigue moins les yeux, et fait voir avec netteté les différentes parties de l'image.

La grandeur des miroirs employés dans le microscope de Dellebare, leur mobilité, et les différentes positions dont ils sont susceptibles, donnent à l'observateur la facilité de modifier la lumière à son gré, et de choisir la plus favorable tant à l'objet qu'il observe, qu'à la force de la lentille objective, et à la force combinée des oculaires dont il fait usage; et l'on sait que c'est en grande partie delà que dépendent et la netteté et la distinction de l'image, qui est le but principal que l'on se propose d'atteindre au moyen des microscopes. En effet, avec celui de Dellebare on voit avec la plus grande netteté non-seulement les contours de l'objet, mais encore tous les détails répandus sur sa surface, et même en certains cas les parties intérieures.

La loupe que nous avons dit être placée entre les miroirs de glace étamée et la platine qui porte les objets, sert principalement, lorsqu'on observe à la chandelle, au lieu de la lumière du jour. Par le moyen de ce verre, on en rassemble les rayons de manière à faire voir l'objet avec autant de clarté, de splendeur et d'éclat qu'au grand jour. On peut même, par le moyen de ce verre, rassembler une assez grande quantité de rayons de lumière réfléchis par la lune, pour éclairer suffisamment son objet.

Mais un des effets les plus intéressans du microscope de Dellebare est de faire voir, soit à la lumière du jour, soit à celles des bougies, les objets opaques avec autant, nous pourrions peut être même dire avec plus de clarté, de splendeur et d'éclat, qu'on n'y voit les transparens, quoiqu'on se serve de lentilles objectives, même d'un court foyer : c'est alors que le miroir concave d'argent est d'une grande utilité. Pour cela Dellebare a beaucoup augmenté le diamètre de ses miroirs, soit d'argent, soit de glace, ayant soin d'intercepter tous les rayons qui peuvent éclairer la partie intérieure de l'objet, il ne laisse passer que ceux des côtés qui tombent sur la surface supérieure de l'objet opaque, laquelle est tournée vers les yeux de l'observateur.

Tous les mouvemens de droite et de gauche, en avant et en arrière, qu'à le corps du microscope et dont nous avons parlé ci-dessus, sont encore un très-grand avantage dans cet instrument. Par leur moyen on peut parcourir aisément toutes les parties d'un grand objet; s'arrêter sur celles que l'on veut observer spécialement, suivre la marche et les allures des petits animaux vivans, enfin comparer plusieurs objets, les examiner ensemble ou séparément, et cela sans toucher au porte-objet, et par conséquent sans rien déranger à leur position respective, ce qui est quelquefois intéressant.

Outre cela, le pied qui porte l'instrument est en deux endroits brisé et à charnière pour pouvoir 1°. L'incliner de manière à observer commodément assis. 2°. Pour amener le corps du microscope dans une situation horizontale, afin d'y observer les objets par une lumière directe et non réfléchie.

Tels sont et le microscope de Dellebare et ses effets. On voit assez parce que nous venons de dire, qu'il doit une partie de ses avantages au grand nombre de ses oculaires, qui, avec la lentille objective, font en tout six lentilles. Nous observerons à ce sujet que Euler a donné dans un mémoire intitulé : *De novo microscopiorum genere*, inséré dans le volume des Mémoires de l'Acacadémie de Pétersbourg pour les années 1766 et 1767, une excellente théorie de ces microscopes à six lentilles et de leurs avantages; mais Dellebare a véritablement exécuté un microscope pareil à celui d'Euler que lui-même a regardé comme difficile, puisqu'il dit dans le mémoire cité ci-dessus: *Si haec constructio in praxi nulla obstacula ostendat*; il a donc un mérite égal et réel, et fournit aux physiciens un instrument qui leur sera d'une grande utilité; c'est pourquoi d'après ce que nous venons de dire de la construction de cet instrument, des nouveaux avantages qu'il renferme et de la beauté de ses effets dont nous avons été très-satisfaits; nous croyons devoir conclure que le microscope présenté par Dellebare est de tous les instrumens de ce genre qui nous soient connus, celui qui renferme le plus de commodités pour l'observateur, et qui, en amplifiant le plus l'image, la fait voir avec plus de netteté.

Je crois que cela suffit pour terminer ce que j'avois à dire des microscopes; on ira probablement encore plus loin lorsqu'on y emploira des oculaires acromatiques. Et déjà Euler a proposé son microscope composé d'un objectif à trois verres, celui du milieu étant de flint-glass, et de deux oculaires de flint-glass éloignés l'un de l'autre de 8 lignes.

On a fait des microscopes avec des miroirs: le docteur Robert Barker, dans les *Transactions philosophiques*; Martin, dans son *Optique*, 1740; Priestley dans son *Histoire*, p. 740; Smith, dans son *grand Traité*, en ont parlé ; mais l'objet étant situé entre le miroir et l'image, il ne sont pas si commodes que le microscope ordinaire.

Le microscope solaire, ou la chambre obscure microscopique, a été imaginée par le docteur Liberkun qui apporta en Angleterre un microscope de cette espèce en 1739, et le communiqua à la Société-Royale de Londres, ainsi que son microscope pour les objets opaques; (Priestley, p. 74.) Le premier microscope solaire étoit sans miroir, et ne pouvoit par conséquent servir que lorsque le soleil donnoit directement sur la lentille. Deux opticiens de Londres, MM. Cuff et Adams en étendirent beaucoup l'usage par l'addition du miroir, et en rendirent le service aisé, par les dispositions expliquées dans Baker. (Traité des Microscopes, chap. VI). Ce microscope est composé d'un tuyau, d'un miroir, d'une lentille convexe, et du microscope simple de Wilson, qui a été décrit par Smith, art. 1001.

Les rayons du soleil étant dirigés par le miroir à travers le tuyau, sur l'objet renfermé dans le microscope, cet objet vient se peindre distinctement dans la chambre obscure sur un écran couvert de papier blanc, ou d'un linge bien blanc; et cette image est plus grande que ne peuvent l'imaginer ceux qui n'ont pas vu ce microscope; car plus on recule l'écran, plus l'objet paroît grand, ensorte que l'image d'un pou est quelquefois de cinq à six pieds et qu'on peut même la rendre plus grande. Mais il faut avouer qu'elle est plus distincte lorsqu'on ne lui donne que la moitié. Tout l'attirail de ce microscope est représenté dans la *fig.* 618 de l'*Optique de Smith*, édition de Pézénas, 1767, p 495. Les meilleures lentilles pour le microscope solaire sont les moyennes entre les plus fortes et les plus foibles, et qui approchent plutôt de celles-ci que des autres.

Ce microscope est le plus amusant de tous ceux qu'on a imaginés, et peut-être le plus capable de conduire à des découvertes dans les objets qui ne sont pas trop opaques, parce qu'il les représente beaucoup plus grands qu'on ne peut les représenter par aucune autre voie. Il a encore plusieurs autres avantages sur les autres microscopes. Les yeux les plus foibles peuvent s'en servir sans aucune fatigue; plusieurs personnes peuvent observer en même-temps le même objet, en examiner toutes les parties, et s'entretenir ensemble de ce qu'elles ont sous les yeux; au lieu que dans les autres microscopes on est obligé de regarder par un trou l'un après l'autre, et souvent de voir un objet qui n'est pas dans le même jour, ni dans la même position. Ceux qui ne savent pas dessiner peuvent, par cette invention, prendre la figure exacte d'un objet qu'ils veulent voir. Ils n'ont qu'à attacher un papier sur l'écran, et tracer sur ce papier la figure qui y est représentée en suivant les traits de cette figure avec une plume ou un crayon.

IX.

Des Micromètres, de l'Héliomètre et des Micromètres prismatiques.

Nous avons vu l'invention des micromètres, (tome II. p. 567); mais elle a pris de grands accroissemens dans ce siècle. L'HÉLIOMÈTRE ou micromètre objectif, est une des plus modernes inventions, aussi bien que celle des verres acromatiques. Bouguer est le premier qui nous ait appris la manière de faire un micromètre objectif, *Mémoires de l'Académie*, 1748. Il l'appelle héliomètre ou astromètre parce que cet instrument lui servit d'abord à mesurer exactement le diamètre du soleil. Il est composé de deux verres objectifs dans un même tuyau, qui donnent deux images sur le même oculaire, et qu'on éloigne suivant le diamètre de l'astre. L'idée de l'héliomètre fait par Bouguer fut appliquée en Angleterre aux télescopes en 1754, d'une manière un peu différente; elle consiste à partager un objectif en deux parties égales, que l'on fait mouvoir en sens contraire, et que l'on place à l'extrémité d'un télescope. Short et Dollond furent les premiers qui en firent construire, et ils en attribuèrent la première idée à Savery. Short assure que cette invention avoit été déposée, en 1743, à la Société-Royale, *Philos. trans.*, tome XLVIII. *Mémoires de Marseille*, année 1755. Mais du moins elle ne fut répandue et employée en Angleterre qu'après Bouguer, c'est-à-peu près ce qui étoit arrivé à l'occasion du micromètre d'Auzout. On trouve la description de l'héliomètre dans l'*Astronomie* du cit. de la Lande.

LE MICROMÈTRE PRISMATIQUE du cit. Rochon est encore une idée intéressante. Cet instrument a un avantage pour la mesure des petits angles. On voit dans le *Recueil des Mémoires du* cit. Rochon, publié en 1783, un mémoire qu'il lut à l'Académie des Sciences, le 25 janvier 1777, et qui en contient la première idée. Les doubles réfractions du crystal d'Islande, remarquées d'abord par Erasme Bartholin, sur lesquelles Huygens fit un grand nombre d'observations, ont été l'objet des recherches de Newton dans son *Optique;* le P. Beccaria fit voir qu'on n'avoit pas assez bien observé la double réfraction du crystal de roche, *Phil. trans.*, vol. 52. Martin donna aussi des observations nouvelles, *Essai on Island crystal*; Priestley, p. 561 Le cit. Rochon s'est servi avantageusement du crystal de roche. Son micromètre est composé de deux prismes de crystal de roche, de même angle, et par conséquent dont la double réfraction est la même, et dans tous les cas proportionnée à l'angle réfringent des prismes. Par la position respective de ces prismes, il obtient des spectres qui s'écartent ou se confondent, selon la somme ou la différence de ces angles. Il ne s'agit donc plus que de détruire l'effet qui résulte de la forme prismatique de chaque prisme, sans diminuer cette double réfraction si favorable à la mesure précise des angles, et rien n'est plus facile, en appliquant à chaque prisme de crystal de roche, un prisme de verre de France, qui, comme on sait, peut dans tous les cas, anéantir les couleurs, et par conséquent la confusion qui en est une suite. Le cit. Rochon employa donc un prisme de verre de France, de même angle, adossé à celui de crystal, de manière que l'angle de l'un répondoit à la base de l'autre, ce qui lui fit obtenir une double réfraction parfaitement distincte et sensiblement exempte de couleurs, telle enfin qu'on peut la desirer.

Il est à remarquer, qu'on peut substituer au prisme de verre, un prisme de même angle de crystal de roche pourvu toutefois qu'il soit taillé exactement dans le sens où il ne donne qu'une réfraction; alors les couleurs sont plus rigoureusement détruites.

Il adapta devant une bonne lunette, le milieu doublement réfringent dont nous venons de parler; il le dirigea ensuite sur un carré de carton, dont les côtés avoient six pouces, il vit ce carré de carton double, et il jugea le contact des deux images à 207 pieds, ce qui donne la double réfraction de ce milieu doublement réfringent de 8 minutes, 18 secondes: parvenu à déterminer par cette méthode, la double réfraction du cristal de roche à la précision d'une seconde, il chercha à l'employer à la mesure des petits angles, par une construction qui les lui donna avec une précision à laquelle il n'auroit pas cru pouvoir atteindre.

Je prends, dit-il, un seul milieu doublement réfringent de 8 minutes, 18 secondes, par exemple, je le place dans le tuyau de ma lunette acromatique de 7 pieds, de manière qu'il peut parcourir en ligne droite tout l'espace compris entre l'objectif et le foyer. Lorsque ce milieu réfringent touche l'objectif, la lunette dirigée vers une étoile donne à son foyer deux images parfaitement égales dont l'écartement est connu, puisque c'est la tangente de 8 minutes, 18 secondes sur un rayon de 7 pieds, distance focale de l'objectif. Mais si ce milieu doublement réfringent, au lieu de toucher l'objectif est placé à un pied de son foyer, l'écartement qu'il produira dans les images sera 7 fois moindre, puisque les tangentes suivent toujours le rapport des rayons.

On place ensuite ce milieu exactement au foyer, ce qu'on reconnoît facilement par un trait de diamant, tracé sur la surface du prisme de cristal de roche qui entre dans la construction de ce milieu doublement réfringent, et donne seule la double réfraction. Quand le milieu est au foyer de l'objectif, il ne produit aucun écartement dans les images, c'est-à-dire que l'étoile ne paroît plus double; ainsi dans cet exemple, pour mesurer des angles depuis zéro jusqu'à 8 minutes, 18 secondes, on a 7 pieds à faire parcourir aux prismes. Ce nouveau micromètre adapté à sa lunette acromatique de 7 pieds à triple objectif lui a donné les déterminations des diamètres des petites planètes, dont les astronomes ont fait usage comme devant être d'une grande précision.

Le P. Boscovich revendiqua l'idée ingénieuse du micromètre fait par la double réfraction du cristal de roche; il assura en avoir parlé à M. Fontana dans la société du duç de la Rochefoucault, avant que le cit. Rochon y eût pensé; il en a donné la description dans son volume; il avoit assez d'esprit et assez de candeur pour qu'on puisse le croire capable d'avoir eu cette idée, et incapable de se l'être attribuée, mais il étoit assez modeste pour ne rien contester. (*Phil. trans.* 1777, p. 792.) Il y proposa aussi de changer avec des prismes la distance des images, pour mesurer les grands angles aussi bien que les petits.

M. Maskelyne donna ses idées dans le même volume, sur la manière de placer les prismes pour avoir des micromètres prismatiques, et il annonça qu'il avoit fait part de son invention à Dollond, et l'avoit fait exécuter un an avant, et qu'il n'en avoit point fait un secret; il fit imprimer les observations de Dollond et de Aubert, amateur riche et éclairé des instrumens d'astronomie; qui remontent au mois d'avril 1776.

Cet usage des prismes peut avoir un grand avantage sur mer pour épargner les calculs de la longitude, dont nous parlerons tome IV, page 579; voici ce que proposoit le cit. Rochon dans son *Recueil* de 1783, p. 204. On place un prisme de verre dont la réfraction est d'un degré, derrière le petit miroir de l'instrument à réflexion qui sert à la mesure de l'angle. Ce prisme peut tourner circulairement. Un fil noir ou un trait indique le sens selon lequel il doit être tourné pour que son axe soit parallèle à l'horizon, et par conséquent son angle dans cette position est vertical. En faisant mouvoir ce prisme de la valeur de cent quatre-vingt degrés, son angle est encor vertical, mais son effet est en sens opposé de la première position; de sorte que pour la position où le sommet de l'angle est tourné vers le ciel, et pour celle où il est tourné vers la terre, la différence de réfraction est de deux degrés. Il est bien à remarquer que l'œil juge avec une précision suffisante d'une ligne verticale, lorsqu'il est guidé par le fil noir qui indique sur le prisme la position qu'il faut lui donner; et quand l'estimation de l'œil s'écarteroit d'un degré, cette différence seroit une erreur infiniment petite, puisqu'entre les deux positions écartées l'une de l'autre de 180°, la différence de réfraction ne seroit que de deux degrés. Cela posé, tandis qu'un observateur prend, avec un cercle de réflexion ou un sextant, la distance apparente de la lune au soleil ou à une étoile; l'autre observateur mesure avec un sextant armé de ce prisme, la distance apparente de la lune au soleil dans les deux positions du prisme, éloignées comme nous l'avons dit l'une de l'autre de 180°; or, selon la nature du plan qui passe par l'œil de l'observateur, et par la lune et le soleil, la distance observée sera plus ou moins affectée de l'effet de la réfraction du prisme, laquelle seroit de deux degrés, si les deux astres étoient dans le même vertical.

C'est cette différence entre les deux observations qu'il importe de connoître, pour pouvoir lui comparer l'effet absolu de la parallaxe combinée avec la réfraction, afin de déterminer par une seule proportion, la quantité dont la distance apparente s'écarte de la distance réelle.

Supposons par exemple, que l'effet total de la parallaxe et de la réfraction soit de 20′; ce qu'on sait toujours par la table qui est dans tous les livres de navigation, lorsqu'on connoît la hauteur de deux astres au-dessus de l'horizon; supposons encore qu'on ait trouvé la distance apparente de la lune au soleil de 50°, avec un bon instrument, et qu'avec l'instrument armé d'un prisme, on ait trouvé que la quantité dont les deux observations de distances diffèrent dans les deux positions du prisme est de 40′; on fait cette proportion : deux degrés de déplacement donnent quarante minutes entre les deux observations de distances, combien vingt minutes, effet absolu de la parallaxe et de la réfraction, doivent-elles donner? ce quatrième terme est 13′ 20″; quantité dont la distance apparente s'écarte de la réelle; ainsi l'art de convertir les distances apparentes de deux astres en distances réelles ne consiste plus que dans deux observations faciles et à la portée de tous les marins. Ce fut cette idée ingénieuse qui occasionna le prix proposé par l'Académie, et l'instrument du cit. Richer, (tome IV. p. 579).

La grande exactitude des micromètres prismatiques donna lieu au cit. Rochon de les appliquer à la mesure des distances inaccessibles, par le moyen d'une lunette où il y a deux micromètres; le premier donne les petites distances en mettant simplement la lunette à son point; parce que la longueur d'une lunette variant suivant la distance des objets, cette variation, lorsqu'elle est sensible, peut être employée à la détermination de la distance. Il est vrai que cette variation n'est bien sensible que dans les longues lunettes et dans les petites distances, ce qui limite extrêmement cette méthode si simple et si commode d'avoir les distances par l'inspection seule de l'objet.

L'index est une aiguille d'acier qui indique la distance sur la platine divisée. On se sert de cette platine comme d'un bouton, pour faire mouvoir le tuyau des oculaires et mettre la lunette à son point; les chiffres tracés selon des lignes spirales désignent le nombre de toises dont on est distant de l'objet. La différence des vues ne nuit en aucune façon à cette mesure, par la précaution que l'on a prise de rendre variable à volonté le premier oculaire par lequel on regarde un carré de fils d'argent placé au foyer. Aussi faut-il commencer par mouvoir le premier oculaire jusqu'à ce que l'on voie distinctement le carré; et par-là la différence des vues n'influe plus sur la mesure

donnée

donnée par la platine dont nous venons de parler, et qui est placée sur le côté de la lunette, d'une manière commode pour lui donner le mouvement nécessaire à la vision.

Le second micromètre sert à donner de grandes distances; c'est un carré qui s'agrandit à volonté en faisant mouvoir un bouton; ce carré est composé de fil d'argent qui sert encore, comme nous l'avons déjà dit, à mettre l'oculaire à son vrai point pour les différentes vues.

On ouvre ce carré de manière à y enfermer la figure d'un homme dont on veut connoître la distance. Si la platine qui est en face de l'œil indique le chiffre (3), par exemple, on trouve sur une table gravée sur un des côtés du micromètre que le nombre 1000 répond au chiffre (3), ce qui signifie que l'homme enfermé dans le carré numéro (3), est à mille toises de distance. Cette détermination suppose la taille moyenne des hommes de cinq pieds deux pouces.

L'auteur fit encore une lunette ou il y a un micromètre de cristal de roche qui se meut dans l'intérieur de la lunette, qui se tient où à la main ou sur un genou. Elle fait voir les objets doubles comme le micromètre de cristal d'Islande, mais la mesure des angles est par cet instrument de la plus grande précision.

Les divisions sont en minutes et en secondes. Chaque division vaut cinq secondes. Si on trouve que le contact des deux images du même objet, a lieu lorsque le micromètre répond à dix minutes sur les divisions; une table calculée à cet effet indique 344, ce qui signifie que la distance est 344 fois le diamètre de l'objet; or, si l'objet à une toise, sa distance sera donc dans ce cas de 344 toises. Cette opération suppose le diamètre réel de l'objet connu.

Si la distance étoit connue on détermineroit avec la même facilité le diamètre de l'objet, en connoissant l'angle par le moyen du micromètre; supposons l'angle trouvé de cinq minutes et la distance de mille toises, je fais cette proportion si 688 (nombre qui répond à cinq minutes dans la table) donnent une toise, à combien mille toises repondront-elles. On trouve une toise, 2 pied, 8 pouces et 8 lignes. Enfin, lorsque le diamètre de l'objet et sa distance sont inconnus, on peut facilement par cet instrument les déterminer. En effet, supposons que l'objet qu'on veut employer à cette détermination soit trouvé de dix minutes, si j'approche de cet objet en ligne directe de la valeur d'une minute, en observant d'évaluer en toises, pieds et pouces, l'espace parcouru pour obtenir cette variation, je trouve par un calcul bien simple la distance; car elle est égale au chemin parcouru multiplié par dix, [*grandeur de l'angle*] divisé par un [*variation de l'angle*].

Supposant l'espace parcouru de cent toises, l'angle de dix minutes et la variation de l'angle d'une minute, la distance de l'objet est dans ce cas de mille toises.

X.

Des Instrumens à réflexion ; des Octans ; des Cercles ; de l'Astromètre du cit. Rochon.

Les instrumens à réflexion qui servent à l'observation des longitudes en mer, sont une invention importante de ce dix-huitième siècle.

Le quartier de réflexion, appelé aussi octant de Hadley, octant anglais, est l'instrument dont on se sert le plus en mer, pour observer les hauteurs et les distances des astres, en regardant un des astres directement, et l'autre par la réflexion de deux miroirs, en sorte qu'on voit les deux astres se toucher. Cette découverte est une époque mémorable pour la navigation ; elle fut donnée en 1731, dans les *Transactions philosophiques*, par J. Hadley, vice-président de la société royale de Londres.

Le docteur Hooke avait eu la même idée vers 1664 ou 1665. Voyez l'*Histoire de la Société royale*, par Sprat, et celle de Birch, tome IV, page 102; l'ouvrage de Hooke, intitulé: *Animadversions on the machina celestis of Hevelius*, et ses œuvres posthumes publiées par Waller, 1705, pages xxiij et 503.

Newton proposa aussi un instrument pour mesurer les angles par deux réflexions, comme on le voit par les registres de la Société royale de Londres, au 16 août 1699. C'était l'ancien instrument de Hooke, dans lequel Newton avait corrigé quelques défauts, *Philos. trans.* n°. 465. Il paraît que Hadley n'en avait point eu connaissance, car lorsqu'il lisait le 13 mai 1731 la description de son instrument à la Société royale, le docteur Halley dit qu'il avait un papier que Newton lui avait donné en 1700 ou 1701, où était décrit un instrument semblable, mais qu'il ne savait pas où le retrouver ; en effet, on ne le trouva qu'après sa mort, en 1742. Il fut publié dans le n°. 455, des *Transactions philosophiques*, mais il ne portait point de date. *Walles observations*, 1777.

Quoi qu'il en soit, l'idée de ces instrumens appartient décidément à Hooke et non à Hadley ; il paroît aussi que Thomas Godfrey, de Philadelphie, avait fait un pareil instrument avant

Hadley, et vers 1730, *Philos. trans.* 1734. *Transactions de Philadelphie*, tome I, page 126; aussi M. Ewing l'appelle instrument de Godfrey.

M. Wales cite encore deux autres personnes qui ont eu la même idée, Joseph Harris et un mécanicien ingénieur à York, en 1752, qui n'avoient point eu connaissance de celui de Hadley. Il en est de même de M. de Fouchy, qui en présenta un à l'académie, en 1732, dans un temps où le Mémoire de Hadley n'était pas encore publié. Voyez le *Recueil des machines présentées à l'Académie*, et les *Mémoires rédigés à l'Observatoire de Marseille*; mais l'instrument de M. de Fouchy était plus analogue à celui du docteur Hooke, l'angle y étant mesuré par une seule reflexion, au lieu qu'il y en a deux dans celui de Hadley. Au reste, Hadley étant le premier qui en ait fait construire, et qui en ait fait voir l'utilité extrême, il n'est pas étonnant qu'on l'ait appelé instrument de Hadley. On l'a appelé long-temps aussi octant, parce qu'il n'avait que la huitième partie d'un cercle ou 45° ; il n'en fallait pas davantage pour prendre des hauteurs jusqu'à 90°, et même des distances jusqu'à 180° ; mais pour en comprendre la construction, il faut d'abord exposer un théorème de catoptrique, sur lequel il est fondé.

Soient deux miroirs plans AB, CD (*fig.* 12) inclinés l'un à l'autre d'une manière quelconque, et supposons un astre, ou un objet infiniment éloigné sur la ligne GE, qui réfléchi en F sur le second miroir, va rencontrer l'œil en O; que cet œil soit tellement disposé, qu'il puisse voir en même-temps l'astre G directement, et par réflexion en H; l'angle sous lequel ils paraîtront éloignés l'un de l'autre sera double de celui que feront entre eux les deux miroirs.

Pour le démontrer, supposons le rayon incident GE et le rayon réfléchi sur le second FO, prolongés jusqu'à leur rencontre en I; que les deux miroirs BA, DC soient aussi prolongés jusqu'à leur rencontre en K, que le point P soit l'intersection des lignes EK, FI. Nous aurons l'angle extérieur EPF égal à la somme des angles I et PEI, ou I et PEF; d'un autre côté, le même angle APF est égal à la somme des angles K et PFK. Ainsi, la somme des angles I et PEI est égale à celle des angles K et PFK; mais l'angle PFK est égal à l'angle PEF, plus l'angle K : conséquemment la somme des angles I et PEF est égale à la somme des angles K, plus PEF plus K; ôtant de part et d'autre l'angle PEF commun, on aura l'angle I égal à 2 fois l'angle K.

Que l'angle PFK soit plus grand que PEF de la quantité de l'angle K, inclinaison des 2 miroirs, c'est ce qu'il est facile de voir. Car soit tirée par F la ligne *c d* parallèle au miroir AB, il est aisé de voir que les angles *d*FE, PEF sont égaux à cause du parallélisme des lignes *c d*, BA. Or, l'angle PEF est moindre que EFC (ou son égal PFK) de la quantité de l'angle CF*c* qui est celui de l'inclinaison des miroirs ou l'angle K. Ainsi, l'angle PFK est égal à l'angle PEF, plus l'angle K.

Ce théorème de catoptrique entendu, voici la construction du premier octant de M. Hadley, je dis la première; car M. Hadley en proposa peu de temps après un nouveau, qui a eu la préférence sur celui-ci pour l'usage.

La figure 13 représente un secteur de 45°, dont le centre est C, et autour duquel tourne une alidade A. Sur la tête de cette pièce est attaché perpendiculairement au plan de l'instrument, et un peu en deça du centre un petit miroir plan DE, faisant avec la ligne du milieu de l'alidade, un angle quelconque; mais on a trouvé que celui de 60 à 70° étoit le plus convenable. Ce miroir ne change de position qu'autant que l'alidade AC en change elle-même.

Sur la branche CB est attachée une lunette perpendiculairement au plan de cette branche, et plus loin dans la position que présente la figure, un autre petit miroir également perpendiculairement au plan de l'instrument, et sous une obliquité telle que lorsque l'alidade sera sur le premier point de division, ou le degré zéro, les miroirs soient bien parallèles l'un à l'autre. Ce dernier miroir doit être étamé dans sa moitié F, la plus proche de l'instrument, et transparent dans l'autre moitié G; ensorte qu'avec la lunette on puisse voir les objets au-delà du miroir, et de l'autre ceux qu'il réfléchira. On s'assurera de cette position en mettant l'alidade sur le degré zéro, et mirant à l'horizon à travers la partie transparente du petit miroir FG, et changeant la position de celui-ci jusqu'à ce qu'en même-temps on voie à-la-fois et dans une même ligne, l'horizon réfléchi de dessus le miroir DE, sur le miroir FG; car alors en vertu du théorème démontré ci-dessus, le même objet, savoir l'horizon, étant vu à-la-fois directement et par double réflexion au même point, l'angle des deux miroirs sera nul.

Veut-on maintenant observer la hauteur d'un astre, en mirant à l'horizon par la partie non étamée du miroir? on amenera l'alidade, ensorte que cet astre soit vu (par la double réflexion) joint à l'horizon; l'angle que formera alors la ligne de foi de l'alidade avec la branche B du secteur, sera la moitié de la distance de l'astre à l'horizon, par le même théorème: mais comme le secteur est divisé en 90 parties, le nombre de ces parties intercepté entre le point zéro, et la ligne de foi de l'alidade sera le nombre des degrés de la hauteur.

Dans cet état de l'octant de Hadley, on observe l'astre par devant, et l'on peut mesurer une hauteur qui n'excède pas 90°; mais il arrive souvent à la mer que l'horizon du côté de l'astre est embrumé ou embarrassé par des terres. Il faut alors observer la hauteur par derrière. Hadley le sentit bientôt, et proposa une addition fondée sur le même principe, avec laquelle on remplit à-la-fois les deux objets, et l'on observe, selon les circonstances, l'astre par devant ou par derrière.

Ici la disposition des miroirs est un peu différente; le miroir DC placé sur l'alidade, doit être dans la direction de la ligne qui la traverse par le milieu, et le petit miroir H doit être porté sur l'autre rayon du secteur; il doit aussi être bien parallèle au grand miroir, quand l'alidade est sur zéro. De l'autre côté de cette saillie, on en pratique une autre qui sert à porter une pinnule ou une petite lunette K de quelques pouces seulement, servant à mirer dans le petit miroir H.

Maintenant si l'on veut observer, on met l'œil à la pinnule ou à la lunette, et l'on regarde l'horizon à travers la partie du petit miroir H laissée transparente, et l'instrument étant dans la situation représentée, on pousse l'alidade de manière que l'astre se peigne dans le petit miroir, sur la même ligne que l'horizon. Le nombre des degrés marqué entre zéro et celui que montre l'alidade est la hauteur de l'astre.

Pour observer l'astre par derrière, le petit miroir que porte l'avance dont on a parlé plus haut, doit être placé ensorte que son plan soit perpendiculaire à celui du miroir DE, porté par l'alidade, quand elle est sur zéro.

Nous avertirons 1°. que si l'on observe le soleil ou la lune, c'est l'un de ses bords qu'il faut amener à l'horizon; 2°. que l'on doit tenir le plan de l'instrument dans la situation verticale; 3°. que pour s'assurer de la position de l'astre à l'égard de l'horizon, il faut faire faire à l'instrument quelques petites oscillations à droite et à gauche, et si le bord de l'astre au milieu de ces oscillations ne mord point sur l'horizon, et ne laisse aucune distance sensible entre l'un et l'autre, l'observation sera bonne. Si l'on adapte comme on le fait à des instrumens de choix un *vernier* (ou nonius) à l'alidade A, on pourra observer la hauteur, sans craindre une erreur d'une demi-minute.

On sent aisément que si l'on veut observer la distance d'une étoile à la lune, il faudra commencer par mettre le plan de l'instrument dans le plan qui passe par la lune et par l'étoile, mirer ensuite à l'étoile, et enfin amener l'alidade au point nécessaire pour que le bord éclairé de la lune touche l'étoile. Le nombre des degrés et parties de degrés marqué par l'alidade sera la distance des deux astres.

Hadley faisoit l'arc BM de 45°; mais depuis qu'on s'en est servi pour prendre les distances de la lune aux étoiles, on les a fait de 60°, et on les appelle sextans; aujourd'hui même on commence à faire des cercles entiers, comme nous le dirons bientôt.

Depuis 1731, on a tenté divers changemens pour le quartier de réflexion. Caleb Smith en proposa un, où au lieu de voir l'horizon directement et l'image de l'astre par une double réflexion, on voit l'un et l'autre par une réflexion simple; on en trouvera la description dans les *Mémoires de Mathématiques et de Physique, rédigés à l'observatoire de Marseille*, année 1755, première partie. Cet instrument est remarquable, en ce que l'observation par derrière y est beaucoup moins difficile qu'avec l'octant de Hadley; on ne change point de miroir, on rectifie l'instrument de la même manière que pour observer par devant.

De Fouchy, dans les *Mémoires de l'Académie*, pour 1741, donna aussi la manière d'employer des miroirs plans convexes, qui cependant ne défigurent point les objets. On peut voir dans les *Mémoires de Marseille*, la description de plusieurs autres instrumens proposés pour prendre hauteur en mer, et pour se passer d'horizon, lorsqu'il est difficile de l'appercevoir, et l'on y trouvera l'indication de tous les ouvrages où il est traité de ces matières jusqu'à l'année 1755. On peut consulter aussi la description qu'ont donnée du quartier de réflexion, d'Apres et Borry, en 1751, le traité de navigation de Bouguer, édition de Lacaille, *in*-8°, l'optique de Smith, traduction du père Pézénas, à Avignon, 1767; l'ouvrage de Ludlam, intitulé: *Direction for the use of Hadley's quadrant, London* 1771; les *Transactions Phylosophiques* de 1731, et celles de 1772, où il y a un grand mémoire de M. Maskelyne, sur les observations faites par derrière; le *Nautical almanac*, de 1774; l'ouvrage de Robertson, *The Eléments of navigation, London*, 1772, tome II.

On trouvera aussi la description des instrumens à réflexion propres à observer en mer, dans le guide du navigateur, par le citoyen Pierre Lévêque, Nantes, 1778, *in*-8°. dans la description des octans, par Magellan, Paris, 1775, *in*-4°. et la collection des différens Traités de physique, par le même, Londres, 1780, *in*-4°. Dans ce dernier ouvrage, il traite surtout de l'usage du cercle entier, pour observer en mer suivant la méthode proposée par Mayer. M. de Borda, dans le *Voyage de la Flore*, tome Ier., page 327, a donné des instructions pour la vérification et l'usage des octans.

Personne n'a plus avancé la perfection des instrumens que Jessé Ramsden, né à Halifax, dans la province d'Yorck, le 6 octobre 1730, et mort en 1801. On voit une liste de ses travaux dans le *Journal des Savans*, *novembre* 1788. Il a fait une quantité prodigieuse de sextans pour la marine; et pour qu'ils fussent très-exacts, il s'est occupé pendant dix ans à perfectionner une grande machine à diviser, qui réunit la promptitude et la facilité. Avec cette machine admirable, on peut diviser un sextant en 20 minutes de temps. M. de la Lande en a donné la description en françois, et elle suffit pour donner une idée de l'invention et des talens supérieurs de M. Ramsden. Ce fut le docteur Sehpherd, qui fit connoître au bureau des longitudes d'Angleterre cette belle machine, on accorda à l'auteur une gratification de 15000 francs, et l'on fit graver la machine en 1777. Mais actuellement on préfère pour la marine les cercles entiers, dont nous allons parler.

Tobie Mayer, en 1752, dans le second volume des *Mémoires de Gottingen,* donna l'idée d'un instrument bien ingénieux et bien simple pour la géodésie; il consistait en deux alidades, dont une porte la lunette, chacune a un point à son extrémité, et prenant avec un compas la distance de ces deux points, l'on a l'angle de l'alidade avec la lunette, au moyen d'une échelle de cordes, sans qu'on ait besoin d'avoir un limbe divisé. Pour mesurer l'angle entre deux objets terrestres, le premier angle de la lunette avec l'alidade fixe étant connu, on passe la lunette d'un objet à l'autre, puis on revient au premier, en tournant tout l'instrument, et enfin au second; on continue jusqu'à ce qu'on ait 360°, et que la lunette soit revenue vers l'alidade, on mesure de nouveau l'angle qu'elles font, et la différence entre cet angle et celui qu'on avoit mesuré en commençant, ajoutée avec 360°, donne un multiple de l'angle compris entre les deux objets.

Mayer appliqua cette belle et heureuse idée aux instrumens nautiques; il fit voir qu'en prenant un cercle entier, et multipliant les observations sur les divers points de sa circonférence, on diminuoit les erreurs inévitables dans la pratique, *Theoria Lunae, Methodus Longitudinum promota,* 1767, pages 24 et 37.

M. de Borda a ajouté une perfection importante à cet instrument, en éloignant le petit miroir de la lunette pour recevoir l'image de l'astre vu par réflexion, tantôt à droite tantôt à gauche. En combinant ces deux manières d'observer le contact des deux images, on peut supprimer l'observation préparatoire par laquelle on s'assure du parallélisme des miroirs dans les sextans. Avec un cercle entier, on prend la somme de plusieurs distances au lieu d'une seule, et les erreurs de la division se compensent ; les plus habiles artistes en ont reconnu l'avantage, même pour les observations astronomiques, comme on le verra liv. VII, et Borda a publié à ce sujet un ouvrage intéressant : *Description et Usage du Cercle de réflexion*, 1787, *in*-4°. ouvrage dont les marins ne doivent pas se passer.

Les savans et les artistes se sont beaucoup occupés, dit Borda, des moyens de perfectionner les instrumens à réflexion dont se servent les navigateurs ; mais personne n'a fait un aussi grand pas dans cette recherche, que Tobie Mayer. Ce célèbre astronome a proposé de substituer à l'octant de Hadley un cercle de réflexion, qui a cet avantage singulier, qu'en multipliant les observations avec cet instrument, on diminue toujours de plus en plus les erreurs qui viennent du défaut des divisions, et qu'il ne tient pour ainsi dire qu'à la patience de l'observateur, que ces erreurs ne soient à la fin presque totalement détruites.

Mayer en fit graver la figure dans son livre intitulé : *Theoria Lunae*, imprimé à Londres en 1767. Ce cercle a, comme l'octant de Hadley, deux miroirs qui ont les mêmes fonctions que dans l'ancien instrument, et qui sont placés de la même manière, avec cette différence que le petit miroir, au lieu d'être fixe sur le corps de l'instrument, est porté, ainsi que la lunette, sur une alidade particulière, qui tourne sur le centre du cercle, et dont le mouvement est indépendant de celui de l'alidade du grand miroir. Voici la manière dont on observe avec cet instrument.

Soient deux astres, dont on veut mesurer la distance apparente ; on place d'abord l'alidade sur un point déterminé de la division, que je suppose par exemple être le point zéro. Ensuite, laissant cette alidade fixe, et ne faisant mouvoir que l'alidade de la lunette, on fait comme avec l'octant l'observation du parallélisme des miroirs, c'est-à-dire qu'on détermine par l'observation le point du limbe, où doit être mise l'alidade de la lunette, pour que les deux miroirs se trouvent parallèles. Ce qu'on obtient, comme on sait, en faisant coïncider dans le champ de la lunette les images directes et réfléchies d'nn même objet éloigné quelconque. Cette observation étant achevée, on fixe l'alidade de la lunette, on dirige la lunette sur l'astre, desserrant ensuite l'alidade du grand miroir, on la ramène du côté de l'œil, jusqu'à ce que l'image de l'autre astre réfléchie par deux miroirs entre dans la lunette, et vienne toucher l'image du premier, vue directement à travers la partie non étamée du petit miroir ; alors l'arc parcouru par l'alidade du miroir, donne l'angle de distance apparente des deux astres : l'observation

vation que nous venons de décrire ne diffère en rien de celle que l'on fait avec l'octant. Ainsi, le cercle de réflexion n'a jusques-là aucune supériorité sur l'ancien instrument; et même si l'on se bornoit à cette seule observation, l'avantage serait du côté de l'octant, dont le rayon est ordinairement plus grand que celui que l'on peut donner à un cercle de réflexion; mais il n'en serait pas de même si on faisait plusieurs observations consécutives avec ce dernier instrument. En effet, supposons que regardant le point, déjà trouvé comme le point zéro de la division, on recommence une seconde opération absolument semblable à la première, c'est-à-dire qu'on fasse d'abord l'observation préparatoire du parallélisme des miroirs, et qu'on fasse mouvoir les alidades, on aura un arc total double de l'angle cherché, ou ce qui est la même chose, cet angle cherché sera la moitié de l'arc trouvé; il suit delà que s'il y a une erreur dans la division qui se trouve au point trouvé, cette erreur sera divisée par 2, et n'influera que pour moitié seulement sur la valeur de l'angle observé. Par la même raison si on fait encore une troisième et une quatrième opérations, toujours semblables à la première, l'erreur provenant des défauts de la division sera réduite au tiers, et ensuite au quart de celle qu'aura la dernière division sur laquelle l'alidade sera portée. Ainsi, l'erreur de l'angle observé diminuera de plus en plus, à mesure qu'on multipliera les observations, et l'avantage du cercle sur l'octant deviendra toujours plus grand.

On objectera peut-être qu'en faisant aussi plusieurs observations avec l'octant, on parviendra également à corriger les erreurs qui viennent de la division; mais on répond que dans les opérations consécutives que l'on fait avec ce dernier instrument, l'alidade du grand miroir ne s'éloigne que très-peu du point de la division où elle a été portée à l'instant de la première observation, et que l'erreur de cette division doit affecter de la même manière, chacune des autres observations.

Borda remarque bien que dans l'opération qui vient d'être décrite, on a supposé tacitement que les deux astres sont toujours à la même distance l'un de l'autre, quoiqu'il arrive souvent que cette distance varie sensiblement dans l'intervalle d'une observation à l'autre; mais comme on peut toujours supposer que dans la courte durée des observations, la variation est proportionnelle au temps; il est clair que si on marque l'heure de chaque observation, et qu'on divise la somme des heures et l'arc total que l'alidade aura parcouru par le nombre des observations, on aura une distance moyenne des deux astres, correspondante à l'heure moyenne des observations.

Mais dans le cercle de Mayer il restoit encore un défaut

principal qui lui est commun avec l'octant, et qui produiroit souvent des erreurs plus grandes que celles qui viennent des imperfections de la division. Voici en quoi il consiste.

On vient de voir que l'observation d'une distance de deux astres est toujours précédée d'une observation préparatoire, par laquelle on rend les deux miroirs parallèles entre eux. Cette observation préparatoire se fait ordinairement en prenant pour objet de vérification l'horizon de la mer, dont on fait coïncider les deux images directes et réfléchies : mais les marins savent combien ce moyen est incertain.

En effet, si on observe le contact des images avec une lunette, il arrive qu'aussitôt que ces images viennent à se rapprocher, on ne les distingue plus que très-difficilement l'une de l'autre, et qu'on ne peut plus alors être sûr du point, où elles se confondent ; et si pour éviter cet inconvénient, on fait l'observation sans lunette, on perd l'avantage du grossissement des objets.

Il y a, à la vérité, une autre manière plus exacte de faire cette vérification, qui consiste à faire le contact des deux images du disque du soleil ; mais elle a le défaut de fatiguer les yeux de l'observateur, d'autant plus qu'elle est répétée chaque fois qu'on mesure la distance des deux astres : d'ailleurs, comme il serait difficile qu'un cercle fût exécuté avec assez de précision, pour que les deux miroirs étant parallèles dans une position des alidades, pussent l'être dans toutes les autres positions, on serait souvent obligé de toucher au rappel du petit miroir, pour mettre la ligne des centres des deux images dans un plan parallèle à celui de l'instrument, ce qui rendrait encore les observations longues et laborieuses : enfin, le cercle de réflexion de Mayer avoit dans tous les cas le défaut d'exiger deux observations, pour ne donner qu'un résultat.

L'auteur avoit senti cet inconvénient de son instrument, et c'est pour cela, sans doute, qu'il avoit proposé dans son ouvrage de fixer sur une des alidades du cercle, une pièce transversale, telle que l'autre alidade, venant à s'appuyer contre l'extrémité de cette pièce, les deux miroirs se trouvassent exactement parallèles ; mais il est aisé de voir que même en se servant de ce moyen, on seroit toujours obligé, avant de commencer les opérations, de vérifier si les miroirs ont la position requise, et qu'il faudroit par conséquent faire l'observation préparatoire du parallélisme : or, il est clair que l'erreur qu'on commettroit dans cette observation, affecteroit toutes les opérations suivantes.

Ainsi, le cercle de T. Mayer, tel qu'il a été donné par l'auteur, conservait encore une partie des imperfections de l'octant, on remarquera même qu'il seroit d'un usage plus embarrassant, en ce qu'il multiplie le nombre des opérations, et c'est sans doute par cette raison qu'il n'avoit pas été adopté par les marins; mais il étoit possible de corriger ces défauts, et de donner à l'instrument une supériorité très-marquée sur tous les instrumens à réflection connus, et c'est ce que Borda obtint par un moyen fort simple, qui consiste à laisser entre la lunette et le petit miroir, un espace suffisant pour le passage des rayons, afin que l'image, vue par réflexion, puisse venir du côté gauche et du côté droit alternativement, ce qui supprime l'observation préparatoire du parallélisme.

On voit le dessein de cet instrument dans la *fig.* 14; le corps de l'instrument est taillé dans une seule pièce de cuivre. Le noyau PO (*fig.* 14 et 15), qui est au centre, et qui a le même diamètre que la partie circulaire des deux alidades, tient aux six rayons R, R, R, lesquels vont en diminuant de largeur, depuis le noyau jusqu'au limbe, et sont outre cela, formés en biseau sur les côtés, comme on le voit par la *fig.* 19, qui est une section en travers, prise sur un des points R. Ces six rayons aboutissent à une espèce de règle de chan circulaire, *a a*, (*fig.* 15) qui règne dans toute la circonférence de la partie intérieure du limbe, et sert à le fortifier; les surfaces supérieures du noyau et des six rayons forment un même plan avec le limbe, et leurs surfaces inférieures en forment un parallèle au premier, avec la surface inférieure et la règle de chan. Au centre du cercle est fixée au-dessous une pièce *dd*, (*fig.* 15), façonnée en vis extérieurement, et destinée à recevoir un manche Q, par lequel on tient l'instrument. Le limbe est divisé en 720°, chaque degré l'est en 3 parties, et le nonius ou vernier des 2 alidades donne les minutes.

Le grand miroir A, (*fig.* 14), est placé au centre de l'instrument sur l'alidade, et fait un angle d'environ 30°, avec la ligne du milieu de cette alidade; la base de la monture du miroir est échancrée en rond pour laisser une place suffisante à la pièce de recouvrement, *e*, (*fig.* 14), qui couvre le centre. Elle est assujettie sur l'alidade par quatre vis, qui servent à rectifier la position du miroir sur l'instrument. Ces vis sont à tête quarrée et saillante, et on les fait tourner par le moyen de la clef, représentée dans la *fig.* 18.

La monture du petit miroir B, (*fig.* 14 et 15), est fixée sur la seconde alidade, et a été portée aussi près du limbe qu'il a été possible, afin de laisser un plus grand passage aux rayons venant par la gauche; elle est à-peu-près de la même forme que dans les octans, et fournit les mêmes moyens de rectification.

La base inférieure est fixée sur l'alidade par un petit pied cylindrique qui la traverse, et par 3 vis qui ont un peu de jeu, et permettent de rectifier la position du miroir par rapport à la lunette. Comme dans certaines observations les rayons de l'astre réfléchi traversent le petit miroir avant de parvenir au grand, on a taillé les côtés du petit miroir dans une direction parallèle à la ligne des centres AB, afin qu'il y ait alors moins de lumière interceptée.

La lunette GH est fixée sur l'alidade, qui porte le petit miroir, et est assujétie dans une direction toujours constante par rapport à ce miroir. Elle est tenue en deux points par deux oreilles, qui entrent dans les rainures de montans I et K, (*fig.* 14 et 15.) Dans chaque montant, il y a un rappel pour rapprocher ou éloigner la lunette du plan de l'instrument, suivant qu'on veut que la lumière de l'astre réfléchi tombe plus ou moins sur la partie étamée du miroir. Ces rappels servent aussi à placer la lunette dans une position parallèle au plan de l'instrument, au moyen des divisions qui sont tracées sur la partie extérieure de chaque montant.

Il y a au foyer de la lunette deux fils parallèles, dont l'intervalle est à-peu-près égalà trois fois le diamètre apparent du soleil. Ces fils doivent être placés parallélement au plan de l'instrument, lorsqu'on fait les observations; et pour pouvoir toujours leur donner cette position, on a tracé deux repères, l'un sur la partie supérieure du tuyau de la lunette, et l'autre sur le porte-oculaire.

Les deux alidades FE et CB tournent sur le centre, et indépendamment l'une de l'autre. Celle du grand miroir est portée par un collet qui fait partie du centre, et qu'on voit (*fig.* 15); elle est serrée sur ce collet par la pièce de recouvrement *e*, (*fig.* 14), qui est fixée par trois vis sur la tête du centre. La seconde alidade est contenue entre la surface inférieure du même collet et le plan de l'instrument, elle est serrée en dessous par une vis de tirage. Voyez (*fig.* 15), chaque alidade porte un vernier et un rappel.

Les verres colorés ne tiennent point à l'instrument comme dans l'octant; on en emploie de deux espèces. Les petits qui sont représentés dans la *fig.* 16 se placent dans la pièce C ou dans la pièce D, (*fig.* 14 et 15); mais dans cette dernière position, ils ne servent que pour des observations particulières, ou pour des vérifications dont nous parlerons dans la suite. Les grands verres représentés (*fig.* 17), se placent devant le grand miroir et dans les pièces *qq* (*fig.* 14) les uns et les autres sont assujettis dans leurs loges par des vis de pression.

On voit dans la même planche la clef (*fig.* 18), avec laquelle on tourne les vis qui servent à rectifier la position du miroir.

(*Fig.* 19), section en travers sur un des points R des six rayons du cercle.

(*Fig.* 20), la ventelle qui sert à augmenter ou diminuer la quantité de lumière de l'objet direct.

(*Fig.* 21), les viseurs qui servent pour mettre le grand miroir perpendiculaire au plan de l'instrument, lorsque les deux viseurs ne forment qu'une ligne droite, l'un étant vu directement, l'autre par réflexion.

Il faut voir dans la description que l'auteur publia en 1787, les dimensions et l'usage du cercle dont venons de parler, et qui a procuré un secours important pour la science des longitudes.

Le citoyen Rochon, dans ses *Opuscules de* 1768, propose un *astromètre* propre à mesurer à la mer des angles considérables. L'instrument qui sert à terre pour mesurer des angles est composé de deux lunettes, dont une est mobile autour du centre. Si l'on renverse cet instrument, et qu'on mette deux objectifs à la place des deux oculaires, et deux oculaires à la place des objectifs, on obtient l'astromètre; et en se servant des deux yeux, on peut regarder dans les deux lunettes, (p. 83); mais l'usage des instrumens à réflexion a prévalu sur tous les autres.

X I.

Sur la cause physique de la réfraction et de la diffraction.

Avant qu'on eût adopté la découverte de l'attraction, il étoit presque impossible de donner une explication plausible de la réfraction.

Mairan, dès 1719, à son entrée dans l'Académie, lut un *Mémoire sur la réflection des corps*, (*Mémoires* 1722, p. 6), en 1723, il l'étendit à la réfraction; il tâchoit de faire voir comment la lumière pénétroit plus facilement l'eau que l'air, il discutoit les opinions de Descartes, de Fermat, de l'Hôpital, de Leibnitz. En 1738, il traita plus au long des couleurs, des différentes vîtesses de la lumière, en tant qu'elles se manifestent par les différentes couleurs, de la distance des sept couleurs du spectre et de leurs latitudes, de leur analogie avec les sept tons de la musique, de la diffraction ou inflexion des rayons qui aggrandit les ombres et y produit des couleurs.

En 1738, il traita des courbes apparentes qui résultent d'un fond opaque, ou à travers un milieu réfringent, comme les courbes du fond de l'eau et du fond de l'air, qu'il appelle courbes anaclastiques ou réfractoires, des courbes génératrices et des caustiques.

Lorsque les Cartésiens disputoient encore sur l'attraction et sur l'explication de la réfraction, Clairaut donna dans les *Mémoires de* 1739, l'explication neutonienne, et supposant une surface vers laquelle tous les corps soient portés perpendiculairement par une force qui agisse comme une fonction quelconque de la distance à la surface, il cherche la courbe que le rayon décrit, et il en conclud la loi de réfraction qui s'observe. Newton, livre 1, prop. 93, avoit déjà fait voir qu'en supposant l'attraction suivant une puissance quelconque des distances, le sinus d'incidence étoit au sinus démergence en raison constante.

Les courbes à la lumière que le capitaine Kurdwanowski, gentilhomme Polonois, décrivoit, (*His. ac.* 1732, p. 95) étaient engendrées par les différentes manières dont une ligne courbe exposée à l'action d'un point lumineux, la reçoit en ses différens points, et qui peuvent être représentées par les ordonnées de quelques courbes.

La diffraction ou l'inflexion des rayons dont nous avons parlé, tome II, page 536, occupe une partie du troisième livre de l'*Optique de Newton*. Grimaldi nous avoit appris que si un trait de lumière solaire est introduit dans une chambre obscure, au travers d'un fort petit trou, les ombres des corps exposés à cette lumière sont plus amples qu'elles ne devroient être, si les rayons passaient près des extrémités de ces corps en droite ligne, et que les ombres sont bordées de trois bandes ou franges de lumière colorée, parallèles entre elles : si le trou est élargi, les franges se dilatent et se mêlent ensemble, de sorte qu'on ne sauroit les distinguer. Quelques uns ont attribué la cause de ces larges ombres et de ces franges, à la réfraction ordinaire de l'air; mais sans avoir assez examiné la chose; car les circonstances de ce phénomène, observées par Newton exigent d'autres considérations.

Newton ayant fait avec une épingle, dans une plaque de plomb, un trou qui avoit $\frac{1}{42}$ de pouce de largeur, laissa passer au travers de ce trou, dans la chambre obscure, un trait de lumière solaire; les ombres des cheveux, des fils, des épingles, des pailles, et de telles autres substances déliées, mises au-devant de ce trait de lumière, étoient considérablement plus larges qu'elles ne devroient être, si les rayons de lumière passoient près des extrémités de ces corps en lignes droites. Un cheveu de tête, dont la largeur n'étoit que la 28e partie d'un pouce, étant exposé à cette lumière à environ 12 pieds de distance du trou, jettoit une ombre, qui à 4 pouces de distance de ce cheveu, avoit $\frac{1}{60}$ de pouce de largeur, c'est-à-dire qui étoit près de 5 fois plus large que le cheveu ; et à la distance de 2 pieds du cheveu, elle avoit environ $\frac{1}{28}$ de pouce de largeur, c'est-à-dire qu'elle était 10 fois plus large que le cheveu ; enfin à la distance de 10 pieds, elle avoit $\frac{1}{8}$ de pouce de largeur, c'est-à-dire qu'elle étoit 35 fois plus large que le cheveu.

Ayant fait passer un rayon entre deux couteaux, il trouva que la lumière qui souffrant le moins d'inflection, va vers les extrémités intérieures des rayonnemens, passe près du tranchant des couteaux, à la plus grande distance, et que cette distance est environ la 800e partie d'un pouce, lorsque l'ombre commence à paroître entre les rayonnemens. Pour le reste de la lumière, qui passe près des tranchans des couteaux, à des distances qui diminuent par degrés, elle se plie de plus en plus, et va vers les parties des rayonnemens, qui s'éloignent de plus en plus de la lumière directe ; car, lorsque les couteaux s'approchent jusqu'à se toucher, les parties des rayonnemens qui sont les plus éloignées de la lumière directe s'évanouissent les derniers.

Il trouve aussi que les distances auxquels les franges passent près des couteaux ne sont ni augmentées ni changées par l'approche de ces couteaux. Mais que cette approche augmente beaucoup les angles par lesquels les rayons sont pliés : que le couteau qui est plus près d'un rayon quelconque, détermine de quel côté ce rayon doit être plié, et que l'autre couteau augmente l'inflexion de ce rayon là.

Newton qui fit beaucoup d'expériences à ce sujet, ne mit pas la dernière main à son ouvrage ; il se contenta de finir par des questions pour engager d'autres personnes à pousser plus loin ses recherches.

Ier. Les corps n'agissent-ils pas à certaine distance sur la lumière ; et par leur action ne plient-ils pas ses rayons ? Et toutes choses d'ailleurs égales, cette action n'est-elle pas plus forte à mesure que la distance est moindre.

IIe. Les rayons qui diffèrent en réfrangibilité, ne diffèrent-ils pas aussi en flexibilité, et ne sont-ils pas séparés l'un de l'autre par leurs différentes inflexions, de manière à produire après leur séparation, les trois franges colorées qui ont été observées ; mais de quelle manière sont-ils pliés pour former ces franges-là ?

IIIe. Les rayons de lumière, passant près des extrémités des corps, ne sont-ils pas pliés plusieurs fois en divers sens par un mouvement pareil à celui d'une anguille ? Et les trois franges colorées ne sont-elles pas produites par trois inflexions de cette espèce.

IVe. Les rayons de lumière, qui tombant sur les corps sont

réfléchis ou rompus, ne commencent-ils pas à se plier avant que de parvenir jusqu'aux corps? Et ne sont-il pas réfléchis, rompus et pliés par un seul et même principe qui agit différemment en différentes circonstances.

Maraldi s'occupa aussi de l'inflexion (*Mémoires de l'Académie*, 1723), surtout de l'Isle, en 1717, (*Mémoires imprimés à Pétersbourg*, en 1738). Mairan et ensuite Dutour ont présumé que la diffraction étoit une espèce de réfraction; les recherches et les expériences que Dutour a faites à cet égard, semblent confirmer ce sentiment, et il en a déduit une théorie qui n'exige que des suppositions simples et les lois connues de l'optique.

Une observation dûe au hasard, lui apprit que les iris ou suites de couleurs prismatiques qui bordent les côtés de l'ombre d'un cheveu, ou d'un fil de métal, exposés à un rayon de lumière dans une chambre obscure, et qui ne s'y étoient encore montrés qu'au nombre de trois de chaque côté dont les dernières sont même peu sensible, pouvoient être prodigieusement multipliées, et de façon à devenir presque toutes très-distinctes. Il dressa un petit appareil qui lui procura une idée plus précise de ce nouveau phénomène. Il reconnut par un grand nombre d'expériences que ces rayons dans ces circonstances sont tous et réfractés et réfléchis; il crut n'avoir pas besoin pour rendre raison de leurs inflexions et de leur décomposition, de recourir à d'autres causes que celles qui ont lieu pour les couleurs prismatiques. J'adopte, dit-il, le sentiment de Mairan qui suppose des atmosphères aux corps qui infléchissent la lumière; propriété qui, probablement est générale; et je suppose que ces atmosphères ont une vertu réfractive inférieure à celle de l'air, c'est-à-dire telle qu'un rayon de lumière qui passera de l'air dans une de ces atmosphères se réfractera en s'écartant de la perpendiculaire, et réciproquement que celui qui, au sortir de cette atmosphère, entrera dans l'air, se réfractera en s'approchant de la perpendiculaire.

J'ai supposé cette atmosphère enveloper l'épingle; et elle m'a paru se manifester de la façon la plus sensible; sa projection est comme tracée par les rayons de lumière, qui la traversent sur le plan qu'on leur oppose, car le concours des diverses circonstances des expériences me paroît indiquer assez clairement qu'on doit prendre pour cette projection les deux lisières lumineuses qui bordent l'ombre d'une épingle, et je présume qu'elle ne sera pas méconnue par ceux qui voudront se donner la peine de les examiner, et de répéter les expériences. (*Mém. présentés*, &c. tome V.)

Dutour, dans un second mémoire (tome VI), ajoute de nouvelles

nouvelles expériences pour établir son système. Un préjugé bien favorable, dit-il, pour l'hypothèse que j'applique aux phénomènes de la diffraction de la lumière, c'est qu'elle n'exige qu'une unique supposition, savoir celle des atmosphères autour des corps diffringens, que je ne les admets que d'après des physiciens du premier ordre, et que si j'ai fait quelque changement à cet égard, il ne consiste qu'à les simplifier. D'ailleurs leur existence est tellement indiquée par d'autres faits que ceux dont il est question ici, que des physiciens qui, pour expliquer ceux-ci, ont eu recours à d'autres causes, ne l'en ont pas moins reconnue : ne peut-on pas dire même que ces atmosphères deviennent aussi sensibles à l'œil dans les lisières lumineuses, que l'ombre d'une aiguille exposée à un rayon de lumière, ou qu'elles s'y manifestent du moins tout autant que les tourbillons du fluide magnétique dans l'arrangement de la limaille de fer, et les écoulemens électriques dans les attractions et répulsions des corps légers.

Il ne restoit donc qu'à examiner si les conséquences qui dérivent de cette supposition et des propriétés reconnues à la lumière, de se plier et de se décomposer lorsqu'elle passe obliquement d'un milieu dans un autre de différente densité, se prêtent à l'explication de toutes les apparences opérées par la diffraction : c'est du moins ce qui pouvoit résulter de la discussion contenue dans les deux mémoires, et qui établissent l'identité de la cause qui les produit avec celle qui produit ceux de la réfraction. Cette cause si simple n'en est pas moins féconde dans ses effets, et on en peut juger par la multiplicité et la variété des apparences décrites dans ces deux mémoires, les iris, les pénombres, les traces de lumière que Newton comparoit à des queues de comètes, les lisières lumineuses adossées à l'ombre du corps diffringent, la bande violette qui la coupe dans son milieu, les bandes bleues qui en lisèrent les bords, les franges orangées dont l'image solaire et les bandes blanches sont bordées. C'est dans un simple fil de métal, fort menu, que consiste tout l'appareil nécessaire pour opérer ces inflexions de la lumière si diversement combinées. Il se trouve que le moindre atôme a une atmosphère qui est comparable à celle qui enveloppe le globe que nous habitons, plie la lumière et la décompose : et seroit-on en droit même d'en restreindre les influences à ces seuls effets? On sait combien de phénomènes de toute autre espèce ont conduits les physiciens à recourir pour les expliquer à l'existence de ces atmosphères particulières.

Le Cat dans son *Traité des Sens*, 1745, expliquoit par l'inflexion une illusion qu'il avoit observée, et des expériences qu'il avoit faites sur la vision, et dont nous parlerons dans l'article XIV.

XII.

Photométrie ou *Mesure de lumière ; différentes chaleurs des rayons.*

On n'avoit considéré la lumière que relativement à sa direction et à sa faculté d'exciter dans nos organes la perception des objets. On n'avoit fait jusqu'à ces derniers temps aucune tentative pour calculer son intensité, dont le degré plus ou moins grand est cependant la source et la cause de plusieurs phénomènes physiques. Les recherches qu'on a faites sur ce sujet depuis le commencement du 18e siècle ont donné naissance à une nouvelle partie de l'optique, à laquelle nous donnerons avec Lambert le nom de *photométrie*, et qui n'est pas une des moins intéressantes. Nous allons en développer les principes, avec les faits les plus curieux qui en découlent.

Le premier qui ait eu l'idée de mesurer la lumière est un Capucin, le P. François Marie, qui publia en 1700 un petit écrit intitulé : *Nouvelle découverte sur la lumière, pour en mesurer et compter les degrés*, (Paris, *in*-8°.). Ce bon religieux qui ne parle, au surplus, qu'avec une extrême modestie de ses idées, propose dans cet ouvrage, qu'il appelle *Lucimètre*, deux moyens de mesurer la lumière, l'une par l'interposition d'un nombre de verres plans et transparens, propres à intercepter enfin toute la lumière ; l'autre, par le moyen d'une quantité d'eau propre à produire le même effet ; ou même au moyen de réflexions répétées sur des surfaces polies, en assez grand nombre pour affoiblir la lumière par des gradations connues. Mais le P. François Marie se trompe dans le calcul qu'il établit sur ce moyen ; car il suppose que ce décroissement de lumière est proportionnel au nombre des plans transparens interposés, ou à l'épaisseur de la masse d'eau traversée par la lumière, ou au nombre des plans réfléchissans qui l'éteignent, mais ce décroissement suit une autre loi ; car en supposant, par exemple, qu'un verre plan d'une épaisseur déterminée absorbe ou réfléchisse $\frac{1}{10}$ de la lumière qui y tombe, le second verre capable du même effet, n'éteindra que $\frac{1}{10}$ de celle qui lui arrivera, ou $\frac{1}{10}$ des $\frac{9}{10}$ de la lumière primitive, en tout $\frac{9}{100}$ et non $\frac{10}{100}$: il en est de même d'une seconde lame ou épaisseur d'eau à l'égard de la première, ou d'une seconde réflexion, eu égard à celle qui la précède. Ainsi l'affoiblissement de la lumière n'est pas directement proportionnel aux lames interposées ou au nombre des réflexions, ou à l'épaisseur du fluide qui absorbe la lumière.

Cette méprise dans le raisonnement du P. Marie, n'échappa pas à Bouguer qui, vers l'an 1729, entreprit de soumettre cette matière au calcul. Plus géomètre que le religieux, il vit que la ligne qui mesuroit l'affoiblissement de la lumière n'étoit pas une ligne droite, mais une logarithmique, et il établit sur cela de nouveaux calculs qui donnèrent lieu au petit ouvrage qu'il publia en 1729 sous le titre d'*Essai d'optique sur la gradation de la lumière*, (*in*-12), ouvrage rempli d'une géométrie savante, et qui présente un grand nombre de conséquences et de vérités intéressantes sur cette matière. Mais cet ouvrage n'est pour ainsi dire que le germe d'un beaucoup plus considérable, publié après la mort de Bouguer, d'après ses manuscrits et par les soins de la Caille. Bouguer, en effet, dans les intervalles que lui laissèrent des occupations multipliées, tant pour la perfection de la marine, que pour la mesure de la terre exécutée au Pérou, ne cessa de travailler sur le même objet, et de ses méditations et expériences ultérieures, est né un ouvrage considérable qu'il se proposoit de publier dans les dernières années de sa vie. Mais frappé de la maladie à laquelle il succomba en 1758, il n'eut pas le temps de le mettre au jour. Heureusement ses manuscrits, à quelques lacunes près, étoient absolument en ordre, ensorte que la Caille, auquel il en avoit recommandé l'édition, put remplir ses vues; ce qu'il fit en 1760. Cet ouvrage intitulé : *Traité d'Optique sur la gradation de la lumière*, *in*-4°., n'est pas un de ceux qui font le moins d'honneur à ce grand géomètre et physicien.

Nous remarquons d'abord avec Bouguer, qu'il seroit absurde de chercher à déterminer l'intensité absolue d'une lumière; il ne peut être question dans toutes les recherches sur la gradation de la lumière, que de la comparer à une donnée, à celle du soleil, par exemple, quoiqu'on ne connoisse point son intensité absolue, ou de déterminer quelle est le rapport d'une lumière affoiblie, soit par sa transmission à travers un milieu quelconque et d'une certaine épaisseur, soit par sa réflexion sur des corps polis ou mats, avec la lumière primitive qui seroit arrivée immédiatement à nos yeux.

Il employa plusieurs moyens pour soumettre au calcul les intensités des lumières différentes. Mais une des principales et celle qu'il employe le plus souvent, est fondée sur les principes suivans.

Tout le monde sait qu'un flambeau étant placé à une distance double d'une surface, la lumière dont il l'éclaire n'est que le quart de celle qu'il jette sur cette surface à une distance simple, tout étant d'ailleurs égal et semblable, comme l'inclinaison des rayons ; et qu'en général les intensités des lumières sont dans ce cas en raison inverse des quarrés des distances.

Telle est la première base des recherches de Bouguer ; il en est une autre qui ne lui est pas moins nécessaire, et qui gît dans un fait qu'il établit par l'observation ; savoir, que si deux lumières sont exposées à l'œil de la manière convenable, c'est-à-dire, contiguës à-peu-près l'une à l'autre, et l'œil les saisissant d'un même coup, il peut être affecté de leur différence, ne fût-elle que d'un 30ᵉ ou même d'un 40ᵉ : ainsi lorsqu'un œil exercé et appliqué convenablement, jugera deux lumières égales ; on peut être assuré que l'erreur possible n'excédera pas cette incertitude, et que les conséquences tirées de cette observation seront à un 30ᵉ ou 40ᵉ d'erreur, ce qui, dans une matière semblable, doit être réputé de nulle considérations. Car il n'en est pas des déterminations physiques comme des géométriques, il faut dans les premières allouer quelque chose à l'erreur inévitable des sens.

Ces deux principes étant admis, nous allons montrer, par quelques exemples, comment on peut résoudre un grand nombre de problêmes de cette nouvelle branche de l'optique.

Supposons, par exemple, que l'on veuille déterminer le rapport d'intensité entre deux corps lumineux, comme seroit un gros flambeau et une chandelle ou une bougie. Nous préparerons deux cartons ou tablettes percées chacune d'un trou quarré ou rond de même dimension, et recouvert d'un papier mince et égal, en forme de transparent, ces deux tablettes étant placées perpendiculairement sur une table à côté l'une de l'autre, nous ferons ensorte qu'elles soient éclairées sous le même angle, l'une par le flambeau, l'autre par la bougie, en interceptant toute confusion de lumière, et écartant toute lumière étrangère : l'œil étant ensuite placé derrière ces tablettes, à égale distance de l'une et de l'autre, et de manière à voir les deux transparens éclairés d'un seul coup-d'œil, on reculera le flambeau jusqu'à ce que les deux transparens paroissent également lumineux. On mesurera les distances respectives du flambeau et de la bougie à leur transparent. Que la première soit, par exemple, de 20 pieds et l'autre de 6, on en conclura que la lumière du flambeau est à celle de la bougie, comme 400 est à 36, ou comme 100 est à 9. On parviendroit peut-être à une détermination plus précise si l'on déterminoit les deux distances du flambeau, celle où son éclat sur le transparent commenceroit à excéder tant soit peu sensiblement au jugement de l'œil l'éclat de la bougie, et celle où il commenceroit à être jugé tant soit peu moindre : car la distance moyenne donneroit celle où les deux éclats seroient précisément égaux.

Qu'il soit maintenant question de déterminer combien la réflexion faite par un miroir plan absorbe de la lumière d'un objet ou du corps lumineux qu'il éclaire. Soit ce miroir en P (*fig.* 22) et l'objet, que nous supposons un carton éclairé en Q ; que l'œil placé en O rapporte R, mais dont l'image est moins vive que l'objet. Soit placé en S un carton semblable en tout au carton Q, parallèlement à ce dernier, et ensorte que l'œil O puisse appercevoir en même temps l'image R et l'objet S. Dans la ligne enfin SQ qui joint les centres de S et Q, soit placée une bougie de telle sorte, que n'étant point apperçue de l'œil O, les images R et S paroissent absolument égales en éclat. Il faudra que le point T soit plus voisin de Q que de S, pour compenser la perte de lumière faite par la réflexion en P. Que TQ soit par exemple à TS comme 4 à 5 ; on en concluera par les raisons ci-dessus, que l'objet Q est plus éclairé que S dans le rapport de 25 à 16 ; et puisque S et Q paroissent également éclairés, il s'ensuit que sous l'angle d'incidence QPV, la réflexion a absorbé les $\frac{9}{16}$ de la lumière tombée sur le miroir P.

On pourra de la même manière trouver combien une surface d'une certaine nature, par exemple, un miroir d'acier ou de métal composé absorbe plus ou moins de rayons qu'un miroir de verre ; et ce qui paroîtra assez extraordinaire, c'est que le miroir de métal le mieux poli renvoye moins de rayons que le verre. On déterminera de même quelle perte de rayons se fait au travers d'une épaisseur donnée d'eau, de verre, &c. Bouguer donne des tables de ces différentes déperditions de lumière occasionnées par les différentes inclinaisons des rayons incidens sur les surfaces de l'eau, du mercure, du verre. Nous pourrions en extraire des remarques intéressantes, mais nous nous hâtons d'arriver à quelques déterminations singulières que nous présente cet ouvrage.

Telle est celle du rapport de la lumière de la lune avec celle du soleil que M. Bouguer trouva, en prenant un milieu entre diverses observations, être de 1 à 300000 environ. Pour y parvenir, il introduisit dans la chambre obscure par un trou d'une ligne de diamètre un rayon du soleil, alors élevé de 31° sur l'horizon. Mais il s'agissoit de comparer cette lumière à celle d'une bougie placée à une distance déterminée, ce qui n'étoit pas sans quelque difficulté, vu le grand éclat de la lumière. Il affoiblit cette lumière trop vive en la faisant passer à travers un verre concave, qui la dispersant comme si elle venoit d'un point déterminé, savoir son foyer virtuel, permit d'en calculer l'intensité. Il trouva de cette manière que la lumière du soleil introduite comme on a dit, et passant à travers un verre concave, étoit dilatée dans un espace de 108 lignes de diamètre ou affoiblie 11664 fois, et dans cet état elle équivaloit à celle d'une bougie éloignée de 16 pouces.

Il attendit ensuite que la lune alors pleine fût montée sur l'horizon de 31°, et il reçut sa lumière de la même manière et sur le même verre, et il trouva que dilatée dans un espace de 8 lignes seulement de diamètre ou affoiblie 64 fois, elle n'équivaloit qu'à la lumière de la même bougie éloignée de 50 pieds. Ainsi la lumière du soleil affoiblie 11664 fois, étoit encore 443 fois plus forte que celle de la lune affoiblie seulement 64 fois, ce qui donne le rapport de l'une à l'autre de 1 à 268000 à-peu-près. D'autres observations lui donnoient un rapport qui excède celui de 1 à 300000, et en prenant un milieu, il trouve que ce rapport est le plus approchant de la vérité.

Remarquons cependant ici que par d'autres considérations, M. Bouguer établit que si la lune avoit partout le même éclat que dans ses parties les plus claires, sa lumière seroit à celle du soleil environ comme de 1 à 90000. Mais on sait qu'elle est couverte de taches plus brunes, et même quelques-unes comme celle de Grimaldi, d'un brun fort obscur. C'est-là sans doute la raison par laquelle la lumière totale de la lune n'est guère que le tiers de celle des parties les plus blanches.

Ce rapport de la lumière de la lune à celle du soleil, a occupé quelques autres physiciens géomètres, M. Smith, entr'autres, l'auteur du grand *Traité d'optique*.

Lahire trouva que les rayons de la lune rassemblés par un miroir ne produisoient aucune chaleur. (*Mém.* 1705). Michell en conclut, que la lune ne réfléchit que la 7e partie de la lumière qu'elle reçoit. *Phil. Trans.* 1763.

Une autre détermination bien intéressante donnée par Bouguer, est celle du rapport de la lumière du soleil à différentes hauteurs sur l'horizon, détermination donnée par Mairan, pour calculer le degré de chaleur de cet astre dans les différentes saisons de l'année : car il n'échappa pas à cet habile physicien ce qui semble avoir échappé même à Halley, que pour déterminer ce degré de chaleur, il ne falloit pas se borner à la déduire de l'obliquité avec laquelle dans les différens temps ses rayons tombent sur la terre. Mais il vit bien qu'il y entroit une nouvelle cause d'affoiblissement dans les moindres hauteurs ; savoir la diminution d'intensité dans la lumière même du soleil, causée par son trajet à travers une plus grande étendue de l'atmosphère, que quand l'astre est plus élevé. Mais il s'en tenoit à proposer cette détermination aux physiciens, et ce fut en partie ce problême qui engagea Bouguer, dans ses *Recherches sur la gradation de la lumière* ; il étoit alors au Croisic, où il remplissoit la chaire de professeur d'Hydrographie, occupée ci-devant par son père ; il mesura, d'après les procédés indiqués ci-dessus, l'intensité de la lumière du soleil au tropique d'hiver ou à la hauteur de 19° 16′, et ensuite celle de cet astre élevé à la hauteur du tropique d'été ou de 66° 11′, et il trouva que ces intensités étoient dans le rapport de 1681 à 2500, c'est-à-dire, qu'au tropique d'hiver sa chaleur directe n'est qu'environ les $\frac{2}{3}$ de ce qu'elle est au tropique d'été. Il calcule ensuite d'après sa théorie sur la dilatation de l'athmosphère, que supposant toute la masse de l'air qui compose l'atmosphère, réduite à une densité uniforme et semblable à celle qui a lieu sur la surface de la terre, ce rayon solaire, dans la première des hauteurs ci-dessus, auroit eu 11744 toises de chemin à parcourir dans l'atmosphère, et à la seconde seulement 4275, ensorte que cet affoiblissement de la lumière est dû uniquement à 7469 toises qu'elle parcourt de plus dans le premier cas que dans le second. D'après les principes de cette théorie, Bouguer fait voir encore que dans le cas où le soleil nous darderoit ses rayons perpendiculairement, l'intensité de sa chaleur seroit encore diminuée d'une partie très-considérable.

Ce que nous venons de dire concernant l'affoiblissement de la lumière du soleil et des astres en traversant l'atmosphère, tient à une partie de la *Photométrie*, qui donne matière à quantité de spéculations mathématiques et physiques ; c'est celle qui a pour a pour objet la dégradation successive de la lumière, en traversant des milieux diaphanes, soit de différentes profondeurs, soit de différentes natures.

C'est la courbe logarithmique, et non pas une ligne droite, comme l'avoit supposé le P. François Marie, dont les ordonnées doivent servir à mesurer l'intensité décroissante de la lumière à mesure qu'elle traverse une plus grande épaisseur du milieu transparent. Nous l'avons fait remarquer au commencement de cet article, en faisant voir l'erreur du religieux. On reconnoîtra facilement que si AO, (*fig.* 23.) représente la profondeur d'un milieu transparent qui reçoit du côté de A, et parallèlement à AO un rayon de lumière ; qu'on divise cette ligne en parties égales AB, BC, CD, &c. ; qu'enfin l'intensité de la lumière en A, soit représentée par Aa en B, par Bb, en C par Cc, &c. ; les déperditions de lumière qui se feront à chacune de ces distances égales seront représentées par les différences de ces ordonnées Aa, Bb, et elles seront en proportion géométrique décroissante, comme les ordonnées elles-mêmes ; car si l'épaisseur AB occasionne une perte de lumière de $\frac{1}{100}$ du total, l'épaisseur BC occasionnera la perte d'un 100e. du restant, et l'épaisseur CB affoiblira aussi la lumière restante d'un 100e ; ainsi les pertes successives seront proportionnelles aux quantités de lumière restantes, c'est-à-dire que *am*, *bn*, *cp*, &c., seront proportionnelles aux ordonnées même A*a*, B*b*, C*c*, &c., ce qui est une propriété de la logarithmique.

Ainsi 1°. la logarithmique ayant son axe pour asymptote, on peut dire que, mathématiquement parlant, la lumière ne sera jamais réduite à zéro, quelque profondeur qu'elle traverse. Ce zéro de lumière n'est que relatif à nos sens.

2°. Connoissant par expérience quelle partie d'un rayon de lumière est interceptée par une épaisseur donnée, par exemple, d'un pied, d'un milieu transparent donné, comme l'eau de mer, on pourra trouver par un calcul facile quelle partie en sera absorbée par 10 pieds, 100 pieds, &c.; car dans la logarithmique les abscisses sont comme les logarithmes des ordonnées.

3°. On pourra par un procédé inverse, étant donné, l'affoiblissement causé par une certaine épaisseur, trouver qu'elle autre épaisseur sera nécessaire pour produire un affoiblissement proposé. Bouguer a trouvé qu'à 600 pieds de profondeur la lumière du soleil étoit tellement réduite que s'il n'y règne pas des ténèbres absolues, ce sont au moins des ténèbres pour tout être vivant.

4°. Cette logarithmique est différente pour chaque milieu transparent; car si par exemple, pour l'eau de mer la partie *am* dont la lumière est affoiblie en traversant l'espace AB que nous supposons ici indéfiniment petit, est $\frac{1}{100}$ de AB, et que dans un autre milieu comme l'air, cet affoiblissement n'est que d'un 1000e, il est clair pour quiconque connoît les propriétés de la logarithmique qu'il en résultera des courbes différentes pour la mesure de la dégradation respective de la lumière.

5°. Les transparences respectives de différens milieux pourront être mesurées par les soutangentes de ces logarithmiques. Ainsi les quantités de lumière perdue en pénétrant dans deux différens milieux à une profondeur infiniment petite, c'est-à-dire les transparences respectives de ces milieux seront proportionnelles à ces soutangentes. Bouguer, par ses calculs, a trouvé que la soutangente de la logarithmique qui représente la transparence de l'air pur, est 40000 fois plus grande que celle qui convient à l'eau de mer. Ainsi l'on peut dire que l'air pur est 40000 fois plus transparent que l'eau de mer.

6°. Comme enfin la logarithmique représente par ses abscisses et ses ordonnées correspondantes, les logarithmes et les nombres auxquels ils appartiennent, on pourra, par de simples tables de logarithmes soumettre au calcul tous les problêmes qu'on peut proposer sur cette matière.

Il examine aussi le degré d'éclat des surfaces brutes, mattes ou non polies; selon les divers degrés d'inclinaison de l'œil qui les considère.

Des

Des surfaces de cette nature peuvent être regardées comme composées d'une multitude de petites surfaces polies, sphériques, ou polyédriques, &c. qui réfléchissent la lumière de tous les côtés, et l'on parviendroit à déterminer l'éclat de la surface qu'elles recouvrent, si l'on connoissoit le nombre et la nature de ces aspérités. Bouguer fait voir par exemple, que si l'on avoit une surface recouverte de demi-sphérules parfaitement polies, elle présenteroit de quelque côté qu'on la considérât, le même éclat. Mais cela n'ayant lieu à l'égard d'aucune surface matte, il s'ensuit que ce n'est pas là le cas de la nature.

Les expériences de Bouguer lui ont appris que sur la plupart des corps de cette nature le nombre des facettes imperceptibles qui réfléchissent la lumière perpendiculairement est plus grand que le nombre de celles qui la renvoyent obliquement; et en effet cela suit de cette observation journalière que des corps de cette nature paroissent plus éclatans lorsqu'on les regarde perpendiculairement que lorsqu'on les considère obliquement; mais il s'agissoit de mesurer ce degré d'éclat sous les différentes inclinaisons.

Pour y parvenir, Bouguer employe une sorte d'interpolation géométrique, je veux dire qu'ayant déterminé par expérience et d'après les moyens indiqués plus haut, le degré d'éclat d'une surface quelconque, par exemple, un papier bien blanc, sous différentes obliquités comme de o degré, 30, 60 90°. Il représente les degrés d'éclat observés sous ces angles par des lignes telles que AB, AC, AD (*fig.* 24), faisant les mêmes angles avec la surface, et joignant les extrémités de cet lignes, il en résulte une courbe qu'on pourroit nommer la numératrice des petites facettes qui réfléchissent la lumière dans le sens de AB, AC, AD, &c. C'est le plus souvent une espèce d'ovale un peu plus aigû vers le point A, et dont le plus grand rayon est le perpendiculaire. Mais si un corps étoit tel, que vu sous l'angle de 45° il parût avoir le plus grand éclat, la courbe auroit la forme indiquée par la *fig.* 25, ou AC inclinée de 45° est la plus grande; mais ce cas paroît-être de pure spéculation.

On pourra donc déterminer par une sorte d'approximation l'équation d'une pareille courbe, qui donneroit sous une inclinaison quelconque à bien peu de chose près l'éclat de la surface pour laquelle cette courbe seroit construite, et Bouguer donne un essai de ce moyen. Mais ici une simple opération graphique est plus simple et suffisamment exacte, et conséquemment préférable.

C'est ainsi que Bouguer a examiné les éclats respectifs d'une lame d'argent mat, du plâtre, de papiers de différentes espèces, sous les différentes inclinaisons soit du corps éclairant soit de l'œil, et il en a déduit la solution de divers problêmes, celui-ci par exemple : étant donnée la position de l'œil, trouver celle du corps lumineux pour que l'éclat d'une surface déterminée soit ou le plus grand possible ou d'un degré déterminé. Appliquant ensuite ces spéculations à la question intéressante de l'illumination des corps célestes et surtout de la lune, il en déduit des conséquences curieuses, et en particulier celle que si les parties brunes des taches de la lune étoient des lacs ou des mers comme on l'a pensé, il en résulteroit que dans le voisinage des conjonctions elle nous éclaireroit deux fois autant que vers l'opposition.

Nous avons donné dans le réçit qu'on vient de voir le premier pas aux recherches et aux découvertes de Bouguer comme étant le premier qui soit entré avec succès dans cette carrière. Nous ne devons cependant pas omettre celles de deux géomètres célèbres qui, dans le même temps s'occupoient aussi de cet objet. L'un est Euler dont on a dans les *Mémoires de Berlin*, année 1750, un mémoire savant intitulé : *Réflexions sur les différens degrés de lumière du soleil, et des autres corps célestes.* Après avoir démontré quelques théorêmes géométriques sur l'illumination des corps sphériques, et en particulier celui-ci, que l'éclat d'un corps sphérique est en raison directe du produit de l'intensité de sa lumière, par le quarré du sinus de son diamètre apparent, divisé par le carré de la distance, il soumet au calcul, d'après des conjectures vraisemblables sur la contexture, la grandeur et l'éloignement des divers corps célestes, les éclats respectifs du soleil, de la lune, des planètes, et même des étoiles fixes. Ainsi il trouve la lumière de la lune pleine environ la 374000 partie de celle du soleil ; celle de Saturne dans son opposition 1000000 fois plus foible que celle de la lune, celle de Jupiter en opposition 46000 fois moindre que celle de la lune ou environ 22 fois égale à celle de Saturne. Celle de Mars, toutes choses égales quant à la contexture, devroit être 20000 fois environ celle de la lune ou double, à-peu-près, de celle de Jupiter ; si le contraire a lieu, on doit, selon Euler, l'attribuer à la nature de la surface de cette planète. Venus, selon les mêmes calculs a, dans ses plus grandes digressions, un éclat qui est la 4200e partie de celui de lune, mais dans la position où elle a son plus grand éclat, ce qui n'est pas dans les plus grandes élongations, il est à celui de la lune environ comme 3000 à 1. Quant aux étoiles fixes, celles de la première grandeur, par exemple, elles se refusent à cet égard à toute espèce de calcul ; parce qu'on ne connoît point leur diamètre apparent qui n'est sensible au moyen d'aucun instrument. Leur supposer seulement un éclat de 15000000 fois moindre que celui du soleil, cela seroit excessif, puisque 50 étoiles de la première grandeur égaleroient en éclat la pleine lune, ce qui ne sauroit être. Par quelques considérations combinées Euler trouve seulement que si l'on supposoit à une étoile fixe, une masse et une intensité de lumière égales à celles du soleil, en lui supposant en outre un éclat égal à Jupiter, on en pourroit conclure qu'elle seroit 131000 fois plus éloignée de la terre que le soleil, et que sa parallaxe annuelle seroit de 3″. Mais nous ne nous arrêterons pas davantage à ces déterminations, parce qu'elles dépendent de données tout-à-fait conjecturales.

Le second des géomètres dont j'ai parlé plus haut est Lambert qui s'occupoit aussi du même sujet ; il annonçoit ses travaux à cet égard dès l'année 1758, dans son ouvrage *Des propriétés remarquables de la route de la lumière dans les airs.* Et il remplit ses engagemens avec le public en 1760, par sa *Photométrie.* Il n'est aucune partie de cet ouvrage qui ne fasse honneur à la profonde sagacité de son auteur. Il y a plusieurs objets de recherches qui avoient échappé à Bouguer ou qu'il n'avoit traités que légèrement et comme en passant. Lambert les traite fort au long.

Priestley n'avoit pu se procurer la *Photométrie* de Lambert, et il se promettoit d'en donner l'extrait dans une seconde édition de son ouvrage, ou dans les supplémens, mais il n'a donné ni l'un ni l'autre ; nous allons y suppléer en donnant une idée de cet excellent ouvrage dont voici le titre : J. H. Lambert, *Photometria sive de mensura et gradibus luminis colorum et umbrae*, *Augustae vindelic*, 1760. 560 pages *in*-8°.

L'optique dont nous avons parlé jusqu'ici a été d'un secours infini pour corriger les défauts de la vue, pour rectifier les jugemens des yeux, pour démêler la vérité, pour nous faire connoître les mondes que la nature sembloit avoir voulu nous cacher en les éloignant au-delà de la portée de notre vue, ou en les rendant imperceptibles par leur petitesse, mais dit Lambert, la connoissance de la lumière elle-même n'en a pas été fort perfectionnée. Le photométrie y contribue d'avantage. Pour avoir une théorie de la lumière, il ne suffit pas de savoir qu'elle se réfléchit et se brise suivant une certaine loi ; mais il importera d'en pouvoir déduire la quantité de l'une et de l'autre d'après les expériences.

Bouguer en a donné un très-bel essai sur la gradation de la lumière ; il a considéré son passage par plusieurs verres, par l'eau, par l'atmosphère. Il en a cherché l'affoiblissement, il s'en est servi pour la célèbre expérience sur la comparaison de la clarté du soleil et de la pleine lune. Euler a encore donné une dissertation sur les différens degrés de la lumière des astres. Et on trouve dans plusieurs livres d'optique des recherches qui ont du rapport à la photométrie et en particulier dans celles de Smith et de Kæstner.

Tous ces essais sont des parties détachées d'un tout, dont il paroît qu'on est encore fort éloigné. Aussi n'en doit-on pas être surpris; rien de plus difficile que la mesure de la lumière lorsqu'on veut la suivre dans toutes ses modifications et dans tous les phénomènes qu'elle nous offre. Si les principes pour trouver les routes de la lumière sont aisés et simples, si les bords de l'ombre ou des rayons atténués qui entrent dans une chambre obscure, les marquent visiblement, il s'en faut de beaucoup que ceux dont on a besoin pour la photométrie le soient aussi. Il arrive rarement ou jamais qu'on les voie seuls; il faut beaucoup d'expériences pour les dégager des circonstances accidentelles dans lesquelles ils sont toujours enveloppés.

Cette science nous manquant donc presqu'entièrement et étant d'ailleurs fort curieuse, Lambert s'est proposé d'en donner un essai, lequel, sans être complet ne laisse pas d'être assez détaillé.

On y trouve la suite d'expériences qu'il lui a fallu faire pour déterminer la quantité de la lumière réfléchie et brisée sur la surface extérieure et intérieure du verre sous chaque obliquité d'incidence. Une lentille ordinaire affoiblit la lumière de $\frac{1}{6}$ ou $\frac{1}{7}$ (page 287). Un miroir de verre qui réfléchit sous un angle d'incidence de 60° avec le plan fait perdre un tiers (p. 320). Par tout il applique un calcul que les expériences ne démentent point. On sait que c'est ce qui restoit de plus inexpliquable dans la théorie de la lumière; et on pouvoit croire avec quelque droit, qu'une théorie qui expliqueroit ce phénomène, et qui fourniroit les principes pour les calculs, ne pourroit être qu'extrêmement approchante de la véritable. Il applique ces mêmes expériences à plusieurs verres, et par-là il obtient pour chaque angle d'incidence, ce que Bouguer avoit cherché pour les angles droits. Il traite de la diminution de la lumière qui passe par l'atmosphère sans avoir besoin d'hypothèse physique.

On y trouve la théorie de l'intensité de la lumière directe et la clarté des objets illuminés, comparée à celle de la lumière qui les illumine, la clarté des images dans les foyers d'un verre ardent comparée à celles des objets même par théorie et par expérience, en faisant entrer dans le calcul la quantité de lumière que les surfaces du verre réfléchissent, ainsi que les verres colorés, et tous les autres corps blancs ou colorés. Il calcule l'illumination du système planétaire, et la clarté de la terre, des planètes et de leurs phases vues de la terre, et leur force illuminante. Cette théorie n'est point celle d'Euler; elle part de principes différens et plus détaillés, et répond parfaitement aux expériences de Bouguer, pour la clarté de la lune comparée à celle du soleil; le calcul d'Euler la donna plus petite, et Smith la trouva plus grande par le sien. Lambert donne les différens degrés de l'ombre, ceux du crépuscule et des ténèbres, soit par le calcul, soit par l'expérience. Par tout il donne des théorèmes curieux et inattendus. Il décrit des instrumens pour déterminer le degré de la clarté des couleurs et de leur mélange. Il calcule la clarté des objets autant qu'elle dépend de l'ouverture de la prunelle. Il cherche combien la véritable clarté des objets diffère de celle que l'œil leur attribue, à raison des réfractions de l'œil et de l'ouverture de la prunelle.

Par tout il donne des tables qui sont le résultat des calculs tirés de l'expérience, et cet ouvrage a porté à un degré rare la science de la photométrie.

Mayer s'en étoit aussi occupé. Il nous dit par exemple que la lumière ordinaire du jour est égale à celle de 25 chandelles placées à un pied de l'objet, *Comm. Gotting.*, tome IV.

Il est vrai que Lambert savant physicien et géomètre a du être mis un peu sur la voie par l'ouvrage de Bouguer donné en 1729. Mais il a tellement ajouté, et le plus souvent par des moyens qui lui sont propres, qu'on ne peut refuser de l'associer au créateur de cette partie de l'optique. Nous remarquerons seulement encore ici en passant que Lambert est auteur d'un ouvrage intitulé: *Pyrometria*, ou la mesure du feu et de la chaleur, où il a jeté les lumières qu'il avoit coutume de répandre sur tous les sujets qu'il traitoit. Dans le neuvième volume des *Abhandlungen de l'Académie de Munich*, il y a un mémoire de M. Karsten sur les *Principes de la Photométrie*. Bernoulli, *Suppl.* cinquième cahier. On voit qu'il a depuis écrit un grand ouvrage sur le même objet.

La chaleur des rayons solaires est un objet qui a du rapport avec la Photométrie. Melville avoit examiné par des observations ingénieuses la manière dont les corps sont échauffés par la lumière, ainsi que Nollet, *Mémoires* de 1757.

En 1775, le cit. Rochon fit des expériences sur les divers degrés de chaleur des rayons colorés. Il trouva que la chaleur des rayons violets est à celle des rouges comme 1 est à 8, (*Recueil*, p. 555).

Herschel s'est occupé nouvellement de ces recherches dans les *Transactions* de 1800. Avec un thermomètre très-sensible, exposé aux couleurs prismatiques, il a trouvé que les rayons rouges le font monter de $6\frac{7}{8}$, les verds de $3\frac{1}{4}$ et les violets de 2° seulement: d'où résulte que les rayons rouges font monter le thermomètre $2\frac{1}{4}$ fois plus que les verds et $3\frac{1}{2}$ fois plus que les violets.

La force d'éclairer, pour les différentes couleurs prismatiques, a été comparée par M. Herschel, en examinant attentivement avec un microscope double, un objet non transparent (par exemple un clou). Il a trouvé que les rayons *rouges* n'ont que très-peu de force pour éclairer; viennent après les rayons *orangés* qui en possèdent le plus, après les *jaunes*. Ainsi, les rayons jaunes ont la propriété d'éclairer beaucoup plus que les rouges, c'est entre le jaune le plus brillant et le verd le plus pâle qu'est le maximum.

Les rouges ont la propriété d'échauffer.

Le maximum de la force d'éclairer se trouve dans les rayons du jaune le plus clair et du verd le plus pâle.

Les verds sont égaux aux jaunes; mais depuis les verds foncés, la force d'éclairer diminue très-sensiblement; les rayons bleus sont égaux aux rouges.

Les indigos en ont beaucoup moins que les bleus;

Et les rayons violets encore moins.

Par rapport à la vision distincte, les couleurs sont toutes égales.

M. Herschel dit que les rayons, qui causent la chaleur sont doués d'une différente réfrangibilité; il y a, pour ainsi dire, une affinité chimique des rayons de différentes couleurs avec la chaleur. Les expériences de M. Herschel semblent prouver que les rayons rouges, par exemple, ont la plus grande affinité chimique avec la chaleur; et il n'y a pas besoin de recourir à la réfrangibilité des rayons de la chaleur.

Comme les différentes parties d'un rayon solaire blanc produisent différens degrés de chaleur, que celles, par exemple, qui produisent le plus de lumière, ont très-peu de chaleur, il s'en suit que, dans un verre ardent, le foyer de la lumière est différent du foyer de la chaleur, lequel est plus éloigné de la lentille que le premier; comme M. Herschel l'a reconnu par une expérience, laquelle néanmoins n'est pas assez exacte pour donner la différence de ces deux foyers exactement.

Il y des rayons venant du soleil, moins réfrangibles que ceux qui affectent la vue, qui ont une grande force pour échauffer, mais non pour éclairer; mais il semble que c'est seulement une communication de chaleur.

M. Herschel a tâché de prouver, dans cette suite de ses expériences sur la chaleur et la lumière, que ces deux choses diffèrent l'une de l'autre; en effet il a obtenu de la chaleur sans pouvoir apercevoir de lumière, même après l'avoir condensée par un verre ardent ou par un miroir concave; il a aussi trouvé que la perte de la chaleur et de la lumière que les rayons solaires éprouvent en passant par différens corps diaphanes, est très-variable, par exemple, un verre de couleur rouge-foncée, intercepte presque toute la lumière, mais laisse passer les $\frac{1}{10}$ de la chaleur.

Il a des verres colorés qui donnoient peu de lumière et beaucoup de chaleur, et réciproquement : il pensa à choisir ceux qui donnoient plus de lumière, comme étant plus propres à la vision; il a voulu aussi savoir s'ils étoient plus propres à la vision, il les a trouvés égaux.

Hartley a fait des expériences sur la force des rayons de différentes couleurs. *Observ. on Man.* t. I, Priestley, pag. 763.

XIII.

Fantasmagorie ; miroirs singuliers ; miroirs anciens ; miroirs de Buffon ; photophore ; lampes à cheminée ; panorama ; phloscope ; thermolampe ; polémoscope ; panoscope ; clavecin oculaire ; phosphores ; lumière de la mer.

La fantasmagorie (1) est un spectacle curieux dans lequel on fait paroître des spectres, des fantômes, où l'on imite les apparitions par lesquelles on s'est souvent moqué des ignorans. Patin, dans ses *Relations historiques* (Amsterdam 1695), dit qu'il vit à Nuremberg les spectres de Grundler qui lui causèrent de l'effroi, et le lui firent regarder comme le plus grand magicien.

En 1790, un Flamand nommé Philidor, étonnoit les habitans de Vienne en Autriche par un spectre pareil. Il vint à Paris en 1792, et il y fut très-suivi ; son objet principal étoit de faire voir l'illusion de la secte des Illuminés.

Le cit. Robert (, *ou* Robertson) depuis 1798 a ouvert un spectacle pareil à Paris; il fait voir dans l'obscurisé des spectres qui paroissent très-grands et très-près de vous, et semblent ensuite s'éloigner.

Il semble qu'avec un grand miroir concave et un microscope solaire, ou une lanterne magique peignant les images sur un transparent, on peut produire ces illusions.

La fantasmaparastasie est un autre nom qui exprime la présence ou la représentation des objets : ce nom fut adapté à un spectacle pareil par un nommé Aubée, qui avoit travaillé avec Robertson, et qui s'est établi rue du Bouloy, et Robertson l'a poursuivi en justice comme lui ayant dérobé ses inventions.

On peut faire, avec des miroirs, beaucoup de choses singu-

(1) γωριαω, je me moque.

lières. Le P. Abat, dans ses *Amusemens philosophiques*, (1763) traite surtout fort au long des propriétés des miroirs sphériques de verre; il donnoit à son travail le nom de Catadioptrique sphérique, et c'est une partie nouvelle qu'il vouloit ajouter à l'optique, après la catoptrique et la dioptrique sphérique. Il donne, en premier lieu, une méthode générale pour trouver les foyers, tant absolus que respectifs, dans toutes les espèces de miroirs sphériques de verre. Il démontre ensuite plusieurs propriétés de ces miroirs, parmi lesquelles il y en a qui paroissent d'abord de vrais paradoxes; car il prouve qu'il y a des miroirs sphériques de verre entièrement concaves ou entièrement convexes, qui représentent toujours les objets au naturel sans les grossir ni les diminuer, et qui ont encore les mêmes propriétés que des miroirs plans.

Il s'en trouve d'autres qui, étant entièrement concaves, représentent toujours les objets plus petits qu'ils ne paroissent à la vue simple, et font par conséquent le même effet que les miroirs convexes. Il y en a d'autres qui, étant entièrement convexes, peuvent représenter les objets plus grands qu'on ne les voit à la vue simple, et font par conséquent l'effet des miroirs concaves; il y en aussi qui peuvent représenter les objets renversés sans les grossir ni les diminuer.

Il fait voir qu'il est possible de faire les miroirs sphériques de verre qui représentent toujours les objets au naturel, sans les grossir ni diminuer, dans quelqu'endroit que ce soit que l'œil soit placé, près ou loin du miroir; et que cependant le miroir ait un foyer, dans lequel les rayons du soleil rassemblés produisent une très-grande chaleur. Il y en a dans lesquels on voit toujours les objets éloignés, précisément comme s'ils étoient peints sur la surface même du miroir; et, dans d'autres, celui qui s'y regarde peut voir son visage comme s'il étoit peint sur leur surface.

Il prouve qu'on peut faire des miroirs sphériques de verre entièrement concaves, qui ne peuvent produire du feu ni aucune chaleur sensible étant exposés au soleil, et que d'autres qui sont entièrement convexes, peuvent facilement causer cet effet.

Il trouve qu'il y a des miroirs sphériques de verre qui ne peuvent produire aucune chaleur sensible devant leur surface, lesquels cependant se chauffent eux-mêmes considérablement jusqu'à devenir brûlans, étant exposés aux rayons du soleil.

Suivant lui, il est possible de faire des miroirs sphériques concaves qui, étant exposés au soleil, brûlent précisément dans le centre de leur concavité. Ce problême avoit été résolu et par le P. Marius-Bettinus, et par le P. Gaspard Schott, mais d'une manière difficile et presqu'impraticable: il fait voir qu'en employant les

les miroirs sphériques de verre, la résolution en est très-facile et très-praticable.

Il trouve qu'il y a des propriétés des miroirs et lentilles de verre dont personne n'avoit fait mention. Un seul miroir ou une seule lentille, sans rien changer à leur figure, peuvent brûler en plusieurs endroits différens, et bien distans les uns des autres. Pour cela il prouve, avant tout, par des expériences décisives, que les verres sphériques, non étamés, peuvent allumer du feu, en vertu de la seule réflexion des rayons du soleil faite sur leur surface.

Il montre ensuite qu'on peut faire des miroirs sphériques de verre, qui brûlent par réflexion en deux endroits différens en même-temps; d'où il déduit que tous les miroirs sphériques de verre qui brûlent par réflexion, celui dont les deux surfaces sont concaves et concentriques, est aussi celui qui a le plus de force pour brûler; tout le reste étant égal.

Il prouve aussi qu'on peut faire des lentilles de verre qui, étant exposées au soleil, brûlent en même-temps dans deux endroits différens, dont l'un est devant et l'autre derrière la lentille; qu'il est possible d'en faire d'autres qui brûlent en trois endroits différens en même-temps, dont deux pardevant et le troisième parderrière. Enfin, dans un miroir quelconque donné, il détermine le nombre et le lieu de ces endroits brûlans, leur distance entre eux et celle de chacun au miroir.

Les objets vus au moyen des miroirs et des lentilles sphériques, paroissent tantôt devant, tantôt derrière ces miroirs ou lentilles. Le P. Abat détermine les cas dans lesquels ils sont vus devant et ceux dans lesquels ils sont vus derrière.

Lorsque les objets sont vus devant un miroir concave, ou devant une lentille convexe, ils présentent souvent des spectacles très-amusans et très-curieux; il en détaille quelques-uns; et il promettoit la description de plusieurs nouvelles curiosités d'optique dont ces phénomènes sont le fondement.

Selon les différentes distances auxquelles l'œil est placé, par rapport à l'objet et à l'image, la vision est distincte ou confuse: il marque ces différentes distances dans lesquelles on ne les voit que confusément, soit qu'on les voie devant, soit qu'on les voie derrière le miroir ou la lentille.

Quoique le spectateur, l'objet et le miroir, ou la lentille, reste dans la même situation, et à la même distance les uns des autres, il arrive cependant que l'objet est vu différemment, et qu'on le voit, tantôt devant, tantôt derrière; il remarque quelques circonstances dans lesquelles ces changemens arrivent, et il détermine en même-temps la manière la plus propre pour réussir presque toujours à voir les objets devant les miroirs concaves, ou devant les lentilles convexes, comme s'ils étoient suspendus en l'air, entre le spectateur, et le miroir ou la lentille : ce qui est absolument nécessaire d'observer, lorsqu'on veut mettre en pratique quelques machines curieuses qui en dépendent.

Les objets étant placés à différentes distances des miroirs ou des lentilles, forment des images, tantôt plus grandes, tantôt plus petites; elles sont à une petite distance, ensuite à une plus grande. Ces mêmes images sont tantôt dumême côté que l'objet et tantôt du côté opposé; il entre dans le détail de tous ces cas, et de plusieurs circonstances remarquables qui se rencontrent dans quelques-uns.

L'on peut considérer les objets comme des points, comme des lignes, comme des surfaces, ou comme des solides. En les considérant comme des lignes, il y découvre des propriétés particulières.

En les regardant comme des surfaces, on ne les avoit guères considérés que comme des plans présentés aux miroirs, ou aux lentilles, perpendiculairement à l'axe. Le P. Abat considère ces mêmes plans comme parallèles à l'axe, ou comme faisant un angle avec l'axe, et il y découvre des propriétés singulières; il fait voir de quelle manière ces objets, ainsi présentés aux miroirs ou lentilles sphériques, se transforment en d'autres plans et en d'autres figures dans les images. Ceci est encore le fondement d'un grand nombre d'inventions curieuses et agréables dont il vouloit donner la description. Il trouve encore de nouvelles propriétés dans les miroirs et dans les lentilles sphériques, en considérant les objets qu'on leur présente, non pas comme des surfaces, mais comme des solides; ils se transforment aussi d'une manière admirable en d'autres solides dans leurs images. Ces transformations phantastiques donnent encore occasion à plusieurs nouvelles inventions très-amusantes, dont l'auteur se proposoit de donner la description; et la fantasmagorie dont nous avons parlé, tient peut-être à cela.

Abat examine aussi les images des objets présentés aux miroirs ou aux lentilles sphériques, lorsqu'ils sont en mouvement : tant que l'objet reste immobile, l'image l'est aussi; mais pour peu que l'objet se meuve, l'image se met aussitôt en mouvement. Dans les traités d'optique, on considère communément les objets comme immobiles; il est vrai cependant qu'on a dit quelque chose, même de singulier, des objets en mouvement et des images qui leur correspondent; mais il considère les mouvemens des objets et des images d'une manière plus générale et plus étendue, et il y découvre des nouvelles propriétés très-remarquables.

Les objets qui se meuvent devant un miroir ou une lentille, peuvent se mouvoir d'un mouvement uniforme, d'un mouvement accéléré, ou d'un mouvement retardé; il détermine les cas dans lesquels le mouvement de l'objet et celui de son image sont semblables, et dans lesquels ils sont différens, c'est-à-dire, les cas dans lesquels l'un de ces mouvemens étant uniforme, l'autre est accéléré ou retardé, ou dans lesquels l'un étant accéléré, l'autre est retardé ; il détermine dans quels cas la vîtesse de l'un de ces mouvemens est plus grande que celle de l'autre ; et enfin, dans quels cas les espaces parcourus par l'objet sont plus grands ou plus petits que ceux que l'image parcourt en même-temps.

Il considère aussi les lignes et les surfaces sur lesquelles l'objet se meut et celles que l'image doit parcourir pendant le mouvement. Tout ceci donne occasion à plusieurs problêmes curieux, qu'il propose, touchant ces mouvemens, et à l'invention de plusieurs nouvelles curiosités, qu'il promettoit d'expliquer.

Lorsqu'on se regarde dans des miroirs sphériques concaves, on observe un grand nombre de phénomènes curieux, que notre auteur explique. Il en rapporte un particulièrament qui est fort singulier, c'est que, dans certains cas, on voit son visage extrêmement grand dans l'image formée par le miroir, tandis que cette image est beaucoup plus petite que le visage qu'elle représente ; il explique au long cet effet avec toutes les circonstances qui l'accompagnent, et il en donne la cause.

Une bouteille, en partie pleine d'eau, placée devant un miroir concave, présente encore un autre phénomène singulier ; car on voit pleine la partie vide, et celle qui est vide paroît pleine ; Abat explique aussi en détail les circonstances de ce phénomène, et il donne ses conjectures sur la cause de cette illusion.

Un chiffre gravé sur la surface d'un cachet et regardé à travers une lentille convexe de verre, est encore la cause de plusieurs illusions ; il paroît tantôt creux, tantôt en relief, avec des changemens bizarres et des circonstances particulières qu'il rapporte. Quelques auteurs avoient publié ce phénomène comme nouveau ; Abat fait voir cependant qu'il avoit été observé long-temps auparavant.

Le secours que nous trouvons dans les miroirs et dans lentilles sphériques, pour remédier aux défauts et à la foiblesse de la vue, est une de leurs plus belles propriétés. Les miroirs concaves et les lentilles convexes, sont propres à remédier aux défauts des presbites ; mais ce qui peut d'abord paroître un peu paradoxe, c'est qu'ils peuvent être aussi utiles aux miopes, et que les verres concaves et les miroirs convexes peuvent aussi, en bien des occasions, être utiles aux presbites.

Il fait voir encore qu'un même œil peut voir clairement et distinctement certains objets en se servant de lunettes convexes, tandis que pour en voir d'autres avec distinction, il aura besoin de lunettes concaves. Il fait quelques remarques très-importantes à ce sujet, afin que ceux qui se servent de lunettes, soit convexes, soit concaves, en tirent tout l'avantage possible.

Le P. Abat, qui avoit tant d'industrie, avoit aussi beaucoup d'érudition; il prouve, par Sénèque (*Quest. nat.* l. I, cap. 5) que la propriété qu'ont les miroirs concaves de représenter les objets renversés, étoit connue des anciens. Ils savoient qu'on peut se placer devant un miroir concave, ensorte que l'on voie les objets en l'air entre le miroir et l'œil de celui qui regarde; car Artemidore Parien, cité par Sénèque, chap. 4, dit: Si vous faites un miroir concave qui soit portion d'un globe, et que vous vous mettiez hors du milieu du miroir (c'est-à-dire plus loin du miroir que le centre), il vous semblera que tous ceux qui sont à côté de vous, soient plus près de vous que du miroir: *Si speculum concavum feceris, quod sit sextae pilae pars, si extrà medium constiteris, quicumque juxtà steterint universi a te videbuntur propiores quàm speculo.*

L'art de faire de grands miroirs n'étoit pas inconnu aux anciens, car Quintilien, dans ses *Institutions de l'orateur* (Liv. 11, chap. dernier), et Plutarque, dans la *Vie de Démosthène*, nous disent que ce fameux orateur athénien, dans sa jeunesse, déclamoit ses harangues devant un grand miroir, afin de mieux régler son geste; et Sénèque, encore dans le même livre que nous avons cité ci-dessus, chap. 17e, vers la fin, dit qu'on avoit fait des miroirs de la grandeur du corps humain.

Les anciens Péruviens, du temps des Incas, avoient l'art de faire des miroirs plans, des miroirs convexes et des miroirs concaves; ils les faisoient de deux différentes espèces de pierres, capables d'un poli fort vif; ils en faisoient aussi d'une composition, ou mélange de plusieurs métaux, qu'on ne connoît plus aujourd'hui: ils étoient tous plans d'un côté et concaves ou convexes de l'autre.

Don Antoine de Ulloa, qui en a vu un grand nombre dans son voyage à l'Amérique méridionale, dit « qu'ils sont aussi bien travaillés, que si ces Péruviens avoient eu toutes les machines nécessaires, et de grandes connoissances d'optique ». Il en vit un dont la principale surface étoit concave, et qui avoit un pied et demi de largeur; il dit « que ce miroir grossissoit beaucoup les objets, et qu'il étoit aussi bien travaillé, aussi bien poli et aussi parfait que pourroit le faire un habile ouvrier d'aujourd'hui ».

Les anciens possédoient aussi l'art de faire des miroirs de verre; ce qui est évident par un passage de Pline, liv. 36, cap. 26, où, en parlant du verre, il dit qu'on lui donnoit la figure en soufflant, qu'on savoit le travailler au tour, qu'on le ciseloit comme l'argent, et que la ville de Sydon étoit autrefois célèbre par les fabriques de verre, puisqu'on y avoit inventé l'art d'en faire des miroirs : *Aliud flatu figuratur, aliud torno teritur, aliud argenti modo caelatur, Sydone quondam iis officinis nobili, si quidem etiam speculae excogitaverat.*

Les miroirs dont Buffon se crut l'inventeur (*Mém.* de 1747, p. 82) étoient connus des anciens.

Anthémius, qui vivoit sous l'empereur Justinien, au sixième siècle, avoit non-seulement imaginé la manière de faire des miroirs ardens composés de miroirs plans ; mais il avoit trouvé que vingt-quatre de ces miroirs suffisoient pour brûler. C'est ainsi que Vitellion nous l'assure dans son cinquième livre d'optique, et Dupuy a donné l'ouvrage même d'Anthemius, traduit du grec pour la première fois en 1779. Sa traduction fut imprimée au Louvre, et insérée dans le quarante-deuxième volume de l'Académie des Inscriptions ; nous en avons parlé t. I, p. 335.

Cette antiquité des miroirs est encore reculée de huit siècles, si Archimède fit réellement usage des miroirs plans, pour brûler la flotte des Romains dans le siége de Siracuse. Quoique ceci ne puisse point être prouvé directement par aucun passage positif des anciens auteurs ; cependant le P. Abat, dans ses *Amusemens philosophiques* 1763, le prouve assez bien par diverses inductions. Tzetzès dit, en parlant de ce fait, nous pouvons en tirer des raisons très-plausibles qui nous le font conjecturer avec beaucoup de ressemblance ; car il dit nettement que la machine d'Archimède étoit composée de plusieurs miroirs, et que ces miroirs étoient mobiles, au moyen de certaines planches destinées à cet effet.

Sur cette circonstance donc, que Tzetzès, nous apprend dans la description du miroir d'Archimède, je remarque premièrement que quoiqu'un miroir ardent, composé de plusieurs pièces rapportées, puisse être composé de miroirs concaves, aussi bien que de miroir plans, dès qu'il ne nous conste pas que ce fût les uns plutôt que les autres qu'Archimède prit pour composer sa machine, l'on sera tout au moins aussi bien fondé à dire que c'étoient des miroirs plans, qu'à soutenir que c'étoient des miroirs concaves.

La machine composée de miroirs plans, est plus simple et d'une plus facile exécution que celle qu'on feroit avec des miroirs concaves. Il est donc plus naturel de penser que le miroir ardent d'Archimède étoit composé de miroirs plans, que de miroirs concaves.

De plus, pour composer un miroir ardent de plusieurs miroirs concaves, il n'est nullement nécessaire, pour en tirer tous les avantages possibles, que ces miroirs soient mobiles ; ce qui est d'une grande utilité et procure les plus grands avantages à celui qui est composé de miroirs plans; car, quoiqu'on fasse les miroirs concaves mobiles, il ne s'ensuivra pas pour cela qu'on puisse changer leur foyer commun, et le porter à plusieurs distances différentes, et par conséquent on ne pourra pas non plus brûler, par leur moyen, à plus d'une distance déterminée; d'où il suit encore que toutes les fois que la distance à laquelle on aura le dessein de porter le feu, deviendra, ou plus grande, ou plus petite, il faudra nécessairement rejetter les premiers miroirs, et en substituer d'autres à leur place, ce qui, comme on voit, ne peut que porter de grandes difficultés et de grands inconvéniens dans la pratique.

Mais dès que la machine sera composée de miroirs plans et mobiles, toutes les difficultés disparoîtront; il n'y a plus aucun inconvénient; on pourra porter le feu à des distances fort différentes entre elles, tantôt plus grandes, tantôt plus petites, comme on voudra, la machine demeurant la même, et sans être obligé de changer de miroirs; il suffira pour cela de donner un peu plus ou un peu moins d'inclinaison à chacun de ces miroirs.

Lorsqu'Archimède conçut l'entreprise du miroir ardent, il avoit en vue de brûler à une grande distance. Il devoit donc le construire ensorte qu'il fût facile de le diriger de façon qu'il pût faire tomber son foyer précisément sur les vaisseaux des Romains, dans lesquels il avoit projeté de mettre le feu. La distance de ces vaisseaux étant toujours incertaine et pouvant changer à tout moment, il étoit absolument nécessaire, afin qu'Archimède pût réussir dans son dessein, ou qu'il eût en son pouvoir un grand nombre de miroirs ardens de différens foyers, ou que, n'en ayant qu'un seul, il pût augmenter ou diminuer à sa volonté la distance de ce miroir à son foyer; autrement, il est visible qu'il ne pouvoit réussir que par hasard; car pour peu que les vaisseaux se fussent approchés ou éloignés dans le temps qu'il dirigeoit vers eux son miroir, ils se mettoient à l'abri de l'embrâsement, s'il ne pouvoit pas en même-temps approcher ou éloigner le foyer. Or, la distance des miroirs concaves au foyer étant invariable, il est évident que si Archimède avoit voulu se servir de ces miroirs, et qu'il ne les eût pas fait tels, que leur distance au foyer fût exactement égale à celle de ces mêmes miroirs aux vaisseaux, il auroit perdu son temps: sa machine devenoit entièrement inutile, et il lui falloit faire de nouveaux frais pour exécuter son dessein.

Il suit donc, de tout ce que je viens de dire, que s'il est vrai, comme Tzetzès l'assure, que les miroirs, dont Archimède se servit, étoient mobiles, il est aussi prouvé que c'étoit des miroirs plans, et par conséquent l'invention de brûler, au moyen des miroirs plans, est aussi ancienne qu'Archimède. P. 398.

Le P. Kircher, jésuite, dans son *Ars magna lucis et umbrae*, liv. 10, p. 3, prob. 7, croit que Proclus, qui vivoit dans le cinquième siècle, se servit de miroirs plans pour brûler la flotte ennemie dans le siége de Constantinople. Après lui plusieurs auteurs ont adopté son sentiment, non-seulement pour les miroirs de Proclus, mais aussi pour ceux d'Archimède. Tous les savans, avant le P. Kircher, et plusieurs autres encore après lui, ont cru que ces miroirs ardens étoient paraboliques.

Cette invention des miroirs ardens plans est si belle, et elle a fait depuis quelques années, tant de bruit dans le monde littéraire, qu'elle mérite bien que nous entrions dans quelque détail de son histoire et de son origine, en faisant voir en même-temps combien on fait de tort aux anciens en leur ôtant cette connoissance.

Parmi les catoptriciens de ces derniers siècles, le P. Kircher est le premier qui a avancé qu'on pouvoit, avec des miroirs plans, faire des miroirs ardens supérieurs à tous ceux qu'on connoissoit auparavant, non-seulement par la force et par l'intensité de la chaleur, qu'ils peuvent produire, mais aussi par les grandes distances auxquelles on peut porter l'embrâsement par leur moyen; il a même fait des expériences par lesquelles il a prouvé la possibilité de ce qu'il avançoit, et avec cinq miroirs, plans seulement, il a produit une chaleur presqu'insupportable à la distance de plus de cent pieds.

Il a fait plus; il a donné une description bien détaillée de la manière dont on doit ajuster les miroirs plans, pour produire tous les effets qu'il promettoit, et il a donné tous les éclaircissemens nécessaires pour la facilité de l'exécution. On sera pleinement convaincu de tout ceci en lisant ce qu'il a dit à ce sujet dans son *Ars magna lucis et umbrae*, Liv. X. Part. III. pages 765, 771, et 772, impression d'Amsterdam. Il invite encore tous les savans catoptriciens a faire des expériences, et à mettre en exécution ce qu'il a enseigné, et il assure qu'en suivant son procédé, on verra qu'il n'y a point de machine catoptrique qui soit capable de brûler avec plus de force, ni a une plus grande distance.

Après le P. Kircher, le P. Gaspard Schott a donné dans sa *Magia universalis*, tome I. le détail des miroirs ardens plans, en deux manières différentes, d'après Kircher, sans y rien ajouter, ni pour la théorie ni pour la pratique.

Il est étonnant qu'une si belle machine, expliquée d'une manière si nette et si précise dans les ouvrages de ces deux hommes connus de tous les savans, ait resté près d'un siècle sans que personne ait pensé à la mettre en exécution. Il est vrai que Fontenelle, dans l'éloge de Hartscëker, nous dit que ce savant entreprit, dans son observatoire d'Amsterdam, un grand miroir ardent, composé de plusieurs pièces rapportées, pareil à celui dont quelques-uns prétendent qu'Archimède se servit : mais Fontenelle ne nous dit pas si ces pièces rapportées étoient des miroirs plans, ni quel fut le succès de cette entreprise. Dufay dans les *Mémoires* de 1726, page 174, dit que quelques auteurs en avoient parlé. Enfin, Buffon sans avoir connoissance de ce que nous venons de citer, les a imaginés et exécutés avec un succès si heureux, qu'on peut le regarder comme l'inventeur de ces machines, surtout lorsque nous savons qu'avant l'exécution de ces miroirs plans, il n'avoit point lû le P. Kircher; qu'il s'est servi des méthodes qui lui étoient propres, qu'il leur a donné des avantages, et les a mis dans un haut degré de perfection, qu'on ne connoissoit point avant lui, et qui ne laisse rien à desirer.

Les anciens ont parlé d'un autre miroir plus extraordinaire, et sur lequel Abat fait une dissertation. Ptolemée Evergètes avoit placé sur la tour du Phare d'Alexandrie, un miroir qui représentoit nettement tout ce qui se faisoit dans toute l'Egypte, tant sur mer que sur terre. Quelques auteurs disent qu'avec ce miroir on voyoit venir la flotte ennemie de six cent mille pas de distance : d'autres disent de cinq cent parasanges, ce qui fait plus de cent lieues.

On a prétendu que la chose étoit impossible ; mais Abat entreprend de prouver qu'un miroir concave peut produire cet effet-là ; et il rapporte plusieurs expériences qui prouvent que même avec un objectif tout simple, on peut voir les objets éloignées comme avec une lunette. Les témoignages qui nous attestent que le miroir de Ptolemée placé sur la tour du Phare a existé, ne sont pas regardés communément, comme ayant l'autenticité nécessaire pour établir solidement la vérité d'un fait historique. On peut alléguer deux raisons qui paroissent d'abord plausibles pour recuser ces témoignages : la première, c'est que quelques auteurs attribuent ce miroir à Ptolemée, et d'autres au grand Alexandre. Jean-Baptiste Porta (*Mag. nat.*) le P. Kircher, le P. Schott sont du nombre de ceux qui mettent l'exécution de ce miroir dans le temps de Ptolemée.

Lamartinière, dans son *Dictionnaire Géographique*, cite Martin Crusius, qui, dans sa *Turcogrèce*, dit sur le témoignage des Arabes « qu'Alexandre-le-Grand fit mettre au haut de la tour un miroir fait avec tant d'art, qu'on y découvroit de 500 parasanges, c'est-à-dire, de plus de cent lieues, les flottes ennemies qui venoient contre Alexandrie, ou contre l'Egypte ; et qu'après la mort d'Alexandre, ce miroir fut cassé par un Grec nommé Sodore, qui prit un temps où les soldats de la forteresse étoient endormis.

Mais

Mais cette diversité d'opinions sur l'auteur de ce miroir ne peut porter aucune atteinte à la vérité du fait. Car c'est une chose assez fréquente dans l'histoire, que différens auteurs attribuent à différentes personnes un même fait, sans que pour cela on regarde le fait en lui-même comme fabuleux. La construction de la tour du Phare, attribuée par quelques-uns à Alexandre, et par d'autres à Ptolémée, en est un exemple. Il y a apparence que ceux qui ont parlé de ce miroir placé sur cette tour, l'ont jugé construit par celui-là même qui avoit fait bâtir un si merveilleux édifice. La seconde raison qui est aussi la plus forte en apparence contre l'existence de ce miroir, ce sont les circonstances et les propriétés impossibles avec lesquelles les historiens le décrivent. Paul Arèse, évêque de Tortonne, dans son livre intitulé : *Impresse sacre* cité par Scarabelli, dans son *Museo seltatiano*, dit « qu'il savoit que Ptolemée avoit vu à » six cents mille de distance les bâtimens qui venoient au port » d'Alexandrie, non pas par la force de sa vue, mais par la vertu » d'un crystal, ou d'un verre ». Cependant il ajoute : « que la » vérité de ce fait lui est suspecte à cause de la rondeur de la » terre qui le rend impossible. » Mais cette circonstance de voir six cent mille pas de distance, ou de 500 parasanges, tout impossible qu'elle est, ne doit pas suffire pour dire que ce miroir n'a pas existé ; car il devoit être regardé comme une grande merveille dans ce temps-là, et tous ceux qui en voyoient les effets devoient être remplis d'étonnement. Quand même il n'auroit pas fait plus d'effet qu'une petite lunette d'approche, il ne pouvoit pas manquer d'être regardé comme un prodige. Ainsi ces effets furent exagérés au-delà du vraisemblable, et même du possible, comme il arrive d'ordinaire aux machines et inventions rares et admirables qu'on leur attribue des effets qu'elles ne font pas, et même des effets impossibles. Si nous ôtons donc du récit du miroir de Ptolémée ce qu'il y a d'évidemment exagéré par l'ignorance, il ne contient autre chose, sinon qu'à quelque distance que les objets fussent placés, pourvu qu'il n'y eût rien d'interposé entre ces objets et le miroir, on les voyoit plus distinctement qu'à la simple vue, et que par son moyen, on voyoit beaucoup d'objets qui étoient imperceptibles à cause de l'éloignement, ce qui ne contient rien que de possible ou de vraisemblable. Ainsi, en fait de catoptrique et de dioptrique, les connoissances des anciens alloient un peu plus loin qu'on le croit ordinairement. Abat en donne quelques preuves, et principalement pour ce qui peut contribuer à rendre vraisemblable l'existence du miroir de Ptolémée. Fontenelle, (*Hist. Acad.* 1708), parlant des miroirs ardens des anciens dit : « les miroirs ardens ont été certainement connus des anciens. Car quelques historiens ont prétendu qu'Archimède s'en servoit à brûler une flotte, et quoiqu'ils leur attribuassent un effet impossible, cela même prouve qu'ils étoient connus; mais il est sûr que ces miroirs qu'ils imaginoient, devoient être de métal, et concaves, et avoir un foyer par réflexion; et l'on est communément persuadé que les anciens ne connoissoient pas les foyers par réfraction des verres convexes. Fontenelle prouve avec la Hire, par plusieurs passages tirés d'Aristophane, et de son Scholiaste, de Pline et de Lactance, que les anciens connoissoient aussi les effets des verres convexes et des boules de verre pour brûler. On peut voir tous ces passages dans le même endroit de l'*Histoire de l'Académie*, auxquels on peut en ajouter un autre de Saint-Clément d'Alexandrie cité par le P. Frijoo, (*Théâtre critique*, tome IX, page 146). *Viam excogitat qua lux, quae a sole procedit per vas vitreum aqua plenum, ignescat.*

On peut encore ajouter ici ce passage de Saint-Isidore de Séville, dans ses *Etymologies*, Liv. XVI. Chap. XIII, où il dit en parlant du crystal : *Hic oppositus radiis solis adeo rapit flammam, ut aridis fungis, vel foliis ignem praebeat.* Mais Fontenelle dans le même endroit, et d'autres avec lui, attribuent aux anciens l'ignorance de plusieurs choses qu'ils connoissoient certainement, comme le P. Abat le prouve sur les miroirs plans, sur la propriété des boules de verre pour grossir les objets, sur les miroirs concaves, et les verres concaves.

Il prouve aussi que les miroirs ne sont presque jamais bien plans, et qu'ils ont un très-long foyer qui peut faire voir les objets plus clairement. Parmi le grand nombre de ces miroirs qu'on regarde comme plans, il y en a qui sont concaves, et d'une concavité assez régulière, pour produire d'une manière sensible les effets des miroirs concaves, lorsque par hasard, le miroir, l'objet et le spectateur se trouvent placés de la manière qu'il faut pour cela. Le P. Zahn, dans son *Oculus artificialis*, rapporte une aventure singulière d'un chanoine d'Erfurt, qui le prouve clairement.

Ce chanoine se promenant dans son appartement, regarda par hasard un miroir qui étoit suspendu à la muraille, il vit l'image d'un crucifix de la grandeur d'un homme; elle lui parut être réellement la même qu'une autre qui étoit placée au milieu d'un autel dans l'église dont il étoit chanoine. Il fut d'abord surpris, et sa surprise augmenta beaucoup, lorsqu'en changeant de place, l'image disparut. Il retourna au même endroit d'où il avoit vû l'image la première fois, et aussitôt elle reparut. Il regarda par tout autour de lui, mais il ne vit rien à quoi il put attribuer l'apparition d'une si grande image, jusqu'à ce qu'enfin il s'apperçut que dans un endroit élevé il y avoit une petite image d'un crucifix. Il ôta cette image de sa place, et retourna tout de suite à sa première position, il ne vit plus d'image dans le miroir. Il connut pour lors, que c'étoit cette petite image grossie par le miroir

Il ne pouvoit pas cependant revenir de son étonnement, ne pouvant point comprendre comment une si petite image pouvoit paroître si grande en la regardant dans un miroir qu'il croyoit toujours être un miroir plan. Il consulta le P. Zahn, qui répondit fort bien que ce miroir prétendu plan, ne l'étoit point, quoique sensiblement il parût tel; mais qu'il étoit concave, et que le diamètre de sa concavité étoit grand, et par conséquent les visages de ceux qui s'y regardoient de près, devoient être vûs sans paroître sensiblement grossis; mais étant placés à une distance considérable ils devoient paroître grossis comme dans tous les miroirs concaves.

Abat ajoute que de tous les miroirs qu'il a vus, il n'en a pas trouvé un seul qui, ayant été bien examiné, ait été trouvé parfaitement plan. Et lorsqu'il se plaçoit à une distance considérable pour regarder les objets éloignés, il les voyoit sensiblement grossis sans être défigurés; quoiqu'étant placés près de ces mêmes miroirs, en regardant les objets qui n'en étoient pas fort éloignés, il ne vit rien qui fut sensiblement grossi.

Cela étant, qu'y-a-t-il d'impossible, que quelque philosophe, ou artiste d'Alexandrie, s'amusant à faire de ces miroirs plans, en fît quelqu'un qui eût son foyer à six, huit, ou dix pieds de distance, et qui fût de six; de huit, ou plusieurs pouces de diamètre, qui fût bien poli et d'une figure régulière? Que ce philosophe, ou artiste, s'amusant encore à regarder toutes sortes d'objets avec ce miroir, tant ceux qu'il avoit auprès de lui, que ceux qui en étoient éloignés; il se fût placé dans le point qu'il falloit pour voir les objets éloignés avec toute la clarté et toute la distinction avec laquelle on peut les voir par ce moyen; et qu'ayant enfin bien remarqué ce point, il se fût mis en état de répéter l'expérience sans difficulté, toutes les fois qu'il auroit voulu.

Ce qui augmente encore beaucoup cette vraisemblance, c'est que pourvu qu'on eût un miroir qui n'eût pas plus de six ou sept pouces de diamètre, et que son foyer ne fût pas plus éloigné que de cinq ou six pieds, il suffisoit pour produire un fort bon effet (Abat, p. 414).

Le photophore, ou porte-lumière, est un instrument composé de miroirs qui augmentent la lumière et la chaleur. Au collège des Jésuites de Prague, il y avoit deux miroirs paraboliques concaves qui, étant placés vis-à-vis l'un de l'autre, brûloient au foyer de l'un des deux, lorsqu'on mettoit un charbon ardent au foyer de l'autre; Varinge l'avoit éprouvé lui-même, et avoit fait à Paris deux miroirs de bois doré qui réussissoient parfaitement étant éloignés de trois pieds l'un de l'autre. Dufay, habile physicien de Paris, fit beaucoup d'expériences semblables comme on le voit dans les *Mémoires* de 1726. Lambert décrivit un porte-lumière, *Mémoires de Berlin*, 1770. Celui de Bérard est décrit dans le livre intitulé : *Mélanges ph sico mathemat.*, ou Recueil de mémoires, contenant la description de plusieurs machines et instrumens nouveaux de physique, d'économie domestique, &c. *in*-8°. an 9, par J.-B. Bérard, juge au tribunal de Briançon. C'est un miroir parabolique de cuivre qui porte une lampe à son foyer, où il varie la direction de la lumière sans changer le niveau de l'huile, et où il évite les inconvéniens de celui de Lambert. Avec ce photophore, on peut lire le Moniteur, caractère petit romain, à la distance de 60 pieds, au lieu de 18 pouces que donne une bougie.

Funk avoit remarqué que dans les puits des mines, on y voyoit moins bien quand il faisoit un beau soleil que quand il y avoit des nuages, parce que les nuages y réfléchissent la lumière.

Les lampes a cheminée sont une invention propre à augmenter la lumière, et qui a pris une grande faveur; c'est Argant, citoyen de Genève qui les exécuta le premier. Lange les perfectionna, Quinquet voulut s'en emparer; Argant les revendiqua, (*Journal de Paris*, 15 janvier, 1785). Lange revendiqua seulement la chéminée, (*Journal* du 23 janvier).

Mais Léonard De Vinci avoit déjà observé que si la mêche d'une lampe étoit percée, la couleur de la lumière seroit uniforme. Clays assure que Franklin avoit fait une lampe où il y avoit un double courant d'air, un intérieur, l'autre extérieur avec une mêche circulaire.

Le Monnier, le médecin, avoit très-anciennement une lampe où l'air passe au milieu; M. Meunier en avoit fait une à cheminée, pour faire consumer le charbon de la mêche.

Franklin a remarqué que les flammes de deux chandelles réunies donnent beaucoup plus de lumière que quand elles sont séparées; il croyoit que cela venoit de la chaleur qui augmentoit par la réunion. *Priestley*, p. 807.

En 1801, les citoyens Carcel et Carreau, (rue Saint-André, n°. 91), ont donné une nouvelle perfection à ces lampes à cheminée, en faisant que l'huile monte, et que la lampe soit toujours pleine, l'huile arrive toujours froide à la mêche.

La mêche est toujours également abreuvée; il n'y a point de réservoir et point d'ombre; on élève la mêche au point le plus convenable pour le verre, relativement à son épaisseur et à sa transparence, et l'on cherche ainsi le point le plus favorable. Elles ne consomment que neuf gros d'huile par heure, et éclairent comme onze bougies.

Le panorama, que l'on a vu à Paris depuis 1799, est une perspective curieuse de tous les objet senvironnans, telle qu'un spectateur les verroit d'un endroit élevé; le nom vient de deux mots grecs qui signifient qu'on voit tout. M. Fulton, Américain célèbre par ses connoissances et ses inventions, est le premier qui nous l'ait procuré; M. Tair, Anglois, M. la Fontaine, peintre, Bourgeois et Prevôt ses collaborateurs, nous ont fait voir dans une rotonde de 30 pieds de diamètre, d'abord Paris en entier, ensuite Toulon à l'époque du 18 août, 1793, où les Anglois y entrèrent par la trahison des émigrés, et la peur des habitans. On voit les forts, les rades, les bassins, les 9 vaisseaux brûlans, le 19 décembre, tout cela avec une vérité étonnante; la toile est tendue du haut en bas, et fait une illusion complète.

Phloscope, (flamme visible). Est un instrument imaginé par le citoyen Thilorier, célèbre avocat à l'ancien parlement, pour avoir de la chaleur et de la lumière sans cheminée, sans vapeur et sans odeur. Il en présentât la première idée à l'Institut en 1797, et l'on en fit l'expérience avec succès. On place dans un fourneau des charbons alumés, une grille au-dessus et le bois sur la grille. On couvre le tout, sauf une petite ouverture pour laisser entrer un courant d'air qui rabat la fumée et les parties volatiles du bois à mesure qu'il se carbonifie, les oblige à passer au travers de la braise où elles se brûlent, et passent dans un syphon dont la branche montante peut être de verre, pour laisser l'agrément de la flamme, mais où l'on n'a ni fumée, ni vapeur, ni odeur.

Ce mécanisme peut fournir le moyen de se chauffer parfaitement sans faire aucune dépense, car le bois réduit en charbon augmente de valeur dans le commerce.

On voit le phloscope en pleine activité formant un objet de décoration dans le foyer du Théâtre de Louvois, et chez le cit. Lange, mais il y a enbas un tuyau par ou sort la vapeur.

Le thermolampe, imaginé en 1800 par le cit. Lebon, ingénieur des Ponts et Chaussées, est un fourneau qu'on remplit de petit bois, et qu'on ferme exactement. On ménage au milieu un cylindre que l'on rémplit de feu assez ardent pour charbonner le bois sans le toucher immédiatement. Ce bois, en se charbonnant, dégage beaucoup d'air inflammable; on le fait sortir par un robinet; on le fait passer dans de l'eau pour le purifier, et on le conduit par un tuyau dans toutes les parties d'un vaste appartement. Les différentes branches de ce tuyau se terminent par des boules percées de trous, par où sort l'air inflammable; on y met le feu, et l'on a une très-belle lumière, et une chaleur très-sensible dans chaque pièce.

Cette invention sera très-utile si la dépense du feu ne surpasse pas celle du bois et de la lumière qu'épargnera le thermolampe.

Six livres de bois donnent une livre de gaz inflammable, quatre livres d'acide et une de charbon.

Le polémoscope est un instrument par le moyen duquel nous pouvons voir des objets cachés à nos regards directs par le moyen d'un miroir incliné. Hévélius qui le proposa en 1637, l'appela ainsi des mots grecs πολεμὸς combat et σκέωτομαι je vois, parce qu'il peut servir à la guerre. Brisson, *Traité élémentaire de physique*, 1797. tome II, p. 326.

Le panoscope, instrument annoncé par le cit. Mélanzi, opticien, sert à faire appercevoir des objets très-éloignés par des miroirs de réflexion, dont le plus voisin de l'œil correspond à une forte lunette d'approche, *Moniteur*, du 29 ventôse, an 8.

Le clavecin oculaire du P. Castel a fait du bruit dans son temps. Dès 1725 il donna le projet ou du moins l'idée d'une musique chromatique ou musique de couleurs; il en donna le détail dans le *Journal de Trévoux*, *août* 1731. Il trouva pour les couleurs diatoniques qui répondent à l'octave, bleu, verd, jaune, fauve, rouge, violet et gris, et en les faisant paroître avec des touches il produisoit des mélanges qui étoient agréables.

Il y a dans l'image colorée que forme le prisme sept couleurs, de même qu'il y a sept tons dans l'octave. Il y a plus: Newton a remarqué en mesurant avec soin les espaces occupés par chacune de ces couleurs, qu'ils sont dans les rapports suivans, en commençant par le rouge, $\frac{1}{9}$. $\frac{1}{16}$. $\frac{1}{10}$. $\frac{1}{9}$. $\frac{1}{10}$. $\frac{1}{16}$. $\frac{1}{9}$. Or ces nombres sont ceux qui répondent continuellement aux différences de longueur des cordes qui donneroient les accords *ré mi*, *mi fa*, *fa sol*, *sol la*, *la si*, *si ut*, *ut re*, le rouge répondant à *ré mi*, l'orangé à *mi fa*, de sorte qu'il sembloit y avoir une game optique, comme il y en a une musicale. Newton se servoit ingénieusement de ces rapports pour déterminer qu'elle couleur doit résulter d'un mélange quelconque de tant d'autres primitives qu'on voudra en doses données. Mais le P. Castel allant bien plus loin, trouva dans cette analogie des couleurs et des tons, le fondement d'une musique optique. Que ne se promettoit pas le P. Castel de son clavecin : rien moins qu'un nouveau spectacle aussi délicieux pour la vue, que la plus harmonieuse musique et la mieux exécutée l'est pour l'oreille.

Mais malheureusement pour nos plaisirs, cette idée est plus séduisante que juste, et examinée d'un peu près, elle manque dans tous ses points, comme on le peut voir dans un mémoire de Mairan, inséré dans le recueil de l'Académie pour 1737. Il montre des disparités nombreuses entre l'analogie des sons et celle des couleurs, et fait voir que l'entreprise du P. Castel est plus l'ouvrage de l'imagination que de la méditation.

L'analogie qui règne entre les couleurs est bien différente de celle qu'on sait régner entre les sons. Dans ces derniers, c'est un rapport entre les durées des vibrations ; dans les couleurs c'en est un entre les étendues qu'elles occupent sur l'image par le prisme. Si l'on prend une ligne comme AB (*fig.* 26), qui donne *re*, BC qui donnera *mi*, est les $\frac{8}{9}$ de AB, et ensuite celle qui donnera *fa*, comme BD sera les $\frac{15}{16}$ de BC, de sorte que AC est la 9e de AB, et CB est la 16e, non pas de la totale AB, mais de la restante CB ; au contraire, dans les couleurs prenant une ligne totale, dont AB eut été la 9e, c'est de cette ligne totale dont BC étoit la 16e, CD la 10e, &c. D'ailleurs, je ne connois pas où le P. Castel eût trouvé l'octave de son échelle diatonique de couleurs. Seroit-ce le dernier violet qui eût été l'octave du premier rouge, cela ne sauroit se soutenir ; car tandis que les octaves en sons se ressemblent tellement que tous les jours, on prend l'octave ou la double octave pour l'unisson, et qu'elle en tient lieu pour les voix de genre différent, rien n'est plus discordant que du rouge éclatant et du violet foncé. Aussi voyons-nous que l'expérience contredit toute cette théorie des couleurs. Le rouge et le jaune semblent faire la tierce ; le rouge et le verd, la quarte ; le rouge et le bleu, la quinte ; mais ce sont-là des accords de couleurs, qui certainement font sur les yeux des impressions bien différentes de celles que font sur les oreilles les accords de tierce, de quarte et de quinte entre les sons. L'or ou l'orangé et l'indigo s'accordent très-bien et forment une espèce de quinte, suivant le systême de l'harmonie des couleurs. Mais cet accord étant presque le seul concordant aux yeux, il est aisé de voir que cette concordance n'est qu'accidentelle, et qu'on ne peut rien en conclure. Je remarque qu'en général les couleurs simples ne vont pas ensemble, et qu'elles s'allient beaucoup mieux avec les couleurs mélangées.

Ce seroit peut-être ici le lieu parler des phosphores ou de la lumière que donnent les substances pourries végétales, ou animales, les pholades, la pierre de Bologne; mais ces phénomènes ont été décrits en détail par Bartholin, *de luce animalium*, *Fabricius ab aquapendente de visione*, par Boyle, par Beccaria, *Comm. Bon.* t. II, p. 232, &c. Ainsi nous nous contenterons de parler de la lumière de la mer.

Lalande a inséré dans le *Journal des Savans* de 1777, une longue dissertation sur ce sujet, à laquelle j'ajouterai ici quelques articles. Dans le voyage du capitaine Cook, traduit par M. Démeunier, on voit que les observateurs étonnées du spectacle de la lumière de la mer, l'attribuoient au frai de quelque espèce de meduse ou ortie de mer; mais ils ajoutent que peut-être ce sont des animaux d'un genre différent. Ces illustres voyageurs ignoroient qu'il étoit à-peu près reconnu que les animaux ne sont pas la seule cause de la lumière de la mer. Aristote attribuoit cette lumière à la qualité grasse et huileuse de l'eau de la mer. Il en est parlé dans Bacon, *novum organum*; dans le traité de Boyle, sur l'origine des formes et des qualités; dans le traité des Phosphores, par Ozanam; dans les mémoires de l'Académie de 1703 et de 1723; dans Bartholin; dans Donati, sur l'histoire naturelle de la mer Adriatique; dans un ouvrage intitulé: *Dell'eletricismo*, publié à Venise en 1746 par un Officier de la Reine d'Hongrie; dans les Mémoires de l'Académie de 1750, p. 57, par Nollet; dans le 3e volume des Mémoires présentés à l'Académie par des savans étrangers, où le Roy, médecin de Montpellier, et le commandeur Godeheu de Riville, ont traité cette matière; dans un ouvrage de Vianelli, intitulé: *Nuove scoperte intorno le luci notturne dell' aqua marina*; dans un mémoire de M. Grizellini, médecin de Venise, qui a pour titre: *Nouvelles Observations sur la Scolopendre marine*; dans un mémoire de M. Pouget, lieutenant-général de l'Amirauté de Cette, lu à l'Académie en 1767, sur la scintillation des eaux de la mer; dans M. Linné, *Amaenitates Academicae, dissert.* 39; et dans les *Transactions philosophiques de la Société royale de Londres*, pour 1769, par Canton. Ce dernier mémoire contient des expériences qui prouvent que la mer paroît lumineuse par la putréfaction des substances animales. Un petit poisson blanc mis dans de l'eau de mer la rendit lumineuse au bout de 28 heures. Ces expériences réussissent également dans de l'eau commune, où l'on met un trentième de son poids de sel commun. Buffon me disoit que de l'eau douce où il mettoit tremper du bois devenoit lumineuse. Cadet, célèbre chimiste, m'a dit que l'huile de corne de cerf distillée rendoit aussi l'eau lumineuse.

Mais Rigaud, dans le *Journal des Savans* (Mars 1770), assure que la lumière de la mer depuis le port de Brest jusqu'aux îles Antilles, contient une immense quantité de petits polypes ronds lumineux d'un quart de ligne diamètre, et qui n'ont qu'un

bras

bras d'environ un sixième de ligne de longueur. Il paroît constant qu'il y a dans la mer plusieurs espèces d'animaux qui sont aussi lumineux. M. d'Agelet, astronome, revenu des Terres australes en 1774, a rapporté au jardin du Roi des espèces de vers qui brillent dans l'eau quand on l'agite. Ces animaux qui ont été décrits par Grisellini et par Vianelli, sont différens entre eux et différens de celui de Godeheu. Le cit. Adanson a vu plusieurs sortes de scolopendres qui sont également lumineuses, mais il disoit à l'Académie, le 10 janvier 1767, que le sable même du Sénégal, après que l'eau de la mer l'a quitté, paroît étincellant quand on lève le pied de dessus, et que la mer est lumineuse sans animaux. Le chevalier Turgot ayant été mouillé en mer ainsi que sa compagnie, tous étoient phosphoriques, et leurs habits l'étoient encore le lendemain quand on les frottoit. Fougeroux qui avoit aussi observé les animaux lumineux, convient qu'il est difficile de leur attribuer toute la lumière de la mer, mais croit qu'il faut admettre une matière phosphorique provenue la putréfaction.

M. Le Roy avoit produit des étincelles par le mélange de différentes liqueurs, et surtout de l'esprit-de-vin; et il en conclut, que ce phénomène doit être attribué à une matière phosphorique, qui brûle et se détruit lorsqu'elle brille. Cette matière lumineuse est sous la forme de petits grains, qui ne lui paroissent en aucune façon être des animaux. M. Godeheu a observé une espèce de poisson semblable au thon, appellé la bonite, dans lequel il y a une huile qui brille; et même après avoir observé et décrit des insectes lumineux dans l'eau de la mer, il étoit persuadé que l'éclat de la mer vient des graisses et des huiles dont elle est imprégnée. Nollet avoit cru long temps, comme l'auteur de l'ouvrage publié en 1746, dont j'ai parlé ci-dessus, que cette lumière venoit de l'électricité. Il fut ensuite tenté de croire que de petits animaux en étoient la cause, ou immédiatement ou du moins par la liqueur qu'ils répandent dans la mer; cependant je lui ai oui-dire qu'il n'osoit pas nier qu'il n'y eût une autre cause. On a souvent dit que la lumière de la mer étoit plus forte dans le temps des orages, mais Nollet ne s'en étoit pas apperçu; le frai de poisson peut y contribuer beaucoup. D'Agelet, à l'entrée de la baie d'Antongil, dans l'île de Madagascar, vit des bancs de frai de poissons qui avoient près d'un quart de lieue de longueur; on les prenoit même pour des bancs de sable par leur couleur, il s'en exhaloit une odeur désagréable, et la mer avoit été très-lumineuse quelques jours auparavant: il lui a paru que la mer étoit en général plus lumineuse près des côtes qu'elle ne l'étoit en pleine mer.

Il a vu plusieurs fois dans la rade du Cap de Bonne Espérance la mer extrêmement lumineuse par un temps fort calme, alors les rames des canotiers et leur sillage produisoient une lumière perlée et très-blanche. Quand il prenoit dans la main l'eau qui contenoit le phosphore, il y voyoit pendant plusieurs minutes une lumière par globules gros comme des têtes d'épingles ; en pressant ces globules, il lui sembloit toucher une pulpe rare et foible ; quelques jours après la rade étoit remplie de petits poissons par bancs, dont la quantité étoit innombrable.

Ainsi il est probable que plusieurs causes contribuent à la lumière de la mer, et que celle que l'on produit par l'agitation est différente de celle que l'on voit quelquefois répandue sur la surface entière de la mer. Cette lumière qui s'étend alors à perte de vue, produit le spectacle le plus singulier, surtout dans la zone torride et dans l'été.

M. Rigaud, physicien de la marine, a attribué cette lumière aux animaux ; mais Rochon dit que la mer est lumineuse sans animaux. Deslandes, à la fin de son *Essai sur la marine des anciens* (1748), dit que la mer est un grand phosphore, et qu'elle brille quand elle est agitée. Georget, ingénieur, éprouva en 1780 que la lumière de la mer produisoit des étincelles. Bajon observa qu'en agitant l'eau avec des lames métalliques, la lumière étoit plus vive. Montucla a vu à Cayenne, que le sillage formoit une trace de lumière, et toute la mer étoit lumineuse.

Cook, dans son voyage de 1772, observa de petits animaux, mais le Gentil soutenoit qu'il avoit vu des phénomènes différens dans une nuit orageuse ; toutes les lames étoient lumineuses, le feu S. Elme étoit sur le mât ; il prit de cette eau, il n'y avoit aucune espèce d'animaux.

La lumière que laisse le vaisseau par son sillage est vive, scintillante, et c'est celle que d'Agelet attribuoit aux animaux qu'il avoit observés. Mais celle qu'on voit quelquefois sur toute la mer est moins brillante, plus pâle, plus tranquille, et ne scintille point ; celle-là du moins est produite par d'autres causes que par les animaux.

On peut voir encore des détails assez étendus sur la lumière de la mer dans Priestley, p. 562 *et suiv.*

XIV.

Des vices de la vision, et des phénomènes qui en résultent; Strabisme ; Couleurs accidentelles ; Lieu apparent d'un objet.

Outre le défaut qu'on remarque dans la vue des myopes et des presbytes, il y a des accidens qui se rencontrent quelquefois, et qui occasionnent des phénomènes singuliers. La Hire en fit l'objet d'une dissertation sur les différens accidens de la vue, imprimée en 1694 dans un volume de Mémoires, et qui se trouve dans le 9e volume des anciens Mémoires de l'Académie ; et Jurin a donné un Traité de 78 pages dans l'Optique de Smith, sur les phénomènes et les singularités qui en résultent.

Le premier est la perfection de l'organe qui peut être dans les humeurs ou bien dans la rétine, que je suppose le principal organe de la vue.

Le second est une dilatation extraordinaire de l'ouverture de la prunelle, qui ne laisse pas de pouvoir se rétrécir un peu dans la grande lumière.

Le troisième, au contraire, est un grand resserrement de cette même ouverture, qui peut pourtant s'entr'ouvir un peu dans une grande obscurité.

Quoique la prunelle se dilate toujours dans l'obscurité, et qu'elle se referme à la lumière, cette dilatation et ce resserrement ne sont pas pourtant égaux pour toutes sortes de vues. Les enfans dont les muscles et les tendons sont encore fort mous, peuvent avec facilité dilater beaucoup l'ouverture de la prunelle dans l'obscurité, et au contraire la resserrer extrêmement dans la grande lumière. Le muscle de la prunelle peut faire ces grands mouvemens, et il y est forcé par la délicatesse de la rétine qui seroit touchée trop fortement par une grande lumière.

Les adultes n'ont pas cette facilité, à cause du muscle de la prunelle qui a pris plus de fermeté ; et enfin les vieillards l'ont presque toujours d'une même grandeur dans l'obscurité et au grand jour.

La dilatation ou le resserrement de la prunelle, est une chose fort visible, mais le défaut de l'organe ne peut s'appercevoir, à moins que les humeurs ne soient troubles ou blanchâtres.

La Hire examine ce qui peut arriver à chaque vue par ces accidens de dilatation ou de resserrement de la prunelle, soit quand l'organe est sain, soit lorsqu'il est défectueux. Il traite de la manière dont on juge de l'éloignement des objets par leur grandeur apparente, la couleur, la distinction, la parallaxe des objets, la direction des objets, la direction des deux yeux ; la cause qui fait voir les objets doubles, ou multipliés, ou renversés ; la cause des iris et des couronnes qui paroissent autour des chandelles ; les moyens par lesquels on peut remédier aux inconvéniens des vues courtes ou longues ; la formation des taches que l'on voit sur les objets, des étincelles de feu, des rayons et des couleurs ; les différentes irrégularités des trois membranes qui renferment les humeurs de l'œil, et sur lesquelles les rayons se rompent. Enfin, il entreprend de prouver que les différentes ouvertures de la membrane Iris qui est un muscle, suffit pour expliquer les effets qu'on attribuoit aux différentes conformations de l'œil et du cristallin.

L'essai du docteur Jurin sur la vision distincte et indistincte est beaucoup plus étendu ; il donne beaucoup d'expériences et de calculs sur les inconvéniens qui résultent de ce qu'un pinceau de rayons occupe un espace sur la rétine au lieu de se réunir en un point, ce qui fait, par exemple, que la partie éclairée de la lune en croissant paroît plus large que la partie obscure. Il calcule le rayon de dissipation dans tous les cas,

Il parcourt tous les phénomènes de la vision indistincte, les limites de la vision parfaite ; il pense que quand on veut voir les objets éloignés, le ligament ciliaire resserre ses fibres longitudinales, et tire en avant la partie de la surface antérieure de la capsule, ce qui fait coulerl'eau qui est en dedans.

Il calcule le moindre angle que l'œil soit capable d'appercevoir, et que Hooke trouvoit d'une minute ; mais il distingue les cas où cela change par la forme et la couleur des objets.

Il parle de la scintillation des étoiles, des accès de facile réflexion ou réfraction ; et il explique beaucoup de faits singuliers par ce principe, que lorsque nous avons été pendant quelque temps affectés d'une sensation, et qu'elle cesse, il s'en élève une autre contraire, et il en donne plusieurs preuves.

M. Porterfield (*On the eys. Edimburgh* 1759), pense que le cristallin a un mouvement par le moyen du ligament ciliaire de la rétine. Il traite fort au long des illusions et des accidens de la visision. *Priestley*, p. 695.

Buffon a donné dans les *Mémoires de* 1743, un mémoire curieux sur la cause du strabisme ou des yeux louches, qui consiste dans une disposition vicieuse de l'organe de la vue, et qui fait que quand l'un des deux yeux se dirige vers l'objet, l'autre s'en écarte et se dirige sensiblement vers un autre point : les auteurs de médecine et de physique ont imaginé différentes causes de cette disposition, et ils en ont donné différentes explications en conséquence de leurs hypothèses. Buffon, après avoir montré l'insuffisance de leurs idées sur ce sujet, prouve, d'après un grand nombre d'observations, que la cause ordinaire du strabisme est l'inégalité de force dans les deux yeux : on écarte l'œil foible de l'objet qu'on veut regarder, où l'on ne fait pas l'effort nécessaire pour l'y diriger, et l'on ne se sert que de l'œil le plus fort : c'est sans doute par un semblable sentiment de force dans une partie plus que dans l'autre, que le commun des hommes se sert plus volontiers d'une main que de l'autre, et d'ordinaire plus aisément de la droite que de la gauche, soit par une suite d'éducation, soit parce qu'en général la disposition intérieure y est plus favorable ; car l'éducation même et l'usage immémorial des nations à cet égard doit avoir une cause qui n'est pas vraisemblablement le hasard ; encore moins une convention expresse ou tacite entre des peuples qui diffèrent si fort de lieux, de temps et de coutumes. Quoi qu'il en soit, il ne résulte de-là aucune difformité, au lieu que le regard louche gâte les plus beaux visages. Buffon détermine le degré d'inégalité qui le produit, et les cas où l'on peut espérer de diminuer ce défaut et même de le corriger. Son moyen est fort simple et lui a réussi plusieurs fois. Il ne s'agit que de couvrir pendant quelques jours le bon œil avec un bandeau d'étoffe noire. C'est à-peu-prés comme si on lioit le bras à un enfant qui, de naissance, se trouveroit être gaucher. Car dans le cas d'une inégalité où la plus grande force n'est pas insurmontable ni la foiblesse sans ressource, l'art, la contrainte, et enfin l'habitude viennent à bout de modifier, de changer même la nature en une autre habitude, de manière que le sang et les esprits se portent ensuite vers la partie la plus foible avec plus de facilité qu'ils n'auroient fait par un premier sentiment. Buffon a guéri par cette pratique plusieurs enfans et quelques adultes. (*Hist. de l'Acad.* 1743, p. 69).

Buffon ne prétendoit pas que ce fût là l'unique cause du strabisme ; et Dutour, dans le 6e tome des Savans étrangers, en proposa une autre explication. Je présume, dit-il, que cette déviation de l'un des axes optiques, peut être attribuée, sinon uniquement, du moins assez généralement à ce que l'une des deux rétines est originairement plus tendre que l'autre, c'est-à-dire, plus susceptible d'être vivement ébranlée et offensée par l'impression des rayons de lumière ; il en résulte que dès la première fois que des yeux ainsi constitués s'ouvrent à la lumière, le bon œil s'y dirige tout seul, et que le mauvais, c'est-à-dire, celui dont la rétine est trop tendre, se détourne pour éviter, autant qu'il le peut, les impressions qui le blessent. Toutes choses égales d'ailleurs, il se tournera du côté du nez, parce que le nez est un obstacle propre à lui intercepter beaucoup de rayons, cependant certaines circonstances peuvent le déterminer à se tourner du côté des tempes ; par exemple, le berceau étant parallèle à celle des murailles de la chambre où la fenêtre est percée, si l'enfant couché a le bon œil de ce côté là, ce sera non vers le nez, mais vers la tempe que le mauvais œil se tournera par préférence. D'après ses observations, il indique un procédé pour guérir le strabisme.

Que le strabite fixe son bon œil sur un objet d'une couleur foible ou obscure, placée sur une tapisserie fort éclatante et assez étendue pour que le mauvais œil qui se détourne de l'objet auquel le bon œil pointe, le trouve partout dans la direction de son axe optique, sous quelque angle qu'il s'écarte, et soit ainsi tant qu'il s'écartera toujours, frappé par une égale quantité de lumière. Pour y réussir encore mieux, on peut en même-temps appliquer au coin du petit œil un petit disque de métal bien poli, qui en réfléchisse beaucoup sur la rétine de cet œil, au cas qu'il se tourne trop vers ce coin, il est évident que dans ces circonstances le mauvais œil n'auroit, pour se soustraire aux impressions d'une lumière trop vive qui le fatigue, d'autre ressource, que de diriger son axe optique à l'objet obscur que fixe son bon œil, si la force de la mauvaise habitude prise au berceau, l'en empêchoit d'abord; l'incommodité d'une sensation désagréable qui l'y sollicite puissamment, pourroit l'y amener dans la suite, on pourroit espérer du moins quand on auroit recours à un tel procédé de bonne heure, et avant que cette mauvaise habitude se fût trop renforcée, que pratiqué souvent et assiduement il rendroit enfin la vue droite.

Dutour compare ce procédé avec celui de couvrir le mauvais œil dont nous avons fait mention ci-devant. Il faut convenir que le nouveau est moins simple, qu'il exige plus de gêne de la part du strabite, et qu'il ne sauroit être continué long-temps de suite et sans de fréquentes interruptions : mais en revanche il paroît avoir des avantages qui l'emportent sur ceux dont l'ancien est susceptible. En effet, le nouveau procédé sollicite le mauvais œil à porterson axe optique sur le même objet où pointe le bon œil, et il l'y sollicite en raison du soulagement que cet œil en reçoit, et qu'il ne peut alors se procurer que par-là. Ainsi ce procédé tend directement et immédiatement à rendre la vue droite, au lieu que l'ancien se borne à ne pas empêcher les deux axes optiques de se porter sur le même objet, il ne les y détermine pas par lui-même; le bon œil, en ce qu'il est couvert, n'est certainement pas sollicité par-là à donner à son axe optique une direction correspondante à celle de l'axe du mauvais œil; la cause qui les faisoit diverger auparavant, est seulement suspendue, et la disposition qu'ils peuvent avoir à diverger, n'en est pas combattue; si l'expérience apprend que ce procédé est quelquefois suivi du succès qu'on se propose, Dutour l'attribue à ce qu'il a suffi pour rétablir la correspondance originaire des muscles des yeux, qu'elle cessât pendant quelque temps d'être contrariée. Mais aussi combien plus promptement et plus complètement ne se doit-elle pas rétablir par l'usage d'un procédé qui est capable de l'y aider encore par lui-même! Il est donc naturel de penser qu'on peut attendre beaucoup plus du nouveau procédé que de l'ancien; il est fâcheux qu'il soit d'une pratique moins commode, mais si des épreuves bien conduites décidoient que ce dernier point ne contribue pas trop à altérer les avantages qu'a d'ailleurs par lui-même ce procédé, on ne comptera cet inconvénient que pour peu de chose, quand il s'agira de s'affranchir d'une difformité qu'on ne sauroit masquer et de se procurer le libre usage de ses deux yeux.

Buffon, dans le volume de 1743, a donné un mémoire intéressant sur les couleurs accidentelles.

Lorsqu'après avoir regardé fixement le soleil, on vient à fermer les yeux, ou que, les yeux ouverts, l'on entre tout-à-coup dans un lieu obscur, on voit successivement sur le disque du soleil, qui demeure empreint dans l'imagination, et plus souvent comme sur une muraille, du blanc, du jaune, du rouge, du verd, du bleu ou du violet, et enfin du noir, à-peu-près dans l'ordre des couleurs prismatiques, et quelquefois sans ordre, et à diverses reprises, selon que les ébranlemens et les convulsions du nerf optique s'affoiblissent plus ou moins promptement. Ces couleurs sont vraiment accidentelles, puisqu'elles changent sans qu'il arrive aucun changement à la surface des corps auxquels nous les rapportons; observons aussi que les couleurs réelles se peindront constamment, et dans tous les cas, sur le fond de l'œil, même séparé de l'animal, au lieu que les couleurs accidentelles et variables, uniquement propres à l'œil vivant, et entièrement dues à des mouvemens dont nous renfermons actuellement la cause mécanique, n'ont pas même dans nos yeux, et au moment où nous les voyons, cette existence superficielle des premiers; car il est plus que vraisemblable que les couleurs accidentelles ne sont accompagnées, sur le fond de l'œil, d'aucune peinture qui s'y rapporte, ou plutôt qu'elles subsistent par le seul ébranlement intérieur qui nous en fait éprouver la sensation, malgré la peinture toute différente des couleurs réelles qui ne cessent point de se projeter dans l'œil, lorsqu'il est ouvert, sur des objets éclairés, et d'où résulteroient d'autres ébranlemens, d'autres sensations, s'il se trouvoit dans son état ordinaire.

Les couleurs accidentelles peuvent donc être produites par une infinité de causes, et sont innombrables par leurs nuances, comme les couleurs réelles et nécessaires: l'examen n'en est pas moins curieux, et il a cet avantage qu'il peut conduire à la connoissance et à là guérison des maladies de l'organe qui en est le sujet.

Quelques auteurs ont parlé des couleurs accidentelles dont on éprouve la sensation par le trop grand ébranlement, ou par la trop grande tension de l'œil; mais personne avant Buffon n'avoit remarqué la correspondance systématique de ces couleurs avec celles qu'on nomme réelles; par exemple, que le rouge y produit le verd, qu'au jaune succède le bleu, et que les couleurs accidentelles mêlées, avec les réelles, donnent les mêmes phénomènes que ces dernières mêlées avec d'autres de même nature; ce qui s'accorde avec la théorie expliquée dans les *Mémoires* de 1738, des vîtesses de vibration ou de transport du fluide, ou des corpuscules lumineux, selon le système newtonien, et par l'analogie des ébranlemens plus ou moins prompts de l'organe avec ces vîtesses.

Parmi les expériences que Buffon a faites sur les couleurs accidentelles, et qu'on trouve dans son mémoire, nous en choisirons une qui est la première, et qui suffira pour faire sentir l'étendue que pourroit avoir cette recherche.

Si on regarde fixement une tache, par exemple, un petit carré de papier rouge sur du papier blanc, on verra naître autour du carré rouge une espèce de couronne d'un verd foible; et si en cessant de regarder ce petit carré, on porte l'œil sur le papier blanc, on y appercevra très-distinctement un carré d'un verd tendre tirant un peu sur le bleu et de la même grandeur que le carré rouge. Cette apparence, ce carré verd imaginaire subsiste plus ou moins long-temps, selon que l'impression de l'organe qui s'y rapporte a été plus ou moins vive; il ne s'évanouit qu'après que l'œil s'est porté successivement sur plusieurs autres objets dont les images et la nouvelle impression, moins forte que la précédente, ont délassé et rétabli les fibres de la rétine, ou de la choroïde dans leur état ordinaire. On conçoit que des taches d'une autre couleur donneront d'autres apparences analogues à celle-ci, et qui se combineront entr'elles de plusieurs façons différentes.

Ces expériences étant faites avec des couleurs brillantes, comme on en voit dans les métaux polis, réussissent encore mieux qu'avec des couleurs mattes, comme sont celles du papier et des étoffes; car ce brillant, ou une plus grande quantité de lumière réfléchie, fatigue plus promptement l'organe, et le rend par-là plutôt susceptible des ébranlemens qui produisent en nous ces illusions.

Buffon fit éprouver celles dont nous venons de parler, et dans les mêmes cas, à plusieurs personnes: qui toutes voyoient les mêmes apparences, c'est-à-dire, des apparences de même nom; car on sait qu'il n'est pas sûr que les mêmes objets colorés réveillent, en différentes personnes qui les regardent, les mêmes sensations de couleurs, et nous en pourrions dire autant par rapport aux saveurs et à toutes les autres qualités sensibles: ce que j'appelle verd, un autre peut fort bien le voir comme ce que j'appelle jaune ou violet. Le monde sensible est plein de malentendus; mais on ne laisse pourtant pas de s'entendre et de convenir jusqu'à un certain point, lorsqu'on applique constamment les mêmes dénominations aux mêmes causes de ce que l'on sent

de

de part et d'autre. Ainsi, les expériences de Buffon, répétées par d'autres physiciens, et suivies en ce sens des mêmes effets, fortifient d'autant plus les inductions qu'il en tire par rapport à l'optique et à l'organe de la vue du commun des hommes.

Une maladie, ou une incommodité ordinaire de cet organe, surtout chez les gens d'étude et les observateurs, est celle des taches obscures ou points noirs qu'on voit voltiger sur le papier et sur les autres objets éclairés. Le fréquent usage du microscope et des lunettes d'approche, ces expériences, même sur les couleurs, sont très-capables de la produire; et Buffon, qui s'y étoit exposé par tant d'endroits, ne l'avoit pas évitée; le jaune lui étoit insupportable; il évita de regarder ces couleurs trop fortes, et tous les objets brillans, et il parvint à se guérir.

Ce mémoire finit par une observation digne de remarque, et dont Buffon s'étonne que les physiciens et les auteurs d'optique n'aient point parlé. Les ombres des corps qui, par leur nature, doivent être noires, puisqu'elles ne consistent que dans la privation de la lumière, et qu'en effet elles ne présentent ordinairement à l'œil que du noir, sont toujours colorées au coucher et au lever du soleil. Buffon avoit observé plus de trente soleils levans et autant de soleils couchans, où les ombres qui tomboient sur une muraille blanche, ou sur du papier blanc, étoient vertes et plus souvent bleues, mais d'un bleu aussi vif que celui du plus bel azur. Le phénomène se soutint dans toutes les saisons, et depuis qu'il l'avoit annoncé d'autres personnes très-exercées à observer, l'avoient vérifié. Mais ces couleurs doivent être mises au nombre des couleurs réelles, et se peindront, sans doute, sur le fond de l'œil, et dans la chambre obscure qui fournit un des principaux moyens de les distinguer d'avec celles qui ne sont qu'accidentelles.

L'historien de l'Académie (Mairan) y ajoute ce qui se passe à l'égard de certaines couleurs, telles que le bleu et le verd, vues pendant la nuit, à la lumière des lampes et des bougies, avec l'échange vrai ou apparent qui s'en fait; car on sait qu'il est très-difficile de les distinguer, ou plutôt de ne les pas prendre presque toujours l'une pour l'autre. Surquoi il remarque seulement que ces deux couleurs, qui sont contiguës dans le spectre, ou image solaire que donne le prisme, diffèrent vraisemblablement beaucoup moins entr'elles, par leur mécanisme, comme par leur réfrangibilité, que celles qui sont séparées dans la même image par d'autres couleurs intermédiaires. Mais on peut demander si ce verd, qu'on voit alors comme bleu, et ce bleu, que l'on prend pour du verd, sont réels ou accidentels? se peignent ils au fond de l'œil conformément à la sensation qui en résulte? ce seroit sans doute un sujet de recherches, assez curieux et assez fécond, et qui influeroit peut-être sur les arts, et principalement sur la peinture. En général, il ne paroît pas que la réalité de telle ou telle couleur, vue à la lumière du jour, doive en exclure une autre dans la même surface colorée vue à la lumière pâle et imparfaite des flambeaux, dont les rayons, chargés d'une infinité de corpuscules hétérogènes, peuvent souffrir de toutes autres réfractions que les rayons du soleil, et se filtrer tout autrement en passant par le milieu qu'ils ont à traverser. (*Hist. de l'Acad.* 1743, p. 8.)

Il y a aussi, dans les mémoires de Pétersbourg, pour 1764, un mémoire curieux d'Æpinus, sur les couleurs qui restent dans l'œil quand on a regardé le soleil; sur les mouches flottantes, auxquelles il étoit sujet, et qu'il attribue à des varices dans les vaisseaux lymphatiques de l'humeur vîtrée; enfin, sur les couleurs des ombres qui lui persuadent que la lumière du jour est primitivement bleue.

Ces couleurs accidentelles dont Buffon avoit parlé, donnèrent lieu au P. Scherffer, jésuite de Vienne, de faire, en 1763 et 1765, de petits traités fort ingénieux et fort complets sur ces couleurs accidentelles; Bernoulli, qui en avoit la traduction, en parle dans son *Recueil pour les Astronomes*, t. III, pag. 282. Le P. Scherffer combinoit les couleurs dont l'impression reste dans l'œil avec celles d'un tableau fort bizarre, qui devenoit agréable par cette combinaison.

Beguelin, dans les *Mémoires* de Berlin pour 1767, rapporte beaucoup d'observations sur les couleurs des ombres, des nuages et de l'air. *Voy.* aussi Malville. *Edimb. Essays.* t. II, p. 75, cité par Pryestley, p. 440.

Les deux images qui se forment dans les deux yeux ne produisent qu'une seule sensation, et Dutour a donné un mémoire intéressant sur ces deux images. Un objet, dit-il, se peint sur l'une et l'autre rétine; l'image de l'objet est double, et l'objet nous paroît double effectivement toutes les fois que les deux images tombent sur des portions de rétines situées en sens contraire à l'égard des axes optiques, ou inégalement éloignées des points où ces axes aboutissent, ou enfin non correspondantes entr'elles. Mais si les deux images se peignent sur les rétines, soit précisément aux extrémités des axes optiques, soit à d'égales distances de ces points sur des parties correspondantes, l'objet paroît unique, quoique l'image soit double. Dans ce dernier cas, l'ame reçoit-elle l'impression des deux images à-la-fois, ou bien n'y en a-t-il qu'une des deux de la part de qui elle soit affectée sensiblement?

Dutour fit beaucoup d'expériences ingénieuses pour éclaircir cette difficulté, et il en conclut que des deux objets qui se joignent dans les yeux, il n'y en a qu'un seul qui affecte l'ame. Il fait valoir en faveur de son hypothèse sur la non efficacité d'une des deux impressions excitées par des images peintes sur des portions correspondantes des deux rétines, les avantages qu'il trouvoit pour rendre raison, d'une façon plausible et sans aucune supposition forcée, de deux expériences d'optique dont les contrariétés apparentes sembloient annoncer beaucoup de difficultés à les concilier. *Mémoires présentés*, t. III, p. 529. Il y a quelque espèce de rapport entre cette hypothése et celles de quelques physiciens, qui ont prétendu que nous ne voyons jamais que d'un œil, et que lors même qu'ils sont tous deux ouverts, il y en a un des deux qui est sans action et comme en repos; mais quoiqu'il présume que de deux images complètes qu'un objet produit dans nos yeux, il n'y en a ordinairement que la moitié dont l'impression soit efficace, il n'en admet pas moins que les deux yeux peuvent contribuer ensemble à la vision, et que l'ame peut être affectée dans le même instant par des images peintes dans l'un et l'autre œil, pourvu néanmoins qu'elles ne le soient point sur des portions de rétines correspondantes entr'elles.

Par exemple, au sujet d'une observation qu'il rapporte, il fait voir, et l'on peut presque dire qu'il démontre, que la perception de l'ame, en cette occasion, étoit le produit des impressions simultanées de l'image de l'œil gauche et de l'image de l'œil droit. *Mémoires présentés*, t. III.

Ces expériences faites pour établir que lorsque l'ame est affectée sensiblement par l'image d'un objet peint sur la rétine de l'un des yeux, l'impression de l'image reçue sur la portion correspondante de la rétine de l'autre œil, est inefficace et comme nulle, parurent concluantes; mais elles avoient le désavantage d'exiger qu'on croise les axes optiques à un point que les yeux en sont fatigués, et il est difficile de les tenir dans cette direction respective trop forcée, pendant un intervalle de temps, même peu considérable. On fit cette observation lorsqu'il lut son mémoire à l'académie; et il se crut engagé à imaginer sur ce sujet de nouvelles expériences exemptes de cette contrainte pour les yeux, qui rendoit les premières peu praticables: il en rapporte deux qu'on peut leur substituer et qui sont plus aisées à exécuter. (*Mémoires présentés*, t. IV, 1763.)

Il observe qu'il y a une cause naturelle, en vertu de laquelle les images, peintes sur les parties correspondantes des rétines, ne peuvent peut-être jamais produire que des impressions bien inégales entr'elles; ensorte que l'une des deux soit effacée par l'autre, qui agit supérieurement. Si, comme il le prétendoit, les yeux, pour n'être pas excédés par l'exercice de la vision, ont besoin de se relayer et de regarder de façon à ne voir distinctement que par intervalles, et par conséquent que l'un après l'autre, et tour-à-toùr, il pouvoit en concfure qu'il y avoit des moyens propres à empêcher que les yeux ne se fatiguassent pas tous les deux à-la-fois ; que l'un est dans l'inaction, tandis que l'autre agit ; et qu'en conséquence les yeux ne sont pas absolument semblables, mais au contraire disposés de façon que lorsque dans l'un la courbure naturelle de la cornée et du crystallin fait aboutir précisément sur les rétines les pointes des pyramides des rayons qui y peignent un objet placé à une certaine distance, de pareils rayons, au moyen d'une convexité un peu différente dans la cornée ou le crystallin de l'autre œil ne s'y réunissent qu'un peu au-delà ou un peu en-deçà de la rétine ; ensorte qu'on ne put voir de ce dernier œil l'objet aussi distinctement, sans faire un effort quelconque, capable, en changeant la courbure de la cornée ou du crystallin, d'augmenter ou diminuer la convergence des rayons de chaque faisceau dans cet œil. Cette différence, dans les yeux de chaque individu, doit paroître d'autant plus naturelle, que de célèbres philosophes prétendent que la nature ne fournit pas d'exemples d'une exacte conformité : dès-lors on conçoit que dès qu'un objet se peindra distinctement dans l'un des yeux, son image doit naturellement être moins nette dans l'autre, parce que l'observateur le distinguant suffisamment, en vertu de l'impression de l'image reçue dans le premier, s'épargnera volontiers une contrainte et un effort superflus pour rendre son image aussi distincte dans le second. Il n'y aura donc, dans le cas ordinaire, qu'un seul œil employé à-la-fois à l'exercice de la vision distincte, tandis que dans ce moment l'autre se reposera et fera la fonction négligemment, sauf à lui à avoir son tour pour voir dans les momens de relâche qu'exigera le premier.

Cette non conformité des deux yeux, peut ainsi être censée générale, et peut être que s'il se trouvoit quelqu'individu qui eût les deux yeux naturellement conformés de même, seroit-ce une exception singulière? C'est un fait reconnu, que dans la plupart des hommes les deux yeux n'ont pas la vision distincte dans les mêmes limites. Ainsi, on conçoit bien aisément comment, dans les cas ordinaires et où la vision est, pour ainsi dire, laissée à elle-même, les impressions faites par les images peintes sur les deux rétines étant inégales, il y en a une qui, par préférence, affecte l'ame, qui ne fait aucune attention à l'autre ; et aussi pourquoi, dans les cas ordinaires, toute la portion distincte du tableau, ou de la perception de l'ame ne dérive que d'une suite de deux images, et même à l'égard des cas où la vision est contrainte, et où l'on fait effort pour employer à-la-fois les deux yeux pour considérer un objet, on doit imaginer que comme il n'est pas nécessaire, pour voir distinctement l'objet, que les rayons de lumière partis de chacun de ces points, soient réunis précisément sur la rétine, on ne pousse jamais l'effort au point que ces rayons soient également réunis sur les rétines ou à d'égales distances des rétines dans les deux yeux; et qu'ainsi il y a toujours une des deux images qui est plus nettement dessinée que l'autre, et qui parlà a l'avantage d'affecter l'ame par préférence. On peut même imaginer de plus qu'elles diffèrent assez à d'autres égards encore pour que leurs impressions n'aient jamais, ou presque jamais, cette égalité qui les rendroit toutes deux efficaces en même-temps.

Nous avons vu, t. II, p. 505, que Barrow avoit établi un nouveau principe sur le lieu apparent de l'image des objets, ou par réflexion, ou par réfraction, et nous avons annoncé que nous reviendrions sur cette discussion. La plupart des opticiens avoient pris jusques-là, pour principe de cette détermination, que chaque point paroît dans le concours du rayon réfléchi ou rompu avec la perpendiculaire tirée de ce point sur la surface réfringente ou réfléchissante. On se l'étoit persuadé, en partie par une espèce d'analogie tirée de ce que, dans les miroirs plans, on aperçoit l'objet dans ce concours, en partie par une expérience qui paroissoit concluante. Lorsqu'on élève perpendiculairement dans l'eau une ligne, on croit voir son image former avec elle une seule ligne: il en est de même lorsqu'on plonge en partie perpendiculairement dans l'eau une ligne droite, la partie plongée paroît à la vérité rétrécie en longueur; mais son image, du moins considérée avec une attention médiocre, et dans certaines circonstances, paroît encore former une ligne droite avec la partie hors du fluide; ce qui semble prouver que chaque point de l'objet est vu dans le concours du rayon rompu avec la perpendiculaire à la surface.

Ce principe, qui étoit la base de toute la catoptrique et de la dioptrique, parut suspect à Barrow; et d'abord à le considérer du côté méthaphysique, il y a des raisons de douter: par quelle cause effectivement la perpendiculaire d'incidence auroit-elle la propriété de contenir l'image de l'objet: ce qui n'a aucune réalité physique ne sauroit engendrer aucun effet; et c'est-là le cas de cette perpendiculaire, qui n'est qu'un être imaginaire, semblable au centre de la terre, vers lequel, si les corps tendent, ce n'est pas l'énergie de ce centre, comme le pensèrent ridiculement les anciens, mais parce que l'action réunie, de toutes les parties de la terre, imprime au corps une direction moyenne vers ce point. Ainsi, voilà déjà une grande raison de se défier du principe. Quant aux expériences sur lesquelles on tâchoit de l'appuyer, Barrow les regardoit, avec raison, comme peu décisives, à cause de la difficulté d'apercevoir la courbure de cette ligne; il prétend même que l'expérience ci-dessus étant faite avec l'attention convenable, n'est rien moins que favorable au principe. Si l'on plonge, dit-il, perpendiculairement dans l'eau un filet éclatant, dont partie soit au-dessus de la surface et partie au-dessous, et qu'on regarde obliquement, on verra l'image de la partie plongée dans l'eau, se détacher sensiblement de celle de la partie extérieure, qui est, suivant les règles de la catoptrique, dans la perpendiculaire. Ainsi, il n'est point vrai que dans la réfraction, l'image de l'objet paroisse dans le concours du rayon rompu prolongé et de la perpendiculaire; et il faut en juger de même dans le cas de la réflexion.

Barrow chercha donc un autre principe plus solide que le précédent, et il crut l'avoir trouvé. Il prétendit que chaque point de l'objet paroît dans le concours, ou la pointe du faisceau des rayons qui entre dans l'ouverture de la prunelle. Ce sentiment, s'il n'est pas véritable, est du moins très-raisonnable. En effet, nous ne jugeons du lieu d'un objet, que par la sensation que produit sur notre œil l'inclinaison plus ou moins grande; l'œil, par un mouvement naturel, doit s'alonger ou s'aplatir pour apercevoir l'objet distinctement. Il paroît donc qu'on doit regarder le sommet de chacun de ces pinceaux comme le lieu apparent de chaque point de l'objet, et toutes les fois que ces rayons, contraints par une réflexion ou une réfraction, tomberont sur un œil avec une divergence particulière, l'œil jugera le point d'où ils viennent, au sommet du cône formé par ces rayons prolongés.

Conséquemment, à ce principe, Barrow rechercha dans quel point concourent les rayons, infiniment voisins sortis de chaque point de l'objet, et qui, après une réfraction ou une réflexion, vous tombent dans l'œil; et il trouva que si la surface réfringente est une surface plane, et que la réfraction se fasse d'un milieu plus dense dans un plus rare, ce concours est toujours, à l'égard de l'œil, en-deçà de la perpendiculaire d'incidence. Dans un miroir convexe, il en est de même, c'est-à-dire, que le concours des rayons infiniment proches, est en-deçà de cette perpendiculaire; si le miroir est plan, ce concours est dans la perpendiculaire; enfin, il est au-delà, si le miroir est concave. Barrow détermine aussi, d'après ces principes, quelle forme prend l'image d'une ligne droite présentée de différentes manières à un miroir sphérique, ou vue au travers d'un milieu réfringent, sur quoi il donne diverses déterminations géométriques curieuses et élégantes.

On voit par ce que nous venons de dire, que le docteur Barrow toucha de fort près à la découverte des caustiques; car ces courbes ne sont autre chose que la suite de toutes les images du même point, vu par réflexion ou par réfraction de toutes les places différentes que l'œil peut occuper : il est même surprenant que ce géomètre porté, comme il étoit, d'un goût décidé vers tout ce qui rapprochoit de la géométrie pure, n'ait pas recherché le lieu ou la courbe de tous ces points : il se pourroit bien que cet endroit des leçons de Barrow eût donné lieu à Tschirnhausen de s'occuper de cette considération.

Quelque vraisemblable que soit le principe ci-dessus, la candeur de Barrow ne lui permit pas de taire une expérience d'où naît une objection à laquelle il convient lui-même ne savoir que répondre : la voici. Qu'on place un objet au-delà du foyer d'un verre, et qu'on applique d'abord l'œil tout contre ce verre, on verra confusément, mais il paroîtra à-peu-près dans sa place ; qu'on éloigne ensuite l'œil du verre, la confusion augmentera et l'objet semblera approcher ; enfin, lorsque l'œil sera fort près du point de concours, la confusion sera extrême, et l'objet paroîtra tout contre l'œil. Or, dans cette expérience, l'œil ne reçoit que des rayons convergens, et par conséquent dont le concours, loin d'être au-devant, est derrière lui. Cependant il aperçoit l'objet au devant, et il juge, sinon distinctement, du moins confusément de sa distance, ce qui ne paroît rien moins que facile à concilier avec le principe dont nous parlons.

Après avoir beaucoup réfléchi sur cette difficulté, Montucla avoit imaginé une réponse qu'il a trouvée en lisant l'optique du docteur Smith, avoit été faite par le docteur Berckley, évêque de Cloyne, dans son *Essai sur une nouvelle théorie de la vision*. (Optique de Smith). Lorsque l'œil reçoit des rayons convergens, alors les pinceaux des rayons rompus par les humeurs de l'œil, qui devroient être rencontrés par la rétine, précisément à leur sommet, le sont après ce point de réunion ; et c'est-là ce qui produit la confusion, chaque point de l'objet ayant alors pour image, non un point, mais un petit cercle. Or, cet effet est le même que si ces rayons, venus de l'objet, étant trop divergens, les pinceaux formés dans l'œil eussent été rencontrés par la rétine avant leur sommet : cependant, dans ce dernier cas, on ne laisse pas de juger de la distance. On doit donc le faire de même dans le premier cas, quoique les rayons, loin de diverger d'un point placé au-devant de l'œil, convergent vers un point au-delà ; car là où l'impression sur l'organe est la même, le jugement doit être le même.

Voilà, en substance, le raisonnement du docteur Berckley ; mais il y a une difficulté que fait Smith, c'est que si cette réponse étoit suffisante, dans l'expérience de Barrow, l'objet devoit toujours paroître à une distance de l'œil, moindre que celle à laquelle on commence à voir les objets distinctement. Cependant cela n'arrive point ; l'objet paroît confus et semble passer successivement par toutes les distances moindres que celle où l'œil nud le jugeroit. Ainsi, dit Smith, il faut chercher une autre solution ou un autre principe sur la distance apparente des objets ; et voici le principe qu'il propose et qu'il tâche d'établir. Il pense qu'un objet vu par réfraction ou par réflexion, paroît toujours à une distance à laquelle on le jugeroit s'il paroissoit à l'œil nud de la même grandeur qu'à travers le verre ou dans le miroir. Ainsi pour rendre ceci sensible par un exemple, lorsqu'à l'aide d'un instrument optique, on voit l'objet double, il paroîtra rapproché de la moitié. Lors donc que, dans l'expérience du docteur Barrow, on regarde au travers d'un verre convexe, un objet situé au-delà de son foyer, l'œil étant près du verre, on voit cet objet confusément, par les raisons connues de tout le monde ; mais on le voit sensiblement de la même grandeur, et conséquemment on le juge à la même distance. Eloigne-t-on l'œil du verre, l'apparence de l'objet, quoique de plus en plus confuse, augmente : il semble approcher jusqu'à ce qu'il paroisse tout proche de l'œil.

Voilà l'expérience du docteur Barrow, assez heureusement expliquée ; et Smith prétend que son principe satisfait de même toutes les expériences que l'on peut proposer. Mais, dit Montucla, c'est un point sur lequel je ne saurois être entièrement de son avis. Je conviens qu'un objet vu au travers d'un télescope, paroît d'autant plus rapproché, qu'il est plus augmenté, et au contraire. Mais lorsque je considère un objet au travers d'une lentille convexe, ou dans un miroir convexe ou concave, je crois apercevoir tout le contraire de ce que prétend Smith. Tous les opticiens, je pense, ont regardé jusqu'ici comme certain que les images des objets vus dans un miroir convexe, paroissent moins éloignés de sa surface que les objets même, et au contraire dans les miroirs concaves ; et la chose me paroît ainsi, quelqu'effort que je fasse pour me la représenter autrement. Je crois aussi pouvoir démontrer que lorsqu'on voit un objet au travers d'un verre convexe, on le juge plus éloigné qu'à la vue simple ; car, qu'on pose une lentille convexe sur un papier écrit, ou tel autre objet qu'on voudra, qu'on le retire vers l'œil, en regardant au travers, on verra l'objet s'éloigner d'une manière très-sensible, à mesure qu'il sera plus grossi ; que si l'on doute encore qu'un objet vu au travers d'une lentille convexe, paroisse plus éloigné que vu à l'œil nud, voici une autre expérience qui en convaincra et qui m'a servi à convaincre quelques personnes qui s'étoient d'abord décidées pour le contraire. Je les invitai à regarder de haut en bas au travers d'une pareille lentille, le bord d'une table, et de tâcher ensuite avec le doigt de le toucher.

Il n'y en eut aucune qui ne portât le doigt plus bas qu'il ne falloit, loin de le porter plus haut, comme elles auroient dû faire, si elles eussent jugé l'objet plus proche. Je crois donc, d'après cette expérience qui me paroît décisive, pouvoir dire qu'un verre convexe éloigne plutôt qu'il ne rapproche l'apparence des objets vus au travers. Je crois enfin trouver une nouvelle difficulté dans l'expérience rapportée par Barrow, pour prouver la fausseté de l'opinion qui place le lieu apparent de l'image dans le concours du rayon rompu et de la perpendiculaire sur le milieu réfringent; car, suivant le système de Smith, lorsqu'on voit obliquement de dehors une eau tranquille, une perpendiculaire à la surface de cette eau plongée au-dedans, chacune de ses parties paroît d'autant plus diminuée qu'elle est plus profondément placée. Ainsi, si chaque partie devoit paroître d'autant plus éloignée qu'elle est plus diminuée, les parties plus basses devoient paroître au-delà de la perpendiculaire, et l'apparence de la ligne entière seroit une courbe placéee au-delà de cette perpendiculaire. Cependant, suivant Barrow, c'est une courbe qui tombe en-deçà. C'est pourquoi le principe imaginé par Smith ne me paroît pas satisfaire encore suffisamment aux phénomènes. A la vérité, l'objection faite contre celui de Barrow reste encore presqu'entière. Malgré cette difficulté, nous croyons, dit Montucla, à l'exemple de ce savant, devoir nous en tenir à son principe, jusqu'à ce qu'on ait trouvé quelque chose de plus satisfaisant. Je me fonde de même que lui, sur ce que cette difficulté tient à quelque secret de la nature, qui n'a pas encore été pénétré et qui ne le sera peut-être que lorsqu'on aura fait de nouvelles découvertes sur la nature de la vision : *Nimirum*, dit-il, *impraesenti casu peculiare quiddam naturae subtilitate involutum delitescit, aegre fortassis nisi perfectius explorato videndi modo detegendum.*

Dutour, dans le sixième volume des *Savans étrangers*, a cherché à prouver que l'objet se voit dans le rayon qui va de l'objet à l'œil. D'Alembert avoit proposé quelques difficultés contre le principe généralement adopté par les opticiens, que le point visible est apperçu suivant la direction du rayon qui va de ce point à l'œil. L'expérience, dit-il, paroît le prouver; mais il pense que celles qu'on peut faire sur ce point laissent des doutes, et il allègue pour exemple la difficulté qu'on éprouve à enfiler avec le doigt, un anneau qui n'est pas vû dans la direction de l'axe optique. Cette difficulté cependant annonce seulement qu'on juge mal de sa distance, et non qu'on se méprenne sur la direction de la ligne où il est placé par rapport à l'œil, car le doigt même, en manquant l'anneau, ne s'en dirige pas moins, soit en deçà, soit en-delà, sur la ligne qui passe par l'œil, et le centre de l'anneau.

D'Alembert observe avec raison que le jugement qu'on porte sur la direction de l'objet, ne sauroit être déterminé ni par la direction que suit la lumière dans l'intervalle qui sépare l'objet du crystallin, ni par celle quelle est forcée de prendre en se réfractant depuis le crystallin jusqu'à la rétine. A cet égard on peut même dire que cette supposition ne seroit pas plus admissible, lorsque le rayon visuel est dans l'axe optique, que lorsqu'il est oblique; car la lumière qui, du point visible, vient frapper la rétine en un endroit quelconque, n'est pas un simple rayon, mais un pinceau de rayons qui divergent depuis le point visible jusqu'au crystallin, s'y plient, et deviennent convergens depuis le crystallin jusqu'au point de la rétine où ils se réunissent. Dans l'une et l'autre de ces deux portions du faisceau de lumière, les différens rayons qui les composent ont tous des directions dissemblables : lequel de ces rayons auroit la préférence pour qu'on jugeat l'objet dans sa direction, et non dans celle des autres. Si en disant que le point visible est apperçu dans le rayon qui va de ce point à l'œil, on entend que la direction du point visible, dans le jugement qu'on en porte, est déterminée par celle des rayons qui le peignent sur la rétine; on seroit bien embarrassé à donner une solution satisfaisante aux objections de d'Alembert : mais si par-là on entend seulement qu'on juge le point visible dans la direction de la ligne que suit d'abord celui de ces rayons, qui est l'axe du pinceau, et qui du point visible tend à l'endroit de la rétine où se fait la réunion de ces rayons, l'opinion commune pourra ce me semble être soutenue.

En effet, puisque d'un côté l'expérience nous donne lieu de croire que le point visible est apperçu dans la direction de ce point à l'œil; et que d'un autre côté les lois de la mécanique demandent que l'action des rayons de lumière sur la rétine s'exerce et s'estime selon une direction perpendiculaire à la courbure que le fond de l'œil forme en cet endroit; il devient nécessaire d'admettre que la disposition des diverses parties de l'œil est telle que dans le cas où la vision se fait régulièrement, chacun des endroits de la rétine, où se peignent les différens points d'un objet, est perpendiculaire à la ligne qui, du point respectif de cet objet, iroit aboutir sur cet endroit de la rétine. Dès-lors, conformément aux lois de la mécanique, on doit appercevoir chaque point de l'objet dans la direction de la perpendiculaire à l'endroit de la rétine où le point de l'objet est peint, et en même temps aussi, conformément au principe des opticiens qu'on attaque, dans la direction de la ligne qui, du point respectif de l'objet, tend à cet endroit de de la rétine, et que Dutour appelle plus simplement la ligne de direction.

La disposition de l'œil convenable pour cet effet consiste 1°. en ce que le centre de la courbure sphérique de la rétine coïncide avec le centre de la courbure sphérique de la cornée; et 2°. en ce que le rapport de la réfraction de l'humeur aqueuse dans le crystallin, et celui de la réfraction du crystallin dans l'humeur vitrée soient combinées, de façon que le rayon qui depuis le point visible placé hors de l'axe optique, jusqu'à la surface antérieure du crystallin, s'avance selon la ligne de direction, et qui s'en écarte en entrant dans le crystallin, essuie à la sortie du crystallin une nouvelle déviation qui tende à le ramener vers la ligne de direction, et qui la lui fasse rencontrer précisément à l'endroit où celle-ci atteint elle-même la rétine. Dutour calcule l'effet des réfractions, et il établit la coïncidence des centres des courbures, de la cornée, et de la rétine; il résout l'objection de d'Alembert, duquel après tout il ne diffère pas beaucoup: juger l'objet dans la direction de la perpendiculaire menée du point où le rayon rompu vient tomber sur le fond de l'œil, lui paroît le parti le plus naturel à prendre. Il l'a proposé avec les difficultés dont il a pensé qu'il étoit accompagné, et ce sont ces difficultés qu'il a essayé de résoudre dans le mémoire dont je viens de donner un extrait.

Le cit. Rochon a aussi discuté dans son *Recueil* de 1783, la théorie de la vision par de nouvelles expériences; il examine ce qu'avoit dit Condillac dans son *Traité des sensations*, le Cat, dans son *Traité des sens*, d'Alembert, dans le premier volume de ses *Opuscules*, sur la direction à laquelle nous rapportons les objets, et qu'il regarde comme la perpendiculaire à la surface du fond de l'œil. Il trouve aussi que le foyer de l'œil ne varie pas sensiblement.

Le chevalier d'Arcy donna dans les *Mémoires* de 1765, des expériences curieuses, où l'on voit que la sensation de la vue dure un certain temps après que l'objet qui l'a excitée a disparu, ce temps mesuré avec une suffisante précision a été trouvé à-peu-près de 8 tierces ou d'un septième de seconde, par l'observation des cercles lumineux formés par les charbons ardens. Cette durée paroît plus considérable par les expériences d'un disque opaque: elle a paru aller jusqu'à 9 tierces. Cette durée de la sensation peut influer sensiblement dans les phénomènes où on peut confondre l'apparence réelle d'un objet dans un lieu, avec son apparence imaginaire, par la durée de la sensation. Dans les corps qui se meuvent, avec beaucoup de vîtesse, elle peut produire plusieurs effets très-singuliers, comme par exemple, de faire passer un corps opaque devant nos yeux, sans que nous l'appercevions, lorsque sa vîtesse est assez grande pour qu'il parcoure la grandeur de son diamètre, en moins de temps que ne dure la sensation du fond qui est au-delà.

Tobie Mayer fit des expériences pour établir le plus petit angle de vision dans différens cas. (*Comm. Gotting.* tom. IV. p. 97.)

Porterfield a fait beaucoup d'expériences sur la vision, dont Priestley nous donne un abrégé. Par exemple, il trouve qu'un objet en mouvement paroît immobile si le chemin qu'il fait en une seconde, est 1400 fois moindre que sa distance.

Le problême de Molyneux qui a si long-temps exerçé les métaphysiciens consiste à savoir si un aveugle qui a touché une boule et un cube, les distinguera en recouvrant la vue; cette question, ainsi que celles qu'occasionna l'aveugle guéri par Chesselden, se trouvent dans l'*Optique de Smith*, et dans l'*Histoire de Priestley*; de même que les *Descriptions* dont a parlé le Cat, dans son *Traité des Sens*, *M. Melville*, (*Edinb. Essays*, tom. II.)

M. Melville a fait des expériences sur les changemens de couleur qui arrivent dans les corps quand on mêle des sels avec l'esprit-de-vin allumé qui sert à les voir; comme Muschenbroëk, sur la lumière de différens mélanges que l'on peut changer, détruire et rétablir; Goddard en avoit déjà fait en 1665. (*Birch, Hist. of the R. soc.* tome I. page 11.)

Nous avons parlé, t. II. p. 518, des expériences de Newton sur les couleurs, et des contradicteurs qui se présentèrent, quoique Newton n'eût fondé la théorie des couleurs que sur des expériences très-sensibles; l'art de les faire fut, pour ainsi dire, renfermé assez long-temps en Angleterre. Et il se trouva d'abord en France, en Allemagne et ailleurs, des savans qui n'ayant pu séparer exactement les différentes espèces de rayons dont la lumière est composée, regardèrent cette théorie comme une simple hypothèse qui ne pouvoit point être démontrée par l'expérience. Mariotte entr'autres tenta de faire cette séparation, et la fit d'une manière si imparfaite, que le rouge par exemple, qu'il avoit séparé par la réfraction d'un prisme, étant rompu par un autre prisme, lui donna du violet et du bleu. Il conclut delà, que les rayons séparés par la réfraction du prisme, n'étoient point inaltérables par rapport à leur réfrangibilité, comme l'assuroit Newton.

Nous avons vu, t. II. p. 525, que Désaguliers avoit vérifié les expériences de Newton. Ce témoignage étoit bien capable d'enlever tous les suffrages, néanmoins on ne laissa pas de voir, peu d'années après un auteur italien s'élever contre la théorie de Newton. Rizzetti, dans une lettre adressée à M. Martinelli, et publiée dans le *Journal d'Italie*, déclara qu'il avoit répété soigneusement toutes les expériences de Newton et qu'il les avoit trouvées en partie fausses, en partie sans force, par l'omission de quelques circonstances essentielles. Enfin, qu'il en avait fait quelques autres qui renversoient entièrement la théorie du philosophe anglois. Il éludoit par exemple, l'expérience de la lentille, qui peint l'image du papier bleu plus proche que celle du rouge, en attribuant cette différence à la différente inclinaison des rayons venant de la partie rouge et de la partie bleue; il ajoutoit qu'ayant d'abord fait l'expérience avec le même succès que Newton, lorsqu'il avoit changé de place le bleu et le rouge, l'un et l'autre s'étoient peints avec les traits noirs à la même distance. De même, après avoir placé à même hauteur et parallèlement à l'horizon, un parrallélogramme peint, moitié en rouge, moitié en bleu, il convenoit que si le fond étoit noir, le bleu et le rouge paroissoient à différentes hauteurs : mais il ajoutoit que si le fond étoit blanc, ils paroissoient également élevés, ce qui ruinoit, disoit-il, les conséquences de Newton. Parmi les objections qu'il opposoit à Newton étoient encore celles-ci : lorsqu'on regarde un cheveu ou fil de soie noire et délié et placé en partie sur un fond rouge, en partie sur un fond bleu, on le voit distinctement; il en est de même lorsque l'on regarde deux fils, l'un rouge et l'autre bleu placés sur un fond noir, ou de quelqu'autre couleur. Il semble cependant qu'en admettant la différente réfrangibilité cela ne pourroit être. Je passe plusieurs autres raisons, parmi lesquelles je n'en vois aucune où il soit question de l'expérience où Newton fait passer successivement par les deux petites ouvertures, des rayons de différentes couleurs qui, tombant sur un prisme immobile après la réfraction qu'ils y éprouvent, vont se peindre à différentes hauteurs. Celle-ci est en effet trop peu susceptible de difficulté, et Rizzetti prend le parti de n'en rien dire.

Mais la théorie de Newton eut un défenseur habile dans M. Richter. Ses réponses me paroissent solides et victorieuses; il réitéra l'expérience du carton mi-parti en divisant chacune des parties colorées de bleu et de rouge, en plusieurs portions : or, il trouva toujours que les parties bleues avoient leurs points de distinction plus près que les rouges. Il rendit aussi une raison satisfaisante de la bande rouge et bleue, vue au travers du prisme et qui réussit différemment lorsque le fond est blanc, ou lorsqu'il est noir. Il montra enfin que les objections tirées de l'égale distinction avec laquelle on voit un fil rouge et bleu sur un fond noir, ou un fil noir sur un fond en partie rouge, en partie bleu, ne sont d'aucun poids. En effet, quelle manière de procéder en physique que celle de Rizzetti? qui vit jamais pour constater un effet naturel, à l'expérience la plus simple en substituer une plus composée? or, c'est ce que faisoit cet antagoniste de Newton, en substituant à la lentille, dont l'effet sur les rayons est parfaitement connu, l'œil dont la structure est si composée, et à travers les humeurs duquel nous ne connoissons qu'en gros le chemin des rayons. Car avons-nous assez de connoissance de la figure de toutes les parties de cet organe, pour être assurés qu'elles ne sont pas précisément conformées de manière à corriger l'aberration provenante de la différente réfrangibilité. Et quand nous sommes assurés par d'autres voies simples, de cette différente réfrangibilité, n'est-il pas plus raisonnable de soupçonner que l'œil est conformé, comme nous venons de dire, que de la contester sur ce que l'œil en est exempt. Rien ne ressemble mieux au procédé de Rizzetti, que celui d'un homme qui, dans une machine, dont la construction lui seroit à peine connue, ne voyant pas distinctement les forces en raison inverse des vîtesses, prétendroit que cette loi de la mécanique est une chimère, et rejetteroit les preuves qu'en fournissent toutes les machines simples. Ce fut à-peu-près-là ce que répondit Richter. Rizzetti répliqua, le défenseur de Newton répondit de nouveau; enfin Rizzetti revenant à la charge, en 1727, publia un écrit intitulé : *De luminis affectionibus*, où il réitéra toutes ses assertions précédentes sur la théorie newtonienne des couleurs. On l'y voit de plus affecter beaucoup de confiance, et s'écarter assez considérablement des égards dus à Newton. Ce fut ce qui engagea Désaguliers à réitérer en 1728, devant la Société-Royale de Londres, les expériences contestées. Elles eurent de nouveau le succès désiré, de même que diverses autres qu'il imagina dans la vue de confirmer les premières, ou de répondre aux objections de Rizzetti. En voici une de ces dernières. Désaguliers fit faire une boîte quadrangulaire, percée au-devant d'un trou rond, et dans laquelle deux lumières cachées pouvoient illuminer fortement le fond opposé sans qu'il se répandît aucune lumière dans la chambre. Sur ce fond, et directement au-devant de ce trou, étoit une ouverture quarrée divisée en bandes et en cellules, par des fils de soie noire très-déliée. Au-devant du trou rond étoit placée une lentille de quelques pieds de foyer à la distance d'environ le double de ce foyer. Lorsqu'on plaçoit à l'ouverture quarrée une surface teinte de rouge, et qu'on avoit trouvé son image distincte sur le carton placé au-delà de la lentille, si l'on changeoit cette surface en une bleue, l'image n'étoit plus distincte, et il falloit approcher le carton : ici tout est semblable, et il n'y a aucun lieu à l'objection de Rizzetti, qui probablement commettoit lui-même la faute qu'il reprochoit à Newton, savoir de faire tomber les rayons bleus et rouges sur la lentille, sous différentes inclinaisons. D'ailleurs, il n'y a absolument que les rayons venant de l'objet, tantôt bleu, tantôt rouge, qui arrivent à la lentille. Quoi de plus concluant, de plus propre à dissiper tous les doutes sur la différente réfrangibilité de ces rayons. Désaguliers répéta de la même manière et avec le même succès, l'expérience du carton, mi-parti de rouge et de bleu. Il en fit enfin diverses autres également convaincantes que je passe pour abréger. Je ne sais si Rizzetti se rendit à des preuves répétées avec tant de soin et tant d'authenticité : le ton qui règne dans ses écrits me fait craindre le contraire.

Les expériences de Newton eurent aussi en France le succès convenable, dès que l'art de faire des expériences y fut perfectioné. On doit, à la mémoire du cardinal de Polignac, la justice de remarquer que c'est sous ses auspices, et par ses soins que l'expérience de l'inaltérabilité des couleurs séparées par le prisme réussit pour la première fois dans ces contrées. Quoi qu'attaché en général à la doctrine de Descartes, dont il avoit été autrefois un des premiers défenseurs, il n'avoit pas laissé de goûter la théorie de Newton sur les couleurs. Il n'épargna rien pour vérifier l'expérience ci-dessus. Il se procura à grand frais les prismes les plus parfaits; et en suivant le procédé de Newton l'expérience réussit très bien entre les mains de Gauger; l'auteur, je pense du livre ingénieux de la mécanique du feu; le cardinal, reçut à ce sujet une lettre de remerciment de Newton. Il devoit donner place à cette théorie dans son *Anti-Lucrèce*; mais sa mort qui ne lui laissa pas le temps de mettre la dernière main à ce poëme nous a aussi privés de ce morceau. Depuis ce temps-là divers physiciens l'ont faite, et la font avec le même succès. Nollet nous l'apprend lui-même dans ses *Leçons de physique* (tome V.) Et dans une note, il avertit que quelques-uns l'ont cité mal-à-propos comme ayant trouvé sur cela Newton en défaut. C'est, dit-il, un honneur qu'il ne prétend point du tout partager avec le P. Castel, et l'auteur de la *Chroagénésie*. Ainsi il ne peut plus y avoir d'incrédules sur cette partie des vérités enseignées par Newton, que des gens inattentifs, ou prévenus, et incapables d'apprécier les preuves qu'on en donne. On les eût vus dans le siècle passé nier de même la pésanteur de l'air et la circulation du sang.

Quand je réfléchis à l'authenticité du succès des expériences de Newton, j'ai peine à concevoir d'où vient que quelques personnes de mérite, M. Dufay, par exemple, ont pu penser qu'on pouvoit n'admettre que cinq où même trois couleurs primitives. Il est vrai qu'avec du bleu et du jaune, par exemple, on compose du verd; mais malgré cela, le vrai verd de la lumière du soleil, celui de l'image colorée suffisamment séparé des autres couleurs, ne se décompose point. Comme le verd forme du jaune et du bleu, il en est de même de chacune de six autres couleurs de cette image. Ainsi il y a dans la lumière du soleil, sept couleurs primitives, quoique des couleurs ressemblantes à quelques-unes d'entr'elles puissent être formées par d'autres mélanges. Je ne sais encore comment le P. Regnaud, auteur de l'*Origine ancienne de la Physique moderne et des Entretiens physiques*, a pu se prévaloir du peu de réussite de Mariotte dans l'expérience de Newton, pour prétendre que les couleurs varient par la réfraction. Pouvoit-il ignorer que cette expérience avoit réussi en France, et qu'à différentes reprises elle avoit été réitérée d'une manière authentique en Angleterre. Quant au P. Castel, l'insectateur perpétuel de Newton, on sait que chez lui l'imagination dominoit toutes les autres facultés, mais ce n'est pas avec de l'imagination qu'on combat des vérités établies par des expériences réitérées. Aussi le P. Castel n'a-t-il porté aucune atteinte à aucune partie de l'édifice newtonien, et son optique des couleurs publiée en 1740, ne séduira aucun de ceux qui ont connoissance des faits que nous venons de raconter. S'il est encore aujourd'hui quelques contradicteurs de Newton en ce point, ce sont des hommes qui montrent si peu de connoissance en physique et en mathématique, qu'on peut leur dire ce que dit Xénocrate à un personnage semblable : *Apage apage, ansas philosophiae non habes.*

On a encore vu dans ces derniers temps quelques autres contradicteurs de Newton dont nous ne savons si nous nous devons parler, tant leurs objections sont pitoyables et agéométriques. L'Angleterre elle-même, ou l'Ecosse, en a produit un dans un nommé Gordon ; ce que nous remarquons ici, pour repousser l'imputation faite à la France, par quelques Anglois d'avoir produit le fameux contradicteur de Newton, Gautier. Je puis dire, d'après ce que j'ai lu en quelques endroits des objections et des raisonnemens de Gordon, que c'est le vrai Gautier de l'Angleterre. Aussi le Gautier françois en faisoit-il beaucoup de cas.

Parmi les contradicteurs de Newton il n'en fut peut-être jamais un plus pitoyable, plus ignorant et plus triomphant que Gautier peintre françois, auteur soit-disant de l'art de graver en couleur que le Blond avoit imaginé avant lui, et que ce prétendu inventeur avoit fait plutôt rétrograder qu'avancer ; car les ouvrages de ce Gautier font le supplice d'yeux accoutumés à voir des choses au moins passables, tant ces prétendus chefs-d'œuvre sont ternes, sales, et mal dessinés. Cet homme néanmoins maniant des couleurs se crut fait pour raisonner sur cette matière, et attaqua Newton dans un ouvrage intitulé : la *Chroagénésie*, qu'il qu'il donna en 1712. On peut juger de la solidité, et même de la bonne foi de ce contradicteur de Newton, par une expérience qu'il faisoit pour prouver que la couleur bleue et la rouge n'éprouvoient aucune différence de réfraction. Il avoit un prisme mi-parti dont une moitié étoit remplie d'une couleur rouge, et l'autre d'une bleue ; et comme les images colorées n'étoient point plus élevées l'une que l'autre, il en concluoit que l'assertion de Newton n'étoit pas vraie. Il convenoit cependant avec simplicité que ces liqueurs étoient imprégnées de sels, et même de sels différens. C'est un aveu naïf qu'il avoit, par le moyen de ces sels, donné à ces deux liqueurs des dégrés de puissance réfractive différens, et de manière à ce que les deux couleurs fussent portées à la même hauteur. Ce contradicteur de Newton donne encore une preuve palpable de son ignorance ; car Newton ayant dit et démontré que les rayons les plus réfrangibles étoient aussi les plus réflexibles, Gautier prétendoit qu'il étoit tombé dans une grossière erreur ; un rayon bleu se réfléchissant à angle égal à celui d'incidence tout comme un rayon rouge. Mais ceux qui entendent Newton savent que ce n'est point-là ce qu'il entend par plus grande réflexibilité. Lorsqu'un rayon tend à passer d'un milieu plus dense dans un plus rare ; comme la réflexion se fait en s'écartant de la perpendiculaire, il est une incidence sous laquelle il ne peut plus pénétrer dans le second milieu, il se réfléchit alors au lieu de se rompre, et cette réflexion ne peut se faire qu'à angles égaux à ceux d'incidence. Il suit delà que le rayon qui éprouve une plus grande réfraction, doit aussi plutôt parvenir à cette incidence qui ne lui permet plus de passer dans le second milieu ; et cela arrive aussi d'autant plutôt, qu'il y a une plus grande inégalité de densité entre les milieux, ensorte qu'un rayon qui pénétroit, par exemple, sous un certain angle, du verre, ou de l'eau dans l'air n'y pénètre plus quand cet air est supprimé ; au reste, il faut convenir que Newton à cet égard ne s'étoit pas expliqué. Gautier prétendoit aussi trouver Newton en défaut, sur ce que quelque loin que soit le carton sur lequel on reçoit l'image colorée, les couleurs différentes sont toujours contiguës ; car, disoit-il, si les rayons rouges sont moins réfrangibles que les rayons orangés, il y aura une distance à laquelle ils seront totalement dégagés les uns des autres ; la bande rouge sera totalement isolée de la bande orangée. Je vois même que des physiciens d'ailleurs partisans de Newton ont été ébranlés par cette objection. Elle est néanmoins sans aucune solidité. Newton n'a point dit que tous les rayons rouges eussent un égal degré de réfrangibilité ; elle augmente par degrés insensibles depuis le moins refrangible des rayons rouges, jusqu'au plus réfrangible des violets, ensorte que celui des rouges le plus voisin des orangés a sensiblement le même degré de réfrangibilité que le premier des orangés. Quelque loin conséquemment que l'on prolonge le faisceau de rayons colorés sortant du prisme, il ne doit jamais y avoir une interruption entre les bandes colorées, et l'image où le spectre passera par degrés insensibles du rouge à l'orangé, de celui ci au jaune, &c. &c. Mais il est superflu d'entrer dans de plus grands détails sur les traits presque continuels de l'ignorance de Gautier. Ils furent relevés dans le temps, c'est-à-dire, vers 1752, dans le *Journal Economique*, de manière à convaincre tous ceux qui ont les élémens de cette théorie. Aussi n'eut-il jamais pour partisan que lui-même et un poète de son pays digne de l'admirer ; car celui-ci fit aussi sur l'optique la grande découverte que les images des objets peints au fond de l'œil n'étoient point renversées.

En 1739, Jean Banieres fit imprimer un volume entier intitulé : *Examen et Réfutation des élémens de la philosophie* de Newton par M. de Voltaire ; ce volume est presque tout en entier sur l'optique ; il ne contient pas de nouvelles expériences, mais des raisonnemens et des hypothèses ; l'auteur attaque l'attraction, il prétend que la lumière est répandue dans tout l'univers, et qu'elle n'émane pas du soleil, et que si cela étoit, nous n'y verrions pas en plein midi ; il entreprend de prouver l'existence des atomes indivisibles.

Le baron de Marivetz prétendit aussi renverser les découvertes de Newton sur les couleurs, et présenta un nouveau système sur ce sujet, dans son grand ouvrage de la *Physique du monde*, dont il y a huit volumes *in*-4°. imprimés en 1780 et suiv.

Enfin Marat prétendit également renverser la théorie de Newton. Nous osons dire que si Newton est un chef-d'œuvre dans l'art d'interroger la nature, l'ouvrage de Marat en est précisément l'inverse. Rien de plus vague et d'ailleurs de moins intelligible que ses expériences. Du reste, il n'en est pas une seule de Newton qui soit infirmée ; Marat ne laissa pas de présenter de nouveau les idées au public en 1780, sous le titre de *Découvertes de M. Marat sur la lumière* ; car personne n'étoit plus fécond en découvertes que lui. Les plus grands hommes en ont fait deux ou trois dans une longue vie. Mais Marat en faisoit par centaine, sur le feu, sur la lumière, sur l'électricité, etc.

En 1782, il donna une seconde édition de son ouvrage, ainsi qu'un précis à l'usage des élèves de philosophie : ces éditions sont depuis long-temps oubliées.

Il manquoit, sans doute, à la satisfaction de l'auteur de voir ses prétendues découvertes sanctionnées par le jugement d'une compagnie savante. Il engagea M. le duc de Villeroy à remettre à l'académie de Lyon, dont il étoit protecteur, une médaille d'or de 300 liv. pour un prix extraordinaire qu'elle devoit décerner au meilleur mémoire sur cette question : « les expériences » sur lesquelles Newton établit la différente réfrangibilité des » rayons hétérogènes, sont elles décisives ou illusoires » ? Marat, qui probablement avoit fourni l'argent, comptoit remporter le prix, il cabala long-temps pour que l'académie jugeât en sa faveur; mais elle n'entra pas dans ses vues; ses commissaires furent sourds aux préventions qu'on tâcha de leur inspirer, et après une discussion approfondie, cette société, dans son assemblée du 17 août 1776, accorda le prix à un mémoire dont l'auteur étoit le cit. Flaugergues, astronome de Viviers, aujourd'hui associé de l'Institut, et l'accessit à un autre mémoire composé par M. Brugmann, professeur de philosophie et de mathématiques à Groningue, tous deux défenseurs de la théorie newtonienne : le concours avoit produit huit mémoires, quatre pour et quatre contre cette théorie.

L'ouvrage de Marat contient un grand nombre d'expériences, mais qui étoient déjà presque toutes connues, et qui, dans la réalité, confirment la théorie de Newton sur les couleurs : si les résultats de quelques-unes de ces expériences paroissent infirmer cette théorie, cela vient du peu de soin de l'auteur, qui, au lieu d'opérer, comme Newton, dans une chambre soigneusement fermée à toute lumière, excepté celle du faisceau qu'il analysoit, s'étoit plu au contraire à introduire la lumière par de larges ouvertures; ensorte que les effets appartenans au faisceau de rayons sur lequel il opère, se trouvent compliqués avec ceux qui sont produits par la lumière étrangère, de manière à ne présenter qu'un résultat douteux et incertain. Le phénomène des ombres colorées dont nous avons parlé cidevant a fourni encore aux illusions de l'auteur, qui ne savoit pas le distinguer, le séparer des autres phénomènes.

Les principales assertions de Marat sont, 1°. qu'il n'y a que trois couleurs primitives, le rouge, le jaune et le bleu : sur ce point, il n'est que l'écho de Gauthier d'Agoty ; 2°. que les couleurs, dans l'expérience ordinaire du prisme, sont produites par la deviation des rayons sur les bords du trou du volet, ou en passant par des inégalités du prisme; 3°. que tous les rayons sont également réfrangibles; 4°. enfin, qu'on ne peut décomposer la lumière par le moyen de la réfraction, et pour prouver une assertion aussi étrange, il propose de faire tomber sur un prisme la pointe du cône réfracté par une lentille, et de recevoir les rayons réfractés par ce prisme sur un carton où ils formeront une aire blanche entourée de croissans ciselés : cette aire blanche, suivant Marat, est une lumière indécomposée et indécomposable ; mais un écolier sait que la réfraction, au travers d'un prisme, ne donnant que cinq à six degrés de divergence aux rayons hétérogènes, parallèles dans leur incidence sur ce prisme, si ces rayons au lieu de former un faisceau parallèle, forment un faisceau d'une divergence plus grande que six degrés, ils ne peuvent plus être entièrement séparés par la réfraction, et il doit rester au milieu du spectre, une aire blanche correspondante à l'espace sur lequel ils tombent ensemble. Si l'on veut encore s'assurer combien est fausse la conséquence tirée par Marat, de cette expérience, il n'y a qu'à placer un autre prisme dans cette lumière, qu'il prétendoit indécomposable, et à une distance du foyer de la lentille, telle que la largeur du prisme ne soustende qu'un angle de 32′ environ, la portion de cette lumière, réfracté par ce second prisme, va former un spectre absolument semblable à celui qu'on obtiendroit en opérant avec les rayons directs du soleil.

Il seroit trop long de relever ici de pareilles bévues ; toutes les conséquences que tire l'auteur des expériences qu'il a compilées dans son ouvrage, sont dans le même goût ; mais aussi le mémoire couronné, ne contient pas seulement la réfutation des opinions erronnées de Marat, de Rizetti, de Gautier, de Lecat, etc. Il peut être regardé comme un supplément à l'optique de Newton, l'auteur y ayant donné les démonstrations que Newton avoit supprimées pour être plus court ; ces démonstrations sont toutes synthétiques et fondées uniquement sur les élémens d'Euclide et sur la trigonométrie ; il a suivi la même méthode dans un *Mémoire sur la théorie de l'arc en-ciel*, qui fut couronné l'année suivante (1787), par l'académie de Montpellier, et qui, joint au précédent, fait une défense complette de la théorie newtonienne de la lumière et des couleurs.

Marat avoit demandé à l'académie des commissaires pour des expériences faites au microscope solaire, auxquelles on donna une espèce d'approbation : il la fit imprimer à la suite de ses rêveries, et l'on fut obligé d'en faire un désaveu.

Ses idées sur l'arc-en ciel sont aussi pitoyables : il n'avoit pas même une idée de ce que l'on savoit avant Newton, que deux rayons tombant sur une goutte de pluie, de manière qu'après s'y être rompus, et avoir été réfléchis une ou deux fois par la goutte, ils sortent encore parallèles. Ainsi, tous autres rayons que ceux-là étant divergens au sortir de la goutte, ne peuvent porter au loin aucune impression lumineuse ; et Marat ne donnoit qu'une idée de sa profonde ignorance, en prétendant que si l'explication newtonienne ou cartésienne de l'arc-en-ciel, étoit vraie, on devroit le voir sous toute sorte d'angles; car il est bien vrai qu'il y a toujours un rayon indivisible, et, pour ainsi dire, mathématique, partant du soleil et arrivant à l'œil, après sa réflexion sur l'œil; ou dans la goutte, quelle que soit sa position à l'égard du soleil; mais il est trop foible pour porter aucune impression de lumière, sur l'organe de la vue, du moins en plein jour. Si donc Marat, au lieu d'attaquer Newton, eût étudié l'explication de Descartes, il n'eût pas hasardé une aussi frivole objection: *Ab una disce omnes*, et cela nous dispense, sans doute, d'un plus long examen de cet ouvrage, qui seroit un chef-d'œuvre de conviction, si des figures habilement enluminées formoient des démonstrations. Marat n'étoit qu'une bête alors, il devint une bête féroce, lorsque la révolution eut enflammé les têtes, et qu'on le vit, le 24 août 1792, dire à la tribune qu'il y avoit 270000 têtes à abattre pour conquérir la liberté.

Je ne regarde pas comme des adversaires de Newton ceux qui pensent qu'on ne doit pas réduire à sept les couleurs prismatiques. Le cit. Rochon observe que le télescope armé de prismes, prouve que la lumière est susceptible d'une extensibilité illimitée.

Les couleurs prismatiques, produites dans le spectre par cette extensibilité de la lumière, nous conduisent par degrés insensibles, du rouge au violet, et il pense que rien n'est plus arbitraire que de réduire les couleurs prismatiques à trois, cinq, sept, ou un plus grand nombre de dénominations principales.

Cette assertion, qui paroît différer de l'opinion adoptée par la plupart des physiciens, d'après la théorie de Newton, est encore confirmée par l'observation de d'Alembert, à laquelle le cit. Rochon trouve qu'il est difficile de répondre dans toute autre supposition.

Les couleurs que Newton appelle homogènes, sont-elles indécomposables, et Newton a-t-il pu affirmer qu'une couleur primitive avoit toujours une réfraction relative à sa nature, et étoit inaltérable à un tel point, qu'il ait pu dire: *nec variat lux fracta colorem?* Cela peut être pour une petite étendue; le cit. Rochon n'en revient pas moins à l'extensibilité de la lumière d'une manière illimitée, et cette propriété une fois prouvée, il ne voit ni rayons simples, ni couleurs inaltérables. En effet, lorsqu'on regarde une étoile avec le télescope armé d'un prisme, on voit un spectre, ou plutôt une ligne colorée. Les différentes couleurs qui la composent ne laissent apercevoir aucune interruption, parce qu'elles suivent une dégradation imperceptible. (Recueil 1783, p. 38).

Les couleurs que Newton observa entre un verre plan et un verre peu convexe, en les pressant l'un contre, donnèrent lieu à

Mazeas de faire des expériences semblables, et il trouva des résultats que Newton n'avoit pas prévus. *Mémoires* de Berlin, 1752, *Mémoires des Savans étrangers*, t. II.

Si l'on fait glisser l'une sur l'autre deux surfaces transparentes et bien polies, telles que sont les glaces de miroirs, observant de presser également, autant qu'il est possible, sur tous les points des deux surfaces, on s'aperçoit bientôt d'une résistance qui se fait sentir quelquefois vers le milieu et d'autres fois vers les extrémités des glaces; en portant la vue vers cet endroit, on aperçoit deux ou trois lignes courbes très-fines, dont les unes sont d'un rouge pâle et les autres d'un verd languissant; en continuant toujours de frotter, ces lignes rouges et vertes se multiplient le long de la surface du contact, et on aperçoit un mélange de couleurs, tantôt dispersées avec confusion, et sans ordre, et tantôt dans un ordre régulier. Dans ce dernier cas, ces lignes colorées sont le plus ordinairement des cercles et des ellipses concentriques, ou plutôt des ovales plus ou moins alongés, suivant que les surfaces planes sont plus ou moins unies : on parviendra infailliblement à former de telles figures, si en frottant les glaces, on prend la précaution de les bien essuyer et de les présenter de temps en temps au feu.

Lorsque les couleurs sont formées, les verres se tiennent collés avec beaucoup de force, et demeurent pour toujours dans cet état d'union sans aucun changement ni altération de couleurs. Au centre de tous ces ovales, dont le grand diamètre excède ordinairement dix lignes, on voit une petite lame de même figure parfaitement semblable à une lame d'or qu'on auroit interposée entre les verres. Souvent cette petite lame a dans son centre une tache noirâtre qui absorbe les rayons de la lumière, excepté ceux qui nous donnent la sensation du violet; car cette couleur s'y voit en abondance à travers le prisme.

On voit dans toutes ces expériences la différence qui se trouve entre la génération des couleurs dans ces surfaces courbes, ou dans les surfaces planes; mais ici elles n'ont lieu qu'après que les glaces ont donné des couleurs par le frottement, il lui paroît prouvé que ce n'est pas l'air qui produit ces couleurs, quoique Newton ne les ait attribuées qu'à l'air. Ç'auroit été une satisfaction pour lui (dit Mazeas) d'apercevoir comme une seconde branche de cette théorie délicate, de voir entre deux surfaces planes des cercles ovales colorés de 12 à 15 lignes de diamètre, de donner à ces couleurs une vivacité surprenante et une durée égale à celle des verres; enfin, de former, par la transmission de la lumière, une nouvelle suite de couleurs analogue à celle qui avoit été formée par la lumière réfléchie. (*Mémores présentés*, &c. t. II, 1755. p. 27).

Musschenbroëk ajouta aux observations de Newton sur les corps minces et les couches d'air interposées, ainsi que Dutour, *Mém. prés.* t IV, et le duc de Chaulnes. *Mém.* 1755, p. 201.

Le poëme du P. Noceti, *de Iride*, donna occasion au P. Boscovich de faire de savans commentaires, où il y a calculs et des recherches dignes d'attention, imprimés à Rome en 1741.

Priestley s'étend beaucoup sur les parelies et les halo, p. 612 et suiv.

X V I.

Sur la manière dont la lumière se propage.

La lumière du soleil vient-elle à nous par un déplacement rapide des corpuscules qui en émanent, ou n'est-elle que l'effet des vibrations d'un fluide interposé? Le célèbre Euler rejetoit le système de l'émanation, d'après l'énorme rareté des rayons solaires aux environs de la terre; quoique je n'ignore pas, ajoute-t-il, que les partisans de l'émanation ne trouvent rien d'absurde dans cette rareté étonnante, je ne doute pourtant pas que cette raison même ne fasse perdre à ce système beaucoup de sa vraisemblance auprès des personnes impartiales.

Je n'insiste pourtant pas plus sur cet argument; mais il me paroît impossible d'expliquer d'aucune manière comment deux ou plusieurs rayons de lumière qui partent de différens endroits, et se rencontrent avec une vîtesse aussi incompréhensible, ne se dérangent pas mutuellement dans leurs mouvemens; car lorsqu'on fait entrer plusieurs rayons de lumière par un très-petit trou dans une chambre obscure, ou lorsqu'on les rassemble au moyen d'un miroir ou d'un verre ardent; ils se croisent dans le foyer; on n'aperçoit aucun changement dans leur direction, quoiqu'il soit tout-à-fait impossible qu'il n'y arrive des chocs très fréquens et très-violens.

Cet argument me semble avoir une grande force pour renverser totalement ce système de l'émanation.

Si les rayons de lumière émanoient du soleil, avec une aussi grande rapidité, il seroit encore impossible d'expliquer la nature des corps diaphanes d'une autre manière qu'en y supposant des passages en lignes droites pour que les rayons pussent les traverser; mais comme les rayons peuvent traverser les corps diaphanes dans tous les sens possibles, il seroit nécessaire que ces corps fussent percés partout en lignes droites; de sorte que l'on ne pourroit pas imaginer une ligne droite, qui ne fût en même-temps un de ces passages pour la lumière; il en résulteroit que la lumière qui compose les corps, ne trouveroit aucune place, et qu'il n'y auroit plus aucune cohésion; car il ne peut arriver qu'il y ait des passages dans toutes les directions, quelque soit la manière d'après laquelle les molécules soient disposées. (*Euleri opuscula*, 1746) Il en parle assez au long dans ses *Lettres à une princesse d'Allemagne*, imprimées en 1768. Elles furent écrites en 1760, aux deux filles du Margrave Henri de Brandebourg, dont l'aînée fut ensuite abbesse de Hervorden, et la cadette, duchesse d'Anhalt-Dessau. Il remarque d'abord que Descartes soutenoit le système des vibrations; mais ayant rempli tout l'univers d'une matière subtile composée de petits globules, du second élément, il mettoit le soleil dans une agitation perpétuelle qui frappoit sans cesse les globules; il supposoit que ceux-ci communiquoient leurs mouvemens dans un instant partout l'univers. Mais depuis qu'on a découvert que les rayons du soleil ne parviennent pas dans un instant jusqu'à nous, et qu'il faut faut environ huit minutes pour parcourir cette grande distance: le sentiment de Descartes a été abandonné, sans parler d'autres inconvéniens qui l'accompagnent. Newton a embrassé le premier sentiment de l'émission, et a soutenu que les rayons du soleil sortent réellement du corps du soleil, et que des particules extrêmement subtiles en sont lancées et dardées avec cette vîtesse inconcevable, dont elles sont portées du soleil jusqu'à nous en huit minutes. Ce sentiment, qui est celui de la plupart des philosophes d'aujourd'hui, et surtout des Anglois, est nommé le système de l'émanation, puisqu'on croit que les rayons émanent réellement du soleil, et aussi des autres corps lumineux, tout comme l'eau émane d'une fontaine. Euler trouve que ce sentiment choque la raison; car, dit il, si le soleil jetoit continuellement, et en tout sens, ces torrens de matière lumineuse, avec une si prodigieuse vîtesse, il semble que la matière du soleil en devroit être bientôt épuisée, ou du moins il faudroit qu'on y remarquât, depuis tant de siècles, quelque diminution, ce qui est pourtant contraire aux observations. Certainement une fontaine qui jeteroit en tout sens des fleuves d'eau, seroit d'autant plutôt tarie, que la vîtesse seroit plus grande: ainsi, la prodigieuse vîtesse des rayons devroit bientôt épuiser le corps du soleil. On a beau supposer les particules, dont les rayons sont formés, aussi subtiles qu'on voudra; le système demeure toujours également révoltant. Suivant Euler, on ne peut pas dire que cette émanation ne se fasse pas tout-au-tour, et en tout sens; car, en quelque endroit qu'on soit placé, on voit le soleil tout entier; ce qui prouve incontestablement, que vers cet endroit sont lancés des rayons de tous les points du soleil. Le cas est donc bien différent de celui d'une fontaine qui jeteroit même des fleuves d'eau en tout sens. Ici ce n'est que d'un seul endroit d'où le trait sort vers

une

une certaine contrée, et chaque point ne lanceroit qu'un seul trait; mais pour le soleil, chaque point de sa surface lance une infinité de traits qui se répandent en tout sens. Cette seule circonstance augmente infiniment la dépense de matière lumineuse que le soleil devroit faire.

Il trouve encore un autre inconvénient qui ne lui paroît pas moindre : non-seulement le soleil jette des rayons, mais aussi toutes les étoiles : donc puisque par tout il y auroit des rayons du soleil et des étoiles qui se rencontreroient mutuellement; avec quelle impétuosité devroient-ils se choquer les uns les autres? et combien leur direction en devroit-elle être changée? Une semblable croisée devroit arriver dans tous les corps lumineux qu'on voit à-la fois. Cependant chacun paroît distinctement sans souffrir le moindre dérangement des autres; et c'est une preuve bien certaine, selon lui, que plusieurs rayons peuvent passer par le même point sans se troubler les uns les autres, ce qui semble inconciliable avec le sistème de l'émanation. En effet, on n'a qu'à faire ensorte que deux jets d'eau se rencontrent, et l'on verra d'abord qu'il se troubleront dans leur mouvement, d'où l'on voit que le mouvement des rayons de lumière est essentiellement différent de celui des jets d'eau, et en général, de toutes les matières qui seroient lancées. Ensuite en considérant les corps transparens par lesquels les rayons passent librement et en tout sens; les partisans de ce sentiment sont obligés de dire que ces corps renferment des pores disposés en ligne droite, qui passent de chaque point de sa surface en tout sens, puisqu'on ne sauroit concevoir aucune ligne par laquelle ne puisse passer un rayon du soleil, et cela avec cette inconcevable vîtesse, et même sans se heurter. Voilà des corps bien criblés, qui, cependant nous paroissent bien solides. Enfin, pour voir, il faut que les rayons entrent dans nos yeux, et qu'ils en traversent la substance avec la même vîtesse. Tous ces inconvéniens persuadèrent Euler que ce système de l'émanation ne sauroit en aucune manière avoir lieu dans la nature, et il étoit étonné que ce même système eut été imaginé par un aussi grand homme que Newton, et embrassé par tant de philosophes éclairés, que Euler croit avoir été entraînés par son autorité. Descartes, pour soutenir son explication, fut obligé de remplir tout l'espace du ciel de matière subtile, à travers de laquelle tous les corps célestes se mouvoient tout-à-fait librement. Mais on sait que si un corps se meut dans l'air, il rencontre une certaine résistance : et delà Newton conclut que quelque subtile qu'on suppose la matière du ciel, les planettes y devroient éprouver quelque résistance dans leur mouvement. Mais, dit-il, ce mouvement n'est assujéti à aucune résistance : d'où il s'ensuit que l'espace immense de cieux ne contient aucune matière. Il y règne donc par tout un vide parfait ; et c'est un des principaux dogmes de la philosophie newtonienne, que l'immensité de l'univers ne renferme point du tout de matière dans les espaces qui se trouvent entre les corps célestes. Cela posé, il y aura depuis le soleil jusqu'à nous, ou du moins jusqu'à l'atmosphère de la terre un vide parfait : et en effet, plus nous montons en haut, plus nous trouvons l'air subtil ; d'où il semble qu'il se doit enfin perdre tout-à-fait. Or, si l'espace entre le soleil et la terre est absolument vide, il est impossible que les rayons viennent jusqu'à nous par voie de communication, comme le son d'une cloche nous est communiqué par le moyen de l'air ; de sorte que si l'air depuis la cloche jusqu'à nous, étoit anéanti, nous n'entendrions absolument rien, avec quelque force qu'on frappât la cloche. Newton ayant donc établi un vide parfait entre les corps célestes, il ne reste plus d'autre sentiment à embrasser, que celui de l'émanation : et cette raison a obligé Newton a soutenir que le soleil et tous les corps lumineux chassent la lumière avec une force terrible ; il faudroit bien en effet que cette force fût terrible, pour imprimer aux rayons cette vitesse inconcevable dont ils viennent du soleil jusqu'à nous en huit minutes de temps. Mais, dit Euler, on peut juger aisément que les espaces du ciel au lieu de rester vides, seront remplis de rayons, non-seulement du soleil, mais encore de toutes les étoiles. Ces rayons les traversent de toute part et en tout sens continuellement, et cela avec la plus grande rapidité. Donc les corps célestes qui traversent ces espaces, au lieu d'y rencontrer un vide, y trouveront la matière des rayons lumineux dans la plus terrible agitation, par laquelle les corps doivent être beaucoup plus troublés dans leur mouvement que si cette même matière y étoit en repos. Donc Newton ayant eu peur qu'une matière subtile, telle que Descartes la supposoit, ne troublât le mouvement des planèttes, fut conduit à un expédient bien étrange, et tout-à-fait contraire à sa propre intention, vû que par ce moyen, les planettes devroient essuyer un dérangement infiniment plus considérable. Voilà un exemple bien triste de la sagesse humaine qui voulant éviter un certain inconvénient, tombe souvent en de plus grandes absurdités.» Ainsi dit Euler, la principale et même l'unique raison, qui a engagé Newton à ce sentiment, est si contradictoire avec elle-même qu'elle le renverse tout-à-fait. Toutes ces raisons prises ensemble ne nous sauroient laisser balancer un moment a abandonner cet étrange système de l'émanation de la lumière ; quelque grande que puisse être l'autorité du philosophe qui l'a établi : Newton a été sans contredit un des plus grands génies qui aient jamais existé ; et sa profonde science, et sa pénétration dans les mystères les plus cachés de la nature, demeurera toujours le plus éclatant sujet de notre admiration et de celle de notre postérité ; mais les égaremens de ce grand homme doivent servir à nous humilier, et à reconnoître la foiblesse de l'esprit humain, qui s'étant élevé au plus haut degré dont les hommes soient capables, risque néanmoins souvent de se précipiter dans les erreurs les plus grossières ».

Il falloit une bien grande persuasion pour qu'Euler osat parler ainsi, dans une matière où il est impossible d'avoir une véritable démonstration. Je suis étonné qu'il se soit permis une pareille invective, elle n'a été approuvée de personne ; mais écoutons parler Newton lui-même.

Une pression exercée sur un milieu fluide, c'est-à-dire un mouvement communiqué par un tel milieu au-delà d'un obstacle qui empêche en partie le mouvement du milieu, ne peut point être continué en ligne droite, mais se répandre de tous côtés dans le milieu, en repos, par-delà de l'obstacle. La force de la gravité tend en bas, mais la pression de l'eau, qui en est la suite, tend également de tous côtés, et se répand avec autant de facilité et autant de force dans des courbes que dans des droites : les ondes qu'on voit sur la surface de l'eau lorsque quelques obstacles en empêchent le cours, se fléchissent et se répandent toujours et par degrés dans l'eau qui est en repos et au-delà de l'obstacle. Les ondulations, pulsations, ou vibrations de l'air, dans lesquelles consiste le son, subissent aussi des inflexions, et le son se répand aussi facilement dans des tubes courbes, par exemple dans un serpent, qu'en ligne droite, or, on n'a jamais vû la lumière se mouvoir en ligne courbe ; les rayons de lumière sont donc de petits corpuscules qui s'élancent avec beaucoup de vîtesse du corps lumineux.

Quant à la force prodigieuse avec laquelle il faut que ces corpuscules soient lancés pour se mouvoir puisqu'ils parcourent jusqu'à plus de 3000000 lieues par minute, écoutons là-dessus les newtoniens : « Les corps qui sont de même genre, et qui ont les mêmes vertus, ont une force attractive, d'autant plus grande par rapport à leur volume, qu'ils sont plus petits. Nous voyons que cette force a plus d'énergie dans les petits aimans que dans les grands, eu égard à la différence des poids ; et la raison en est que les parties des petits étant plus proches les unes des autres, elles ont par-là plus de facilité à unir intimement leur force, et à agir conjointement. Par cette raison les rayons de lumière étant les plus petits de tous les corps, leur force attractive sera au plus haut degré, eu égard à leur volume ; et on peut en effet conclure des règles suivantes, combien cette attraction est forte. L'attraction d'un rayon de lumière, eu égard à sa quantité de matière, est à la gravité qu'à un projectile, eu égard aussi à sa quantité de matière, en raison composée de la vîtesse du rayon à celle du projectile et de la courbure de la ligne que le projectile décrit aussi de son côté; pourvu cependant que l'inclinaison du rayon sur la surface réfringente soit la même que celle de la direction du projectile sur l'horizon. De cette proportion il s'ensuit que l'attraction des rayons de lumière est plus que 1 000 000 000 000 000 fois plus grande que la gravité des corps sur la surface de la terre, eu égard à la quantité de matière du rayon et des corps terrestres et en supposant que la lumière vienne du soleil à la terre en sept minutes de temps, *Encyclopédie*, au mot Lumière.

Nous finirons avec d'Alembert en disant : « les deux opinions, il faut l'avouer, ne sont démontrées ni l'une ni l'autre; et la plus sage réponse à la question, de la matière et de la propagation de la lumière, seroit peut-être de dire que nous n'en savons rien. Newton paroît avoir bien senti ces difficultés lorsqu'il dit : *De natura radiorum lucis, utrum sint corpora nec ne nihil omninò disputans.* Ces paroles ne semblent elles pas marquer un doute si la lumière est un corps? mais si elle n'en n'est pas un, qu'est-elle donc? Tenons nous en donc à cette conclusion : la lumière se propage suivant une ligne droite d'une manière qui nous est inconnue. *Encyclopédie*, au mot Lumière.

Dans cette histoire de l'optique nous aurions peut-être dû parler de la perspective, mais il nous a semblé qu'elle ne présentoit rien d'assez nouveau et d'assez important, nous en avons parlé, tome I. page 712.

M. Martin, dans son *Optique*, a décrit une perspective graphique composée de deux lentilles entre lesquelles il y a un verre plan divisé en parties égales.

Le cit. Pictet, revenant de Londres en 1801, nous a montré un instrument de perspective qui nous parut simple et commode. L'index que l'on a dirigé sur l'objet se rabat sur le papier, et y marque la place de l'objet sur le tableau de perspective.

Nous finirons notre histoire de l'optique en renvoyant à un ouvrage important, où l'on trouvera de plus grands détails, dont il est parlé ci-dessus, p. 431; mais que Montucla n'avoit point vu : c'est l'*Histoire de l'Optique*, par Priestley, imprimée à Londres, en 1772, (et non en 1771), en 813 pages *in*-4°. Cet ouvrage est un des meilleurs de Priestley, et il annonce que M. Michell lui a été fort utile; quoique ce soit une histoire de l'optique, il contient aussi la partie systématique, de manière à pouvoir être utile à ceux qui veulent connoître bien cette cience. Il divise son histoire en six périodes. 1ere. Avant la renaissance des lettres en Europe. 2e. Jusqu'aux découvertes de Snellius et de Descartes. 3e. Découvertes de Descartes et de ses contemporains sur la réfraction l'arc en ciel, la vision, les instrumens d'optique. 4e. Depuis Descartes, jusqu'à Newton, où l'on fit des progrès sur la connoissance de l'œil, de la vision, de la réfraction de l'inflexion, des instrumens, et de la partie mathématique de l'optique. 5e. Découvertes de Newton, et contradictions qu'elles éprouvèrent. 6e. Progrès de l'optique depuis Newton, sur la réflexion et la réfraction, sur l'inflexion, la dispersion, les ombres, les illusions de la vue; la mesure de la lumière, le degré de distinction, sur le progrès des instrumens d'optique, le crystal d'Islande, le phosphore de Bologne et autres phosphores; enfin, il termine son ouvrage par différentes additions, ou supplémens sur la vision indistincte, sur la force avec laquelle la lumière émane des corps lumineux, sur le lieu de la vision dans l'œil, et sur les instrumens d'optique.

Le *Catalogue des Auteurs* que Priestley a consultés en contient plus de 200, ce qui fait voir qu'il n'a rien négligé pour compléter son travail; aussi en a-t-on fait une traduction en allemand; et il est à désirer qu'on en fasse une en françois; comme il eût été à désirer que cet habile physicien ne se fût pas occupé du grand nombre d'ouvrage dont il nous donne le catalogue, sur la théologie, le gouvernement, la grammaire. Il n'y a que son *Histoire de l'Electricité*, et son *Traité de Perspective* que je suis charmé de voir dans ce long catalogue. Ajoutons ses expériences curieuses sur différentes espèces d'air, dans les *Transactions Philosophiques*, de 1772, et années suivantes, qui ont été l'occasion des découvertes faites depuis ce temps-là sur les gaz; car quoiqu'on en attribue la première idée importante à M. Black dans ses expériences sur la *Magnésie*, en 1777, on ne peut disconvenir que Priestley n'ait été le premier moteur de ce travail. Il dit dans sa préface qu'il pensoit à faire l'histoire des découvertes relatives à l'air; et il attendoit le jugement du public sur son *Histoire de l'Optique*; mais son inconstance l'a probablement empêché de suivre cet utile projet. Au reste, nous avons fait connoître dans notre histoire plusieurs auteurs dont il n'avoit pas eu connoissance malgré son immense érudition.

Fin du second Livre de la cinquième Partie.

HISTOIRE

DES

MATHÉMATIQUES.

CINQUIEME PARTIE,

Qui comprend l'Histoire de ces Sciences pendant le dix-huitième siècle.

LIVRE TROISIÈME,

Des progrès de la Mécanique théorique et analytique, ou Mécanique-philosophique.

Nous avons donné dans le second volume, p. 178 *et suiv.* p. 404, *et suiv.* l'Histoire de la mécanique dans le dix-septième siècle ; mais le siècle suivant a été plus loin, et nous allons donner une idée des travaux que les géomètres ont faits à cet égard.

La mécanique renferme essentiellement deux branches très-distinctes, la théorie et la pratique. Nous commençons par la première qui renferme les principes et les calculs de l'équilibre et du mouvement des solides et des fluides. Le livre suivant traitera des machines, qui sont la partie importante de la mécanique relativement aux besoins de la société.

Le cit. de la Grange, dans sa *Mécanique analytique* publiée en 1788, réduisit tous les problêmes à des formules générales dont le développement donne toutes les équations nécessaires pour la solution de chaque problême ; il réunit sous un même point de vue les différens principes trouvés pour faciliter la solution des questions de mécanique, en en montrant la liaison et la dépendance, et faire juger de leur justesse et de leur étendue.

Nous allons les exposer d'après lui; on ne sauroit trouver un guide plus sûr, un historien plus profond; d'autant plus qu'il n'a point négligé l'histoire et l'érudition, relativement aux parties dont il traitoit.

I.

Principes de Statique.

Les lois de la statique sont fondées sur des principes généraux qui se réduisent à trois, celui de l'équilibre dans le levier, celui de la composition du mouvement, et celui des vîtesses virtuelles, dont Jean Bernoulli fit voir la généralité en 1717. Archimède, le seul parmi les anciens qui nous ait laissé quelque théorie sur la mécanique, dans ses deux livres *de Æquiponderantibus* est l'auteur du principe du levier, lequel consiste, comme on l'a vû, en ce que si un levier droit est chargé de deux poids quelconques placés de part et d'autre du point d'appui à des distances de ce point réciproquement proportionnelles aux mêmes poids, ce levier sera en équilibre, et son appui sera chargé de la somme des deux poids. Archimède prend ce principe, dans le cas des poids égaux placés à des distances égales du point d'appui, pour un axiome de mécanique, évident de soi-même, ou du moins pour un principe d'expérience; et il ramène à ce cas simple et primitif celui des poids inégaux. Pour cela il imagine ces poids lorsqu'ils sont commensurables, divisés en plusieurs parties, toutes égales entr'elles, et en supposant que les parties de chaque poids soient séparées et transportées de part d'autre sur le même levier, à des distances égales, ensorte que tout le levier se trouve chargé de plusieurs petits poids égaux et placés à distances égales autour du point d'appui. Ensuite, il démontre la vérité du même théorême pour les poids incommensurables à l'aide de la méthode d'exhaustion, en faisant voir qu'il ne sauroit y avoir équilibre entre ces poids, à moins qu'ils ne soient en raison inverse de leurs distances au point d'appui.

Quelques modernes, comme Galilée dans ses *Dialogues sur le Mouvement*, et Stevin dans sa *Statique*, ont rendu la démonstration d'Archimède plus simple.

D'autres, au contraire, ont cru trouver des défauts dans la démonstration d'Archimède, et ils l'ont tournée de différentes façons pour la rendre plus rigoureuse. Mais si l'on excepte Huygens, il n'y en a aucun qui ait mérité sur ce point la reconnoissance des géomètres.

La démonstration d'Huygens, (*Opera varia*, t. I.), est fondée sur la considération de l'équilibre d'un plan chargé de plusieurs poids égaux, et appuyé sur une ligne droite; mais cette démonstration, quoique ingénieuse et exempte des difficultés auxquelles celle d'Archimède est sujette, ne paroît pas à l'abri de toute objection; au reste il suffit que ce principe soit constant.

Le principe du levier droit et horizontal une fois posé, on en peut déduire les lois de l'équilibre dans les autres machines, et en général dans quelque système de puissances que ce soit. C'est ce que plusieurs auteurs ont fait, surtout la Hire, dans son *Traité de Mécanique*, imprimé dans le neuvième volume des anciens mémoires de l'Académie de Sciences de Paris. Cependant il paroît qu'on n'a pas d'abord conçu la manière de réduire à la théorie du levier celle de toutes les autres machines, et surtout celle du plan incliné; car non-seulement on voit par les fragmens qui nous sont parvenus du huitième livre de Pappus, que les anciens ignoroient le vrai rapport de la puissance au poids dans le plan incliné; mais on sait que la détermination de ce rapport a été longtemps un problême parmi les premiers mathématiciens modernes, problême dont la première solution exacte est due à Stévin, mathématicien du prince Maurice de Nassau; encore ne l'a-t-il trouvée que par une considération indirecte et indépendante de la théorie du levier.

Stévin considère un triangle solide posé sur sa base horizontale, ensorte que ses deux côtés forment deux plans inclinés; et il imagine qu'un chapelet formé de plusieurs poids égaux, enfilés à des distances égales, ou plutôt une chaîne d'égale grosseur soit placée sur les deux côtés de ce triangle, de manière que toute la partie supérieure se trouve appliquée aux deux côtés du triangle, et que la partie inférieure pende librement au-dessous de la base, comme si elle étoit attachée aux deux extrémités de cette base. Il en tire une démonstration curieuse; il déduit de cette théorie, celle de l'équilibre entre trois puissances qui agissent sur un même point, et il fait voir que cet équilibre a lieu lorsque les puissances sont parallèles et proportionnelles aux trois côtés d'un triangle rectiligne quelconque. Voyez les Elémens de Statique, et les additions à la Statique de cet auteur dans ses *Hypomnemata mathematica*.

Le second principe fondamental de l'équilibre est celui de la composition des mouvemens. Il est fondé sur cette supposition que si deux forces agissent à-la-fois sur un corps, suivant différentes directions; ces forces équivalent alors à une force unique, capable d'imprimer au corps le même mouvement que lui donneroient

neroient les deux forces agissant séparément ; or, un corps qu'on fait mouvoir uniformément, suivant deux directions différentes à-la-fois, parcourt nécessairement la diagonale du parallélograme dont il eût parcouru séparément les côtés en vertu de chacun des deux mouvemens. D'où il suit que deux puissances quelconques qui agissent ensemble sur un même corps, seront équivalentes à une seule, représentée dans sa quantité et sa direction, par la diagonale du parallélograme dont les côtés représentent en particulier les quantités et les directions des deux puissances données. C'est en quoi consiste le principe qu'on nomme la composition des forces.

Ce principe suffit seul pour déterminer les lois de l'équilibre dans tous les cas ; car en composant successivement toutes les forces deux à deux, on doit parvenir à une force unique, qui sera équivalente à toutes ces forces, et qui, par conséquent, devra être nulle dans le cas d'équilibre, s'il n'y a dans le système aucun point fixe ; mais s'il y en a un, il faudra que la direction de cette force unique passe par le point fixe. C'est ce qu'on peut voir dans tous les livres de Statique, et particulièrement dans la *nouvelle Mécanique de Varignon*, où la théorie des machines est déduite uniquement du principe dont nous venons de parler.

Quant à l'invention du principe dont il s'agit, il me semble qu'on doit l'attribuer à Galilée, qui, dans la seconde proposition de la quatrième journée de ses Dialogues, démontre qu'un corps mû avec deux vîtesses uniformes, l'une horizontale, l'autre verticale, doit prendre une vîtesse représentée par l'hypothénuse du triangle dont les côtés représentent ces deux vîtesses.

Mais il paroît en même-temps que Galilée n'a pas connu toute l'importance de ce théorême dans la *Théorie de l'Equilibre* ; car dans le troisième dialogue où il traite du mouvement des corps pesans sur des plans inclinés, au lieu d'employer le principe de la composition du mouvement pour déterminer directement la gravité relative d'un corps sur un plan incliné ; il déduit plutôt cette détermination de la théorie de l'équilibre sur les plans inclinés, d'après ce qu'il avoit établi auparavant dans son traité : *Della scienza mecanica*, où il ramène le plan incliné au levier.

On trouve ensuite la théorie des mouvemens composés dans les écrits de Descartes, de Roberval, de Mersenne, de Wallis : mais, c'est Varignon qui, le premier montra l'usage de cette théorie dans l'*Equilibre des Machines*.

Le projet d'une nouvelle mécanique qu'il publia en 1687, n'a pour objet que de démontrer les règles de la Statique par la composition des mouvemens ou des forces ; et cet objet a été rempli ensuite avec plus d'étendue dans la *Nouvelle Mécanique* qui ne parut qu'après sa mort, en 1725. Il avoit déjà donné en 1685, dans l'*Histoire de la République des Lettres*, un mémoire sur les poulies, où il expliquoit la théorie de ces sortes de machines, par celle des mouvemens composés.

Le troisième principe de Statique est celui des vîtesses virtuelles. On doit entendre par vîtesse virtuelle celle qu'un corps en équilibre est disposé à recevoir en cas que l'équilibre vienne à être rompu, c'est-à dire la vîtesse que ce corps prendroit réellement dans le premier instant de son mouvement; et le principe dont il s'agit consiste en ce que des puissances sont en équilibre quand elles sont en raison inverse de leurs vîtesses virtuelles, estimées suivant les directions de ces puissances.

Pour peu qu'on examine les conditions de l'équilibre dans le levier et dans les autres machines, il est facile de reconnoître la vérité de ce principe; cependant il ne paroît pas que les géomètres qui ont précédé Galilée, en aient eu connoissance, et Lagrange croit pouvoir en attribuer la découverte à cet auteur qui, dans son traité, *Della scienza mecanica*, et dans ses dialogues sur le mouvement, le proposa comme une propriété générale de l'équilibre des machines. Voyez le Scholie de la seconde proposition du troisième dialogue.

Galilée entend par moment d'un poids, ou d'une puissance appliquée à une machine, l'effort, l'action, l'énergie, l'*impetus* de cette puissance pour mouvoir la machine, de manière qu'il y ait équilibre entre deux puissances, lorsque leurs momens pour mouvoir la machine en sens contraire sont égaux. Et il fait voir que le moment est toujours proportionel à la puissance multipliée par la vîtesse virtuelle dépendante de la manière dont la puissance agit.

Cette notion des momens a aussi été adopté par Wallis dans sa Mécanique, publiée en 1669. L'auteur y pose le principe de l'égalité des momens pour fondement de la statique, et il en déduit au long la théorie de l'équilibre dans les principales machines.

Aujourd'hui on n'entend plus communément par moment que le produit d'une puissance par la distance de sa direction à un point ou à une ligne, c'est-à-dire par le bras du levier par lequel elle agit; mais il semble que la notion du moment, donnée par Galilée et par Wallis, est plus naturelle et plus générale; et l'on ne voit pas pourquoi on l'a abandonnée pour y en substituer une autre qui exprime seulement la valeur du moment dans certains cas, comme dans le levier.

Descartes a réduit pareillement toute la statique à un principe unique, qui revient pour le fond à celui de Galilée, mais qui est présenté d'une manière moins générale. Ce principe est qu'il ne faut ni plus ni moins de force pour élever un poids à une certaine hauteur, qu'il n'en faudroit pour élever un poids plus pésant à une hauteur d'autant moindre, ou un poids moindre à une hauteur d'autant plus grande. (Voyez la lettre 73 de la première partie, et le Traité de Mécanique, imprimé dans ses Ouvrages posthumes). Delà il résulte qu'il y aura équilibre entre deux poids, lorsqu'ils seront disposés de manière que les chemins perpendiculaires qu'ils peuvent parcourir ensemble, soient en raison réciproque des poids. Mais dans l'application de ce principe aux différentes machines, il ne faut considérer que les espaces parcourus dans le premier instant du mouvement, et qui sont proportionels aux vîtesses virtuelles, autrement on n'auroit pas les véritables lois de l'équilibre.

Le principe des vîtesses virtuelles peut être rendu très-général de cette manière : si un système quelconque de tant de corps ou points que l'on veut, tirés chacun par des puissances quelconques est en équilibre, et qu'on donne à ce système un petit mouvement quelconque, en vertu duquel chaque point parcoure un espace infiniment petit qui exprimera sa vîtesse virtuelle, la somme des puissances, multipliées chacune par l'espace que le point où elle est appliquée parcourt suivant la direction de cette même puissance, sera toujours égale à zéro, en regardant comme positifs les petits espaces parcourus dans le sens des puissances, et comme négatifs les espaces parcourus dans un sens opposé : Jean Bernouilli est le premier qui ait apperçu cette grande généralité du principe des vîtesses virtuelles et son utilité pour résoudre les problêmes de statique : c'est ce qu'on voit dans une de ses lettres à Varignon, datée de 1717 que ce dernier a placée à la tête de la section neuvième de sa *Nouvelle Mécanique*, section employée toute entière à montrer par différentes applications la vérité et l'usage du principe des vîtesses virtuelles.

Ce même principe a donné lieu ensuite à celui que Maupertuis a proposé dans les *Mémoires de l'Académie des Sciences*, pour 1740, sous le nom de *Loi de Repos*. et qu'Euler a développé davantage, et rendu plus général dans les *Mémoires de l'Académie de Berlin*, pour l'année 1751. Enfin, c'est encore le même principe qui sert de base à celui que le marquis de Courtivron a donné dans les *Mémoires de l'Académie des Sciences de Paris*, pour 1748 et 1749.

La Grange estime que tous les principes généraux, qu'on pourroit peut-être encore découvrir dans la science de l'équilibre, ne seront que le même principe des vîtesses virtuelles envisagé différemment, et dont ils ne différeront que dans l'expression.

Au reste, ce principe est non-seulement en lui-même très-simple et très-général ; il a de plus l'avantage précieux et unique de pouvoir se traduire en une formule générale qui renferme tous les problêmes qu'on peut proposer sur l'équilibre des corps. La Grange expose cette formule dans toute son étendue. Il la présente même d'une manière encore plus générale qu'on ne l'avoit fait avant lui, et il donne des applications nouvelles pour un systême quelconque de forces, dans sa *Mécanique analytique.*

I I.

Principes de Dynamique.

La Dynamique est la science des forces accélératrices ou retardatrices et des mouvemens variés qu'elles peuvent produire. Cette science est due entièrement aux modernes, et Galilée est celui qui en a jeté le premier fondement. Avant lui on n'avoit considéré les forces qui agissent sur les corps que dans l'état d'équilibre, et quoiqu'on ne pût attribuer l'accélération des corps pesans et le mouvement curviligne des projectiles qu'à l'action constante de la gravité, personne n'avoit encore réussi à déterminer les lois de ces phénomènes. Galilée fit le premier ce pas important, et ouvrit par-là une carrière nouvelle et immense à l'avancement de la mécanique. Ces découvertes sont exposées et développées dans l'ouvrage intitulé : *Dialoghi delle scienze nuove*, lequel parut pour la première fois à Leyde en 1637. Elles ne procurèrent pas à Galilée, de son vivant, autant de célébrité que celles qu'il avoit faites sur le système du monde ; mais elles font aujourd'hui la partie la plus solide et la plus réelle de la gloire de ce grand homme, au jugement de la Grange. Car, dit-il, les découvertes des satellites de Jupiter, des phases de Vénus, des taches du soleil, ne demandoient que des télescopes et de l'assiduité ; mais il falloit un génie extraordinaire pour démêler les lois de la nature dans des phénomènes que l'on avoit toujours eus sous les yeux, et dont l'explication avoit néanmoins toujours échappé aux recherches des philosophes.

Huygens, qui paroît avoir été destiné à perfectionner et completter la plupart des découvertes de Galilée, ajouta à la théorie de l'accélération des graves celles du mouvement des pendules et des forces centrifuges, et prépara ainsi la route à la grande découverte de la gravitation universelle.

La mécanique devint une science nouvelle entre les mains de Newton, et ses principes mathématiques, qui parurent pour la première fois en 1687, furent l'époque de cette révolution.

Enfin, l'invention du calcul infinitésimal, mit les géomètres en état de réduire à des questions analytiques les lois du mouvement des corps; la recherche des forces et des mouvemens qui en résultent, est devenue depuis le principal objet de leurs travaux, et le cit. de la Grange, dans sa mécanique analytique, a donné encore un nouveau moyen de faciliter cette recherche.

Pour calculer le mouvement d'un corps, le moyen le plus simple est de rapporter le mouvement à des directions fixes dans l'espace. Alors en employant, pour déterminer le lieu du corps dans l'espace, trois coordonnées rectangles qui aient ces mêmes directions, les variations de ces coordonnées représenteront les espaces parcourus par le corps, suivant les directions de ces coordonnées; par conséquent leurs différentielles secondes, divisées par le carré de la différentielle constante du temps, exprimeront les forces accélératrices qui doivent agir suivant ces mêmes coordonnées. Ainsi, en égalant ces expressions à celles des forces données par la nature du problême, on aura trois équations semblables qui serviront à déterminer toutes les circonstances du mouvement. Cette manière de déterminer le mouvement d'un corps animé par des forces accélératrices quelconques, est, par sa simplicité, préférable à toutes les autres. Il paroît que Maclaurin est le premier qui l'ait employée dans son *Traité des Fluxions*, imprimé en 1742 : elle est maintenant universellement adoptée.

Mais si on cherche le mouvement de plusieurs corps qui agissent les uns sur les autres par impulsion ou pression, soit immédiatement comme dans le choc ordinaire, ou par le moyen de fils, ou de leviers inflexibles auxquels ils soient attachés, ou en général par quelqu'autres moyens que ce soit, alors la question est d'un ordre plus élevé, et les principes précédens, sont insuffisans pour la résoudre; car ici les forces qui agissent sur les corps sont inconnues, et il faut déduire ces forces de l'action que les corps doivent exercer entre eux, suivant leur disposition mutuelle. Il est donc nécessaire d'avoir recours à un nouveau principe qui serve à déterminer la force des corps en mouvement, eu égard à leur masse et à leur vîtesse.

Ce principe consiste en ce que, pour imprimer à une masse donnée une certaine vîtesse, suivant une direction quelconque, soit que cette masse soit en repos, ou en mouvement, il faut une force dont la valeur soit proportionnelle au produit de la vîtesse, et dont la direction soit la même que celle de cette vîtesse. Ce produit de la masse d'un corps multipliée par sa vîtesse, s'appelle communément la quantité de mouvement de ce corps, parce qu'en effet c'est la somme des mouvemens de toutes les parties matérielles. Ainsi, les forces se mesurent par les quantités de mouvemens qu'elles sont capables de produire, et réciproquement la quantité de mouvement d'un corps, est la mesure de la force que le corps est capable d'exercer contre un obstacle, et qui s'appelle la percussion ; d'où il s'ensuit que si deux corps non élastiques viennent à se choquer directement en sens contraires avec des quantités de mouvement égales, leurs forces doivent se contre-balancer et se détruire ; par conséquent les corps doivent s'arrêter et demeurer en repos ; mais si le choc se faisoit par le moyen d'un lévier, il faudroit, pour la destruction du mouvement des corps, que leurs forces suivissent la loi connue de l'équilibre du lévier.

Il paroît que Descartes aperçut le premier le principe que nous venons d'exposer; mais il se trompa dans son application au choc des corps, pour avoir cru que la même quantité de mouvement absolu devoit toujours se conserver.

Wallis est proprement le premier qui ait eu une idée nette de ce principe, et qui s'en soit servi avec succès pour découvrir les lois de la communication du mouvement dans le choc des corps durs ou élastiques, comme on le voit dans les *Trans. philos.* de 1669 et dans la troisième partie de son *Traité de Motu*, imprimé en 1671.

De même que le produit de la masse et de la vîtesse exprime la force finie d'un corps en mouvement, ainsi le produit de la masse et de la force accélératrice que nous avons vu être représentée par l'élément de la vîtesse divisé par l'élément du temps, exprimera la force élémentaire ou naissante; et cette quantité, si on la considère comme une mesure de l'effort que le corps peut faire en vertu de la vîtesse élémentaire qu'il a prise, ou qu'il tend à prendre, constitue ce qu'on nomme pression ; mais si on la regarde comme la mesure de la force, ou puissance nécessaire pour imprimer cette même vîtesse, c'est alors ce qu'on nomme force motrice.

Ainsi, des pressions ou des forces motrices se détruiront ou se feront équilibre, si elles sont égales et directement opposées, ou si étant appliquées à une machine quelconque, elles suivent les lois de l'équilibre de cette machine.

Lorsque des corps sont joints ensemble, de manière qu'ils ne puissent obéir librement aux impulsions reçues et aux forces accélératrices dont ils sont animés, ces corps exercent nécessairement les uns sur les autres des pressions continuelles qui altèrent leurs mouvemens, et qui en rendent la détermination difficile.

Le premier problême et le plus simple de ce genre dont les géomètres se soient occupés, est celui des centres d'oscillations.

Ce problême a été fameux dans le 17e siècle et au commencement du 18e, par les efforts et les tentatives que les plus grands géomètres firent pour en venir à bout; et comme c'est principalement à ces tentatives qu'on doit les progrès immenses que la dynamique a faits depuis; la Grange en donne une histoire détaillée, pour montrer par quels degrés cette science s'est élevée à la perfection où elle est parvenue dans ces derniers temps. Mersenne avoit proposé ce problême à Descartes, qui donna une règle, contestée par Roberval. Huygens vit qu'on ne pouvoit déterminer ce centre d'une manière rigoureuse, sans connoître la loi suivant laquelle les différens poids du pendule composé altèrent mutuellement les mouvemens que la gravité à tend à leur imprimer à chaque instant; mais au lieu de chercher à déduire cette loi des principes fondamentaux de la mécanique, il se contenta d'y suppléer par un principe indirect, lequel consiste à supposer que si plusieurs poids, attachés comme l'on voudra, à un pendule, descendent par la seule action de la gravité, et que, dans un instant quelconque, ils soient détachés et séparés les uns des autres, chacun d'eux, en vertu de sa vîtesse acquise pendant sa chûte, remontera à une telle hauteur, que le centre commun de gravité se trouvera remonté à la même hauteur d'où il étoit descendu. A la vérité, Huygens n'établit pas ce principe immédiatement; mais il le déduit de deux hypothèses qu'il croit devoir être admises comme des demandes de mécanique: l'une, c'est que le centre de gravité d'un systême de corps pesans, ne peut jamais remonter à une hauteur plus grande que celle d'où il est tombé, quelque changement qu'on fasse à la disposition mutuelle des corps; car autrement le mouvement perpétuel ne seroit plus impossible: l'autre, c'est qu'un pendule composé peut toujours remonter de lui même à la même hauteur d'où il est descendu librement. Au reste, Huygens observe que le même principe a lieu dans le mouvement des corps pesans liés ensemble, d'une manière quelconque, comme aussi dans le mouvement des fluides. Huygens, *de Horologio oscillatonio*, 1673. (La Grange, p. 174).

Jacques Bernoulli ayant examiné la théorie d'Huygens fit un peu plus, mais il se trompa, et l'Hôpital le fit revenir; il en résulta enfin la première solution directe et rigoureuse du problême des centres d'oscillations; solution qui contient le germe du principe de Dynamique, devenu fécond entre les mains de d'Alembert.

Il seroit trop long de parler des autres problêmes de dynamique qui ont exercé la sagacité des géomètres après celui du centre d'oscillation, et avant que l'art de les résoudre fût réduit à des règles fixes. Ces problêmes, que les Bernoulli, Clairaut,

Euler se proposoient eux-mêmes, se trouvent répandus dans les premiers volumes des *Mémoires* de Pétersbourg et de Berlin, dans les *Mémoires* de Paris (années 1736 et 1742), dans les *Œuvres* de Jean Bernoulli et dans les *Opuscules* d'Euler. Ils consistent à déterminer les mouvemens de plusieurs corps pesans ou non qui se poussent ou qui se tirent par des fils ou des leviers inflexibles où ils sont fixement attachés, ou le long desquels ils peuvent couler librement, et qui, ayant reçu des impressions quelconques, sont ensuite abandonnés à eux-mêmes, ou contraints de se mouvoir sur des courbes ou des surfaces données. Mais il falloit toujours une adresse particulière pour démêler dans chaque problême toutes les forces auxquelles il étoit nécessaire d'avoir égard ; ce qui rendoit ces problêmes piquans et propres à exciter l'émulation. Le *Traité de Dynamique* donné par d'Alembert en 1743, mit fin à ces espèces de défis, en offrant une méthode directe et générale pour résoudre, ou du moins pour mettre en équations tous les problêmes de dynamique que l'on peut imaaginer.

Cette méthode réduit toutes les lois du mouvement des corps à celle de leur équilibre, et ramène ainsi la dynamique à la statique. Le principe employé par Jacques Bernoulli dans la recherche du centre d'oscillation, avoit l'avantage de faire dépendre cette recherche des conditions de l'équilibre du levier; mais il étoit réservé à d'Alembert d'envisager ce principe d'une manière générale, et de lui donner toute la simplicité et la fécondité dont il pouvoit être susceptible : nous en parlerons en détail dans l'article IV.

Ce principe ne fournit pas immédiatement les équations nécessaires pour la solution des différens problêmes de dynamique; il apprend à les déduire des conditions de l'équilibre. Ainsi, en combinant ce principe avec les principes ordinaires de l'équilibre du levier, ou de la composition des forces, on peut toujours trouver les équations de chaque problême, à l'aide de quelques constructions plus ou moins compliquées.

C'est de cette manière qu'on en a usé jusqu'ici dans l'application du principe dont il s'agit; mais la difficulté de déterminer les forces qui doivent être détruites, ainsi que les lois de l'équilibre entre ces forces, rend souvent cette application embarrassante et pénible, et les solutions qui en résultent sont presque toujours plus longues que si elles étoient déduites de principes moins simples et moins directs.

La Grange, dans la première partie de son traité, se sert du principe des vîtesses virtuelles, comme nous l'avons dit, pour trouver un moyen analytique très-simple de résoudre toutes les questions de statique. Ce même principe, combiné avec

celui

celui que nous venons d'exposer, lui fournit aussi une méthode semblable pour les problêmes de dynamique, et qui a les mêmes avantages.

Pour se former d'abord une idée de cette méthode, on se rappelera que le principe général des vîtesses virtuelles consiste en ce que, lorsqu'un système de corps réduits à des points, et animés de forces quelconques, est en équilibre, si on donne à ce système un petit mouvement quelconque, en vertu duquel chaque corps parcoure un espace infiniment petit, la somme des forces ou puissances multipliées chacune par l'espace que le point où elle est appliquée parcourt suivant la direction de cette puissance, est toujours égale à zéro.

Si maintenant on suppose le système en mouvement et qu'on regarde le mouvement que chaque corps a dans un instant comme composé de deux, dont l'un soit celui que le corps aura dans l'instant suivant, il faudra que l'autre soit détruit par l'action réciproque des corps et par celle des forces motrices, dont ils sont actuellement animés. Ainsi, il devra y avoir équilibre entre ces forces et les pressions ou résistances qui résultent des mouvemens qu'on peut regarder comme perdus par les corps d'un instant à l'autre : d'où il suit que pour étendre au mouvement du système la formule de son équilibre, il suffira d'y ajouter les termes dûs à ces dernières forces.

Or, si on considère les vîtesses que chaque corps a, suivant trois directions fixes et perpendiculaires entre elles, les décroissemens de ces vîtessess présenteront les mouvemens perdus suivant les mêmes directions; et leurs accroissemens seront par conséquent les mouvemens perdus dans des directions opposées : donc les pressions résultantes de ces mouvemens perdus seront exprimées en général par la masse multipliée par l'élément de la vîtesse, et divisée par l'élément du temps, et auront des directions directement contraires à celles des vîtesses. De cette manière, on exprime analytiquement les termes dont il s'agit, et l'on a une formule générale pour le mouvement des corps, laquelle renferme la solution de tous les problêmes de dynamique, et dont le simple développement donne les équations nécessaires pour chaque problême, comme on le voit dans l'ouvrage de la Grange.

Mais un des plus grands avantages de cette formule, est d'offrir immédiatement les équations générales qui renferment les principes ou théorèmes connus sous les noms de *conservation des forces vives*, *de conservation du mouvement du centre de gravité*, *de conservation du moment du mouvement de rotation*, *ou de principe des aires*, *et de principe de la moindre quantité d'action.* Ces principes doivent être regardés plutôt comme des résultats généraux des lois de la dynamique, que comme des principes primitifs de cette science ; mais étant souvent employés comme tels dans la solution des problêmes, il est naturel d'indiquer en quoi ils consistent et à quels auteurs ils sont dus, pour ne rien laisser à désirer dans cette exposition préliminaire des principes de la dynamique. (La Grange, p. 182).

Le premier des quatre principes dont nous venons de parler, celui de la conservation des forces vives a été trouvé par Huygens, mais sous une forme un peu différente de celle qu'on lui donne présentement, et nous en avons déjà parlé à l'occasion du problême des centres d'oscillation. Ce principe, tel qu'il a été employé dans la solution de ce problême, consiste dans l'égalité entre la descente et la montée du centre de gravité de plusieurs corps qui descendent conjointement, et qui remontent ensuite séparément, étant réfléchis en haut chacun avec la vîtesse qu'il avoit acquise. Or, par les propriétés connues du centre de gravité, le chemin parcouru par ce centre dans une direction quelconque, est exprimé par la somme des produits de la masse de chaque corps et du chemin qu'il a parcouru suivant la même direction divisée par la somme des masses. D'un autre côté : par les théorêmes de Galilée, le chemin vertical parcouru par un corps grave, est proportionnel au carré de la vîtesse qu'il a acquise en descendant librement, et avec laquelle il pourroit remonter à la même hauteur. Ainsi, le principe de Huygens se réduit à ce que, dans le mouvement des corps pesans, la somme des produits des masses par les carrés des vîtesses à chaque instant, est la même, soit que les corps se meuvent conjointement d'une manière quelconque, ou qu'ils parcourent librement les mêmes hauteurs verticales. C'est aussi ce que Huygens lui-même remarqua en peu de mots dans un petit écrit relatif aux méthodes de Jacques Bernoulli et du marquis de l'Hôpital, pour les centres d'oscillation.

Jean et Daniel Bernoulli l'étendirent davantage et en formèrent le principe de la conservation des forces vives dont nous parlerons plus au long dans l'article suivant.

Le second principe est dû à Newton, qui au commencement de ses principes mathématiques, démontre que l'état de repos ou de mouvement du centre de gravité de plusieurs corps, n'est point altéré par l'action réciproque de ces corps, quelle qu'elle soit, de sorte que le centre de gravité des corps qui agissent les uns sur les autres d'une manière quecconque, soit par des fils ou des leviers, ou des lois d'attractions, sans qu'il y ait aucune action ni aucun obstacle extérieur, est toujours en repos, ou se meut uniformément en ligne droite.

D'Alembert lui a donné depuis, dans son *Traité de Dynamique*, une plus grande étendue, en faisant voir que si chaque corps est sollicité par une force accélératrice, et qui agisse par des lignes parallèles, ou qui soit dirigée vers un point fixe, qui agisse en raison de la distance, le centre de gravité doit décrire la même courbe que si les corps étoient libres : à quoi l'on peut ajouter que le mouvement de ce centre est en général le même que si toutes les forces des corps, quelles qu'elles soient, y étoient appliquées chacune suivant sa propre direction : il est visible que ce principe sert à déterminer le mouvement du centre de gravité, indépendamment des mouvemens respectifs des corps, et qu'ainsi il peut toujours fournir trois équations finies entre les coordonnées des corps et le temps, lesquelles seront des intégrales, des équations différentielles du problême.

Le troisième principe est beaucoup moins ancien que les deux précédens, et paroît avoir été découvert en même temps par Euler, Daniel Bernoulli et le chevalier d'Arcy, mais sous des formes différentes. Selon les deux premiers, ce principe consiste en ce que, dans le mouvement de plusieurs corps autour d'un centre fixe, la somme des produits de la masse de chaque corps, par sa vîtesse de circulation autour du centre et par sa distance au par sa distance au même centre, est toujours indépendante de l'action mutuelle que les corps peuvent exercer les uns sur les autres, et se conserve la même tant qu'il n'y a aucune action ni aucun obstacle extérieur.

Daniel Bernoulli exposa ce principe dans le premier volume des *Mémoires de l'Académie* de Berlin en 1746, et Euler le donna la même année dans le premier tome de ses *Opuscules* ; et c'est aussi le même problême qui les y a conduits ; savoir, la recherche du mouvement de plusieurs corps mobiles dans un tube de figure donnée, et qui ne peut que tourner autour d'un point ou centre fixe.

Le principe que d'Arcy donna à l'Académie des sciences de Paris, dans un mémoire qui porte la date de 1746, mais qui n'a paru qu'en 1752, dans les *Mémoires* de 1747, est que la somme des produits de la masse de chaque corps par l'aire que son rayon vecteur décrit autour d'un centre fixe, est toujours proportionnelle au temps. On voit que ce principe est une généralisation du beau théorème de Newton, sur les aires décrites en vertu de forces centripètes quelconques ; et pour en apercevoir l'analogie, ou plutôt l'identité avec celui d'Euler et Daniel Bernoulli, il n'y a qu'à considérer que la vîtesse de circulation est exprimée par l'élément de l'arc circulaire divisé par l'élément du temps, et que le premier de ces élémens multiplié par la distance au centre, donne l'élément de l'aire décrite autour de ce centre; d'où l'on voit que ce dernier principe n'est autre chose que l'expression différentielle de celui de d'Arcy.

Cet auteur a présenté ensuite son principe sous une autre forme, qui le rapproche davantage du précédent, et qui consiste en ce que la somme des produits des masses, par les vîtesses et par les perpendiculaires tirées du centre sur les directions du corps, est une quantité constante.

Sous ce point de vue, il en a fait même une espèce de principe méthaphysique, qu'il appelle la conservation de l'action, pour l'opposer, ou plutôt pour le substituer à celui de la moindre quantité d'action, comme si des dénominations vagues et arbitraires faisoient l'essence des lois de la nature, et pouvoient, par quelque vertu secrète, ériger en causes finales de simples résultats des lois connues de la mécanique.

Quoi qu'il en soit, le principe dont il s'agit a lieu généralement pour tout systême de corps qui agissent les uns sur les autres, d'une façon quelconque, soit par des fils, des lignes inflexibles, des lois d'attractions, et qui sont de plus sollicités par des forces quelconques dirigées à un centre fixe, soit que le systême soit d'ailleurs entièrement libre, ou qu'il soit assujetti à se mouvoir autour de ce même centre. La somme des produits des masses, par les aires decrites autour de ce centre et projetées sur un plan quelconque, est toujours proportionnelle au temps; de sorte qu'en rapportant ces aires à trois plans perpendiculaires entre eux, on a trois équations différentielles du premier ordre entre le temps et les coordonnées des courbes décrites par les corps, et c'est proprement dans ces équations que consiste la nature du principe dont nous venons de parler.

Le quatrième principe est celui que la Grange appelle de la moindre action, par analogie avec celui que Maupertuis avoit donné sous cette dénomination, que les écrits de plusieurs auteurs illustres ont rendu ensuite si fameux, et dont nous parlerons plus au long dans l'article V. Ce principe, envisagé analytiquement, consiste en ce que, dans le mouvement des corps qui agissent les uns sur les autres, la somme des produits des masses par les vîtesses et par les espaces parcourus, est un *minimum*. L'auteur en a déduit les lois de la réflexion et de la réfraction de la lumière, ainsi que celle du choc des corps dans deux mémoires, l'un à l'Académie des sciences de Paris en 1744, et l'autre deux ans après à celle de Berlin; mais il faut avouer que ces applications sont trop particulières pour servir à établir la vérité d'un principe général; elles ont d'ailleurs quelque chose de vague et d'arbitraire, qui ne peut que rendre incertaines les conséquences qu'on en pourroit tirer pour l'exactitude même du principe. Aussi l'on auroit tort de mettre ce principe présenté ainsi sur la même ligne que ceux que nous venons d'exposer ; mais il y a une autre manière de l'envisager plus générale et plus rigoureuse, et qui mérite seule l'attention des géomètres. Euler en a donné la première idée à la fin de son *Traité des Isopérimètres*, imprimé à Lausanne en 1744, en y faisant voir que dans les trajectoires décrites par des forces centrales, l'intégrale de la vîtesse, multipliée par l'élément de la courbe, fait toujours un *maximum* ou un *minimum*.

Cette propriété, que Euler n'avoit reconnue que dans le mouvement des corps isolés, a été étendue depuis par la Grange au mouvement des corps qui agissent les uns sur les autres d'une manière quelconque, et il en a résulté ce nouveau principe général que la somme des produits des masses, par les intégrales des vîtesses multipliées par les élémens des espaces parcourus, est constamment un *maximum* ou un *minimum*.

Tel est le prince auquel la Grange donne, quoiqu'improprement, le nom de moindre action, et qu'il regarde, non comme un principe méthaphysique, mais comme un résultat simple et général des lois de la mécanique. On peut voir, dans le tom. II des *Mémoires* de Turin, l'usage que la Grange en a fait pour résoudre plusieurs problêmes difficiles de dynamique. Ce principe, combiné avec celui de la conservation des forces vives, et developpé suivant les règles du calcul des variations, donne directement toutes les équations nécessaires pour la solution de chaque problême, et de-là naît une méthode également simple et générale pour traiter les questions qui concernent le mouvement des corps ; mais cette méthode n'est elle-même qu'un corollaire de celle qui fait l'objet de la seconde partie de la mécanique analytique, et qui a en même-temps l'avantage d'être tirée des premiers principes de la mécanique. (La Grange, p. 189).

La mécanique philosophique du cit. Prony (1799) contient toutes les formules, tous les théorèmes et tous les problêmes que la géométrie transcendante et les découvertes modernes ont fournies à la mécanique, et à l'hydrodynamique, les usages qu'on a faits des principes précédens, et l'application de la théorie au mouvement des machines dont nous parlerons dans le livre suivant. On trouve, dans cet ouvrage de Prony, un tableau méthodique des résultats, dégagé de la partie des démonstrations et des calculs intermédiaires, qui n'est d'une nécessité absolue que pour les premières études ; il s'est borné à faire connoître l'esprit des méthodes, à indiquer les principaux anneaux ou la trace de la chaîne qui lie les propositions entr'elles, en facilitant les moyens de bien saisir l'ensemble et la correspondance des diverses parties de la science, sans fatiguer l'attention et sans charger sa mémoire de ce qui n'est pas rigoureusement nécessaire pour parvenir à ce but.

III.

Du principe de la conservation des forces vives.

Nous avons donné ci-devant (pag. 618) d'après la Grange, une idée du principe de la conservation des forces vives ; mais il ne sera pas inutile d'entrer à ce sujet dans quelque détail. La mécanique offre souvent des problêmes qui, analysés directement et d'après les principes ordinaires, jeteroient dans des difficultés insurmontables. Le génie a su quelquefois s'ouvrir des routes particulières. Le principe dont nous parlons en est un exemple. Il consiste en ce que dans toute action des corps les uns sur les autres, soit qu'ils se choquent, pourvu que dans ce cas ils soient parfaitement élastiques, soit qu'ils soient liés entre eux par des verges inflexibles ou par des fils, au moyen desquels ils se communiquent le mouvement, la somme des masses multipliées par les quarrés des vîtesses absolues, reste toujours invariable.

Nous avons vu que la découverte de ce principe, qui est appliqué avec succès à diverses recherches, qui seroient, sans lui, extrêmement épineuses, est proprement due à Huygens, qui entreprit de démontrer que si plusieurs poids liés ensemble tombent d'une certaine hauteur, et qu'arrivés au plus bas de leur chûte, ils soient libres de remonter chacun à la hauteur déterminée par sa vîtesse acquise, le centre de gravité de ces corps remontera à la même hauteur que celle dont il étoit descendu, tandis que tous ces corps étoient liés ensemble. Or, les quarrés des vîtesses avec lesquelles ces corps remontent sont comme les hauteurs auxquelles ils doivent s'élever. Ainsi, le produit des masses, par ces hauteurs, étant constamment le même, puisque le centre de gravité commun remonte à la même hauteur, il s'ensuit que celui des masses, par les quarrés des vîtesses, qui sont les *forces vives*, suivant le langage léibnitzien, reste invariable. De-là, le nom de ce principe adopté par ceux même qui n'admettent point la distinction léibnitzienne entre les forces vives et les forces mortes.

La démonstration d'Huygens prouve bien, quoique d'une manière indirecte, que le centre de gravité du corps ne sauroit remonter plus haut qu'il n'est descendu ; mais l'autre partie de cette démonstration, dont l'objet est de faire voir qu'il ne montera pas moins haut, ne porte pas également la conviction avec elle. Aussi ce principe fut-il contredit dans le temps, mais cependant à tort ; car son application à tous les phénomènes mécaniques, est démontrée d'une manière directe, et donne constamment les mêmes solutions. On ne peut donc refuser de le regarder comme un des principes fondamentaux de la nature et une des clefs de la dynamique. Cette loi enfin est, comme le fait voir Bernoulli dans son *Discours sur la communic. du mouvement*, chap. 10, une suite nécessaire de deux autres déjà admises par les mécaniciens ; savoir, 1°. que dans tout choc de corps élastiques, la vîtesse respective reste la même avant et après le choc ; 2°. que la quantité d'action, c'est-à-dire, le produit de la masse des corps choquans et choqués, multipliée par la vîtesse de leur centre de gravité, est encore la même avant et après le choc ; car si l'on suppose deux corps A et B portés l'un contre l'autre avec des vîtesses a et b, qui, après le choc, seront changées en x et y, la première loi donnera $a-b=y-x$, et la seconde $aA+bB=Ax+By$. En effet, la quantité $Aa+Bb$ est le produit de chaque masse par sa vîtesse propre, lequel est égal au produit des masses réunies, par la vîtesse de leur centre de gravité : car la première équation donne $y+b=a+x$, et la seconde $By-Bb=Aa-Ax$. Ainsi, en multipliant le premier membre de l'une par le premier de l'autre, et le second par le second, on aura $Byy-Bbb=Aaa-Axx$, ou $Aaa+Bbb=Axx+Byy$, ce qui est le produit de chaque masse par le quarré de sa vîtesse avant le choc et après le choc,

Cette preuve de la vérité de cette loi me paroît plus forte que celle que Bernoulli employa dans son écrit et qu'il déduisit de la notion de la force vive. Tout le monde admet, dit-il, comme un axiome incontestable, que toute cause efficiente ne sauroit périr ni en tout ni en partie, qu'elle ne produise un effet égal à sa perte. L'idée de la force vive, en tant qu'elle existe dans un corps qui se meut, est quelque chose d'absolu, d'indépendant et de si positif, qu'elle resteroit dans ce corps quand même l'univers seroit anéanti. Il est donc clair que la force vive d'un corps diminuant ou augmentant à la rencontre d'un autre corps, la force vive de cet autre doit, en échange, augmenter ou diminuer de la même quantité. Ce qui emporte nécessairement la conservation de la quantité totale des forces vives. Aussi cette quantité est-elle absolument inaltérable par le choc des corps. Ne pourroit-on pas dire que ce raisonnement est analogue à celui d'après lequel Descartes croyoit prouver que la quantité de mouvement devoit être constamment la même dans l'univers : ce qui n'est cependant pas vrai ?

Nous avons remarqué, pag. 618 que le principe d'Huygens avoit été étendu par les Bernoulli ; mais jusques-là il n'avoit été regardé que comme un simple théorème de mécanique : lorsque Jean Bernoulli eut adopté la distinction établie par Léibnitz, entre les forces mortes, ou pressions qui agissent sans mouvement actuel, et les forces vives accompagnées de ce mouvement, dont nous parlerons art. IV, ainsi que la mesure de ces derniers par les produits des masses et des quarrés des vîtesses, il ne vit plus, dans le principe en question, qu'une conséquence de la théorie des forces vives, et une loi générale de la nature, suivant laquelle la somme des forces vives de plusieurs corps se conserve la même pendant que ces corps agissent les uns sur les autres par de simples pressions, et est constamment égale à la simple force vive qui résulte de l'action des forces actuelles qui meuvent les corps. Il lui donna ainsi le nom de conservation des forces, et il s'en servit avec succès pour résoudre quelques problêmes qui n'avoient pas encore été résolus, et dont il paroissoit difficile de venir à bout par des méthodes directes.

Daniel Bernoulli, son fils, a déduit ensuite de ce principe les lois du mouvement des fluides dans les vases, matière qui n'avoit été traitée avant lui que d'une manière vague et arbitraire. Enfin, il a rendu ce même principe très-général dans les *Mémoires* de Berlin pour l'année 1748, en faisant voir comment on peut l'appliquer au mouvement des corps animés par des attractions mutuelles quelconques, ou attirés vers des centres fixes par des forces proportionnelles à quelques fonctions des distances que ce soit. Le grand avantage de ce principe est de fournir immédiatement une équation finie entre les vîtesses des corps, et les variables qui déterminent leur position dans l'espace; de sorte que lorsque par la nature du problême toutes ces variables se réduisent à une seule, cette équation suffit pour le résoudre complètement, et c'est le cas de celui des centres d'oscillation. En général, la conservation des forces vives donne toujours une intégrale première des différentes équations différentielles de chaque problême, ce qui est d'une grande utilité dans plusieurs occasions.

On se tromperoit si l'on pensoit qu'il fallût nécessairement recourir à cette méthode indirecte pour résoudre ces problêmes. Bouguer, avant que d'être de l'Académie, envoya une solution d'un problême assez difficile, au *Journal des Savans*, avril 1728; cette solution est uniquement fondée sur les lois connues de la communication du mouvement entre les corps élastiques dans le choc, et elle s'accorde entièrement avec celle de Bernoulli. On peut voir aussi, dans la *Dynamique* de d'Alembert, la solution de plusieurs problêmes difficiles sur le choc des corps élastiques entre eux, ainsi que dans les *Mémoires* de Fontaine, publiés en 1769, où il donne des *principes sur l'art de résoudre les problêmes sur le mouvememt des corps*. Nous remarquons cette identité, parce qu'il est agréable à l'esprit mathématique de voir des méthodes si différentes, conspirer à donner les mêmes résultats, et que pour ceux à qui les mahtématiques sont étran-

gères,

gères, rien n'est plus propre à leur donner une idée de la certitude de ces sciences, que de voir arriver au même point par des voies si différentes.

Bernoulli ne se contenta pas de résoudre, d'après le principe ci-dessus, les problêmes que nous venons de voir; il s'en proposa un grand nombre d'autres qu'il résolut et publia en forme de théorèmes, sans en donner l'analyse, dans les *Mém.* de Pétersbourg, t. II : en voici quelques-uns.

Le corps P, (*fig.* 27) attaché à un fil passant sur une poulie A, et tirant après lui un corps moins pesant *p*, roule sur une courbe donnée AB, on demande le mouvement du corps P, dans les différens points de la courbe.

Un tube ABCD, (*fig.* 28) recourbé à angles inégaux en B et C, est rempli d'eau, ou d'un autre fluide; on demande les oscillations de ce fluide lorsqu'on l'aura mis en mouvement.

Un triangle ABC, (*fig.* 29) reposant par la base infiniment polie sur un plan horizontal, également poli, est chargé d'un poids P, qui roule sur le plan, et tend à le faire reculer dans le sens CB, on demande, tant le mouvement de ce plan, que la courbe que décrira ce globe.

Plusieurs autres géomètres se sont aidés du même principe dans la solution de problêmes de dynamique de grande difficulté. Je citerai pour exemple Montigny, qui dans les *Mémoires de l'Académie* pour 1741, s'en proposa un singulier et fort difficile, que voici.

On suppose sur un plan horizontal une verge inflexible, chargée de deux, ou d'un plus grand nombre de poids, qui peuvent librement couler sur cette verge; elle passe elle-même dans un anneau fixé sur un plan horizontal, et dans lequel elle peut couler sans résistance, suivant qu'elle sera plus ou moins tirée par le poids dont elle est chargée. Cet anneau, au reste, peut tourner librement sur lui-même. La verge ci-dessus recevant une impulsion ou choc quelconque, on demande quelle sera la courbe que décrira chacun des corps, et la vîtesse qui leur sera imprimée.

Montigny appliquant à la solution de ce problême le principe de la conservation des forces vives, le résoud d'une manière fort satisfaisante. Nous remarquerons cependant encore que le problême n'est pas inaccessible à une méthode directe; et en effet, d'Alembert le résoud dans sa dynamique d'une manière direct, en se servant lui-même du principe lumineux dont il est l'inventeur, et dont nous allons parler dans l'article suivant

Je n'étendrai pas davantage cet article; c'est surtout dans la détermination du mouvement des fluides qu'on tira parti du principe dont il s'agit; Daniel Bernoulli s'en servit dans son hydrodynamique, en 1738, mais sans le démontrer : et d'Alembert, à la fin de son *Traité de Dynamique*, en 1743, entreprit d'en donner, sinon une démonstration générale, au moins les principes suffisans pour trouver la démonstration dans chaque cas particulier.

Il en résulte qu'en général la conservation des forces vives dépend de ce principe, que quand des puissances se font équilibre, les vîtesses des points où elles sont appliquées, estimées suivant la direction de ces mêmes puissances, sont en raison inverse de ces mêmes puissances. Ce principe est reconnu depuis long-temps par les géomètres, pour le principe fondamental de l'équilibre ; mais on n'avoit pas encore démontré, en général, ni fait voir que celui de la conservation des forces vives en résulte nécessairement.

IV.

Du principe de d'Alembert pour la Dynamique.

Nous avons parlé ; dans l'article II, pag. 616 du principe que d'Alembert donna en 1743, dans son *Traité de Dynamique*. On ne sauroit, dans les mathématiques transcendantes, multiplier trop les instrumens de recherches, et il est rare que lorsque ces instrumens nouveaux sont maniés par d'habiles mains, il n'en jaillisse de nouvelles lumières, et souvent des solutions inespérées de difficultés qui avoient arrêté jusques-là. Il en résulte d'ailleurs, à l'avantage de la science, un nouveau degré de certitude très-satisfaisant. Car, quoi de plus agréable pour un esprit mathématique, ou qui a du goût pour la vérité, que de voir plusieurs notions primordiales isolées et différentes, conduire toutes au même but ? C'est un avantage, il faut le remarquer en passant, à l'honneur des mathématiques, qui leur est propre, à l'exclusion de toute autre science.

On doit à d'Alembert la découverte d'un principe mécanique de ce genre, qui est d'une application très-féconde aux questions les plus difficiles de la mécanique. Il fait la base de son excellent *Traité de Dynamique*, dans lequel on trouve la solution de quantité de problêmes qui avoient échappé aux recherches de ses prédécesseurs. C'est même ce principe qui lui a frayé la route à la solution d'un des problêmes les plus intéressans et les plus épineux de ce genre, celui du mouvement de la terre, qui produit la précession des équinoxes ; problême traité par Newton d'une manière qui n'étoit pas assez convaincante, et que d'Alembert a le premier complètement résolu en 1749, comme on le verra dans le volume suivant.

Ce principe est celui-ci : *Soyent plusieurs corps dont les mouvemens*, c'est-à-dire, *les vîtesses* A, B, C, D, *&c. ainsi que les directions sont données, et qui se choquent, se tirent ou se poussent d'une manière quelconque.* Ces mouvemens A, B, C, D, &c. sont respectivement décomposés en deux autres, tels que a et α, b et β, c et κ, d et δ, &c. qui soient tels que si ces corps n'eussent eu que les mouvemens a, b, c, d, &c. ils eussent pu conserver leur mouvement saus se nuire mutuellement, et que s'ils n'eussent eu que ceux α, β, κ, δ, &c. ils eussent restés en équilibre, les mouvemens a, b, c, d, seront ceux qu'ils prendront en conséquence de leur action mutuelle. On suppose les corps sans ressort; mais on passe facilement de ce cas à celui des corps élastiques.

On se démontrera ce principe en l'examinant attentivement; car on verra facilement qu'il est une conséquence évidente des lois du mouvement et de l'équilibre; et en second lieu qu'il a l'avantage de réduire tous les problêmes de la dynamique à la géométrie pure, et à la statique, car il est toujours possible, (non cependant sans beaucoup de sagacité en bien des cas), de décomposer chacun des mouvemens opposés de plusieurs corps en deux autres, tels que si ces corps n'eussent eu chacun que l'un des composans, ils fussent restés en équilibre, ou le mouvement eût été zéro. On aura donc alors pour les mouvemens restans à chacun de ces corps, le second des composans, ainsi l'on connoîtra le mouvement du système de ces corps.

Ou si le mouvement de ces corps est donné après le choc, ou l'instant après leur action mutuelle, et qu'on décompose celui de chacun en deux, tels que s'ils n'eussent eu que le premier, ils fussent restés en repos, le second sera celui que chacun auroit du avoir avant le choc, pour produire le mouvement donné.

Fontaine, dans les premières pages de ses mémoires nous apprend qu'il avoit eu cette idée. On lit dans la table de ces mémoires, page 3, à l'article des principes de l'art de résoudre les problêmes sur le mouvement des corps, le passage suivant : « Ceux qui écriront l'histoire des sciences doivent regarder ces » principes-ci comme aussi connus depuis 1739 que s'ils avoient » été imprimés cette année-là, celui-ci surtout : *Dans le conflit* » *de plusieurs corps, quelle qu'en soit la cause, les change-* » *mens qui arriveront aux états de ces corps dans l'espace* » *seront tels, que les forces qu'ils avoient pour s'y refuser se* » *seront vaincues mutuellement, ou auront été en équilibre* ». Et tous ceux que je propose furent donnés à l'Académie en 1739, et communiqués depuis à tous les géomètres que j'ai rencontrés. Il est aisé de voir l'analogie ou l'identité de ce principe avec celui de d'Alembert. Cependant tout en accordant à Fontaine, dont la sagacité étoit extrême, l'honneur de la découverte de ce principe, nous ne croyons point que cela doive diminuer la gloire de d'Alembert; il n'étoit point encore de l'Académie quand Fontaine l'entretint des principes dont il parle. Celui-ci ne publia rien qui pût mettre d'Alembert sur la voie; et le grand usage que d'Alembert fit de son principe lui en assure la propriété.

Nous ne quitterons pas cette matière sans dire quelque chose de plus de l'ouvrage où d'Alembert ouvrit cette nouvelle voie. Car indépendamment de l'exposition et de l'application du principe ci-dessus, ce traité contient beaucoup d'autres choses remarquables. Telles sont en particulier des réflexions sur les principes de la mécanique, qu'il réduit à trois, la force d'inertie, le mouvement composé, et l'équilibre, comme nous l'avons expliqué, (art. II). Et d'abord dans un discours préliminaire, écrit comme celui de l'Encyclopédie, et où règne une métaphysique profonde et lumineuse; il expose ses vues sur ce sujet d'une manière à être entendue de tout le monde; mais dans la première partie de son ouvrage, il reprend cette matière et la traite *more geometrarum*, en établissant géométriquement ces principes d'après les notions métaphysiques les plus claires. En effet, quoique admis et pris pour bases de leurs raisonnemens par tous les mécaniciens, on pouvoit encore désirer que ces principes d'expérience fussent fondés sur une certitude métaphysique. C'est ce que fit d'Alembert dans cette première partie de son ouvrage; et d'après ses démonstrations on peut et on doit regarder ces principes comme d'une nécessité aussi rigoureuse que les premières vérités élémentaires de la géométrie. Remarquons toutefois ici qu'avant d'Alembert, Daniel Bernoulli avoit eu un objet semblable au moins relativement à la composition du mouvement qu'il démontre aussi *more geometrarum* dans les Mémoires de Pétersbourg; mais la démonstration de d'Alembert nous paroît avoir quelques degrés de plus de concision et de clarté. Daviet de Foncenex s'est aussi proposé ce sujet, qu'il traite d'une manière savante et lumineuse dans un mémoire qu'on lit dans le second volume des *Mémoires de Turin*, en 1761.

Il en étoit encore du principe de la conservation des forces vives comme de ceux de l'équilibre, et de la décomposition des forces. Quoique employé sans cesse par les mécaniciens, il étoit ce semble, plus démontré par l'accord, jamais démenti de ses conséquences avec l'observation des phénomènes mécaniques, ou avec celles tirées d'autres principes démontrés, qu'il ne l'étoit *à priori*, et métaphysiquement. Il falloit en quelque sorte consolider cette base, et c'est ce que fit d'Alembert comme nous l'avons remarqué page 626. On peut dire enfin que par-là et par diverses observations qu'on lit dans cet ouvrage et divers autres de d'Alembert, il a jeté une grande lumière sur cette branche de nos connoissances, et dissipé les légers nuages qui en couvroient encore quelques parties.

D'Alembert traite encore dans l'édition de 1796 une question qui a beaucoup occupé les métaphysiciens allemands, et qui fut proposée pour sujet de prix, par l'Académie de Berlin, savoir : *Si les lois de la mécanique et de la statique sont des vérités nécessaires ou contingentes.* La meilleure pièce sur ce sujet nous a paru être celle du savant physicien et profond métaphysicien Bulfinger. Il n'hésite pas à les regarder comme des vérités nécessaires, c'est à-dire pour fixer l'état de la question, que la nature des corps étant telle qu'elle a été établie par l'auteur de l'univers, c'est-à-dire, douée d'impénétrabilité, les loix de la statique et de la mécanique en sont une suite nécessaire, comme des propriétés de l'étendue suivent nécessairement toutes les vérités géométriques. Tel est aussi le sentiment de d'Alembert, qu'il établit sur une suite de réflexions métaphysiques lumineuses et profondes.

La question des forces vives devoit nécessairement fixer l'attention d'un auteur qui écrivoit sur la *Dynamique*, ou la *Science des forces*. D'Alembert ne pouvoit se dispenser d'en parler; mais il ne prend pas le change; entrer dans cette discussion où chaque adversaire puise dans une métaphysique plus ou moins déliée de nouvelles raisons; c'eût été s'écarter inutilement de son objet, quelle que soit la manière d'estimer les forces des corps en mouvement, les principes de solution établis par d'Alembert sont indépendans de cette question. Les problêmes qu'il analyse et qu'il résoud, se réduisent uniquement à déterminer des vîtesses et des directions de masses données; chacun des tenans, dans ce grand combat, estimera ensuite comme il le voudra la force des corps dont il connoîtra la vîtesse; aussi trouva-t-il que c'étoit une question de mots, comme nous l'expliquerons dans l'article suivant.

V.

De la question des Forces vives.

Il est rare de voir les mathématiciens disputer sur les principes; c'est cependant ce qu'on vit, avec une sorte de scandale, vers le commencement du dix-huitième siècle, et pendant quarante ans. L'objet de cette dispute étoit la manière dont on doit estimer la force des corps en mouvement que Leibnitz appelle *force vive*, tandis qu'il donne le nom de *force morte* à celle des corps qui sont seulement dans une tendance à se mouvoir, et n'agissant que par leur pression. On vit alors l'Europe se partager en quelque sorte ; presque toute l'Allemagne se rangea du côté de Leibnitz et de Bernoulli ; l'Angleterre fidèle à l'ancienne estimation, combattit toutes les raisons des premiers avec tant de succès, qu'après avoir vu les réponses à des raisons qui paroissoient des démonstrations, on étoit tout étonné de ne savoir plus à qui accorder l'avantage. La France fut partagée aussi entre une femme célèbre tenant pour Leibnitz, et un membre illustre de l'Académie; la Hollande fut en général favorable au sentiment du philosophe allemand, ainsi que l'Italie. Ce qu'il y avoit de bien singulier dans cette dispute, c'est que le même problême résolu par les géomètres des deux partis avoit la même solution; ils admettoient tous les mêmes lois du choc, ce qui pouvoit dès lors donner l'idée que la dispute n'étoit qu'une question de métaphysique ; ces sortes de disputes sont encore une espèce de scandale en mathématiques; mais il n'en est plus question ; l'on estime les forces comme l'on veut, ou par le quarré de la vîtesse, ou par la simple vîtesse; les conclusions n'en sont pas différentes.

La manière d'estimer la force des corps qui, en vertu de leur pesanteur, ou d'une pression, tendent au mouvement, n'a jamais causé de schisme : les principes de la statique démontrent que la force d'un corps est dans ce cas proportionnelle à la vîtesse qu'il auroit, si son mouvement étoit effectué. Mais en est-il de même des corps qui sont dans un mouvement actuel? Leurs forces, toutes choses d'ailleurs égales, suivent-elles le rapport simple des vîtesses comme dans le cas précédent? On n'avoit pas songé à en douter jusqu'à 1686, que Leibnitz crut appercevoir une erreur dans l'opinion commune. Il tâcha d'établir que dans ce cas la force est, non comme la vîtesse, mais comme le quarré de la vîtesse. Ce nouveau sentiment fut annoncé dans les Actes de Leipzig, par un écrit intitulé : *Demonstratio erroris mémorabilis, cartesii et aliorum in aestimandis viribus motricibus corporum.* Voici le raisonnement de Leibnitz.

Lorsqu'un corps tombe d'une hauteur de quatre pieds, il acquiert à la fin de sa chute une vîtesse double de celle qu'il eût acquise en tombant d'une hauteur d'un pied ; et en même-temps il acquiert la force de s'élever à la hauteur de laquelle il est tombé ; avec une vîtesse double il a donc acquis la force de s'élever à une hauteur quadruple de celle à laquelle il s'éleveroit au moyen de la vîtesse acquise en tombant d'une hauteur d'un pied. Il est aisé de voir qu'une vîtesse triple l'élèveroit à une hauteur neuf fois plus grande, et ainsi des autres. Or, les forces sont comme les hauteurs auxquelles le même poids est élevé. Ainsi concluoit Leibnitz, un corps mu d'une vîtesse double est doué d'une force quadruple ; d'où il suit que les forces sont en raison des quarrés des vîtesses.

Le sentiment de Leibnitz avoit trop d'analogie avec le fameux principe de la conservation des forces ascensionelles de Huygens pour ne pas lui plaire. On ne sait cependant point précisément ce qu'Huygens pensa sur cela, mais Leibnitz dit qu'il ne lui étoit pas contraire ; *Huygenius quoque à sententia mea non alienus.* Mais il n'en fut pas de même des autres mathématiciens. Leibnitz ne rencontra d'abord par tout que des contradicteurs. Son opinion naissoit à peine qu'elle fut attaquée par l'abbé de Catelan, cartésien zélé jusqu'à l'adoration. Il entreprit de répondre à Leibnitz. Il prétendit que son raisonnement étoit vicieux en ce qu'on n'y faisoit aucune attention au temps de l'ascension du corps. Il est bien vrai, disoit-il, comme ont fait d'autres antagonistes des forces vives, qu'un corps qui a une vîtesse double s'élève à une hauteur quadruple, mais il ne le fait que dans un temps double. Or, produire un effet quadruple, dans un temps double, n'est pas avoir une force quadruple, mais seulement double.

Le cit. de la Lande, dans son *Astronomie*, art. 3505, remarque aussi que l'espace parcouru qui indique la force est comme la vîtesse simple, si on considère l'espace parcouru dans un temps déterminé ; il est comme le quarré de la vîtesse, si l'on ne demande point en combien de temps cet espace est parcouru. Mais il lui semble qu'il est plus naturel de considérer la force dans un temps donné ; sans cela on diroit qu'une tortue a autant de force à la course qu'un lièvre, car, avec le temps, elle parcourroit le même chemin ; un enfant auroit autant de force que celui qui porte un sac de bled de 240 livres, puisqu'avec le temps et par parties, l'enfant porteroit tout le bled. D'ailleurs, le mouvement se continue à l'infini, ainsi toute force seroit infinie si l'on n'avoit pas égard au temps.

Papin si connu par sa machine à ramollir les os fut aussi un adversaire de Leibnitz ; mais le parti de celui-ci s'étant accru, tous les mathématiciens célèbres furent divisés entr'eux sur cette question.

Jean Bernoulli entra en 1694 en commerce de lettres avec Leibnitz. Celui-ci ne manqua pas de lui proposer les raisons sur lesquelles il se fondoit pour avancer sa nouvelle doctrine.

Bernoulli résista longtemps (1) et même presque au point d'indisposer Leibnitz. Cependant il se mit à examiner plus sérieusement les raisonnemens de Leibnitz et les réponses à ses objections ; cet examen le détermina enfin à adopter son opinion, dont il devient bientôt après le plus zélé partisan. Il faut cependant observer qu'il convient lui-même (2) que ce furent moins les raisonnement de Leibnitz, dont il ne fut jamais parfaitement satisfait, que ses réflexions propres qui lui firent adopter cette nouvelle estimation de la force dépendante du mouvement.

Il paroît cependant que Leibnitz et Bernoulli, contens d'être du même avis sur cette question, et d'avoir un nombre de partisans, n'insistèrent pas beaucoup pour s'en faire de nouveaux, ensorte que la distinction des forces vives étoit en quelque sorte concentrée entre un fort petit nombre de mécaniciens géomètres lorsque l'Académie des Sciences proposa, en 1724, pour sujet d'un de ses prix, la question de la *communication du mouvement.* Cette question avoit une trop grande liaison avec celle des forces vives pour ne pas renouveller la guerre commencée. Maclaurin, jeune encore, attaqua dans sa dissertation l'opinion de Leibnitz avec force ; et Bernoulli, dans la pièce qu'il envoya, tâcha de l'établir avec toute la vigueur dont il étoit capable. Le P. Mazeas, adversaire des forces vives fut couronné ; on peut voir ce qui empêcha Bernoulli de l'être, dans l'éloge que d'Alembert publia de ce grand géomètre après sa mort arrivée en 1748. Mais la pièce de Bernoulli, fut aussi imprimée.

C'est proprement à cette datte que la querelle des forces vives s'engagea entre les géomètres métaphysiciens de l'Europe ; car, quoique la pièce de Bernoulli n'eût pas remporté le prix, ses raisons y étoient exposées avec tant de force, que malgré l'avantage du parti contraire, un grand nombre d'hommes célèbres se rangea de son côté. Si d'une part on compte les Maclaurin, Stirling, Clarcke, Desaguliers et autres Anglois ; de l'autre, on peut citer Bernoulli, Herman, 'sGravesande, Musschenbroek, Poléni, Wolf, Bulfinger, et une grande partie des savans du continent surtout de l'Allemagne. On a opposé, raisons à raisons ; les expériences les plus décisives en apparence, ont reçu des explications qui semblent elles-mêmes ne rien laisser à désirer.

On peut réduire les preuves apportées par Leibnitz et ses partisans à deux espèces, savoir à des expériences, en conséquence desquelles il raisonnent, et à des raisonnemens métaphysiques, nous allons commencer par les expériences.

La première et la plus simple de toutes est celle dont nous

(1) *Commercium Epistolicum Leibnitii et Bern.* tom. I.
(2) *Discours sur la comm. du mouvement.*

avons

avons parlé page 630, savoir que les corps peuvent, en vertu de la vîtesse acquise par une chute, remonter à la même hauteur que celle d'où ils étoient tombés. Nous avons vu la réponse.

Les anti-Leibnitziens infirment encore le raisonnement de Leibnitz de cette manière. En admettant avec Leibnitz que la force est comme la somme des obstacles égaux qu'elle peut surmonter, ils disent que le corps qui monte à une hauteur quadruple dans un temps double, n'a à surmonter que le double du nombre d'obstacles qu'éprouve le corps montant dans un temps simple à une hauteur comme 1. En effet, il paroît que ce nombre de coups, de chocs de la gravité qui produit l'accélération de la chute est proportionel au temps, puisque les vîtesses acquises sont comme les temps, d'où l'on peut conclure qu'un corps montant en deux temps à une hauteur quadruple, ne reçoit de ces impulsions retardatrices que le double de celles qu'éprouve le corps montant en un temps à une hauteur simple; de même qu'un corps tombant en deux temps d'une hauteur quadruple, n'a reçu que le double de ces impulsions accélératrices de la gravité, comparé au corps qui, dans un temps 2, parcourt en descendant un espace 1; aussi le premier n'a-t-il en effet qu'une vîtesse double.

Bernoulli lui-même, tout partisan qu'il devint dans la suite des forces vives, ne pensoit point (1) comme Leibnitz que ce fussent les hauteurs qui dussent mesurer les forces des corps qui les avoient parcourues en montant; parce que, disoit-il, ces effets ne sont qu'accidentels, et une conséquence de la loi actuelle de la gravité; que si les lois de la pesanteur étoient autres que celles qui ont lieu actuellement, les hauteurs ne séroient nullement proportionnelles aux quarrés des vîtesses. La raison en est sensible. Les corps continueroient à se mouvoir à l'infini en montant si une cause extérieure ne les empêchoit; celle pour laquelle cette hauteur est finie se trouve dans l'action de la gravité, action dont le mode est encore un mystère pour nous. Il est donc impossible de déterminer la nature de l'obstacle, ou des obstacles réitérés que le corps éprouve en montant, et qui consument, pour ainsi dire, sa vîtesse ascensionnelle.

Leibnitz sentit très-bien la justesse de la réponse de Bernoulli. Aussi lui répliqua-t-il qu'il n'avoit allégué l'élévation d'un corps que comme un des effets dans la production desquels la force se consume, et qui par-là peut la mesurer. Ensuite reprenant son argument et tâchant de lui donner plus de force, il lui fit remarquer que tout l'art d'estimer une chose quelconque, ne consiste qu'à réduire le tout à une seule mesure, dont la répétition seule

(1) *Comm. Epist. Leib. et Bern.* tom. I. epist. XI,

puisse servir à en faire connoître la quantité, comme la multitude où la répétition des unités fait connoître celle des nombres; qu'ainsi, l'on pouvoit mesurer la force d'un corps en mouvement par le nombre des corps égaux auxquels il étoit capable d'imprimer un même degré de vîtesse, ou au lieu de ces corps égaux, par un nombre quelconque d'effets égaux et répétés, par exemple, de certains poids élevés à la même hauteur.

Un des plus forts argumens qui aient été faits en faveur des forces vives, est celui que J. Bernoulli tire de la force et de l'action des ressorts agissant sur un corps, pour lui imprimer du mouvement. *Discours sur la communication du mouvement.* Nous allons l'expliquer après avoir présenté quelques préliminaires que tout le monde accorde.

Si plusieurs ressorts égaux se tiennent bout-à-bout les uns les autres, la même puissance qui pourra en soutenir un bandé à moitié, pourra soutenir également la suite de tous, également bandée à moitié; de sorte que trois ressorts, par exemple, n'exercent pas une action plus grande, lorsqu'ils sont débandés de la moitié de leur étendue, que douze semblablement détendus; mais ces derniers se détendront avec plus de vîtesse, parce que chacun de ces douze derniers se détendra avec la même vîtesse que chacun des trois premiers; d'où il suit que les douze occupant plus d'espace que les trois, en raison de 12 à 3, ou de 4 à 1, il y aura aussi même raison de la vîtesse avec laquelle les douze tendront à se rétablir dans leur état naturel, à la vîtesse avec laquelle les trois tendront à se rétablir de même, que de 4 à 1.

Cela étant admis, voici le raisonnement de Bernoulli. La force qu'imprimera un ressort seul à un corps P, qu'il poussera en se détendant, doit être à celle que communiqueront à un corps égal Q, quatre ressorts qu'il pousseront, comme les nombres de ressorts, ou comme 1 à 4; car on ne peut pas dire qu'il y ait aucune partie de la force qui se perde; il faudra donc que la force de chacun de ces ressorts soit employée à produire son effet, et à quel effet peut-elle être employée qu'à mouvoir ces corps; par conséquent les forces produites seront proportionnelles au nombre des ressorts employés à les produire : sans cela il y auroit quelque force de perdue.

Bernoulli démontre ensuite, ou prétend démontrer, que les vîtesses imprimées à ces corps ne sont entre elles qu'en raison soudoublées de ces nombres, ou dans le cas ci-dessus, comme 1 à 2. Des vîtesses comme 1 à 2, sont donc produites par des forces qui sont comme 1 à 4, et réciproquement des vîtesses comme 1 et 2, produiront des forces comme 1 et 4; car si le corps P revenoit avec sa vîtesse comme 1 contre le ressort qui la lui a communiquée, il le tendroit au même point, et de même le corps Q, revenant avec sa vîtesse 2 contre les 4 ressorts, les tendroit au même point qu'ils l'étoient : d'où l'on doit conclure que les forces des corps en mouvement sont comme les quarrés des vîtesses.

On conclud aisément de cette démonstration, que si ces ressorts étoient infinis en longueur, l'accélération de vîtesse seroit uniforme et tout-à-fait semblable à celle des corps tombans ; car, ce seroit alors une force constamment égale qui seroit employée à hâter le mouvement du corps. Or, dans ce cas les forces sont comme les quarrés des vîtesses : donc il en est de même à l'égard des corps tombans, et Léibnitz a eu raison de mesurer les forces de ces corps par les hauteurs d'où ils sont tombés, ou par celles auxquelles ils pourroient atteindre en remontant.

Quelque concluante que paroisse cette démonstration, les défenseurs de l'ancienne estimation des forces ne laissent pas d'y répondre d'une manière satisfaisante. Ils prétendent que dans le raisonnement par lequel Bernoulli prétend démontrer que, dans le cas ci-dessus, les corps P et Q n'acquéreront des vîtesses que comme 1 à 2, il a omis un élément nécessaire de son calcul. Il est bien vrai, disent-ils, que dans l'état de repos les forces qui pressent contre les corps P et Q sont égales ; mais la suite des ressorts qui agit contre le corps Q, se développant avec une vîtesse quadruple de celle avec laquelle se développe le ressort qui met en mouvement le corps P ; si l'on fait entrer dans le calcul de Bernoulli, cet élément, on trouvera que les vîtesses des corps P et Q, seront comme les nombres de ressorts, ou en général comme les longueurs des suites de ressorts appliqués à les mettre en mouvement. C'est ainsi que Heraclite Manfredi (le frère des célèbres Eustache et Gabriël Manfredi) répond à l'argument de Bernoulli : et il nous semble qu'il n'y a rien à répliquer.

Bernoulli déduisit du principe commun du mouvement composé (1) une nouvelle preuve du sentiment qu'il avoit embrassé, et que les partisans de ce sentiment regardent comme d'une grande force.

Si un globe A (*fig.* 30), parfaitement élastique se meut sur la diagonale AC d'un quarré, et rencontre obliquement un globe égal et élastique qu'il choque dans la direction CD, le corps C se mouvra sur CD avec une vîtesse CD égale à CB ; après le choc, le corps A continuera son mouvement dans la direction CE, parallèle à AB. Or, la somme des forces, avant et après le choc, doit être la même ; ce qui n'arrive point si la force est proportion-

(1) *Discours sur la communication du mouvement*, chap. 8.

nelle à la vîtesse. Car les lignes CE, CD, excèdent la ligne AC; mais cette somme est la même avant et après le choc, en faisant les forces proportionnelles aux quarrés des vîtesses. Car les quarrés de CE et CD pris ensemble, sont égaux au quarré de AC. Mais Maclaurin, dans la pièce où il combat les forces vives, fait un raisonnement dont conviendront tous ceux qui admettront la force d'inertie, c'est-à-dire, qui auront une idée saine du mouvement. La force que perd un corps en agissant sur un autre, n'est égale à celle qu'il produit dans ce corps, que lorsqu'il tend à le mouvoir suivant la direction selon laquelle il se meut lui-même. Mais lorsqu'il tend à le mouvoir dans une autre direction, alors il agit et par son mouvement et par sa force d'inertie, qui s'oppose au changement de sa direction. Ainsi, le corps A choquant et tendant à mouvoir C, suivant la direction CD et non suivant AC, agit sur lui et par son mouvement et par la force par laquelle il résiste au changement de sa direction, parce qu'il ne sauroit se mouvoir dans cette direction, sans écarter C de son chemin.

En effet, le corps A se mouvant suivant AC et tendant à mouvoir C suivant la direction CD, est dans le même cas que si se mouvant suivant la ligne AC, un corps ou une force quelconque, dès qu'il seroit en C, le choquoit selon la direction DC, et tendoit à lui imprimer une vîtesse CB; le corps A changeroit à l'instant de direction, et se mouvroit suivant CE. Or, on voit aisément que dans ce cas le corps C résiste à ce changement de direction, uniquement par sa force d'inertie.

J'ajouterai qu'il n'est pas surprenant qu'un corps A, en en choquant deux autres obliquement, produise dans chacun d'eux des forces qui, prises ensemble, soient plus grandes que celle qui les a produites. La même chose arrive dans le cas des pressions, et un globe A (*fig.* 31), poussé dans la direction AC avec une force morte, égale à AC, et pressant les boules D et E, suivant les directions AH, AG, exerce sur elles deux pressions particulières, qui, prises ensemble, sont capables de surmonter le corps A tout seul, pressant selon sa direction et sa force propres. On ne doit donc point s'étonner que la force de A, avant le choc, puisse être plus grande que celle de D et E après le choc.

Les partisans de la nouvelle estimation des forces vives, doivent encore à Herman un raisonnement tiré du concours de globes élastiques qu'ils ont fait valoir comme une démonstration irréfragable de leur sentiment. Qu'on suppose un corps élastique M d'une masse comme 1 et avec une vîtesse comme 2, aller à la rencontre d'un autre globe élastique et immobile N, dont la masse soit 3, l'effet de ce choc sera, selon les lois du mouvement, entre les corps élastiques, que le corps N prendra une vîtesse égale à 1, et le corps M rejaillira avec une vîtesse en sens contraire, aussi égale à 1 : que ce corps M rencontre ensuite directement un corps O égal à lui-même, il lui communiquera toute sa vîtesse restante et restera en repos. Voilà donc deux corps, l'un de 3 de masse, l'autre de 1 de masse, mis en mouvement avec une vîtesse 1, par le seul corps M de 1 de masse et de 2 de vîtesse. La force d'un corps de masse 1 avec 2 de vîtesse, équivaut donc à celle de deux corps dont la masse est 4 avec une vîtesse 1. Or, une masse comme 4, mue avec une vîtesse comme 1, à une force incontestablement quadruple de celle d'un corps de masse 1, mû avec la vîtesse 1 : donc le corps M de masse 1 avec une vîtesse 2, a une force quadruple de celle d'un corps de masse 1 avec une vîtesse 1.

Ce raisonnemement est, il faut l'avouer, le plus spécieux en faveur du sentiment des forces vives; car il n'y a ici aucun mélange, comme dans les chocs obliques de la force dilatée du corps choquant avec celle qui résulte de son inertie à changer de direction. Toutefois bien apprécié, il ne prouve pas davantage : car ce n'est qu'accidentellement, et par un effet de suppositions combinées, qu'on trouve ici la quantité du mouvement quadruplée ; d'où l'on infère que la force est quadruplée, ou comme l'observe de Mairan (1), parce que 2 + 2 est accidentellement la même chose que 2 multiplié par 2.

Faisons en effet une autre supposition de masses et de vîtesses. Que le corps M, avec un de masse, au lieu d'une vîtesse 2 en ait une comme 4, et qu'il aille choquer le corps N en repos ayant 3 de masse, il lui communiquera une vîtesse comme 2 : ainsi voilà une force comme 6. Que ce corps M qui sera repoussé avec une vîtesse comme 2, rencontre un corps égal à lui qui prendra cette vîtesse 2 et la réduira au repos; ce sera, selon le raisonnement de Herman, une nouvelle force comme 2, qui, ajoutée à la première, fera une force comme 8. Mais ici les partisans des forces vives sont loin de compte ; car pour que la force fût comme le quarré de la vîtesse, il auroit fallu trouver un produit comme 16.

Si la vîtesse du corps M, tout le reste étant le même, eût été supposée 3, le résultat eût été que nous aurions eu le corps N mû avec une vîtesse $1\frac{1}{2}$, et le corps O mû avec $1\frac{1}{2}$ de vîtesse, ce qui eût donné pour produit 6, et non pas 9, qui auroit dû résulter d'une vîtesse triple.

On pourroit aussi supposer au corps B une autre masse que 3, et tout le reste étant le même, on trouveroit qu'il y a tantôt plus,

(1) *Lettre à madame* *** (madame du Châtelet). Paris, 1741, *in-12*.

tantôt moins de force après le choc, qu'il n'en résulte du produit des masses par le quarré de la vitesse.

On pourroit encore observer, contre ce raisonnement, que le mouvement du corps M, après la réflexion du corps N, ou celui du corps O, après avoir été choqué par le corps M, se faisant en sens contraire du mouvement du corps N, on devroit plutôt soustraire le premier du second, que les ajouter pour avoir la force totale engendrée par le corps M. Mais nous n'insisterons par sur cette observation, parce qu'on peut prétendre qu'il n'est question ici que la force absolue, de quelque côté qu'elle s'exerce.

Il n'y a au surplus ici qu'une augmentation de quantité de mouvement absolu, phénomène résultant le plus souvent du choc des corps élastiques; et cette augmentation est du reste astreinte à la loi générale, découverte par Huygens; savoir, qu'il y en a toujours la même quantité vers le même côté : c'est ce qu'il aisé de se démontrer dans tous les exemples précédens.

Voici encore un raisonnement auquel la marquise du Châtelet attribuoit uue très-grande force, en ce que les adversaires des forces vives éludant la plupart des argumens qu'on leur faisoit, par le motif qu'on négligeoit la considération du temps, il n'y a dans ce raisonnement rien qui prête à ce subterfuge. Soit, dit-on, une boule A dont la masse est 1 et la vîtesse 2, et qui choque avec cette vîtesse, et à-la-fois, sous un angle de 60°, deux autres boules B et C, ayant chacune une masse double de la première. On convient qu'elle leur communiquera, à chacune, une vîtesse égale à la moitié de la sienne, ou égale à 1. Voilà donc 4 degrés de masse mus avec une vîtesse 1, ou 4 degrés de mouvement ou de force engendrés par un corps mû avec une vîtesse 2. La force est donc comme le quarré de la vîtesse.

Mais quelque force que les partisans des forces vives attribuent à cet argument, il n'en est pas moins, comme les précédens, susceptible d'une réponse qui l'énerve entièrement; car on peut lui opposer les mêmes considérations qu'au précédent; savoir, que ce n'est que dans cette supposition particuliére de masses d'incidence et de vîtesse du corps choquant, qu'on trouve la quantité de mouvement quadruple de celle d'un corps de la vîtesse.

En effet, que le corps choquant, au lieu d'une vîtesse double en ait une triple, tout le reste étant supposé le même, chaque corps choqué se mouvra avec une vîtesse égale à $1\frac{1}{2}$. Ainsi, multipliant chaque corps dont la masse est 2 par sa vîtesse acquise $1\frac{1}{2}$, nous aurons pour les deux 6 de mouvement ou de force, et non 9, comme cela devroit être, si une vîtesse triple produisoit une force qui fût comme son quarré.

Sur ces divers raisonnemens on peut voir encore un écrit de Herman, dans les *Mémoires* de Pétersbourg, tom. I, an. 1726; un sur le même sujet, par Bulfinger; et un autre de Wolf, sous le titre de *Principia dynamica*, dans le même volume.

Poleni rapporta diverses expériences qui paroissent favorables au sentiment des forces vives. Voyez *le Recueil de ses Lettres*. En laissant tomber de diverses hauteurs des corps égaux de forme et de volume, mais inégaux en pesanteur, sur des matières molles, comme de l'argile, on remarqua, après avoir réitéré cent fois l'expérience, que les cavités étoient égales, lorsque les hauteurs et les pesanteurs de ces corps étoient réciproquement proportionnelles, c'est-à-dire, lorsque le produit des masses par les quarrés des vîtesses, étoient égaux. Or, ces cavités sont certainement comme les forces de ces corps, puisqu'elles sont comme la quantité de matière que le corps a pu chasser en avant de lui, avant que de perdre toute sa force. Par conséquent les forces seront égales lorsque les masses multipliées par les quarrés des vîtesses formeront des produits égaux.

On a fait cette expérience encore autrement : on a laissé tomber les mêmes corps de différentes hauteurs. On a mesuré les cavités qu'elles produisoient dans l'argile molle, et l'on a trouvé qu'elles étoient comme ces hauteurs même, c'est-à-dire, comme les quarrés des vîtesses. Ces expériences, dit-on, prouvent donc victorieusement que les forces des corps en mouvement sont comme les quarrés des vîtesses.

On a enfin laissé tomber des balles d'ivoire ou de marbre, de différentes hauteurs, sur un plan enduit légèrement d'une matière grasse, et l'on a remarqué que les impresions qu'y laissent ces boules étoient toujours à très-peu-près de diamètre proportionnées à ces hauteurs, ce qui annonçoit le déplacement ou la compression d'un segment de la sphere proportionnel à la hauteur, ou au quarré de la vîtesse.

Ce fut par de pareils raisonnemens qu'on traita la question des forces vives pendant quelques années à datter de 1726. Nous avons cité page 632, les principaux auteurs qui s'en occupèrent. La discussion fut assez vive entre 'sGravesande et le docteur Clarcke. Ce dernier y mit un ton de vivacité, d'aigreur et même de mépris pour ses adversaires que S'gravesande crut devoir repousser par des observations, où ne s'écartant point lui-même du ton d'honnêteté qui doit régner dans des discussions purement scientifiques, il fit voir combien celui de Clarcke en passoit les bornes; mais tel étoit le docteur Clarcke qui avoit aussi traité assez mal Leibnitz dans les discussions philosophico-théologiques qu'ils eurent ensemble. Nous observerons seulement que 'sGravesande paroît donner à la question, dans la pratique de la mécanique, une importance qu'elle n'a pas.

Il est reconnu aujourd'hui que le calcul de l'effet d'une machine, soit par un partisan des forces vives, ou celui d'un de leurs adversaires est absolument le même.

La dissertation de Mairan, dans les *Mémoires de l'Académie*, pour 1728, fut le germe d'une nouvelle discussion assez vive entre ce savant physicien, et la marquise du Châtelet. Celle ci dans la première édition d'une pièce sur la nature du feu, imprimée en 1740, avoit donné beaucoup d'éloges aux raisons fortes et victorieuses de Mairan contre les forces vives; mais elle changea d'avis. Le château de Cirey, où vivoit le plus souvent madame du Châtelet, séjour des sciences et des belles lettres devint peu de temps après ces éloges une école léibniteienne, et le rendez-vous des plus célèbres partisans des forces vives. Kœnig y passa en effet quelque temps. Bientôt, continue Mairan, on y parla un autre langage, et les forces vives y furent placées sur le trône à côté des monades. Madame du Châtelet ne vit plus les choses du même œil, et ne pouvant corriger le texte de la dissertation déjà imprimée, elle crut devoir mettre dans un errata imprimé à la fin, un correctif aux éloges qu'elle avoit données à la pièce de Mairan, et même ensuite un second errata qui changeoit ce correctif en une épigramme; ce qui néanmoins n'eut lieu que sur quelques exemplaires échappés des premiers, par les soins d'un académicien célèbre (Clairaut); mais madame du Châtelet ne tarda pas à s'expliquer d'une manière plus décidée à la fin de ses *institutions de physique* qui sont toutes leibnitziennes. Elle y reprit plusieurs des preuves qu'elle jugeoit victorieuses en faveur de Leibnitz, et y réfuta les raisonnemens par lesquelles Mairan les infirmoit.

Cependant, si Kœnig étoit un leibnitzien décidé, Voltaire, Maupertuis, Clairaut, qui formoient avec lui la société littéraire et savante de Cirey étoient assez indifférens pour la doctrine de Leibnitz, et madame du Châtelet, en même-temps qu'elle écrivoit ses *Institutions leibnitziennes*, traduisoit Newton.

Quoi qu'il en soit, Mairan crut devoir défendre son ancienne dissertation, et le fit par une *lettre à Madame *** sur la question des forces vives en réponse aux objections qu'elle lui fait sur ce sujet dans ses institutions de physique.*

On s'étonnera sans doute de voir ici Voltaire jouer un rôle; et ce qui surprendra davantage ceux qui connoissent les liaisons de cet homme célèbre avec madame du Châtelet, c'est de le voir précisément d'un avis contraire. Kœnig, dont ensuite il prit si vivement la défense contre Maupertuis n'avoit pu l'entraîner. Voltaire, alors, assez mal avec Kœnig, étoit intime

ami

ami de Maupertuis pour lequel il faisoit des vers pleins d'éloges; qui auroit cru que dix ans après, le même homme épousant la querelle de Kœnig porteroit le poignard dans le cœur de son ancien ami, par les plus sanglantes railleries, dans sa diatribe du docteur Akakia, en 1752.

Voltaire publia en 1741, et adressa à l'Académie des Sciences un mémoire intitulé : *Doutes sur la mesure des forces motrices et sur leur nature.* Il y adoptoit entièrement l'ancienne mesure des forces motrices; on en lit le précis dans l'*Histoire de l'Académie*, de 1741, où l'on donne de justes éloges aux idées de cet homme célèbre, et à sa manière de les présenter.

D'Alembert, dans son traité de *Dynamique*, publié peu de temps après, ne pouvoit manquer de dire son avis sur une question agitée avec tant de chaleur; il n'hésite point a déclarer qu'il la regarde comme une pure question de mots.

Quand on parle, dit-il, de la force des corps en mouvement, ou l'on n'attache point d'idée nette au mot qu'on prononce, ou l'on ne peut entendre en général, que la propriété qu'ont les corps qui se meuvent de vaincre les obstacles qu'ils rencontrent ou de leur résister. Ce n'est donc ni par l'espace qu'un corps parcourt uniformément, ni par le temps qu'il employe à le parcourir, ni enfin par la considération simple, unique et abstraite de sa masse et de sa vîtesse qu'on doit estimer immédiatement la force; c'est uniquement par les obstacles qu'un corps rencontre, et par la résistance que lui font ces obstacles. Plus l'obstacle qu'un corps peut vaincre, ou auquel il peut résister est considérable, plus on peut dire que sa force est grande; pourvu que sans vouloir représenter par ce mot un prétendu être qui réside dans le corps, on ne s'en serve que comme d'une manière abrégée d'exprimer un fait, à-peu-près comme on dit qu'un corps à deux fois autant de vîtesse qu'un autre, au lieu de dire qu'il parcourt en temps égal deux fois autant d'espace, sans prétendre pour cela que ce mot de vîtesse représente un être inhérent au corps.

Ceci bien entendu, il est clair qu'on peut opposer au mouvement d'un corps trois sortes d'obstacles, ou des obstacles invincibles anéantissant tout-à-fait son mouvement, quel qu'il puisse être; ou des obstacles qui n'ayent précisément que la résistance nécessaire pour anéantir le mouvement du corps, et qui l'anéantissent dans un instant, c'est le cas de l'équilibre. On enfin des obstacles qui anéantissent le mouvement peu-à-peu, c'est le cas du mouvement retardé. Comme les obstacles insurmontables anéantissent également toutes sortes de mouvemens, ils ne peuvent servir à faire connoître la force: ce n'est donc que dans l'équilibre ou dans le mouvement retardé qu'on doit en chercher la mesure. Or, tout le monde convient qu'il y a équilibre entre deux corps, quand les produits de leurs masses par leurs vîtesses virtuelles, c'est-à-dire, par les vîtesses avec lesquelles ils tendent à se mouvoir, sont égaux de part et d'autre. Donc dans l'équilibre le produit de la masse par la vîtesse, ou ce qui est la même chose, la quantité de mouvement peut représenter la force. Tout le monde convient aussi que dans le mouvement retardé, le nombre des obstacles vaincus est comme le quarré de la vîtesse; ensorte qu'un corps qui a fermé un ressort, par exemple, avec une certaine vîtesse, pourra avec une vîtesse double fermer, ou tout-à-la-fois, ou successivement, non pas deux, mais quatre ressorts semblables au premier, neuf avec une vîtesse triple, et ainsi du reste; d'où les partisans des forces vives concluent que la force des corps qui se meuvent actuellement, est en général comme le produit de la masse par le quarré de la vîtesse. Au fond, quel inconvénient pourroit-il y avoir à ce que la mesure des forces fût différente dans l'équilibre et dans le mouvement retardé, puisque si on ne veut raisonner que d'après des idées claires, on ne doit entendre par le mot de force, que l'effet produit en surmontant l'obstacle ou en lui résistant? Il faut avouer cependant que l'opinion de ceux qui estiment la force par la vîtesse, peut avoir lieu, non-seulement dans le cas de l'équilibre, mais aussi dans celui du mouvement retardé, si dans ce dernier cas on mesure la force, non par la quantité absolue des obstacles, mais par la somme des résistances de ces mêmes obstacles: car on ne sauroit douter que cette somme de résistance ne soit proportionnelle à la quantité de mouvement, puisque de l'aveu de tout le monde, la quantité de mouvement que le corps perd à chaque instant, est proportionnelle au produit de la résistance par la durée infiniment petite de l'instant, et que la somme de ces produits est évidemment la résistance totale.

Toute la difficulté se réduit donc à savoir si on doit mesurer la force par la quantité absolue des obstacles, ou par la somme de leurs résistances. Il paroîtroit plus naturel de mesurer la force de cette dernière manière, car un obstacle n'est tel qu'en tant qu'il résiste, et c'est à proprement parler la somme des résistances qui est l'obstacle vaincu: d'ailleurs, en estimant ainsi la force, on a l'avantage d'avoir pour l'équilibre et pour le mouvement retardé une mesure commune: néanmoins comme nous n'avons d'idée précise et distincte du mot de force qu'en restreignant ce terme à exprimer un effet, je crois qu'on doit laisser chacun le maître de se décider comme il voudra là-dessus: et toute la question ne peut plus consister que dans une discussion métaphysique très-futile, ou dans une dispute de mots plus indigne encore d'occuper des philosophes. Ajoutons à cette conclusion qu'on ne peut regarder autrement la question quand on observe qu'une question de mécanique transcendante résolue par un partisan ou par un adversaire du sentiment de Leibnitz donne la même solution. Mais il semble que depuis la fameuse querelle des nominaux qui alla jusqu'à ensanglanter l'université de Paris, ce furent toujours les disputes de mots qui furent les plus opiniâtres et les plus échauffées.

Cette question venoit de la différente manière dont les uns et les autres entendoient le mot de force. La nature de la force est une chose obscure et métaphysique ; tout ce que des savans allemands en ont dit dans des dissertations profondes, n'est qu'un épais brouillard de métaphysique dont l'obscurité semble se renforcer à mesure qu'on l'agite davantage. Mais on a vu ci-dessus, page 631 qu'il est plus naturel d'appeler force l'effet produit dans un temps déterminé ; ainsi nous finirons cet article en disant que Leibnitz auroit dû laisser l'ancienne estimation des forces proportionnelles aux vîtesses.

V I.

Du principe de la moindre action.

Nous avons parlé page 611 de divers principes que les mécaniciens ont reconnus avoir lieu dans tous les mouvemens des corps ; mais l'historien doit en distinguer un qui a été le sujet d'une querelle d'autant plus célèbre, qu'on y vit paroître le plus bel esprit de l'Europe, et un de ses plus grands monarques. Ce principe est celui que Maupertuis mit en avant vers 1744, et qu'on nomme *de la moindre action*. Voici en quoi il consiste.

Lorsque plusieurs corps agissans les uns sur les autres éprouvent un changement dans leur mouvement, ce changement est toujours tel que la quantité d'action employée par la nature pour le produire, est la moindre qu'il est possible ; et cette action a pour mesure, suivant Maupertuis, le produit de la masse par l'espace et la vîtesse.

Maupertuis proposa pour la première fois ce principe à l'Académie des Sciences en 1744, et dans le mémoire qu'il y lut, il y développa les considérations qui l'y avoient conduit. Elles n'étoient à ce qu'il paroît que le résultat de ses efforts pour concilier les explications contradictoires en quelque sorte que Leibnitz et Fermat donnoient de la loi de la réfraction, en y employant les causes finales. Mais dans les *Mémoires de la*

Nouvelle Académie des Sciences de Berlin, pour 1746, il étendit ces applications aux lois du mouvement, et même du repos; et généralisant ce principe, il en fit un principe universel dont ceux de la loi de l'équilibre, de la marche uniforme du centre de gravité dans le choc des corps, de la conservation des forces vives &c. ne sont que des branches.

Les lois du mouvement qui ont lieu dans le choc des corps durs, ou dans celui des corps élastiques sont totalement différentes; quoi qu'il y en ait de communes, comme celle-ci, que le centre de gravité après le choc, continue de se mouvoir dans le même sens et avec la même vîtesse qu'avant le choc. Mais il y a un autre principe qui a lieu seulement dans le choc des corps élastiques, savoir celui de la conservation des forces vives, qui consiste en ce que le produit des masses par les quarrés des vîtesses avec lesquelles ils se meuvent reste constamment le même avant et après le choc, ce qui n'a pas lieu à l'égard des corps ou durs ou mous. Il est cependant très-probable, et il est conforme aux autres procédés de la nature qu'elle agisse à l'égard des uns et des autres par une même loi. Aussi quelques philosophes, afin de se délivrer pour ainsi dire de cette incohérence apparente, ont-ils avancé qu'il n'y avoit et ne pouvoit y avoir de corps absolument durs.

La loi de la réfraction étoit en quelque sorte une autre pierre d'achopement pour ceux qui tentoient de l'expliquer au moyen des causes finales, comme avoient fait Fermat et Leibnitz. L'un et l'autre prenoient pour principe que la nature agit toujours par les lois les plus simples. Un ancien géomètre, Héron le mécanicien, expliquoit par-là, comment et pourquoi la lumière se réfléchit de dessus une surface plane, en faisant un angle de réflexion égal à celui d'incidence. Cette loi la plus simple étoit pour lui que le chemin du point rayonnant au point éclairé fût le plus court. Et effectivement, on trouve que tout autre chemin seroit plus long que celui qui est déterminé par l'égalité de ces angles. La foiblesse néanmoins de ce raisonnement quoiqu'ingénieux se fait voir en l'appliquant à un miroir concave; car lorsque le point rayonnant et l'œil se trouvent dans la concavité d'une sphère, la réflexion se fait de l'un à l'autre par deux chemins, l'un le plus court, l'autre le plus long. Il y a ici un *minimum* et un *maximum* à-la-fois.

En tâchant d'appliquer ce genre de démonstrations à la cause et à la loi de la réfraction, il est aisé de voir que le chemin entre le point rayonnant placé dans un milieu, et l'œil placé dans un autre milieu, n'est pas le chemin le plus court; car ce seroit la ligne droite. Fermat imagina donc de faire consister cette loi la plus simple de la nature en ce que le rayon allant d'un point à l'autre, en passant d'un milieu plus rare, par exemple, dans un plus dense, devoit prendre un chemin tel qu'il mît moins de temps dans son trajet que par tout autre qu'il auroit pu tenir. Il supposoit d'ailleurs, ce qu'il étoit assez naturel de penser, que la lumière se mouvoit avec moins de vîtesse dans un milieu dense que dans un milieu rare. D'après ces principes, il étoit déjà facile de voir que pour satisfaire à cette condition du *minimum*, il fallait que le mobile ou la lumière fit dans un certain rapport moins de chemin dans le milieu le plus difficile à traverser, que s'il se mouvoit en ligne droite d'un point à l'autre. Fermat enfin appliquoit le calcul au problême, et au moyen de sa règle de *maximis et minimis*, que Descartes lui contestoit mal-à-propos; il trouvoit précisément que pour satisfaire à ce *minimum* de temps, il falloit que le chemin de la lumière dans le premier milieu, et celui qu'elle prenoit dans le second fussent tels que le sinus d'inclinaison fût au sinus de l'angle rompu dans la raison des facilités des milieux à se laisser traverser par la lumière, ou des vîtesses avec lesquelles la lumière peut les traverser; et conséquemment que ces sinus sous toutes les inclinaisons devoient être dans un rapport constant.

Leibnitz, entreprenant aussi d'appliquer à l'explication de ce phénomène les causes finales, partoit d'un principe différent de celui de Fermat. Ce n'est suivant lui ni par la route la plus courte, ni par celle qui exigeroit le moins de temps, que le rayon doit aller d'un point à l'autre, mais par le plus facile. Et cette facilité doit être estimée par le plus ou le moins de résistance que présentent les milieux dans lesquels la lumière se meut. Il pensoit d'ailleurs que la résistance étoit plus grande dans l'eau et le verre que dans l'air, et estimant la facilité du chemin total par la somme des produits du chemin fait dans chaque milieu, et la résistance de ce milieu, il y appliquoit sa régle de *maximis et minimis*, et trouvoit que les sinus d'incidence et de l'angle rompu devoient être dans le rapport constant et inverse des résistances dans les deux milieux. Ainsi Leibnitz pensoit comme Fermat, en supposant plus de résistance dans le milieu dense, mais il s'en écartoit, en ce que, par un raisonnement qui paroîtroit sûrement aujourd'hui plus spécieux que solide, il prétendoit prouver que la lumière se mouvoit avec plus de rapidité dans le milieu dense que dans le milieu rare. C'est aussi le sentiment de Newton, et il est établi sur les lois de l'attraction comme on l'a vû page 534. Mais si l'on entreprenoit de chercher d'après ce principe le chemin de la lumière à travers deux milieux de différente densité, et qu'on prît pour ce chemin celui qui seroit le plus prompt, on trouveroit précisément le contraire de ce qui a lieu dans la nature; le rayon devroit s'approcher de la perpendiculaire dans le milieu le plus rare, et s'en éloigner dans le plus dense.

Telles étoient les contradictions qu'on éprouvoit dans l'explication de la loi de la réfraction, en y faisant entrer les causes finales. Mais la loi de la moindre action les concilie, et fait voir comment en supposant que la vîtesse est la plus grande dans le milieu le plus dense, la réfraction doit s'y faire en s'approchant de la perpendiculaire. La quantité d'action, la dépense en quelque sorte que fait la nature dans le mouvement d'un corps est le produit de la masse par la vîtesse avec laquelle il se meut, et par l'espace qu'il parcourt dans un temps déterminé. Car lorsqu'un corps est transporté d'un lieu dans un autre, l'action employée à ce transport est d'autant plus grande que la masse est plus grosse, que la vîtesse est plus grande, et que l'espace est plus long. Nous ne dissimulerons pas ailleurs quelques difficultés que présente cette évaluation ; mais ce n'est pas ici lieu de les examiner.

Pour faire voir la généralité de ce principe dans le choc des corps, supposons d'abord deux corps absolument durs ou sans ressort A, et B, dont les masses soient exprimées par les mêmes lettres. Que A qui suit B ait la vîtesse a, et B la vîtesse b qui doit être moindre que a, puisque A est supposé atteindre et choquer B. On demande quelle sera leur vîtesse commune après le choc. Pour cela, que ce soit x, et puisque A doit être retardé et B accéléré, il s'ensuit que le corps A aura perdu de sa vîtesse une quantité $a-x$, et B y aura acquis une portion égale à $x-b$. Le changement opéré par le choc dans le mouvement de ces deux corps consiste donc en ce que dans le corps A, il a été produit une vîtesse en sens contraire de son mouvement égale à $a-x$, et dans le corps B une vîtesse dans le même sens que le sien égale à $x-b$. Ce qui est la même chose à l'égard du corps A, que si se mouvant sur un plan immatériel avec la vîtesse a, ce plan eût été porté en arrière avec une vîtesse égale à $a-x$; car alors en vertu de ce double mouvement, il se mouvroit dans l'espace absolu avec la vîtesse x ; puisque $a-\overline{a-x}=x$. La vîtesse engendrée dans le corps étant donc $a-x$, et l'espace étant aussi $a-x$, puisque dans le mouvement uniforme les espaces sont comme les vîtesses, il s'ensuit que la quantité d'action employée à produire ce mouvement dans le corps A sera exprimée par $A\times\overline{a-x}^2$, et pour une semblable raison l'action employée à produire le nouveau mouvement du corps B sera $B\times\overline{x-b}^2$, et la somme de ces actions $A\times\overline{a-x}^2+B\times\overline{x-b}^2$, sera un *minimum*, d'où résulte en y appliquant la règle de *minimis et maximis*, que $x = \frac{Aa + Bb}{A + B}$, comme on le trouve par la voie directe et d'après d'autres principes

Si les deux corps eussent eu des directions opposées, l'un venant au-devant de l'autre, on trouveroit par une semblable analyse $x = \frac{Aa - Bb}{A + B}$.

Le mouvement des corps élastiques, après le choc, se déduit facilement aussi du même principe; car les mêmes suppositions que ci-dessus étant faites, que x et y soient les deux vîtesses respectives des corps A et B après le choc; on aura pour la vîtesse perdue par le corps A, dans le choc, $a - x$, et pour celle que B aura acquise, $y - b$. Ainsi, la quantité d'action employée à ce changement sera $A + \overline{a - x}^2 + A \times \overline{y - b}^2$. Cette expression, différentiée en faisant x et y variables, et égalée à zéro, donnera $-Aa\,dx + A\,xdx + Bb\,dy$. Mais on sait de plus que dans le choc des corps élastiques, la vîtesse respective après le choc reste la même qu'avant le choc. Ainsi, $a - b = y\,x$; d'où il suit que $dy = dx$. Ainsi, au lieu de dy subsistuant sa valeur dx, ou au lieu de dx, sa valeur dy dans l'expression précédente, on trouve $x = \frac{Aa - Ba + 2Bb}{A + B}$ et $y = \frac{Bb - Ab + 2Aa}{A + B}$. C'est le même résultat que donne la considération directe de ce qui se passe dans le choc de deux corps élastiques, et l'application du principe des forces vives.

Appliquons enfin ce même principe à la recherche de la loi de la réfraction, en supposant que la vîtesse, dans le milieu le plus dense, est plus grande que dans le milieu rare. Pour cela que A, (*fig.* 32) soit le point d'où part le rayon de lumière, et B celui où il doit arriver pour que la quantité d'action employée pour opérer ce trajet soit la moindre possible; m exprimera la vîtesse avec laquelle la lumière se meut dans le premier milieu et n celle avec laquelle elle peut se mouvoir dans le second. AF, BE sont les perpendiculaires à la surface ou à la ligne qui sépare les deux milieux. On aura donc $m \times AD + n \times DB$ égal à la quantité d'action, ou $m \times \sqrt{AF^2 + FD^2} + n \sqrt{BE^2 + ED^2}$ égal à un *minimum*; ce qui donne $\frac{m \times FD \times dFD}{\sqrt{AF^2 + FD^2}} + \frac{n \times ED \times dED}{\sqrt{BE^2 + ED^2}} = 0$. Or FE étant constant, on a $d\,DF = -d\,DE$, ce qui donne cette équation $\frac{mFD}{AD} = \frac{nED}{DB}$ ou $\frac{FD}{AD} : \frac{ED}{DB} :: n : m$. Or $\frac{FD}{AD}$ est le sinus de l'angle d'inclinaison aDA, et $\frac{ED}{DB}$ celui de l'angle rompu BDb; ainsi l'on voit que ces sinus doivent être en raison inverse des vîtesses avec lesquelles la lumière se meut dans l'un et l'autre milieu.

Maupertuis entre dans d'autres détails relatifs à cette loi, et dit que si quelque chose prouve l'existence d'un être souverainement puissant et intelligent, c'est surtout la considération des lois de la nature.

Il y a une autre loi générale découverte par Maupertuis, et qui est relative au repos ou à l'équilibre, elle entra dans la querelle dont nous avons à parler, et Maupertuis l'avoit donnée dans les *Mémoires de l'Académie* de 1740.

Maupertuis étoit tranquillement en possession d'avoir découvert un principe plus général que les autres, et qui les lioit tous, pour ainsi dire, lorsqu'il y fut troublé par Kœnig, professeur de mathématiques à la Haye, ancien ami et commensal de Maupertuis, qui inséra dans les actes de Léipzig, de 1751, un écrit dans lequel il attaquoit le principe, et prétendoit en montrer la fausseté. Il y disoit de plus qu'il avoit été connu de Léibnitz, et citoit à l'appui de son assertion un fragment de lettre écrite à Herman en 1707, où il étoit dit : « La force est donc » comme le produit de la masse par le quarré de la vîtesse, et » le temps n'y fait rien, comme la démonstration dont vous » voulez faire usage, le montre clairement; mais l'action n'est » point ce que vous pensez, la considération du temps y entre, » comme le produit de la masse par l'espace et la vîtesse, ou » du temps par la force vive. J'ai remarqué que dans les modi» fications de mouvemens, elle devient ordinairement un *maxi-* » *mum* ou *minimum*. On en peut déduire plusieurs propositions » de grande conséquence; elle pourroit servir à déterminer les » courbes que décrivent les corps attirés à un ou plusieurs centres. » Je voulois traiter de ces choses dans la seconde partie de ma » Dynamique, que j'ai supprimée, le mauvais accueil que le » préjugé a fait à la première m'ayant dégoûté, etc ».

Il étoit difficile que Maupertuis demeurât insensible à une pareille imputation, plus odieuse à certains égards que celle qui lui étoit faite en même-temps, savoir de s'être trompé. C'est pourquoi il invita Kœnig à déclarer s'il possédoit l'original de cette lettre, ou bien à faire connoître où il étoit. Kœnig répondit qu'il n'en avoit qu'un copie, ainsi que de quelques autres qu'il tenoit de M. Henzy, homme studieux, et qui avoit ramassé beaucoup de papiers et d'anecdotes de Léibnitz; ce Henzy, de Berne, avoit tenté d'y changer le gouvernement, et avoit eu la tête tranchée quelques années auparavant. Comme les papiers d'un criminel d'état sont toujours gardés avec soin, Maupertuis fit demander par le roi de Prusse aux magistrats de Berne de faire,

faire, dans les papiers d'Henzy, les recherches nécessaires pour y trouver les originaux de ces lettres de Léibnitz, s'il en existoit. On fit en même-temps des recherches auprès des héritiers d'Herman qui pouvoient les avoir conservées ; mais on ne trouva rien ni dans un endroit ni dans l'autre. Je remarquerai ici que, dans le cours de la querelle, qui eut lieu sur ce sujet, M. Kœnig communiqua les copies de quatre lettres qui paroissent bien du style de Léibnitz, dans l'une desquelles est le passage cité plus haut.

Il est, dans cette trop fameuse querelle, deux points qui méritent d'être présentés à part. L'un est, en quelque sorte, la question de fait : Kœnig doit-il être censé en avoir voulu imposer, en attribuant à Léibnitz ce principe de la moindre action ? L'autre la question de droit : ce principe est-il faux ou de nulle valeur, comme Kœnig tenta de le montrer dans l'écrit qu'il publia d'abord dans les actes de Léipzig, et dans divers écrits postérieurs, où, quel qu'il soit, il l'attribue à d'autres?

Quant au premier point, il paroît que trop de sensibilité entraîna Maupertuis à mettre dans cette affaire autant de chaleur, et à demander à l'Académie de Berlin de s'ériger en une sorte de tribunal pour juger de l'authenticité du fragment en question et de la lettre alléguée par Kœnig, en les déclarant supposées. Kœnig a d'ailleurs justifié depuis qu'il étoit en commerce de lettres avec Henzy, par des pièces reconnues comme étant de sa main. D'ailleurs, il semble que loin de vouloir ravir à Maupertuis la gloire de la découverte en question, pour en revêtir Léibnitz, il la combattoit au contraire. La lettre enfin dont il s'agit avoit toujours resté cachée ; c'en étoit assez, ce semble, pour laisser au public le soin de juger quelle croyance méritoit l'allégation de Kœnig, et pour se borner à dire que, de ce qu'un homme a eu l'aperçu d'une vérité qui n'a jamais été publiée, ce n'est point une raison de priver celui qui la découvre de son côté, et qui l'établit, de la gloire qu'il mérite.

Les découvertes de Copernic et de Newton avoient été entrevues ; personne cependant ne leur refuse l'honneur de la découverte de ces grandes vérités. Je ne sais même s'il en est quelqu'une un peu capitale dont quelque homme n'ait saisi quelqu'étincelle, jusqu'à qu'un esprit supérieur les rassemblant, en ait tiré une découverte complète.

Kœnig blessé par le jugement de l'Académie, ne garda plus de mesures ; il renvoya son diplôme d'académicien, et publia un écrit sous le titre d'*Appel au public du jugement de l'Académie royale de Berlin, sur un fragment de lettre de Léibnitz* (1752), à la suite duquel on trouve les quatre lettres de Léibnitz, ou données comme telles, dont l'une est celle à Herman, qui contient le fragment en question.

L'appel au public fut bientôt suivi d'une nouvelle pièce intitulée : *Défense de l'appel au public*, ou *réponse aux lettres concernant le jugement de l'Académie de Berlin, adressées à M. de Maupertuis* (1753). Je passe légèrement sur une multitude d'autres pièces, la plupart plus méchantes que solides et raisonnables, dont les ennemis de Maupertuis inondèrent les journaux d'Allemagne. Tout le monde connoît d'ailleurs la piquante diatribe du docteur Akakia ; la part que le roi de Prusse prit lui-même à la querelle par un écrit de sa main, et le départ de Voltaire, qui quitta Berlin en 1752 (1).

Il seroit à souhaiter, pour l'honneur de l'humanité, qu'on pût passer l'éponge sur ces abus de la sensibilité et de l'esprit. Au surplus, si, par quelques idées singulières, Maupertuis donnoit lieu aux cruelles plaisanteries de Voltaire ; nous pensons qu'un homme de beaucoup d'esprit eût pu rendre la pareille à Voltaire lui-même. Car, quelle ignorance de géométrie en quelques endroits de sa *Philosophie de Newton?* Il en est un qui prouve que cet homme célèbre regardoit un angle comme d'autant plus grand que ses côtés sont prolongés. Quel tissu de mauvais raisonnemens, quelle ignorance des faits dans ses *Singularités de la Nature*, et quelle idée absurde d'attribuer les coquillages trouvés même sur les Alpes aux Pélerins de Lorette qui les y ont déposés? Quelle matière-là et ailleurs, à faire rire le public, pour quelqu'un qui eût eu l'art de manier les armes de la plaisanterie, même dans un degré fort inférieur à Voltaire?

Ce n'étoit pas seulement dans le fragment cité de Léibnitz, que Kœnig trouvoit le principe de Maupertuis, il voulut aussi qu'il fût suffisamment enseigné par Malebranche, par Wolf, par s'Gravesande et par Engelhart, physicien et mathématicien de la Haye. Malebranche dont, dit il, le président de l'Académie de Berlin a sûrement lu les écrits, puisqu'il le cite, a avancé expressément (1), que *Dieu agit toujours dans l'ordre et par les voies les plus simples*, ce qu'il explique ensuite par l'exemple du mouvement d'un corps A qui va frapper B par la ligne droite qui est la plus courte; car, dit plus loin ce métaphysitien, il faut plus d'action pour transporter ce corps A vers B, par une ligne courbe, que par une droite, &c.

Mais qui jamais a contesté qu'avant Maupertuis plusieurs philo-

(1) La brouillerie de Voltaire et de Maupertuis vient de ce que le premier demandoit pour l'abbé Raynal des lettres d'académicien, et que l'autre ne vouloit point s'y prêter. Voltaire les obtint du roi malgré Maupertuis.

(2) *Recherche de la vérité. Eclaircissemens*, p. 191, éd. de Genève, 1691.

sophes avoient senti cette vérité, que la divinité agit dans l'exécution de ses vues *par les voies les plus simples*? Mais il s'agissoit de savoir en quoi consistoit ce moyen le plus simple, ou ce *minimum* d'action que l'auteur de la nature emploie dans la production du mouvement et de ses différentes modifications ; et c'est ce que Malebranche étoit bien loin de soupçonner.

Wolf, ajoute Kœnig, s'est expliqué bien plus clairement dans un mémoire de ce philosophe, inséré parmi ceux de l'Académie de Pétersbourg, tom. I; on y trouve en effet cette conséquence qui termine la proposition XIII, que les actions sont en raison composée des masses M et *m*, des vîtesses C et *c*, et des espéces S et *s*; d'où il conclud encore, dans le corollaire suivant, que les actions, dans le même temps où les forces sont en raison composées de masses et des quarrés de vîtesses.

A ne prendre que les mots, M. de Maupertuis paroîtroit ici condamné sans appel. Mais chez Wolf, le mot d'action ne signifie point la même chose que chez M. de Maupertuis ; chez le philosophe Léibnitzien, c'est l'énergie d'un corps mis en mouvement pour produire un effet quelconque, et s'il trouve cette évaluation de l'action ou de l'énergie du corps en mouvement, c'est qu'il emploie des prémices dont on peut bien lui nier quelques-unes, et en particulier, celle où voulant prouver que l'action d'un corps se mouvant librement, et sans résistance, est proportionnelle à l'espace parcouru, il la compare à celle d'un homme qui l'auroit transporté dans cet espace. Il y a, ce me semble, une grande disparité ; car le corps mis en mouvement, doit, par sa nature et sans effort nouveau, se mouvoir sans cesse et uniformément; cet état est pour lui aussi naturel que celui du repos, tandis que l'homme transportant le long d'un espace un corps quelconque, le sien, par exemple, est obligé à chaque instant de renouveler son action.

Mais quoiqu'il en soit de cette dénomination de Wolf et de Léibnitz, il n'y a, dans cet écrit, aucune trace de *maximum* ou *minimum* de cette action dans les modifications du mouvement, et c'est-là ce qui caractérise le principe de Maupertuis.

Quant à 'sGravesande, voici ce qu'il dit dans un petit écrit imprimé en 1726, sous le titre d'*Essai sur le choc des corps*. La vîtesse respective de deux corps étant donnée, la somme de leurs forces est la moindre possible, leurs directions sont contraires, et leurs vîtesses absolues en raison réciproque de leurs masses ; ou ce qui revient au même, lorsque deux corps dont les vîtesses absolues sont réciproques à leurs masses se choquent, la somme de leurs forces est la moindre possible, ou la somme des produits de leurs masses par les quarrés de leurs vîtesses, est la moindre possible, après le choc. Cela est évident pour les corps qui ne sont point doués d'élasticité ; car s'ils ont des directions contraires, ils seront réduits au repos dans le cas énoncé par 'sGravesande, et s'ils ont même direction, l'on trouve effectivement que, dans le même cas, la somme des forces après le choc est encore la moindre possible. Quant aux corps élastiques, la somme des forces étant la même avant et après le choc, il n'y a nul lieu à la proposition ; mais on peut demander quel rapport cela a avec la proposition Maupertuis ; que, dans tous les cas, soit que les vîtesses soient en raison réciproque des masses, soit que cela n'ait pas lieu, la quantité d'action employée, ou si l'on veut de force consumée à opérer le changement, est la moindre qu'il se puisse. Il est difficile de ne pas voir dans Kœnig un homme emporté par la passion.

Engelhard, dit encore Kœnig, m'a écrit qu'il a enseigné, dès 1732, la prétendue *loi de l'épargne* sous le nom de *la moindre somme de forces absolues.* Mais qu'est-ce que M. Engelhard a entendu par-là? Il paroît seulement que c'est à-peu-près la même chose que ce qu'enseignoit 'sGravesande ; car M. Kœnig les associe dans la même idée. Or, on vient de voir qu'il n'y a nulle affinité entre cette moindre somme de forces trouvées dans certains cas par 'sGravesande et la moindre quantité d'action de Maupertuis.

Quant au fond de la question, Kœnig prétendoit démontrer que la loi étoit absolument fausse, et qu'il falloit lui en substituer une autre d'après laquelle il entreprenoit de résoudre divers problêmes épineux de dynamique.

Euler, qui par intérêt, autant que par attachement, étoit aux ordres de son illustre président (comme il l'appelle), donna, dans les *Mémoires* de Berlin pour 1751 (tom. VII, 1753), deux grands mémoires, pour prouver que la lettre de Léibnitz ne pouvoit exister, que Maupertuis étoit le premier qui eût trouvé le principe, qu'on en déduisoit toute la mécanique ; que le principe de Kœnig, par la nullité de la force vive, se réduisoit à rien ; il le persifle à toute outrance, et prouve qu'il s'étoit *honteusement* trompé.

Il parut aussi un volume *in*-4°. intitulé : *Mémoires pour servir à l'histoire du jugement de l'Académie ;* on y établit, par un grand nombre de raisonnemens, que le fragment de Leibnitz, allégué par Kœnig, n'existoit pas, et qu'il faudroit, pour le faire valoir, des démonstrations invincibles et des pièces dont l'authenticité ne souffrît aucune difficulté.

La loi de l'épargne de Maupertuis a eu encore deux adversaires ; l'un est le chevalier d'Arcy, de l'Académie des sciences ; l'autre M. Martens, mathématicien hollandois. Le premier l'attaqua en 1752, dans un mémoire inséré parmi ceux de l'Académie pour 1749; l'autre dans un écrit hollandois et françois intitulé: *Remarques sur la loi de l'épargne, qui fait à présent tant de bruit, &c.* Amst. 1752, *in*-4°.

Suivant d'Arcy, Maupertuis avoit eu tort de qualifier du nom d'action le produit de la masse par la vîtesse et l'espace, et il étoit faux que cette acception admise, la quantité d'action fût un *minimum* dans les modifications du mouvement; enfin, il trouve que quelques fussent les lois de la nature, il seroit aisé de de trouver une fonction des vîtesses et des masses, qui étant un *minimum*, donneroit ces lois, mais que cela ne suffisoit pas pour donner le nom d'action à cette fonction. D'Arcy y substitue un principe général qui paroît n'être sujet à aucune objection.

Aussitôt que cette attaque du principe de la moindre action eut paru, Maupertuis y opposa une réponse courte et honnête (1), comme l'avoit été la critique de son adversaire. Cette critique fut réfutée plus au long par M. *Bertrand*, dans les *Mémoires* de Berlin pour 1753. Quand on a lu ces réponses, on ne peut guères s'empêcher de reconnoître de la précipitation dans l'attaque de d'Arcy. En effet, admettant pour un moment que l'action dût être proportionnelle au produit de la masse par la vîtesse et l'espace, il cherchoit quelle étoit la quantité d'action de deux corps durs ou sans ressort, avant le choc, et ensuite la même quantité après le choc, il prenoit ensuite leur différence, qui, suivant lui, devoit être un *minimum;* et y appliquant la règle *de minimis et maximis*, il trouvoit un résultat absolument contraire à l'observation: donc, disoit-il, le principe de Maupertuis est erroné.

Il étoit bien facile de répondre à une pareille objection; car Maupertuis n'a jamais dit que le changement d'action des deux corps dont il s'agit fût lui-même un *minimum:* c'est la quantité d'action nécessaire pour produire ce changement, qui est la moindre possible, et cette quantité n'est point celle qui résultoit du procédé de M. d'Arcy.

Il nous paroît superflu d'examiner d'autres prétentions de M. d'Arcy, parce qu'elles nous paroissent aussi peu fondées et aussi solidement repoussées, dans les deux mémoires cités ci-dessus. Mais au sujet du principe du chevalier d'Arcy, il faut voir les *Mémoires* de l'Académie 1747, 1749, 1752, et ce que le cit. de la Grange a ajouté dans le second volume des *Mémoires* de Turin 1761, p. 213. On peut y en joindre un de Beguelin (*Mém.* 1751), qui a deux objets; l'un d'examiner si la loi de continuité est aussi nécessaire que le prétendent les léibnitziens et d'autres philosophes; et s'il peut exister dans la nature des

(1) *Mém. de Berlin*, ann. 1751.

corps absolument durs ; l'autre, de faire voir en quoi et comment le principe de Maupertuis est plus général que celui de la conservation des forces vives, appliqué soit au choc des corps, soit à la détermination des lois du repos et de l'équilibre. Quant au premier point, Beguelin ne regarde point ce fameux principe léibnitzien comme bien solidement fondé, ni sur des raisons physiques, ni sur des raisons métaphysiques. Bien loin de-là, il élève contre ce principe des difficultés qui le rendent au moins fort douteux. Au surplus, il nous semble qu'en supprimant même de la nature les corps absolument durs, le principe de Maupertuis n'en recevroit pas d'atteinte ; car il est au moins des corps sans élasticité, et tout ce que dit Maupertuis, des corps absolument durs, s'applique à ceux-là.

Quant aux *Remarques* de M. Martens, dont nous avons parlé plus haut, il m'a semblé qu'elles sont fort indifférentes au principe de M. de Maupertuis ; car ne contestant point ses calcnls, il se borne presqu'à le chicaner sur le nom qu'il donne à sa loi de *principe* de la nature. Il est enfin difficile de voir quel est l'objet de M. Martens, et quelle est la conséquence qu'il entend tirer de son examen.

Quoiqu'il en soit, le principe de la moindre action ne méritoit pas, ce me semble, toute l'importance qu'on y a mise et tout le temps qu'on y a employé, c'étoit plus une affaire d'amour-propre, qu'une affaire de mathématiques ; mais l'*amour-propre offensé ne pardonne jamais.*

VII.

Du problême des Tautochrones dans un milieu résistant.

Parmi le problêmes qui ont le plus occupé les géomètres, et qui ont exigé de plus grandes ressources d'analyse, est celui qu'on appelle des tautochrones, ou des courbes dont un corps parcourt les arcs dans le même temps. La cycloïde est celle qui a lieu dans le vide, comme nous l'avons, dit tom. I, p. 72, 415, et c'est une des découvertes d'Huygens. Mais lorsqu'on fait entrer dans le problême la considération de la résistance du milieu, cela rénd le problême un des plus difficiles de la mécanique transcendante.

Il est si naturel aux géomètres de chercher à généraliser les questions, qu'il ne pouvoit leur échapper de rechercher quelle seroit la courbe tautochrone, dans le cas où les directions des graves, tendroient vers un même point ; car Huygens, de même que Galilée et Archimède ont supposé, à cause de l'éloignement infini du centre de la terre, que ces directions sont parallèles, et que la force de la gravité est constamment la même ; mais cette hypothèse n'est pas conforme au véritable état des choses. D'ailleurs le problême envisagé sous cette nouvelle condition des directions convergentes et d'une pesanteur variable, présente un nouveau degré de difficulté, et l'on voit que Newton et Herman dans sa *Phoronomia*, L. 1, c. 3, s'étoient proposés la question, en la limitant néanmoins au cas où la pesanteur seroit comme la distance au centre. Ils démontrent que, dans ce cas, la courbe tautochrone sera une épicycloïde, décrite par le roulement intérieur d'un cercle sur la circonférence d'un autre ayant pour centre le point de tendance de la gravité ; épicycloïde qui se change en une cycloïde ordinaire, lorsque ce point de tendance est infiniment éloigné. Il faut remarquer encore que si, dans cette hypothèse de pesanteur, on suppose un corps placé sur un plan passant hors du centre d'attraction, et qu'on le livre à lui-même, il arrivera au point de ce plan le plus voisin du centre dans le même temps, quelque soit le point de départ. Ainsi, la ligne droite est aussi, dans ce cas, douée de la propriété du tautochronisme. Il restoit néanmoins à résoudre le problême pour le cas où les directions de la gravité étant convergentes, la gravité suivroit un rapport quelconque de la distance : mais nous passons aux tautochrones dans un milieu résistant.

Ce cas du problême n'avoit pas entièrement échappé à Newton, mais il ne l'avoit considéré que sous l'aspect le plus simple, je veux dire, en supposant et les directions parallèles et la résistance en raison des vîtesses, la tautochrone se trouver alors encore une cycloïde, le mouvement du corps s'y fait seulement un peu autrement que dans le cas d'un milieu non résistant ; car, dans ce cas, le corps remonte aussi haut que le point d'où il étoit tombé, au lieu que dans le second il ne remonte pas aussi haut, quoique dans le même temps, et chacune de ses montées étant moindre que la chûte précédente, il finit par s'arrêter.

Cette hypothèse de résistance est purement mathématique. La résistance d'un corps mû dans un fluide est bien plutôt en raison du quarré de la vîtesse, mais au temps de Newton, l'analyse n'avoit pas acquis des forces suffisantes pour résoudre un problême de cette nature.

Ce n'est que vers 1729 et 1730, que les géomètres s'en occupèrent ; encore me semble-t-il que Jean Bernoulli et Euler furent les seuls pour qui il fût accessible. On trouve la solution d'Euler dans le 4e vol. des anciens *Mémoires* de Pétersbourg, et celle de Bernoulli, dans les *Mémoires de l'Académie des Sciences* de 1730, dans le 3e volume de ses œuvres.

L'analyse conduit Bernoulli à une équation différentielle fort compliquée, qui exprime le temps, et dont l'intégrale, par la nature du problême, doit être égale à une quantité, ou fonction de l'abcisse, qui soit toujours la même, quelle que soit l'abcisse, puisque, de quelque hauteur que tombe le corps, il faut que le temps employé jusqu'au bas de la courbe soit le même. Cela l'engagea à démontrer quelques théorèmes préliminaires sur ce qu'on appelle les fonctions semblables, et il y fit voir que toutes ces fonctions, lorsqu'elles sont ce qu'il appelle de dimensions nulles, sont égales entr'elles. Enfin, par des adresses de calcul, il arrivoit à une équation différentielle entre l'ordonnée et l'abcisse de la courbe qu'il construisoit au moyen des quadratures.

Nous remarquerons d'abord qu'il n'en est pas ici comme pour la tautochrone dans le vide ou les deux branches de la descente et de la montée sont semblables et égales; car l'on sent aisément que le corps arrivé au plus bas de la courbe avec une vîtesse moindre que celle qu'il auroit eue sans la résistance du milieu, et devant de plus rencontrer, en remontant, une double cause de retardement, celle de la pesanteur et celle de la résistance du milieu dans le même temps, doit remonter à une hauteur moindre, et rouler le long d'une courbe de forme différente.

En second lieu, le point de la plus grande vîtesse acquise en tombant, n'est pas le point le plus bas de la courbe. Le corps a acquis cette plus grande vîtesse avant que d'arriver au plus bas: c'est ce que démontroit Bernoulli. Il fit voir enfin, que si l'on suppose la résistance nulle, la courbe en question devient la cycloïde ordinaire.

Euler suivit une route un peu différente et également digne d'un analyste tel que lui. Aussi arriva-t-il à des résultats semblables. Mais nous ne pouvons développer ici les moyens analytiques qu'il employa. Nous ne parlerons que de quelques considérations sur les tautochrones dans le vide qu'on trouve dans le même volume.

Dans l'acception ordinaire de la tautochrone, on demande que le temps de la descente du corps par une des branches de la courbe, soit égal à celui de la montée et ensuite celui de la descente subséquente égal au dernier et à celui de la montée dans la première branche, et ainsi toujours jusqu'à la fin du mouvement qui, mathématiquement parlant, devroit ne s'anéantir jamais. Euler étend cette idée du tautochronisme, en cherchant quelles courbes auroient la propriété de faire que les temps de la descente et de la montée, réunis ensemble, fussent toujours les mêmes. Une pareille courbe auroit les mêmes avantages que la cycloïde pour la juste division du temps, puisque l'oscillation entière,

entière, composée d'une descente et d'une montée, seroit toujours de la même durée, quoique la demi-oscillation ne fût pas égale à la suivante. Une courbe même étant donnée pour celle de la descente, on peut trouver celle qu'il faudroit pour remplir cette condition. Enfin, ce qui est remarquable, cette courbe ou ces courbes, peuvent devenir, dans quelques cas, purement algébriques ; tandis que toutes les autres tautochrones sont transcendantes.

Le mémoire de Bernoulli, sur ce sujet, fit sensation parmi les géomètres, et donna à ce problême une grande célébrité. Fontaine qui venoit d'entrer à l'Académie, en donna, en 1733, une solution. *Voyez* les *Mémoires* de 1734 et 1768. Il dit à ce sujet que ce problême avoit tourné les esprits de ce côté-là, qu'on ne parloit que du problême des tautochrones, qu'il en donna une solution, et qu'alors on n'en parla plus. (*Mémoires* publiés en 1764 : p. 3).

Il est vrai que la solution de Fontaine a sur les précédentes quelques avantages, en ce que les solutions exigeant qu'on ait l'expression de la vîtesse, ne sont applicables qu'aux cas où l'équation différentielle de cette vîtesse est intégrable. C'est pourquoi Bernoulli et Euler ne traitèrent ce problême que dans le cas d'une résistance proportionnelle au quarré de la vîtesse. Euler reconnoît lui-même, à la fin de sa solution de 1729, que l'analyse étoit, par cette raison, en défaut pour une solution plus générale du problême. Mais Fontaine sut trouver une méthode indépendante de cette intégration, à quoi il parvint au moyen d'un calcul particulier, qui consiste à faire varier les quantités de deux manières différentes ; méthode qui a quelque rapport à celle par laquelle on est parvenu à résoudre divers problêmes très-difficiles sur les trajectoires. Il appliqua sa méthode à la solution du problême dans diverses hypothèses, comme celles d'une résistance proportionnelle à la vîtesse, ou à son quarré, ou à une fonction formée de la vîtesse et du quarré.

La solution de Fontaine parut en effet aux géomètres si satisfaisante qu'Euler en faisant l'éloge, l'étendit encore en 1764, dans le 10e volume des nouveaux *Mémoires* de Pétersbourg.

La Grange en fit ensuite l'objet d'un mémoire lu à l'Académie de Berlin en 1767, et inséré dans le volume de ses *mémoires* pour 1765. Il y envisagea la question des tautochrones sous un point de vue un peu différent, et parvint à une formule génerale et fort simple, qui donne l'expression de la force nécessaire pour produire le tautochronisme, et qui a l'avantage de renfermer tous les cas déjà résolus et une infinité d'autres où l'on doutoit que le problême pût se résoudre.

Fontaine ne voulut pas, ce semble, après ce qu'il avoit dit de sa solution de 1734, rester, pour ainsi dire, en arrière; et donna, en 1768, à l'Académie des Sciences un nouveau mémoire sur ce sujet, où il présenta une nouvelle solution. Mais comme il parloit en termes peu favorables de celle de la Grange, celui-ci présenta, en 1770, de nouvelles considérations sur ce problême, et même traita un peu sévèrement la nouvelle méthode de Fontaine.

Il eût été difficile que d'Alembert n'eût pas pris quelque part à un problême si piquant par sa difficulté. Aussi voyons-nous qu'il donna la même année, et seulement quelques mois après le cit. de la Grange, un mémoire sur ce sujet : celui-ci ayant fait part à d'Alembert de ses nouvelles idées sur le problême, cela réveilla chez celui-ci, celles dont il s'étoit occupé il y avoit déjà du temps, et par une analyse d'une extrême profondeur, il parvint à une formule d'une très-grande généralité qui donne la solution du problême, pour le cas où il s'agiroit de faire les temps comme une fonction quelconque de l'arc ; ce qui renferme le tautochronisme même comme un simple cas du problême.

Il y a encore une espèce de tautochronisme proposé par le cit. Necker, de Genève, frère du célèbre ministre des finances. Il cherche quelle seroit la courbe tautochrone dans le cas où la résistance proviendroit seulement du frottement. On sent d'abord que ce frottement a une relation à la pression, et que cette pression est un effet de la force centrifuge, produite par le mouvement du corps dans la courbe, dont l'expression dépend de la vîtesse ; en employant ces élémens et faisant le frottement en raison de la pression, le cit. Necker parvient à l'équation différentielle de la courbe, qui se trouve encore une cycloïde renversée, de dimension seulement un peu différente de celle du tautochronisme simple. Il examine ensuite et résoud le problême, en supposant indépendamment de la résistance du frottement, celle du milieu en raison doublée de la vîtesse, et même selon une fonction quelconque de la vîtesse, pourvu que cette résistance soit fort petite.

Enfin, il cherche la courbe où le corps se mouvroit uniformément dans l'hypothèse adoptée du frottement, et il trouve que ce seroit une ligne droite, ou un simple plan incliné.

Euler a traité le sujet du tautochronisme, dans sa mécanique, avec toute l'étendue, la profondeur et les développemens que ce grand géomètre mettoit toujours dans ses ouvrages.

VIII.

Du problême des Cordes vibrantes.

L'objet dont nous allons parler est peut-être de tous ceux que la mécanique a considérés, le plus difficile, et celui qui a exigé le plus d'efforts d'analyse, et en même-temps le plus d'adresse. Aussi a-t-il exercé les quatre plus grands géomètres de l'Europe, et a-t-il contribué à reculer considérablement les bornes de l'analyse.

Les anciens avoient bien reconnu que le son d'une corde pincée est excité par les vibrations de cette corde; mais ce n'est que vers le commencement du dix-huitième siècle que l'on a eu l'idée de scruter la nature de ce mouvement et sa vîtesse, comme aussi de determiner la nature de la courbe dans laquelle se meut une corde vibrante. Ce problême de dynamique a été proposé et résolu pour la première fois par M. Taylor, géomètre anglois, dans son livre intitulé : *Methodus incrementorum directa et inversa*, qu'il publia en 1716.

Taylor commence par établir deux vérités préliminaires, l'une que si l'on a entre deux points fixes A B, (*fig.* 33.) deux courbes infiniment peu distantes de la ligne droite, et ayant leurs ordonnances C D, C*d* dans une raison donnée, leur courbure en D et *d* sera comme les ordonnées C D, C *d*. L'autre, que dans une corde tendue et peu différente de la ligne droite, la force accélératrice de chaque particule ou increment de la courbe, est comme la courbure en ce point, ou réciproquement comme son rayon osculateur en ce même point.

Supposons donc la corde tendue entre les points A et B par un poids donné. Qu'on la suppose écartée de la ligne droite d'une quantité infiniment petite, et selon une courbe dont les ordonnées répondantes à une même abcisse, comme C D, C *d* soyent en même raison; la force accélératrice en *d* et qui porte le porte le point *d* vers l'axe, fera que tous les points de cette corde arriveront en même-temps à l'axe, le dépasseront par leur mouvement accéléré et reviendront ensuite dans le même-temps presque à la position qu'ils avoient d'abord, jusqu'à ce que ce mouvement se détruisant peu à-peu, la corde restera en repos coïncidant avec l'axe A B. Ainsi toutes ces vibrations se feront en allant et venant dans un même-temps, c'est-à-dire qu'elles seront isochrones, ce qui est le propre d'une corde tendue, qui rend le même son; car sans cet isochronisme le son des premières vibrations seroit différent de celui des dernières; d'où il suit que telle est la courbure d'une corde mise en vibration. Quant à la nature de cette courbe, on trouve par la méthode inverse des fluxions, et même sans cela, que c'est la courbe appelée la compagne de la cycloïde, qui ne diffère de la cycloïde que parce que dans cette dernière ce sont les prolongations des ordonnées au cercle qui sont égales aux arcs, mais la courbe de la corde vibrante n'est formée que de la partie supérieure de cette courbe, extrêmement allongée.

Cette solution laisse bien quelque chose à desirer; car lorsqu'une corde est frappée et mise en vibration, comment peut-elle prendre la figure dont nous parlons? mais l'expérience paroît répondre à cette difficulté. Car elle nous apprend qu'une corde ainsi frappée après quelques oscillations irrégulières et quelques sons ingrats, ne tarde pas à rendre le son convenable à sa longueur et à sa tension.

C'eût été sans doute dans les commencemens de la mécanique un problême qui eût paru devoir à jamais éluder toutes les forces de l'industrie humaine, que de déterminer le nombre des vibrations que fait une corde d'une grosseur et d'une longueur donnée, et tendue par un poids déterminé. Ce problême toutefois est susceptible de résolution. Taylor l'a aussi résolu, en faisant voir que si l'on nomme la longueur de la corde L, son poids N et le poids tendant P, et que p soit le rapport de la circonférence du cercle au diamètre, ou de 113 à 355; enfin un pendule de la longueur D dont la durée des vibrations est conséquemment connue, le nombre des vibrations de la corde en question pendant que le pendule en fera une, sera $p\,\frac{\sqrt{D.\,P}}{L.\,N}$. Ainsi faisant D = 3 pouces 8 lignes, ou 440 lignes, qui est la longueur moyenne du pendule battant les secondes; L égal à 18 pouces, ou 216 lignes, le poids P une livre, et le poids de la corde A de 6 grains, ce qui donnera le rapport de P à N de 1536 à 1. on aura le nombre des vibrations faites dans une seconde par la corde en question, égal à $\frac{113}{355}\,\frac{\sqrt{440 \times 1536}}{216} = \frac{113}{355}\sqrt{3129}$, ou enfin $= \frac{113}{355}\,56 = 165{,}9240$. Ainsi la corde dont il s'agit fera dans une seconde 166 vibrations, à très-peu près.

On pourra enfin connoître par ce moyen quel est le nombre de vibrations que fera une corde, rendant un ton quelconque, par exemple le *la-mi-la* de l'Opéra. Car, qu'on prenne une corde de 6 grains de pesanteur, qu'elle soit attachée d'un bout et tendue de l'autre par un poids qu'on augmentera jusq'à ce qu'elle rende ce ton; l'on aura, au moyen de la formule ci-dessus, le nombre des vibrations de cette corde pendant une seconde.

Ce problême étoit digne d'exciter l'attention de Jean Bernoulli, comme on le voit dans le tome III de ses œuvres, et dans les *Mémoires de Pétersbourg*, t. III. ann. 1728; il l'envisagea d'abord d'une manière particulière. Il supposa un, ou deux, ou un plus grand nombre de petits poids suspendus à des points équidistans d'une corde dénuée de toute grosseur et pesanteur, et tendue par un poids donné, considérable à leur égard, et il rechercha la durée de leurs oscillations, en faisant usage de son principe de la conservation des forces vives; ce, qui lui donna des formules pour ces cas particuliers; mais comme il n'en résultoit pas une loi, il analysa le problême d'après les principes purement statiques, et il arriva aux mêmes conclusions que Taylor.

Tel étoit l'état du problême des cordes vibrantes jusques vers 1745. On pensoit alors qu'il y entroit comme une condition nécessaire que tous les points de la corde arrivassent à-la-fois à la ligne droite, et que cette courbe fût une cycloïde comme nous l'avons dit plus haut. Mais d'Alembert examinant ce problême d'après des moyens d'analyse plus généraux et plus relevés, trouva qu'il y avoit une infinité de courbes qui pouvoient résoudre le problême; et il enseigna la manière de les déterminer et de les construire. Il annonça cette extension à la solution du problême des cordes vibrantes, dans les *Mémoires de l'Académie de Berlin*, de 1747. Euler examina aussi la question, et donna dans le volume de 1748 un mémoire dans lequel il convient que sa méthode est peu différente de celle de d'Alembert, et où il parvient aux mêmes résultats à peu-près que ce dernier.

Mais la solution d'Euler, quoique fort analogue à celle de d'Alembert y ajoutoit cela de particulier que, suivant Euler, il n'étoit pas nécessaire que les courbes à décrire au-dessus et au-dessous de l'axe prolongé de part et d'autre fussent liées par une équation algébrique continue; ainsi, en supposant que la courbe fût un arc de cercle de 60°, il n'étoit pas nécessaire suivant Euler, de considérer le reste du cercle; mais de décrire simplement des arcs semblables alternativement en-dessus et en-dessous. Ils devoient servir également à trouver par le procédé commun de d'Alembert et d'Euler, la forme de la courbe après un temps quelconque. Euler alloit plus loin, il prétendoit qu'il n'étoit pas même besoin que la courbe fût géométrique, algébrique ou transcendante; sa solution étoit suivant lui également applicable au cas où cette courbe ne seroit même pas explicable par une équation, comme seroit une courbe décrite librement à la main, pourvu qu'elle fût comprise entre les termes A et B, et ne fît pas en ces points des angles droits avec son axe.

D'Alembert attaqua cette prétention dans les *Mémoires de Berlin*, de 1750. Daniel Bernoulli entra aussi dans la lice; et en même-temps qu'il témoignoit la plus grande estime pour la profonde analyse qui avoit guidé Euler et d'Alembert, prétendit néanmoins contre l'un et l'autre que cette analyse abstraite n'avoit pu les conduire sûrement à leur but; ayant toujours pensé, dit-il, que la courbe de la corde vibrante est toujours une trochoïde allongée, ou un composé des pareilles trochoïdes, quelques figures initiales que l'on ait données à la corde.

Euler ne tarda pas de répondre à Bernoulli, et par occasion à d'Alembert. Sa réponse est à la suite des écrits dont nous venons de parler. Il y développe et met dans un nouveau jour son analyse, et persiste à prétendre contre le premier que les trochoïdes tayloriennes ne sont pas les seules admissibles dans la solution du problême en question; ce qui est chez lui une suite de son analyse; il répondoit au second que c'étoit à tort qu'il prétendoit donner l'exclusion aux courbes discontinues qu'Euler avoit introduites dans sa solution, qui n'est sujette à aucune limitation fondée sur la continuité ou discontinuité des courbes en question. Que cette introduction des fonctions discontinues dans l'analyse transcendante étoit un nouveau moyen de recherches, non-seulement admissible, mais nécessaire dans une multitude de problêmes physico-mathématiques; c'est ce dont les géomètres conviennent actuellement comme on le verra à la fin de cet article.

On ne peut s'empêcher de reconnoître dans ces observations de Daniel Bernoulli toute la sagacité qui caractérise ses autres productions, et c'est un aveu que faisoit Euler dans la réponse qu'il lui opposa, et qu'on lit immédiatement après, dans les *Mémoires de Berlin*, de 1753. Euler n'y conteste point la formation des diverses courbes que Bernoulli déduit de la théorie taylorienne; mais en les admettant, il persiste dans la prétention qu'elles ne sont pas les seules qu'on doive y admettre. Il reprend à cet effet sa solution de 1748, en la développant davantage, et s'attache surtout à faire voir qu'on peut prendre pour courbe initiale, telle courbe qu'on voudra, et à déterminer la construction de la courbe que prendra la corde livrée à elle-même et après un temps donné. Il ne me paroît pas qu'il soit possible de se refuser à cette analyse, et sans doute s'il y avoit eu quelque exception à y opposer, elle n'auroit pas échappé à Bernoulli que je ne sache pas y avoir rien opposé postérieurement, quoique dans des mémoires insérés dans la suite parmi ceux de Pétersbourg, il ne paroisse pas avoir changé de sentiment. Ne pourroit-on pas dire d'un autre côté qu'Euler s'en tenant toujours dans les termes généraux d'une analyse abstraite, négligea trop de descendre à des exemples propres à prouver son sentiment. Il n'établit pas sa prétention d'une manière à forcer absolument la persuasion; il eût peut-être dû développer quelques cas de sa théorie, tel que celui-ci qui est le plus commun dans la pratique des instrumens à corde; je veux dire celui, où la corde tirée de son repos par un de ses points forme deux lignes droites entre ses arrêts, et est livrée à elle-même; ce cas est celui d'une courbe algébrique, mais qui seroit discontinue avec ses adjacentes semblables tracées suivant le procédé de la solution. La corde dans ce cas et dans tous les cas semblables, où elle est brusquement frappée dans un de ses points, prend, sinon tout-à coup, du moins fort promptement des vibrations régulières, et donne le son qui convient à sa longueur, à sa grosseur et à sa tension. Ne devoit-on pas s'attendre à voir ce cas analysé? mais il faut en convenir, on ne voit que trop souvent les plus grands géomètres dédaigner de descendre du faîte de leurs spéculations à des exemples simples et sensibles.

Il y avoit bien peu d'hommes capables de juger un pareil différent. Clairaut auroit pu donner un avis et départager les contendans, s'il n'eût pas été entièrement livré à ses recherches sur la théorie de la lune. Mais il se formoit alors dans le silence un géomètre qui parut en 1759, comme un phénomène inattendu, et qui, pendant vingt-huit ans, a continué d'enrichir la géométrie. C'est le cit. Joseph-Louis de la Grange, né à Turin, le 25 janvier 1736. Il y forma avec Saluce et Cigna une académie, et en 1759, ils publièrent le premier volume de leurs *Miscellanea*, dont le premier article est un savant mémoire de la Grange sur les cordes vibrantes. Il observe d'abord que la construction d'Euler est beaucoup plus générale que celle que d'Alembert avoit imaginée, celui-ci ayant toujours supposé que la génératrice fût régulière, et quelle pût être renfermée dans une équation continue. C'est dans cette idée, dit la Grange, que d'Alembert avoit cru qu'une telle construction devenoit insuffisante toutes les fois que dans la courbe génératrice, on n'auroit pas suivi la loi de continuité, et il s'étoit contenté d'en avertir dans une addition à ses mémoires dans le volume de 1750. Euler répondit à cette objection dans le volume de 1753. Euler reprit toute l'analyse du problême, et il soutint contre d'Alembert que pour l'exactitude de la construction donnée, il n'est nullement nécessaire d'avoir égard à la loi de continuité dans la fonction qui dépend de la courbe initiale de la corde. Mais comme d'Alembert n'avoit apporté aucune raison particulière pour appuyer son objection, Euler n'en rapporta aucune, d'où il suit que la question reste encore indécise. D'Alembert promettoit dans l'édition du *Traité de Dynamique*, de 1758, un écrit assez étendu sur cette matière, mais en attendant, la Grange donna sur cette dispute des réflexions décisives.

Il est certain, dit-il, page 21, que les principes du calcul différentiel et intégral dépendent de la considération des fonctions variables algébriques Il ne paroît donc pas qu'on puisse donner plus d'étendue aux conclusions tirées de ces principes que n'en comporte la nature même de ces fonctions. Or, personne ne sauroit douter que dans les fonctions algébriques toutes leurs différentes valeurs ne soient liées ensemble par la loi de continuité; c'est pourquoi il semble indubitable que les conséquences qui se déduisent par les règles du calcul différentiel et intégral, seront toujours illégitimes dans tous les cas, où cette loi n'est pas supposée avoir lieu; il s'ensuit delà que puisque la construction d'Euler est déduite immédiatement de l'intégration de l'équation différentielle donnée, cette construction n'est applicable par sa propre nature, qu'aux courbes continues, et qui peuvent être exprimées par une fonction quelconque des variables. La Grange conclut donc que toutes les preuves qu'on peut apporter pour décider une telle question, en supposant d'abord que l'ordonnée de la courbe, soit une fonction telle que l'avoient fait jusqu'alors d'Alembert et Euler sont absolument insuffisantes, et que ce n'est que par un calcul tel que celui qu'il donnoit, dans lequel on considère les mouvemens des points de la corde, chacun en particulier, qu'on peut espérer de parvenir à une conclusion qui soit à l'abri de toute atteinte.

Bernoulli, dans un mémoire imprimé parmi ceux de Berlin de l'année de 1753, prétendoit avoir démontré que la solution de Taylor est seule capable de satisfaire à tous les cas possibles du problême, et il établit cette proposition générale, que quelque puisse être le mouvement d'une corde tendue, elle ne formera que des trochoïdes allongées; ou bien que sa figure sera un mêlange de deux, ou plusieurs courbes de cette espèce. Ainsi le dessein de Bernoulli étoit de faire voir que les calculs de d'Alembert et Euler ne nous apprenoient rien de plus que ce qu'on pouvoit déduire de ceux de Taylor, et même que ces calculs, quoique extrêmement simples, pouvoient répandre sur la nature des vibrations des cordes une lumière qu'on attendroit envain de l'analyse abstraite et épineuse de ces deux géomètres: mais Euler s'étoit hâté de répondre à ces difficultés; et il objectoit à son tour à Bernoulli, que son équation pour la courbe sonore, quoique continuée à l'infini, ne pouvoit cependant exprimer tous les mouvemens possibles d'une corde tendue, parce qu'il faudroit que l'équation renfermât toutes les figures qu'on peut donner à une corde et toutes les courbes possibles, ce qui

qui paroît n'avoir pas lieu à cause de certaines propriétés qui semblent distinguer les courbes comprises dans cette équation de toutes les autres courbes qu'on pourroit imaginer. Ces propriétés sont les mêmes que d'Alembert exige dans ses courbes génératrices, savoir qu'en augmentant, ou diminuant l'abcisse d'un multiple quelconque de l'axe, la valeur de l'ordonnée ne change point.

En effet, la Grange dit qu'on peut démontrer que toutes les courbes douées de ces propriétés pourront se réduire à l'équation qu'il a donnée; d'où il s'en suit que quoique d'Alembert ait trouvé l'analyse taylorienne insuffisante pour en tirer une résolution générale, néanmoins il paroît être d'accord avec Bernoulli pour le fond, savoir que le problême n'est soluble que dans les cas de la trochoïde, ou du mélange de plusieurs trochoïdes.

On voit par-là que les objections de Bernoulli et d'Alembert contre Euler, quoiqu'elles diffèrent beaucoup les unes des autres, tiennent néanmoins aux mêmes principes. Au reste Bernoulli et Euler n'ont pas cherché directement, si toutes les courbes que peut former une corde tendue sont comprises ou non dans l'équation. Car puisque dans cette équation chaque terme répond, pour ainsi dire, aux mouvemens de chaque point de la corde, il eût fallu pour cela donner d'abord une solution générale du problême de la corde vibrante dans l'hypothèse quelle fût chargée d'un nombre indéfini de corps; solution que Bernoulli convient n'avoir jamais été donnée. Ainsi l'analyse de la Grange étoit la seule qui pût jeter sur ces matières obscures une lumière suffisante pour éclaircir les doutes. Il la développa d'une manière entièrement neuve, puisqu'il détermina les mouvemens de tant de corps qu'on en voudra supposer, sans concevoir d'abord qu'il y ait entr'eux aucune loi de continuité par laquelle ils soient liés pour ainsi dire, et contenus dans une même formule.

Il paroît donc que d'Alembert est le premier qui ait résolu le problême en supposant la figure primitive quelconque, mais assujétie à une équation. Bernoulli limitoit la solution encore davantage. Euler l'emporta en soutenant qu'on pourroit prendre les fonctions arbitraires sans quelles fussent soumises à aucune équation, pas même à la loi de continuité. La Grange réunit les deux solutions qui paroissoient très différentes; mais il trouve aujourd'hui que cela ne valoit pas la peine de disputer si longtemps. D'Alembert, dans ses *Opuscules*, est encore revenu là-dessus; mais ses objections étoient du même genre que celles qu'on fait contre le calcul différentiel, c'est une espèce de métaphysique sur laquelle on peut éternellement disputer, comme sur les logarithmes des nombres négatifs, sur la rigueur des calculs des infiniment petits, sur les forces vives, &c.

Le citoyen la Place a donné dans les *Mémoires de l'Académie des Sciences*, pour 1779, un mémoire sur les différences partielles où il ramène à une équation aux différences ordinaires du deuxième ordre, l'équation des cordes vibrantes dans un milieu résistant comme la vîtesse. Cette équation supposée intégrée, donne la solution complète de l'équation des cordes vibrantes dans ce cas; laquelle dépend des intégrales définies; il restoit ce semble à intégrer cette équation aux différences ordinaires; or, le citoyen Parseval est parvenu à en donner l'intégrale complète par le moyen des intégrales définies; desorte que par ce moyen, l'équation des cordes vibrantes dans un milieu résistant comme la vîtesse, est entièrement ramenée à la méthode des quadratures par le moyen des intégrales définies.

Le cit. Parseval a encore donné, en 1801, à l'Institut, un mémoire qui a ajouté quelque chose à l'analyse de ce problême. Il a pour objet l'intégration générale et complète des équations de la propagation du son, l'air étant considéré avec ses trois dimensions. Le nombre des variables de ces équations augmente avec celui des dimensions que l'on suppose à l'espace qu'occupe l'air; lorsqu'on n'a égard qu'à une seule dimension, on tombe sur l'équation différentielle partielle à laquelle conduit le problême des cordes vibrantes et qui a été intégrée, il y a plus de 50 ans par d'Alembert, mais qu'on ne doit pas prendre néanmoins comme le dit le cit. Perseval, pour l'origine du calcul des différentielles partielles: le cit. Cousin a rappelé avec raison aux géomètres qu'Euler avoit rencontré des équations de ce genre, et en avoit intégré dès 1739; qu'il devoit par conséquent être regardé comme l'inventeur du calcul des différentes partielles, mais que d'Alembert en avoit fait le premier l'application aux questions de physique. Il convient d'insister sur ce point de l'histoire des mathématiques que des écrivains célèbres semblent avoir méconnu. Quand on donne deux ou trois dimensions à la masse d'air, l'équation toujours aux différentielles partielles, renferme trois ou quatre variables indépendantes; c'est-à-dire que la fonction à déterminer contient le temps et deux ou trois coordonnées, suivant qu'on suppose l'air étendu sur un plan ou dans l'espace; mais dans chacun de ces cas, elle conserve toujours la même forme. Le coëfficient différentiel du second ordre de la fonction déterminée relatif au temps, est toujours dans un rapport constant avec la somme des autres coëfficiens différentiels de la même fonction pour le même ordre.

Cette circonstance a suggéré au cit. Parseval l'idée heureuse de faire dépendre de la fonction à deux variables celle qui en contient trois, et de cette dernière celle qui en contient quatre. Pour cela il a considéré la première fonction dont la forme est donnée par l'intégrale due à d'Alembert, comme renfermant implicitement toutes les variables d'où dépendent les autres. Il est parvenu à exprimer chaque fonction par celle qui la précède, au moyen d'une série dont la loi est très évidente, et dans laquelle il fait varier le coefficient constant, dépendant de l'élasticité du fluide.

Pour former cette série, il a recours à une transformation fort simple, par laquelle il introduit une nouvelle variable, qu'il considère sous deux formes différentes, la seconde donnant lieu à un développement qui s'effectue par le théorême de Taylor, et reproduit la série proposée dans les termes indépendans de la variable introduite. Il résulte delà que tout se réduit à sommer la série transformée. Elle se décompose facilement en deux parties. Le cit. Parseval fait dépendre chacune d'une équation différentielle qu'il intègre. Il détermine les fonctions relatives à ces équations par la considération de l'état initial du fluide, en supposant le temps égal à zéro, et changeant convenablement dans ce résultat, la nouvelle variable qu'il y a fait entrer; il en déduit relativement à l'état initial qu'il s'est donné, la solution de l'équation différentielle partielle proposée. Nous ne saurions entrer ici dans de plus grands détails sur les artifices de calculs dont le cit. Parseval a fait usage dans son mémoire; nous nous bornerons à dire, d'après les commissaires de l'Institut, qu'il a en effet ramené l'intégration des équations relatives à la propagation du son, dans le cas où la fonction cherchée dépend de trois variables, à ne contenir au plus qu'une intégrale définie prise par rapport à une nouvelle variable; à deux si la fonction cherchée dépend de quatre variables, aussi ont-ils regardé ce travail comme utile au progrès de l'analyse, (3 septembre 1801); et nous avons cru devoir en faire mention en finissant cet article des cordes vibrantes, auquel nous n'avons donné de l'étendue qu'à cause de la célébrité des quatre grands géomètres qui s'en sont longtemps occupés.

I X.

De la Balistique, ou *des Corps projetés dans un milieu résistant.*

La balistique est cette partie de la mécanique qui s'occupe du mouvement des projectiles, et en particulier de ceux qui traversent un milieu résistant, comme l'air. Elle prit naissance entre les mains de Galilée, comme nous l'avons dit, t. II. p. 187; mais il s'en falloit bien que la mécanique fût en état de considérer le mouvement à travers un milieu résistant; et Galilée suppose, au moins tacitement, qu'un fluide tel que l'air n'oppose qu'une résistance insensible à un corps qui le traverse; mais cette science ayant fait des progrès considérables, les géomètres ont osé envisager le problême sous ce nouveau point de vue, et c'est un des problêmes les plus difficiles de la mécanique et de l'analyse, en même-temps qu'il est un des plus utiles; mais jusqu'ici les théories d'artillerie sont encore fondées sur la supposition de la courbe parabolique. Robert Anderson donna en 1674, son *Art of gunnery*; et Blondel, en 1683, son ouvrage intitulé l'*Art de jeter les bombes*, où il tâcha même de répondre aux objections qu'on avoit déjà formées sur la nature de la courbe décrite par un corps lancé dans l'air; et supposant toujours que la courbe parabolique est la véritable trajectoire d'une bombe, il calcula des tables dont il expliqua l'usage avec des règles pratiques en faveur des artilleurs.

Depuis Anderson et Blondel l'étude des mathématiques s'est introduite dans les écoles d'artillerie, mais la théorie de la parabole y suffisoit, car elle a cet avantage d'être susceptible d'un calcul facile. Aussi tandis que les géomètres commençoient à douter que le jet des bombes, ou le tir du canon dussent être traités d'après ce principe, Bélidor, dont on connoît d'ailleurs les travaux utiles, publia en 1734 son *Bombardier François*. Il ne doutoit pas que tous les problêmes relatifs à cet art ne pussent être résolus d'après la théorie de la parabole; il assura même que les expériences qu'il avoit faites en 1725 et 1731, s'accordoient avec la parabole. Sans doute il y eut des circonstances qui en imposèrent à Bélidor, et lui firent tirer cette conclusion; car d'autres expériences faites avec beaucoup de soin, donnent un résultat qui n'est pas à beaucoup près conforme au sien. Il étoit bien facile de se détromper de l'idée qu'un corps qui traverse l'air avec la vîtesse d'un boulet de canon, n'éprouve de la part de ce fluide qu'une résistance nulle ou peu sensible; car l'expérience apprend qu'un vent médiocre faisant 15 ou 18 pieds par seconde, exerce une force très-sensible; un fluide qui se meut contre une surface plane avec des vîtesses différentes exerce sur elle des impressions qui sont à-peu-près comme les quarrés des vîtesses; les mathématiciens ont conclu que l'effort d'un fluide mu avec une certaine vîtesse contre une surface est égal au poids de la colonne de ce fluide dont la hauteur seroit égale à celle d'où un corps devroit tomber pour acquérir cette vîtesse dans une seconde; et comme un boulet de canon a une vîtesse de 1500 pieds par seconde, il en résulte une résistance très-grande, et nous verrons même que l'expérience la donne beaucoup plus considérable dans les grandes vîtesses. Comment une force aussi considérable n'influeroit-elle pas sur la courbe décrite par le boulet.

Malgré un raisonnement si convainquant, il semble que c'est aux écrits de Benjamin Robins que l'on doit la destruction du préjugé qui régnoit parmi les artilleurs. Cet homme, d'un vrai génie, entreprit vers 1740 des expériences sur l'artillerie, dont on lit le résultat dans son ouvrage intitulé : *à New theory of Gunnery*, imprimé à Londres, en 1742, *in*-4°. et de nouveau dans le recueil de ses *Mathematicals tracts*, Londres, 1761, *in*-8°. 2 vol. ouvrage qui eût mérité d'être traduit beaucoup plutôt dans notre langue, et qui ne l'a cependant été qu'en 1781, par Dupuy, professeur de Grenoble, par l'impulsion de de la Lande dont il étoit élève. Il y en eut une autre traduction en 1783, par Lombard, professeur d'Auxonne.

Après plusieurs propositions appartenant plus à la physique ou à la chimie qu'aux mathématiques, sur la nature du fluide produit par l'explosion de la poudre, sur l'espace qu'il tend à occuper aussitôt qu'il est développé et sur la force qui en résulte pour chasser le boulet, Robins examine mathématiquement ce problême de balistique : étant données les dimensions d'une pièce d'artillerie, la densité du boulet et la quantité de la charge, déterminer la vîtesse que le boulet acquerra par l'explosion, en supposant que l'élasticité du fluide produit est donnée au moment de l'explosion. Il y suppose aussi ces deux principes, qu'il prouve ensuite, savoir : 1°. Que l'action de la poudre cesse au moment où le boulet est hors de la pièce. 2°. Que toute la poudre est convertie en fluide élastique avant qu'il ait sensiblement changé de place.

Ce problême savamment résolu, il en fait l'application à des cas particuliers, et il fait voir qu'une balle de plomb de $\frac{3}{4}$ de pouce de diamètre, chassée d'un canon de fusil de 45 pouces de longueur, avec une charge de poudre de 2 pieds $\frac{1}{6}$ de hauteur, lui donne une vîtesse de 1668 pieds par seconde, au sortir de la bouche du canon.

Mais comme de pareilles conclusions tiennent toujours à des principes physiques dont la certitude n'est pas absolument mathématique, il détermina par l'expérience quelle est la vîtesse d'une balle partant d'un canon avec certaine charge de poudre. Il y emploia une machine fort ingénieusement imaginée qui consiste en une espèce de pendule d'un poids donné et tournant sur un axe horizontal; ce pendule recevant l'impression de la balle en est élevé jusqu'à un certain angle qui est mesuré ; ensorte que connoissant le poids du pendule, celui de la balle et sa vîtesse, on peut déterminer cet angle, et réciproquement cet angle étant donné avec le poids du pendule et celui de la balle, on peut déterminer cette vîtesse, d'après ce principe de mécanique : lorsqu'un corps non élastique en choque un autre en repos, ils marchent ensuite conjointement avec une quantité de mouvement égale à celle du corps choquant avant le choc. Mais il faut voir dans le livre de Robins la manière dont il fait ce calcul, et les attentions scrupuleuses qu'il y met. Ses expériences confirment sa théorie sans autres différences que celles qu'on doit attendre dans de pareilles matières, où mille petites circonstances impossibles à prévoir font varier en plus ou en moins les résultats. Mais prenant un milieu entre plusieurs expériences, comme fait en général Robins, on est assuré d'atteindre à très-peu-près le point de la vérité.

Il passe ensuite à la recherche de la résistance que l'air oppose au mouvement du projectile ; ce qui l'engage à présenter d'abord des réflexions très judicieuses sur celle qu'éprouvent les corps en traversant des milieux différemment constitués. Il fait voir que la résistance en raison du quarré des vîtesses n'a lieu que dans un fluide dont les particules isolées les unes des autres peuvent être déplacées, sans qu'elles mêmes tendent à déplacer les parties voisines ; ce qui est une supposition purement mathématique, et c'est aussi dans ce seul cas qu'à lieu la proportion selon laquelle une sphère mise en mouvement éprouve une résistance, qui est la moitié de celle qu'éprouve le plan de son grand cercle ; mais il n'en est pas ainsi dans les fluides ou incompressibles comme l'eau, dont les parties semblent s'appuyer les unes sur les autres, où dans un fluide élastique comme l'air. Il n'en est pas de même non plus dans le cas où le corps se meut avec une très-grande vîtesse, et dans celui où il n'a qu'une vîtesse médiocre. Dans ce dernier cas le fluide tend à remplir et remplit en effet sur-le-champ la place laissée en arrière par le corps en se mouvant. Il n'y a ici qu'une résistance simple, et à dire vrai, que l'expérience seule peut déterminer. Dans le premier cas c'est toute autre chose ; le fluide, l'air par exemple, ne pouvant tout-à-coup prendre la place que venoit d'occuper le corps, il s'y fait un vide, et conséquemment, indépendamment de l'effort du corps pour pousser le fluide en avant, il a à soutenir le poids d'une colonne d'air de même base et dont la hauteur est égale à celle de l'atmosphère. Robins trouve enfin par des expériences que lorsque la vîtesse est petite comme de 20 à 30 pieds par seconde, la résistance ne s'écarte pas beaucoup de la loi du quarré de la vîtesse ; et le cit Coulomb a fait voir en 1800, que dans un mouvement très-lent la résistance est comme la vîtesse simple.

Robins trouve que lorsque la vîtesse est de quelques centaines de pieds par seconde jusqu'à 11 ou 12 cent pieds, la résistance va jusqu'à 12 fois le poids du corps même, et qu'enfin lorsqu'elle est très grande, comme de 16 à 18 cent pieds, elle va au triple ou au quadruple de cette dernière résistance. Ainsi il trouve qu'un boulet de 24, poussé avec une charge de 16 livres de poudre, partant avec une vîtesse qui va jusqu'à 1900 ou 2000 pieds, éprouve une résistance qui va à 20 fois, et plus, son poids, savoir à 484 livres. On n'a pu déduire immédiatement un pareil fait de l'expérience ; mais il résulte d'une combinaison d'expériences et de raisonnemens qui, s'ils ne sont pas une démonstration mathématique, en approchent beaucoup.

Ainsi il n'est pas possible que la trajectoire décrite par un projectile lancé avec une grande vîtesse soit une parabole, ni même qu'elle en approche ; et d'abord, quant à la distance de la portée, il fait voir combien elle est moindre dans le cas d'un milieu résistant comme l'air. Car une balle partant avec une vîtesse de 16 à 17 cent pieds par seconde, sous un angle de 45° devroit en avoir 17 mille de portée, selon la théorie, tandis qu'elle a à peine un demi-mille ; ce qui n'est que la 34e. partie de la portée que donneroit le calcul fondé sur une résistance à-peu-près nulle, et dans une trajectoire parabolique. Un boulet de canon de 24 livres, poussé avec une charge de 16 livres de poudre sous un angle de 45°, ne va qu'à 2456 toises et ce n'est qu'environ le 5e. de la portée dans la parabole et dans l'hypothèse de la non-résistance. Si dans le premier exemple nous trouvons la portée réduite à $\frac{1}{34}$, et ici seulement à $\frac{1}{5}$, cela vient de ce qu'un boulet de 24 a une bien moindre surface dans son grand cercle relativement à son poids, qu'une balle de $\frac{3}{4}$ de pouce de diamètre.

Il est même aisé d'observer dans des projectiles lancés avec des vîtesses médiocres comme de quelques centaines de pieds, combien la courbe qu'ils décrivent diffère de la parabole ; car on voit sensiblement que la branche décrite depuis le départ jusqu'à la plus grande élévation est bien plus étendue que celle qui va depuis ce point jusqu'à celui où le projectile atteint le plan horizontal. Et c'est aussi ce qui suit de l'analyse, quoiqu'encore imparfaite, qu'on a pu faire du problême.

Il y a d'autres objets intéressans dans cet ouvrage, ainsi que dans des mémoires remis à la Société Royale sur le même sujet, parmi lesquels il en est un qui contient des expériences sur la résistance de l'air au mouvement des corps, suivant leur forme, et les différens angles sous lesquels ils frappent ce fluide. Ce que nous venons de dire suffira pour faire connoître le mérite de l'ouvrage de Robins. Aussi parut-il si intéressant à Euler, que même ayant qnelques raisons de se plaindre de Robins, il ne laissa pas de le traduire en allemand, et de l'éclaircir par de savantes notes, dans lesquelles cependant il contredit quelquefois son auteur. Robins se proposoit de répondre à Euler, mais les occupations qui lui survinrent l'en empêchèrent. Trembley a publié en françois, à Genêve, les notes d'Euler sur Robins.

Les géomètres ont entrepris de résoudre ce problême des trajectoires dans un milieu résistant en y employant les seules considérations de l'analyse et de la mécanique spéculative. Nous pourrions rapporter à oet objet plusieurs propositions du second livre des *Principes* de Newton ; mais ce fut Keil qui proposa en 1718, à Jean Bernoulli par forme de défi, la solution du problême suivant : *Trouver la courbe que décrit un projectile dans l'air, en y supposant la loi la plus simple de la gravité*, (c'est-à-dire), *la direction perpendiculaire à l'horizon, et la résistance en raison des quarrés des vîtesses.* Il croyoit embarrasser Bernoulli, en lui proposant un problême que Newton n'avoit pas résolu. Il se trompoit ; Bernoulli le résolut et offrit de publier sa solution sous la condition que Keil publieroit la sienne; mais il se lassa d'attendre, et donna sa solution dans les *Actes de Leipzig*, mai 1719. Il y envisageoit même la question d'une manière plus générale que Keil, car celui-ci ne demandoit une solution que dans la supposition d'une résistance en raison des quarrés de vîtesses; mais Bernoulli supposa une loi de résistance quelconque, exprimée par une puissance de la vîtesse : il ne donna pas l'analyse qui l'y avoit conduit, mais il remarqua qu'il en avoit consigné les principes dans les Actes de Leipzig, en parlant des courbes décrites dans des milieux résistans. Il publia ensuite cette analyse dans les Actes de Leipzig de 1719. Mais la solution de ce grand géomètre ne pouvoit être utile pour la pratique, parce que l'aire de la courbe ne pouvant la plupart du temps être exprimée en termes finis, il est comme impossible, au moins d'après l'analyse actuelle, d'en tirer la valeur des inconnues; si l'on y parvenoit on n'arriveroit qu'à des valeurs si compliquées qu'elles ne seroient d'aucun usage.

Il résulte seulement delà quelques vérités théoriques. Si l'on suppose la résistance comme le quarré de la vîtesse, alors on a un espace hyperbolique; on pourroit même faire telle supposition qui rendroit la première courbe quarrable en termes finis; et la seconde pourroit le devenir, ou du moins n'être qu'une transcendante du premier degré. Si, par exemple, on suppose la résistance comme la vîtesse, on a une courbe logarithmique ou qui peut se construire au moyen de la logarithmique, et supposant la résistance nulle, on voit renaître la parabole.

Jean

Jean Bernoulli ne fut pas le seul qui résolut le problême. il fut aussi résolu par son neveu, Nicolas Bernoulli, dont la solution nous paroît même plus traitable et plus applicable à la pratique que celle de son oncle qu'il donna à la suite de la sienne. Ce problême fut aussi résolu, ou plutôt il l'avoit été d'avance par Herman qui donna sa solution dans sa *Phoronomie*, page 354, presque la même que celle de Bernoulli. L'Angleterre enfin qui avoit proposé le problême, fournit aussi une solution de Taylor; mais outre la difficulté de développer en termes traitables l'expression de la courbe cherchée, on a l'incertitude de la loi même de la résistance. Car, à quoi serviroient des calculs immenses si faute de connoître cette loi ils ne peuvent manquer de conduire à des résultats contraires à l'expérience. Nous convenons néanmoins que si ces calculs n'étoient que médiocrement laborieux, ils auroient quelque utilité en ce qu'ils pourroient servir à reconnoître la vraie loi.

Les difficultés en géométrie bien loin de décourager sont au contraire un nouvel aiguillon pour les surmonter. Ainsi le problême dont nous parlons ne pouvoit manquer d'occuper les géomètres d'un ordre supérieur. Euler qui avoit traduit l'ouvrage de Robins, malgré les raisons données par cet auteur pour la faire regarder comme désespérée, ne laissa pas de s'en occuper. C'est l'objet d'une des notes dont il enrichit cet ouvrage. Mais ce travail étoit encore loin de le satisfaire; c'est pourquoi il y revint; et l'on trouve dans les *Mémoires de Berlin*, pour 1753, un savant mémoire sur ce sujet. Quoi qu'il y admette jusqu'à un certain point les résultats des expériences de Robins, il ne pense pas qu'ils renversent entièrement la loi de résistance communément admise relativement aux corps traversant un fluide, savoir que cette résistance est comme le quarré de la vîtesse. Il admet à la vérité, et trouve même par le calcul ce que Robins avoit déduit de quelques raisonnemens, c'est-à-dire, que quand la vîtesse excède une certaine mesure comme de 11 à 12 cents pieds par seconde, le corps en mouvement éprouve une résistance égale au poids de toute la colonne atmosphérique; mais mettant ce cas à part dans la solution du problême, il persiste à penser que la résistance opposée à un boulet qui a une vîtesse de 1350 pieds, s'éloigne peu de la raison du quarré de la vîtesse. Il se borne à y faire une correction pour le cas des vîtesses moyennes, comme de 400 à 1000 pieds par seconde. D'après ces données et quelques autres qu'on ne peut lui contester, il analyse le problême à sa manière, et parvient à des expressions finies, et assez approchantes du vrai, qui donnent les valeurs de l'abscisse et de l'ordonnée de la courbe, ainsi que de la courbe même et du temps de la plus grande montée, pour chaque angle de projection et de vîtesse initiale donnée au projectile. Il fait aussi quelques remarques intéressantes sur la forme de la courbe de projection, savoir 1°. Que la branche d'ascension est beaucoup plus grande et moins courbe que celle de descente ; que la courbe de descente a une asymptote perpendiculaire vers laquelle elle approche sans cesse ; et la courbe de montée, une asymptote inclinée à l'horizon ; que la plus grande courbure n'est pas au sommet, mais quelque peu au-delà dans la branche descendante ; cette forme de la courbe qui résulte de l'analyse d'Euler donne beaucoup de poids à son travail ; car ces propriétés de la branche ascendante et descendante de la trajectoire des bombes avoit déjà été observée même à la vue, par la trace apparente de l'amorce. Euler calcula sur cette hypothèse et ses formules une table, esquisse d'une plus étendue, au moyen de laquelle pour les différens angles de projection de 5 en 5°, les différens poids du boulet ou de la bombe, et la vîtesse imprimée, on trouve, par un calcul facile, l'amplitude de la branche ascendante et celle de la branche descendante, ainsi que leur longueur même, et l'angle sous lequel le projectile frappe la ligne horizontale. On y voit par exemple qu'une bombe partant sous un angle de 45° et avec une vîtesse de 434 pieds par seconde, s'élève en 8″ 18 à sa plus grande hauteur qui est de 1234 pieds, et qu'elle va frapper le plan horizontal sous un angle de 60° à une distance de 3772 pieds ; que l'horizontale répondant à la branche ascendante sera de 2139 pieds, et celle qui répond à la branche descendante de 1640, enfin que la totalité de la courbe sera de 4682 pieds et la durée de la descente de 9″ 50 ensorte que la durée totale de la montée, et de la descente sera de 17″ $\frac{2}{3}$.

Nous avons dit que la table qui suit le mémoire de M. Euler, n'étoit que l'esquisse de tables beaucoup plus étendues, qu'il falloit avoir pour mettre à la portée de tous les artilleurs le problême dont il est question : ces autres tables ont été calculées par M. de Gravenitz.

On est porté à penser que ce travail, tout savant qu'il est, n'a pas été aussi utile à l'artillerie-pratique que le présumoit son auteur ; car on a vu postérieurement à lui, plusieurs géomètres s'en occuper. Lambert en a fait l'objet d'un mémoire qu'on lit parmi ceux de l'Académie de Berlin, pour l'année 1765. Il y reprend toute la théorie de la résistance, et finit par des considérations très-savantes sur la nature et la forme de la courbe balistique ; mais l'auteur semble avoir eu pour objet les recherches géométriques, plutôt que l'application à la pratique.

Le chevalier de Borda, aussi grand géomètre qu'habile ingénieur, entreprit aussi, en 1769, de décider, à l'aide du calcul d'une manière certaine, les principales questions de la balistique.

Le premier pas qu'il fait est de déterminer quelle est la courbe décrite par un corps qui se meut dans un milieu résistant, et, dans cette solution, il ne détermine pas la loi suivant laquelle s'exerce cette résistance : ce qui rend la solution la plus générale qu'il soit possible. Comme il étoit cependant persuadé que la résistance des fluides est à très-peu-près proportionnelle au quarré de la vîtesse ; il introduit cette expression dans l'équation.

La courbe qui en résulte est très-différente de la parabole, non-seulement parce qu'on introduit un élément de plus dans le calcul, mais encore parce que cet élément est variable ; car il est évident que la vîtesse du projectile allant toujours en diminuant, la résistance diminue aussi dans la raison du quarré de la diminution de la vîtesse. Il s'ensuit que les deux branches de la courbe substituée à la parabole, seront inégales. On sent assez combien toutes ces variables, introduites dans le calcul, rendent le problême difficile à résoudre. Il le seroit peut-être encore plus, si l'on y faisoit entrer d'autres élémens qui géométriquement devroient y avoir lieu, mais qui ne produisent pas des effets assez sensibles pour embarrasser le calcul. Nous en allons apercevoir quelques-uns de cette espèce, en appliquant cette courbe aux effets de l'artillerie.

Puisque la résistance de l'air augmente dans la raison des quarrés des vîtesses du boulet, il est clair que plus cette vîtesse sera grande, plus les portées diffèreront en moins de celles qu'on auroit assignées en employant le mouvement dans le vide et la parabole qui en résulte. Borda a donc calculé une table dans laquelle, en supposant un canon de 24, pointé à 45°, il a marqué dans une colonne les portées dans le vide, en supposant différentes vîtesses initiales depuis 100 pieds jusqu'à 3500 pieds par seconde, et les portées correspondantes, eu égard à la résistance de l'air.

La portée réelle d'une pièce de 24, pointée sous un angle de 45°, est de 2260 toises, ce qui donneroit une vîtesse initiale de 2038 pieds par seconde ; mais cette même vîtesse, faisant abstraction de la résistance de l'air, donneroit une portée de 22922 toises. La résistance de l'air diminue donc les portées de neuf dixièmes ; on voit combien on se trompe, en négligeant cet élément.

Mais voici quelque chose de plus fort : les angles qui répondent à différentes portées, ne sont pas constans, et l'angle de 45° qu'on supposoit donner la plus grande portée, ne la donne pas à beaucoup près.

Il n'est pas difficile de le comprendre, si l'on considère que la courbe n'est plus une parabole, que ses deux branches même diffèrent entr'elles considérablement, parce que les vîtesses allant en diminuant, les résistances diminuent aussi, même dans une raison plus forte. Il faut donc, dans le calcul des angles qui doivent répondre à une portée donnée, avoir égard aux différentes vîtesses initiales, si on ne veut pas tomber dans des erreurs énormes. Borda fait voir que la même pièce de 24 qui, avec une vîtesse initiale de 300 pieds par seconde, donne, pour l'angle de la plus grande portée, 42° 10′, ne donne plus cet angle que de 28° 10′, si on suppose cette vîtesse initiale de 2000 pieds par seconde.

On savoit bien que le boulet perdoit de sa vîtesse à mesure qu'il s'éloignoit du canon; mais il étoit nécessaire de voir comment se faisoit cette diminution. Borda l'a calculée pour les pièces de différens calibres, et a déterminé pour chacune, deux distances, l'une au bout de laquelle le boulet avoit perdu un dixième de sa vîtesse, et l'autre après laquelle il en avoit perdu un cinquième; et il résulte de ce calcul que ces pertes sont dans une raison assez peu différente de celles des distances même.

Un des points les plus intéressans de toute l'artillerie, est certainement de déterminer la vraie portée des différentes pièces. Borda en donne le moyen par un théorème général qui ne laisse plus que de simples analogies, et quelques interpolations pour conclure de la première table de son mémoire, les portées de boulets de différens calibres; il donne même ce calcul tout fait dans une table, en employant seulement deux vîtesses initiales, l'une de 1500 pieds, l'autre de 1800 par seconde: ces portées se trouvent assez différentes de celles qu'on trouve dans les *Mémoires d'Artillerie* de Saint-Remy; mais cette différence prouve que les vîtesses initiales pourroient n'être pas les mêmes pour tous les calibres.

Puisque la résistance de l'air offre un si grand obstacle au mouvement du boulet, il est clair que si l'air a, de son côté, un mouvement contraire, cette résistance deviendra plus grande; ce qui doit arriver nécessairement quand le vent se trouve dans une direction contraire au chemin du boulet. Borda n'a pas négligé d'apprécier cette résistance, et il fait voir qu'en supposant la vîtesse initiale d'un boulet de 24, de 1800 pieds par seconde, et que le vent fasse parcourir à l'air 40 pieds dans le même temps, la portée se trouve diminuée de 90 toises. Le calcul de Borda peut de même s'appliquer aux variations causées par les différences de densité de l'atmosphère et par les différences de pesanteur dans les boulets.

Ce que nous venons de dire des boulets, s'applique de même au jet des bombes, et Borda n'a pas négligé cette application, mais il n'a traité que deux questions qui lui ont paru plus importantes que les autres ; savoir, les différentes portées des bombes de différens poids, de même diamètre, et les angles des différentes portées.

Pour comprendre la différence des bombes aux boulets dans ces deux points, il est nécessaire de considérer que les boulets sont solides, et comme il sont tous de même matière, leur pesanteur a toujours un rapport déterminé avec leur diamètre. Il n'en est pas de même des bombes, elles sont creuses, pour renfermer la poudre qui les doit faire éclater ; et deux bombes, de même diamètre, seront plus ou moins pesantes, selon que ce vide sera plus ou moins grand. Il étoit donc nécessaire de voir si cette différence de poids n'en introduiroit pas une dans les portées. Voici ce qui résulte du calcul de Borda. Il a trouvé qu'en comparant ensemble deux bombes du même diamètre de 11 pouces 8 lignes, mais dont l'une peseroit 140 livres et l'autre 175, et leur donnant les vîtesses initiales depuis 600 pieds jusqu'à 1200 pieds par seconde, la plus pesante a toujours une plus grande portée, et que cette différence est assez constamment d'environ un dixième : l'expérience a confirmé ce raisonnement. Il résulte donc des recherches de Borda, qu'on augmenteroit sensiblement la portée des bombes, si en leur conservant le même diamètre, on diminuoit le vide qui est au centre, pour augmenter leur pesanteur, ce qui peut, dans certaines circonstances, devenir très-important.

La recherche des angles de la plus grande portée méritoit bien d'être faite avec soin ; le calcul de Borda y étant appliqué, a fait voir que, conformément à ce que nous en avons dit ci-dessus, en parlant des boulets, l'angle de la plus grande portée, n'est ni constant, ni dans aucun cas celui de 45° ; qu'il est d'autant plus petit, que les vîtesses sont plus grandes, étant de 37° 15′ pour une bombe de 140 livres, partie du mortier avec une vîtesse de 600 pieds par seconde ; et de 33° 20′ seulement pour la même bombe, partie du mortier avec une vîtesse de 1100 pieds ; d'où il suit que les mortiers marins, qui sont fondus avec leurs semelles sous un angle de 45°, auroient une portée plus grande d'environ cent toises, si leur angle avec la semelle n'étoit que de 33 ou 34°. (*Hist. de l'Acad.* 1769, p. 121).

M. Tempelhof, géomètre et capitaine de Prusse, a donné aussi un ouvrage intéressant, intitulé : *Le Bombardier prussien, ou du mouvement des projectiles* dans l'hypothèse de la résistance de l'air proportionnelle *au quarré des vîteses*, (Berlin 1781, p. 8.) Enfin, il y en a un de M. d'Ehrenmalm, officier du régiment Royal-Suédois, sous le titre de *Théorie du jet des bombes*. (Paris 1788, *in*-8°.)

Dans le premier de ces écrits, M. Tempelhof arrive au moyen d'une analyse savante extrêmement laborieuse à des séries assez convergentes pour exprimer tant l'abcisse que l'ordonnée de la courbe du projectile sous un angle donné, ainsi que la portée tant horizontale que sur un plan incliné à l'horizon; il examine aussi ce qui arrivera en supposant une densité d'air variable; car il est clair qu'une bombe qui s'élève à une grande hauteur, ne se meut pas dans un air de densité uniforme. Enfin, M. Tempelhof compare les résultats de ses calculs avec des expériences qui paroissent faites avec beaucoup de soin et d'exactitude par M. d'Antoni, dans son *Traité sur la force de la poudre*, et il y trouve une conformité aussi favorable à ses calculs, qu'il est possible de l'atteindre en des matières où il y a des données dans chacune desquelles il peut y avoir quelque légère erreur. La conformité est telle enfin, que M. Tempelhof n'hésite point de prononcer que la résistance de l'air, sur des corps sphériques, est proportionnelle au quarré de la vîtesse. J'ignore jusqu'à quel point les artilleurs prussiens ont accueilli la théorie de M. Tempelhof, mais on peut dire que ce mémoire le range parmi les hommes qui manient l'analyse et le calcul avec le plus de sagacité.

Le mémoire de M. Ehrenmalm est également fondé sur l'hypothèse que la résistance croît comme le quarré de la vîtesse, au moins dans les cas où cette vîtesse n'excède pas certaines limites. L'auteur analyse le problême avec beaucoup de sagacité, et il règne dans son mémoire une sobriété de calcul qui fera plaisir au plus grand nombre des lecteurs. Il parvient enfin à des formules finies, et où entrent seulement des quantités logarithmiques et circulaires qui, pour une vîtesse initiale et un angle de projection donnés, font connoître la hauteur verticale du sommet de la courbe, ainsi que la vîtesse restante lorsque le corps est arrivé à cette plus grande hauteur, la durée de la montée et de la descente, et enfin, la portée de chacune des branches de la courbe, d'où résulte la portée totale. Quelques applications à des hypothèses de pesanteur des projectiles et de vîtesse de projection terminent cet écrit, ouvrage d'un géomètre âgé alors de vingt ans, et qui annonçoit de grandes dispositions.

Le chevalier d'Arcy, en 1760, publia des *Essais sur la théorie de l'artillerie*, où il y a des expériences intéressantes sur les différentes qualités de la poudre, sur les différentes vîtesses, sur les portées, sur le recul, &c. Cet ouvrage est très-rare, mais on en trouve un grand extrait dans l'*Histoire de l'Académie des Sciences* 1760, p. 142.

X.

De l'Hydrodynamique.

L'hydrodynamique est une science née dans ce siècle, parce que auparavant l'analyse étoit insuffisante pour la traiter. En effet, si c'est déjà un problême presqu'inaccessible à la mécanique trancendante, d'assigner le mouvement qu'un certain nombre de globes élastiques choqués par un autre doivent prendre, quelle doit être la difficulté de celui où le nombre de ces corps est, pour ainsi dire, infini, sans qu'on connoisse leur forme ou leur nature, et sans qu'on sache même comment ils agissent les uns sur les autres. Il a donc fallu recourir, dans ce cas, à des principes généraux ou indirects et à des suppositions vraisemblables.

Archimède et Galilée (car l'intervalle qui sépare ces deux grands génies disparoît dans l'histoire de la mécanique) ne s'occupèrent que de l'équilibre des fluides; les théories nouvelles n'ont fait qu'y ajouter plus de généralité et d'élégance; ainsi, la Grange, dans sa *Mécanique analytique*, publiée en 1788, déduit les lois de l'équilibre des fluides de la nature même des fluides considérés comme des amas de molécules très-déliées, indépendantes les unes des autres, et parfaitement mobiles en tous sens; mais il n'en est pas de même du mouvement des fluides.

Galilée ayant restauré la physique, Toricelli eut l'explication des pompes, et Castelli, un des disciples de Galilée, dans un petit *Traité* publié en 1628, expliqua très-bien quelques phénomènes du mouvement des eaux courantes; mais il se trompa dans la mesure des vîtesses qu'il faisoit proportionnelles aux hauteurs des réservoirs. Toricelli fut plus heureux; en voyant que l'eau d'un jet, qui sort par un petit ajutage, s'élance verticalement presqu'à la hauteur du réservoir, il pensa qu'elle devoit avoir la même vîtesse que si elle étoit tombée, par sa gravité, de cette hauteur; d'où il conclut, conformément à la théorie de Galilée, qu'abstraction faite de la résistance des obstacles, les vîtesses des écoulemens suivoient la raison sous-doublée des pressions: cette idée fut confirmée par des expériences que Raphaël Magioti fit dans ce temps là sur les produits de différens ajutages sous différentes charges d'eau, Toricelli publia sa découverte en 1643, à la suite d'un petit *Traité* intitulé: *De motu gravium naturaliter accelerato.* Elle fit de l'hydraulique une science toute nouvelle; néamoins elle n'a lieu, à la rigueur, que pour les fluides qui s'écoulent, comme cela arrive ordinairement par de petits orifices; car, lorsque l'orifice est fort grand, le mouvement du fluide suit une autre loi beaucoup plus composée.

A la mort de Pascal, on trouva dans ses papiers un traité de l'équilibre des liqueurs, qui fut publié en 1662. Cet ouvrage, vraiment original, est le premier où les lois de l'hydrostatique aient été démontrées en détail, et d'une manière claire et simple, par la voie du raisonnement et de l'expérience, mais il n'y est point parlé du mouvement des fluides. Parmi les auteurs qui ont écrit sur ce dernier sujet, et qui ont mis le théorème de Toricelli en usage, Mariotte mérite d'être cité avec distinction; né avec un talent rare pour imaginer et exécuter des expériences; ayant eu occasion d'en faire un grand nombre sur le mouvement des eaux à Versailles, à Chantilly et dans plusieurs endroits, il composa, sur cette matière, un *Traité* qui ne fut imprimé qu'après sa mort, arrivée en 1684; il s'y est trompé en quelques endroits; il n'a fait qu'effleurer plusieurs questions; il n'a pas connu le déchet occasionné dans le produit d'un ajutage, par la contraction à laquelle la veine fluide est sujette, lorsque cet ajutage est percé dans une mince paroi. Malgré ces défauts, son ouvrage a été fort utile, et il a beaucoup contribué aux progrès de l'hydraulique-pratique, qui se réduit à l'art de conduire les eaux, et de les faire servir au mouvement des machines. Cet art a dû être cultivé, de tout temps, pour le besoin qu'on en a toujours eu, et les anciens y ont peut-être autant excellé que nous, à en juger par ce qu'ils nous ont laissé dans ce genre.

Mais l'hydrodynamique étoit bien plus difficile; Newton entreprit de démontrer la règle de Toricelli, dans le second livre des *Principes mathématiques* qui parurent en 1687; mais il faut avouer que c'est l'endroit le moins satisfaisant de ce grand et bel ouvrage. Si l'on considère une colonne d'eau qui tombe librement dans le vide, il est aisé de se convaincre qu'elle doit prendre la figure d'un conoïde formé par la révolution d'une hyperbole du quatrième ordre autour de l'axe vertical; car la vitesse de chaque tranche horizontale, est d'un côté comme la racine quarrée de la hauteur d'où elle est descendue, et de l'autre elle doit être, par la continuité de l'eau, en raison inverse de la largeur de cette tranche, et par conséquent en raison inverse du quarré de son rayon; d'où il résulte que la portion de l'axe ou l'abscisse qui représente la hauteur est en raison inverse de la quatrième puissance de l'ordonnée de l'hyperbole génératrice. Si donc on se représente un vase qui ait la figure de ce conoïde, et qui soit entretenu toujours plein d'eau, et qu'on suppose le mouvement de l'eau parvenu à un état permanent, il est clair que chaque

particule

particule d'eau y descendra comme si elle étoit libre, et qu'elle aura par conséquent, au sortir de l'orifice, la vîtesse due à la hauteur du vase de laquelle elle est tombée.

Or, Newton imagine que l'eau qui remplit un vase cylindrique vertical, percé à son fond d'une ouverture par laquelle elle s'échappe, se partage naturellement en deux parties, dont l'une est seule en mouvement, et a la figure du conoïde dont nous venons de parler; c'est ce qu'il nomme la cataracte : l'autre est en repos, comme si elle étoit glacée. De cette manière, il est clair que l'eau doit s'échapper avec une vîtesse égale à celle qu'elle auroit acquise en tombant de la hauteur du vase, comme Toricelli l'avoit trouvé par l'expérience. Cependant Newton ayant mesuré la quantité d'eau sortie dans un temps donné, et l'ayant comparée à la grandeur de l'orifice, en avoit conclu, dans la première édition de ses *Principes*, que la vîtesse, au sortir du vase, n'étoit due qu'à la moitié de la hauteur de l'eau dans le vase. Cette erreur venoit de ce qu'il n'avoit pas d'abord fait attention à la contraction de la veine : il y eut égard dans la seconde édition qui parut en 1714, et il reconnut que la section la plus petite de la veine étoit, à l'ouverture du vase, à-peu-près comme 1 à $\sqrt{2}$; de sorte qu'en prenant cette section pour le vrai orifice, la vîtesse doit être augmentée dans la même raison, et répondre par conséquent à la hauteur entière de l'eau. De cette manière, sa théorie se trouva rapprochée de l'expérience, mais elle n'en devint pour cela plus exacte; car la formation de la cataracte (1) ou vase fictif dans lequel l'eau est supposée se mouvoir, tandis que l'eau latérale demeure en repos, est évidemment contraire aux lois connues de l'équilibre des fluides, puisque l'eau qui tomberoit dans cette cataracte avec toute la force de sa pesanteur, n'exerçant aucune pression latérale, ne sauroit résister à celle du fluide stagnant qui l'environne.

Vingt ans auparavant, Varignon avoit donné à l'Académie des Sciences de Paris, une explication plus naturelle et plus plausible du phénomène dont il s'agit. Ayant remarqué que quand l'eau s'écoule d'un vase cylindrique par une petite ouverture faite au fond, elle n'a dans le vase qu'un mouvement très-petit et sensiblement uniforme pour toutes les particules, il en conclut qu'il ne s'y faisoit aucune accélération, et que la partie du fluide qui s'échappoit à chaque instant, recevoit tout son mouvement de la pression produite par le poids de la colonne de fluide dont elle étoit la base. Ainsi, ce poids qui est comme la largeur de l'orifice

(1) Sur le Gurcks de Newton, *voyez* une dissertation de M. Giannini, *Opuscula*, in-4°.

multiplié par la hauteur de l'eau dans le vase, doit être la particule qui sort à chaque instant par le même orifice. Or, cette quantité de mouvement est proportionnelle à la vîtesse et à la masse, et la masse est ici comme le produit de la largeur de l'orifice par le petit espace que la particule parcourt dans l'instant donné; espace qui est évidemment proportionnel à la vîtesse même de cette particule; par conséquent la quantité du mouvement dont il s'agit, est en raison de la largeur de l'orifice multipliée par le quarré de la vîtesse : donc enfin la hauteur de l'eau, dans le vase est proportionnelle au quarré de la vîtesse avec laquelle elle s'échappe; ce qui est le théorème de Toricelli.

Ce raisonnement a néanmoins encore quelque chose de vague; car on y suppose tacitement que la petite masse qui s'échappe à chaque instant du vase, acquiert brusquement toute sa vîtesse par la pression de la colonne qui répond à l'orifice. Or, on sait qu'une pression ne peut pas produire tout-à-coup une vîtesse finie. Mais en supposant, ce qui est naturel, que le poids de la colonne agisse sur la particule pendant tout le temps qu'elle met à sortir du vase, il est clair que cette particule recevra un mouvement accéléré, dont la quantité, au bout d'un temps quelconque, sera proportionnelle à la pression multipliée par le temps : donc le produit du poids de la colonne, par le temps de la sortie de la particule, sera égal au produit de la masse de cette particule, par la vîtesse qu'elle aura acquise; et comme la masse est le produit de la largeur de l'orifice par le petit espace que la particule décrit en sortant du vase; espace qui, par la nature du mouvement uniformément accéléré est comme le produit de la vîtesse par le temps : il s'ensuit que la hauteur de la colonne sera de nouveau comme le quarré de la vîtesse acquise. Cette conclusion est donc rigoureuse, pourvu qu'on accorde que chaque particule, en sortant du vase, est pressée par le poids entier de toute la colonne du fluide, qui a cette particule pour base; ce qui auroit lieu en effet si le fluide contenu dans le vase y étoit stagnant; car alors sa pression, sur la partie du fond où est l'ouverture, seroit égale au poids de la colonne dont elle est la base; mais cette pression doit être différente, lorsque le fluide est en mouvement. Cependant il est clair que plus il approchera de l'état de repos, plus aussi sa pression sur le fond approchera du poids total de la colonne verticale. D'ailleurs, l'expérience fait voir que le mouvement du fluide dans le vase est d'autant moindre, que l'ouverture est plus petite. Ainsi, la théorie précédente approchera d'autant plus de la vérité, que les dimensions du vase seront plus grandes relativement à l'ouverture par laquelle le fluide s'écoule, et c'est ce que l'expérience confirme.

Par une raison contraire, la même théorie devient insuffisante pour déterminer le mouvement des fluides qui coulent dans les tuyaux dont la largeur est assez petite et varie peu ; il faut alors considérer à-la-fois tous les mouvemens des particules du fluide et examiner comment ils doivent être changés et altérés par la figure du canal. Or, l'expérience apprend que quand le tuyau a une direction peu différente de la verticale, les différentes tranches horizontales du fluide conservent, à très-peu-près, leur parallélisme ; ensorte qu'une tranche prend toujours la place de celle qui la précède ; d'où il suit, à cause de l'incompressibilité du fluide, que la vîtesse de chaque tranche horizontale, estimée, suivant le sens vertical, doit être, en raison inverse de la largeur de cette tranche, largeur qui est donnée par la figure du vase.

Il suffit donc de déterminer le mouvement d'une seule tranche, et le problême est, en quelque manière, analogue à celui du mouvement d'un pendule composé. Ainsi, comme selon la théorie de Jacques Bernoulli, les mouvemens acquis et perdus à chaque instant par les différens poids que forment le pendule, se font mutuellement équilibre dans le levier ; il doit aussi y avoir équilibre dans le tuyau entre les différentes tranches du fluide, animées chacune de la vîtesse acquise ou perdue à chaque instant. Ainsi, par l'application des principes déjà connus de l'équilibre des fluides, on auroit pu d'abord déterminer celui du pendule composé. Mais ce n'est jamais par les routes les plus simples et les plus directes, que l'esprit humain parvient aux vérités, de quelque genre qu'elles soient, et la matière que nous traitons en fournit un exemple frappant.

Nous avons exposé les différens pas qu'on avoit faits pour arriver à la solution du problême du centre d'oscillation, et nous y avons vu que la véritable théorie de ce problême n'avoit été découverte par Jacques Bernoulli que long-temps après que Huygens l'eut résolu par le principe indirect de la conservation des forces vives. Il en a été de même du problême du mouvement des fluides dans des vases, où il est surprenant qu'on n'ait pas su d'abord profiter, pour celui-ci, des lumières qu'on avoit déjà acquises par l'autre.

Nous verrons bientôt que Daniel Bernoulli y parvint ; mais il faut auparavant parler de quelques autres ouvrages.

Michelotti, célèbre médecin italien, fit aussi des recherches expérimentales et théoriques dans son livre *de Separatione fluidorum in corpore animali.* Il y rejette la cataracte newtonienne, en quoi il critique ainsi que sur quelques autres points, le docteur Jurin. Sa manière d'envisager le problême est celle-ci : Il suppose un vase plein d'eau qui s'échappe par une ouverture percée à son fonds et avec une vîtesse produite par la hauteur de la surface supérieure; il imagine ensuite que ne laissant qu'une petite quantité d'eau, comme de quelques lignes, au-dessus de l'ouverture, toute la partie au-dessus est comme glacée ou réduite en un corps solide de même densité, qui presse sur cette lame d'eau restante; il montre ensuite ou entreprend de montrer que ce poids ne changera rien à l'écoulement de l'eau; que cette eau solidifiée soit ensuite de nouveau liquefiée, il n'y a nulle difficulté à admettre que tout restera de même.

Tel est le raisonnement de Michelotti; comme au surplus le médecin et mathématicien italien critiquoit assez fortement Jurin; celui-ci lui répondit dans les *Transactions Philosophiques*, de 1722, n°. 373. On y voit qu'ils différoient entr'eux plus dans l'expression que dans les choses.

Je pourrois encore parler à ce sujet de plusieurs autres mathématiciens surtout italiens, tels que le P. Guido-Grandi, qui a joué un rôle distingué parmi ceux qui se sont attachés à cultiver cette partie si intéressante de la mécanique, de M. Eustache Manfredi, aussi savant mécanicien que géomètre, qui a enrichi d'excellentes notes l'édition du livre *Della natura de'i fiumi* de Guglielmini, ce qui la rend d'un prix fort supérieur à toutes les précédentes; de Geminiano Montanari, le collègue de Guglielmini, dont on a aussi divers écrits sur le mouvement des eaux. Je m'arrêterai cependant au marquis Poléni qui s'est spécialement attaché à cette partie de la mécanique, et à fait sur ce sujet des expériences où il a mis beaucoup de soin. Elles font en partie l'objet de son livre *De castellis per quae derivantur fluviorum aquae*, &c. qu'il publia à Padoue, en 1718, *in-4°*. Cet ouvrage avoit été plusieurs années auparavant précédé d'un autre sous le titre *De motu aquae mixto*, (Patavii, 1697, *in-4°*.) où il traite principalement du mouvement des eaux entant qu'il a trait aux Æstuaria, aux ports et aux fleuves. On lui doit aussi une nouvelle édition de Frontin, intitulée: *S. J. Frontini, de aquae-ductibus urbis Romae commentarius*, qu'il a enrichi d'amples notes. Mais nous nous bornerons ici à quelques expériences tirées du premier de ces ouvrages parce qu'elles ont plus directement trait à notre objet.

Une de ces expériences est celle par laquelle il a mesuré la quantité d'eau qui s'écoule par l'ouverture percée au fond d'un vase. Il a trouvé par un grand nombre d'expériences que nommant A, l'ouverture, par où l'eau s'écoule, H la hauteur de l'eau au-dessus, la quantité d'eau sortant pendant un temps déterminé étoit comme $2AH \times \frac{0.571}{1.000}$, tandis qu'elle devroit être précisément comme $2AH$, si au sortir de l'ouverture elle jaillissoit avec une vîtesse acquise par une chute de la hauteur

H ; ainsi l'expérience ne lui a donné qu'un peu plus de la moitié de ce que promet la théorie, ensorte que si l'on calcule d'après ces expériences la vîtesse que l'eau a dû avoir pour fournir cette quantité d'eau, l'on trouve qu'elle est à peine celle qui la feroit remonter à $\frac{1}{3}$ de sa hauteur.

Une autre observation de Poléni est celle-ci. On adapte au trou circulaire par lequel l'eau s'échappe un tuyau cylindrique de même diamètre que ce trou, et l'on trouve qu'alors l'eau qui s'écoule dans un temps donné est beaucoup plus considérable que si ce petit tube n'avoit pas été ajouté ; et cela a lieu soit à l'égard de l'eau qui s'échappe en tombant perpendiculairement, soit à l'égard de celle qui s'échappe horizontalement au moyen d'une pareille ouverture percée au flanc du réservoir ; l'on ne peut cependant pas dire que cela vienne de ce que la hauteur de l'eau au-dessus de l'ouverture soit augmentée ; car, d'abord elle ne l'est pas dans le second cas, et dans le premier l'eau ayant reçu son accélération au sortir de l'ouverture du fond, est suivie d'une eau qui en a reçu une semblable et égale ; ainsi elle ne presse ni ne retarde celle qui coule dans le petit tuyau surajouté. On ne trouveroit même pas dans la cataracte newtonienne le moyen d'expliquer une accélération de vîtesse au-delà de celle acquise au sortir de l'ouverture.

La première de ces expériences doit surtout exciter notre attention, parce qu'elle paroît tout-à-fait contraire à ce que l'on est d'ailleurs fondé à croire sur la vîtesse avec laquelle l'eau sort de l'ouverture d'un réservoir. Mais une observation de Newton les concilie à bien peu près. Newton a en effet observé que l'eau sortant d'une ouverture de $\frac{5}{8}$ de pouce étoit à quelques lignes de distance, contractée de manière à n'avoir plus qu'environ les $\frac{21}{25}$ du diamètre de cette ouverture. Ainsi le cylindre d'eau réellement écoulé est moindre qu'il ne devroit être en raison du quarré de 21 ou 441 à celui de 25 ou 625 : augmentons le dans le rapport de 625 à 441, et nous trouverons que le cylindre d'eau de même diamètre que l'ouverture auroit été

$$2\,AH \times \frac{0.805}{1.000},$$

ce qui est les $\frac{4}{5}$ de l'eau qui devroit s'écouler en supposant la vîtesse en raison de la racine de la hauteur. Il est vrai que nous ne trouvons pas encore ici tout-à-fait notre compte, mais un grand nombre d'obstacles ne peut-il pas s'opposer à ce que cet écoulement soit aussi considérable qu'il devroit être. Tel est celui de la résistance de l'air qui presse sur l'ouverture. D'ailleurs, nous verrons même que selon la théorie rigoureuse, la vîtesse avec laquelle l'eau s'échappe de l'ouverture n'est en raison de la racine de la hauteur de l'eau au-dessus que dans le cas où cette ouverture a un rapport assez petit en comparaison de la surface du réservoir.

Après tous ces préliminaires nous en venons enfin à la méthode annoncée au commencement de cet article pour déterminer d'après les vrais principes de la dynamique le mouvement de l'eau s'échappant d'une ouverture percée au dessous de son niveau. Daniel Bernoulli, fils de Jean, la déduit de la conservation des forces vives. Ce fut l'objet d'un mémoire qu'il donna dès 1726 à l'Académie de Pétersbourg, intitulé : *Theoria nova de motu aquarum, per canales quoscumque fluentium.* Il dit que son père ayant fait voir combien le principe des forces vives est utile pour la résolution des problêmes qui seroient fort difficiles à résoudre par des voies directes, il lui est venu dans l'esprit de rechercher si ce principe ne pouvoit pas être utile pour découvrir la vraie théorie des eaux coulantes dans des tuyaux, et que l'événement a secondé ses expérances.

Il y eût aussi à ce sujet entre Daniel Bernoulli et le comte Riccati une discussion poussée assez vivement de part et d'autre. Mais la discussion physico-mathématique dégénéra en une querelle de procédés, en quoi néanmoins il me semble que le tort n'étoit pas du côté de Bernoulli. On peut voir au surplus les pièces de ce petit procès dans les *Exercitationes quaedam mathematicae*, de Daniel Bernoulli, imprimées à Padoue en 1724. C'est presque uniquement l'histoire des procès qu'il eut à soutenir contre Rizzeti, à l'occasion d'un problême sur les jeux que ce dernier, esprit faux et pointilleux, prétendoit mal résolu par Jean Bernoulli et Montmort, et avec Riccati sur la manière dont Michelotti envisageoit le problême du mouvement des eaux. En général il paroît que l'on ne voyoit en Italie que de mauvais œil l'accueil que la république de Venise avoit fait à ces géomètres allemands, élèves de Leibnitz et Bernoulli ; aussi abandonnèrent-ils bientôt la partie.

Pendant que Daniel Bernoulli s'occupoit de l'explication des phénomènes des eaux coulantes dans des canaux, son illustre père travailloit sur le même objet, mais d'après des principes différens. Il paroît même qu'il étoit en possession de la principale partie de sa théorie sur ce sujet dès 1726. Mais son ouvrage a resté jusqu'à sa mort parmi ses manuscrits ; on voit seulement par une lettre d'Euler qu'il l'avoit communiqué à ce dernier qui lui témoigne l'extrême satisfaction qu'il en avoit reçue, il n'a vû le jour par la voie de l'impression que dans le quatrième volume de ses œuvres, sous le titre de, *Joh. Bernoulli hydraulica nunc primum detecta et directe démonstrata ex principiis pure mecanicis*, *anno* 1732. Il y procéda en effet plus directement que n'avoit fait son fils, mais aussi d'une manière qui prêteroit peut être sujet à contradiction, si les deux théories ne se confirmoient pas l'une et l'autre aussi bien qu'elles le font, car, il y emploie une considération qui a quelque ressemblance avec l'idée de la cataracte newtonienne quoiqu'elle en diffère cependant par un caractère essentiel, mais il vaut mieux revenir au travail de Daniel. Le mémoire dont nous avons parlé page 686, n'étoit que le germe d'un ouvrage beaucoup plus considérable, car, s'étant occupé depuis l'époque ci-dessus, et principalement à Pétersbourg, de faire des expériences propres à confirmer et éclaircir sa théorie; il fut enfin, en 1738, en état de publier son grand ouvrage intitulé : *Hydrodynamica, seu de viribus et motibus fluidorum commentarii.* (Argent. *in*-4°.)

Mais l'incertitude du principe qui n'avoit pas encore été démontré d'une manière générale devoit en jeter aussi sur les propositions qui en résultent, et faisoit désirer une théorie plus sûre, et appuyée uniquement sur les loix fondamentales de la mécanique. D'Alembert éleva des objections contre l'hydrodynamique de Daniel Bernoulli. Kæstner y répondit dans les *Novi comm. S. R. gott.*, t. I. Maclaurin, et Jean Bernoulli entreprirent de donner une théorie, l'un dans son Traité des fluxions, et l'autre dans sa Nouvelle hydraulique dont nous avons avons parlé. Leurs méthodes quoique très-différentes conduisent aux mêmes résultats que le principe de la conservation des forces vives; mais il faut avouer que celle de Maclaurin n'est pas assez rigoureuse, et paroît arrangée d'avance, conformément aux résultats qu'il vouloit obtenir. Et quant à la méthode de Jean Bernoulli, sans adopter en entier les difficultés que d'Alembert lui a opposées, la Grange convient qu'elle laisse encore à désirer du côté de la clarté et de la précision.

D'Alembert, en généralisant la théorie de Jacques Bernoulli sur les pendules étoit parvenu à un principe de dynamique simple et général, qui réduit les loix du mouvement des corps à celles de leur équilibre. L'application de ce principe au mouvement des fluides se présentoit d'elle-même, et l'auteur en donna d'abord un essai à la fin de sa Dynamique, imprimée en 1743. Il la développa ensuite avec tout le détail convenable dans son Traité des fluides qui parut l'année suivante, et qui renferme des solutions aussi directes qu'élégantes des principales questions qu'on peut proposer sur les fluides qui se meuvent dans des vases ; mais ces solutions, comme celles de Daniel Bernoulli étoient appuyées sur deux suppositions qui ne sont pas vraies en général. 1°. Que les différentes tranches du fluide conservent exactement leur parallélisme, ensorte qu'une tranche prend toujours la place de celle qui la précède. 2°. Que la vîtesse de chaque tranche ne varie point en direction, c'est-à-dire que tous les points d'une même tranche sont supposés avoir une vîtesse égale et parallèle ; lorsque le fluide coule dans des vases ou tuyaux fort étroits : ces suppositions sont très-plausibles et paroissent confirmées par l'expérience. Mais hors de ce cas elles s'éloignent de la vérité, et il n'y a plus alors d'autre moyen pour déterminer le mouvement du fluide que d'examiner celui que chaque particule doit avoir. Voyez le Mémoire de Borda sur l'écoulement des fluides par l'orifice des vases, *Mémoire de l'Académie*, de 1766.

Clairaut avoit donné dans sa *Théorie de la figure de la terre*, imprimée en 1743, les loix générales de l'équilibre des fluides, dont toutes les particules sont animées par des forces quelconques; il ne s'agissoit donc que de passer de ces loix à celles de leur mouvement, par le moyen du principe auquel d'Alembert avoit réduit à cette même époque toute la dynamique. Ce dernier fit, quelques années après, ce pas important à l'occasion du prix que l'Académie de Berlin proposa en 1750, sur la *Théorie de la résistance des fluides*, et il donna le premier, en 1752, dans son *Essai d'une nouvelle théorie sur la résistance des fluides*, les équations rigoureuses et générales du mouvement des fluides, soit incompressibles, soit compressibles et élastiques, équations qui appartiennent à la classe de celles qu'on nomme à différences partielles, parce qu'elles sont entre les différentes parties des différences relatives à plusieurs variables. Par cette découverte toute la mécanique des fluides fut réduite à un seul point d'analyse; et si les équations qui la renferment étoit intégrables, on pourroit dans tous les cas déterminer complètement les circonstances du mouvement et de l'action d'un fluide mû par des forces quelconques; malheureusement on n'a pû jusqu'à présent en venir à bout que dans des cas très-limités.

C'est donc dans ces équations et dans leur intégration que consiste toute la théorie de l'hydrodynamique. D'Alembert employa d'abord pour les trouver une méthode un peu compliquée, il en donna ensuite une plus simple; mais cette méthode étant fondée sur les loix de l'équilibre, particulières aux fluides, fait de l'hydrodynamique une science séparée de la dynamique des corps solides. La réunion que le cit. la Grange a faite dans la première partie de sa Mécanique analytique de toutes les lois de l'équibre des corps tant solides que fluides dans une même formule, et l'application qu'il fait ensuite de cette formule aux loix du mouvement, l'a conduit naturellement à réunir de même la dynamique et l'hydrodynamique comme des branches d'un principe unique, et comme des résultats d'une seule formule générale. C'est ce que la Grange fait pour completter son travail sur la mécanique analytique, où il donne les équations générales pour le mouvement des fluides incompressibles, (pag. 437).

Ses

Ses solutions sont conformes à celles que les premiers auteurs auxquels on doit des théories du mouvement des fluides, ont trouvées, d'après la supposition que les différentes tranches du fluide conservent exactement leur parallélisme en descendant dans le vase. (Voyez l'*Hydrodynamique* de Daniel Bernoulli, l'*Hydraulique* de Jean Bernoulli, et le *Traité des fluides* de d'Alembert). La Grange fait voir que cette supposition n'est exacte que lorsque la largeur du vase est infiniment petite; mais quelle peut dans tous les cas être employée pour une première approximation, et que les solutions qui en résultent sont exactes aux quantités du second ordre près, en regardant les largeurs du vase, comme des quantités du premier ordre. Mais le grand avantage de cette analyse est qu'on peut par son moyen approcher de plus en plus du vrai mouvement des fluides dans des vases de figure quelconque : car, ayant trouvé les premières valeurs des inconnues, en négligeant les secondes dimensions des largeurs du vase, il sera facile de pousser l'approximation plus loin, en ayant égard successivement aux termes négligés; ce détail n'a de difficulté que la longueur du calcul, et la Grange ne le donne pas. Mais il fait l'application des mêmes formules, au mouvement d'un fluide contenu dans un canal peu profond et presque horizontal, et en particulier au mouvement des ondes.

Le calcul intégral des équations aux différences partielles est encore bien éloignée de la perfection nécessaire pour l'intégration d'équations aussi compliquées que celle dont il s'agit. Et il ne reste d'autre ressource que de simplifier cette équation par quelque limitation.

On suppose pour cela que le fluide dans son mouvement ne s'élève, ni ne s'abaisse au-dessous ou au-dessus du niveau qu'infiniment peu, ensorte que les ordonnées de la surface supérieure soient toujours très-petites, et qu'outre cela les vîtesses horizontales soient aussi infiniment petites. C'est avec ces conditions que la Grange essaye de résoudre ces problêmes. Il trouve une parfaite analogie entre les ondes formées à la surface d'une eau tranquille, par les élévations et les abaissemens successifs de l'eau, et les ondes formées dans l'air, par les condensations et raréfactions successives de l'air, analogie que plusieurs auteurs avoient déjà supposée, mais que personne n'avoit encore rigoureusement démontrée.

Ainsi, comme la vîtesse de la propagation du son se trouve égale à celle qu'un corps grave acquerroit en tombant de la moitié de la hauteur de l'atmosphère supposée homogène, on en peut déduire la vîtesse de la propagation des ondes comme nous le verrons dans l'article XII.

Pour les fluides élastiques, la Grange donne une formule qui renferme deux théories importantes, celle du son de flûte, ou tuyau d'orgue, et celle de la propagation du son dans l'air libre. Il ne s'agit que de déterminer convenablement les deux fonctions arbitraires, et voici les principes qui le guident dans cette détermination.

Pour les flûtes on ne considère que la ligne sonore qui y est contenue. On suppose que l'état initial de cette ligne soit donné, cet état dépend des ébranlemens imprimés aux particules, et on cherche la loi des oscillations.

Voyez au reste sur la théorie des flûtes les deux premiers volumes de *Turin*, les *Mémoires de Paris*, pour 1762, et les *Novi commentarii* de Pétersbourg, tome XVI.

Considérant ensuite une ligne sonore d'une longueur indéfinie qui ne soit ébranlée au commencement que dans une très petite étendue, on aura le cas des agitations de l'air produites par les corps sonores.

En supposant, avec la plupart des physiciens, l'air 850 fois plus léger que l'eau, et l'eau 14 fois plus légère que le mercure, on a 1 à 11900 pour le rapport du poids spécifique de l'air à celui du mercure. Or, prenant la hauteur moyenne du baromètre de 28 pouces, il vient 333200 pouces, ou 27766 $\frac{2}{3}$ pieds pour la hauteur d'une colonne d'air uniformément dense et faisant équilibre à la colonne de mercure dans le baromètre. Donc la vîtesse du son sera due à une hauteur de 13883 $\frac{1}{3}$ pieds et sera par conséquent de 915 par seconde. L'expérience donne environ 1088; ce qui fait une différence de près d'un sixième; mais cette différence ne peut être attribuée qu'à l'incertitude des résultats fournis par l'expérience. Sur quoi, voyez surtout un mémoire de Lambert, parmi ceux de l'Académie de Berlin, pour 1768.

On explique de la même manière les échos composés en supposant que la ligne sonore soit terminée des deux côtés par des obstacles immobiles qui réfléchiront successivement les fibres sonores, et leur feront faire des espèces d'oscillations continuelles. Sur quoi on peut voir les ouvrages cités, ainsi que les *Mémoires de l'Académie de Berlin*, pour 1759 et 1765.

On trouvera de plus grands détails sur les loix, le calcul et l'application de ces principes dans deux excellens ouvrages, le *Traité d'Hydrodynamique* du cit. Bossut, 1786, et dans la *Nouvelle Architecture hydraulique* du cit. Prony, 1790.

La chaire d'hydrodynamique que M. Turgot, contrôleur-général, fit établir au Louvre, en 1775, fut une digne récompense des travaux du cit. Bossut dans cette partie.

X I.

Du cours des Fleuves.

Parmi les parties de l'hydraulique et de l'hydrodynamique, il n'en est pas de plus intéressante que celle qui a pour objet le cours des rivières et des fleuves. Car, si ces courants d'eau qui doivent porter la fécondité dans les pays qu'ils arrosent, sont un bienfait de la nature, combien de fois y portent-ils le ravage et la désolation ? L'art de les enchaîner, pour ainsi dire, est devenu un art nécessaire dans les pays exposés à ces dévastations; il a fallu étudier les mouvemens de ces grandes masses d'eau, connoître les effets de leurs réunions et de leurs séparations.

La partie de l'hydraulique dont nous parlons a pris surtout naissance en Italie; car cette partie de l'Europe reçoit des Apennins une foule de torrens qui, avant de se réunir dans le Pô, où ils tombent pour la plupart, traversent une multitude de principautés particulières, dont chacune tâche d'écarter de soi le fléau dont elle est menacée. Delà les démêles anciens et presque continuels entre les villes de Bologne, de Modène, Ferrare &c. sur lesquels il a été fait des volumes immenses d'écritures, pour la plupart inutiles ou nuisibles; car souvent elles ont été l'ouvrage de gens ignorans en ces matières, et d'ailleurs, il n'y a guère qu'un siècle et demi que l'on a commencé à démêler les vrais principes qui doivent guider à cet égard.

On imprima à Florence, en 1722, un recueil italien des auteurs qui ont traité du mouvement des eaux. Le P. Ximenez, à Florence, en a fait un autre dont les quatre premiers volumes ont paru à Parme, en 1766, sous le titre : *Nuova raccolta d'autori che trattano del moto dell' acque.* On cite encore les Règles de Castelli, de Guglielmini, de Grandi; ce sont des auteurs primitifs; aussi l'on commence par le traité du P. Castelli, *della misura dell' acque correnti;* on y a joint ses Lettres à Galilée, à Cavalieri; ses considérations sur les lagunes de Venise, sur les eaux du Ferrarois, sur les marais Pontins, et des remarques de Montanari, Viviani et Cassini. Vient ensuite *La misura dell' acque correnti di Domenico Guglielmini.*

Le second volume commence par son *Traité de la nature des fleuves*, et finit par les *Notes* d'Eustache Manfredi.

Le troisième volume contient le *Traité du mouvement des eaux* du P. Guido Grandi, et ses remarques sur plusieurs travaux faits ou projettés en Italie. L'ouvrage de Poléni, sur le

Mouvement des eaux mêlées; un ouvrage de Buteone, sur la *Mesure des eaux courantes*, et les remarques de Poléni.

Le quatrième renferme des lettres inédites de Galilée, de Castelli, d'Arrighetti, de Guiducci, Baliani, et plusieurs pièces relatives à la contestation ancienne de Bologne et de Ferrare sur l'introduction du Reno dans le Pô.

Le tome V contient un choix fait dans l'ouvrage de Zendrini des choses utiles à la pratique, et des rapports sur les eaux de Bologne.

Le tome VI contient des expériences de Genneté sur le cours des fleuves, et la réfutation par Bonati; des remarques d'Eustache Manfredi, sur l'élévation continuelle du fond de la mer, un discours d'Eustache Zanotti sur la disposition du lit des fleuves près de leur embouchure, un mémoire de Bolognini sur les marais Pontins.

Le tome VII, a pour objet différens torrens d'Italie, et un ouvrage de Frisi, sur la manière de régler les fleuves et les torrens, nous en parlerons ci-après.

Le principal ouvrage du recueil italien est *Traité de la nature des fleuves*. Voici la notice qu'en donne le cit. Bossut dans son *Hydrodynamique*, tome II. page 445. Ce traité qui eut dans son temps la plus grande célébrité, mérite encore aujourd'hui l'attention des savans hydrauliciens; et Eustache Manfredi en a enrichi les dernières éditions de notes instructives.

Il est évident que l'eau prendra du mouvement, pourvu quelle soit plus élevée que l'endroit vers lequel elle est supposée avoir la liberté de s'étendre. Ainsi un fleuve dont la surface est horizontale, ne laissera pas de s'écouler s'il a une décharge placée un peu plus bas que sa surface: dans l'état physique et actuel des choses, les lits des rivières sont inclinés, du moins dans la plus grande partie de leur étendue. Leurs différentes inclinaisons et leur sinuosités dépendent de la résistance du fond et des obstacles que l'eau rencontre.

L'eau d'une rivière, en frottant contre le fond et les bords du lit, en détache nécessairement de la terre qui est emportée par le courant; ainsi la rivière doit s'approfondir et s'élargir, tant que la force de l'eau n'éprouvera pas une résistance égale qui la détruise. Mais comme le lit de la rivière, en s'agrandissant perd peu-à-peu de sa pente, que la vîtesse primitivement acquise diminue par les coudes du lit ou par d'autres obstacles; qu'au contraire, les terres à une plus grande profondeur, ont plus de tenacité: il arrive enfin que la force des eaux, et la résistance des terres se mettent sensiblement en équilibre. Si vous placez quelqu'obstacle dans la rivière, la force de l'eau luttera contre cet obstacle et rétablira peu-à-peu, d'une manière ou d'autre, l'état d'équilibre.

Les fleuves doivent plutôt cesser de s'approfondir que de s'élargir : car deux causes, la tenacité du fond et la diminution de la vîtesse concourent à rallentir ou à empêcher tout-à-fait l'approfondissement du lit ; mais en même-temps la diminution de la pente et de la vîtesse doit faire augmenter la hauteur de l'eau dans la rivière, d'où résulte une augmentation dans la pression, et par conséquent aussi dans le frottement qui tend à emporter les terres des bords, ou à les faire ébouler dans la rivière. C'est par cette raison que toutes choses d'ailleurs égales, les fleuves qui coulent dans des lits de matières homogènes et de peu de consistance, sont beaucoup plus larges que profonds : tels sont par exemple, le Pô de la Lombardie, et le Réno.

Tous les fleuves ne forment pas leurs lits de la même manière, car il est certain, par exemple qu'un même courant creuse et emporte plus facilement un fond de sable, qu'un fond composé de craie ou de gravier. Mais supposons que la force de l'eau et la résistance du terrein soient données, et voyons l'effet précis qui doit résulter de la combinaison de ces deux forces.

Qu'on se représente pour cela, plusieurs plans de même longueur et différemment inclinés à l'horizon : supposons ensuite un corps grave qui les parcoure successivement. Il est évident que la pesanteur relative du corps en question est d'autant plus grande, que le plan sur lequel il se meut, approche plus d'être vertical. Si maintenant on imagine que les plans proposés sont hérissés de pointes qui résistent au mouvement du corps on verra que pour imprimer à ce corps une même vîtesse il faudra ajouter à la pesanteur relative une force étrangère d'autant plus grande que la pesanteur relative est plus petite, ou que le plan sur lequel le corps est posé approche plus d'être horizontal. Les obstacles répandus sur les plans résistent donc, toutes choses d'ailleurs égales, avec d'autant plus davantage que les plans approchent plus d'être horizontaux. Il en est de même du terrein qui forme le lit d'une rivière : plus le lit approche d'être horizontal, plus il a de consistance ; et plus par conséquent, il oppose d'obstacles à la force du courant.

Il suit delà, que si l'inclinaison du fond du lit est suffisante pour empêcher la corrosion que la force du courant tend à produire, et que cette dernière force vienne à augmenter, elle tendra, par cette augmentation, à creuser le lit et à l'élargir. Or, lorsqu'une section transversale et perpendiculaire au fleuve augmente, la vîtesse diminue nécessairement, ou répond à une moindre pente. Ainsi, à mesure qu'un fleuve s'éloigne de sa source ou s'approche de la mer, et que sa quantité d'eau ou sa force vient à augmenter, il doit nécessairement perdre de plus en plus de sa pente, comme l'expérience le fait voir. Delà vient principalement que si plusieurs fleuves se réunissent, le lit commun a moins de pente que n'en avoient les lits particuliers des mêmes fleuves avant leur réunion.

Lorsqu'un fleuve contient par tout la même quantité d'eau, le fond peut être considéré comme rectiligne sur une étendue peu considérable; mais sur un long espace, ce fond forme réellement une courbe que l'on peut regarder comme une spirale dont les tangentes font par tout des angles égaux avec les perpendiculaires correspondantes, tirées du centre de la terre, qui est en même temps le centre de la spirale. Si deux fleuves inégaux en masse, ont des vîtesses égales, le plus considérable aura une moindre pente, toutes choses d'ailleurs égales; puisqu'alors la plus grande force du courant doit être contrebalancée par une plus grande résistance, qui provient d'une moindre inclinaison du lit.

Lorsqu'une rivière à la force primitivement acquise de corroder le fond subséquent; ce fond finira par devenir horizontal; car, si l'on prétendoit qu'il pût conserver quelque pente un peu sensible, il en résulteroit une augmentation de vîtesse, et par conséquent aussi de force. Or, dans son premier état le courant pouvoit corroder le fond. Donc sa force ayant augmenté, il n'en sera que plus capable de produire le même effet, et par conséquent de rendre le fond horizontal.

Delà il suit que si la force de l'eau vient à augmenter, la grandeur du lit augmentera: mais sa situation horizontale ne sera point changée, pourvu que la résistance du terrein soit la même, et que les autres circonstances soient aussi les mêmes.

Si le lit d'un fleuve, étant devenu horizontal dans une partie, vient à se rétrécir dans la partie suivante, il se formera d'une partie à l'autre une contre-pente dont l'angle sera continuellement rongé; et le lit dans la seconde partie tendra vers la position horizontale. Mais il pourra se faire que la force de l'eau ne soit pas capable de l'y amener entièrement, et qu'il conserve de la pente. Il peut arriver d'ailleurs une multitude de variétés, soit par l'accroissement des eaux, soit par le transport des matières quelles entraînent et quelles déposent successivement.

L'auteur ayant établi que la résistance du terrein étant donnée, plus le courant a de force, moins la rivière a de pente, il conclut réciproquement que la force du courant étant donnée, plus la tenacité du courant est grande, plus la rivière aura de pente. Delà vient que les fleuves dont le fond est composé de craie ou de tuf, ont plus de pente que ceux dont le fond est de sable ou de limon.

Lorsque le fond sera composé de pierres, de gravier et autres matières que l'eau peut entraîner, la pente sera d'autant moindre que les parties dont il s'agit auront moins de pesanteur spécifique ; car moins ces parties sont pesantes, moins elles résistent à l'eau, et plus la rivière a de force pour creuser le lit et le rendre horizontal. De plus, la figure des mêmes parties peut présenter plus ou moins d'obstacle au choc de l'eau : ce qui doit produire encore des variétés dans la vîtesse et dans la pente. Les fleuves qui coulent entre des montagnes, où dont le fond est de roc, doivent avoir, et ont en effet, plus de pente que les fleuves qui coulent dans les plaines, parce que le fond de ceux-ci est extraordinairement composé de sables.

Comme la plupart des fleuves, dans la partie supérieure de leurs cours ont leur lit rempli de grosses pierres, et que ces pierres vont en diminuant de grosseur à mesure qu'on s'éloigne de la source ; on voit que dans les fleuves qui roulent ainsi sur un fond pierreux, ce fond doit former une courbe concave, qui, en s'éloignant de la source fait des angles de plus en plus petits avec l'horizon. Si un fleuve se meut entre des montagnes, sur un fond composé de pierrailles, et qu'ensuite dans la plaine le fond soit composé d'un sable peu uniforme le fond entier sera composé de deux courbes, l'une concave, l'autre convexe, et qui se raccordent.

Si un fleuve court sur un fond qui résiste à l'excavation, et que cette excavation, pour être portée au point requis par la force du courant combinée avec la résistance du terrein demande un certain temps ; qu'ensuite on suppose qu'avant qu'elle soit achevée, le fleuve reçoive de la nouvelle matière, de même espèce que le fond ; le fleuve tendra à emporter cette matière, ou à creuser de nouveau le fond : de sorte qu'on pourra regarder le fond comme établi entre deux termes, dont l'un répond à la plus grande hauteur que la nouvelle matière peut occasionnner, l'autre à la plus grande profondeur ou l'excavation est réellement portée. On sent assez que l'élévation et l'abaissement de l'eau produisent des variétés dans la force du courant. Mais dans toutes ces choses, il faut prendre des résultats moyens.

Un torrent qui vient se jeter dans un fleuve y apporte non-seulement de l'eau, mais encore des matières étrangères, d'où résultent des changemens dans le lit du fleuve : il est clair, par ce qui précède, que plus la durée des crues du torrent sera petite, et plus les crues seront petites, ou plus l'un et l'autre auront lieu à-la fois, et moins le fleuve aura de pente.

Lorque les matières étrangères à l'eau, apportées par le torrent viendront à tomber au fond du fleuve, elles l'exhausseront nécessairement : quand le cours du torrent cessera, ces matières seront corrodées et emportées par le courant du fleuve. Si pour produire cet effet il faut plus de temps qu'il ne s'en écoule entre deux affluences consécutives du torrent, le fond ne pourra pas être réduit à la moindre pente que demandent la force de l'eau et la résistance du terrein ; mais ce fond s'établira entre deux termes ; dont l'un est celui qui répond à la plus grande corrosion que peut faire l'eau de la rivière ; l'autre est celui qui répond à la plus grande élévation que peut produire la matière apportée par le torrent.

Le cit. Bossut donne également une notice des autres ouvrages contenus dans le *Recueil italien ;* il faut voir sur tout le jugement qu'il porte sur l'ouvrage du P. Frisi.

Mais l'Italie n'a pas fourni d'ouvrage plus complet que celui du P. Lecchi, ingénieur célèbre du Milanez. *Idrostatica esaminata ne' suoi principi, e stabilita nelle sue regole della minera delle acque correnti. Dal P. Antonio Lecchi, della comp. di G.* Milano, 1765, *in*-4°. 460 pages. Cependant il convient que son principal but a été de déterminer les savans à faire des recherches sur une matière encore très-neuve, et de soumettre lui-même à un examen plus rigoureux ce que les physiciens et les géomètres en ont pensé et écrit depuis près de deux siècles ; de reconnoître la vérité ou l'incertitude des premiers principes de l'hydraulique adoptés jusqu'ici, de séparer les véritables de ceux qui ne sont que douteux, et dont on n'a fait usage que trop souvent. Il traite d'abord des vîtesses et de la quantité, soit absolue, soit relative de l'eau qui sort par les ouvertures des vases et des réservoirs, suivant les différentes hauteurs. Il cherche ensuite avec soin si cette loi peut s'appliquer aux grands volumes d'eau qui coulent dans les canaux et dans les fleuves. Enfin, il démontre les règles de pratique les plus sûres pour la division et la mesure des eaux courantes. Nous allons reprendre ces trois grands objets, et donner une idée de la manière dont l'auteur les a remplis. Avant de traiter de la loi des vîtesses, le P. Lecchi examine les différens moyens que les auteurs ont employés pour connoître les lois du mouvement des fluides, les uns, *à priori*, ont cherché par les principes généraux de la mécanique, la vîtesse que doit avoir chaque particule d'eau en sortant d'une ouverture quelconque suivant les circonstances. Mais cette méthode est extrêmement incertaine et arbitraire, comme l'on en peut juger par les différences qui se trouvent entre les auteurs qui l'ont employée.

Les autres ont cru pouvoir rapporter la vîtesse, avec laquelle l'eau s'écoule d'une ouverture, à la seule pression du fluide supérieur ;

périeur : de ce principe on a conclu que la vîtesse étoit proportionnée à la hauteur de l'eau contenue dans le vase; tel est le sentiment de Castelli. D'autres en ont conclu que les vîtesses étoient seulement comme les racines de ces hauteurs. Enfin, il y en a qui se sont figuré que cette vîtesse étoit l'effet d'une chute naturelle, semblable à celle de tous les corps graves, et sujette aux mêmes degrés d'accélération. Mais il y a eu des auteurs plus sages qui prenant la question *à posteriori*, et partant de l'expérience actuelle y ont cherché quelque loi générale qui, par la nature des fluides pût être supposée avoir lieu toujours dans leurs mouvemens. L'auteur s'occupe donc à réfuter les théories de tous ceux qui n'ont pas employé l'expérience pour les appuyer, tels que Castelli, Varignon, Newton, Maclaurin, 'sGravesande, Euler, Bernoulli et d'Alembert. Il fait voir quelles sont appuyées ou sur des principes indirects, ou sur diverses hypothèses arbitraires. Mais ce qu'il y a de fâcheux, c'est qu'il conclut, ainsi que d'Alembert, qu'on ne peut espérer aucune théorie générale du mouvement des fluides.

Le paralogisme de Castelli et de ceux qui ont suivi son sentiment est prouvé par le P. Lecchi, d'une manière assez satisfaisante : il est bien vrai que la gravité est la même dans les solides et dans les fluides : elle est la cause en vertu de laquelle les corps étant arrêtés par un plan, le pressent, et étant libres descendent par un mouvement accéléré. Mais il faut bien distinguer l'effet de la pression d'un fluide ou d'un solide soutenu en repos d'avec l'effet de la pesanteur. Dans le premier cas, la pression du fluide est bien proportionelle à sa hauteur et à sa gravité spécifique, parce qu'il est employé tout entier à presser, mais dans le second cas, la vîtesse n'est point proportionnelle à la hauteur et à la gravité spécifique du fluide, parce que la hauteur va toujours en diminuant tandis que le mouvement s'accélère toujours par la chute ; delà naît une progression de gravité et une de pression ; la première dont les accroissemens sont égaux, la seconde dont les accroissemens sont toujours de plus en plus petits. Ainsi, dans l'un et l'autre cas les vîtesses sont proportionnelles à la somme des actions successives, lesquelles ne proviennent pas de la pression la plus forte, qu'il y avoit au commencement, mais de toutes les actions successives. Ainsi, quoique la première pression ait été proportionnelle à la hauteur du fluide, on ne doit pas conclure avec Castelli que la vîtesse produite doive être proportionnelle à cette hauteur. Lecchi examine si du même principe de la pression des fluides on peut tirer une doctrine toute opposée à la précédente, comme Varignon l'a fait, en supposant que la vîtesse des eaux qui s'écoulent des vases suive la proportion des racines des hauteurs. Sa démonstration conduit à une conséquence différente de celle de Castelli, mais qui est fondée sur le même principe : que les pressions sont comme les hauteurs des colonnes qui pressent. Il y a dans Varignon une équivoque semblable à celle de Castelli : il ne distingue pas le passage du fluide de l'état de repos à celui du mouvement, qui fait diminuer la pression, et l'on peut démontrer que les pressions pendant le premier instant de ce passage sont diminuées proportionnellement à la hauteur primordiale qui avoit lieu dans l'état de repos. La cataracte dont Newton se servit, le bouillon d'eau employé par Jean Bernoulli et la démonstration prétendue de Herman, renfermoient de nouvelles incertitudes.

Il s'agit ensuite de l'hypothèse adoptée par Newton, et par d'autres écrivains qui considèrent toutes les circonstances du mouvement de l'eau qui sort d'un vase, comme si elle étoit tombée réellement depuis la superficie jusqu'à l'ouverture avec un mouvement accéléré. C'est de cette considération que Newton déduit sa cataracte, hypothèse qu'il applique ensuite au mouvement de l'eau ; mais ces suppositions et leurs conséquences sont détruites par les expériences de Guglielmini, et Manfredi, et ne peuvent se concilier avec la multitude des forces qui se combinent dans l'écoulement d'un fluide et qui, l'éloignant de l'état d'un solide, rendent très-différente la loi de son mouvement. Quoique la figure de la cataracte de Newton se réduise suivant ses commentateurs, à une hyperbole du cinquième degré, on en démontre l'insuffisance par plusieurs raisons, par les expériences de Bernoulli, et par celles de l'auteur.

Quant à l'hypothèse de Jean Bernoulli, Lecchi fait voir qu'elle est contraire aux loix de l'hydrostatique. Le mouvement de plusieurs corps qui agissent mutuellement les uns sur les autres, à quelques distances, est trop au-dessus des forces de la géométrie pour qu'on puisse jamais espérer une théorie du mouvement des eaux, déduite des principes de la mécanique. Aussi d'Alembert, nous dit-il, page 95, de son *Traité des fluides*, qu'il seroit difficile de démontrer ses suppositions d'une manière rigoureuse, mais qu'il faudroit renoncer à toute théorie sur le mouvement des fluides si on refusoit de les admettre. Le P. Lecchi examine les différentes théories *à priori*, fondées sur des principes indirects, ou sur des suppositions secondaires, comme celles de Jean, et Daniel Bernoulli, de Maclaurin, de d'Alembert. Telles sont encore la conservation des forces vives, appliquée par Bernoulli au mouvement des fluides, les nouvelles suppositions que Daniel Bernoulli et d'Alembert ont ajoutées à ce principe. Parmi les dernières, il met le parallélisme des couches, qui ne sauroit avoir lieu que quand le trou est extrêmement petit, et la hauteur très-grande.

Ainsi l'auteur a épuisé la célèbre question de la force de l'eau qui sort par l'ouverture d'un vase. Newton dans la trente-sixième proposition du second livre de sa *Philosophie Naturelle*, édition de 1713, trouva par son calcul une force double de celle qu'il avoit trouvée dans sa première édition. Depuis ce temps-là on n'a guère été plus d'accord. L'auteur examine la décision de Daniel Bernoulli, la distinction entre l'état de repos et celui de mouvement, les méthodes différentes employées par les commentateurs de Newton et par Manfredi. Il établit l'état de la question, la doctrine des forces, leur application à la mesure de la force de l'eau qui sort des vases suivant Newton, Manfredi et Bernoulli; les exceptions que chacun admet, la mesure du solide hyperbolique, formé par le cataracte de Newton, qui est le double de celle d'une simple colonne d'eau qui sort.

Il traite ensuite de la pression qu'un fluide en mouvement exerce contre un corps solide. Après différentes comparaisons de résistances et de pression, le P. Lecchi déduit la loi fondamentale de la résistance des fluides, d'un principe qui lui paroît plus simple que celui de d'Alembert; il expose les principes de chaque théorie, leur application quoique sans calcul, et le défaut général de ces différentes hypothèses. Il donne une idée des nouveaux calculs de Newton, de Bernoulli, de d'Alembert, des différences de leurs résultats, des abus de l'analyse fondée sur des suppositions arbitraires, et de l'esprit de système trop dominant dans les écrits des modernes. Il compare les formules analytiques de d'Alembert avec les expériences de Kraft; enfin, il conclut qu'on ne sauroit espérer une théorie certaine, et qu'il faut s'en tenir à l'expérience en distinguant les différens cas où elle a lieu. A cette occasion il parle de celles qui ont été faites par Mariotte, par l'Académie des Sciences de Paris, et par celle de Pétersbourg, et de la manière de perfectionner en général ces sortes d'expériences.

L'usage des expériences, pour trouver la loi du mouvement d'un fluide qui sort d'un vase, fait la matière d'un chapitre. Le P. Lecchi réfute ce que disoit Poléni, que l'expérience est insuffisante sans le secours de la théorie, et il examine quelle sorte d'analogie a la force de preuve. On y trouve ensuite une comparaison des expériences de Toricelli et de Mariotte dans les jets d'eaux, les variations de hauteurs et leurs règles. Le P. Lecchi résout aussi la difficulté de Manfredi qui prétendoit trouver une différence sur le temps de la chute des solides et des fluides. Il donne la manière de trouver la vîtesse respective et absolue des jets horizontaux. Il rapporte les observations de 'sGravesande, de Newton, du P. Boscovich, le résultat de leurs calculs, les exceptions qu'il y faut faire, les défauts qu'il trouve dans quelques expériences de Bernoulli et de Kraft, et les attentions qu'il faut avoir pour tirer quelque chose des observations.

Dans un autre chapitre, le P. Lecchi explique la façon de déterminer par expérience si la quantité d'eau qui sort par l'ouverture d'un vase, est proportionnelle à la vîtesse et à la surface de l'ouverture; les expériences de Guglielmini et de la plupart des auteurs se bornent au seul cas des ouvertures qui sont très-petites, semblables, et semblablement situées. Il fait voir le danger de se tromper quand l'ouverture est grande et voisine de la surface; le changement dans le centre de la vîtesse moyenne, la grande difficulté entre Grandi et Manfredi, au sujet de la vîtesse de l'eau sortant des vases, la moitié moindre que celle des corps solides qui tombent d'une hauteur égale à celle de la surface de l'eau; la solution de Newton, la limitation de sa doctrine, reconnue par ses commentateurs, par Bernoulli et par Poléni: cette première partie du livre du P. Lecchi finit par des détails sur l'effet que produisent les tubes ajustés aux ouvertures suivant leur position ou leur longueur, et par de nouvelles expériences sur les différentes quantités d'eau qui, avec une parabole de même amplitude, sortent par des tuyaux dont on fait varier la position, la figure et la longueur.

Lecchi, après avoir donné tout ce qu'il pouvoit de théorie passe aux expériences; il examine d'abord si l'on peut faire usage pour la vîtesse des fleuves, de la règle qu'il a établie dans sa première partie pour les eaux qui sortent par les ouvertures des vases, savoir que ces vîtesses sont comme les racines des hauteurs; il cherche si cette règle peut servir dans les fleuves, du moins en substituant à la hauteur réelle de la source une certaine hauteur équivalente. A cet égard l'expérience montre une très-grande différence entre les loix des vîtesses dans les eaux qui coulent librement par des ouvertures et celles qui sortent des lacs ou étangs par des canaux rétrécis. Il y a à ce sujet des expériences remarquables de Poléni, par lesquelles on sait que la seule apposition d'un canal à l'ouverture d'un vase, augmente la quantité d'eau qui en sort, quoique le diamètre de l'ouverture n'ait pas changé. L'auteur ajoute à cela divers changemens qui arrivent suivant la différente longueur des tubes; il indique plusieurs expériences qu'on pourroit faire, il donne une démonstration du théorême fondamental de Guglielmini et de Grandi. Il montre l'incertitude de la table de Guglielmini, la différence des vîtesse entre celles qui tombent librement et celles qui coulent dans les canaux. Il y a une action et une réaction dans le total du corps d'un fleuve, qui rend son cours bien différent de celui d'une eau abandonnée à sa seule pesanteur.

Dans un autre mémoire, le P. Lecchi parle de l'altération que la résistance cause à la vîtesse de l'eau d'un canal, et de l'origine équivalente admise par Grandi pour en calculer la vîtesse. Il attaque l'hypothèse de Grandi sur la résistance du fond d'un canal ; il se sert ici d'un calcul du P. Boscowich sur la chute d'un fleuve qui fait cascade près de Rimini, et qui perd en peu de temps une partie considérable de sa vîtesse : on avoit soutenu à grand frais les eaux du fleuve à une hauteur fort grande, espérant que, par la vîtesse de sa chute, il viendroit nettoyer le port et en entraîner le gravier que le métauro y avoit amoncelé : mais toute cette dépense fut inutile, car à un demi mille de la cascade, la vîtesse étoit réduite à deux pieds par seconde ; vîtesse trop petite pour produire l'effet qu'on en avoit attendu. La pente de la Loire est plus grande que celle de la Seine, et cependant la vîtesse est plus petite, ce n'est donc pas la pente qui règle la vîtesse. Le P. Grandi se replioit pour sauver cette difficulté, conserver l'hypothèse de la Table parabolique, et déterminer la hauteur équivalente de la chute des eaux. Mais le P. Lecchi prouve que de toute façons l'hypothèse est défectueuse. Les différentes vîtesses sont exprimées par des courbes très-différentes entr'elles.

Dans un autre mémoire on voit que les observations immédiates donnent des phénomènes absolument contraires à l'expression parabolique des vîtesses croissantes comme les racines des hauteurs. Mariotte trouva que dans un canal de trois pieds d'eau la vîtesse étoit toujours plus grande à la surface, et il en donna la raison, mais sa théorie se borne aux seuls canaux qui ont peu de profondeur. Le P. Lecchi a fait diverses expériences avec une boule suspendue à un fil dont les écarts, par rapport à la verticale, indiquent la vîtesse de l'eau à différentes profondeurs. Il a trouvé que les vîtesses dans différentes parties d'une même section verticale étoient très-irrégulières, et que le total ne pouvoit être représenté par un solide parabolique.

Il examine la méthode proposée par Pitot pour mesurer la vîtesse des eaux courantes, et les observations de cet académicien. Il donne la description de sa machine, les raisons hydrostatiques des effets quelle produit. Il fait voir l'incertitude de la table qui en résulte, les corrections qu'on pourroit y faire. Il entre dans l'examen des observations de Zendrini et de Mariotte, contraires au résultat de Pitot ; la difficulté consiste principalement à savoir si dans le cas du fluide en mouvement la pression se fait de la même manière que quand le fluide est immobile, ce qui exigeroit encore de nouvelles observations.

L'instrument le plus propre à mesurer les vîtesses de l'eau

est une boule suspendue à un fil qui marque sur les divisions d'un quart de cercle la déviation par rapport à la perpendiculaire. Mais il y a eu sur le calcul qu'on tire de ces observations des difficultés entre les auteurs; Guglielmini a fait une supposition qui a été contredite par Zendrini, Herman, Manfredi, et qui est véritablement fausse. Aussi le P. Lecchi donne des moyens de rectifier cet instrument. Il en borne l'usage aux vîtesses respectives, et à celles qui ne sont pas trop petites. Il donne la manière qui lui a paru la plus sure pour déterminer avec cette machine la loi des vîtesses absolues. En conséquence, il corrige les expériences de Zendrini sur la même matière.

La réputation de Zendrini exigeoit qu'on discutât ses travaux avec une extrême attention; on voit que les principes de son calcul analytique et la construction de sa table sont également suspects; les loix qu'on en déduit pour la vîtesse des eaux courantes ne s'accordent point entr'elles. Sa formule pour trouver le *punto di sublimata*, ou l'origine équivalente de la chute d'un fleuve conduit à des conséquences absurdes. Le P. Lecchi a donc été obligé d'opposer de nouvelles expériences à celles de Zendrini; il démontre par leur moyen que la table de Zendrini pour les vîtesses peut se combiner avec toute sorte de paraboles, mais non pas avec une seule parabole déterminée qui donne des vîtesses absolument égales à celles qui résulteroient de la hauteur équivalente. Il n'est donc pas possible d'assigner une loi déterminée pour les vîtesses des fleuves. Parmi les raisons qui s'y opposent, il en est une qui fait la matière d'un chapitre, et qui est extrêmement considérable, c'est le regorgement des eaux qui sont retenues ou gênées par quelques obstacles. Il est encore plus difficile d'assujettir ce phénomène à une loi, qu'il ne l'étoit pour le cours ordinaire d'un fleuve. Les causes en sont trop diversifiées et trop irrégulières. Le P. Lecchi réfute ce qu'ont écrit là-dessus Grandi, Guglielmini, Manfredi, Poléni. Il n'entreprend pas cependant d'y substituer aucune espèce de théorie; les conditions du problême sont en trop grand nombre, et les observations en trop petit nombre.

Ainsi la seconde partie de cet ouvrage a été employé à traiter des instrumens et des méthodes que l'on doit employer ou rejetter dans la mesure des vîtesses. Dans la troisième, l'auteur recueille le fruit des deux premières, au moyen des règles de pratique qu'on y trouve pour la mesure des eaux, soient quelles sortent par des ouvertures, soit qu'elles coulent dans des canaux. Il s'étend de préférence sur les méthodes qu'il a eu occasion lui-même d'employer, et qui lui ont paru les plus commodes dans la pratique. Le premier article est rempli par une lettre du P. Boscovich en réponse à la demande que l'auteur lui avoit faite de son avis sur les principes que l'on peut établir dans les Règles pratiques de la mesure des eaux. On y trouve la manière de calculer la quantité d'eau qui doit sortir par une ouverture de figure quelconque : il trouve par exemple, que de trois ouvertures égales en surface, l'une triangulaire avec la base à la surface supérieure de l'eau, la seconde rectangulaire, la troisième en triangle, dont la pointe soit en haut, il doit sortir des quantités d'eau qui sont comme les nombres 4, 5 et 6.

Par le second article, le P. Lecchi passe à une manière de calculer la quantité des eaux courantes dans des canaux ; il en donne une plus simple et plus à la portée des ingénieurs que les méthodes connues ; il explique différentes attentions de pratique sur l'usage de la boule qui sert à trouver les vîtesses moyennes. Il fait voir le danger qu'il y a de faire la boule, ou trop légère, ou trop pesante ; il donne des règles pour la quantité où elle doit être plongée, pour sa tension et pour son éloignement de la perpendiculaire. Il fait la comparaison de différentes méthodes pour mesurer la vîtesse à distance égale de la surface ; il montre les difficultés d'y employer les formules de Côtes ; il donne la méthode facile et commode pour déterminer la vîtesse qui tient le milieu entre les autres vîtesses moyennes de chaque ligne verticale d'une section de canal. Enfin, il fait voir qu'on trouve la quantité respective d'eau qu'il y a dans deux fleuves, au moyen de ce théorème, que leurs masses d'eau sont en raison composées de la surface des sections et de leur vîtesse moyenne, et il rassemble, dans un seul exemple du fleuve Chièse, plusieurs règles-pratiques pour la division et la mesure des eaux. On y voit la méthode que le P. Lecchi a souvent employée dans les canaux de dérivation et les règles qu'on y observe. Par exemple, on doit tenir compte non-seulement de la grandeur de l'ouverture, mais de la différente vîtesse qu'elle produit, et de la situation du centre de l'ouverture par rapport à la surface de l'eau; les canaux dans lesquels les eaux sont reçues, doivent avoir une pente uniforme sur un assez long espace.

Pour tirer des eaux d'un fleuve, on doit placer l'embouchure du canal de manière que le courant du fleuve ne l'enfile pas directement, mais lui soit parallèle du côté de la source sur une une certaine distance ; il faut aussi conserver la hauteur d'eau qui a été réglée, quand même les eaux du fleuve s'élèvent ou s'abaissent. Quand on veut partager les eaux d'un canal, on doit s'assurer d'une vîtesse uniforme, soit à l'entrée, soit à la sortie de la division ; enfin, quand on a formé les séparations avec les règles les plus sûres, il faut vérifier la quantité d'eau qui en résulte et corriger les erreurs inséparables de ces grandes opérations de pratique. Le P. Lecchi indique à cette occasion l'usage d'un pendule simple, nageant dans l'eau, dont la vîtesse peut représenter la vîtesse moyenne de l'eau dans laquelle il est plongé. Le P. Cabeo en avoit donné une idée dans son livre des *Météores;* mais le P. Lecchi en perfectionne l'usage et indique les attentions nécessaires que l'expérience lui a indiquées pour tirer parti de cet instrument.

Le livre du P. Lecchi est terminé par un appendix fait postérieurement au corps de l'ouvrage, et destiné à en éclaircir et détailler quelques parties; il y donne l'usage d'un régulateur ou espèce d'empellement qui barre un canal, et qui peut se rétrécir ou s'agrandir pour faire diverses expériences sur les quantités d'eau qui y coulent; une méthode, plus simple que celle de Castelli, pour calculer la quantité d'eau par l'hypothèse parabolique; l'effet que produit la différente forme des ouvertures que l'on peut faire à un canal pour en détourner une partie. C'est l'objet d'un ouvrage entier de Poleni, intitulé *de Castellis*, où il y a beaucoup de bonnes observations; cependant le P. Lecchi ne croit pas, avec lui, que l'eau sorte avec la même vîtesse quand elle est reçue à la sortie du canal entre deux murs parallèles, ou entre deux murs convergents, surtout si la figure de ces deux murs est un peu différente dans les deux cas.

La petite notice que nous avons donnée de ce livre, suffit pour faire voir qu'on n'en a guère d'autres où la pratique de l'hydraulique soit traitée d'une manière si détaillée et aussi utile aux ingénieurs chargés de la conduite, de la mesure et de la distribution des eaux: on n'en devoit pas moins attendre d'un mathématicien occupé depuis long-temps, par état, de ces sortes de travaux, et associé, pour ainsi dire, avec un des plus grands geomètres de l'Europe, le P. Boscovich qui examina cet ouvrage et contribua à sa perfection. Le P. Lecchi lui-même avoit toujours joint la thérorie à la pratique du génie, ce qui lui procura les plus grands succès dans tous les travaux qu'il exécuta en Italie.

Le P. Frisi avoit aussi été consulté souvent sur les rivières d'Italie, et son livre mérite attention: il approfondit une question intéressante, souvent agitée, et que personne n'avoit encore éclaircie comme il le fait.

Elle consiste à savoir si les sables que les rivières transportent, viennent de la pulvérisation des pierres, ou si ce sont des corps originaires répandus çà et là comme les pierres. Guglielmini observa qu'en descendant une rivière, on rencontre d'abord de grosses pierres d'une forme irrégulière; ensuite des pierres rondes, successivement plus petites; puis du gravier gros et menu; enfin, des sables et de la terre pure: il en conclut que les sables n'étoient autre chose que de petits morceaux de pierres décomposées;

décomposée ; ce qui, à son avis, est d'autant plus vraisemblable, que plusieurs pierres sont composées de gravier. Il pensa que le poli des graviers des rivières étoit une preuve évidente de la brisure de leurs angles ; que le bruit que font les graviers des rivières est plutôt produit par le choc de ces graviers, que par celui de l'eau et de l'air ; que les pierres, en se choquant et en se froissant les unes les autres, s'arrondissoient, diminuoient de grosseur, se résolvoient peu-à-peu en gravier ; et qu'enfin une partie de ces graviers se réduisoit en sable. Le P. Frisi combat toute cette doctrine, il soutient que les graviers et les sables sont des corps originaires répandus par tout le globe terrestre ; que les pierres, en roulant dans le lit d'une rivière, peuvent bien s'arrondir et se polir ; que semblablement les graviers peuvent s'atténuer ; mais que tout cela a des limites, et que jamais les pierres et les graviers ne peuvent, par le froissement mutuel, se résoudre en sable. Ainsi, selon lui, la raison pour laquelle on trouve dans le lit des rivières, les pierres, les graviers, les sables, dans l'ordre observé par Guglielmini, se tire de la diminution de la chûte et de la vîtesse des eaux courantes qui, abandonnant dans les parties supérieures, les pierres les plus grosses et les plus irrégulières, ne peuvent transporter à de plus grandes distances que les pierres rondes et les graviers, par degrés, toujours plus petits. Le P. Frisi établit son opinion, 1°. sur ce que l'on trouve par tout dans les montagnes et dans les plaines des sables entièrement semblables à ceux des rivières ; d'où il résulte que tous ont une même origine, indépendante du frottement des pierres ; 2°. sur ce que le frottement mutuel des pierres, dans une rivière, quelque violent qu'il puisse être, n'est pas capable de produire du sable : assertion que l'auteur prouve par des expériences, où un frottement plus fort que celui qui a lieu dans les rivières les plus rapides, n'a jamais pu donner un véritable sable.

Guglielmini, en partant de son système, et supposant de plus que la brisure des pierres pouvoit s'opérer dans l'espace compris entre l'origine de la rivière et la dernière limite des graviers, s'étoit persuadé que lorsqu'il survenoit de nouveaux graviers, ils ne devoient point faire hausser le lit de la rivière, et que la quantité de ceux qu'on retiroit de la rivière, pour divers usages, absorboit à-peu-près cette augmentation. Au contraire, dit le P. Frisi, si les pierres et les graviers ne se résolvent point en sable, et n'arrivent point jusqu'à la mer, mais restent dans le lit des rivières, comme ils y ont été transportés dans les crues d'eau, ce sera une conséquence nécessaire que le fond des rivières doit se rehausser continuellement dans les lieux où elles coulent sur le gravier, et c'est ce qui est conforme aux observations.

Nous avons vu que les Italiens font un grand usage de la table parabolique; elle avoit été donnée par le P. Grandi, dans son excellent ouvrage sur le *Cours des eaux*, et elle a été publiée encore et étendue par le R. de Regi, à Milan en 1764. Cette table est fondée sur deux principes : le premier, que quand l'eau sort d'une ouverture par la seule pression de l'eau dont elle est chargée, elle reçoit une vîtesse proportionnelle à la racine quarrée de la hauteur de l'eau au-dessus de l'ouverture : le second est que quand l'eau qui passe par une ouverture, a non-seulement la pression de l'eau dont elle est chargée, mais encore une certaine vîtesse à sa superficie, on doit trouver une hauteur équivalente, que l'on considérera comme la cause de cette vîtesse à la surface de l'eau, et l'on aura la vîtesse avec laquelle l'eau passe par l'ouverture.

Pour trouver cette hauteur équivalente, on suppose que les lois de l'accélération des solides s'observent aussi dans l'accélération des fluides : ce qui est à-peu-près conforme à l'expérience. Après avoir établi ces principes, on observe la vîtesse actuelle de la surface de l'eau avec quelque corps léger qu'on abandonne au courant, ou avec un pendule dont on mesure la déviation, et l'on calcule ensuite la quantité d'eau que donnent les ouvertures du pouce de Milan ou du *quadretto* de Mantoue; 1°. en supposant que l'eau passe en vertu d'une simple pression; 2°. en supposant qu'elle soit encore affectée à sa surface d'une certaine vîtesse; 3°. dans l'hypothèse qu'il y ait encore quelqu'engorgement de l'eau aux approches de l'ouverture. A l'occasion de cette troisième hypothèse, notre auteur enseigne comment on peut, en changeant la hauteur ou la largeur de ces ouvertures où il y a engorgement, faire passer la même quantité d'eau que dans une ouverture libre.

Lorsque l'eau coule par une ouverture d'une certaine hauteur, la vîtesse de l'eau, à la partie supérieure de l'ouverture, n'est pas la même que la vîtesse à la partie inférieure. Tout le monde en convient : mais de quelle manière change-t-elle ? C'est ce qui est difficile à déterminer.

Castelli, Cassini et quelques autres, fondés sur quelques expériences, ont cru que les vîtesses étoient en proportion des hauteurs de l'eau : Toricelli, Mariotte, Guglielmini et d'autres auteurs, fondés sur l'analogie qu'il y a entre l'eau qui sort d'une ouverture latérale, faite à un vase d'une certaine hauteur et celle qui coule par une bouche libre et de niveau à la surface de l'eau, ont cru que les vîtesses étoient comme les racines des hauteurs. Zendrini, fondé sur des observations qu'il avoit faites de la vîtesse du Pô à différentes profondeurs, assure que le rapport des vîtesses est extrêmement différent, suivant les différentes circonstances; mais il convient que dans des fleuves qui coulent lentement, on peut calculer les vîtesses, suivant la racine des hauteurs. En conséquence le P. de Regi se sert de cette hypothèse dans tout le cours de son ouvrage.

Quand on connoît la vîtesse de l'eau en une seconde, on en conclut facilement la hauteur de laquelle il faudroit que l'eau tombât pour acquérir cette vîtesse, en prenant la soixantième partie du quarré de l'espace parcouru en une seconde : cette hauteur s'ajoute à celle de la surface de l'eau au-dessus de l'ouverture, et l'on opère avec cette hauteur composée, comme l'on faisoit auparavant avec la hauteur seule de l'eau.

Lorsqu'on emploie le pendule pour observer la vîtesse de l'eau, on se sert de cette règle démontrée par Zendrini dans son traité *dell' acque correnti* : la force absolue de l'eau est égale au produit du poids relatif de la boule dont on se sert, par le sinus de l'angle de déviation divisé par le cosinus, et cette force absolue, divisée par la surface du grand cercle de la boule, donnera la hauteur équivalente qui produiroit la vîtesse observée : cette méthode est plus commode dans la pratique. Le P. de Regi suppose une boule dont le diamètre soit d'un pouce de Milan, dont le poids, dans l'eau, soit de 1080 grains, et qui soit écartée de 28° de la perpendiculaire par l'impulsion de l'eau coulante; le poids multiplié par le sinus 469, divisé par le cosinus 883, donne 575 pour la force absolue de l'eau ; et celle-ci divisée par la surface du grand cercle de la boule qui est de 113 points quarrés, donne la hauteur équivalente de 5 points ; ajoutant cette hauteur équivalente à la hauteur réelle de l'eau au-dessus du fond de l'ouverture qu'on suppose de 4 pouces, ou de 48 points, on a 53. On retranche de la parabole qui répond à la hauteur 53, celle qui répond à la hauteur 5 ; le reste se multiplie par la largeur de l'ouverture, et l'on trouve au produit la quantité d'eau qu'elle donne.

Le P. de Regi fait divers calculs sur les quantités d'eau dont les différens terrains ont besoin ; partout il donne des exemples si clairs et si détaillés que les praticiens pourront s'en servir avec la plus grande facilité pour l'administration des eaux dans la campagne. Cet objet, dans la Lombardie, est d'une extrême importance ; les eaux s'y paient fort cher, et s'amènent de fort loin ; on voit souvent dans un même endroit quatre conduites ou *ruggies* qui passent les unes sur les autres et portent les eaux dans différentes directions à des campagnes plus ou moins éloignées. L'administration de ces différens canaux, est une branche essentielle de la police et de la jurisprudence des biens ruraux. (*Jour. des Sav.* 1766 p. 364).

Nous devons aussi faire connoître un ouvrage important : ce sont les *Principes d'hydraulique*, publiés en 1786 par le chevalier du Buat; on y trouve des expériences intéressantes sur lesquelles il fonda une théorie aussi satisfaisante qu'il étoit possible.

Personne ne peut nier que si deux fleuves ont même profondeur, même largeur et même pente, et qu'ils coulent sur un fond homogène, leurs vîtesses ne diffèrent en rien; mais si on vient à changer une seule de ces circonstances, la vîtese croîtra ou diminuera, sans cesser néanmoins d'être uniforme. Jusqu'à présent aucune théorie n'apprend à calculer la vîtesse d'après ces données. Or, la vîtesse étant inconnue, la dépense l'est aussi, et par une suite nécessaire, on ne peut prévoir le succès d'aucune opération sur le lit des fleuves, ni résoudre un seul problême qui y ait rapport.

Frappé de l'ignorance où nous laissent nos meilleurs auteurs sur une matière aussi importante, il eut recours à la partie de l'hydrodynamique du cit. Bossut qui traite du mouvement des eaux, aussitôt que cet ouvrage devint public, et il y chercha la solution du problême qui paroissoit devoir être la clef de l'hydraulique, c'est-à-dire, de déterminer quelle est la vîtesse d'un courant dont la pente et le lit sont donnés; mais les expériences n'étoient point encore décisives ni assez variées pour atteindre jusques-là. L'auteur considéra que si l'eau étoit parfaitement fluide, et qu'elle coulât dans un lit infiniment poli, de la part duquel elle n'éprouvât aucune résistance, elle accéléreroit son mouvement à la manière des corps qui glissent sur des plans inclinés; car il est évident que la pente à la surface est la seule cause efficace qui engendre son mouvement, puisque sans elle le mouvement n'a pas lieu. Or, la vîtesse d'un fleuve n'accélère pas à l'infini; au contraire, elle persévère dans un degré assez borné, qunnd elle a atteint l'uniformité, et elle n'augmente plus ensuite sans cause; d'où il suit qu'il existe quelqu'obstacle qui détruit la force accélératrice, et l'empêche d'imprimer à l'eau de nouveaux degrés de vîtesse. Or, en quoi peut consister cet obstacle, sinon dans le frottement que l'eau essuie de la part des parois du lit et dans la vicosité du fluide? La viscosité seule peut donner lieu à deux espèces de résistances, l'une qui vient d'un mouvement intestin des parties du fluide, dont la mobilité est imparfaite, et l'autre de l'adhésion naturelle que les parties ont avec le lit dans lequel elles se meuvent.

Ces causes agissant ensemble, et venant à égaler la force accélatrice de l'eau courante, c'est-à-dire, la force relative pour descendre le long du plan incliné de son lit, la vîtesse ne peut plus augmenter, et elle devient uniforme. C'est donc un principe certain que quand l'eau coule uniformément dans un lit quelconque, la force accélératrice qui l'oblige à couler est égale à la somme des résistances qu'elle essuie, soit par sa propre viscosité, soit par le frottement du lit. Cette loi devoit être la clef de l'hydrauliquè.

Par la fécondité de ce principe dans les différentes applications qu'on en peut faire à la pratique et à la solution de quantité de problêmes, du Buat se persuada que le mouvement de l'eau dans un tuyau de conduite avoit une grande analogie avec le cours uniforme d'un lit de rivière; puisque, de part et d'autre, la pesanteur étoit le moteur, et la résistance du lit le modérateur. Il se servit donc, pour faire une formule du mouvement uniforme, des expériences du cit. Bossut, sur les tuyaux de conduite, et même de celles qu'il avoit faites sur des canaux factices, quoiqu'il y manquât une donnée, qui étoit la profondeur du courant. C'est ainsi qu'il composa l'ouvrage qu'il donna au public sous le titre de principes d'hydraulique, en l'année 1779, pour la première fois.

Il sentoit bien néanmoins qu'une théorie aussi nouvelle, et qui conduisoit à des résultats tout-à-fait différens de la théorie ordinaire, avoit besoin d'être appuyée sur de nouvelles expériences plus directes que les anciennes, ou d'un genre tout-à-fait différent; car il avoit été obligé de supposer que le frottement de l'eau ne dépendoit point de sa pression, mais uniquement de la surface frottée et du quarré de la vîtesse.

En conséquence, il s'occupa de ces nouvelles expériences de 1780 à 1783: elles devoient être le complément de celles qu'on avoit faites jusqu'alors, sur-tout par rapport au mouvement uniforme. Or, on en manquoit principalement pour les cas extrêmes des lits très-petits et des lits d'une grandeur approchante de ceux des rivières.

Le cit. Bossut n'avoit donné, dans son *Hydraulique*, que des pentes médiocres à ses tuyaux de conduite; on manquoit d'observations sur les plus grandes pentes et sur les très-petites: du Buat s'appliqua à suppléer, autant qu'il étoit possible, à ce qu'on n'avoit pas fait, sans négliger néanmoins de répéter plusieurs expériences qui avoient une relation plus rapprochée avec celles qui étoient déjà faites, afin de varier par-là l'exactitude des unes et des autres, et surtout la précision de ses procédés. Ainsi, il employa des pentes depuis la plus grande de toutes, qui est la verticale, jusqu'à un quarante millième, et il soumit à l'expérience des lits, depuis une ligne et demie de diamètre, jusqu'à sept ou huit toises quarrées de surface.

Les expériences qui lui ont donné plus de peine sont celles où il a employé un canal factice, qui avoit la forme d'un trapèze ou d'un rectangle, selon la manière dont on assembloit les madriers qui le composoient. Il éprouva de grandes difficultés à rendre uniforme le cours de l'eau dans ce canal, dont la longueur étoit bornée; mais il en fut bien dédommagé par les expériences qu'il eut occasion d'y faire sur la diminution des vîtesses d'un courant uniforme, à compter du milieu de la surface jusqu'au fond; par la recherche du rapport qui existe entre la vîtesse moyenne et celle de la surface du fond : par des observations très-curieuses sur la manière dont l'eau travaille le fond de son lit; par la connoissance du degré de résistance qu'opposent à l'eau des natures de terrains différentes, comme les galets, le gravier, le sable et l'argile.

L'auteur entre aussi dans le développement du principe fondamental du mouvement uniforme; c'est l'équilibre entre une puissance et une résistance. La puissance est la pesanteur relative de la colonne fluide qui tend à se mouvoir sur le plan incliné de son lit; la résistance est le frottement de ce lit; la viscosité du fluide et son adhésion aux parois. Il suppose d'abord la résistance entière proportionnelle au quarré des vîtesses, et de-là suit la formule primitive du mouvement uniforme de l'eau dans un lit quelconque.

Il consulte ensuite l'expérience et lui confronte cette théorie. Mais, pour corriger la dernière, il faut dépouiller l'un après l'autre les élémens variables qui sont la grandeur du lit, son périmètre et sa pente, et examiner comment la vîtesse varie, selon que l'un de ces élémens est variable, tous les autres étant constans. Cette analyse découvre pour quelle part le frottement, la viscosité du fluide et son adhésion aux parois entrent chacun dans la résistance totale: chaque effet se trouve représenté par une expression analytique convenable; la loi du mouvement se développe depuis des vîtesses infinies jusqu'à l'anéantissement même : une seule formule la représente et embrasse tous les cas, et la parfaite conformité du calcul avec ceux de l'expérience assure et démontre la vérité des principes et la justesse de leur application.

Cette base posée, il jette un coup-d'œil sur la variété des lits où l'eau coule, soit naturellement, soit par l'effet de l'art; sur les différentes vîtesses d'un même courant; sur l'intensité de la résistance produite par l'inertie du lit; sur la force que l'eau a pour creuser et élargir sa section.

Il examine l'effet des crues formées par la réunion permanente de plusieurs rivières dans un même lit, ou d'une crue extraordinaire, qui gonfle les eaux d'un fleuve; l'effet des redressemens, qui deviennent quelquefois nécessaires pour prévenir les débordemens; la dépense d'un réservoir; la hauteur du remoux qu'occasionne une retenue ou un pont; la distance où l'effet du remoux se rend sensible au-dessus des écluses par le refoulement des eaux; la manière de calculer la hauteur de ce remoux à une distance quelconque d'une écluse; les moyens de rendre navigable une rivière à laquelle trop peu d'eau, ou trop de pente ne permettent pas de porter bateau ou d'être flottable ; l'effet des saignées; l'établissement des canaux de dessèchement; il donne des règles pour opérer un dessèchement complet, avec le moins de dépense possible : il montre comment et dans quel cas on peut doubler, tripler la dépense d'eau d'un canal de dérivation; quelle est la forme qui convient le mieux aux entrées des canaux, aux piles des ponts, aux bajoyers des écluses. Enfin, après avoir traité des obstacles qui retardent l'écoulement de l'eau comme les roseaux, le vent, la glace, il examine pourquoi un corps qui flotte librement à la surface d'un courant y acquiert une plus grande vîtesse que celle du fluide qui le porte, et dans quel cas la surface d'un courant est quelquefois convexe et quelquefois concave.

Après avoir donné la principale attention aux rivières et aux canaux dont les services sont plus importans, ou les désordres plus à craindre, du Buat s'occupe des aqueducs, des conduites et des jets-d'eau qui ont plutôt pour objet la salubrité, la propreté ou l'agrément. On y trouve cette matière traitée avec la précision qui dérive de la netteté de la théorie. Son ouvrage est terminé par la théorie du mouvement de l'eau dans les pompes; et, par occasion, il parle de l'effet des machines à feu, de la force qu'il faut pour les mouvoir, et des effets des fluides élastiques. Mais nous verrons dans le livre suivant, que Prony a épuisé cette matière.

Nous terminerons cette histoire de l'hydraulique en indiquant les ouvrages les plus complets où elle ait été traitée; et d'abord, l'*architecture hydraulique* de Belidor (1737-1751), qui est un ouvrage immense, un trésor de recherches et de machines, que le cit. Coulomb vouloit compléter, et que le cit. de Prony a commencé de refaire, mais que l'histoire de l'hydraulique doit toujours annoncer et célébrer.

Le premier volume contient les principes de la mécanique, les machines simples, les lois du mouvement, les calculs des frottemens, l'action de l'eau contre les surfaces, sa vîtesse dans l'écoulement, la dépense d'eau dans tous les cas, la description des moulins à blé de différentes formes, de différens pays, et les perfections dont ils sont susceptibles. Les moulins à scies, les moulins à poudre, les machines d'épuisement, à chapelets, à auges, à godets, à tympans; la vis d'Archimède.

Le second volume (1739), contient le détail de toutes les pompes anciennes et nouvelles, les machines mues par le vent, les machines à eau, les machines à bras; la description, les détails, l'analyse et les calculs de la machine de Marly, de celle du Pont-Neuf, de celle du pont Notre-Dame, et de plusieurs autres machines imaginées et proposées du temps de Belidor par Francini, Denisard, la Dueille, &c. les expériences et les calculs des tuyaux de conduite; les machines à feu; les fontaines, les puits, la baguette de Jacques Aimar, la distribution des eaux, l'aqueduc d'Arcueil, celui de Roquancourt, les jauges, les dimensions des murs de soutennement; et les tables relatives aux dépenses des jets-d'eau et des tuyaux de conduite.

Le troisième volume (1751), contient la description des travaux qu'on exécute dans l'eau, les jetées, les écluses, les bâtardeaux, les quais; les canaux, les travaux de Dunkerque, de Mardick, de Gravelines, de la Moëre, de Cherbourg, de Bergues, du Havre, de Muyden; les machines à enfoncer les pilotis, les cabestans, la résistance des bois et des fers.

Enfin, le quatrième volume traite des travaux sur la mer et dans les ports; on y voit les phénomènes de la marée, l'histoire des ports anciens et modernes, leurs inconvéniens, les jetées, les ponts, entr'autres celui de Westminster; les formes, les cales, les machines à curer les ports, les moyens de dessèchemens.

Les travaux faits et à faire à Dunkerque, à Toulon, &c. les travaux même pour l'attaque et la défense des places, la nature des fleuves, leurs actions, la manière de la diriger, les écluses qu'on y fait, les canaux d'arrosage; enfin, l'histoire du canal de Languedoc et sa description; à laquelle on doit ajouter le grand ouvrage que j'ai donné sur les canaux en 1778 *in-folio*.

Il faut aussi y ajouter deux améliorations contenues dans les ouvrages suivans: *Recherches sur la construction des digues*, par Bossut et Vialet, 1764.

Théorie des Fleuves, avec l'art de bâtir dans leurs eaux et de prévenir leurs ravages, par Jean-Isaïe Silberschlag, 1769, ouvrage traduit de l'Allemand, *in*-4°. avec figures.

Ces deux ouvrages, du même format que l'*Architecture hydraulique*, peuvent être joints à cet ouvrage en forme de supplément.

Le cit. Bernard a donné, en 1787, de *nouveaux Principes d'hydraulique* appliqués à tous les objets d'utilité, et particulièrement aux rivières, précédés d'un *Discours historique et critique sur les principaux ouvrages qui ont été publiés à ce sujet*.

Cet habile ingénieur fait une analyse très-étendue de tous les ouvrages qu'on a sur cette matière, et surtout de celui de Guglielmini dont il relève les erreurs; puis il ajoute:

« J'entre dans la carrière avec de meilleures observations;
» l'étude des rivières a été mon objet principal: j'ai montré que
» des

» des ouvrages célèbres, sur cette matière, ne méritoient ni leur » réputation, ni la confiance du public : en suivant attentivement les phénomènes, je crois être parvenu à les distinguer » tous, et à indiquer les véritables causes qui les produisent : » aussi je suis persuadé que mes recherches ne seront pas inutiles » à ceux qui, doués d'un génie distingué, voudront s'occuper du » même sujet, un des plus beaux que la philosophie naturelle » présente, et le traiter avec l'étendue qu'il mérite ».

Comme le cit. Bernard ne pouvoit pas adopter les principes de Guglielmini sur les vîtesses des eaux courantes, il est revenu sur les premiers principes de l'hydraulique; il a cherché d'abord les lois du mouvement de l'eau lorsqu'elle sort d'un vase prismatique droit, en supposant le fluide entretenu à la même hauteur et ayant sa surface toujours horizontale; il a ainsi considéré toutes ces parties comme animées d'une même vîtesse, comme formant une masse unique. Cette vîtesse est produite par la pesanteur; mais il falloit déterminer la manière dont cette force est modifiée. Il étoit aisé de voir que son effet dépendoit essentiellement du rapport de l'orifice au fond du vase, et que les mouvemens de l'eau dans un vase entrenu plein pouvoit être assimilé à celui qui se fait librement le long d'un plan incliné. Le fond contient-il, par exemple, la cinquième partie du poids de l'eau, il imagine un pareil nombre de tranches égales à celles qui sont contenues dans le vase, disposées sur un plan incliné, de manière que ce plan supporte la cinquième partie de leur poids. Dans les deux cas, la pesanteur est semblament modifiée, et par conséquent le mouvement de l'eau doit être le même.

L'action de la pesanteur modifiée doit être évaluée pour le temps que les graves emploient à tomber librement de la hauteur du vase; pendant ce temps déterminé, la hauteur dont la tranche qui étoit d'abord la plus élevée s'abaissera, détermine la dépense du vase. Pour connoître la vîtesse de l'eau qui sort par l'orifice, il faudra augmenter la hauteur dont l'eau sera abaissée dans le vase, dans le même rapport que le fond est plus grand que l'orifice.

Une formule simple embrasse tous les cas. Lorsque le fond est détruit, l'eau tombe librement par l'orifice, et lorsque l'orifice ess infiniment petit, la vîtesse de l'eau qui s'échappe est égale à celle qui seroit produite par la chûte libre de la hauteur du vase : ce qui est conforme au célèbre théorème de Toricelli.

Après avoir fait sur cette théorie des remarques propres à l'éclaircir et à la modifier, Bernard rapporte toutes les applications dont elle est susceptible; il essaie d'y ramener le cas où l'écoulement a lieu par des orifices verticaux, et il a remarqué le premier que dans un canal horizontal et régulier, dans lequel l'écoulement se feroit par des orifices percés sur une face verticale, élevée à une de ses extrémités il y avoit un cas qui répondoit à celui où le fond est détruit dans les vases verticaux, et que ce cas a lieu lorsqu'on enlève l'avance qui fermoit le canal horizontal à son extrémité : il tombe alors toute l'eau que soutenoit la vanne, et cette eau tombe librement; mais cette vanne ne soutient qu'un poids égal à un volume d'eau qui auroit la vanne pour base et pour hauteur la moitié de celle de la vanne. Ce cas est donc assimilé à celui d'un vase vertical qui auroit un fond égal à la surface de la vanne, et une hauteur égale aux $\frac{4}{9}$ de celle de la même vanne; mais alors la dépense n'est que la moitié de celle que fournit l'ancienne théorie. La différence étoit si grande et il étoit si important d'avoir quelque chose de certain sur cet objet, que l'auteur eut recours à l'expérience : elle justifia ses idées.

L'ouvrage donné par du Buat lui fournit l'occasion d'entrer dans quelques détails sur cet article important.

Guglielmini, après avoir déterminé la vîtesse que doit avoir l'eau qui tombe librement à l'extrémité d'un canal horizontal, fut obligé de supposer que la vîtesse du fluide étoit exactement la même dans toutes les autres parties du même canal; car, autrement la dépense se trouveroit plus grande à l'extrémité que par les autres sections supérieures, ce qui étoit visiblement absurde : mais la supposition de Guglielmini étoit évidemment contraire à la raison et à l'expérience. Dans les canaux réguliers la vîtesse diminue toujours depuis la surface jusqu'au fond; et ce n'est que dans le cas où il se rencontre des obstacles qu'on a remarqué que la vîtesse étoit plus grande dans les parties les plus éloignées de la surface. Donc la vîtesse moyenne observée dans les canaux horizontaux est considérablement moindre que la vîtesse moyenne à l'orifice, déduite de la théorie de Guglielmini; donc la dépense déterminée par cet auteur à l'orifice est de beaucoup trop grande.

Dans cet ouvrage utile, le cit. Bernard a exclu de ses recherches tous les objets qui n'avoient pas quelqu'utilité; et parmi ceux dont il s'est occupé, il s'en trouve qui n'avoient pas été approfondis autant qu'ils le méritoient.

Un ingénieur célèbre de la république de Venise, le chevalier Lorgna, a encore donné un ouvrage important à ce sujet : *Memorie intorno all' acque correnti*, *in verona* 1777, *in*-4°.

Le P. Ximenes, également célèbre en Italie, a donné un grand ouvrage intitulé : *Nuove sperienze idrauliche fatte ne' canali e ne' fiumi per verificare le principali leggi e fenomeni delle acque correnti*; *in Siena*, 1780, *in*-4°. Et comme il a été employé jusqu'à sa mort arrivée en 1786, à des travaux hydrauliques, cet ouvrage contient ce qu'il y a de meilleur sur ce sujet.

Le P. Grégoire Fontana, habile geomètre de Pavie, a donné un savant mémoire sur la résistance de l'air dans les jets d'eau, *Dissertazione idrodinamica. Mantova*, 1775, *in-4°*.

Les ravages de Pô en Italie ont occasionné beaucoup de travaux et beaucoup de livres, et j'en ai parlé assez au long dans mon *Voyage en Italie*, 1786, tome VIII.

De Bologne il y a seize lieues vers l'orient jusqu'à Ravenne, et dix lieues vers le nord jusqu'à Ferrare. Cette surface de seize lieues quarrées est presque toute désolée par les eaux. Mais les intérêts divers des pays voisins ont été cause que l'on a disputé pendant un siècle sur la manière d'y rémédier, tandis que la dépense et les difficultés de l'entreprise contribuoient à éloigner l'exécution.

Le Pô qui, de tous les temps, a été redoutable par ses débordemens et ses ravages, passoit avant le douzième siècle près de Ferrare, du côté du Midi: il se forma, vers 1155, un nouveau lit au Nord de Ferrare; dès-lors la branche droite s'appauvrit peu à peu, et devint continuellement plus petite. Les habitans de Ferrare craignoient vers l'an 1600 que le Panaro et le Reno continuant de couler par l'ancien lit appelé Pô-di-primaro, et d'y former des atterrissements, il n'en résultât des inondations dans le polesino de Saint-Georges, et dans les valées de Commachio: on parla de détourner le Reno, de creuser l'ancien lit du Pô; mais on n'a jamais pu s'accorder : c'est ce qui occasionna tant de visites et de dissertations de Castelli, Guglielmini, Cassini, Ximènes, Lecchi, Jacquier, le Seur, Sivieri, Fantoni &c. Ce dernier a publié un ouvrage intitulé: *Della inalveazione de' fiumi del Bolognese e della Romagna, in riposta alla memoria idrometrica del P. Leonardo Ximenes ed a molti passi esaminati dell' altre cinque memorie.* C'est dans ces divers ouvrages que l'on peut trouver le plus de détails sur les fleuves, sur leur nature, sur leurs réunions, sur leurs débordemens, et sur les travaux qu'ils exigent. L'auteur de cet ouvrage est M. Pio Fantoni; il le dédie au P. Ximenes lui-même, quoiqu'il s'agisse dans cet ouvrage d'établir un sentiment différent de celui de ce grand mathématicien sur l'écoulement des eaux qui inondent les plaines du Bolonois et du Ferrarois; on a projeté plusieurs lignes qu'on pourroit suivre pour la conduite de ces eaux, et celle qu'on appelle la ligne supérieure est préférable, suivant l'avis de beaucoup de personnes qui ont écrit là-dessus; c'est l'avis de M. F., et c'est cependant contre cette ligne supérieure que le P. Ximenes s'est élevé avec cette vivacité et cette force qu'on admire dans ses écrits.

L'*Hydrotechnique* de M. Wieland contient d'excellentes choses sur toutes ces matières. Le troisième volume a paru en 1801, mais il est en allemand, et je n'ai pu me procurer la notice qu'il auroit fallu mettre ici.

XII.

Des ondes et des oscillations des fluides.

On verra dans l'*Histoire de la Navigation* les effets des vagues et des ondes sur les mouvemens des vaisseaux; mais nous devons donner ici une idée de la manière de les calculer.

Newton est le premier qui ait ouvert cette carrière par un problême curieux qu'il se propose, (Liv. II. prop. 44.) et qui lui sert à calculer la vîtesse des ondes de la mer par le temps qu'elles mettent à s'élever et à s'abaisser. Il suppose un syphon à deux branches verticales, communiquant ensemble par une branche horizontale. Si ces deux branches verticales sont remplies d'un fluide d'une densité donnée, comme d'eau, ces deux colonnes d'eau, laissées en repos, resteront en équilibre et de niveau. Mais si l'une est élevée au-dessus du niveau de l'autre, et livrée à elle-même, elle s'abaissera au-dessous de ce niveau en poussant la colonne opposée au-dessus; et après quelques oscillations elles resteront en repos. Newton se demandoit qu'elle étoit la durée de ces oscillations, c'est-à-dire, quelle est la longueur du pendule isochrone à cette durée, car c'est toujours là à quoi se réduit la détermination du problême, puisque de la longueur de ce pendule dépend la durée de ses oscillations.

Or, Newton trouvoit par un raisonnement assez simple, qu'en faisant abstraction de la petite résistance apportée par le frottement de l'eau dans le tuyau, si l'on prend la moitié de sa longueur, c'est-à-dire de deux branches verticales et de l'horizontale du syphon, entre les points d'équilibre des colonnes du fluide, la moitié de cette longueur sera celle du pendule sinchrone, d'où il conclut d'abord que ces oscillations seront isochrones. Si donc par exemple, cette longueur est de 6 pi. $\frac{1}{9}$; les oscillations des deux colonnes d'eau seront de la durée juste d'une seconde, la longueur du pendule qui bat les secondes étant de 3 p. $\frac{1}{18}$, il est plus exactement de 3 p. 8^{l}. $\frac{1}{2}$.

Delà Newton déduit le mouvement des ondes excitées par le vent sur une mer ou un lac, lorsqu'il cesse de les accélérer, ou de celles qu'une pierre jetée dans l'eau y produit, et il fait voir que leur vîtesse est dans la raison soudoublée de leur largeur; si donc on mesure leur vîtesse, ce qui est facile de plusieurs manières, on aura leur largeur, en prenant un pendule qui fasse une oscillation pendant le temps que l'onde employe à s'abaisser et à s'élever. Cela explique pourquoi dans les mers où la lame est courte, c'est-à-dire où l'intervale entre les sommets des ondes est court, les vaisseaux sont beaucoup plus fatigués par un gros temps ; car ils sont frappés plus fréquemment que dans celles où la lame est plus longue, la vîtesse du développement ayant toujours un rapport déterminé avec cette longueur.

Newton observe néanmoins que ce calcul n'est pas mathématiquement exact, parce que l'eau qui, en montant forme les ondes, ne s'élève et ne descend pas perpendiculairement.

Les géomètres mécaniciens se sont depuis proposés ensuite plusieurs problêmes analogues : un corps spécifiquement plus léger que l'eau y étant plongé en partie, et étant tiré obliquement de l'état de repos, qu'elle sera la durée de ses oscillations.

Le même corps étant soulevé verticalement soit dans un vase ou bassin de dimension finie, soit dans un fluide d'une dimension infinie relativement à ce corps, quelle sera la durée de ses oscillations verticales.

L'eau qui étoit tranquille dans un vase étant mise en oscillation, par un mouvement de ce vase, ensuite laissée en repos, trouver la durée des oscillations réciproques de l'eau contre ses parois.

Un corps tel qu'un sphéroïde elliptique, un segment de sphère ou de sphéroïde qui étoit en repos sur un plan, ayant été un peu incliné obliquement, on demande la durée de ses balancemens alternatifs avant de s'être remis dans son état de repos. Mais il seroit trop long d'expliquer les principes d'après lesquels on a résolu ces problêmes.

Dans un mémoire sur le mouvement et la figure des ondes qui est par extrait dans le *Journal des Savans*, octobre 1789, le cit. Flaugergues rapporte des expériences pour détruire le sentiment de Newton et de d'Alembert, (dans l'article *Onde* de l'Encyclopédie). Il en conclut qu'une onde n'est pas l'effet d'un mouvement dans les particules de l'eau, par lesquelles ces particules monteroient et descendroient alternativement en suivant une ligne serpentante, et en s'éloignant ainsi de l'endroit de la surface de l'eau où s'est fait le choc ; mais que c'est une intumescence que ce choc fait naître tout autour de cet endroit par la dépression qu'il y a causée, et qui se propage ensuite circulairement en s'éloignant ainsi de l'endroit de la surface de l'eau où s'est fait le choc même de cette portion d'eau élevée au-dessus du niveau de l'eau stagnante ; et comme une partie de cette eau afflue de toute part dans le creux formé à l'endroit du choc, ce creux en est plusque comblé, et l'eau se trouve élevée de manière à produire tout autour une intumescence, ou une nouvelle onde qui se propage ensuite circulairement comme la première; et cet effet se répétant ainsi plusieurs fois, la surface de l'eau se trouve divisée en un grand nombre de cercles concentriques successivement élevés et abaissés, qui ont pu donner l'idée du mouvement ondulatoire telle qu'on l'a eue, idée qu'on a cru confirmée par l'observation de certaines ondes qui, dans les rivières rapides, ont réellement un mouvement de translation en montant et en descendant alternativement: mais ces ondes n'ont lieu que dans les endroits où le fond de la rivière est inégal et couvert de creux et d'éminences, et alors ces prétendues ondes ne sont qu'une suite du mouvement que prend l'eau en coulant sur ces inégalités.

Il étoit aisé, d'après ce que nous venons de dire, de déterminer la figure d'une onde. Le cit. Flaugergues en donne l'équation, ainsi que celle de la courbe que décrit le centre de gravité d'un vaisseau par le mouvement des ondes.

L'égalité de vîtesse des ondes grandes ou petites qu'on déduit de la théorie précédente, a été confirmée par l'expérience suivante. Il a mesuré sur le bord d'une branche du Rhône, dont l'embouchure étoit fermée, de sorte que l'eau y étoit dormante, une longueur de trente pieds. Il a fait jeter ensuite, dans cette eau, par un temps calme, de petites pierres vis-à-vis d'une des extrêmités de cette longueur. Il a observé que les ondes grandes et petites, que le choc de ces pierres faisoit naître sur la surface de l'eau, employoient toutes les mêmes temps, c'est-à-dire, à-peu-près vingt-une secondes pour parvenir à l'autre extrêmité de la longueur mesurée.

La Grange, dans sa *Mécanique analytique*, a essayé de déterminer la vîtesse des ondes dans un canal, et il trouve qu'elle est la même que celle qu'un corps grave auroit en descendant d'une hauteur égale à la moitié de la profondeur de l'eau dans le canal.

Par conséquent, si cette profondeur est d'un pied, la vîtesse des ondes sera de 5,495 pieds par seconde; et si la profondeur est plus ou moins grande, la vîtesse des ondes variera en raison sousdoublée des profondeurs, pourvu qu'elles ne soient pas très-considérables. Au reste, quelle que puisse être la profondeur de l'eau et la figure du fond, on pourra toujours employer la théorie qu'il indique, si l'on suppose que dans la formation des ondes l'eau n'est ébranlée et remuée qu'à une profondeur très-petite, supposition qui est très-plausible en elle-même, à cause de la tenacité et de l'adhérence mutuelle des particules de l'eau, et que l'on trouve d'ailleurs confirmée par l'expérience, même à l'égard des grandes ondes de la mer, comme on le verra dans l'*Histoire de la Navigation*. De cette manière donc, la vîtesse des ondes déterminera elle-même la profondeur à laquelle l'eau est agitée dans leur formation.

LA RÉSISTANCE des fluides est un article important qui devroit trouver place ici, mais comme il faudra parler des expériences qui ont été faites pour déterminer la résistance qu'éprouvent les vaisseaux, (t. IV. p. 438), nous renverrons cet article à l'Histoire de la Navigation.

Fin du troisième Livre de la quatrième Partie.

HISTOIRE

DES

MATHÉMATIQUES.

CINQUIEME PARTIE,

Qui comprend l'Histoire de ces Sciences pendant le dix-huitième siècle.

LIVRE QUATRIÈME.

De la Mécanique usuelle, ou des Machines. (1)

J'APPELLE mécanique usuelle, ou pratique, celle qui a pour objet de faire connoître les machines utiles à la société, et d'y appliquer les principes rationnels de la mécanique, pour diriger leur construction, de sorte qu'elles produisent le plus grand effet dont elles sont susceptibles. Si cette partie de la mécanique n'exige pas des efforts d'analyse aussi puissans que quelques autres, le génie d'invention s'y est fait remarquer d'une manière surprenante; et son utilité lui mérite une place distinguée dans le tableau des progrès de l'esprit humain pour cette partie de nos connoissances.

On a vu que les anciens devoient avoir des machines ingénieuses, (t. I. p. 99) : le transport des obélisques égyptiens, et

(1) J'ai été obligé de suppléer en entier ce quatrième livre; mais je n'ai pu y mettre le temps et y donner l'étendue que que j'aurois désirés : il faudroit plus d'un volume pour faire l'histoire des machines.

DE LA LANDE.

et même de la pierre de 940 milliers à Ravenne, (voy. en Italie, t. VII.) annonce des moyens, mais qui, peut être, ne surpassoient pas les nôtres, puisque nous avons vu transporter un rocher pesant trois millions.

Les machines les plus simples et les plus utiles sont anciennes, le levier, le plan incliné, la vis, le cabestan. la machine de Ctesiphon pour transporter des colonnes en les faisant rouler, les roues dentées, le criq, la machine funiculaire, la vis d'Archimède, les pompes de Ctesibius, les moulins, les catapultes, les balistes, les béliers, et toutes les machines décrites dans le dixième livre de *Vitruve*, qui vivoit sous le règne d'Auguste, sont encore ce que nous avons de mieux; il ne s'agit donc plus pour nous que de faire voir ce qu'on y a ajouté de plus remarquable pour les moyens, pour les applications, pour les détails.

Mais avant que d'entrer dans le détail des machines, il faut parler des forces de l'homme pour les mouvoir, et des circonstances qui en affectent tous les calculs, savoir les frottemens et la roideur des cordes; on a fait sur ces différens objets des expériences et des calculs qui méritent d'être connus.

I.

De la force des hommes et de celle des chevaux.

La Hire, né en 1640, mort en 1718, est le premier qui se soit occupé de cet objet; on voit dès le premier volume de l'*Académie des Sciences*, pour 1699. Les expériences qu'il fit à ce sujet; car ce n'est que par l'expérience qu'on peut connoître la force des différens muscles. Ainsi, parce qu'un homme étant à genoux peut se relever en s'appuyant seulement sur la pointe des pieds, et qu'alors les seuls muscles des jambes et des cuisses élèvent tout son corps, dont on peut supposer que le poids est de 140 livres, la Hire conclut que ces muscles ont la force de 140 livres.

Le même homme ayant les jarrets un peu ployés peut se redresser, quoique chargé d'un fardeau de 150 livres: alors les muscles des jambes et des cuisses élèvent tout ensemble le poids du corps qui est de 140 livres, et le fardeau de 150 livres, c'est-à dire 290 livres; mais l'élévation n'est que de deux ou trois pouces.

La Hire examine de même quelle est la force des muscles des lombes, et celles des muscles des bras et des épaules en les considérant dans des actions fort simples; et il trouve que la force des premiers est de 170 livres, et celle des seconds de 160 livres. La force absolue des différens muscles, dans ces sortes de mouvemens étant établie, il reste à en voir l'application dans les actions où la mécanique l'employe, c'est-à-dire, où il se forme un levier, et où les forces augmentent ou diminuent, parce qu'elles ont plus ou moins de vîtesse par rapport à celle du poids qu'elles élèvent.

Par exemple, dans l'action de marcher, le poids qu'il faut élever, est le centre de gravité de tout le corps; et si l'homme est chargé, c'est le centre de gravité du corps et du fardeau joints ensemble; la force mouvante est la jambe de derrière. Elle pousse en avant le centre de gravité, et lui fait décrire un arc de cercle qui a pour centre le pied de devant alors immobile. Elle décrit elle-même un arc de cercle de même étendue. Cet arc est considérablement grand par rapport au peu de hauteur qu'il a, c'est-à-dire, à la ligne perpendiculaire comprise entre l'arc et sa corde.

Ainsi, la force mouvante ou la jambe de derrière, a un assez grand mouvement et une assez grande vîtesse par rapport au peu dont le poids est élevé, et elle tire delà un avantage qu'on peut appeler mécanique, et qui naît de la disposition des parties de la machine.

Les muscles des jambes et des cuisses qui agissent dans le marcher, ayant la force d'élever 290 livres, mais seulement à la hauteur de deux ou trois pouces; il s'ensuit qu'un homme qui pèse 140 livres peut marcher chargé de 150 livres, pourvu qu'il ne fasse pas de grandes enjambées, c'est-à-dire, qu'il ne s'élève pas plus de deux ou trois pouces. S'il s'élève d'avantage, alors cette hauteur est trop grande par rapport à l'arc que le poids décrit; et la force mouvante perd l'avantage mécanique qu'elle avoit à l'égard du poids. Delà vient qu'un homme qui portera 150 livres ne pourra monter un escalier dont les marches seront de cinq pouces de haut comme elles sont ordinairement.

Par de semblables raisonnemens, mais plus géométriques et qui entrent dans une mécanique plus fine, la Hire conclut que toute la force d'un homme qui tire avec une direction horizontale en marchant, et le corps penché en avant, se réduit à 27 livres; ce qui est fort au-dessous de ce qu'on auroit pû s'imaginer; que cette force seroit plus grande si l'homme marchoit à reculon; que c'est pour cette raison que les rameurs tirent de devant en arrière; et que si les gondoliers de Venise poussent au contraire du devant, c'est qu'ils aiment mieux perdre l'avantage de la force pour voir le lieu où ils vont, dans les fréquens détours des canaux, et pour éviter de se rencontrer. On sait par une expérience commune, qu'un cheval tire horizontalement autant que sept hommes, et par conséquent sa force sera de 189 livres; et comme cet effet dépend en partie de sa pesanteur, il tirera un peu plus étant chargé.

Par la force des muscles et par la disposition générale de tout le corps, le cheval a un grand avantage sur l'homme pour pousser en avant, mais aussi l'homme en a beaucoup sur le cheval pour monter. La Hire dit que trois hommes chargés chacun de 100 livres, monteront plus vîte et plus facilement une montagne un peu roide, qu'un cheval chargé de 300 livres.

Sur la force des hommes, il y a un grand travail de Lambert dans les *Mémoires de l'Académie de Berlin*, année 1776. Il a déployé la finesse de recherches, et la sagacité, qui distinguent tous ses ouvrages. La théorie qu'il donne est très-propre à s'appliquer à toutes les expériences qu'on pourroit faire, et est en même-temps dépouillée de toutes les discussions physiologiques qui pourroient embarrasser quelques lecteurs. On peut prendre cet auteur pour guide dans les recherches de ce genre; et le cit. Prony y a trouvé tous les principes nécessaires pour analyser les différens cas où l'homme est considéré comme agent mécanique, (*Nouvelle Archit. Hyd.* 1790, p. 517.)

L'homme emploie ses forces, ou en marchant, ou en restant à la même place. Ces deux manières d'être fournissent deux divisions générales. La seconde renferme deux cas, celui où l'homme porte un fardeau, et celui où il tire ou pousse. Lorsqu'un homme marche, chargé d'un fardeau, on peut considérer les différens efforts résultant de son organisation, comme autant de puissances qui agissent sur la masse totale de l'homme et du fardeau, et dont la résultante commune passe par le centre de gravité de cette masse totale, où elle est censée toute réunie. Cette résultante se combine avec la gravité pour produire les différens phénomènes du mouvement progressif de l'homme.

Lambert réduit le problême à une équation qui donne le rapport entre la vîtesse de l'homme qui marche, le poids de son corps et de son fardeau, et la pente du chemin sur lequel il marche, et il donne une table pour faciliter cette équation.

Il a trouvé par des essais, qu'en courant avec une grande vîtesse on reste tellement dans l'air, que les pieds n'agissent que comme s'ils repoussoient la terre en arrière. Cela demande beaucoup d'agilité dans les pieds. Ils ne doivent frapper la terre qu'autant qu'il faut pour conserver la vîtesse. C'ést plutôt l'inégalité du chemin et le frottement qui en résulte dont il faut se servir pour cet effet; et il faut recommencer à pousser la terre en arrière, dans les momens où le centre de gravité atteint le sommet de la parabole: si on le fait plutôt, on fatigue les pieds au-delà de ce qu'il faudroit, et si on le fait plus tard, le choc des pieds contre le chemin en devient plus rude, et l'on est forcé de plier le genoux, parce que le centre de gravité recommence à peser sur le pied qu'on met à terre, ce qui demande plus de force pour le lancer de nouveau.

On voit par-là que c'est l'expérience et l'habitude qui forme un habile coureur plutôt qu'une force particulière des muscles; on en peut dire autant d'un sauteur : c'est la force centrifuge qui fait qu'on passe en partie sur une glace qui seroit beaucoup trop mince pour qu'on pût s'y tenir sans mouvement.

Les anciens savoient qu'une grande vîtesse diminue et détruit même l'effet de la pesanteur; ils avoient bien observé que dans les courses rapides, la force est presqu'entièrement employée à plier la jointure des pieds aussi fréquemment qu'il le faut, et que bien loin de frapper rudement la terre, on ne la touche qu'autant qu'il faut pour conserver la vîtesse.

On voit dans l'ouvrage que je cite, la recherche et l'exposition des formules au moyen desquelles le fardeau et l'inclinaison du chemin étant donnés, on peut déterminer l'effort nécessaire pour que l'homme fasse le plus de chemin possible avant d'épuiser ses forces, la vîtesse qui en résulte, et le temps pendant lequel l'homme sera capable de supporter cet effort. On y trouve ensuite ce que deviennent les équations, lorsqu'on suppose que le plus grand effort dont l'homme est capable est égal au poids de son corps; les cas où le produit de la vîtesse, par le fardeau, est un *maximum*; celui où un homme, marchant sur un chemin horizontal, pousse ou tire dans une direction horizontale; une équation qui donne la valeur de l'effort horizontal du bras; le temps pendant lequel cet effort peut subsister; l'effort de l'homme pour se tenir droit sur ses pieds en poussant ou en tirant; enfin, l'équation qui donne la vîtesse moyenne de l'homme.

Lambert cherche ensuite la relation entre le temps nécessaire pour épuiser les efforts dont les pieds et les bras sont susceptibles; l'équation qui donne l'inclinaison du corps nécessaire pour que l'homme marchant horizontalement pousse ou tire horizontalement avec le plus de force et de vîtesse, et fasse le plus de chemin possible avant d'être las; il calcule le moment statique de l'homme; il donne une table pour faciliter l'usage des équations, en supposant une valeur quelconque au plus grand effort dont l'homme est capable; le *maximum* déduit de cette table; les variations dont le moment statique de l'homme est susceptible.

On y voit pourquoi les résultats donnés par différens auteurs s'accordent si peu. Daniel Bernoulli a trouvé un produit équivalant au poids des $\frac{3}{4}$ d'un pied cube d'eau, ou 50 livres, là où d'autres l'évaluent à 60 livres, et où Désaguliers le porte à 100 livres. Nos formules, dit Lambert, font voir que toutes ces évaluations peuvent avoir lieu ; mais c'est précisément la raison pourquoi on ne peut s'en tenir à aucune. Il faut absolument avoir égard tant à la force des gens qu'on emploie qu'à la manière dont on les employe.

Désaguliers dit qu'avec une bonne machine hydraulique un homme peut élever un muid par minute à dix pieds de haut, par un mouvement continu, mais cette évaluation est trop forte.

Lambert traite aussi de l'homme qui marche sur un chemin incliné à l'horizon, et qui pousse ou tire dans une direction quelconque, et il donne l'équation de sa vîtesse moyenne. Il donne les équations applicables au cas où le chemin étant horizontal, l'homme tire avec plus de vîtesse et de force et fait le plus de chemin possible avant d'être las.

Nous pourrions parler aussi de ce qu'on trouve dans la neuvième section de l'*Hydrodynamique* de Daniel Bernoulli, dans le mémoire du même auteur, sur les moyens de suppléer à la mer à l'action du vent, imprimé dans le tome VIII du *Recueil des prix de l'Académie*. Nous n'oublierons pas la notice d'une machine, où l'on employe en même-temps le poids du corps et la force des bras de chaque individu, que Demandre avoit proposée, et qui mérite toute l'attention des mécaniciens, au jugement de Prony ; nous en parlerons dans l'article VII.

On trouvera encore des remarques importantes sur ces forces dans l'ouvrage de Barthez intitulé : *Nouvelle mécanique des mouvemens de l'homme et des animaux*, 1798, *in*-4°.

Mais la fatigue est une circonstance dont les physiciens et les géomètres qui se sont occupés à calculer la force des hommes n'avoient pas assez tenu compte. Le cit. Coulomb est le premier qui ait discuté les circonstances qui en modifient l'usage, (*Mémoires de l'Institut*, tome II. 1779.) Pour tirer tout le parti possible de la force des hommes, il faut augmenter l'effet sans augmenter la fatigue ; c'est-à-dire, qu'en supposant que nous ayons une formule qui représente l'effet, et une autre qui représente la fatigue, il faut, pour tirer le plus grand parti des forces animales, que l'effet divisé par la fatigue soit un *maximum*.

L'effet d'un travail quelconque a sûrement pour mesure un poids équivalent à la résistance qu'il faut vaincre, multipliée par la vîtesse, et par le temps que dure l'action ; ou ce qui revient au même, le produit de cette résistance, multipliée par l'espace que cette résistance aura parcouru dans un temps donné ; car l'on voit évidemment qu'il résulte le même effet, soit qu'on élève dix kilogrammes à un mètre, ou un kilogramme à dix mètres, puisqu'en dernière analyse, c'est toujours un poids d'un kilogramme élevé dix fois à la hauteur d'un mètre.

Mais de quelque nombre de roues ou de leviers qu'une machine soit composée, si un poids en entraîne un autre d'un mouvement uniforme, le poids tombant, considéré comme puissance, multiplié par l'espace qu'il parcourt, est, dans la théorie, égal au poids élevé, multiplié par la hauteur dont il s'élève. Cette dernière quantité représente l'effet. Ainsi dans la pratique, l'effet altéré par les frottemens, les chocs et tous les inconvéniens des machines est toujours inférieur à un poids équivalent à la puissance, multipliée par l'espace qu'elle a parcouru.

Pour pouvoir comparer l'effet avec la fatigue que les hommes éprouvent en produisant cet effet, il faut déterminer la fatigue qui répond à un certain degré d'action. L'auteur appelle action la quantité qui résulte de la pression qu'un homme exerce, multipliée par la vîtesse et le temps que dure cette action. Quantité comme l'on voit, qui peut être représentée par un poids qui tombe d'une certaine hauteur dans un temps donné : et si en produisant cette quantité d'action, l'homme éprouve toute la fatigue qu'il peut soutenir chaque jour, sans dérangement dans son économie animale, cette quantité d'action mesurera l'effet qu'il peut produire dans un jour, ou si l'on veut le poids qu'il peut élever à une certaine hauteur dans un jour. Ainsi toute la question se réduit à chercher qu'elle est la manière dont il faut combiner entr'eux les différens degrés de pression, de vîtesse et de temps, pour qu'un homme à fatigue égale, puisse fournir la plus grande quantité d'action.

Daniel Bernoulli, qui a discuté cette question, en ayant égard à la plus grande partie de ses élémens, dit que la fatigue des hommes est toujours proportionnelle à leur quantité d'action, ensorte qu'en n'outrepassant pas leurs forces naturelles, l'on peut faire varier à volonté la vîtesse, la pression et le temps; et que pourvu que le produit de ces trois quantités soit une quantité constante, il en résultera toujours pour l'homme un même degré de fatigue.

Il ajoute que de quelque manière que l'homme employe ses forces soit en marchant soit en tirant, soit sur une manivelle, soit sur la corde d'une sonnette à battre les pilotis, en élevant le mouton; soit enfin d'une manière quelconque, il produira avec le même degré de fatigue la même quantité d'action, et par conséquent le même effet. Il évalue le travail journalier des hommes dans tous les genres de travaux, à un poids de 1728000 livres, élevées à un pied, ce qui revient à 274701 kilogrammes élevés à un mètre : (*Prix de l'Académie*, t. VIII, p. 7.) Désaguliers, et la plupart des auteurs qui ont eu besoin, dans le calcul des machines, d'évaluer l'action des hommes, ont adopté à-peu-près les mêmes résultats : mais la plus grande partie des expériences qu'ils citent, n'ont duré que quelques minutes, et ne peuvent fournir une quantité d'action à laquelle on ne résisteroit pas un heure par jour : ainsi on n'en peut rien conclure.

Quoique la fatigue ne soit pas proportionnelle à la quantité d'action, ainsi que l'a cru Daniel Bernoulli, quelque soit cependant la formule qui représente la fatigue elle doit être nécessairement une fonction de la pression qu'on exerce, de la vîtesse du point de pression, et du temps du travail. Ainsi, il doit y avoir dans cette formule une combinaison de ces trois quantités, telle qu'à fatigue égale l'on ait le maximum d'action, et par conséquent le plus grand effet que les hommes peuvent produire dans un jour. Cette combinaison est différente, comme le fait voir Coulomb, suivant les différentes manières dont l'homme employe ses forces : delà résulte cette conséquence, que comme dans tout travail l'on doit tendre à fournir le plus grand effet, la quantité qui exprime le *maximum* d'action relativement à la fatigue, doit être l'objet principal des recherches dont il s'agit. Cette quantité est d'autant plus importante à déterminer que, d'après la théorie de *maximis* et *minimis*, lorsqu'elle sera connue, l'on pourra faire varier sensiblement les élémens qui la composent, c'est-à-dire, la vîtesse, la pression et le temps sans augmenter sensiblement la fatigue.

Après plusieurs expériences que rapporte le cit. Coulomb, il trouve que lorsqu'un homme monte librement un escalier, sa quantité d'action journalière a été représentée par 205 kilogrammes élevés, à un kilomètre; mais que lorsqu'il porte une charge de 68 kilogrammes, sa quantité d'action journalière a été représentée par 109 kilogrammes élevés à un kilomètre. Ainsi, en retranchant ce second nombre du premier, on trouve qu'un fardeau de 68 kilogrammes a diminué la quantité d'action qu'un homme fournit lorsqu'il monte librement un escalier, de 96 kilogrammes élevés à un kilomètre, ou de 196 livres à 513 toises.

Il fait voir que l'on peut supposer, sans grande erreur, dans une question du genre de celle-là, que les quantités d'actions perdues sont proportionnelles aux charges, et il en déduit une formule pour l'expression de la charge et de l'action utile, et c'est ce qui est confirmé par l'expérience ; car, il n'y a qu'à demander aux plus forts travailleurs de ce genre, ceux qui se vantent de monter une voie de bois à 12 mètres de hauteur en sept à huit voyages, s'ils peuvent monter six voies en quarante-huit voyages, ils avoueront tous que cela n'est pas possible, et que lorsque ce travail doit dùrer une partie considérable de la journée il faut nécessairement diminuer les charges, augmenter le nombre des voyages à proportion, qu'autrement on seroit bientôt excédé de fatigue.

Notre auteur fait ensuite la comparaison de la quantité d'action que les hommes peuvent fournir lorsqu'ils voyagent dans un chemin horizontal, avec une charge ou sans charge, et il trouve que la quantité d'action journalière que les hommes peuvent fournir, lorsqu'ils marchent librement, est à celle qu'ils peuvent fournir lorsqu'ils sont chargés de 58 kilogrammes comme 3500 est à 2048, à-peu-près comme 7 est 4.

Il trouve aussi que sous une charge de 58 kilogrammes, les hommes, en voyageant dans un chemin horizontal, peuvent fournir, par leur travail journalier, une quantité d'action équivalente à un poids de 1000 kilogrammes transportés à un kilomètre; et supposant que les pertes d'actions sont proportionnelles aux charges, il en déduit une formule qui lui donne le plus grand poids qu'un homme puisse porter, ou la limite de l'action de l'homme. Il compare ensuite la hauteur où un homme peut élever son centre de gravité avec le chemin qu'il peut parcourir sur un terrain horizontal, il en résulte qu'un homme éprouve le même degré de fatigue en montant une marche de 135 millimètres, qu'en faisant trois pas et demi sur un chemin horizontal.

Le cit. Coulomb examine la quantité que les hommes peuvent fournir dans leur travail journalier lorsqu'ils transportent des fardeaux sur des brouettes. Ce genre de fatigue a lieu dans tous les travaux civils et militaires qu'exigent les transports de terres.

Le maréchal de Vauban qui, de tous les ingénieurs, est peut-être celui qui a le plus fait exécuter de travaux de ce genre, nous a laissé, dans une instruction imprimée dans la *Science des Ingénieurs* de Bélidor, les résultats de plusieurs expériences, d'après lesquelles l'on peut essayer de calculer la quantité d'action que les hommes peuvent journellement fournir dans ce genre de travail. Voici ce que dit Vauban, Coulomb réduit les mesures dont il s'est servi à nos mesures nouvelles.

« Un homme, dans son travail journalier, peut transporter, » dans une brouette, 14,79 mètres cubes de terre à 29,226 mètres » de distance ; il porte cette masse de terre en cinq cents voyages : » ainsi, il parcourt chargé 14,613 kilomètres, et autant en » ramenant la brouette déchargée ».

Il faut joindre à ces données de Vauban, quelques autres remarques ; lorsque la brouette est chargée, les hommes, en saisissant les bras de la brouette à 15 décimètres à-peu-près de distance de l'essieu, soutiennent une partie de la charge et une partie du poids de la brouette, le reste du poids est porté par le point du terrain sur lequel pose la roue.

Coulomb

Coulomb a trouvé, en soutenant la brouette chargée, au moyen d'un peson, au même point où les hommes tiennent les bras, que la partie du poids qu'ils soutenoient étoient de 18 à 20 kilogrammes ; que lorsque la brouette étoit vide, ils ne portoient que 5 à 6 kilogrammes.

Il a encore trouvé que lorsque la brouette étoit chargée, les bras étant soutenus par des cordes attachées à un point très-élevé, la force nécessaire pour pousser la brouette sur un terrain sec et uni, étoit de 2 à 3 kilogrammes. Cette dernière force dépend en grande partie des petits ressauts que la roue éprouve sur le terrain : elle varie suivant l'adresse du travailleur, qui ne sait pas toujours se rendre maître du mouvement de sa brouette. Pour déterminer, d'après l'expérience dans ce genre de travail, la quantité d'action utile que les hommes fournissent, l'on remarquera que la charge moyenne des brouettes, dans un atelier composé d'hommes vigoureux, est à-peu-près de 70 kilogrammes, que le poids des brouettes, qui varie beaucoup, est moyennement de 30 kilogrammes.

Mais comme l'effet utile est mesuré par la quantité des terres transportées, multipliée par le chemin qu'elles parcourent, puisque les hommes font rouler la brouette chargée à 14,61 kilomètres de distance, l'effet utile journalier aura pour mesure le produit des deux nombres 70 et 14,61, multipliés l'un par l'autre : ce qui donne une quantité équivalente à 1022 kilogrammes transportés à 1 kilomètre.

Mais il trouva que lorsqu'un homme transporte à dos des fardeaux, le *maximum* de l'effet utile de son travail avoit pour mesure un poids de 692,4 kilogrammes transportés à 1 kilomètre. Ainsi, l'effet utile que fournit un homme qui transporte les fardeaux sur une brouette, est à l'effet utile du même homme lorsqu'il transporte les mêmes fardeaux sur son dos, comme 102,7 : 692,4 : : 148,100, ensorte que sur un terrain sec, uni et horizontal, 100 hommes avec des brouettes, feront, à peu de chose de près, la même quantité de travail que 150 hommes avec des hottes.

Le cit. Coulomb cherche ensuite la quantité d'actions de ceux qui élèvent le mouton, et il trouve que dans la sonnette le travailleur ne fournit qu'un peu plus du tiers de l'action qu'il produiroit dans le second cas, et qu'ainsi il seroit facile, en employant la force des hommes de la manière la plus avantageuse, de faire en sorte qu'un homme produisît presqu'autant d'effet que trois, de la manière dont ils sont employés dans la sonnette.

On évalue, dans la plupart des ouvrages de mécanique, la pression qu'un homme exerce sur la poignée d'une manivelle, à 12 ou 13 kilogrammes. Notre auteur ne croit pas que, dans un travail continu, cette pression puisse s'estimer au-delà de 7 kilogrammes. La poignée de la manivelle parcourt le plus souvent un cercle de 23 décimètres de circonférence, et l'on compte sur trente tours par minute. Enfin, l'on évalue le temps du travail à dix heures par jour, et dans les grands travaux, l'on ne retient les travailleurs qui agissent sur les manivelles, qu'au plus huit heures, sur lesquelles ils ralentissent leur mouvement, ou se reposent même assez pour qu'il ne soit pas possible d'évaluer qu'à six heures le temps du travail effectif, à raison de vingt tours par minute.

En calculant la quantité d'action d'après ces observations, il faut multiplier ensemble 7 kilogrammes 23 décimètres, 20 et 360, ce qui donne, pour la quantité d'action journalière, 116 kilogrammes élevés à un kilomètre. En partant de ces résultats, si l'on vouloit comparer les différentes quantités d'action fournies par les hommes qui montent librement un escalier, avec celle des hommes qui agissent sur la manivelle et la sonnette, l'on trouveroit que les quantités d'actions fournies par le même homme, dans ces différens travaux, sont entr'elles comme les nombres 205, 116, 75, quantités qui sont à-peu-près comme les nombres 8, 5, 3, rapport qui probablement donne une précision suffisante dans la pratique; car dans une question de ce genre, il est inutile de chercher une exactitude dont la variété qui existe entre les forces de différens travailleurs, rend la détermination impossible.

La pratique, au surplus, paroît avoir décidé que les manivelles sont préférables à la sonnette; car presque toutes les machines employées dans les grands travaux, pour les épuisemens, sont mises en jeu par des manivelles.

L'auteur calcule également la quantité d'action que l'on consomme en labourant la terre avec la bêche; mais cet article est trop sujet à varier.

Ainsi, le résultat de ce curieux mémoire, est qu'un homme qui monte un escalier librement et sans aucune charge, peut fournir une quantité d'action presque double de celle que peut fournir le même homme chargé d'un poids de 68 kilogrammes, qui est à-peu-près la charge moyenne des hommes qui montent le bois dans les maisons. Mais comme dans cette manière d'employer les forces, il n'y a de travail utile que le fardeau transporté, il en résulte que l'effet utile du travail pour l'homme qui monte chargé, n'est que le quart de la quantité totale d'action que fournit dans la journée l'homme qui monte naturellement un escalier; ensorte que si un homme montoit librement un escalier, et qu'en se laissant tomber par un moyen quelconque, il élevât un poids égal à sa pesanteur, il produiroit à-peu-près autant d'effet, ou feroit autant de travail que quatre hommes montant à dos le même poids. Cette observation est de la plus grande importance pour diriger les mécaniciens dans la construction des machines destinées à être mues par des hommes, dont il faut toujours que les forces soient employées de la manièse la plus avantageuse pour l'effet utile.

Coulomb a ensuite cherché à comparer la quantité totale d'action que les hommes peuvent fournir en montant librement un escalier, avec celle qu'ils produisent en agissant sur la sonnette, sur la manivelle, et il a trouvé que l'homme qui montoit librement un escalier, pouvoit produire au moins deux fois plus de travail que dans les autres moyens d'employer ses forces. Les expériences qui ont fourni de bases à l'évaluation de la quantité d'action de la sonnette et de la manivelle, ont toujours été faites dans de grands atteliers : il invite ceux qui voudront les répéter, s'ils n'ont pas le temps de mesurer les résultats après plusieurs jours d'un travail continu, d'observer les ouvriers à différentes heures dans la journée, sans qu'ils sachent qu'ils sont observés. On ne peut trop être averti combien l'on rique de se tromper, en calculant, soit la vîtesse, soit le temps effectif du travail, d'après une observation de quelques minutes.

Les résultats de tous les articles qui précédent, donnent des quantités d'actions beaucoup moins considérables que celles dont la plupart des auteurs font usage dans le calcul des machines ; mais ils ne sont fondés presque tous que sur des expériences qui ont duré quelques minutes, et qui ont été exécutées par des hommes choisis ; ils ont ensuite, d'après ces expériences, établi les calculs, en supposant sept à huit heures de travail effectif. Mais un homme peut, dans presque tous les genres de travaux, fournir pendant quelques minutes une quantité d'action double et même triple de son travail moyen, il peut même consommer tout son travail journalier dans deux ou trois heures. C'est ce que l'on voit dans l'article où les hommes qui montent le bois consomment tour leur travail journalier dans le temps où ils sont sous la charge, et ce temps n'est pas d'une heure et demie dans la journée.

Le choix des hommes influe encore beaucoup sur l'évaluation de leur force moyenne : notre habile ingénieur a suivi pendant dix ans des transports de terre exécutés par les troupes, et payés, comme on le disoit alors, à la toise cube ; il faisoit le toisé toutes les quinzaines, et il trouvoit presque toujours que les ateliers de grenadiers avoient gagné un tiers en sus des autres compagnies, et souvent le double des foibles ateliers. S'il avoit déterminé la force moyenne de tous les individus qui formoient l'atelier des grenadiers, il l'auroit trouvé d'un tiers plus grande que la force moyenne des autres ateliers : il est vrai, et c'est une remarque nécessaire à faire, que dans ce genre de travail, dont la principale partie consiste dans le roulage des terres, il ne se trouvoit pas un seul homme foible dans l'atelier des grenadiers, et que deux ou trois mauvais travailleurs dans chacun des autres ateliers y ralentissoient tout l'ouvrage.

Enfin, la quantité moyenne d'action varie encore suivant la nourriture, mais surtout suivant le climat. Il a fait exécuter de grands travaux à la Martinique par les troupes, le thermomètre y est rarement au-dessous de 20°. Il a fait exécuter en Francel es mêmes genres de travaux par les troupes, et il assure que sous ce 14° de latitude, où les hommes sont presque toujours inondés de leur transpiration, ils ne sont pas capables de la moitié de la quantité d'action journalière qu'ils peuvent fournir dans nos climats.

Sur la force des hommes, je citerai un fait qui vient de se passer et qui est bien singulier; M. Barclay, en Écosse, a gagné, le 11 novembre 1801, un pari de 5000 liv. sterling contre M. Fletcher, en faisant à pied 90 mille, ou 23 lieues en moins de 22 heures. C'étoit une revanche. M. Fletcher lui avoit gagné, il y a environ un an, un pari du même genre; cette fois, M. Barclay s'étoit assujetti au régime d'un fermier-chasseur, qui s'est fait une réputation de donner des forces. Pendant deux mois, le fermier ne le nourrissoit que d'alimens grossiers, ne lui laissoit manger qu'une certaine quantité de viande crue, l'envoyoit trois fois par semaine au marché de la ville voisine, les épaules chargées de beurre et de fromage, et ne lui passoit qu'une heure et et demie pour faire le voyage, quoiqu'il y eût de sa ferme à la ville, dix milles de distance.

Nous avons vu, pag. 725 que Lahire avoit évalué la force des chevaux; mais je dois parler de ce qui a été fait à ce sujet; et d'abord, des Camus, gentilhomme lorrain, qui quitta l'Académie en 1723, fut le premier qui, dans son *Traité des forces mouvantes*, parla des avantages des grandes roues, particulièrement pour celles de devant des voitures à quatre roues, de la situation des traits des chevaux, pour qu'ils tirent le plus avantageusement possible; il prescrit pour cet effet de les placer horizontalement à la hauteur du poitrail. Lahire, qui avoit traité d'une manière plus particulière de la force de l'homme, ayant aussi parlé de la force des chevaux, et de la manière dont ils agissent en tirant, a été cause que cette opinion de des Camus, sur la manière de placer les traits, a été plus généralement adoptée, parce qu'elle sembloit résulter de l'opinion que l'on avoit sur la traction du cheval. Lahire prétendoit, avec raison, que la force des chevaux, pour tirer, venoit principalement des muscles de leur corps et de la disposition générale de leurs parties, qui ont un très-grand avantage, pour pousser en avant; mais selon Deparcieux, cet Académicien n'a pas été bien entendu, et c'est particulièrement pour supléer à ce que Lahire avoit dit sur ce sujet, que Deparcieux entreprit d'examiner cette matière.

Lorsque nous ne considérons les effets que superficiellement, il nous paroissent faciles à expliquer; il semble que nous pouvons rendre raison de tout ce qui s'y passe; mais dès que nous voulons les approfondir, ce qui nous avoit paru simple, nous paroît très-composé, et ce que nous avions cru aisé à expliquer, nous paroît fort difficile; à-peu-près comme quand nous voyons un objet de loin, nous croyons d'abord en saisir la forme et les contours, et nous sommes tout étonnés de nous être grossièrement trompés lorsque nous le voyons de près. Un homme tire un fardeau, des chevaux traînent une voiture; il semble d'abord clairement que l'un et l'autre ne produisent le mouvement du corps qu'ils traînent que parce que portant leur masse en avant en conséquence de l'action de leurs muscles, cette masse étant avancée, le fardeau qui la suit doit avancer pareillement.

Cependant ce n'est point ainsi que cela se fait; selon Deparcieux, l'homme et le cheval ne tirent que par leur poids, ou par leur pesanteur, et l'effort de leurs muscles ne sert qu'à porter successivement leur centre de gravité en avant, ou à produire continuellement le renouvellement de cette action de leur pesanteur : on convient assez que c'est ainsi que se fait l'action de l'homme pour tirer; mais pour le prouver, par rapport au cheval, Deparcieux commence par démontrer que réellement l'homme qui tire un fardeau, n'agit que par son poids : il fait voir que par l'attitude que tous les hommes prennent en tirant, ils tendent constamment à diminuer le levier par lequel agit ou résiste le poids qu'ils veulent tirer, et à augmenter la proportion qui est entre ce levier et celui par lequel tend à descendre leur centre de gravité. On voit clairement par-là que c'est par l'action du poids de l'homme que se fait sa traction, puisque plus ce poids agit avec avantage contre l''obstacle qui résiste par la position que l'homme prend, plus il a de force pour surmonter cet obstacle; mais si l'on suppose maintenant qu'il se baisse, l'avantage avec lequel il agira, augmentera à mesure qu'il s'inclinera, et il sera le plus grand possible, lorsqu'il posera les mains par terre. Or, ce cas est précisément celui du cheval : donc le cheval agit comme l'homme par la pesanteur de sa masse, en tout ou en partie.

Deparcieux cite plusieurs expériences, pour faire voir que quoique cette opinion paroisse contraire aux notions communes, elle n'en est pas moins certaine; il prouve qu'aussitôt que le cheval veut faire un effort, il ne pose presque plus sur les pieds de devant, n'appuie que sur ceux de derrière qui deviennent par-là comme un point d'appui autour duquel une partie de sa masse tend à tourner ou à descendre pour produire l'effet de la traction : il rapporte à cette occasion l'expérience de la bascule, où le cheval placé de façon que ses pieds posent sur un bout et ceux de derrière sur l'autre, fait baisser tout d'un coup celui-ci dès qu'on tire le palonier pour faire faire au cheval la même action que s'il tiroit une voiture. Il fait voir en outre que le cheval, par la disposition de ses parties, a un avantage très considérable sur l'homme pour tirer, indépendamment de sa plus grande force.

Ayant ainsi prouvé de quelle manière le cheval agit lorsqu'il tire un fardeau, Deparcieux examine comment il doit tirer pour produire le plus grand effet possible, et comme il tire par la même cause que l'homme, et que pour l'homme, plus les traits sont bas, jusqu'à un certain point, plus il tire avantageusement, ainsi que Deparcieux s'en est assuré par sa propre expérience, il s'ensuit que les traits du cheval ne doivent point être horizontaux, comme des Camus l'avoit avancé, mais qu'au contraire ils doivent être inclinés. Deparcieux a décidé, par des expériences faites avec soin, que cette inclinaison des traits doit être de 14 à 15°. Ainsi, en leur donnant cette position, on aura encore cet avantage qu'ils souleveront ou porteront une petite partie du poids de la voiture et soulageront ainsi les petites roues de devant. On pourroit imaginer qu'en prescrivant de placer les paloniers bas, ou de façon que les traits se trouvent à la moitié de la hauteur du cheval, il voudroit proscrire les roues de devant qui seroient trop grandes; mais comme la position des traits n'a presque rien de commun avec la grandeur de ces roues, rien n'empêche qu'en donnant aux paloniers la position qu'ils doivent avoir, on ne donne en même-temps aux roues de devant toute la grandeur possible. (*His. ac.* 1760.)

Le cit. Prony, dans son *Architecture hydraulique*, donne aussi une théorie sur la force des chevaux. Il observe d'abord qu'on peut employer le cheval à porter des fardeaux; mais que ce n'est pas le meilleur usage qu'on en puisse faire, s'il s'agit surtout de monter une pente roide, on perdra beaucoup sur son moment statique, eu égard à l'avantage qu'on en peut tirer d'ailleurs. Lahire observe que s'il s'agit de monter un fardeau sur une montagne un peu roide, trois hommes chargés de 100 livres chacun, la monteront plus vîte et plus facilement qu'un cheval chargé de 300 livres, ce qui vient de la disposition des parties du corps de l'homme, qui sont plus propres à monter que celles du cheval.

Si on avoit une suite d'expériences comparatives faites avec différens fardeaux, et sur différentes pentes, on pourroit essayer d'établir une loi; mais on n'a pas publié de pareilles expériences: on sait seulement, en général, qu'un cheval chargé d'un homme et d'un équipage, le tout pesant environ 200 livres, peut, sans être forcé, parcourir en 7 ou 8 heures de marche, 2000 toises dans un bon chemin. Il faudroit diminuer le poids ou la longueur du chemin, s'il s'agissoit d'une marche qui dût se répéter tous les jours; mais on ne peut pas fixer avec quelque certitude la valeur moyenne précise du produit de la masse à porter par la vîtesse et le nombre d'heures de marche dans un jour.

On trouve dans les *Mémoires de l'Académie* (en 1703), des expériences comparatives de M. Amontons, sur la vîtesse des hommes et des chevaux, où il porte la vîtesse d'un cheval chargé de son homme, en allant au petit pas, à 0,875 toise par seconde, et celle d'un cheval portant le même fardeau et allant au grand pas, à 1,4 toise par seconde. Ces vîtesses sont un peu fortes pour des vîtesses moyennes, d'autant plus que la première est sensiblement égale à celle de l'homme dans certaines circonstances, et que, d'après l'expérience, la marche moyenne de l'homme est plus prompte que celle du cheval allant au petit pas. Amontons, au surplus, ne parle pas de la pente du chemin ni du nombre d'heures pendant lesquelles un cheval pourroit supporter une pareille marche pendant un jour.

La grande utilité de chevaux se manifeste principalement dans le tirage, et c'est à ce genre de travail qu'on doit principalement les appliquer lorsqu'on veut en tirer le plus grand parti. Un cheval attelé qui fait effort pour tirer, se bande en avant en inclinant les jambes et approchant le poitrail de terre, et cela d'autant plus que l'effort est plus considérable. On voit donc qu'il faut considérer dans le tirage le poids de l'animal, et de ce qu'il porte à dos, par une méthode semblable à celle que Prony a suivie dans le *Traité de l'homme tirant ou poussant.*

Ainsi, il est utile de charger à dos, jusqu'à un certain point, le cheval qui tire; cette méthode paroît, au premier coup-d'œil, augmenter inutilement sa fatigue, toutes choses égales d'ailleurs; mais il faut considérer que la masse dont on le charge verticalement, s'ajoute en partie à l'effort qui se fait dans la direction du tirage, dispense ainsi le cheval de s'incliner autant, et peut, sous ce point de vue, le soulager davantage qu'elle ne le fatigue par le poids vertical qu'elle lui fait supporter: les roulliers et les charretiers ont toujours grand soin de disposer la charge de manière que le brancard ou le timon passe sur le dos des chevaux qui y sont attelés. *Voyez* les *Observations sur les voitures à deux roues pour l'usage du commerce et le service du canon*, par J. Grobert, chef de brigade d'artillerie, 1797, *in-4°*.

La meilleure disposition des traits, pendant le temps que l'effort du tirage a lieu, est, suivant Prony, d'être parallèle au plan sur lequel se fait le tirage, ou d'avoir la même inclinaison que le chemin sur lequel roule la voiture; mais pour que les traits aient une pareille inclinaison pendant l'effort du tirage, il est nécessaire qu'ils soient disposés de manière à s'éloigner davantage de l'horizontale que la ligne du tirage, lorsque le cheval ne fait point d'effort, et que ses jambes sont dans la situation verticale. En effet, le poitrail du cheval s'abaissant pendant le tirage, l'extrémité antérieure des traits s'abaisse d'autant, et ils ne peuvent, dans ce dernier état, être parallèles au plan qui porte la voiture] qu'autant qu'ils auroient été primitivement inclinés à ce plan; cette inclinaison peut même être nécessaire pour tenir lieu de la charge à dos, en même-temps pour diminuer le frottement, lorsque le cheval est employé à tirer un traîneau.

Sur l'effort qu'un cheval peut faire pendant un certain nombre d'heures, Prony desireroit qu'on fît de nouvelles expériences; on a trouvé qu'un cheval, employé journellement à tirer, pouvoit faire, pendant huit heures de la journée, un effort de 200 liv. avec une vîtesse d'environ 3 $\frac{1}{2}$ pieds par seconde : si on augmente cet effort jusqu'à 240 livres, le cheval ne pourra travailler que six heures avec une moindre vîtesse. Sauveur évalue l'effort moyen d'un cheval à 175 livres, avec une vîtesse de trois pieds par seconde : cet effort doit être représenté par celui que feroit un cheval pour tirer une corde passant sur une poulie à l'extrémité de laquelle seroit suspendu un poids. Au reste, les résultats des différentes expériences qu'on peut faire, doivent être sujets à bien des variations.

Désaguliers a trouvé en Angleterre, qu'un cheval équivaloit à cinq hommes. Les auteurs françois comptent ordinairement sept hommes pour un cheval. Cette différence peut venir de celles des hommes, mais elle tient beaucoup à la manière dont les expériences ont été faites. Il seroit à desirer qu'on en fit de nouvelles, où l'on tiendroit compte de toutes les circonstances propres à influer sur le tirage, et dont on trouve le développement dans le livre que nous citons. On a voulu essayer de tirer parti du poids du cheval pour mouvoir des machines, comme on tire parti du poids des hommes qui marchent dans des roues à timpan; mais le peu de vîtesse qui a résulté de cette manière d'employer les chevaux, a empêché, dans les expériences qu'on a faites, que l'effet ne répondît au poids considérable qui servoit de moteur. Il seroit important que des hommes instruits et zélés s'occupassent à faire de nouvelles épreuves sur tous ces objets. Prony, pag. 548.

On a fait de tout temps des efforts pour imiter le vol des oiseaux. J'ai

J'ai donné, dans le *Journal des Savans* (1782, pag. 366), une idée des différens projets qu'on a eus pour s'élever en l'air. Le cit. Coulomb lut un mémoire à l'Académie en 1780, dans lequel il examine le plus grand effet que les hommes peuvent produire pendant quelques secondes, en considérant le produit de la vîtesse, du temps et du poids, et y appliquant les expériences, il trouve qu'ùn homme qui pèse 140 livres, ne peut exercer une pression égale à 140 livres qu'avec une vîtesse de trois pieds par seconde, et qu'il faudroit, pour le soutenir en l'air, que la surface des ailes, mues avec cette vîtesse, fût de douze mille pieds, il ne pourroit jamais augmenter sa pression sans diminuer sa vîtesse. Ainsi, il n'y aucun bras de levier, ni aucune machine qui puisse augmenter cet effet ; mais comme il auroit nécessairement du temps et des forces perdus pour relever les ailes, et plusieurs autres effets à déduire de ce résultat, il faudroit peut-être doubler ou tripler les ailes. Or, il est visiblement impossible qu'un homme puisse, sans avoir d'autre point d'appui que lui-même, soutenir et manœuvrer des plans de 180 pieds de long et autant de large, c'est-à-dire, plus étendus que les voiles d'un vaisseau ; cela suffit pour assurer qu'aucune tentative, dans ce genre, ne sauroit jamais réussir. Les oiseaux ont les muscles des ailes beaucoup plus forts à proportion du poids de leur corps, et ils peuvent donner à leurs ailes une plus grande vîtesse que celle dont un homme est capable, d'après l'expérience. Ainsi, l'impossibilité de se soutenir en frappant l'air, est démontrée ; il étoit réservé à Mongolfier de nous apprendre à voyager dans les airs, comme nous le dirons dans l'article VIII.

II.

Sur le frottement dans les machines.

Dans toute machine le frottement est ordinairement une partie assez considérable du poids à mouvoir. C'est Amontons, de l'Académie des Sciences, (né en 1663, mort en 1705), qui le premier jeta quelque jour sur cette théorie importante dans les machines.

Le frottement est une résistance occasionnée par l'aspérité des surfaces qui se meuvent, étant pressées l'une contre l'autre. Concevons un plan horizontal sur lequel soit appliquée une surface chargé d'un poids. Dans la rigoureuse théorie la moindre force devroit être capable de l'entraîner, et cela arriveroit sans doute si ces deux surfaces étoient telles qu'on les conçoit dans l'abstraction mathématique. Mais comme elles sont hérissées d'inégalités, les éminences de l'une engrènent dans les cavités de l'autre, ainsi la puissance qui tire ne sauroit entraîner le poids où la surface qui le soutient sans la soulever un peu. Or, pour cela il faut une force proportionnée à la quantité du soulèvement. Telle est la source de la résistance qui accompagne le frottement.

On voit par-là, que si l'on connoissoit la nature de ces inégalités, on pourroit calculer le frottement *à priori*. Mais comme l'on ne sauroit aspirer à cette connoissance, il a fallu prendre une autre route et consulter l'expérience qui seule peut servir de flambeau dans les cas semblables.

C'est cette méthode qu'employa Amontons, (*Mémoires* 1699). et par son moyen il établit deux propositions fondamentales l'une est que la résistance occasionnée par le frottement est à-peu-près le tiers de la force qui applique les surfaces l'une contre l'autre; la seconde que le frottement ne suit pas comme on seroit tenté de le penser, le rapport des surfaces, mais seulement des pressions. D'après ces principes, Amontons donna des règles pour calculer la quantité du frottement et la quantité de puissance nécessaire pour le surmonter.

Aprés Amontons la théorie des frottemens a été principalement cultivée par Parent, (né en 1666, mort en 1716,) qui y ajouta diverses considérations ingénieuses; il traita cette théorie dans les Mémoires de l'Académie 1704 et 1712, sous le titre de *Nouvelle statique sans frottement et avec frottement*. Il y résolut quelques problèmes curieux. Descamus discuta la même matière dans son *Traité des forces mouvantes;* Musschenbroëk et Désaguliers ajoutèrent de nouvelles expériences. Il résulte de celles qu'ils ont faites que le rapport du frottement à la pression est différent suivant les differentes espèces de matières qui frottent les unes contre les autres, et qu'il varie du sixième au tiers; de sorte que le rapport établi par Amontons est en général trop grand. Mais il n'y a pas dans la pratique d'inconvénient à cela, car il vaut mieux donner trop d'avantage à la puissance que de lui en donner trop peu. Musschenbroëk n'adopte point non plus la proposition avancée par Amontons, savoir que le frottement n'augmente pas, quoiqu'on augmente les surfaces, pourvu que la pression soit la même. On voit par les expériences de ce savant professeur de Leyde, que le frottement a augmenté quand les surfaces ont été plus grandes, mais à la vérité beaucoup moins que dans le rapport des surfaces; cela doit être nécessairement; car, puisque le frottement use peu-à-peu les surfaces qui se frottent, il y a non-seulement un soulèvement de l'une sur l'autre, mais il faut que quelques-unes de leurs aspérités dont l'engrènement produit le frottement soient brisées dans le mouvement. Ainsi comme il y en aura davantage de cette dernière espèce dans une grande surface, il y aura aussi un plus grand frottement, ou une plus grande résistance à vaincre. Mais on ne pouvoit se dissimuler qu'il restoit encore sur tout cela bien de l'incertitude.

L'Académie des Sciences a successivement proposé en 1779, en 1782, pour l'objet de concours, la théorie des machines simples, en ayant égard aux effets de frottement et de la roideur des cordages. Le prix qui étoit double fut remporté par le cit. Coulomb, capitaine au Corps-Royal du Génie, et aujourd'hui membre de l'Institut. Son mémoire est l'ouvrage le mieux fait et le plus complet qu'on ait publié sur cette matière; il a été imprimé dans le dixième volume des *Mémoires des Savans étrangers*, et ses expériences y sont décrites dans un grand détail. Le cit. Prony a tiré de ce mémoire une partie de la théorie contenue dans sa *Nouvelle Architecture hydraulique*, et les expériences qui viennent à l'appui de cette théorie, et qui servent à rendre applicables à la pratique les formules qui en sont déduites. Prony rapporte ces expériences fort en détail, (tome I. page 459.)

Coulomb a d'abord fait glisser du chêne sur du chêne sans enduit en suivant le fil du bois; il a varié les matières et les circonstances; il a examiné l'influence qu'avoit la durée du contact sur le frottement. Il a trouvé que la difficulté de faire glisser les surfaces l'une sur l'autre, augmentoit avec la durée du contact, mais seulement pendant un temps assez court qu'il a trouvé d'une ou deux minutes, après lequel le frottement avoit acquis toute l'augmentation dont il paroît susceptible.

On peut conclure, dit Coulomb, que lorsque les surfaces de bois de chêne glissent l'une sur l'autre, sans aucun enduit, le rapport du frottement à la pression est toujours une quantité constante, et que la grandeur des surfaces n'y influe que d'une manière insensible.

Il y a cependant une remarque à faire, continue le même auteur, c'est que lorsque les surfaces en coulant ont beaucoup d'étendue, et qu'elles n'éprouvent que de petites pressions, le frottement varie d'une manière très-irrégulière suivant les positions où se trouve le traîneau: ainsi, lorsque la pression étoit seulement de 74 livres, et la surface en contact de 3 pieds quarrés, il a trouvé moyennement le frottement de 30 livres, et après un temps très-long au-dessous de 30 livres, et une fois de 55 livres, sans qu'il puisse attribuer ces différences à d'autres causes qu'à la cohésion, et au plus ou moins d'homogénéité des parties en contact. Mais lorsque les pressions sont de plusieurs quintaux, ces irrégularités cessent d'avoir lieu, ou au moins, étant probablement indépendantes des pressions, elles cessent d'être sensibles. C'est là la raison pour laquelle il a toujours trouvé plus d'exactitude dans les essais, où la surface de contact est très-petite, que dans ceux où la surface de contact est de 3 pieds; c'est ce qui, jusquà présent, a dû jeter de l'incertitude sur les essais fait en petit.

Les rapports moyens du frottement à la pression donnés par les expériences faites par Coulomb sur différentes espèces de bois sont en résultat.

Chêne contre chêne, 0,43.
Chêne contre sapin, 0,65.
Sapin contre sapin, 0,56.
Orme contre orme, 0,47.

Dans toutes les expériences qui précèdent, le frottement se faisoit suivant le fil du bois. Coulomb a essayé de déterminer le frottement en posant les règles attachées au traîneau par le travers du traîneau; le fil du bois des règles se trouvant former un angle droit avec le fil du bois du madrier dormant : il a résulté de ces expériences qu'à égalité de pression et de surface le frottement parvenoit à sa limite dans un temps plus long que lorsque les bois glissoient suivant le fil, et que parvenu à sa limite, il se trouvoit moindre que dans le premier cas, et cependant toujours proportionnel à la pression.

Malgré la grande différence des pressions le rapport du frottement à la pression est sensiblement constant et égal à 0,26, et le frottement du chêne, lorsque le fil du bois se croise est au frottement suivant le fil du bois comme 0,26 est à 0,43.

Le cit. Coulomb passant aux expériences sur le frottement entre les bois et les métaux après un certain temps de repos, observe, d'abord que l'accroissement des frottemens y marche très-lentement, relativement au temps de repos. Les variations sont quelquefois à peine sensibles après 4 ou 5 secondes. Il st rare que le frottement ait acquis son maximum avant quatre ou cinq heures de repos, quelquefois même il n'y est pas parvenu après cinq ou six jours.

Pour le fer et le chêne sans enduit intermédiaire, le rapport moyen du frottement à la pression déduit de ces expériences, est, après quatre jours de repos, égal à 0,2, à peu de chose près.

Le cuivre glissant sans enduit sur le chêne donne des résultats analogues à ceux du fer glissant sur le même bois. Il paroît même que les accroissemens du frottement, relativement au temps de repos, marchent plus lentement pour le cuivre que pour le fer; parvenu à son maximum, le rapport du frottement à la pression est à-peu-près égal à 0,18. Il donne aussi les frottemens du fer contre le fer, 0,28, et du fer contre le cuivre, 0,26.

Les expériences sur le frottement des surfaces garnies d'un enduit sont plus compliquées dans leur résultats que les précédentes, à cause de l'influence que le temps du repos a sur la valeur du frottement, suivant la nature de l'enduit et l'étendue des surfaces en contact. Le frottement atteint plus lentement sa limite lorsque l'enduit est de suif que lorsqu'il est de vieux-oing ; et lorsque les surfaces de contact sont réduites à de très-petites dimensions, cette limite a lieu au bout d'un petit nombre de secondes.

Il observe que le vieux-oing très-mou ralentit très-peu l'accroissement du frottement, qui parvient à son maximum avec une surface de contact d'un pied quarré sous une pression de 1600 livres, presque en aussi peu de temps que si les bois glissoient à sec l'un sur l'autre, et est alors quelquefois plus considérable : il semble qu'outre l'engrénage des surfaces, qui se fait ici presque aussi librement à cause du peu de consistance du vieux-oing, que s'il n'y avoit point d'enduit ; il y a encore une cohérence entre les surfaces, augmentée par l'intermède de l'enduit. On trouve ici des tables d'expériences, et des formules qui les représentent, avec la comparaison de l'expérience et du calcul. Il y a une grande table des frottemens du chêne contre chêne, où l'on voit que les plus fortes variations du frottement se trouvent dans les expériences où le rapport de la surface de contact à la pression a eu sa plus grande et sa moindre valeur. Lorsque la pression n'est que de 74 livres pour trois pieds quarrés, ou de 25 livres par pied quarré, le frottement augmente avec la vîtesse ; le phénomène contraire a lieu dans d'autres expériences. Coulomb donne les explications qu'il croit propres à rendre raison de ces variétés, et regarde néanmoins en général le frottement comme un obstacle sensiblement constant et indépendant de la vîtesse. En effet, en calculant dans les expériences le rapport du frottement à la pression résultant des cas où la vîtesse étoit très petite ou nulle, ce qui se fera en divisant le poids par les pressions, on trouve à-peu-près les mêmes résultats pour les cas où le traîneau avoit une vîtesse, ce qui prouve que la vîtesse n'influe point sur le frottement, qui est dans tous les cas une quantité constante. Les rapports du frottement à la pression étant comparés avec les pressions par pieds quarrés contenues dans la table, font voir que depuis 188, jusqu'à 1788 livres de pression par pieds carré, le frottement est $\frac{1}{10}$ de la pression (Prony, page 475.) On voit ensuite que le frottement des bois et des métaux glissants à sec, augmente sensiblement avec la vîtesse ; mais après un frottement de plusieurs heures la vîtesse cesse presque en entier d'influer sur le frottement.

Le cit. Coulomb donne des tables d'expériences sur les frottemens des métaux sans enduit, qui sont aussi proportionnels aux pressions ; mais je ne puis qu'indiquer ce travail immense d'expériences et de calculs.

Il faut ajouter aux ouvrages que j'ai cités : *Theoria e pratica delle resistenze de'solidi ne'loro attriti. Dall' abate Leonardo Ximenès, in Pisa*, 1782, *in* 4°. Et le mémoire de Bulfinger, *Mémoires de Pétersb.* tome IV.

VII.

De la roideur des cordes dans les machines.

Il y a dans les machines une autre résistance au mouvement, celle qui naît de la roideur des cordes. Amontons fut encore le premier qui l'examina dans les *Mémoires de l'Académie*, pour 1699, et 1703. Il fit dans cette vue des expériences fort bien conçues. Mais il faut voir surtout le *Cours de Physique* du docteur Désaguliers, qui a rectifié ses calculs en quelques points. Sauveur, né en 1653, mort en 1716, ajouta à cette théorie une remarque utile, (Mémoires 1703,) qui concerne l'effet du frottement d'une corde qui entoure un cylindre. Il montra qu'en supposant cette corde infiniment flexible, la résistance qui naît de son application à la surface du cylindre croît en proportion géométrique, tandis que la circonférence embrassée par la corde croît en progression arithmétique, de sorte que si un quart de tour équivaut à l'effort d'une livre, et un demi-tour à celui de deux livres, les trois-quarts produiront une résistance de quatre livres, un tour celle de 8, un tour un quart celle de 16, enfin, deux tours complets produiront une résistance de cent-vingt-huit livres ; et ainsi de suite. Ceci sert à rendre raison d'une manœuvre familière aux gens de mer pour lever l'ancre. On se contente de faire faire au cable quelques tours sur l'arbre ou l'essieu du cabestan, et de faire tenir le bout opposé à celui qui tient l'ancre, par quelques hommes tirant avec une force médiocre ; cela suffit pour appliquer avec tant de force le cable à l'arbre du cabestan qu'il ne sauroit glisser dessus, et le cabestan en tournant enlève le poids ou surmonte l'effort de l'ancre, tout de même que si le bout du cable étoit fixement attaché.

Le cit Coulomb s'est aussi occupé de ces recherches. Il a fait fabriquer dans la corderie d'un des principaux ports de France, avec du chanvre de premier brin, trois cordes à trois torons : (voyez l'*Art de la corderie*, par Duhamel.) Les fils de carret qui sortent de la filerie, et avec lesquels on forme les torons se trouvoient réduits à l'ordinaire par les différentes torsions données dans l'attélier aux deux tiers à-peu-près de leur longueur primitive. Ces trois cordes sont les mêmes qui lui ont servi ensuite pour déterminer, au moyen d'une poulie, le frottement des axes.

Pour mettre ces cordes à-peu-près dans le même état que celles dont on se sert dans la manœuvre des machines, Coulomb, avant de les mettre en expérience, les fit travailler pendant une heure sur une poulie afin de leur donner une flexibilité à peu-près uniforme dans toute leur longueur.

Il donne dans une table les résultats de ses expériences sur ces trois cordes, et il trouve une formule pour exprimer la résistance d'une manière qui soit d'accord avec l'expérience. Il examine les cordes mouillées et les cordes goudronées ; il trouve que les poids nécessaires pour plier ces cordes sont à peine d'un sixième plus considérables que ceux qu'il avoit fallu employer pour vaincre la roideur des cordes non-goudronnées ; et même l'augmentation n'a été bien sensible que pour la corde de 30 fils. Elle l'a été très-peu pour celles de 6 et 15 fils. L'augmentation de roideur que le goudron donne aux cordes dépend au moins en grande partie, de l'augmentation du terme constant de la formule ou du degré de tension, indépendant de la charge que le goudron, en remplissant les interstices de la corde fait contracter à tous les fils qui la composent.

Le cit. Prony, dans son *Architecture hydraulique* donne une table des poids nécessaires pour plier les cordes autour d'un rouleau de 4 pouces de diamètre, d'après les expériences du cit. Coulomb ; et dans sa *Mécanique Philosophique*, en 1799, Prony a donné l'application de la théorie aux machines en faisant entrer en considération les circonstances physiques qui influent sur leur jeu et leur produit, telles que l'adhésion, le frottement, la roideur des chaînes, et des cordes, &c. J'ai voulu offrir, dit-il, aux artistes qui n'ont qu'une médiocre connoissance de l'analyse mathématique et de la mécanique, et aux ingénieurs, une suite de règles et de formules pour leur servir dans tous les cas où ils auront ou à employer ou a juger un mécanisme quelconque, et en général à appliquer la mécanique aux besoins de la société.

Après ces considérations générales sur les machines, nous allons parler de celles qui sont les plus remarquables ; et comme les machines à élever l'eau sont les plus importantes, nous commencerons par celles-là.

IV.

De la Machine de Marly, et d'autres Machines mues par l'impulsion de l'eau sur les roues. Remarques de Pitot, de Parcieux, Bralle, Bossut, &c.

Cette machine, la plus célèbre et la plus grande qu'il y ait dans le monde, fut faite de 1676 à 1682, pour amener au château de Marly les eaux de la Seine; on dit qu'elle coûta 7 millions qui en feroient 14 actuellement; mais rien ne coûtoit pour satisfaire les goûts et la magnificence de Louis XIV. Il ne vouloit même pas qu'on lui fît des remontrances dans ces occasions-là: Colbert lui représentoit l'énormité des dépenses du château de Versailles, le roi lui répondit: vous savez mes intentions; je connois l'état de mes affaires; je vous ordonne, et vous exécutez; c'est tout ce que je desire. Il faut me rendre vos services comme je les desire, et croire que je fais tout pour le mieux. (*Œuvres de Champfort.*)

Cette machine est décrite dans l'*Architecture Hydraulique* de Bélidor; elle fut construite par un charpentier liégeois, nommé L. Rennequin. Le cit. Bralle, actuellement directeur de la machine et qui la connoît mieux que personne, trouve que Rennequin n'avoit point arrêté de plan; qu'un instinct mécanique lui faisoit entrevoir la possibilité de réussir, et qu'il comptoit sur les ressources d'une imagination féconde pour se tirer d'embarras, dans le cas où cet instinct l'auroit trompé; il falloit beaucoup de mérite, une tête fortement organisée pour ôser entreprendre un pareil ouvrage, sans modèle et sans objet de comparaison: enfin, dit cet habile mécanicien, Rennequin étoit sans doute inspiré par le sentiment de ses propres forces, et doué de ce génie actif et profond dont la nature est si avare et qu'elle n'accorde que de loin en loin à quelques êtres privilégiés.

Cette machine élève les eaux à une hauteur de 476 pieds divisés en trois intervalles de 150, 160 et 166 pieds. La tour supérieure est éloignée de la rivière de 634 toises; le puisard supérieur est à 344 toises, et le puisard inférieur à 120 toises de la rivière.

Il y a 14 roues sur une longueur transversale de 156 pieds. de A en B, (*fig.* 35,) elles sont sur deux rangs ou files; celles de la première file font jouer les pompes; celles de la seconde file CD, ne servent qu'à mouvoir les chaînes des deux puisards supérieurs. Il faut excepter la 13e. qui est chargée de 21 pompes, dont 8 portent l'eau au premier puisard; et l'autre manivelle

fait

fait mouvoir 6 pompes dans le premier puisard, et 6 dans le second. La quatorzième roue E se trouve hors des rangs à l'extrémité aval de la machine, ce qui fait en total un espace de 130 pieds, en descendant de E en F. Cette quatorzième roue fait mouvoir 20 pompes en bas et point de chaînes. Ces roues ont 36 pieds de diamètre, y compris les aubes qui varient depuis 4 $\frac{1}{2}$ jusqu'à 9 pieds. Il y a en tout deux-cent-vingt-un corps de pompes d'environ six pouces de diamètre, non compris plusieurs pompes qui n'élèvent point l'eau dans la tour qui est au sommet de la montagne, mais ont des destinations relatives au jeu et à l'effet de la machine. Des 221 pompes, 64 prennent l'eau immédiatement dans la rivière, et la portent au premier puisard en montant ; 79 la reprennent au premier puisard, et l'élèvent, par le moyen des chaînes, au second. Enfin 78 pompes la portent delà au haut de la tour.

L'ascension et la descente des pistons est déterminée par des manivelles fixées aux extrémités des axes de chaque roue, et qui ont 26 pouces de coude. Les pompes qui puisent dans la rivière vont au moyen d'une bielle horizontale A, (*fig.* 36.) espèce de verge de fer, qui transmet le mouvement de la manivelle M à un varlet vertical B qui est une immense équerre en charpente ; celui-ci a une bielle pendante C, qui fait mouvoir un balancier D, dont chaque extrémité porte un poteau pendant P, et chaque poteau quatre pistons : ainsi de huit pistons attachés à un balancier quatre montent et aspirent, pendant que les quatre autres descendent et refoulent. Une des manivelles de chaque roue du premier rang, (excepté celle qui est du côté de la montagne), et les deux manivelles de la quatorzième roue sont appliquées aux pompes E qui puisent dans la rivière et portent au premier puisard. Il y a 40 tirans ou chaînes supportées par 4 000 balanciers le long de la montagne, et qui font jouer 185 pompes dans les puisards supérieurs.

Voici maintenant le jeu des pompes qui élèvent l'eau des puisards de la montagne, et dont le mouvement est également déterminé par les roues à aubes qui sont dans la rivière. L'effet d'une seule manivelle expliquera celui de toutes les autres : une bielle horizontale F, (*fig.* 37.) communique le mouvement de cette manivelle G, à un varlet vertical H, et deux bielles horizontales I et K attachées à chacune des extrémités de ce varlet répondent à deux varlets horizontaux L et M, placés l'un au-dessus de l'autre.

A chacun de ces varlets est attachée l'extrémité inférieure d'une chaîne qui suit la pente de la montagne jusqu'aux puisards supérieurs : on voit aisément qu'un des varlets horizontaux est poussé quand l'autre est tiré, et réciproquement ; et qu'ainsi des deux chaînes qui y sont attachées en N et en O, l'une est tirée vers la montagne, lorsque l'autre est tirée vers la rivière. Pour produire ce mouvement alternatif de traction sur la longueur des chaînes, on les a soutenues avec des balanciers verticaux, posés tout le long de la montagne de trois en trois toises : chacun de ces balanciers tourne autour d'un axe ou boulon posé sur un cours de lices, lequel est établi sur des chevalets. La chaîne du varlet supérieur est en haut des balanciers, et celle du varlet inférieur au bas. Ces chaînes sont fixées vers les puisards à des varlets verticaux qui supportent eux-mêmes des chassis auxquels sont adaptés les pistons des pompes foulantes. On conçoit que ces varlets doivent être tirés l'un après l'autre par chacune des chaînes qui leur correspondent. Lorsque l'un est tiré, le chassis de son système de pompes s'élève, aspire par-dessous et refoule par-dessus. Pendant ce temps le chassis du système de pompes de l'autre varlet s'abaisse par son propre poids, et ainsi de suite. L'effet de ces varlets de puisards diffère de celui des balanciers adaptés, sur la rivière, aux tiges des pistons, en ce que ces derniers produisent un effort en montant pour aspirer, et en descendant pour refouler ; au lieu que dans les premiers, l'aspiration et le refoulement se font en montant : cela résulte nécessairement de ce que dans un cas, c'est une chaîne qui transmet le mouvement, et dans l'autre ce sont des verges rigides qui peuvent opérer une pression soit en poussant, soit en tirant.

Il y a 6 pieds de différence de niveau dans les hauteurs moyennes de la rivière qui sont les plus favorables à la machine et alors les roues font $3\frac{1}{2}$ tours par minute. La vîtesse étant $\frac{2}{7}$ de celle du courant, au lieu d'un tiers que l'on suppose communément. On a construit à droite un deversoir de 32 toises. Il s'ert à entretenir les eaux d'amont à la hauteur la plus favorable ; mais il s'y fait beaucoup de filtrations.

A 60 toises des vannes on a établi un brise-glace; et pour arrêter les glaçons où les bois submergés, on a établi un grillage composé de poutrelles fichées tout près les unes des autres.

Le cit. Bralle, dans des remarques qu'il a bien voulu me communiquer, observe que les manivelles ont un mouvement très-inégal ; que dans les roues 4 et 12, une des manivelles éprouve un effort double de l'autre, que les largeurs des vannes varient depuis 5 pieds 9 pouces jusqu'à 11 pieds 9 pouces ; ainsi, en assignant à chaque roues le nombre des pompes qu'elle fait mouvoir on n'a pas eu égard à l'impulsion que chacune devoit recevoir du courant, ni à la hauteur à laquelle elle devoit porter l'eau.

Il y a des pieux enfoncés de 25 pieds, d'autres à 10, et la machine a tassé, elle est tirée vers la montagne.

Il y auroit plus de 400 toises superficielles de madriers à refaire ;

un grand nombre à remplacer. Les massifs qui séparent les coursiers des roues surplombent tous. Il doit y avoir 10 pouces de pente depuis le ressaut ou cul-de-jarre qu'il fait sous la roue, et qui a 14 pouces de hauteur jusqu'à l'extrémité du radier, mais quelques-uns ont une pente inverse provenant de l'affaissement des différentes parties de la machine.

Il y a des pompes qui ont un vide sous le piston, défaut essentiel, qui anéantit quelquefois l'effet de l'aspiration, et qui fait qu'il monte beaucoup de bulles d'air avec l'eau attirée par le piston; l'air se loge entre les surfaces de l'eau contenue dans le récipient et le piston, et par son ressort il s'oppose à l'ascension de celle qui est aspirée et affoiblit la pression du piston lorsqu'il descend pour refouler de nouvelle eau.

Le varlet se meut sur deux axes qui élargissent les trous, et l'on voit le varlet s'élever, malgré son poids, quand la bielle horizontale est attirée par la manivelle, les varlets horizontaux tournent sur des axes fort courts et qui usent leurs trous; l'œil de la bielle s'agrandit au point d'avoir 4 pouces de différence entre ses diamètres.

La perte va jusqu'à 10 pouces et plus sur les 52 de levée que devroient avoir les pistons, et la machine ne fournit pas 50 pouces d'eau, chacun de 72 muids par jour, lorsque toutes les roues marchent; dans le principe elle fournissoit 292 pouces. Du temps de Bélidor 150; elle pourroit en donner 400 pouces d'après le rétablissement projeté par le cit. Bralle; mais il dispose les pièces de sa machine de manière que l'agrandissement des trous ne produise aucun déchet sur la levée des pistons, l'effort de la roue agissant toujours dans la même direction.

Le cit. Bralle, qui a calculé toutes les parties de la machine, a trouvé l'impulsion de 24 287 livres, et la charge de la manivelle 18 719; il observe que son calcul vient à l'appui de la remarque que les fontainiers de la machine ont faite qu'elle marchoit mieux lorsque la chute totale étoit de 7 pieds, et que la roue faisoit trois tours et demi par minute, c'est-à-dire, lorsqu'elle avoit environ les $\frac{2}{7}$ de la vîtesse du courant. Il confirme encore, (ce qu'il est bien important de remarquer,) l'opinion des savans, qui font le choc égal au produit de la surface plane du corps, choquée perpendiculairement, et multipliée par le double de la hauteur, dûe à la vîtesse d'un courant défini, car, si ce choc n'eût été, comme l'estimoit Bélidor et ses contemporains, que la surface multipliée par la simple hauteur due à la vîtesse du courant, celui-ci n'eût imprimé à la roue qu'une impulsion de 12 143 livres inférieure à la résistance calculée sans frottement et déchet quelconque, à-peu-près dans le rapport de 2 à 3.

Les chocs étant proportionels aux dépenses faites par des pertuis égaux dans un temps donné, il s'en suivroit des principes établis par le cit. Bossut, d'après ses expériences que l'on auroit dû ne prendre que les $\frac{5}{8}$ de l'impulsion que le cit. Bralle a trouvé être 24 287 livres, et qu'alors elle auroit été réduite à 15 860 livres. Mais, comment concilier le résultat des expériences des savans avec ce qu'on a éprouvé; le poids seul de la colonne d'eau à élever par la roue est 18 719 livres dans l'état de l'équilibre, elle fait 3 tours$\frac{1}{2}$ par minute. On l'a vérifié plusieurs fois; comment donc seroit-il possible qu'elle pût tourner avec cette vîtesse, si ce choc n'étoit que de 15,180 livres? les frottemens surpassent le tiers du poids d'après un simple apperçu que le cit. Bossut en a fait sur les lieux; mais ils ont été beaucoup moindres dans l'origine, parce que les défauts n'étoient pas aussi sensibles qu'ils le sont actuellement; et si la roue, malgré l'accroissement de poids, à conservé sa vîtesse première, c'est parce que l'air contenu dans l'eau du récipient empêche l'eau de monter au-dessus du point où elle est en équilibre avec son ressort; et qu'en outre, la plupart des pistons perdant beaucoup d'eau, compensent par le moins de résistance qu'ils offrent, l'augmentation de celle du frottement; nous croyons qu'il est difficile de se refuser à l'évidence de ce simple exposé, ce qui existe est conforme à sa théorie; et le cit. Bralle a choisi une des roues les plus parfaites pour en faire l'analyse que nous venons de rapporter.

En 1794, le comité des domaines et aliénations ayant demandé des projets pour le remplacement de la machine de Marly, il y eut un rapport très-détaillé des citoyens Prony et Molard, imprimé avec beaucoup de planches. On y trouve la critique de la machine de Marly, et les machines proposées par Whitet, dont la machine à deux pistons est une idée curieuse, par Bralle, Laguaisse, Campmas, et Trouville, pour remplacer celle de Marly. Nous donnerons une idée de celle-ci comme ayant été fort célébrée depuis 1790.

Depuis qu'on s'occupe de perfectionner ou de remplacer la machine de Marly, il y a eu un grand nombre de projets.

Le cit. Perrier, propose une machine à feu.

Le cit. Montgolfier, son bélier hydraulique.

Comme on se plaint de ce que la rivière ayant été barrée par la machine, la navigation en est génée du côté de Besons; le cit. Bralle propose d'établir une écluse près de la machine pour la navigation.

Mais, lorsque je fus appelé au comité des travaux publics, en 1795, pour les objets de navigation, j'opinai fortement pour la destruction de la machine; elle ne sert plus qu'à fournir

21 pouces d'eau à la ville de Versailles, et il me semble qu'on y pourroit suppléer, comme dans beaucoup d'autres villes, par des puits et des citernes ; il y a des fontaines dans les environs, il y a l'aqueduc de Buc ; et la ville n'a plus que 30 mille habitans.

A Paris, il y a long-temps qu'on se plaint de n'avoir pas d'eau ; pour 600 mille habitans il faudroit 600 pouces d'eau, et il y en à peine 220, savoir : 100 par la pompe Notre-Dame, 55 par la Samaritaine, 40 par l'aqueduc d'Arcueil, 15 par les sources du Prés Saint-Gervais, 10 par Belleville, (*Mém.* 1762, p. 343.) L'eau d'Arcueil est quelquefois réduite à 7 pouces, dans les sécheresses.

La pompe du Pont Notre-Dame à Paris fut faite en 1670, refaite ensuite par Rennequin. Bélidor, en 1737 en fit la description, (*Architecture Hydraulique*, t. II. p. 209.) Il proposa des améliorations qui pouvoient procurer le double de ce qu'elle fournit, et y fit ajouter de nouvelles pompes, au moyen desquelles cette machine donnoit 100 pouces d'eau au lieu de 50.

Les deux roues ont 20 pieds de diamètre sans compter les aubes qui ont 3 pieds sur 18 de largeur. Voici les observations du cit. Bralle sur les défauts de cette machine.

On doit mettre au premier rang sa complication : le grand rouet fixé sur la roue donne le mouvement à deux lanternes ; l'une de celles-ci a un hérisson qui engrenne dans une troisième lanterne, ce qui fait 3 engrennages absorbant seuls, vû leur mauvaise construction, un quart au moins de la force motrice.

Il faut ajouter à ce premier vice l'irrégularité de mouvement de deux manivelles à trois coudes, agissant par des angles trop aigus sur les leviers correspondans. Ce second défaut emporte encore un huitième de la puissance.

Un troisième défaut est la manière dont les roues sont suspendues. L'élasticité des épars ou longues pièces de bois sur lesquelles reposent les axes des roues produit un ébranlement qui se propage dans toutes les parties de la machine et en fatigue les mouvemens.

Un quatrième défaut, plus essentiel encore, est l'étranglement de tous les passages d'eau ; ce seul défaut consume inutilement plus d'un quart de la force.

Cinquième. Les vannes mal disposées, ainsi que les coursiers, rompent le fil de l'eau, et en atténuent l'énergie.

Sixième. On se sert d'un frein pour arrêter les équipages, et ce frein placé sur l'hérisson, agissant sur un arbre debout de 25 à 30 pieds de hauteur, le fait tordre et rompre fréquemment.

Ainsi, il n'y a pas plus des $\frac{2}{7}$ de la force du courant qui soient utilement employés.

Le cit. Bralle a proposé en 1785, des moyens de restauration qui auroient plus que doublé le produit de cette machine, la seule qui alimente les fontaines publiques; l'Académie avoit approuvé ces moyens : pour lever la difficulté de la dépense, il avoit propsé de la faire à ses frais, et d'entretenir la machine pendant 25 ans, pourvu qu'on lui cédât la moitié des eaux qu'il feroit donner de plus que ce qu'elle donne dans les temps les plus favorables.

La pompe du Pont-Neuf, *ou* de la Samaritaine, étoit destinée pour fournir de l'eau aux Tuileries et au Palais-Royal; elle fut construite dans le principe dans des proportions vicieuses, mais elle a été rectifiée en 1796 par le cit. Bralle, et elle a un grand avantage sur celle du Pont Notre-Dame. Au lieu de 10 à 12 pouces qu'elle fournissoit, lorsqu'on lui en donna la direction, il lui en a fait donner 55, au grand étonnement de ceux qui disoient à la commission des travaux publics qu'elle ne pourroit pas marcher.

J'ai prié le cit. Bralle de me donner une idée de ces améliorations, les voici d'après sa réponse :

Les principaux changemens qu'il a faits consistent dans les balanciers, dont il a placé le centre de mouvement au milieu, tandis que le bras de la puissance étoit autrefois plus long que celui de la résistance dans le rapport de 129 à 115; dans le placement des corps de pompes qu'il a mis à l'abri des hautes eaux; ce qui en facilite les réparations en tout temps; dans l'augmentation de leurs diamètres, et dans la précaution qu'il a prise d'isoler les aspirans correspondans à chaque refoulant, ce qui permet de reconnoître à l'instant quel est celui des 8 corps de pompes refoulantes ou aspirantes qui ne fait pas complettement ses fonctions. Il a encore, par un moyen très-simple, rendu le levage de la roue possible, lors des crues, sans qu'il soit obligé d'en arrêter le mouvement, ce qui épargne du temps et des hommes.

Cette machine ne pouvoit donner dans les temps les plus favorables que la moitié du produit dont la force du courant la rendoit susceptible. Les corps de pompes étoient noyés à la moindre crue, ce qui n'en permettoit alors ni l'entretien, ni la réparation; ils étoient étranglés dans leurs raccordemens avec le tuyau montant, ce qui absorboit une grande partie de la force motrice, et la vétusté avoit rendu ces défauts de plus en plus sensibles : depuis long-tems enfin cette machine ne fournissoit, lorsqu'elle marchoit le mieux, que 10 à 11 pouces d'eau; on en avoit ordonné la démolition, et un concours avoit été ouvert pour sa reconstruction. Le cit. Bralle qui, au jugement de l'Académie des Sciences avoit donné le meilleur projet, fut, quelque temps après, chargé de la direction de cette machine:

il y fit des changemens que l'art et la science reclamoient ; et on ne fut pas peu étonné de voir qu'une roue qui mouvoit à peine 4 corps de pompes, dont l'aire de chacun n'étoit que de 576 centimètres, (16 pouces carrés), menoit plus facilement 8 nouveaux pistons dont 4 aspirans de 1089 centimètres de superficie chacun, et 4 refoulans, qui font ensemble 2016 centimètres, dont le produit, dans les eaux moyennes, s'élevoit à 55 pouces. Tel sera toujours l'avantage de l'homme éclairé par la théorie, sur l'indolent ouvrier que guide une routine aveugle.

On peut voir du cit. Bralle trois pompes remarquables par la simplicité, la régularité de leurs mouvemens, l'une dans le Jardin des Plantes ; l'autre à la Maison Nationale des Femmes, (la Salpêtrière) ; et la troisième, qui fournit l'eau nécessaire au bel établissement des bains sur la rivière, au Pont-Royal. La manivelle que les chevaux mettent en mouvement est coudée et porte un cylindre mobile auquel tiennent 3 chaînes qui passent sur des poulies, et vont à 3 corps de pompes dont les pistons sont de cuivre, et peuvent refouler l'eau par leur poids.

Cette machine présente encore une idée neuve : dans toutes les pompes, la puissance est immédiatement appliquée sur les pistons qui refoulent l'eau de bas en haut, de manière que dans le cas où quelque obstacle s'oppose à leur ascension ou à leur descente, elle n'en est avertie que par un surcroît de résistance qui ne peut se faire sentir qu'à un moteur intelligent. Au contraire, dans la pompe du cit. Vigier, la puissance soulève des pistons ou cylindres suspendus à une chaîne flexible ; et ce n'est que par leur poids qu'ils refoulent l'eau en descendant. Si donc quelque obstacle s'oppose à leur descente, ils s'arrêtent, la chaîne ploye, il n'y a point d'efforts, conséquemment point de rupture ; le conducteur sait aussitôt que tel ou tel piston ne fait plus son effet, et il lui est facile d'y remédier. Cette idée est simple, mais l'expérience a prouvé qu'elle étoit heureuse, et très-avantageusement applicable, surtout aux pompes qui doivent élever des colonnes d'eau très-pesantes, et dont conséquemment les moteurs très-puissans ne pourroient être assez promptement arrêtés si un accident fortuit venoit à interrompre brusquement le jeu de quelque piston, ce qui arrive fréquemment dans des eaux courantes.

L'Académie proposa des prix pour substituer des machines à celles du Pont Notre-Dame et du Pont-Neuf, et elle reçut un grand nombre de modèles qui sont au cabinet de l'Institut ; le prix de 1788 ne fût pas adjugé ; on chercha des prétextes, mais la véritable cause étoit que le baron de Breteuil n'étant plus en place, on ne put avoir les fonds.

Borda, dans les *Mémoires* de 1768 et 1769, donna des réflexions sur l'étranglement des soupapes dans les pompes, défaut qui nuit beaucoup à leur effet, et dont il indiqua les remèdes.

Pitot donna, dans les *Mémoires de l'Académie*, plusieurs mémoires sur la manière de connoître l'effet des machines mues par l'eau, d'où il déduit, par les lois de la mécanique, des formules générales pour calculer l'effet de ces machines, sur les aubes ou palettes des roues mues par le courant des rivières, sur les impulsions obliques des fluides contre une surface plane, sur la manière de connoître l'effet qu'on peut attendre d'une machine proposée. On lui doit surtout des recherches fort utiles sur la théorie des pompes, objet dont s'étoit déjà occupé Parent, mais dont le travail s'étoit perdu. Cette théorie des pompes est consignée en trois mémoires insérés parmi ceux de l'Académie, des années 1733, 1739 et 1740. Cette matière si intéressante occupa aussi, en 1739, Camus dans un mémoire où il examina les meilleures proportions des différentes parties d'une pompe quelconque. Ce sont les élémens intéressans d'un mécanisme qui, à cause de son utilité, méritoit la considération attentive des mécaniciens géomètres.

Deparcieux est un des hydrauliciens dont les méditations et les travaux ont été les plus utiles; il eut toujours pour objet la mécanique usuelle et pratique, et il y portoit une sagacité et une exactitude qui sont rares.

On voit dans l'*Histoire de l'Académie* pour 1735, pag. 101, que Deparcieux avoit présenté pour élever les eaux une machine ingénieuse où les deux balanciers étoient déterminés à se mouvoir toujours à contre-sens l'un de l'autre.

Il a aussi décrit un nouveau piston, par le moyen duquel les frottemens sont considérablemens diminués et les cuirs rendus d'autant plus durables. *Mém.* 1762, p. 1.

Deparcieux donna, dans les *Mémoires* de 1747, la manière de tracer la courbe des ondes pour mouvoir des balanciers, au lieu des ovales qu'on a substitués aux manivelles.

Morland avoit proposé, dans le dernier siècle, de substituer aux manivelles une ellipse qui, par sa rotation, fait hausser ou baisser le bras de levier de la pompe.

Le cit. Bralle a aussi imaginé une hélice ou demi-révolution de pas de vis, sur laquelle portent, avec des rouleaux, les extrémités des leviers, et qui, en tournant, les fait baisser.

On y a aussi substitué des courbes épicycloïdes qui ont la propriété de donner un mouvement uniforme, ainsi que dans les engrenages des roues dentées, dont on trouve l'idée dans Roemer et Lahire, que Camus a démontrées dans les *Mém.* de 1733, et que j'ai expliquées d'une manière encore plus simple

simple dans le *Traité d'horlogerie* par Lepaute en 1755. On peut voir aussi Euler *nov. Comment. Petr.* tom. V.

Nous avons parlé (pag. 747), de la vîtesse des roues relativement à celle de l'eau. Parent vit, dès le commencement du siècle, qu'une roue mue par un courant, produit un effet différent à mesure qu'elle se meut plus ou moins vîte; car elle ne pourroit se mouvoir avec la même vîtesse que le courant, qu'autant qu'elle n'éprouveroit aucune résistance de la part du poids à mouvoir, ou de l'effet quelconque à opérer. Cet effet seroit donc nul; au contraire, si elle n'avoit aucun mouvement, l'effet seroit encore nul. Il y a par conséquent un certain rapport de vîtesse entre celles de la roue et du courant qui donne le plus grand effet. Parent trouve que cet effet est le plus grand, quand la vîtesse de la roue est les deux tiers de celle du courant. Il démontre de même que dans un moulin à vent l'inclinaison du plan des ailes avec l'axe doit être de 54° 44′ pour qu'elles aient la plus grande force; ce qui cependant est sujet à quelque modification, comme on le voit dans ses *Recherches de mathématique et de physique* en 3 vol., ainsi que dans ses divers mémoires, dans les volumes de *l'Académie des Sciences* 1704, 1707, 1712, qui offrent plusieurs déterminatiosn de ce genre, qui ont de l'utilité pour la pratique. Il avoit aussi travaillé à la théorie des pompes et avoit même proposé sur ce sujet divers problêmes; mais rien de son travail ne s'est retrouvé. Au reste, son *Traité de Mécanique* est fort obscur et contient des erreurs: Deparcieux a suivi la même carrière avec succès. On étoit persuadé, avec lui, que de quelque manière qu'on employât l'eau d'une chûte, soit par son poids, soit par son choc, on n'en devoit attendre que le même effet, en supposant que dans l'un et l'autre cas toute l'eau fût employée. Rien n'est cependant moins vrai que cette proposition, et toutes les fois qu'on sera obligé de ménager la quantité d'eau, on trouvera un avantage réel à la faire agir par son poids, plutôt que par son choc.

Comme ce cas est celui qui arrive le plus ordinairement, c'est aussi celui qu'il est le plus intéressant d'examiner; car l'eau ne pouvant, lorsqu'elle agit par son choc, produire un effort plus grand que les $\frac{4}{27}$ de l'impulsion qu'elle donne, il est clair que la plus grande partie des petits courans d'eau deviendroient absolument inutiles, si on ne pouvoit les employer d'une autre manière.

Ce fut précisément ce qui arriva à Deparcieux lorsqu'il voulut faire exécuter à Crecy, chez madame de Pompadour, la machine qui y élève les eaux de la petite rivière de Blaise jusqu'à 163 pieds de hauteur: cette rivière fournit à peine, dans le temps des basses eaux, 4 ou 5 pieds cubes d'eau par seconde; ce qui, suivant la règle ordinaire, n'auroit pu élever à la hauteur proposée, qu'une si petite quantité d'eau, qu'elle n'auroit pas mérité qu'on employât beaucoup d'art, de peines et dépenses à l'y faire parvenir.

Cette circonstance engagea Deparcieux à examiner soigneusement s'il ne seroit pas possible de tirer un meilleur parti de l'eau qui passoit par cette chûte, en la considérant comme une suite de poids qui se succèdent les uns aux autres. L'expérience vérifia son idée; il fit construire une machine, et il reconnut que l'eau d'une même chûte agit par son poids beaucoup plus avantageusement que par son choc, et que plus les roues à pots tourneront lentement, plus à dépense d'eau égale, elles feront d'effet. On pourroit imaginer que cette différence d'effet viendroit de ce que les augets de la roue se vident moins bien quand la roue tourne vîte, que lorsqu'elle tourne lentement, et que cette eau, qui y reste comme suspendue, forme un contre-poids qui diminue sa force: cela peut bien y entrer pour quelque chose; mais cette différence ne peut produire, à beaucoup près, toute celle qu'on observe dans l'effet de la machine.

Dans le même temps que Deparcieux travailloit sur cette matière, M. Jean-Albert Euler en avoit fait aussi l'objet de ses recherches, et étoit arrivé précisément aux mêmes conclusions dans une pièce qui remporta, en 1754, le prix de la société royale de Goettingue. Cet accord, entre les deux mathématiciens, seroit seul un préjugé capable de servir de preuve, si les mathématiques en admettoient de cette espèce.

Cependant le principe, qu'à dépense d'eau égale, une roue à augets produira d'autant plus d'effet, qu'elle ira plus lentement, fut attaqué par le chevalier d'Arcy; il trouva que cette augmentation de force a un *maximum* au-delà duquel la force doit diminuer. Ce n'est pas qu'il ait voulu révoquer en doute l'expérience dont nous venons de parler; il a seulement prétendu que, dans cette expérience, on n'étoit pas arrivé au point du *maximum;* mais tout ceci ne porteroit presque que sur la trop grande généralité du principe, et il y a bien de l'apparence que les causes physiques dont nous avons parlé, borneroient l'augmentation de force de la machine bien en-deçà du point où se trouve placé le *maximum* géométrique. (*Mém. de l'Ac.* 1754).

Deparcieux, dans les *Mémoires* de 1759, fit voir l'utilité d'incliner les aubes au rayon, contre ce que Pitot avoit dit en 1729; il avoit observé que l'eau s'élève et monte le long de l'aile plongée, et par conséquent que dans cet instant elle agit par son poids pour la faire tourner. L'on voit à sa face ou à sa partie postérieure, un vide dans l'eau, qui montre que cette aile en soutient une partie: si elle étoit donc inclinée au rayon, ou qu'elle le fût davantage au courant en y entrant, l'eau y monteroit plus haut, et elle resteroit plus long-temps dessus, ne cessant d'agir par sa pesanteur qu'au-delà du point où le rayon de cette aile est vertical. De plus, lorsque des ailes ainsi placées sortent de l'eau, elles ne sont pas obligées d'en élever autant que celles qui sont en rayons. Mais comme dans les objets de cette nature, il est toujours importaut que des expériences directes et précises mettent le sceau à la justesse des raisonnemens, il fit une roue de trente-deux pouces de diamètre qui portoit douze aubes attachées en charnière à sa circonférence ; de façon qu'on pouvoit leur donner l'inclinaison qu'on vouloit, sans pour cela que le diamètre de la roue changeât, et par une mécanique particulière, on les retenoit fixement dans cette inclinaison. Cette roue étoit portée sur une espèce de chassis ou de chevalet assez haut pour que, placé sur le fond de la rivière, la roue n'entrât dans l'eau que de la quantité à-peu-près nécessaire, et pour qu'on réglât cette quantité d'une manière précise, les parties qui portoient les paliers sur lesquels rouloient ses pivots, se haussoient et se baissoient, de sorte qu'on pouvoit à volonté les fixer (et par conséquent la roue) à la hauteur requise; enfin, elle avoit un arbre sur lequel s'enveloppoit une corde qui passoit par-dessus une poulie, et qui portoit à son extrémité un poids. Cette poulie étoit fixée au haut d'une perche qui tenoit au chevalet, afin que dans les expériences le poids pût monter d'une certaine hauteur. La machine ainsi disposée fut placée dans une rivière, petite, mais assez large et assez profonde pour qu'on ne pût point craindre que le volume de la machine apportât aucun obstacle à la liberté du courant : le long des côtés de la roue, la vîtesse de ce courant étoit de treize pouces par seconde. Pour expérimenter les divers effets qui résultoient des différentes positions des aubes, voici comment Deparcieux s'y prenoit : il observoit en combien de secondes le courant de l'eau faisoit faire un tour à la roue qui étoit très-mobile, et laquelle, en tournant, étoit obligé d'élever ce poids, qui résistoit par sa pesanteur jusqu'à un certain point à l'action de ce courant. Il trouva, par ces expériences, que la roue tournoit toujours plus lentement quand les aubes étoient des rayons prolongés, que lorsqu'elles étoient inclinées à ces rayons d'une certaine quantité : l'angle de 30°. donna le plus grand effet, c'est-à-dire, que les aubes étant inclinées aux rayons de cette quantité, la roue tournoit avec la plus grande vîtesse; mais ce n'étoit que lorsqu'il n'y avoit que deux ailes qui trempoient dans l'eau tout-à-la-fois, les deux qui les accompagnent, étant, l'une prête à sortir et l'autre prête à entrer; car lorsque la roue plongeoit davantage et que le poids étoit plus considérable, cette inclinaison de 30° n'étoit plus celle d'où résultoit la plus grande action, il en falloit une moindre.

On voit, par ce dernier fait, qu'il faudroit, comme le dit Deparcieux, un grand nombre d'expériences, et faites même en grand et dans différens courans pour parvenir à donner des règles générales à ce sujet; cependant comme l'avantage des aubes inclinées aux rayons, est constant par les expériences, il faudra en attendant, lorsqu'on voudra établir sur une rivière quelques moulins, ou quelques machines avec des roues à aubes, consulter l'expérience, afin d'apprendre les degrés précis d'inclinaison qu'on doit donner aux ailes de ces moulins ou aux aubes de ces roues relativement à la vîtesse du courant et aux autres circonstances, soit de la grandeur de la roue, soit du nombre des aubes et de leur enfoncement dans l'eau.

Le cit. Bossut a aussi trouvé qu'il y a toujours une certaine obliquité qu'il ne faut pas passer, parce qu'on perdroit plus par la diminution du choc qu'on ne regagneroit par le poids de l'eau qui glisse sur les ailes et qui les presse : l'obliquité la plus avantageuse des ailes au rayon est placée entre 15 et 30°. (*Hydr.* t. II, p. 437).

Deparcieux fit encore, avec sa machine, plusieurs expériences relatives à quelques faits de cette partie de l'hydraulique : il examina, par exemple, si l'action du courant augmente ou diminue par le plus grand nombre des aubes, et il trouva, par plusieurs expériences, que la roue trempant toujours dans le courant de la même quantité, et ayant toujours le même poids à élever, elle tournoit quand elle avoit douze aubes, et plus vîte et plus uniformément que lorsqu'elle n'en avoit que six ; il observa encore que l'action du courant sur la roue étoit la plus grande quand il y avoit deux aubes également plongées dans l'eau, ou à-peu-près, et non lorsqu'une des aubes étoit dans la verticale, comme on l'avoit cru jusqu'alors; enfin, il reconnut, ce qui paroît tenir à la même cause, qu'il n'est point vrai, malgré ce qu'en ont dit plusieurs auteurs, que lorsque deux aubes sont plongées également dans le courant, celle qui est devant l'autre prive celle-ci de toute l'action de ce courant; car l'expérience montre évidemment qu'elle en reçoit une partie. Combien de faits, trop généralement supposés vrais dans la physique et dans les sciences physico-mathématiques, seroient démentis, si l'on les soumettoit à l'expérience? (*Hist. ac.* 1759, p 227).

Le cit. Bossut donna, dans les *Mémoires* de 1768 et 1769, des mémoires intéressans sur les roues mues par le choc de l'eau, et l'on trouve dans son hydrodynamique des expériences intéressantes, avec des réflexions judicieuses sur le mouvement des roues mues par le choc ou par le poids de l'eau. Le fardeau élevé étant le même, la roue tourne plus vîte lorsqu'elle a 48 ailes que lorsqu'elle en a 24, et plus vîte lorsqu'elle en a 24 que lorsqu'elle en a 12. Ainsi, dans tous les cas pareils à ses expériences, il sera avantageux de donner au moins 48 ailes à la roue, si toutefois elle peut les porter sans devenir trop pesante, et pourvu que, d'un autre côté, les trous qu'il faut percer dans l'anneau pour recevoir les chevilles destinées à porter les ailes, n'affoiblissent pas trop ce même anneau, et n'enlèvent à l'assemblage la solidité dont il a besoin. Il chercha la valeur de l'arc qui trempe dans l'eau; il trouve que cet arc plongeant est de 24° 54′. Dans les grandes roues qui ont environ vingt pieds de diamètre et qui sont mues par un courant rapide, l'arc plongé dans l'eau n'excède guère 25 à 30° : et on ne leur donne pas ordinairement plus de 40 ailes ; mais si on leur en donnoit davantage, elles produiroient un plus grand effet. La théorie et l'expérience sont d'accord sur ce point qui mérite attention.

C'est un usage reçu de donner un petit nombre d'ailes aux roues qui trempent dans la rivière, et cela pour empêcher que les ailes ne se couvrent les unes les autres, et pour que chacune puisse revoir le choc de l'eau. Mais la roue élève le même fardeau, avec une vîtesse sensiblement plus grande lorsqu'elle a 24 ailes, que lorsqu'elle en a 12 seulement; mais ne marche guère plus vîte lorsqu'elle a 48 ailes que lorsqu'elle en a 24. L'arc enfoncé dans l'eau est de 77° 53′. Il est donc certain que dans les cas pareils à celui qu'examine Bossut, il convient de donner au moins 24 ailes à la roue. On pourroit lui en donner moins, si l'enfoncement dans l'eau étoit plus considérable. Dans la pratique, on donne pour l'ordinaire 8 à 10 ailes, quelquefois moins, aux roues de moulins placées sur des rivières. Ce nombre est trop petit, et les roues marcheroient mieux si elles avoient 12 à 18 ailes.

Ses expériences lui ont fait trouver que lorsqu'une roue garnie de 48 ailes ou environ tourne dans un coursier, et qu'elle n'est pas plongée bien profondément dans l'eau, sa circonférence doit prendre environ les deux cinquièmes de la vîtesse du courant, pour que la machine produise le plus grand effet qu'il est possible.

Les ailes dirigées au centre sont, dans l'hypothèse du canal proposé, plus avantageuses que les ailes inclinées de 8° au rayon; celles-ci, moins avantageuses que les ailes inclinées de 16° : l'effet est à-peu-près le même, lorsque les ailes sont directes, et lorsqu'elles sont inclinées de 16° au rayon. Tout cela est évident à l'inspection de la table rapportée dans l'hydrodynamique; mais en voici l'explication physique. Lorsque les ailes tendent au centre, il s'en faut peu que chacune d'elles soit frappée perpendiculairement par le fluide, et que par conséquent la percussion soit la plus grande qu'il est possible; mais lorsqu'elles sont inclinées au rayon, la percussion est oblique, et elle se décompose en deux forces, l'une perpendiculaire à l'aile, la seule qui agisse par le choc, l'autre dirigée suivant l'aile qui n'agit pas par le choc, mais qui fait monter l'eau le long de l'aile. Or, comme cette eau ainsi élevée demeure pendant un certain temps sur l'aile, elle la presse par son poids, et il peut se faire que l'effort qui en résulte compense à-peu-près la diminution que le choc reçoit par l'obliquité sous laquelle l'aile est frappée. On ne peut pas établir, en général, quelle est la meilleure combinaison de ces différentes forces : elle dépend de la vîtesse, de l'inclinaison du courant et du fardeau élevé. Mais en supposant qu'on ait trouvé en effet la position la plus avantageuse des ailes, cet avantage se fera d'autant plus sentir, toutes choses d'ailleurs égales, que la roue tournera plus lentement. Dans les roues posées sur des canaux qui ont peu de pente, et dans lesquels l'eau a la liberté de s'échapper aisément après le choc, il convient de diriger les ailes au centre; au contraire sur les coursiers qui ont beaucoup de pente, les ailes doivent être inclinées d'une certaine quantité au rayon, pour être frappées perpendiculairement par le fluide, et pour que la percussion soit la plus grande qu'il est possible.

Dans le premier volume des *Savans étrangers*, il y a un mémoire par Dupetit-Vandin, essai d'un travail plus considérable sur l'hydraulique, qui a pour objet principal les aubes des roues mues par un courant; il fait voir, contre l'idée commune, que plus les aubes sont multipliées, plus l'effort est uniforme et approche de son *maximum*. Aussi observe-t-il que dans les pays où l'eau courante est rare et foible comme en Hollande, on donne à des roues jusqu'à 36 et 48 aubes. Un ouvrage encore qu'on ne peut se dispenser de citer, est celui de M. Albert Euler, fils du célèbre Léonard Euler, dont le titre est : *Enodatio questionis, quomodo vis aquae, alius ve fluidi cum maximo lucro ad moles circum agendas alia ve opera perficienda impendi possit.* Com. Gotting. 1755. Je dois citer aussi l'*Essai sur les machines hydrauliques*, par Ducrest, qui a eu pour objet d'éclairer la théorie par l'expérience. Je finirai cet article en parlant du célèbre Léonard Euler, dont on a, soit dans les *Mémoires* de Berlin, soit dans ceux de Pétersbourg, tant de morceaux savans, non-seulement sur la mécanique transcendante, mais encore sur la mécanique usuelle. Tels sont trois mémoires sur les pompes, insérés dans le *Recueil de Berlin*, pour 1752, dont le troisième renferme les maximes ou principes de pratique à suivre dans la construction de ces machines; cette matière est traitée avec cette supériorité de vues et de géométrie profonde qui est propre à ce géomètre célèbre; mais il faut en convenir, tous ces morteaux d'Euler ne sont pas faits pour être lus par des mécaniciens ordinaires. Semblable à l'aigle qui, après avoir plané quelque temps à la surface de la terre, prend bientôt son essor dans les espaces éthérés, et se dérobe aux vues ordinaires, de même Euler, après quelques paragraphes occupés à expliquer l'état de la question et les principes qu'il va employer, se jette dans la géométrie la plus relevée, et cesse alors de pouvoir être suivi par les artistes.

On parla beaucoup à Paris, en 1766, d'une pompe extraordinaire qui avoit été trouvée à Séville, et dont Lecat fit l'expérience à Rouen; elle élève l'eau à une hauteur quelconque, mais elle exige qu'on ouvre au-dessous de la colonne qui monte un petit trou par où l'air puisse entrer pour chasser cette colonne. Cette mécanique produit nécessairement des interruptions. Bélenger, orfèvre, Place Dauphine, en a trouvé une qui fait un jet sans interruption à 55 pieds au-dessus du réservoir, par le moyen d'un petit trou de demi-ligne, pratiqué un peu au-dessus du réservoir.

La pompe de Bélenger peut produire plus d'eau que celle du ferblantier de Séville, où l'on est obligé d'ouvrir et fermer alternativement le trou. Dans celle de Bélenger le petit trou d'une demi-ligne est toujours ouvert; il admet un peu d'air, et cet air se mêlant à la colonne d'eau l'entrecoupe et la divise de manière à donner à une colonne de 55 pieds la même légéreté qu'à une colonne d'eau de 32 pieds; ce fait parut intéressant et nouveau, quoique son explication fût une suite très-naturelle des principes connus; au reste cette pompe ne fournit pas la sixième partie de l'eau que donneroit une pompe faite sur la méthode ordinaire, et par conséquent ne sera jamais d'une bien grande utilité.

V.

Des Machines à feu.

La machine a feu est un des chef-d'œuvres de l'esprit humain. On dit que Gerbert employa la vapeur de l'eau bouillante pour faire rendre des sons à un automate; mais le marquis de Worcester fut le premier qui parla de l'usage important qu'on peut faire de l'eau réduite en vapeurs; ce fut dans un ouvrage publié en 1663, et dont nous parlerons article XV. Il s'expliquoit d'une manière positive sur l'effort dont est capable la vapeur. Voici la traduction du n°. 68 de son ouvrage : « Une manière admirable, et la plus propre à élever l'eau par le feu, n'est pas de la tirer ou faire évaporer par le haut, parce que, comme dit le philosophe, cela ne peut être que *intra spheram activitatis*, c'est-à-dire, à une distance fixe. Celle que je propose n'a pas de bornes, si les vaisseaux sont assez forts; car j'ai pris une pièce d'un canon entier dont le bout avoit éclaté, et j'en ai rempli les trois-quarts d'eau, fermant à vis le bout rompu, aussi bien que la lumière. Ayant fait sous ce canon un feu constant dans vingt-quatre heures, il éclata et fit un grand bruit. D'après cela, ayant trouvé le moyen de faire des vaisseaux fortifiés intérieurement d'une manière convenable, et de les remplir l'un après l'autre; j'en ai vû l'eau jaillir comme une fontaine constante à quarante pieds de hauteur. Un vaisseau d'eau raréfiée par le feu, en tira 40 d'eau froide. Un homme qui veut réussir dans cette opération, n'a qu'à tourner deux robinets, afin qu'un vaisseau d'eau étant consumé, l'autre commence à forcer et à se remplir d'eau froide; et ainsi successivement, le feu étant poussé et entretenu constamment. La même personne peut entretenir le feu fort aisément dans l'espace de temps où il n'est pas occupé à tourner les robinets ».

Le moyen indiqué par le marquis de Worcester ne fixa décidemment l'attention de quelques savans et de quelques artistes, que vers la fin du dix-septième siècle, et c'est à cette époque qu'il faut fixer le commencement de son usage. Le capitaine anglois Savéry, prétendit avoir découvert par l'effet du hazard, le parti qu'on peut tirer de l'eau réduite en vapeur. Ce fut un des premiers qui construisit plusieurs pompes à feu en Angleterre, où il publia son traité intitulé : *The miner 'sFriend*, c'est-à-dire, l'Ami des mineurs; et un autre petit traité contenant la description d'une de ses machines, vers l'année 1699.

Désaguliers, dans son *Cours de Physique*, édition françoise de 1751, tome II. page 545, prétend que Savéry avoit connoissance de l'ouvrage de Worcester, et qu'il n'a point fait l'expérience par laquelle il dit que l'idée de la pompe à feu lui a été suggérée. Voyez la discussion de cette question de fait dans l'ouvrage cité et dans Stegmann : *Essai sur le premier inventeur de la pompe à feu.* Cassel, 1775, *in*-8°. (en allemand).

Quoi qu'il en soit, voici sommairement la manière dont Savery employoit la vapeur de l'eau pour faire monter l'eau. Deux vases sont disposés de manière qu'ils peuvent alternativement recevoir de la vapeur, et de l'eau froide qui leur vient du réservoir inférieur avec lequel ils communiquent par des tuyaux. Supposons que l'un soit rempli de vapeurs, les robinets inférieurs étant fermés, si on ferme le robinet qui intercepte la communication entre le vase et la chaudière, la vapeur commencera à se condenser dans le vase par la seule fraîcheur de l'air extérieur. Si alors on ouvre le robinet inférieur, l'eau du réservoir montera dans le vase à cause du commencement de vide qui s'y est formé, achevera la condensation de la vapeur et remplira le vase. Si l'on ferme alors le robinet inférieur, et qu'on ouvre ceux qui rétablissent la communication entre la chaudière et le vase; la vapeur viendra presser l'eau qui y est contenue; cette eau ne pourra plus redescendre, mais trouvant le robinet supérieur ouvert, elle montera par le tuyau supérieur à une hauteur proportionnelle à l'effort de la vapeur. Lorsque le vase sera ainsi vidé d'eau, rempli de vapeur, on fermera les robinets, et les choses deviendront au même état qu'au commencement de cette description. Le second vase, ses tuyaux et ses robinets, font de leur côté les mêmes fonctions, de manière que quand la condensation a lieu dans l'un des deux vases où l'ascension de l'eau a lieu dans l'autre et réciproquement, (*Prony*, tome I. p. 565).

On voit que cette machine a beaucoup d'analogie avec la description qui termine le fragment du marquis de Worcester rapporté plus haut. Il faut cependant observer que cette description est énoncée d'une manière vague et même obscure qui ne peut pas donner une idée bien nette de la machine décrite.

Il y a une autre manière plus simple imaginée par Savery, pour élever l'eau, et rapportée dans l'ouvrage de Bradley, intitulé: *New improvements of planting and gardening*. Ceux qui désireront en avoir une description plus circonstanciée pourront consulter un ouvrage anglois en 2 vol. *in*-4°. publié à Londres, en 1729, par Switzer qui a pour titre: *An introduction to a général system of hydrostatichs and hydraulick*, Prony fait voir les inconvéniens qui résultent de la pression immédiate de la vapeur sur l'eau à élever. On a essayé postérieurement de remédier à cet inconvénient en établissant un flotteur entre la vapeur et l'eau. Ce flotteur en montant, fait lever une soupape qui ferme la communication entre la chaudière et le vase. Cette soupape se referme lorsque le flotteur descend: il y a également des soupapes à la place des robinets qui s'ouvrent et se ferment par la pression de l'eau, ensorte que la machine va d'elle-même en entretenant seulement le feu. On l'avoit exécutée de cette sorte au jardin de Monceau, qui appartenoit au feu duc d'Orléans: Prony en donne le mécanisme.

A-peu-près dans le même temps où l'Angleterre jouissoit des inventions dont nous venons de parler, Papin, professeur de mathématiques à Marbourg, avoit fait dès l'année 1698, plusieurs expériences sur la manière d'élever l'eau par la force du feu. Ce savant a donné un ouvrage imprimé à Cassel, en 1707, *in*-8°. et intitulé: *Nouvelle manière d'élever l'eau par la force du feu*, dans lequel il accorde à Savery, ou aux Anglois, le mérite d'avoir trouvé de leur côté, le même effet avec le même agent ; mais sa machine est plus imparfaite que celle de Savery. La grande célébrité de ses expériences sur la vapeur est principalement fondée sur l'usage qu'il en a fait pour dissoudre les os au moyen de son digesteur, très-connu sous le nom de marmite de Papin, dont il a publié la description à Paris, en 1682, sous la dénomination de *Machine propre à amollir les os pour en faire du bouillon*. D'un autre côté, Amontons publia en 1699, dans les *Mémoires de l'Académie*, la description d'un moulin destiné à être mû par le ressort de l'air dilaté par l'action du feu, et condensé ensuite par le contact de cet air avec l'eau froide : on voit encore dans l'*Histoire de l'Académie*, pour l'année 1705, que Dalesme proposoit d'employer la vapeur de l'eau comme moteur propre à être appliqué à une machine qui faisoit jaillir l'eau à une grande hauteur.

Le gaz aqueux, employé au moyen des machines, ne peut élever un fluide qu'en le pressant immédiatement, ou par le moyen du flotteur; ce qui ne change rien au mécanisme fondamental. Il falloit que l'action du moteur fût transmise à la résistance, par le moyen d'un balancier. Cette idée ingénieuse a été la source de toutes les additions postérieures faites aux machines à feu, qui ont généralisé leur usage autant qu'il est possible, et les ont rendues propres, non-seulement à élever l'eau, mais à procurer à des résistances quelconques des mouvemens tant rectilignes que circulaires. Par-là on a pû appliquer la machine à feu à tous les besoins de la vie, aux arts, aux manufactures. Et quoique l'auteur de ce mécanisme n'ait pas fait ces applications, on ne doit pas moins lui accorder la gloire d'avoir donné le moyen de généraliser l'usage de la vapeur qui, avant lui, n'étoit employée qu'à élever de l'eau.

On attribuoit à Savery l'invention de cette machine, mais c'étoit une erreur; et ses véritables inventeurs sont Nweucomen, marchand de fer, et Jean Cawley, vitrier, demeurant à Darmouth, petite ville, avec port de mer, située dans le comté de Devonshire en Angleterre, c'étoit vers 1710. Swetzer, dont on cite l'ouvrage plus haut, et qui a connu personnellement Savery et Newcomen, atteste que la machine de ce dernier est entièrement le fruit de son génie. Mais Savery plus près de la Cour, obtint la patente ou privilége avant Newcomen; et celui-ci, homme simple et modeste, se trouva assez heureux d'être son associé : cette machine est expliquée dans *Proni*, p. 568. On peut voir aussi la description d'une machine à feu pour les salines de Castiglione en Toscane, par M. de *Cambrai d'Igni*. Parme, 1766, *in*-4°.

La machine de Newcomen, malgré son avantage sur celle de Savery a cependant plusieurs inconvéniens, et dont un des principaux consiste à introduire l'eau d'injection dans le cylindre. Un Anglois, appelé M. James Watt, un des plus habiles mécaniciens qui existent actuellement, imagina vers 1770, une machine qui est exempte d'une grande partie des défauts des précédentes, elle a entr'autres avantages celui d'opérer la condensation hors du cylindre. Elle a été apportée d'Angleterre en France par M.M. Perrier, à qui Watt communiqua sa méthode et son privilége, et ils l'ont fait exécuter à Chaillot, en 1781. On en trouve la description dans l'*Hydrodynamique de Bossut*, ainsi que dans l'*Architecture Hydraulique de Prony*. En 1786 on en fait une seconde, et elles amènent de l'eau dans plusieurs quartiers de Paris; mais en 1788, le chevalier de Bétancourt qui étoit chargé par la Cour d'Espagne de faire une collection de recherches et de modèles de machines, étant allé à Londres visiter les machines à feu de M.M. Watt et Bolton, il vit le jeu extérieur de ses machines; on lui en cacha le mécanisme intérieur; et on se contenta de lui dire que le mécanisme avoit plus de perfection que celui des autres machines; mais M. de Betancourt vit qu'on avoit supprimé les chaînes qu'on étoit dans l'usage de mettre aux extrémités du balancier, et qui tiennent suspendues tant la tige du piston du cylindre que celle du piston de la pompe qui monte l'eau; ainsi le piston du cylindre et la barre destinée à produire le mouvement de rotation étoient tirés et poussés avec la même force, étant d'ailleurs assujétis à se mouvoir verticalement. Il fit plusieurs autres observations dont on doit lui savoir d'autant plus de gré, que ces observations sont difficiles à faire, lorsqu'on n'a que peu de temps pour examiner une machine masquée par les distributions d'un bâtiment qui en isolent les différentes parties, même extérieures, et empêchent qu'on ne puisse en saisir la correspondance, l'ensemble et l'effet général. Il conclut néanmoins de ses observations que le piston du cylindre devoit être poussé avec le même effort soit dans sa descente, soit dans sa montée; et ce résultat lui fit découvrir le double effet qui constitue essentiellement la nouvelle perfection ajoutée aux machines à feu par Watt.

M. de Betancourt, de retour à Paris, fit exécuter un modèle de machine à feu à double effet sur l'échelle d'un pouce pour pied. Les expériences faites avec ce modèle eurent tout le succès qu'on peut désirer, et ont été vues avec le plus grand intérêt par les savans de la capitale. Le mécanisme intérieur au moyen duquel la double injection s'opère, est entièrement de l'invention de M. de Betancourt, et quoi qu'il ignore si ses procédés sont les mêmes que ceux de M.M. Watt et Bolton, vû le secret que lui ont fait ces derniers, il a tout lieu de croire que les artistes anglois n'ont pas atteint un plus grand degré de précision et de simplicité. C'est dans cette confiance que M.M. Perrier, excellens juges dans cette matière, se sont déterminés à faire construire une machine à feu à double effet, et conforme au modèle de Betancourt; cette machine, destinée à faire mouvoir des moulins, a été montée au Gros-Caillou, en 1790, pour faire aller des moulins.

Cette machine à feu à double effet ou à double injection, de l'invention de M. de Betancourt, est décrite dans le deuxième volume de l'*Architecture Hydraulique de Prony*, qui a paru en 1796 avec une grande quantité de planches.

Les machines à double effet forment donc ici l'objet principal; les anciennes machines n'y sont traitées que comme objets accessoires; et néanmoins le cit. Prony donne plus de choses sur ce qui les concerne qu'on n'en trouve dans aucun ouvrage publié jusqu'à présent. Il auroit été impossible, eu égard aux bornes dans lesquelles son livre devoit être circonscrit, de parler avec autant de développement des autres machines à feu; il n'a épuisé que celle-ci; car le désir de ne laisser à dire que le moins possible sur une matière aussi intéressante, ayant exigé un grand nombre de planches, et une étendue analogue dans le discours; on ne pouvoit y réunir les anciennes machines avec les mêmes détails. Ce qu'il y a d'assez remarquable dans la relation des mécanismes anciens aux nouveaux, c'est que les premiers peuvent être considérés comme des cas particuliers du dernier. En cela on doit reconnoître la marche de l'esprit humain qui commence par les idées isolées avant de passer aux notions générales. On voit qu'une machine à double effet, disposée convenablement, peut, avec de légères modifications dont son mécanisme la rend susceptible à volonté, être employée, et comme machine de Newcomen, et comme machine de l'espèce de celles de Perrier à Chaillot.

Tout ce que dit notre auteur sur les machines à feu peut être considéré comme présentant trois divisions principales. La première contient les détails des expériences et des appareils employés pour la détermination de la force expansive de la vapeur, et quelques usages utiles auxquels les résultats de ces expériences peuvent être employés dans la physique et dans les arts. La deuxième traite de deux systèmes de machines à feu à double effet, où il a réuni les diverses variations dont la combinaison de ces machines est susceptible, et auxquels il a joint la description détaillée de la machine de Newcomen, et de celles de Chaillot et du Gros-Caillou: enfin la troisième offre des détails particuliers sur les principales pièces nécessaires à ceux qui voudront construire des machines à feu, et les principes dont on a besoin pour calculer leur dimensions et leurs effets.

Lorque M. de Betancourt entreprit ses expériences sur la force expansive de la vapeur de l'eau et de l'esprit-de-vin, dont le cit. Prony a parlé dans la dernière partie de son ouvrage, il ne pensoit pas qu'aucun physicien se fût avant lui occupé de recherches semblables. Son travail étoit fini, et ses résultats obtenus quand M. Hoyer, ingénieur danois, nous parla d'un ouvrage de M. Jean-Henri Ziégler sur le digesteur de Papin, dans lequel ce physicien décrivoit les épreuves qu'il avoit faites sur les forces expansives des vapeurs des différens fluides dont il avoit formé des tables. M. de Betancourt parvint à se procurer l'ouvrage de M. Ziégler, et s'assura que son travail différoit absolument de celui de ce physicien, tant par les appareils employés aux expériences que par les résultats même de ces expériences. En effet, M. de Bettancourt a opéré dans le vide, et M. Ziégler a échauffé en même-temps l'eau et l'air contenus dans un vase clos; et la force expansive résultant de ce mélange n'est point la même à égale température que celle de la vapeur de l'eau. M. Ziégler a à la vérité fait des épreuves sur de l'eau purgée d'air; mais cette eau ainsi purgée n'étoit point l'invention de M. Watt qui consiste à faire passer le gaz aqueux, ou la vapeur de la chaudière par deux tuyaux différens au-dessus et au-dessous du piston, pour qu'il agisse également en montant et en descendant, et à faire sortir aussitôt la vapeur du cylindre par des robinets pour être condensée. Ainsi, l'injection et la condensation ont continuellement lieu, sans aucun agent étranger à la machine, (*Prony*, t. I. p. 574).

Ainsi, M. Watt a fait deux fois des découvertes importantes pour la perfection de cette belle machine. On en fait des applications par tout, aux forges, aux moulins, aux laminoirs, aux monnoies, aux scies, aux filatures. On avoit fait à Londres une immense machine pour faire aller des moulins; elle a été brûlée, et l'on en accusé les meuniers. Les cit. Perrier ont fait déjà 39 machines à feu; il y en a au Creuzot, près Montcénis, à Rouen, à Orléans, et il se proposent d'en publier les moyens de construction. Le cit. Prony traite fort au long de l'action des vapeurs, d'après les expériences faites par M. de Betancourt, et c'est une partie précieuse de sa *Nouvelle Architecture Hydraulique*.

Le premier usage qu'on ait fait de ces machines à Paris a été pour élever et distribuer des eaux; mais les acqueducs projetés pour amener à Paris l'Yvette et la Beuvronne, vaudroient encore mieux que toutes les machines, surtout les machines à feu qui exigent une consommation de combustible, qui est si nécessaire ailleurs. J'en faisois la remarque à l'Académie lorsqu'on demandoit une approbation pour l'établissement de la pompe de Chaillot; et j'eus le plaisir de voir Vaucanson, notre plus fameux machiniste, être de mon avis, et dire: « une machine est toujours une machine, j'aime mieux les acqueducs. »

X I.

Autres machines pour élever l'eau, par Trouville, Montgolfier, Vérat, &c.

La vis d'Archimède est la plus ancienne, la plus fameuse et la plus singulière des machines employées pour élever l'eau; elle fût imaginée, dit-on, par ce grand géomètre pour servir au dessèchement des terreins bas de l'Egypte comme nous l'avons dit t. I. p. 230, cette machine ingénieuse et simple dont le mécanisme étoit généralement mal entendu, a été examinée et discutée de nos jours par Daniel Bernoulli dans son *Hydrodynamique*, par Euler, *dans les Mémoires de Pétersbourg*, t. V. ; par Pitot, *Mémoires de l'Académie*, 1730; par Paucton, *Théorie de la vis d'Archimède*, Paris, 1768, *in*-12. Enfin, dans un ouvrage plus étendu, *Theoria cochleae Archimedis ab observationibus experimentis et analyticis rationibus ducta*, *autore Jacobe* Belgrado, *e Soc. J. Reg. Sc. Acad. Corresp.* &c. Parmæ, 1767, 258 pages *in*-8°.

L'auteur fait voir d'abord que le véritable auteur de cette vis est bien Archimède, quoique Perrault et les pères Catrou et Rouillé en aient fort douté. Ils prétendoient que l'usage de cette machine étoit d'une datte antérieure au siècle d'Archimède; ils appuyoient leur opinion sur un passage prétendu de Diodore de Sicile, qui n'existe point; ils croyoient que la vis avoit servi autrefois à rendre l'Egypte habitable en épuisant les eaux dont elle étoit inondée, sentiment qui est tout-à-fait chimérique. Tous les auteurs anciens, surtout Hérodote et Aristote, nous assurent que l'Égypte doit aux alluvions et aux attérissemens du nil le desséchement de ses terres; et l'on ne peut imaginer que par l'usage de la vis ont ait pû dessécher tout un pays, dont la longueur est de 200 lieues, et la largeur de 50: elle auroit servi tout au plus pour arroser des jardins placés dans le Delta, ou quelque partie du terrein mieux cultivé que les autres; c'est ce que nous apprend Diodore de Sicile.

Le P. Belgrado entreprend d'expliquer la nature et les mystères de cette vis, et surtout comment il peut arriver que l'eau monte toujours en descendant. Il fait voir qu'il n'y a rien en cela de surprenant, c'est-à dire, rien qui ne soit conforme aux loix de la nature: que l'eau a deux sortes de mouvement, l'un est commun au cylindre, à la spire et à l'eau ; l'autre est propre et particulier à celle-ci. Par le premier l'eau monte, par le second elle descend ; mais comme elle monte plus qu'elle ne descend, il se trouve que réellement elle monte. Le P. Belgrado donne les raisons de tout ce qu'il avance, et y joint tous les éclaircissemens nécessaires pour persuader son lecteur. Il calcule la courbe des spires, il en discute toutes les circonstances; *Journal des Savans*, 1767, p. 467.

La machine du cit. de Trouville dont on a beaucoup parlé depuis quelques années, consiste à aspirer l'eau par la raréfaction de l'air ; elle semble tirer son origine de la fontaine de Héron, qui fait un jet d'eau par la compression de l'air. On en trouve aussi l'idée dans Bockler, *Inventum novum ac mirum* ; dans Scott, *Technica curiosa*, où il est parlé de la fontaine de Bâle, par Jérémie Mitt ; Wolf en parle, t. II. Sur le rapport de Meunier, le 7 septembre 1790, l'Académie approuva l'idée générale de la machine du cit. de Trouville, comme pouvant être utile. Sur le rapport de Prony, le 16 vendémiaire an 8, (8 octobre, 1799), l'Institut lui donna des éloges comme à une conception originale ; dans un rapport de Borda, au bureau de consultation, le 24 germinal an 2, (13 avril 1794), on en trouve aussi l'éloge ; nous allons en donner une idée en insérant ici une partie de ce rapport. Qu'on imagine une grande capacité privée de toute communication avec l'air extérieur ; un bâtiment voûté par exemple, et que ce bâtiment que l'auteur appelle le grand aspirateur, soit disposé de manière à recevoir alternativement les eaux d'une source qui sert de moteur et à les laisser écouler par sa partie inférieure.

Plusieurs réservoirs sont établis les uns au-dessus des autres depuis le niveau de la source jusqu'au point le plus élevé où l'on veut porter l'eau, et au-dessus de chaque réservoir un petit bâtiment bien fermé, appelé petit aspirateur, lequel communique par un tuyau vertical avec le réservoir immédiatement inférieur, et par un tuyau horizontal avec le réservoir voisin dans lequel il doit verser.

Supposons que ces aspirateurs soient presque entièrement remplis d'eau, à l'exception d'une petite hauteur dans leur partie supérieure, qui contienne de l'air, et qu'un long tuyau d'un petit diamètre parte de la voûte du grand aspirateur, et se prolongeant jusqu'aux petits aspirateurs les plus élevés, communique par des embranchemens avec les têtes de tous les autres, et serve à mettre l'air en équilibre dans toutes les capacités.

Enfin, supposons que la voûte du grand aspirateur soit au niveau de la source, que le niveau de chaque réservoir supérieur soit un peu au-dessous de la voûte du petit aspirateur qui y correspond, et que la hauteur de chaque petit aspirateur soit un peu moindre que celle de l'eau contenue dans le grand.

Il résulte de cette disposition, que lorsqu'on donne à l'eau du grand aspirateur la liberté de s'écouler par sa partie inférieure, l'air se dilate d'abord dans le long tuyau dont nous avons parlé, et de suite dans les têtes de tous les petits aspirateurs avec lesquels ce tuyau communique; et qu'alors chacun de ces derniers aspire l'eau du réservoir inférieur. Après cela, lorsqu'on fait entrer l'eau de la source dans le grand aspirateur l'air se rétablit d'abord dans son premier état, et alors l'eau aspirée par chacun des aspirateurs, se dégorge dans le réservoir voisin; desorte qu'après ces deux mouvemens, l'eau d'un réservoir quelconque se trouve avoir été portée dans celui qui lui est immédiatement supérieur, et que l'eau de la source parvient ainsi successivement jusqu'au réservoir le plus élevé.

On évalue l'effet d'une machine hydraulique, en déterminant le rapport de la quantité d'eau qu'elle dépense avec la quantité qu'elle peut élever dans le même temps, à la hauteur de laquelle l'eau qui sert de moteur est descendue. Lorsque ces deux quantités sont égales, la machine produit le plus grand effet possible, ce qu'on appelle aussi l'effet total, et elle est plus ou moins parfaite selon que la quantité élevée approche plus ou moins de la quantité dépensée : Borda détermine ce rapport dans la *Machine* du cit. de Trouville, en faisant d'abord une certaine supposition de la hauteur de la source qui lui donne le mouvement.

Soit cette hauteur égale à un peu plus de 16 pieds, par exemple 16 pieds 6 pouces, et supposons que la voûte du grand aspirateur soit au niveau de la source; considérant ensuite tous les petits aspirateurs comme réduits à un seul, parce qu'ils produisent tous un effet pareil, soit la hauteur de la voûte de ce petit aspirateur unique au-dessus du réservoir inférieur, égale exactement à 16 pieds; enfin, imaginons que le grand aspirateur soit d'abord entièrement rempli d'eau, mais qu'il reste 3 pouces d'air dans la tête du petit aspirateur, et que cet air ait la même densité que celui de l'atmosphère; supposons encore que le niveau du réservoir dans lequel l'eau doit se dégorger, soit 3 pouces plus bas que la tête du petit aspirateur, et que le grand et petit aspirateur aient la même étendue de surface.

Cela posé, si on fait écouler l'eau du grand aspirateur par sa partie inférieure; on verra qu'elle descendra d'abord d'environ 3 pouces, sans produire aucun mouvement dans l'eau du petit aspirateur; mais qu'alors l'air se trouvant à-peu-près réduit à la moitié de sa densité première, la pression extérieure de l'atmosphère qu'on suppose équivalente à une colonne d'eau de de 32 pieds, commencera à faire monter l'eau dans le petit aspirateur : quelle continuera ensuite de s'y élever jusqu'à ce que la colonne d'eau contenue dans le petit aspirateur soit égale à celle qui est contenue dans le grand, ce qui arrivera lorsque l'eau du grand aspirateur sera descendue au total de 6 pouces. Si on considère maintenant le mouvement de la machine lorsque l'eau rentrera dans le grand aspirateur, on verra que l'eau y montera de 3 pouces d'eau environ avant de produire aucun effet sur le petit aspirateur; mais qu'alors l'eau de ce dernier commencera à en sortir, et que les 3 pouces d'eau qu'il avoit aspirés seront versés dans le réservoir voisin, lorsque l'air aura repris la densité de l'atmosphère. Il résulte delà qu'il sera entré dans le grand aspirateur une hauteur de 6 pouces d'eau, tandis qu'il n'en aura été versé qu'une hauteur de 3 pouces dans le réservoir supérieur ; d'où l'on voit que la quantité élevée ne sera que la moitié de la quantité dépensée ; et encore faut-il remarquer que celle-ci est descendue d'un peu plus de 16 pieds de hauteur, tandis que l'eau élevée ne l'a été que d'un peu moins de 16 pieds.

Borda fait la comparaison de cette machine avec celles qui sont à roues, pour prouver la bonté de la nouvelle machine, et il ajoute : ce qui lui donne une grande prépondérance et qui la distingue d'une manière particulière, c'est la suppression des rouages, balanciers, pompes et pistons, qui embarrassent et compliquent les machines ordinaires; et qui, usées par le temps, obligent à des réparations souvent répétées; et enfin, à des reconstructions totales ; au lieu que la machine à air ne peut avoir besoin que de réparations ordinaires, et que ses parties principales, telles que les aspirateurs, sont, pour ainsi dire, indestructibles. Enfin, la simplicité de cette machine en augmente le mérite.

Le Bélier hydraulique de Montgolfier est encore une machine des plus ingénieuses et des plus nouvelles, dont nous avons vu l'expérience en 1798. Elle est représentée dans la (*fig.* 38.) un tuyau T conduit l'eau sous la machine, l'eau frappe contre une soupape d'arrêt S et la pousse en A B; alors l'eau monte en C, élève la soupape d'ascension, et entre dans le tuyau montant.

Aussitôt que l'eau a frappé, que la force vive du courant est anéantie, le ressort R repousse la soupape en S, et l'effet recommence. Il se frappe ainsi 30 coups par minute.

Si le tuyau ascendant D est fermé, il se fait une compression d'air égale à 40 atmosphères avec une chute de 10 pieds et un tube de 60 pieds de long sur 2 pouces de diamètre que le cit. Montgolfier a établi dans son jardin, faubourg Saint-Denis.

Si le tube est ouvert, l'air comprimé dans la cloche agit sur l'eau, et la force à monter par le tube D, avec une vîtesse uniforme jusqu'à 1248 pieds, qui équivalent à 39 atmosphères.

La corde de Véra est une idée curieuse qui vint à un facteur de la poste, en 1781, en voyant tirer une corde de la rivière, et remarquant la grande quantité d'eau qu'elle entraînoit avec elle. C'est une corde sans fin, (*fig.* 33, n°. 2.) qui passe sur deux poulies A et B, l'une dans l'eau, l'autre au niveau du réservoir R qu'on veut remplir. C'est une espèce de chapelet formé par les aspérités de la corde auxquelles s'applique l'eau, qui monte par son adhérence et par l'impulsion.

Ce principe neuf, ingénieux, simple, peu dispendieux fut approuvé avec éloge par l'Académie, le 19 décembre, 1781. Il en fut beaucoup parlé dans le *Mercure* du 26 janvier 1782, dans le *Journal de Paris*, dans les *Feuilles de la Blancherie.*

On l'exécuta aux casernes de Courbevoie à 84 pieds de haut; elle élevoit un muid d'eau en six minutes avec deux hommes. On donna 2400 francs de gratification à son inventeur. Bernier la fit exécuter à la voierie de la Petite Pologne, au bout de la rue de l'Arcade, faubourg Saint-Honoré. Seize chaînes de fer suffisent à deux hommes pour élever à 18 pieds 25 à 30 muids d'eau par heure, même en se dispensant de la poulie inférieure. (*Journal de Paris*, du 25 avril.) Le 10 mai, à l'Observatoire, deux dames ont élevé l'eau à 164 pieds, du fond des caves jusques sur la terrasse. Pilatre des Rosiers, dans le *Journal de Paris*, du 21 mai, revendiqua une partie de l'idée. On remarqua alors qu'en mettant 3 cordes, on élevoit un prisme d'eau. (*la Blancherie*, 13 mars, 1782.)

M. de Luc, physicien celèbre, lecteur de la reine d'Angleterre, m'écrivoit le 16 mai 1783 : « Le mécanicien que le roi » m'associa l'année dernière pour exécuter la machine hydraulique de Véra l'a amené à un degré de simplicité si grand, » qu'elle prospérera bientôt dans ce pays peut-être plus que » dans son pays natal. Ayant reconnu qu'il y avoit un *maximum* » de vélocité utile, et que ce *maximum* pouvoit être produit » par un seul axe, il l'a exécuté ainsi, et la machine opère » à merveille. Il a fait passer la corde en haut sur une roue » de fer de 3 pieds de diamètre, placée sur l'axe même de la » manivelle, avec une autre roue plombée servant de volant; » il n'a donc que le frottement de deux pivôts, et ce peu d'ouvrage, étant parfaitement bien exécuté, l'emporte évidemment » sur tout autre moyen d'élever de l'eau. Il en a fait l'épreuve » dans un puits de 178 pieds, abandonné, par la difficulté, depuis » près d'un siècle, et qui, aujourd'hui, donne abondamment

» de l'eau au château de Windsor ». (*Journal des Savans*, 1783, p. 483.

Mais, malgré l'enthousiasme que cette machine avoit excité, on n'a pas continué long-temps à s'en servir, et l'on a trouvé probablement que les pompes ordinaires étoient moins embarassantes.

Je finirai cet article en citant encore divers ouvrages où l'on trouve des moyens différens pour élever l'eau.

Invention de lever l'eau plus haut que sa source, avec quelques machines mouvantes, par *Isaac de Causs*. Londres, 1657.

Elévation des eaux par toutes sortes de machines, par le chevalier *Moreland*. Paris, 1685, *in*-4°.

WEIDLERI, *Tractatus de Machinis hydraulicis. Wittenbergae*, 1728, *in*-4°.

An introduction to a general system af hydrostaticks, philosophical and practical, by Stephan Switzer. London, 1729, 2 vol. *in*-4°.

KARSTEN, *Mémoire sur la manière d'établir les pompes à incendies, ouvrage couronné par l'Académie de Copenhague*, 1773, *in*-4°..

Pompes sans cuirs, par *Darles de Linière*. Paris, 1768, *in*-4°.

VOCH, *Traité des pompes à incendies*. Augsbourg, 1781, *in*-8°.

M. Gaspard a perfectionné les pompes à incendies, en juillet 1785, en faisant des cuirs en goblet, découpés pour faire ressort.

VII.

Des Moulins à eau, à vent et à bras. Recherches de Lambert.

LES MOULINS A EAU quoique peu susceptibles en apparence de perfection ont pourtant été l'objet de différentes recherches.

M. de Montion ayant remis à l'Académie, en 1780, 1782, 1783, des sommes destinées à proposer chaque année des prix pour les arts, pour les maladies des artistes et autres objets du bien public, l'Académie proposa de perfectionner la construction des moulins à eau, surtout de leurs parties intérieures. Le prix fut remporté en 1785, par M. Dransy, ingénieur du roi, *Journal des Savans*, 1786, p. 123. L'Académie l'invitoit à continuer ses recherches.

Nous avons eu dans le même temps un bon ouvrage intitulé :

Essai sur la Manière la plus avantageuse de construire les machines hydrauliques, et en particulier les moulins à blé, ouvrage entièrement fondé sur la théorie, modifié par l'expérience, et terminé par un Traité pratique où l'on a mis les principes de la construction à la portée des constructeurs, par M. Fabre, correspondant de l'Académie Royale des Sciences, ingénieur hydraulique du pays de Provence, ancien professeur de mathématiques et de physique à l'Université d'Aix, 1783, 400 pages *in-4°*.

Il faut voir aussi l'*Art de la boulangerie et de la meunerie*, par Malouin, dans la *Description des Arts de l'Académie des Sciences*; enfin, le livre de Beyer : *Theatrum machinarum molarum*, ou *Description de l'Art de construire les moulins*, par Beyer, augmenté par Weinhold. Dresde, 1788, *in-fol.* avec figures.

Lambert, dans les *Mémoires de Berlin*, pour 1775, rapporte des expériences et des calculs sur un moulin où il pouvoit élever la roue, et changer les meules; et il en fait l'application au moulin de la Fère, que Bélidor avoit calculé, en tant que la masse, la grandeur, et la vîtesse des meules restant les mêmes, la dépense d'eau, la chute et le rouage peuvent être variés suivant les circonstances locales. Il fait voir comment on peut ménager l'eau autant qu'il est possible.

Dans le cas où l'eau est assez peu abondante pour qu'il faille la resserrer dans un canal qui n'est guères plus large et plus profond que les aubes; il faut avoir égard à la quantité d'eau qui passe tant au-dessus qu'à côté des aubes. Pour ménager l'eau autant qu'il est possible, cette quantité d'eau doit être diminuée tant qu'on pourra. Une roue bien arondie, et les aubes bien ajustées peuvent y contribuer beaucoup. Mais on ne peut pas faire ensorte que la roue quadre aussi exactement dans le canal que le piston dans le cylindre d'une machine pneumatique. Il faut laisser tant à côté qu'au dessous de la roue un espace libre; mais l'auteur donne le *minimum* pour l'aire de l'espace qu'on laisse entre le canal et les aubes. Sa formule est très-simple, mais elle n'est pas indifféremment applicable, parce que la largeur des aubes dépend très-considérablement de la chute qu'on peut donner à l'eau. En augmentant la largeur des aubes, on hausse le centre d'impulsion, et par-là on diminue la hauteur due à la vîtesse, et la force de l'eau ne croît pas en même raison que la largeur des aubes. Il en calcule les différences; il examine les moulins et autres machines dont les roues prennent l'eau à une certaine hauteur. Celles où l'eau tombe en-dessus de la roue; il en donne les équations et les tables, auxquels on pourra avoir recours avec avantage quand on voudra construire avec profit.

Lambert, dans le même volume, a donné les calculs du moulin à vent; on voit que quand le vent soufle avec vîtesse pour faire tourner une meule, il ne faut qu'un quart de la vîtesse de plus pour en faire tourner deux; c'est que l'effet ou le moment statique est en raison du cube de la vîtesse; cela fait qu'une vîtesse double produit un effet octuple, et fait tourner huit meules lorsque la vîtesse simple n'en fait tourner qu'une seule.

Si au lieu de quatre ailes, on en emploie six, la vîtesse du vent nécessaire pour produire le même effet n'en est diminuée que de $\frac{1}{8}$ partie, ainsi le meilleur parti qu'on puisse prendre c'est de multiplier les meules, et de les faire de différentes grandeurs, afin que le vent foible puisse du moins faire tourner la plus petite, et qu'à mesure que la vîtesse du vent augmente, il puissse faire tourner et plus de meules, et de plus grandes.

Il faut voir aussi les recherches sur l'effet des moulins à vent, par L. Euler, dans les *Mémoires de Berlin*, pour 1756.

La Hollande étant un pays où le défaut d'eaux courantes rend plus nécessaires les moulins à vent, a produit aussi d'excellentes recherches sur cet objet. On les doit à M. J. Lulofs, savant géomètre, et astronome de Leyde, qui donna dans les *Mémoires de l'Académie de Harlem* un mémoire sur ce sujet. Mais il est en hollandois, et il faut convenir que cette langue (quoique belle, et même suivant Stévin la plus belle de toutes), est encore loin d'être assez universelle pour que le reste de l'Europe puisse participer aux excellentes choses que contient ce recueil. Quoi qu'il en soit, M. Lulofs méritoit d'être plus connu. Il en est de même d'un mémoire de M. Hennert, sur les moulins à eau, inséré dans le même recueil. Il est également profond et développé d'une manière à être utile à tout le monde; ce qui est un des objets de la société de Harlem, qui a eu surtout en vue l'utilité du pays, et c'est-là la raison pour laquelle ces mémoires sont imprimés en hollandois. C'est surtout en Hollande que les moulins à vent sont employés avec une industrie admirable.

A Zaandam, *ou* Sardam, dans la Nort-Hollande, 2 lieues au nord d'Amsterdam, lorsque j'y allai en 1775 il y avoit 350 moulins à vent pour différens objets, moulins à farine, moulins pour faire l'orge perlé, pour élever l'eau, pour scier les bois, pour travailler le papier, l'huile, la poudre à canon, le tabac, pour fouler les étoffes, broyer les couleurs comme la céruse et le bleu d'émail, etc.

Les moulins où l'on fait l'huile de lin ont deux immenses meules avec des arcs pour ramasser la matière: on la met dans des sacs entre deux crins, et on la presse avec des coins sur lesquels frappent des pilons que la roue met en mouvement.

On hache les gateaux, on en fait une nouvelle poudre qu'on met sur le feu, et qu'on represse de nouveau.

Les moulins à scie ont deux chassis qui vont par des manivelles coudées, et portent un grand nombre de scies ; une roue avec un cliquet avance d'une dent à chaque tour, et fait avancer l'arbre que l'on scie.

Ces moulins coûtent depuis 10 mille francs pour l'eau, jusqu'à 80 pour le papier. On en voit des modèles dans les cabinets de physique de Hollande, et je voudrois bien qu'il y en eût à Paris.

Sur le Dimmer-meer près d'Amsterdam, est un bassin de 1000 toises de diamètre que deux moulins entretiennent à sec; une roue de 16 pieds de diamètre verse l'eau par 16 courbes inclinées, placées au-dessus du centre. Ils sont à deux étages; le second étage est élevé de 8 pieds.

Sur une surface de 800 grands arpens, un moulin à vent enlève un pouce de hauteur d'eau par jour, les ailes faisant quinze tours par minute, quoiqu'elles aient 90 pieds de long.

Il y en a 250 dans le territoire de la Haye, et il y en a qui élèvent 2 à 3 mille pieds cubes d'eau par minute. Par leur moyen, la Hollande, couverte d'eau en hyver se trouve au printemps changée en une immense et agréable prairie.

Il y en a 170 dans le territoire de Delft, sur une longueur de 3 à 4 lieues : il y a des moulins qui ont 50 pieds de hauteur, et qui sont placés sur un socle de 50 pieds ; les ailes ont 90 pieds, les roues 18 pieds. Mais, le long des prairies et des canaux, il y a de petits moulins pour dessécher les terreins. Les petits moulins sans engrénages ne coûtent que 800 francs ; ils élèvent l'eau de 2 pieds, ce qui suffit pour la verser dans le canal qui la porte à la mer.

Les moulins a bras sont souvent nécessaires dans les siéges, dans les longues gelées et autres circonstances. A Paris on s'est très-bien trouvé de ceux de Durand, habile serrurier. Ovide en a fait aussi en 1797, qui ont été très-utiles. Ils n'exigent qu'une superficie de 8 pieds quarrés, sur une hauteur pareille : ils peuvent se démonter et se remonter à volonté. Le premier ouvrier peut les mettre en état au besoin. Toute personne ayant une force suffisante pour vaincre une résistance, ou enlever un poids de quinze livres peut mouvoir ces moulins avec facilité. On y adapte, si l'on veut, un tarare ou ventilateur, pour nettoyer les grains, sans presque augmenter la résistance, ni ralentir le mouvement.

Le produit de ces moulins est par heure de quinze livres de farine en mouture économique parfaite, et de vingt-cinq livres en mouture à la grosse. Ils sont pourvus d'une bluterie nécessaire pour donner à la mouture le plus haut degré de perfection. Cette bluterie ne cause aucun bruit. Ces moulins sont aussi destinés à servir de modèles pour la construction des moulins à manège, à vent, à eau. Tout moteur peut leur être appliqué, en augmentant seulement les proportions; le genre de construction reste le même : ils permettent également les expériences les plus recherchées sur la mouture. Le cit. Parmentier, célèbre professeur de l'école de Boulangerie, plusieurs boulangers, des meuniers même, ont reconnu que ces moulins donnoient une mouture excellente, très-économique, et que la construction étoit tout-à-la-fois, la plus simple et la plus parfaite.

Le prix de chaque moulin complètement ajusté est de 600 francs. Il y en a cependant dont les meules sont d'un plus petit diamètre, qui ne montent qu'à 500 francs. (*Journal des Arts*, tome III, p. 70.)

Les machines a battre le blé sont en grand nombre : il y en a une qui est décrite dans un ouvrage sur les moulins; d'Olivier Evans de Philadelphie, où il employe des fléaux de bois plians; une autre établie en Angleterre et en Suède, et présentée au bureau de Consultation; elle est décrite dans un recueil de rapports du bureau, (chez Chemin, imprimeur dans la Cité); c'est un tambour garni de lames de fer. Une troisième est décrite dans le *Recueil des Mémoires de la Société pour l'encouragement des arts, à Londres*; elle est composée d'un aire tournante sur laquelle frappent des pilons. Le cit. Molard l'a fait exécuter. Il y a aussi une machine à épiquer, dont le modèle est au Conservatoire des Arts, à Saint-Martin de Paris; ce sont deux plans avec des pointes qui froissent les gerbes.

Nous avons cité page 773, une machine hollandoise pour l'orge perlé.

M. Perret l'aîné, contrôleur à Pontdeveyle, en Bresse, avoit aussi imaginé, en 1773, une machine ingénieuse pour battre le blé.

Il y a sur ces machines deux ouvrages à consulter : l'*Art de battre, écraser, moudre et monder les grains avec de nouvelles machines*, &c. Ouvrage traduit du danois et de l'italien, par M. D. N. E., ancien capitaine de cavalerie. Paris, 1769, *in*-8°.

L'*Art de battre le blé, tel qu'il a été exécuté dans le temps à Maderno*, par Kruniz. Berlin, 1776, *in*-8°. en allemand.

Il faut aussi voir le *Battage du blé par Malouin, dans les Arts de l'Académie*.

La charrue est une machine importante, et que l'on varie de bien des manières. On verra bientôt des recherches curieuses à ce sujet, par le cit. François-de-Neuchâteau, ex-ministre, dans le troisième volume des *Mémoires de la Société d'Agriculture du département de la Seine.*

VIII.

Diverses Machines pour augmenter les forces, remonter les bateaux, ou produire des effets nouveaux. Aërostats; Bateau-poisson.

Les anciens avoient imaginé des machines ingénieuses pour l'architecture et pour la guerre, comme nous l'avons remarqué, tome I. p. 230. tome III. p. 721. Les modernes ont ajouté à leurs inventions, comme on l'a vu dans l'article précédent, et comme on le verra dans les ouvrages dont le catalogue terminera ce livre.

Une des plus simples et des plus utiles est le levier qu'on appelle communément *levier de la Garousse*, et qui est décrit dans l'*Architecture Hydraulique de Bélidor*, tome I. page 122. Il est composé d'une roue dentée et de deux crochets qui prennent alternativement les dents de la roue; c'est une des machines les plus ingénieuses et les plus utiles.

La machine que Loriot imagina pour élever sur son piédestal une statue équestre de plusieurs milliers, servoit à résoudre ce problême singulier : faire une machine avec laquelle un enfant de sept à huit ans puisse élever lui seul la statue, et la mettre sur son piédestal.

La statue S, (*fig.* 39) est supposée à côté du piédestal P. Les cordes CC passant sur des poulies AA portent des paniers BB que l'enfant remplira de pierres. Quand la statue sera assez élevée il ôtera les pierres de la droite, pour que la statue vienne à gauche, et quand elle sera au-dessus de D, il déchargera les deux paniers pour la faire descendre en D; on sent bien qu'en multipliant les cordes, les poulies et les paniers on augmenteroit l'effet à volonté.

Les poulies qui environnent l'axe d'une roue, (*fig.* 34.) et qui changent le frottement de la première espèce en un frottement de la seconde espèce, furent proposées en 1787 par un charpentier nommé Garnet; mais le cit. Molard les a vues dans un ancien modèle qui est au cabinet de l'Institut.

L'usage des boulets, pour diminuer les frottemens, a été employé utilement; comme on le voit dans l'ouvrage intitulé : *Monument élevé à la gloire de Pierre-le-Grand*, ou *Relation des travaux et des moyens mécaniques qui ont été employés* pour

pour tramsporter à Pétersbourg un rocher de trois millions pesant, destiné à servir de base à la statue équestre de cet empereur; avec un examen physique et chimique du même rocher, par le comte Marin Carburi, de Ceffalonie, ci-devant lieutenant-colonel au service de S. M. l'impératrice &c. (chevalier de Lascary), 47 pages *in-folio* avec 12 planches.

Le cercle qui embrasse les rouleaux d'un moulin à sucre, est une invention ingénieuse, pour qu'ils ne s'écartent point l'un de l'autre, on en voit le modèle au Conservatoire.

La manière de produire un mouvement alternatif, par le moyen d'un mouvement continu, est essentielle dans les arts. Le moyen le plus naturel est d'avoir deux rouets parallèles sur le même axe, et dans le milieu une lanterne qui puisse aller de l'un à l'autre. Dans la calandre de la rue du Cimetière Saint-Nicolas des-Champs, un homme, avec un levier, faisoit ce changement. Le cit. Prony, dans les *Mémoires de l'Institut*, tome II. page 216, a donné un moyen de faire le changement par le corps même qui monte ou qui avance, et qui rencontre une détente dès qu'il est nécessaire de changer la lanterne

Parmi les inventions du cit. Bralle, j'ai remarqué les ventelles qu'il a employés dans la vanne qui est au Pont Notre-Dame, sous l'arche Saint Denis.

Un contrepoids de 200 qui donne la faculté d'élever 4 milliers.

Une machine pour les puits, où une seule poulie, au moyen de la pression, fait que le sceau vide descendant, et le sceau plein montant se font équilibre.

Machine à rompre les pilotis, par Voglio, inspecteur des Ponts et Chaussées, qui a servi au Pont de Mantes, et qui va servir au trois nouveaux ponts de Paris, commencés en 1800. Celle de Pommiers, approuvée en 1753, est dans le septième volume du *Recueil des Machines*.

Les machines à remonter les bateaux ont exercé depuis longtemps les machinistes. Le cit. Molard en a parlé dans le tome III du *Journal des Arts et Manufactures*, dont il a paru 12 cahiers en 1797, par les soins de la Commission d'Agriculture et des Arts; il a recueilli des faits et quelques résultats d'expériences sur le projet important de remonter les grands bateaux chargés, sans qu'il soit nécessaire de les faire tirer, ni par des hommes ni par des animaux, ou de suppléer à l'action du vent sur les vaisseaux.

Plusieurs expériences ont été faites pour l'application de la machine à feu, et d'autres moteurs à la navigation, tant des rivières que de la mer.

Stanhope en Angleterre, Rumsay et Fitch en Amérique, Cugnot, Demandre et Thilorier à Paris, ont fait plusieurs tentatives pour s'assurer jusqu'à quel point les machines à feu et autres moyens mécaniques pouvoient être utiles dans la navigation. Ils sont arrivés au même but, mais par des moyens bien différens, et avec plus ou moins davantages apparens, ce qui prouve que l'application d'un moteur connu pour être utile ne dépend pas entièrement de telle ou telle construction, et encore moins de la singularité de la partie mécanique.

Persuadé qu'on ne réussit qu'en considérant et examinant ce qui a été fait, et même en se proposant toutes les difficultés, Fitch construisit des machines à rames, dont le mouvement imitoit celui des rames ordinaires. Ces machines existent encore. Il y en a sur la Delaware, en Amérique, pour le passage des bateaux : des personnes qui les ont mises en usage, parlent de leurs opérations avec éloge; mais toutes s'accordent à dire que la fréquence des réparations que ces machines exigent leur ôte tout leur mérite. La bonté d'une invention ne dépend pas toujours de la perfection du mécanisme qui exécute son mouvement.

Rumsay pensa mieux faire, en se servant de l'élément dans lequel on navigue; il imagina d'aspirer, à force de vapeurs, l'eau par la proue et de l'expulser par la poupe, de manière que dans l'un et l'autre cas, il disposoit le vaisseau à aller en avant.

En aspirant, disoit-il, l'eau agira par son inertie; et en l'expulsant, elle agira directement. Il est parvenu, en effet par ce moyen à faire sur mer trois-quarts de lieues de chemin dans une heure. Cette lenteur ne répondoit pas aux espérances qu'on en avoit conçues.

La disproportion entre l'effet produit et la quantité d'effort employé s'explique quand on considère que d'après les dispositions des moyens de Rumsay, au moment où son piston venoit à fouler l'eau, il éprouvoit un choc dont l'effet se distribuoit dans toutes les parties de la machine, et son action venoit se consumer contre les points fixes qu'elle présentoit.

Stanhope, dont le génie étoit très-inventif, prit son modèle dans la nature animée. Il imita la patte-d'oie, construction qui sans exiger beaucoup de parties, ne demande que le mouvement ordinaire des pompes à feu pour faire avancer le bateau. Il la préféra à la voile inclinée, agissant dans l'eau, à la rame et aux roues à aubes, à cause de la simplicité et de la solidité.

Il a navigué pendant plus d'un an, et faisoit une et même deux lieues par heure; et un artiste avantageusement connu par plusieurs inventions utiles, White, qui a coopéré à ce travail et suivi les essais multipliés qu'a faits Stanhope, croit qu'il n'est pas douteux qu'il ne parvienne à donner à cette machine toute la perfection qu'on peut désirer.

L'abbé Demandre imagina ensuite une pédale musculaire, au moyen de laquelle il espéroit que l'homme feroit un meilleur usage de ses forces, en les employant pour faire tourner les arbres des roues servant aux divers travaux des arts : il s'est servi de cette pédale sur des bateaux pour faire tourner les roues à aubes qui servoient à les remonter en s'appuyant sur le courant. L'auteur fit plusieurs essais de ce moyen sur la Seine : il fatigua beaucoup l'Académie et le gouvernement, mais Vandermonde, Molard et autres mécaniciens, ne pensèrent point qu'en employant les pieds et les mains du travailleur on pût gagner pour la force utile, parce que la fatigue devient plus grande en employant les muscles des bras et des cuisses ; si l'on dépense de deux manières, on perd. Molard et Vandermonde l'ont désaprouvée ; cependant il a eu un dédommagement du Corps Législatif.

La meilleure manière d'employer la force de l'homme est d'être assis, que la force du jarret soit employée sur un étrier, et des bricoles aux épaules sur lesquelles il se renverse ; par-là, on pourroit employer des hommes qui auroient perdu les deux bras et une jambe.

On a proposé plusieurs fois de remonter les bateaux avec la Pompe à feu ; le cit. Jouffroy d'Abban fit à Lyon, il y a vingt ans, l'essai d'un bateau considérable remontant la Saône, le 15 juillet 1783, depuis Vaise jusqu'à l'île Barbe, dont il y a procès-verbal par devant notaire.

L'abbé d'Arnal, chanoine d'Alais, présenta aussi à l'Académie, en 1780, un procédé pareil dont l'expérience fut faite en petit.

Le cit. Cugnot fit faire pour l'Arsenal un charriot pour voiturer des canons, et qui alloit également par la machine à feu ; le modèle est au Conservatoire.

Thilorier proposa en 1796 d'employer un bateau descendant, ou radeau de 40 pieds qui se gouvernoit à l'aide de trois treuils adaptés à une barquette qui coupoit le courant sous l'angle convenable, et présentoit une vanne au courant. On en fit l'expérience. Il y avoit une poulie au Pont-Neuf sur laquelle passoit une longue corde à laquelle tenoient le bateau qu'il vouloit remonter, et le bateau remonteur qu'il présentoit obliquement au courant ; l'inclinaison de la vanne donnoit le moyen d'augmenter la force, et cela pouvoit remplacer les chevaux de renfort aux passages des ponts et pertuis.

Grollier de Servière avoit proposé quelque chose de semblable ; on trouve le détail de son procédé avec la figure, dans le *Journal des Arts*, d'après son Recueil, imprimé en 1709 ; et Thilorier a répondu dans le même journal pour prouver la supériorité de sa machine sur celle de Grollier.

Le cit. Molard finissoit son rapport sur les machines par des réflexions judicieuses : le système du remontage des bateaux, dit-il, et même de la navigation par le moyen des machines, doit embrasser à-la-fois les principes généraux de la résistance de l'eau, soit par rapport au bateau ou navire, soit par rapport aux parties qui frappent ou agissent sur l'eau comme sur un appui.

Pour ne pas s'exposer à perdre beaucoup de temps pour repéter ce qui a été fait et tenter de nouveau, et à grands frais, ce qui a déjà été reconnu, si non impossible, du moins inutile, nous pensons qu'il est nécessaire de se faire les questions suivantes, et d'y répondre toutes les fois qu'on proposera de substituer les machines aux chevaux dans le remontage des bateaux, substitution que nous désirons voir s'effectuer avec avantage le plutôt possible.

1°. Quelle est la vîtesse que les bateaux doivent avoir pour que cette substitution soit utile, même dans les circonstances actuelles?

2°. Quelle vîtesse pourra-t-on leur donner dans telle rivière dont la vîtesse du courant sera donnée?

3°. Quel sera l'avantage et le gain net qu'on obtiendra sur la dépense du même bateau par des chevaux.

Le but de ces questions est d'obtenir des détails suffisans pour que l'Institut et le gouvernement puissent avoir une opinion sur l'avantage plus ou moins grand des divers projets qu'on lui présente, qui, jusqu'à présent n'ont offert que des avantages apparens et beaucoup de difficultés réelles.

Je crois pouvoir ajouter que l'expérience de tant d'efforts inutiles peut faire juger de l'impossibilité de remonter les rivières par des machines.

Thilorier dit que le pertuis de la morue près Besons, est remonté annuellement par plus de quatre cents bateaux, et les plus grands ne peuvent le franchir, dans des eaux ordinaires, qu'à l'aide de soixante chevaux : en supposant que chaque bateau l'un dans l'autre, n'y emploie que trente chevaux au prix de 50 sols par cheval; on peut évaluer la dépense à 30 000 francs, à quoi il faut ajouter 10 000 francs au moins pour la souffrance des cordages. Le passage du pertuis de la morue coûte donc annuellement au commerce au moins 40 000 francs. Il assure que sa machine ne coûteroit pas plus de 12 000 francs à établir, et 4 000 d'entretien : ainsi, dans des cas semblables elle pourroit être utile. Mais à l'égard du pertuis de la morue sa difficulté ne vient que de ce qu'on a barré une partie de la rivière pour la machine de Marly, et en détruisant cette machine on remédieroit à tout, comme nous l'avons dit page 749.

On a fait aussi plusieurs fois des voitures ou un homme peut aller sans chevaux, telle est celle du citoyen Clément (passage de la Boule blanche (F. S. Ant.) qui avec ses pieds fait agir deux coudes de l'essieu, sur lequel une des roues est fixée.

Les machines pour voler ou s'élever en l'air ont exercé de tous les temps l'imagination des mécaniciens, mais l'entreprise étoit impossible comme je l'ai fait voir, page 737.

Les globes de Montgolfier sont la découverte la plus étonnante que les hommes aient faite, ainsi l'on ne peut se dispenser d'en parler dans l'*Histoire de la mécanique* : de tous les noms célèbres qui passeront à la postérité, celui de Montgolfier est fait pour l'emporter sur tous les autres; il planera sur les temps comme il nous a appris à planer sur les airs.

Joseph Montgolfier, né à Darvézieux, près Annonai, le 6 août 1740, m'a raconté que ce fut au mois décembre 1782, qu'étant à Avignon il songea pour la première fois au pouvoir de l'air raréfié, il envoya acheter dix aunes de taffetas, le découpa en fuseau, qu'il fit coudre; il alluma une feuille de papier au-dessous, il vit le globe s'élever, et la découverte étoit faite. Il fit le 5 juin, 1783, une expérience publique à Annonai; l'intendant de la province en donna avis à l'Académie des Sciences, et nous dîmes tous, cela doit être; comment n'y a-t-on pas pensé?

On engagea l'auteur à venir à Paris, il chargea son frère Etienne (1) de le remplacer. Celui-ci fit construire un ballon chez Réveillon, au fauxbourg Saint-Antoine, et le 21 novembre Pilatre et d'Arlande partirent de la Muette et traversèrent la rivière. Montgolfier m'avoit promis que je serois le premier qui monteroit, mais j'étois absent lorsque le ballon fut achevé.

Charles, notre célèbre physicien, ne tarda pas à comprendre qu'en remplissant un ballon avec de l'air inflammable on auroit plus de sûreté, quoiqu'avec plus de dépense, et il fit le 1er. décembre, 1783, une superbe ascension au jardin des Thuileries, l'enthousiasme des spectateurs alla jusqu'à l'ivresse; et pendant quelques mois on ne parloit dans Paris que de cette étonnante découverte; les brochures se multiplièrent, et cela a duré plusieurs années.

Blanchard qui avoit eu la prétention de s'élever avec des aîles, et qui les faisoit voir chez M. de Viennoy, rue Taranne, renonça bientôt à cette folie, et le 2 mars 1784 il partit du champ de Mars dans un aërostat qu'il avoit construit et qu'il avoit rempli lui-même. Il employa dix grands tonneaux où il y avoit 50 livres de rognures de tôle, 70 livres d'acide vitriolique, et 100 livres d'eau dans chacun. Il a fait depuis ce temps-là 50 autres voyages dans toutes les parties de l'Europe.

(1) Il est mort en 1799, à 52 ans.

La manière de diriger les ballons a été dès le commencement l'objet des recherches et des projets de tous les physiciens. L'ingénieur Meunier, de l'Académie des Sciences, fit un grand et beau travail à ce sujet : il n'a point été imprimé ; mais je suis persuadé qu'on parviendra à diriger, jusqu'à un certain point, les aërostats, et quand même on n'auroit d'autre ressource que celle du vent, ce ne seroit pas moins une découverte très-importante.

Dans la campagne de 1793, il y a eu 28 ascensions dans la Belgique ; et le 7 messidor, à la bataille de Fleurus, le général Moreau fut pendant deux heures dans un aërostat. Il envoya au général Jourdan deux lettres, de la hauteur de 200 toises ; elles firent gagner la bataille qui amena la conquête de toute la Belgique.

On a fait à Meudon, sous la direction du cit. Conté, beaucoup d'expériences curieuses en 1797 ; lorsqu'elles seront publiées, l'art de l'aërostation sera considérablement perfectionné, et déjà nous savons qu'au lieu de dépenser 3 000 francs pour l'acide vitriolique, on peut décomposer l'eau en la faisant couler lentement dans des tuyaux de fer rougis au feu.

Le cit. Tétu-Bressy a aussi imaginé un moyen ingénieux de se diriger avec des plans inclinés, en faisant monter et descendre alternativement la machine ; je l'ai annoncé dans le *Journal de Paris*, 1 therm. an 8, pour retenir date d'une idée ingénieuse.

Fulton, en 1800, nous a fait voir une machine ingénieuse appelée bateau poisson ; c'est un bateau de 20 pieds qni pouvoit aller sous l'eau, et avec lequel l'auteur a fait réellement 18 lieues. Il y a sous le bateau un réservoir d'air ; en dedans des ailes de moulin à vent pour mouvoir le bateau, deux gouvernails, un vertical et un horizontal ; une pompe pour vider la cale ; avec de l'air condensé 400 fois, et de l'acide carbonique neutralisé avec la chaux, il pouvoit renouveller l'air nécessaire à la respiration des quatre hommes qui y étoient, et qui d'ailleurs pouvoient à volonté venir respirer à la surface de l'eau, sans être apperçus des ennemis.

Une détente qui part dès qu'elle touche un vaisseau lui fournissoit le moyen d'y mettre le feu.

On pensoit à faire usage de cette machine pour tâcher de terminer la guerre atroce que les Anglois nous faisoient, mais que Bonaparte a su terminer par ses négociations et ses victoires, en 1801.

I X.

Des Machines employées dans les arts pour tricoter, filer, fabriquer, imprimer, &c.

Le métier à bas est une des machines les plus ingénieuses et les plus utiles que l'on ait faites : elle fut imaginée en France vers 1680, elle est décrite dans l'Encyclopédie au mot *Bas*.

Il y a plusieurs rapports sur des perfections du métier à bas faits à l'Académie, ou à l'Institut, par le cit. Desmarest; on les trouvera dans l'*Art de la Bonneterie* dont il s'occupe actuellement.

Les cit. Jolivet et Cochet, de Lyon, ont ajouté au métier à tricot des aiguilles particulières au moyen desquelles on exécute sur ce métier la dentelle, et le tricot à grille : on les voit au Conservatoire.

Le cit. Aubert de Lyon a fait des métiers où l'on tricote en tournant simplement une manivelle, il l'exposera l'année prochaine.

M. Morosi de Pise, nous a fait voir à Paris, en 1800, une machine où l'on faisoit trois bas à-la-fois avec une manivelle.

Les machines qui servent à la filature ont été singulièrement perfectionnées dans ce siècle. Dès 1740, Vaucanson que le cardinal de Fleuri avoit attaché aux manufactures s'occupa de la soie qui forme une des branches les plus importantes de notre commerce. Cet objet l'occupa presque tout entier, et même il n'a pas étendu ses recherches au-delà des moyens de perfectionner les préparations que doit subir la soie avant d'être employée. Il regardoit avec raison ces premiers travaux comme la partie de l'art la plus importante, la plus difficile, et jusqu'alors la plus défectueuse.

Il existoit pour ces différentes opérations des procédés ingénieux, mais ces procédés ne conduisoient ni à donner à volonté aux diverses espèces de soie le juste degré d'apprêt qu'on vouloit qu'elles eussent, ni à rendre cet apprêt égal pour toutes les bobines ou tous les écheveaux d'un même travail, et pour toute la longueur du fil qui formoit chaque bobine ou chaque écheveau : cette régularité dans le travail exigeoit une précision, qui obligea Vaucanson à imaginer non-seulement les machines elles-mêmes, mais encore les instrumens nécessaires pour exécuter avec régularité, d'une manière uniforme, les différentes parties de ces machines. Ainsi par exemple, une chaîne sans fin donnoit le mouvement à son moulin à organsiner, et Vaucanson inventa une machine pour former la chaîne de mailles toujours égales. Cette machine est regardée comme un chef-d'œuvre : toutes les courbures que peut avoir le fil de fer sont redressées; toujours coupé de la même longueur, il reçoit deux plis toujours égaux; à chaque extrémité un crochet toujours semblable est destiné à recevoir le fil qui formera la maille suivante, et lorsque la chaîne est faite dans toute sa longueur, une autre machine très-simple réunit les deux mailles extrêmes, et achève la chaîne sans fin. Si quelques mailles viennent à se briser, la même machine sert à les remplacer et à réunir cette partie nouvelle aux deux extrémités de ce qui reste de l'ancienne chaîne. Il fut consulté par le gouvernement, dans une discussion où l'on faisoit valoir l'intelligence peu commune que devoit avoir un ouvrier, en étoffe de soie, dans la vue d'obtenir en faveur de ces fabriques, quelques-uns de ces priviléges que l'ignorance accorde souvent à l'intrigue, sous le prétexte si commun et si souvent trompeur du bien public. Il répondit par une machine avec laquelle un âne exécutoit une étoffe à fleurs. Ce métier-mécanique de Vaucanson propre à fabriquer les étoffes façonnées, par le mouvement d'une manivelle, est au Conservatoire. Le dessin est sur un tambour semblable à celui d'un carillon, il choisit les rames, en agissant sur des touches; il y a une machine de fer qui chasse la navette d'un arbre à l'autre. Elle s'attache d'elle-même à l'un et se dégage de l'autre par une bascule qui rencontre un talon. Vaucanson avoit quelque droit de tirer cette petite vengeance de ces mêmes ouvriers qui, dans un voyage qu'il avoit fait à Lyon, l'avoient poursuivi à coups de pierres, parce qu'ils avoient ouï dire qu'il cherchoit à simplifier les métiers, en épargnant le travail des hommes: car, quiconque veut apporter aux hommes des lumières nouvelles, doit s'attendre à être persécuté; et les obstacles de toutes espèces qui s'opposent à toute innovation utile tirent leur principale force des préjugés de ceux même à qui on veut faire du bien. Vaucanson ne regardoit cette machine que comme une plaisanterie, et en cela il étoit peut-être trop modeste; le travail de Veiller sur de pareils métiers qu'on pourroit faire mouvoir par des moulins, et de renouer les fils qui se cassent, demande moins de force, d'intelligence, un moins long apprentissage que n'en exigent les métiers actuels, et la plus sévère économie des forces et de l'industrie des hommes est à-la-fois un excellent principe dans tous les arts, et une des maximes les plus certaines d'une politique éclairée.

On voit au Conservatoire des Arts, à Paris, des modèles de ces machines, et des outils imaginés par Vaucanson pour accélérer et perfectionner leur construction. La première machine est destinée à tirer la soie de dessus les cocons, et tordre le fil par le moyen d'un cercle qui a deux anneaux, et qui tourne sur quatre roulettes; il y a un va-et-vient qui distribue la soie sur l'écheveau, l'écheveau, ensorte qu'il y ait 800 tours avant qu'un fil revienne dessus l'autre. L'écheveau se devide ensuite sur des bobines par le moyen d'un autre métier, et se tord en même temps. Enfin, on dévide sur un troisième métier plusieurs fils ensemble; ce dernier a une invention ingénieuse; c'est une poulie formée en champignon dont les deux parties se rapprochent pour diminuer le diamètre de la poulie, lorsque la soie a augmenté le diamètre des bobines.

On y voit la machine à faire les chaînes, et une autre machine pour remettre ces chaînes dans leur premier état lorsqu'elles sont allongées par l'usage. Ces ingénieuses machines sont en pleine activité, en plusieurs endroits : a Romans, à la Saône, à Aubenas, la soie se vend 3 francs la livre de plus que l'autre, et le prix de la soie varie de 25 à 50 francs. Au reste je ne dois pas dissimuler qu'un académicien, très-habile dans les arts, m'a dit que ces machines n'étoient point aussi utiles que je le croyois.

Pour la filature de la soie, Vaucanson, vers 1774, perfectionna les tours à double croisade, qui ont apporté toute la perfection désirée. Les moulins à soie qui servent à la tordre, ont tout le succès qu'il en avoit espéré, et donnent aux soies la qualité qu'on remarque dans les meilleures soies du Piémont.

Pour la filature du coton, le cit. Martin a publié un mémoire sur les nouvelles machines : il en distingue trois espèces dont chacune a ses constructions et ses propriétés particulières.

La première espèce est celle des mécaniques à la main, dites Jennies, introduites en France depuis 1782, par les cit. Piquefort, Martin, &c. au moulin de l'Epine, près Arpajon, et à Louviers, chez le cit. Décrétot; elles n'ont été portées que depuis peu à leur perfection par un artiste anglois, qui en les simplifiant, en a beaucoup augmenté le produit; et plusieurs fabriquans françois ont formé des établissemens. En 1785, les cit. Boyer-Fonfrède et le Comte en ont formé un à Toulouse.

La filature de ces jennies, dont les brins ont été entremêlés, et en quelque sorte frisés par les préparations, imite celle des laines cardées; cette filature est propre à la trame de toutes les étoffes qui doivent être moëlleuses et douces au toucher : elle n'est régulière et avantageuse qu'autant qu'elle a été préparée par des mécaniques à carder et à filer en gros.

Porter, vers 1772, a imaginé les cylindres de tirage qui forment le principe des machines, du second genre. Arkwright les mit en usage près de Birmingham. Elles ont été importées en France en 1785, par Martin, qui, depuis y a ajouté les nouveaux moyens d'exécution découverts en Angleterre, et plusieurs perfections que ses recherches lui ont procurées. On peut voir au mot FILATURE de l'*Encyclopédie méthodique*, 13e. livraison, et à la page 137 du tome second de la 36e. livraison, partie des Arts, ce qu'en dit Roland de la Platière, alors inspecteur des manufactures; cet écrivain connu par d'excellens ouvrages sur le commerce, les arts et les manufactures, est celui qui fut ensuite ministre, et qui fut victime de la révolution. Il y parle des machines à cylindre d'Arkwright apportées par Martin, et en fait voir les avantages. Il y a des machines à carder de deux espèces; des machines à étirer en rubans, à filer en gros ou en mèches, à bobines, à filer en fin, dévider, doubler et rétordre. Toutes ces machines et leurs mécaniques préparatoires, différentes de celles des jennies, recevant un mouvement continu de rotation, et exigeant peu de talens des fileuses, peuvent être mises en activité, soit par des moulins à eau et à vent, ou par des machines à feu, soit à bras d'hommes ou avec des chevaux.

La filature qu'elles produisent ayant reçu des préparations qui tendent toutes à rendre les brins parallèles, imite celle des laines longues qui ont reçu l'opération du peignage : lisse forte et parfaitement égale, elle convient particulièrement à la chaîne de toutes les étoffes en coton et à la bonneterie en un et deux fils; elle convient aussi à la trame des mousselines, lorsqu'elle a reçu une préparation qui l'adoucit.

La troisième espèce de mécanisme est celle des mules jennies (*mill*, moulin), composée de la reunion des deux autres: elle produit une filature qui joint à la douceur de celles des jennies, la netteté de celles d'Arkwright: mais cette filature ne peut avoir ni le moëlleux de la première, ni la force de la seconde.

Les mules jennies se travaillent à la main, et généralement par des hommes; mais leurs machines préparatoires, les mêmes que celles d'Arkwright, sont mises en activité par les mêmes forces motrices.

Les filatures des deux dernières espèces ont donné lieu à la fabrication de trois sortes de mousselines, qui, quoique dans les mêmes degrés de finesse, diffèrent pour la qualité, la durée et le prix, suivant le genre de filature employé pour leur fabrication.

Ces différens mécanismes ont déterminé la supériorité de l'Angleterre dans les ouvrages en coton; ils y ont procuré à un grand nombre de particuliers des fortunes considérables.

Pikfort apporta, vers 1787, les mules-jennies à Melun, pour l'abbé de Calonne; il en construisit un assortiment pour le gouvernement; on le voit au Conservatoire.

En 1789, le bureau de commerce d'Amiens fit venir Spencer pour construire les mules-jennies. Il y a trois cylindres qui tournent avec différentes vîtesses, un cylindre de pression sur chacun forme trois laminoirs, le fil s'amincit successivement, il est tordu par une broche; chaque laminoir a deux fils.

Bauwens a établi les plus parfaites à Passy, en 1779. Une roue de 45 pieds, mue par deux chevaux, fait aller les cardes et les dévidoirs à 216 broches, et occupe 200 ouvriers. Cet établissement a coûté un milion.

Pour la filature de lin, Dumouret de Louviers a construit des machines, au moyen desquelles une seule personne peut faire la même quantité de fils que vingt personnes. Des Anglois ont apporté des machines pour le même objet. Dumouret a reçu 4 000 francs, à condition d'en déposer un modèle au Conservatoire des arts et métiers.

Les Anglois sont aussi parvenus à filer les laines longues sur des mécaniques à cylindre, dont le principe est le même que celui des machines d'Arkwright: ces mécaniques ont été introduites en France; quant aux laines courtes, elles se cardent et se filent généralement en Angleterre sur les jennies et sur les machines préparatoires qui ont été adaptées à ce travail au moyen de quelques changemens dans leurs dispositions.

Jean Milne, et Alexandre Sagniel viennent d'établir à Marly une machine propre à filer la laine, le coton, la bourre de soie et de lin, et ils ont pris un certificat de demande d'un brevet d'invention, le 2 vendémiaire an 10.

Pour les étoffes; Jacquart de Lyon a imaginé un mécanisme plus simple pour supprimer le tireur de lacs dans la fabrication des étoffes façonnées; le modèle est au Conservatoire; mais pour l'entendre, il faut lire l'*Art du fabriquant d'étoffes de soie*, par Paulet, ceux des étoffes de laine et de velours de coton, par Roland de la Platière, et l'art de friser et ratiner les étoffes de laine par Duhamel, dans les *Arts de l'Académie.*

Baf, Anglois, a fait connoître en France la navette volante et changeante qui fatigue moins l'ouvrier que la navette ordinaire, et procure une économie considérable de temps. Il étoit utile d'en répandre l'usage, exclusivement borné jusqu'ici à quelques grandes manufactures.

Le ministre de l'intérieur, (Chaptal), dont le zèle et les lumières ont été si utiles, a pensé que le moyen le plus efficace d'y parvenir étoit de prendre des tisserands sur différens points de la république pour les former ou les mettre en état de reporter dans leur départemens l'instruction qu'ils auroient reçue: on ne pouvoit propager que par ce moyen, tout-à la fois la théorie et la pratique d'une méthode dont la prospérité de nos établissemens industriels qui tissent la laine, le coton, le chanvre et le lin, reclamoit impérieusement l'emploi. Les tentatives qu'en a faites à cet égard le ministre en 1801 ont obtenu le succès qu'il en attendoit. Les frères Bauwens à Passy y ont coopéré.

Les frères Sévenne à Rouen ont imaginé des métiers sur lesquels ils fabriquent les velours, les basins et les piqués au moyen de deux navettes volantes qui marchent ensemble, dont une porte le fil pour le dessus, et l'autre pour le doublage. Il y a des tablettes qui montent par le moyen des marches. Ils ont demandé un brevet d'invention le 7 frimaire, an 10.

Delarche, à Amiens, a fait une machine pour tondre les draps ; une des opérations les plus difficiles dans la fabrication des draps. le cit. Molard la publiera.

La machine qui sert à couper les fils des cardes, est encore une chose très-ingénieuse.

La machine à imprimer plusieurs couleurs à-la-fois, a été établie par Bonvalet à Amiens, Oberkamp l'a établie à Jouy.

L'art de chiner les étoffes de soie a été perfectionné à Lyon par Benoît Richard, qui a reçu une pension de 600 francs dans le voyage du premier consul à Lyon, en 1802. Il a fait entrer en France 15 à 20 millions de numéraire, suivant le réçit du bureau de commerce.

Vaucanson a fait une calandre pour lustrer les toiles, où la pression des cylindres s'exerce par des leviers, et qui est généralement adoptée ; cette addition aux cylindres pour le papier les a sensiblement perfectionnés.

Pour lisser les étoffes, on a fait des cylindres de papier dont l'axe traverse les feuilles et dont la tranche sert à lisser.

Faudrin a fait des métiers pour les rubans de velours ; on fait 36 pièces dans le même peigne ou rêt ; la même chaîne sert à former les velours de deux pièces ; c'est le métier à barre de Zurich. Il y en a un au Conservatoire.

Pour les papeteries, les cylindres employés en Hollande pour broyer le chiffon, à la place des pilons usités auparavant, sont une invention très-utile ; j'en ai donné la description détaillée dans l'*Art de faire le papier*, en 1761.

Le cit. Robert a imaginé une machine pour relever la matière de la cuve, et la distribuer sur une toile sans fin ; elle est à Essone.

Pour l'imprimerie, il faut voir l'*Art de l'Imprimeur*, publié en 1779, pour servir de suite à la *Description des Arts de l'Académie*, chez Moutardier ; et la *Description des presses d'Anisson fils*, décapité dans la révolution. Pierre, imprimeur de Paris, avoit fait avec un grand soin et un grand détail l'*Art de l'imprimeur*, il en avoit montré à l'Académie différentes parties ; je l'ai pressé vivement pendant plusieurs années de publier ce qu'il avoit de fait ; mais inutilement.

Il y a plusieurs rapports sur les presses, faits à l'Académie, ou à l'Institut, par le cit. Desmarêts.

La presse hydraulique de Pascal que l'on vient d'exécuter en Angleterre, et pour laquelle il y a eu une patente comme pour une chose nouvelle; sert à toute espèce de compression.

La calandre de Vaucanson a servi à perfectionner le papier.

Il y a une machine de Richer pour numéroter le papier-monnoie par le seul mouvement du charriot de la presse, en imprimant les billets; on a réuni au Conservatoire toutes les machines employées à la fabrication du papier-monnoie.

La machine à clicher pour avoir une planche en relief par le moyen d'une planche en creux, est une des inventions remarquables pour l'imprimerie.

Mais il faut voir à ce sujet l'*Histoire et les procédés du polytipage et de la stéréotypie*, par A. G. Camus, chez Baudouin, 1801.

Le cit. Molard a fait une presse à bascule pour poinçonner les nouveaux poids et mesures. Il a fait aussi une machine ingénieuse pour rendre les surfaces parallèles; il ne la publie pas encore; le modèle est au faubourg Saint-Antoine. Il a fait des meules de fer oxidé pour former les pointes des aiguilles.

Pour la monnoie, nous avons le balancier de Droz qui employe des coquilles où l'on frappe la tranche en même temps que la face. Il a fait pour l'Espagne un système complet de fabrication de monnoies frappées en viroles avec la marque sur la tranche en creux en relief du même coup de balancier, de même qu'en viroles unies.

La circonférence du flan est environnée de cinq segmens mobiles à charnière, et qui portent l'empreinte. Le balancier fait avancer un bras qui pousse les flans sous le carré l'un après l'autre, sans que l'ouvrier s'en occupe. Il fait des médailles que le relief très-saillant rend très-difficiles à contrefaire.

Cette famille est distinguée depuis long-temps à la Chaude-fond; Jacquet Droz faisoit il y a cinquante ans des automates et des pièces originales.

Pour laminer, Droz a donné le mouvement aux deux cylindres pour laminer à différentes épaisseurs, avec un engrénage toujours plein; la communication du mouvement se fait par un genou de Cardan dans le laminoir de Droz.

Montu, Piémontois, a présenté à l'Institut en 1799, une machine très ingénieuse où les flans se précipitent d'eux-mêmes, qui fait même le cordon, qui offre les avantages de la célérité, de l'économie, et un moyen pour empêcher la contrefaction et l'altération des monnoies en donnant un signe caractéristique pour reconnoître l'identité du cordon avec l'empreinte de la monnoie. Le cit. Desmarets en fit un rapport exact que je voudrois pouvoir insérer ici.

Clais, Suisse, chargé par le duc de Bavière de perfectionner les fours d'évaporation des salines, a imaginé de mettre au-dessus des tuyaux d'évaporation, afin qu'il y ait un courant d'air chaud. Il est au salines de Dieuze.

On fore les canons sur un banc horizontal à Endret, près de Nantes, et au Creuzot; à Chaillot, le cit. Perrier en a fondu 3000; autrefois on les fondoit creux, on ne faisoit que les alezer verticalement.

Pour les instrumens de mathématiques, on les trouvera dans le quatrième volume; mais je dois citer ici la Plate-forme de Ramsden pour faire des divisions exactes, elle est au Conservatoire; j'en ai donné la description en 1790, chez Firmin Didot.

Le comparateur du cit. Lenoir est un instrument avec lequel on a déterminé à un millième de ligne les différences entre les toises et les mètres. Cet habile ingénieur a fait plusieurs autres machines, aussi ingénieuses qu'utiles pour la perfection des instrumens de mathématiques.

Le cit. Megnié, et le cit. Richer ont fait des machines avec lesquelles ont divise une ligne en cent parties actuelles et visibles.

La balance de torsion du cit. Coulomb est une chose ingénieuse qui a servi à des expériences curieuses sur l'aiman, comme on le verra tome IV. page 511, et à celles de Cavendish, sur l'attraction des corps terrestre; les Anglois ont oublié de faire hommage à l'auteur d'une idée mère, mais qui étoit d'un françois.

Les physiciens se servent avec succès de la machine d'Atwood pour diminuer la vîtesse des graves dans le rapport de 1 à 64 par le moyen d'un contre-poids, et démontrer les lois de l'accélération; elle est décrite dans le *Cabinet de physique de Sigaud Delafond*, d'après l'ouvrage intitulé : *Description d'une machine nouvelle de dynamique*, inventée par Atwood, adressée à M. Volta par Magellan, Londres, 1780, *in*-4°.

X.

Des Machines d'horlogerie.

L'horlogerie a fait des progrès immenses dans le dix-huitième siècle, comme on le verra tome IV. page 553. où nous parlerons des horloges marines. Nous indiquerons ici les autres objets qui méritent le plus d'être cités. On les trouvera dans le *Traité d'horlogerie de Thiout*, 1741, 2 vol. *in*-4°.; dans celui de le

Paute que nous fîmes ensemble en 1755 ; dans celui du cit. Berthoud, intitulé : *Essai sur l'horlogerie* en 2 vol. *in*-4°. 1763, 1786, dans son *Traité des horloges marines*, 1753, et dans le supplément 1787.

Sully fut le premier qui fit des efforts pour perfectionner l'horlogerie ; nous eûmes ensuite Graham, qui, en 1726, fit connoître la cause des variations des pendules, et le remède, et qui, en 1728, fit son échappement à repos ; Julien le Roy, Gaudron, Thiout, Romilly, et Rivaz qui apprit à faire de grosses lentilles et de petits arcs, ce qui perfectionna beaucoup les pendules astronomiques.

Enfin, Harrison surpassa tous ceux qui l'avoient précédé par le succès de ses horloges marines ; il fut suivi de près par par le cit. le Roy, fils aîné, qui n'avoit point vu les horloges de Harrison, et par le cit. F. Berthoud ; celui-ci est un des restaurateurs de l'horlogerie ; j'aurois voulu qu'il m'indiquât lui-même les endroits de ses ouvrages qui marquent le plus, et qui doivent le plus établir ses droits dans l'histoire de l'horlogerie ; je n'ai pu l'obtenir, et je suis obligé de renvoyer à son *Histoire de la mesure du temps* qui s'imprime actuellement, et qui contiendra l'histoire de l'horlogerie, que personne mieux que lui n'étoit en état de bien faire. Mais au moment où ceci s'imprime (10 mars 1802.) l'ouvrage n'a point encore paru. J'ajouterai seulement qu'en lisant le chapitre IV du *Traité des horloges marines*, on verra que personne avant Berthoud n'avoit traité de la théorie de l'isochronisme d'une manière aussi complète, et qu'il a véritablement créé les principes de l'art de mesurer le temps ; c'est le témoignage que lui rend le cit. Janvier, le meilleur juge que je connoisse dans cette partie.

Les horloges à roues sont une invention du moyen âge dont on ignore la datte et l'auteur. Dans les usages de Citeaux, vers 1120, il est parlé d'horloges à roues, *Journal des Savans*, 1782, p. 182, et juillet 1783. *Commentaire sur la règle de Saint-Benoît*, par dom Calmet, tome I. page 279. Mais la première horloge dont l'histoire ait fait mention, et qui paroît avoir été construite sur le principe des nôtres, est celle de Richard Walingfort, abbé de Saint-Alban, en Angleterre, qui vivoit en 1326, *Epitome Conrardi Gesneri*, page 604.

La seconde est celle que Jacques de Dondis fit faire à Padoue, en 1344. On y voyoit le cours du soleil et des planètes : ce bel ouvrage lui mérita le surnom d'*Horologius*, dont sa famille se fait honneur à Florence où elle subsite encore.

La troisième, est l'horloge du Palais, à Paris, pour laquelle Charles V fit venir d'Allemagne, Henri de Vic ; elle fut faite en 1370. (Froissart, tome XI. chapitre 128.)

La quatrième, est celle que le duc de Bourgogne fit enlever de Courtrai, et placer sur la tour Notre-Dame à Dijon, en 1382, dont Froissart a beaucoup parlé.

Henri II, fit faire celle d'Anet, où l'on voyoit une meute de chiens qui marchoient en aboyant, et un cerf qui, avec le pied, frappoit les heures.

Tout le monde connoît la fameuse horloge de Strasbourg. Conrad Dasipodius, qui a donné une description de ce bel ouvrage en 1580, en est regardé comme l'auteur (Melchior Adam, *Vitae Germ. philos.*)

L'horloge de Lyon, également célèbre, fut construite en 1598, par Nicolas Lippius de Basle, rétablie et augmentée en 1660, par Guillaume Nourrisson, habile horloger de Lyon. Pontus de Tyard parle dans ses *OEuvres philosophiques* des horloges de Nuremberg, où les jours et les nuits, malgré leurs inégalités, étoient partagés chacun également pendant toute l'année. L'on a aussi admiré les horloges de Lunden en Suède, de Médina del Campo, d'Ausbourg, de Liége, de Venise.

On voyoit à Versailles une horloge construite en 1706, par Antoine Morand de Pontdevaux en Bresse, quoiqu'il ne fût point horloger. Toutes les fois que l'heure sonne, deux coqs placés sur le haut de la pièce chantent chacun trois fois en battant des ailes; en même temps des portes à deux ventaux s'ouvrent de chaque côté, et deux figures en sortent portant chacune un timbre, en manière de bouclier, sur lesquels deux amours placés aux deux côtés de l'horloge frappent alternativement les quarts avec des massues. Une figure de Louis XIV, semblable à celle de la place des Victoires, sort du milieu de la décoration. On voit en même temps s'ouvrir au-dessus de lui un nuage d'où la victoire descend, portant dans la main droite une couronne qu'elle tient sur la tête du roi pendant l'espace d'une demi-minute que dure un carillon, à la fin duquel Louis XIV rentre, la victoire remonte, les figures se retirent, les portes se ferment, les nuages se réunissent, et l'heure sonne.

Je vais indiquer ce qu'on a fait de plus nouveau dans le cours du siècle; on trouve dans le traité de Lepaute des pendules à une roue, par M.M. de Rivaz, Leroy, Lepaute, une pendule à remontoir; dans laquelle le poids moteur ne descend que d'une ligne, étant remonté continuellement par un ressort. Elle fut faite par Gaudron en 1717. Une pendule qui est remontée par le seul mouvement de l'air, &c.

On lit dans le *Journal Encyclopédique*, août 1775, deuxième volume, la description d'une pendule de Kratzenstein, de l'Académie des Sciences de Pétersbourg, qui se remonte elle-même par l'alternative du froid et du chaud.

En

En 1780, on a fait des montres qu'on n'avoit pas besoin de remonter, parce que le seul mouvement de celui qui les portoit suffisoit pour mouvoir un volant ou remontoir. Breguet en a une dont je parlerai page 796.

Echappement à repos pour les pendules, présenté au roi, en 1753, par Lepaute. Planche XIV du Traité d'horlogerie de cet artiste; c'est le meilleur que l'on puisse employer dans une horloge astronomique.

Pendule à équation, à deux aiguilles de minutes concentriques, *Essai de Berthoud*, tome I, page 79. Et *Recueil des machines, approuvées par l'Académie*, tome VII, page 425. Idée neuve.

Compensation du chaud et du froid dans les montres, par les seuls frottemens. Théorie curieuse, appuyée d'expériences très-délicates et tout-à-fait inconnues avant Berthoud, *Essai*, tome II, chapitre XXI, page 181.

Echappement pour rendre les vibrations isochrones, *Essai*, tome II, planche XXIII (*fig.* 3.). Il appartient à Berthoud; il réussit tellement quand le poids de la lentille est bien déterminé, que Janvier en a exécuté plusieurs qui n'altéroient nullement l'isochronisme des vibrations en multipliant la force motrice jusqu'à onze fois.

Isochronisme des vibrations du balancier par le spiral, idée qui peut appartenir, pour la priorité, à Pierre Leroy, mais qui, bien certainement n'a été mûrie et développée que dans la tête de Berthoud. *Traité des horloges marines*, chapitre IV, article II, page 46 *et suivantes.*

Balance élastique pour vérifier l'isochronisme des spiraux. Invention de Berthoud.

Compensateur isochrone; idée neuve. Voyez le livre de la *Mesure du Temps*, par Ferdinand Berthoud, 1787.

Application de l'échappement libre aux horloges à pendule; *Mesure du Temps*, idem.

Compensateur du chaud et du froid d'une construction très-simple et très-sûre, *idem.* Planche XI. (*fig.* 4.)

Pendule à équation, du cit. Janvier, dont j'ai donné une idée dans la *Connoissance des Tems* de l'an XII.

Lepaute, qui se proposoit de continuer avec moi le *Traité d'horlogerie*, invitoit les artistes à lui communiquer toutes les idées qui peuvent en étendrela théorie, et les machines qui servent à en perfectionner la pratique. Telles sont des machines ou des outils à refendre, à polir, à tailler des fusées, à former des pilliers, à faire des engrénages; des méthodes pour corriger les inégalités des balanciers, ou celles des ressorts, des frottemens et des métaux; toutes sortes d'échappemens; de détentes, de conduites, de batteries, de calibres; des réveils, des sonneries, des remontoirs; des répétitions, des cadratures, des pendules ou des montres à trois ou à quatre parties, propres à marquer d'une manière nouvelle ou ingénieuse les quantièmes de mois, &c. On trouve de tout cela dans les ouvrages que j'ai cités. Le *Recueil des machines de l'Académie* en contient un grand nombre; et depuis 1754, où se termine le recueil imprimé, l'histoire de l'Académie fait mention de beaucoup d'autres qu'il faudroit rechercher dans nos registres. L'histoire que le cit. Berthoud va publier seroit encore plus complète s'il avoit eu cette patience. Nous devons citer aussi un bon traité d'horlogerie en anglois : *The elements of Clock and Watch-Work adapted to practice, in two essays, by Alexander Cumming, member of the phil. soc. Edimb. London*, 1766, *in*-4°. 205 pages.

On verra dans l'*Histoire de la navigation*, tome IV. page 561. les idées ingénieuses par lesquelles Harisson porta l'horlogerie à un degré extraordinaire de perfection.

On avoit surtout varié les échappemens, c'est-à-dire, la pièce qui frappe alternativement le pendule ou le spiral pour lui restituer le mouvement. Le recul étoit un grand inconvénient; on fit des échappemens à repos. Ceux-ci avoient un frottement, on fit des échappemens libres, où le moteur frappe sans froter, et se retire aussitôt qu'il a frappé. Le plus nouveau et le plus ingénieux est celui que le cit. Breguet a imaginé en 1796.

Louis Breguet, est né à Neufchâtel, en Suisse, en janvier 1749. Cet habile artiste est en France depuis 1763, et dès 1780 il s'occupa de la perfection de son art. Il a acquis à Paris la première réputation pour les montres; je n'ai pu le déterminer à faire des montres à longitudes pour le concours de l'Institut, ni à publier ses inventions, si ce n'est le télégraphe qu'il fit avec M. de Bétancourt en 1798; mais il a bien voulu me communiquer son échappement à force constante, échappement libre et à remontoir, qui est très-ingénieux.

Il est représenté dans la *figure* 40, dans laquelle A est la palette de rubis, portée par l'axe du balancier, et qui reçoit la pulsion.

B, ressort qui donne la pulsion, et qui est fixé en C.

D, roue du mouvement qui amène le ressort d'impulsion pour être accroché en E, par un rubis placé sur un second ressort FE, ou ressort d'accrochement.

G, extrémité du second ressort; elle est poussée par une petite dent fixée à l'axe du balancier, qui en décroche le ressort d'impulsion aussitôt qu'il doit agir sur la palette A.

HIK, ressort d'arrêt, fixé en K, qui porte en I un rubis destiné à retenir le volant LM.

Le ressort d'impulsion B ayant exercé sa pulsion rencontre le ressort d'arrêt, le pousse et dégage le volant qui, sollicité par le pignon N qui engrenne dans la roue D N, fait un tour, et est de nouveau arrêté par le rubis I qui a repris sa place, pendant que le volant a fait son tour. La roue D ayant avancé pendant ce temps-là ramène le ressort, de manière que le crochet O soit repris en E.

P, est un petit ressort très-flexible qui permet à la petite dent du pivot de passer, mais qui, au retour s'appuyant sur une goupille en G, du ressort d'accrochement, le pousse et dégage le ressort d'impulsion qui étoit retenu en E; ainsi le mouvement n'a d'autre force à exercer que d'armer le ressort d'impulsion jusqu'à son accrochement en E; et l'axe du balancier n'a point d'autre force à exercer que la résistance constante du ressort d'accrochement : et elle reçoit la réparation de sa perte par la pulsion sur la palette A.

On peut objecter à cette invention que le spiral étant une fois isochrone, ce qui est indispensable dans les montres marines, le travail du remontoir est superflu, il suffit de l'échappement libre.

Pour que le balancier pèse toujours de la même manière, le cit. Breguet fait tourner la cage de l'échappement toute entière à chaque minute; c'est ce qu'il appelle *Régulateur à tourbillon*. Pour cet effet, le pignon A, (*fig.* 41.) tient à la roue d'échappement, engrenne dans la roue B qui est fixe, et dont il parcourt la circonférence en une minute; la cage de l'échappement tourne autour des pivots C et D, et ne se trouve liée que par le pignon A. Le pignon E est fixé à l'axe CD de la cage d'échappement; il est mu par une roue du mouvement; mais le pignon étant retenu par la roue fixe D est obligé d'en parcourir la circonférence.

Il en résulte que le régulateur, balancier et spiral, s'il est inégal de pesanteur se trouve corrigé à toutes les minutes; si le centre de gravité et le centre de mouvement ne coïncident pas exactement, cela est compensé continuellement. Les pivots du régulateur ont leurs frottemens sur les 240 parties de leur circonférence, et la partie huilée se trouve changer continuellement.

Une autre idée heureuse du cit. Breguet est d'avoir fixé le spiral, non à sa circonférence extérieure, mais à la moitié du rayon, en le faisant revenir dans un second plan au-dessus du premier dans lequel est le point fixe, à une distance du centre égale à la moitié du rayon. Par ce moyen, le jeu du spiral est parfaitement concentrique, et obtient facilement l'isochronisme en approchant plus ou moins le point fixe du centre.

Le cit. Breguet a fait d'autres machines ingénieuses, par exemple, le chronomètre musical qui bat toutes les espèces de mesures.

Il a une horloge *marine* au-dessus de laquelle on place une montre, et l'horloge met la montre supérieure à la minute par le moyen d'une détente qui porte l'aiguille à 60′ dès que l'horloge est sur 60.

Une montre qui répète toutes les minutes; une montre que l'on ne remonte point; un quart d'heure de mouvement de celui qui la porte suffit pour la remonter pour deux jours.

La dernière nouveauté qui ait été présentée à l'Institut est une montre du cit. Féron, horloger très-inventif, et dont je fis le rapport le 6 messidor an 8 (25 juin 1800.). Il y a une pièce ingénieuse qui produit huit effets, et qui a la forme d'un 2 de chiffres; elle fait cliquet, ressort de sautoir, ressort de détente, et délai de cinq à six jours pour les années communes ou sextiles du calendrier républicain. Féron demeure rue Saint-André des Arts, n°. 66.

Les grandes horloges ont été singulièrement perfectionnées par les deux Lepaute, morts en 1789 et 1802; on en peut juger par celle de la Ville, à Paris, qui a été estimée 96 mille francs.

Montpetit, habile peintre de Mâcon, avoit imaginé des machines pour tailler les différentes parties des montres, et elles furent achetées 32 000 francs, pour servir à la manufacture d'horlogerie qui fut établie à Bourg, et qui dura de 1767 à 1771. Elles ont été achetées par un Genevois en 1781.

Beaubilliers, horloger dans le département du Jura, a imaginé vers 1794 une machine très-utile pour arrondir les dents des roues quelle que soit leur grandeur et la position des axes. Il a eu une récompense du bureau de consultation des arts et métiers établi en 1791, et qui a été fort utile pour l'émulation des artistes.

L'art de faire les ressorts de montres, décrit par Blakey, se trouve dans les *Arts de l'Académie.*

L'outil a tailler les vis a été perfectionné par Salleneuve à Paris, au point qu'il peut tailler sur la même machine des vis de toutes dimensions. Il demeure rue du faubourg Saint-Denis.

Jecker a imaginé un outil à tailler les vis pour la construction des tarauds ou des filières. Il demeure rue des Marmouzets.

Les pendules planétaires ont occupé souvent des artistes ingénieux. On en a fait dans ce siècle plusieurs qui représentent les mouvemens célestes. Celle de Pigeon d'Osangis a eu de la réputation. Celle que Passement fit pour Louis XV, et qui fut exécutée par Dauthiau, étoit remarquable par l'exactitude des nombres avec lesquels les roues et les pignons représentoient les révolutions de toutes les planètes. Passement disoit avoir employé vingt ans à ces calculs ; je donnai dans le *Traité d'horlogerie de Lepaute* une méthode pour faire ces calculs plus facilement par les fractions continues. Le P. Alexandre, dans son *Traité d'horlogerie*, expliquoit une méthode par les diviseurs ; mais tout cela est d'une longueur extrême, et l'objet ne méritoit pas un si long travail.

La pendule Planétaire que Jabinot fit exécuter par Mabille, pour le prince de Conti, est chez le citoyen Clos, quai Voltaire. Les nombres furent calculés avec encore plus de soin que ceux de Passement, par Baffert, horloger, en employant la méthode qui est dans la *Mécanique de Camus.*

Celle de Fortier, notaire, exécutée par Stolverck, eut de la célébrité il y a cinquante ans.

Castel, secrétaire du roi, s'occupa long-temps aussi de semblables pendules, elles coûtèrent beaucoup et prirent beaucoup de temps.

Le frère Paulus, jésuite, fit pour le prince Charles de Lorraine une machine pareille, vers 1765.

En 1784, le cit. Janvier, savant horloger de Saint-Claude, établi en Lorraine depuis 1774, apporta à Paris deux petites sphères qui représentoient tous les mouvemens célestes ; j'engageai Laferté, intendant des Menus Plaisirs, à les faire acheter par le roi, et à procurer à l'auteur un établissement à Paris. Cela réussit très-bien : le cit. Janvier continua de s'occuper de machines ingénieuses et nouvelles, et en 1789, il termina une grande pendule planétaire dont je fis un rapport détaillé, et qui étoit très-singulière à plusieurs égards ; l'Académie en fit le plus grand éloge. J'engageai Thierri, qui avoit toute la confiance du roi, à la lui faire acheter, et cela fut fait le 29 juin 1789, pour 24 mille francs.

Mais en 1800, le cit. Janvier en a présenté une qui surpasse de beaucoup tout ce qui avoit été fait, comme on le voit dans la *Connoissance des Tems* de l'an XII, page 425. Il y donne une démonstration sensible des effets du mouvement annuel du soleil, combiné avec son mouvement diurne, pour marquer à-la-fois le temps moyen, le temps sidéral, le temps vrai, la durée du jour, le lever et le coucher du soleil pour un horizon quelconque : enfin, le mouvement moyen de la lune tant en longitude qu'en latitude, celui de ses nœuds, ses phases et ses passages au méridien, son lever, son coucher, et ses conjonctions écliptiques.

Le cit. Delambre a refait tous les calculs, et la conclusion de son rapport a été que l'Institut devoit des éloges et des encouragemens au cit. Janvier, pour l'adresse, l'intelligence et les combinaisons ingénieuses que l'on remarque dans sa sphère mouvante, et pour la manière neuve dont il a représenté la différence du temps vrai et du temps moyen. On a pensé que cette machine devoit faire désirer que l'auteur achevât promptement celle dont il est maintenant occupé, et qui contiendra toutes les orbites planétaires avec encore plus de perfection que celle de 1789.

Je ne dirai rien des horloges de sable ; il me suffira d'indiquer l'ouvrage intitulé : *Nuova scienza degl' orologi à polvere, che monstrano e suonano distintemente tutte le ore* ; *del P. Maestro frà Archangelo Maria* RADI, *de predicatori*, *prof. di math.* Roma, 1665, *in-4°*.

Cette invention d'horloges au moyen d'un sable renfermé dans un tympan, divisé en différentes cloisons, de l'une desquelles passant dans l'autre, il laisse descendre ce tympan avec un mouvement lent et uniforme, est des plus ingénieuses. Elle a été depuis cultivée par divers mécaniciens, entr'autres par un P. Domenico Martinelli, auteur d'un livre intitulé : *Orologi Elementari*. Venet. 1669, *in-4°*., où il applique à ce mouvement l'eau, l'air et le feu. Cet ouvrage assez curieux a été traduit par Ozanam, et fait partie de ses *Récréations mathématiques*.

LES SERRURES A COMBINAISONS, ou *Cleogrammes*, sont une espèce de pièce d'horlogerie ; ce qui nous engage à en parler. Jean Wecker (*Secrets de la nature* Rouen, 1663). dit que Cardan les attribuoit à Janellus. François, hologer, en présenta une en 1776. La Société d'émulation qui existoit alors à Paris, proposa ce sujet de prix pour 1779. Regnier, horloger de Sémur, eut une partie du prix. En 1778, le prieur des Célestins de Sens en présenta une à l'Académie où il y a 4 cercles qui portent chacun 24 lettres, ce qui fait 331776 combinaisons, ou la 24e. puissance de 24. Sous chaque cercle il y a une échancrure à une lettre seulement ; il faut que les quatre se trouvent alignées pour que le verrouil qui tient la serrure fermée puisse l'ouvrir. Il faut donc savoir quel est-le mot qui doit servir à l'ouvrir ; et c'est en quoi consiste l'avantage de ces serrures. Les échancrures sont portées sur un anneau circulaire qu'on peut changer 24 fois de place par rapport aux lettres, afin de changer les combinaisons à volonté. Il y a un bouton intérieur que l'on ne fait que pousser hors de sa place pour que les anneaux soient détachés des cercles, et qu'on puisse changer la lettre sans démonter la serrure. Ce bouton fait sortir les goupilles des trous.

Voyez l'*Art de faire des serrures à secret*, par M. Feutry, 1782, *in-folio*.

Il y a une serrure de combinaison préférable à celle du cit. Regnier, et qui est décrite dans l'*Art de la serrurie* de l'*Encyclopédie méthodique*.

En 1801, le cit. Peyrard, bibliothécaire de l'Ecole Polytechnique, en a présenté une à l'Institut; elle est ingénieuse ainsi que plusieurs autres inventions du même auteur.

V I.

Du Tour.

Le tour et les ouvrages faits sur le tour se sont beaucoup perfectionnés dans ce siècle, comme on peut en juger par l'ouvrage du P. Feuillée, par l'*Art du tourneur mécanicien* de Hulot père, dont la première partie est dans les arts publiés par l'Académie des Sciences, et par le *Manuel du tourneur* du cit. Bergeron, en 2 vol. *in*-4°. avec 71 planches, publié par le cit. Salivet, à qui nous devons la rédaction et la publication de plusieurs autres ouvrages.

On trouve d'abord dans ce livre quelques détails sur la connoissance et la propriété des bois tant de France que des pays étrangers, propres aux arts. L'auteur enseigne à tourner à 2, 3 et 4 pans, entre deux pointes, tant droit que rampant, par des moyens simples; à tourner des colonnes torses à 2, 3 et 4 filets, tant pleines qu'à jour; à exécuter sur le tour la sphère et les cinq corps réguliers; à faire des étoiles à 4, 6, 8, 12 et 20 pointes; à les prendre dans leurs polyèdres respectifs où elles sont renfermées, quoique détachées et du même morceau.

Il explique la manière de faire les cinq sections coniques; de composer les écailles de toutes couleurs, et celles qui sont entremêlées d'or et d'argent; d'imiter les granits, lazuli, &c. de mouler et souder l'écaille, la corne et beaucoup de bois.

Il donne les moyens de tourner à la perche d'un mouvement continu, comme à la roue; de tremper à la volée et en paquet; de faire des vis du même pas, à droite et à gauche, à la filière.

On y trouve la manière de pratiquer dans un seul morceau deux boules séparées l'une de l'autre; et dans la seconde, une tabatière garnie intérieurement d'écaille, et au-dehors, de cercles d'écaille; et la manière de tourner différens vases, rampans et à 2, 3 et 4 courbes rentrantes et saillantes.

L'auteur décrit la machine excentrique simple, double et à genou; la machine à tourner ovale, à l'angloise et la françoise; le moyen de tourner ovale et excentrique à-la-fois; la machine à tracer l'épicycloïde à 6 boules; et les singularités qu'elle produit; le moyen de faire une colonne torse de 18 à 20 pouces de long, composée de petites dames excentriques, chacune à chacune, et se tenant par de petits pieds excentriques à leur dame et à eux-mêmes ; la machine à faire des serpens qui ont 6 pouces de long, et qui s'allongent jusqu'à 4 et 5 pieds; d'incruster sur l'écaille des fleurs en or, argent, nacre &c.; support à charriot, à quart de cercle et à bascule; différens tours à guillocher en plein et à jour; le tour pour tourner quarré, et la machine quarrée pour guillocher en tout sens.

On trouve ensuite la description du tour à portraits, perfectionné par le citoyen Hulot fils, au moyen duquel on peut en faire à droite ou à gauche, en creux ou en relief, et avec tant et aussi peu de creux et de relief qu'on desire. Il a présenté au premier consul son portrait servant de cachet, exécuté en creux. Il a fait un bouquet très-considérable dont les tiges sont de la grosseur d'un crin; les fleurs de toute espèce, en ivoire et faites au tour. Ce bouquet sort d'un vase d'ivoire, dont le peu d'épaisseur est tel, que pour peu qu'on y touche, on le sent craquer sous les doigts, comme une pelure d'oignon.

Le tour a portraits n'est autre chose qu'un pantographe mécanique. Anciennement une médaille appliquée sur le bout d'un arbre du tour donnoit au bout opposé, creux pour relief, ou relief pour creux.

Divers artistes ont cherché à produire relief pour relief et creux pour creux. D'autres enfin ont obtenu relief ou creux pour creux ou pour relief. C'est en cet état qu'il est aujourd'hui.

La mécanique de ce tour qui est très-compliquée et très-ingénieuse, consiste à faire parcourir par la touche sur la médaille tous les points de sa surface, en même-temps que l'outil entame la matière sur tous les points de sa surface en commençant l'un et l'autre par le centre.

Deux arbres parallèles portent, l'un la médaille et l'autre la matière. Ces deux arbres ont une correspondance si intime qu'ils faut autant de tours l'un que l'autre; et telle est la lenteur de la touche et de l'outil dans leur descente, qu'ils décrivent l'un et l'autre une spirale très-serrée sur l'une et l'autre surface.

Un levier porte la touche et l'outil. Ce levier est tenu à charnière par un bout, et par suite des polygones semblables, si la médaille est près du point où le levier est fixé et la matière plus loin, le portrait sera plus grand que la médaille, mais absolument semblable. Toutes les fois qu'une saillie sur la médaille, comme le nez fait reculer la touche, l'outil recule dans la même proportion, et donne une saillie proportionnelle. Si l'on veut que le portrait soit plus petit que la médaille, on place celle-ci plus loin du centre de mouvement du levier, et la matière plus près. Si l'on désire que l'un soit égal à l'autre, c'est-à dire le portrait à la médaille, on place l'un tout contre l'autre; et quoiqu'il qu'il soit vrai de dire que l'un étant plus près du centre de mouvement du levier, il ne peut y avoir égalité parfaite; cependant la différence est insensible à l'œil le plus exercé.

Par des moyens qu'il seroit très-long de détailler, on peut, en donnant une grandeur à volonté au portrait lui donner peu ou beaucoup de relief, et même n'obtenir que des traits semblables à une taille douce.

Lorsqu'on veut obtenir creux pour relief, ou relief pour creux, il suffit de briser à charnière le levier. Par ce moyen les reliefs qui feront reculer la touche, feront entrer l'outil.

L'auteur de ces perfectionnemens est le cit. Hulot, fils de celui qui a donné un volume sur le tour, et que la mort a empêché de continuer. Hulot le fils, a su donner à sa machine tant de justesse et de douceur, qu'on peut copier un empreinte prise sur de la cire à cacheter. Je finis par un trait singulier de son industrie.

Il vouloit copier une médaille en cuivre d'après Boucher, où il y avoit plusieurs sujets : mais elle étoit ovale, et le fond en étoit mâté en très-petits grains. Il souda des deux grands côtés de l'ovale une plaque de cuivre, et se contenta d'imiter avec des limes par des traits croisés, le mât de la médaille, ce qui ne pouvoit être aperçu que par un œil attentif. La médaille a environ 3 pouces et demie de diamètre; il l'a copié à environ 8 à 10 lignes de diamètre sur ivoire, et l'on y distingue à la loupe la différence du fond mâté, d'avec le surplus imité à la lime.

Depuis la publication de l'ouvrage précédent, le cit. Barreau d'Avignon a présenté au ministre de l'intérieur 25 pièces de tour dont la délicatesse et la difficulté d'exécution surpassent tout ce qu'on a vu jusqu'à ce jour. Le ministre a nommé trois commissaires dont le cit. Salivet étoit un, pour décrire et apprécier tous ces objets. Le Gouvernement les a acquis, et ils sont déposés au Conservatoire des Arts.

L'énumération et la description de chaque objet seroient trop longues; je vais en indiquer quelques-uns, avec les numéros du Conservatoire. N°. 24, une boule qui en contient 12 autres concentriques, séparées les unes des autres; le tout en ivoire et du même morceau. La boule extérieure a environ 3 pouces de diamètre.

Numéros 1, 6, 7, 8, 17. Plusieurs autres boules en buis et en ébène en contiennent chacune plus ou moins.

Numéro 4, une pareille boule dont l'intérieur est séparé par un plateau de tout le diamètre du vide, et cependant mobile en tout sens. Dans chacune des séparations que forme le plateau est une tabatière, et chacune d'elles en renferme une autre, fermant toutes à vis; le tout est du même morceau.

Numéro 18, une boule de buis qui en renferme 5 autres détachées les unes des autres. Au centre de cette pièce sont deux boules évidées et entrelacées l'une dans l'autre, au moyen de trous ou lunettes pratiquées sur leur épaisseur : chacune d'elle occupe à l'intérieur de chacune plus de la moitié de l'espace vide.

Numéro 25, cette pièce est un assemblage de morceaux de tour d'une délicatesse et d'une difficulté incroyables. Aucune description n'en peut donner une idée juste. Des chaînes d'ivoire d'une petitesse et d'une finesse extrêmes, prises d'un seul morceau, supportent un vase dont le goût et l'exécution sont admirables. Les artistes de Paris, qui ont vu cette collection, conviennent qu'il n'y a rien qui en approche.

On voit aussi au Conservatoire des Arts les tours qu'un riche amateur avoit fait exécuter à grands frais avec toute la recherche et la perfection imaginables.

Les découpoirs ont été portés par le cit. Jouvet, à Paris, à un degré de perfection tel qu'on peut découper l'or, le bois de marqueterie avec assez de précision pour que les parties enlevées puissent entrer juste dans les cavités, et l'on imite les ouvrages de Boule, le plus fameux ébéniste du siècle. Rotonde du Temple.

XII.

Des Automates de Vaucanson et autres.

Les automates de Vaucanson ont eu un si grande célébrité qu'il seroit difficile de n'en pas parler dans l'*Histoire de la Mécanique*. Le pigeon volant que fit autrefois Architas et beaucoup d'automates dont l'histoire fait mention ne sont connus que par des relations fort douteuses, et nous ne savons rien sur les moyens d'exécution ; mais ici nous aurons des faits constans, et des idées positives.

Le flûteur qu'il fit en 1736 fit une grande sensation. Quelques-uns de ces hommes qui se croyent fins parce qu'ils sont soupçonneux et crédules, ne voyoient dans le flûteur qu'une serinette, et regardoient comme une charlatanerie les mouvemens des doigts qui imitoient ceux de l'homme. Mais l'Académie des Sciences fut chargée d'examiner l'automate, et elle constata que le mécanisme employé pour faire rendre des sons à la flûte, exécutoit rigoureusement les mêmes opérations qu'un véritable joueur de flûte, et que le mécanicien avoit imité à-la-fois les effets et les moyens de la nature, avec une exactitude et une perfection à laquelle on n'auroit pas imaginé qu'il pût atteindre.

Vaucanson publia en 1738 un mémoire approuvé avec éloge

par l'Académie, où il fait la description de son flûteur. Nous insérons ici la plus grande partie de ce mémoire qui nous a paru digne d'être conservé, et qui est dans l'Encyclopédie au mot *Androïde.*

La figure est de cinq pieds et demi de hauteur environ, assise sur un bout de roche, placée sur un piedestal quarré de quatre pieds et demi de haut sur trois pieds et demi de large.

A la face antérieure du piedestal, (le paneau étant ouvert) on voit à la droite un mouvement qui, à la faveur de plusieurs roues, fait tourner en-dessous un axe d'acier de deux pieds six pouces de long, coudé en six endroits dans sa longueur par égale distance, mais en sens différens. A chaque coude sont attachés des cordons qui aboutissent à l'extrémité des paneaux supérieurs de six soufflets de deux pieds et demi de long sur six pouces de large, rangés dans le fond du piedestal, où leur panneau inférieur est attaché à demeure; de sorte que l'axe tournant, les six soufflets se haussent et s'abaissent successivement les uns après les autres.

A la face postérieure, au-dessus de chaque soufflet, est une double poulie, dont les diamètres sont inégaux, savoir l'un de trois pouces, et l'autre d'un pouce et demi, et cela pour donner plus de levée aux soufflets; parce que les cordons qui y sont attachés vont se rouler sur le plus grand diamètre de la poulie; et ceux qui sont attachés à l'axe qui les tire se roulent sur le petit.

Sur le grand diamètre de trois de ces poulies du côté droit, se roulent aussi trois cordons, qui, par le moyen de plusieurs petites poulies, aboutissent aux panneaux supérieurs de trois soufflet placés sur le haut du bâti, à la face antérieure et supérieure.

La tension qui se fait à chaque cordon lorsqu'il commence à tirer le panneau du souflet où il est attaché, fait mouvoir un levier placé au-dessus, entre l'axe et les doubles poulies, dans la région moyenne et inférieure du bâti. Ce levier, par différens renvois, aboutit à la soupape qui se trouve au-dessous du panneau intérieur de chaque soufflet, et la tient levée afin que l'air y entre sans aucune résistance, tandis que le panneau supérieur en se levant en augmente la capacité. Par ce moyen, outre la force que l'on gagne, on évite le bruit que fait ordinairement cette soupape, causé par le tremblement que l'air occasionne en entrant dans le soufflet: ainsi les neuf souflets sont mûs sans secousse, sans bruit et avec peu de force.

Ces neuf soufflets communiquent leur vent dans trois tuyaux différens et séparés. Chaque tuyau reçoit celui de trois souflets; les trois qui sont dans le bas du bâti, à droite par la face antérieure, communiquent leur vent à un tuyau qui règne en devant sur le montant du bâti du même côté, et ces trois-là sont chargés d'un poids de quatre livres: les trois qui sont à gauche dans le même rang, donnent leur vent dans un semblable tuyau qui règne pareillement sur le montant du bâti du même côté, et ne sont chargés chacun que d'un poids de deux livres: les trois qui sont sur la partie supérieure du bâti du même côté ne sont chargés chacun que d'un poids de quatre livres; les trois qui sont à gauche dans le même rang, donnent leur vent dans un semblable tuyau qui règne pareillement sur le montant du bâti du même côté, et ne sont chargés chacun que d'un poids de deux livres: les trois qui sont sur la partie supérieure du bâti donnent aussi leur vent à un tuyau qui règne horizontalement au-dessous et en devant, ceux-ci ne sont chargés que du poids de leur simple panneau.

Ces tuyaux, par différens coudes, aboutissent à trois petits réservoirs placés dans la poitrine de la figure: là, par leur réunion, ils en forment un seul, qui, montant par le gosier, vient par son élargissement former dans la bouche une cavité, terminée par deux petites lèvres qui posent sur le trou de la flûte; ces lèvres donnent plus ou moins d'ouverture, et ont un mouvement particulier pour s'avancer et se reculer. En dedans de cette cavité est une petite languette mobile qui, par son jeu, peut ouvrir et fermer au vent le passage que lui laissent les lèvres de la figure. Voilà par quel moyen le vent a été conduit jusqu'à la flûte. Voici ceux qui ont servi à le modifier.

A la face antérieure du bâti à gauche est un autre mouvement, qui, à la faveur de son rouage, fait tourner un cylindre de deux pieds et demi de long sur cinq pieds quatre pouces de circonférence. Ce cylindre est divisé en quinze parties égales d'un pouce et demi de distance. La face postérieure et supérieure du bâti est un clavier traînant sur le cylindre composé de leviers très-mobiles, dont les extrémités du côté du dedans sont armées d'un petit bec d'acier, qui répond à chaque division du cylindre. A l'autre extrémité de ces leviers sont attachés des fils et chaînes d'acier qui répondent aux différens réservoirs de vent, aux doigts, aux lèvres et à la langue de la figure. Ceux qui répondent aux différens réservoirs de vent sont au nombre de trois, et leurs chaînes montent perpendiculairement derrière le dos de la figure jusque dans la poitrine où ils sont placés, et aboutissent à une soupape particulière à chaque réservoir: cette soupape étant ouverte laisse passer le vent dans le tuyau de communication qui monte, comme on l'a déjà dit, par le gosier dans la bouche: les leviers qui répondent aux doigts sont au nombre de sept, et leur chaînes montent aussi perpendiculairement jusqu'aux épaules, et là, se coudent pour s'insérer dans l'avant-bras jusqu'au coude, où elles se plient encore pour aller le long du bras jusqu'au poignet. Elles y sont terminées chacune par une charnière qui se joint à un tenon que forme le bout du levier contenu dans la main, imitant l'os du métacarpe, et qui, comme lui, forme une charnière avec l'os de la première phalange, de façon que la chaîne étant tirée, le doigt puisse se lever. Quatre de ces chaînes s'insèrent dans le bras droit pour faire mouvoir les quatre doigts de cette main, et trois dans le bras gauche pour trois doigts, ni ayant que trois trous qui répondent à cette main. Chaque bout de doigt est de peau, pour imiter la mollesse du doigt naturel, afin de pouvoir boucher le trou exactement. Les leviers du clavier qui répondent au mouvement de la bouche sont au nombre de quatre : les fils d'acier qui y sont attachés forment des renvois, pour parvenir dans le milieu du rocher en dedans, et là ils tiennent à des chaînes qui montent perpendiculairement et parallèlement à l'épine du dos dans le corps de la figure, et qui, passant par le cou viennent dans la bouche s'attacher aux parties, qui font quatre différens mouvemens aux lèvres inférieures : l'un fait ouvrir les lèvres pour donner une plus grande issue au vent; l'autre la diminue en les rapprochant; le troisième les fait retirer en arrière, et le quatrième les fait avancer sur le bord du trou.

Il ne reste plus sur le clavier qu'un levier, où est pareillement attachée une chaîne qui monte ainsi que les autres, et vient aboutir à la languette qui se trouve dans la cavité de la bouche, derrière les lèvres pour en boucher le trou, comme on la dit ci-dessus.

Ces quinze leviers répondent aux quinze divisions du cylindre par les bouts où sont attachés les becs d'acier, à un pouce et demi de distance les uns des autres. Le cylindre venant à tourner les lames de cuivre placées sur les lignes divisées, rencontrent les becs d'acier et les soutiennent levés plus ou moins long-temps, suivant que les lames sont plus ou moins longues : et comme les extrémités de tous ces becs forment entr'eux une ligne droite, parallèle à l'axe du cylindre, coupant à angle droit toutes les lignes de divisions, toutes les fois qu'on placera à chaque ligne une lame, et que toutes leur extrémités formeront entr'elles une ligne également droite et parallèle à celle que forment les becs de leviers, chaque extrémité de lames (le cylindre retournant) touchera et soulevera dans le même instant chaque bout de levier; et l'autre extrémité des lames formant également une ligne droite, chacune laissera échapper son levier dans le même temps. Par-là tous les leviers peuvent agir et concourir tous à-la-fois à une même opération s'il est nécessaire. Quand il n'est besoin de faire agir que quelques leviers, on ne place des lames qu'aux divisions où répondent ceux qu'on veut faire mouvoir : on en détermine même le temps en les plaçant plus ou moins éloignées de la ligne que forment les becs : on fait cesser leur action plutôt ou plus tard, en les mettant plus ou moins longues.

L'extrémité de l'axe du cylindre du côté droit est terminée par une vis sans fin, à simples filets distans entr'eux d'une ligne et demie, et au nombre de douze, ce qui comprend aussi en tout l'espace d'un pouce et demi de longueur, égal à celui des divisions du cylindre. Au-dessus de cette vis est une pièce de cuivre immobile, solidement attachée au bâti, à laquelle tient un pivot d'acier d'une ligne environ de diamètre, qui tombe dans une cannelure de la vis, et lui sert d'écrou ; de façon que le cylindre est obligé en tournant de suivre la même direction que les filets de la vis contenus par le pivôt d'acier qui est fixe. Ainsi chaque point du cylindre décrira continuellement en tournant une ligne spirale et fera par conséquent un mouvement progressif de droit à gauche.

C'est par ce moyen que chaque division du cylindre, déterminée d'abord sous chaque bout du levier, changera de point à chaque tour qu'il fera ; puisqu'il s'en éloignera d'une ligne et demie, qui est la distance qu'ont les filets de la vis entr'eux.

Les bouts des leviers attachés au clavier restant donc immobiles, et les points du cylindre auxquels ils répondent d'abord, s'éloignant à chaque instant de la perpendiculaire, en formant une ligne spirale qui, par le mouvement progressif du cylindre est toujours dirigée au même point, c'est-à-dire à chaque bout de levier, les leviers trouvent à chaque instant des points nouveaux sur les lames du cylindre qui ne se répètent jamais, puisqu'elles forment entr'elles des lignes spirales qui forment douze tours sur le cylindre avant que le premier point de division vienne sous un autre levier, que celui sous lequel il a été déterminé en premier lieu.

C'est dans cet espace d'un pouce et demi qu'on place toutes les lames, qui forment elles-mêmes les lignes spirales, pour faire agir le levier sous qui elles doivent toujours passer pendant les douze tours que fait le cylindre. A mesure qu'une ligne change pour son levier, toutes les autres changent pour le leur : ainsi chaque levier à douze lignes de lames de cinq pieds quatre pouces de diamètre qui passent sous lui, et qui font entr'elles une ligne de 768 pouces de long. C'est sur cette ligne que sont placées toutes les lames suffisantes pour l'action du levier durant tout le jeu. Il ne reste plus qu'à faire voir comment tous ces différens mouvemens ont servi à produire l'effet qu'on s'est proposé dans cet automate, en les comparant avec ceux d'une personne vivante.

Est-il question de lui faire tirer du son de sa flûte, et de former le premier ton qui est le *re* d'en bas? on commence d'abord à disposer l'embouchure; pour cet effet, on place sur le cylindre une lame dessous le levier qui répond aux parties de la bouche, servant à augmenter l'ouverture que font les lèvres. Secondement, on place une lame sous le levier qui sert à faire reculer ce même levier. Troisièmement, on place une lame sous le levier qui ouvre la soupape du réservoir du vent qui vient des petits soufflets qui ne sont point chargés. On place en dernier lieu une lame sous le levier qui fait mouvoir la languette pour donner le coup de langue, de façon que ces lames venant à toucher dans le même temps les quatre leviers qui servent à produire les quatre opérations, la flûte sonnera le *re* d'en bas.

Par l'action du levier qui sert à augmenter l'ouverture des lèvres, on imite l'action de l'homme vivant, qui est obligé de l'augmenter dans les tons bas. Par le levier qui donne le vent provenant des soufflets qui ne sont chargés que de leur simple panneau, on imite le vent foible que l'homme donne alors; vent qui n'est pareillement poussé hors de son réservoir que par une légère compression des muscles de la poitrine. Par le levier qui sert à faire mouvoir la languette, en débouchant le trou que forment les lèvres pour laisser passer le vent, on imite le mouvement que fait aussi la langue de l'homme, en se retirant du trou pour donner passage au vent, et par ce moyen lui faire articuler une telle note. Il résultera donc de ces quatre opérations différentes qu'en donnant un vent foible, et le faisant passer par une issue large dans toute la grandeur du trou de la flûte, son retour produira des vibrations lentes qui seront obligées de se continuer dans toutes les particules du corps de la flûte, puisque tous les trous se trouveront bouchés, et par conséquent la flûte donnera un ton bas. Veut-on lui faire donner le ton au-dessus, savoir le *mi*, aux quatre premières opérations pour le *re*, on en ajoute un cinquième, on place une lame sous le levier, qui fait lever le troisième doigt de la main droite pour déboucher le sixième trou de la flûte, et on fait approcher tant soit peu les lèvres du trou de la flûte en abaissant un peu la lame du cylindre qui tenoit le levier élevé pour la première note *re*: ainsi, donnant aux vibrations une issue, en débouchant le premier trou du bout, la flûte doit sonner un ton au-dessus.

Toutes ces opérations se continuent à-peu-près les mêmes dans les tons de la première octave, où le même vent suffit pour les former tous ; c'est la différente ouverture qui les caractérise : on est seulement obligé de placer sur le cylindre des lames sous les leviers qui doivent lever les doigts pour former un tel ton. Pour avoir les tons de la seconde octave il faut que l'embouchure change de situation, c'est-à-dire, qu'il faut placer une lame dessous le levier, qui contribue à faire avancer les lèvres au-delà du diamètre du trou de la flûte, et imiter par-là l'action de l'homme vivant, qui, en pareil cas, tourne la flûte un peu en dedans. Secondement, il faut placer une lame sous le levier, qui, en faisant rapprocher les deux lèvres, diminue leur ouverture, opération que fait pareillement l'homme quand il serre les lèvres pour donner une moindre issue au vent. Troisièmement, il faut placer une lame sous le levier qui fait ouvrir la soupape du réservoir qui contient le vent provenant des soufflets chargés du poids de deux livres, vent qui se trouve poussé avec plus de force, et semblable à celui que l'homme vivant pousse par une plus forte compression des muscles pectoraux. De plus, on place des lames sous les leviers nécessaires pour faire lever les doigts qu'il faut. Ainsi un vent envoyé avec plus de force, et par une issue plus petite redoublera de vîtesse, et produira par conséquent les vibrations doubles, et ce sera l'octave.

A mesure qu'on monte dans les tons supérieurs de cette seconde octave, il faut de plus en plus serrer les lèvres pour que le vent dans un même temps augmente de vîtesse.

Dans les tons de la troisième octave, les mêmes leviers qui vont à la bouche agissent comme dans ceux de la seconde, avec cette différence que les lames sont un peu plus élevées, ce qui fait que les lèvres vont tout-à-fait sur le bord du trou de la flûte, et que le trou qu'elles forment devient extrêmement petit. On a ajouté seulement une lame sous le levier qui fait ouvrir la soupape pour donner le vent qui vient des soufflets chargés de quatre livres. Par conséquent le vent soufflé avec une plus forte compression, et trouvant une issue encore plus petite, augmentera de vîtesse en raison triple : on aura donc la triple octave.

Il se trouve des tons dans toutes ces différentes octaves plus difficiles à rendre les uns que les autres ; on est pour lors obligé de les ajuster en plaçant les lèvres sur une plus grande ou plus petite corde du trou de la flûte, en donnant un vent plus ou moins fort, ce que fait l'homme dans les mêmes tons où il est obligé de ménager son vent, et de tourner la flûte plus ou moins en dedans ou en dehors.

Toutes les lames placées sur le cylindre sont plus ou moins longues, suivant le temps que doit avoir chaque note et suivant la la différente situation où doivent se trouver les doigts pour les former. Dans les enflemens de sons, il a fallu, pendant le temps de la même note, substituer imperceptiblement un vent foible à un plus fort, et à un plus fort un plus foible, et varier conjointement les mouvemens des lèvres, c'est-à-dire, les mettre dans la situation propre pour chaque vent.

Lorsqu'il a fallu faire le doux, c'est-à-dire, imiter un écho, on a été obligé de faire avancer les lèvres sur le bord du trou de la flûte et envoyer un vent suffisant pour former un tel ton, mais dont le retour par une issue aussi petite que celle de son entrée dans la flûte, ne peut frapper qu'une petite quantité d'air extérieur, ce qui produit, comme on l'a dit ci-dessus, ce qu'on appelle l'écho.

Les différens airs de lenteur et de mouvement ont été mesurés sur le cylindre par le moyen d'un levier dont une extrémité armée d'une pointe pouvoit, lorsqu'on frappoit dessus, marquer sur le cylindre : à l'autre bras du levier étoit un ressort qui faisoit promptement lever la pointe. On lâchoit le mouvement qui faisoit tourner le cylindre avec une vîtesse déterminée pour tous les airs : dans le même temps une personne jouoit sur la flûte l'air qu'on vouloit mesurer, un autre battoit la mesure sur le bout du levier qui pointoit le cylindre, et la distance qui se trouvoit entre les points étoit la vraie mesure des airs qu'on vouloit noter. On subdivisoit ensuite les intervalles en autant de parties que la mesure avoit de temps. Cette description suffit pour faire juger des ressources d'invention de notre célèbre mécanicien.

Encouragé par le succès, Vaucanson exposa en 1741 d'autres automates qui ne furent pas moins bien reçus. L'abbé Desfontaines en donna une petite notice qui se trouve dans l'*Encyclopédie* au mot *Automates*, et que je vais rapporter. C'est d'abord un canard dans lequel il représente le mécanisme des viscères destinés aux fonctions du boire, du manger et de la digestion. Le jeu de toutes les parties nécessaires à ces actions y est exactement imité : il allonge son cou pour aller prendre du grain dans la main, il l'avale, le digère, et le rend par les voies ordinaires, tout digéré. Tous les gestes d'un canard qui avale avec précipitation et qui redouble de vîtesse dans le mouvement de son gosier, pour faire passer son manger jusque dans l'estomac y sont copiés d'après la nature : l'aliment y est digéré comme dans les vrais animaux, par dissolution et non par trituration. La matière digérée dans l'estomac est conduite par des tuyaux, comme dans l'animal par ses boyaux, jusqu'à l'anus, où il y a un sphincter qui en permet la sortie.

L'auteur ne donne pas cette mécanique pour une vraie digestion. Il ne prétendoit qu'imiter la mécanique de cette action en trois choses qui sont 1°. d'avaler le grain; 2°. de le macérer, cuire ou dissoudre; 3°. de le faire sortir dans un changement sensible.

Il a cependant fallu des moyens pour ces trois actions, et ces moyens parurent très-dignes d'attention, même à ceux qui auroient pu désirer davantage. Il a fallu employer différens expédiens pour faire prendre le grain au canard artificiel, le lui faire aspirer jusque dans son estomac, et là, dans un petit espace, construire un laboratoire chimique, pour en décomposer les principales parties intégrantes, et le faire resortir à volonté par des circonvolutions de tuyaux, à une extrémité de son corps tout opposée.

On ne pensa pas que les anatomistes eussent rien à desirer sur la construction de ses ailes. On avoit imité os par os, toutes les éminences qu'ils appellent apophises. Elles y sont régulièrement observées, comme les différentes charnières, les cavités, les courbes. Les trois os qui composent l'aile y sont très-distincts: le premier qui est l'humerus, a son mouvement de rotation en tout sens, avec l'os qui fait l'office d'omoplate. Le second, qui est le cubitus de l'aile, a son mouvement avec l'humerus par une charnière que les anatomistes appellent par Ginglyme. Le troisième, qui est le radius, tourne dans une cavité de l'humerus et est attaché par ses autres bouts aux petits os du bout de l'aile, de même que dans l'animal.

Pour faire connoître que les mouvemens de ces ailes ne ressemblent point à ceux que l'on voit dans les chefs d'œuvres du coq de l'horloge de Lyon et de celle de Strasbourg, toute la mécanique du canard artificiel a été vue à découvert, le dessein de l'auteur étant plutôt de démontrer, que de montrer simplement une machine.

On croit que les personnes attentives sentiront la difficulté qu'il y a eu de faire faire à cet automate tant de mouvemens différens, comme lorsqu'il s'élève sur ses pattes, et qu'il porte son cou à droite et à gauche. Ils connoîtront tous les changemens des différens points d'appui: ils verront même que ce qui servoit de point d'appui à une partie mobile, devient à son tour mobile sur cette partie, qui devient fixe à son tour. Enfin, ils découvriront une variété de combinaisons mécaniques.

Toute cette machine joue sans qu'on y touche quand on l'a montée une fois. On oublioit de dire que l'animal boit, barbote dans l'eau, croasse comme le canard naturel. Enfin, l'auteur a tâché de lui faire faire tous les gestes d'après ceux de l'animal vivant, qu'il a considéré avec attention.

Vaucanson fit un second automate, le joueur de tambour,

planté tout droit sur son piédestal, habillé en berger danseur, qui joue une vingtaine d'airs, menuets, rigodons ou contre-danses.

On croiroit d'abord que les difficultés ont été moindres qu'au flûteur; mais il faut faire réflexion qu'il s'agit de l'instrument le plus ingrat, et le plus faux par lui-même. Qu'il a fallu articuler une flûte à trois trous où tous les tons dépendent du plus ou du moins de force de vent, et de trous bouchés à moitié. Qu'il a fallu donner tous les vents différens avec une vîtesse que l'oreille a de la peine à suivre; donner des coups de langue à chaque note jusque dans les doubles croches, parce que cet instrument n'est point agréable autrement: l'automate surpassoit en cela nos tambourins, qui ne peuvent remuer la langue avec assez de légèreté pour faire une mesure entière de doubles croches toutes articulées; ils en coulent la moitié: et ce tambourin automate jouoit un air entier avec des coups de langue à chaque note.

Quelle combinaison de vents n'a-t-il pas fallu trouver pour cet effet, disoit le journaliste? il a fallu des découvertes dont on ne se seroit jamais douté. Auroit-on cru que cette petite flûte est un des instrumens à vent qui fatigue le plus la poitrine des joueurs: les muscles de leur poitrine font un effort équivalant à un poids de 56 livres, puisqu'il faut cette même force de vent, c'est-à-dire un vent poussé par cette force ou cette pesanteur, pour former le *si* d'en haut, qui est la dernière note où cet instrument puisse s'étendre. Une once seule fait parler la première note qui est le *mi*: que l'on juge qu'elle division de vent il a fallu faire pour parcourir toute l'étendue du flageolet provençal.

Ayant si peu de positions de doigts différentes on croiroit peut-être qu'il n'a fallu de différens vents qu'autant qu'il y a de différentes notes; mais le vent qui fait parler par exemple, le *re* à la suite de l'*ut*, le manque absolument quand le même *re* est à la suite du *mi*, au-dessus, et ainsi des autres notes.

Il a fallu le double de différens vents, sans compter les dièses pour lesquels il faut toujours un vent particulier. L'auteur fut lui-même étonné de voir cet instrument avoir besoin d'une combinaison si variée, et il fut plus d'une fois prêt à désespérer de la réussite: mais le courage et la patience l'emportèrent.

Ce n'est pas tout: ce flageolet n'occupe qu'une main; l'automate tient de l'autre une baguette avec laquelle il bat du tambour de Marseille; il donne des coups simples et doubles, fait des roulemens variés à tous les airs, et accompagne en mesure les mêmes airs qu'il joue avec son flageolet de l'autre main. Ce mouvement n'est pas un des plus aisés de la machine. Il est question de frapper tantôt plus fort, tantôt plus vîte, et de donner un coup sec pour tirer du son du tambour. Cette mécanique consiste dans une combinaison de leviers et de ressorts différens, tous mûs avec assez de justesse pour suivre l'air. Enfin cette machine avoit quelque ressemblance avec celle du flûteur; mais elle fut construite par des moyens bien différens, (*Observations sur les écrits modernes*, 1741). Dans le temps même que Vaucanson étoit le plus occupé des travaux de manufactures, il avoit une idée qui l'amusa long-temps, et à l'exécution de laquelle Louis XVI s'intéressoit: c'étoit la construction d'un automate dans l'intérieur duquel devoit s'opérer tout le mécanisme de la circulation du sang. D'après ses premiers essais il ôsoit presque répondre de quelque succès, et il étoit fort éloigné de promettre légèrement. Tout le système vasculaire devoit être de gomme élastique; mais il falloit pour cela qu'il fut exécuté dans le pays qui produit cette gomme. Un anatomiste habile auroit été dans la Guyane présider à ce travail, Le roi avoit approuvé le voyage, l'avoit même ordonné, mais les lenteurs qu'éprouva l'exécution dégoûtèrent Vaucanson.

On a vu plusieurs fois des automates qui jouoient aux échecs; on parloit en 1769 de celui de M. de Kempelen, et l'on publia à ce sujet une lettre en 1783 à Basle; il en est parlé dans le *Journal des Savans* de 1783, page 629, *in*-4°. La manière dont l'auteur influe sur la machine pendant le temps qu'elle joue est si adroite et si cachée, qu'un grand nombre de savans qui l'ont vue à Paris, n'ont pu deviner les moyens; ils ont été réduits à des hypothèses sur la possibilité de ces moyens: il pourroit arriver qu'un aimant caché dans la poche de celui qui vient de temps en temps voir l'automate, fit élever ou fermer une détente; et que le cylindre, avec une espèce de pantographe, fit tout le reste. Mais ce n'est qu'un apperçu bien vague qui ne peut qu'augmenter l'admiration que l'on doit aux talents vraiment extraordinaires de M. de Kempelen; il est cependant le premier à avouer qu'une grande partie de la réputation de sa machine n'est due qu'à la manière heureuse qu'il emploie pour faire illusion aux spectateurs. En général on doit se défier de tous les automates dont on cache les moyens.

Raisin, organiste de Troye, étonna la ville et la Cour, en 1662, par un clavecin qui jouoit tout seul, le roi voulut voir le dedans, c'étoit un joli enfant de cinq ans; Raisin eut la permission d'ouvrir un spectacle à la Cour: ce fut la troupe du dauphin.

Il me reste à parler des machines pour imiter la voix: le cit. Molard, dans sa jeunesse, a imité l'aboyement des chiens en faisant entrer l'air dans un tuyau de fer blanc, couvert d'un tampon sous lequel étoit une corde; par le moyen du vide que le tampon ou piston produisoit dans la caisse, l'air en rentrant faisoit résonner la corde.

On a souvent parlé de l'impossibilité de faire une machine propre à articuler les sons de la voix humaine. Cependant en 1780 et 1783, Mical présenta à l'Académie, et fit voir à Paris une machine qui en approchoit un peu; Vicq d'Azir en fit un rapport détaillé le 7 septembre, elle consistoit à préparer le son dans des boëtes creuses qui s'ouvrent à charnière, avec des glottes artificielles de différentes formes sur des membranes tendues. *Journal de Physique*, 1782, page 358. L'auteur est mort en 1790; ses machines ont été vendues.

M. Kratzenstein, étant à Paris en 1786, m'assura qu'il avoit fait une machine qui parloit fort bien. *Journal de Physique*, t. XXI, p. 358. Il me donna même un croquis de différentes formes d'entonnoirs et de languettes, par lesquelles il étoit parvenu à imiter les voyelles et même quelques syllabes comme papa, mama; il y a un mémoire de lui qui remporta le prix de l'Académie de Pétersbourg en 1780.

M. de Kempelen alla plus loin: on assure qu'il avoit un automate qui prononçoit distinctement des phrases comme *venez avec moi à Paris; Journal des Savans*, 1783, page 629. Mais il est permis d'en douter, puisqu'il n'a pas publié ses moyens.

Le cit. Frizard de Bienne, député du Mont Terrible, vient de présenter au général premier consul Bonaparte un vase qui s'ouvre en palmier pour faire voir une bergère qui file, un chien qui aboye, des chèvres qui paissent, des oiseaux qui se promènent et qui chantent; le bec et les ailes suivent les mouvemens des airs. (*Journal de Paris*, 23 pluviose, an X).

VIII.

Du Mouvement perpétuel.

Le mouvement perpétuel est une chimère assez ancienne et assez célèbre dans la mécanique, pour que nous devions en parler dans cet ouvrage. On entend par mouvement perpétuel un mouvement qui se conserve et se renouvelle continuellement de lui-même sans le secours d'aucune cause extérieure, ou une communication non-interrompue du même degré de mouvement qui passe d'une partie de matière à l'autre, soit dans un cercle, soit dans une autre courbe rentrante en elle-même, de sorte que le même mouvement revienne au premier moteur sans avoir été altéré. (*Encyclopédie, au mot Perpétuel.*) Mais on a fait beaucoup de découvertes réelles en courant après une chimère. On peut voir à ce sujet les *Récréations mathématiques*, édition de Montucla. On trouve des propositions de mouvement perpétuel dans le *Journal des Savans*, 1678, p. 165; 1686, p. 9, 29, 95, 104; 1700, p. 245; 1726, p. 590; 1745, p. 29. Nous parlerons ci-après d'une des machines, fruit des efforts qu'on a faits pour résoudre ce problême, à cause du bruit qu'elle fit parmi les savans; mais toutes ont avorté. C'est aussi plutôt une insulte qu'un éloge de dire de quelqu'un qu'il cherche le mouvement perpétuel : l'inutilité des efforts que l'on a faits jusqu'ici pour la trouver, donnent une idée peu favorable de ceux qui s'en occupent.

Parmi toutes les propriétés de la matière et du mouvement, nous n'en connoissons aucune qui paroisse pouvoir être le principe d'un tel effet.

On convient que l'action et la réaction doivent être égales, et qu'un corps qui donne du mouvement à un autre doit perdre ce qu'il en communique. Or, dans l'état présent des choses, la résistance de l'air, les frottemens, doivent nécessairement retarder sans cesse le mouvement.

Ainsi, pour qu'un mouvement quelconque pût subsister toujours, il faudroit où qu'il fût continuellement entretenu par une cause extérieure; et ce ne seroit plus alors ce qu'on entend par le mouvement perpétuel, ou que toute résistance fût anéantie, ce qui est physiquement impossible. Par une autre loi de la nature, les changemens qui arrivent dans le mouvement des corps sont toujours proportionnels à la force motrice qui leur est imprimée, et sont dans la même direction que cette force : ainsi une machine ne peut recevoir un plus grand mouvement que celui qui réside dans la force motrice qui lui a été imprimée. Or, sur la terre que nous habitons, tous les mouvemens se font dans un fluide résistant, et par conséquent ils doivent nécessairement être retardés : donc le milieu doit absorber une partie considérable du mouvement.

Le frottement doit diminuer peu-à-peu la force imprimée, ou communiquée à la machine; de sorte que le mouvement perpétuel ne sauroit avoir lieu, à moins que la force communiquée ne soit beaucoup plus grande que la force génératrice, et qu'elle ne compense la diminution que toutes les autres y produisent; mais comme rien ne donne ce qu'il n'a pas, la force génératrice ne peut donner à la machine un degré de mouvement plus grand que celui qu'elle a elle-même; ainsi, toute la question du mouvement perpétuel en ce cas, se réduit à trouver un poids plus pesant que lui-même, ou une force élastique plus grande qu'elle-même.

On peut dire aussi qu'il faudroit trouver une méthode de

gagner par la disposition et la combinaison des puissances mécaniques, une force équivalente à celle qui est perdue. C'est principalement à cé dernier point que s'attachent ceux qui veulent résoudre ce problême : mais comment et par quels moyens, peut-on regagner une telle force.

Il est certain que la multiplication des forces ou des puissances ne sert de rien pour cela : car, ce qu'on gagne en puissance est perdu en temps ; de sorte que la quantité de mouvement demeure toujours la même.

Jamais la mécanique ne sauroit faire qu'une puissance plus petite, soit réellement égale à une plus grande ; par exemple, que 25 livres soient équivalentes à 100. S'il nous paroît qu'une puissance moindre soit équivalente à une plus grande, c'est une erreur de nos sens. L'équilibre n'est pas véritablement entre 25 et 100 livres mais entre 100 livres qui se meuvent ou tendent à se mouvoir avec une certaine vîtesse, et 25 livres qui tendent à se mouvoir avec quatre fois plus de vîtesse que les 100 livres.

Quand on considère les poids de 25 et 100 livres comme fixes et immobiles, on peut croire d'abord que les 25 livres seules empêchent un poids beaucoup plus grand de s'élever. Mais on se détrompera bientôt si l'on considère l'un et l'autre poids en mouvement ; car on verra que les 25 livres ne peuvent élever les 100 livres qu'en parcourant dans le même temps un espace quatre fois plus grand. Ainsi, les quantités virtuelles de mouvement de ces deux poids seront les mêmes, et par conséquent il n'y aura plus rien de surprenant dans leur équilibre.

Une puissance de 10 livres étant donc mue, ou tendant à se mouvoir avec dix fois plus de vîtesse qu'une puissance de 100 livres, peut faire équilibre à cette dernière puissance ; et on en peut dire autant de tous les produits égaux à 100 livres. Enfin, le produit de part et d'autre doit toujours être de 100, de quelque manière qu'on s'y prenne ; si on diminue la masse, il faut augmenter la vîtesse en même raison.

Cette loi inviolable de la nature ne laisse autre chose à faire à l'art que de choisir entre les différentes combinaisons qui peuvent produire le même effet.

Maupertuis, dans ses lettres sur différens sujets de philosophie, fait les réflexions suivantes sur le mouvement perpétuel. Ceux qui cherchent ce mouvement excluent des forces qui doivent le produire non-seulement l'air et l'eau, mais encore quelques autres agens naturels qu'on y pourroit employer. Ainsi ils ne regardent pas comme mouvement perpétuel, celui qui seroit produit par les vicissitudes de l'atmosphère, ou par celles du froid et du chaud. Ils se bornent à deux agens, la force d'inertie et la pesanteur, et ils réduisent la question à savoir si l'on peut prolonger la vîtesse du mouvement, ou par le premier de ces moyens, c'est-à-dire, en transmettant le mouvement par des chocs d'un corps à un autre, ou par le second, en faisant remonter des corps, par la descente d'autres corps qui, ensuite remonteront eux-mêmes, pendant que les autres descendront. Dans ce second cas il est démontré que la somme des corps, multipliés chacun par la hauteur d'où il peut descendre est égale à la somme de ces mêmes corps multipliés chacun par la hauteur où il pourra monter. Il faudroit donc pour parvenir au mouvement perpétuel par ce moyen, que les corps qui tombent et s'élèvent conservassent absolument tout le mouvement que la pesanteur peut leur donner, et n'en perdissent rien par le frottement ou par la résistance de l'air, ce qui est impossible.

Si on veut employer la force d'inertie, on remarquera que le mouvement se perd dans le choc des corps durs; et que si les corps sont élastiques, la force vive à la vérité se conserve; mais outre qu'il n'y a pas de corps parfaitement élastiques, il faut encore faire abstraction ici des frottemens et de la résistance de l'air; d'où Maupertuis conclut qu'on ne peut espérer de trouver le mouvement perpétuel par la force d'inertie, non plus que par la pesanteur, et qu'ainsi ce mouvement est impossible.

Il se répandit en 1700 un bruit que le mouvement perpétuel étoit trouvé. On le voyoit dans un lieu où la difficulté de la chose n'étoit pas bien connue, où l'invention n'étoit pas discutée comme elle l'eût été dans une académie, où un air de science réussit quelquefois, et l'air de confiance presque toujours. Sauveur l'expliqua à l'Académie qui en fut fort surprise; et peu de temps après le mouvement perpétuel disparut avec son auteur. A cette occasion Parent prouva l'impossibilité par cette seule raison que toutes les parties d'une machine ont un centre de gravité commun, que pendant qu'elles tournent autour d'un axe ou d'un point fixe, quel qu'il soit, ce centre de gravité commun se trouve nécessairement dans une situation, où il est plus bas qu'en toute autre, et qu'aussitôt tout doit s'arrêter. Car, puisqu'il y a un point où la force que plusieurs corps ont pour descendre est réunie toute entière, dès que ce point ne peut plus descendre, il faut que tous ces corps demeurent immobiles. Parent détermina en général quel devoit être ce point de repos inévitable pour toutes les machines possibles. *Hist. Acad.* 1700. page 156.

On trouve dans les *Œuvres Philosophiques de 'sGravesande*, publiées à Amsterdam, en 1774, la relation d'une machine d'Orffyreus construite en 1715, et qui fit du bruit en Europe. On

On l'appela aussi la roue de Cassel; et voici ce qu'il en dit dans une lettre à Newton, tome I, page 303.

J'ai cru que vous ne seriez pas fâché d'avoir une relation un peu détaillée de ce qu'on observe dans un examen extérieur d'une machine sur laquelle les sentimens sont si partagés, et qui a contre elle presque tous les habiles mathématiciens. Un très-grand nombre soutient l'impossibilité du mouvement perpétuel, d'où est venu le peu d'attention qu'on a fait à la machine d'Orffyreus. Je sais combien je suis inférieur à ceux qui ont donné leurs démonstrations sur l'impossibilité de ce mouvement; cependant pour vous expliquer les sentimens avec lesquels j'ai examiné cette machine, j'aurai l'honneur de vous dire qu'il y a environ sept ans que je crus découvrir le paralogisme de ces démonstrations, en ce qu'elles ne peuvent être applicables à toutes les machines possibles; et depuis je suis toujours resté très-persuadé qu'on peut démontrer que le mouvement perpétuel n'est pas contradictoire; il m'a paru que Leibnitz avoit tort de regarder comme un axiôme l'impossibilité de ce mouvement; ce qui sert néanmoins de fondement à une partie de sa philosophie. Malgré cette persuasion, j'étois fort éloigné de croire qu'Orffyreus fût assez habile pour découvrir le mouvement perpétuel. Je regardois ce mouvement comme ne devant être découvert qu'après plusieurs autres inventions, au cas qu'il le fût jamais. Depuis que j'ai examiné la machine, je suis dans un étonnement que je ne saurois exprimer. L'auteur a du génie pour les mécaniques, mais n'est rien moins que profond mathématicien; cependant cette machine a quelque chose de surprenant, quand ce seroit une fourberie. Voici ce qui regarde la machine même, dont l'auteur ne laisse voir que l'extérieur, de peur qu'on ne lui vole son secret. C'est un tambour d'environ 14 pouces d'épaisseur sur 12 pieds de diamètre; il est très-léger, étant fait de quelques planches assemblées par d'autres pièces de bois, de manière qu'on verroit l'intérieur de tous côtés sans une toile cirée qui couvre tout le tambour. Ce tambour est traversé d'un axe d'environ 6 pouces de diamètre, terminé par les extrémités par des axes de fer de trois quart de pouce, sur lesquels la machine tourne. J'ai examiné ces axes, et je suis très-persuadé qu'il n'y a rien en dehors qui contribue au mouvement de la machine. J'ai tourné le tambour fort lentement, et il est resté en repos, aussitôt que j'ai retiré la main : je lui ai fait faire un tour ou deux de cette manière; ensuite je l'ai fait mouvoir tant soit peu plus vîte; je lui ai fait faire un tour ou deux, mais alors j'étois obligé de le retenir continuellement; car l'ayant lâché il a pris en moins de deux tours sa plus grande célérité, de manière qu'il a fait vingt cinq à vingt-six tours dans une minute. C'est le mouvement qu'il a conservé ci-devant pendant deux mois, dans une chambre cachetée, dans laquelle il étoit impossible qu'il y eût aucune fraude. Le prince fit ouvrir la chambre, et arrêter la machine après ce temps-là; car, comme ce n'est qu'un essai, elle n'est pas assez forte pour que les matériaux ne s'usent pas par une longue agitation.

Le landgrave a été présent à l'examen que j'ai fait de la machine. J'ai pris la liberté de demander au prince qui a vu l'intérieur du tambour, si lorsque la machine a été agitée pendant un certain temps, rien n'étoit changé dans l'intérieur; comme aussi s'il n'y avoit pas quelques pièces dans lesquels on pourroit soupçonner de la fraude; le prince m'a assuré que non, et que la machine est fort simple (1). Vous voyez monsieur, que je n'en ai pas assez vu par moi-même pour assurer que j'ai une démonstration, que dans cette machine le principe du mouvement, qui est certainement dans le tambour, soit tel qu'il le faut pour rendre le mouvement perpétuel; mais aussi je crois qu'on ne sauroit me nier d'avoir des présomptions fortes en faveur de l'inventeur. Le landgrave a donné une récompense digne de sa générosité à Orffyreus, afin de voir le secret de la machine, avec promesse de ne se point servir du secret, ni de le découvrir avant que l'auteur en eût retiré encore d'autres récompenses pour rendre son invention publique. Je sais très-bien monsieur, qu'il n'y a que l'Angleterre où les sciences fleurissent assez pour faire trouver à l'auteur une récompense digne de son invention. Il s'agit simplement de la lui assurer, en cas que sa machine soit un véritable mouvement perpétuel, l'auteur ne demande à toucher l'argent qu'après que la machine aura été examinée en dedans : on ne sauroit raisonnablement exiger cet examen avant la récompense promise. Comme il s'agit d'une chose utile au public, et à l'avancement des sciences, de découvrir l'invention ou la fraude, j'ai cru que cette relation ne vous seroit pas désagréable.

On fut fort étonné que ce célèbre physicien trouvât que le mouvement perpétuel n'étoit pas démontré impossible : après divers raisonnemens, pour tâcher de le prouver, il finit par dire : il seroit à souhaiter que la forte persuasion dans laquelle sont les mathématiciens, touchant cette impossibilité, ne les empêchât pas de faire une attention sérieuse à une machine aussi étonnante qu'est celle de Cassel. Une roue dont le principe du mouvement est intérieur, qui se met en mouvement par le moindre

1) Comment le charlatan n'en auroit-il pas imposé au prince, puisqu'il en imposoit au physicien?

effort, qu'on peut faire tourner du côté qu'on juge à propos, sans que ce qui la fait tourner d'un côté soit arrêté par ce qui l'auroit fait tourner de l'autre, si elle y avoit été poussée. Enfin, une roue qui, après avoir fait quelques millions de tours avec une rapidité surprenante, continue son mouvement de même, et n'est arrêtée qu'à force de bras. Une telle machine mérite, à ce qu'il me paroît, quelque éloge, quand même elle ne satisferoit pas à tout ce que l'inventeur en promet. Si c'est le mouvement perpétuel, l'auteur mérite bien la récompense qu'il demande : si ce ne l'est point, le public peut découvrir une belle invention, sans que ceux qui auroient promis la récompense fussent engagés à rien, l'inventeur n'ayant jamais exigé qu'une promesse, (tome I, page 312). Voyez aussi la vie de 'sGravesande, par Allamand, à la tête de cet ouvrage, où l'on prétend que la servante déposa qu'elle faisoit tourner la machine étant placée dans une chambre voisine ; qu'Orffyreus étoit un fou ; que l'opinion qu'on avoit de la machine avoit bien changé ; cependant on voit que Jean Bernoulli croyoit au mouvement perpétuel. (*Opera*, tome I. page 41.).

L'année suivante 1716, Wolf publia son Dictionnaire de Mathématiques, et au mot *Perpétuel* il rapporte les argumens de Sturm, Lorini, Stévin et Leibnitz pour en prouver l'impossibilité, il dit que quoiqu'on ne trouve pas jusqu'à présent aucune raison forte pour ne pas ajouter foi au serment d'Orffyreus que la roue puisse conserver toujours le mouvement qu'on lui a communiqué sans effort ; il n'est pourtant pas prouvé qu'il n'y ait pas une matière fluide invisible qui influe sur ce mouvement. L'examen qu'en fit 'sGravesande mit Orffyreus dans une si grande colère, qu'il brisa sa machine le jour même, comme on le voit dans les *Annal. physico-med. de Breslaw*, imprimées à Leipzig et à Budissin, en 1723, *in*-4°. p. 427. et dans la vie de 'sGravesande ; il écrivit sur la muraille que c'étoit l'impertinente curiosité du professeur qui en étoit la cause ; cela semble indiquer qu'il redoutoit un examen ultérieur. Au reste, 'sGravesande n'a jamais avoué qu'il eût été si grossièrement trompé. Dans le temps que la roue de Cassel faisoit tant de bruit, il parut une dissertation de David Gottlob Diez, *Perpetui mobilis mecanici impossibilitas methodo mathematica demonstrata*. Il fait voir que les mouvemens perpétuels du jésuite de Lanis, de Cornelius Drebbel, de Becher, de Jérémie Mitz de Bâle sont des chimères. Dans son théorême XLI on trouve cette assertion : *Perpetuum mobile Orffyreum ex descriptione ejus propria aestimatum impossibile est.*

Peiresc et Kepler n'étoient pas aussi crédules que 'sGravesande ; au sujet du mouvement perpétuel de Drebbel, le premier écrit à son ami Cambden que l'on ne croit pas légèrement dès deçà (G. *Camdeni épistolae. Londini*, 1691. p. 333 et 387). Kepler écrivoit à ce même sujet en 1607 : *si creare possit animam quae instrumenta ejus sine ponderibus aliosque motus elementares moveat, et in motu conservet tunc mihi erit magnus Apollo.* (Kepl. épist. 1718. page 393.)

M. le baron de Zach, dans des écrits sur le mouvement perpétuel, (*Reichs-Anzeiger* 1796, 6 juin et 17 novemb.) a fait des recherches curieuses à ce sujet, relativement aux différentes inventions données pour mouvement perpétuel. Je finirai en indiquant un dernier ouvrage à ce sujet : *Lecture on the perpetual motion, Henrich. London*, 1770.

Malgré les raisonnemens de 'sGravesende, l'on a continué de regarder le mouvement perpétuel comme impossible. L'Académie des Sciences de Paris prit en 1775 la résolution de ne plus examiner aucune machine annoncée comme un mouvement perpétuel, et l'Académie crut devoir rendre compte des motifs qui l'avoient déterminée, dans l'*Histoire de l'Académie* de 1775, page 65.

La construction d'un mouvement perpétuel, dit l'historien, est absolument impossible : quand même le frottement, la résistance du milieu ne détruiroient point à la longue l'effet de la force motrice. Cette force ne peut produire qu'un effet égal à sa cause : si donc on veut que l'effet d'une force finie dure toujours, il faut que cet effet soit infiniment petit dans un temps fini. En faisant abstraction du frottement et de la résistance, un corps à qui on a une fois imprimé un mouvement le conserveroit toujours ; mais c'est en n'agissant point sur d'autres corps, et le seul mouvement perpétuel possible, dans cette hypothèse, qui, d'ailleurs, ne peut avoir lieu dans la nature, seroit absolument inutile à l'objet que se proposent les constructeurs des mouvemens perpétuels : ce genre de recherches a l'inconvénient d'être coûteux ; il a ruiné plus d'une famille, et souvent des mécaniciens qui eussent pu rendre de grands services, y ont consumé leur fortune, leur temps et leur génie. Tout attachement opiniâtre à une opinion démontrée fausse, s'il s'y joint une occupation perpétuelle du même objet, une impatience violente de la contradiction, est sans doute une véritable folie. On ne la regarde point comme telle, si l'opinion qui forme cette folie ne choque pas les idées communes, si elle n'influe sur la conduite de la vie, si elle ne trouble pas l'ordre de la société.

Mais au moment où ceci s'imprime, je vois que le 6 janvier, on a présenté à Londres une pétition pour un nommé Dupré qui a découvert le mouvement perpétuel, et que la pétition est datée du 50e. jour du mouvement parfait.

X I V.

De quelques Mécaniciens célèbres.

Il y a eu de tout temps des gens doués d'un talent naturel pour les machines, et à qui un génie sans culture a fait faire des choses étonnantes.

Nous avons parlé page 744 de Louis Rennequin, qui n'étoit qu'un charpentier, et qui fit l'étonnante machine de Marly. On voyoit son épitaphe dans l'église de Bougival, paroisse de Marly. Elle est actuellement dans une maison du port Marly, sur une table de marbre blanc de 3 pieds sur deux, en voici le commencement; le reste contient une fondation pieuse.

D. O. M.

Ci gissent honorables personnes sieur Rennequin Sualem, seul inventeur de la machine de Marly, décédé le 29 *juillet* 1708, *âgé de* 64 *ans ; et dame Marie Nouelle son épouse, décédée le* 4 *may* 1714, *âgée de* 84 *ans, &c.*

Le P. Sébastien Truchet, carme, qui mourut le 5 février 1727, étoit né à Lyon en 1657; ainsi il appartient au siècle précédent; mais il a travaillé dans le nôtre : ses machines pour les tireurs d'or, pour les monnoies, pour le blanchissage des toiles; ses tableaux mouvans, ses mains artificielles, le rendirent célèbre. Le grand Condé disoit de ce bon religieux qu'il étoit aussi simple que ses machines. Voyez l'*Histoire de l'Académie* pour 1727.

Jacques Vaucanson, né en 1709, mort en 1782, a eu dans la mécanique une grande célébrité; nous en avons parlé page 783. Il y a dans la salle de l'Institut un beau portrait de lui par le cit. Bose, un de nos peintres les plus habiles; le même à qui l'on a dû le premier portrait parfaitement ressemblant du fameux général Bonaparte en 1801.

On a vu à Rome, il y a près d'un siècle, un génie aussi rare que singulier, qui s'est long-temps distingué dans les mécaniques, c'est Nicolas Zabaglia, auteur de beaucoup de machines; c'étoit, comme dit le comte de Caylus, dans les *Mémoires de l'Académie des Inscriptions*, l'homme qui a le plus approché des anciens, par la simplicité de ses moyens, qui est telle qu'on est étonné qu'ils n'aient pas été apperçus.

Zagablia n'étoit qu'un charpentier, et n'étoit point en état d'écrire; mais on a fait imprimer en 1743 le recueil de ses machines, dans lesquelles il y a des pensées aussi simples qu'ingénieuses : *Contignationes ac partes Nicolai Zabaglia cum ejusdem ingeniosis praxibus ac descriptione translationis obelisci Vaticani, per equitem Dom. Fontana. Roma*, 1743. *in-fol. fig.*

Nous remarquerons seulement que M. Bottari qui en a été l'éditeur y a inséré quelques articles revendiqués par d'autres, comme la machine exécutée en 1701, par Carlo Fontana, autour de l'aiguille de Saint-Pierre, et les échaffauds que Vanvitelli fit faire à Saint-Pierre pour décorer les tribunes, vers 1760.

J'ai vu aussi à Rome des machines ingénieuses qui ne sont pas usitées en France, et dont peut-être la plupart ont été de l'invention de Zabaglia ; des échelles qui s'alongent et se diminuent à volonté ; un moyen pour transporter le bois à l'aide d'une grande fourche ; une machine pour raper le tabac d'une manière ingénieuse et commode ; une machine pour trouver l'endroit où un tuyau de fontaine est crévé ; des instrumens pour prendre ce qui est tombé dans une rivière ou dans un puits ; un petit métier pour faire des boutons ; un tour pour tourner en ovale ; un panier pour prendre les poissons ; un tombereau particulier pour transporter les terres, par le moyen des bœufs ; une pelle mécanique pour travailler les jardins ; un tournebroche dans la cuisine des Augustins, qui va par le moyen de l'eau, et même le mécanisme ingénieux de leur marmite qui avertit lorsqu'elle bout trop vîte, ou qu'on y met trop d'eau. Ses inventions ont trait surtout à l'architecture, et son recueil est en quelque sorte indispensable à tout architecte chargé de grands ouvrages publics. Voici son épitaphe qui est à Rome dans l'église de *Santa Maria Traspontina*.

Nicolaus Zabaglia, Romanus, litterarum plane rudis, sed ingenii acumine adeo prestans, ut omnes artis architectonicae peritos machinationum, inventione ac facilitate, magna urbis cum admiratione superavit. Vir fuit cum antiqui moris, tum a pecuniae aviditate ac luxu alienus. Vixit annos 86, *obiit die* 27 *mensis januarii, anni jubilaei* 1750. *Ne igitur ipsius memoria interiret, à fratribus hujus caenobii Santae-Mariae transpontinae ordinis Santae-Mariae de Monte-Carmeli, hominis exuviis haec adnotatio apposita est.* Voyez mon Voyage en Italie, t. V. et t. VI.

Il y avoit aussi à Padoue un artiste étonnant dans le genre des machines, il s'appeloit Barthelemi Ferracino, *ou* Ferracini. Il étoit né à Solagna, près de Bassano, en 1692. Le premier indice qu'il donna de ses talens naturels fut une machine qu'il imagina pour év iter la peine de faire tourner la meule, et de scier des planches pour son père. Il ne s'étoit jamais appliqué à rendre raison de ce qu'il inventoit ; et semblable à Zabgalia, il alloit toujours au but, sans s'en douter, par la route la plus ingénieuse et la plus simple. C'est lui qui fit l'horloge de Saint-Marc à Venise, qui dirigea la voûte du salon immense de Padoue. Il fit un pont près de Bassano. Semblable à Rennequin qui avoit fait la machine de Marly, il construisit en 1749 une machine ingénieuse qui élève l'eau à 35 pieds par le moyen de plusieurs vis d'Archimède, et qui a réussi contre l'espérance des gens de l'art; en conséquence, on y a mis une inscription à son honneur. Cette machine est dans une maison du procurateur Bélegno, à Bassano sur la Brenta. Cet homme singulier demeuroit ordinairement à Padoue, mais il alloit aussi travailler de côté et d'autre, suivant qu'il étoit appelé pour des ouvrages de différente espèce : on en a imprimé un recueil. M. Verci, de Bassano, a écrit sa vie pour faire connoître un de ses plus singuliers compatriotes : *Vita e machine di Bartholomaeo Ferracino celebre ingeniere Bassanese. Venet.* 1763, *in*-4°. Il est mort en 1777. On a mis une épitaphe sur son tombeau à Solagna, et on lui a élevé un monument à Bassano. (*Voyage en Italie*, t. IX. p. 56).

Cristian Gotlieb Kratzeinstein né à Vernigarod en 1723, est celui dont nous avons parlé à l'occasion des machines qui articulent.

Loriot, dont nous avons parlé page 776, avoit un talent rare pour les machines; il est mort en 1783: son cabinet fut acheté par le Gouvernement; sa machine à battre le blé, ses métiers pour les rubans, la table de Choisy qui montoit toute servie, lui firent honneur. Sa manière de fixer le pastel, et son ciment pour bâtir dans l'eau prouvoient également son talent.

Laurent étoit encore l'homme de la nature; étant jeune il étoit dans les charrois, il devint un ingénieur célèbre. Il fit à Brunoy, vers 1768, sa machine à étoile, ensuite la machine de Pompean, la machine pour élever la statue de Rheims; un charriot d'artillerie, la grille de poterne de Valenciennes avec des contre-poids, un bras artificiel pour un manchot.

Un des plus célèbres mécaniciens que nous ayons actuellement est le cit. Jacques-Constantin Perrier, né à Paris, le 3 novembre 1742, et qui, dès l'âge de dix ans, s'occupoit de machines. C'est lui qui a fait la machine à feu de Chaillot, la presse hydraulique qui agit par l'eau, et beaucoup d'autres machines qu'on admire dans son attelier.

Le cit. Bralle, né à Paris, en 1750, attaché en 1768 au canal de Picardie, n'a cessé de s'occuper de machine; j'en ai parlé plusieurs fois.

Claude-Pierre Molard, né à Bouchoux, près Saint-Claude le 6 juin 1762, est à la tête du Conservatoire, et ce bel établissement ne pouvoit être en de meilleures mains. Le cit. Montgolfier, son associé, est célèbre comme nous l'avons vu ci-dessus pages 769 et 781.

Le cit. Berthelot, dont nous citerons un recueil de machines nouvelles, est retiré à la campagne.

Le cit. Tremel dont nous avons vu des machines ingénieuses, et qui est occupé à faire le pied de notre grand télescope à l'Observatoire.

On voit chez le cit. Campmaz, dans le cloître Notre-Dame plusieurs modèles de machines de son invention, où il y a des choses ingénieuses.

Le cit. Pelletier, sur le boulevard, a un flûteur, et beaucoup de machines curieuses, mais il cache ses moyens.

Le cit. Lacaze, place des Victoires n°. 22, a douze machines nouvelles, où l'on voit du talent pour la mécanique.

Jacques Mellion, à Descots près Lizieux, qui ne sait ni lire ni écrire, a fait des pendules singulières à figures mouvantes. (*Moniteur*, du 20 pluviose an X.)

Nous avons appris au mois de mars 1802 qu'il paroît à Genève un phénomène semblable. Le cit. Jeandeau, né à Charonne, département de Saône et Loire, et domicilié à Genève, depuis 1792, a imaginé plusieurs machines singulières. Il a même trouvé les moyens de faire l'application d'un nouveau principe de mouvement, en démontrant que le feu peut servir d'agent direct pour opérer le mouvement, au moyen du vide imparfait produit par la combustion dans un vase alternativement ouvert et fermé à l'air environnant, et que la flamme se reproduit spontanément à la rentrée de l'air atmosphérique. Le professeur Charles Pictet assista à l'expérience, et son avis qu'il donna par écrit, fût que si l'expérience en grand répondoit à ce que celle dont il venoit d'être le témoin faisoit augurer, à dépense égale, il ne connoissoit point de machine qui pût produire une telle force, et qu'il fût aussi facile d'établir par tout. Cette machine a du rapport avec la pompe à feu. La combustion qui, dans ces machines, doit être toujours en activité, n'est, dans celle de Jandeau, qu'une élancée de flamme qui, dans chaque mouvement, dure moins que le quart du temps qui s'écoule d'une descente à l'autre : donc il y a économie des trois quarts sur le combustible employé pour produire un effet égal à celui des machines à vapeur les mieux construites. Il faut encore observer que la complication des machines à vapeur rend leurs frottements très-considérables ; tandis que dans la machine de Jeandeau, ils se réduisent à celui de l'axe du balancier. Nous ne tarderons point à avoir des détails à ce sujet.

X V.

Des dépôts de Machines, et des livres qui en traitent.

Le Conservatoire des machines qui est au prieuré de Saint-Martin, est un établissement important, sous la garde du cit. Molard qui connoît parfaitement les machines.

Il y aura dans ce conservatoire trois démonstrateurs, Conté, Molard et Montgolfier; un dessinateur, Beuvelot; un bibliothécaire, Gruvel.

On y trouve des modèles de plusieurs machines curieuses; j'ai indiqué les principales. On en trouve beaucoup aussi dans le cabinet de l'Institut, et le cit. Molard en a fait un catalogue; mais il faudroit prendre les explications dans les registres. Le ministre avoit demandé que les membres du Conservatoire des Arts y fussent admis avec ceux de l'Institut; c'est une mine très-riche à exploiter.

Silberschlag; *catalogue des machines et instrumens qui se trouvent dans la salle de mécanique de l'Ecole-Royale à Berlin.* Berlin, 1777, *in-8°.*

Descripcion de las maquinas de mas general utilidad, que hay nel real gabineto de ellas establicido en al Buenretiro, in-folio. Madrid, 1799.

Nous commencerons le catalogue des livres sur les machines par les plus anciens de tous. Ils sont compris dans l'ouvrage *Veterum mathematicorum, Athenaei, Apollodori, Philonis, Bitonis, Heronis opera, graece et latine, pleraque nunc primum edita.* 1693, *in-folio.*

Cette édition savante et curieuse des anciens mécaniciens grecs fut commencée par Thévenot, et terminée par La Hire, il y est principalement question des machines de guerre.

Les dix livres d'architecture de Vitruve, corrigés et traduits nouvellement en françois avec des notes et des figures. 1673, *in-folio*, par Claude Perrault.

Le *Spectacle de la Nature* contient une histoire intéressante des machines; nous avons cité page 771 plusieurs ouvrages sur les machines à élever les eaux. Parmi les ouvrages modernes on distingue surtout le recueil de Ramelli; il parut en 1588 à Paris, en italien et en françois sous ce titre: *Le diverse et artificiose machine del capitano Agostino Ramelli dal ponte della Tresia, ingegniero del christianissimo re di Francie a di Pollonia*; *composte in lingua itàliana et francese*; *à Parigi*, 1588, *in-folio*, (en allemand, en 1620). C'est un ouvrage rare dans la bibliographie, et dont les exemplaires se vendent fort cher quand ils s'en rencontre dans les ventes publiques. Un grand nombre de ces machines ne réussiroit pas aussi bien que l'inventeur s'en flattoit; cependant son recueil est utile à parcourir pour ceux qui cultivent la mécanique pratique et usuelle, et offre quelquefois des idées ingénieuses dont on peut tirer parti; j'y ai rencontré des idées que l'on présentoit comme nouvelles à l'Académie.

Ramelli avoit été prévenu dans son projet par Jacques Besson, dauphinois, qui avoit publié dix ans avant lui, un volume *in-folio* de descriptions d'instrumens et machines intitulé : *Theatrum instrumentorum et machinarum Jacobi Bessoni Delphinatis &c. Cum Francisci Beroaldi figurarum declaratione demonstratum* (Lugd. 1578. *in-folio*) ; en italien, en 1582, à Lyon, *in-folio*; traduit en françois, Genève, 1594, *in-folio*; et enfin en espagnol, Lyon, 1602, *in-folio*.

Nuovo theatro machine e edifizi per varie e sicure operazioni, con XLI figure intagliate in rame, &c. Di vittorio Zonca. Padua, 1607 *in-folio; it. ibid.* 1624, *in-folio*.

Machinae novae Fausti Verantii, cum declaratione latina, italica, hispanica, gallica et germanica. Venetiis, 1591, 1625, *in-folio* avec figures.

Heinrich Zeizings, theatrum machinarum. Leipzig, 1621, *in-4°*.

Les raisons des forces mouvantes, avec diverses machines tant utiles que plaisantes, &c. et le Livre III contenant la fabrique des orgues hydrauliques, par Salomon de Causs. Paris, 1624, *in-folio*.

Nouvelle invention pour élever l'eau plus haut que sa source, avec quelques machines mouvantes au moyen de l'eau, par Isaac de Caux. Londres, 1644, 1657, *in-folio*.

Recueil d'ouvrages curieux de mathematiques et de mécanique, ou *Description du cabinet de M. Grollier de Servières*. 1719, *in-4°*. 88 planches. Nicolas Grollier, né en 1593, mort à 93 ans.

Schotti technica curiosa, sive mirabilia artis, cum novis experimentis. Herbipoli, 1687, 2 vol. *in-4°*.

Georgii Andreae Boeckleri theatrum machinarum novum das ist new vermehrter Schauplatz der mechanischen Kunsten, &c. ou *le Nouveau Théâtre des sciences mécaniques amélioré dans toutes sortes de moulins à eau, à poids, ou à bras, avec diverses inventions hydrauliques*, par George-André Boeckler. Nuremberg, 1661, *in-folio*.

Cet ouvrage fut traduit bientôt après. *Colon.*, 1662, *in-folio*. *It.* 1681, *in-folio*. Noribergæ, 1686.

Nous avons cité, page 759, un ouvrage intitulé : *A century of the names and seantling, of such inventions as i can now call to mind to have tried and perfected, &c.* c'est-à-dire, *Centurie de noms, et indications d'inventions que je me rappelle avoir éprouvées et perfectionnées, &c.* Londres, 1663, *in*-12. p. f.

Cet ouvrage est de Edward Somerset, marquis de Worcester, et l'on ne peut le lire sans être étonné de la singularité des machines, et inventions qu'il dit avoir éprouvées et perfectionnées; on est tenté de croire qu'il se livre à son imagination dans l'idée qu'il en donne. Mais quand on se rappelle qu'il est le véritable et premier auteur de la machine à feu, on est forcé de suspendre son jugement. Cet ouvrage devroit être plus connu, il exciteroit le génie inventif de nos mécaniciens.

Jacob Leupolds: *Theatrum machinarum universale oder Schauplatz der gantzen mechanischen Wissenschafften*, c'est-à-dire, *Théâtre universel des machines, ou des sciences mécaniques*, par Jacob Leupold. Leipzig, 1724, 1727, *in-folio*, 7 vol. réimprimés en 1774.

C'est ici le plus grand et le plus complet des ouvrages de ce genre. Leupold en conçut l'idée, et l'annonça en 1712 dans les *Actes de Leipzig*, mais elle ne commença à avoir son exécution qu'en 1724, que Leupold publia son premier volume qui est en quelque sorte seulement l'introduction à l'ouvrage; car il y est principalement question des puissances mécaniques et des machines simples. Le second volume, et la première partie du troisième, publiés la même année contiennent la description des machines hydrauliques et hydrotechniques, qui fut suivie en 1725 de la seconde partie de ce troisième volume. Il donna encore en 1725 deux volumes de son théâtre dont l'un traite des machines propres à élever des poids, et y attenantes, l'autre de différentes machines à peser, hydrostatiques, météorologiques et servant au nivellement. Le sixième volume qui parut en 1726, a pour objet les machines relatives à la construction des ponts. En 1727 il publia son septième volume intitulé : *Théâtre arithmético-géométrique*, où il traite de tous les instrumens relatifs à ces deux sciences. Il se proposoit une carrière bien plus considérable, savoir, de publier en douze ou treize autres parties toutes les autres machines et instrumens des arts différens de la société, jusqu'à ceux de chirurgie et d'anatomie. Mais la mort le moissonna au milieu de cette immense carrière. Il manquoit à cette collection de machines une des plus importantes, celle des moulins à eau et à vent. Il a été suppléé à cet égard par M.-J.-Math. Beyer, qui publia à Leipzig en 1735, d'après les exhortations de Wolf, cette suite du théâtre mécanique de Leupold, en 2 volumes *in-folio* sous le titre de : *Joa.-Math. Beyers Schauplatz der Mühlen Bau-kunst &c.* ou *Théâtre de l'architecture des moulins.* Le premier volume traite des machines de ce genre, et contient de fort bonnes choses. Le second est destiné à la jurisprudence des moulins qui, par la friponnerie des meûniers, est une des plus contentieuses. Les épîtres de ce grand recueil sont datées de 1723, 1724, 1725, 1726, 1727 et 1739.

Il y a aussi de grands recueils de moulins, publiés en Hollande, et qui sont importans à connoître.

Het moolens Boeck, &c. door peter Limperk, c'est-à-dire, *le Livre ou Traité des moulins*, par P. Limperk. Amst. 1690, *in-folio*, réimprimé sous ce titre :

Architectura méchanica of Mooleboeck door Pieter Limperch Moolenmaker van Stokholm. Amstel, 1727.

Theatrum machinarum universale of het groot algemen molen-Boek, c'est-à-dire, *Théâtre universel des machines, ou le grand Livre, (Traité) des moulins*, par Jean Vanderzyl, tome I. *Ams.* 1734, *in-folio*, *it.* 1761.

On a joint ici ces deux livres, parce que le dernier est en quelque sorte le commentaire ou supplément du premier dont l'auteur s'étoit borné à des dessins et descriptions, sans mesures. Vanderzyl le supplée à cet égard, et y ajoute beaucoup de nouveaux dessins et inventions de moulins. Je n'ai jamais pu m'en procurer la vue pour en dire d'avantage, et j'ignore si ce premier volume a été suivi de quelques autres.

Theatrum machinarum universale of verzameling van water-werken, schut sluysen, waterkeeringen. Door Polly en van der Horst. Amst. P. Schenk, 1739, 1757. 2 *Deelen.*

Groot Volkomen Molenboeck door L. van Natrus, G. Polly en, G. van Vuuren. 2. *Deelen, Amsterdam, Coreus et Mortier*, 1736.

Jos.-Jac. Bruckmans und J.-H. Webers neu erfundene Maschinen, &c. c'est-à-dire, *Nouvelles machines inventées par M.M. Jos.-Jac. Bruckman, et J.-H. Weber*, ou *Moyen universel pour toute sorte d'emploi des eaux.* Cassel, 1720.

Recueil de plusieurs machines de nouvelle invention, par Claude Perraut. Leyde, 1720.

Traité des forces mouvantes pour la pratique des arts et métiers avec une explication de vingt machines nouvelles et utiles, par M. de Camus, gentilhomme lorrain. Paris, 1722, *in-8o.*

M. de Camus étoit un mécanicien très-ingénieux ; il étoit l'auteur de ce petit carosse mécanique ou automate qui exécutoit un grand nombre de mouvemens singuliers, et dont il est parlé dans bien des livres. Il avoit été fait pour Louis XV encore enfant. Il y a dans cet ouvrage beaucoup d'idées neuves, mais la physique en est pitoyable.

Le Recueil des machines de l'Académie des Sciences est un assemblage précieux d'inventions de toute espèce. Depuis l'établissement de l'Académie, il y avoit peu d'inventeurs qui n'eussent l'ambition d'être approuvés par cet illustre corps.

Gallon, horloger et mécanicien habile, obtint l'agrément de faire jouir le public de la collection de mémoires qui étoient ensevelis au Secrétariat; il en publia 6 volumes avec les descriptions et les figures en 1735.

Les commissaires nommés pour examiner ces différentes machines, étoient quelquefois trop indulgens, quelquefois moins instruits qu'il n'auroit fallu; et le docteur Mill, censeur amer, de la Société royale de Londres, s'égaya par quelques plaisanteries.

Le premier des 6 volumes que Gallon publia en 1735, s'étend de 1666 à 1701; il contient 57 machines en 67 planches : les 6 volumes contiennent 377 planches ou inventions différentes, en 429 planches.

Le 6e volume qui va jusqu'en 1734, contient 56 machines et 68 planches.

Des 56, il n'y en a que 25 qui soient de véritables machines, parce que les pièces d'horlogerie, les instrumens astronomiques, les écluses, les rapes, etc. ne sont pas comprises sous cette dénomination.

Gallon étant mort en 1775, on trouva dans ses papiers de quoi former un 7e volume, qui va jusqu'à 1754, et que Meunier, habile ingénieur, a publié en 1777. Il contient 65 machines, dont 5 sont des machines hydrauliques, et plusieurs sont des pièces d'horlogerie. Depuis cette époque, il faudroit relever dans l'histoire de l'Académie toutes les inventions approuvées, et il y en a un grand nombre dont il seroit à souhaiter qu'on publiât la description et les figures.

Branca, (Giovanni) le machine, volume nuovo e di molto artificio del signor G. Branca ingegniero et architetto della Santa Casa di Loreto. Roma (J. Mascardi), 1629, *in*-4°., *fig.* (italien et latin).

Fontana, Domenico, della transportatione del Obelisco Vaticano, &c. libro primo ed. 2. Roma, 1590. *in-fol. m. fig.*

La description des travaux exécutés pour le transport des grouppes de Marly, a été publiée par le cit. Grobert, chef de brigade de l'artillerie, 1796, avec 9 gravures; chaque grouppe pèse 30 milliers.

Silberschlag : *Description d'une machine qui a été employée pour arracher les chicots des arbres.* Berlin 1777, *in*-4°. (allemand).

Recueil de différentes sortes de moulins, pour le sucre, la poudre, &c. avec des observations de Sturm. Ausbourg, 1718 ou 1728, *in-fol.* en allemand.

Recueil de diverses pièces touchant quelques nouvelles machines. Papin. Cassel, 1695, *in-12.*

Schmidt : *Description de plusieurs machines d'une utilité générale*, 1er et 2d *recueil.* Berlin, 1778, *in-4°. fig.*

Prodromo overo saggio di alcune inventioni nuove, premesso al arte maestra, opera che prepara il P. Francesco Lana. Brescia, 1670, *in-fol.*

Lucubrationes physico-mechanicae Ferdinandi Santanelli. Venetiis, 1698, *in-4°.*

Desseins artificiaux de toutes sortes de moulins à vent, à eau, à cheval et à la main, avec diverses pompes pour faire monter l'eau, par Jean de Strada de Rosberg, publiées par Octave de Strada. Francfort, 1617, *in-fol. it.* 1629.

Schapp, Théâtre de moulins, partie mécanique 1re partie, avec 5 supplémens Francfort, 1766, *in-4°. fig.* (allemand).

La mécanique appliquée aux arts, aux manufactures, à l'agriculture, à la guerre, par Berthelot, 2 vol. *in-4°.* 1773, *avec beaucoup de planches.*

Ce recueil de machines ingénieuses et utiles contient des grues, des moulins, des scies, des affûts de canons, des mouvemens à pédales pour différentes machines. Toutes ces inventions sont de Berthelot, ou du moins ont été perfectionnées par lui. On trouve dans le deuxième volume la corde de Véra, dont il a fait comparaison avec d'autres machines. Il s'est occupé surtout de ce qui pouvoit être utile aux travaux publics, grandes routes, ponts, carrières, fortifications, constructions de toutes espèces.

Recueil de mécaniques relatives à l'agriculture et aux arts, et description des machines économiques du cit. Person, *in-4°.* avec 18 planches, 1802. chez Bernard. Nous avons parlé des charrues, page 775.

Pendule perpétuelle, la manière d'élever l'eau par le moyen de la poudre à canon et autres nouvelles inventions, par Jean de Hautefeuille. Paris, 1678.

L'abbé de Hautefeuille, chanoine d'Orléans, étoit un des hommes les plus féconds en idées neuves et ingénieuses; mais on pourroit dire qu'il se hâtoit trop de les publier, dans leur premier état, pour ainsi dire, brut et grossier. L'idée de sa pendule perpétuelle, que, probablement il n'exécuta et n'éprouva jamais, ainsi que sa manière d'employer la poudre à canon à l'élévation des eaux, invention depuis proposée par Denis Papin dans les Actes de Leipzig, et diverses autres; son application du ressort aux montres, qu'il appelle pendule de poche, sont de ce nombre. Nous en parlerons dans le volume suivant.

Pada; Description des machines établies près de Schemniz en Hongrie, pour l'exploitation des mines. Dresden, 1771, *fig.* (en allemand).

Cancrinus; Description des machines qui servent à l'exploitation des mines, in-8°. Francfort, 1778.

Calvoer; Description des machines qui sont employées pour l'exploitation des mines au Hartz. Brunswic, 1763, 3 vol. *in-fol. fig.* (en allemand).

Nouvelle machine à creuser les ports et les rivières, représentée en trois planches, par C. Redelykheid, à la Haye, 1774, *in-folio, fig.*

The advencement of arts, manufactures and commerce, or description of useful machine and models, by A.-M. Baily. *London*, 1778, 1779, *in-folio. fig.*

De omnibus illiberalibus sive mechanicis artibus, lucubratus atque succinctus liber, ab Hartmanno Schappero. Francofurti, 1574, *in-8°.*

Traité des moyens de rendre les rivières navigables, de retirer les bâtimens submergés. Paris, 1693, *in-8°.*

Recherches sur les moyens de perfectionner les canaux de navigation, par Robert Fulton, an 7. Chez Dupain-Triel, cloître Notre-Dame, n°. 1. 224 pages *in-8°.*

Nouvelle navigation par des plans inclinés, sur lequel Fulton a publié un ouvrage utile. Régicourt en est l'éditeur.

A short account of the methods made use of in laying the foundation of the piers of Westminster-bridge. By Charles Labelye Engineer, 1739.

Büsch; application des mathématiques et de la mécanique aux usages de la vie domestique. Hamburg, 1778, *in-8°.*

Dictionnaire portatif des arts et métiers, contenant en abrégé l'histoire, la description et la police des arts et métiers des fabriques et manufactures. 1766, 2 vol. *in-8°.*

On y trouve l'indication de plusieurs machines ingénieuses.

Prattica di fabricar scene e machine ne'i theatri, di Nicolo Sabbatini, &c. Ristampato con l'aggiunta del secondo libro. Ravenna, 1638, *in-folio.*

Construction des théâtres et machines théâtrales, par Roubo fils, dans les *Descriptions des arts*, publiées par l'Académie des Sciences.

Essai sur l'art de construire les théâtres, leurs machines et leurs mouvemens, par le cit. Boullet, machiniste du Théâtre des Arts, *in-4°.* avec 13 planches, 1801.

L'auteur a poussé cette branche intéressante de l'art mécanique au plus haut degré de perfection. On y trouve la forme la plus avantageuse à donner à une salle pour la vue, pour l'acoustique, pour la lumière, et pour la chaleur.

Recueil de plusieurs machines militaires et feux artificiels pour la guerre et les récréations, par Fançois Thypourel et Jean Appus. Pont-à-Mousson, 1620, *in*-4°.

Description de la machine arithmétique de Pascal, dont nous avons parlé t. II. p. 63. Elle est dans l'*Encyclopédie*.

Traité de la construction et des principaux usages des instrumens de mathématiques, par Bion, *in*-4°. La quatrième édition est de 1752, l'auteur étoit mort en 1733. Voyez le *Dictionaaire des Artistes*, par le cit. de Fontenay, 1776.

Montucla a fait une Bibliographie-Mathématique très-volumineuse; je ne sais si elle verra le jour, parce qu'il faudroit beaucoup de temps pour la compléter, à en juger par une bibliographie astronomique dont je me suis occupé, et que l'on imprime actuellement; elle aura seule plus de 600 pages *in*-4°.

J'aurois voulu mettre ici la partie de bibliographie-mécanique telle que Montucla l'a laissée, mais le volume est déjà considérable; d'ailleurs j'ai cité ce qu'il y a de plus important dans les ouvrages de mécanique.

Fin du Tome troisième.

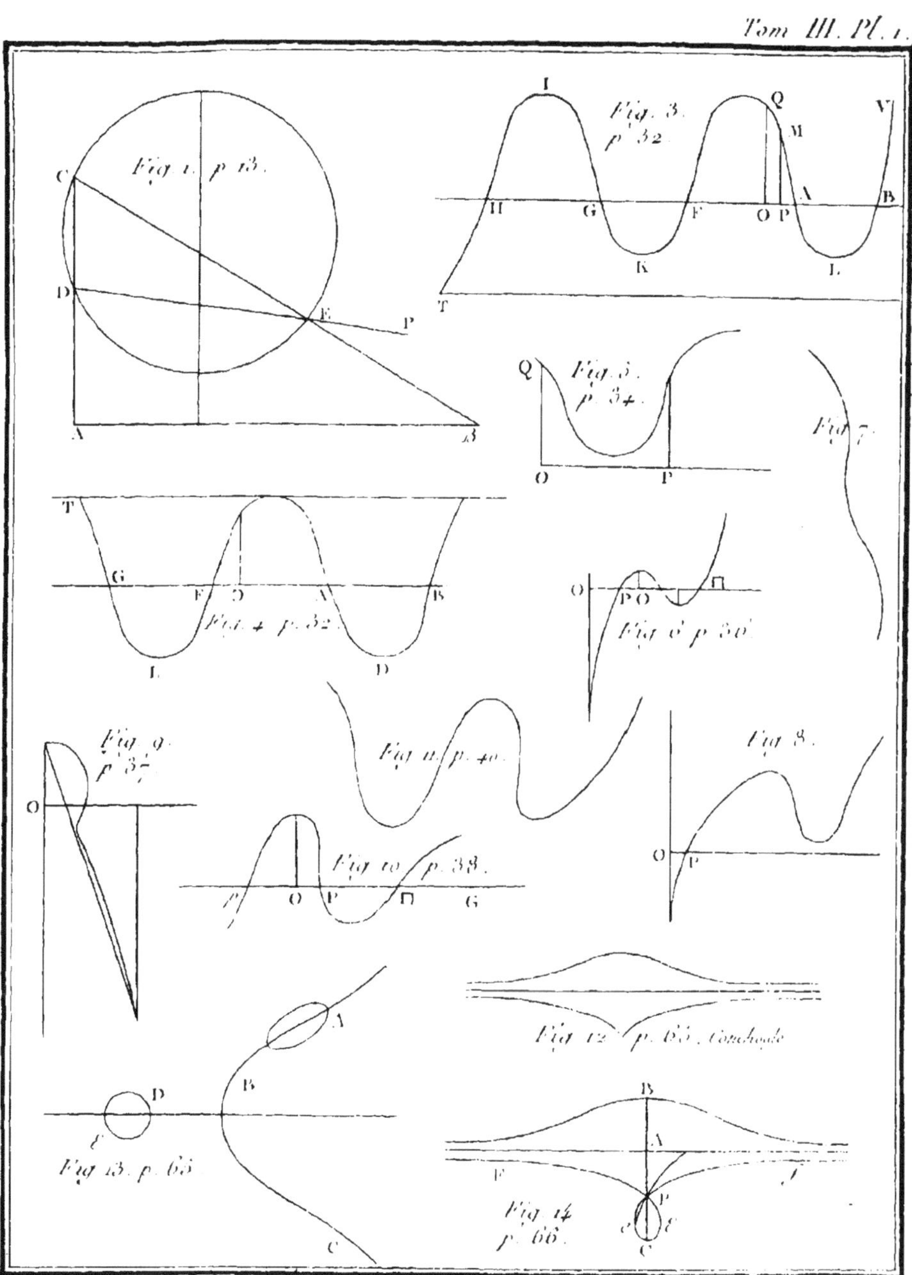

Histoire des Mathématiques.

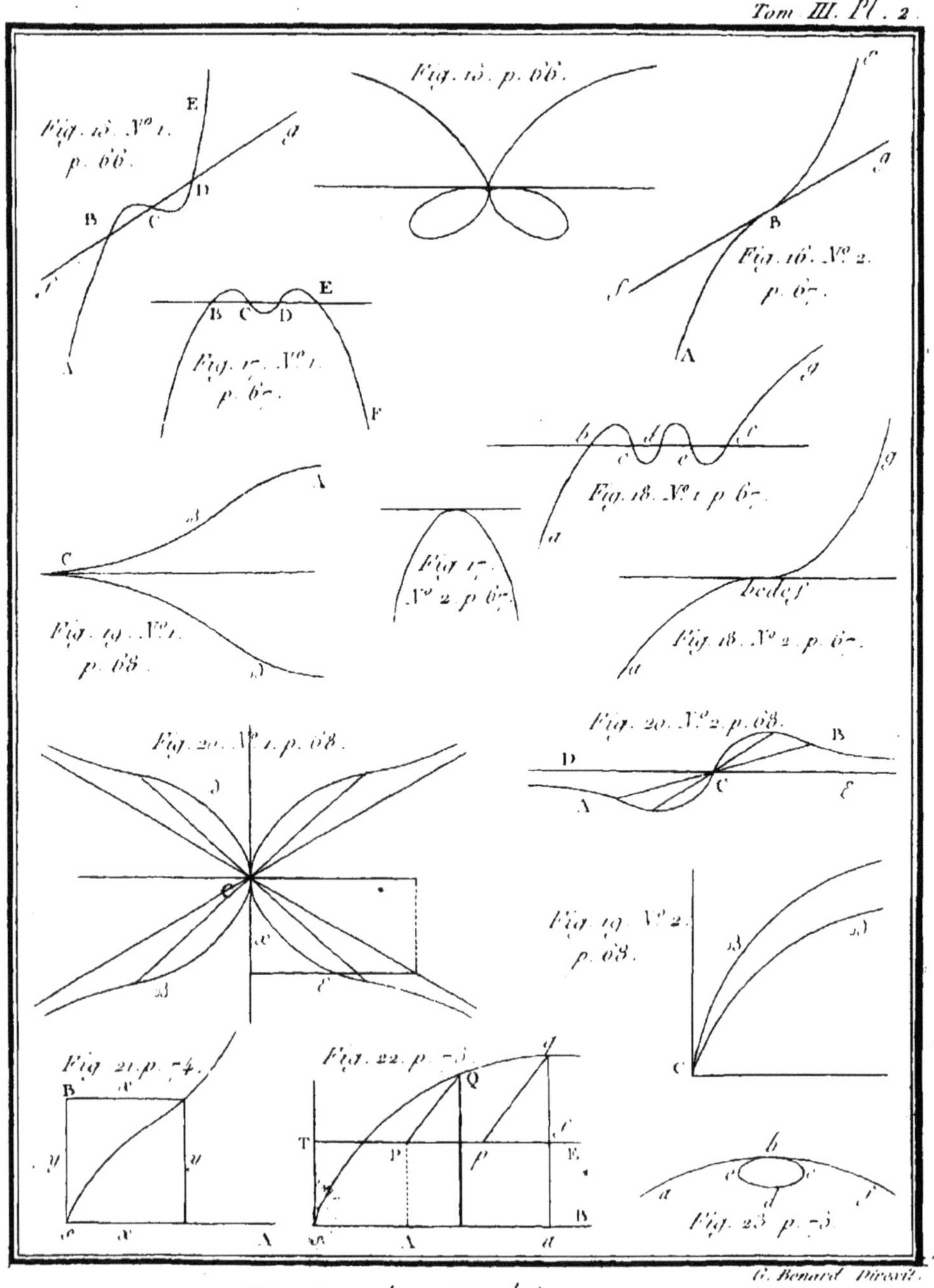

Histoire des Mathématiques.

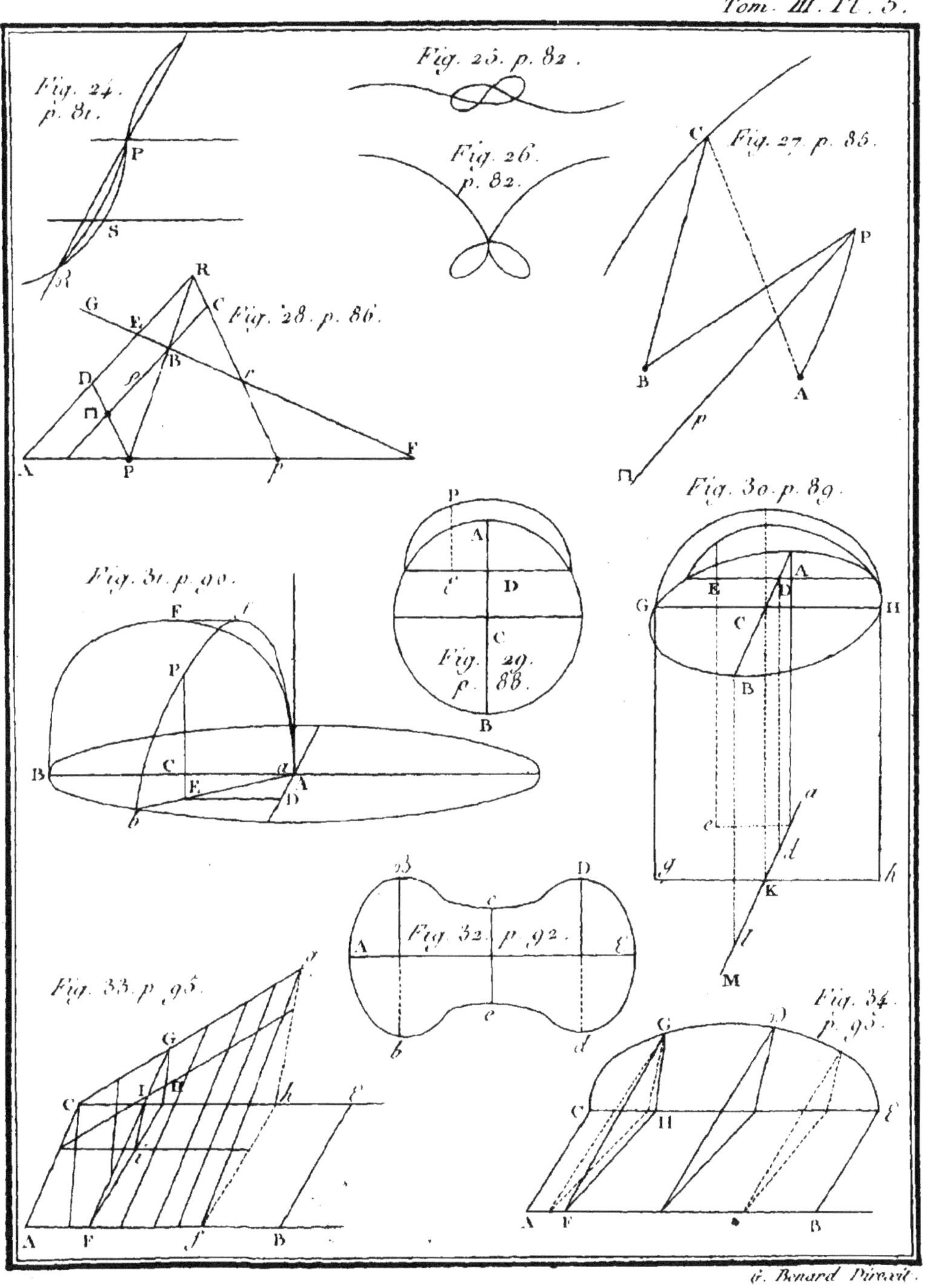

G. Bonard Direxit.

Histoire des Mathématiques.

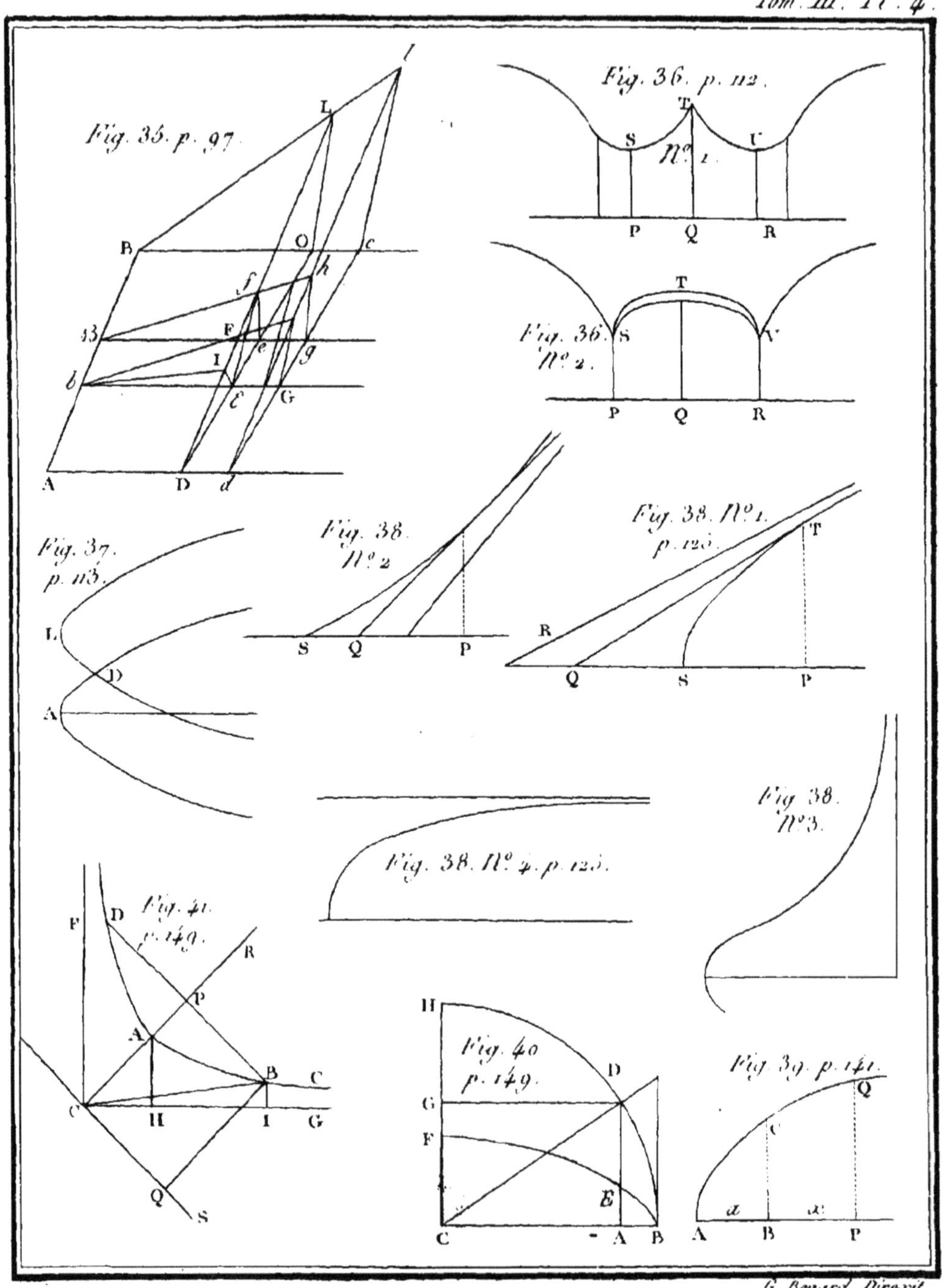

G. Benard Direxit.

Histoire des Mathématiques.

Fig. 42. p. 150.

Fig. 46. p. 162.

Fig. 43. p. 152.

Fig. 45. p. 156.

Fig. 44. p. 152.

Fig. 48. p. 201.

Fig. 47. p. 175.

Fig. 51. p. 202.

Fig. 49. p. 201.

Fig. 50. p. 201.

G. Benard Direxit

Histoire des Mathématiques.

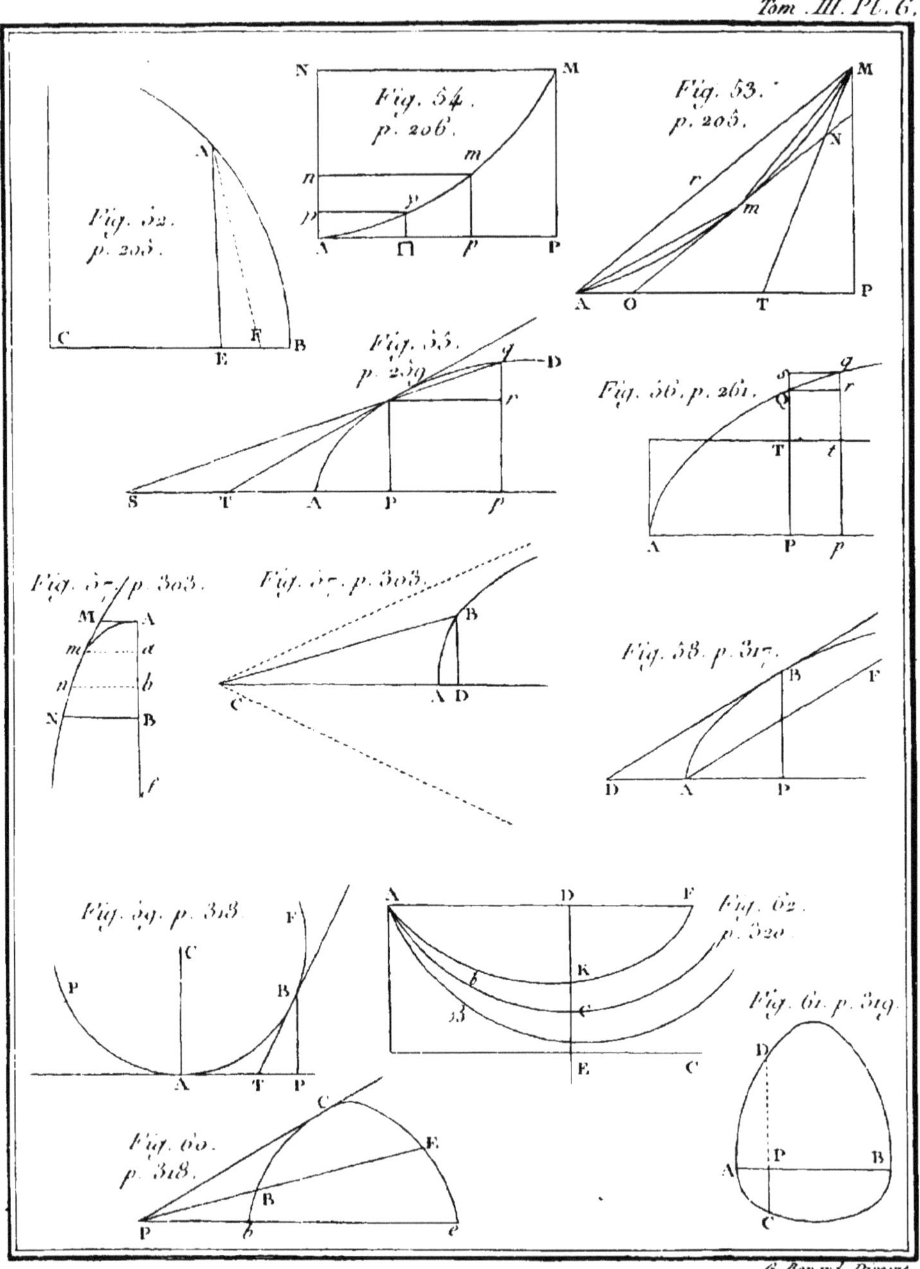

G. Renard Direxit.

Histoire des Mathématiques.

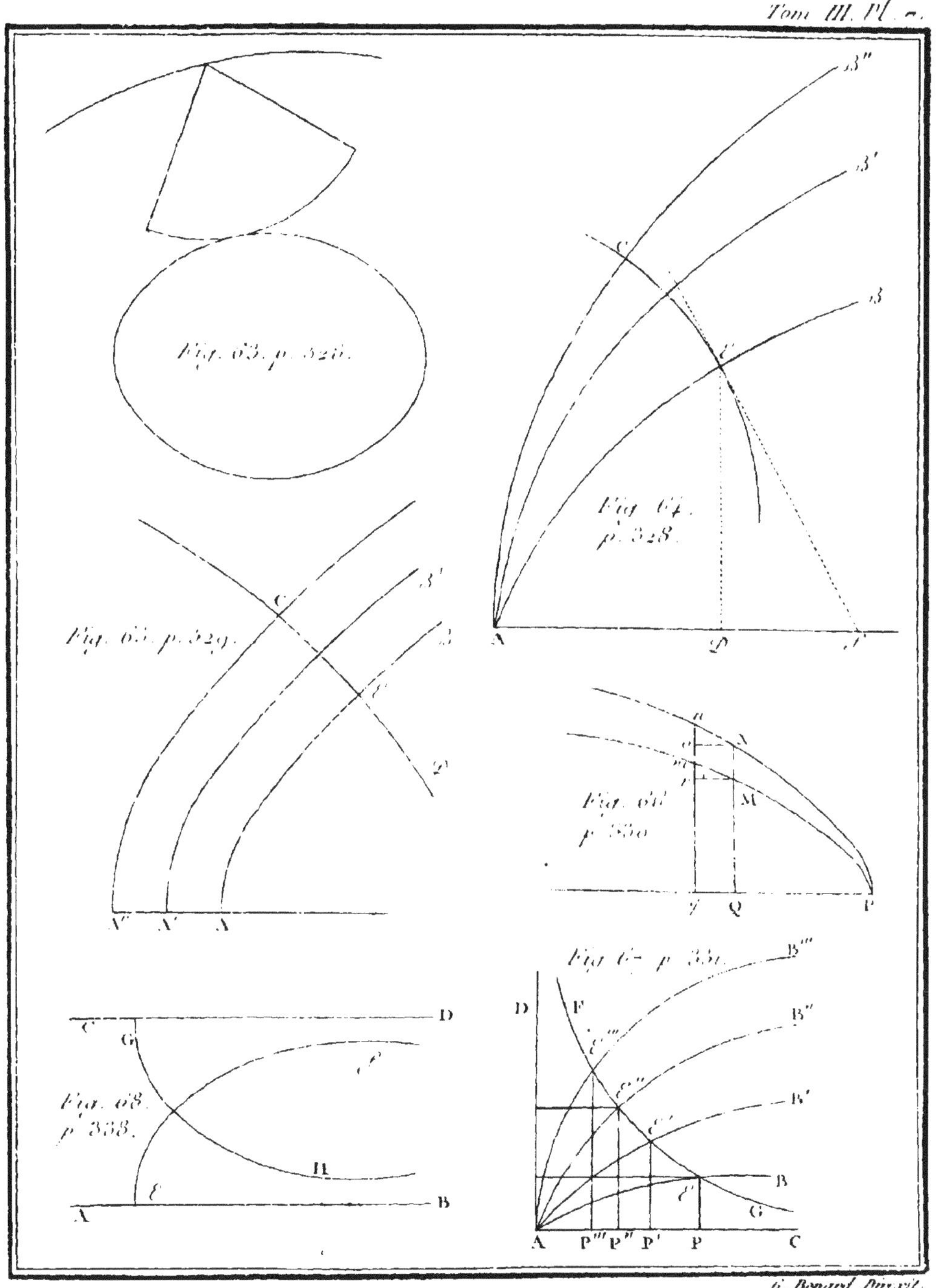

G. Bonard Direxit.

Histoire des Mathématiques.

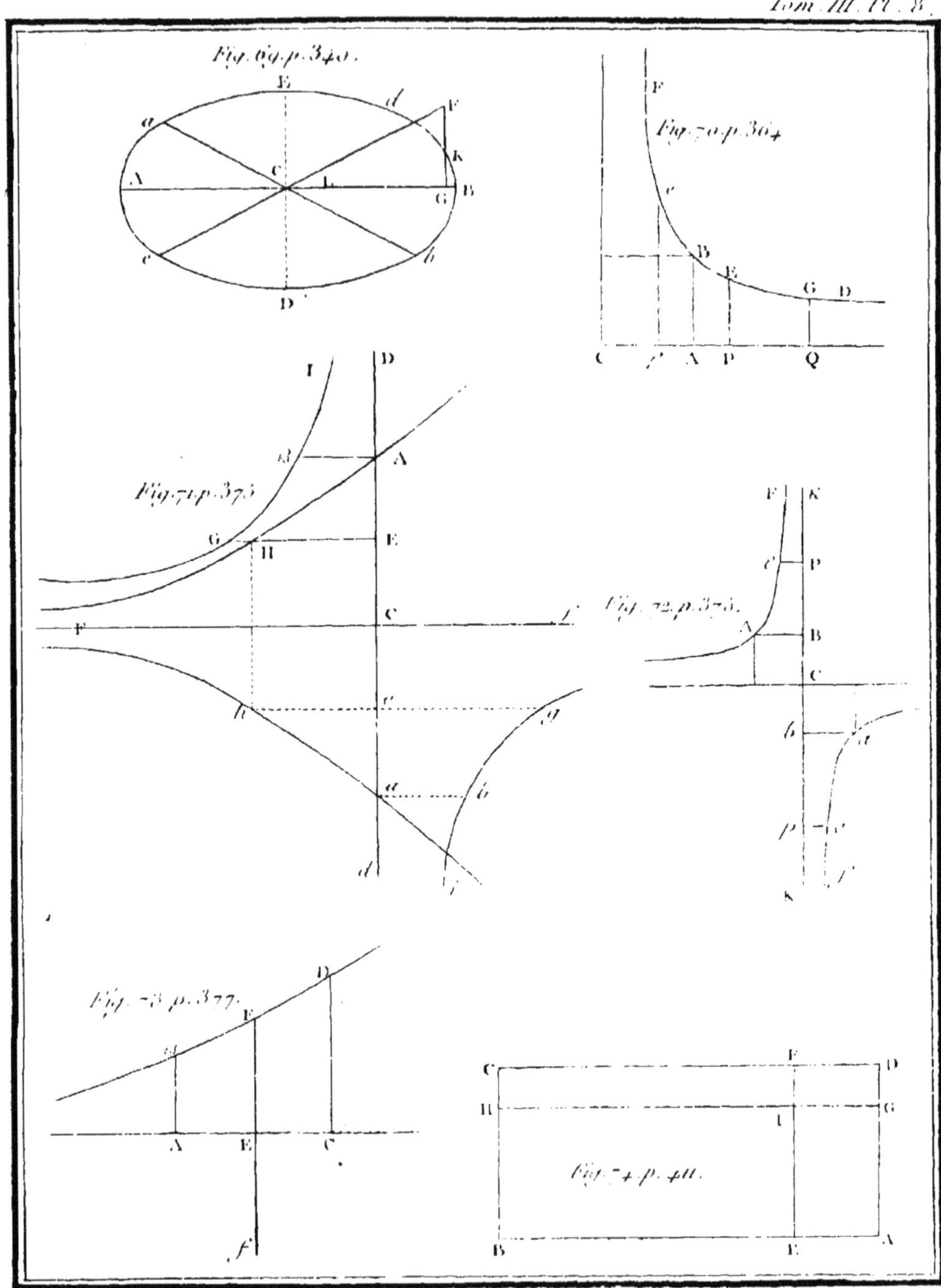

Benard Direxit.

Histoire des Mathématiques.

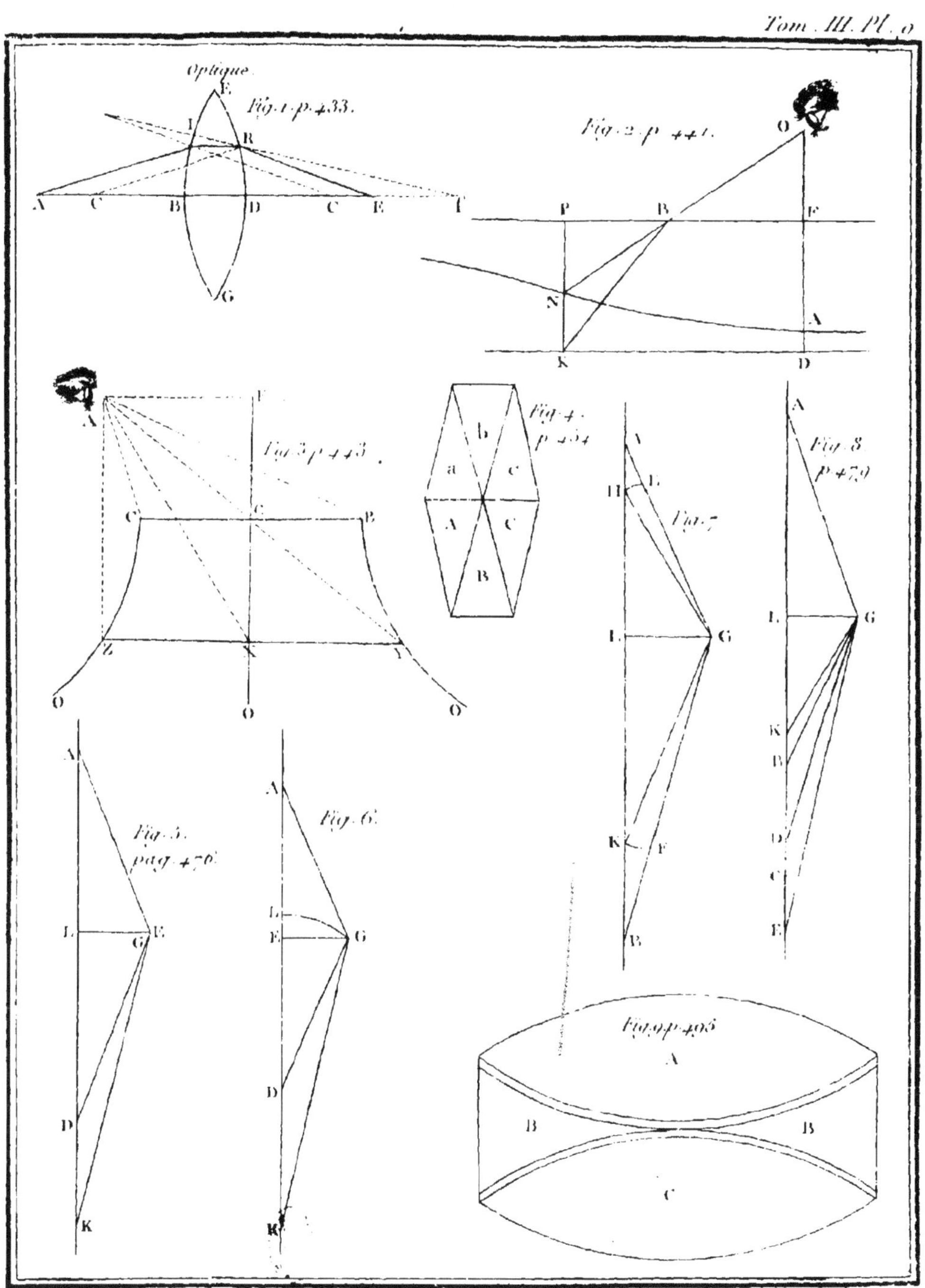

Histoire des Mathématiques.

G. Benard Sculp.

Histoire des Mathématiques.

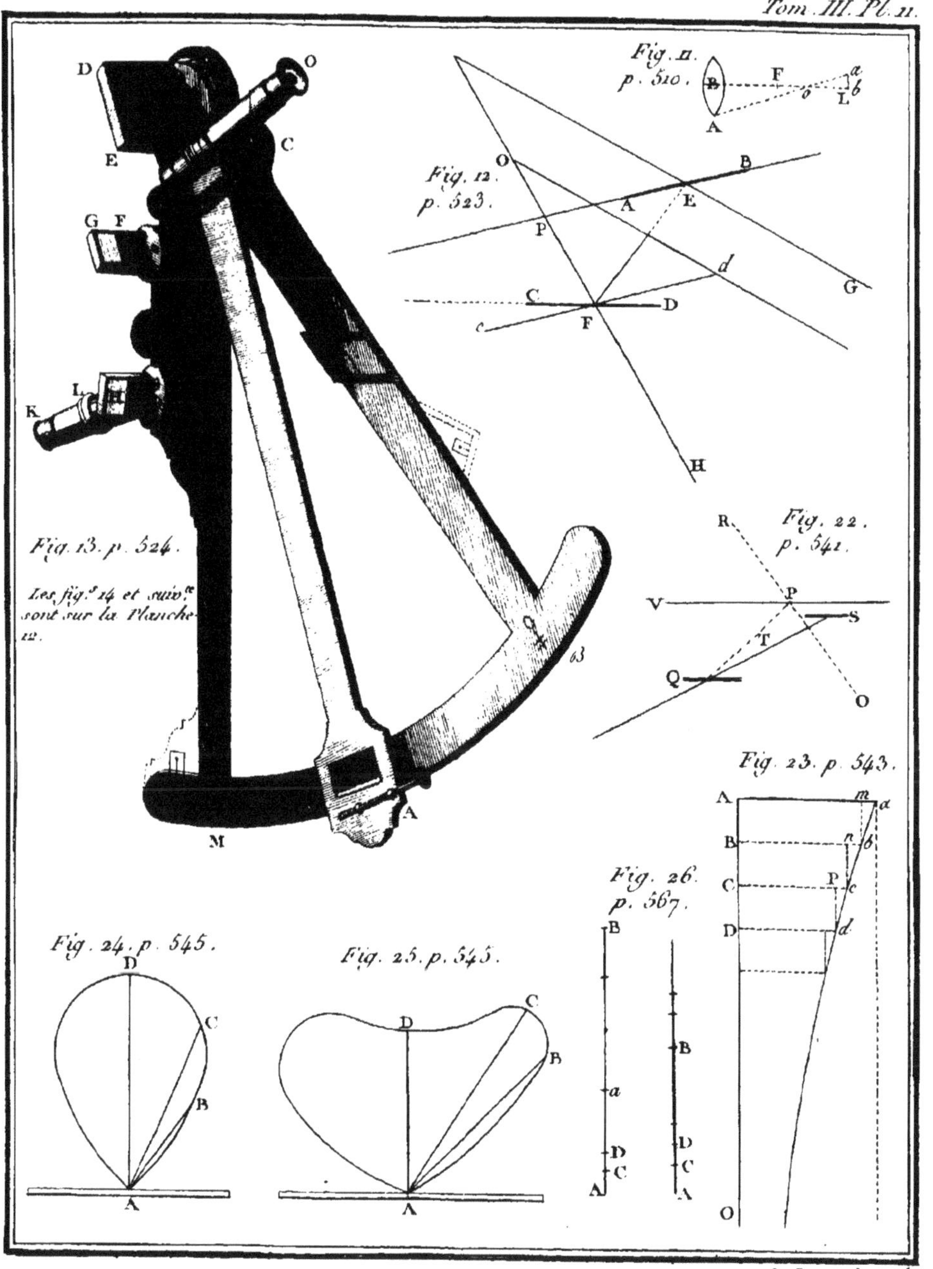

G. Benard Sculp.

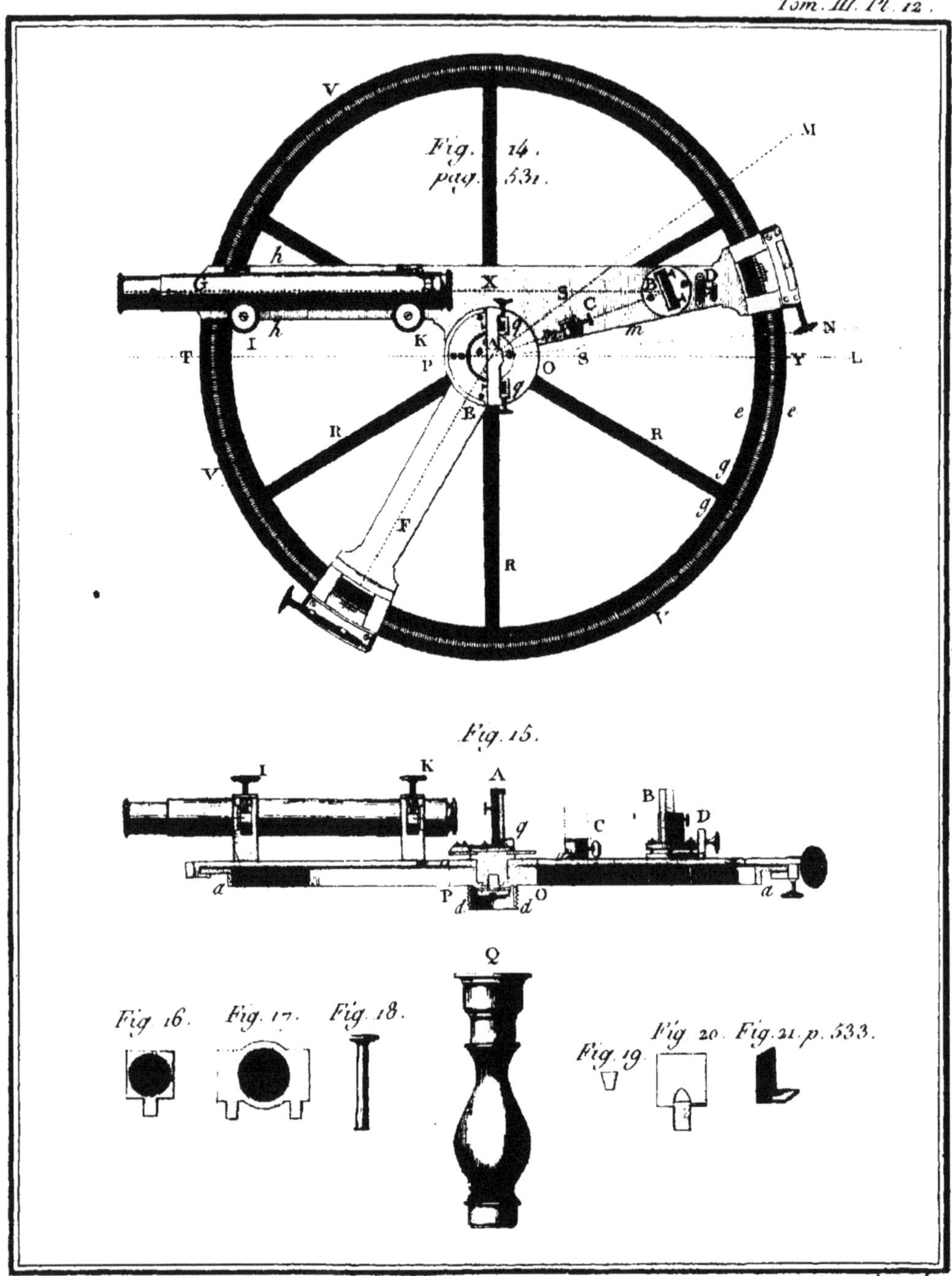

Histoire des Mathématiques.

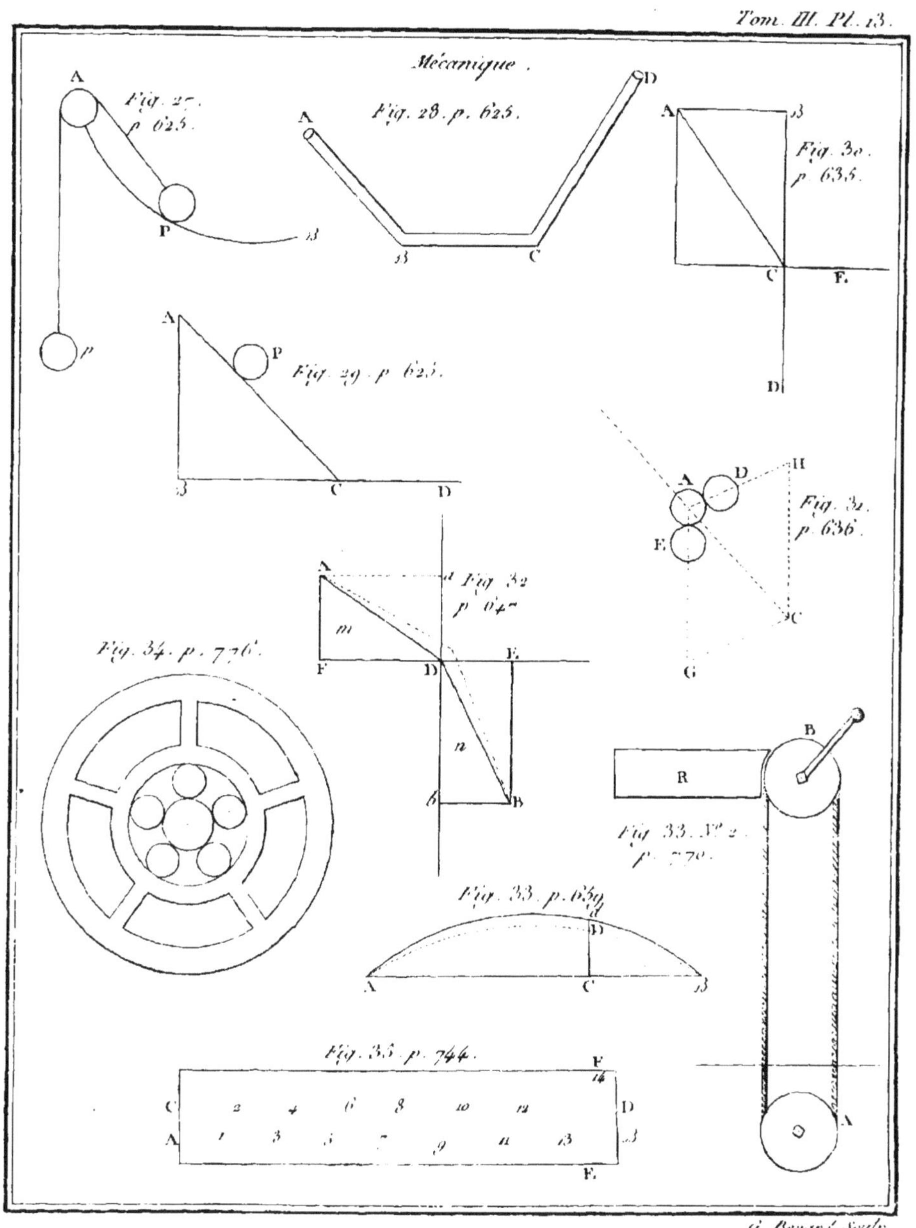

G. Becard Sculp.

Histoire des Mathématiques.

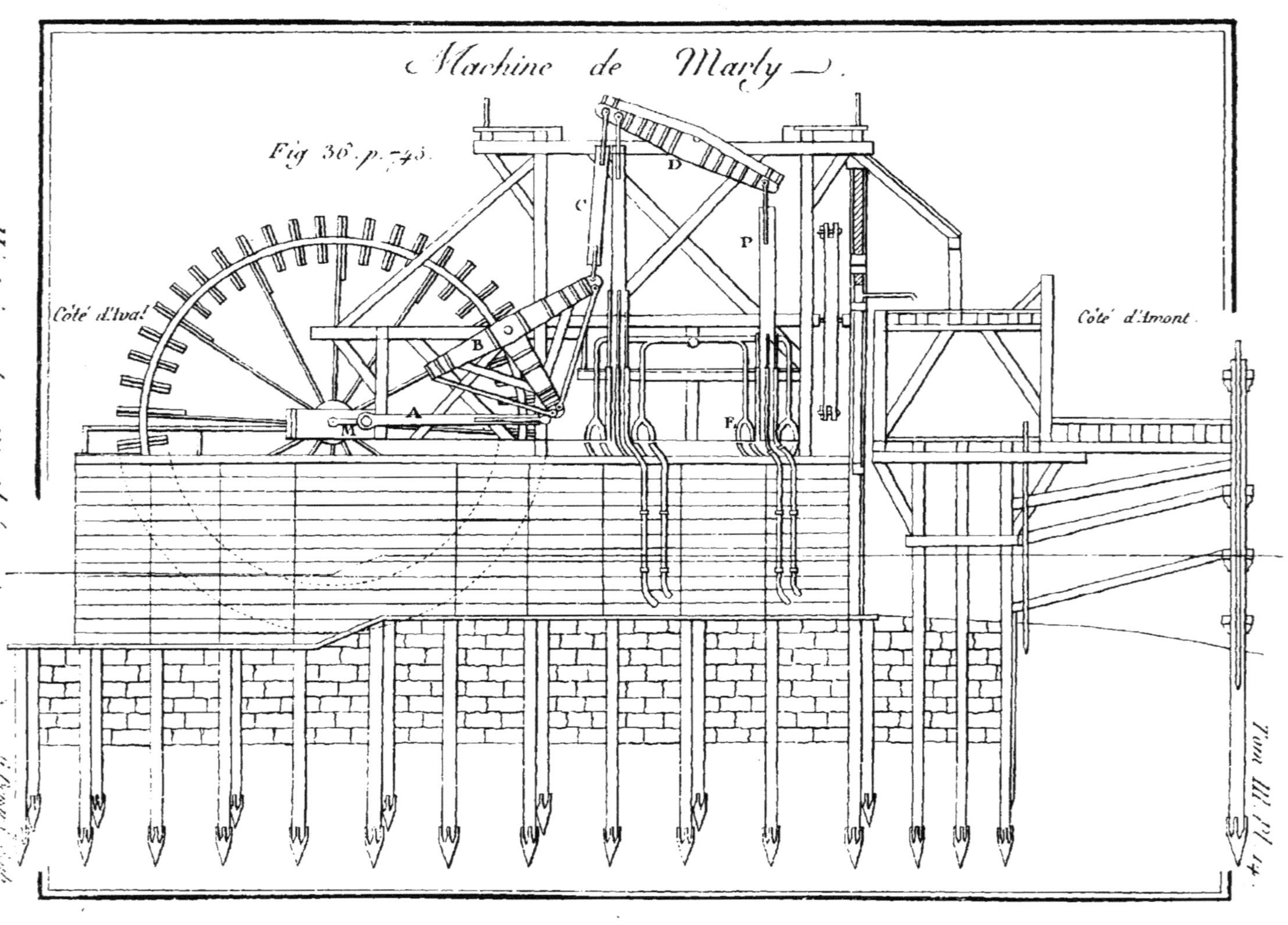

Histoire des Mathématiques.

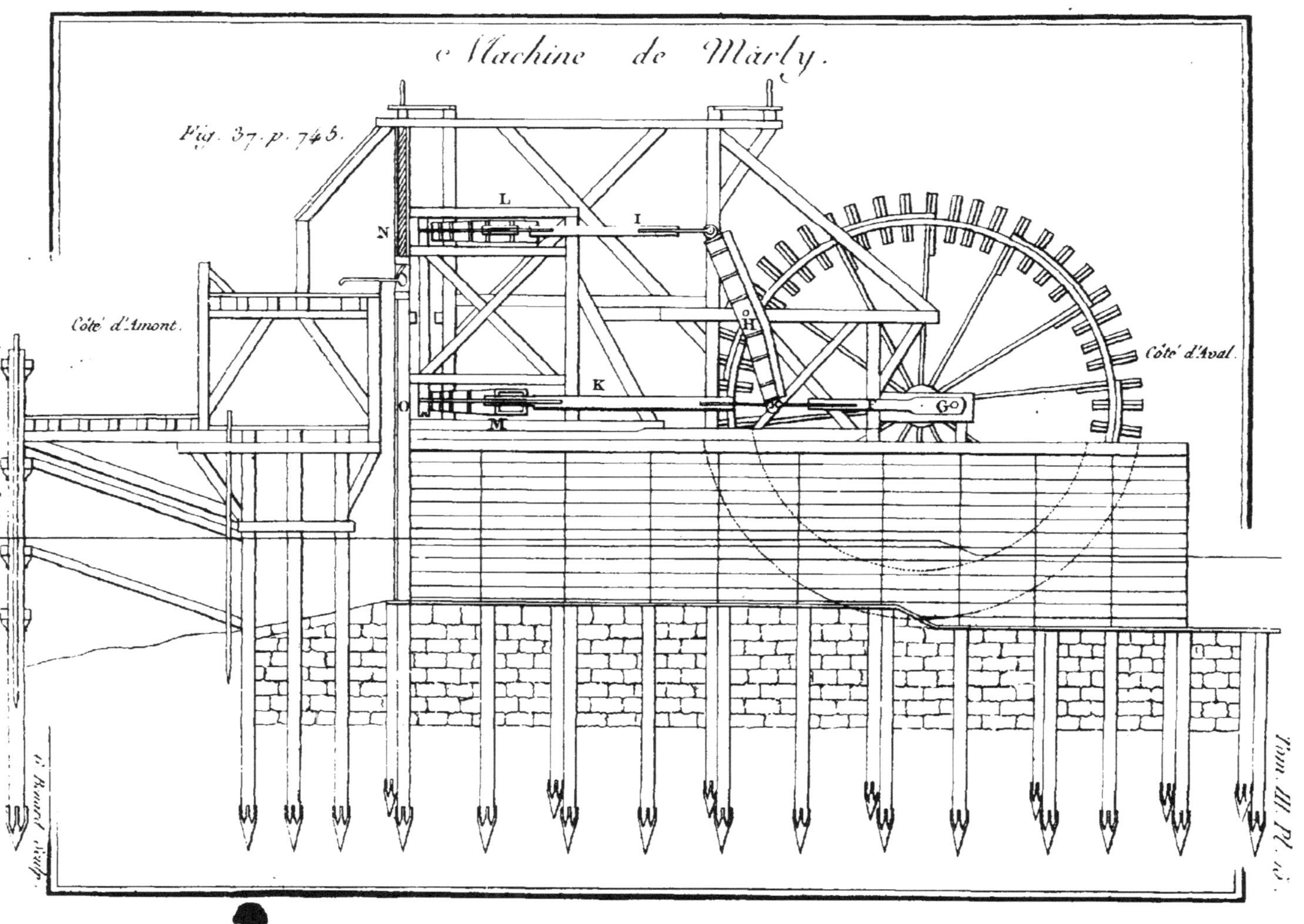

Histoire des Mathématiques.

Tom. III. Pl. 15.

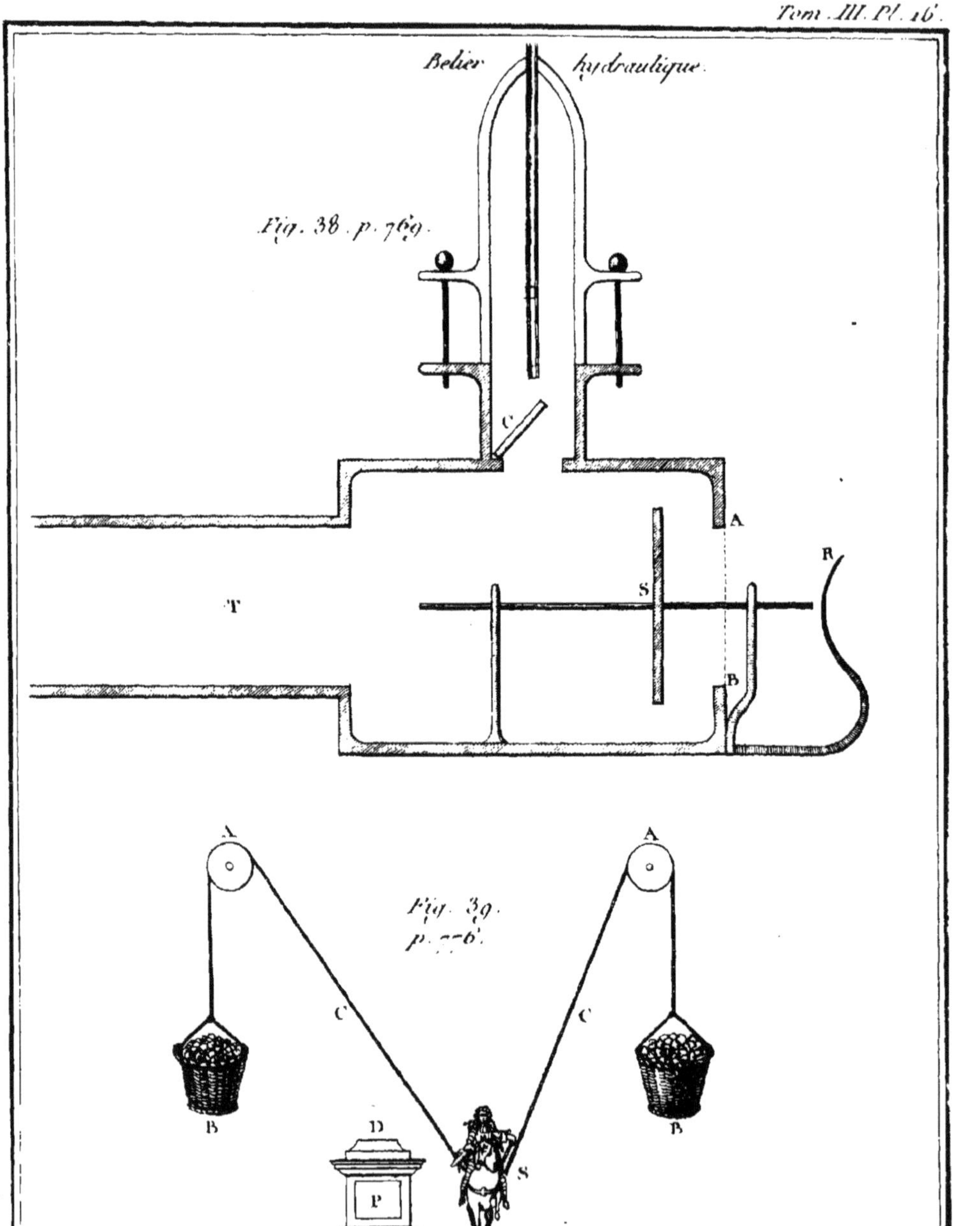
Belier hydraulique.
Fig. 38. p. 769.
C
A
R
T
S
B
A
A
Fig. 39.
p. 776.
C
C
B
B
D
P
S

G. Bonard Sculp.

Histoire des Mathématiques.

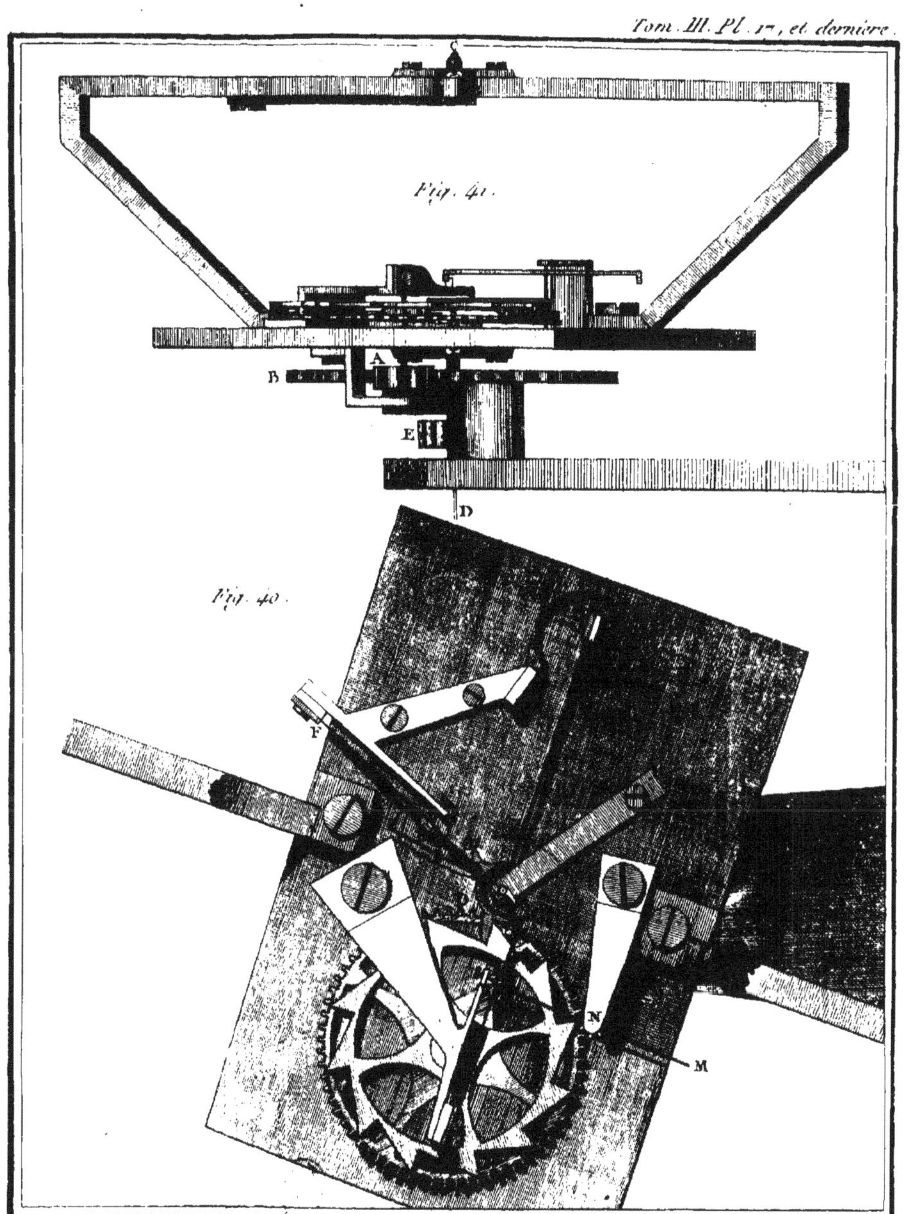

G. Benard Sculp.

Histoire des Mathématiques.

www.ingramcontent.com/pod-product-compliance
Ingram Content Group UK Ltd.
Pitfield, Milton Keynes, MK11 3LW, UK
UKHW020253230726
13925UKWH00001B/14

9 782013 385039